산업안전
산업기사 필기

10개년 과년도 문제풀이

머리말
Preface

새로운 도전의 길에 들어선 여러분!

자격증 취득을 목표로 삼고, 그 외로운 싸움 앞에서 얼마나 망설이고, 주저앉고, 포기를 반복하셨습니까?

다년간의 강의를 하면서 기출문제를 분석하고, 효율적으로 공부할 수 있는 교재의 필요성을 느끼게 되어 이 책을 출간하게 되었습니다.

이 책은 기출문제를 철저히 분석하여 핵심이론을 체계적으로 정리하였고, 비전공자라도 누구나 쉽게 접근할 수 있도록 구성하였습니다.

최소한의 시간 투자로 산업안전산업기사 자격을 취득할 수 있도록 하는 데 초점을 두었으며, 책의 주요 특징은 다음과 같습니다.

> 01 과목별 핵심이론을 수록하여 문제의 이해도를 높일 수 있도록 하였습니다.
> 02 기출문제에 대한 상세 해설을 수록함으로써 다시 한번 학습 내용을 다질 수 있도록 하였습니다.
> 03 반복해서 출제되는 문제는 똑같은 해설을 하여 학습자가 익숙해질 수 있도록 하였습니다.
> 04 각종 법규는 최신 개정사항을 반영하였습니다.

본 교재는 문제와 완전 해설을 추구한 산업안전기사 기출문제집으로 강의를 하면서 쌓아온 노하우와 자료들을 최대한 효율적으로 정리 · 전달하려 노력하였지만, 부족한 부분이 있으리라 생각됩니다. 산업현장의 안전을 위해 노력 중인 선후배 및 여러 교수님들의 애정 어린 관심과 아낌없는 지도 · 편달을 바라며, 부족한 부분들은 계속 수정 · 보완해 나갈 것을 약속드립니다.

끝으로 이 책이 완성되기까지 물심양면으로 도와주신 주경야독의 윤동기 대표님과 조정희 이사님, 그 외 주경야독 여러분 및 도서출판 예문사에 감사의 말씀을 드리며, 옆에서 많은 시간을 인내해 주고, 용기를 준 사랑하는 아내와 가족들에게도 고마움을 전합니다.

저자

출제기준

직무 분야	안전관리	중직무 분야	안전관리	자격 종목	산업안전산업기사	적용 기간	2025.1.1.~2026.12.31.

직무내용 : 제조 및 서비스업 등 각 산업현장에 소속되어 산업재해 예방계획 수립에 관한 사항을 수행하여 작업환경의 점검 및 개선에 관한 사항, 사고 사례 분석 및 개선에 관한 사항, 근로자의 안전교육 및 훈련 등을 수행하는 직무이다.

필기검정방법	객관식	문제수	100	시험시간	2시간 30분

필기 과목명	문제수	주요항목	세부항목	세세항목
산업재해 예방 및 안전보건 교육	20	1. 산업재해 예방 계획 수립	1. 안전관리	1. 안전과 위험의 개념 2. 안전보건관리 제이론 3. 생산성과 경제적 안전도 4. 재해예방활동기법 5. KOSHA Guide 6. 안전보건예산 편성 및 계상
			2. 안전보건관리 체제 및 운용	1. 안전보건관리조직 구성 2. 산업안전보건위원회 운영 3. 안전보건경영시스템 4. 안전보건관리규정
		2. 안전보호구 관리	1. 보호구 및 안전장구 관리	1. 보호구의 개요 2. 보호구의 종류별 특성 3. 보호구의 성능기준 및 시험방법 4. 안전보건표지의 종류ㆍ용도 및 적용 5. 안전보건표지의 색채 및 색도기준
		3. 산업안전심리	1. 산업심리와 심리검사	1. 심리검사의 종류 2. 심리학적 요인 3. 지각과 정서 4. 동기ㆍ좌절ㆍ갈등 5. 불안과 스트레스
			2. 직업적성과 배치	1. 직업적성의 분류 2. 적성검사의 종류 3. 직무분석 및 직무평가 4. 선발 및 배치 5. 인사관리의 기초
			3. 인간의 특성과 안전과의 관계	1. 안전사고 요인 2. 산업안전심리의 요소 3. 착상심리 4. 착오 5. 착시 6. 착각현상

필기 과목명	문제수	주요항목	세부항목	세세항목
		4. 인간의 행동과학	1. 조직과 인간행동	1. 인간관계 2. 사회행동의 기초 3. 인간관계 메커니즘 4. 집단행동 5. 인간의 일반적인 행동특성
			2. 재해 빈발성 및 행동과학	1. 사고경향 4. 동기부여 2. 성격의 유형 5. 주의와 부주의 3. 재해 빈발성
			3. 집단관리와 리더십	1. 리더십의 유형 3. 사기와 집단역학 2. 리더십과 헤드십
			4. 생체리듬과 피로	1. 피로의 증상 및 대책 4. 생체리듬 2. 피로의 측정법 5. 위험일 3. 작업강도와 피로
		5. 안전보건교육의 내용 및 방법	1. 교육의 필요성과 목적	1. 교육목적 3. 학습지도 이론 2. 교육의 개념 4. 교육심리학의 이해
			2. 교육방법	1. 교육훈련기법 2. 안전보건교육방법(TWI, O.J.T, OFF.J.T 등) 3. 학습목적의 3요소 4. 교육법의 4단계 5. 교육훈련의 평가방법
			3. 교육실시 방법	1. 강의법 4. 프로그램학습법 2. 토의법 5. 모의법 3. 실연법 6. 시청각교육법 등
			4. 안전보건교육계획 수립 및 실시	1. 안전보건교육의 기본방향 2. 안전보건교육의 단계별 교육과정 3. 안전보건교육계획
			5. 교육내용	1. 근로자 정기안전보건 교육내용 2. 관리감독자 정기안전보건 교육내용 3. 신규채용 시와 작업내용변경 시 안전보건 교육 내용 4. 특별교육대상 작업별 교육내용
		6. 산업안전 관계법규	1. 산업안전보건법령	1. 산업안전보건법 2. 산업안전보건법 시행령 3. 산업안전보건법 시행규칙 4. 산업안전보건기준에 관한 규칙 5. 관련 고시 및 지침에 관한 사항

출제기준

필기 과목명	문제수	주요항목	세부항목	세세항목
인간공학 및 위험성 평가· 관리	20	1. 안전과 인간공학	1. 인간공학의 정의	1. 정의 및 목적 2. 배경 및 필요성 3. 작업관리와 인간공학 4. 사업장에서의 인간공학 적용분야
			2. 인간-기계체계	1. 인간-기계시스템의 정의 및 유형 2. 시스템의 특성
			3. 체계 설계와 인간요소	1. 목표 및 성능명세의 결정 2. 기본설계 3. 계면설계 4. 촉진물 설계 5. 시험 및 평가 6. 감성공학
			4. 인간요소와 휴먼에러	1. 인간실수의 분류 2. 형태적 특성 3. 인간 실수 확률에 대한 추정기법 4. 인간 실수 예방기법
		2. 위험성 파악·결정	1. 위험성 평가	1. 위험성 평가의 정의 및 개요 2. 평가대상 선정 3. 평가항목 4. 관련법에 관한 사항
			2. 시스템 위험성 추정 및 결정	1. 시스템 위험성 분석 및 관리 2. 위험분석 기법 3. 결함수 분석 4. 정성적, 정량적 분석 5. 신뢰도 계산
		3. 위험성 감소대책 수립·실행	1. 위험성 감소대책 수립 및 실행	1. 위험성 개선대책(공학적·관리적)의 종류 2. 허용 가능한 위험수준 분석 3. 감소대책에 따른 효과 분석 능력
		4. 근골격계질환 예방관리	1. 근골격계 유해요인	1. 근골격계질환의 정의 및 유형 2. 근골격계부담작업의 범위
			2. 인간공학적 유해요인 평가	1. OWAS 2. RULA 3. REBA 등
			3. 근골격계 유해요인 관리	1. 작업관리의 목적 2. 방법연구 및 작업측정 3. 문제해결절차 4. 작업개선안의 원리 및 도출방법

필기 과목명	문제수	주요항목	세부항목	세세항목
		5. 유해요인 관리	1. 물리적 유해요인 관리	1. 물리적 유해요인 파악 2. 물리적 유해요인 노출기준 3. 물리적 유해요인 관리대책 수립
			2. 화학적 유해요인 관리	1. 화학적 유해요인 파악 2. 화학적 유해요인 노출기준 3. 화학적 유해요인 관리대책 수립
			3. 생물학적 유해요인 관리	1. 생물학적 유해요인 파악 2. 생물학적 유해요인 노출기준 3. 생물학적 유해요인 관리대책 수립
		6. 작업환경 관리	1. 인체계측 및 체계제어	1. 인체계측 및 응용원칙 2. 신체반응의 측정 3. 표시장치 및 제어장치 4. 통제표시비 5. 양립성 6. 수공구
			2. 신체활동의 생리학적 측정법	1. 신체반응의 측정 2. 신체역학 3. 신체활동의 에너지 소비 4. 동작의 속도와 정확성
			3. 작업공간 및 작업자세	1. 부품배치의 원칙 2. 활동분석 3. 개별 작업공간 설계지침
			4. 작업측정	1. 표준시간 및 연구 2. Work Sampling의 원리 및 절차 3. 표준자료(MTM, Work Factor 등)
			5. 작업환경과 인간공학	1. 빛과 소음의 특성 2. 열교환과정과 열압박 3. 진동과 가속도 4. 실효온도와 Oxford 지수 5. 이상환경(고열, 한랭, 기압, 고도 등) 및 노출에 따른 사고와 부상 6. 사무/VDT 작업 설계 및 관리
			6. 중량물 취급 작업	1. 중량물 취급 방법 2. NIOSH Lifting Equation

출제기준

필기 과목명	문제수	주요항목	세부항목	세세항목
기계 · 기구 및 설비 안전 관리	20	1. 기계안전시설 관리	1. 안전시설 관리 계획하기	1. 기계 방호장치 2. 안전작업절차 3. 공정도를 활용한 공정분석 4. Fool Proof 5. Fail Safe
			2. 안전시설 설치하기	1. 안전시설물 설치기준 2. 안전보건표지 설치기준 3. 기계 종류별[지게차, 컨베이어, 양중기(건설용은 제외), 운반 기계] 안전장치 설치기준 4. 기계의 위험점 분석
			3. 안전시설 유지·관리하기	1. KS B 규격과 ISO 규격 통칙에 대한 지식 2. 유해위험기계기구 종류 및 특성
		2. 기계분야 산업재해 조사	1. 재해조사	1. 재해조사의 목적 2. 재해조사 시 유의사항 3. 재해발생 시 조치사항 4. 재해의 원인분석 및 조사기법
		3. 기계설비 위험요인 분석	1. 공작기계의 안전	1. 절삭가공기계의 종류 및 방호장치 2. 소성가공 및 방호장치
			2. 프레스 및 전단기의 안전	1. 프레스 재해방지의 근본적인 대책 2. 금형의 안전화
			3. 기타 산업용 기계 기구	1. 롤러기 2. 원심기 3. 아세틸렌 용접장치 및 가스집합 용접장치 4. 보일러 및 압력용기 5. 산업용 로봇 6. 목재 가공용 기계 7. 고속회전체 8. 사출성형기
			4. 운반기계 및 양중기	1. 지게차 2. 컨베이어 3. 양중기(건설용은 제외) 4. 운반 기계
		4. 기계안전점검	1. 안전점검계획 수립	1. 기계·기구(롤러기, 원심기 등)의 종류 2. 기계·기구의 위험요소 3. 안전장치 분류 능력 4. 안전장치 종류 5. 압력용기

필기 과목명	문제수	주요항목	세부항목	세세항목
전기 및 화학설비 안전관리	20		2. 안전점검 실행	1. 작업의 안전 2. 사고형태 및 원인 3. 기계설비 이상 현상 4. 방호장치의 종류 5. 방호장치 설치방법 및 성능조건 6. 안전검사
			3. 안전점검 평가	1. 위험요인 도출 2. 시스템 개선
		5. 기계설비 유지·관리	1. 기계설비 위험요인 대책 제시	1. 작업장 위험요인 관리대책 2. 기계의 위험점 분석 3. 기계기구·전기설비의 위험요소
			2. 기계설비 유지·관리	1. 기계·전기 등 설비의 안전기준 2. 기계·전기 등 설비의 점검 관리 3. 기계·전기 등 설비의 안전검사이력 등 정보 관리
		1. 전기작업 안전관리	1. 전기작업의 위험성 파악	1. 전기일반 작업수칙
			2. 전기작업 안전 수행	1. 정전 작업 수칙 2. 활선 작업 수칙
			3. 전기설비 및 기기	1. 배(분)전반 2. 개폐기 3. 보호계전기 4. 과전류 및 누전 차단기
		2. 감전재해 및 방지대책	1. 감전재해 예방 및 조치	1. 안전전압 2. 허용접촉 및 보폭 전압 3. 인체의 저항
			2. 감전재해의 요인	1. 감전요소 2. 감전사고의 형태 3. 전압의 구분 4. 통전전류의 세기 및 그에 따른 영향
			3. 절연용 안전장구	1. 절연용 안전보호구 2. 절연용 안전방호구
		3. 정전기 장·재해 관리	1. 정전기 위험요소 파악	1. 정전기 발생원리 3. 방전의 형태 및 영향 2. 정전기의 발생현상 4. 정전기의 장해
			2. 정전기 위험요소 제거	1. 접지 5. 가습 2. 유속의 제한 6. 제전기 3. 보호구의 착용 7. 본딩 4. 대전방지제

출제기준

필기 과목명	문제수	주요항목	세부항목	세세항목
		4. 전기 방폭 관리	1. 전기방폭설비	1. 방폭구조의 종류 및 특징 2. 방폭구조 선정 및 유의사항 3. 방폭형 전기기기
			2. 전기방폭 사고예방 및 대응	1. 전기폭발등급 2. 위험장소 선정 3. 절연저항, 접지저항, 정전용량 측정
		5. 전기설비 위험요인 관리	1. 전기설비 위험요인 파악	1. 단락 5. 접촉부과열 2. 누전 6. 절연열화에 의한 발열 3. 과전류 7. 지락 4. 스파크 8. 낙뢰
			2. 전기설비 위험요인 점검 및 개선	1. 유해위험기계기구 종류 및 특성 2. 접지 및 피뢰설비 점검
		6. 화재·폭발 검토	1. 화재·폭발 이론 및 발생 이해	1. 연소의 정의 및 요소 2. 인화점 및 발화점 3. 연소·폭발의 형태 및 종류 4. 연소(폭발)범위 및 위험도 5. 완전연소 조성농도 6. 화재의 종류 및 예방대책 7. 연소파와 폭굉파 8. 폭발의 원리
			2. 소화 원리 이해	1. 소화의 정의 3. 소화기의 종류 2. 소화의 종류
			3. 폭발방지대책 수립	1. 폭발방지대책 2. 폭발하한계 및 폭발상한계의 계산
		7. 화학물질 안전관리 실행	1. 화학물질(위험물, 유해화학물질) 확인	1. 위험물의 기초화학 2. 위험물의 정의 3. 위험물의 종류 4. 노출기준 5. 유해화학물질의 유해요인
			2. 화학물질(위험물, 유해화학물질) 유해 위험성 확인	1. 위험물의 성질 및 위험성 2. 위험물의 저장 및 취급방법 3. 인화성 가스 취급 시 주의사항 4. 유해화학물질 취급 시 주의사항 5. 물질안전보건자료(MSDS)
			3. 화학물질 취급설비 개념 확인	1. 각종 장치(고정, 회전 및 안전장치 등) 종류 2. 화학장치(반응기, 정류탑, 열교환기 등) 특성 3. 화학설비(건조설비 등)의 취급 시 주의사항 4. 전기설비(계측설비 포함)

필기 과목명	문제수	주요항목	세부항목	세세항목
			8. 화공 안전운전 · 점검	1. 안전점검계획 수립	1. 안전운전계획
			2. 설비 및 공정 안전	1. 화학설비(반응기, 정류탑, 열교환기 등)의 종류 및 안전기준 2. 건조설비의 종류 및 재해 형태 3. 제어계측장치 4. 안전장치의 종류
			3. 안전점검 평가	1. 공정안전자료 3. 비상조치계획 2. 위험성 평가
건설공사 안전관리	20	1. 건설현장 안전점검	1. 안전점검계획 수립	1. 공종별, 공정별 안전점검계획 2. 안전점검표 작성 3. 자체검사 기계 · 기구
			2. 안전점검 고려사항	1. 공사장 작업환경 특수성 2. 안전관리 조직 3. 재해사례 검토
		2. 건설현장 유해 · 위험요인관리	1. 건설공사 유해 · 위험요인 확인	1. 유해 · 위험요인 선정 2. 안전보건자료 3. 유해위험방지계획서
		3. 건설업 산업안전보건관리비 관리	1. 건설업 산업안전보건관리비 규정	1. 건설업 산업안전보건관리비의 계상 및 사용기준 2. 건설업 산업안전보건관리비 대상액 작성요령 3. 건설업 산업안전보건관리비의 항목별 사용내역
		4. 건설현장 안전시설 관리	1. 안전시설 설치 및 관리	1. 추락방지용 안전시설 2. 붕괴방지용 안전시설 3. 낙하, 비래방지용 안전시설 4. 개인보호구
			2. 건설공구 및 기계	1. 건설공구의 종류 및 안전수칙 2. 건설기계의 종류 및 안전수칙
		5. 비계 · 거푸집 가시설 위험방지	1. 건설 가시설물 설치 및 관리	1. 비계 3. 거푸집 및 동바리 2. 작업통로 및 발판 4. 흙막이
		6. 공사 및 작업 종류별 안전	1. 양중 및 해체공사	1. 양중공사 시 안전수칙 2. 해체공사 시 안전수칙
			2. 콘크리트 및 PC공사	1. 콘크리트공사 시 안전수칙 2. PC공사 시 안전수칙
			3. 운반 및 하역작업	1. 운반작업 시 안전수칙 2. 하역작업 시 안전수칙

차례

PART 01. 핵심이론

Chapter 01 산업재해 예방 및 안전보건교육 ·································· 2

Chapter 02 인간공학 및 위험성 평가·관리 ································· 33

Chapter 03 기계·기구 및 설비 안전 관리 ··································· 71

Chapter 04 전기설비 안전관리 ··· 105

Chapter 05 화학설비 안전관리 ··· 123

Chapter 06 건설공사 안전관리 ··· 144

PART 02. 과년도 기출문제

01 2016년 1회 기출문제 ·· 176
02 2016년 2회 기출문제 ·· 197
03 2016년 3회 기출문제 ·· 218
04 2017년 1회 기출문제 ·· 240
05 2017년 2회 기출문제 ·· 263
06 2017년 3회 기출문제 ·· 285
07 2018년 1회 기출문제 ·· 307
08 2018년 2회 기출문제 ·· 330
09 2018년 3회 기출문제 ·· 353

Contents

10 2019년 1회 기출문제 …………………………………………… 377
11 2019년 2회 기출문제 …………………………………………… 400
12 2019년 3회 기출문제 …………………………………………… 424
13 2020년 통합 1·2회 기출문제 ………………………………… 448
14 2020년 3회 기출문제 …………………………………………… 473
15 2021년 1회 기출복원문제 ……………………………………… 498
16 2021년 2회 기출복원문제 ……………………………………… 520
17 2021년 3회 기출복원문제 ……………………………………… 542
18 2022년 1회 기출복원문제 ……………………………………… 565
19 2022년 2회 기출복원문제 ……………………………………… 588
20 2023년 1회 기출복원문제 ……………………………………… 612
21 2023년 2회 기출복원문제 ……………………………………… 635
22 2023년 3회 기출복원문제 ……………………………………… 658
23 2024년 1회 기출복원문제 ……………………………………… 682
24 2024년 2회 기출복원문제 ……………………………………… 705
25 2024년 3회 기출복원문제 ……………………………………… 730
26 2025년 1회 기출복원문제 ……………………………………… 756
27 2025년 2회 기출복원문제 ……………………………………… 780
28 2025년 3회 기출복원문제 ……………………………………… 803

산업안전산업기사는 2020년 4회 시험부터 CBT(Computer-Based Test)로 전면 시행됩니다.

PART 01

핵심이론

CHAPTER 01 산업재해 예방 및 안전보건교육

1. 재해 발생의 메커니즘

1. 하인리히(H. W. Heinrich)의 도미노 이론(사고연쇄성)

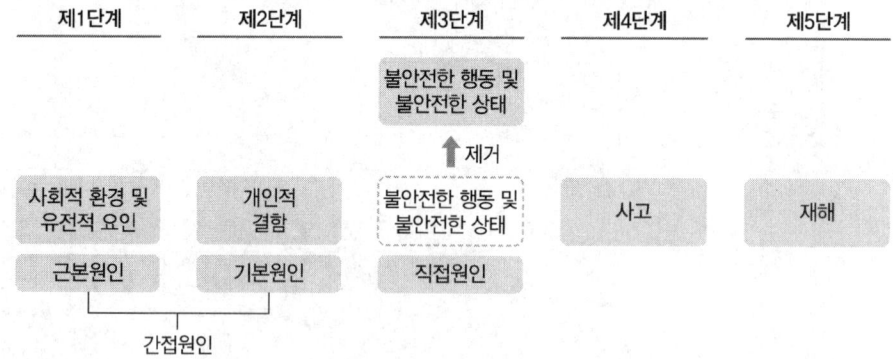

※ 불안전한 행동 및 불안전한 상태, 즉 제3단계를 제거하면 사고나 재해를 예방할 수 있다.

2. 버드(Bird)의 최신 도미노 이론

제1단계	제2단계	제3단계	제4단계	제5단계
제어의 부족	기본원인	직접원인	사고	상해
관리	기원	징후	접촉	손실

※ 재해 발생의 근원적 원인은 경영자의 관리 소홀이다.

3. 아담스(Adams)의 사고연쇄 반응이론(사고요인과 관리시스템)

관리구조 ➡ 작전적 에러 ➡ 전술적 에러 ➡ 사고 ➡ 상해·손해

※ 재해의 직접원인을 관리시스템 내의 불안전 행동과 불안전 상태에 두고 전술적 에러로 설명하였으며, 관리상의 잘못으로 인한 개념을 강조하고 있다.

재해구성비율

1. 하인리히의 법칙(1 : 29 : 300)

① 안전사고 330건 중 중상이 1건, 경상이 29건, 무상해 사고가 300건 발생한다는 법칙
② 하인리히 법칙의 핵심은 사고 발생 자체, 즉 300건의 무상해 사고를 근원적으로 예방하고 원인을 제거해야 한다는 것을 강조

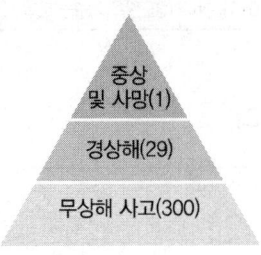

재해 발생 = 물적 불안전 상태 + 인적 불안전 행위 + α
 = 설비적 결함 + 관리적 결함 + α

여기서, α : 잠재된 위험의 상태(Potential) = 재해

$$\alpha = \frac{300}{1+29+300}$$

| 재해구성비율 |

2. 버드의 법칙(1 : 10 : 30 : 600)

중상 또는 폐질 1, 경상(물적 또는 인적 상해) 10, 무상해 사고(물적 손실) 30, 무상해·무사고 고장(위험순간) 600의 비율로 사고가 발생한다는 이론

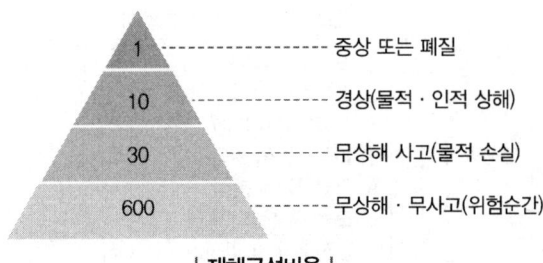

| 재해구성비율 |

재해의 예방에 관한 이론

1. 하인리히의 재해예방 4원칙

예방 가능의 원칙	천재지변을 제외한 모든 재해는 원칙적으로 예방이 가능하다.
손실 우연의 원칙	사고로 생기는 상해의 종류 및 정도는 우연적이다.
원인 계기의 원칙	사고와 손실의 관계는 우연적이지만 사고와 원인관계는 필연적이다.(사고에는 반드시 원인이 있다.)
대책 선정의 원칙	원인을 정확히 규명해서 대책을 선정하고 실시되어야 한다.(3E, 즉 기술, 교육, 관리를 중심으로)

2. 하인리히의 재해예방 5단계(사고예방 대책의 기본원리)

제1단계	조직 (안전관리조직)	① 경영자의 안전목표 설정 ② 안전관리조직의 편성 ③ 안전관리조직과 책임 부여 ④ 조직을 통한 안전활동 ⑤ 안전관리 규정의 제정
제2단계	사실의 발견 (현상파악)	① 안전사고 및 활동기록의 검토 ② 작업분석 및 불안전요소 발견 ③ 안전점검 및 안전진단 ④ 사고조사 ⑤ 관찰 및 보고서의 연구 ⑥ 안전토의 및 회의 ⑦ 근로자의 건의 및 여론조사
제3단계	분석평가	① 불안전 요소의 분석 ② 현장조사 결과의 분석 ③ 사고보고서 분석 ④ 인적·물적 환경조건의 분석 ⑤ 작업공정의 분석 ⑥ 교육과 훈련의 분석 ⑦ 안전수칙 및 안전기준의 분석
제4단계	시정책의 선정 (대책의 선정)	① 인사 및 배치조정 ② 기술적 개선 ③ 기술교육 및 훈련의 개선 ④ 안전관리 행정업무의 개선 ⑤ 규정 및 수칙의 개선 ⑥ 확인 및 통제체제 개선
제5단계	시정책의 적용 (목표달성)	① 3E의 적용단계(기술적 대책 실시, 교육적 대책 실시, 독려적 대책 실시) ② 목표설정 실시 ③ 결과의 재평가 및 개선

3. 하베이(J. H. Harvey)의 3E 이론(안전대책)

기술(Engineering)	기계설비의 교체, 작업환경의 개선 ① 설계 최적화 ② 구조재료의 검토 ③ 생산공정의 개선 ④ 점검 및 보존 철저
교육(Education)	지속적이고 충실한 안전교육훈련 실시 ① 안전지식 함양 ② 안전수칙 교육 및 지도 ③ 지속적·체계적 교육 실시 ④ 작업방법 교육 철저 ⑤ 유해·위험작업 교육 실시
관리(Enforcement)	안전관리조직 구비, 제반 규정/수칙 준수, 안전감독의 철저 ① 적합한 기준 설정 ② 각종 규정 및 수칙의 준수 ③ 전 종업원의 기준 이해 ④ 경영자 및 관리자의 솔선수범 ⑤ 부단한 동기부여와 사기 향상

4 KEYWORD 위험예지훈련

1. 위험예지훈련의 4라운드(Round)

라운드	문제해결의 4라운드	진행방법
1라운드(1R)	현상파악(사실을 파악한다) 〈어떤 위험이 잠재하고 있는가?〉	① 잠재위험 요인과 현상을 발견 ② "~때문에 ~된다"라고 5~7가지 항목 정리 ③ BS 실시
2라운드(2R)	본질추구(요인을 찾아낸다) 〈이것이 위험의 포인트다〉	① 가장 중요한 위험을 파악하여 합의 결정 ② 위험포인트 1~2항목에 ◎표를 한다. ③ 지적확인 제창 "~해서 ~ㄴ다, 좋아!"
3라운드(3R)	대책수립(대책을 선정한다) 〈당신이라면 어떻게 하겠는가?〉	① 본질추구에서 선정된 위험포인트 항목의 구체적인 대책수립 ② 2~3항목 정도 ③ BS 실시
4라운드(4R)	목표설정(행동계획을 정한다) 〈우리들은 이렇게 하자〉	① 대책수립의 항목 중 중점실시항목으로 합의 결정 ② 지적확인 제창 "~을 하여~하자 좋아!"

2. 브레인스토밍(Brainstorming)

1) 정의

브레인스토밍(Brainstorming)이란 수 명의 멤버가 마음을 터놓고 편안한 분위기 속에서 공상, 연상의 연쇄반응을 일으키면서 자유분방하게 아이디어를 대량으로 발언해 나가는 것이다.

2) BS의 원칙

① 비판금지 : 「좋다」, 「나쁘다」라고 비판은 하지 않는다.
② 대량발언 : 내용의 질적 수준보다 양적으로 무엇이든 많이 발언한다.
③ 자유분방 : 자유로운 분위기에서 마음대로 편안한 마음으로 발언한다.
④ 수정발언 : 타인의 아이디어를 수정하거나 보충 발언해도 좋다.

5 안전관리조직의 형태

1. 라인형(Line형, 직계형 조직)

특징	① 안전을 전문으로 분담하는 조직이 없고, 안전관리에 관한 계획에서부터 실시·평가에 이르기까지 생산라인(생산지시)을 통해서 이루어지는 조직 형태 ② 100명 미만의 소규모 사업장에 적합한 조직 형태
장점	① 명령계통이 간단명료함 ② 안전에 관한 지시나 조치가 신속하고, 철저함
단점	① 라인에 과중한 책임을 지우기 쉬움 ② 안전에 대한 전문지식이나 정보가 불충분 ③ 생산라인의 업무에 중점을 두어 안전보건관리가 소홀해질 수 있음

경영자 → ○ → ○ → 작업자
← 안전지시
←--- 생산지시

2. 스태프형(Staff형, 참모형 조직)

특징	① 회사 내에 별도로 안전활동 전담부서를 두는 방식의 조직 형태 ② 안전관리에 관한 계획과 조정, 조사, 검토, 보고 등의 일과 현장에 대한 기술지원을 담당하도록 편성된 조직 ③ 100명 이상 1,000명 미만의 중규모 사업장에 적합한 조직 형태
장점	① 사업장 특성에 적합한 기술연구를 전문적으로 할 수 있음 ② 경영자의 조언과 자문역할을 함 ③ 안전정보 수집이 용이하고 빠름 ④ 안전전문가가 안전계획을 세워 문제해결방안을 모색하고 조치함
단점	① 생산부분은 안전에 대한 책임과 권한이 없음 ② 권한다툼이나 조정 때문에 시간과 노력이 소모됨 ③ 안전과 생산을 별개로 취급하기 쉬움

3. 라인-스태프형(Line-Staff형, 직계 참모형 조직)

특징	① 안전보건 업무를 전담하는 스태프를 별도로 두고 또 생산라인에는 그 부서의 장으로 하여금 계획된 생산라인의 안전관리조직을 통하여 실시하도록 한 조직 형태 ② 스태프는 안전에 관한 기획, 입안, 조사, 검토 및 연구를 수행 ③ 라인형과 스태프형의 장점을 취한 절충식 조직형태 ④ 라인의 관리감독자에게도 안전에 관한 책임과 권한이 부여됨 ⑤ 안전활동과 생산업무가 분리될 가능성이 낮기 때문에 균형을 유지할 수 있음 ⑥ 1,000명 이상의 대규모 사업장에 적합한 조직 형태
장점	① 조직원 전원을 자율적으로 안전활동에 참여시킬 수 있음 ② 스태프에 의해 입안된 것을 경영자의 지침으로 명령 실시하도록 하므로 정확·신속함
단점	① 명령계통과 조언이나 권고적 참여가 혼동되기 쉬움 ② 라인과 스태프 간에 협조가 안 될 경우 업무의 원활한 추진 불가(라인과 스태프 간의 월권 또는 상호 의견충돌이 생길 수 있음) ③ 라인이 스태프에 의존 또는 활용하지 않는 경우가 있음

KEYWORD 6 산업안전보건위원회의 구성

구분	산업안전보건위원회 구성 위원
근로자위원	① 근로자대표 ② 명예산업안전감독관이 위촉되어 있는 사업장의 경우 근로자대표가 지명하는 1명 이상의 명예산업안전감독관 ③ 근로자대표가 지명하는 9명 이내의 해당 사업장의 근로자(명예산업안전감독관이 근로자위원으로 지명되어 있는 경우에는 9명에서 그 위원의 수를 제외한 수를 말한다)
사용자위원	① 해당 사업의 대표자 ② 안전관리자 1명 ③ 보건관리자 1명 ④ 산업보건의(해당 사업장에 선임되어 있는 경우) ⑤ 해당 사업의 대표자가 지명하는 9명 이내의 해당 사업장 부서의 장 ※ 상시 근로자 50명 이상 100명 미만을 사용하는 사업장에서는 ⑤에 해당하는 사람을 제외하고 구성할 수 있다

KEYWORD 7 안전보건관리규정의 포함사항

사업주는 사업장의 안전 및 보건을 유지하기 위하여 다음 각 호의 사항이 포함된 안전보건관리규정을 작성하여야 한다.
① 안전 및 보건에 관한 관리조직과 그 직무에 관한 사항
② 안전보건교육에 관한 사항
③ 작업장의 안전 및 보건 관리에 관한 사항
④ 사고 조사 및 대책 수립에 관한 사항
⑤ 그 밖에 안전 및 보건에 관한 사항

KEYWORD 8 안전관리자

1. 안전관리자의 업무

① 산업안전보건위원회 또는 안전 및 보건에 관한 노사협의체에서 심의·의결한 업무와 해당 사업장의 안전보건관리규정 및 취업규칙에서 정한 업무
② 위험성 평가에 관한 보좌 및 지도·조언
③ 안전인증대상 기계 등과 자율안전확인대상 기계 등 구입 시 적격품의 선정에 관한 보좌 및 지도·조언
④ 해당 사업장 안전교육계획의 수립 및 안전교육 실시에 관한 보좌 및 지도·조언
⑤ 사업장 순회점검, 지도 및 조치 건의
⑥ 산업재해 발생의 원인 조사·분석 및 재발 방지를 위한 기술적 보좌 및 지도·조언
⑦ 산업재해에 관한 통계의 유지·관리·분석을 위한 보좌 및 지도·조언
⑧ 법 또는 법에 따른 명령으로 정한 안전에 관한 사항의 이행에 관한 보좌 및 지도·조언
⑨ 업무수행 내용의 기록·유지
⑩ 그 밖에 안전에 관한 사항으로서 고용노동부장관이 정하는 사항

2. 안전관리자 등의 증원·교체임명

지방고용노동관서의 장은 다음 각 호의 어느 하나에 해당하는 사유가 발생한 경우에는 사업주에게 안전관리자, 보건관리자 또는 안전보건관리담당자를 정수 이상으로 증원하게 하거나 교체하여 임명할 것을 명할 수 있다.

① 해당 사업장의 연간재해율이 같은 업종의 평균재해율의 2배 이상인 경우
② 중대재해가 연간 2건 이상 발생한 경우
③ 관리자가 질병이나 그 밖의 사유로 3개월 이상 직무를 수행할 수 없게 된 경우
④ 화학적 인자로 인한 직업성 질병자가 연간 3명 이상 발생한 경우. 이 경우 직업성 질병자 발생일은 요양급여의 결정일로 한다.(직업성 질병자 발생 당시 사업장에서 해당 화학적 인자를 사용하지 아니하는 경우에는 그렇지 않다.)

9 KEYWORD 안전보건개선계획

1. 안전보건개선계획의 수립·시행을 명할 수 있는 사업장

① 산업재해율이 같은 업종의 규모별 평균 산업재해율보다 높은 사업장
② 사업주가 필요한 안전조치 또는 보건조치를 이행하지 아니하여 중대재해가 발생한 사업장
③ 직업성 질병자가 연간 2명 이상 발생한 사업장
④ 유해인자의 노출기준을 초과한 사업장

2. 안전보건진단을 받아 안전보건개선계획을 수립해야 할 사업장

① 산업재해율이 같은 업종 평균 산업재해율의 2배 이상인 사업장
② 사업주가 필요한 안전조치 또는 보건조치를 이행하지 아니하여 중대재해가 발생한 사업장
③ 직업성 질병자가 연간 2명 이상(상시근로자 1천 명 이상 사업장의 경우 3명 이상) 발생한 사업장
④ 그 밖에 작업환경 불량, 화재·폭발 또는 누출 사고 등으로 사업장 주변까지 피해가 확산된 사업장

10 KEYWORD 보호구

1. 보호구의 지급

안전모	물체가 떨어지거나 날아올 위험 또는 근로자가 추락할 위험이 있는 작업
안전대	높이 또는 깊이 2미터 이상의 추락할 위험이 있는 장소에서 하는 작업
안전화	물체의 낙하·충격, 물체에의 끼임, 감전 또는 정전기의 대전에 의한 위험이 있는 작업
보안경	물체가 흩날릴 위험이 있는 작업
보안면	용접 시 불꽃이나 물체가 흩날릴 위험이 있는 작업
절연용 보호구	감전의 위험이 있는 작업
방열복	고열에 의한 화상 등의 위험이 있는 작업
방진마스크	선창 등에서 분진(粉塵)이 심하게 발생하는 하역작업
방한모·방한복·방한화·방한장갑	섭씨 영하 18도 이하인 급냉동어창에서 하는 하역작업
승차용 안전모	물건을 운반하거나 수거·배달하기 위하여 이륜자동차를 운행하는 직업

2. 추락 및 감전 위험방지용 안전모의 종류

종류(기호)	사용 구분	비고
AB	물체의 낙하 또는 비래 및 추락에 의한 위험을 방지 또는 경감시키기 위한 것	
AE	물체의 낙하 또는 비래에 의한 위험을 방지 또는 경감하고, 머리부위 감전에 의한 위험을 방지하기 위한 것	내전압성
ABE	물체의 낙하 또는 비래 및 추락에 의한 위험을 방지 또는 경감하고, 머리부위 감전에 의한 위험을 방지하기 위한 것	내전압성

※ 내전압성이란 7,000V 이하의 전압에 견디는 것을 말한다.

3. 절연장갑의 등급

등급	최대사용전압		등급별 색상
	교류(V, 실효값)	직류(V)	
00	500	750	갈색
0	1,000	1,500	빨강색
1	7,500	11,250	흰색
2	17,000	25,500	노랑색
3	26,500	39,750	녹색
4	36,000	54,000	등색

4. 방진마스크의 구비조건

① 여과 효율(분집, 포집 효율)이 좋을 것
② 흡기 및 배기저항이 낮을 것
③ 사용적이 적을 것
④ 중량이 가벼울 것
⑤ 안면 밀착성이 좋을 것
⑥ 시야가 넓을 것
⑦ 피부 접촉부위의 고무질이 좋을 것

5. 방독마스크의 종류 및 표시색

종류	시험 가스	정화통 외부 측면의 표시 색
유기화합물용	시클로헥산(C_6H_{12})	갈색
	디메틸에테르(CH_3OCH_3)	
	이소부탄(C_4H_{10})	
할로겐용	염소가스 또는 증기(Cl_2)	회색
황화수소용	황화수소가스(H_2S)	
시안화수소용	시안화수소가스(HCN)	
아황산용	아황산가스(SO_2)	노랑색
암모니아용	암모니아가스(NH_3)	녹색
복합용 및 겸용의 정화통		① 복합용의 경우 해당 가스 모두 표시(2층 분리) ② 겸용의 경우 백색과 해당 가스 모두 표시(2층 분리)

6. 안전모의 시험성능 항목 및 기준

	항목	시험성능기준
시험성능 항목	내관통성	① 안전인증 : AE, ABE종 안전모는 관통거리가 9.5mm 이하이고, AB종 안전모는 관통거리가 11.1mm 이하이어야 한다. ② 자율안전확인 : 안전모는 관통거리가 11.1mm 이하이어야 한다.
	충격 흡수성	최고전달충격력이 4,450뉴턴(N)을 초과해서는 안 되며, 모체와 착장체의 기능이 상실되지 않아야 한다.
	내전압성	AE, ABE종 안전모는 교류 20kV에서 1분간 절연파괴 없이 견뎌야 하고, 이때 누설되는 충전전류는 10mA 이하이어야 한다. (※ 자율안전확인에서는 제외)
	내수성	AE, ABE종 안전모는 질량증가율이 1% 미만이어야 한다. (※ 자율안전확인에서는 제외)
	난연성	모체가 불꽃을 내며 5초 이상 연소되지 않아야 한다.
	턱끈풀림	150뉴턴(N) 이상 250뉴턴(N) 이하에서 턱끈이 풀려야 한다.
부가성능 항목	측면 변형 방호	최대측면변형은 40mm, 잔여변형은 15mm 이내이어야 한다.
	금속 용융물 분사 방호	① 용융물에 의해 10mm 이상의 변형이 없고 관통되지 않을 것 ② 금속용융물의 방출을 정지한 후 5초 이상 불꽃을 내며 연소되지 않을 것 (※ 자율안전확인에서는 제외)

안전보건표지

1. 안전보건표지의 종류와 형태

1. 금지표지	101 출입금지	102 보행금지	103 차량통행금지	104 사용금지	105 탑승금지	106 금연
107 화기금지	108 물체이동금지	2. 경고표지	201 인화성물질경고	202 산화성물질경고	203 폭발성물질경고	204 급성독성물질경고
205 부식성물질경고	206 방사성물질경고	207 고압전기경고	208 매달린물체경고	209 낙하물경고	210 고온경고	211 저온경고
212 몸균형상실경고	213 레이저광선경고	214 발암성·변이원성·생식독성·전신독성·호흡기과민성물질경고	215 위험장소경고	3. 지시표지	301 보안경착용	302 방독마스크착용
303 방진마스크착용	304 보안면착용	305 안전모착용	306 귀마개착용	307 안전화착용	308 안전장갑착용	309 안전복착용

2. 안전보건표지의 색도기준 및 용도

색채	색도기준	용도	사용례
빨간색	7.5R 4/14	금지	정지신호, 소화설비 및 그 장소, 유해행위의 금지
		경고	화학물질 취급장소에서의 유해·위험 경고
노란색	5Y 8.5/12	경고	화학물질 취급장소에서의 유해·위험경고 이외의 위험경고, 주의표지 또는 기계방호물
파란색	2.5PB 4/10	지시	특정 행위의 지시 및 사실의 고지
녹색	2.5G 4/10	안내	비상구 및 피난소, 사람 또는 차량의 통행표지
흰색	N9.5		파란색 또는 녹색에 대한 보조색
검은색	N0.5		문자 및 빨간색 또는 노란색에 대한 보조색

3. 안전보건표지의 종류별 색채

분류	색채
금지표지	바탕은 흰색, 기본모형은 빨간색, 관련 부호 및 그림은 검은색
경고표지	바탕은 노란색, 기본모형, 관련 부호 및 그림은 검은색 다만, 인화성물질경고, 산화성물질경고, 폭발성물질경고, 급성독성물질경고, 부식성물질경고 및 발암성·변이원성·생식독성·전신독성·호흡기과민성물질경고의 경우 바탕은 무색, 기본모형은 빨간색(검은색도 가능)
지시표지	바탕은 파란색, 관련 그림은 흰색
안내표지	바탕은 흰색, 기본모형 및 관련 부호는 녹색, 바탕은 녹색, 관련 부호 및 그림은 흰색
출입금지표지	글자는 흰색바탕에 흑색 다음 글자는 적색 • ○○○제조/사용/보관 중 • 석면취급/해체 중 • 발암물질 취급 중

12 KEYWORD 심리검사의 구비조건

표준화	검사의 관리를 위한 조건, 절차의 일관성과 통일성에 대한 심리검사의 표준화가 마련되어야 한다.
객관성	검사결과를 채점하는 과정에서 채점자의 편견이나 주관성이 배제되어야 하며, 공정한 평가가 이루어져야 한다.
규준성	검사결과의 해석에 있어 상대적 위치를 결정하기 위한 참조 또는 비교의 기준이 있어야 한다.
타당성	측정하고자 하는 것을 실제로 측정하고 있는가를 나타내는 것이다.
신뢰성	검사의 일관성을 의미하는 것으로 동일한 문제를 재측정할 경우 오차가 적어야 한다.

13 KEYWORD 재해 발생의 기본원인(4M)

인간관계 요인 (Man)	① 동료나 상사, 본인 이외의 사람 등의 인간관계를 의미 ② 원활하지 못한 인간관계는 불안전한 행동을 유발하여 사고 발생 위험이 커지게 됨
작업적 요인 (Media)	① 작업의 내용, 작업정보, 작업방법, 작업환경의 요인 ② 인간과 기계를 연결하는 매개체
관리적 요인 (Management)	① 교육훈련 부족 ② 감독지도 불충분 ③ 적성배치 불충분
설비적(물적) 요인 (Machine)	① 기계설비 등의 물적 조건 ② 기계설비의 고장, 결함

14 산업안전심리의 5대 요소

기질	인간의 성격, 능력 등 개인적인 특성으로 성장 시의 생활환경에서 영향을 받고, 여러 사람들과의 관계 및 주변 환경에 따라 변화함
동기	① 능동적인 감각에 의한 자극에서 일어나는 사고의 결과로 마음을 움직이는 원동력 ② 인간의 행동은 어떤 동기에 의해 일어나며 행동을 좋게 하려면 긍정적인 동기부여가 필요
습관	개인의 특성이 자신도 모르게 습관화된 현상으로 습관에 직접 영향을 주는 요인으로는 동기, 기질, 감정, 습성이 있음
감정	① 대상이나 상태에 따라 발생하는 슬픔, 기쁨 등에 해당하는 마음의 현상 ② 감정은 안전과 밀접한 관계가 있으며, 사고를 일으키는 정신적 근원이 됨
습성	오랜 습관으로 인하여 굳어 버린 성질로 동기, 기질, 감정 등과 밀접한 관계를 형성하여 인간의 행동에 영향을 미칠 수 있는 요소

15 착오의 요인

단계	종류	내용
제1단계	인지과정착오	① 심리·심리적 능력의 한계 ② 정보량 저장의 한계 : 한계정보량보다 더 많은 정보가 들어오는 경우 정보를 처리하지 못하는 현상 ③ 감각차단 현상 : 단조로운 업무가 장시간 지속될 때 작업자의 감각기능 및 판단능력이 둔화 또는 마비되는 현상 예 고도비행, 단독비행, 계기비행, 직선 고속도로 운행 등 ④ 정서적 불안정(불안, 공포) ⑤ 정보수용 능력의 한계 : 인간의 감지범위 밖의 정보
제2단계	판단과정착오	① 정보부족(옹고집, 지나친 자기중심적 인간) ② 능력부족(지식부족, 경험부족) ③ 자기합리화(자기에게 유리하게 판단) ④ 환경조건불비(작업조건불량) ⑤ 자기과신(지나치게 자기 기술에 대한 믿음)
제3단계	조치과정착오	① 기술능력 미숙 ② 경험부족 ③ 피로

KEYWORD 16　인간의 착각현상

가현운동	① 정지하고 있는 대상물을 나타냈다가 지웠다가 자주 반복하면 그 물체가 마치 운동하는 것처럼 인식되는 현상 ② 영화영상기법, β운동
자동운동	① 암실 내에서 정지된 소광점을 응시하면 그 광점이 움직이는 것처럼 보이는 현상 ② 자동운동이 생기기 쉬운 조건 　• 광점이 작을 것　　　　　　　　• 시야의 다른 부분이 어두울 것 　• 광(光)의 강도가 작을 것　　　　• 대상이 단순할 것
유도운동	① 실제로는 움직이지 않는 것이 어느 기준의 이동에 유도되어 움직이는 것처럼 느껴지는 현상 ② 하행선 기차역에 정지하고 있는 열차 안의 승객이 반대편 상행선 열차의 출발로 인하여 하행선 열차가 움직이는 것처럼 느끼는 경우 ③ 구름 사이의 달 관찰 시 구름이 움직일 때 구름은 정지되어 있고, 달이 움직이는 것처럼 느껴지는 현상 ④ 버스나 전동차의 움직임으로 인하여 자신이 승차하고 있는 정지된 차량이 움직이는 것 같은 느낌을 받는 현상

KEYWORD 17　레윈(K. Lewin)의 행동법칙

$$B = f(P \cdot E)$$

여기서, B : Behavior(인간의 행동)
　　　　f : function(함수관계) $P \cdot E$에 영향을 줄 수 있는 조건
　　　　P : Person(개체, 개인의 자질, 연령, 경험, 심신상태, 성격, 지능, 소질 등)
　　　　E : Environment(심리적 환경 – 작업환경, 인간관계, 설비적 결함 등)

• 레윈의 이론 : 인간의 행동(B)은 개인의 자질과 심리학적 환경과의 상호 함수관계이다.

KEYWORD 18　재해 누발자의 유형

상황성 누발자	① 작업이 어렵기 때문에　　　　　　　③ 심신에 근심이 있기 때문에 ② 기계설비에 결함이 있기 때문에　　④ 환경상 주의력의 집중이 혼란되기 때문에
습관성 누발자	① 재해의 경험에 의해 겁을 먹거나 신경과민　　② 일종의 슬럼프 상태에 빠져 있기 때문
미숙성 누발자	① 기능이 미숙하기 때문에 ② 환경에 익숙하지 못하기 때문에(환경에 적응 미숙)
소질성 누발자	① 개인의 소질 가운데 재해원인의 요소를 가진 자 (주의력 산만, 저지능, 흥분성, 비협조성, 소심한 성격, 도덕성의 결여, 감각운동 부적합 등) ② 개인의 특수성격 소유자

19 동기부여에 관한 이론

1. 매슬로우(Maslow)의 욕구 5단계

제1단계	생리적 욕구	기아, 갈증, 호흡, 배설, 성욕 등 생명유지의 기본적 욕구
제2단계	안전의 욕구	① 자기보존 욕구 - 안전을 구하려는 욕구 ② 전쟁, 재해, 질병의 위험으로부터 자유로워지려는 욕구
제3단계	사회적 욕구	① 소속감과 애정에 대한 욕구 ② 사회적으로 관계를 향상시키는 욕구
제4단계	인정받으려는 욕구 (자기 존중의 욕구)	자존심, 명예, 성취, 지위 등 인정받으려는 욕구
제5단계	자아실현의 욕구	① 잠재능력을 실현하고자 하는 성취욕구 ② 특유의 창의력을 발휘

2. 맥그리거(D. McGregor)의 X, Y이론

1) X, Y이론

X이론	Y이론
인간불신감	상호신뢰감
성악설	성선설
인간은 본래 게으르고 태만, 수동적, 남의 지배받기를 즐긴다.	인간은 본래 부지런하고 근면, 적극적, 스스로 일을 자기책임하에 자주적으로 행한다.
저차적 욕구(물질적 욕구)	고차적 욕구(정신적 욕구)
명령, 통제에 의한 관리	자기통제와 자율확보
저개발국형의 관리형태	선진국형의 관리형태
권위주의적 리더십	민주적 리더십

2) X, Y이론의 관리처방

X이론의 관리처방	Y이론의 관리처방
① 권위주의적 리더십의 확립 ② 경제적 보상 체제의 강화 ③ 면밀한 감독과 엄격한 통제 ④ 상부 책임제도의 강화 ⑤ 설득, 보상, 벌, 통제에 의한 관리 ⑥ 조직구조의 고층성	① 분권화와 권한의 위임 ② 목표에 의한 관리 ③ 비공식적 조직의 활용 ④ 민주적 리더십의 확립 ⑤ 직무확장 ⑥ 자체 평가제도의 활성화 ⑦ 조직 목표 달성을 위한 자율적인 통제 ⑧ 조직구조의 평면화

3. 허즈버그(F. Herzberg)의 2요인(동기 - 위생) 이론

① 허즈버그는 연구를 통해 사람들이 직무에 만족을 느낄 때에는 직무의 내용에 관계되고, 불만족을 느낄 때에는 직무환경과 관련된다는 것을 입증하였다.
② 위생요인의 욕구가 만족되어야 동기요인 욕구가 생긴다.

동기요인(직무내용)	위생요인(직무환경)
① 성취감 ② 책임감 ③ 성장과 발전 ④ 안정감 ⑤ 도전감 ⑥ 일 그 자체	① 보수 ② 작업조건 ③ 관리감독 ④ 임금 ⑤ 지위 ⑥ 회사 정책과 관리

4. 알더퍼(Alderfer)의 ERG 이론

생존(Existence)욕구 (존재욕구)	유기체의 생존과 유지에 관련된 욕구	① 의식주와 같은 기본적인 욕구 ② 임금, 안전한 작업조건 ③ 직무안전
관계(Relatedness)욕구	다른 사람과의 상호작용을 통하여 만족을 추구하는 대인욕구	① 의미 있는 타인과의 상호작용 ② 대인욕구
성장(Growth)욕구	개인적인 발전과 증진에 관한 욕구(잠재력의 발전으로 충족)	① 개인의 발전능력 ② 잠재력 충족 ③ 창의력 발휘

5. 데이비스(K. Davis)의 동기부여이론

① 인간의 성과 × 물질적 성과 = 경영의 성과
② 지식(Knowledge) × 기능(Skill) = 능력(Ability)
③ 상황(Situation) × 태도(Attitude) = 동기유발(Motivation)
④ 능력(Ability) × 동기유발(Motivation) = 인간의 성과(Human Performance)

주의와 부주의

1. 주의의 특징

선택성	① 주의는 동시에 두 개의 방향에 집중하지 못한다. ② 여러 종류의 자극을 지각하거나 수용할 때 특정한 것에 한하여 선택하는 기능
변동성	① 고도의 주의는 장시간 지속할 수 없다. ② 주의에는 리듬이 있어 언제나 일정수준을 유지할 수 없다.
방향성	① 한 지점에 주의를 집중하면 다른 곳의 주의는 약해진다. ② 주시점만 인지하는 기능

2. 부주의 발생현상

의식의 단절(중단)	① 의식의 흐름에 단절이 생기고 공백상태가 나타나는 경우 ② 의식수준 제0단계의 상태(특수한 질병의 경우)
의식의 우회	① 의식의 흐름이 옆으로 빗나가 발생한 경우 ② 의식수준 제0단계의 상태(걱정, 고민, 욕구불만 등)
의식수준의 저하	① 뚜렷하지 않은 의식의 상태로 심신이 피로하거나 단조로운 작업 등의 경우 ② 의식수준 제Ⅰ단계 이하의 상태
의식의 과잉	① 돌발사태 및 긴급이상사태에 직면하면 순간적으로 긴장되고 의식이 한 방향으로 쏠리는 주의의 일점집중현상의 경우 ② 의식수준 제Ⅳ단계의 상태
의식의 혼란	① 외적 조건에 문제가 있을 때 의식이 혼란되고 분산되어 작업에 잠재되어 있는 위험요인에 대응할 수 없는 경우 ② 외부의 자극이 애매모호하거나, 너무 강하거나 약할 때

3. 의식레벨의 단계(의식수준의 단계)

단계	의식의 상태	의식의 작용	행동상태	신뢰성	뇌파형태
Phase 0 (제0단계)	무의식, 실신	0(Zero)	수면, 뇌 발작	0(zero)	δ파
Phase Ⅰ (제Ⅰ단계)	정상 이하, 의식 흐림 (Subnormal) 의식 몽롱함	활발치 못함 (Inactive) 부주의	피로, 단조로움, 졸음, 술 취함	0.9 이하	θ파
Phase Ⅱ (제Ⅱ단계)	정상, 이완상태, 느긋한 기분	수동적, 마음이 안쪽으로 향함	안정기거, 휴식 시, 정례작업 시(정상작업 시) 일반적으로 일을 시작할 때 안정된 행동	0.99~0.99999	α파
Phase Ⅲ (제Ⅲ단계)	정상, 상쾌한 상태, 분명한 의식	능동적, 앞으로 향하는 주의, 주의력 범위 넓음	판단을 동반한 행동, 적극활동 시 가장 좋은 의식수준상태, 긴급이상 사태를 의식할 때	0.999999 이상 (신뢰도가 가장 높은 상태)	β파
Phase Ⅳ (제Ⅳ단계)	과긴장, 흥분상태	판단정지, 주의의 치우침	긴급 방위반응, 당황해서 패닉 (감정흥분 시 당황한 상태)	0.9 이하	β파 또는 전자파

21 KEYWORD 리더십과 헤드십

1. 리더십의 유형(업무추진의 방식에 따른 분류)

분류	개념	특징
권위형 (독재적)	① 리더중심 ② 부하직원의 정책 결정에 참여 거부 ③ 집단 구성원의 행위는 공격적 아니면 무관심 ④ 일 중심형으로 업적에 대한 관심은 높지만 인간관계에 무관심	지도자가 집단의 모든 권한 행사를 단독적으로 처리한다.
민주형 (민주적)	① 집단중심 ② 추종자(부하직원)에게 참여와 자유 인정 ③ 추종자(부하직원)의 적극적 자기실현 기회의 확보 ④ 리더의 통제와 조정, 자유폭 제한	집단의 토론, 회의 등에 의해 정책을 결정한다.
자유방임형 (개방적)	① 종업원중심 ② 집단 구성원에게 완전한 자유를 주고 리더의 권한 행사는 없음	집단에 대하여 전혀 리더십을 발휘하지 않고 명목상의 리더 자리만을 지키는 유형으로 지도자가 집단 구성원에게 완전히 자유를 주는 경우이다.

2. 리더십의 권한

조직이 지도자에게 부여한 권한	보상적 권한	부하직원에게 적절한 보상을 통해 효과적인 통제를 유도(봉급의 인상, 승진 등)
	강압적 권한	부하직원에게 적절한 처벌을 통해 효과적인 통제를 유도(승진누락, 임금삭감, 해고 등)
	합법적 권한	조직의 규정에 의해 지도자의 권한이 합법화하고 공식화된 것
지도자 자신이 자신에게 부여한 권한	전문성의 권한	지도자가 목표수행에 필요한 전문적인 지식을 갖고 부하직원들의 전문성을 인정하면 능동적으로 업무에 스스로 동참
	위임된 권한	지도자가 추구하는 목표를 부하직원들이 자신의 것으로 받아들여 지도자와 함께 일하는 것(목표달성을 위하여 부하직원들이 상사를 존경하여 상사와 함께 일하고자 할 때 상사에게 부여되는 권한)

3. 헤드십과 리더십의 구분

구분	헤드십	리더십
권한행사 및 부여	위에서 위임하여 임명된 헤드	밑에서부터의 동의에 선출된 리더
권한근거	법적 또는 공식적	개인능력
상관과 부하와의 관계	지배적	개인적인 경향
책임귀속	상사	상사와 부하
부하와의 사회적 간격	넓다	좁다
지위형태	권위주의적	민주주의적
권한귀속	공식화된 규정에 의함	집단목표에 기여한 공로 인정

22 KEYWORD 생체리듬

1. 생체리듬의 종류 및 특징

종류	특징
육체적 리듬(P) (Physical Cycle)	① 건전한 활동기(11.5일)와 그렇치 못한 휴식기(11.5일)가 23일을 주기로 반복된다. ② 활동력, 소화력, 지구력, 식욕 등과 가장 관계가 깊다.
감성적 리듬(S) (Sensitivity Cycle)	① 예민한 기간(14일)과 그렇치 못한 둔한 기간(14일)이 28일을 주기로 반복된다. ② 주의력, 창조력, 예감 및 통찰력 등과 가장 관계가 깊다.
지성적 리듬(I) (Intellectual Cycle)	① 사고능력이 발휘되는 날(16.5일)과 그렇치 못한 날(16.5일)이 33일 주기로 반복된다. ② 판단력, 추리력, 상상력, 사고력, 기억력 등과 가장 관계가 깊다.

2. 바이오리듬(Biorhythm)의 변화

① 혈액의 수분, 염분량 : 주간 감소, 야간 증가
② 체온, 혈압, 맥박수 : 주간 상승, 야간 감소
③ 야간에는 체중 감소, 소화분비액 불량, 말초신경기능 저하, 피로의 자각 증상이 증대된다.
④ 사고 발생률이 가장 높은 시간대
  ㉠ 24시간 업무 중 : 03~05시 사이
  ㉡ 주간 업무 중 : 오전 10~11시, 오후 15시~16시 사이

23 교육의 3요소

교육의 주체	① 형식적 교육 : 강사 ② 비형식적 교육 : 부모, 형, 선배, 사회지식인 등
교육의 객체	① 형식적 교육 : 수강자(학생) ② 비형식적 교육 : 자녀와 미성숙자 및 모든 학습대상자 등
교육의 매개체	① 교재(교육내용) ② 교육의 매개체인 교육내용은 학생의 성장발달을 촉진하는 수단이므로 과거기록이나 경험적인 요소를 포괄하고 있음

24 안전보건교육의 기본적인 지도 원리(8원칙)

① 피교육자 중심 교육(상대방의 입장이 되어 가르칠 것)
② 동기부여를 중요하게
③ 쉬운 부분에서 어려운 부분으로 진행(쉬운 것에서 어려운 것으로 가르칠 것)
④ 반복에 의한 습관화 진행(중요한 것은 반복해서 가르칠 것)
⑤ 인상의 강화(강조하고 싶은 것)
　㉠ 보조자료의 활용
　㉡ 견학, 현장사진 제시
　㉢ 중요 사항의 재강조
　㉣ 사고사례의 제시
　㉤ 속담, 격언과의 연결 및 암시
　㉥ 토의과제 제시 및 의견 청취 등의 방법 채택
⑥ 5관(감각기관)의 활용

5관의 효과치		이해도	
시각효과	60%	귀	20%
청각효과	20%	눈	40%
촉각효과	15%	귀+눈	60%
미각효과	3%	입	80%
후각효과	2%	머리+손, 발	90%

⑦ 기능적인 이해
　㉠ 작업표준의 교육
　㉡ 교육 시 작업순서와 중요한 것을 강조하고 이해시킴
⑧ 한 번에 한 가지씩 교육(피교육자의 흡수능력을 고려)

KEYWORD 25 행동주의 학습이론(S-R 이론)

종류	내용	실험	학습의 원리
조건반사설 (Pavlov)	일정한 훈련을 받으면 동일한 반응이나 새로운 행동의 변용을 가져올 수 있다.	개의 소화작용에 대한 생리학적 문제연구(타액 반응 실험) ① 음식 → 타액 : 조건형성 전 ② 종 → 반응 없음 : 조건형성 전 ③ 음식+종 → 타액 : 조건형성 중 ④ 종 → 타액 : 조건형성 후	① 강도의 원리 ② 일관성의 원리 ③ 시간의 원리 ④ 계속성의 원리
시행착오설 (Thorndike)	맹목적 시행을 반복하는 가운데 자극과 반응이 결합하여 행동하는 것 (성공한 행동은 각인되고 실패한 행동은 배제)	문제상자 속에 고양이를 가두고 밖에 생선을 두어 탈출하게 함(반복될수록 무작위 동작이나 소요 시간 감소)	① 효과의 법칙 ② 준비성의 법칙 ③ 연습의 법칙
조작적 조건형성이론 (Skinner)	어떤 반응에 대해 체계적이고 선택적으로 강화를 주어 그 반응이 반복해서 일어날 확률을 증가시키는 것	스키너 상자 속에 쥐를 넣어 쥐의 행동에 따라 음식물이 떨어지게 한다.	① 강화의 원리 ② 소거의 원리 ③ 조형의 원리 ④ 자발적 회복의 원리 ⑤ 변별의 원리

KEYWORD 26 적응기제

1. 대표적인 적응기제

고립	현실도피의 행위이며 실패를 자기의 내부로 돌리는 유형 예 키가 작은 사람이 키가 큰 친구들과 사진을 같이 찍으려 하지 않는 것
퇴행	현실의 어려움을 이겨내지 못하고 어린시절로 되돌아가고자 하는 행위 예 여동생이나 남동생을 얻게 되면서 손가락을 빠는 것과 같이 어린 시절의 버릇을 나타내는 것
합리화	① 자신의 난처한 입장이나 실패의 결점을 이유나 변명으로 일관하는 것 ② 실제의 행위나 상태보다 훌륭하게 평가되기 위하여 구실을 내세우는 행위 예 시합에 진 운동선수가 컨디션이 좋지 않았다고 하는 것
보상	자신의 결함과 무능에 의해 생긴 열등감을 다른 것으로 대치하여 욕구를 충족하려는 행위 예 공부 못하는 학생이 운동을 열심히 하는 것, 결혼에 실패한 사람이 고아들에게 정열을 쏟는 것
동일화	다른 사람의 행동양식이나 태도를 투입하거나 다른 사람 가운데서 자기와 비슷한 것을 발견하게 되는 것 예 동창생을 자랑하거나 우쭐대는 것, 아버지의 성공을 자신의 성공인 것처럼 자랑하며 거만한 태도를 보이는 것

2. 적응기제의 기본유형

구분	공격적 기제(행동)	도피적 기제(행동)	방어적(절충적) 기제(행동)
개념	욕구 불만에 대한 반항이나 자기를 괴롭히는 대상에 대하여 적극적이고 능동적으로 적대시하는 감정이나 태도를 취하는 행위	욕구불만에 의한 긴장이나 압박으로부터 벗어나 비합리적인 행동으로 공상에 도피하고 현실세계에서 벗어나 안정을 얻으려는 기제	자신의 약점이나 무능력, 열등감을 위장하여 유리하게 보호함으로써 안정감을 찾으려는 기제
유형	① 직접적 공격 기제 : 폭행, 싸움, 기물파손 등 ② 간접적 공격 기제 : 비난, 폭언, 욕설 등	① 백일몽 ② 퇴행 ③ 억압 ④ 반동 형성 ⑤ 고립 등	① 승화 ② 보상 ③ 합리화 ④ 투사 ⑤ 동일화 등

KEYWORD 27 안전보건교육방법

1. O.J.T(On the Job Training)

1) O.J.T(On the Job Training)의 정의

현장에서 직속상사가 부하직원에 대해서 일상 업무를 통하여 지식, 기능, 태도 및 문제해결능력 등을 교육하는 방법으로 개별교육 및 추가지도에 적합한 교육형태

2) O.J.T(On the Job Training)의 특징

① 직장의 실정에 맞는 구체적이고 실제적인 지도 교육이 가능하다.
② 개개인에게 적절한 지도 훈련이 가능하다.(개인의 능력과 적성에 알맞은 맞춤교육이 가능하다.)
③ 훈련 효과에 의해 상호 신뢰 이해도가 높아진다.(상사와의 의사 소통 및 신뢰도 향상에 도움이 된다.)
④ 교육의 효과가 업무에 신속하게 반영된다.
⑤ 교육의 이해도가 빠르고 동기부여가 쉽다.
⑥ 교육으로 인해 업무가 중단되는 업무손실이 적다.
⑦ 교육경비의 절감효과가 있다.

2. OFF.J.T(Off the Job Training)

1) OFF.J.T(Off the Job Training)의 정의

공통된 교육목적을 가진 근로자를 현장 외의 장소에 모아 실시하는 집체교육으로 집단교육에 적합한 교육형태

2) OFF.J.T(Off the Job Training)의 특징

① 외부의 전문가를 활용할 수 있다.(전문가를 초빙하여 강사로 활용이 가능하다.)
② 다수의 대상자에게 조직적 훈련이 가능하다.
③ 특별교재, 교구, 시설을 유효하게 사용할 수 있다.
④ 타 직종 사람과 많은 지식, 경험을 교류할 수 있다.
⑤ 업무와 분리되어 교육에 전념하는 것이 가능하다.
⑥ 교육목표를 위하여 집단적으로 협조와 협력이 가능하다.
⑦ 법규, 원리, 원칙, 개념, 이론 등의 교육에 적합하다.

3. TWI(Training Within Industry)

① **교육대상자** : 제일선 관리감독자

② **관리감독자의 구비조건**
  ㉠ 직무에 관한 지식
  ㉡ 직책의 지식
  ㉢ 작업을 가르치는 능력
  ㉣ 작업의 방법을 개선하는 기능
  ㉤ 사람을 다스리는 기능

③ **진행방법** : 토의식과 실연법 중심으로

④ **교육과정**
  ㉠ Job Method Training(JMT) : 작업방법훈련, 작업개선훈련
  ㉡ Job Instruction Training(JIT) : 작업지도훈련
  ㉢ Job Relations Training(JRT) : 인간관계훈련, 부하통솔법
  ㉣ Job Safety Training(JST) : 작업안전훈련

⑤ **교육시간** : 10시간(1일 2시간씩 5일), 한 그룹에 10명 내외

28 교육방법의 4단계

단계		내용
제1단계	도입 (준비)	① 학습할 준비를 시킨다. ② 작업에 대한 흥미를 갖게 한다. ③ 학습자의 동기부여 및 마음의 안정
제2단계	제시 (설명)	① 작업을 설명한다. ② 한 번에 하나하나씩 나누어 확실하게 이해시켜야 한다. ③ 강의순서대로 진행하고 설명, 교재를 통해 듣고 말하는 단계
제3단계	적용 (응용)	① 작업을 시켜본다. ② 상호 학습 및 토의 등으로 이해력을 향상시킨다. ③ 자율학습을 통해 배운 것을 학습한다. ④ 안전교육 시 직접 작업하고, 동작함으로써 학습하는 단계 ⑤ 지식을 실제의 상황에 맞추어 문제를 해결해 보고 그 수법을 이해시키는 단계
제4단계	확인 (평가)	① 가르친 뒤 살펴본다. ② 잘못된 것을 수정한다. ③ 요점을 정리하여 복습한다.

29 토의법의 종류

1. 자유토의법

참가자가 주어진 주제에 대하여 자유로운 발표와 토의를 통하여 서로의 의견을 교환하고 상호이해력을 높이며 의견을 절충해 나가는 방법

2. 패널 디스커션(Panel Discussion)

전문가 4~5명이 피교육자 앞에서 자유로이 토의를 하고, 그 후에 피교육자 전원이 사회자의 사회에 따라 토의하는 방법

3. 심포지엄(Symposium)

발제자 없이 몇 사람의 전문가에 의하여 과제에 관한 견해를 발표한 뒤에 참가자로 하여금 의견이나 질문을 하게 하여 토의하는 방법

4. 포럼(Forum)

① 사회자의 진행으로 몇 사람이 주제에 대하여 발표한 후 피교육자가 질문을 하고 토론해 나가는 방법
② 새로운 자료나 주제를 내보이거나 발표한 후 피교육자로 하여금 문제나 의견을 제시하게 하고 다시 깊이 있게 토론해 나가는 방법

5. 버즈 세션(Buzz Session)

6-6 회의라고도 하며, 참가자가 다수인 경우에 전원을 토의에 참가시키기 위한 방법으로 소집단을 구성하여 회의를 진행시키는 방법

30 KEYWORD 안전보건교육의 단계별 교육과정

1. 안전보건교육의 3단계

제1단계 지식교육 ➡ 제2단계 기능교육 ➡ 제3단계 태도교육

2. 단계별 교육과정

지식교육	① 근로자가 지켜야 할 규정의 숙지를 위한 교육 ② 공정 속에 잠재된 위험요소를 이해시킴
기능교육	① 시범, 견학, 실습, 현장실습을 통한 경험체득과 이해 ② 교육 대상자가 스스로 행함으로써 습득하는 교육 ③ 같은 내용을 반복해서 개인의 시행착오에 의해서만 얻어지는 교육
태도교육	① 작업동작지도, 생활지도 등을 통한 안전의 습관화 및 일체감 ② 동기를 부여하는 데 가장 적절한 교육 ③ 안전한 작업방법을 알고는 있으나 시행하지 않는 것에 대한 교육 ④ 표준작업방법의 습관화 ⑤ 공구, 보호구의 관리 및 취급태도의 확립 ⑥ 작업 전후의 점검 및 검사 요령의 정확한 습관화 ⑦ 태도교육의 기본과정(순서) 청취(들어본다.) ➡ 이해하고 납득(이해시킨다.) ➡ 모범(시범을 보인다.) ➡ 평가, 권장(평가한다.)

안전보건교육 교육과정별 교육시간

1. 근로자 안전보건교육

교육과정	교육대상		교육시간
가. 정기교육	사무직 종사 근로자		매반기 6시간 이상
	그 밖의 근로자	판매업무에 직접 종사하는 근로자	매반기 6시간 이상
		판매업무에 직접 종사하는 근로자 외의 근로자	매반기 12시간 이상
나. 채용 시 교육	일용근로자 및 근로계약기간이 1주일 이하인 기간제근로자		1시간 이상
	근로계약기간이 1주일 초과 1개월 이하인 기간제근로자		4시간 이상
	그 밖의 근로자		8시간 이상
다. 작업내용 변경 시 교육	일용근로자 및 근로계약기간이 1주일 이하인 기간제근로자		1시간 이상
	그 밖의 근로자		2시간 이상
라. 특별교육	일용근로자 및 근로계약기간이 1주일 이하인 기간제근로자 : 특별교육 대상 작업에 해당하는 작업에 종사하는 근로자에 한정(타워크레인을 사용하는 작업 시 신호업무를 하는 작업은 제외)		2시간 이상
	일용근로자 및 근로계약기간이 1주일 이하인 기간제근로자 : 타워크레인을 사용하는 작업 시 신호업무를 하는 작업에 종사하는 근로자에 한정		8시간 이상
	일용근로자 및 근로계약기간이 1주일 이하인 기간제근로자를 제외한 근로자 : 특별교육 대상 작업에 종사하는 근로자에 한정		• 16시간 이상(최초 작업에 종사하기 전 4시간 이상 실시하고 12시간은 3개월 이내에서 분할하여 실시 가능) • 단기간 작업 또는 간헐적 작업인 경우에는 2시간 이상
마. 건설업 기초안전·보건교육	건설 일용근로자		4시간 이상

2. 관리감독자 안전보건교육

교육과정	교육시간
가. 정기교육	연간 16시간 이상
나. 채용 시 교육	8시간 이상
다. 작업내용 변경 시 교육	2시간 이상
라. 특별교육	16시간 이상(최초 작업에 종사하기 전 4시간 이상 실시하고, 12시간은 3개월 이내에서 분할하여 실시 가능)
	단기간 작업 또는 간헐적 작업인 경우에는 2시간 이상

① 단기간 작업 : 2개월 이내에 종료되는 1회성 작업
② 간헐적 작업 : 연간 총 작업일수가 60일을 초과하지 않는 작업

3. 안전보건관리책임자 등에 대한 교육

교육대상	교육시간	
	신규교육	보수교육
가. 안전보건관리책임자	6시간 이상	6시간 이상
나. 안전관리자, 안전관리전문기관의 종사자	34시간 이상	24시간 이상
다. 보건관리자, 보건관리전문기관의 종사자	34시간 이상	24시간 이상
라. 건설재해예방전문지도기관의 종사자	34시간 이상	24시간 이상
마. 석면조사기관의 종사자	34시간 이상	24시간 이상
바. 안전보건관리담당자	–	8시간 이상
사. 안전검사기관, 자율안전검사기관의 종사자	34시간 이상	24시간 이상

① **신규교육** : 해당 직위에 선임(위촉의 경우를 포함)되거나 채용된 후 3개월(보건관리자가 의사인 경우는 1년) 이내에 직무를 수행하는 데 필요한 교육
② **보수교육** : 신규교육을 이수한 후 매 2년이 되는 날을 기준으로 전후 6개월 사이에 안전보건에 관한 보수교육을 받아야 한다.

4. 특수형태근로종사자에 대한 안전보건교육

교육과정	교육시간
가. 최초 노무제공 시 교육	2시간 이상(단기간 작업 또는 간헐적 작업에 노무를 제공하는 경우에는 1시간 이상 실시하고, 특별교육을 실시한 경우는 면제)
나. 특별교육	16시간 이상(최초 작업에 종사하기 전 4시간 이상 실시하고 12시간은 3개월 이내에서 분할하여 실시 가능)
	단기간 작업 또는 간헐적 작업인 경우에는 2시간 이상

32 KEYWORD 안전보건교육 교육대상별 교육내용

1. 근로자 안전보건교육

1) 정기교육

교육내용	· 산업안전 및 산업재해 예방에 관한 사항(화재 · 폭발 사고 발생 시 대피에 관한 사항을 포함) · 산업보건 및 건강장해 예방에 관한 사항(폭염 · 한파작업으로 인한 건강장해 발생 시 응급조치에 관한 사항을 포함) · 위험성 평가에 관한 사항 · 건강증진 및 질병 예방에 관한 사항 · 유해 · 위험 작업환경 관리에 관한 사항 · 산업안전보건법령 및 산업재해보상보험 제도에 관한 사항 · 직무스트레스 예방 및 관리에 관한 사항 · 직장 내 괴롭힘, 고객의 폭언 등으로 인한 건강장해 예방 및 관리에 관한 사항

2) 채용 시 교육 및 작업내용 변경 시 교육

교육내용	· 산업안전 및 산업재해 예방에 관한 사항(화재 · 폭발 사고 발생 시 대피에 관한 사항을 포함) · 산업보건 및 건강장해 예방에 관한 사항 · 위험성 평가에 관한 사항 · 산업안전보건법령 및 산업재해보상보험 제도에 관한 사항 · 직무스트레스 예방 및 관리에 관한 사항 · 직장 내 괴롭힘, 고객의 폭언 등으로 인한 건강장해 예방 및 관리에 관한 사항 · 기계 · 기구의 위험성과 작업의 순서 및 동선에 관한 사항 · 작업 개시 전 점검에 관한 사항 · 정리정돈 및 청소에 관한 사항 · 사고 발생 시 긴급조치에 관한 사항 · 물질안전보건자료에 관한 사항

2. 관리감독자 안전보건교육

1) 정기교육

교육내용	• 산업안전 및 산업재해 예방에 관한 사항(화재·폭발 사고 발생 시 대피에 관한 사항을 포함) • 산업보건 및 건강장해 예방에 관한 사항(폭염·한파작업으로 인한 건강장해 발생 시 응급조치에 관한 사항을 포함) • 위험성평가에 관한 사항 • 유해·위험 작업환경 관리에 관한 사항 • 산업안전보건법령 및 산업재해보상보험 제도에 관한 사항 • 직무스트레스 예방 및 관리에 관한 사항 • 직장 내 괴롭힘, 고객의 폭언 등으로 인한 건강장해 예방 및 관리에 관한 사항 • 작업공정의 유해·위험과 재해 예방대책에 관한 사항 • 사업장 내 안전보건관리체제 및 안전·보건조치 현황에 관한 사항 • 표준안전 작업방법 결정 및 지도·감독 요령에 관한 사항 • 현장근로자와의 의사소통능력 및 강의능력 등 안전보건교육 능력 배양에 관한 사항 • 비상시 또는 재해 발생 시 긴급조치에 관한 사항 • 그 밖의 관리감독자의 직무에 관한 사항

2) 채용 시 교육 및 작업내용 변경 시 교육

교육내용	• 산업안전 및 산업재해 예방에 관한 사항(화재·폭발 사고 발생 시 대피에 관한 사항을 포함) • 산업보건 및 건강장해 예방에 관한 사항 • 위험성평가에 관한 사항 • 산업안전보건법령 및 산업재해보상보험 제도에 관한 사항 • 직무스트레스 예방 및 관리에 관한 사항 • 직장 내 괴롭힘, 고객의 폭언 등으로 인한 건강장해 예방 및 관리에 관한 사항 • 기계·기구의 위험성과 작업의 순서 및 동선에 관한 사항 • 작업 개시 전 점검에 관한 사항 • 물질안전보건자료에 관한 사항 • 사업장 내 안전보건관리체제 및 안전·보건조치 현황에 관한 사항 • 표준안전 작업방법 결정 및 지도·감독 요령에 관한 사항 • 비상시 또는 재해 발생 시 긴급조치에 관한 사항 • 그 밖의 관리감독자의 직무에 관한 사항

33 KEYWORD 작업 시작 전 점검사항

작업의 종류	점검내용
프레스 등을 사용하여 작업을 할 때	• 클러치 및 브레이크의 기능 • 크랭크축 · 플라이휠 · 슬라이드 · 연결봉 및 연결 나사의 풀림 여부 • 1행정 1정지기구 · 급정지장치 및 비상정지장치의 기능 • 슬라이드 또는 칼날에 의한 위험방지 기구의 기능 • 프레스의 금형 및 고정볼트 상태 • 방호장치의 기능 • 전단기의 칼날 및 테이블의 상태
로봇의 작동 범위에서 그 로봇에 관하여 교시 등(로봇의 동력원을 차단하고 하는 것은 제외한다)의 작업을 할 때	• 외부 전선의 피복 또는 외장의 손상 유무 • 매니퓰레이터(manipulator) 작동의 이상 유무 • 제동장치 및 비상정지장치의 기능
크레인을 사용하여 작업을 하는 때	• 권과방지장치 · 브레이크 · 클러치 및 운전장치의 기능 • 주행로의 상측 및 트롤리(trolley)가 횡행하는 레일의 상태 • 와이어로프가 통하고 있는 곳의 상태
이동식 크레인을 사용하여 작업을 할 때	• 권과방지장치나 그 밖의 경보장치의 기능 • 브레이크 · 클러치 및 조정장치의 기능 • 와이어로프가 통하고 있는 곳 및 작업장소의 지반상태
지게차를 사용하여 작업을 하는 때	• 제동장치 및 조종장치 기능의 이상 유무 • 하역장치 및 유압장치 기능의 이상 유무 • 바퀴의 이상 유무 • 전조등 · 후미등 · 방향지시기 및 경보장치 기능의 이상 유무
컨베이어 등을 사용하여 작업을 할 때	• 원동기 및 풀리(Pulley) 기능의 이상 유무 • 이탈 등의 방지장치 기능의 이상 유무 • 비상정지장치 기능의 이상 유무 • 원동기 · 회전축 · 기어 및 풀리 등의 덮개 또는 울 등의 이상 유무

CHAPTER 02 인간공학 및 위험성 평가 · 관리

1 인간공학의 정의 및 목적

1. 정의

① 인간의 특성과 한계 능력을 공학적으로 분석·평가하여 이를 복잡한 체계의 설계에 응용함으로써 효율을 최대로 활용할 수 있도록 하는 학문 분야이다.
② 인간의 생리적·심리적 요소를 연구하여 기계나 설비를 인간의 특성에 맞추어 설계하고자 하는 것이다.
③ 사람과 작업 간의 적합성에 관한 과학을 말한다.
④ 인간공학의 초점은 인간이 만들어 생활의 여러 가지 면에서 사용하는 물건, 기구 또는 환경을 설계하는 과정에서 인간을 고려하는 데 있다.

2. 인간공학의 목적

① 안전성 향상 및 사고 방지
② 기계조작의 능률성과 생산성의 향상
③ 작업환경의 쾌적성 향상

2 연구 기준의 요건

실제적 요건	평가 척도는 현실성을 가지고 있어야 하며, 실질적으로 이용하기가 용이해야 한다. 즉, 객관적이고, 정량적이며, 강요적이지 않고, 수집이 쉬우며, 자료수집 기법이나 기기가 특수하지 않고, 돈이나 실험자의 수고가 적게 드는 것이어야 한다.
적절성(타당성)	기준이 의도된 목적에 적당하다고 판단되는 정도
무오염성	측정하고자 하는 변수 외의 다른 변수의 영향을 받아서는 안 된다.
기준 척도의 신뢰성	사용되는 척도의 신뢰성, 즉 반복성을 말한다.
민감도	기대되는 차이에 적합한 정도의 단위로 측정이 가능해야 한다. 즉, 피실험자 사이에서 볼 수 있는 예상 차이점에 비례하는 단위로 측정해야 함을 의미한다.

3 인간-기계시스템의 기본 기능 및 업무

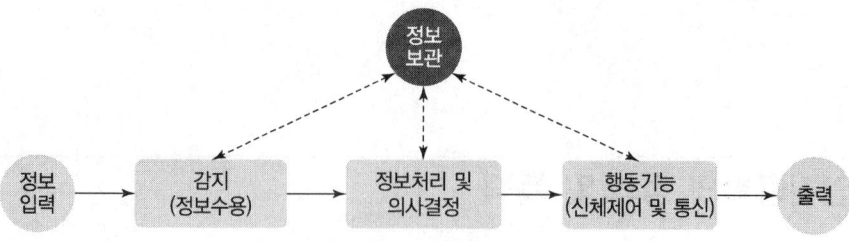

| 인간-기계시스템의 기본 기능 |

4 인간-기계 통합시스템의 유형(인간의 제어 정도에 의한 분류)

수동시스템	① 수공구나 기타 보조물로 이루어지며 자신의 신체적인 힘을 원동력으로 사용하여 작업을 통제하는 시스템(인간이 사용자나 동력원으로 가능) ② 다양성 있는 체계로 역할할 수 있는 능력을 충분히 활용하는 시스템 예 장인과 공구, 가수와 앰프
기계시스템	① 고도로 통합된 부품들로 구성되어 있으며, 일반적으로 변화가 거의 없는 기능들을 수행하는 시스템 ② 운전자의 조종에 의해 운용되며 융통성이 없는 시스템 ③ 동력은 기계가 제공하며, 조종장치를 사용하여 통제하는 것은 사람 ④ 반자동 시스템이라고도 함 예 엔진, 자동차, 공작기계
자동시스템	① 체계가 감지, 정보보관, 정보처리 및 의사결정, 행동을 포함한 모든 임무를 수행하는 체계 ② 대부분의 자동시스템은 폐회로를 갖는 체계이며, 인간요소를 고려하여야 함 ③ 신뢰성이 완전한 자동체계란 불가능하므로 인간은 감시, 정비, 보전, 계획수립 등의 기능을 수행함 예 자동화된 처리공장, 자동교환대, 컴퓨터

5 시스템(체계) 설계 과정

| 시스템(체계) 설계 과정의 주요 단계 |

제1단계 : 목표 및 성능명세의 결정	① 체계가 설계되기 전에 우선 그 목적이나 존재 이유가 있어야 한다. ② 체계의 성능명세란 목표달성을 위해 해야 하는 것을 상세하게 기록하는 것
제2단계 : 시스템(체계)의 정의	① 어떤 체계(특히 복잡한 것)의 경우에 있어서는 목적을 달성하기 위해서 특정한 기본적인 기능(임무)들이 수행되어야 한다. ② 기능분석 단계 : 목적의 달성을 위해 어떠한 방법으로 기능이 수행되는가보다는 어떤 기능들이 필요한가에 관심을 두어야 한다.
제3단계 : 기본설계	① 체계 개발 단계 중 체계의 형태가 갖추기 시작하는 단계 ② 주요 인간공학 활동은 ㉠ 인간, 하드웨어, 소프트웨어에 기능할당, ㉡ 인간 성능 요건 명세, ㉢ 직무분석, ㉣ 작업설계가 있다.
제4단계 : 계면(interface)설계	① 인간-기계체계에서 인간과 기계가 만나는 면(面)을 계면이라고 한다. ② 작업공간, 표시장치, 조종장치, 제어(Console), 컴퓨터 대화(Dialog) 등
제5단계 : 촉진물 설계	① 촉진물 설계 단계의 주 초점은 만족스러운 인간 성능을 증진시킬 보조물에 대해 설계하는 것이다. ② 매뉴얼 및 성능보조자료 작성은 촉진물 설계에 해당된다.
제6단계 : 시험 및 평가	체계 개발의 산물(기기, 절차 및 요원)이 계획된 대로 작동하는지 알아보기 위해 산물(産物)들을 측정하는 것이다.

1. 제3단계 : 기본설계

1) 체계 개발 단계 중 체계의 형태를 갖추기 시작하는 단계

2) 주요 인간공학 활동

① 인간, 하드웨어, 소프트웨어에 기능할당
② 인간 성능 요건 명세
③ 직무분석
④ 작업설계

3) 기능할당(인간, 하드웨어, 소프트웨어)

수행되어야 할 기능들이 주어졌을 때, 어떤 경우에는 어떤 특정한 기능을 인간에게 할당할 수도 있고 또는 기계부품에 할당할 수도 있을 때가 있다.

① 인간과 기계의 재능 비교

구분	인간이 우수한 재능	기계가 우수한 재능
감지기능	① 저에너지 자극 감지 ② 복잡다양한 자극형태 식별 ③ 예기치 못한 사건 감지	① 인간의 정상적 감지 범위 밖의 자극 감지 ② 인간 및 기계에 대한 모니터 기능 ③ 드물게 발생하는 사상 감지
정보저장	많은 양의 정보를 장시간 보관	암호화된 정보를 신속하게 대량 보관
정보처리 및 결심	① 관찰을 통해 일반화 ② 귀납적 추리 ③ 원칙 적용 ④ 다양한 문제해결	① 연역적 추리 ② 정량적 정보처리
행동기능	과부하 상태에서는 중요한 일에만 전념	① 과부하 상태에서도 효율적 작동 ② 장시간 중량작업 ③ 반복작업, 동시에 여러 가지 작업 가능

② 구체적인 기능의 비교
 ㉠ 인간이 기계보다 우수한 기능
  ⓐ 매우 낮은 수준의 자극(시각, 청각, 촉각, 후각, 미각)을 감지한다.
  ⓑ 수신 상태가 나쁜 음극선관에 나타나는 영상과 같이 배경잡음이 심한 경우에도 신호를 인지할 수 있다.
  ⓒ 항공 사진의 피사체나 말소리처럼 상황에 따라 변화하는 복잡한 자극의 형태를 식별할 수 있다.
  ⓓ 주위의 예기치 못한 상황을 감지할 수 있다.
  ⓔ 많은 양의 정보를 오랜 기간 동안 보관하였다가 적절한 정보를 상기한다.
  ⓕ 다양한 경험을 토대로 의사결정을 한다.
  ⓖ 어떤 운용 방법이 실패할 경우, 다른 방법을 선택한다.
  ⓗ 관찰을 통해서 일반화하여 귀납적으로 추리한다.
  ⓘ 원칙을 적용하여 다양한 문제를 해결한다.
  ⓙ 완전히 새로운 해결책을 찾을 수 있다.
  ⓚ 다양한 운용상의 요건에 맞추어서 신체적인 반응을 적응시킨다.
  ⓛ 과부하 상황에서 불가피한 경우에는 중요한 일에만 전념한다.
  ⓜ 주관적으로 추산하고 평가한다.

ⓛ 기계가 인간보다 우수한 기능
  ⓐ 인간의 정상적인 감지 범위 밖에 있는 자극(X선, 레이더파, 초음파 등)을 감지한다.
  ⓑ 사전에 명시된 사상(Event), 특히 드물게 발생하는 사상을 감지한다.
  ⓒ 입력신호에 대해 신속하게 일관성 있는 반응을 한다.
ⓓ 암호화된 정보를 신속하게 대량으로 보관할 수 있다.
ⓔ 정해진 프로그램에 따라 정량적인 정보처리를 한다.
ⓕ 반복적인 작업을 신뢰성 있게 수행할 수 있다.
ⓖ 연역적으로 추리한다.
ⓗ 상당히 큰 물리적인 힘을 규율 있게 발휘한다.
ⓘ 여러 개의 프로그램된 행동을 동시에 수행한다.
ⓙ 물리적인 양을 계수하거나 측정한다.
ⓚ 주의가 소란하여도 효율적으로 작동한다.
ⓛ 과부하에서도 효율적으로 작동한다.
ⓜ 구체적인 지시에 의해 암호화된 정보를 신속하고 정확하게 회수한다.

6 시스템 분석 및 설계에 있어서 인간공학의 가치

① **성능(Performance)의 향상** : 적절하게 배정되어 적절한 환경에서 적절한 장비로 적절한 직무를 수행하는 사람이 유능한 장비 운용자나 기술자가 될 수 있다.
② **훈련비용의 절감** : 장치와 그 운용 절차가 사용하기에 적절하게 설계되었을 때 조금만 훈련하여도 장치를 운용할 수 있다.
③ **인력 이용률(Utilization)의 향상** : 더 많은 인력 자원을 훈련하여 직무를 수행하도록 할 수 있고 이에 의해 인력 이용률을 향상시킬 수 있다.
④ **사고 및 오용으로부터의 손실 감소** : 장비 설계를 잘못하면 통상 인간의 착오에 기인하여 많은 사고를 유발시킬 수 있어 장비는 인간공학적 원칙을 잘 적용함으로써 부분적으로 줄일 수 있다.
⑤ **생산 및 보전의 경제성 증대** : 설계의 단순화는 운용하기 쉬울 뿐 아니라 제작이나 보전이 간단한 장치를 낳는다.
⑥ **사용자의 수용도 향상** : 운용 및 보전이 쉽고 요원을 안전하게 보호해 주도록 잘 설계된 체계는 신뢰감을 갖도록 하고 효율을 높여 준다.

7 KEYWORD 인간 실수의 분류

1. 심리적인 분류(Swain)

생략에러(Omission Error, 부작위 실수)	필요한 직무 및 절차를 수행하지 않아(생략) 발생하는 에러 예 가스밸브를 잠그는 것을 잊어 사고가 났다. 예 어떤 제품의 분해·조립과정을 거쳐서 수리를 마친 후 부품 하나가 남았다.
작위에러(Commission Error, 실행에러)	① 필요한 작업 또는 절차의 불확실한 수행(잘못 수행)으로 인한 에러 ② 넓은 의미로 선택착오, 순서착오, 시간착오, 정성적 착오를 포함한다. 예 전선이 바뀌었다, 틀린 부품을 사용하였다, 부품이 거꾸로 조립되었다 등
순서에러(Sequential Error)	필요한 작업 또는 절차의 순서 착오로 인한 에러 예 자동차 출발 시 핸드브레이크를 해제하지 않고 출발하여 발생한 에러
시간에러(Time Error)	필요한 직무 또는 절차의 수행 지연으로 인한 에러 예 프레스 작업 중에 금형 내에 손이 오랫동안 남아 있어 발생한 재해
과잉행동에러(Extraneous Error, 불필요한 행동에러)	불필요한 작업 또는 절차를 수행함으로써 기인한 에러 예 자동차 운전 중 습관적으로 손을 창문으로 내밀어 발생한 재해

2. 원인의 수준(Level)적 분류

Primary Error (1차 에러)	작업자 자신으로부터 발생한 에러
Secondary Error (2차 에러)	작업형태나 작업조건 중에서 다른 문제가 발생하여 필요한 직무나 절차를 수행할 수 없는 에러
Command Error (지시 에러)	요구된 기능을 실행하고자 하여도 필요한 물건, 정보, 에너지 등이 공급되지 않아서 작업자가 움직일 수 없는 상황에서 발생한 에러

8 KEYWORD 인간 실수 확률(HEP)

1. 인간 실수 확률(HEP ; Human Error Probability)

특정한 직무에서 하나의 착오가 발생할 확률(할당된 시간은 내재적이거나 명시되지 않는다.)

$$인간\ 실수\ 확률(HEP) = \frac{인간의\ 실수\ 수}{전체\ 실수발생기회의\ 수}$$

2. 직무의 성공적 수행 확률(직무 신뢰도)

$$인간\ 신뢰도(R) = 1 - HEP$$

9 KEYWORD 시스템의 신뢰도

1. 직렬구조

① 요소 중 어느 하나가 고장이면 시스템은 고장이다. 즉, 모든 요소가 정상일 때 시스템은 정상이다.
② 직렬구조는 정비나 보수로 인해 시스템의 신뢰도 함수가 가장 크게 영향을 받는다.

$$R = R_1 \times R_2 \times R_3 \times \cdots \times R_n = \prod_{i=1}^{n} R_i$$

── R_1 ── R_2 ── R_3 ── $\cdots$ ── R_n ──

2. 병렬구조(Fail Safety)

① 시스템의 모든 요소가 고장 나면 시스템이 고장 나는 구조이다.
② 즉, 요소의 어느 하나가 정상적이면 계는 정상이다.

$$R = 1 - (1-R_1)(1-R_2) \cdots (1-R_n) = 1 - \prod_{i=1}^{n}(1-R_i)$$

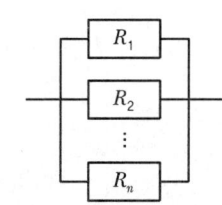

··· 예상문제

다음 그림과 같은 시스템의 신뢰도는 얼마인가?(단, 숫자는 해당 부품의 신뢰도이다.)

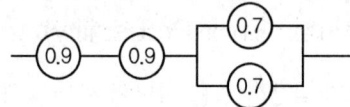

풀이 $R = 0.9 \times 0.9 \times [1-(1-0.7)(1-0.7)] = 0.7371$

답 0.7371

10 KEYWORD 정보의 측정 단위

① Bit : 실현 가능성이 같은 2개의 대안 중 하나가 명시되었을 때 우리가 얻는 정보량
② 실현 가능성이 같은 n개의 대안이 있을 때 총 정보량 H

$$H = \log_2 n$$

③ 이것은 각 대안의 실현 확률(n의 역수)로 표현할 수도 있다. (P를 각 대안의 실현 확률이라 하면)

$$H = \log_2 \frac{1}{P}$$

여기서, $P = \frac{1}{n}$

④ 두 대안의 실현 확률의 차이가 커질수록 정보량 H는 줄어든다.

⑤ 여러 개의 실현 가능한 대안이 있을 경우 평균 정보량은 각 대안의 정보량에 실현 확률을 곱한 것을 모두 합하면 된다.

$$H = \sum_{i=1}^{n} P_i \log_2 \left(\frac{1}{P_i} \right)$$

여기서, P_i : 각 대안의 실현 확률

••• 예상문제

인간이 절대 식별할 수 있는 대안의 최대 범위는 대략 7이라고 한다. 이를 정보량의 단위인 bit로 표시하면 약 몇 bit가 되는가?

풀이 $H = \log_2 n = \log_2 7 = \dfrac{\log 7}{\log 2} = 2.8$

탑 2.8[bit]

••• 예상문제

동전던지기에서 앞면이 나올 확률 $P(앞) = 0.9$이고, 뒷면이 나올 확률 $P(뒤) = 0.1$일 때, 앞면과 뒷면이 나올 사건 각각의 정보량은?

풀이
① 앞면 : $H = \log_2 \dfrac{1}{P} = \log_2 \dfrac{1}{0.9} = 0.15\text{[bit]}$
② 뒷면 : $H = \log_2 \dfrac{1}{P} = \log_2 \dfrac{1}{0.1} = 3.32\text{[bit]}$

탑 앞면 : 0.15[bit], 뒷면 : 3.32[bit]

••• 예상문제

인간의 반응시간을 조사하는 실험에서 0.1, 0.2, 0.3, 0.4의 점등확률을 갖는 4개의 전등이 있다. 이 자극 전등이 전달하는 정보량은 약 얼마인가?

풀이 $H = 0.1 \times \log_2 \left(\dfrac{1}{0.1} \right) + 0.2 \times \log_2 \left(\dfrac{1}{0.2} \right) + 0.3 \times \log_2 \left(\dfrac{1}{0.3} \right) + 0.4 \times \log_2 \left(\dfrac{1}{0.4} \right) = 1.85$

탑 1.85[bit]

11 KEYWORD 위험성 평가

1. 위험성 평가의 정의

사업주가 스스로 유해·위험요인을 파악하고 해당 유해·위험요인의 위험성 수준을 결정하여, 위험성을 낮추기 위한 적절한 조치를 마련하고 실행하는 과정을 말한다.

2. 용어의 정의

① 유해·위험요인 : 유해·위험을 일으킬 잠재적 가능성이 있는 것의 고유한 특징이나 속성을 말한다.
② 위험성 : 유해·위험요인이 사망, 부상 또는 질병으로 이어질 수 있는 가능성과 중대성 등을 고려한 위험의 정도를 말한다.

3. 위험성 평가의 절차

사업주는 위험성 평가를 다음의 절차에 따라 실시하여야 한다. 다만, 상시근로자 5인 미만 사업장(건설공사의 경우 1억 원 미만)의 경우 사전준비 절차를 생략할 수 있다.

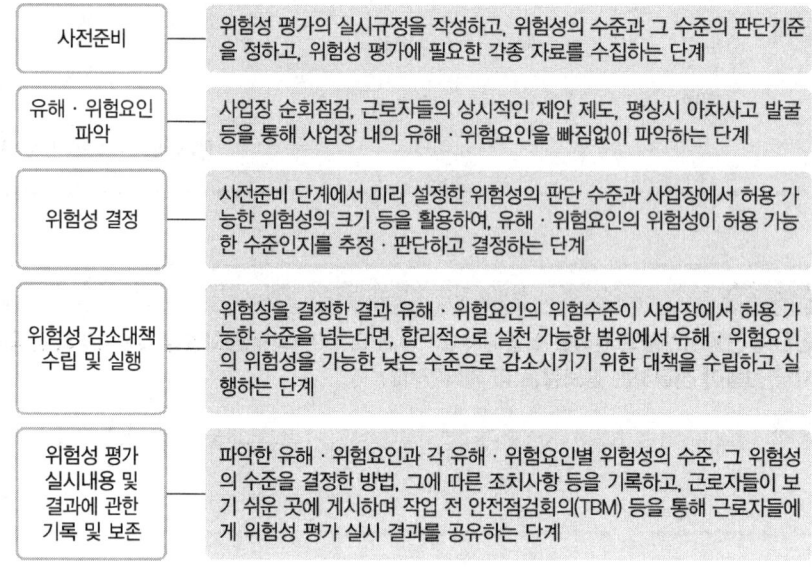

4. 위험성 평가 절차별 중점사항

1) 사전준비

사업주는 위험성 평가를 효과적으로 실시하기 위하여 최초 위험성 평가 시 다음 각 호의 사항이 포함된 위험성 평가 실시규정을 작성하고, 지속적으로 관리하여야 한다.
① 평가의 목적 및 방법
② 평가담당자 및 책임자의 역할
③ 평가시기 및 절차
④ 근로자에 대한 참여·공유방법 및 유의사항
⑤ 결과의 기록·보존

2) 유해·위험요인 파악

사업주는 사업장 내의 위험성 평가 대상에 따른 유해·위험요인을 파악하여야 한다. 이때 업종, 규모 등 사업장 실정에 따라 다음 각 호의 방법 중 어느 하나 이상의 방법을 사용하되, 특별한 사정이 없으면 사업장 순회점검에 의한 방법을 포함하여야 한다.
① 사업장 순회점검에 의한 방법
② 근로자들의 상시적 제안에 의한 방법
③ 설문조사·인터뷰 등 청취조사에 의한 방법
④ 물질안전보건자료, 작업환경측정결과, 특수건강진단결과 등 안전보건 자료에 의한 방법
⑤ 안전보건 체크리스트에 의한 방법
⑥ 그 밖에 사업장의 특성에 적합한 방법

3) 위험성 평가의 공유

① 사업주는 위험성 평가를 실시한 결과 중 다음 각 호에 해당하는 사항을 근로자에게 게시, 주지 등의 방법으로 알려야 한다.
  ㉠ 근로자가 종사하는 작업과 관련된 유해·위험요인
  ㉡ 유해·위험요인의 위험성 결정 결과
  ㉢ 유해·위험요인의 위험성 감소대책과 그 실행 계획및 실행 여부
  ㉣ 위험성 감소대책에 따라 근로자가 준수하거나 주의하여야 할 사항
② 사업주는 위험성 평가 결과 중대재해로 이어질 수 있는 유해·위험요인에 대해서는 작업 전 안전점검회의(TBM ; Tool Box Meeting) 등을 통해 근로자에게 상시적으로 주지시키도록 노력하여야 한다.

4) 위험성 평가 실시내용 및 결과의 기록·보존

① 사업주가 위험성 평가의 결과와 조치사항을 기록·보존할 때에는 다음 각 호의 사항이 포함되어야 한다.

㉠ 위험성 평가 대상의 유해 · 위험요인
㉡ 위험성 결정의 내용
㉢ 위험성 결정에 따른 조치의 내용
㉣ 그 밖에 위험성 평가의 실시내용을 확인하기 위하여 필요한 사항으로서 고용노동부장관이 정하여 고시하는 사항
ⓐ 위험성 평가를 위해 사전조사한 안전보건정보
ⓑ 그 밖에 사업장에서 필요하다고 정한 사항
② 사업주는 제①항에 따른 자료를 3년간 보존해야 한다.
③ 기록의 최소 보존기한은 위험성 평가의 실시 시기별 위험성 평가를 완료한 날부터 기산한다.

12 시스템 위험분석

1. 위험처리기술(위험관리기법)

위험의 회피 (Avoidance)	① 위험 자체를 피하는 행위 ② 잠재적 이익도 포기하는 극히 소극적인 수단
위험의 감소 (Reduction)	① 위험을 적극적으로 예방하고 경감하는 행위 ② 잠재적 위험의 노출을 최대한 감소하는 방법
위험의 전가 (Transfer)	① 위험을 제3자에게 전가하거나 공유하는 행위 ② 보험, 공제조합, 기금 등
위험의 보유(보류) (Retention)	① 무계획적 보유 : 가장 위험한 행위 ② 계획적 보유 : 회피, 감소, 전가될 수 없는 위험에 적극적으로 대응

2. 위험과 운전분석(HAZOP ; Hazard and Operability Studies)

1) 개요
① 공정에 존재하는 위험요소들과 공정의 효율을 떨어뜨릴 수 있는 운전상의 문제점을 찾아내어 그 원인을 제거하는 방법을 말한다.
② 화학공장에서의 위험성(Hazard)과 운전성(Oprability)을 정해진 규칙과 설계도면에 의하여 체계적으로 분석, 평가하는 방법이다.

2) 특징
① 화학공장에서 가동문제를 파악하는 데 널리 사용된다. 즉, 위험요소를 예측하고 새로운 공정에 대한 (지식부족으로 인한) 가동문제를 예측하는 데 사용된다.
② 자세한 공장과 설비의 설명이 필요하고 각 공정과 제어에 대한 완전한 이해가 있어야 한다.

③ 5~7명의 각 분야별 전문가와 안전기사로 구성된 팀원들이 상상력을 동원하여 가이드단어로서 위험요소를 점검한다.
④ HAZOP의 적용은 대부분 상세설계 기간이나 설계가 완료된 단계, 즉 개발단계에서 수행되는 것이 보통이다.
⑤ HAZOP은 설계변경이 가능한 초기 설계단계에서 수행하는 것이 가장 바람직하다.

3) 가이드 워드(Guide Word)

① 설계의 각 부분의 완전성을 검토(Test)하기 위해 만들어진 질문들이 설계의도로부터 설계가 벗어날 수 있는 모든 경우를 검토해 볼 수 있도록 하기 위한 것
② 가이드 워드는 변수의 질이나 양을 표현하는 간단한 용어를 말한다.
③ 가이드 워드(가이드 단어)의 의미

가이드 워드	의미	설명(예)
No/Not or None (없음)	설계의도의 완전한 부정	① 설계의도의 어떤 부분도 성취되지 않으며 아무 것도 일어나지 않음 ② 검토구간 내에서 유량이 없거나 흐르지 않는 상태를 뜻함 ③ 설계의도에 완전히 반하여 변수의 양이 없는 상태
More / Less (증가/감소)	양의 증가 혹은 감소 (정량적 증가 혹은 감소)	① More : 검토구간 내에서 유량이 설계의도보다 많이 흐르는 상태를 뜻함, 변수가 양적으로 증가되는 상태 ② Less : 증가(More)의 반대이며, 적은 경우에는 없음(No)으로 표현될 수도 있음, 변수가 양적으로 감소되는 상태
As well as (부가)	성질상의 증가 (정성적 증가)	① 모든 설계의도와 운전조건이 어떤 부가적인 행위와 함께 일어남 ② 설계의도 외에 다른 변수가 부가되는 상태 ③ 오염 등과 같이 설계의도 외에 부가로 이루어지는 상태를 뜻함
Part of (부분)	성질상의 감소 (정성적 감소)	① 어떤 의도는 성취되나 어떤 의도는 성취되지 않음 ② 설계의도대로 완전히 이루어지지 않는 상태 ③ 조성 비율이 잘못된 것과 같이 설계의도대로 되지 않는 상태
Reverse (반대)	설계의도의 논리적인 역 (설계의도와 반대현상)	① 검토구간 내에서 유체가 정반대 방향으로 흐르는 상태 ② 설계의도와 정반대로 나타나는 상태
Other than (기타)	완전한 대체의 필요	① 설계의도의 어떤 부분도 성취되지 않고 전혀 다른 것이 일어남 ② 밸브가 잘못 설치되거나 다른 원료가 공급되는 상태

3. 예비위험분석(PHA ; Preliminary Hazard Analysis)

① 공정 또는 설비 등에 관한 상세한 정보를 얻을 수 없는 상황에서 위험물질과 공정요소에 초점을 맞추어 초기 위험을 확인하는 방법을 말한다.
② 시스템안전 위험분석(SSHA)을 수행하기 위한 예비적인 최초의 작업으로 위험요소가 얼마나 위험한지를 정성적으로 평가하는 것이다.
③ PHA는 구상단계나 설계 및 발주의 극히 초기에 실시된다.

4. 고장형태와 영향분석(FMEA ; Failure Mode and Effects Analysis)

① 시스템이나 서브시스템 위험분석을 위하여 일반적으로 사용되는 전형적인 정성적·귀납적 분석기법으로 시스템에 영향을 미치는 모든 요소의 고장을 형태별로 분석하여 그 영향을 검토하는 분석기법
② 시스템 내의 위험요소가 얼마나 위험한 상태에 있는가를 정성적으로 평가하는 기법
③ 고장 발생을 최소로 하고자 하는 경우에 유효하다.

5. 사건수 분석(ETA ; Event Tree Analysis)

1) 개요

① 초기 사건으로 알려진 특정한 장치의 이상 또는 운전자의 실수에 의해 발생되는 잠재적인 사고 결과를 정량적으로 평가·분석하는 방법
② 사상의 안전도를 사용해서 시스템의 안전도를 표시하는 시스템 모델의 하나로 귀납적이기는 하지만 정량적인 해석기법
③ 항공기의 안전성 평가에 널리 사용되는 기법으로서 각 중요 부품의 고장률, 운용 형태, 보정계수, 사용시간 비율 등을 고려하여 정량적·귀납적으로 부품의 위험도를 평가하는 기법
④ 설비의 설계단계에서부터 사용단계까지 각 단계에서 위험을 분석하는 귀납적·정량적 분석방법

6. 위험도 분석(CA ; Criticality Analysis)

① 고장이 직접 시스템의 손실과 인명의 사상에 연결되는 높은 위험도를 가진 요소나 고장의 형태에 따른 분석기법
② FMEA를 실시한 결과 고장등급이 높은 고장모드가 시스템이나 기기의 고장에 어느 정도로 기여하는가를 정량적으로 계산하고, 그 영향을 정량적으로 평가하는 해석 기법
③ FMEA에 치명도 해석을 포함시킨 것을 FMECA(Failure Mode Effect and Criticality Analysis)라고 한다.

7. 이상 위험도 분석(FMECA ; Failure Mode Effect and Criticality Analysis)

① 공정 및 설비의 고장 형태 및 영향, 고장형태별 위험도 순위 등을 결정하는 방법을 말한다.
② 고장의 형태, 영향 및 치명도 분석이라고도 한다.
③ 정성적 분석방법이나 이를 정량적으로 보완하기 위하여 개발된 분석기법(정성적 분석방법과 정량적 분석방법을 동시에 사용)
④ CA는 FMEA와 병용되는 경우가 많아 SAE는 FMEA를 확장해서 개발
⑤ FMECA = FMEA + CA
⑥ 신규 제품설계평가에는 FMECA는 잘 사용하지 않고 FMEA만 사용된다.

8. 인간과오율 예측기법(THERP ; Technique for Human Error Rate Prediction)

① 사고원인 가운데 인간의 과오나 기인된 원인분석, 확률을 계산함으로써 제품의 결함을 감소시키고, 인간공학적 대책을 수립하는 데 사용되는 분석기법
② 인간의 과오(Human Error)를 정량적으로 평가하기 위해 개발된 기법(Swain 등에 의해 개발된 인간과오율 예측기법)

9. 경영위험도 분석(MORT ; Management Oversight and Risk Tree)

① 관리, 설계, 생산, 보전 등에 대한 넓은 범위에 걸쳐 안전성을 확보하려고 시도된 것
② 개발의 대상이 원자력 산업이지만 처음으로 산업안전을 목적으로 개발된 시스템 안전 프로그램
③ 연역적이면서 정량적 해석방법
④ 원자력 산업과 같이 이미 상당한 안전이 확보되어 있는 장소에서 관리, 설계, 생산, 보전 등 광범위하고 고도의 안전 달성을 목적으로 하는 시스템 해석법

10. 운용 및 지원 위험분석(O & SHA ; Operation and Support(O & S) Hazard Analysis)

생산, 보전, 시험, 운반, 저장, 비상탈출, 운전, 구조, 훈련 및 폐기 등에 사용되는 인원, 설비에 관하여 위험을 파악하고 제어하며, 그들의 안전요건을 결정하기 위하여 실시하는 분석기법

13 KEYWORD 결함수 분석(FTA)

1. FTA(Fault Tree Analysis)의 개요

① 사고의 원인이 되는 장치의 이상이나 고장의 다양한 조합 및 작업자 실수 원인을 연역적으로 분석하는 방법을 말한다.
② FTA는 시스템 고장을 발생시키는 사상과 그의 원인과의 인과관계를 논리기호를 사용하여 나뭇가지 모양의 그림으로 나타낸 고장목을 만들고 이에 의거 시스템의 고장확률을 구함으로써 문제가 되는 부분을 찾아내어 시스템의 신뢰성을 개선하는 연역적이고 정성적 · 정량적인 고장해석 및 신뢰성 평가방법이다.

2. 논리기호 및 사상기호

1) FTA 분석 기호

번호	기호	명칭	내용
1	(직사각형)	결함사상	사고가 일어난 사상(사건)
2	(원)	기본사상	더 이상 전개가 되지 않는 기본적인 사상 또는 발생확률이 단독으로 얻어지는 낮은 레벨의 기본적인 사상
3	(집모양)	통상사상 (가형사상)	통상발생이 예상되는 사상(예상되는 원인)
4	(마름모)	생략사상 (최후사상)	정보 부족 또는 분석기술 불충분으로 더 이상 전개할 수 없는 사상(작업 진행에 따라 해석이 가능할 때는 다시 속행한다)
5	(삼각형)	전이기호 (이행기호)	① FT도상에서 다른 부분에 관한 이행 또는 연결을 나타낸다. ② 상부에 선이 있는 경우는 다른 부분으로 전입(IN)
6	(삼각형)	전이기호 (이행기호)	① FT도상에서 다른 부분에 관한 이행 또는 연결을 나타낸다. ② 측면에 선이 있는 경우는 다른 부분으로 전출(OUT)

2) 게이트 기호

명칭	내용	기호
AND 게이트	모든 입력사상이 공존할 때만 출력사상이 발생한다.	(출력/입력)
OR 게이트	입력사상 중 어느 하나라도 발생하게 되면 출력사상이 발생한다.	(출력/입력)
억제 게이트 (제어 게이트)	입력사상 중 어느 것이나 이 게이트로 나타내는 조건을 만족하는 경우에만 출력사상이 발생한다.(조건부확률)	(출력/조건/입력)
부정 게이트	입력현상의 반대현상이 출력된다.	A

3) 수정 게이트

우선적 AND 게이트	입력사상 중 어떤 사상이 다른 사상보다 먼저 일어난 때에 출력사상이 생긴다. 즉, 출력이 발생하기 위해서는 입력들이 정해진 순서로 발생해야 한다.	ai, aj, ak 순으로
조합 AND 게이트	3개 이상의 입력사상 중 어느 것이나 2개가 일어나면 출력이 생긴다.	어느 것이나 2개
배타적 OR 게이트	OR 게이트이지만 2개 또는 그 이상의 입력이 동시에 존재하는 경우에는 출력이 생기지 않는다.	동시발생이 없음
위험 지속기호	입력사상이 발생하여 어떤 일정한 시간이 지속될 때에 출력이 생긴다. 만약 지속되지 않으면 출력은 생기지 않는다.	위험 지속 시간

3. FTA에 의한 재해사례의 연구 순서

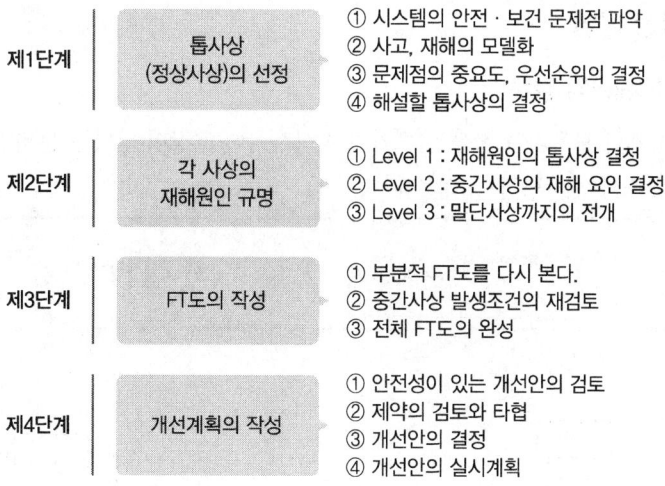

제1단계	톱사상 (정상사상)의 선정	① 시스템의 안전·보건 문제점 파악 ② 사고, 재해의 모델화 ③ 문제점의 중요도, 우선순위의 결정 ④ 해설할 톱사상의 결정
제2단계	각 사상의 재해원인 규명	① Level 1 : 재해원인의 톱사상 결정 ② Level 2 : 중간사상의 재해 요인 결정 ③ Level 3 : 말단사상까지의 전개
제3단계	FT도의 작성	① 부분적 FT도를 다시 본다. ② 중간사상 발생조건의 재검토 ③ 전체 FT도의 완성
제4단계	개선계획의 작성	① 안전성이 있는 개선안의 검토 ② 제약의 검토와 타협 ③ 개선안의 결정 ④ 개선안의 실시계획

4. Cut Set & Path Set

1) 컷셋(Cut Set)

정상사상을 발생시키는 기본사상의 집합으로 그 안에 포함되는 모든 기본사상(여기서는 통상사상, 생략, 결함사상 등을 포함한 기본사상)이 발생할 때 정상사상을 발생시킬 수 있는 기본사상의 집합

2) 패스셋(Path Set)

그 안에 포함되는 모든 기본사상이 일어나지 않을 때 처음으로 정상사상이 일어나지 않는 기본사상의 집합, 즉 시스템이 고장나지 않도록 하는 사상의 조합이다.

3) 미니멀 컷셋(Minimal Cut Set)

① 컷셋의 집합 중에서 정상사상을 일으키기 위하여 필요한 최소한의 컷셋을 미니멀 컷셋이라 한다. 즉, 컷셋 중에서 타 컷셋을 포함하고 있는 것을 배제하고 남은 컷셋들을 의미한다.
② 어느 고장이나 실수를 발생시키면 재해가 일어나는가 하는 것, 즉 시스템의 위험성(반대로 말하면 안전성)을 나타내는 것이다.
③ 미니멀 컷셋은 시스템의 기능을 마비시키는 사고요인의 집합이다.

4) 미니멀 패스셋(Minimal Path Set)

① 미니멀 패스셋은 정상사상이 일어나지 않기 위해 필요한 최소한의 것을 말한다.
② 미니멀 패스셋은 어느 고장이나 실수를 일으키지 않으면 재해가 일어나지 않는다는 것으로 시스템의 신뢰성을 나타내는 것이다.
③ 미니멀 패스셋은 시스템의 기능을 살리는 최소요인의 집합이다.

5. 고장확률의 계산 방법

1) AND 게이트(Gate)의 경우

① 기본사상 n개가 모두가 고장을 일으키면 정상사상이 고장이 난다는 논리기호이다.
② 신뢰성 블록도에서는 병렬시스템이다.

$$F_T = F_1 \times F_2 \times F_3 \times \cdots \times F_n = \prod_{i=1}^{n} F_i$$

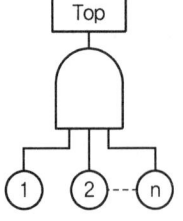

| AND 게이트의 FTA |

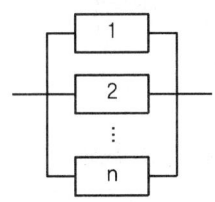

| 신뢰성 블록도(병렬) |

2) OR 게이트(Gate)의 경우

① 기본사상 n개 중 어느 하나라도 고장을 일으키면 정상사상이 고장이 난다는 논리기호이다.
② 신뢰성 블록도에서는 직렬시스템이다.

$$F_T = 1 - (1-F_1)(1-F_2) \cdots (1-F_n) = 1 - \prod_{i=1}^{n}(1-F_i)$$

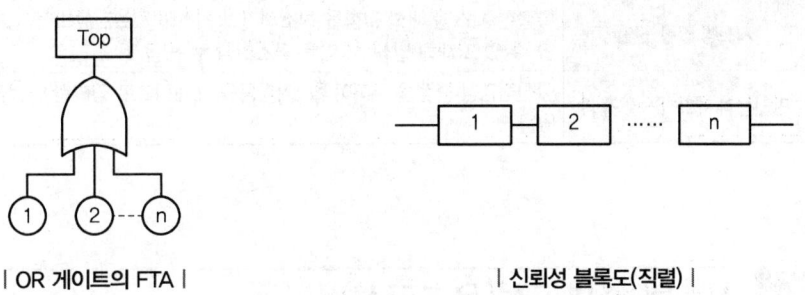

| OR 게이트의 FTA | | 신뢰성 블록도(직렬) |

6. 미니멀 컷셋을 구하는 법

① AND 게이트 : 항상 컷셋의 크기를 증가시킨다.
② OR 게이트 : 항상 컷셋의 수를 증가시킨다.
③ 정상사상에서 차례로 상단의 사상을 하단의 사상으로 치환하면서 AND 게이트는 가로로 나열하고, OR 게이트는 세로로 나열시킨다.(모든 기본사상에 도달했을 때 그들 각 행이 미니멀 컷셋이 된다.)

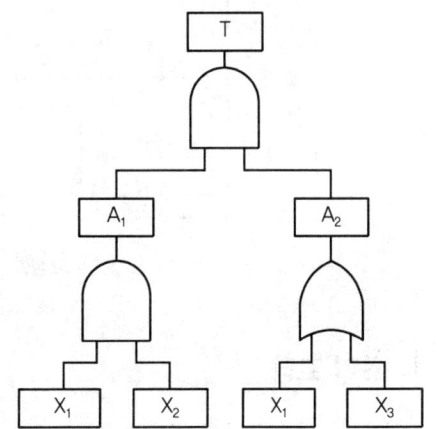

④ 미니멀 컷셋(Minimal Cut Set)

         ⓐ   ⓑ   ⓒ   ⓓ   ⓔ

T → A_1, A_2 → X_1, X_2, A_2 → $\begin{matrix} X_1, X_2, X_1 \\ X_1, X_2, X_3 \end{matrix}$ → $\begin{matrix} X_1, X_2 \\ X_1, X_2, X_3 \end{matrix}$ → X_1, X_2

ⓒ에서 1행의 컷셋은 X_1이 중복되어 있으므로 (X_1, X_2)가 되고 ⓓ의 2행에서는 (X_1, X_2)가 포함되어 있기 때문에 최소 컷셋은 ⓔ와 같다.

7. FTA의 활용 및 기대효과

사고원인 규명의 간편화	사고의 세부적인 원인목록을 작성하여 전문적인 지식이 부족한 사람도 해당 사고의 구조를 파악할 수 있음
사고원인 분석의 일반화	재해 발생의 모든 원인들의 연쇄를 한눈에 알기 쉽게 Tree상으로 표현 할 수 있음
사고원인 분석의 정량화	FTA에 의한 재해 발생원인의 정량적 해석과 예측, 컴퓨터 처리 및 통계적인 처리가 가능
노력과 시간의 절감	FTA의 전산화를 통해 사고 발생에의 기여도가 높은 중요 원인을 분석하고 파악하여 사고예방을 위한 노력과 시간을 절감
시스템 결함 진단	복잡한 시스템 내의 결함을 최소시간과 최소비용으로 효과적인 교정을 통하여 재해를 예방할 수 있고 재해 발생 시 이를 극소화할 수 있음
안전점검 체크리스트 작성	안전점검상 중점을 두어야 할 부분 등을 체계적으로 정리한 안전점검 체크리스트를 만들 수 있음

14 시스템 수명곡선(욕조곡선)

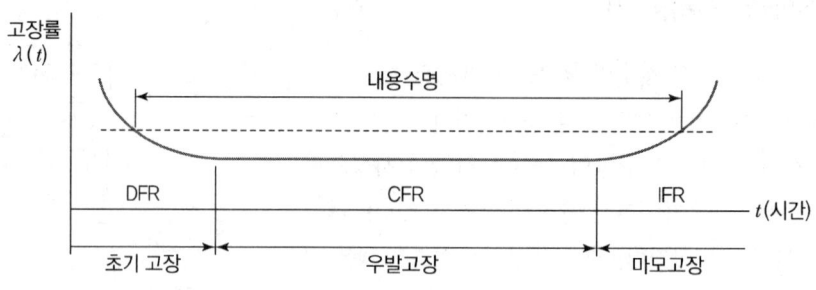

| 고장률 곡선(욕조곡선(Bath-tub Curve) |

1. 초기 고장

① 감소형 – DFR(Decreasing Failure Rate) : 고장률이 시간에 따라 감소
② 불량제조, 생산과정에서 품질관리 미비, 설계미숙 등으로 일어나는 고장
③ 점검작업이나 시운전 등으로 감소시킬 수 있다.
④ 디버깅(Debugging) 기간 : 초기에 기계의 결함을 찾아내 고장률을 안정시키는 기간
⑤ 번인(Burn-in) 기간 : 제품을 실제로 장시간 가동하여 결함의 원인을 제거하는 기간
⑥ 보전예방(MP) 실시

2. 우발고장

① 일정형 – CFR(Constant Failure Rate) : 고장률이 시간에 관계없이 거의 일정
② 예측할 수 없을 때 발생하는 고장으로 시운전이나 점검작업으로는 방지할 수 없다.
③ 낮은 안전계수, 사용자의 과오, 설계 강도 이상의 급격한 스트레스 축적, 최선의 검사방법으로도 탐지되지 않는 결함 때문에 발생하는 고장
④ 극한 상황을 고려한 설계, 안전계수를 고려한 설계 등으로 감소시킬 수 있다.
⑤ 사후보전(BM) 실시

3. 마모고장

① 증가형 – IFR(Increasing Failure Rate) : 고장률이 시간에 따라 증가
② 장치의 일부가 수명을 다하여 생기는 고장
③ 부식 또는 산화, 마모 또는 피로, 불충분한 정비 등으로 발생하는 고장
④ 안전진단 및 적당한 보수에 의해 감소시킬 수 있다.
⑤ 예방보전(PM) 실시

15 안전성 평가

1. 안전성 평가의 단계

안전성 평가는 6단계에 의해 실시되며, 경우에 따라 5단계와 6단계가 동시에 이루어지기도 한다.

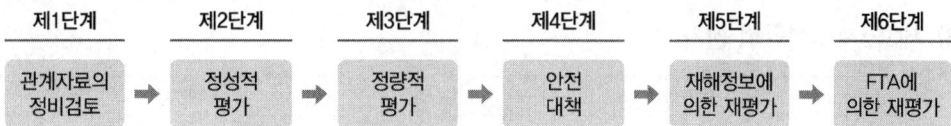

제1단계 : 관계자료의 정비검토
제2단계 : 정성적 평가
제3단계 : 정량적 평가
제4단계 : 안전대책
제5단계 : 재해정보에 의한 재평가
제6단계 : FTA에 의한 재평가

2. 평가항목(화학설비에 대한 안전성 평가)

1) 제1단계 : 관계자료의 정비검토(작성준비)

① 입지조건(지질도, 풍배도 등 입지에 관계있는 도표를 포함)
② 화학설비 배치도
③ 건조물의 평면도와 단면도 및 입면도
④ 기계실 및 전기실의 평면도와 단면도 및 입면도
⑤ 원재료, 중간체, 제품 등의 물리적·화학적 성질 및 인체에 미치는 영향
⑥ 제조공정상 일어나는 화학반응
⑦ 제조공정 개요
⑧ 공정기기 목록
⑨ 공정계통도
⑩ 배관, 계장 계통도
⑪ 안전설비의 종류와 설치장소
⑫ 운전요령
⑬ 요원배치계획, 안전보건 훈련계획
⑭ 기타 관련 자료

2) 제2단계 : 정성적 평가

설계 관계 항목	운전 관계 항목
① 입지조건 ② 공장 내 배치 ③ 건조물 ④ 소방설비	① 원재료, 중간체, 제품 등의 위험성 ② 프로세스의 운전조건 수송, 저장 등에 대한 안전대책 ③ 프로세스 기기의 선정요건

3) 제3단계 : 정량적 평가

평가항목	평점
① 취급물질 ② 화학설비의 용량 ③ 온도 ④ 압력 ⑤ 조작	① A(10점) ② B(5점) ③ C(2점) ④ D(0점)

▼ 등급 구분

위험등급	I등급	II등급	III등급
점수	16점 이상	11~15점	0~10점

4) 제4단계 : 안전대책

설비 등에 관한 대책	관리적 대책
① 소화용수 및 살수설비 설치 ② 폐기설비 및 급랭설비 ③ 비상용 전원 ④ 경보장치 ⑤ 용기 내 폭발 방지설비 설치 ⑥ 가스검지기 설치 등	① 적정한 인원배치 ② 교육 훈련 ③ 보전 등

5) 제5단계 : 재해정보에 의한 재평가

안전의 대책 강구 후 그 설계에 동종 플랜트 또는 동종 장치에서 파악한 재해정보를 적용시켜 재평가하고 재해사례를 상호교환한다.

6) 제6단계 : FTA에 의한 재평가

위험등급이 Ⅰ등급(16점 이상)에 해당하는 플랜트에 대해 FTA에 의한 재평가 실시

16 설비의 운전 및 유지관리

1. 평균고장간격(MTBF ; Mean Time Between Failure)

1) MTBF의 정의

수리하여 사용이 가능한 시스템에서 고장과 고장 사이의 정상적인 상태로 동작하는 평균시간(고장과 고장 사이 시간의 평균치)

2) 고장률과 평균고장간격

① 고장률

$$평균고장률(\lambda) = \frac{r(\text{그 기간 중의 총 고장 수})}{T(\text{총 동작시간})} = \frac{1}{MTBF} = \frac{1}{MTTF}$$

$$MTBF(MTTF) = \frac{1}{\lambda} = \frac{T(\text{총 동작시간})}{r(\text{그 기간 중의 총 고장 수})}$$

② 고장확률밀도함수가 지수분포인 부품을 평균수명만큼 사용한 경우의 신뢰도

$t = MTBF$이고, $\lambda = \dfrac{1}{MTBF}$ 가 되므로

신뢰도 $R(t = MTBF) = e^{-\lambda t} = e^{-\frac{MTBF}{MTBF}} = e^{-1}$

··· 예상문제

한 대의 기계를 100시간 동안 연속 사용한 경우 6회의 고장이 발생하였고, 이때의 총고장수리시간이 15시간이었다. 이 기계의 MTBF(Mean Time Between Failure)는 약 얼마인가?

풀이 $MTBF(MTTF) = \dfrac{T(\text{총 동작시간})}{r(\text{그 기간 중의 총 고장수})} = \dfrac{100-15}{6} = 14.17$

답 14.17

··· 예상문제

지수분포를 따르는 A 제품의 평균수명은 5,000시간이다. 이 제품을 연속적으로 6,000시간 동안 사용할 경우 고장 없이 작동할 확률은?

풀이 $R(t) = e^{-\frac{t}{MTBF}} = e^{-\lambda t} = e^{-\frac{6,000}{5,000}} = 0.3011$

답 0.3011

2. 평균고장수명(고장까지의 평균시간, MTTF ; Mean Time To Failure)

고장이 발생되면 그것으로 수명이 없어지는 제품의 평균수명이며, 이는 수리하지 않는 시스템, 제품, 기기, 부품 등이 고장 날 때까지 동작시간의 평균치

3. 평균수리시간(MTTR ; Mean Time To Repair)

고장 난 후 시스템이나 제품이 제 기능을 발휘하지 않은 시간부터 회복할 때까지의 소요시간에 대한 평균의 척도이며 사후보전에 필요한 수리시간의 평균치를 나타낸다.

17 근골격계질환

① 반복적인 동작, 부적절한 작업자세, 무리한 힘의 사용, 날카로운 면과의 신체접촉, 진동 및 온도 등의 요인에 의하여 발생하는 건강장해로서 목, 어깨, 허리, 팔·다리의 신경·근육 및 그 주변 신체조직 등에 나타나는 질환을 말한다.
② 유사 용어로는 누적 외상성 질환(CTDS), 반복성 긴장 상해 등이 있다.

18 동작경제의 원칙

작업자가 에너지의 낭비 없이 효과적으로 작업할 수 있도록 작업자의 동작을 세밀하게 분석하여 가장 경제적이고 합리적인 표준동작을 설정하는 것을 말한다.

신체 사용에 관한 원칙	① 두 손의 동작은 같이 시작하고 같이 끝나도록 한다. ② 휴식시간을 제외하고는 양손이 같이 쉬지 않도록 한다. ③ 두 팔의 동작은 서로 반대방향으로 대칭적으로 움직인다. ④ 손과 신체의 동작은 작업을 원만하게 처리할 수 있는 범위 내에서 가장 낮은 동작 등급을 사용하도록 한다. ⑤ 가능한 한 관성을 이용하여 작업을 하도록 하되, 작업자가 관성을 억제하여야 하는 경우에는 발생되는 관성을 최소한도로 줄인다. ⑥ 손의 동작은 유연하고 연속적인 동작이 되도록 하며, 방향이 갑자기 크게 바뀌는 모양의 직선동작은 피하도록 한다. ⑦ 탄도동작(Ballistic Movements)은 제한되거나 통제된 동작보다 더 신속, 정확, 용이하다. ⑧ 가능하다면 쉽고도 자연스러운 리듬이 작업동작에 생기도록 작업을 배치한다. ⑨ 눈의 초점을 모아야 작업을 할 수 있는 경우는 가능하면 없애고, 불가피한 경우에는 눈의 초점이 모아지는 서로 다른 두 작업지점 간의 거리를 짧게 한다.
작업장 배치에 관한 원칙	① 모든 공구나 재료는 자기 위치에 있도록 한다. ② 공구, 재료 및 제어장치는 사용위치에 가까이 두도록 한다. ③ 중력을 이용한 부품상자나 용기를 이용하여 부품을 제품 사용위치에 가까이 보낼 수 있도록 한다. ④ 가능하다면 낙하시키는 운반방법을 사용하라. ⑤ 공구 및 재료는 동작에 가장 편리한 순서로 배치하여야 한다. ⑥ 채광 및 조명장치를 잘하여야 한다. ⑦ 작업자가 작업 중 자세를 변경, 즉 앉거나 서는 것을 임의로 할 수 있도록 작업대와 의자 높이가 조정되도록 한다. ⑧ 작업자가 좋은 자세를 취할 수 있도록 의자는 높이뿐만 아니라 디자인도 좋아야 한다.
공구 및 설비 디자인에 관한 원칙	① 지그나 발로 작동시키는 기기를 사용할 수 있는 작업에서는 이러한 기기를 활용하여 양손이 다른 일을 할 수 있도록 한다. ② 공구의 기능은 결합하여서 사용하도록 한다. ③ 공구와 자재는 가능한 한 사용하기 쉽도록 미리 위치를 잡아준다. ④ 각 손가락에 서로 다른 작업을 할 때에는 작업량을 각 손가락의 능력에 맞게 분배해야 한다. ⑤ 레버, 핸들 및 제어장치는 작업자가 몸의 자세를 크게 바꾸지 않더라도 조작하기 쉽도록 배열한다.

19 KEYWORD 인체계측

1. 인체계측의 방법

구조적 인체 치수(정적 측정)	① 표준 자세에서 움직이지 않는 피측정자를 인체 계측기 등으로 측정하는 것 ② 마틴(Martin)식 인체 측정기를 사용
기능적 인체 치수(동적 측정)	인체 계측 중 운전 또는 워드 작업과 같이 인체의 각 부분이 서로 조화를 이루어 움직이는 자세에서의 인체치수를 측정하는 것

2. 인체계측 자료의 응용원칙

1) 조절 가능한 설계

① 작업에 사용하는 설비, 기구 등은 체격이 다른 여러 근로자들을 위하여 직접 크기를 조절할 수 있도록 조절식으로 설계한다.
② 조절범위는 통상 여성의 5%치(최소치)에서 남성의 95%치(최대치)로 한다.
◎ 자동차 좌석의 전후 조절, 사무실 의자의 상하 조절, 책상 높이 등

2) 극단치를 이용한 설계

① 조절 가능한 설계를 적용하기 곤란한 경우 극단치를 이용하여 설계할 수 있다.
② 극단치를 이용한 설계는 최대치를 이용하거나 최소치를 이용한다.
③ 특정한 설비를 설계할 때, 어떤 인체 계측 특성의 한 극단에 속하는 사람을 대상으로 설계하면 거의 모든 사람을 수용할 수 있는 경우가 있다.

구분	최대 집단치 설계	최소 집단치 설계
개념	① 대상 집단에 대한 인체 측정 변수의 상위 백분위수를 기준으로 90, 95, 혹은 99%치를 사용 ② 대표치는 남성의 95백분위수를 이용 ◎ 95%값에 속하는 사람을 수용할 수 있으면 이보다 작은 사람들도 모두 사용 가능	① 관련 인체 측정 변수 분포의 1, 5, 10% 등과 같은 하위 백분위수를 기준으로 결정 ② 대표치는 여성의 5백분위수를 이용 ◎ 팔이 짧은 사람이 잡을 수 있으면 이보다 긴 사람은 모두 잡을 수 있음
사례	① 출입문, 탈출구의 크기, 통로 등과 같은 공간여유를 정할 때 사용 ② 그네, 줄사다리와 같은 지지물 등의 최소지지 중량(강도) ③ 버스 내 승객용 좌석 간의 거리, 위험구역 울타리 ④ 작업대와 의자 사이의 간격	① 선반의 높이 ② 조종 장치까지의 거리(조작자와 제어버튼 사이의 거리) ③ 비상벨의 위치 설계

3) 평균치를 이용한 설계

① 특정 장비나 설비의 경우, 최대 집단치 설계나 최소 집단치 설계 또는 조절범위식 설계가 부적절하거나 불가능할 때 평균치를 기준으로 한 설계를 할 경우가 있다.
② 대표치는 남녀 혼합 50백분위수를 이용한다.
   예 가게나 은행의 계산대, 식당 테이블, 출근버스 손잡이 높이, 안내 데스크, 공원의 벤치 등

20 KEYWORD 시각적 표시장치

1. 정량적 표시장치의 종류(정량적인 동적 표시장치)

아날로그 (Analog)	정목동침형 (Moving Pointer, 지침이동형)	① 눈금이 고정되고 지침이 움직이는 형(고정눈금 이동지침 표시장치) ② 일정한 범위에서 수치가 자주 또는 계속 변하는 경우 가장 유용한 표시장치 ③ 지침의 위치는 인식적인 암시 신호를 얻을 수 있다.
	정침동목형 (Moving Scale, 지침고정형)	① 지침이 고정되고 눈금이 움직이는 형(이동눈금 고정지침 표시장치) ② 나타내고자 하는 값의 범위가 클 때, 비교적 작은 눈금판에 모두 나타내고자 할 때(공간을 작게 차지하는 이점이 있음)
디지털 (Digital)	계수형 (Digital)	① 전력계나 택시 요금 계기와 같이 기계, 전자적으로 숫자가 표시되는 형 ② 출력되는 값을 정확하게 읽어야 하는 경우에 가장 적합하다.(수치를 정확하게 읽어야 할 경우) ③ 판독 오차는 원형 표시 장치보다 적을 뿐 아니라 판독 평균반응 시간도 짧다. (계수형 : 0.94초, 원형 : 3.54초)

2. 정성적 표시장치

① 정성적 정보를 제공하는 표시장치는 온도, 압력, 속도와 같이 연속적으로 변하는 변수의 대략적인 값이나 또는 변화 추세, 변화율 등을 알고자 할 때 주로 사용된다.
② 정성적 표시장치는 색을 이용하여 각 범위 값들을 따로 암호화하여 설계를 최적화시킬 수 있다.
③ 색채 암호가 적합하지 않은 경우에는 구간을 형상 암호화할 수 있다.
④ 정성적 표시장치는 나타내는 값이 정상상태인지 여부를 판정하는 상태점검에도 사용된다.
⑤ 정성적 표시장치의 근본 자료 자체는 통상 정량적인 것이다.

3. 부호의 유형

묘사적 부호	사물이나 행동을 단순하고 정확하게 나타낸 부호 예 위험 표시판의 해골과 뼈, 보도 표지판의 걷는 사람, 소방안전표지판의 소화기 등
추상적 부호	전언의 기본요소를 도식적으로 압축한 부호(원개념과는 약간의 유사성만 존재) 예 별자리를 나타내는 12궁도
임의적 부호	부호가 이미 고안되어 이를 사용자가 배워야 하는 부호 예 경고표지는 삼각형, 안내표지는 사각형, 지시표지는 원형 등

21 청각적 표시장치
KEYWORD

1. 음압수준

$$dB_2 = dB_1 - 20\log\left(\frac{d_2}{d_1}\right)$$

여기서, dB_1 : 음원으로부터 d_1 떨어진 지점의 음압수준
dB_2 : 음원으로부터 d_2 떨어진 지점의 음압수준

> ••• 예상문제
>
> 경보사이렌으로부터 10m 떨어진 음압수준이 140dB이면 100m 떨어진 곳에서 음의 강도는 얼마인가?
>
> 풀이 $dB_2 = dB_1 - 20\log\left(\frac{d_2}{d_1}\right) = 140 - 20\log\left(\frac{100}{10}\right) = 120[dB]$
>
> 답 120[dB]

2. Phon(음량 수준)과 Sone(음량)의 관계

$$\text{Sone값} = 2^{(\text{Phon값} - 40)/10}$$

※ 음량 수준이 10Phon 증가하면 음량(Sone)은 2배로 증가된다.

$$\text{Phon값} = 33.3\log(\text{Sone값}) + 40(\text{Phon})$$

> **··· 예상문제**
>
> 음원 수준이 50Phon일 때 Sone값은 얼마인가?
>
> **풀이** Sone치 $= 2^{(\text{Phon치} - 40)/10} = 2^{(50-40)/10} = 2$
>
> **답** 2

3. 청각장치와 시각장치의 비교

청각적 표시장치	시각적 표시장치
① 전언이 간단하다.	① 전언이 복잡하다.
② 전언이 짧다.	② 전언이 길다.
③ 전언이 후에 재참조되지 않는다.	③ 전언이 후에 재참조된다.
④ 전언이 시간적 사상을 다룬다.	④ 전언이 공간적인 위치를 다룬다.
⑤ 전언이 즉각적인 행동을 요구한다.(긴급할 때)	⑤ 전언이 즉각적인 행동을 요구하지 않는다.
⑥ 수신장소가 너무 밝거나 암조응 유지가 필요시	⑥ 수신장소가 너무 시끄러울 때
⑦ 직무상 수신자가 자주 움직일 때	⑦ 직무상 수신자가 한 곳에 머물 때
⑧ 수신자가 시각계통이 과부하상태일 때	⑧ 수신자의 청각계통이 과부하상태일 때

4. 경계 및 경보 신호를 선택·설계할 때의 지침

① 귀는 중음역에 가장 민감하므로 500~3,000Hz의 진동수를 사용
② 고음은 멀리 가지 못하므로 300m 이상의 장거리용으로는 1,000Hz 이하의 진동수를 사용
③ 신호가 장애물을 돌아가거나 칸막이를 통과해야 할 경우에는 500Hz 이하의 진동수를 사용
④ 주의를 끌기 위해서 변조된 신호를 사용(초당 1~8번 나는 소리나 초당 1~3번 오르내리는 변조된 신호)
⑤ 배경소음의 진동수와 다른 신호를 사용(신호는 최소 0.5~1초 지속)
⑥ 경보효과를 높이기 위해서 개시시간이 짧은 고강도 신호를 사용
⑦ 주변 소음에 대한 은폐효과를 막기 위해 500~1,000Hz 신호를 사용하여, 적어도 30dB 이상 차이가 나야 함
⑧ 가능하다면 다른 용도에 쓰이지 않는 확성기, 경적 등과 같은 별도의 통신계통을 사용

22 암호 체계 사용상의 일반적 지침

① **암호의 검출성(Detectability)** : 검출이 가능하여야 한다.
② **암호의 변별성(Discriminability)** : 다른 암호 표시와 구별될 수 있어야 한다.
③ **부호의 양립성(Compatibility)** : 자극들 간의, 반응들 간의, 자극-반응 조합의 관계가 인간의 기대와 모순되지 않는 것이다.
④ **부호의 의미** : 사용자가 그 뜻을 분명히 알 수 있어야 한다.
⑤ **암호의 표준화(Standardization)** : 암호를 표준화하여야 한다.
⑥ **다차원 암호의 사용(Multidimensional)** : 2가지 이상의 암호 차원을 조합해서 사용하면 정보 전달이 촉진된다.

23 통제표시비

1. 조종-반응 비율

1) 통제표시비의 개념

① 조종-반응 비율(C/R비 : Control-Response Ratio)은 조종-표시장치 이동비율(C/D비 : Control-Display Ratio)을 확장한 개념이다.
② 통제표시비(통제비)를 C/D비라고도 한다.
③ 조종장치의 움직인 거리(회전수)와 표시장치상의 지침이 움직인 거리의 비이다.

2) 공식

① 선형 조종장치가 선형 표시장치를 움직일 때 각각 직선변위의 비(제어표시비)

$$C/D비(C/R비) = \frac{조종장치(제어기기)의\ 이동거리}{표시장치(표시기기)의\ 반응거리}$$

> **··· 예상문제**
> 다음 중 제어장치에서 조정장치의 위치를 1cm 움직였을 때, 표시장치의 지침이 4cm 움직였다면 이 기기의 C/R비는 약 얼마인가?
>
> **풀이** $C/R비 = \frac{조종장치의\ 이동거리}{표시장치의\ 반응거리} = \frac{1}{4} = 0.25$
>
> **답** 0.25

② 회전운동을 하는 조종장치가 선형 표시장치를 움직일 경우

$$C/D비(C/R비) = \frac{(a/360) \times 2\pi L}{표시장치의 \ 이동거리}$$

여기서, L : 반경(지레의 길이)
　　　　a : 조종장치가 움직인 각도

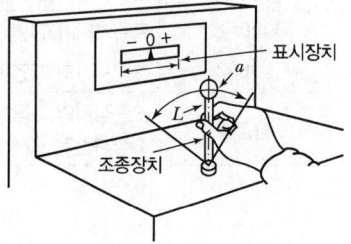

··· 예상문제

반경 7cm의 조종구를 30° 움직일 때 계기판의 표시가 3cm 이동하였다면 이 조종장치의 C/R비는 약 얼마인가?

풀이 $C/R비 = \dfrac{(a/360) \times 2\pi L}{표시장치의 \ 이동거리} = \dfrac{(30/360) \times 2 \times \pi \times 7}{3} = 1.22$

답 1.22

2. 최적 C/D비

① 최적통제비는 이동시간과 조정시간의 교차점이다.
② C/D비가 작을수록 이동시간은 짧고, 조종은 어려워서 민감한 조정장치이다.
③ C/D비가 클수록 미세한 조종은 쉽지만 수행시간은 상대적으로 길다.
④ 최적통제비(C/D비)는 일반적으로 1.18~2.42이다.

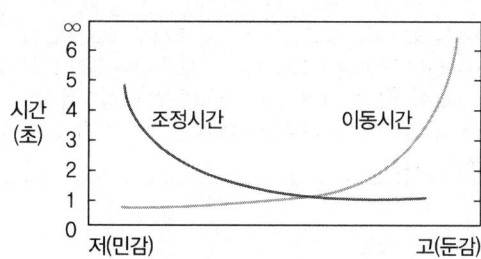

| 이동시간과 조정(조종)시간의 관계(C/R비) |

3. 통제표시비(C/D비)를 설계할 때 고려사항

계측의 크기	계기의 조절시간이 가장 짧게 소요되는 크기를 선택해야 하며 크기가 너무 작으면 오차가 커지므로 상대적으로 고려해야 한다.
공차	짧은 주행시간 내에서 공차의 인정 범위를 초과하지 않는 계기를 마련해야 한다.
목측거리	목측거리가 길면 길수록 조절의 정확도는 낮고 시간이 증가하게 된다.
조작시간	조작시간의 지연은 직업적으로 조종반응비(C/R비)가 가장 크게 작용하고 있다.
방향성	조종장치의 조작방향과 표시장치의 운동방향이 일치하지 않으면 작업자의 동작에 혼란을 초래하고, 조작시간이 오래 걸리며 오차가 커진다.

24 KEYWORD 양립성

1. 양립성(Compatibility)의 정의

자극들 간의, 반응들 간의, 자극-반응 조합의 관계가 인간의 기대와 모순되지 않는 것이다. (인간이 기대하는 바와 자극 또는 반응들이 일치하는 관계)

2. 종류

공간(Spatial) 양립성	① 물리적 형태나 공간적인 배치가 사용자의 기대와 일치하는 것 ② 표시장치와 이에 대응하는 조종장치 간의 위치 또는 배열이 인간의 기대와 모순되지 않아야 한다. 예 가스버너에서 오른쪽 조리대는 오른쪽 조절장치로, 왼쪽 조리대는 왼쪽 조절장치로 조정하도록 배치한다.
운동(Movement) 양립성	조작장치의 방향과 표시장치의 움직이는 방향이 사용자의 기대와 일치하는 것 예 자동차를 운전하는 과정에서 우측으로 회전하기 위하여 핸들을 우측으로 돌린다.
개념(Conceptual) 양립성	사람들이 가지고 있는(이미 사람들이 학습을 통해 알고 있는) 개념적 연상에 관한 기대와 일치하는 것 예 냉온수기에서 빨간색은 온수, 파란색은 냉수를 뜻한다.
양식(Modality) 양립성	① 직무에 알맞은 자극과 응답의 양식의 존재에 대한 양립성 ② 음성과업에 대해서는 청각적 자극 제시와 이에 대한 음성 응답 등에 해당 ③ 기계가 특정 음성에 대해 정해진 반응을 하는 경우에 해당 ④ 소리로 제시된 정보는 말로 반응케 하는 것이, 시각적으로 제시된 정보는 손으로 반응하는 것이 양립성이 높다.

25 골격의 주요 기능

골격은 크고 작은 206개의 뼈로 구성되어 있으며 다음과 같은 기능을 한다.
① 지지(Support) : 신체를 지지하고 형상을 유지하는 역할
② 보호(Protection) : 주요한 부분(생명기관)을 보호하는 역할
③ 근부착(Muscle Attachment) : 골격근이 수축할 때 지렛대 역할을 하여 신체활동(인체운동)을 수행하는 역할
④ 조혈(Blood Cell Production) : 골수에서 혈구를 생산하는 조혈작용
⑤ 무기질 저장(Mineral Storage) : 칼슘, 인산의 중요한 저장고가 되며 나트륨과 마그네슘 이온의 작은 저장고 역할

26 휴식시간의 산출

① 작업의 성질과 강도에 따라서 휴식시간이나 횟수가 결정되어야 한다.
② 작업에 대한 평균에너지값을 4kcal/분이라 할 경우 이 단계를 넘으면 휴식시간이 필요하다.
③ 공식

$$R = \frac{60(E-4)}{E-1.5}$$

여기서, R : 휴식시간[분]
E : 작업 시 평균 에너지 소비량[kcal/분]
60 : 총 작업시간[분]
1.5kcal/분 : 휴식시간 중의 에너지 소비량

> **예상문제**
> 어떤 작업에 대한 평균에너지 값이 4.7kcal/분일 경우 1시간의 총 작업시간 내에 포함시켜야만 하는 휴식 시간은 얼마인가?(단, 작업에 대한 평균 에너지의 상한은 4kcal/분이다.)
>
> **풀이** $R = \dfrac{60(E-4)}{E-1.5} = \dfrac{60 \times (4.7-4)}{4.7-1.5} = 13.13[\text{분}]$
>
> **답** 13.13[분]

27 부품배치의 원칙

부품의 위치 결정	중요성의 원칙	체계의 목표달성에 긴요한 정도에 따른 우선순위를 설정
	사용빈도의 원칙	부품이 사용되는 빈도에 따른 우선순위 설정
부품의 배치 결정	기능별 배치의 원칙	기능적으로 관련된 부품들을 모아서 배치
	사용 순서의 원칙	순서적으로 사용되는 장치들을 가까이에 순서적으로 배치

28 의자설계 원칙

1. 의자설계의 일반적인 원칙

체중 분포	① 사람이 의자에 앉을 때 체중이 주로 좌골결절에 실려야 편안하다. ② 바람직한 체중 분포를 위해 적당한 두께의 탄력성 완충재나 방석을 깐다.
의자 좌판의 높이	① 대퇴를 압박하지 않도록 좌판은 오금의 높이보다 높지 않아야 하고 앞 모서리는 5cm 정도 낮게 설계(치수는 5%치 사용) ② 좌판의 높이는 조절할 수 있도록 하는 것이 바람직하다.
의자 좌판의 깊이와 폭	① 폭은 큰 사람에게 맞도록 하고 깊이는 장딴지 여유를 주고 대퇴를 압박하지 않도록 작은 사람에게 맞도록 설계 ② 긴 의자에 일렬로 앉든가 의자들이 옆으로 붙어 있는 경우 팔꿈치 간의 폭을 고려(95%치 사용)
몸통의 안정	① 체중이 좌골결절에 실려야 몸통의 안정에 유리 ② 사무용 의자 : 좌판 각도 3°, 등판 각도 100° ③ 좌판은 (뒤가 낮게) 약간 경사져야 하고, 등판은 뒤로 기댈 수 있도록 뒤로 기울어야 한다.

2. 의자설계 시 고려할 원리

① 등받이의 굴곡은 요추부위의 전만곡선을 유지한다.
② 조정이 용이해야 한다.
③ 자세고정을 줄인다.
④ 디스크(추간판)가 받는 압력을 줄인다.
⑤ 정적인 부하를 줄인다.
⑥ 의자의 높이는 오금의 높이보다 같거나 낮아야 한다.

29 조명

1. 적정 조명 수준

작업의 종류	작업면 조도
초정밀작업	750럭스(lux) 이상
정밀작업	300럭스(lux) 이상
보통작업	150럭스(lux) 이상
그 밖의 작업	75럭스(lux) 이상

2. 반사율

1) 개념
① 빛이나 기타 복사가 물체의 표면에서 반사하는 정도
② 표면에 도달하는 빛과 결과로서 나오는 광도의 관계

2) 반사율 공식

$$반사율(\%) = \frac{광속발산도(fL)}{조도(fc)} \times 100 = \frac{cd/m^2 \times \pi}{lux}$$

3) 실내 면(面)의 추천반사율
① 최대 반사율 : 약 95%
② 천장의 반사율은 80~90%가 좋으나 최소한 75% 이상은 되어야 한다.

바닥	가구, 사무용 기기, 책상	창문 발(blind), 벽	천장
20~40%	25~45%	40~60%	80~90%

3. 휘광(Glare)

눈이 적응된 휘도보다 밝은 광원이나 반사광이 시계 내에 있을 때 생기는 눈부심 현상이다.

1) 영향
① 성가신 느낌
② 불편함
③ 가시도 저하
④ 시성능 저하

2) 휘광의 처리

광원으로부터의 직사휘광처리	① 광원의 휘도를 줄이고 수를 늘림 ② 광원을 시선에서 멀리 위치시킴 ③ 휘광원 주위를 밝게 하여 광도비를 줄임 ④ 가리개(Shield), 갓(Hood) 혹은 차양(Visor)을 사용
창문으로부터의 직사휘광처리	① 창문을 높이 설치 ② 창 위(옥외)에 드리우개(Overhang)를 설치 ③ 창문(안쪽)에 수직 날개(Fin)를 달아 직(直)시선을 제한 ④ 차양(Shade) 혹은 발(Blind)을 사용

4. 조도와 대비

1) 조도

어떤 물체나 표면에 도달하는 빛의 단위면적당 밀도를 말한다.

① 조도 공식

$$조도 = \frac{광도}{(거리)^2}$$

㉠ 단위는 lux를 사용하며, 거리가 증가할 때에 조도는 거리 역자승의 법칙에 따라 감소한다.
㉡ 조도는 광도에 비례하고 거리의 제곱에 반비례한다.

> **··· 예상문제**
>
> **프레스 공장에서 모든 방향으로 빛을 발하는 점광원에서 2m 떨어진 곳의 조도가 500 lux였다면, 4m 떨어진 곳에서의 조도는 몇 lux인가?**
>
> **풀이** ① 광도 = 조도 × (거리)^2
> ② 2m 거리의 광도 = 500 × 2^2 = 2,000[cd]이므로
> ③ 4m 거리의 조도 = $\frac{2,000}{4^2}$ = 125[lux]
>
> **답** 125[lux]

2) 대비

표적의 광도와 배경 광도의 차를 나타내는 척도이며, 광도대비 또는 휘도대비란 표면의 광도와 배경의 광도의 차를 나타내는 척도이다.

$$대비(\%) = \frac{배경의\ 광도(L_b) - 표적의\ 광도(L_t)}{배경의\ 광도(L_b)} \times 100$$

① 표적이 배경보다 어두울 경우 : 대비는 +100% ~ 0 사이
② 표적이 배경보다 밝을 경우 : 0 ~ -∞ 사이

> **··· 예상문제**
> 조도가 400럭스인 위치에 놓인 흰색 종이 위에 짙은 회색의 글자가 씌어져 있다. 종이의 반사율은 80%이고, 글자의 반사율은 40%라 할 때 종이와 글자의 대비는 얼마인가?
>
> **풀이** 대비(%) = $\dfrac{\text{배경의 광도}(L_b) - \text{표적의 광도}(L_t)}{\text{배경의 광도}(L_b)} \times 100 = \dfrac{80-40}{80} \times 100 = 50[\%]$
>
> 답 50[%]

30 KEYWORD 청력 손실의 성격

① 청력 손실의 정도는 노출되는 소음 수준에 따라 증가한다.(비례관계)
② 강한 소음에 대해서는 노출기간에 따라 청력 손실도 증가한다.
③ 약한 소음에 대해서는 노출기간과 청력 손실 간에 관계가 없다.
④ 청력 손실은 4,000Hz에서 크게 나타난다.

31 KEYWORD 소음 방지대책

① **소음원의 제거** : 가장 적극적인 대책
② **소음원의 통제** : 기계의 적절한 설계, 정비 및 주유, 고무받침대 부착, 소음기 사용(차량) 등
③ **소음의 격리** : 씌우개(Enclosure), 장벽을 사용(창문을 닫으면 약 10dB이 감음됨)
④ 적절한 배치(Lay Out)
⑤ 음향 처리제 사용
⑥ 차폐 장치(Baffle) 및 흡음재 사용

32 실효온도와 Oxford 지수

1. 실효온도(Effective Temperature, 체감온도, 감각온도)

1) 개요
① 온도, 습도 및 공기의 유동이 인체에 미치는 열효과를 하나의 수치로 통합한 경험적 감각지수
② 상대습도 100%일 때의 건구온도에서 느끼는 것과 동일한 온감이다.
③ 실제로 감각되는 온도로서 실감온도라고 한다.

2) 실효온도의 결정요소(실효온도에 영향을 주는 요인)
① 온도
② 습도
③ 공기의 유동(대류)

2. Oxford 지수

습건(WD) 지수라고도 부르며, 습구온도(W)와 건구온도(D)의 가중 평균치로서 정의된다.

$$WD = 0.85W + 0.15D$$

> **··· 예상문제**
>
> 습구온도가 20℃, 건구온도가 30℃일 때 Oxford 지수는 얼마인가?
>
> **풀이** $WD = 0.85W + 0.15D = 0.85 \times 20 + 0.15 \times 30 = 21.5$
>
> **답** 21.5

CHAPTER 03 기계·기구 및 설비 안전 관리

1 기계운동 형태에 따른 위험점 분류

구분	설명	예시
협착점 (Squeeze – point)	왕복운동을 하는 운동부와 움직임이 없는 고정부 사이에서 형성되는 위험점 (고정점+운동점)	① 프레스 ② 전단기 ③ 성형기 ④ 조형기 ⑤ 밴딩기 ⑥ 인쇄기
끼임점 (Shear – point)	회전운동하는 부분과 고정부 사이에 위험이 형성되는 위험점 (고정점+회전운동)	① 연삭숫돌과 작업대 ② 반복동작되는 링크기구 ③ 교반기의 날개와 몸체 사이 ④ 회전풀리와 벨트
절단점 (Cutting – point)	회전하는 운동부 자체의 위험이나 운동하는 기계부분 자체의 위험에서 형성되는 위험점(회전운동+기계)	① 밀링커터 ② 둥근 톱의 톱날 ③ 목공용 띠톱날
물림점 (Nip – point)	회전하는 두 개의 회전체에 형성되는 위험점(서로 반대방향의 회전체)(중심점+반대방향의 회전운동)	① 기어와 기어의 물림 ② 롤러와 롤러의 물림 ③ 롤러분쇄기
접선 물림점 (Tangential Nip – point)	회전하는 부분의 접선방향으로 물려 들어갈 위험이 있는 위험점	① V벨트와 풀리 ② 랙과 피니언 ③ 체인벨트 ④ 평벨트
회전 말림점 (Trapping – point)	회전하는 물체의 길이, 굵기, 속도 등의 불규칙 부위와 돌기 회전부위에 의해 장갑 또는 작업복 등이 말려들 위험이 있는 위험점	① 회전하는 축 ② 커플링 ③ 회전하는 드릴

원동기 · 회전축 등의 위험 방지

원동기 · 회전축 · 기어 · 풀리 · 플라이휠 · 벨트 및 체인 등 근로자가 위험에 처할 우려가 있는 부위	① 덮개 ② 울 ③ 슬리브 ④ 건널다리 등
회전축 · 기어 · 풀리 및 플라이휠 등에 부속되는 키 · 핀 등의 기계요소	① 묻힘형 ② 덮개
벨트의 이음 부분	돌출된 고정구 사용금지
건널다리	① 안전난간 ② 미끄러지지 아니하는 구조의 발판
선반 등으로부터 돌출하여 회전하고 있는 가공물	덮개 또는 울 등을 설치

 기타 안전사항
① 연삭기 또는 평삭기의 테이블, 형삭기 램 등의 행정 끝 : 덮개 또는 울 등을 설치
② 분쇄기 등의 개구부로부터 가동 부분에 접촉 부분 : 덮개 또는 울 등을 설치
③ 종이 · 천 · 비닐 및 와이어 로프 등의 감김통 등 : 덮개 또는 울 등을 설치
④ 날 · 공작물 또는 축이 회전하는 기계를 취급하는 경우 : 근로자의 손에 밀착이 잘되는 가죽장갑 등과 같이 손이 말려들어갈 위험이 없는 장갑을 사용

 ## 기계의 안전조건

1. 외관상의 안전화

기계를 설계할 때 기계 외부에 나타나는 위험부분을 제거하거나 기계 내부에 내장시키는 것
① 가드 설치 : 기계 외형 부분 및 회전체 돌출 부분(묻힘형이나 덮개의 설치)
② 구획된 장소에 격리 : 원동기 및 동력전도장치(벨트, 기어, 샤프트, 체인 등)
③ 안전 색채 조절(기계 장비 및 부수되는 배관)

시동 스위치	녹색	고열을 내는 기계	청녹색, 회청색	기름배관	암황적색
급정지 스위치	적색	증기배관	암적색	물배관	청색
대형 기계	밝은 연녹색	가스배관	황색	공기배관	백색

2. 기능적 안전화

기계나 기구를 사용할 때 기계의 기능이 저하하지 않고 안전하게 작업하는 것으로 능률적이고 재해 방지를 위한 설계를 한다.

1) 적절한 조치가 필요한 이상상태(자동화된 기계설비가 재해 측면에서의 불리한 조건)
① 전압강하, 정전 시의 기계 오동작
② 단락, 스위치 릴레이 고장 시 오동작
③ 사용압력 변동 시의 오동작
④ 밸브계통의 고장에 의한 오동작

2) 안전화 대책

소극적 대책	① 이상 시 기계를 급정지 ② 방호장치 작동
적극적 대책	① 회로를 개선하여 오동작 방지 ② 별도의 완전한 회로에 의해 정상기능을 찾을 수 있도록 함 ③ Fail Safe화

3. 작업점의 안전화

작업점은 기계설비에서 특히 위험을 발생할 우려가 있는 부분으로 다음과 같은 장치를 설치하여야 한다.
① 자동제어　　　　② 원격제어장치　　　　③ 방호장치

4. 작업의 안전화

작업의 안전화에 대한 기본 이념은 인간공학적 측면에 바탕을 두고 있다.

5. 구조상의 안전화

설계상의 결함	① 가장 큰 원인은 강도 산정(부하 예측, 강도 계산)상의 오류 ② 사용상 강도의 열화를 고려하여 안전율을 산정
재료의 결함	기계 재료 자체에 균열, 부식, 강도 저하, 불순물 내재, 내부 구멍 등의 결함이 있으므로 설계 시 재료의 선택에 유의하여야 한다.
가공의 결함	재료 가공 도중 결함이 생길 수 있으므로 기계적 특성을 갖는 적절한 열처리 등이 필요하다.

6. 보전작업의 안전화

기계를 설계하고 주유, 점검, 청소, 부품교환, 수리 등이 손쉽게 이루어질 수 있도록 하는 것

KEYWORD 4 Fail Safe와 Fool Proof

구분	Fail Safe	Fool Proof
정의	기계나 그 부품에 파손·고장이나 기능 불량이 발생하여도 항상 안전하게 작동할 수 있는 기능을 가진 구조	작업자가 기계를 잘못 취급하여 불안전 행동이나 실수를 하여도 기계설비의 안전 기능이 작용되어 재해를 방지할 수 있는 기능을 가진 구조
적용 예	퓨즈(Fuse), 엘리베이터의 정전 시 제동장치, 압력용기 안전밸브, 항공기의 엔진 등	세탁기 탈수 중 문을 열면 정지하는 것, 프레스에서 실수로 손이 금형 사이로 들어가면 정지하는 것

> **TIP** 페일 세이프의 기능면에서의 분류
>
> | Fail – passive | 부품이 고장 나면 기계가 정지하는 방향으로 이동하는 것(일반적인 산업기계) |
> |---|---|
> | Fail – active | 부품이 고장 나면 경보를 울리며 잠시 동안 계속 운전이 가능한 것 |
> | Fail – operational | 부품이 고장 나도 추후에 보수가 될 때까지 안전한 기능을 유지하는 것 |

KEYWORD 5 작업점의 방호

1. 격리형 방호장치

① 작업점과 작업자 사이에 접촉되어 일어날 수 있는 재해를 방지하기 위해 차단벽이나 망을 설치하는 방호장치

② 종류

완전차단형	① 어떤 방향에서도 작업점까지 신체가 접근할 수 없도록 완전히 차단하는 장치 ② 체인 및 벨트 등의 동력장치
덮개형	① 작업점 이외에 작업자가 말려들거나 끼일 위험이 있는 곳을 덮어씌우는 방법 ② 기어, V벨트, 평벨트 등
안전방책	① 위험한 기계·기구 근처에 접근치 못하도록 방호울을 설치하는 방법 ② 위험기계·기구, 고전압의 전기설비 등

2. 위치 제한형 방호장치

① 작업자의 신체부위가 위험한계 밖에 있도록 기계의 조작장치를 위험한 작업점에서 안전거리 이상 떨어지게 하거나 조작장치를 양손으로 동시에 조작하게 함으로써 위험한계에 접근하는 것을 제한하는 방호장치
② 프레스의 양수 조작식 방호장치

3. 접근 반응형 방호장치

① 작업자의 신체부위가 위험한계 또는 그 인접한 거리 내로 들어오면 이를 감지하여 그 즉시 기계의 동작을 정지시키고 경보등을 발하는 방호장치
② 프레스 및 전단기의 광전자식 방호장치

4. 접근 거부형 방호장치

① 작업자의 신체부위가 위험한계 내로 접근하였을 때 기계적인 작용에 의하여 접근을 못하도록 저지하는 방호장치
② 프레스의 수인식, 손쳐내기식 방호장치

5. 포집형 방호장치

① 작업자로부터 위험원을 차단하는 방호장치
② 연삭기 덮개나 반발 예방방치 등과 같이 위험장소에 설치하여 위험원이 비산하거나 튀는 것을 포집하여 작업자로부터 위험원을 차단하는 방호장치

6. 감지형 방호장치

이상온도, 이상기압, 과부하 등 기계의 부하가 안전한계치를 초과하는 경우 이를 감지하고 자동으로 안전한 상태가 되도록 조정하거나 기계의 작동을 중지시키는 방호장치

> 안전장치(방호장치)의 기본 목적
> ① 작업자의 보호
> ② 인적 · 물적 손실의 방지
> ③ 기계 위험 부위의 접촉 방지 등

 # 안전율(안전계수)

$$\text{안전율(안전계수)} = \frac{\text{기초강도}}{\text{허용응력}} = \frac{\text{극한강도}}{\text{허용응력}} = \frac{\text{최대응력}}{\text{허용응력}} = \frac{\text{절단하중(파괴하중)}}{\text{최대사용하중}}$$
$$= \frac{\text{극한강도}}{\text{최대설계응력}} = \frac{\text{파단하중}}{\text{안전하중}} = \frac{\text{인장강도}}{\text{허용응력}}$$

7 유해하거나 위험한 기계 · 기구에 대한 방호조치

누구든지 동력(動力)으로 작동하는 기계 · 기구로서 유해 · 위험 방지를 위한 방호조치를 하지 아니하고는 양도, 대여, 설치 또는 사용에 제공하거나 양도 · 대여의 목적으로 진열해서는 아니 된다.

대상 기계 · 기구	방호조치
예초기	날접촉 예방장치
원심기	회전체 접촉 예방장치
공기압축기	압력방출장치
금속절단기	날접촉 예방장치
지게차	헤드가드, 백레스트, 전조등, 후미등, 안전벨트
포장기계(진공포장기, 래핑기로 한정)	구동부 방호 연동장치

8 재해 발생 시 조치사항

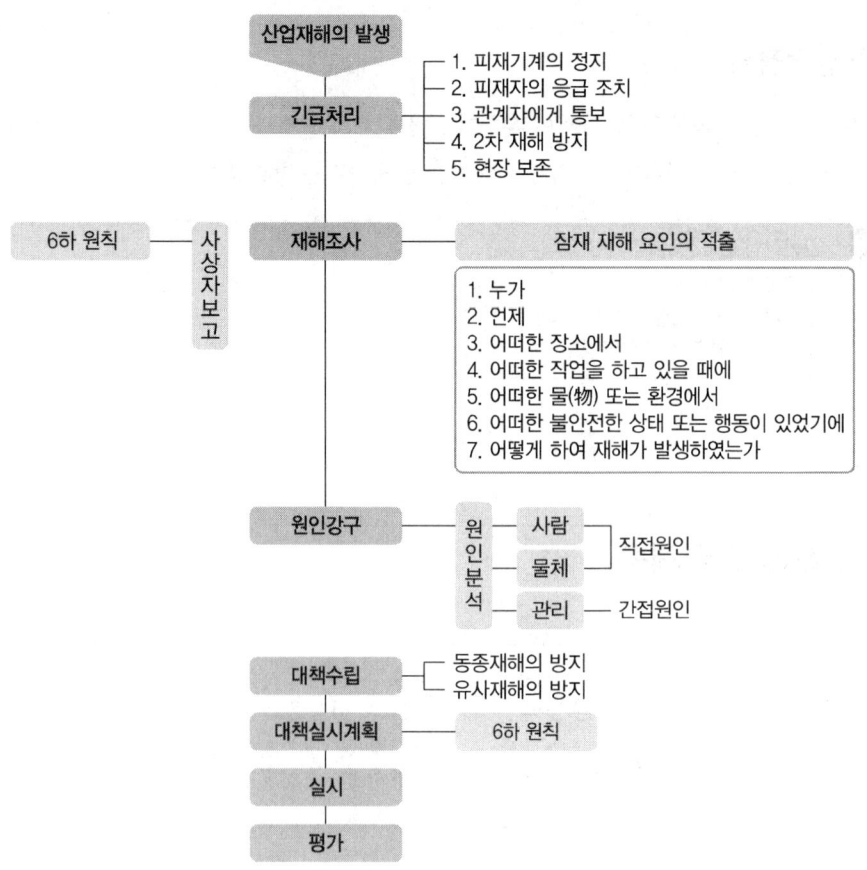

9 통계에 의한 원인분석

① 파레토도 : 사고의 유형, 기인물 등 분류항목을 큰 값에서 작은 값의 순서로 도표화하며, 문제나 목표의 이해에 편리하다.
② 특성 요인도 : 특성과 요인관계를 어골상으로 도표화하여 분석하는 기법(원인과 결과를 연계하여 상호 관계를 파악하기 위한 분석방법)
③ 클로즈(Close) 분석 : 두 개 이상의 문제관계를 분석하는 데 사용하는 것으로, 데이터를 집계하고 표로 표시하여 요인별 결과내역을 교차한 클로즈 그림을 작성하여 분석하는 기법
④ 관리도 : 재해 발생 건수 등의 추이에 대해 한계선을 설정하여 목표 관리를 수행하는 데 사용되는 방법으로 관리선은 관리상한선, 중심선, 관리하한선으로 구성된다.

10 산업재해의 원인

1. 직접원인(불안전한 행동과 상태)

불안전한 행동(인적 요인)	불안전한 상태(물적 요인)
① 설비·기계 및 물질의 부적절한 사용·관리 ② 구조물 등 그 밖의 위험 방치 및 미확인 ③ 작업수행 소홀 및 절차 미준수 ④ 불안전한 작업자세 ⑤ 작업수행 중 과실 ⑥ 무모한 또는 불필요한 행위 및 동작 ⑦ 복장, 보호구의 미착용 및 부적절한 사용 ⑧ 불안전한 속도 조작 ⑨ 안전장치의 기능 제거 ⑩ 불안전한 인양 및 운반	① 물체 및 설비 자체의 결함 ② 방호조치의 부적절 ③ 작업통로 등 장소불량 및 위험 ④ 물체, 기계기구 등의 취급상 위험 ⑤ 작업공정·절차의 부적절 ⑥ 작업환경 등의 부적절 ⑦ 보호구의 성능불량 ⑧ 불안전한 설계로 인한 결함 발생

2. 간접원인(관리적 원인)

기술적 원인	① 건물, 기계장치의 설계불량 ② 구조, 재료의 부적합	③ 생산방법의 부적당 ④ 점검, 정비보존의 불량
교육적 원인	① 안전의식의 부족 ② 안전수칙의 오해 ③ 경험훈련의 미숙	④ 작업방법의 교육 불충분 ⑤ 유해위험 작업의 교육 불충분
신체적 원인	① 신체적 결함(두통, 현기증, 간질병, 난청)	② 피로(수면부족)
정신적 원인	① 태도불량(태만, 불만, 반항)	② 정신적 동요(공포, 긴장, 초조, 불화)
작업관리상의 원인	① 안전관리조직의 결함 ② 안전수칙의 미제정 ③ 작업준비 불충분	④ 인원배치 부적당 ⑤ 작업지시 부적당

11 재해 관련 통계의 종류 및 계산

1. 연천인율

① 근로자 1,000명당 1년간 발생하는 재해자수
② 공식

$$연천인율 = \frac{연간\ 재해자수}{연평균\ 근로자수} \times 1,000$$

2. 도수율(빈도율)

① 산업재해의 발생 빈도를 나타내는 단위
② 연간 근로시간 합계 100만 시간당 재해발생건수
③ 공식

$$도수율 = \frac{재해발생건수}{연간\ 총근로시간수} \times 1,000,000$$

④ 도수율과 연천인율과의 관계
  ㉠ 도수율 $= \dfrac{연천인율}{2.4}$
  ㉡ 연천인율 = 도수율 × 2.4

3. 강도율

① 재해의 경중, 즉 강도의 정도를 손실일수로 나타내는 재해통계
② 근로시간 1,000시간당 재해에 의해 잃어버린(상실되는) 근로손실일수
③ 공식

$$강도율 = \frac{근로손실일수}{연간\ 총근로시간수} \times 1,000$$

④ 근로손실일수의 산정 기준
  ㉠ 사망 및 영구 전 노동불능(신체장해등급 1~3급) : 7,500일
  ㉡ 영구 일부 노동불능(근로손실일수)

신체장해등급	4	5	6	7	8	9	10	11	12	13	14
근로손실일수	5,500	4,000	3,000	2,200	1,500	1,000	600	400	200	100	50

ⓒ 일시 전 노동불능 : 근로손실일수＝휴업일수×$\dfrac{연간근무일수}{365}$

ⓓ 연간 근무일수가 주어지지 않으면 다음의 공식 적용

> 일시 전노동불능 : 근로손실일수＝휴업일수×$\dfrac{300}{365}$

4. 환산재해율

① 환산강도율 : 10만 시간(평생근로)당의 근로손실일수
② 환산도수율 : 10만 시간(평생근로)당의 재해건수
③ 공식

> 환산강도율(S) ＝ 강도율×$\dfrac{100,000}{1,000}$ ＝ 강도율×100 [일]
>
> 환산도수율(F) ＝ 도수율×$\dfrac{100,000}{1,000,000}$ ＝ 도수율×$\dfrac{1}{10}$ [건]
>
> $\dfrac{S}{F}$ ＝ 재해 1건당의 근로손실일수

5. 종합재해지수(FSI ; Frequency Severity Indicator)

① 재해 빈도의 다수와 상해 정도의 강약을 나타내는 성적지표로 어떤 집단의 안전성적을 비교하는 수단으로 사용된다.
② 강도율과 도수율의 기하평균이다.

> 종합재해지수(FSI) ＝ $\sqrt{도수율(FR)×강도율(SR)}$ $\left(단, 미국의 경우\ FSI=\sqrt{\dfrac{FR×SR}{1,000}}\right)$

---

12 재해손실비의 종류 및 계산
KEYWORD

1. 하인리히(H. W. Heinrich) 방식

1) 1 : 4 원칙

> • 총 재해 코스트(재해손실비용)＝직접비＋간접비＝직접비 × 5
> • 직접손실비 : 간접손실비＝1 : 4

2) 직접비와 간접비

① 직접비(법적으로 정한 산재보상비) : 산재자에게 지급되는 보상비 일체

요양급여	요양비 전액(진찰비, 약제치료재료대, 회진료, 병원수용비, 간호비용)
휴업급여	평균임금의 100분의 70에 상당하는 금액
장해급여	장해등급에 따라 지급되는 금액(장해등급 1~14급)
간병급여	요양급여를 받은 자가 치유 후 간병이 필요하여 실제로 간병을 받은 자에게 지급
유족급여	평균임금의 1,300일분에 상당하는 금액
장의비	평균임금의 120일분에 상당하는 금액
상병보상 연금	요양개시 후 2년 경과된 날 이후에 다음의 상태가 계속되는 경우에 지급 ① 부상 또는 질병이 치유되지 아니한 상태 ② 부상 또는 질병에 의한 폐질의 정도가 폐질등급기준에 해당
기타	장해특별급여, 유족특별급여, 직업재활급여

② 간접비(직접비를 제외한 모든 비용) : 산재로 인해 기업이 입은 재산상의 손실 − 인적손실, 물적손실, 생산손실, 특수손실

2. 시몬즈(R. H. Simonds) 방식

> 총 재해 코스트(cost) = 보험 코스트(cost) + 비보험 코스트(cost)

① 보험 코스트(cost) : 산재보험료
② 비보험 코스트(cost) = (A × 휴업상해건수) + (B × 통원상해건수) + (C × 응급조치건수) + (D × 무상해사고건수)
③ A, B, C, D는 상해 정도별 재해에 대한 비보험 코스트의 평균치이다.
④ 사망과 영구 전 노동불능 상해는 재해범주에서 제외된다.

13 재해사례의 연구순서

① 전제조건 : 재해상황의 파악
② 제1단계 : 사실의 확인
③ 제2단계 : 문제점의 발견
④ 제3단계 : 근본적 문제점의 결정
⑤ 제4단계 : 대책의 수립

14 안전점검

1. 안전점검의 목적

① 기기 및 설비의 결함이나 불안전한 상태의 제거로 사전에 안전성을 확보하기 위함
② 기기 및 설비의 안전상태 유지 및 본래의 성능을 유지하기 위함
③ 재해 방지를 위하여 그 재해 요인의 대책과 실시를 계획적으로 하기 위함
④ 합리적인 생산관리를 하기 위함

2. 안전점검의 종류(점검주기에 의한 구분)

정기점검 (계획점검)	일정기간마다 정기적으로 실시하는 점검으로 주간점검, 월간점검, 연간점검 등이 있다.(마모상태, 부식, 손상, 균열 등 설비의 상태 변화나 이상 유무 등을 점검한다.)
수시점검 (일상점검, 일일점검)	① 매일 현장에서 작업 시작 전, 작업 중, 작업 후에 일상적으로 실시하는 점검(작업자, 작업담당자가 실시한다.) ② 작업 시작 전 점검사항 : 주변의 정리정돈, 주변의 청소 상태, 설비의 방호장치 점검, 설비의 주유상태, 구동부분 등 ③ 작업 중 점검사항 : 이상소음, 진동, 냄새, 가스 및 기름 누출, 생산품질의 이상 여부 등 ④ 작업 종료 시 점검사항 : 기계의 청소와 정비, 안전장치의 작동 여부, 스위치 조작, 환기, 통로정리 등
임시점검	정기점검 실시 후 다음 점검기일 이전에 임시로 실시하는 점검(기계, 기구 또는 설비의 이상 발견 시에 임시로 점검)
특별점검	① 기계, 기구 또는 설비를 신설하거나 변경 내지는 고장 수리 등을 할 경우 ② 강풍 또는 지진 등의 천재지변 발생 후의 점검 ③ 산업안전 보건 강조기간에도 실시

15 안전검사 대상기계 등

① 프레스
② 전단기
③ 크레인(정격 하중이 2톤 미만인 것은 제외)
④ 리프트
⑤ 압력용기
⑥ 곤돌라
⑦ 국소배기장치(이동식은 제외)
⑧ 원심기(산업용만 해당)
⑨ 롤러기(밀폐형 구조는 제외)

⑩ 사출성형기(형 체결력 294킬로뉴턴(kN) 미만은 제외)
⑪ 고소작업대(화물자동차 또는 특수자동차에 탑재한 고소작업대로 한정)
⑫ 컨베이어
⑬ 산업용 로봇
⑭ 혼합기
⑮ 파쇄기 또는 분쇄기

16 KEYWORD 안전인증

1. 안전인증대상 기계 등

기계 또는 설비	① 프레스 ② 전단기 및 절곡기 ③ 크레인 ④ 리프트 ⑤ 압력용기 ⑥ 롤러기 ⑦ 사출성형기 ⑧ 고소 작업대 ⑨ 곤돌라
방호장치	① 프레스 및 전단기 방호장치 ② 양중기용 과부하방지장치 ③ 보일러 압력방출용 안전밸브 ④ 압력용기 압력방출용 안전밸브 ⑤ 압력용기 압력방출용 파열판 ⑥ 절연용 방호구 및 활선작업용 기구 ⑦ 방폭구조 전기기계·기구 및 부품 ⑧ 추락·낙하 및 붕괴 등의 위험 방지 및 보호에 필요한 가설기자재로서 고용노동부장관이 정하여 고시하는 것 ⑨ 충돌·협착 등의 위험 방지에 필요한 산업용 로봇 방호장치로서 고용노동부장관이 정하여 고시하는 것
보호구	① 추락 및 감전 위험방지용 안전모 ② 안전화 ③ 안전장갑 ④ 방진마스크 ⑤ 방독마스크 ⑥ 송기마스크 ⑦ 전동식 호흡보호구 ⑧ 보호복 ⑨ 안전대 ⑩ 차광 및 비산물 위험방지용 보안경 ⑪ 용접용 보안면 ⑫ 방음용 귀마개 또는 귀덮개

2. 자율안전 확인 대상 기계 등

기계 또는 설비	① 연삭기 또는 연마기(휴대형은 제외) ② 산업용 로봇 ③ 혼합기 ④ 파쇄기 또는 분쇄기 ⑤ 식품가공용 기계(파쇄 · 절단 · 혼합 · 제면기만 해당) ⑥ 컨베이어 ⑦ 자동차정비용 리프트 ⑧ 공작기계(선반, 드릴기, 평삭 · 형삭기, 밀링만 해당) ⑨ 고정형 목재가공용 기계(둥근톱, 대패, 루타기, 띠톱, 모떼기 기계만 해당) ⑩ 인쇄기
방호장치	① 아세틸렌 용접장치용 또는 가스집합 용접장치용 안전기 ② 교류 아크용접기용 자동전격방지기 ③ 롤러기 급정지장치 ④ 연삭기 덮개 ⑤ 목재가공용 둥근톱 반발 예방장치와 날접촉 예방장치 ⑥ 동력식 수동대패용 칼날 접촉 방지장치 ⑦ 추락 · 낙하 및 붕괴 등의 위험 방지 및 보호에 필요한 가설기자재(안전인증 대상 가설기자재는 제외)로서 고용노동부장관이 정하여 고시하는 것
보호구	① 안전모(안전인증 대상 기계 등에 해당하는 추락 및 감전 위험방지용 안전모는 제외) ② 보안경(안전인증 대상 기계 등에 해당하는 차광 및 비산물 위험방지용 보안경은 제외) ③ 보안면(안전인증 대상 기계 등에 해당하는 용접용 보안면은 제외)

17 KEYWORD 선반 작업

1. 선반의 방호장치(안전장치)

칩 브레이커(Chip Breaker)	절삭 중 칩을 자동적으로 끊어 주는 바이트에 설치된 안전장치
급정지 브레이크	가공작업 중 선반을 급정지시킬 수 있는 방호장치
실드(Shield)	가공물의 칩이 비산되어 발생하는 위험을 방지하기 위해 사용하는 덮개(칩 비산방지 투명판)
척 커버(Chuck Cover)	척과 척으로 잡은 가공물의 돌출부에 작업자가 접촉하지 않도록 설치하는 덮개

2. 선반 작업 시 주의사항

① 칩(Chip)이 비산할 때는 보안경을 쓰고 방호판을 설치한다.
② 베드 위에 공구를 올려 놓지 않아야 한다.
③ 작업 중에 가공품을 만지지 않는다.
④ 면장갑 착용을 금한다.

⑤ 칩(Chip)이나 부스러기를 제거할 때는 기계를 정지시키고 압축공기를 사용하지 말고 반드시 브러시(솔)를 사용한다.
⑥ 치수 측정, 주유 및 청소를 할 때는 반드시 기계를 정지시키고 한다.
⑦ 기계를 운전 중에 백 기어(Back Gear)를 사용하지 말고 시동 전에 심압대가 잘 죄어 있는가를 확인한다.
⑧ 바이트는 가급적 짧게 장치하며 가공물의 길이가 직경의 12배 이상일 때는 반드시 방진구를 사용하여 진동을 막는다.

> **TIP** 방진구
> ① 가공물의 길이가 외경에 비해 가늘고 긴 공작물을 가공할 경우 자중 및 절삭력으로 인하여 휘거나 처짐, 진동을 방지하기 위하여 사용하는 기구로 고정식과 이동식 방진구가 있다.
> ② 가공물의 길이가 직경의 12배 이상일 때는 반드시 방진구를 사용하여야 한다.

18 밀링 작업에 대한 안전수칙

① 제품을 따내는 데에는 손끝을 대지 말아야 한다.
② 운전 중 가공면에 손을 대지 말아야 하며 장갑 착용을 금지한다.
③ 칩을 제거할 때에는 커터의 운전을 중지하고 브러시(솔)를 사용하며 걸레를 사용하지 않는다.
④ 커터 설치 및 측정 시에는 반드시 기계를 정지시킨 후에 한다.
⑤ 일감(공작물)은 테이블 또는 바이스에 안전하게 고정한다.
⑥ 상하 이송장치의 핸들은 사용 후 반드시 빼 두어야 한다.
⑦ 일감(공작물)을 고정하거나 풀어낼 때는 기계를 정지시킨다.
⑧ 테이블 위에 공구 등을 올려놓지 않는다.
⑨ 강력 절삭을 할 때는 일감을 바이스에 깊게 물린다.
⑩ 급속이송은 백래시 제거장치가 동작하지 않고 있음을 확인한 후 실시하고, 급속이송은 한 방향으로만 한다.

19 플레이너 작업에 대한 안전수칙

① 프레임 내의 피트(Pit)에는 뚜껑을 설치한다.
② 바이트는 되도록 짧게 나오도록 설치한다.
③ 배드 위에 다른 물건을 올려놓지 않는다.
④ 절삭 행정 중 일감(공작물)에 손을 대지 말아야 한다.
⑤ 기계 작동 중 테이블 위에는 절대로 올라가지 않아야 한다.

20 KEYWORD 셰이퍼 작업

1. 셰이퍼의 일반사항

크기 표시	① 램의 최대 행정 ② 테이블의 크기와 이송거리	
안전장치	① 칩받이 ② 칸막이	③ 방책(방호울) ④ 가드
작업의 위험요인	① 공작물 이탈 ② 램의 말단부 충돌 ③ 가공 칩의 비산 ④ 바이트(Bite)의 이탈	

2. 셰이퍼 작업에 대한 안전수칙

① 운전 중에는 절대 급유를 하지 말아야 한다.
② 램(Ram) 조정 핸들은 조정 후 빼 놓도록 해야 한다.
③ 절삭 중에 바이트 홀더에 손을 대지 말아야 한다.
④ 바이트는 잘 갈아서 사용하며 가능한 한 짧게 물린다.
⑤ 공작물을 견고하게 고정한다.
⑥ 작업 중에는 바이트의 운동 방향에 서지 않도록 한다.

21 KEYWORD 드릴링 작업

1. 드릴링 작업에서 일감(공작물)의 고정방법

① 일감이 작을 때 : 바이스로 고정
② 일감이 크고 복잡할 때 : 볼트와 고정구(클램프)로 고정
③ 대량 생산과 정밀도를 요할 때 : 지그(Jig)로 고정
④ 얇은 판의 재료일 때 : 나무판을 받치고 기구로 고정

2. 드릴링 작업에 대한 안전수칙

① 일감은 견고하게 고정시키며 관통된 것을 확인하기 위해 손으로 만져서는 안 된다.
② 드릴을 끼운 후 척 렌치(Chuck Wrench)는 반드시 뺀다.
③ 작업모를 착용하고 옷소매가 긴 작업복은 입지 않는다.
④ 드릴 작업에서는 보안경을 착용하고 안전덮개(Shield)를 설치한다.
⑤ 칩은 브러시(와이어 브러시)로 제거하고 장갑 착용은 금지한다.
⑥ 구멍 끝 작업에서는 절삭압력을 주어서는 안 된다.
⑦ 고정구를 사용하여 작업 중 공작물의 유동을 방지한다.
⑧ 가공 중 구멍이 관통되면 기계를 멈추고 손으로 돌려서 드릴을 뺀다.
⑨ 일감의 설치, 테이블의 고정이나 조정은 기계를 정지시킨 후에 실시한다.
⑩ 큰 구멍을 뚫을 때는 반드시 작은 구멍을 먼저 뚫은 후 큰 구멍을 뚫는다.
⑪ 얇은 판에 구멍을 뚫을 때에는 나무판을 밑에 받치고 뚫는다.
⑫ 구멍이 거의 다 뚫리는 끝부분에서 일감이 드릴과 함께 맞물려 회전하기 쉬우므로 주의하여야 한다.

22 KEYWORD 연삭숫돌의 파괴 원인

① 숫돌의 회전속도가 너무 빠를 때
② 숫돌 자체에 균열이 있을 때
③ 숫돌에 과대한 충격을 가할 때
④ 숫돌의 측면을 사용하여 작업할 때
⑤ 숫돌의 불균형이나 베어링 마모에 의한 진동이 있을 때(숫돌이 경우에 따라 파손될 수 있다)
⑥ 숫돌 반경방향의 온도변화가 심할 때
⑦ 작업에 부적당한 숫돌을 사용할 때
⑧ 숫돌의 치수가 부적당할 때
⑨ 플랜지가 현저히 작을 때

23 연삭기의 방호장치

1. 덮개의 구조

① 덮개에 인체의 접촉으로 인한 손상위험이 없어야 한다.
② 덮개에는 그 강도를 저하시키는 균열 및 기포 등이 없어야 한다.
③ 탁상용 연삭기의 덮개에는 워크레스트 및 조정편을 구비하여야 하며, 워크레스트는 연삭숫돌과의 간격을 3밀리미터 이하로 조정할 수 있는 구조이어야 한다.
④ 각종 고정부분은 부착하기 쉽고 견고하게 고정될 수 있어야 한다.

2. 연삭기 덮개의 각도

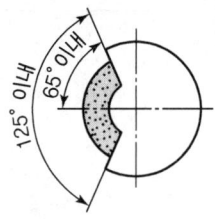

① 일반연삭작업 등에 사용하는 것을 목적으로 하는 탁상용 연삭기의 덮개 각도

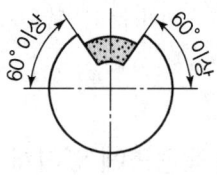

② 연삭숫돌의 상부를 사용하는 것을 목적으로 하는 탁상용 연삭기의 덮개 각도

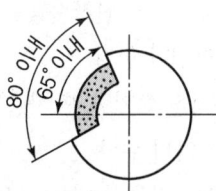

③ ① 및 ② 이외의 탁상용 연삭기, 그 밖에 이와 유사한 연삭기의 덮개 각도

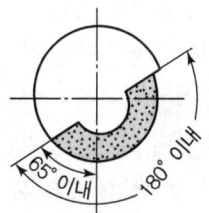

④ 원통연삭기, 센터리스연삭기, 공구연삭기, 만능연삭기, 그 밖에 이와 비슷한 연삭기의 덮개 각도

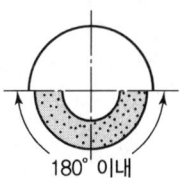

⑤ 휴대용 연삭기, 스윙 연삭기, 스라브연삭기, 그 밖에 이와 비슷한 연삭기의 덮개 각도

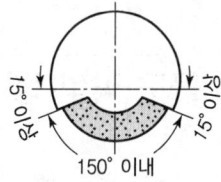

⑥ 평면연삭기, 절단연삭기, 그 밖에 이와 비슷한 연삭기의 덮개 각도

24 연삭기의 안전기준

1. 연삭기 구조면에 있어서의 안전기준

① 플랜지의 지름은 숫돌지름의 1/3 이상인 것을 사용하며 양쪽 모두 같은 크기로 한다.

$$\text{플랜지의 지름} = \text{숫돌지름} \times \frac{1}{3}$$

② 연삭숫돌과 작업대(워크레스트)와의 간격은 3mm 이내로 한다.
③ 최고회전속도 이내에서 작업을 한다.

$$V = \pi DN [\text{mm/min}] = \frac{\pi DN}{1,000} [\text{m/min}]$$

여기서, V : 원주속도(회전속도)[m/min]
　　　　D : 숫돌의 지름[mm]
　　　　N : 숫돌의 매분 회전수[rpm]

2. 연삭기 작업면에 있어서의 안전기준

① 회전 중인 연삭숫돌(지름이 5센티미터 이상인 것으로 한정)이 근로자에게 위험을 미칠 우려가 있는 경우에 그 부위에 덮개를 설치하여야 한다.
② 연삭숫돌을 사용하는 작업의 경우 작업을 시작하기 전에는 1분 이상, 연삭숫돌을 교체한 후에는 3분 이상 시험운전을 하고 해당 기계에 이상이 있는지를 확인하여야 한다.
③ 시험운전에 사용하는 연삭숫돌은 작업 시작 전에 결함이 있는지를 확인한 후 사용하여야 한다.
④ 연삭숫돌의 최고 사용회전속도를 초과하여 사용하도록 해서는 아니 된다.
⑤ 측면을 사용하는 것을 목적으로 하지 않는 연삭숫돌을 사용하는 경우 측면을 사용하도록 해서는 아니 된다.

25 수공구 작업(정)

① 재료를 절단 또는 깎아 내는 데 사용하는 공구
② 칩이 튀는 작업에는 반드시 보호안경을 착용하여야 한다.
③ 처음에는 가볍게 때리고, 점차 힘을 가한다.
④ 절단된 가공물의 끝이 튕길 수 있는 위험의 발생을 방지하여야 한다.
⑤ 절단이 끝날 무렵에는 정을 세게 타격해서는 안 된다.
⑥ 정으로 담금질된 재료는 절대로 가공할 수 없다.

26 프레스의 안전대책

1. no-hand in die 방식

1) 의의
작업 시 금형 사이에 손이 들어갈 필요가 없는 구조로, 위험을 방지하기 위한 본질적 안전화 방식이다.

2) 구분 및 종류

구분	종류
위험한계에 손을 넣으려 해도 들어가지 않는 방식	① 안전울을 부착한 프레스 : 작업점을 제외한 개구부의 틈새를 8mm 이하로 유지 ② 안전금형을 부착한 프레스 : 상형과 하형의 틈새 및 가이드 포스트(Guide Post)와 부시(Bush)와의 틈새는 8mm 이하 ③ 전용프레스 : 작업자의 손을 금형 사이에 넣을 필요가 없도록 한 프레스
위험한계에 손을 넣을 수 있으나 넣을 필요가 없는 방식	자동프레스 : 자동으로 재료의 송급, 가공 및 제품 등의 배출을 행하는 구조 ① 자동 송급 배출기구가 있는 것 ② 자동 송급 배출장치를 부착한 것

2. hand in die 방식

1) 의의
작업 시 금형 사이에 손이 들어가야만 하는 방식으로 반드시 방호장치를 부착시켜야 한다.

2) 구분 및 종류

구분	종류		
프레스기의 종류, 압력능력, 매분 행정수, 작업방법에 상응하는 방호장치	① 가드식 방호장치	② 수인식 방호장치	③ 손쳐내기식 방호장치
정지 성능에 상응하는 방호장치	① 양수조작식	② 광전자식(감응식)	

27 프레스의 방호장치 설치기준

1. 게이트 가드식 방호장치(Gate Guard)

① 슬라이드의 작동 중에 열 수 없는 구조이어야 하며, 가드를 닫지 않으면 슬라이드를 작동시킬 수 없는 구조의 것이어야 한다.
② 작동방식에 따라 하강식, 상승식, 횡슬라이드식, 도립식 등으로 분류한다.

2. 손쳐내기식 방호장치(Sweep Guard)

① 슬라이드와 연결된 손쳐내기 봉이 위험 구역에 있는 작업자의 손을 쳐내는 방식
② SPM 120 이하, 슬라이드 행정길이 약 40mm 이상의 프레스에 적용 가능
③ 슬라이드 하행정거리의 3/4 위치에서 손을 완전히 밀어내야 한다.
④ 방호판의 폭은 금형폭의 1/2 이상이어야 하고, 행정길이가 300mm 이상의 프레스기계에는 방호판 폭을 300mm로 해야 한다.

3. 수인식 방호장치(Pull Out)

① 슬라이드와 작업자 손을 끈으로 연결하여 슬라이드 하강 시 작업자 손을 당겨 위험영역에서 빼낼 수 있도록 한 장치
② SPM 120 이하 행정길이 40mm 이상 프레스에 적용 가능
③ 수인끈의 재료는 합성섬유로 직경이 4mm 이상이어야 한다.

4. 양수조작식 방호장치

① 기계의 조작을 양손으로 동시에 하지 않으면 기계가 가동하지 않으며 한 손이라도 떼어내면 기계가 급정지 또는 급상승하게 하는 장치
② 1행정 1정지기구에 사용할 수 있어야 한다.
③ 누름버튼을 양손으로 동시에 조작하지 않으면 작동시킬 수 없는 구조이어야 하며, 양쪽 버튼의 작동시간 차이는 최대 0.5초 이내일 때 프레스가 동작되도록 해야 한다.
④ 누름버튼의 상호 간 내측거리는 300mm 이상이어야 한다.

5. 광전자식 방호장치

① 광선 검출 트립기구를 이용한 방호장치로서 신체의 일부가 광선을 차단하면 기계를 급정지 또는 급상승시켜 안전을 확보하는 장치
② 슬라이드 작동 중 정지 가능한 마찰클러치의 구조에만 적용 가능하고 확동식 클러치(핀 클러치)를 갖는 크랭크 프레스에는 사용 불가
③ 방호장치가 작동하여 정지 후 바로 연속 가공이 가능하다.
④ 정상동작표시램프는 녹색, 위험표시램프는 붉은색으로 하며, 쉽게 근로자가 볼 수 있는 곳에 설치해야 한다.

28 프레스 방호장치 설치 안전거리

1. 양수조작식

① 양수조작식 방호장치를 설치한 프레스 등의 누름버튼과 위험한계 사이의 거리는 슬라이드 등의 하강속도가 최대로 되는 위치에서 다음 식에 따라 계산한 값 이상이어야 한다.

② 공식

$$D = 1,600 \times (T_c + T_s)$$

여기서, D : 안전거리[mm]
T_c : 방호장치의 작동시간[즉, 누름버튼으로부터 한 손이 떨어졌을 때부터 급정지기구가 작동을 개시할 때까지의 시간(초)]
T_s : 프레스 등의 급정지시간[즉, 급정지기구가 작동을 개시했을 때부터 슬라이드 등이 정지할 때까지의 시간(초)]

2. 양수기동식

$$D_m = 1.6 T_m$$

여기서, D_m : 안전거리[mm]
T_m : 양손으로 누름단추를 누르기 시작할 때부터 슬라이드가 하사점에 도달하기까지 소요시간[ms]
$T_m = \left(\dfrac{1}{\text{클러치 맞물림 개소수}} + \dfrac{1}{2} \right) \times \dfrac{60,000}{\text{매분 행정수}}$ [ms]

3. 광전자식

① 광전자식 방호장치를 설치한 프레스 등의 광전자식 방호장치와 위험한계 사이의 거리는 슬라이드 등의 하강속도가 최대로 되는 위치에서 다음 식에 따라 계산한 값 이상이어야 한다.

② 공식

$$D = 1,600 \times (T_c + T_s)$$

여기서, D : 안전거리[mm]
T_c : 방호장치의 작동시간[즉, 손이 광선을 차단했을 때부터 급정지기구가 작동을 개시할 때까지의 시간(초)]
T_s : 프레스 등의 최대정지시간[즉, 급정지기구가 작동을 개시했을 때부터 슬라이드 등이 정지할 때까지의 시간(초)]

29 KEYWORD 기타 프레스기와 관련된 중요 사항

1. 급정지기구에 따른 방호장치

급정지기구가 부착되어 있어야만 유효한 방호장치	급정지기구가 부착되어 있지 않아도 유효한 방호장치
① 양수조작식 방호장치 ② 감응식 방호장치	① 양수기동식 방호장치 ② 게이트 가드식 방호장치 ③ 수인식 방호장치 ④ 손쳐내기식 방호장치

2. 기타 주요 사항

프레스기 페달에 U자형 덮개(커버)를 씌우는 이유	페달의 불시작동으로 인한 사고 예방
슬라이드 불시 하강 방지조치	안전블록 설치
금형에서 제품을 꺼낼 때 칩(Chip) 제거에 이용되는 것	① 공기분사장치(압축공기) ② Pick out 사용
프레스에서 동력 전달에 가장 중요한 부분	클러치

3. 금형조정작업의 위험 방지

프레스 등의 금형을 부착·해체 또는 조정하는 작업을 할 때에 해당 작업에 종사하는 근로자의 신체가 위험한계 내에 있는 경우 슬라이드가 갑자기 작동함으로써 근로자에게 발생할 우려가 있는 위험을 방지하기 위하여 안전블록을 사용하는 등 필요한 조치를 하여야 한다.

30 KEYWORD 롤러기 가드의 개구부 간격

1. ILO 기준(위험점이 전동체가 아닌 경우)

① 프레스 및 전단기의 작업점이나 롤러기의 맞물림점에 설치
② 공식

$$Y = 6 + 0.15X \, (X < 160\mathrm{mm}) \; (단, X \geq 160\mathrm{mm} 일\,때, Y = 30\mathrm{mm})$$

여기서, X : 가드와 위험점 간의 거리(안전거리)[mm]
Y : 가드 개구부 간격(안전간극)[mm]

2. 위험점이 대형 기계의 전동체(회전체)인 경우

$$Y = \frac{X}{10} + 6\text{mm} \, (단, \, X < 760\text{mm에서 유효})$$

여기서, X : 가드와 위험점 간의 거리(안전거리)[mm]
Y : 가드 개구부 간격(안전간극)[mm]

31 KEYWORD 롤러기 방호장치 설치방법 및 성능조건

1. 급정지장치의 설치방법

급정지장치 조작부의 종류	위치	비고
손으로 조작하는 것	밑면으로부터 1.8m 이내	위치는 급정지장치 조작부의 중심점을 기준으로 함
복부로 조작하는 것	밑면으로부터 0.8m 이상 1.1m 이내	
무릎으로 조작하는 것	밑면으로부터 0.4m 이상 0.6m 이내	

2. 급정지장치의 성능조건

앞면 롤러의 표면속도(m/min)	급정지거리
30 미만	앞면 롤러 원주의 1/3
30 이상	앞면 롤러 원주의 1/2.5

$$V = \pi DN [\text{mm/min}] = \frac{\pi DN}{1,000} [\text{m/min}]$$

여기서, V : 표면속도[m/min], D : 롤러 원통의 직경[mm]
N : 1분간에 롤러기가 회전되는 수[rpm]

32 토치의 취급상 주의사항

① 팁을 모래나 먼지 위에 놓지 말 것
② 토치를 함부로 분해하지 말 것
③ 팁이 과열된 때는 아세틸렌 가스를 멈추고 산소만 다소 분출시키면서 물속에 넣어 냉각시킬 것
④ 점화 시 아세틸렌 밸브를 열고 점화 후 산소밸브를 열어 조절한다.
⑤ 작업 종료 후 또는 고무호스에 역화·역류 발생 시에는 산소밸브를 가장 먼저 잠근다.
⑥ 용접토치팁의 청소는 팁클리너로 하는 것이 가장 좋다.

33 아세틸렌 용접장치

1. 압력의 제한

아세틸렌 용접장치를 사용하여 금속의 용접·용단 또는 가열작업을 하는 경우에는 게이지 압력이 127 킬로파스칼을 초과하는 압력의 아세틸렌을 발생시켜 사용해서는 아니 된다.

2. 발생기실의 설치 장소

① 아세틸렌 용접장치의 아세틸렌 발생기를 설치하는 경우에는 전용의 발생기실에 설치하여야 한다.
② 건물의 최상층에 위치하여야 하며, 화기를 사용하는 설비로부터 3미터를 초과하는 장소에 설치하여야 한다.
③ 옥외에 설치한 경우에는 그 개구부를 다른 건축물로부터 1.5미터 이상 떨어지도록 하여야 한다.

3. 발생기실의 구조

① 벽은 불연성 재료로 하고 철근 콘크리트 또는 그 밖에 이와 같은 수준이거나 그 이상의 강도를 가진 구조로 할 것
② 지붕과 천장에는 얇은 철판이나 가벼운 불연성 재료를 사용할 것
③ 바닥면적의 16분의 1 이상의 단면적을 가진 배기통을 옥상으로 돌출시키고 그 개구부를 창이나 출입구로부터 1.5미터 이상 떨어지도록 할 것
④ 출입구의 문은 불연성 재료로 하고 두께 1.5밀리미터 이상의 철판이나 그 밖에 그 이상의 강도를 가진 구조로 할 것
⑤ 벽과 발생기 사이에는 발생기의 조정 또는 카바이드 공급 등의 작업을 방해하지 않도록 간격을 확보할 것

4. 안전기의 설치

① 아세틸렌 용접장치의 취관마다 안전기를 설치하여야 한다.(다만, 주관 및 취관에 가장 가까운 분기관마다 안전기를 부착한 경우에는 그러하지 아니하다)
② 가스용기가 발생기와 분리되어 있는 아세틸렌 용접장치에 대하여 발생기와 가스용기 사이에 안전기를 설치하여야 한다.

5. 아세틸렌 용접장치의 관리

① 발생기(이동식 아세틸렌 용접장치의 발생기는 제외)의 종류, 형식, 제작업체명, 매시 평균 가스발생량 및 1회 카바이드 공급량을 발생기실 내의 보기 쉬운 장소에 게시할 것
② 발생기실에는 관계 근로자가 아닌 사람이 출입하는 것을 금지할 것
③ 발생기에서 5미터 이내 또는 발생기실에서 3미터 이내의 장소에서는 흡연, 화기의 사용 또는 불꽃이 발생할 위험한 행위를 금지시킬 것
④ 도관에는 산소용과 아세틸렌용의 혼동을 방지하기 위한 조치를 할 것
⑤ 아세틸렌 용접장치의 설치장소에는 소화기 한 대 이상을 갖출 것
⑥ 이동식 아세틸렌 용접장치의 발생기는 고온의 장소, 통풍이나 환기가 불충분한 장소 또는 진동이 많은 장소 등에 설치하지 않도록 할 것

34 KEYWORD 가스집합 용접장치

1. 가스집합장치의 위험 방지

① 가스집합장치에 대해서는 화기를 사용하는 설비로부터 5미터 이상 떨어진 장소에 설치하여야 한다.
② 가스집합장치를 설치하는 경우에는 전용의 방에 설치하여야 한다.(다만, 이동하면서 사용하는 가스집합장치의 경우에는 제외)
③ 가스장치실에서 가스집합장치의 가스용기를 교환하는 작업을 할 때 가스장치실의 부속설비 또는 다른 가스용기에 충격을 줄 우려가 있는 경우에는 고무판 등을 설치하는 등 충격 방지조치를 하여야 한다.

2. 가스장치실의 구조

① 가스가 누출된 경우에는 그 가스가 정체되지 않도록 할 것
② 지붕과 천장에는 가벼운 불연성 재료를 사용할 것
③ 벽에는 불연성 재료를 사용할 것

3. 가스집합 용접장치의 배관(이동식을 포함)

① 플랜지·밸브·콕 등의 접합부에는 개스킷을 사용하고 접합면을 상호 밀착시키는 등의 조치를 할 것
② 주관 및 분기관에는 안전기를 설치할 것. 이 경우 하나의 취관에 2개 이상의 안전기를 설치하여야 한다.

4. 구리 사용의 제한

용해아세틸렌의 가스집합 용접장치의 배관 및 부속기구는 구리나 구리 함유량이 70퍼센트 이상인 합금을 사용해서는 아니 된다.

35 KEYWORD 금속의 용접·용단 또는 가열에 사용되는 가스 등의 용기를 취급하는 경우의 준수사항

① 다음 장소에서 사용하거나 해당 장소에 설치·저장 또는 방치하지 않도록 할 것
  ㉠ 통풍이나 환기가 불충분한 장소
  ㉡ 화기를 사용하는 장소 및 그 부근
  ㉢ 위험물 또는 인화성 액체를 취급하는 장소 및 그 부근
② 용기의 온도를 섭씨 40도 이하로 유지할 것
③ 전도의 위험이 없도록 할 것
④ 충격을 가하지 않도록 할 것
⑤ 운반하는 경우에는 캡을 씌울 것
⑥ 사용하는 경우에는 용기의 마개에 부착되어 있는 유류 및 먼지를 제거할 것
⑦ 밸브의 개폐는 서서히 할 것
⑧ 사용 전 또는 사용 중인 용기와 그 밖의 용기를 명확히 구별하여 보관할 것
⑨ 용해아세틸렌의 용기는 세워 둘 것
⑩ 용기의 부식·마모 또는 변형 상태를 점검한 후 사용할 것

36 역화(Back Fire)

정의	용접 도중에 모재에 팁 끝이 닿아 불꽃이 팁 끝에서 순간적으로 폭음을 내며 불꽃이 들어갔다가 꺼지는 현상
원인	① 압력 조정기의 고장　　　　　　④ 토치의 성능이 좋지 않을 때 ② 과열되었을 때　　　　　　　　⑤ 토치 팁에 이물질이 묻었을 때 ③ 산소 공급이 과다할 때
방지법	① 용접 팁을 물에 담가서 식힘　　② 아세틸렌을 차단　　③ 토치의 기능을 점검

37 보일러의 취급 시 이상현상

프라이밍(Priming)	보일러수가 극심하게 끓어서 수면에서 계속하여 물방울이 비산하고 증기부가 물방울로 충만하여 수위가 불안정하게 되는 현상
포밍(Foaming)	보일러수에 유지류, 고형물 등의 부유물로 인해 거품이 발생하여 수위를 판단하지 못하는 현상
캐리오버 (Carry Over, 기수공발)	① 보일러에서 증기관 쪽에 보내는 증기에 대량의 물방울이 포함되는 경우로 프라이밍이나 포밍이 생기면 필연적으로 발생 ② 보일러에서 증기의 순도를 저하시킴으로써 관 내 응축수가 생겨 워터해머의 원인이 되는 것
워터해머 (Water Hammer, 수격작용)	① 관 내의 유동, 밸브의 급격한 개폐 등에 의해 압력파(압력변화)가 생겨 불규칙한 유체의 흐름이 생성되어 관벽을 해머로 치는 듯한 소리를 내며 관이 진동하는 현상 ② 과열과는 상관이 없으며, 워터해머는 캐리오버에 기인한다.

38 보일러 안전장치의 종류

1. 압력방출장치

① 보일러의 안전한 가동을 위하여 보일러 규격에 맞는 압력방출장치를 1개 또는 2개 이상 설치하고 최고사용압력(설계압력 또는 최고허용압력) 이하에서 작동되도록 하여야 한다.
② 압력방출장치가 2개 이상 설치된 경우에는 최고사용압력 이하에서 1개가 작동되고, 다른 압력방출장치는 최고사용압력 1.05배 이하에서 작동되도록 부착하여야 한다.
③ 압력방출장치는 매년 1회 이상 교정을 받은 압력계를 이용하여 설정압력에서 압력방출장치가 적정하게 작동하는지를 검사한 후 납으로 봉인하여 사용하여야 한다.(공정안전보고서 이행상태 평가결과가 우수한 사업장은 압력방출장치에 대하여 4년마다 1회 이상 설정압력에서 압력방출장치가 적정하게 작동하는지를 검사할 수 있다)
④ 스프링식, 중추식, 지렛대식(일반적으로 스프링식 안전밸브가 많이 사용된다)

2. 압력제한스위치

보일러의 과열을 방지하기 위하여 최고사용압력과 상용압력 사이에서 보일러의 버너 연소를 차단할 수 있도록 압력제한스위치를 부착하여 사용하여야 한다.

3. 고저수위 조절장치

고저수위 조절장치의 동작 상태를 작업자가 쉽게 감시하도록 하기 위하여 고저수위지점을 알리는 경보등·경보음장치 등을 설치하여야 하며, 자동으로 급수되거나 단수되도록 설치하여야 한다.

4. 화염검출기

연소상태를 항상 감시하고 그 신호를 프레임 릴레이가 받아서 연소차단밸브를 개폐한다.

KEYWORD 39 산업용 로봇의 안전기준

1. 교시 등의 작업 시 안전조치사항

① 다음 각 목의 사항에 관한 지침을 정하고 그 지침에 따라 작업을 시킬 것
  ㉠ 로봇의 조작방법 및 순서
  ㉡ 작업 중의 매니퓰레이터의 속도
  ㉢ 2명 이상의 근로자에게 작업을 시킬 경우의 신호방법
  ㉣ 이상을 발견한 경우의 조치
  ㉤ 이상을 발견하여 로봇의 운전을 정지시킨 후 이를 재가동시킬 경우의 조치
  ㉥ 그 밖에 로봇의 예기치 못한 작동 또는 오조작에 의한 위험을 방지하기 위하여 필요한 조치
② 작업에 종사하고 있는 근로자 또는 그 근로자를 감시하는 사람은 이상을 발견하면 즉시 로봇의 운전을 정지시키기 위한 조치를 할 것
③ 작업을 하고 있는 동안 로봇의 기동스위치 등에 작업 중이라는 표시를 하는 등 작업에 종사하고 있는 근로자가 아닌 사람이 그 스위치 등을 조작할 수 없도록 필요한 조치를 할 것

2. 운전 중 위험 방지조치

① 높이 1.8미터 이상의 울타리
② 컨베이어 시스템의 설치 등으로 울타리를 설치할 수 없는 일부 구간 : 안전매트 또는 광전자식 방호장치 등 감응형 방호장치 설치

40 목재 가공용 둥근톱

1. 방호장치의 종류 및 구조
① 날접촉예방장치 : 톱날과 인체의 접촉을 방기하기 위한 덮개를 말한다.
② 반발예방장치 : 가공재의 반발을 방지하기 위하여 설치하는 것으로 분할날(Spreader), 반발방지기구(Finger), 반발방지롤(Roll), 보조안내판이 있다.

2. 분할날의 설치구조
① 분할날의 두께는 둥근톱 두께의 1.1배 이상일 것

$$1.1t_1 \leq t_2 < b$$

여기서, t_1 : 톱두께, t_2 : 분할날두께, b : 치진폭

② 견고히 고정할 수 있으며 분할날과 톱날 원주면과의 거리는 12mm 이내로 조정, 유지할 수 있어야 하고 표준테이블면(승강반에 있어서도 테이블을 최하로 내린 때의 면)상의 톱 뒷날의 2/3 이상을 덮도록 할 것

41 고속회전체

고속회전체(회전축의 중량이 1톤을 초과하고 원주속도가 초당 120미터 이상인 것으로 한정)의 회전시험을 하는 경우 미리 회전축의 재질 및 형상 등에 상응하는 종류의 비파괴검사를 해서 결함 유무를 확인하여야 한다.

42 지게차의 안정조건

지게차는 화물 적재 시에 지게차 균형추(Counter Balance) 무게에 의하여 안정된 상태를 유지할 수 있도록 최대하중 이하로 적재하여야 한다.

$$Wa < Gb$$

여기서, W : 화물중심에서의 화물의 중량[kgf] $\quad G$: 지게차 중심에서의 지게차의 중량[kgf]
a : 앞바퀴에서 화물 중심까지의 최단거리[cm] $\quad b$: 앞바퀴에서 지게차 중심까지의 최단거리[cm]
$M_1 = Wa$(화물의 모멘트) $\quad M_2 = Gb$(지게차의 모멘트)

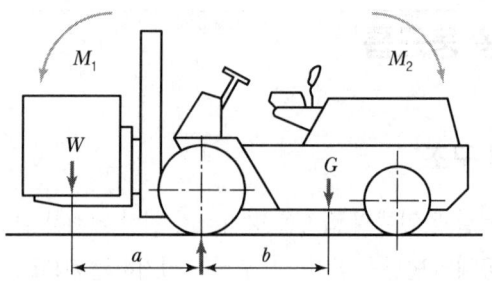

43 KEYWORD 지게차의 안정도 기준

안정도	지게차의 상태	
하역작업 시의 전후 안정도 4% 이내 (5톤 이상 3.5% 이내) (최대하중상태에서 포크를 가장 높이 올린 경우)		(위에서 본 경우)
주행 시의 전후 안정도 18% 이내 (기준부하상태)		
하역작업 시의 좌우안정도 6% 이내 (최대하중상태에서 포크를 가장 높이 올리고 마스트를 가장 뒤로 기울인 경우)		(밑에서 본 경우)
주행 시의 좌우 안정도 $(15+1.1V)$% 이내 (V : 최고속도(km/h)) (기준무부하상태)		

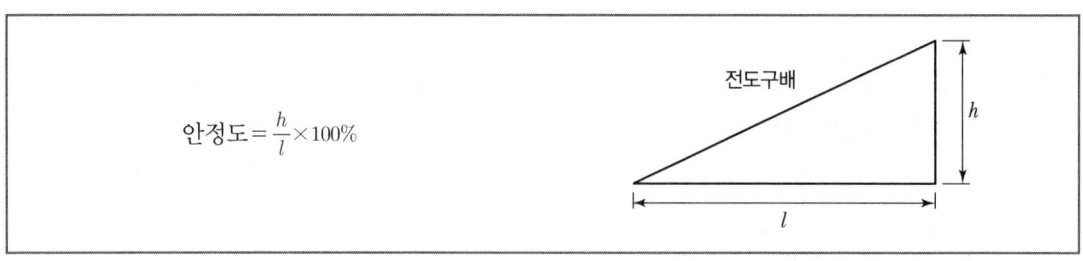

안정도 $= \dfrac{h}{l} \times 100\%$

44 KEYWORD 헤드가드

① 강도는 지게차의 최대하중의 2배 값(4톤을 넘는 값에 대해서는 4톤으로 한다)의 등분포정하중에 견딜 수 있을 것
② 상부틀의 각 개구의 폭 또는 길이가 16센티미터 미만일 것
③ 운전자가 앉아서 조작하거나 서서 조작하는 지게차의 헤드가드는 한국산업표준에서 정하는 높이 기준 이상일 것
  ㉠ 좌승식 : 좌석기준점으로부터 903mm 이상
  ㉡ 입승식 : 조종사가 서 있는 플랫폼으로부터 1,880mm 이상

45 KEYWORD 컨베이어

1. 컨베이어 방호장치의 종류

① 비상정지장치
② 역전방지장치
  ㉠ 기계식 : 라쳇식, 롤러식, 밴드식
  ㉡ 전기식 : 전기 브레이크, 스러스트 브레이크
③ 브레이크
④ 이탈 방지장치 : 전자식 브레이크, 유압식 브레이크
⑤ 덮개 또는 울
⑥ 건널다리

2. 컨베이어 등을 사용하여 작업을 할 때 작업시작 전 점검사항

① 원동기 및 풀리(Pulley) 기능의 이상 유무
② 이탈 등의 방지장치 기능의 이상 유무
③ 비상정지장치 기능의 이상 유무
④ 원동기 · 회전축 · 기어 및 풀리 등의 덮개 또는 울 등의 이상 유무

46 양중기 방호장치의 종류

1. 양중기의 종류

① 크레인(호이스트 포함)
② 이동식 크레인
③ 리프트(이삿짐운반용 리프트의 경우에는 적재하중이 0.1톤 이상인 것)
④ 곤돌라
⑤ 승강기

2. 방호장치의 종류

① 방호장치의 조정

방호장치의 조정 대상	① 크레인 ② 이동식 크레인 ③ 리프트 ④ 곤돌라 ⑤ 승강기
방호장치의 종류	① 과부하방지장치 ② 권과방지장치 ③ 비상정지장치 및 제동장치 ④ 그 밖의 방호장치(승강기의 파이널 리미트 스위치, 속도조절기, 출입문 인터록 등)

② 크레인 및 이동식 크레인의 양중기에 대한 권과방지장치는 훅·버킷 등 달기구의 윗면(그 달기구에 권상용 도르래가 설치된 경우에는 권상용 도르래의 윗면)이 드럼, 상부 도르래, 트롤리프레임 등 권상장치의 아랫면과 접촉할 우려가 있는 경우에 그 간격이 0.25m 이상(직동식 권과방지장치는 0.05미터 이상으로 한다)이 되도록 조정하여야 한다.
③ ②의 권과방지장치를 설치하지 않은 크레인에 대해서는 권상용 와이어로프에 위험표시를 하고 경보장치를 설치하는 등 권상용 와이어로프가 지나치게 감겨서 근로자가 위험해질 상황을 방지하기 위한 조치를 하여야 한다.

3. 리프트의 방호장치

리프트(자동차정비용 리프트 제외)의 운반구 이탈 등의 위험을 방지하기 위하여 권과방지장치, 과부하방지장치, 비상정지장치 등을 설치하는 등 필요한 조치를 하여야 한다.

양중기의 와이어 로프 등

1. 와이어로프 등 달기구의 안전계수

근로자가 탑승하는 운반구를 지지하는 달기와이어로프 또는 달기체인의 경우	10 이상
화물의 하중을 직접 지지하는 달기와이어로프 또는 달기체인의 경우	5 이상
훅, 샤클, 클램프, 리프팅 빔의 경우	3 이상
그 밖의 경우	4 이상

2. 양중기 와이어로프의 사용금지 조건

① 이음매가 있는 것
② 와이어로프의 한 꼬임에서 끊어진 소선의 수가 10% 이상인 것
③ 지름의 감소가 공칭지름의 7%를 초과하는 것
④ 꼬인 것
⑤ 심하게 변형되거나 부식된 것
⑥ 열과 전기충격에 의해 손상된 것

3. 양중기 달기 체인의 사용금지 조건

① 달기 체인의 길이가 달기 체인이 제조된 때의 길이의 5%를 초과한 것
② 링의 단면 지름이 달기 체인이 제조된 때의 해당 링의 지름의 10%를 초과하여 감소한 것
③ 균열이 있거나 심하게 변형된 것

48 와이어로프에 걸리는 하중

1. 와이어로프의 안전율

$$안전율(S) = \frac{\text{로프의 가닥 수}(N) \times \text{로프의 파단하중}(P) \times \text{단말고정이음효율}(nR)}{\text{안전하중(최대사용하중,}\,Q) \times \text{하중계수}(C)}$$

2. 와이어로프에 걸리는 하중 계산

와이어로프에 걸리는 총 하중	총 하중(W) = 정하중(W_1) + 동하중(W_2) 동하중$(W_2) = \dfrac{W_1}{g} \times a$ [g: 중력가속도(9.8m/s^2), a: 가속도(m/s^2)]
와이어로프에 작용하는 장력	장력[N] = 총하중[kg] × 중력가속도[m/s²]
슬링와이어로프의 한 가닥에 걸리는 하중	하중 = $\dfrac{\text{화물의 무게}(W_1)}{2} \div \cos\dfrac{\theta}{2}$

CHAPTER 04 전기설비 안전관리

1 통전 경로별 위험도

통전경로	심장전류계수	통전경로	심장전류계수
왼손-가슴	1.5	왼손-등	0.7
오른손-가슴	1.3	한 손 또는 양손-앉아 있는 자리	0.7
왼손-한 발 또는 양발	1.0	왼손-오른손	0.4
양손-양발	1.0	오른손-등	0.3
오른손-한 발 또는 양발	0.8		

※ 숫자가 클수록 위험도가 높다.

2 옴의 법칙

① 전기회로 내의 전류, 전압, 저항 사이의 관계를 나타내는 법칙
② 임의의 도체에 흐르는 전류(I)의 크기는 전압(V)에 비례하고(R이 일정한 경우), 저항(R)에 반비례(V가 일정한 경우)한다.
③ 공식

$$V = IR[\text{V}], \ I = \frac{V}{R}[\text{A}], \ R = \frac{V}{I}[\Omega]$$

여기서, V: 전압[V], I: 전류[A], R: 저항[Ω]

3 통전전류에 따른 인체의 영향

분류	인체에 미치는 전류의 영향	통전전류
최소감지전류	전류의 흐름을 느낄 수 있는 최소전류	상용주파수 60Hz에서 성인남자 1mA
고통한계전류	고통을 참을 수 있는 한계전류	상용주파수 60Hz에서 성인남자 7~8mA
가수전류(이탈전류, 마비한계전류)	인체가 자력으로 이탈할 수 있는 전류	상용주파수 60Hz에서 성인남자 10~15mA
불수전류	신경이 마비되고 신체를 움직일 수 없으며 말을 할 수 없는 상태(인체가 충전부에 접촉하여 감전되었을 때 자력으로 이탈할 수 없는 상태의 전류)	상용주파수 60Hz에서 성인남자 15~50mA
심실세동전류 (치사전류)	심장의 맥동에 영향을 주어 심장마비 상태를 유발하여 수분 이내에 사망	$I = \dfrac{165}{\sqrt{T}}[\mathrm{mA}]$ 일반적으로 50~100mA

4 심실세동전류(치사전류)

① 인체에 흐르는 전류가 더욱 증가하면 심장부를 흐르게 되어 정상적인 박동을 하지 못하고 불규칙적인 세동으로 혈액순환이 순조롭지 못하게 되는 현상을 말하며, 그대로 방치하면 수분 내로 사망하게 된다.

② 일반적으로 50~100mA 정도에서 일어나며 100mA 이상에서는 순간적 흐름에도 심실세동현상이 발생한다.

③ 심실세동전류와 통전시간의 관계(Dalziel)

심실세동전류의 크기는 통전시간의 제곱근에 비례한다.

$$I = \frac{165}{\sqrt{T}}[\mathrm{mA}]$$

여기서, I : 심실세동전류[mA], T : 통전시간[sec]
전류 I는 1,000명 중 5명 정도가 심실세동을 일으키는 값

④ 위험한계 에너지(심실세동을 일으키는 전기에너지 값)

인체의 전기저항 R을 500(Ω), 통전시간이 1초라면

$$W = I^2 RT[\mathrm{J/s}] = \left(\frac{165}{\sqrt{T}} \times 10^{-3}\right)^2 \times R \times T = \left(\frac{165}{\sqrt{T}} \times 10^{-3}\right)^2 \times 500 \times 1 = 13.61[\mathrm{J}]$$

5 전기 기계·기구에 의한 감전방지대책

1. 직접 접촉에 의한 방지대책(전기 기계·기구 등의 충전 부분에 대한 감전방지)

① 충전부가 노출되지 않도록 폐쇄형 외함이 있는 구조로 할 것
② 충전부에 충분한 절연효과가 있는 방호망이나 절연덮개를 설치할 것
③ 충전부는 내구성이 있는 절연물로 완전히 덮어 감쌀 것
④ 발전소·변전소 및 개폐소 등 구획되어 있는 장소로서 관계 근로자가 아닌 사람의 출입이 금지되는 장소에 충전부를 설치하고, 위험표시 등의 방법으로 방호를 강화할 것
⑤ 전주 위 및 철탑 위 등 격리되어 있는 장소로서 관계 근로자가 아닌 사람이 접근할 우려가 없는 장소에 충전부를 설치할 것

2. 간접 접촉에 의한 방지대책

① 보호절연
② 안전 전압 이하의 전기기기 사용
③ 접지
④ 누전차단기의 설치
⑤ 비접지식 전로의 채용
⑥ 이중절연구조

6 전로차단 절차

① 전기기기 등에 공급되는 모든 전원을 관련 도면, 배선도 등으로 확인할 것
② 전원을 차단한 후 각 단로기 등을 개방하고 확인할 것
③ 차단장치나 단로기 등에 잠금장치 및 꼬리표를 부착할 것
④ 개로된 전로에서 유도전압 또는 전기에너지가 축적되어 근로자에게 전기위험을 끼칠 수 있는 전기기기 등은 접촉하기 전에 잔류전하를 완전히 방전시킬 것
⑤ 검전기를 이용하여 작업 대상 기기가 충전되었는지를 확인할 것
⑥ 전기기기 등이 다른 노출 충전부와의 접촉, 유도 또는 예비동력원의 역송전 등으로 전압이 발생할 우려가 있는 경우에는 충분한 용량을 가진 단락 접지기구를 이용하여 접지할 것

KEYWORD 7 접근한계거리

충전전로의 선간전압 (단위 : 킬로볼트)	충전전로에 대한 접근 한계거리 (단위 : 센티미터)
0.3 이하	접촉금지
0.3 초과 0.75 이하	30
0.75 초과 2 이하	45
2 초과 15 이하	60
15 초과 37 이하	90
37 초과 88 이하	110
88 초과 121 이하	130
121 초과 145 이하	150
145 초과 169 이하	170
169 초과 242 이하	230
242 초과 362 이하	380
362 초과 550 이하	550
550 초과 800 이하	790

KEYWORD 8 저압전로의 절연저항

전로의 사용전압(V)	DC시험전압(V)	절연저항(MΩ)
SELV 및 PELV	250	0.5
FELV, 500V 이하	500	1.0
500V 초과	1,000	1.0

[주] 특별저압(Extra Low Voltage : 2차 전압이 AC 50V, DC 120V 이하)으로 SELV(비접지회로 구성) 및 PELV(접지회로 구성)는 1차와 2차가 전기적으로 절연된 회로, FELV는 1차와 2차가 전기적으로 절연되지 않은 회로

9. 허용접촉전압

종별	접촉상태	허용접촉전압
제1종	인체의 대부분이 수중에 있는 상태	2.5V 이하
제2종	① 인체가 현저하게 젖어 있는 상태 ② 금속성의 전기기계장치나 구조물에 인체의 일부가 상시 접촉되어 있는 상태	25V 이하
제3종	제1종, 제2종 이외의 경우로 통상의 인체상태에 있어서 접촉전압이 가해지면 위험성이 높은 상태	50V 이하
제4종	① 제1종, 제2종 이외의 경우로 통상의 인체상태에 있어서 접촉전압이 가해지더라도 위험성이 낮은 상태 ② 접촉전압이 가해질 우려가 없는 상태	제한 없음

10. 피부의 전기저항

1. 접촉 부위에 따른 저항

① 인체의 전기저항 중에서 피부의 전기저항이 가장 큰 값을 가지고 있지만 사람에 따라 피부저항이 상당히 큰 폭으로 변화한다.
② 손등, 턱, 볼, 정강이에서는 전기저항이 극히 적어 피전점(皮電点)이 존재한다.

2. 습기에 의한 변화

① 피부가 젖어 있는 경우에는 건조한 경우에 비해 1/10로 감소
② 땀이 난 경우 1/12~1/20로 감소
③ 물에 젖은 경우 1/25로 감소

3. 피부와 전극 접촉면적에 의한 변화

같은 크기의 전류가 흘러도 접촉면적이 커지면 피부저항은 그만큼 적게 되며, 전류밀도 또한 줄어든다.

4. 인가전압에 따른 변화

약 1,000V 정도를 넘는 고전압이 인가되면 피부저항이 완전히 파괴되기 때문에 피부저항이 0이 되어 인체 내부조직의 저항(500Ω)만 남는다.

5. 인가시간에 의한 변화

인가시간이 길어지면 인체의 온도상승에 의해 저항치가 감소된다.

11 감전재해의 요인

1. 1차적 감전요소

통전 전류의 크기	크면 위험, 인체의 저항이 일정할 때 접촉전압에 비례
통전시간	장시간 흐르면 위험
통전경로	인체의 주요한 부분을 흐를수록 위험
전원의 종류	전원의 크기(전압)가 동일한 경우 교류가 직류보다 위험하다.

2. 2차적 감전요소

인체의 조건(저항)	땀이나 물에 젖어 있는 경우 인체의 저항이 감소하므로 위험성이 높아진다.
전압	전압의 크기가 클수록 위험하다.
계절	계절에 따라 인체의 저항이 변화하므로 전격에 대한 위험도에 영향을 준다.(여름에는 땀을 많이 흘리므로 인체의 저항값이 감소하여 위험성이 높다)

12 전압의 구분

전원의 종류	저압	고압	특고압
직류(DC)	1,500V 이하	1,500V 초과, 7,000V 이하	7,000V 초과
교류(AC)	1,000V 이하	1,000V 초과, 7,000V 이하	7,000V 초과

> **TIP** 초저전압
>
> | 초저전압(ELV) | 교류전압 50V 이하, 직류전압 120V 이하의 전압을 말한다. |
> |---|---|
> | 안전초저전압 (SELV) | 정상상태에서 또는 다른 회로에 있어서 지락고장을 포함한 단일고장상태에서 인가되는 전압이 초저전압을 초과하지 않는 전기시스템을 말한다. |
> | 보호초저전압 (PELV) | 정상상태에서 또는 다른 회로에 있어서 지락고장을 제외한 단일고장상태에서 인가되는 전압이 초저전압을 초과하지 않는 전기시스템을 말한다. |

KEYWORD 13 누전차단기 감전예방

1. 누전차단기 접속 시 준수사항

① 전기기계·기구에 설치되어 있는 누전차단기는 정격감도 전류가 30밀리암페어 이하이고 작동시간은 0.03초 이내일 것(다만, 정격전부하전류가 50암페어 이상인 전기기계·기구에 접속되는 누전차단기는 오작동을 방지하기 위하여 정격감도전류는 200밀리암페어 이하로, 작동시간은 0.1초 이내로 할 수 있다.)
② 분기회로 또는 전기기계·기구마다 누전차단기를 접속한다.(다만, 평상시 누설전류가 매우 적은 소용량부하의 전로에는 분기회로에 일괄하여 접속할 수 있다.)
③ 누전차단기는 배전반 또는 분전반 내에 접속하거나 꽂음접속기형 누전차단기를 콘센트에 접속하는 등 파손이나 감전사고를 방지할 수 있는 장소에 접속한다.
④ 지락보호전용 기능만 있는 누전차단기는 과전류를 차단하는 퓨즈나 차단기 등과 조합하여 접속한다.

2. 감전방지용 누전차단기의 적용대상(누전차단기 설치장소)

① 대지전압이 150볼트를 초과하는 이동형 또는 휴대형 전기기계·기구
② 물 등 도전성이 높은 액체가 있는 습윤장소에서 사용하는 저압(1.5천볼트 이하 직류전압이나 1천볼트 이하의 교류전압)용 전기기계·기구
③ 철판·철골 위 등 도전성이 높은 장소에서 사용하는 이동형 또는 휴대형 전기기계·기구
④ 임시배선의 전로가 설치되는 장소에서 사용하는 이동형 또는 휴대형 전기기계·기구

KEYWORD 14 교류아크용접 장치

① 방호장치 : 자동전격방지기
② 교류아크용접기용 자동전격방지기의 정의 : 용접기의 주 회로(변압기의 경우는 1차 회로 또는 2차 회로)를 제어하는 장치를 가지고 있어, 용접봉의 조작에 따라 용접할 때에만 용접기의 주 회로를 폐로(ON), 그 외에는 용접기의 주 회로를 개로(OFF)시켜 2차(출력) 측의 무부하전압을 25볼트 이하로 저하시켜 감전의 위험 및 전력손실을 방지하는 장치를 말한다.
③ 자동전격방지기는 아크 발생을 중지하였을 때 지동시간이 1.0초 이내에 2차 무부하전압을 25V 이하로 감압시켜 안전을 유지할 수 있어야 한다.

15 KEYWORD 절연용 안전보호구

1. 절연보호구

활선작업 또는 활선근접작업에서 감전을 방지하기 위하여 작업자가 신체에 착용하는 절연안전모, 절연장갑, 절연화, 절연장화, 절연복 등을 말한다.

2. 절연안전모

물체의 낙하·비래, 추락 등에 의한 위험을 방지하고, 작업자 머리 부분의 감전에 의한 위험으로부터 보호하기 위해 전압 7,000V 이하에서 사용한다.

16 KEYWORD 전기화재의 원인

1. 단락

① 전선로에서 2개 이상의 전선이 서로 접촉되는 것으로, 대부분의 전압은 접촉부에서 강화되어 접촉 전로에 많은 전류가 흐르게 됨으로써 배선에 높은 열이 발생하여 단락되는 순간에 폭발소리가 나면서 녹는 현상을 말한다.
② 대책 : 퓨즈 및 누전차단기를 설치하여 단속 예방(전원차단)

2. 누전

① 전선이나 전기기기의 절연이 파괴되어 전류의 대지 또는 대지와 전기적으로 접촉되어 있는 금속체 또는 도체 등과 접촉하게 되면 규정된 전로를 이탈하여 전기가 흐르는 것
② 누설전류가 최대 공급전류의 1/2,000을 넘지 않도록 하여야 한다.

$$누설전류 = 최대공급전류 \times \frac{1}{2,000}$$

③ 전기누전으로 인한 화재조사 시 착안해야 할 입증 흔적
  ㉠ 누전점 : 전류의 유입점
  ㉡ 발화점 : 발화된 장소
  ㉢ 접지점 : 전류의 유출점

3. 과전류

① 전선에 전류가 흐르면서 줄(Joule)의 법칙에 의해 발생한 열이 전선에서의 방열보다 커져 발화의 원인이 된다.

② 배선의 용단단계에 따른 전선 전류밀도(전선의 연소 과정)

단계	인화단계	착화단계	발화단계		순시용단단계
	허용전류의 3배 정도	큰 전류, 점화원 없이 착화연소	심선이 용단		심선용단 및 도선폭발
			발화 후 용단	용단과 동시 발화	
전류밀도 (A/mm²)	40~43	43~60	60~70	75~120	120 이상

4. 스파크

① 개폐기·차단기·피뢰기 기타 이와 유사한 기구로서 동작 시에 아크가 생기는 기구의 시설

고압용	목재의 벽 또는 천장 기타의 가연성 물체로부터 1m 이상 이격할 것
특고압용	목재의 벽 또는 천장 기타의 가연성 물체로부터 2m 이상 이격할 것

② 개폐기를 불연성의 외함 내에 내장시키거나 통형퓨즈를 사용할 것
③ 접촉부분의 산화, 변형, 퓨즈의 나사풀림 등으로 인한 접촉저항이 증가되는 것을 방지
④ 가연성, 증기, 분진 등 위험한 물질이 있는 곳에는 방폭형 개폐기를 사용할 것
⑤ 유입개폐기는 절연유의 열화 정도, 유량에 주의하고 주위에는 내화벽을 설치할 것

5. 접촉부과열

전기적 접촉상태가 불완전할 때의 접촉저항에 의한 발열에 의하여 발화원인이 된다.

6. 절연열화에 의한 발열

옥내배선이나 배선기구의 절연피복이 노화되어 절연성이 저하되면 국부발열과 탄화현상 누적으로 발열 또는 누전현상을 일으킨다.

7. 지락

전선로 중 전선의 하나 또는 두 선이 대지에 접촉하여 전류가 대지로 흐르는 것을 지락이라고 하며, 이때 흐르는 전류를 지락전류라고 한다.

8. 낙뢰

구름과 대지 간의 방전현상으로, 낙뢰가 발생하면 전기회로에 이상전압이 발생하여 절연물파괴 및 화재 발생

9. 정전기 스파크

이물질의 마찰 혹은 정전유도에 의해 발생되어 방전할 때 에너지에 의해 인화성 물질 등에 착화

17 접지시스템

1. 접지의 개요

① 접지란 각종 전기, 전자, 통신장비를 대지와 전기적으로 접속하는 것을 말한다.
② 접지전극은 지구의 표면이 대단히 넓어 대단히 많은 전하를 충전할 수 있으며, 무수한 전류통로가 있기 때문에 저항이 작아서 대지를 접지로 이용한다.

2. 접지시스템

구분	① 계통접지(System Earthing) : 전력계통에서 돌발적으로 발생하는 이상현상에 대비하여 대지와 계통을 연결하는 것으로, 중성점을 대지에 접속하는 것을 말한다. ② 보호접지(Protective Earthing) : 고장 시 감전에 대한 보호를 목적으로 기기의 한 점 또는 여러 점을 접지하는 것을 말한다. ③ 피뢰시스템 접지 : 뇌격전류를 안전하게 대지로 보내기 위해 접지극을 대지에 접속하는 것을 말한다.
종류	① 단독접지 : (특)고압 계통의 접지극과 저압 접지계통의 접지극을 독립적으로 시설하는 접지방식 ② 공통접지 : (특)고압 접지계통과 저압 접지계통을 등전위 형성을 위해 공통으로 접지하는 방식 ③ 통합접지 : 계통접지, 통신접지, 피뢰접지극의 접지극을 통합하여 접지하는 방식
구성요소	접지시스템은 접지극, 접지도체, 보호도체 및 기타 설비로 구성한다.
연결	접지극은 접지도체를 사용하여 주 접지단자에 연결하여야 한다.

18 피뢰설비

1. 피뢰기의 설치장소(고압 및 특고압 전로)

고압 및 특고압의 전로 중 다음의 곳 또는 이에 근접한 곳에는 피뢰기를 시설하고 피뢰기 접지저항 값은 10Ω 이하로 하여야 한다.
① 발전소·변전소 또는 이에 준하는 장소의 가공전선 인입구 및 인출구
② 특고압 가공전선로에 접속하는 배전용 변압기의 고압 측 및 특고압 측
③ 고압 또는 특고압의 가공전선로로부터 공급을 받는 수용 장소의 인입구
④ 가공전선로와 지중전선로가 접속되는 곳

2. 피뢰기의 구비성능

① 충격 방전 개시 전압과 제한 전압이 낮을 것
② 반복 동작이 가능할 것
③ 구조가 견고하며 특성이 변화하지 않을 것
④ 점검·보수가 간단할 것
⑤ 뇌전류의 방전능력이 클 것
⑥ 속류의 차단이 확실하게 될 것

3. 피뢰침의 보호 여유도

$$여유도[\%] = \frac{충격절연강도 - 제한전압}{제한전압} \times 100$$

19 정전기 발생현상

마찰대전	두 물체가 서로 접촉 시 위치의 이동으로 전하의 분리 및 재배열이 일어나는 현상
박리대전	상호 밀착해 있던 물체가 떨어지면서 전하 분리가 생겨 정전기가 발생(필름 벗겨 낼 때)
유동대전	① 액체류를 파이프 등으로 수송할 때 액체류가 파이프 등과 접촉하여 두 물질의 경계에 전기 2중층이 형성되어 정전기 발생 ② 액체류의 유동속도가 정전기 발생에 큰 영향을 준다. ③ 파이프 속에 저항이 높은 액체가 흐를 때 발생
분출대전	분체류, 액체류, 기체류가 단면적이 작은 개구부를 통해 분출할 때 분출물과 개구부의 마찰로 인하여 정전기가 발생
충돌대전	분체류에 의한 입자끼리 또는 입자와 고정된 고체의 충돌, 접촉, 분리 등에 의해 정전기 발생
유도대전	접지되지 않은 도체가 대전물체 가까이 있을 경우 전하의 분리가 일어나 가까운 쪽은 반대극성의 전하가 먼 쪽은 같은 극성의 전하로 대전되는 현상
비말대전	공간에 분출한 액체류가 분출할 경우 미세하게 비산하여 분리되면서 새로운 표면을 형성하게 되어 정전기가 발생(액체의 분열)
파괴대전	고체나 분체류와 같은 물체가 파괴 시 전하분리의 균형이 깨지면서 정전기가 발생
교반대전 (진동대전)	① 탱크로리 등에서 액체가 진동할 때 ② 기름을 탱크에 넣어 진동시키면 진동주파수에 따라 대전전압에 극소치가 생긴다. 이 극소부분을 제외하면 대전은 진폭이 커질수록 커지며, 진동주기가 빨라질수록 커진다.

20 정전기 발생의 영향 요인(정전기 발생요인)

1. 물체의 특성

① 접촉 분리하는 두 가지 물체의 상호 특성에 의해 결정되며 한 가지 물체만의 특성에는 전혀 영향을 받지 않는다.
② 일반적으로 대전량은 접촉이나 분리하는 두 가지 물체가 대전서열 내에서 가까운 곳에 있으면 적고 먼 위치에 있을수록 대전량이 큰 경향이 있다.
③ 즉, 대전서열의 차이가 클수록 정전기 발생량이 크다.
④ 물체가 불순물을 포함하고 있으면 이 불순물로 정전기 발생량은 커지게 된다.

2. 물체의 표면 상태

① 일반적으로 물질의 표면이 깨끗하면 정전기의 발생이 적어지고 표면이 거칠수록 정전기 발생량이 커진다.
② 표면이 기름, 수분, 불순물 등 오염이 심할수록, 산화 부식이 심할수록 완화시간이 길어지므로 정전기 발생량이 커진다.

3. 물체의 이력

정전기 발생량은 처음 접촉, 분리가 일어날 때 최대가 되며, 발생횟수가 반복될수록 발생량이 감소한다. 그러므로 접촉 분리가 처음 일어났을 때 재해 발생 확률도 최대가 된다.

4. 접촉면적 및 압력

① 접촉면적 및 압력이 클수록 정전기 발생량은 커진다.
② 따라서 분제나 유체의 경우 파이프 면이 매끄러워야 정전기 발생량을 줄일 수 있다.

5. 분리속도

분리속도가 빠를수록 정전기 발생량이 커진다.

6. 완화시간(Relaxation Time)

완화시간이 길면 전하분리에 주는 에너지도 커져서 정전기 발생량이 커진다.

21 정전기 방전의 형태

구분	내용
코로나 (Corona) 방전	① 고체에 정전기가 축적되면 전위가 높아지게 되고 고체표면의 전위경도가 어느 일정치를 넘어서면 낮은 소리와 연한 빛을 수반하는 방전 ② 방전현상으로 공기 중에서 오존(O_3)이 발생 ③ 방전에너지가 적어 재해 원인이 될 확률은 비교적 적다.
스트리머 (Streamer) 방전	① 일반적으로 브러시(Brush) 코로나에서 다소 강해져서 파괴음과 발광을 수반하는 방전 ② 스크리머 방전은 코로나 방전에 비해서 점화원으로 될 확률과 장해 및 재해의 원인이 될 가능성이 크다.
불꽃 (Spark) 방전	① 도체가 대전되었을 때 접지된 도체 사이에서 발생하는 강한 발광과 파괴음을 수반하는 방전 ② 스파크 방전 시 공기 중에 오존(O_3)이 생성되어 인화성 물질에 인화하거나 분진폭발을 일으킬 수 있다.
연면 (Surface) 방전	① 공기 중에 놓여진 절연체 표면의 전계강도가 큰 경우 고체 표면을 따라 진행하는 방전 ② 부도체의 표면을 따라서 Star-check 마크를 가지는 나뭇가지 형태의 발광을 수반한다. ③ 대전이 큰 엷은 층상의 부도체를 박리할 때 또는 엷은 층상의 대전된 부도체의 뒷면에 밀접한 접지체가 있을 때 표면에 연한 복수의 수지상 발광을 수반하여 발생하는 방전
브러시 (Brush) 방전	① 비교적 평활한 대전물체가 만드는 불평등전계 중에서 발생하는 나뭇가지 모양의 방전 ② 코로나 방전의 일종으로 국부적인 절연파괴이지만 방전 에너지는 통상의 코로나 방전보다 크고, 가연성 가스나 증기 등의 착화원이 될 확률이 높다.
뇌상방전	① 번개와 같은 수지상의 발광을 수반하고 강력하게 대전한 입자군이 대규모의 구름 모양(대전운)으로 확산되어 일어나는 특수한 방전 ② 스파크 방전이나, 연면 방전과 같이 재해나 장해의 원인이 된다.

22 정전기의 장해(폭발 · 화재)

① 정전기의 방전현상에 의한 결과로 가연성 물질이 연소되어 일어나는 현상
② 정전기 방전이 일어나더라도 방전에너지가 가연성 물질의 최소 착화에너지보다 작을 경우에는 폭발 · 화재는 일어나지 않는다.
③ 화재 · 폭발은 대전물체가 도체일 경우에는 대전에너지에 관련되고, 부도체일 경우에는 대전에너지보다는 대전전위에 관련되나 정확한 기준을 제시하기가 어렵다.
④ 정전기 방전에 의한 폭발 · 화재가 일어나기 위해서는
  ㉠ 가연성 물질이 폭발한계에 있을 것
  ㉡ 정전기 방전에너지가 가연성 물질의 최소 착화에너지 이상일 것
  ㉢ 방전하기에 충분한 전위차가 있을 것
⑤ 정전기 에너지
  정전기로 인해 물체 표면에 전계가 발생하여 기체의 절연파괴 전계를 초과하면 방전이 시작된다. 정전기가 방전될 때의 에너지는 다음과 같다.

$$W = \frac{1}{2}CV^2 = \frac{1}{2}QV = \frac{1}{2}\frac{Q^2}{C}$$

대전 전하량[Q] = $C \cdot V$, 대전 전위[V] = $\frac{Q}{C}$

여기서, W : 정전기 에너지[J], C : 도체의 정전용량[F]
V : 대전 전위[V], Q : 대전 전하량[C]

> **TIP** 실용화 단위
> ① 1[F] : 1[C]의 전하를 주었을 때 전위가 1[V]가 되는 전기용량
> ② 1[μF] = 10^{-6}[F], 1[nF] = 10^{-9}[F], 1[pF] = 10^{-12}[F]

23 정전기 재해의 방지대책

1. 접지(도체의 대전방지)

부도체의 대전방지 : 부도체는 전하의 이동이 쉽게 일어나지 않기 때문에 접지로는 대전방지의 효과를 기대하기 어려워 정전기 발생 억제가 기본이며 가능하면 부도체를 사용하지 말고 금속도전성 재료를 사용하는 것이 바람직하다.

2. 유속의 제한

불활성화할 수 없는 위험물을 주입하는 배관의 설비 : 불활성화할 수 없는 탱크, 탱커, 탱크로리, 탱크차 드럼통 등에 위험물을 주입하는 배관은 다음의 관 내 유속이 되도록 설비하고 그 유속의 값 이하로 한다.

① 저항률이 $10^{10} \Omega \cdot cm$ 미만의 도전성 위험물의 배관 내 유속은 7m/s 이하로 할 것
② 에텔, 이황화탄소 등과 같이 유동대전이 심하고 폭발 위험성이 높은 것은 배관 내 유속을 1m/s 이하로 할 것
③ 물이나 기체를 혼합하는 비수용성 위험물의 배관 내 유속은 1m/s 이하로 할 것

3. 보호구의 착용

① 손목 접지대
② 정전기 대전방지용 안전화
③ 발 접지대
④ 대전방지용 작업의 제전복

4. 대전방지제 사용

대전방지제는 섬유나 수지의 표면에 흡습성과 이온성을 부여하여 도전성을 증가시키고 이것에 의하여 대전방지를 도모하는 것

5. 가습

상대습도를 60~70% 정도로 유지한다.

6. 제전기 사용

제전은 물체에 대전된 정전기를 이온을 이용하여 중화시키는 것

▼ 제전기의 종류

전압인가식 제전기	① 방전침에 약 7,000V 정도의 고전압으로 코로나 방전을 일으켜 제전에 필요한 이온을 발생시키는 장치 ② 제전능력이 가장 뛰어나고 적용범위가 넓다.
자기방전식 제전기	① 제전대상 물체의 정전에너지를 이용하여 제전에 필요한 이온을 발생시키는 장치 ② 필름, 셀로판 제조 공정에 유용
방사선식 제전기 (이온식 제전기)	① 방사선 동위원소 등으로부터 나오는 방사선의 전리작용을 이용하여 제전에 필요한 이온을 만들어내는 장치 ② 위험한 방사선 동위원소를 사용하기 때문에 사용상의 주의가 필요 ③ 제전능력이 작아 제전에 많은 시간이 걸리는 단점이 있어 움직이는 대전물체에는 부적합

방폭구조의 종류

1. 방폭구조의 기호

내압 방폭구조	d	안전증 방폭구조	e	비점화 방폭구조	n
압력 방폭구조	p	특수 방폭구조	s	몰드 방폭구조	m
유입 방폭구조	o	본질안전 방폭구조	i(ia, ib)	충전 방폭구조	q

2. 방폭구조의 종류

① 내압 방폭구조(d)
  ㉠ 점화원에 의해 용기 내부에서 폭발이 발생할 경우에 용기가 폭발압력에 견딜 수 있고, 화염이 용기 외부의 폭발성 분위기로 전파되지 않도록 한 방폭구조
  ㉡ 전폐형 구조로 용기 내에 외부의 폭발성 가스가 침입하여 내부에서 폭발하더라도 용기는 그 압력에 견뎌야 하고 폭발한 고열가스나 화염이 용기의 접합부 틈을 통하여 새어나가는 동안 냉각되어 외부의 폭발성 가스에 화염이 파급될 우려가 없도록 한 방폭구조
  ㉢ 주요 성능 시험항목에는 폭발압력(기준압력) 측정, 폭발강도(정적 및 동적)시험, 폭발인화시험 등이 있다.

② 압력 방폭구조(p) : 점화원이 될 우려가 있는 부분을 용기 안에 넣고 보호 기체(신선한 공기 또는 불활성 기체)를 용기 안에 압입함으로써 폭발성 가스가 침입하는 것을 방지하도록 되어 있는 방폭구조(전폐형 구조)

③ 유입 방폭구조(o) : 유체 상부 또는 용기 외부에 존재할 수 있는 폭발성 분위기가 발화할 수 없도록 전기설비 또는 전기설비의 부품을 보호액에 함침시키는 방폭구조

④ 안전증 방폭구조(e)
  ㉠ 전기기기의 정상 사용조건 및 특정 비정상 상태에서 과도한 온도 상승, 아크 또는 스파크의 발생 위험을 방지하기 위해 추가적인 안전조치를 통한 안전도를 증가시킨 방폭구조
  ㉡ 전기기구의 권선, 접점부, 단자부 등과 같은 부분이 정상적인 운전 중에는 불꽃, 아크 또는 과열이 발생되지 않는 부분에 대하여 방지하기 위한 구조와 온도상승에 대해 특히 안전도를 증가시킨 구조

⑤ 본질안전 방폭구조(ia, ib) : 정상작동 및 고장상태 시 발생하는 불꽃, 아크 또는 고온에 의해 폭발성 가스 또는 증기에 점화되지 않는 것이 점화시험, 기타에 의해 확인된 방폭구조

⑥ 비점화 방폭구조(n) : 전기기기가 정상작동과 규정된 특정한 비정상상태에서 주위의 폭발성 가스 분위기를 점화시키지 못하도록 만든 방폭구조

⑦ 몰드 방폭구조(m) : 전기기기의 불꽃 또는 열로 인해 폭발성 위험분위기에 점화되지 않도록 컴파운드를 충전해서 보호한 방폭구조를 말한다.

25 KEYWORD 최대안전틈새(MESG ; Maximum Experimental Safety Gap, 안전간극, 화염일주한계)

① 8L 정도의 구형 용기 안에 폭발성 혼합가스를 채우고 착화시켜 가스가 발화될 때 화염이 용기 외부의 폭발성 혼합가스에 전달되는가의 여부를 보아 화염을 전달시킬 수 없는 한계의 틈을 말한다.
② 화염이 틈새를 통하여 바깥쪽의 폭발성 가스에 전달되지 않는 한계의 틈새
③ 폭발화염이 외부로 전파되지 않도록 하기 위해 안전간격을 적게 한다.
④ 안전간격이 작은 가스일수록 위험하다.
⑤ 폭발성 가스의 종류에 따라 다르며, 폭발성 가스의 분류 및 내압 방폭구조의 분류와 관련이 있다.

26 KEYWORD 위험장소의 선정

1. 가스폭발 위험장소

분류	적요	예
0종 장소	인화성 액체의 증기 또는 가연성 가스에 의한 폭발위험이 지속적으로 또는 장기간 존재하는 장소	용기 · 장치 · 배관 등의 내부 등
1종 장소	정상작동상태에서 폭발위험분위기가 존재하기 쉬운 장소	맨홀 · 벤트 · 피트 등의 주위
2종 장소	정상작동상태에서 폭발위험분위기가 존재할 우려가 없으나, 존재할 경우 그 빈도가 아주 적고 단기간만 존재할 수 있는 장소	개스킷 · 패킹 등의 주위

2. 분진폭발 위험장소

분류	적요	예
20종 장소	분진운 형태의 가연성 분진이 폭발농도를 형성할 정도로 충분한 양이 정상 작동 중에 연속적으로 또는 자주 존재하거나, 제어할 수 없을 정도의 양 및 두께의 분진층이 형성될 수 있는 장소를 말한다.	호퍼 · 분진저장소 · 집진장치 · 필터 등의 내부
21종 장소	20종 장소 밖으로서(장소 외의 장소로서) 분진운 형태의 가연성 분진이 폭발농도를 형성할 정도의 충분한 양이 정상 작동 중에 존재할 수 있는 장소를 말한다.	집진장치 · 백필터 · 배기구 등의 주위, 이송벨트 샘플링 지역 등
22종 장소	21종 장소 밖으로서(장소 외의 장소로서) 가연성 분진운 형태가 드물게 발생 또는 단기간 존재할 우려가 있거나, 이상 작동 상태하에서 가연성 분진운이 형성될 수 있는 장소를 말한다.	21종 장소에서 예방조치가 취하여진 지역, 환기설비 등과 같은 안전장치 배출구 주위 등

27 방폭대책

1. 위험분위기 생성 방지

1) 가연성 물질 누설 및 방출방지
① 위험물질의 사용을 억제하고 개방상태에서의 사용금지
② 배관의 이음부분, 펌프의 회전축 틈새 등에서 누설을 방지

2) 가연성 물질의 체류방지
① 공기 중에 누설 또는 방출되기 쉬운 가연성 물질을 취급하는 장소는 옥외 또는 외벽에 개방된 건물에 설치
② 환기가 불충분한 장소는 강제 환기를 시켜 체류방지

3) 폭발성 분진의 생성방지
① 분진의 퇴적 및 분진운의 생성을 방지
② 분진의 제거 및 정전기의 발생을 방지

2. 전기설비의 방폭화

점화원의 실질적(방폭적) 격리	내압 방폭구조	내부 폭발이 주위에 파급되지 않게 함
	압력 방폭구조	점화원을 주위 폭발성 가스로부터 격리
	유입 방폭구조	점화원을 Oil 등에 넣어 격리
전기설비의 안전도 증가	안전증 방폭구조	정상상태에서 불꽃이나 고온부가 존재하는 전기기기의 안전도를 증대시킴
점화능력의 본질적 억제	본질안전 방폭구조	본질적으로 폭발성 물질이 점화되지 않는다는 것이 시험 등에 의해 확인된 구조를 사용

CHAPTER 05 화학설비 안전관리

KEYWORD 1 위험물의 정의

1. 위험물의 정의
① 위험물이라 함은 인화성 또는 발화성 등의 성질을 가지는 물품을 말한다.
② 위험물질이란 그 자체가 위험하든가 또는 환경조건에 따라 쉽게 위험성을 나타내는 물질로서 보통 위험성 물질이라 부른다.

2. 위험물의 일반적 특징
① 자연계에 흔히 존재하는 물 또는 산소와의 반응이 용이하다.
② 반응속도가 급격히 진행된다.
③ 반응 시 발생되는 발열량이 크다.
④ 수소와 같은 가연성 가스를 발생한다.
⑤ 화학적 구조 및 결합력이 대단히 불안정하다.

KEYWORD 2 위험물의 종류

구분	위험물질의 종류
폭발성 물질 및 유기과산화물	가. 질산에스테르류　　　나. 니트로화합물　　　다. 니트로소화합물 라. 아조화합물　　　　　마. 디아조화합물　　　바. 하이드라진 유도체 사. 유기과산화물 아. 그 밖에 가목부터 사목까지의 물질과 같은 정도의 폭발 위험이 있는 물질 자. 가목부터 아목까지의 물질을 함유한 물질

구분	위험물질의 종류
물반응성 물질 및 인화성 고체	가. 리튬　　　　　　　　　나. 칼륨·나트륨　　　　　　다. 황 라. 황린　　　　　　　　　마. 황화인·적린　　　　　　바. 셀룰로이드류 사. 알킬알루미늄·알킬리튬　아. 마그네슘 분말　　　　　자. 금속 분말(마그네슘 분말은 제외) 차. 알칼리금속(리튬·칼륨 및 나트륨은 제외) 카. 유기 금속화합물(알킬알루미늄 및 알킬리튬은 제외) 타. 금속의 수소화물 파. 금속의 인화물 하. 칼슘 탄화물, 알루미늄 탄화물 거. 그 밖에 가목부터 하목까지의 물질과 같은 정도의 발화성 또는 인화성이 있는 물질 너. 가목부터 거목까지의 물질을 함유한 물질
산화성 액체 및 산화성 고체	가. 차아염소산 및 그 염류　　나. 아염소산 및 그 염류　　다. 염소산 및 그 염류 라. 과염소산 및 그 염류　　　마. 브롬산 및 그 염류　　　바. 요오드산 및 그 염류 사. 과산화수소 및 무기 과산화물　아. 질산 및 그 염류　　　자. 과망간산 및 그 염류 차. 중크롬산 및 그 염류 카. 그 밖에 가목부터 차목까지의 물질과 같은 정도의 산화성이 있는 물질 타. 가목부터 카목까지의 물질을 함유한 물질
인화성 액체	가. 에틸에테르, 가솔린, 아세트알데히드, 산화프로필렌, 그 밖에 인화점이 섭씨 23도 미만이고 초기 끓는점이 섭씨 35도 이하인 물질 나. 노르말헥산, 아세톤, 메틸에틸케톤, 메틸알코올, 에틸알코올, 이황화탄소, 그 밖에 인화점이 섭씨 23도 미만이고 초기 끓는점이 섭씨 35도를 초과하는 물질 다. 크실렌, 아세트산아밀, 등유, 경유, 테레핀유, 이소아밀알코올, 아세트산, 하이드라진, 그 밖에 인화점이 섭씨 23도 이상 섭씨 60도 이하인 물질
인화성 가스	가. 수소　　　　　　　　　　나. 아세틸렌　　　　　　　　다. 에틸렌 라. 메탄　　　　　　　　　　마. 에탄　　　　　　　　　　바. 프로판 사. 부탄　　　　　　　　　　아. 유해·위험물질 규정량에 따른 가스
부식성 물질	가. 부식성 산류 　① 농도가 20퍼센트 이상인 염산, 황산, 질산, 그 밖에 이와 같은 정도 이상의 부식성을 가지는 물질 　② 농도가 60퍼센트 이상인 인산, 아세트산, 불산, 그 밖에 이와 같은 정도 이상의 부식성을 가지는 물질 나. 부식성 염기류 : 농도가 40퍼센트 이상인 수산화나트륨, 수산화칼륨, 그 밖에 이와 같은 정도 이상의 부식성을 가지는 염기류
급성 독성 물질	가. 쥐에 대한 경구투입실험에 의하여 실험동물의 50퍼센트를 사망시킬 수 있는 물질의 양, 즉 LD_{50}(경구, 쥐)이 킬로그램당 300밀리그램 – (체중) 이하인 화학물질 나. 쥐 또는 토끼에 대한 경피흡수실험에 의하여 실험동물의 50퍼센트를 사망시킬 수 있는 물질의 양, 즉 LD_{50}(경피, 토끼 또는 쥐)이 킬로그램당 1,000밀리그램 – (체중) 이하인 화학물질 다. 쥐에 대한 4시간 동안의 흡입실험에 의하여 실험동물의 50퍼센트를 사망시킬 수 있는 물질의 농도, 즉 가스 LC_{50}(쥐, 4시간 흡입)이 2,500ppm 이하인 화학물질, 증기 LC_{50}(쥐, 4시간 흡입)이 10mg/L 이하인 화학물질, 분진 또는 미스트 1mg/L 이하인 화학물질

3 위험물의 저장 및 취급방법

1. 제1류 위험물(산화성 고체)

① 질산은($AgNO_3$) 용액 : 햇빛에 의해 변질되므로 갈색병에 보관한다.
② 과염소산칼륨($KClO_4$) : 약 400℃에서 열분해하기 시작하여 약 610℃에서 완전분해되어 염화칼륨과 산소를 방출한다.

2. 제2류 위험물(가연성 고체)

① 금속분(철분, 마그네슘, 금속분 등)은 물, 습기, 산과의 접촉을 피하여 저장한다.
② 적린 : 화약류, 폭발성 물질, 가연성 물질 등과 격리하여 냉암소에 보관한다.
③ 마그네슘
  ㉠ 고온에서 유황 및 할로겐, 산화제와 접촉하면 매우 격렬하게 발열한다.
  ㉡ 일단 연소하면 소화가 곤란하나 초기 소화 또는 대규모 화재 시 석회분, 마른 모래 등으로 소화한다.
  ㉢ 물, CO_2, N_2, 포, 할로겐 화합물 소화약제는 소화 적응성이 없으므로 절대 사용을 엄금한다.

3. 제3류 위험물(자연 발화성 및 금수성 물질)

① 종류 : 칼륨, 나트륨, 알킬알루미늄, 알킬리튬, 황린, 알칼리금속 및 알칼리토금속, 유기금속화합물, 금속의 수소화물, 금속의 인화물, 칼슘 또는 알루미늄의 탄화물 등
② 칼륨(K), 나트륨(Na) : 석유(등유, 경유), 유동파라핀 등의 보호액을 넣어 밀봉 저장한다.
③ 황린(백린=P_4) : pH 9(약알칼리성) 정도의 물속에 저장하며 보호액이 증발되지 않도록 한다.
④ 인화칼슘(Ca_3P_2) : 인화석회라고도 하며 적갈색의 고체로 수분(H_2O)과 반응하여 유독성 가스인 인화수소(PH_3 : 포스핀)가스를 발생시킨다.
⑤ 탄화칼슘(CaC_2 : 카바이드) : 백색 결정체로 자신은 불연성이나 물과 반응하여 아세틸렌을 발생시킨다.
⑥ 건조사, 팽창질석, 팽창진주암 등을 사용한 질식소화가 효과적이다.

 ① 칼륨을 석유 속에 보관하는 이유 : 수분과의 접촉을 차단하여 공기 산화를 방지하기 위해
② 나트륨을 석유 속에 보관 중 수분이 혼입되면 화재 발생의 요인이 됨
③ 황린은 포스핀의 생성을 방지하기 위하여 pH 9인 물속에 저장함

4. 제4류 위험물(인화성 액체)

① 아세톤(CH_3COCH_3)
   ㉠ 인화점 : -18℃, 발화점 : 538℃, 비중 : 0.8
   ㉡ 일광(햇빛) 또는 공기와 접촉하면 폭발성의 과산화물을 생성시킨다.
② 수용성 위험물에는 알코올 포를 사용하거나 다량의 물로 희석시켜 가연성 증기의 발생을 억제하여 소화한다.
③ 비중이 물보다 작기 때문에 주수소화를 하면 화재 면을 확대시킬 수 있으므로 절대 금지이다.

5. 제5류 위험물(자기반응성 물질)

① 열열적으로 불안정하여 외부로부터 산소의 공급 없이도 가열, 충격 등에 의해 강렬하게 발열·분해하기 쉬운 액체·고체 또는 혼합물을 말한다.
② 니트로셀룰로오스(NC ; Nitro Cellulose, 질화면, 질산섬유소)
   ㉠ 안전 용제로 저장 중에 물(20%) 또는 알코올(30%)로 습윤하여 저장·운반한다.
   ㉡ 습윤상태에서 건조되면 충격, 마찰 시 예민하고 발화 폭발의 위험이 증대된다.
③ 니트로글리세린
   ㉠ 강산화제, 나트륨(Na), 수산화나트륨(NaOH) 등과 혼촉 시 발화 폭발하며, 환기가 잘 되는 냉암소에 보관한다.
   ㉡ 물에는 거의 녹지 않으나 메탄올, 벤젠, 아세톤 등에는 녹으며, 겨울철에는 동결할 우려가 있다.
④ 자기반응성 물질이기 때문에 CO_2, 분말, 할론, 포 등에 의한 질식소화는 적당하지 않다.
⑤ 다량의 물로 냉각소화를 하는 것이 효과적이다.

6. 제6류 위험물(산화성 액체)

① 액체로서 산화력의 잠재적인 위험성이 있는 것을 말한다.
② 그 자체로는 연소하지 않더라도(가연성을 가지지 않더라도), 일반적으로 산소를 발생시켜 다른 물질을 연소시키거나 연소를 촉진하는 액체를 말한다.
③ 대량의 경우 과산화수소는 다량의 물로 소화하며, 나머지는 마른 모래 또는 분말소화약제를 이용하는 것이 효과적이다.

 위험물을 저장 · 취급하는 화학설비 및 그 부속설비를 설치하는 경우의 안전거리

구분	안전거리
단위공정시설 및 설비로부터 다른 단위공정시설 및 설비의 사이	설비의 바깥 면으로부터 10미터 이상
플레어스택으로부터 단위공정시설 및 설비, 위험물질 저장탱크 또는 위험물질 하역설비의 사이	플레어스택으로부터 반경 20미터 이상(다만, 단위공정시설 등이 불연재로 시공된 지붕 아래에 설치된 경우에는 제외)
위험물질 저장탱크로부터 단위공정시설 및 설비, 보일러 또는 가열로의 사이	저장탱크의 바깥 면으로부터 20미터 이상(다만, 저장탱크의 방호벽, 원격조종화설비 또는 살수설비를 설치한 경우에는 제외)
사무실 · 연구실 · 실험실 · 정비실 또는 식당으로부터 단위공정시설 및 설비, 위험물질 저장탱크, 위험물질 하역설비, 보일러 또는 가열로의 사이	사무실 등의 바깥 면으로부터 20미터 이상(다만, 난방용 보일러인 경우 또는 사무실 등의 벽을 방호구조로 설치한 경우에는 제외)

 공정안전 일반

1. 공정안전보고서의 제출대상

① 원유 정제처리업
② 기타 석유정제물 재처리업
③ 석유화학계 기초화학물질 제조업 또는 합성수지 및 기타 플라스틱물질 제조업
④ 질소 화합물, 질소 · 인산 및 칼리질 화학비료 제조업 중 질소질 비료 제조
⑤ 복합비료 및 기타 화학비료 제조업 중 복합비료 제조(단순혼합 또는 배합에 의한 경우는 제외)
⑥ 화학 살균 · 살충제 및 농업용 약제 제조업(농약 원제 제조만 해당)
⑦ 화약 및 불꽃제품 제조업

2. 공정안전보고서의 내용

① 공정안전자료
② 공정위험성 평가서
③ 안전운전계획
④ 비상조치계획
⑤ 그 밖에 공정상의 안전과 관련하여 고용노동부장관이 필요하다고 인정하여 고시하는 사항

3. 공정안전보고서의 심사

① 공단은 공정안전보고서를 제출받은 경우에는 제출받은 날부터 30일 이내에 심사하여 1부를 사업주에게 송부하고, 그 내용을 지방고용노동관서의 장에게 보고해야 한다.
② 공단은 공정안전보고서를 심사한 결과 화재의 예방·소방 등과 관련된 부분이 있다고 인정되는 경우에는 그 관련 내용을 관할 소방관서의 장에게 통보하여야 한다.

4. 공정안전자료

① 취급·저장하고 있거나 취급·저장하려는 유해·위험물질의 종류 및 수량
② 유해·위험물질에 대한 물질안전보건자료
③ 유해하거나 위험한 설비의 목록 및 사양
④ 유해하거나 위험한 설비의 운전방법을 알 수 있는 공정도면
⑤ 각종 건물·설비의 배치도
⑥ 폭발위험장소 구분도 및 전기단선도
⑦ 위험설비의 안전설계·제작 및 설치 관련 지침서

KEYWORD 6 폭굉파

① 폭발 범위 내의 특정 농도 범위에서 연소속도가 폭발에 비해 수백 내지 수천 배에 달하는 현상
② 음속보다 화염 전파속도가 큰 경우로 파면선단(진행전면)에 충격파라고 하는 압력파가 생겨 격렬한 파괴작용을 일으키는 현상
③ 폭발한계는 폭굉한계보다 농도범위가 넓다.
④ 진행속도가 1,000~3,500m/s에 이른다.
⑤ 화염의 전파속도가 음속보다 빠르다.

7 폭발의 분류

1. 공정(Process)에 따른 분류

핵 폭발	원자핵의 분열이나 융합에 의한 강열한 에너지 방출 현상
물리적 폭발	화학적 변화 없이 물리적 변화를 주체로 한 폭발의 형태(탱크의 감압폭발, 수증기 폭발, 고압용기의 폭발, 전선폭발, 보일러 폭발 등)
화학적 폭발	화학반응이 관여하는 화학적 특성 변화에 의한 폭발(산화폭발, 분해폭발, 중합폭발, 반응폭주)

2. 원인물질의 상태에 따른 분류

기상 폭발	가스폭발, 분무폭발, 분진폭발, 가스분해폭발, 증기운폭발
응상 폭발	수증기폭발(액체일 때), 증기폭발(액화가스일 때), 전선폭발

8 가스저장탱크에서 일어나는 현상

1. UVCE(개방계 증기운 폭발 : Unconfined Vapor Cloud Explosion)

정의	가연성 가스 또는 기화하기 쉬운 가연성 액체 등이 저장된 고압가스 용기(저장탱크)의 파괴로 인하여 대기 중으로 유출된 가연성 증기가 구름을 형성(증기운)한 상태에서 점화원이 증기운에 접촉하여 폭발하는 현상
특징	① 증기운의 크기가 증가되면 점화 확률이 높아진다. ② 증기운에 의한 재해는 폭발보다는 화재가 일반적이다. ③ 증기와 공기의 난류 혼합, 방출점으로부터 먼 지점에서의 증기운의 점화는 폭발 충격을 증가시킨다. ④ 폭발효율은 BLEVE보다 작다. 즉, 연소에너지의 약 20%만 폭풍파로 변한다.

2. BLEVE(비등액 팽창증기 폭발 : Boiling Liquid Expanding Vapor Explosion)

정의	비등점이 낮은 인화성 액체 저장탱크가 화재로 인한 화염에 장시간 노출되어 탱크 내 액체가 급격히 증발하여 비등하고 증기가 팽창하면서 탱크 내 압력이 설계압력을 초과하여 폭발을 일으키는 현상
특징	① BLEVE를 방지하기 위해서는 용기의 압력상승을 방지하여 용기 내 압력이 대기압 근처에서 유지되도록 한다. ② 살수설비 등으로 용기를 냉각하여 온도상승을 방지하는 조치를 하여야 한다.

9 분진폭발

1. 분진폭발 발생 순서

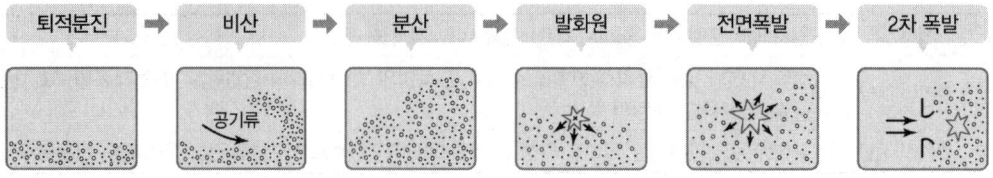

퇴적분진 → 비산 → 분산 → 발화원 → 전면폭발 → 2차 폭발

2. 분진폭발의 영향 인자

분진의 화학적 성질과 조성	분진의 발열량이 클수록 폭발성이 크며 휘발성분의 함유량이 많을수록 폭발하기 쉽다.
입도와 입도분포	① 분진의 표면적이 입자체적에 비하여 커지면 열의 발생속도가 방열속도보다 커져서 폭발이 용이해진다. ② 평균 입자의 직경이 작고 밀도가 작을수록 비표면적은 크게 되고 표면에너지도 크게 되어 폭발이 용이해진다.
입자의 형상과 표면의 상태	평균입경이 동일한 분진인 경우, 입자의 형상이 복잡하면 폭발이 잘된다.
수분	① 수분 함유량이 적을수록 폭발성이 급격히 증가된다. ② 분진 속에 존재하는 수분은 분진의 부유성을 억제하고 대전성을 감소시켜 폭발성을 둔감하게 한다.
분진의 농도	분진의 농도가 양론조성농도보다 약간 높을 때, 폭발속도가 최대가 된다.
분진의 온도	① 초기 온도가 높을수록 최소폭발농도가 적어져서 위험하다. ② 초기 온도가 높을수록 최소점화에너지(MIE)는 감소된다.
분진의 부유성	① 입자가 작고 가벼운 것은 공기 중에서 부유하기 쉽다. ② 부유성이 큰 것일수록 공기 중에서의 체류시간도 길고 위험성도 증가한다.
산소의 농도	① 산소나 공기가 증가하면 폭발하한농도가 낮아짐과 동시에 입도가 큰 것도 폭발성을 갖게 된다. ② 불활성 가스(CO_2, N_2 등)를 사용하여 산소농도를 낮춘다.

3. 분진 폭발의 특징

① 폭발한계 내에서 분진의 휘발성분이 많을수록 폭발이 쉽다.
② 가스폭발에 비해 연소속도나 폭발압력이 작다.
③ 가스폭발에 비해 연소시간이 길고 발생에너지가 크기 때문에 파괴력과 타는 정도가 크다.
④ 가스에 비해 불완전연소의 가능성이 커서 일산화탄소의 존재로 인한 가스중독의 위험이 있다.(가스폭발에 비하여 유독물의 발생이 많다.)
⑤ 화염속도보다 압력속도가 빠르다.
⑥ 주위 분진의 비산에 의해 2차, 3차의 폭발로 파급되어 피해가 커진다.
⑦ 연소열에 의한 화재가 동반되며, 연소입자의 비산으로 인체에 닿을 경우 심한 화상을 입는다.

10 가연성 가스의 폭발범위 영향 요소

① 가스의 온도가 높을수록 폭발범위도 일반적으로 넓어진다.(폭발하한계는 감소, 폭발상한계는 증가)
② 가스의 압력이 높아지면 폭발하한계는 영향이 없으나 폭발상한계는 증가한다.
③ 산소 중에서의 폭발범위는 공기 중에서보다 넓어진다.
④ 압력이 상압인 1atm보다 낮아질 때 폭발범위는 큰 변화가 없다.
⑤ 일산화탄소는 압력이 높을수록 폭발범위가 좁아지고, 수소는 10atm까지는 좁아지지만 그 이상의 압력에서는 넓어진다.
⑥ 불활성 기체가 첨가될 경우 혼합가스의 농도가 희석되어 폭발범위가 좁아진다.
⑦ 화학양론농도 부근에서는 연소나 폭발이 가장 일어나기 쉽고 또한 격렬한 정도도 크다.

11 폭발 방지(폭발 예방)

1. 불활성화

① 가연성 혼합가스나 혼합분진에 불활성 가스를 주입하여 산소의 농도를 최소산소농도 이하로 낮게 유지하는 것
② 불활성 가스
　㉠ 질소
　㉡ 이산화탄소
　㉢ 수증기 또는 연소배기가스 등이 있으며 통상적으로 불활성 가스로 질소가 사용된다.
③ 연소 억제를 위하여 관리되어야 할 산소의 농도는 안전율을 고려하여 해당 물질의 최소산소농도보다 4% 정도 낮게 관리되어야 한다.
④ 안정적이고 지속적인 불활성화를 유지하기 위해서 대상설비에 산소농도측정기를 설치하고 산소농도를 관리하여야 한다.
⑤ 최소산소농도(MOC)
　㉠ 일반적으로 대부분의 가스인 경우 : 10% 정도
　㉡ 분진인 경우 : 8% 정도

2. 불활성화 방법

① **이너팅(Inerting)** : 산소농도를 안전한 농도로 낮추기 위하여 불활성 가스를 용기에 주입하는 것
② **치환(Purging)** : 가연성 가스 또는 증기에 불활성 가스를 주입하여 산소의 농도를 최소산소농도(MOC) 이하로 낮게 하는 작업을 통하여 제한된 공간에서 화염이 전파되지 않도록 유지된 상태
③ **종류**
  ㉠ 진공치환   ㉢ 스위프 치환
  ㉡ 압력치환   ㉣ 사이폰 치환

KEYWORD 12 반응폭주

① 반응속도가 지수 함수적으로 증가하고 반응용기 내부의 온도 및 압력이 비정상적으로 급격히 상승되어 규정 조건을 벗어나고 반응이 과격하게 진행되는 현상을 말한다.
② 반응폭주는 서로 다른 물질이 폭발적으로 반응하는 현상으로 화학공장의 반응기에서 일어날 수 있는 현상이다.
③ 주로 화학공장에서 화합, 분해, 중합, 치환, 부가 반응의 제어에 실패한 경우 반응기 내부의 압력 증가, 온도 증가에 의해 반응속도가 가속화되어 반응폭주가 일어나며, 이러한 반응은 반응물질이 완전히 소모될 때까지 지속된다.

KEYWORD 13 특수 화학설비

위험물을 기준량 이상으로 제조하거나 취급하는 다음의 어느 하나에 해당하는 특수화학설비를 설치하는 경우에는 내부의 이상 상태를 조기에 파악하기 위하여 필요한 온도계 · 유량계 · 압력계 등의 계측장치를 설치하여야 한다.

① 발열반응이 일어나는 반응장치
② 증류 · 정류 · 증발 · 추출 등 분리를 하는 장치
③ 가열시켜 주는 물질의 온도가 가열되는 위험물질의 분해온도 또는 발화점보다 높은 상태에서 운전되는 설비
④ 반응폭주 등 이상 화학반응에 의하여 위험물질이 발생할 우려가 있는 설비
⑤ 온도가 섭씨 350도 이상이거나 게이지 압력이 980킬로파스칼 이상인 상태에서 운전되는 설비
⑥ 가열로 또는 가열기

14 건조설비

1. 건조설비의 구조

① 건조설비의 바깥 면은 불연성 재료로 만들 것
② 건조설비(유기과산화물을 가열 건조하는 것은 제외한다)의 내면과 내부의 선반이나 틀은 불연성 재료로 만들 것
③ 위험물 건조설비의 측벽이나 바닥은 견고한 구조로 할 것
④ 위험물 건조설비는 그 상부를 가벼운 재료로 만들고 주위상황을 고려하여 폭발구를 설치할 것
⑤ 위험물 건조설비는 건조하는 경우에 발생하는 가스·증기 또는 분진을 안전한 장소로 배출시킬 수 있는 구조로 할 것
⑥ 액체연료 또는 가스를 열원의 연료로 사용하는 건조설비는 점화하는 경우에는 폭발이나 화재를 예방하기 위하여 연소실이나 그 밖에 점화하는 부분을 환기시킬 수 있는 구조로 할 것
⑦ 건조설비의 내부는 청소하기 쉬운 구조로 할 것
⑧ 건조설비의 감시창·출입구 및 배기구 등과 같은 개구부는 발화 시에 불이 다른 곳으로 번지지 아니하는 위치에 설치하고 필요한 경우에는 즉시 밀폐할 수 있는 구조로 할 것
⑨ 건조설비는 내부의 온도가 부분적으로 상승하지 아니하는 구조로 설치할 것
⑩ 위험물 건조설비의 열원으로서 직화를 사용하지 아니할 것
⑪ 위험물 건조설비가 아닌 건조설비의 열원으로서 직화를 사용하는 경우에는 불꽃 등에 의한 화재를 예방하기 위하여 덮개를 설치하거나 격벽을 설치할 것

2. 건조설비의 사용 시 준수사항

① 위험물 건조설비를 사용하는 경우에는 미리 내부를 청소하거나 환기할 것
② 위험물 건조설비를 사용하는 경우에는 건조로 인하여 발생하는 가스·증기 또는 분진에 의하여 폭발·화재의 위험이 있는 물질을 안전한 장소로 배출시킬 것
③ 위험물 건조설비를 사용하여 가열건조하는 건조물은 쉽게 이탈되지 않도록 할 것
④ 고온으로 가열건조한 액체는 발화의 위험이 없는 온도로 냉각한 후에 격납시킬 것
⑤ 건조설비(바깥 면이 현저히 고온이 되는 설비만 해당)에 가까운 장소에는 액체를 두지 않도록 할 것

15 특수화학설비의 안전조치사항

① **계측장치의 설치** : 내부의 이상상태를 조기에 파악하기 위해
  ㉠ 온도계
  ㉡ 유량계
  ㉢ 압력계
② **자동경보장치의 설치** : 특수화학설비를 설치하는 경우에는 그 내부의 이상 상태를 조기에 파악하기 위하여 필요한 자동경보장치를 설치하여야 한다. 다만, 자동경보장치를 설치하는 것이 곤란한 경우에는 감시인을 두고 그 특수화학설비의 운전 중 설비를 감시하도록 하는 등의 조치를 하여야 한다.
③ **긴급차단장치의 설치** : 특수화학설비를 설치하는 경우에는 이상 상태의 발생에 따른 폭발·화재 또는 위험물의 누출을 방지하기 위하여 원재료 공급의 긴급차단, 제품 등의 방출, 불활성 가스의 주입이나 냉각용수 등의 공급을 위하여 필요한 장치 등을 설치하여야 한다.
④ **예비동력원**
  ㉠ 동력원의 이상에 의한 폭발이나 화재를 방지하기 위하여 즉시 사용할 수 있는 예비동력원을 갖추어 둘 것
  ㉡ 밸브·콕·스위치 등에 대해서는 오조작을 방지하기 위하여 잠금장치를 하고 색채표시 등으로 구분할 것

16 피팅류(Fittings)

두 개의 관을 연결할 때	플랜지(Flange), 유니온(Union), 커플링(Coupling), 니플(Nipple), 소켓(Socket)
관로의 방향을 바꿀 때	엘보우(Elbow), Y자관(Y-Branch), 티(Tee), 십자(Cross)
관로의 크기를 바꿀 때(관의 지름을 변경할 때)	리듀서(Reducer), 부싱(Bushing)
가지관을 설치할 때	Y자관(Y-branch), 티(Tee), 십자(Cross)
유로를 차단할 때	플러그(Plug), 캡(Cap), 밸브(Valve)
유량조절	밸브(Valve)

17 KEYWORD 연소의 3요소

1. 가연성 물질(가연물, 산화되기 쉬운 물질)

1) 가연물의 구비조건(가연성 물질이 연소하기 쉬운 조건)
① 산소와 친화력이 좋고 표면적이 넓을 것
② 반응열(발열량)이 클 것
③ 열전도율이 작을 것
④ 활성화 에너지가 작을 것(점화에너지가 작을 것)

2) 가연물이 될 수 없는 조건

흡열반응 물질	질소(N_2) 및 질소화합물은 발열반응이 아니라 흡열반응을 하므로 가연물이 될 수 없다. 예 질소와 산소의 반응 – 반응 또는 조작과정에서 발열을 동반하지 않는다. $N_2 + O_2 \rightarrow 2NO - 43.2kcal$
불활성 기체	헬륨(He), 크세논(Xe), 라돈(Rn), 아르곤(Ar), 크립톤(Kr), 네온(Ne) 등의 0족 원소는 불활성 물질이므로 연소반응을 할 수 없다.
완전 산화물	이산화탄소(CO_2), 물(H_2O) 등은 더 이상 산화반응을 할 수 없으므로 불연성 물질에 포함된다.

2. 산소공급원

공기는 가장 대표적인 산소공급원으로서, 공기 중에는 최적 배분율로 약 21%의 산소가 존재한다.

3. 점화원

① 연소반응을 일으킬 수 있는 최소의 에너지(활성화 에너지)
② 전기불꽃, 정전기 불꽃, 충격에 의한 불꽃, 마찰에 의한 불꽃, 단열 압축열, 고온 표면, 나화, 복사열 등

> **TIP**
> ① 연소의 3요소 : 가연물, 산소공급원, 점화원
> ② 연소의 4요소 : 가연물, 산소공급원, 점화원, 연쇄반응(지속적으로 반응이 지속될 수 있도록 하는 활성화 반응)

18 KEYWORD 인화점

1. 인화점(Flash Point)의 정의

① 가연성 물질에 점화원을 주었을 때 연소가 시작되는 최저온도
② 사용 중인 용기 내에서 액체가 증발하여 인화될 수 있는 가장 낮은 온도
③ 액체의 표면에서 발생한 증기 농도가 공기 중에서 연소하한 농도가 될 수 있는 가장 낮은 액체 온도

2. 액체의 인화점

액체	화학식	인화점
아세톤	CH_3COCH_3	$-20°C$
에틸알코올	C_2H_5OH	$13°C$
이황화탄소	CS_2	$-30°C$
메틸알코올	CH_3OH	$11°C$
벤젠	C_6H_6	$-11°C$
아세트산에틸	$CH_3COOC_2H_5$	$-4°C$

19 KEYWORD 발화점

1. 발화점(Ignition Point)의 정의

착화원(점화원)이 없는 상태에서 가연성 물질을 공기 또는 산소 중에서 가열하였을 때 발화되는 최저온도

2. 자연발화

개념	외부로 방열하는 열보다 내부에서 발생하는 열의 양이 많은 경우에 발생
자연발화의 조건 (자연발화가 쉽게 일어나는 조건)	① 표면적이 넓을 것 ② 열전도율이 작을 것 ③ 발열량이 클 것 ④ 주위의 온도가 높을 것(분자운동 활발) ⑤ 수분이 적당량 존재할 것
자연발화 방지법	① 통풍이 잘되게 할 것 ② 저장실 온도를 낮출 것 ③ 열이 축적되지 않는 퇴적방법을 선택할 것 ④ 습도가 높지 않도록 할 것(습도가 높은 곳을 피할 것) ⑤ 공기가 접촉되지 않도록 불활성 액체 중에 저장할 것

20 가연물의 종류에 따른 연소의 분류

기체연소		불꽃은 있으나 불티가 없는 연소
	확산연소	① 가연성 가스가 공기 중의 지연성 가스(산소)와 접촉하여 접촉면에서 연소가 일어나는 현상(수소, 메탄, 프로판, 부탄 등) ② 기체의 일반적인 연소형태이다.
	예혼합연소	연소되기 전에 미리 연소 가능한 연소범위의 혼합가스를 만들어 연소시키는 형태
액체연소		액체 자체가 타는 것이 아니라 발생된 증기가 연소하는 형태
	증발연소	액체연료인 휘발유, 등유, 알코올류, 아세톤 등이 기화하여 증기가 되어 연소
	액적연소	중유, 벙커C유와 같이 점도가 높고 비휘발성인 액체를 가열 등의 방법으로 점도를 낮추어 분무기(버너)를 사용하여 액체의 입자를 안개상으로 분출, 표면적을 넓게 하여 공기와의 접촉면을 많게 하는 연소방법
고체연소		고체에서는 여러 가지 연소형태가 복합적으로 나타난다.
	표면연소	고체 가연물이 열분해나 증발을 하지 않고 표면에서 산소와 반응하여 연소하는 형태(목탄(숯), 코크스, 금속분, 알루미늄 등)
	분해연소	목재, 석탄 등의 고체 가연물이 열분해로 인하여 가연성 가스가 방출되어 착화되는 현상(목재, 종이, 석탄, 플라스틱 등)
	증발연소	고체 가연물이 점화원에 의해 상태변화를 일으켜 액체가 되고 일정 온도에서 가연성 증기가 발생, 공기와 혼합하여 연소하는 형태(나프탈렌, 황, 파라핀 등)
	자기연소	고체 가연물이 외부의 산소 공급원 없이 점화원에 의해 연소하는 형태(제5류 위험물, 니트로 글리세린, 니트로 셀룰로오스, 트리니트로 톨루엔, 질산 에틸린, 피크린산, 화약, 폭약 등)

21 르 샤틀리에(Le Chatelier)의 법칙(혼합가스의 폭발범위 계산)

1. 순수한 혼합가스일 경우

$$\frac{100}{L} = \frac{V_1}{L_1} + \frac{V_2}{L_2} + \frac{V_3}{L_3} \cdots\cdots$$

$$L = \frac{100}{\dfrac{V_1}{L_1} + \dfrac{V_2}{L_2} + \cdots\cdots + \dfrac{V_n}{L_n}}$$

여기서, V_n : 전체 혼합가스 중 각 성분 가스의 체적(비율)[%]
L_n : 각 성분 단독의 폭발한계(상한 또는 하한)
L : 혼합가스의 폭발한계(상한 또는 하한)[vol%]

2. 혼합가스가 공기와 섞여 있을 경우

$$L = \frac{V_1 + V_2 + \cdots\cdots + V_n}{\dfrac{V_1}{L_1} + \dfrac{V_2}{L_2} + \cdots\cdots + \dfrac{V_n}{L_n}}$$

여기서, V_n : 전체 혼합가스 중 각 성분 가스의 체적(비율)[%]
L_n : 각 성분 단독의 폭발한계(상한 또는 하한)
L : 혼합가스의 폭발한계(상한 또는 하한)[vol%]

22 KEYWORD 최소산소농도(MOC ; Minimum Oxygen Concentration)

최소산소농도(MOC) = 연소하한계 × 산소의 화학양론적 계수

① 프로판(C_3H_8) : $C_3H_8 + 5O_2 \rightarrow 3CO_2 + 4H_2O$
② 부탄(C_4H_{10}) : $C_4H_{10} + 6.5O_2 \rightarrow 4CO_2 + 5H_2O$
③ 메탄올(CH_3OH) : $CH_3OH + 1.5O_2 \rightarrow CO_2 + 2H_2O$

> **참고** 산소의 화학양론적 계수
> ① 부탄(C_4H_{10}) : 6.5
> ② 프로판(C_3H_8) : 5
> ③ 메탄올(CH_3OH) : 1.5

23 KEYWORD 최소발화에너지(MIE ; Minimum Ignition Energy)

1. 개요

① 처음 연소에 필요한 최소한의 에너지
② 가연성 가스나 액체의 증기 또는 폭발성 분진이 공기 중에 있을 때 이것을 발화시키는 데 필요한 최저의 에너지
③ 탄화수소의 평균적인 최소발화에너지는 0.25mJ이다.

2. 영향요소

① 특정화합물이나 혼합물의 조성
② 농도(높아지면 MIE는 작아진다.)
③ 압력(상승하면 MIE는 작아진다.)
④ 온도(상승하면 MIE는 작아진다.)
⑤ 유속(상승하면 MIE는 커진다.)
⑥ 연소속도(상승하면 MIE는 작아진다.)

3. 최소발화에너지 산출 공식

$$E = \frac{1}{2}CV^2$$

여기서, E : 발화에너지[J], C : 전기용량[F], V : 방전전압[V]

24 KEYWORD 발화온도와 연소점

1. 발화온도(AIT ; Auto Ignition Temperature)

점화원 없이 가연성 물질을 대기 중에서 가열함으로써 스스로 연소 혹은 폭발을 일으키는 최저 온도를 말한다.

2. 연소점(Fire Point)

인화성 액체가 공기 중에서 열을 받아 점화원의 존재하에 지속적인 연소를 일으킬 수 있는 최저온도를 말하며, 동일한 물질일 경우 연소점은 인화점보다 약 3~10℃ 정도 높으며 연소를 5초 이상 지속할 수 있는 온도이다.

25 위험도

① 폭발범위를 이용한 가연성 가스 및 증기의 위험성 판단방법

$$H = \frac{UFL - LFL}{LFL}$$

여기서, UFL : 연소 상한값, LFL : 연소 하한값, H : 위험도

② 위험도 값이 클수록 위험성이 높은 물질이다.

26 완전연소 조성농도(화학양론농도)

1. 완전연소 조성농도의 개요

① 가연성 물질 1몰이 완전연소할 수 있는 공기와의 혼합기체 중 가연성 물질의 부피(vol%)를 말하며, 화학양론농도라고도 한다.
② 발열량이 최대이고 폭발 파괴력이 가장 강한 농도를 말한다.

2. 계산식

$$C_{st} = \frac{100}{1 + 4.773\left(n + \frac{m - f - 2\lambda}{4}\right)}$$

여기서, n : 탄소의 원자수, m : 수소의 원자수
f : 할로겐 원소의 원자수, λ : 산소의 원자수

3. 완전연소 조성농도와 폭발한계의 관계(Jones식 폭발한계)

① 연소(폭발) 하한계 : $C_{st} \times 0.55$
② 연소(폭발) 상한계 : $C_{st} \times 3.50$

27 화재의 종류

분류	A급 화재	B급 화재	C급 화재	D급 화재
명칭	일반화재	유류화재	전기화재	금속화재
분류	보통 잔재의 작열에 의해 발생하는 연소에서 보통 유기 성질의 고체물질을 포함한 화재	액체 또는 액화할 수 있는 고체를 포함한 화재 및 가연성 가스 화재	통전 중인 전기 설비를 포함한 화재	금속을 포함한 화재
가연물	목재, 종이, 섬유 등	가솔린, 등유, 프로판 가스 등	전기기기, 변압기, 전기다리미 등	가연성 금속 (Mg분, Al분)
소화방법	냉각소화	질식소화	질식, 냉각소화	질식소화
적응 소화제	① 물 소화기 ② 강화액 소화기 ③ 산·알칼리 소화기	① 이산화탄소 소화기 ② 할로겐화합물 소화기 ③ 분말 소화기 ④ 포말 소화기	① 이산화탄소 소화기 ② 할로겐화합물 소화기 ③ 분말 소화기 ④ 무상강화액 소화기	① 건조사 ② 팽창 질석 ③ 팽창 진주암
표시색	백색	황색	청색	무색

28 소화의 종류

1. 제거소화

① 소화원리 : 가연성 물질을 연소구역에서 제거함으로써 소화하는 방법
② 제거소화의 예
    ㉠ 가스의 화재 : 공급밸브를 차단하여 가스의 공급을 중단
    ㉡ 산림화재 : 연소방면의 수목을 제거
    ㉢ 촛불 : 입김으로 불어 가연성 증기를 제거

2. 질식소화

① 소화원리 : 공기 중에 존재하고 있는 산소의 농도 21%를 15% 이하로 낮추어 소화하는 방법
② 질식소화의 예 : 연소하고 있는 가연물이 들어 있는 용기를 기계적으로 밀폐하여 산소의 공급을 차단

3. 냉각소화

① 소화원리 : 연소물로부터 열을 빼앗아 발화점 이하의 온도로 낮추는 방법

② 냉각소화의 예
　㉠ 액체 사용법 : 물이나 그 밖의 액체를 사용하여 증발잠열을 이용하여 냉각시키는 방법으로 물을 분사하면 더욱 효과적이다.
　㉡ 고체 사용법 : 기름 그릇에 인화되었을 때 싱싱한 야채를 넣어 기름의 온도를 내림으로써 불을 끄는 방법

4. 억제소화(부촉매소화)

① 소화원리 : 가연성 물질과 산소와의 화학반응을 느리게 함으로써 소화하는 방법
② 억제소화의 예 : 수소원자는 공기 중의 산소분자와 결합하여 연쇄반응을 일으키는데, 이와 같이 되풀이되는 화학반응을 차단하여 소화

29 KEYWORD 할론넘버

① 사염화탄소 소화기(CCl_4) : 할론 1040
② 일취화일염화메탄 소화기(CH_2ClBr) : 할론 1011
③ 이취화사불화에탄 소화기($C_2F_4Br_2$) : 할론 2402
④ 일취화삼불화메탄 소화기(CF_3Br) : 할론 1301
⑤ 일취화일염화이불화메탄 소화기(CF_2ClBr) : 할론 1211

30 KEYWORD 소화설비의 종류별 적응화재

소화기명	소화효과
포소화설비	질식소화
스프링클러설비	냉각소화
이산화탄소소화설비	질식소화
할로겐화합물소화설비	연소억제소화
강화액소화설비	냉각소화
에어 – 폼	질식소화
물분무소화설비	냉각소화, 질식소화, 유화소화, 희석소화

31 감지기의 종류

감지원리		개념	감지범위	종류
열감지기	차동식	온도의 상승률이 소정의 값 이상일 때 동작하는 감지기	스포트형	공기식
				전기식
			분포형	공기관식
				열전대식
				열반도체식
	정온식	일정온도 이상이 될 때 작동하는 감지기	스포트형	바이메탈식
				열반도체식
			감지선형	–
	보상식	저온도에서는 차동식으로 주위 온도가 공칭작동온도에 도달하면 온도상승률에 상관없이 정온식으로 작동되는 감지기	스포트형	–
연기감지기	광전식	연기에 의한 빛의 양 변화를 광전기 같은 전기적 변화에 의해 화재발생을 검지하는 감지기	스포트형	비축적형
				축적형
			분리형	–
	이온화식	주위의 공기가 일정한 농도의 연기를 포함하게 되는 경우에 작동하는 감지기	스포트형	비축적형
				축적형

32 이산화탄소(CO_2) 소화약제

① 공기 중에 존재하고 있는 산소의 농도 21%를 15% 이하로 낮추어 소화하는 질식작용과 CO_2 가스 방출 시 기화열의 흡수로 인하여 소화하는 냉각작용을 하는 소화약제이다.
② CO_2는 불활성 기체로 비교적 안정성이 높고 불연성, 부식성도 없다.
③ 기화잠열이 크므로 열 흡수에 의한 냉각 작용이 크다.
④ 밀폐공간에서 질식과 같은 인명 피해를 입을 수 있다.

CHAPTER 06 건설공사 안전관리

1 KEYWORD 굴착면의 기울기

지반의 종류	굴착면의 기울기
모래	1 : 1.8
연암 및 풍화암	1 : 1.0
경암	1 : 0.5
그 밖의 흙	1 : 1.2

2 KEYWORD 잠함 내 작업

1. 급격한 침하로 인한 위험방지

사업주는 잠함 또는 우물통의 내부에서 근로자가 굴착작업을 하는 경우에 잠함 또는 우물통의 급격한 침하에 의한 위험을 방지하기 위하여 다음 각 호의 사항을 준수하여야 한다.
① 침하관계도에 따라 굴착방법 및 재하량 등을 정할 것
② 바닥으로부터 천장 또는 보까지의 높이는 1.8미터 이상으로 할 것

2. 잠함 등 내부에서의 작업

사업주는 잠함, 우물통, 수직갱, 그 밖에 이와 유사한 건설물 또는 설비의 내부에서 굴착작업을 하는 경우에 다음 각 호의 사항을 준수하여야 한다.
① 산소 결핍 우려가 있는 경우에는 산소의 농도를 측정하는 사람을 지명하여 측정하도록 할 것
② 근로자가 안전하게 오르내리기 위한 설비를 설치할 것
③ 굴착 깊이가 20미터를 초과하는 경우에는 해당 작업장소와 외부와의 연락을 위한 통신설비 등을 설치할 것
④ 산소의 농도 측정 결과 산소 결핍이 인정되거나 굴착 깊이가 20미터를 초과하는 경우에는 송기를 위한 설비를 설치하여 필요한 양의 공기를 공급해야 한다.

3 동상현상(Frost Heave)

1. 정의
온도가 하강함에 따라 흙 속의 간극수(공극수)가 얼면 물의 체적이 약 9% 팽창하기 때문에 지표면이 부풀어 오르게 되는 현상

2. 동상방지 대책
① 배수구 설치 등으로 지하수위를 저하시킨다.
② 지하수위 상부에 조립토층을 설치하여 모관상승을 차단한다.
③ 지표면 부근에 단열재료(석탄재, 코르크, 스티로폼, 부직포 등)를 매입한다.
④ 약액 및 약품처리로 흙의 동결온도를 낮춘다.
⑤ 치환공법으로 실트질 흙을 조립토로 바꾼다.(비동결성 흙 치환)

4 지반의 이상현상 및 안전대책

1. 히빙(Heaving) 현상

1) 정의
연질점토 지반에서 굴착에 의한 흙막이 내·외면의 흙의 중량 차이로 인해 굴착 저면이 부풀어 올라오는 현상

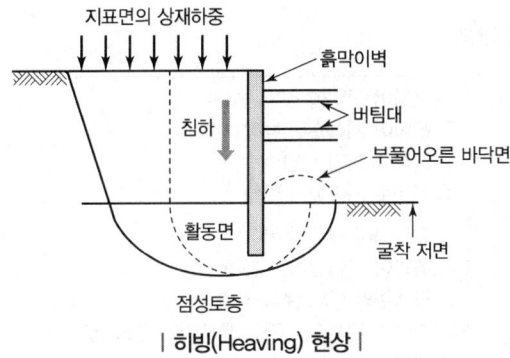

| 히빙(Heaving) 현상 |

2) 발생원인 및 안전대책

발생원인	① 흙막이 근입장 깊이 부족 ② 흙막이 흙의 중량 차이 ③ 지표 재하중 ④ 점성토 지반에서 발생
안전대책	① 흙막이 근입깊이를 깊게 ② 표토를 제거하여 하중 감소 ③ 굴착 저면 지반개량(흙의 전단강도를 높임) ④ 굴착면 하중 증가 ⑤ 어스앵커 설치 ⑥ 주변 지하수위 저하 ⑦ 소단굴착을 하여 소단부 흙의 중량이 바닥을 누르게 함 ⑧ 토류벽의 배면토압을 경감

2. 보일링(Boiling) 현상

1) 정의

사질토 지반에서 굴착저면과 흙막이 배면과의 수위 차이로 인해 굴착저면의 흙과 물이 함께 위로 솟구쳐 오르는 현상

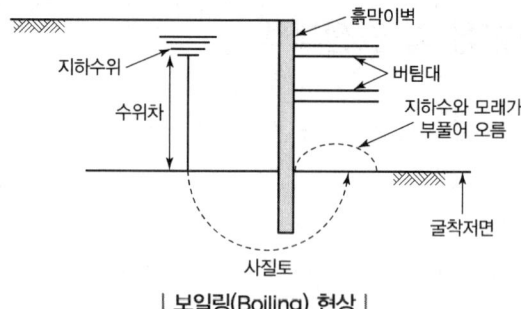

| 보일링(Boiling) 현상 |

2) 발생원인 및 안전대책

발생원인	① 흙막이 근입장 깊이 부족 ② 흙막이 지하수위 높이 차이 ③ 굴착 저면의 피압수 ④ 사질토 지반에서 발생
안전대책	① 차수성이 높은 흙막이벽 설치 ② 흙막이 근입깊이를 깊게 ③ 약액주입 등의 굴착면 고결 ④ 주변의 지하수위 저하(웰포인트 공법 등) ⑤ 압성토 공법

3. 파이핑(Piping) 현상

1) 정의
보일링 현상으로 인하여 지반 내에서 물의 통로가 생기면서 흙이 세굴되는 현상

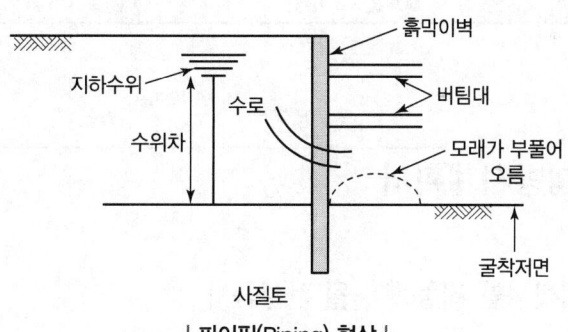

| 파이핑(Piping) 현상 |

2) 발생원인 및 안전대책

발생원인	① 흙막이 근입장 깊이 부족 ② 흙막이 지하수위 높이 차이 ③ 굴착 저면의 피압수 ④ 댐이나 제방에서 필터의 불량, 균열, 누수
안전대책	① 차수성이 높은 흙막이벽 설치 ② 흙막이 근입깊이를 깊게 ③ 약액주입 등의 굴착면 고결 ④ 주변의 지하수위 저하(웰포인트 공법 등) ⑤ 압성토 공법

5 KEYWORD 건설업산업안전보건관리비의 계상 및 사용

1. 공사 종류 및 규모별 산업안전보건관리비 계상기준표

공사 종류	대상액 5억 원 미만인 경우 적용비율(%)	대상액 5억 원 이상 50억 원 미만인 경우		대상액 50억 원 이상인 경우 적용비율(%)	보건관리자 선임대상 건설공사의 적용비율(%)
		적용비율(%)	기초액		
건축공사	3.11%	2.28%	4,325,000원	2.37%	2.64%
토목공사	3.15%	2.53%	3,300,000원	2.60%	2.73%
중건설공사	3.64%	3.05%	2,975,000원	3.11%	3.39%
특수건설공사	2.07%	1.59%	2,450,000원	1.64%	1.78%

안전관리비 대상액 = 공사원가계산서 구성항목 중 직접재료비, 간접재료비와 직접노무비를 합한 금액(발주자가 재료를 제공할 경우에는 해당 재료비를 포함)

2. 공사진척에 따른 안전관리비 사용기준

공정률	50퍼센트 이상 70퍼센트 미만	70퍼센트 이상 90퍼센트 미만	90퍼센트 이상
사용기준	50퍼센트 이상	70퍼센트 이상	90퍼센트 이상

KEYWORD 6 유해위험방지계획서

1. 유해위험방지계획서를 제출해야 될 건설공사

① 다음 각 목의 어느 하나에 해당하는 건축물 또는 시설 등의 건설·개조 또는 해체공사
  ㉠ 지상높이가 31미터 이상인 건축물 또는 인공구조물
  ㉡ 연면적 3만 제곱미터 이상인 건축물
  ㉢ 연면적 5천 제곱미터 이상인 시설로서 다음의 어느 하나에 해당하는 시설
    ⓐ 문화 및 집회시설(전시장 및 동물원·식물원은 제외)
    ⓑ 판매시설, 운수시설(고속철도의 역사 및 집배송시설은 제외)
    ⓒ 종교시설
    ⓓ 의료시설 중 종합병원
    ⓔ 숙박시설 중 관광숙박시설
    ⓕ 지하도상가
    ⓖ 냉동·냉장 창고시설
② 연면적 5천 제곱미터 이상인 냉동·냉장 창고시설의 설비공사 및 단열공사
③ 최대 지간길이(다리의 기둥과 기둥의 중심 사이의 거리)가 50미터 이상인 다리의 건설 등 공사
④ 터널의 건설 등 공사
⑤ 다목적댐, 발전용댐, 저수용량 2천만 톤 이상의 용수 전용 댐 및 지방상수도 전용 댐의 건설 등 공사
⑥ 깊이 10미터 이상인 굴착공사

2. 제출 시 첨부서류

1) 공사 개요 및 안전보건관리계획

① 공사 개요서
② 공사현장의 주변 현황 및 주변과의 관계를 나타내는 도면(매설물 현황을 포함)
③ 전체 공정표
④ 산업안전보건관리비 사용계획서

⑤ 안전관리 조직표
⑥ 재해 발생 위험 시 연락 및 대피방법

2) 작업 공사 종류별 유해위험방지계획

건축물 또는 시설 등의 건설·개조 또는 해체공사	① 가설공사 ② 구조물공사 ③ 마감공사	④ 기계설비공사 ⑤ 해체공사
냉동·냉장창고시설의 설비공사 및 단열공사	① 가설공사 ② 단열공사	③ 기계설비공사
다리 건설 등의 공사	① 가설공사 ② 다리 하부(하부공) 공사	③ 다리 상부(상부공) 공사
터널 건설 등의 공사	① 가설공사 ② 굴착 및 발파공사	③ 구조물공사
댐 건설 등의 공사	① 가설공사 ② 굴착 및 발파공사	③ 댐 축조공사
굴착공사	① 가설공사 ② 굴착 및 발파공사	③ 흙막이 지보공 공사

> **TIP** 유해위험방지계획서 제출시기
> ① 제조업 등 유해위험방지계획서 : 해당 작업 시작 15일 전까지 공단에 2부 제출
> ② 건설공사 유해위험방지계획서 : 해당 공사의 착공 전날까지 공단에 2부 제출

7 셔블계 굴착기계

1. 파워 셔블(Power Shovel)

① 굴착기가 위치한 지면보다 높은 곳의 굴착에 적당
② 작업대가 견고하여 단단한 토질의 굴착에도 용이

2. 백호(Back Hoe, 드래그 셔블)

① 굴착기가 위치한 지면보다 낮은 곳을 굴착하는 데 적당
② 도랑파기에 적당하며 굴삭력이 우수
③ 비교적 굳은 지반의 토질에서도 사용 가능
④ 경사로나 연약지반에서는 무한궤도식이 타이어식보다 안전

3. 드래그 라인(Drag Line)

① 굴착기가 위치한 지면보다 낮은 곳의 굴착에 적합
② 연질지반의 굴착에 적당하고 단단하게 다져진 토질에는 적합하지 않음
③ 굴삭범위가 크지만 굴삭력이 약함
④ 수중굴착 및 모래채취 등에 많이 이용

4. 클램셸(Clam Shell)

① 좁고 깊은 곳의 수직굴착, 수중굴착에 적당
② 지하연속벽 공사, 깊은 우물통 파기에 사용
③ 구조물의 기초바닥, 잠함 등과 같은 협소하고 깊은 범위의 굴착에 적합

8 KEYWORD 도저계 굴착기계(불도저)

1. 배토판(Blade)의 형태 및 작동방법에 의한 분류

스트레이트 도저 (Straight Dozer)	트랙터의 종방향 중심축에 배토판을 직각으로 설치하여 직선적인 굴착 및 압토작업에 효율적
앵글 도저 (Angle Dozer)	배토판을 진행방향에 따라 20~30°의 좌우로 돌릴 수 있도록 만든 장치, 측면 굴착에 유리
틸트 도저 (Tilt Dozer)	배토판을 좌우로 상하 25~30°까지 아래로 기울어지게 하여 도랑파기, 경사면 굴착에 유리
힌지 도저 (Hinge Dozer)	배토판 중앙에 힌지를 붙여 안팎으로 V자형으로 꺾을 수 있으며, 흙을 깎아 옆으로 밀어내면서 전진하므로 제설, 제토작업 및 다량의 흙을 전방으로 밀고 가는 데 적합한 도저

2. 리퍼 도저(Ripper Dozer)

아스팔트 포장도로 등 단단한 땅이나 연약한 암석을 파내는 갈고리 모양의 도저

9 다짐기계의 특징

로드 롤러(Road Roller)	머캐덤 롤러(Macadam Roller)	3륜 형식으로 쇄석, 자갈 등의 다짐에 사용
	탠덤 롤러(Tandem Roller)	2륜 형식으로 아스팔트 포장의 끝마무리에 사용
탬핑 롤러(Tamping Roller)		① 깊은 다짐이나 고함수비 지반의 다짐에 많이 이용 ② 롤러의 표면에 돌기를 만들어 부착한 것 ③ 풍화암을 파쇄하고 흙 속의 간극수압을 제거 ④ 점성토 지반에 효과적
타이어 롤러(Tire Roller)		사질토나 사질 점성토에 적합하며 주행속도 개선

10 차량계 건설기계

1. 차량계 건설기계의 작업계획서 내용

① 사용하는 차량계 건설기계의 종류 및 성능
② 차량계 건설기계의 운행경로
③ 차량계 건설기계에 의한 작업방법

2. 차량계 건설기계의 안전수칙

① 차량계 하역운반기계, 차량계 건설기계(최대제한속도가 시속 10킬로미터 이하인 것은 제외)를 사용하여 작업을 하는 경우 미리 작업장소의 지형 및 지반 상태 등에 적합한 제한속도를 정하고, 운전자로 하여금 준수하도록 하여야 한다.
② 차량계 건설기계에 전조등을 갖추어야 한다. 다만, 작업을 안전하게 수행하기 위하여 필요한 조명이 있는 장소에서 사용하는 경우에는 그러하지 아니하다.
③ 차량계 건설기계를 사용하는 작업할 때에 그 기계가 넘어지거나 굴러떨어짐으로써 근로자가 위험해질 우려가 있는 경우에는 유도하는 사람을 배치하고 지반의 부동침하 방지, 갓길의 붕괴 방지 및 도로 폭의 유지 등 필요한 조치를 하여야 한다.

11 권상용 와이어로프의 사용 시 준수사항

1. 항타기 또는 항발기의 권상용 와이어로프 사용금지 조건
① 이음매가 있는 것
② 와이어로프의 한 꼬임(스트랜드)에서 끊어진 소선의 수가 10퍼센트 이상인 것
③ 지름의 감소가 공칭지름의 7퍼센트를 초과하는 것
④ 꼬인 것
⑤ 심하게 변형되거나 부식된 것
⑥ 열과 전기충격에 의해 손상된 것

2. 권상용 와이어로프의 안전계수
항타기 또는 항발기의 권상용 와이어로프의 안전계수가 5 이상이 아니면 이를 사용해서는 아니 된다.

12 해체용 기구의 종류

1. 압쇄기
① 셔블에 설치하며 유압조작에 의해 콘크리트 등에 강력한 압축력을 가해 파쇄하는 것
② 압쇄기의 중량, 작업충격을 사전에 고려하고, 차체 지지력을 초과하는 중량의 압쇄기 부착을 금지하여야 한다.
③ 압쇄기에 의한 파쇄작업순서 : 슬래브, 보, 벽체, 기둥의 순서로 해체하여야 한다.

2. 대형 브레이커
대형 브레이커는 통상 셔블에 설치하여 사용한다.

3. 철제해머
① 해머를 크레인 등에 부착하여 구조물에 충격을 주어 파쇄하는 것
② 햄머를 매달은 와이어 로프의 종류와 직경 등은 적절한 것을 사용하여야 한다.

4. 화약류

화약류에 의한 발파파쇄 해체 시에는 사전에 시험발파에 의한 폭력, 폭속, 진동치속도 등에 파쇄능력과 진동, 소음의 영향력을 검토하여야 한다.

5. 핸드 브레이커

① 압축공기, 유압의 급속한 충격력에 의거 콘크리트 등을 해체할 때 사용하는 것
② 작은 부재의 파쇄에 유리하고 소음, 진동 및 분진이 발생
③ 끌의 부러짐을 방지하기 위하여 작업자세는 하향 수직방향으로 유지하도록 하여야 한다.

6. 팽창제

광물의 수화반응에 의한 팽창압을 이용하여 파쇄하는 공법

7. 절단톱

회전날 끝에 다이아몬드 입자를 혼합 경화하여 제조된 절단톱으로 기둥, 보, 바닥, 벽체를 적당한 크기로 절단하여 해체하는 공법

8. 재키

구조물의 부재 사이에 재키를 설치한 후 국소부에 압력을 가해 해체하는 공법

9. 쐐기타입기

직경 30내지 40밀리미터 정도의 구멍 속에 쐐기를 박아 넣어 구멍을 확대하여 해체하는 것

10. 화염방사기

구조체를 고온으로 용융시키면서 해체하는 것

11. 절단줄톱

와이어에 다이아몬드 절삭날을 부착하여, 고속회전시켜 절단 해체하는 공법

13 크레인

1. 크레인의 종류

이동식 크레인	트럭 크레인, 크롤러 크레인, 유압 크레인, 휠 크레인
고정식 크레인	타워 크레인, 지브 크레인, 호이스트 크레인

2. 타워크레인을 와이어로프로 지지하는 경우 준수사항

① 와이어로프를 고정하기 위한 전용 지지프레임을 사용할 것
② 와이어로프 설치각도는 수평면에서 60도 이내로 하되, 지지점은 4개소 이상으로 하고, 같은 각도로 설치할 것
③ 와이어로프와 그 고정부위는 충분한 강도와 장력을 갖도록 설치하고, 와이어로프를 클립·샤클(shackle) 등의 고정기구를 사용하여 견고하게 고정시켜 풀리지 아니하도록 하며, 사용 중에는 충분한 강도와 장력을 유지하도록 할 것
④ 와이어로프가 가공전선에 근접하지 않도록 할 것

3. 타워크레인의 작업제한(악천후 및 강풍 시 작업 중지)

순간풍속이 초당 10미터를 초과	타워크레인의 설치·수리·점검 또는 해체작업 중지
순간풍속이 초당 15미터를 초과	타워크레인의 운전작업 중지

14 폭풍 등에 의한 안전조치사항

풍속의 기준	내용	시기	안전조치사항
순간풍속이 초당 30미터[m/s]를 초과	폭풍에 의한 이탈방지	바람이 불어올 우려가 있는 경우	옥외에 설치되어 있는 주행 크레인에 대하여 이탈방지장치를 작동시키는 등 이탈 방지를 위한 조치를 하여야 한다.
	폭풍 등으로 인한 이상 유무 점검	바람이 불거나 중진 이상 진도의 지진이 있은 후	옥외에 설치되어 있는 양중기를 사용하여 작업을 하는 경우에는 미리 기계 각 부위에 이상이 있는지를 점검하여야 한다.
순간풍속이 초당 35미터[m/s]를 초과	붕괴 등의 방지	바람이 불어올 우려가 있는 경우	건설작업용 리프트(지하에 설치되어 있는 것은 제외한다)에 대하여 받침의 수를 증가시키는 등 그 붕괴 등을 방지하기 위한 조치를 하여야 한다.
	폭풍에 의한 무너짐 방지		옥외에 설치되어 있는 승강기에 대하여 받침의 수를 증가시키는 등 승강기가 무너지는 것을 방지하기 위한 조치를 하여야 한다.

15 KEYWORD 와이어로프 등 달기구의 안전계수

구분	안전계수
근로자가 탑승하는 운반구를 지지하는 달기와이어로프 또는 달기체인의 경우	10 이상
화물의 하중을 직접 지지하는 달기와이어로프 또는 달기체인의 경우	5 이상
훅, 샤클, 클램프, 리프팅 빔의 경우	3 이상
그 밖의 경우	4 이상

16 KEYWORD 방망사의 강도

1. 방망사의 신품에 대한 인장강도

그물코의 크기 (단위 : 센티미터)	방망의 종류(단위 : 킬로그램)	
	매듭 없는 방망	매듭방망
10	240	200
5		110

2. 방망사의 폐기 시 인장강도

그물코의 크기 (단위 : 센티미터)	방망의 종류(단위 : 킬로그램)	
	매듭 없는 방망	매듭방망
10	150	135
5		60

17 KEYWORD 지지점의 강도

방망 지지점은 600킬로그램의 외력에 견딜 수 있는 강도를 보유하여야 한다.(다만, 연속적인 구조물이 방망 지지점인 경우의 외력이 다음 식에 계산한 값에 견딜 수 있는 것은 제외)

$$F = 200B$$

여기서, F : 외력(kg), B : 지지점 간격(m)

18 안전난간의 구조 및 설치요건

구성	상부 난간대, 중간 난간대, 발끝막이판 및 난간기둥으로 구성할 것(다만, 중간 난간대, 발끝막이판 및 난간기둥은 이와 비슷한 구조와 성능을 가진 것으로 대체할 수 있음)
상부 난간대	상부 난간대는 바닥면·발판 또는 경사로의 표면(이하 "바닥면 등"이라 한다)으로부터 90센티미터 이상 지점에 설치하고, 상부 난간대를 120센티미터 이하에 설치하는 경우에는 중간 난간대는 상부 난간대와 바닥면 등의 중간에 설치해야 하며, 120센티미터 이상 지점에 설치하는 경우에는 중간 난간대를 2단 이상으로 균등하게 설치하고 난간의 상하 간격은 60센티미터 이하가 되도록 할 것(다만, 난간기둥 간의 간격이 25센티미터 이하인 경우에는 중간 난간대를 설치하지 않을 수 있음)
발끝막이판(폭목)	발끝막이판은 바닥면 등으로부터 10센티미터 이상의 높이를 유지할 것(다만, 물체가 떨어지거나 날아올 위험이 없거나 그 위험을 방지할 수 있는 망을 설치하는 등 필요한 예방 조치를 한 장소는 제외)
난간기둥	상부 난간대와 중간 난간대를 견고하게 떠받칠 수 있도록 적정한 간격을 유지할 것
상부 난간대와 중간 난간대	상부 난간대와 중간 난간대는 난간 길이 전체에 걸쳐 바닥면 등과 평행을 유지할 것
난간대	난간대는 지름 2.7센티미터 이상의 금속제 파이프나 그 이상의 강도가 있는 재료일 것
하중	안전난간은 구조적으로 가장 취약한 지점에서 가장 취약한 방향으로 작용하는 100킬로그램 이상의 하중에 견딜 수 있는 튼튼한 구조일 것

19 추락방호망의 설치기준

① 추락방호망의 설치위치는 가능하면 작업면으로부터 가까운 지점에 설치하여야 하며, 작업면으로부터 망의 설치지점까지의 수직거리는 10미터를 초과하지 아니할 것
② 추락방호망은 수평으로 설치하고, 망의 처짐은 짧은 변 길이의 12퍼센트 이상이 되도록 할 것
③ 건축물 등의 바깥쪽으로 설치하는 경우 추락방호망의 내민 길이는 벽면으로부터 3미터 이상 되도록 할 것. 다만, 그물코가 20밀리미터 이하인 추락방호망을 사용한 경우에는 낙하물에 의한 위험 방지에 따른 낙하물 방지망을 설치한 것으로 본다.

KEYWORD 20 개구부 등의 방호조치

① 작업발판 및 통로의 끝이나 개구부로서 근로자가 추락할 위험이 있는 장소에는 안전난간, 울타리, 수직형 추락방망 또는 덮개 등의 방호 조치를 충분한 강도를 가진 구조로 튼튼하게 설치하여야 하며, 덮개를 설치하는 경우에는 뒤집히거나 떨어지지 않도록 설치하여야 한다. 이 경우 어두운 장소에서도 알아볼 수 있도록 개구부임을 표시하여야 한다.
② 난간 등을 설치하는 것이 매우 곤란하거나 작업의 필요상 임시로 난간 등을 해체하여야 하는 경우 추락방호망을 설치하여야 한다. 다만, 추락방호망을 설치하기 곤란한 경우에는 근로자에게 안전대를 착용하도록 하는 등 추락할 위험을 방지하기 위하여 필요한 조치를 하여야 한다.

KEYWORD 21 지붕 위에서의 위험방지

사업주는 근로자가 지붕 위에서 작업을 할 때에 추락하거나 넘어질 위험이 있는 경우에는 다음 각 호의 조치를 해야 한다.
① 지붕의 가장자리에 안전난간을 설치할 것
② 채광창(Skylight)에는 견고한 구조의 덮개를 설치할 것
③ 슬레이트 등 강도가 약한 재료로 덮은 지붕에는 폭 30센티미터 이상의 발판을 설치할 것
④ 작업 환경 등을 고려할 때 안전난간을 설치하기 곤란한 경우에는 추락방호망을 설치해야 한다. 다만, 사업주는 작업 환경 등을 고려할 때 추락방호망을 설치하기 곤란한 경우에는 근로자에게 안전대를 착용하도록 하는 등 추락 위험을 방지하기 위하여 필요한 조치를 해야 한다.

KEYWORD 22 토석붕괴의 원인

구분	내용
외적 원인	① 사면, 법면의 경사 및 기울기의 증가 ② 절토 및 성토 높이의 증가 ③ 공사에 의한 진동 및 반복 하중의 증가 ④ 지표수 및 지하수의 침투에 의한 토사 중량의 증가 ⑤ 지진, 차량, 구조물의 하중작용 ⑥ 토사 및 암석의 혼합층 두께
내적 원인	① 절토 사면의 토질·암질 ② 성토 사면의 토질 구성 및 분포 ③ 토석의 강도 저하

23 붕괴예방조치

① 적절한 경사면의 기울기를 계획하여야 한다.
② 경사면의 기울기가 당초 계획과 차이가 발생되면 즉시 재검토하여 계획을 변경시켜야 한다.
③ 활동할 가능성이 있는 토석은 제거하여야 한다.
④ 경사면의 하단부에 압성토 등 보강공법으로 활동에 대한 저항대책을 강구하여야 한다.
⑤ 말뚝(강관, H형강, 철근 콘크리트)을 타입하여 지반을 강화시킨다.
⑥ 빗물, 지표수, 지하수의 사전제거 및 침투를 방지하여야 한다.

24 붕괴 등의 위험방지

흙막이 지보공을 설치하였을 때에는 정기적으로 다음의 사항을 점검하고 이상을 발견하면 즉시 보수하여야 한다.
① 부재의 손상·변형·부식·변위 및 탈락의 유무와 상태
② 버팀대의 긴압의 정도
③ 부재의 접속부·부착부 및 교차부의 상태
④ 침하의 정도

25 옹벽의 안정조건

전도(Over Turning)에 대한 안정	① 안전율 $(F_S) = \dfrac{\text{전도에 저항하는 모멘트}}{\text{전도모멘트}} \geq 2.0$ ② 대책 : 옹벽의 높이를 낮추거나 기초 후면의 길이를 길게 함
활동(Sliding)에 대한 안정	① 안전율 $(F_S) = \dfrac{\text{활동에 저항하려는 힘}}{\text{활동하려는 힘}} \geq 1.5$ ② 대책 : 기초 저판의 폭 증가, 기초 하부에 말뚝보강, 기초 하부에 활동방지벽(shear key) 설치
지반지지력(침하, Settlement)에 대한 안정	① 안전율 $(F_S) = \dfrac{\text{지반의 극한지지력도}}{\text{지반의 최대반력}} \geq 3.0$ ② 대책 : 기초 저반의 폭 증가, 기초 하부의 지반 개량 및 강화

26 터널굴착

1. 자동경보장치의 작업 시작 전 점검사항

당일 작업 시작 전 다음의 사항을 점검하고 이상을 발견하면 즉시 보수하여야 한다.
① 계기의 이상 유무
② 검지부의 이상 유무
③ 경보장치의 작동상태

2. 터널 지보공 조립도 및 붕괴 등의 위험방지

1) 조립도
   ① 터널 지보공을 조립하는 경우에는 미리 그 구조를 검토한 후 조립도를 작성하고, 그 조립도에 따라 조립하도록 하여야 한다.
   ② 조립도에는 재료의 재질, 단면규격, 설치간격 및 이음방법 등을 명시하여야 한다.

2) 터널지보공의 붕괴 등의 방지를 위한 점검사항
   ① 부재의 손상·변형·부식·변위 탈락의 유무 및 상태
   ② 부재의 긴압 정도
   ③ 부재의 접속부 및 교차부의 상태
   ④ 기둥침하의 유무 및 상태

27 낙하·비래의 위험방지 조치

1. 물체가 떨어지거나 날아올 위험이 있는 경우의 위험방지

① 낙하물 방지망 설치
② 수직보호망 설치
③ 방호선반 설치
④ 출입금지구역 설정
⑤ 보호구 착용

2. 낙하물방지망 또는 방호선반 설치 시 준수사항

① 높이 10미터 이내마다 설치하고, 내민 길이는 벽면으로부터 2미터 이상으로 할 것
② 수평면과의 각도는 20도 이상 30도 이하를 유지할 것

3. 높이 3m 이상인 장소에서 물체를 투하하는 경우 조치사항

① 투하설비 설치
② 감시인 배치

28 강관비계

1. 강관비계 조립 시의 준수사항

① 비계기둥에는 미끄러지거나 침하하는 것을 방지하기 위하여 밑받침철물을 사용하거나 깔판·받침목 등을 사용하여 밑둥잡이를 설치하는 등의 조치를 할 것
② 강관의 접속부 또는 교차부는 적합한 부속철물을 사용하여 접속하거나 단단히 묶을 것
③ 교차 가새로 보강할 것
④ 외줄비계·쌍줄비계 또는 돌출비계에 대해서는 다음 각 목에서 정하는 바에 따라 벽이음 및 버팀을 설치할 것
　㉠ 강관비계의 조립 간격은 다음의 기준에 적합하도록 할 것

강관비계의 종류	조립간격(단위 : m)	
	수직방향	수평방향
단관비계	5	5
틀비계(높이가 5m 미만인 것은 제외한다)	6	8

　㉡ 강관·통나무 등의 재료를 사용하여 견고한 것으로 할 것
　㉢ 인장재와 압축재로 구성된 경우에는 인장재와 압축재의 간격을 1미터 이내로 할 것
⑤ 가공전로에 근접하여 비계를 설치하는 경우에는 가공전로를 이설하거나 가공전로에 절연용 방호구를 장착하는 등 가공전로와의 접촉을 방지하기 위한 조치를 할 것

2. 강관비계의 구조

① 비계기둥의 간격은 띠장 방향에서는 1.85미터 이하, 장선 방향에서는 1.5미터 이하로 할 것. 다만, 다음 각 목의 어느 하나에 해당하는 작업의 경우에는 안전성에 대한 구조검토를 실시하고 조립도를 작성하면 띠장 방향 및 장선 방향으로 각각 2.7미터 이하로 할 수 있다.
　㉠ 선박 및 보트 건조작업
　㉡ 그 밖에 장비 반입·반출을 위하여 공간 등을 확보할 필요가 있는 등 작업의 성질상 비계기둥 간격에 관한 기준을 준수하기 곤란한 작업
② 띠장 간격은 2.0미터 이하로 할 것. 다만, 작업의 성질상 이를 준수하기가 곤란하여 쌍기둥틀 등에 의하여 해당 부분을 보강한 경우에는 그러하지 아니하다.
③ 비계기둥의 제일 윗부분으로부터 31미터되는 지점 밑부분의 비계기둥은 2개의 강관으로 묶어 세울 것. 다만, 브라켓(bracket, 까치발) 등으로 보강하여 2개의 강관으로 묶을 경우 이상의 강도가 유지되는 경우에는 그러하지 아니하다.
④ 비계기둥 간의 적재하중은 400킬로그램을 초과하지 않도록 할 것

KEYWORD 29 강관틀비계 조립 시의 준수사항

① 비계기둥의 밑둥에는 밑받침 철물을 사용하여야 하며 밑받침에 고저차가 있는 경우에는 조절형 밑받침철물을 사용하여 각각의 강관틀비계가 항상 수평 및 수직을 유지하도록 할 것
② 높이가 20미터를 초과하거나 중량물의 적재를 수반하는 작업을 할 경우에는 주틀 간의 간격을 1.8미터 이하로 할 것
③ 주틀 간에 교차 가새를 설치하고 최상층 및 5층 이내마다 수평재를 설치할 것
④ 수직방향으로 6미터, 수평방향으로 8미터 이내마다 벽이음을 할 것
⑤ 길이가 띠장 방향으로 4미터 이하이고 높이가 10미터를 초과하는 경우에는 10미터 이내마다 띠장 방향으로 버팀기둥을 설치할 것

KEYWORD 30 달비계의 사용금지 사항

달비계의 와이어로프	① 이음매가 있는 것 ② 와이어로프의 한 꼬임(스트랜드)에서 끊어진 소선(필러선 제외)의 수가 10퍼센트 이상(비자전로프의 경우에는 끊어진 소선의 수가 와이어로프 호칭지름의 6배 길이 이내에서 4개 이상이거나 호칭지름 30배 길이 이내에서 8개 이상)인 것 ③ 지름의 감소가 공칭지름의 7퍼센트를 초과하는 것 ④ 꼬인 것 ⑤ 심하게 변형되거나 부식된 것 ⑥ 열과 전기충격에 의해 손상된 것
달비계의 달기 체인	① 달기 체인의 길이가 달기 체인이 제조된 때의 길이의 5퍼센트를 초과한 것 ② 링의 단면지름이 달기 체인이 제조된 때의 해당 링의 지름의 10퍼센트를 초과하여 감소한 것 ③ 균열이 있거나 심하게 변형된 것

KEYWORD 31 말비계 조립 시의 준수사항

① 지주부재의 하단에는 미끄럼 방지장치를 하고, 근로자가 양측 끝부분에 올라서서 작업하지 않도록 할 것
② 지주부재와 수평면의 기울기를 75° 이하로 하고, 지주부재와 지주부재 사이를 고정시키는 보조부재를 설치할 것
③ 말비계의 높이가 2미터를 초과하는 경우에는 작업발판의 폭을 40센티미터 이상으로 할 것

32 이동식 비계 조립 시의 준수사항

① 이동식 비계의 바퀴에는 뜻밖의 갑작스러운 이동 또는 전도를 방지하기 위하여 브레이크·쐐기 등으로 바퀴를 고정시킨 다음 비계의 일부를 견고한 시설물에 고정하거나 아웃 트리거를 설치하는 등 필요한 조치를 할 것
② 승강용 사다리는 견고하게 설치할 것
③ 비계의 최상부에서 작업을 하는 경우에는 안전난간을 설치할 것
④ 작업발판은 항상 수평을 유지하고 작업발판 위에서 안전난간을 딛고 작업을 하거나 받침대 또는 사다리를 사용하여 작업하지 않도록 할 것
⑤ 작업발판의 최대적재하중은 250킬로그램을 초과하지 않도록 할 것

33 시스템 비계의 구조

① 수직재·수평재·가새재를 견고하게 연결하는 구조가 되도록 할 것
② 비계 밑단의 수직재와 받침철물은 밀착되도록 설치하고, 수직재와 받침철물의 연결부의 겹침길이는 받침철물 전체길이의 3분의 1 이상이 되도록 할 것
③ 수평재는 수직재와 직각으로 설치하여야 하며, 체결 후 흔들림이 없도록 견고하게 설치할 것
④ 수직재와 수직재의 연결철물은 이탈되지 않도록 견고한 구조로 할 것
⑤ 벽 연결재의 설치간격은 제조사가 정한 기준에 따라 설치할 것

34 비계의 조립·해체 및 변경 시 준수사항(달비계 또는 높이 5미터 이상의 비계)

① 근로자가 관리감독자의 지휘에 따라 작업하도록 할 것
② 조립·해체 또는 변경의 시기·범위 및 절차를 그 작업에 종사하는 근로자에게 주지시킬 것
③ 조립·해체 또는 변경 작업구역에는 해당 작업에 종사하는 근로자가 아닌 사람의 출입을 금지하고 그 내용을 보기 쉬운 장소에 게시할 것
④ 비, 눈, 그 밖의 기상상태의 불안정으로 날씨가 몹시 나쁜 경우에는 그 작업을 중지시킬 것
⑤ 비계재료의 연결·해체작업을 하는 경우에는 폭 20센티미터 이상의 발판을 설치하고 근로자로 하여금 안전대를 사용하도록 하는 등 추락을 방지하기 위한 조치를 할 것
⑥ 재료·기구 또는 공구 등을 올리거나 내리는 경우에는 근로자가 달줄 또는 달포대 등을 사용하게 할 것

※ 강관비계 또는 통나무비계를 조립하는 경우 쌍줄로 하여야 한다.(다만, 별도의 작업발판을 설치할 수 있는 시설을 갖춘 경우에는 외줄로 할 수 있다.)

35 통로의 설치기준

1. 통로의 조명

근로자가 안전하게 통행할 수 있도록 통로에 75럭스 이상의 채광 또는 조명시설을 하여야 한다.(다만, 갱도 또는 상시 통행을 하지 아니하는 지하실 등을 통행하는 근로자에게 휴대용 조명기구를 사용하도록 한 경우에는 제외)

2. 가설통로

① 견고한 구조로 할 것
② 경사는 30도 이하로 할 것(다만, 계단을 설치하거나 높이 2미터 미만의 가설통로로서 튼튼한 손잡이를 설치한 경우에는 제외)
③ 경사가 15도를 초과하는 경우에는 미끄러지지 아니하는 구조로 할 것
④ 추락할 위험이 있는 장소에는 안전난간을 설치할 것(다만, 작업상 부득이한 경우에는 필요한 부분만 임시로 해체할 수 있다)
⑤ 수직갱에 가설된 통로의 길이가 15미터 이상인 경우에는 10미터 이내마다 계단참을 설치할 것
⑥ 건설공사에 사용하는 높이 8미터 이상인 비계다리에는 7미터 이내마다 계단참을 설치할 것

3. 사다리식 통로

① 견고한 구조로 할 것
② 심한 손상·부식 등이 없는 재료를 사용할 것
③ 발판의 간격은 일정하게 할 것
④ 발판과 벽과의 사이는 15센티미터 이상의 간격을 유지할 것
⑤ 폭은 30센티미터 이상으로 할 것
⑥ 사다리가 넘어지거나 미끄러지는 것을 방지하기 위한 조치를 할 것
⑦ 사다리의 상단은 걸쳐놓은 지점으로부터 60센티미터 이상 올라가도록 할 것
⑧ 사다리식 통로의 길이가 10미터 이상인 경우에는 5미터 이내마다 계단참을 설치할 것

⑨ 사다리식 통로의 기울기는 75도 이하로 할 것. 다만, 고정식 사다리식 통로의 기울기는 90도 이하로 하고, 그 높이가 7미터 이상인 경우에는 다음 각 목의 구분에 따른 조치를 할 것
　㉠ 등받이울이 있어도 근로자 이동에 지장이 없는 경우 : 바닥으로부터 높이가 2.5미터 되는 지점부터 등받이울을 설치할 것
　㉡ 등받이울이 있으면 근로자가 이동이 곤란한 경우 : 개인용 추락 방지 시스템을 설치하고 근로자로 하여금 전신안전대를 사용하도록 할 것
⑩ 접이식 사다리 기둥은 사용 시 접혀지거나 펼쳐지지 않도록 철물 등을 사용하여 견고하게 조치할 것

4. 가설계단의 설치기준

계단의 강도	① 계단 및 계단참을 설치하는 경우 매제곱미터당 500킬로그램 이상의 하중에 견딜 수 있는 강도를 가진 구조로 설치할 것 ② 안전율(안전의 정도를 표시하는 것으로서 재료의 파괴응력도와 허용응력도의 비율)은 4 이상으로 하여야 한다. ③ 사업주는 계단 및 승강구 바닥을 구멍이 있는 재료로 만드는 경우 렌치나 그 밖의 공구 등이 낙하할 위험이 없는 구조로 하여야 한다.
계단의 폭	① 계단을 설치하는 경우 그 폭을 1미터 이상으로 하여야 한다.(다만, 급유용·보수용·비상용 계단 및 나선형 계단이거나 높이 1미터 미만의 이동식 계단인 경우에는 제외) ② 계단에 손잡이 외의 다른 물건 등을 설치하거나 쌓아 두어서는 아니 된다.
계단참의 설치	높이가 3미터를 초과하는 계단에 높이 3미터 이내마다 진행방향으로 길이 1.2미터 이상의 계단참을 설치해야 한다.
천장의 높이	계단을 설치하는 경우 바닥면으로부터 높이 2미터 이내의 공간에 장애물이 없도록 하여야 한다.(다만, 급유용·보수용·비상용 계단 및 나선형 계단인 경우에는 제외)
계단의 난간	높이 1미터 이상인 계단의 개방된 측면에 안전난간을 설치할 것

36 비계(달비계, 달대비계 및 말비계는 제외)의 높이가 2미터 이상인 작업장소의 작업발판 설치기준

① 발판재료는 작업할 때의 하중을 견딜 수 있도록 견고한 것으로 할 것
② 작업발판의 폭은 40센티미터 이상으로 하고, 발판재료 간의 틈은 3센티미터 이하로 할 것
③ 제②호에도 불구하고 선박 및 보트 건조작업의 경우 선박블록 또는 엔진실 등의 좁은 작업공간에 작업발판을 설치하기 위하여 필요하면 작업발판의 폭을 30센티미터 이상으로 할 수 있고, 걸침비계의 경우 강관기둥 때문에 발판재료 간의 틈을 3센티미터 이하로 유지하기 곤란하면 5센티미터 이하로 할 수 있다. 이 경우 그 틈 사이로 물체 등이 떨어질 우려가 있는 곳에는 출입금지 등의 조치를 하여야 한다.
④ 추락의 위험이 있는 장소에는 안전난간을 설치할 것(다만, 작업의 성질상 안전난간을 설치하는 것이 곤란한 경우, 작업의 필요상 임시로 안전난간을 해체할 때에 추락방호망을 설치하거나 근로자로 하여금 안전대를 사용하도록 하는 등 추락위험 방지 조치를 한 경우에는 그러하지 아니하다.)
⑤ 작업발판의 지지물은 하중에 의하여 파괴될 우려가 없는 것을 사용할 것
⑥ 작업발판재료는 뒤집히거나 떨어지지 않도록 둘 이상의 지지물에 연결하거나 고정시킬 것
⑦ 작업발판을 작업에 따라 이동시킬 경우에는 위험 방지에 필요한 조치를 할 것

37 거푸집 및 동바리

1. 거푸집 조립 시의 안전조치

① 거푸집을 조립하는 경우에는 거푸집이 콘크리트 하중이나 그 밖의 외력에 견딜 수 있거나, 넘어지지 않도록 견고한 구조의 긴결재(콘크리트를 타설할 때 거푸집이 변형되지 않게 연결하여 고정하는 재료), 버팀대 또는 지지대를 설치하는 등 필요한 조치를 할 것
② 거푸집이 곡면인 경우에는 버팀대의 부착 등 그 거푸집의 부상(浮上)을 방지하기 위한 조치를 할 것

2. 작업발판 일체형 거푸집의 안전조치

① 작업발판 일체형 거푸집이란 거푸집의 설치 · 해체, 철근 조립, 콘크리트 타설, 콘크리트 면처리 작업 등을 위하여 거푸집을 작업발판과 일체로 제작하여 사용하는 거푸집으로서 다음 각 호의 거푸집을 말한다.
  ㉠ 갱 폼(Gang Form)
  ㉡ 슬립 폼(Slip Form)

ⓒ 클라이밍 폼(Climbing Form)
　　ⓔ 터널 라이닝 폼(Tunnel Lining Form)
　　ⓜ 그 밖에 거푸집과 작업발판이 일체로 제작된 거푸집 등
② 갱 폼의 조립·이동·양중·해체 작업(조립 등)을 하는 경우에는 다음 각 호의 사항을 준수해야 한다.
　　㉠ 조립 등의 범위 및 작업절차를 미리 그 작업에 종사하는 근로자에게 주지시킬 것
　　㉡ 근로자가 안전하게 구조물 내부에서 갱 폼의 작업발판으로 출입할 수 있는 이동통로를 설치할 것
　　㉢ 갱 폼의 지지 또는 고정철물의 이상 유무를 수시점검하고 이상이 발견된 경우에는 교체하도록 할 것
　　㉣ 갱 폼을 조립하거나 해체하는 경우에는 갱 폼을 인양장비에 매단 후에 작업을 실시하도록 하고, 인양장비에 매달기 전에 지지 또는 고정철물을 미리 해체하지 않도록 할 것
　　㉤ 갱 폼 인양 시 작업발판용 케이지에 근로자가 탑승한 상태에서 갱 폼의 인양작업을 하지 않을 것
③ 슬립 폼(Slip Form), 클라이밍 폼(Climbing Form), 터널 라이닝 폼(Tunnel Lining Form), 그 밖에 거푸집과 작업발판이 일체로 제작된 거푸집의 조립 등의 작업을 하는 경우에는 다음 각 호의 사항을 준수하여야 한다.
　　㉠ 조립 등 작업 시 거푸집 부재의 변형 여부와 연결 및 지지재의 이상 유무를 확인할 것
　　㉡ 조립 등 작업과 관련한 이동·양중·운반 장비의 고장·오조작 등으로 인해 근로자에게 위험을 미칠 우려가 있는 장소에는 근로자의 출입을 금지하는 등 위험 방지 조치를 할 것
　　㉢ 거푸집이 콘크리트면에 지지될 때에 콘크리트의 굳기정도와 거푸집의 무게, 풍압 등의 영향으로 거푸집의 갑작스런 이탈 또는 낙하로 인해 근로자가 위험해질 우려가 있는 경우에는 설계도서에서 정한 콘크리트의 양생기간을 준수하거나 콘크리트면에 견고하게 지지하는 등 필요한 조치를 할 것
　　㉣ 연결 또는 지지 형식으로 조립된 부재의 조립 등 작업을 하는 경우에는 거푸집을 인양장비에 매단 후에 작업을 하도록 하는 등 낙하·붕괴·전도의 위험 방지를 위하여 필요한 조치를 할 것

3. 동바리 조립 시의 안전조치

동바리를 조립하는 경우에는 하중의 지지상태를 유지할 수 있도록 다음 각 호의 사항을 준수해야 한다.
① 받침목이나 깔판의 사용, 콘크리트 타설, 말뚝박기 등 동바리의 침하를 방지하기 위한 조치를 할 것
② 동바리의 상하 고정 및 미끄러짐 방지 조치를 할 것
③ 상부·하부의 동바리가 동일 수직선상에 위치하도록 하여 깔판·받침목에 고정시킬 것
④ 개구부 상부에 동바리를 설치하는 경우에는 상부하중을 견딜 수 있는 견고한 받침대를 설치할 것

⑤ U헤드 등의 단판이 없는 동바리의 상단에 멍에 등을 올릴 경우에는 해당 상단에 U헤드 등의 단판을 설치하고, 멍에 등이 전도되거나 이탈되지 않도록 고정시킬 것
⑥ 동바리의 이음은 같은 품질의 재료를 사용할 것
⑦ 강재의 접속부 및 교차부는 볼트·클램프 등 전용철물을 사용하여 단단히 연결할 것
⑧ 거푸집의 형상에 따른 부득이한 경우를 제외하고는 깔판이나 받침목은 2단 이상 끼우지 않도록 할 것
⑨ 깔판이나 받침목을 이어서 사용하는 경우에는 그 깔판·받침목을 단단히 연결할 것

4. 동바리 유형에 따른 동바리 조립 시의 안전조치

1) 동바리로 사용하는 파이프 서포트의 경우
① 파이프 서포트를 3개 이상 이어서 사용하지 않도록 할 것
② 파이프 서포트를 이어서 사용하는 경우에는 4개 이상의 볼트 또는 전용철물을 사용하여 이을 것
③ 높이가 3.5미터를 초과하는 경우에는 높이 2미터 이내마다 수평연결재를 2개 방향으로 만들고 수평연결재의 변위를 방지할 것

2) 동바리로 사용하는 강관틀의 경우
① 강관틀과 강관틀 사이에 교차가새를 설치할 것
② 최상단 및 5단 이내마다 동바리의 측면과 틀면의 방향 및 교차가새의 방향에서 5개 이내마다 수평연결재를 설치하고 수평연결재의 변위를 방지할 것
③ 최상단 및 5단 이내마다 동바리의 틀면의 방향에서 양단 및 5개틀 이내마다 교차가새의 방향으로 띠장틀을 설치할 것

3) 동바리로 사용하는 조립강주의 경우
조립강주의 높이가 4미터를 초과하는 경우에는 높이 4미터 이내마다 수평연결재를 2개 방향으로 설치하고 수평연결재의 변위를 방지할 것

4) 시스템 동바리(규격화·부품화된 수직재, 수평재 및 가새재 등의 부재를 현장에서 조립하여 거푸집을 지지하는 지주 형식의 동바리)의 경우
① 수평재는 수직재와 직각으로 설치해야 하며, 흔들리지 않도록 견고하게 설치할 것
② 연결철물을 사용하여 수직재를 견고하게 연결하고, 연결부위가 탈락 또는 꺾어지지 않도록 할 것
③ 수직 및 수평하중에 대해 동바리의 구조적 안정성이 확보되도록 조립도에 따라 수직재 및 수평재에는 가새재를 견고하게 설치할 것
④ 동바리 최상단과 최하단의 수직재와 받침철물은 서로 밀착되도록 설치하고 수직재와 받침철물의 연결부의 겹침길이는 받침철물 전체길이의 3분의 1 이상 되도록 할 것

5) 보 형식의 동바리[강제 갑판(Steel Deck), 철재트러스 조립 보 등 수평으로 설치하여 거푸집을 지지하는 동바리]의 경우

① 접합부는 충분한 걸침 길이를 확보하고 못, 용접 등으로 양끝을 지지물에 고정시켜 미끄러짐 및 탈락을 방지할 것
② 양끝에 설치된 보 거푸집을 지지하는 동바리 사이에는 수평연결재를 설치하거나 동바리를 추가로 설치하는 등 보 거푸집이 옆으로 넘어지지 않도록 견고하게 할 것
③ 설계도면, 시방서 등 설계도서를 준수하여 설치할 것

5. 조립 · 해체 등 작업 시의 준수사항

1) 기둥 · 보 · 벽체 · 슬래브 등의 거푸집 및 동바리를 조립하거나 해체하는 작업을 하는 경우 준수사항

① 해당 작업을 하는 구역에는 관계 근로자가 아닌 사람의 출입을 금지할 것
② 비, 눈, 그 밖의 기상상태의 불안정으로 날씨가 몹시 나쁜 경우에는 그 작업을 중지할 것
③ 재료, 기구 또는 공구 등을 올리거나 내리는 경우에는 근로자로 하여금 달줄 · 달포대 등을 사용하도록 할 것
④ 낙하 · 충격에 의한 돌발적 재해를 방지하기 위하여 버팀목을 설치하고 거푸집 및 동바리를 인양장비에 매단 후에 작업을 하도록 하는 등 필요한 조치를 할 것

2) 철근조립 등의 작업을 하는 경우 준수사항

① 양중기로 철근을 운반할 경우에는 두 군데 이상 묶어서 수평으로 운반할 것
② 작업위치의 높이가 2미터 이상일 경우에는 작업발판을 설치하거나 안전대를 착용하게 하는 등 위험 방지를 위하여 필요한 조치를 할 것

---

38 KEYWORD 철근의 인력운반

① 1인당 무게는 25킬로그램 정도가 적절하며, 무리한 운반을 삼가하여야 한다.
② 2인 이상이 1조가 되어 어깨메기로 하여 운반하는 등 안전을 도모하여야 한다.
③ 긴 철근을 부득이 한 사람이 운반할 때에는 한쪽을 어깨에 메고 한쪽 끝을 끌면서 운반하여야 한다.
④ 운반할 때에는 양끝을 묶어 운반하여야 한다.
⑤ 내려놓을 때는 천천히 내려놓고 던지지 않아야 한다.
⑥ 공동 작업을 할 때에는 신호에 따라 작업을 하여야 한다.

39 거푸집 및 동바리 시공 시 고려하중

종류	내용
연직방향 하중	거푸집, 지보공(동바리), 콘크리트, 철근, 작업원, 타설용 기계기구, 가설설비 등의 중량 및 충격하중
횡방향 하중	작업할 때의 진동, 충격, 시공오차 등에 기인되는 횡방향 하중 이외에 필요에 따라 풍압, 유수압, 지진 등
콘크리트의 측압	굳지 않은 콘크리트의 측압
특수하중	시공 중에 예상되는 특수한 하중

40 콘크리트 타설작업 시 준수사항

① 당일의 작업을 시작하기 전에 해당 작업에 관한 거푸집 및 동바리의 변형·변위 및 지반의 침하 유무 등을 점검하고 이상이 있으면 보수할 것
② 작업 중에는 감시자를 배치하는 등의 방법으로 거푸집 및 동바리의 변형·변위 및 침하 유무 등을 확인 해야 하며, 이상이 있으면 작업을 중지하고 근로자를 대피시킬 것
③ 콘크리트 타설작업 시 거푸집 붕괴의 위험이 발생할 우려가 있으면 충분한 보강조치를 할 것
④ 설계도서상의 콘크리트 양생기간을 준수하여 거푸집 및 동바리를 해체할 것
⑤ 콘크리트를 타설하는 경우에는 편심이 발생하지 않도록 골고루 분산하여 타설할 것

41 거푸집 측압 증가에 영향을 미치는 인자(측압의 영향요소)

① 거푸집 수평단면이 클수록 크다.
② 콘크리트 슬럼프치가 클수록 커진다.
③ 거푸집 표면이 평활(평탄)할수록 커진다.
④ 철골, 철근량이 적을수록 커진다.
⑤ 콘크리트 시공연도가 좋을수록 커진다.
⑥ 외기의 온도, 습도가 낮을수록 커진다.
⑦ 타설속도가 빠를수록 커진다.
⑧ 다짐이 충분할수록 커진다.
⑨ 타설 시 상부에서 직접 낙하할 경우 커진다.
⑩ 거푸집의 강성이 클수록 크다.
⑪ 콘크리트의 비중(단위중량)이 클수록 크다.
⑫ 벽 두께가 두꺼울수록 커진다.

42 철골 공사 안전

1. 외압(강풍에 의한 풍압 등)에 대한 내력 설계 확인 구조물

구조안전의 위험이 큰 다음 각 항목의 철골구조물은 건립 중 강풍에 의한 풍압 등 외압에 대한 내력이 설계에 고려되었는지 확인하여야 한다.
① 높이 20미터 이상의 구조물
② 구조물의 폭과 높이의 비가 1 : 4 이상인 구조물
③ 단면구조에 현저한 차이가 있는 구조물
④ 연면적당 철골량이 50kg/m² 이하인 구조물
⑤ 기둥이 타이플레이트(Tie Plate)형인 구조물
⑥ 이음부가 현장용접인 구조물

2. 작업의 제한(철골작업 중지)

① 풍속이 초당 10미터 이상인 경우
② 강우량이 시간당 1밀리미터 이상인 경우
③ 강설량이 시간당 1센티미터 이상인 경우

43 차량계하역 운반기계의 안전기준

1. 화물 적재 시의 조치

차량계 하역운반기계 등에 화물을 적재하는 경우에 다음의 사항을 준수하여야 한다.
① 하중이 한쪽으로 치우치지 않도록 적재할 것
② 구내운반차 또는 화물자동차의 경우 화물의 붕괴 또는 낙하에 의한 위험을 방지하기 위하여 화물에 로프를 거는 등 필요한 조치를 할 것
③ 운전자의 시야를 가리지 않도록 화물을 적재할 것
④ 화물을 적재하는 경우에는 최대적재량을 초과하지 않을 것

2. 싣거나 내리는 작업

단위화물의 무게가 100kg 이상인 경우 작업 지휘자 준수사항
① 작업순서 및 그 순서마다의 작업방법을 정하고 작업을 지휘할 것

② 기구와 공구를 점검하고 불량품을 제거할 것
③ 해당 작업을 하는 장소에 관계 근로자가 아닌 사람이 출입하는 것을 금지할 것
④ 로프 풀기 작업 또는 덮개 벗기기 작업은 적재함의 화물이 떨어질 위험이 없음을 확인한 후에 하도록 할 것

3. 운전위치 이탈 시의 조치

차량계 하역운반기계 등, 차량계 건설기계의 운전자가 운전위치를 이탈하는 경우 해당 운전자 준수사항

① 포크, 버킷, 디퍼 등의 장치를 가장 낮은 위치 또는 지면에 내려 둘 것
② 원동기를 정지시키고 브레이크를 확실히 거는 등 차량계 하역운반기계 등, 차량계 건설기계의 갑작스러운 이동을 방지하기 위한 조치를 할 것
③ 운전석을 이탈하는 경우에는 시동키를 운전대에서 분리시킬 것. 다만, 운전석에 잠금장치를 하는 등 운전자가 아닌 사람이 운전하지 못하도록 조치한 경우에는 그러하지 아니하다.

44 KEYWORD 취급운반의 원칙

구분	원칙 및 조건	
운반의 5원칙	① 이동되는 운반은 직선으로 할 것 ② 연속으로 운반을 행할 것 ③ 효율(생산성)을 최고로 높일 것	④ 자재 운반을 집중화할 것 ⑤ 가능한 한 수작업을 없앨 것
운반의 3조건	① 운반(취급)거리는 극소화시킬 것 ② 손이 가지 않는 작업 방법일 것	③ 운반(이동)은 기계화 작업일 것

45 KEYWORD 하역작업의 안전수칙

1. 부두 · 안벽 등 하역작업장 조치사항

① 작업장 및 통로의 위험한 부분에는 안전하게 작업할 수 있는 조명을 유지할 것
② 부두 또는 안벽의 선을 따라 통로를 설치하는 경우에는 폭을 90센티미터 이상으로 할 것
③ 육상에서의 통로 및 작업장소로서 다리 또는 선거 갑문을 넘는 보도 등의 위험한 부분에는 안전난간 또는 울타리 등을 설치할 것

2. 항만하역작업 시 안전수칙

1) 통행설비의 설치

갑판의 윗면에서 선창 밑바닥까지의 깊이가 1.5미터를 초과하는 선창의 내부에서 화물취급작업을 하는 경우에 그 작업에 종사하는 근로자가 안전하게 통행할 수 있는 설비를 설치하여야 한다. (다만, 안전하게 통행할 수 있는 설비가 선박에 설치되어 있는 경우에는 그러하지 아니하다.)

2) 선박승강설비의 설치

① 300톤급 이상의 선박에서 하역작업을 하는 경우에 근로자들이 안전하게 오르내릴 수 있는 현문 사다리를 설치하여야 하며, 이 사다리 밑에 안전망을 설치하여야 한다.
② 현문 사다리는 견고한 재료로 제작된 것으로 너비는 55센티미터 이상이어야 하고, 양측에 82센티미터 이상의 높이로 울타리를 설치하여야 하며, 바닥은 미끄러지지 않도록 적합한 재질로 처리되어야 한다.
③ 현문 사다리는 근로자의 통행에만 사용하여야 하며, 화물용 발판 또는 화물용 보관으로 사용하도록 해서는 아니 된다.

46 KEYWORD 화물의 적재 시 준수사항

① 침하 우려가 없는 튼튼한 기반 위에 적재할 것
② 건물의 칸막이나 벽 등이 화물의 압력에 견딜 만큼의 강도를 지니지 아니한 경우에는 칸막이나 벽에 기대어 적재하지 않도록 할 것
③ 불안정할 정도로 높이 쌓아 올리지 말 것
④ 하중이 한쪽으로 치우치지 않도록 쌓을 것

47 고소작업 안전수칙

1. 고소작업대 설치기준

작업대를 와이어로프 또는 체인으로 올리거나 내릴 경우에는 와이어로프 또는 체인이 끊어져 작업대가 떨어지지 아니하는 구조여야 하며, 와이어로프 또는 체인의 안전율은 5 이상일 것

2. 고소작업대 설치 시 준수사항

① 바닥과 고소작업대는 가능하면 수평을 유지하도록 할 것
② 갑작스러운 이동을 방지하기 위하여 아웃트리거 또는 브레이크 등을 확실히 사용할 것

3. 고소작업대 이동 시 준수 사항

① 작업대를 가장 낮게 내릴 것
② 작업자를 태우고 이동하지 말 것. 다만, 이동 중 전도 등의 위험예방을 위하여 유도하는 사람을 배치하고 짧은 구간을 이동하는 경우에 작업대를 가장 낮게 내린 상태에서 작업자를 태우고 이동할 수 있다.
③ 이동통로의 요철상태 또는 장애물의 유무 등을 확인할 것

PART 02

과년도 기출문제

2016년 1회 기출문제

1과목 산업안전관리론

01 일선 관리감독자를 대상으로 작업지도기법, 작업개선기법, 인간관계 관리기법 등을 교육하는 방법은?

① ATT(American Telephone & Telegram Co.)
② MTP(Management Training Program)
③ CCS(Civil Communication Section)
④ TWI(Training Within Industry)

해설

TWI(Training Within Industry)
1. Job Method Training(JMT) : 작업방법훈련, 작업개선훈련
2. Job Instruction Training(JIT) : 작업지도훈련
3. Job Relations Training(JRT) : 인간관계 훈련, 부하통솔법
4. Job Safety Training(JST) : 작업안전훈련

02 다음 ( ) 안에 알맞은 것은?

사업주는 산업재해로 사망자가 발생하거나 ( )일 이상의 휴업이 필요한 부상을 입거나 질병에 걸린 사람이 발생한 경우 해당 산업재해가 발생한 날부터 1개월 이내에 산업재해조사표를 작성하여 관할 지방고용노동청장 또는 지청장에게 제출하여야 한다.

① 3
② 4
③ 5
④ 7

해설

산업재해 발생보고 방법

대상 재해	사업주는 산업재해로 사망자가 발생하거나 3일 이상의 휴업이 필요한 부상을 입거나 질병에 걸린 사람이 발생한 경우
보고 방법	해당 산업재해가 발생한 날부터 1개월 이내에 산업재해조사표를 작성하여 관할 지방고용노동관서의 장에게 제출 (전자문서로 제출하는 것을 포함)

03 레빈(Lewin)의 법칙 중 환경조건(E)이 의미하는 것은?

① 지능
② 소질
③ 적성
④ 인간관계

해설

레윈(K. Lewin)의 행동법칙

$$B = f(P \cdot E)$$

여기서, B : Behavior(인간의 행동)
f : function(함수관계), $P \cdot E$에 영향을 줄 수 있는 조건
P : person(개체, 개인의 자질, 연령, 경험, 심신상태, 성격, 지능 등)
E : Environment(심리적 환경 – 작업환경, 인간관계, 설비적 결함 등)

레윈의 이론 : 인간의 행동(B)은 개인의 자질과 심리학적 환경과의 상호 함수관계이다.

04 피로의 예방과 회복대책에 대한 설명이 아닌 것은?

① 작업부하를 크게 할 것
② 정적 동작을 피할 것
③ 작업 속도를 적절하게 할 것
④ 근로시간과 휴식을 적정하게 할 것

해설

작업에 수반되는 피로의 예방과 대책
1. 정적 동작을 피할 것(동적 동작을 한다)
2. 작업정도 및 작업속도를 적절하게 할 것
3. 작업부하를 작게 할 것
4. 운동시간을 적당히 할 것
5. 근로시간과 휴식을 적정하게 할 것
6. 충분한 영양을 섭취할 것
7. 온도 · 습도 등 작업환경을 개선할 것

05 TBM(Tool Box Meeting)의 의미를 가장 잘 설명한 것은?

① 지시나 명령의 전달 회의
② 공구함을 준비한 후 작업하라는 뜻
③ 작업원 전원의 상호대화로 스스로 생각하고 납득하는 작업장 안전회의
④ 상사의 지시된 작업내용에 따른 공구를 하나하나 준비해야 한다는 뜻

정답 01 ④ 02 ① 03 ④ 04 ① 05 ③

해설

TBM(Tool Box Meeting)
직장에서 행하는 미팅으로 사고의 직접원인 중에서 주로 불안전한 행동을 근절시키기 위하여 5~7명 정도의 소집단으로 나누어 작업장 내의 적당한 장소에서 실시하는 단시간 미팅으로 현장에서 그때그때 주어진 상황에 적응하여 실시하여 즉시 즉응법이라고도 한다.

06 연간 총 근로시간 중에 발생하는 근로손실일수를 1,000시간당 발생하는 근로손실일수로 나타내는 식은?

① 강도율　　　　② 도수율
③ 연천인율　　　④ 종합재해지수

해설

강도율
1. 재해의 경중, 즉 강도의 정도를 손실일수로 나타내는 재해통계
2. 근로시간 1,000시간당 재해에 의해 잃어버린(상실되는) 근로손실일수
3. 공식

$$강도율 = \frac{근로손실일수}{연간총근로시간수} \times 1,000$$

07 교육 대상자 수가 많고, 교육 대상자의 학습능력의 차이가 큰 경우 집단안전교육방법으로서 가장 효과적인 방법은?

① 문답식 교육　　② 토의식 교육
③ 시청각 교육　　④ 상담식 교육

해설

시청각 교육의 필요성
1. 교수의 효율성을 높일 수 있다.
2. 대규모 인원에 대한 대량 수업체제가 확립될 수 있다.
3. 교수의 개인차에서 오는 교수의 평준화를 기할 수 있다.
4. 사물에 대한 정확한 이해는 건전한 사고력을 유발하고 바람직한 태도 형성에 도움이 된다.
5. 지식 팽창에 따른 교재의 구조화를 기할 수 있다.

08 안전관리에 관한 계획에서 실시에 이르기까지 모든 권한이 포괄적이며 하향적으로 행사되며, 전문 안전담당 부서가 없는 안전관리조직은?

① 직계식 조직　　② 참모식 조직
③ 직계-참모식 조직　　④ 안전보건 조직

해설

라인형(Line형) - 직계형 조직
1. 의의
   - 안전을 전문으로 분담하는 조직이 없고, 안전관리에 관한 계획에서부터 실시·평가에 이르기까지 생산라인(생산지시)을 통해서 이루어지는 조직 형태
   - 100명 미만의 소규모 사업장에 적합한 조직형태

2. 장점
   - 명령과 보고가 상하관계뿐이므로 간단 명료한 조직
   - 경영자의 명령이나 지휘가 신속정확하게 전달되어 개선조치가 빠르게 진행

3. 단점
   - 안전에 대한 전문지식이나 정보가 불충분
   - 생산라인의 업무에 중점을 두어 안전보건관리가 소홀해질 수 있음

09 성공적인 리더가 갖추어야 할 특성으로 가장 거리가 먼 것은?

① 강한 출세 욕구
② 강력한 조직 능력
③ 미래지향적 사고 능력
④ 상사에 대한 부정적인 태도

해설

성실한 지도자의 속성
1. 높은 임무수행능력
2. 강한 출세 욕구
3. 상사에 대한 긍정적인 태도
4. 원만한 사교성
5. 강력한 조직능력
6. 결정적인 판단능력
7. 자신에 대한 긍정적인 태도
8. 매우 활동적이며 공격적인 도전
9. 실패에 대한 두려움
10. 조직의 목표에 대한 충성심
11. 자신의 건강과 체력 단련
12. 부모로부터의 정서적 독립

정답 06 ① 07 ③ 08 ① 09 ④

10 매슬로(A.H. Maslow)의 인간욕구 5단계 이론에서 각 단계별 내용이 잘못 연결된 것은?

① 1단계 : 자아실현의 욕구
② 2단계 : 안전에 대한 욕구
③ 3단계 : 사회적 욕구
④ 4단계 : 존경에 대한 욕구

해설

매슬로(Maslow)의 욕구단계이론

제1단계	생리적 욕구	기아, 갈증, 호흡, 배설, 성욕 등 생명유지의 기본적 욕구
제2단계	안전의 욕구	1. 자기보존 욕구-안전을 구하려는 욕구 2. 전쟁, 재해, 질병의 위험으로부터 자유로워지려는 욕구
제3단계	사회적 욕구	1. 소속감과 애정에 대한 욕구 2. 사회적으로 관계를 향상시키는 욕구
제4단계	인정받으려는 욕구 (자기 존중의 욕구)	자존심, 명예, 성취, 지위 등 인정받으려는 욕구
제5단계	자아실현의 욕구	잠재능력을 실현하고자 하는 성취욕구

11 재해손실 코스트 방식 중 하인리히의 방식에 있어 1 : 4의 원칙 중 1에 해당하지 않는 것은?

① 재해예방을 위한 교육비
② 치료비
③ 재해자에게 지급된 급료
④ 재해보상 보험금

해설

직접비와 간접비

직접비	법적으로 정한 산재보상비(산재자에게 지급되는 보상비 일체) 1. 요양급여(진찰비, 간호비용 등) 2. 휴업급여 5. 유족급여 3. 장해급여 6. 장의비 4. 간병급여 7. 상병보상 연금 8. 기타(장해특별급여, 유족특별급여, 직업재활급여)
간접비	직접비를 제외한 모든 비용(산재로 인해 기업이 입은 재산상의 손실) 1. 인적 손실 4. 특수 손실 2. 물적 손실 5. 기타 손실 3. 생산 손실

12 산업안전보건법상 중대재해에 해당하지 않는 것은?

① 추락으로 인하여 1명이 사망한 재해
② 건물의 붕괴로 인하여 15명의 부상자가 동시에 발생한 재해
③ 화재로 인하여 4개월의 요양이 필요한 부상자가 동시에 3명 발생한 재해
④ 근로환경으로 인하여 작업성 질병자가 동시에 5명 발생한 재해

해설

중대재해
1. 사망자가 1명 이상 발생한 재해
2. 3개월 이상의 요양이 필요한 부상자가 동시에 2명 이상 발생한 재해
3. 부상자 또는 직업성 질병자가 동시에 10명 이상 발생한 재해

13 방독마스크의 흡수관의 종류와 사용 조건이 옳게 연결된 것은?

① 보통가스용-산화금속
② 유기가스용-활성탄
③ 일산화탄소용-알칼리제제
④ 암모니아용-산화금속

해설

정화통 흡수제

종류	보통가스용	유기가스용	일산화탄소용	암모니아용
주성분	활성탄, 소다라임	활성탄	호프카라이트, 방습제	큐프라마이트

14 산업안전보건법상 프레스 작업 시 작업 시작 전 점검사항에 해당하지 않는 것은?

① 클러치 및 브레이크의 기능
② 머니퓰레이터(Manipulator) 작동의 이상 유무
③ 프레스의 금형 및 고정볼트 상태
④ 1행정 1정지 기구·급정지장치 및 비상정지장치의 기능

해설

프레스 등을 사용하여 작업을 하는 때 작업 시작 전 점검사항
1. 클러치 및 브레이크의 기능

정답 10 ① 11 ① 12 ④ 13 ② 14 ②

2. 크랭크축·플라이휠·슬라이드·연결봉 및 연결 나사의 풀림 여부
3. 1행정 1정지 기구·급정지장치 및 비상정지장치의 기능
4. 슬라이드 또는 칼날에 의한 위험방지 기구의 기능
5. 프레스의 금형 및 고정볼트 상태
6. 방호장치의 기능
7. 전단기의 칼날 및 테이블의 상태

15 산업안전보건법상 아세틸렌 용접장치 또는 가스집합 용접장치를 사용하여 행하는 금속의 용접·용단 또는 가열작업자에게 특별안전·보건교육을 시키고자 할 때의 교육 내용이 아닌 것은?

① 용접 흄·분진 및 유해광선 등의 유해성에 관한 사항
② 작업방법·작업순서 및 응급처치에 관한 사항
③ 안전밸브의 취급 및 주의에 관한 사항
④ 안전기 및 보호구 취급에 관한 사항

해설
특별안전 보건교육내용(아세틸렌 용접장치 또는 가스집합 용접장치를 사용하는 금속의 용접·용단 또는 가열작업)
1. 용접 흄, 분진 및 유해광선 등의 유해성에 관한 사항
2. 가스용접기, 압력조정기, 호스 및 취관두 등의 기기점검에 관한 사항
3. 작업방법·순서 및 응급처치에 관한 사항
4. 안전기 및 보호구 취급에 관한 사항
5. 화재예방 및 초기대응에 관한 사항
6. 그 밖에 안전·보건관리에 필요한 사항

16 하버드 학파의 5단계 교수법에 해당되지 않는 것은?

① 교시(Presentation)   ② 연합(Association)
③ 추론(Reasoning)   ④ 총괄(Generalization)

해설
하버드 학파의 5단계 교수법

제1단계 준비시킨다. Preparation → 제2단계 교시한다. Presentation → 제3단계 연합한다. Association → 제4단계 총괄시킨다. Generalization → 제5단계 응용시킨다. Application

17 산업안전보건법상 바탕은 흰색, 기본모형은 빨간색, 관련 부호 및 그림은 검은색을 사용하는 안전·보건표지는?

① 안전복 착용   ② 출입금지
③ 고온 경고   ④ 비상구

해설

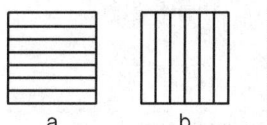

출입금지
- 바탕 : 흰색
- 기본모형 : 빨간색
- 관련 부호 및 그림 : 검은색

18 다음과 같은 착시현상에 해당하는 것은?

a는 가로로 길어 보이고, b는 세로로 길어 보인다.

① 뮬러–라이어(Müller–Lyer)의 착시
② 헬호츠(Helmhotz)의 착시
③ 헤링(Hering)의 착시
④ 포겐도프(Poggendorf)의 착시

해설
착시현상

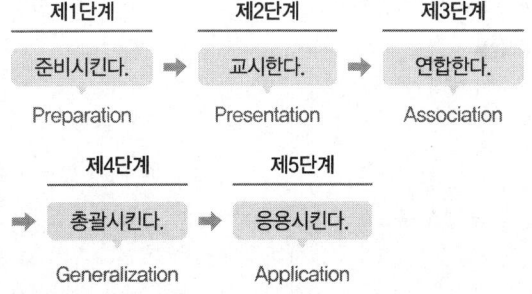

착시	설명
Müler–Lyer의 착시	실제 a=b이나 a가 b보다 길게 보인다(동화착오).
Helmholz의 착시	a는 가로로 길어보이고 b는 세로로 길어 보인다(실제 a=b).
Herling의 착시	a는 양단이 벌어져 보이고 b는 중앙이 벌어져 보인다(분할착오).
Poggendorf의 착시	a와 c가 일직선으로 보인다(실제 a와 b가 일직선, 위치착오).

19 교육훈련의 효과는 5관을 최대한 활용하여야 하는데 다음 중 효과가 가장 큰 것은?

① 청각   ② 시각
③ 촉각   ④ 후각

정답 15 ③ 16 ③ 17 ② 18 ② 19 ②

해설

5관(감각기관)의 활용

5관의 효과치		이해도	
시각효과	60%	귀	20%
청각효과	20%	눈	40%
촉각효과	15%	귀+눈	60%
미각효과	3%	입	80%
후각효과	2%	머리+손, 발	90%

20 재해원인을 직접원인과 간접원인으로 나눌 때, 직접원인에 해당하는 것은?

① 기술적 원인 ② 관리적 원인
③ 교육적 원인 ④ 물적 원인

해설

산업재해의 원인

직접원인	1. 인적 요인(불안전한 행동) 2. 물적 요인(불안전한 상태)
간접원인 (관리적 원인)	1. 기술적 원인 2. 교육적 원인 3. 신체적 원인 4. 정신적 원인 5. 작업관리상의 원인

2과목 인간공학 및 시스템 안전공학

21 중량물을 반복적으로 드는 작업의 부하를 평가하기 위한 방법인 NIOSH 들기지수를 적용할 때 고려되지 않는 항목은?

① 들기빈도 ② 수평이동거리
③ 손잡이 조건 ④ 허리 비틀림

해설

권장무게한계(RWL) 산출 관계식

$$RWL(kg) = LC \times HM \times VM \times DM \times AM \times FM \times CM$$

여기서, LC : 부하상수(23kg : 최적 작업상태 권장 최대무게, 즉 모든 조건이 가장 좋지 않을 경우 허용되는 최대중량의 의미)
HM : 수평계수(수평거리에 따른 계수)
VM : 수직계수(수직거리에 따른 계수)
DM : 거리계수(물체의 이동거리에 따른 계수 ; 수직방향의 이동거리)
AM : 비대칭계수(비대칭각도계수)
FM : 빈도계수(작업빈도에 따른 계수)
CM : 결합계수(손잡이 계수)

22 다음 중 일반적으로 가장 신뢰도가 높은 시스템의 구조는?

① 직렬연결구조 ② 병렬연결구조
③ 단일부품구조 ④ 직·병렬 혼합구조

해설

각 부품의 신뢰도가 동일할 경우 병렬시스템의 신뢰도가 가장 높게 나타난다.

23 동전 던지기에서 앞면이 나올 확률이 0.7이고, 뒷면이 나올 확률이 0.3일 때 앞면이 나올 사건의 정보량(A)과 뒷면이 나올 사건의 정보량(B)은 각각 얼마인가?

① A : 0.88bit, B : 1.74bit
② A : 0.51bit, B : 1.74bit
③ A : 0.88bit, B : 2.25bit
④ A : 0.51bit, B : 2.25bit

해설

정보의 측정 단위

$$H = \log_2 \frac{1}{P}, \quad P = \frac{1}{n}$$

1. 앞면 : $H = \log_2 \frac{1}{P} = \log_2 \frac{1}{0.7} = 0.51[bit]$
2. 뒷면 : $H = \log_2 \frac{1}{P} = \log_2 \frac{1}{0.3} = 1.74[bit]$

24 페일 세이프(Fail-Safe)의 원리에 해당되지 않는 것은?

① 교대 구조
② 다경로 하중 구조
③ 배타설계 구조
④ 하중 경감 구조

해설

구조적 페일 세이프
1. 다경로 하중 구조
2. 분할 구조
3. 교대 구조
4. 하중 경감 구조

25 청각적 표시장치 지침에 관한 설명으로 틀린 것은?

① 신호는 최소한 0.5~1초 동안 지속한다.
② 신호는 배경소음과 다른 주파수를 이용한다.
③ 소음은 양쪽 귀에, 신호는 한쪽 귀에 들리게 한다.
④ 300m 이상 멀리 보내는 신호는 2,000Hz 이상의 주파수를 사용한다.

해설

경계 및 경보 신호를 선택, 설계할 때의 지침
1. 귀는 중음역에 가장 민감하므로 500~3,000Hz의 진동수를 사용
2. 고음은 멀리 가지 못하므로 300m 이상의 장거리용으로는 1,000Hz 이하의 진동수를 사용
3. 신호가 장애물을 돌아가거나 칸막이를 통과해야 할 경우에는 500Hz 이하의 진동수를 사용
4. 주의를 끌기 위해서 변조된 신호를 사용(초당 1~8번 나는 소리나 초당 1~3번 오르내리는 변조된 신호)
5. 배경소음의 진동수와 다른 신호를 사용(신호는 최소 0.5~1초 지속)
6. 경보효과를 높이기 위해서 개시시간이 짧은 고강도 신호 사용
7. 주변 소음에 대한 은폐효과를 막기 위해 500~1,000Hz 신호를 사용하여, 적어도 30dB 이상 차이가 나야 함
8. 가능하다면 다른 용도에 쓰이지 않는 확성기, 경적 등과 같은 별도의 통신계통을 사용

26 그림의 FT도에서 최소 컷셋(Minimal Cut Set)으로 옳은 것은?

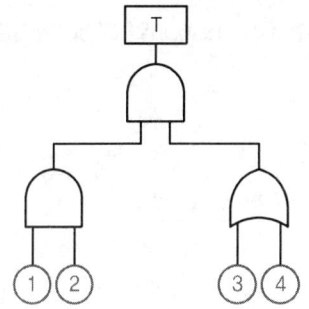

① {1, 2, 3, 4}
② {1, 2, 3}, {1, 2, 4}
③ {1, 3, 4}, {2, 3, 4}
④ {1, 3}, {1, 4}, {2, 3}, {2, 4}

해설

미니멀 컷셋(Minimal Cut Set)

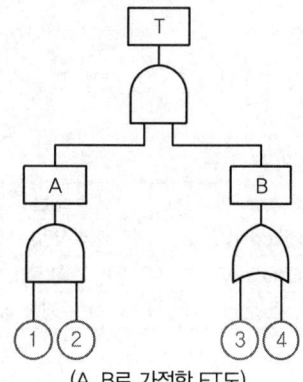

(A, B로 가정한 FT도)

미니멀 컷셋 구하기

T → A, B → 1, 2, B → 1, 2, 3
                                1, 2, 4

27 인간-기계 시스템 설계 과정의 주요 6단계를 올바른 순서로 나열한 것은?

ⓐ 기본설계
ⓑ 시스템 정의
ⓒ 목표 및 성능 명세 결정
ⓓ 인간-기계 인터페이스(Human-Machine Interface) 설계
ⓔ 매뉴얼 및 성능보조자료 작성
ⓕ 시험 및 평가

① ⓒ → ⓑ → ⓐ → ⓓ → ⓔ → ⓕ
② ⓐ → ⓑ → ⓒ → ⓓ → ⓔ → ⓕ
③ ⓑ → ⓒ → ⓐ → ⓔ → ⓓ → ⓕ
④ ⓒ → ⓐ → ⓑ → ⓔ → ⓓ → ⓕ

해설

인간-기계 체계설계의 기본단계 순서
1. 제1단계 : 목표 및 성능 명세 결정
2. 제2단계 : 시스템(체계)의 정의
3. 제3단계 : 기본설계
4. 제4단계 : 인터페이스(계면) 설계
5. 제5단계 : 촉진물 설계
6. 제6단계 : 시험 및 평가

TIP 매뉴얼 및 성능보조자료 작성은 촉진물 설계에 해당된다.

28 FMEA의 위험성 분류 중 "카테고리 2"에 해당되는 것은?

① 영향 없음
② 활동의 지연
③ 사명 수행의 실패
④ 생명 또는 가옥의 상실

해설

FMEA 위험성의 분류 표시

카테고리(Category) – 1	생명 또는 가옥의 상실
카테고리(Category) – 2	사명(작업) 수행의 실패
카테고리(Category) – 3	활동의 지연
카테고리(Category) – 4	영향 없음

29 작업자가 소음 작업환경에 장기간 노출되어 소음성 난청이 발병하였다면 일반적으로 청력손실이 가장 크게 나타나는 주파수는?

① 1,000Hz
② 2,000Hz
③ 4,000Hz
④ 6,000Hz

해설

청력 손실의 성격
1. 청력 손실의 정도는 노출되는 소음 수준에 따라 증가한다(비례관계).
2. 강한 소음에 대해서는 노출기간에 따라 청력 손실도 증가한다.
3. 약한 소음에 대해서는 노출기간과 청력 손실 간에 관계가 없다.
4. 청력 손실은 4,000Hz에서 크게 나타난다.

30 설비의 보전과 가동에 있어 시스템의 고장과 고장 사이의 시간 간격을 의미하는 용어는?

① MTTR
② MDT
③ MTBF
④ MTBR

해설

용어의 정의

MTTR (평균수리시간)	고장 난 후 시스템이나 제품이 제 기능을 발휘하지 않은 시간부터 회복할 때까지의 소요시간에 대한 평균의 척도이며 사후보전에 필요한 수리시간의 평균치를 나타낸다.
MTTF (평균고장수명)	고장이 발생되면 그것으로 수명이 없어지는 제품의 평균수명이며, 이는 수리하지 않는 시스템, 제품, 기기, 부품 등이 고장 날 때까지 동작시간의 평균치
MTBF (평균고장간격)	수리하여 사용이 가능한 시스템에서 고장과 고장 사이의 정상적인 상태로 동작하는 평균시간(고장과 고장 사이 시간의 평균치)
MDT (평균정지시간)	설비의 보전(예방보전과 사후보전)을 위해 장치가 정지된 시간의 평균

31 조종반응비율(C/R비)에 관한 설명으로 틀린 것은?

① 조종장치와 표시장치의 물리적 크기와 성질에 따라 달라진다.
② 표시장치와 이동거리를 조종장치의 이동거리로 나눈 값이다.
③ 조종반응비율이 낮다는 것은 민감도가 높다는 의미이다.
④ 최적의 조종반응비율은 조종장치의 조종시간과 표시장치의 이동시간이 교차하는 값이다.

해설

통제 표시비의 개념
1. 조종 – 반응 비율(C/R비 ; Control – Response Ratio)은 조종 – 표시장치 이동비율(C/D비 ; Control – Display Ratio)을 확장한 개념이다.
2. 통제 표시비(통제비)를 C/D비라고도 한다.
3. 조종장치의 움직인 거리(회전수)와 표시 장치상의 지침이 움직인 거리의 비이다.
4. 최적통제비는 이동시간과 조정시간의 교차점이다.

32 음량 수준이 50phon일 때 sone 값은?

① 2
② 5
③ 10
④ 100

해설

Phon(음량 수준)과 Sone(음량)의 관계

$$\text{Sone 치} = 2^{(\text{Phon치} - 40)/10}$$

※ 음량 수준이 10Phon 증가하면 음량(Sone)은 2배로 증가된다.

Sone 치 $= 2^{(\text{Phon 치} - 40)/10} = 2^{(50-40)/10} = 2[\text{Sone}]$

정답 28 ③ 29 ③ 30 ③ 31 ② 32 ①

33 관측하고자 하는 측정값을 가장 정확하게 읽을 수 있는 표시장치는?

① 계수형 ② 동침형
③ 동목형 ④ 묘사형

해설

계수형(Digital)
1. 전력계나 택시 요금 계기와 같이 기계, 전자적으로 숫자가 표시되는 형
2. 출력되는 값을 정확하게 읽어야 하는 경우에 가장 적합하다.(수치를 정확하게 읽어야 할 경우)
3. 판독 오차는 원형 표시 장치보다 적을 뿐 아니라 판독 평균반응 시간도 짧다.(계수형 : 0.94초, 원형 : 3.54초)

34 FT도에 사용되는 논리기호 중 AND 게이트에 해당하는 것은?

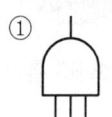 ①
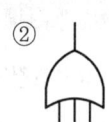 ②
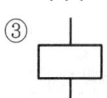 ③
 ④

해설

FTA 분석 기호 및 게이트 기호

 AND 게이트
 OR 게이트
 결함사상
 통상사상

35 옥내 조명에서 최적 반사율의 크기가 작은 것부터 큰 순서대로 나열된 것은?

① 벽 < 천장 < 가구 < 바닥
② 바닥 < 가구 < 천장 < 벽
③ 가구 < 바닥 < 천장 < 벽
④ 바닥 < 가구 < 벽 < 천장

해설

실내 면(面)의 추천 반사율

바닥	가구, 사무용 기기, 책상	창문 발(Blind), 벽	천장
20~40%	25~45%	40~60%	80~90%

36 고온 작업자의 고온 스트레스로 인해 발생하는 생리적 영향이 아닌 것은?

① 피부와 직장온도의 상승
② 발한(Sweating)의 증가
③ 심박출량(Cardiac Output)의 증가
④ 근육에서의 젖산 감소로 인한 근육통과 근육 피로 증가

해설

고온 스트레스로 인해 발생하는 생리적 영향
1. 피부와 직장온도의 상승
2. 발한(Sweating)의 증가
3. 심박출량(Cardiac Output)의 증가

37 다음 중 시스템 안전성 평가의 순서를 가장 올바르게 나열한 것은?

① 자료의 정리 → 정량적 평가 → 정성적 평가 → 대책 수립 → 재평가
② 자료의 정리 → 정성적 평가 → 정량적 평가 → 재평가 → 대책 수립
③ 자료의 정리 → 정량적 평가 → 정성적 평가 → 재평가 → 대책 수립
④ 자료의 정리 → 정성적 평가 → 정량적 평가 → 대책 수립 → 재평가

해설

안전성 평가의 단계
안전성 평가는 6단계에 의해 실시되며, 경우에 따라 5단계와 6단계가 동시에 이루어지는 경우도 있다.
- 제1단계 : 관계자료의 정비검토
- 제2단계 : 정성적 평가
- 제3단계 : 정량적 평가
- 제4단계 : 안전대책
- 제5단계 : 재해정보에 의한 재평가
- 제6단계 : FTA에 의한 재평가

38 에너지 대사율(Relative Metabolic Rate)에 관한 설명으로 틀린 것은?

① 작업대사량은 작업 시 소비에너지와 안정 시 소비에너지의 차로 나타낸다.
② RMR은 작업대사량을 기초대사량으로 나눈 값이다.

정답 33 ① 34 ① 35 ④ 36 ④ 37 ④ 38 ④

③ 산소소비량을 측정할 때 더글라스백(Douglas Bag)을 이용한다.
④ 기초대사량은 의자에 앉아서 호흡하는 동안에 측정한 산소소비량으로 구한다.

해설

에너지 대사율(RMR ; Relative Metabolic Rate)
1. 공식

$$RMR = \frac{\text{작업 시 소비에너지} - \text{안정 시 소비에너지}}{\text{기초대사량}}$$

$$= \frac{\text{작업대사량}}{\text{기초대사량}}$$

2. 산출방법
   - 작업 시 소비에너지 = 작업 중에 소비한 산소의 소비량으로 측정
   - 안정 시 소비에너지 = 의자에 앉아서 호흡하는 동안 소비한 산소의 소모량
   - 기초대사량 = 체표면적 산출식과 기초대사량 표에 의해 산출

39 결함수분석법에 있어 정상사상(Top Event)이 발생하지 않게 하는 기본사상들의 집합을 무엇이라고 하는가?

① 컷 셋(Cut Set)
② 페일 셋(Fail Set)
③ 트루 셋(Truth Set)
④ 패스셋(Path Set)

해설

컷셋과 패스셋
1. 컷셋(Cut Set) : 정상사상을 발생시키는 기본사상의 집합으로 그 안에 포함되는 모든 기본사상(여기서는 통상사상, 생략결함사상 등을 포함한 기본사상)이 발생할 때 정상사상을 발생시킬 수 있는 기본사상의 집합
2. 패스 셋(Path Set) : 그 안에 포함되는 모든 기본사상이 일어나지 않을 때 처음으로 정상사상이 일어나지 않는 기본사상의 집합, 즉 시스템이 고장 나지 않도록 하는 사상의 조합이다.

40 인체측정치를 이용한 설계에 관한 설명으로 옳은 것은?

① 평균치를 기준으로 한 설계를 제일 먼저 고려한다.
② 자세와 동작에 따라 고려해야 할 인체측정치수가 달라진다.
③ 의자의 깊이와 너비는 작은 사람을 기준으로 설계한다.
④ 큰 사람을 기준으로 한 설계는 인체측정치의 5%tile을 사용한다.

해설

인체계측 자료의 응용원칙
1. 인체측정치를 이용한 설계 흐름도는 조절 가능한 설계 → 극단치를 이용한 설계 → 평균치를 이용한 설계 순서로 설계에 적용한다.
2. 의자의 깊이는 최소 집단치 설계, 의자의 너비는 최대 집단치를 기준으로 설계한다.
3. 최대 집단치를 기준으로 한 설계의 대표치는 남성의 95백분위수를 사용한다.

3과목 기계위험 방지기술

41 기계설비의 안전조건에서 구조적 안전화로 틀린 것은?

① 가공결함
② 재료의 결함
③ 설계상의 결함
④ 방호장치의 작동결함

해설

구조상의 안전화

설계상의 결함	1. 가장 큰 원인은 강도산정(부하예측, 강도계산)상의 오류 2. 사용상 강도의 열화를 고려하여 안전율을 산정
재료의 결함	기계 재료 자체에 균열, 부식, 강도 저하 등 결함이 있으므로 설계 시 재료의 선택에 유의하여야 한다.
가공의 결함	재료 가공 도중 결함이 생길 수 있으므로 기계적 특성을 갖는 적절한 열처리 등이 필요하다.

42 소성가공의 종류가 아닌 것은?

① 단조
② 압연
③ 인발
④ 연삭

해설

소성가공의 종류
1. 단조가공
2. 압연가공
3. 전조가공
4. 인발가공
5. 압출가공
6. 판금가공
7. 압인가공

정답 39 ④ 40 ② 41 ④ 42 ④

43 위험한 작업점과 작업자 사이에 서로 접근되어 일어날 수 있는 재해를 방지하는 격리형 방호장치가 아닌 것은?

① 완전차단형 방호장치
② 덮개형 방호장치
③ 안전방책
④ 양수조작식 방호장치

해설
격리형 방호장치
1. 작업점과 작업자 사이에 접촉되어 일어날 수 있는 재해를 방지하기 위해 차단벽이나 망을 설치하는 방호장치
2. 종류 : 완전차단형, 덮개형, 안전방책

> **TIP** 양수조작식 방호장치는 위치 제한형 방호장치에 해당 된다.

44 프레스에 적용되는 방호장치의 유형이 아닌 것은?

① 접근거부형 ② 접근반응형
③ 위치제한형 ④ 포집형

해설
방호장치
1. 접근거부형 방호장치 : 프레스의 수인식, 손쳐내기식 방호장치
2. 접근반응형 방호장치 : 프레스 및 전단기의 광전자식 방호장치
3. 위치제한형 방호장치 : 프레스의 양수 조작식 방호장치

> **TIP** 포집형 방호장치 : 연삭기 덮개나 반발예방장치 등과 같이 위험장소에 설치하여 위험원이 비산하거나 튀는 것을 포집하여 작업자로부터 위험원을 차단하는 방호장치

45 밀링머신(Milling Machine)의 작업 시 안전수칙에 대한 설명으로 틀린 것은?

① 커터의 교환 시는 테이블 위에 목재를 받쳐 놓는다.
② 강력 절삭 시에는 일감을 바이스에 깊게 물린다.
③ 작업 중 면장갑은 끼지 않는다.
④ 커터는 가능한 칼럼(Column)으로부터 멀리 설치한다.

해설
밀링작업에 대한 안전수칙
커터는 될 수 있는 한 칼럼에 가깝게 설치한다.

46 컨베이어의 종류가 아닌 것은?

① 체인 컨베이어   ② 스크류 컨베이어
③ 슬라이딩 컨베이어 ④ 유체 컨베이어

해설
컨베이어의 종류
1. 롤러 컨베이어
2. 스크류 컨베이어
3. 벨트 컨베이어
4. 체인 컨베이어
5. 진동 컨베이어
6. 유체 컨베이어
7. 엘리베이팅 컨베이어
8. 공기필름 컨베이어

47 프레스 광전자식 방호장치의 광선에 신체의 일부가 감지된 후로부터 급정지기구 작동 시까지의 시간이 30ms이고, 급정지기구의 작동 직후로부터 프레스기가 정지될 때까지의 시간이 20ms라면 광축의 최소 설치거리는?

① 75mm   ② 80mm
③ 100mm ④ 150mm

해설
광전자식 방호장치의 설치 안전거리

$$D = 1,600 \times (T_c + T_s)$$

여기서, D : 안전거리(mm)
T_c : 방호장치의 작동시간(즉, 누름버튼으로부터 한 손이 떨어졌을 때부터 급정지기구가 작동을 개시할 때까지의 시간(초))
T_s : 프레스 등의 급정지시간(즉, 급정지기구가 작동을 개시했을 때부터 슬라이드 등이 정지할 때까지의 시간(초))

$D = 1,600 \times (T_c + T_s) = 1600 \times (0.03 + 0.02) = 80[mm]$

> **TIP** 단위에 주의할 것

정답 43 ④ 44 ④ 45 ④ 46 ③ 47 ②

48 공기압축기의 작업 시작 전 점검사항이 아닌 것은?

① 윤활유의 상태 ② 언로드 밸브의 기능
③ 비상정지장치의 기능 ④ 압력방출장치의 기능

해설

공기압축기 작업 시작 전 점검사항
1. 공기저장 압력용기의 외관 상태
2. 드레인밸브(Drain Valve)의 조작 및 배수
3. 압력방출장치의 기능
4. 언로드 밸브(Unloading Valve)의 기능
5. 윤활유의 상태
6. 회전부의 덮개 또는 울
7. 그 밖의 연결 부위의 이상 유무

49 아세틸렌 용접장치의 발생기실을 옥외에 설치한 경우에는 그 개구부는 다른 건축물로부터 몇 m 이상 떨어져야 하는가?

① 1 ② 1.5
③ 2.5 ④ 3

해설

발생기실의 설치 장소
1. 아세틸렌 용접장치의 아세틸렌 발생기를 설치하는 경우에는 전용의 발생기실에 설치하여야 한다.
2. 건물의 최상층에 위치하여야 하며, 화기를 사용하는 설비로부터 3m를 초과하는 장소에 설치하여야 한다.
3. 옥외에 설치한 경우에는 그 개구부는 다른 건축물로부터 1.5m 이상 떨어지도록 하여야 한다.

50 불순물이 포함된 물을 보일러수로 사용하여 보일러의 관벽과 드럼 내면에 발생한 관석(Scale)으로 인한 영향이 아닌 것은?

① 과열 ② 불완전 연소
③ 보일러의 효율 저하 ④ 보일러 수의 순환 저하

해설

관석(Scale)
1. 보일러 급수 속에 녹아 있던 염류가 증발관, 보일러 등의 기관 안벽에 부착되는 침전물을 말한다.
2. 관석의 영향
   • 보일러의 효율 저하
   • 보일러 수의 순환 저하
   • 과열로 인한 파열 사고

51 롤러기 방호장치의 무부하 동작시험 시 앞면 롤러의 지름이 150mm이고, 회전수가 30rpm인 롤러기의 급정지거리는 몇 mm 이내이어야 하는가?

① 157 ② 188
③ 207 ④ 237

해설

롤러기의 급정지 거리

$$V = \frac{\pi DN}{1,000} [\text{m/min}]$$

여기서, V : 표면속도
D : 롤러 원통의 직경[mm]
N : 1분간에 롤러기가 회전되는 수[rpm]

1. $V = \frac{\pi DN}{1,000}[\text{m/min}] = \frac{\pi \times 150 \times 30}{1000} = 14.13[\text{m/min}]$

2. 무부하 동작에서 급정지거리

앞면 롤러의 표면속도(m/min)	급정지 거리
30 미만	앞면 롤러 원주의 1/3
30 이상	앞면 롤러 원주의 1/2.5

3. 표면속도(V)가 14.13(m/mm)로 30(m/min) 미만이므로 앞면 롤러 원주의 1/3이다.

4. 급정지 거리 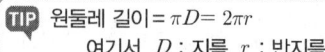 $= \pi \times D \times \frac{1}{3} = \pi \times 150 \times \frac{1}{3} = 157[\text{mm}]$

TIP 원둘레 길이 $= \pi D = 2\pi r$
여기서, D : 지름, r : 반지름

52 연삭기 덮개에 관한 설명으로 틀린 것은?

① 탁상용 연삭기의 워크레스트는 연삭숫돌과의 간격을 3mm 이하로 조정할 수 있는 구조이어야 한다.
② 연삭숫돌의 상부를 사용하는 것을 목적으로 하는 탁상용 연삭기의 덮개의 노출 각도는 90° 이내로 제한하고 있다.
③ 덮개의 두께는 연삭숫돌의 최고사용속도, 연삭숫돌의 두께 및 직경에 따라 달라진다.
④ 덮개 재료는 인장강도 274.5MPa 이상이고 신장도가 14% 이상이어야 한다.

해설

연삭기 덮개의 각도
연삭숫돌의 상부를 사용하는 것을 목적으로 하는 탁상용 연삭기 덮개의 노출각도는 60° 이내로 한다.

53 프레스 방호장치의 공통일반구조에 대한 설명으로 틀린 것은?

① 방호장치의 표면은 벗겨짐 현상이 없어야 하며, 날카로운 모서리 등이 없어야 한다.
② 위험기계·기구 등에 장착이 용이하고 견고하게 고정될 수 있어야 한다.
③ 외부충격으로부터 방호장치의 성능이 유지될 수 있도록 보호덮개가 설치되어야 한다.
④ 각종 스위치, 표시램프는 돌출형으로 쉽게 근로자가 볼 수 있는 곳에 설치해야 한다.

[해설]
프레스 및 전단기 방호장치의 일반적인 구조
1. 방호장치의 표면은 벗겨짐 현상이 없어야 하며, 날카로운 모서리 등이 없어야 한다.
2. 위험기계·기구 등에 장착이 용이하고 견고하게 고정될 수 있어야 한다.
3. 외부충격으로부터 방호장치의 성능이 유지될 수 있도록 보호덮개가 설치되어야 한다.
4. 각종 스위치, 표시램프는 매립형으로 쉽게 근로자가 볼 수 있는 곳에 설치해야 한다.

54 풀 푸르프(Fool Proof)에 해당되지 않는 것은?

① 각종 기구의 인터록 기구
② 크레인의 권과방지장치
③ 카메라의 이중 촬영 방지기구
④ 항공기의 엔진

[해설]
항공기의 엔진은 페일 세이프(Fail safe)의 구조에 해당된다.

55 그림과 같은 지게차에서 W를 화물 중량, G를 지게차 자체 중량, a를 앞바퀴 중심부터 화물의 중심까지의 최단거리, b를 앞바퀴 중심에서 지게차의 중심까지의 최단거리라고 할 때 지게차의 안정조건은?

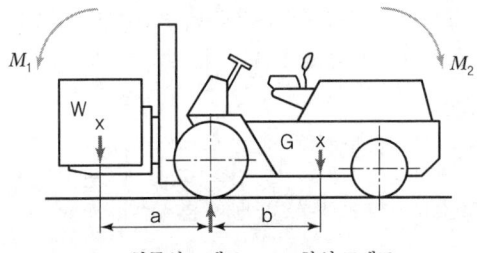

M_1 : 화물의 모멘트 M_2 : 차의 모멘트

① $W \cdot a < G \cdot b$
② $W-1 < G \cdot \dfrac{b}{a}$
③ $W \cdot a > G \cdot (b-1)$
④ $W > G \cdot \dfrac{b}{a}$

[해설]
지게차의 안정조건

$$Wa < Gb$$

여기서, W : 화물 중심에서의 화물의 중량[kgf]
G : 지게차 중심에서의 지게차의 중량[kgf]
a : 앞바퀴에서 화물 중심까지의 최단거리[cm]
b : 앞바퀴에서 지게차 중심까지의 최단거리[cm]
$M_1 = Wa$(화물의 모멘트), $M_2 = Gb$[지게차의 모멘트]

56 운전자가 서서 조작하는 방식의 지게차의 경우 운전석의 바닥면에서 헤드가드의 상부틀의 하면까지의 높이가 몇 m 이상이 되어야 하는가?

① 0.3
② 0.5
③ 1.0
④ 2.0

[해설]
지게차의 헤드가드
1. 강도는 지게차의 최대하중의 2배 값(4톤을 넘는 값에 대해서는 4톤으로 한다)의 등분포정하중에 견딜 수 있을 것
2. 상부틀의 각 개구의 폭 또는 길이가 16cm 미만일 것
3. 운전자가 앉아서 조작하거나 서서 조작하는 지게차의 헤드가드는 한국산업표준에서 정하는 높이 기준 이상일 것
  ① 좌승식 : 좌석기준점으로부터 903mm 이상
  ② 입승식 : 조종사가 서 있는 플랫폼으로부터 1,880mm 이상

TIP 본 문제는 법 개정으로 일부 내용이 수정되었습니다. 해설은 법 개정으로 수정된 내용이니 해설을 학습하세요.

57 프레스 금형의 설치 및 조정 시 슬라이드 불시 하강을 방지하기 위하여 설치해야 하는 것은?

① 인터록
② 클러치
③ 게이트 가드
④ 안전블록

[해설]
금형조정작업의 위험 방지
프레스 등의 금형을 부착·해체 또는 조정하는 작업을 할 때에 해당 작업에 종사하는 근로자의 신체가 위험한계 내에 있는 경우 슬라이드가 갑자기 작동함으로써 근로자에게 발생할 우려가 있는 위험을 방지하기 위하여 안전블록을 사용하는 등 필요한 조치를 하여야 한다.

정답 53 ④ 54 ④ 55 ① 56 ④ 57 ④

58 산업안전보건법상 양중기가 아닌 것은?

① 곤돌라
② 이동식 크레인
③ 최대하중이 0.2톤인 승강기
④ 적재하중이 0.1톤인 이삿짐 운반용 리프트

해설

양중기의 종류
1. 크레인(호이스트 포함) 2. 이동식 크레인
3. 리프트(이삿짐 운반용 리프트의 경우에는 적재하중이 0.1톤 이상인 것)
4. 곤돌라 5. 승강기

> **TIP** 본 문제는 법 개정으로 일부 내용이 수정되었습니다. 해설은 법 개정으로 수정된 내용이니 해설을 학습하세요.

59 연강의 인장강도가 420MPa이고, 허용응력이 140MPa이라면 안전율은?

① 0.3
② 0.4
③ 3
④ 4

해설

안전율(안전계수)

$$\text{안전율(안전계수)} = \frac{\text{기초강도}}{\text{허용응력}} = \frac{\text{극한강도}}{\text{허용응력}} = \frac{\text{최대응력}}{\text{허용응력}}$$

$$= \frac{\text{절단하중(파괴하중)}}{\text{최대사용하중}}$$

$$= \frac{\text{극한강도}}{\text{최대설계응력}} = \frac{\text{파단하중}}{\text{안전하중}} = \frac{\text{인장강도}}{\text{허용응력}}$$

$$\text{안전율} = \frac{\text{인장강도}}{\text{허용응력}} = \frac{420}{140} = 3$$

60 기계나 그 부품에 고장이나 기능 불량이 생겨도 항상 안전하게 작동하는 안전화 대책은?

① 진단
② 예방정비
③ 페일 세이프(Fail Safe)
④ 풀 프루프(Fool Proof)

해설

풀 프루프와 페일 세이프

풀 프루프 (Fool Proof)	작업자가 기계를 잘못 취급하여 불안전 행동이나 실수를 하여도 기계설비의 안전 기능이 작용되어 재해를 방지할 수 있는 기능을 가진 구조
페일 세이프 (Fail Safe)	기계나 그 부품에 파손·고장이나 기능불량이 발생하여도 항상 안전하게 작동할 수 있는 기능을 가진 구조

4과목 전기 및 화학설비위험방지기술

61 저압전로의 사용전압이 220V인 경우 절연저항값은 몇 MΩ 이상이어야 하는가?

① 0.1
② 0.2
③ 0.3
④ 0.4

해설

저압전로의 절연저항

전로의 사용전압(V)	DC시험전압(V)	절연저항(MΩ)
SELV 및 PELV	250	0.5
FELV, 500V 이하	500	1.0
500V 초과	1,000	1.0

주) 특별저압(Extra Low Voltage : 2차 전압이 AC 50V, DC 120V 이하)으로 SELV(비접지회로 구성) 및 PELV(접지회로 구성)는 1차와 2차가 전기적으로 절연된 회로, FELV는 1차와 2차가 전기적으로 절연되지 않은 회로

> **TIP** 본 문제는 법 개정으로 일부 내용이 수정되었습니다. 해설은 법 개정으로 수정된 내용이니 해설을 학습하세요.

62 전류밀도, 통전전류, 접촉면적과 피부저항과의 관계를 올바르게 설명한 것은?

① 전류밀도와 통전전류는 반비례 관계이다.
② 통전전류와 접촉면적에 관계없이 피부저항은 항상 일정하다.
③ 같은 크기의 통전전류가 흘러도 접촉면적이 커지면 전류밀도는 커진다.
④ 같은 크기의 통전전류가 흘러도 접촉면적이 커지면 피부저항은 작게 된다.

해설

피부와 전극 접촉면적에 의한 변화
같은 크기의 전류가 흘러도 접촉면적이 커지면 피부저항은 그만큼 적게 되며, 전류밀도 또한 줄어든다.

63 사람이 전기에 접촉하는 경우에는 접촉하는 상태에 따라 인체저항과 통전전류가 달라지므로 인체의 접촉상태에 따라 접촉전압을 제한할 필요가 있다. 다음의 경우 일반 허용접촉전압으로 옳은 것은?

- 인체가 현저하게 젖어 있는 상태
- 금속성의 전기기계장치나 구조물에 인체의 일부가 상시 접촉되어 있는 상태

① 2.5V 이하　　② 25V 이하
③ 50V 이하　　④ 제한 없음

해설

허용 접촉전압

종별	접촉상태	허용접촉전압
제1종	인체의 대부분이 수중에 있는 상태	2.5V 이하
제2종	• 인체가 현저하게 젖어 있는 상태 • 금속성의 전기기계장치나 구조물에 인체의 일부가 상시 접촉되어 있는 상태	25V 이하
제3종	제1종, 제2종 이외의 경우로 통상의 인체상태에 있어서 접촉전압이 가해지면 위험성이 높은 상태	50V 이하
제4종	• 제1종, 제2종 이외의 경우로 통상의 인체상태에 있어서 접촉전압이 가해지더라도 위험성이 낮은 상태 • 접촉전압이 가해질 우려가 없는 상태	제한 없음

64 정전기 방전의 종류 중 부도체의 표면을 따라서 star-check 마크를 가지는 나뭇가지 형태의 발광을 수반하는 것은?

① 기중방전　　② 불꽃방전
③ 연면방전　　④ 고압방전

해설

연면(Surface)방전
1. 공기 중에 놓여진 절연체 표면의 전계강도가 큰 경우 고체 표면을 따라 진행하는 방전
2. 부도체의 표면을 따라서 Star-Check 마크를 가지는 나뭇가지 형태의 발광을 수반한다.
3. 대전이 큰 엷은 층상의 부도체를 박리할 때 또는 엷은 층상의 대전된 부도체의 뒷면에 밀접한 접지체가 있을 때 표면에 연한 복수의 수지상 발광을 수반하여 발생하는 방전

65 전기불꽃이나 과열에 대해서 회로 특성상 폭발의 위험을 방지할 수 있는 방폭구조는?

① 내압 방폭구조
② 유입 방폭구조
③ 안전증 방폭구조
④ 압력 방폭구조

해설

안전증 방폭구조(Increased Safety Type, e)
1. 전기기기의 정상 사용조건 및 특정 비정상 상태에서 과도한 온도 상승, 아크 또는 스파크의 발생 위험을 방지하기 위해 추가적인 안전조치를 통한 안전도를 증가시킨 방폭구조
2. 전기기구의 권선, 접점부, 단자부 등과 같은 부분이 정상적인 운전 중에는 불꽃, 아크 또는 과열이 발생되지 않는 부분에 대하여 방지하기 위한 구조와 온도 상승에 대해 특히 안전도를 증가시킨 구조

66 전기기계·기구의 누전에 의한 감전위험을 방지하기 위하여 해당 전로에는 정격에 적합하고 감도가 양호한 감전방지용 누전차단기를 설치하여야 한다. 이 누전차단기의 기준은 정격감도전류가 30mA 이하이고 작동시간은 몇 초 이내이어야 하는가?(단, 정격부하전류가 50A 미만의 전기기계·기구에 접속되는 누전차단기이다.)

① 0.03초　　② 0.1초
③ 0.3초　　④ 0.5초

해설

누전차단기 접속 시 준수사항
전기기계·기구에 설치되어 있는 누전차단기는 정격감도전류가 30밀리암페어 이하이고 작동시간은 0.03초 이내일 것 (다만, 정격전부하전류가 50암페어 이상인 전기기계·기구에 접속되는 누전차단기는 오작동을 방지하기 위하여 정격감도전류는 200밀리암페어 이하로, 작동시간은 0.1초 이내로 할 수 있다.)

67 인화성 액체의 증기 또는 가연성 가스에 의한 가스 폭발 위험장소의 분류에 해당되지 않는 것은?

① 0종 장소　　② 1종 장소
③ 2종 장소　　④ 3종 장소

해설

가스폭발 위험장소

0종 장소	인화성 액체의 증기 또는 가연성 가스에 의한 폭발위험이 지속적으로 또는 장기간 존재하는 장소	용기 · 장치 · 배관 등의 내부 등
1종 장소	정상작동상태에서 폭발위험 분위기가 존재하기 쉬운 장소	맨홀 · 벤트 · 피트 등의 주위
2종 장소	정상작동상태에서 폭발위험 분위기가 존재할 우려가 없으나, 존재할 경우 그 빈도가 아주 적고 단기간만 존재할 수 있는 장소	개스킷 · 패킹 등의 주위

68 다음과 같은 특성이 있으며 제한전압이 낮기 때문에 접지저항을 낮게 하기 어려운 배전선로에 적합한 피뢰기는?

> 피뢰기의 특성요소가 화이버관으로 되어 있고 방전은 직렬 캡을 통하여 화이버관 내부의 상부와 하부 전극 간에서 행하여지며, 속류 차단은 화이버관 내부 벽면에서 아크열에 의한 하이버질의 분해로 발생하는 고압가스의 소호작용에 의한다.

① 변형 피뢰기
② 방출형 피뢰기
③ 갭레스형 피뢰기
④ 변저항형 피뢰기

해설
방출형 피뢰기
간이형 피뢰기로 배전선용 주상 변압기의 보호에 사용

69 저항값이 0.1Ω인 도체에 10A의 전류가 1분간 흘렀을 경우 발생하는 열량은 몇 cal인가?

① 124
② 144
③ 166
④ 250

해설
열량

$$Q = 0.24I^2RT \times 10^{-3}[\text{kcal}] = 0.24I^2RT[\text{cal}]$$

여기서, $Q[J]$: 열량, $I[A]$: 전류, $R[\Omega]$: 저항
$T[\text{sec}]$: 전류가 흐른 시간

$Q = 0.24I^2RT = 0.24 \times 10^2 \times 0.1 \times 60 = 144[\text{cal}]$

70 유류저장 탱크에서 배관을 통해 드럼으로 기름을 이송하고 있다. 이때 유동전류에 의한 정전대전 및 정전기 방전에 의한 피해를 방지하기 위한 조치와 관련이 먼 것은?

① 유체가 흘러가는 배관을 접지시킨다.
② 배관 내 유류의 유속은 가능한 느리게 한다.
③ 유류저장 탱크와 배관, 드럼 간에 본딩(Bonding)을 시킨다.
④ 유류를 취급하고 있으므로 화기 등을 가까이 하지 않도록 점화원 관리를 한다.

해설
정전기재해의 방지대책
1. 접지(도체의 대전방지)
2. 유속의 제한
3. 보호구의 착용
4. 대전방지제 사용
5. 가습(상대습도를 60~70% 정도 유지)
6. 제전기 사용
7. 대전물체의 차폐
8. 정치시간의 확보
9. 도전성 재료 사용

> **TIP** 점화원관리는 화재예방관리에 해당된다.

71 다음 중 화학장치에서 반응기의 유해 · 위험요인(Hazard)으로 화학반응이 있을 때 특히 유의해야 할 사항은?

① 낙하, 절단
② 감전, 협착
③ 비래, 붕괴
④ 반응폭주, 과압

해설
반응폭주
1. 반응속도가 지수 함수적으로 증가하고 반응용기 내부의 온도 및 압력이 비정상적으로 급격히 상승되어 규정 조건을 벗어나고 반응이 과격하게 진행되는 현상을 말한다.
2. 반응폭주는 서로 다른 물질이 폭발적으로 반응하는 현상으로 화학공장의 반응기에서 일어날 수 있는 현상이다.

정답 68 ② 69 ② 70 ④ 71 ④

72 황린에 대한 설명으로 옳은 것은?

① 연소 시 인화수소가스를 발생한다.
② 황린은 자연발화하므로 물속에 보관한다.
③ 황린은 황과 인의 화합물이다.
④ 독성 및 부식성이 없다.

해설
황린(백린, P4)
pH 9(약알칼리성) 정도의 물속에 저장하며 보호액이 증발되지 않도록 한다.

73 소화방법에 대한 주된 소화원리로 틀린 것은?

① 물을 살포한다 : 냉각소화
② 모래를 뿌린다 : 질식소화
③ 초를 불어서 끈다 : 억제소화
④ 담요로 덮는다 : 질식소화

해설
제거소화

소화원리	가연성 물질을 연소구역에서 제거하여 줌으로써 소화하는 방법
제거소화의 예	1. 가스의 화재 : 공급밸브를 차단하여 가스의 공급을 중단 2. 산림화재 : 연소 방면의 수목을 제거 3. 촛불 : 입김으로 불어 가연성 증기를 제거

TIP 촛불이나 성냥이 타고 있을 때 입김을 불면 꺼지는 이유는 공기를 공급하는 기능보다는 탈 물질이 제거되는 효과가 더 크기 때문이다.

74 최소점화에너지(MIE)의 온도, 압력의 관계를 옳게 설명한 것은?

① 압력, 온도에 모두 비례한다.
② 압력, 온도에 모두 반비례한다.
③ 압력에 비례하고, 온도에 반비례한다.
④ 압력에 반비례하고, 온도에 비례한다.

해설
최소발화에너지의 영향 요소
1. 특정화합물이나 혼합물의 조성
2. 농도(많아지면 MIE는 작아진다.)
3. 압력(상승하면 MIE는 작아진다.)
4. 온도(상승하면 MIE는 작아진다.)
5. 유속(상승하면 MIE는 커진다.)
6. 연소속도(상승하면 MIE는 적어진다.)

75 다음 중 절연성 액체를 운반하는 관에 있어서 정전기로 인한 화재 및 폭발을 예방하기 위한 방법으로 가장 거리가 먼 것은?

① 유속을 줄인다.
② 관을 접지시킨다.
③ 도전성이 큰 재료의 관을 사용한다.
④ 관의 안지름을 작게 한다.

해설
정전기재해의 방지대책
1. 접지(도체의 대전방지) 2. 유속의 제한
3. 보호구의 착용 4. 대전방지제 사용
5. 가습(상대습도를 60~70% 정도 유지)
6. 제전기 사용 7. 대전물체의 차폐
8. 정치시간의 확보 9. 도전성 재료 사용

76 물과의 접촉을 금지하여야 하는 물질은?

① 적린 ② 칼슘
③ 히드라진 ④ 니트로셀룰로오스

해설
금수성 물질(물과 접촉을 금지해야 하는 물질)
1. 정의 : 물과 접촉하면 격렬한 발열반응을 하는 것으로 물질이 공기 중의 습기를 흡수해서 화학반응을 일으켜 발열하거나, 수분과 접촉해서 발열하여 그 온도가 가속도적으로 높아져 발화되는 물질

2. 종류
  ㉠ 칼륨 ㉡ 리튬
  ㉢ 칼슘 ㉣ 마그네슘
  ㉤ 알킬알루미늄 ㉥ 나트륨
  ㉦ 철분 ㉧ 알킬리튬
  ㉨ 금속분 ㉩ 탄화칼슘 등

77 다음 가스 중 위험도가 가장 큰 것은?

① 수소 ② 아세틸렌
③ 프로판 ④ 암모니아

정답 72 ② 73 ③ 74 ② 75 ④ 76 ② 77 ②

해설
위험도
1. 위험도 값이 클수록 위험성이 높은 물질이다.

$$H = \frac{UFL - LFL}{LFL}$$

여기서, UFL: 연소상한값, LFL: 연소하한값, H: 위험도

2. 폭발범위

가연성 가스	폭발하한값(%)	폭발상한값(%)
수소	4.0	75.0
아세틸렌	2.5	81.0
프로판	2.1	9.5
암모니아	15	28

3. 위험도 계산
- 수소 위험도: $H = \dfrac{UFL - LFL}{LFL} = \dfrac{75 - 4.0}{4.0} = 17.75$
- 아세틸렌 위험도: $H = \dfrac{UFL - LFL}{LFL} = \dfrac{81 - 2.5}{2.5} = 31.4$
- 프로판 위험도: $H = \dfrac{UFL - LFL}{LFL} = \dfrac{9.5 - 2.1}{2.1} ≒ 3.524$
- 암모니아 위험도: $H = \dfrac{UFL - LFL}{LFL} = \dfrac{28 - 15}{15} ≒ 0.87$

78 산업안전보건기준에 관한 규칙에서 정한 위험물질 종류 중 부식성 물질에서 부식성 염기류에 해당하는 것은?

① 농도 40% 이상인 염산
② 농도 40% 이상인 불산
③ 농도 40% 이상인 아세트산
④ 농도 40% 이상인 수산화칼륨

해설
부식성 물질

부식성 산류	1. 농도가 20% 이상인 염산, 황산, 질산, 그 밖에 이와 같은 정도 이상의 부식성을 가지는 물질 2. 농도가 60% 이상인 인산, 아세트산, 불산, 그 밖에 이와 같은 정도 이상의 부식성을 가지는 물질
부식성 염기류	농도가 40% 이상인 수산화나트륨, 수산화칼륨, 그 밖에 이와 같은 정도 이상의 부식성을 가지는 염기류

79 다음 물질 중 가연성 가스가 아닌 것은?

① 수소
② 메탄
③ 프로판
④ 염소

해설
고압가스(가연성에 의한 분류)

가연성 가스	공기 중에서 연소하면 폭발하는 가스(아세틸렌, 암모니아, 수소, 일산화탄소, 메탄, 프로판, 부탄, 에틸렌 등)
지연성 가스	산소, 공기 등 다른 가연성 가스의 연소를 돕는 가스, 즉 연소하거나 폭발되지 않지만 연소를 지지하는 가스(산소, 공기, 염소, 산화질소, 오존, 불소 등)
불연성 가스	자신이 연소하지도 않고 다른 물질을 연소시키지도 않는 가스로 연소하고 있는 화염을 꺼지게 하는 가스(헬륨, 네온, 질소, 아르곤, 이산화탄소 등)

80 액체계의 과도한 상승 압력의 방출에 이용되고 설정압력이 되었을 때 압력상승에 비례하여 서서히 개방되는 밸브는?

① 릴리프밸브
② 체크밸브
③ 안전밸브
④ 통기밸브

해설
릴리프밸브(Relief Valve)
액체의 취급 시 사용하는 안전밸브로 밸브개방은 압력증가에 비례하여 서서히 개방한다.

5과목 건설안전기술

81 철골공사의 용접, 용단작업에 사용되는 가스의 용기는 최대 몇 ℃ 이하로 보존해야 하는가?

① 25℃
② 36℃
③ 40℃
④ 48℃

해설
금속의 용접·용단 또는 가열에 사용되는 가스 등의 용기를 취급하는 경우 준수사항
용기의 온도를 40℃ 이하로 유지할 것

82 철골조립 공사 중에 볼트작업을 하기 위해 주체인 철골에 매달아서 작업발판으로 이용하는 비계는?

① 달비계
② 말비계
③ 달대비계
④ 선반비계

정답 78 ④ 79 ④ 80 ① 81 ③ 82 ③

해설
달대비계
철골 조립공사 중에 리벳이나 볼트 작업을 하기 위해 주체인 철골에 매달아서 작업하는 작업발판

83 기계가 서 있는 지면보다 높은 곳을 파는 작업에 가장 적합한 굴착기계는?
① 파워 셔블
② 드래그라인
③ 백호
④ 클램셸

해설
파워 셔블(Power Shovel)
1. 굴착기가 위치한 지면보다 높은 곳의 굴착에 적당
2. 작업대가 견고하여 단단한 토질의 굴착에도 용이

84 옥외에 설치되어 있는 주행크레인에 대하여 이탈방지장치를 작동시키는 등 이탈방지를 위한 조치를 하여야 하는 순간풍속 기준은?
① 초당 10m 초과
② 초당 20m 초과
③ 초당 30m 초과
④ 초당 40m 초과

해설
폭풍에 의한 이탈방지
순간풍속이 초당 30m를 초과하는 바람이 불어올 우려가 있는 경우 옥외에 설치되어 있는 주행 크레인에 대하여 이탈방지장치를 작동시키는 등 이탈 방지를 위한 조치를 하여야 한다.

85 사다리를 설치하여 사용함에 있어 사다리 지주 끝에 사용하는 미끄럼 방지재료로 적당하지 않은 것은?
① 고무
② 코르크
③ 가죽
④ 비닐

해설
미끄럼방지 장치
1. 사다리 지주의 끝에 고무, 코르크, 가죽, 강스파이크 등을 부착시켜 바닥과의 미끄럼을 방지하는 안전장치가 있어야 한다.
2. 쐐기형 강스파이크는 지반이 평탄한 맨땅 위에 세울 때 사용하여야 한다.
3. 미끄럼 방지 판자 및 미끄럼 방지 고정쇠는 돌마무리 또는 인조석 깔기마감한 바닥용으로 사용하여야 한다.
4. 미끄럼 방지 발판은 인조고무 등으로 마감한 실내용을 사용하여야 한다.

86 다음 중 건설공사관리의 주요 기능이라 볼 수 없는 것은?
① 안전관리
② 공정관리
③ 품질관리
④ 재고관리

해설
건설공사관리의 5대 요소
1. 안전관리   3. 원가관리   5. 환경관리
2. 품질관리   4. 공정관리

87 다음은 지붕 위에서의 위험방지를 위한 내용이다. 빈칸에 알맞은 수치로 옳은 것은?

> 슬레이트, 선라이트(sunlight) 등 강도가 약한 재료로 덮은 지붕 위에서 작업을 할 때에 발이 빠지는 등 근로자가 위험해질 우려가 있는 경우 폭 ( ) 이상의 발판을 설치하거나 안전방망을 치는 등 위험을 방지하기 위하여 필요한 조치를 하여야 한다.

① 20cm
② 25cm
③ 30cm
④ 40cm

해설
지붕 위에서의 위험 방지
1. 지붕의 가장자리에 안전난간을 설치할 것
2. 채광창(Skylight)에는 견고한 구조의 덮개를 설치할 것
3. 슬레이트 등 강도가 약한 재료로 덮은 지붕에는 폭 30cm 이상의 발판을 설치할 것
4. 작업 환경 등을 고려할 때 안전난간을 설치하기 곤란한 경우에는 추락방호망을 설치해야 한다. 다만, 사업주는 작업 환경 등을 고려할 때 추락방호망을 설치하기 곤란한 경우에는 근로자에게 안전대를 착용하도록 하는 등 추락 위험을 방지하기 위하여 필요한 조치를 해야 한다.

88 철골작업을 중지해야 할 강설량 기준으로 옳은 것은?
① 강설량이 시간당 1mm 이상인 경우
② 강설량이 시간당 5mm 이상인 경우
③ 강설량이 시간당 1cm 이상인 경우
④ 강설량이 시간당 5cm 이상인 경우

해설
작업의 제한(철골작업 중지)
1. 풍속이 초당 10m 이상인 경우
2. 강우량이 시간당 1mm 이상인 경우
3. 강설량이 시간당 1cm 이상인 경우

정답 83 ① 84 ③ 85 ④ 86 ④ 87 ③ 88 ③

89 공사 종류 및 규모별 안전관리비 계상기준표에서 공사 종류의 명칭에 해당되지 않는 것은?

① 철도·궤도 신설공사
② 일반건설공사(병)
③ 중건설공사
④ 특수 및 기타 건설공사

해설

공사종류 및 규모별 산업안전보건관리비 계상기준표

구분 공사 종류	대상액 5억 원 미만인 경우 적용비율(%)	대상액 5억 원 이상 50억 원 미만인 경우		대상액 50억 원 이상인 경우 적용비율(%)	보건관리자 선임대상 건설공사의 적용비율(%)
		적용비율 (%)	기초액		
건축공사	3.11%	2.28%	4,325,000원	2.37%	2.64%
토목공사	3.15%	2.53%	3,300,000원	2.60%	2.73%
중건설공사	3.64%	3.05%	2,975,000원	3.11%	3.39%
특수건설공사	2.07%	1.59%	2,450,000원	1.64%	1.78%

안전관리비 대상액 = 공사원가계산서 구성항목 중 직접재료비, 간접재료비와 직접 노무비를 합한 금액(발주자가 재료를 제공할 경우에는 해당 재료비를 포함)

TIP 본 문제는 법 개정으로 일부 내용이 수정되었습니다. 해설은 법 개정으로 수정된 내용이니 해설을 학습하세요.

90 추락재해를 방지하기 위하여 10cm 그물코인 방망을 설치할 때 방망과 바닥면 사이의 최소 높이로 옳은 것은?(단, 설치된 방망의 단변 방향 길이 L = 2m, 장변 방향 방망의 지지간격 A = 3m이다.)

① 2.0m ② 2.4m
③ 3.0m ④ 3.4m

해설

조건	종류	방망과 바닥면 높이(H_2)	
		10cm 그물코	5cm 그물코
L < A		$\frac{0.85}{4}(L+3A)$	$\frac{0.95}{4}(L+3A)$
L ≥ A		0.85L	0.95L

L : 단변방향길이(단위 : m)
A : 장변방향 방망의 지지간격(단위 : m)

10cm 그물코이며, L(2m) < A(3m)이므로
$H_2 = \frac{0.85}{4}(L+3A) = \frac{0.85}{4} \times (2+3\times 3) = 2.34[m]$

91 철골공사에서 기둥의 건립작업 시 앵커볼트를 매립할 때 요구되는 정밀도에서 기둥 중심은 기준선 및 인접기둥의 중심으로부터 얼마 이상 벗어나지 않아야 하는가?

① 3mm ② 5mm
③ 7mm ④ 10mm

해설

앵커 볼트의 매립 시 준수사항
1. 앵커 볼트는 매립 후에 수정하지 않도록 설치하여야 한다.
2. 앵커 볼트를 매립하는 정밀도 범위
   - 기둥중심은 기준선 및 인접기둥의 중심에서 5mm 이상 벗어나지 않을 것
   - 인접기둥 간 중심거리의 오차는 3mm 이하일 것
   - 앵커 볼트는 기둥중심에서 2mm 이상 벗어나지 않을 것
   - 베이스 플레이트의 하단은 기준 높이 및 인접기둥의 높이에서 3mm 이상 벗어나지 않을 것
3. 앵커 볼트는 견고하게 고정시키고 이동, 변형이 발생하지 않도록 주의하면서 콘크리트를 타설해야 한다.

92 토석붕괴의 요인 중 외적 요인이 아닌 것은?

① 토석의 강도 저하
② 사면, 법면의 경사 및 기울기의 증가
③ 절토 및 성토 높이의 증가
④ 공사에 의한 진동 및 반복하중의 증가

해설

토석붕괴의 원인

외적 원인	1. 사면, 법면의 경사 및 기울기의 증가 2. 절토 및 성토 높이의 증가 3. 공사에 의한 진동 및 반복 하중의 증가 4. 지표수 및 지하수의 침투에 의한 토사 중량의 증가 5. 지진, 차량, 구조물의 하중작용 6. 토사 및 암석의 혼합층 두께
내적 원인	1. 절토 사면의 토질·암질 2. 성토 사면의 토질 구성 및 분포 3. 토석의 강도 저하

93 말뚝박기 해머(Hammer) 중 연약지반에 적합하고 상대적으로 소음이 적은 것은?

① 드롭 해머(Drop Hammer)
② 디젤 해머(Diesel Hammer)
③ 스팀 해머(Steam Hammer)
④ 바이브로 해머(Vibro Hammer)

정답 89 ② 90 ② 91 ② 92 ① 93 ④

해설

바이브로 해머(Vibro Hammer)
1. 상하진동으로 말뚝을 타입하는 방법이며, 말뚝(강관, 시트파일 등)의 두부 손상이 적다.
2. 연약지반에 적합하고 점토 지반에서는 다소 지지력이 저하될 우려가 발생한다.
3. 구조가 간단하고 상대적으로 소음이 적다.

94 이동식 사다리를 설치하여 사용하는 경우의 준수 기준으로 옳지 않은 것은?

① 길이가 6m를 초과해서는 안 된다.
② 다리의 벌림은 벽 높이의 1/4 정도가 적당하다.
③ 미끄럼방지 발판은 인조고무 등으로 마감한 실내용을 사용하여야 한다.
④ 벽면 상부로부터 최소한 90cm 이상의 연장길이가 있어야 한다.

해설

사다리식 통로
사다리의 상단은 걸쳐 놓은 지점으로부터 60cm 이상 올라가도록 할 것

95 현장에서 가설통로의 설치 시 준수사항으로 옳지 않은 것은?

① 건설공사에 사용하는 높이 8m 이상인 비계다리에는 10m 이내마다 계단참을 설치할 것
② 수직갱에 가설된 통로의 길이가 15m 이상인 때에는 10m 이내마다 계단참을 설치할 것
③ 경사가 15°를 초과하는 때에는 미끄러지지 아니하는 구조로 할 것
④ 경사는 30° 이하로 할 것

해설

가설통로
1. 견고한 구조로 할 것
2. 경사는 30° 이하로 할 것(다만, 계단을 설치하거나 높이 2m 미만의 가설통로로서 튼튼한 손잡이를 설치한 경우에는 그러하지 아니하다)
3. 경사가 15°를 초과하는 경우에는 미끄러지지 아니하는 구조로 할 것

4. 추락할 위험이 있는 장소에는 안전난간을 설치할 것(다만, 작업상 부득이한 경우에는 필요한 부분만 임시로 해체할 수 있다)
5. 수직갱에 가설된 통로의 길이가 15m 이상인 경우에는 10m 이내마다 계단참을 설치할 것
6. 건설공사에 사용하는 높이 8미터 이상인 비계다리에는 7m 이내마다 계단참을 설치할 것

96 콘크리트의 양생방법이 아닌 것은?

① 습윤양생   ② 건조양생
③ 증기양생   ④ 전기양생

해설

양생의 종류
1. 피막양생   4. 가열 보온양생
2. 습윤양생   5. 단열 보온양생
3. 증기양생   6. 전기양생

97 다음은 작업으로 인하여 물체가 떨어지거나 날아올 위험이 있는 경우에 조치하여야 하는 사항이다. 빈칸에 알맞은 내용으로 옳은 것은?

> 낙하물 방지망 또는 방호선반을 설치하는 경우 높이 10m 이내마다 설치하고, 내민 길이는 벽면으로부터 (   ) 이상으로 할 것

① 2m   ② 2.5m
③ 3m   ④ 3.5m

해설

낙하물방지망 또는 방호선반 설치 시 준수사항
1. 높이 10m 이내마다 설치하고, 내민 길이는 벽면으로부터 2m 이상으로 할 것
2. 수평면과의 각도는 20° 이상 30° 이하를 유지할 것

98 강재 거푸집과 비교한 합판 거푸집의 특성이 아닌 것은?

① 외기 온도의 영향이 적다.
② 녹이 슬지 않음으로 보관하기가 쉽다.
③ 중량이 무겁다.
④ 보수가 간단하다.

해설

합판 거푸집이 강재 거푸집보다 중량이 가볍다.

정답 94 ④ 95 ① 96 ② 97 ① 98 ③

99 안전난간의 구조 및 설치기준으로 옳지 않은 것은?

① 안전난간은 상부 난간대, 중간난간대, 발끝막이판, 난간기둥으로 구성할 것
② 상부 난간대와 중간난간대는 난간 길이 전체에 걸쳐 바닥면 등과 평행을 유지할 것
③ 발끝막이판은 바닥면 등으로부터 10cm 이상의 높이를 유지할 것
④ 안전난간은 구조적으로 가장 취약한 지점에서 가장 취약한 방향으로 작용하는 80kg 이상의 하중에 견딜 수 있는 튼튼한 구조일 것

해설

안전난간의 구조 및 설치요건
1. 상부 난간대, 중간 난간대, 발끝막이판 및 난간기둥으로 구성할 것. 다만, 중간 난간대, 발끝막이판 및 난간기둥은 이와 비슷한 구조와 성능을 가진 것으로 대체할 수 있다.
2. 상부 난간대는 바닥면·발판 또는 경사로의 표면(바닥면 등)으로부터 90cm 이상 지점에 설치하고, 상부 난간대를 120cm 이하에 설치하는 경우에는 중간 난간대는 상부 난간대와 바닥면등의 중간에 설치해야 하며, 120cm 이상 지점에 설치하는 경우에는 중간 난간대를 2단 이상으로 균등하게 설치하고 난간의 상하 간격은 60cm 이하가 되도록 할 것. 다만, 난간기둥 간의 간격이 25cm 이하인 경우에는 중간 난간대를 설치하지 않을 수 있다.
3. 발끝막이판은 바닥면등으로부터 10cm 이상의 높이를 유지할 것. 다만, 물체가 떨어지거나 날아올 위험이 없거나 그 위험을 방지할 수 있는 망을 설치하는 등 필요한 예방조치를 한 장소는 제외한다.
4. 난간기둥은 상부 난간대와 중간 난간대를 견고하게 떠받칠 수 있도록 적정한 간격을 유지할 것
5. 상부 난간대와 중간 난간대는 난간 길이 전체에 걸쳐 바닥면등과 평행을 유지할 것
6. 난간대는 지름 2.7cm 이상의 금속제 파이프나 그 이상의 강도가 있는 재료일 것
7. 안전난간은 구조적으로 가장 취약한 지점에서 가장 취약한 방향으로 작용하는 100kg 이상의 하중에 견딜 수 있는 튼튼한 구조일 것

100 화물용 승강기를 설계하면서 와이어로프의 안전하중은 10ton이라면 로프의 가닥수를 얼마로 하여야 하는가?(단, 와이어로프 한 가닥의 파단강도는 4ton이며, 화물용 승강기 와이어로프의 안전율은 6으로 한다.)

① 10가닥 ② 15가닥
③ 20가닥 ④ 30가닥

해설

와이어로프의 안전율

$$\text{안전율}(S) = \frac{\text{로프의 가닥수}(N) \times \text{로프의 파단하중}(P) \times \text{단말고정이음효율}(nR)}{\text{안전하중(최대사용하중, }Q) \times \text{하중계수}(C)}$$

1. $\text{안전율}(S) = \dfrac{\text{로프의 가닥수}(N) \times \text{로프의 파단하중}(P)}{\text{안전하중}(Q)}$

2. $\text{로프의 가닥수}(N) = \dfrac{\text{안전율}(S) \times \text{안전하중}(Q)}{\text{로프의 파단하중}(P)}$

$= \dfrac{6 \times 10}{4} = 15$

정답 99 ④ 100 ②

02 2016년 2회 기출문제

1과목 산업안전관리론

01 적응기제에서 방어기제가 아닌 것은?
① 보상 ② 고립
③ 합리화 ④ 동일시

해설
적응기제의 기본 유형

구분	공격적 기제(행동)	도피적 기제(행동)	방어적(절충적) 기제(행동)
유형	1. 직접적 공격 기제 : 폭행, 싸움, 기물파손 등 2. 간접적 공격 기제 : 비난, 폭언, 욕설 등	1. 백일몽 2. 퇴행 3. 억압 4. 반동형성 5. 고립 등	1. 승화 2. 보상 3. 합리화 4. 투사 5. 동일화 등

02 자율검사프로그램을 인정받으려는 자가 한국산업안전보건공단에 제출해야 하는 서류가 아닌 것은?
① 안전검사대상 유해·위험기계 등의 보유 현황
② 유해·위험기계 등의 검사주기 및 검사기준
③ 안전검사대상 유해·위험기계의 사용 실적
④ 향후 2년간 검사대상 유해·위험기계 등의 검사 수행계획

해설
자율안전프로그램 인정신청서 제출 서류(서류 2부를 공단에 제출)
1. 안전검사대상 기계 등의 보유 현황
2. 검사원 보유 현황과 검사를 할 수 있는 장비 및 장비 관리방법(자율안전검사기관에 위탁한 경우에는 위탁을 증명할 수 있는 서류를 제출)
3. 안전검사대상 기계 등의 검사 주기 및 검사기준
4. 향후 2년간 안전검사대상 기계 등의 검사수행계획
5. 과거 2년간 자율검사프로그램 수행 실적(재신청의 경우만 해당)

03 ERG(Existence Relation Growth) 이론을 주창한 사람은?
① 매슬로(Maslow) ② 맥그리거(McGregor)
③ 테일러(Taylor) ④ 알더퍼(Alderfer)

해설
알더퍼(Alderfer)의 ERG 이론

생존(Existence) 욕구 (존재욕구)	유기체의 생존과 유지에 관련된 욕구 1. 의식주와 같은 기본적인 욕구 2. 임금, 안전한 작업조건 3. 직무안전
관계(Relatedness) 욕구	다른 사람과의 상호작용을 통하여 만족을 추구하는 대인욕구 1. 의미 있는 타인과의 상호작용 2. 대인 욕구
성장(Growth) 욕구	개인적인 발전과 증진에 관한 욕구(잠재력의 발전으로 충족) 1. 개인의 발전능력 2. 잠재력 충족

04 인지과정 착오의 요인이 아닌 것은?
① 정서 불안정
② 감각차단 현상
③ 작업자의 기능미숙
④ 생리·심리적 능력의 한계

해설
착오의 요인(3단계)

단계	종류	내용
제1단계	인지과정 착오	1. 심리 또는 생리적 요인 2. 정보량 저장의 한계 : 한계정보량보다 더 많은 정보가 들어오는 경우 정보를 처리하지 못하는 현상 3. 감각차단 현상 : 단조로운 업무가 장시간 지속될 때 작업자의 감각기능 및 판단능력이 둔화 또는 마비되는 현상 예 고도비행, 단독비행, 계기비행, 직선 고속도로 운행 등 4. 정서적 불안정(불안, 공포) 5. 정보수용 능력의 한계 : 인간의 감지범위 밖의 정보

정답 01 ② 02 ③ 03 ④ 04 ③

단계	종류	내용
제2단계	판단과정 착오	1. 정보부족(옹고집, 지나친 자기중심적 인간) 2. 능력부족(지식부족, 경험부족) 3. 자기합리화(자기에게 유리하게 판단) 4. 환경조건불비(작업조건불량)
제3단계	조작과정 착오	1. 기술능력 미숙 2. 경험부족 3. 피로

05 도수율이 12.57, 강도율이 17.45인 사업장에서 1명의 근로자가 평생 근무한다면 며칠의 근로손실이 발생하겠는가?(단, 1인 근로자의 평생근로시간은 10^5 시간이다.)

① 1,257일 ② 126일
③ 1,745일 ④ 175일

해설
환산강도율
10만 시간(평생근로)당의 근로손실일 수

$$환산강도율(S) = 강도율 \times \frac{100,000}{1,000} = 강도율 \times 100$$

환산강도율 = 강도율×100 = 17.45×100 = 1,745(일)

06 안전관리의 중요성과 가장 거리가 먼 것은?

① 인간존중이라는 인도적인 신념의 실현
② 경영 경제상의 제품의 품질 향상과 생산성 향상
③ 재해로부터 인적·물적 손실 예방
④ 작업환경 개선을 통한 투자 비용 증대

해설
안전관리의 목적 및 중요성
1. 인간의 존중 : 인도주의의 실현
2. 사회복지의 증진 : 경제성 향상
3. 생산성의 향상 : 안전태도의 개선 및 안전동기 부여
4. 경제적 손실의 예방 : 재해로 인한 재산 및 인적 손실예방

07 재해예방의 4원칙에 해당되지 않는 것은?

① 손실 발생의 원칙 ② 원인 계기의 원칙
③ 예방 가능의 원칙 ④ 대책 선정의 원칙

해설
하인리히의 재해예방 4원칙

예방 가능의 원칙	천재지변을 제외한 모든 재해는 원칙적으로 예방이 가능하다.
손실 우연의 원칙	사고에 의해서 생기는 상해의 종류 및 정도는 우연적이다.
원인 계기의 원칙	사고와 손실의 관계는 우연적이지만 사고와 원인관계는 필연적이다(사고에는 반드시 원인이 있다).
대책 선정의 원칙	원인을 정확히 규명해서 대책을 선정하고 실시되어야 한다(3E, 즉 기술, 교육, 독려를 중심으로).

08 산업안전보건법상 사업 내 안전·보건교육의 교육과정에 해당하지 않는 것은?

① 검사원 정기점검교육
② 특별안전·보건교육
③ 근로자 정기안전·보건교육
④ 작업내용 변경 시의 교육

해설
근로자 안전·보건교육
1. 정기교육
2. 채용 시의 교육
3. 작업내용 변경 시의 교육
4. 특별교육
5. 건설업 기초안전·보건교육

09 토의식 교육지도에 있어서 가장 시간이 많이 소요되는 단계는?

① 도입 ② 제시
③ 적용 ④ 확인

해설
단계별 시간 배분(단위시간 1시간일 경우)

구분	도입	제시	적용	확인
강의식	5분	40분	10분	5분
토의식	5분	10분	40분	5분

10 공장 내에 안전·보건표지를 부착하는 주된 이유는?

① 안전의식 고취
② 인간 행동의 변화 통제
③ 공장 내의 환경 정비 목적
④ 능률적인 작업을 유도

해설

안전보건표지
유해하거나 위험한 장소·시설·물질에 대한 경고, 비상시에 대처하기 위한 지시·안내 또는 그 밖에 근로자의 안전 및 보건 의식을 고취하기 위한 사항 등을 그림, 기호 및 글자 등으로 나타낸 안전보건표지를 근로자가 쉽게 알아 볼 수 있도록 설치하거나 붙여야 한다.

11 OJT(On the Job Training)에 관한 설명으로 옳은 것은?

① 집합교육형태의 훈련이다.
② 다수의 근로자에게 조직적 훈련이 가능하다.
③ 직장의 실정에 맞게 실제적 훈련이 가능하다.
④ 전문가를 강사로 활용할 수 있다.

해설

O.J.T(On the Job Training)의 특징
1. 직장의 실정에 맞는 구체적이고 실제적인 지도 교육이 가능하다.
2. 개개인에게 적절한 지도 훈련이 가능하다.(개인의 능력과 적성에 알맞은 맞춤교육이 가능하다)
3. 훈련 효과에 의해 상호 신뢰이해도가 높아진다.(상사와의 의사 소통 및 신뢰도 향상에 도움이 된다)
4. 교육의 효과가 업무에 신속하게 반영된다.
5. 교육의 이해도가 빠르고 동기부여가 쉽다.
6. 교육으로 인해 업무가 중단되는 업무손실이 적다.
7. 교육경비의 절감효과가 있다.

12 인간의 실수 및 과오의 요인과 직접적인 관계가 가장 먼 것은?

① 관리의 부적당
② 능력의 부족
③ 주의의 부족
④ 환경조건의 부적당

해설

실수 및 과오의 원인

능력 부족	적성, 지식, 기술, 인간관계
주의 부족	개성, 감정의 불안정, 습관성
환경조건 부적당	표준 불량, 규칙 불충분, 작업조건 불량, 연락 및 의사소통 불량

13 하인리히(Heinrich)의 이론에 의한 재해 발생의 주요 원인에 있어 다음 중 불안전한 행동에 의한 요인이 아닌 것은?

① 권한 없이 행한 조작
② 전문지식의 결여 및 기술, 숙련도 부족
③ 보호구 미착용 및 위험한 장비에서 작업
④ 결함 있는 장비 및 공구의 사용

해설

불안전한 행동과 상태의 분류

불안전한 행동 (인적 요인)	설비·기계 및 물질의 부적절한 사용·관리, 구조물 등 그 밖의 위험방치 및 미확인, 작업수행소홀 및 절차 미준수, 불안전한 작업자세, 작업수행 중 과실, 무모한 또는 불필요한 행위 및 동작, 복장, 보호구의 부적절한 사용, 불안전한 속도 조작, 안전장치의 기능 제거, 불안전한 인양 및 운반
불안전한 상태 (물적 요인)	물체 및 설비 자체의 결함, 방호조치의 부적절, 작업통로 등 장소불량 및 위험, 물체, 기계기구 등의 취급상 위험, 작업공정·절차의 부적절, 작업환경 등의 부적절, 보호구의 성능불량, 불안전한 설계로 인한 결함 발생

TIP 전문지식의 결여 및 기술, 숙련도 부족은 교육적 원인으로 간접원인에 해당된다.

14 피로를 측정하는 방법 중 동작분석, 연속반응시간 등을 통하여 피로를 측정하는 방법은?

① 생리학적 측정
② 생화학적 측정
③ 심리학적 측정
④ 생역학적 측정

해설

피로의 측정방법

생리학적 측정	근전도(EMG), 뇌전도(ENG), 심전도(ECG), 안전도(EOG), 산소소비량, 에너지대사율(RMR), 피부전기반사(GSR), 플리커법(Flicker test)
생화학적 측정	혈액농도 측정, 혈액수분 측정, 요전해질 및 요단백질 측정
심리학적 측정	피부저항, 동작분석, 연속시간반응, 정신작업, 집중유지기능 등

정답 10 ① 11 ③ 12 ① 13 ② 14 ③

15 안전모의 종류 중 머리 부위의 감전에 대한 위험을 방지할 수 있는 것은?

① A형 ② B형
③ AC형 ④ AE형

해설
추락 및 감전 위험방지용 안전모의 종류

종류(기호)	사용 구분	비 고
AB	물체의 낙하 또는 비래 및 추락에 의한 위험을 방지 또는 경감시키기 위한 것	
AE	물체의 낙하 또는 비래에 의한 위험을 방지 또는 경감하고, 머리부위 감전에 의한 위험을 방지하기 위한 것	내전압성*
ABE	물체의 낙하 또는 비래 및 추락에 의한 위험을 방지 또는 경감하고, 머리부위 감전에 의한 위험을 방지하기 위한 것	내전압성

*(주1) 내전압성이란 7,000V 이하의 전압에 견디는 것을 말한다.

16 산업안전보건법상 안전보건관리규정을 작성하여야 할 사업 중에 정보서비스업의 상시근로자 수는 몇 명 이상인가?

① 50 ② 100
③ 300 ④ 500

해설
안전보건관리규정을 작성해야 할 사업의 종류 및 상시근로자 수

사업의 종류	상시근로자 수
1. 농업 2. 어업 3. 소프트웨어 개발 및 공급업 4. 컴퓨터 프로그래밍, 시스템 통합 및 관리업 4의2. 영상 · 오디오물 제공 서비스업 5. 정보서비스업 6. 금융 및 보험업 7. 임대업; 부동산 제외 8. 전문, 과학 및 기술 서비스업(연구개발업은 제외한다) 9. 사업지원 서비스업 10. 사회복지 서비스업	300명 이상
11. 제1호부터 제4호까지, 제4호의2 및 제5호부터 제10호까지의 사업을 제외한 사업	100명 이상

17 자신의 약점이나 무능력, 열등감을 위장하여 유리하게 보호함으로써 안정감을 찾으려는 방어적 적응기제에 해당하는 것은?

① 보상 ② 고립
③ 퇴행 ④ 억압

해설
보상
1. 자신의 결함과 무능에 의해 생긴 열등감을 다른 것으로 대치하여 욕구를 충족하려는 행위
2. 공부 못하는 학생이 운동을 열심히 한다.
3. 결혼에 실패한 사람이 고아들에게 정열을 쏟고 있다.

18 위험예지훈련 기초 4라운드(4R)에서 라운드별 내용이 바르게 연결된 것은?

① 1라운드 : 현상파악 ② 2라운드 : 대책수립
③ 3라운드 : 목표설정 ④ 4라운드 : 본질추구

해설
위험예지훈련의 4라운드
1. 1라운드(1R) : 현상파악(사실을 파악한다)
2. 2라운드(2R) : 본질추구(요인을 찾아낸다)
3. 3라운드(3R) : 대책수립(대책을 선정한다)
4. 4라운드(4R) : 목표설정(행동계획을 정한다)

19 재해손실비용 중 직접비에 해당되는 것은?

① 인적 손실 ② 생산손실
③ 산재보상비 ④ 특수손실

해설
직접비와 간접비

	법적으로 정한 산재보상비(산재자에게 지급되는 보상비 일체)
직접비	1. 요양급여(진찰비, 간호비용 등) 2. 휴업급여 3. 장해급여 4. 간병급여 5. 유족급여 6. 장의비 7. 상병보상 연금 8. 기타(장해특별급여, 유족특별급여, 직업재활급여)
	직접비를 제외한 모든 비용(산재로 인해 기업이 입은 재산상의 손실)
간접비	1. 인적 손실 4. 특수손실 2. 물적 손실 5. 기타 손실 3. 생산손실

정답 15 ④ 16 ③ 17 ① 18 ① 19 ③

20 모럴 서베이(Morale Survey)의 주요 방법 중 태도조사법에 해당하는 것은?

① 사례연구법 ② 관찰법
③ 실험연구법 ④ 문답법

해설
태도조사법
질문지법, 면접법, 집단토의법, 문답법, 투사법 등에 의해 의견을 조사하는 방법(가장 많이 사용하는 방법)

2과목 인간공학 및 시스템 안전공학

21 실효온도(ET)의 결정요소가 아닌 것은?

① 온도 ② 습도
③ 대류 ④ 복사

해설
실효온도(Effective Temperature, 체감온도, 감각온도)
1. 개요
 - 온도, 습도 및 공기의 유동이 인체에 미치는 열효과를 하나의 수치로 통합한 경험적 감각지수
 - 상대습도가 100%일 때의 건구온도에서 느끼는 것과 동일한 온감이다.
 - 실제로 감각되는 온도로서 실감온도라고 한다.
2. 실효온도의 결정요소(실효온도에 영향을 주는 요인)
 - 온도
 - 습도
 - 공기의 유동(대류)

22 FT도에서 정상사상 A의 발생확률은?(단, 사상 B_1의 발생확률은 0.3이고, B_2의 발생확률은 0.2이다.)

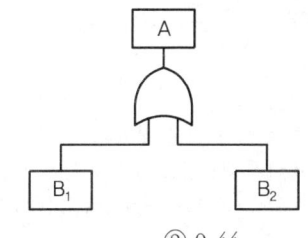

① 0.06 ② 0.44
③ 0.56 ④ 0.94

해설
발생확률의 계산
$A = 1 - (1-B_1)(1-B_2) = 1 - (1-0.3)(1-0.2) = 0.44$

23 녹색과 적색의 두 신호가 있는 신호등에서 1시간 동안 적색과 녹색이 각각 30분씩 켜진다면 이 신호등의 정보량은?

① 0.5bit ② 1bit
③ 2bit   ④ 4bit

해설
정보의 측정 단위

$$H = \sum_{i=1}^{n} P_i \log_2 \left(\frac{1}{P_i}\right)$$

여기서, P_i : 각 대안의 실현확률

1. 확률 계산
 - 적색등 확률 = $\frac{30}{60} = 0.5$
 - 녹색등 확률 = $\frac{30}{60} = 0.5$

2. 총 정보량
$H = 0.5 \times \log_2\left(\frac{1}{0.5}\right) + 0.5 \times \log_2\left(\frac{1}{0.5}\right) = 1[bit]$

24 조종장치의 저항 중 갑작스런 속도의 변화를 막고 부드러운 제어동작을 유지하게 해주는 저항을 무엇이라 하는가?

① 점성저항
② 관성저항
③ 마찰저항
④ 탄성저항

해설
점성저항(Viscous Damping)
1. 출력과 반대 방향으로 속도에 비례해서 작용하는 힘 때문에 생기는 항력
2. 원활한 제어를 도우며, 규정된 변위 속도를 유지하는 효과가 있다.

정답 20 ④ 21 ④ 22 ② 23 ② 24 ①

25 창문을 통해 들어오는 직사 휘광을 처리하는 방법으로 가장 거리가 먼 것은?

① 창문을 높이 단다.
② 간접 조명 수준을 높인다.
③ 차양이나 발(Blind)을 사용한다.
④ 옥외 창 위에 드리우개(Overhang)를 설치한다.

해설

창문으로부터 직사휘광처리
1. 창문을 높이 설치
2. 창 위(옥외)에 드리우개(Overhang)를 설치
3. 창문(안쪽)에 수직 날개(Fin)를 달아 직(直)시선을 제한
4. 차양(Shade) 혹은 발(Blind)을 사용

TIP 일반(간접) 조명 수준을 높이는 것은 반사휘광의 처리 방법에 해당한다.

26 인간공학적 수공구의 설계에 관한 설명으로 맞는 것은?

① 손잡이 크기를 수공구 크기에 맞추어 설계한다.
② 수공구 사용 시 무게 균형이 유지되도록 설계한다.
③ 정밀 작업용 수공구의 손잡이는 직경을 5mm 이하로 한다.
④ 힘을 요하는 수공구의 손잡이는 직경을 60mm 이상으로 한다.

해설

수공구(手工具) 설계원칙
1. 손잡이의 길이는 95%tile(백분위수)의 남성의 손 폭을 기준으로 한다. 최소 11cm가 되어야 하며, 장갑 사용 시 최소 12.5cm가 되어야 한다.
2. 손바닥 부위에 압박을 주는 손잡이의 형태는 피할 것(손잡이의 단면이 원형을 이루어야 한다.)
3. 사용 용도에 따른 손잡이의 직경
  • 힘을 요하는 작업도구일 경우 : 2.5~4cm
  • 정밀을 요하는 작업의 경우 : 0.75~1.5cm
4. 손목을 꺾지 말고 손잡이를 꺾을 것(손목은 곧게 유지되도록 설계한다.)
5. 동력공구의 손잡이는 최소 두 손가락 이상으로 작동하도록 설계할 것
6. 최대한 공구의 무게를 줄이고 사용 시 무게의 균형이 유지되도록 설계할 것
7. 반복적인 손가락 동작을 피한다.
8. 가능한 손잡이의 접촉면을 넓게 한다.

27 일반적으로 의자설계의 원칙에서 고려해야 할 사항과 거리가 먼 것은?

① 체중분포에 관한 사항
② 상반신의 안정에 관한 사항
③ 개인차의 반영에 관한 사항
④ 의자 좌판의 높이에 관한 사항

해설

의자설계의 일반적인 원칙
1. 체중 분포
2. 의자 좌판의 높이
3. 의자 좌판의 깊이와 폭
4. 몸통의 안정

28 청각신호의 수신과 관련된 인간의 기능으로 볼 수 없는 것은?

① 검출(Detection)
② 순응(Adaptation)
③ 위치판별(Directional Judgement)
④ 절대적 식별(Absolute Judgement)

해설

순응(Adaptation)
감각 지각의 능력이 감소되면서 인지를 못하게 되는 현상을 말하며, 청각피로현상이라고도 한다.

29 과전압이 걸리면 전기를 차단하는 차단기, 퓨즈 등을 설치하여 오류가 재해로 이어지지 않도록 사고를 예방하는 설계원칙은?

① 에러복구 설계
② 풀 – 프루프(Fool – Proof) 설계
③ 페일 – 세이프(Fail – Safe) 설계
④ 템퍼 – 프루프(Tamper Proof) 설계

해설

페일 – 세이프(Fail – Safe)
1. 기계나 그 부품에 파손 · 고장이나 기능불량이 발생하여도 항상 안전하게 작동할 수 있는 기능을 가진 구조
2. 적용 예 : 퓨즈(Fuse), 엘리베이터의 정전 시 제동 장치 등

30 사고의 발단이 되는 초기 사상이 발생할 경우 그 영향이 시스템에서 어떤 결과(정상 또는 고장)로 진전해 가는지를 나뭇가지가 갈라지는 형태로 분석하는 방법은?

① FTA ② PHA
③ FHA ④ ETA

해설

사건수 분석(Event Tree Analysis : ETA)
초기사건으로 알려진 특정한 장치의 이상 또는 운전자의 실수에 의해 발생되는 잠재적인 사고결과를 정량적으로 평가·분석하는 방법을 말한다.

31 음의 세기인 데시벨(dB)을 측정할 때 기준 음압의 주파수는?

① 10Hz ② 100Hz
③ 1,000Hz ④ 10,000Hz

해설

음의 강도(Intensity) : 진폭
음의 강도 척도 : bel의 1/10인 Decibel(dB) : 1dB=0.1b

$$\text{dB 수준} = 20\log_{10}\left(\frac{P_1}{P_0}\right)$$

여기서, P_1 : 음압으로 표시된 주어진 음의 강도
P_0 : 표준치(1,000Hz 순음의 가청 최소음압)

32 그림의 부품 A, B, C로 구성된 시스템의 신뢰도는?(단, 부품 A의 신뢰도는 0.85, 부품 B와 C의 신뢰도는 각각 0.9이다)

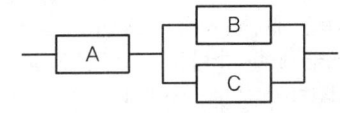

① 0.8415 ② 0.8425
③ 0.8515 ④ 0.8525

해설

시스템의 신뢰도
R=0.85×[1−(1−0.9)(1−0.9)]=0.8415

33 FTA의 논리게이트 중에서 3개 이상의 입력사상 중 2개가 일어나면 출력이 나오는 것은?

① 억제 게이트 ② 조합 AND 게이트
③ 배타적 OR 게이트 ④ 우선적 AND 게이트

해설

게이트
1. 우선적 AND 게이트 : 입력사상 중 어떤 사상이 다른 사상보다 먼저 일어난 때에 출력사상이 생긴다. 즉, 출력이 발생하기 위해서는 입력들이 정해진 순서로 발생해야 한다.
2. 조합 AND 게이트 : 3개 이상의 입력사상 중 어느 것이나 2개가 일어나면 출력이 생긴다.
3. 억제 게이트 : 입력사상 중 어느 것이나 이 게이트로 나타내는 조건이 만족하는 경우에만 출력사상이 발생한다.(조건부확률)
4. 배타적 OR 게이트 : OR 게이트이지만 2개 또는 그 이상의 입력이 동시에 존재하는 경우에는 출력이 생기지 않는다.

34 설비보전 방식의 유형 중 궁극적으로는 설비의 설계, 제작 단계에서 보전 활동이 불필요한 체계를 목표로 하는 것은?

① 개량보전(Corrective Maintenance)
② 예방보전(Preventive Maintenance)
③ 사후보전(Break−Down Maintenance)
④ 보전예방(Maintenance Prevention)

해설

보전예방(Maintenance Prevention : MP)
새로운 설비를 계획·설계하는 단계에서 설비보전 정보나 새로운 기술을 기초로 신뢰성, 보전성, 경제성, 조작성, 안전성 등을 고려하여 보전비나 열화 손실을 적게 하는 활동을 말하며, 궁극적으로는 보전활동이 가급적 필요하지 않도록 하는 것을 목표로 하는 설비보전 방법이다.

35 인간이 현존하는 기계를 능가하는 기능으로 거리가 먼 것은?

① 완전히 새로운 해결책을 도출할 수 있다.
② 원칙을 적용하여 다양한 문제를 해결할 수 있다.
③ 여러 개의 프로그램된 활동을 동시에 수행할 수 있다.
④ 상황에 따라 변하는 복잡한 자극 형태를 식별할 수 있다.

해설

여러 개의 프로그램된 활동을 동시에 수행한다. : 기계가 인간보다 우수한 기능

36 결함수 분석의 컷셋(Cut Set)과 패스셋(Path Set)에 관한 설명으로 틀린 것은?

① 최소 컷셋은 시스템의 위험성을 나타낸다.
② 최소 패스셋은 시스템의 신뢰도를 나타낸다.
③ 최소 패스셋은 정상사상을 일으키는 최소한의 사상 집합을 의미한다.
④ 최소 컷셋은 반복사상이 없는 경우 일반적으로 퍼셀(Fussell) 알고리즘을 이용하여 구한다.

해설

미니멀 컷셋과 미니멀 패스셋

미니멀 컷셋 (Minimal Cut Set)	1. 컷셋의 집합 중에서 정상사상을 일으키기 위하여 필요한 최소한의 컷셋을 미니멀 컷셋이라 한다. 즉 컷셋 중에서 타 컷셋을 포함하고 있는 것을 배제하고 남은 컷셋들을 의미한다. 2. 어느 고장이나 실수를 발생시키면 재해가 일어나는가 하는 것. 즉 시스템의 위험성(반대로 말하면 안전성)을 나타내는 것이다.
미니멀 패스셋 (Minimal Path Set)	정상사상이 일어나지 않기 위한 필요한 최소한의 것을 말하며, 시스템의 신뢰성을 나타낸다. 즉, 시스템의 기능을 살리는 최소요인의 집합이다.

37 인적 오류로 인한 사고를 예방하기 위한 대책 중 성격이 다른 것은?

① 작업의 모의훈련   ② 정보의 피드백 개선
③ 설비의 위험요인 개선   ④ 적합한 인체측정치 적용

해설

설비 및 작업 환경요인에 대한 대책
1. 사전 위험요인의 제거
2. 페일 세이프, 풀 프루프 기능의 도입
3. 예지정보, 인공지능활용 등의 정보의 피드백
4. 경보 시스템(예고경보, 의식 레벨 분류 등)
5. 대중의 선호도 활용(습관, 관습 등)
6. 시인성(색, 크기, 형태, 위치, 변화성, 나열 등)
7. 인체측정값에 의한 인간공학적 설계 및 적합화

TIP 작업의 모의훈련은 인적 요인에 대한 대책에 해당된다.

38 시스템 수명주기에서 예비위험분석을 적용하는 단계는?

① 구상단계   ② 개발단계
③ 생산단계   ④ 운전단계

해설

구상단계
1. 시스템의 사용목적과 기능 검토
2. 설비 및 제품 사용에 연관된 위험요인을 발견·검토
3. 적용 분석기법 : (예비위험분석)

39 건강한 남성이 8시간 동안 특정 작업을 실시하고, 산소소비량이 1.2L/분으로 나타났다면 8시간 총 작업시간에 포함되어야 할 최소 휴식시간은?(단, 남성의 권장 평균에너지소비량은 5kcal/분, 안정 시 에너지소비량은 1.5kcal/분으로 가정한다)

① 107분   ② 117분
③ 127분   ④ 137분

해설

휴식시간

$$R = \frac{60(E-5)}{E-1.5}$$

여기서, R = 휴식시간(분)
E = 작업 시 평균 에너지 소비량(kcal/분)
60 : 총 작업시간(분)
1.5kcal/분 : 휴식시간 중의 에너지 소비량

1. 1L/분당 평균 에너지 소비량 : 5kcal
2. 작업 시 평균 에너지 소비량 : 1.2L/분×5kcal=6[kcal/분]
3. 총 작업시간=8시간×60분=480[분]

∴ $R = \frac{480(6-5)}{6-1.5} ≒ 106.67$[분]

40 표시 값의 변화 방향이나 변화 속도를 관찰할 필요가 있는 경우에 가장 적합한 표시장치는?

① 동목형 표시장치   ② 계수형 표시장치
③ 묘사형 표시장치   ④ 동침형 표시장치

정답 36 ③ 37 ① 38 ① 39 ① 40 ④

해설
정량적 표시장치의 종류(정량적인 동적 표시장치)

아날로그 (Analog)	정목동침형 (Moving Pointer, 지침이동형)	1. 눈금이 고정되고 지침이 움직이는 형(고정눈금 이동지침 표시장치) 2. 일정한 범위에서 수치가 자주 또는 계속 변하는 경우 가장 유용한 표시장치
	정침동목형 (Moving scale, 지침고정형)	1. 지침이 고정되고 눈금이 움직이는 형(이동눈금 고정지침 표시장치) 2. 나타내고자 하는 값의 범위가 클 때, 비교적 작은 눈금판에 모두 나타내고자 할 때 (공간을 적게 차지하는 이점이 있음)
디지털 (Digital)	계수형 (Digital)	1. 전력계나 택시 요금 계기와 같이 기계, 전자적으로 숫자가 표시되는 형 2. 출력되는 값을 정확하게 읽어야 하는 경우에 가장 적합하다.(수치를 정확하게 읽어야 할 경우)

3과목 기계위험 방지기술

41 선반의 안전작업방법 중 틀린 것은?
① 절삭칩의 제거는 반드시 브러시를 사용할 것
② 기계운전 중에는 백기어(Back Gear)의 사용을 금할 것
③ 공작물의 길이가 직경의 6배 이상일 때는 반드시 방진구를 사용할 것
④ 시동 전에 척 핸들을 빼둘 것

해설
선반작업 시 주의사항
바이트는 가급적 짧게 장치하며 가공물의 길이가 직경의 12배 이상일 때는 반드시 방진구를 사용하여 진동을 막는다.

42 기계의 안전조건 중 구조의 안전화가 아닌 것은?
① 기계재료의 선정 시 재료 자체에 결함이 없는지 철저히 확인한다.
② 사용 중 재료의 강도가 열화될 것을 감안하여 설계 시 안전율을 고려한다.
③ 기계작동 시 기계의 오동작을 방지하기 위하여 오동작 방지 회로를 적용한다.
④ 가공경화와 같은 가공결함이 생길 우려가 있는 경우는 열처리 등으로 결함을 방지한다.

해설
구조상의 안전화

설계상의 결함	1. 가장 큰 원인은 강도산정(부하예측, 강도계산)상의 오류 2. 사용상 강도의 열화를 고려하여 안전율을 산정
재료의 결함	기계 재료 자체에 균열, 부식, 강도 저하 등 결함이 있으므로 설계 시 재료의 선택에 유의하여야 한다.
가공의 결함	재료 가공 도중 결함이 생길 수 있으므로 기계적 특성을 갖는 적절한 열처리 등이 필요하다.

TIP 오동작을 방지하기 위하여 오동작 방지 회로를 적용하는 것은 기능적 안전화에 해당된다.

43 가드(Guard)의 종류가 아닌 것은?
① 고정식   ② 조정식
③ 자동식   ④ 반자동식

해설
가드의 종류
1. 고정형 가드 : 개구부로부터 가공물과 공구 등을 넣어도 손은 위험영역에 머무르지 않는 형태
2. 자동형 가드 : 기계적, 전기적, 유공압적 방법에 의한 인터록(Interlock) 기구를 부착한 가드로 가드 해제 시 자동적으로 기계가 정지하는 방식
3. 조절형 가드 : 위험구역에 맞추어 적당한 모양으로 조절하는 것으로 기계에 사용하는 공구를 바꿀 때 이에 맞추어 조정하는 가드

44 지게차가 무부하 상태로 구내 최고속도 25km/h로 주행 시 좌우안정도는 몇 % 이내인가?
① 16.5%   ② 25.0%
③ 37.5%   ④ 42.5%

해설
지게차의 안정도 기준
주행 시의 좌우 안정도
$= (15 + 1.1V)\%$
$= (15 + 1.1 \times 25) = 42.5[\%]$ 이내

여기서, V : 최고속도[km/hr]

정답 41 ③ 42 ③ 43 ④ 44 ④

45 근로자가 탑승하는 운반구를 지지하는 달기체인의 안전계수는 몇 이상이어야 하는가?

① 3   ② 4
③ 5   ④ 10

해설
와이어로프 등 달기구의 안전계수

근로자가 탑승하는 운반구를 지지하는 달기와이어로프 또는 달기체인의 경우	10 이상
화물의 하중을 직접 지지하는 달기와이어로프 또는 달기체인의 경우	5 이상
훅, 샤클, 클램프, 리프팅 빔의 경우	3 이상
그 밖의 경우	4 이상

46 산업용 로봇의 방호장치로 옳은 것은?

① 압력방출 장치   ② 안전매트
③ 과부하 방지장치   ④ 자동전격 방지장치

해설
산업용 로봇의 방호장치
1. 동력차단장치   3. 방호울타리(방책)
2. 비상정지기능   4. 안전매트

47 수공구 작업 시 재해방지를 위한 일반적인 유의사항이 아닌 것은?

① 사용 전 이상 유무를 점검한다.
② 작업자에게 필요한 보호구를 착용시킨다.
③ 적합한 수동구가 없을 경우 유사한 것을 선택하여 사용한다.
④ 사용 전 충분한 사용법을 숙지한다.

해설
수공구의 재해방지를 위한 일반적인 유의사항
1. 사용 전 이상 유무를 점검한다.
2. 작업자에게 필요한 보호구를 착용시킨다.
3. 사용 전 충분한 사용법을 숙지하고 익힌다.
4. 작업에 맞는 공구를 선택한다.
5. 공구는 안전한 장소에 보관한다.

48 체인과 스프로킷, 랙과 피니언, 풀리와 V벨트 등에서 형성되는 위험점은?

① 끼임점   ② 회전말림점
③ 접선 물림점   ④ 협착점

해설
접선 물림점(Tangential Nip-Point)
1. 회전하는 부분의 접선방향으로 물려들어갈 위험이 있는 위험점
2. 위험점의 예 : V벨트와 풀리, 랙과 피니언, 체인벨트, 평벨트

49 가스집합용접장치에서 가스장치실에 대한 안전조치로 틀린 것은?

① 가스가 누출될 때에는 해당 가스가 정체되지 않도록 한다.
② 지붕 및 천장은 콘크리트 등의 재료로 폭발을 대비하여 견고히 한다.
③ 벽에는 불연성 재료를 사용한다.
④ 가스장치실에는 관계근로자가 아닌 사람의 출입을 금지시킨다.

해설
가스장치실의 구조
1. 가스가 누출된 경우에는 그 가스가 정체되지 않도록 할 것
2. 지붕과 천장에는 가벼운 불연성 재료를 사용할 것
3. 벽에는 불연성 재료를 사용할 것

50 그림과 같이 2줄 걸이 인양작업에서 와이어로프 1줄의 파단하중이 10,000N, 인양화물의 무게가 2,000N이라면 이 작업에서 확보된 안전율은?

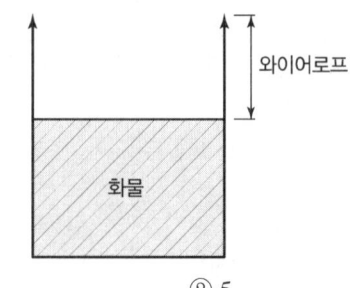

① 2   ② 5
③ 10   ④ 20

해설
와이어로프의 안전율

$$\text{안전율(안전계수)} = \frac{\text{파단하중}}{\text{최대사용하중}}$$

$$\text{안전율(안전계수)} = \frac{\text{파단하중}}{\text{최대사용하중}} = \frac{2 \times 10,000}{2,000} = 10$$

정답 45 ④ 46 ② 47 ③ 48 ③ 49 ② 50 ③

51 목재 가공용 둥근톱의 목재반발 예방장치가 아닌 것은?

① 반발방지 발톱(Finger)
② 분할날(Spreader)
③ 덮개(Cover)
④ 반발방지 롤(Roll)

해설

반발예방장치
1. 분할날(Spreader)
2. 반발방지기구(Finger, 반발방지발톱)
3. 반발방지롤(Roll)
4. 보조안내판

52 공작기계 중 플레이너 작업 시 안전대책이 아닌 것은?

① 베드 위에는 다른 물건을 올려 놓지 않는다.
② 절삭행정 중 일감에 손을 대지 말아야 한다.
③ 프레임 내의 피트(Pit)에는 뚜껑을 설치하여야 한다.
④ 바이트는 되도록 길게 나오도록 설치한다.

해설

플레이너 작업에 대한 안전수칙
바이트는 되도록 짧게 나오도록 설치한다.

53 프레스의 양수조작식 방호장치에서 양쪽 버튼의 작동시간 차이는 최대 몇 초 이내일 때 프레스가 동작되도록 해야 하는가?

① 0.1
② 0.5
③ 1.0
④ 1.5

해설

양수조작식 방호장치
누름버튼을 양손으로 동시에 조작하지 않으면 작동시킬 수 없는 구조이어야 하며, 양쪽 버튼의 작동시간 차이는 최대 0.5초 이내일 때 프레스가 동작되도록 해야 한다.

54 보일러의 안전한 가동을 위해 압력방출장치가 2개 이상 설치된 경우 최고사용압력 이하에서 1개가 작동되었다면, 다른 압력방출장치의 작동압력의 범위는?

① 최고사용압력 1.05배 이하
② 최고사용압력 1.1배 이하
③ 최고사용압력 1.15배 이하
④ 최고사용압력 1.2배 이하

해설

보일러의 압력방출장치
압력방출장치가 2개 이상 설치된 경우에는 최고사용압력 이하에서 1개가 작동되고, 다른 압력방출장치는 최고사용압력 1.05배 이하에서 작동되도록 부착하여야 한다.

55 연삭숫돌의 파괴 원인이 아닌 것은?

① 숫돌 작업 시 측면 사용이 원인이 된다.
② 숫돌 작업 시 드레싱을 실시했을 때 원인이 된다.
③ 숫돌의 회전속도가 너무 빠를 때 원인이 된다.
④ 숫돌의 회전 중심이 잡히지 않았거나 베어링의 마모에 의한 진동이 원인이 된다.

해설

연삭숫돌의 파괴 원인
1. 숫돌의 회전속도가 너무 빠를 때
2. 숫돌 자체에 균열이 있을 때
3. 숫돌에 과대한 충격을 가할 때
4. 숫돌의 측면을 사용하여 작업할 때
5. 숫돌의 불균형이나 베어링 마모에 의한 진동이 있을 때 (숫돌이 경우에 따라 파손될 수 있다.)
6. 숫돌 반경방향의 온도 변화가 심할 때
7. 작업에 부적당한 숫돌을 사용할 때
8. 숫돌의 치수가 부적당할 때
9. 플랜지가 현저히 작을 때

56 산업안전보건 기준에 관한 규칙상 안전난간의 구조 및 설치요건 중 상부 난간대는 바닥면·발판 또는 경사로의 표면으로부터 몇 cm 이상 지점에 설치해야 하는가?

① 30cm
② 60cm
③ 90cm
④ 120cm

정답 51 ③ 52 ④ 53 ② 54 ① 55 ② 56 ③

해설

안전난간의 구조 및 설치요건
1. 상부 난간대, 중간 난간대, 발끝막이판 및 난간기둥으로 구성할 것. 다만, 중간 난간대, 발끝막이판 및 난간기둥은 이와 비슷한 구조와 성능을 가진 것으로 대체할 수 있다.
2. 상부 난간대는 바닥면·발판 또는 경사로의 표면(바닥면 등)으로부터 90cm 이상 지점에 설치하고, 상부 난간대를 120cm 이하에 설치하는 경우에는 중간 난간대는 상부 난간대와 바닥면등의 중간에 설치해야 하며, 120cm 이상 지점에 설치하는 경우에는 중간 난간대를 2단 이상으로 균등하게 설치하고 난간의 상하 간격은 60cm 이하가 되도록 할 것. 다만, 난간기둥 간의 간격이 25cm 이하인 경우에는 중간 난간대를 설치하지 않을 수 있다.
3. 발끝막이판은 바닥면등으로부터 10cm 이상의 높이를 유지할 것. 다만, 물체가 떨어지거나 날아올 위험이 없거나 그 위험을 방지할 수 있는 망을 설치하는 등 필요한 예방조치를 한 장소는 제외한다.
4. 난간기둥은 상부 난간대와 중간 난간대를 견고하게 떠받칠 수 있도록 적정한 간격을 유지할 것
5. 상부 난간대와 중간 난간대는 난간 길이 전체에 걸쳐 바닥면등과 평행을 유지할 것
6. 난간대는 지름 2.7cm 이상의 금속제 파이프나 그 이상의 강도가 있는 재료일 것
7. 안전난간은 구조적으로 가장 취약한 지점에서 가장 취약한 방향으로 작용하는 100kg 이상의 하중에 견딜 수 있는 튼튼한 구조일 것

57 기계설비에 있어서 방호의 기본 원리가 아닌 것은?

① 위험제거
② 덮어씌움
③ 위험도 분석
④ 위험에 적응

해설

기계 방호의 원리
1. 위험제거
2. 차단(위험상태의 제거)
3. 덮개(위험상태의 삭감)
4. 위험에 적응

58 화물의 하중을 직접 지지하는 달기와이어로프의 안전계수 기준은?

① 3 이상
② 4 이상
③ 5 이상
④ 10 이상

해설

와이어로프 등 달기구의 안전계수

구분	안전계수
근로자가 탑승하는 운반구를 지지하는 달기와이어로프 또는 달기체인의 경우	10 이상
화물의 하중을 직접 지지하는 달기와이어로프 또는 달기체인의 경우	5 이상
훅, 샤클, 클램프, 리프팅 빔의 경우	3 이상
그 밖의 경우	4 이상

59 프레스작업의 안전을 위한 방호장치 중 투광부와 수광부를 구비하는 방호장치는?

① 양수조작식
② 가드식
③ 광전자식
④ 수인식

해설

광전자식
프레스 또는 전단기에서 일반적으로 많이 활용하고 있는 형태로서 투광부, 수광부, 컨트롤 부분으로 구성된 것으로서 신체의 일부가 광선을 차단하면 기계를 급정지시키는 방호장치

60 플레이너와 세이퍼의 방호장치가 아닌 것은?

① 칩 브레이커
② 칩받이
③ 칸막이
④ 방책

해설

세이퍼와 플레이너의 방호장치

세이퍼	1. 칩받이 2. 칸막이	3. 방책(방호울) 4. 가드
플레이너	1. 칸막이 2. 방책(방호울) 3. 칩받이	4. 가드 5. 급속 귀환 장치

TIP 칩 브레이커는 선반의 방호장치에 해당된다.

4과목 전기 및 화학설비위험방지기술

61 22.9kV 특별고압 활선작업 시 충전전로에 대한 접근한계거리는 몇 cm인가?

① 30　　　　② 60
③ 90　　　　④ 110

해설

충전전로에서의 전기작업

충전전로의 선간전압 (단위 : kV)	충전전로에 대한 접근 한계거리(단위 : cm)
0.3 이하	접촉금지
0.3 초과 0.75 이하	30
0.75 초과 2 이하	45
2 초과 15 이하	60
15 초과 37 이하	90
37 초과 88 이하	110
88 초과 121 이하	130
121 초과 145 이하	150
145 초과 169 이하	170
169 초과 242 이하	230
242 초과 362 이하	380
362 초과 550 이하	550
550 초과 800 이하	790

62 대전된 물체가 방전을 일으킬 때의 에너지 E(J)를 구하는 식으로 옳은 것은?[단, 도체의 정전용량은 C(F), 대전전위는 V(V), 대전 전하량은 Q(C)이다.]

① $E = \sqrt{2CQ}$　　② $E = \dfrac{1}{2}CV$

③ $E = \dfrac{Q^2}{2C}$　　④ $E = \sqrt{\dfrac{2V}{C}}$

해설

정전기 에너지

$$W = \dfrac{1}{2}CV^2 = \dfrac{1}{2}QV = \dfrac{1}{2}\dfrac{Q^2}{C}$$

여기서, W : 정전기 에너지(J), C : 도체의 정전용량(F)
V : 대전 전위(V), Q : 대전 전하량(C)

63 전기기기의 불꽃 또는 열로 인해 폭발성 위험분위기에 점화되지 않도록 컴파운드를 충전해서 보호한 방폭구조는?

① 몰드 방폭구조　　② 비점화 방폭구조
③ 안전증 방폭구조　④ 본질안전 방폭구조

해설

몰드 방폭구조(Encapsulation, m)
전기기기의 불꽃 또는 열로 인해 폭발성 위험분위기에 점화되지 않도록 컴파운드를 충전해서 보호한 방폭구조를 말한다.

64 전로에 시설하는 기계기구의 철대 및 금속제 외함에는 규정에 따른 접지공사를 실시하여야 하나 시설하지 않아도 되는 경우가 있다. 예외 규정으로 틀린 것은?

① 사용전압이 교류 대지전압 150V 이하인 기계기구를 습한 곳에 시설하는 경우
② 철대 또는 외함 주위에 적당한 절연대를 설치하는 경우
③ 저압용 기계기구를 건조한 마루나 절연성 물질 위에서 취급하도록 시설하는 경우
④ 2중 절연구조로 되어 있는 기계기구를 시설하는 경우

해설

기계기구의 철대 및 외함의 접지
1. 전로에 시설하는 기계기구의 철대 및 금속제 외함(외함이 없는 변압기 또는 계기용변성기는 철심)에는 접지공사를 하여야 한다.
2. 다음의 어느 하나에 해당하는 경우에는 규정에 따르지 않을 수 있다.
   ㉠ 사용전압이 직류 300V 또는 교류 대지전압이 150V 이하인 기계기구를 건조한 곳에 시설하는 경우
   ㉡ 저압용의 기계기구를 건조한 목재의 마루 기타 이와 유사한 절연성 물건 위에서 취급하도록 시설하는 경우
   ㉢ 저압용이나 고압용의 기계기구, 특고압 전선로에 접속하는 배전용 변압기나 이에 접속하는 전선에 시설하는 기계기구 또는 특고압 가공전선로의 전로에 시설하는 기계기구를 사람이 쉽게 접촉할 우려가 없도록 목주 기타 이와 유사한 것의 위에 시설하는 경우
   ㉣ 철대 또는 외함의 주위에 적당한 절연대를 설치하는 경우
   ㉤ 외함이 없는 계기용변성기가 고무·합성수지 기타의 절연물로 피복한 것일 경우

정답 61 ③　62 ③　63 ①　64 ①

ⓑ 「전기용품 및 생활용품 안전관리법」의 적용을 받는 이중절연구조로 되어 있는 기계기구를 시설하는 경우
ⓢ 저압용 기계기구에 전기를 공급하는 전로의 전원 측에 절연변압기(2차 전압이 300V 이하이며, 정격용량이 3kVA 이하인 것에 한함)를 시설하고 또한 그 절연변압기의 부하 측 전로를 접지하지 않은 경우
ⓞ 물기 있는 장소 이외의 장소에 시설하는 저압용의 개별 기계기구에 전기를 공급하는 전로에 「전기용품 및 생활용품 안전관리법」의 적용을 받는 인체감전보호용 누전차단기(정격감도전류가 30mA 이하, 동작시간이 0.03초 이하의 전류동작형에 한한다)를 시설하는 경우
ⓩ 외함을 충전하여 사용하는 기계기구에 사람이 접촉할 우려가 없도록 시설하거나 절연대를 시설하는 경우

65 누전차단기의 선정 및 설치에 관한 설명으로 틀린 것은?

① 차단기를 설치한 전로에 과부하 보호장치를 설치하는 경우는 서로 협조가 잘 이루어지도록 한다.
② 정격부동작전류와 정격감도전류와의 차는 가능한 큰 차단기로 선정한다.
③ 휴대용, 이동용 전기기기에 설치하는 차단기는 정격감도전류가 낮고, 동작시간이 짧은 것을 선정한다.
④ 전로의 대지정전용량이 크면 차단기가 오동작하는 경우가 있으므로 각 분기회로마다 차단기를 설치한다.

해설

누전차단기의 성능
1. 설치되는 장소 및 부하의 종류에 따라 정격전류를 흘릴 수 있어야 한다.
2. 설치된 해당 전로의 최대단락전류를 차단할 수 있어야 한다.
3. 당해 누전차단기와 접속되어 있는 각각의 전기기기에 대하여 정격 감도전류는 30mA 이하, 동작시간은 0.03초 이내로 한다. 다만, 정격 전부하 전류가 50A 이상인 전기기기에 설치되는 누전차단기에는 오작동을 방지하기 위하여 정격 감도전류가 200mA 이하, 동작시간은 0.1초 이내로 할 수 있다.
4. 정격 부동작전류는 정격 감도전류의 50% 이상으로 하고, 이들의 전류값은 가능한 한 작게 한다.
5. 절연저항은 500V 절연저항계로 5MΩ 이상으로 한다.

66 교류아크 용접작업 시 감전을 예방하기 위하여 사용하는 자동전격방지기의 2차 전압은 몇 V이하로 유지하여야 하는가?

① 25 ② 35
③ 50 ④ 40

해설

자동전격방지기
용접기의 주회로(변압기의 경우는 1차 회로 또는 2차 회로)를 제어하는 장치를 가지고 있어, 용접봉의 조작에 따라 용접할 때에만 용접기의 주회로를 형성하고, 그 외에는 용접기의 출력 측의 무부하전압을 25V 이하로 저하시켜 감전의 위험 및 전력손실을 방지하는 장치를 말한다.

67 저항이 0.2Ω인 도체에 10A의 전류가 1분간 흘렀을 경우 발생하는 열량은 몇 cal인가?

① 64 ② 144
③ 288 ④ 386

해설

열량

$$Q = 0.24I^2RT \times 10^{-3}[\text{kcal}] = 0.24I^2RT[\text{cal}]$$

여기서, $Q[\text{J}]$: 열량, $I[\text{A}]$: 전류, $R[\Omega]$: 저항
$T[\text{sec}]$: 전류가 흐른 시간

$Q = 0.24I^2RT = 0.24 \times 10^2 \times 0.2 \times 60 = 288[\text{cal}]$

68 일반적인 방전 형태의 종류가 아닌 것은?

① 스트리머(Streamer) 방전
② 적외선(Infrared-Ray) 방전
③ 코로나(Corona) 방전
④ 연면(Surface) 방전

해설

정전기 방전의 형태
1. 코로나(Corona) 방전   4. 연면(Surface) 방전
2. 스트리머(Streamer) 방전 5. 브러시(Brush) 방전
3. 불꽃(Spark) 방전   6. 뇌상방전

69 감전에 영향을 미치는 요인으로 통전경로별 위험도가 가장 높은 것은?

① 왼손-등
② 오른손-등
③ 오른손-왼발
④ 왼손-가슴

정답 65 ② 66 ① 67 ③ 68 ② 69 ④

> 해설

통전경로별 위험도

통전경로	심장전류계수	통전경로	심장전류계수
왼손-가슴	1.5	왼손-등	0.7
오른손-가슴	1.3	한 손 또는 양손-앉아 있는 자리	0.7
왼손-한 발 또는 양발	1.0	왼손-오른손	0.4
양손-양발	1.0	오른손-등	0.3
오른손-한 발 또는 양발	0.8		

※ 숫자가 클수록 위험도가 높다.

70 가스 또는 분진폭발위험장소에는 변전실·배전반실·제어실 등을 설치하여서는 아니 된다. 다만, 실내기압이 항상 양압을 유지하도록 하고, 별도의 조치를 한 경우에는 그러하지 않은데 이때 요구되는 조치사항으로 틀린 것은?

① 양압을 유지하기 위한 환기설비의 고장 등으로 양압이 유지되지 아니한 때 경보를 할 수 있는 조치를 한 경우
② 환기설비가 정지된 후 재가동하는 경우 변전실 등에 가스 등이 있는지를 확인할 수 있는 가스검지기 등의 장비를 비치한 경우
③ 환기설비에 의하여 변전실 등에 공급되는 공기는 가스 또는 분진폭발위험장소가 아닌 곳으로부터 공급되도록 하는 조치를 한 경우
④ 항상 유지해야 하는 실내기압이 항상 양압 10Pa 이상이 되도록 장치를 한 경우

> 해설

변전실 등의 위치
가스폭발 위험장소 또는 분진폭발 위험장소에는 변전실, 배전반실, 제어실, 그 밖에 이와 유사한 시설을 설치해서는 아니 된다.
다만, 변전실 등의 실내기압이 항상 양압(25파스칼 이상의 압력)을 유지하도록 하고 다음의 조치를 하거나, 가스폭발 위험장소 또는 분진폭발 위험장소에 적합한 방폭성능을 갖는 전기 기계·기구를 변전실 등에 설치·사용한 경우에는 그러하지 아니하다.
1. 양압을 유지하기 위한 환기설비의 고장 등으로 양압이 유지되지 아니한 경우 경보를 할 수 있는 조치

2. 환기설비가 정지된 후 재가동하는 경우 변전실 등에 가스 등이 있는지를 확인할 수 있는 가스검지기 등 장비의 비치
3. 환기설비에 의하여 변전실 등에 공급되는 공기는 가스폭발 위험장소 또는 분진폭발 위험장소가 아닌 곳으로부터 공급되도록 하는 조치

71 다음 중 물분무소화설비의 주된 소화효과에 해당하는 것으로만 나열하는 것은?

① 냉각효과, 질식효과
② 희석효과, 제거효과
③ 제거효과, 억제효과
④ 억제효과, 희석효과

> 해설

물분무소화설비
화재 시 분무노즐에서 물을 미립자로 방사하여 소화하는 설비로서, 미세한 물의 냉각효과, 질식효과, 유화효과, 희석효과를 이용하여 화재의 억제 및 연소를 방지하는 소화설비를 말한다.

72 가열·마찰·충격 또는 다른 화학물질과의 접촉 등으로 인하여 산소나 산화제의 공급이 없더라도 폭발 등 격렬한 반응을 일으킬 수 있는 물질은?

① 알코올류
② 무기과산화물
③ 니트로화합물
④ 과망간산칼륨

> 해설

제5류 위험물(자기반응성 물질)
1. 열적으로 불안정하여 외부로부터 산소의 공급 없이도 가열, 충격 등에 의해 강렬하게 발열·분해하기 쉬운 액체·고체 또는 혼합물을 말한다.
2. 종류 : 유기과산화물, 질산에스테르류, 니트로화합물, 아조화합물, 디아조화합물, 히드라진 유도체, 히드록실아민, 히드록실아민염류 등

73 다음 중 아세틸렌의 취급·관리 시 주의사항으로 옳지 않은 것은?

① 용기는 폭발할 수 있으므로 전도·낙하되지 않도록 한다.
② 폭발할 수 있으므로 필요 이상 고압으로 충전하지 않는다.

정답 70 ④ 71 ① 72 ③ 73 ③

③ 용기는 밀폐된 장소에 보관하고, 누출 시에는 누출원에 직접 주수하도록 한다.
④ 폭발성 물질을 생성할 수 있으므로 구리나 일정 함량 이상의 구리합금과 접촉하지 않도록 한다.

해설

아세틸렌
통풍이나 환기가 양호한 장소에 보관한다.

74 폭발범위에 있는 가연성 가스 혼합물에 전압을 변화시키며 전기 불꽃을 주었더니 1,000V가 되는 순간 폭발이 일어났다. 이때 사용한 전기 불꽃의 콘덴서 용량은 0.1μF을 사용하였다면 이 가스에 대한 최소 발화에너지는 몇 mJ인가?

① 5   ② 10
③ 50 ④ 100

해설

최소발화에너지

$$E = \frac{1}{2}CV^2$$

여기서, E : 발화에너지[J], C : 전기용량[F], V : 방전전압[V]

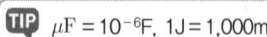
$= \frac{1}{2} \times (0.1 \times 10^{-6}) \times 1,000^2 = 0.05[J] = 50[mJ]$

TIP $\mu F = 10^{-6} F$, $1J = 1,000 mJ$

75 반응기가 이상과열인 경우 반응폭주를 방지하기 위하여 작동하는 장치로 가장 거리가 먼 것은?

① 고온경보장치   ② 블로다운 시스템
③ 긴급차단장치   ④ 자동 Shutdown장치

해설

블로다운(Blow Down)
응축성 증기, 열유, 열액 등 공정 액체를 빼내고 이것을 안전하게 유지 또는 처리하기 위한 장치

76 공정 중에서 발생하는 미연소 가스를 연소하여 안전하게 밖으로 배출시키기 위하여 사용하는 설비는 무엇인가?

① 증류탑   ② 플레어스택
③ 흡수탑   ④ 인화방지망

해설

플레어스택(Flare Stack)
1. 가스나 고휘발성 액체의 증기를 연소해서 대기 중으로 방출하는 방식
2. 가연성, 독성 및 냄새를 없앤 후 대기 중에 방산

77 다음 중 분진 폭발의 발생 위험성을 낮추는 방법으로 적절하지 않은 것은?

① 주변의 점화원을 제거한다.
② 분진이 날리지 않도록 한다.
③ 분진과 그 주변의 온도를 낮춘다.
④ 분진 입자의 표면적을 크게 한다.

해설

입도와 입도분포
1. 분진의 표면적이 입자체적에 비하여 커지면 열의 발생속도가 방열속도보다 커져서 폭발이 용이해진다.
2. 평균 입자의 직경이 작고 밀도가 작을수록 비표면적은 크게 되고 표면에너지도 크게 되어 폭발이 용이해진다.

78 산업안전보건법령상 안전밸브 전단, 후단에 자물쇠형 차단밸브를 설치할 수 없는 경우는?

① 화학설비 및 그 부속설비에 안전밸브 등이 복수방식으로 설치되어 있는 경우
② 예비용 설비를 설치하고 각각의 설비에 안전 밸브 등이 설치되어 있는 경우
③ 열팽창에 의하여 상승된 압력을 낮추기 위한 목적으로 안전밸브가 설치된 경우
④ 안전밸브 등의 배출용량의 2분의 1 이상에 해당하는 용량의 자동압력 조절 밸브와 안전밸브가 직렬로 연결된 경우

정답 74 ③ 75 ② 76 ② 77 ④ 78 ④

해설
차단밸브 설치금지
안전밸브 등의 배출용량의 2분의 1 이상에 해당하는 용량의 자동압력조절밸브(구동용 동력원의 공급을 차단하는 경우 열리는 구조인 것으로 한정한다)와 안전밸브 등이 병렬로 연결된 경우

79 폭발범위에 관한 설명으로 옳은 것은?
① 공기밀도에 대한 폭발성 가스 및 증기의 폭발 가능 밀도 범위
② 가연성 액체의 액면 근방에 생기는 증기가 착화할 수 있는 온도 범위
③ 폭발화염이 내부에서 외부로 전파될 수 있는 용기의 틈새 간격 범위
④ 가연성 가스와 공기와의 혼합가스에 점화원을 주었을 때 폭발이 일어나는 혼합가스의 농도 범위

해설
연소범위(연소한계, 폭발범위, 폭발한계)
1. 가연성의 기체 또는 액체의 증기와 공기와의 혼합물에 점화를 했을 때 화염이 전파하여 폭발로 이어지는 가스의 농도한계를 말한다.
2. 가연성 가스의 농도가 너무 높거나 낮을 경우 화염의 전파가 일어나지 않는 농도한계가 존재하게 되며 이때 농도의 낮은 쪽을 폭발 하한계, 높은 쪽을 폭발 상한계 그리고 그 사이를 폭발범위라 한다.

80 유해·위험물질 취급 시 보호구의 구비조건으로 가장 거리가 먼 것은?
① 방호성능이 충분할 것
② 재료의 품질이 양호할 것
③ 작업에 방해가 되지 않을 것
④ 착용감이 뛰어나고 외관이 화려할 것

해설
보호구의 구비조건
1. 착용이 간편할 것
2. 작업에 방해요소가 되지 않도록 할 것
3. 유해·위험요소에 대한 방호성능이 완전할 것
4. 재료의 품질이 우수할 것
5. 구조 및 표면가공이 우수할 것
6. 외관이 보기 좋을 것

5과목 건설안전기술

81 콘크리트 타설 시 안전에 유의해야 할 사항으로 옳지 않은 것은?
① 콘크리트 다짐효과를 위하여 최대한 높은 곳에서 타설한다.
② 타설순서는 계획에 의하여 실시한다.
③ 콘크리트를 치는 도중에는 거푸집동바리 등의 이상 유무를 확인하여야 한다.
④ 타설 시 비어 있는 공간이 발생되지 않도록 밀실하게 부어 넣는다.

해설
높은 곳에서 타설하면 측압의 증가로 거푸집 변형 및 재료분리의 현상이 발생하므로 가능한 한 타설 높이를 낮게 하여야 한다.

82 다음 그림은 산업안전보건기준에 관한 규칙에 따른 풍화암에서 토사붕괴를 예방하기 위한 기울기를 나타낸 것이다. x의 값은?

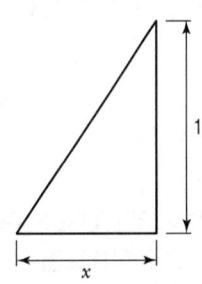

① 1.0 ② 0.8
③ 0.5 ④ 0.3

해설
굴착면의 기울기

지반의 종류	굴착면의 기울기
모래	1 : 1.8
연암 및 풍화암	1 : 1.0
경암	1 : 0.5
그 밖의 흙	1 : 1.2

TIP 본 문제는 법 개정으로 일부 내용이 수정되었습니다. 해설은 법 개정으로 수정된 내용이니 해설을 학습하세요.

정답 79 ④ 80 ④ 81 ① 82 ①

83 산업안전보건기준에 관한 규칙에서 규정하는 현장에서 고소작업대 사용 시 준수사항이 아닌 것은?

① 작업자가 안전모 · 안전대 등의 보호구를 착용하도록 할 것
② 관계자가 아닌 사람이 작업구역 내에 들어오는 것을 방지하기 위하여 필요한 조치를 할 것
③ 작업을 지휘하는 자를 선임하여 그 자의 지휘하에 작업을 실시할 것
④ 안전한 작업을 위하여 적정 수준의 조도를 유지할 것

해설

고소작업대 사용 시 준수사항
1. 작업자가 안전모 · 안전대 등의 보호구를 착용하도록 할 것
2. 관계자가 아닌 사람이 작업구역에 들어오는 것을 방지하기 위하여 필요한 조치를 할 것
3. 안전한 작업을 위하여 적정수준의 조도를 유지할 것
4. 전로에 근접하여 작업을 하는 경우에는 작업감시자를 배치하는 등 감전사고를 방지하기 위하여 필요한 조치를 할 것
5. 작업대를 정기적으로 점검하고 붐 · 작업대 등 각 부위의 이상 유무를 확인할 것
6. 전환스위치는 다른 물체를 이용하여 고정하지 말 것
7. 작업대는 정격하중을 초과하여 물건을 싣거나 탑승하지 말 것
8. 작업대의 붐대를 상승시킨 상태에서 탑승자는 작업대를 벗어나지 말 것. 다만, 작업대에 안전대 부착설비를 설치하고 안전대를 연결하였을 때에는 그러하지 아니하다.

84 차량계 건설기계의 운전자가 운전위치를 이탈하는 경우 준수해야 할 사항으로 옳지 않은 것은?

① 버킷은 지상에서 1m 정도의 위치에 둔다.
② 브레이크를 걸어둔다.
③ 디퍼는 지면에 내려둔다.
④ 원동기를 정지시킨다.

해설

운전위치 이탈 시의 조치
1. 포크, 버킷, 디퍼 등의 장치를 가장 낮은 위치 또는 지면에 내려 둘 것
2. 원동기를 정지시키고 브레이크를 확실히 거는 등 차량계 하역운반기계 등, 차량계 건설기계의 갑작스러운 이동을 방지하기 위한 조치를 할 것
3. 운전석을 이탈하는 경우에는 시동키를 운전대에서 분리시킬 것. 다만, 운전석에 잠금장치를 하는 등 운전자가 아닌 사람이 운전하지 못하도록 조치한 경우에는 그러하지 아니하다.

85 다음 중 굴착기의 전부장치와 거리가 먼 것은?

① 붐(Boom) ② 암(Arm)
③ 버킷(Bucket) ④ 블레이드(Blade)

해설

굴착기의 전부장치(작업장치)
1. 붐(Boom) : 상부 회전체 전체 프레임에 1개 또는 2개의 유압 실린더와 함께 설치
2. 암(Arm) : 붐과 버킷 사이에 설치된 부분
3. 버킷(Bucket) : 직접 작업을 하는 부분

> **TIP** 전부장치 : 상부 회전체의 앞부분에 위치하고 작업을 직접 수행하는 부분

86 터널작업 중 낙반 등에 의한 위험방지를 위해 취할 수 있는 조치사항이 아닌 것은?

① 터널지보공 설치
② 록볼트 설치
③ 부석의 제거
④ 산소의 측정

해설

낙반 등에 의한 위험방지 조치
1. 터널지보공 및 록볼트의 설치
2. 부석의 제거

87 가설공사와 관련된 안전율에 대한 정의로 옳은 것은?

① 재료의 파괴응력도와 허용응력도의 비율이다.
② 재료가 받을 수 있는 허용능력도이다.
③ 재료의 변형이 일어나는 한계응력도이다.
④ 재료가 받을 수 있는 허용하중을 나타내는 것이다.

해설

안전율
재료의 파괴응력도와 허용응력도의 비율이다.

88 콘크리트의 비파괴 검사방법이 아닌 것은?

① 반발경도법 ② 자기법
③ 음파법 ④ 침지법

해설

콘크리트 비파괴 검사
1. 콘크리트 강도추정을 위한 진단방법 : 반발경도법(강도법), 초음파법(음속법), 복합법, 인발법, 공진법(음파법) 등
2. 철근 콘크리트 구조물의 철근 진단방법 : 자기법, 방사선법, 레이더법 등

89 콘크리트를 타설할 때 거푸집에 작용하는 콘크리트 측압에 영향을 미치는 요인과 가장 거리가 먼 것은?

① 콘크리트 타설 속도
② 콘크리트 타설 높이
③ 콘크리트의 강도
④ 기온

해설

거푸집 측압 증가에 영향을 미치는 인자(측압의 영향요소)
1. 거푸집 수평단면이 클수록 크다.
2. 콘크리트 슬럼프치가 클수록 커진다.
3. 거푸집 표면이 평활(평탄)할수록 커진다.
4. 철골, 철근량이 적을수록 커진다.
5. 콘크리트 시공연도가 좋을수록 커진다.
6. 외기의 온도, 습도가 낮을수록 커진다.
7. 타설 속도가 빠를수록 커진다.
8. 다짐이 충분할수록 커진다.
9. 타설 시 상부에서 직접 낙하할 경우 커진다.
10. 거푸집의 강성이 클수록 크다.
11. 콘크리트의 비중(단위중량)이 클수록 크다.
12. 벽 두께가 두꺼울수록 커진다.

90 흙의 액성한계 W_L = 48%, 소성한계 W_P = 26%일 때 소성지수(I_P)는 얼마인가?

① 18%
② 22%
③ 26%
④ 32%

해설

소성지수(I_P)
흙이 소성상태로 존재할 수 있는 함수비의 범위를 말한다.

$$I_P = W_L - W_P$$

여기서, W_L : 액성한계, W_P : 소성한계

$I_P = W_L - W_P = 48 - 26 = 22[\%]$

91 철골기둥 건립 작업 시 붕괴 · 도괴 방지를 위하여 베이스 플레이트의 하단은 기준 높이 및 인접기둥의 높이에서 얼마 이상 벗어나지 않아야 하는가?

① 2mm
② 3mm
③ 4mm
④ 5mm

해설

앵커 볼트의 매립 시 준수사항
1. 앵커 볼트는 매립 후에 수정하지 않도록 설치하여야 한다.
2. 앵커 볼트를 매립하는 정밀도 범위
  • 기둥중심은 기준선 및 인접기둥의 중심에서 5mm 이상 벗어나지 않을 것
  • 인접기둥 간 중심거리의 오차는 3mm 이하일 것
  • 앵커 볼트는 기둥중심에서 2mm 이상 벗어나지 않을 것
  • 베이스 플레이트의 하단은 기준 높이 및 인접기둥의 높이에서 3mm 이상 벗어나지 않을 것
3. 앵커 볼트는 견고하게 고정시키고 이동, 변형이 발생하지 않도록 주의하면서 콘크리트를 타설해야 한다.

92 달비계에 설치되는 작업발판의 폭에 대한 기준으로 옳은 것은?

① 20cm 이상
② 40cm 이상
③ 60cm 이상
④ 80cm 이상

해설

달비계의 구조
작업발판은 폭을 40cm 이상으로 하고 틈새가 없도록 할 것

93 강관을 사용하여 비계를 구성하는 경우 비계기둥 간의 적재하중은 얼마를 초과하지 않도록 하여야 하는가?

① 200kg
② 300kg
③ 400kg
④ 500kg

해설

강관비계의 구조
1. 비계기둥의 간격은 띠장 방향에서는 1.85m 이하, 장선 방향에서는 1.5m 이하로 할 것. 다만, 다음 각 목의 어느 하나에 해당하는 작업의 경우에는 안전성에 대한 구조검토를 실시하고 조립도를 작성하면 띠장 방향 및 장선 방향으로 각각 2.7m 이하로 할 수 있다.
  ① 선박 및 보트 건조작업
  ② 그 밖에 장비 반입 · 반출을 위하여 공간 등을 확보할 필요가 있는 등 작업의 성질상 비계기둥 간격에 관한 기준을 준수하기 곤란한 작업

2. 띠장 간격은 2.0m 이하로 할 것. 다만, 작업의 성질상 이를 준수하기가 곤란하여 쌍기둥틀 등에 의하여 해당 부분을 보강한 경우에는 그러하지 아니하다.
3. 비계기둥의 제일 윗부분으로부터 31m 되는 지점 밑부분의 비계기둥은 2개의 강관으로 묶어 세울 것. 다만, 브라켓(Bracket) 등으로 보강하여 2개의 강관으로 묶을 경우 이상의 강도가 유지되는 경우에는 그러하지 아니하다.
4. 비계기둥 간의 적재하중은 400kg을 초과하지 않도록 할 것

TIP 본 문제는 법 개정으로 일부 내용이 수정되었습니다. 해설은 법 개정으로 수정된 내용이니 해설을 학습하세요.

94 가설통로 중 경사로를 설치, 사용함에 있어 준수해야 할 사항으로 옳지 않은 것은?

① 경사로의 폭은 최소 90cm 이상이어야 한다.
② 비탈면의 경사각을 45° 내외로 한다.
③ 높이 7m 이내마다 계단참을 설치하여야 한다.
④ 추락방지용 안전난간을 설치하여야 한다.

해설

경사로의 설치기준
1. 시공하중 또는 폭풍, 진동 등 외력에 대하여 안전하도록 설계하여야 한다.
2. 경사로는 항상 정비하고 안전통로를 확보하여야 한다.
3. 비탈면의 경사각은 30° 이내로 한다.
4. 경사로의 폭은 최소 90cm 이상이어야 한다.
5. 높이 7m 이내마다 계단참을 설치하여야 한다.
6. 추락방지용 안전난간을 설치하여야 한다.
7. 목재는 미송, 육송 또는 그 이상의 재질을 가진 것이어야 한다.
8. 경사로 지지기둥은 3m 이내마다 설치하여야 한다.
9. 발판은 폭 40cm 이상으로 하고, 틈은 3cm 이내로 설치하여야 한다.
10. 발판이 이탈하거나 한쪽 끝을 밟으면 다른 쪽이 들리지 않게 장선에 결속하여야 한다.
11. 결속용 못이나 철선이 발에 걸리지 않아야 한다.

95 토사붕괴를 방지하기 위한 대책으로 붕괴방지공법에 해당되지 않는 것은?

① 배토공법   ② 압성토공법
③ 집수정공법 ④ 공작물의 설치

해설

붕괴예방대책
1. 적절한 경사면의 기울기를 계획하여야 한다.
2. 경사면의 기울기가 당초 계획과 차이가 발생되면 즉시 재검토하여 계획을 변경시켜야 한다.
3. 활동할 가능성이 있는 토석은 제거하여야 한다.
4. 경사면의 하단부에 압성토 등 보강공법으로 활동에 대한 저항대책을 강구하여야 한다.
5. 말뚝(강관, H형강, 철근 콘크리트)을 타입하여 지반을 강화시킨다.
6. 빗물, 지표수, 지하수의 사전 제거 및 침투를 방지하여야 한다.

96 토석붕괴의 내적 요인으로 옳은 것은?

① 사면의 경사 증가
② 공사에 의한 진동, 하중의 증가
③ 절토 및 성토 높이의 증가
④ 토석의 강도 저하

해설

토석붕괴의 원인

외적 원인	1. 사면, 법면의 경사 및 기울기의 증가 2. 절토 및 성토 높이의 증가 3. 공사에 의한 진동 및 반복 하중의 증가 4. 지표수 및 지하수의 침투에 의한 토사 중량의 증가 5. 지진, 차량, 구조물의 하중작용 6. 토사 및 암석의 혼합층 두께
내적 원인	1. 절토 사면의 토질·암질 2. 성토 사면의 토질 구성 및 분포 3. 토석의 강도 저하

97 철골작업에서 작업을 중지해야 하는 규정에 해당되지 않는 경우는?

① 풍속이 초당 10m 이상인 경우
② 강우량이 시간당 1mm 이상인 경우
③ 강설량이 시간당 1cm 이상인 경우
④ 겨울철 기온이 영상 4℃ 이상인 경우

해설

작업의 제한(철골작업 중지)
1. 풍속이 초당 10m 이상인 경우
2. 강우량이 시간당 1mm 이상인 경우
3. 강설량이 시간당 1cm 이상인 경우

정답 94 ② 95 ③ 96 ④ 97 ④

98 수중굴착 및 구조물의 기초바닥 등과 같은 협소하고 상당히 깊은 범위의 굴착과 호퍼작업에 가장 적당한 굴착기계는?

① 파워 셔블   ② 항타기
③ 클램셸   ④ 리버스서큘레이션드릴

해설

클램셸(Clam Shell)
1. 좁고 깊은 곳의 수직굴착, 수중굴착에 적당
2. 지하연속벽 공사, 깊은 우물통 파기에 사용
3. 구조물의 기초바닥, 잠함 등과 같은 협소하고 깊은 범위의 굴착에 적합

99 지반의 투수계수에 영향을 주는 인자에 해당하지 않는 것은?

① 토립자의 단위중량
② 유체의 점성계수
③ 토립자의 공극비
④ 유체의 밀도

해설

지반의 투수계수에 영향을 미치는 요소
1. 흙입자의 크기가 클수록 투수계수가 증가한다.
2. 물의 밀도와 농도가 클수록 투수계수가 증가한다.
3. 물의 점성계수가 클수록 투수계수가 감소한다.
4. 간극비(공극비)가 클수록 투수계수가 증가한다.
5. 포화도가 클수록 투수계수가 증가한다.
6. 점토의 면모구조가 이산구조보다 투수계수가 크다.
7. 흙의 비중은 투수계수와 관계가 없다.

100 거푸집에 작용하는 연직방향 하중에 해당하지 않는 것은?

① 고정하중   ② 작업하중
③ 충격하중   ④ 콘크리트측압

해설

연직방향 하중에 대한 거푸집동바리 구조 검토

$$W = 고정하중 + 활하중$$
$$= (콘크리트 + 거푸집)중량 + (충격 + 작업)하중$$
$$= (\gamma \cdot t + 0.4 kN/m^2) + 2.5 kN/m^2$$

여기서, γ : 철근콘크리트 단위중량[kN/m³]
　　　　t : 슬래브 두께[m]

1. 고정하중 : 철근콘크리트와 거푸집의 중량을 합한 하중
2. 활하중 : 작업원, 경량의 장비하중, 그 밖의 콘크리트 타설에 필요한 자재 및 공구 등의 시공(작업) 하중 및 충격하중을 포함

PART 02
03 2016년 3회 기출문제

1과목 산업안전관리론

01 주요 구조 부분을 변경하는 경우 안전인증을 받아야 하는 기계·기구가 아닌 것은?
① 원심기
② 사출성형기
③ 압력용기
④ 고소작업대

해설

안전인증대상 기계 등

기계 또는 설비	1. 프레스 2. 전단기 및 절곡기 3. 크레인 4. 리프트 5. 압력용기 6. 롤러기 7. 사출성형기 8. 고소 작업대 9. 곤돌라
방호장치	1. 프레스 및 전단기 방호장치 2. 양중기용 과부하방지장치 3. 보일러 압력방출용 안전밸브 4. 압력용기 압력방출용 안전밸브 5. 압력용기 압력방출용 파열판 6. 절연용 방호구 및 활선작업용 기구 7. 방폭구조 전기기계·기구 및 부품 8. 추락·낙하 및 붕괴 등의 위험 방지 및 보호에 필요한 가설기자재로서 고용노동부장관이 정하여 고시하는 것 9. 충돌·협착 등의 위험 방지에 필요한 산업용 로봇 방호장치로서 고용노동부장관이 정하여 고시하는 것
보호구	1. 추락 및 감전 위험방지용 안전모 2. 안전화 3. 안전장갑 4. 방진마스크 5. 방독마스크 6. 송기마스크 7. 전동식 호흡보호구 8. 보호복 9. 안전대 10. 차광 및 비산물 위험방지용 보안경 11. 용접용 보안면 12. 방음용 귀마개 또는 귀덮개

02 관리감독자를 대상으로, 작업지도방법, 작업개선방법, 대인관계능력 등을 가르치는 교육은?
① TWI(Training Within Industry)
② ATT(American Telephone & Telegram co.)
③ MTP(Management Training Program)
④ CSS(Civil Communication Section)

해설

TWI(Training Within Industry)
1. Job Method Training(JMT) : 작업방법훈련, 작업개선훈련
2. Job Instruction Training(JIT) : 작업지도훈련
3. Job Relations Training(JRT) : 인간관계 훈련, 부하통솔법
4. Job Safety Training(JST) : 작업안전훈련

03 국제노동기구(ILO)에서 구분한 "일시 전노동불능"에 관한 설명으로 옳은 것은?
① 부상의 결과로 근로기능을 완전히 잃은 부상
② 부상의 결과로 신체의 일부가 근로기능을 완전히 상실한 부상
③ 의사의 소견에 따라 일정 기간 동안 노동에 종사할 수 없는 상해
④ 의사의 소견에 따라 일시적으로 근로시간 중 치료를 받는 정도의 상해

해설

상해 정도별 분류(국제노동기구(ILO)에 따른 분류)

사망	안전사고 혹은 부상의 결과로 사망한 경우 : 노동손실일수 7,500일
영구 전노동불능 상해	부상결과 근로기능을 완전히 잃은 경우(신체장해등급 제1급~제3급) : 노동손실일수 7,500일
영구 일부노동불능 상해	부상결과 신체의 일부가 근로기능을 상실한 경우(신체장해등급 제4급~제14급)
일시 전노동불능 상해	의사의 진단에 따라 일정기간 근로를 할 수 없는 경우(신체장해가 남지 않는 일반적인 휴업재해)

정답 01 ① 02 ① 03 ③

일시 일부노동불능 상해	의사의 진단에 따라 부상 다음날 혹은 그 이후에 정규근로에 종사할 수 없는 휴업재해 이외의 경우(일시적으로 작업시간 중에 업무를 떠나 치료를 받는 것 또는 가벼운 작업에 종사하는 정도의 휴업재해)
응급(구급) 조치 상해	응급처치 혹은 의료조치를 받아 부상당한 다음날 정규근로에 종사할 수 있는 경우

04 교육훈련 평가의 4단계를 올바르게 나열한 것은?

① 학습 → 반응 → 행동 → 결과
② 학습 → 행동 → 반응 → 결과
③ 행동 → 반응 → 학습 → 결과
④ 반응 → 학습 → 행동 → 결과

해설
교육훈련 평가의 4단계

제1단계	제2단계	제3단계	제4단계
반응단계 ➡	학습단계 ➡	행동단계 ➡	결과단계

05 매슬로(Maslow)의 욕구 5단계 이론에 해당되지 않는 것은?

① 생리적 욕구   ② 안전의 욕구
③ 사회적 욕구   ④ 심리적 욕구

해설
매슬로(Maslow)의 욕구단계 이론

제1단계	생리적 욕구	기아, 갈증, 호흡, 배설, 성욕 등 생명유지의 기본적 욕구
제2단계	안전의 욕구	1. 자기보존 욕구 – 안전을 구하려는 욕구 2. 전쟁, 재해, 질병의 위험으로부터 자유로워지려는 욕구
제3단계	사회적 욕구	1. 소속감과 애정에 대한 욕구 2. 사회적으로 관계를 향상시키는 욕구
제4단계	인정받으려는 욕구 (자기 존중의 욕구)	자존심, 명예, 성취, 지위 등 인정받으려는 욕구
제5단계	자아실현의 욕구	잠재능력을 실현하고자 하는 성취욕구

06 안전교육의 3요소가 아닌 것은?

① 지식교육   ② 기능교육
③ 태도교육   ④ 실습교육

해설
안전보건교육의 3단계

제1단계	제2단계	제3단계
지식교육 ➡	기능교육 ➡	태도교육

07 다음에 설명하는 착시 현상과 관계가 깊은 것은?

그림에서 선 ab와 선 cd는 그 길이가 동일한 것이지만, 시각적으로는 선 ab가 선 cd보다 길어 보인다.

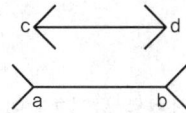

① 헬몰쯔의 착시   ② 쾰러의 착시
③ 뮬러-라이어의 착시   ④ 포겐 도르프의 착시

해설
착시현상

Müler–Lyer의 착시		실제 a=b이나 a가 b보다 길게 보인다(동화착오).
Helmholz의 착시		a는 가로로 길어보이고 b는 세로로 길어 보인다 (실제 a=b).
Herling의 착시		a는 양단이 벌어져 보이고 b는 중앙이 벌어져 보인다(분할착오).
Poggendorf의 착시		a와 c가 일직선으로 보인다(실제 a와 b가 일직선, 위치착오).
Köhler의 착시		우선 평행의 호를 보고, 이어 직선을 본 경우에는 직선은 호외의 반대방향으로 휘어져 보인다(윤곽착오).
Zöller의 착시		세로의 선이 수직선인데 휘어져 보인다(방향착오).

정답 04 ④ 05 ④ 06 ④ 07 ③

08 인간의 안전교육 형태에서 행위의 난이도가 점차적으로 높아지는 순서를 올바르게 표현한 것은?

① 지식 → 태도변형 → 개인행위 → 집단행위
② 태도변형 → 지식 → 집단행위 → 개인행위
③ 개인행위 → 태도변형 → 집단행위 → 지식
④ 개인행위 → 집단행위 → 지식 → 태도변형

해설

리더십의 인간행동 변용(변화)

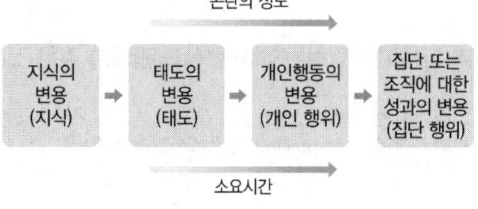

09 산업안전보건법상 사업 내 안전·보건교육 교육과정이 아닌 것은?

① 특별교육
② 양성교육
③ 작업내용 변경 시의 교육
④ 건설업 기초 안전·보건교육

해설

근로자 안전·보건교육
1. 정기교육   2. 채용 시의 교육
3. 작업내용 변경 시의 교육   4. 특별교육
5. 건설업 기초안전·보건교육

10 학습의 전개 단계에서 주제를 논리적으로 체계화하는 방법이 아닌 것은?

① 간단한 것에서 복잡한 것으로
② 부분적인 것에서 전체적인 것으로
③ 미리 알려져 있는 것에서 미지의 것으로
④ 많이 사용하는 것에서 적게 사용하는 것으로

해설

학습의 전개 과정
1. 학습의 주제를 간단한 것에서 복잡한 것으로 실시
2. 학습의 주제를 과거에서 현재, 미래의 순으로 실시
3. 학습의 주제를 미리 알려져 있는 것에서 미지의 것으로 배열
4. 학습의 주제를 많이 사용하는 것에서 적게 사용하는 순으로 실시
5. 학습의 주제를 쉬운 것부터 어려운 것으로 실시
6. 학습의 주제를 전체적인 것에서 부분적인 것으로 실시

11 산업재해 손실액 산정 시 직접비가 2000만 원일 때 하인리히 방식을 적용하면 총 손실액은?

① 2,000만 원   ② 8,000만 원
③ 1억 원   ④ 1억 2,000만 원

해설

하인리히(H.W.Heinrich) 방식(1 : 4 원칙)

> 총 재해 코스트(재해손실비용) = 직접비 + 간접비
>   = 직접비×5
> 직접손실비 : 간접손실비 = 1 : 4

총 재해 코스트(재해손실비용) = 직접비 + 간접비
= 직접비×5 = 2천만 원×5 = 1억 원

12 무재해 운동의 3대 원칙에 대한 설명이 아닌 것은?

① 사람이 죽거나 다쳐서 일을 못하게 되는 일 및 모든 잠재요소를 제거한다.
② 잠재위험 요인을 발굴·제기로 안전 확보 및 사고를 예방한다.
③ 작업환경을 개선하고 이상을 발견하면 정비 및 수리를 통해 사고를 예방한다.
④ 무재해를 지향하고 인전과 긴강을 섭취하기 위해 전원 참가한다.

해설

무재해 운동의 3원칙

무(無)의 원칙	단순히 사망재해나 휴업재해만 없으면 된다는 소극적인 사고가 아닌, 사업장 내의 모든 잠재위험요인을 적극적으로 사전에 발견하고 파악·해결함으로써 산업재해의 근원적인 요소를 없앤다는 것을 의미
참여의 원칙 (전원참가의 원칙)	작업에 따르는 잠재위험요인을 발견하고 파악·해결하기 위해 전원이 일치 협력하여 각자의 위치에서 적극적으로 문제해결을 하겠다는 것을 의미
안전제일의 원칙 (선취의 원칙)	안전한 사업장을 조성하기 위한 궁극의 목표로서 사업장 내에서 행동하기 전에 잠재위험요인을 발견하고 파악·해결하여 재해를 예방하는 것을 의미

정답 08 ① 09 ② 10 ② 11 ③ 12 ③

13 부주의에 대한 설명 중 틀린 것은?

① 부주의는 거의 모든 사고의 직접 원인이 된다.
② 부주의라는 말은 불안전한 행위뿐만 아니라 불안정한 상태에도 통용된다.
③ 부주의라는 말은 결과를 표현한다.
④ 부주의는 무의식적 행위나 의식의 주변에서 행해지는 행위에 나타난다.

해설
부주의의 특성
1. 부주의는 불안전한 행동만이 아니라 불안전한 상태에도 통용된다.
2. 부주의란 말은 결과를 표현한다.
3. 부주의에는 원인이 존재 : 부주의에는 각각의 원인이 있으므로 그 원인이 되는 조건을 제거해야 한다.
4. 부주의에 유사한 현상 : 착각이나 인간능력의 한계를 넘는 범위로 행동한 동작의 실패원인을 부주의라고 할 수는 없다.
5. 부주의는 무의식적 행위나 그것에 가까운 의식의 주변에서 행해지는 행위에 나타난다.

14 벨트식, 안전그네식 안전대의 사용 구분에 따른 분류에 해당되지 않는 것은?

① U자 걸이용   ② D링 걸이용
③ 안전블록   ④ 추락방지대

해설
안전대의 종류

종류	사용 구분
벨트식 안전그네식	1개 걸이용
	U자 걸이용
	추락방지대
	안전블록

※ 추락방지대 및 안전블록은 안전그네식에만 적용함

15 재해예방 4원칙 중 대책선정의 원칙의 충족 조건이 아닌 것은?

① 문제해결 능력 고취
② 적합한 기준 설정
③ 경영자 및 관리자의 솔선수범
④ 부단한 동기부여와 사기 향상

해설
대책선정의 원칙
1. 원인을 정확히 규명해서 대책을 선정하고 실시되어야 한다.(3E, 즉 기술, 교육, 독려를 중심으로)
2. 3E의 대책

기술적 (Engineering) 대책	기계설비의 교체, 작업환경의 개선 1. 설계 최적화 2. 구조재료의 검토 3. 생산공정의 개선 4. 점검 및 보존 철저
교육적 (Education) 대책	지속적이고 충실한 안전교육훈련 실시 1. 안전지식 함양 2. 안전수칙 교육 및 지도 3. 지속적, 체계적 교육실시 4. 작업방법 교육 철저 5. 유해·위험작업 교육실시
관리적 (Enforcement) 대책	안전관리조직 구비, 제반 규정/수칙 준수, 안전감독의 철저 1. 적합한 기준설정 2. 각종 규정 및 수칙의 준수 3. 전 종업원의 기준 이해 4. 경영자 및 관리자의 솔선수범 5. 부단한 동기부여와 사기 향상

16 위험예지훈련 기초 4라운드법의 진행에서 전원이 토의를 통하여 위험요인을 발견하는 단계로 가장 적절한 것은?

① 제1라운드 : 현상파악
② 제2라운드 : 본질추구
③ 제3라운드 : 대책수립
④ 제4라운드 : 목표설정

해설
위험예지훈련의 4라운드
1. 1라운드(1R) : 현상파악(사실을 파악한다)
2. 2라운드(2R) : 본질추구(요인을 찾아낸다)
3. 3라운드(3R) : 대책수립(대책을 선정한다)
4. 4라운드(4R) : 목표설정(행동계획을 정한다)

17 산업안전보건법상 안전·보건표지의 종류 중 지시표지에 해당되지 않는 것은?

① 안전모 착용   ② 안전화 착용
③ 방호복 착용   ④ 방독마스크 착용

정답 13 ① 14 ② 15 ① 16 ① 17 ③

해설
지시표지
1. 보안경 착용
2. 방독마스크 착용
3. 방진마스크 착용
4. 보안면 착용
5. 안전모 착용
6. 귀마개 착용
7. 안전화 착용
8. 안전장갑 착용
9. 안전복 착용

18 집단에 있어서의 인간관계를 하나의 단면(斷面)에서 포착하였을 때 이러한 단면적(斷面的)인 인간관계가 생기는 기제(Mechanism)와 가장 거리가 먼 것은?

① 모방
② 암시
③ 습관
④ 커뮤니케이션

해설
인간관계 메커니즘
1. 투사
2. 암시
3. 동일화
4. 모방
5. 커뮤니케이션

19 리더십에 있어서 권한이 역할 중 조직이 지도자에게 부여한 권한이 아닌 것은?

① 보상적 권한
② 강압적 권한
③ 합법적 권한
④ 전문성의 권한

해설
리더십의 권한

조직이 지도자에게 부여한 권한	1. 보상적 권한 2. 강압적 권한 3. 합법적 권한
지도자 자신이 자신에게 부여한 권한	1. 전문성의 권한 2. 위임된 권한

20 다음 ( ) 안에 들어갈 내용으로 알맞은 것은?

산업안전보건법상 사업주는 안전보건관리 규정을 작성 또는 변경할 때에는 (㉠)의 심의·의결을 거쳐야 한다. 다만, (㉠)가 설치되어 있지 아니한 사업장에 있어서는 (㉡)의 동의를 받아야 한다.

① ㉠ 안전보건관리규정위원회, ㉡ 노사 대표
② ㉠ 안전보건관리규정위원회, ㉡ 근로자 대표
③ ㉠ 산업안전보건위원회, ㉡ 노사 대표
④ ㉠ 산업안전보건위원회, ㉡ 근로자 대표

해설
안전보건관리규정의 작성·변경
사업주는 안전보건관리규정을 작성하거나 변경할 때에는 산업안전보건위원회의 심의·의결을 거쳐야 한다(다만 산업안전보건위원회가 설치되어 있지 아니한 사업장의 경우에는 근로자 대표의 동의를 받아야 한다).

2과목 인간공학 및 시스템 안전공학

21 인간공학의 연구방법에서 인간-기계 시스템을 평가하는 척도로서 인간기준이 아닌 것은?

① 사고빈도
② 인간성능 척도
③ 객관적 반응
④ 생리학적 지표

해설
기준의 유형

체계기준 (System Criteria)	1. 체계의 예상수명 2. 운용이나 사용상의 용이성 3. 정비도 4. 신뢰도 5. 운용비 6. 소요 인력
인간기준 (Human Criteria)	1. 인간성능 척도(Human Performance) 2. 생리학적(Physiological) 지표 3. 주관적 반응(Subjecttive Response) 4. 사고빈도(Accident Frequency)

22 인간오류의 확률을 이용하여 시스템의 위험성을 평가하는 기법은?

① PHA
② THERP
③ OHA
④ HAZOP

해설
인간과오율 예측기법(Technique For Human Error Rate Prediction : THERP)
1. 사고원인 가운데 인간의 과오나 기인된 원인분석, 확률을 계산함으로써 제품의 결함을 감소시키고, 인간공학적 대책을 수립하는 데 사용되는 분석기법
2. 인간의 과오(Human Error)를 정량적으로 평가하기 위해 개발된 기법(Swain 등에 의해 개발된 인간과오율 예측기법)

23 "음의 높이, 무게 등 물리적 자극을 상대적으로 판단하는 데 있어 특정 감각기관의 변화감지역은 표준자극에 비례한다."라는 법칙을 발견한 사람은?

① 핏츠(Fitts) ② 드루리(Drury)
③ 웨버(Weber) ④ 호프만(Hofmann)

해설

웨버(Weber)의 법칙
1. 음의 높이, 무게, 빛의 밝기 등 물리적 자극을 상대적으로 판단하는 데 있어 특정감각기관의 변화감지역은 표준자극에 비례한다는 법칙
2. 감각기관의 표준자극과 변화감지역의 연관관계
3. 변화감지역은 사용되는 표준자극의 크기에 비례
4. 원래 자극의 강도가 클수록 변화 감지를 위한 자극의 변화량은 커지게 된다.

$$\text{Weber 비} = \frac{\Delta I}{I} = \frac{\text{변화감지역}}{\text{표준자극}}$$

여기서, ΔI : 변화감지역, I : 표준자극

24 설비의 이상 상태 여부를 감시하여 열화의 정도가 사용한도에 이른 시점에서 부품교환 및 수리하는 설비보전 방법은?

① 예지보전 ② 계량보전
③ 사후보전 ④ 일상보전

해설

예지보전
설비의 열화상태를 진동, 온도, 전류 등의 간이 진단에 의한 경향관리와 그 정보에 기초한 정밀진단에 의해 정량 파악을 하여 데이터에 기초를 보전의 타이밍 및 방법을 결정하는 방법을 말하며, 상태기준보전(CMB)이라고도 한다.

25 신뢰도가 동일한 부품 4개로 구성된 시스템 전체의 신뢰도가 가장 높은 것은?

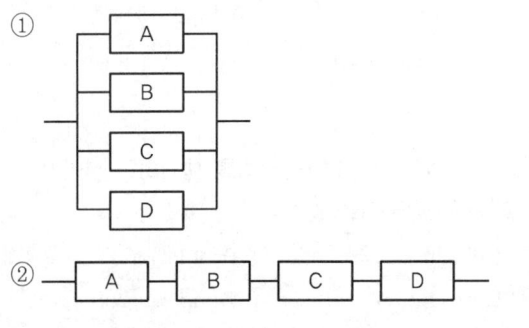

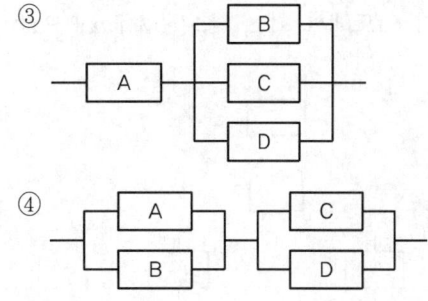

해설

각 부품의 신뢰도가 동일할 경우 병렬시스템의 신뢰도가 가장 높게 나타난다.

26 FT에서 두 입력사상 A와 B가 AND 게이트로 결합되어 있을 때 출력사상의 고장발생확률은?(단, A의 고장률은 0.6, B의 고장률은 0.2이다.)

① 0.12 ② 0.40
③ 0.68 ④ 0.80

해설

발생확률의 계산
발생확률 = A×B = 0.6×0.2 = 0.12

27 인간-기계 시스템의 신뢰도를 향상시킬 수 있는 방법으로 가장 적절하지 않은 것은?

① 중복설계
② 고가재료 사용
③ 부품개선
④ 충분한 여유용량

해설

신뢰성 설계기술(시스템의 신뢰도를 증가시키는 방법)
1. 리던던시 설계(중복설계)
2. 부품의 단순화와 표준화
3. 최적재료의 선정
4. 디레이팅 설계(구성부품에 걸리는 부하의 정격값에 여유를 두고 설계하는 방법)
5. 내환경성 설계
6. 인간공학적 설계와 보전성 설계(Fail Safe와 Fool Proof)

정답 23 ③ 24 ① 25 ① 26 ① 27 ②

28 그림의 FT도에서 최소 패스셋(Minimal Path Set)은?

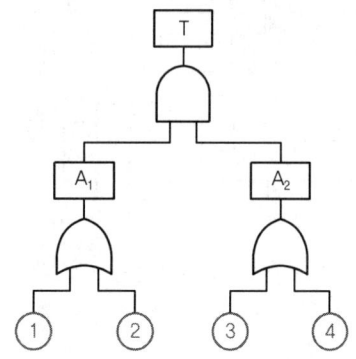

① {1, 3}, {1, 4}
② {1, 2}, {3, 4}
③ {1, 2, 3}, {1, 2, 4}
④ {1, 3, 4}, {2, 3, 4}

해설

미니멀 패스셋(Minimal Path Set)
1. 미니멀 패스를 구하기 위해서는 미니멀 컷셋과 미니멀 패스셋의 쌍대성을 이용하여 구하는 것이 좋다.
2. 쌍대 FT란 원래 FT의 논리곱을 논리합으로 논리합을 논리곱으로 치환해서 모든 사상이 일어나지 않는 경우로 생각한 FT이다.

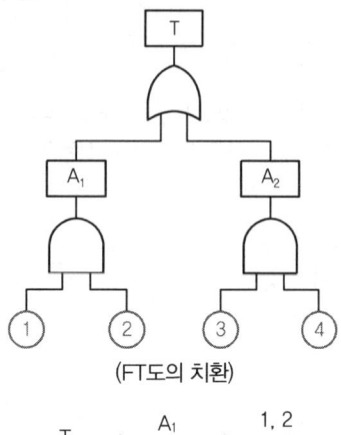

(FT도의 치환)

T → A₁ → 1, 2
    A₂   3, 4

29 광원으로부터 직사휘광을 처리하기 위한 방법으로 틀린 것은?

① 광원의 휘도를 줄인다.
② 가리개나 차양을 사용한다.
③ 광원을 시선에서 멀리 한다.
④ 광원의 주위를 어둡게 한다.

해설

광원으로부터의 직사휘광처리
1. 광원의 휘도를 줄이고 수를 늘림
2. 광원을 시선에서 멀리 위치시킴
3. 휘광원 주위를 밝게 하여 광도비를 줄임
4. 가리개(Shield), 갓(Hood) 혹은 차양(Visor)을 사용

30 그림의 선형 표시장치를 움직이기 위해 길이가 L인 레버(Lever)를 a° 움직일 때 조종반응(C/R) 비율을 계산하는 식은?

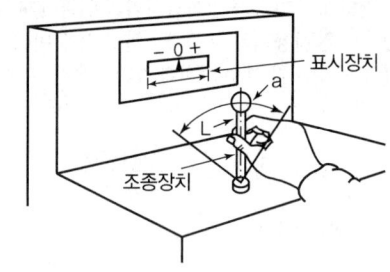

① $\dfrac{(a/360) \times 2\pi L}{\text{표시장치 이동거리}}$

② $\dfrac{\text{표시장치 이동거리}}{(a/360) \times 2\pi L}$

③ $\dfrac{(a/360) \times 4\pi L}{\text{표시장치 이동거리}}$

④ $\dfrac{\text{표시장치 이동거리}}{(a/360) \times 4\pi L}$

해설

조종 – 표시장치 이동비율(C/D비 ; Control – Display Ratio)
1. 선형 조종장치가 선형 표시장치를 움직일 때는 각각 직선 변위의 비(제어표시비)

$$C/D\text{비}(C/R\text{비}) = \dfrac{\text{조종장치(제어기기)의 이동거리}}{\text{표시장치(표시기기)의 반응거리}}$$

2. 회전운동을 하는 조종장치가 선형 표시장치를 움직일 경우

$$C/D\text{비}(C/R\text{비}) = \dfrac{(a/360) \times 2\pi L}{\text{표시장치의 이동거리}}$$

여기서, L : 반경(지레의 길이), a : 조종장치가 움직인 각도

31 설비에 부착된 안전장치를 제거하면 설비가 작동되지 않도록 하는 안전설계는?

① Fail Safe
② Fool Proof
③ Lock Out
④ Temper Proof

정답 28 ② 29 ④ 30 ① 31 ④

해설

템퍼 프루프(Temper Proof)
생산성과 작업의 용이성을 위해 작업자들은 종종 안전장치를 제거하고 사용하는 경우가 있다. 따라서 고의로 안전장치를 제거하는 것을 대비하는 예방설계를 Temper Proof라 한다. 예를 들어 화학설비의 안전장치를 제거하는 경우 설비가 작동되지 않도록 설계하는 것이다.

32 VDT(Visual Display Terminal) 작업을 위한 조명의 일반원칙으로 적절하지 않은 것은?

① 화면반사를 줄이기 위해 산란식 간접조명을 사용한다.
② 화면과 화면에서 먼 주위의 휘도비는 1 : 10으로 한다.
③ 작업영역을 조명기구들 사이보다는 조명기구 바로 아래에 둔다.
④ 조명의 수준이 높으면 자주 주위를 둘러봄으로써 수정체의 근육을 이완시키는 것이 좋다.

해설

VDT 작업을 위한 일반적인 조명의 원칙
1. 주위 조명 수준이 높으면 작업자는 VDT 작업을 하면서 주위를 돌아보기 쉽고 따라서 수정체를 통제하는 눈의 근육을 이완시키는 것이 좋다.
2. 일반적으로 화면과 그 인접 주변 간에는 1 : 3의 광도비, 화면과 화면에서 먼 주위 간에는 1 : 10의 광도비로 한다.
3. 작업영역을 머리 위의 조명기구 바로 밑보다는 조명기구들 사이에 둔다.
4. 화면의 반사를 줄이기 위해 산란된 간접조명을 사용한다.
5. 화면이 창을 향하거나 등지는 것보다는 직각되게 둔다.

33 인간의 반응체계에서 이미 시작된 반응을 수정하지 못하는 저항시간(Refractory Period)은?

① 0.1초
② 0.5초
③ 1초
④ 2초

해설

반응시간
1. 어떤 외부로부터의 자극이 눈이나 귀를 통해 입력되어 뇌에 전달되고, 판단을 한 후 뇌의 명령이 신체부위에 전달될 때까지의 시간(자극이 있은 후 동작을 개시할 때까지의 총 시간)
2. 총 반응시간(응답시간)
   = 반응시간(0.2초) + 동작시간(0.3초) = 0.5초

34 60폰(Phon)의 소리에 해당하는 손(Sone)의 값은?

① 1
② 2
③ 4
④ 8

해설

Phon(음량 수준)과 Sone(음량)의 관계

$$Sone\ 치 = 2^{(Phon치 - 40)/10}$$

※ 음량 수준이 10Phon 증가하면 음량(Sone)은 2배로 증가된다.

Sone 치 $= 2^{(Phon치 - 40)/10} = 2^{(60-40)/10} = 4$ [Sone]

35 의자 좌판의 높이 결정 시 사용할 수 있는 인체측정치는?

① 앉은 키
② 앉은 무릎 높이
③ 앉은 팔꿈치 높이
④ 앉은 오금 높이

해설

의자 설계의 일반적인 원칙(의자 좌판의 높이)
1. 대퇴를 압박하지 않도록 좌판은 오금의 높이보다 높지 않아야 하고 앞 모서리는 5cm 정도 낮게 설계(치수는 5%치 사용.)
2. 좌판의 높이는 조절할 수 있도록 하는 것이 바람직하다.

36 다음의 인체측정자료의 응용원리를 설계에 적용하는 순서로 가장 적절한 것은?

| ㉠ 극단치 설계 ㉡ 평균치 설계 ㉢ 조절식 설계 |

① ㉠ → ㉡ → ㉢
② ㉢ → ㉡ → ㉠
③ ㉡ → ㉠ → ㉢
④ ㉢ → ㉠ → ㉡

해설

인체측정치를 이용한 설계 흐름도
조절 가능한 설계 → 극단치를 이용한 설계 → 평균치를 이용한 설계

37 후각적 표시장치에 대한 설명으로 틀린 것은?

① 냄새의 확산을 통제하기 힘들다.
② 코가 막히면 민감도가 떨어진다.
③ 복잡한 정보를 전달하는 데 유용하다.
④ 냄새에 대한 민감도의 개인차가 있다.

정답 32 ③ 33 ② 34 ③ 35 ④ 36 ④ 37 ③

해설

후각적 표시장치를 많이 쓰지 않는 이유
1. 사람마다 여러 냄새에 대한 민감도의 개인차가 심하고, 코가 막히면 민감도가 떨어진다.
2. 사람은 냄새에 빨리 익숙해져서 노출 후 얼마 이상이 지나면 냄새의 존재를 느끼지 못한다.
3. 냄새의 확산을 통제하기가 힘들다.
4. 어떤 냄새는 메스껍게 하고 사람이 싫어할 수도 있다.

38 측정값의 변화방향이나 변화속도를 나타내는 데 가장 유리한 표시장치는?

① 동침형 ② 동목형
③ 계수형 ④ 묘사형

해설

정량적 표시장치의 종류(정량적인 동적 표시장치)

아날로그 (Analog)	정목동침형 (Moving Pointer, 지침이동형)	1. 눈금이 고정되고 지침이 움직이는 형(고정눈금 이동지침 표시장치) 2. 일정한 범위에서 수치가 자주 또는 계속 변하는 경우 가장 유용한 표시장치
	정침동목형 (Moving Scale, 지침고정형)	1. 지침이 고정되고 눈금이 움직이는 형(이동눈금 고정지침 표시장치) 2. 나타내고자 하는 값의 범위가 클 때, 비교적 작은 눈금판에 모두 나타내고자 할 때(공간을 적게 차지하는 이점이 있음)
디지털 (Digital)	계수형 (Digital)	1. 전력계나 택시 요금 계기와 같이 기계, 전자적으로 숫자가 표시되는 형 2. 출력되는 값을 정확하게 읽어야 하는 경우에 가장 적합하다.(수치를 정확하게 읽어야 할 경우)

39 FT에서 사용되는 사상기호에 대한 설명으로 맞는 것은?

① 위험지속기호 : 정해진 횟수 이상 입력이 될 때 출력이 발생한다.
② 억제게이트 : 조건부 사건이 일어났다는 조건하에 출력이 발생한다.
③ 우선적 AND 게이트 : 입력이 될 때 정해진 순서대로 복수의 출력이 발생한다.
④ 배타적 OR 게이트 : 2개 이상 입력이 동시에 존재하는 경우에 출력이 발생한다.

해설

사상기호
1. 위험지속기호 : 입력사상이 생겨 어떤 일정한 시간이 지속했을 때 출력이 생긴다. 만약 지속되지 않으면 출력은 생기지 않는다.
2. 억제게이트 : 입력사상 중 어느 것이나 이 게이트로 나타내는 조건이 만족하는 경우에만 출력사상이 발생한다(조건부확률).
3. 우선적 AND 게이트 : 입력사상 중 어떤 사상이 다른 사상보다 먼저 일어난 때에 출력사상이 생긴다. 즉, 출력이 발생하기 위해서는 입력들이 정해진 순서로 발생해야 한다.
4. 배타적 OR 게이트 : OR 게이트이지만 2개 또는 그 이상의 입력이 동시에 존재하는 경우에는 출력이 생기지 않는다.

40 다음 설명에 해당하는 시스템 위험분석방법은?

- 시스템의 정의 및 개발 단계에서 실행한다.
- 시스템의 기능, 과업, 활동으로부터 발생되는 위험에 초점을 둔다.

① 모트(MORT)
② 결함수분석(FTA)
③ 예비위험분석(PHA)
④ 운용위험분석(OHA)

해설

운용위험분석(Operating Hazard Analysis : OHA)
1. 시스템이 저장, 이동, 실행됨에 따라 발생하는 작동시스템의 기능이나, 과업, 활동으로부터 발생되는 위험에 초점을 두고 진행하는 위험분석방법이다.
2. 시스템의 정의 및 개발 단계에서 실행한다.

3과목 기계위험 방지기술

41 프레스 등의 금형을 부착·해체 또는 조정 작업 중 슬라이드가 갑자기 작동하여 발생할 수 있는 위험을 방지하기 위하여 설치하는 것은?

① 방호 울 ② 안전블록
③ 시건장치 ④ 게이트 가드

해설

금형조정작업의 위험 방지
프레스 등의 금형을 부착·해체 또는 조정하는 작업을 할 때에 해당 작업에 종사하는 근로자의 신체가 위험한계 내에 있는 경우 슬라이드가 갑자기 작동함으로써 근로자에게 발생할 우려가 있는 위험을 방지하기 위하여 안전블록을 사용하는 등 필요한 조치를 하여야 한다.

42 롤러의 맞물림점 전방 60mm의 거리에 가드를 설치하고자 할 때 가드 개구부의 간격은?(단, 위험점이 전동체가 아닌 경우이다.)

① 12mm ② 15mm
③ 18mm ④ 20mm

해설

롤러기 가드의 개구부 간격(ILO 기준, 위험점이 전동체가 아닌 경우)

$$Y = 6 + 0.15X \quad (X < 160\text{mm})$$
$$(단, X \geq 160\text{mm}일 때, Y = 30\text{mm})$$

여기서, X : 가드와 위험점 간의 거리(안전거리)[mm]
Y : 가드 개구부 간격(안전간극)[mm]

$Y = 6 + 0.15X = 6 + 0.15 \times 60 = 15 [\text{mm}]$

43 밀링작업에 관한 설명으로 틀린 것은?

① 하향절삭은 날의 마모가 적고, 가공면이 깨끗하다.
② 상향절삭은 절삭열에 의한 치수정밀도의 변화가 적다.
③ 커터의 회전방향과 반대방향으로 가공재를 이송하는 것을 상향절삭이라고 한다.
④ 하향절삭은 커터의 회전방향과 같은 방향으로 일감을 이송하므로 백래시 제거장치가 필요 없다.

해설

하향절삭(Down Cutting)
밀링 커터의 회전방향과 같은 방향으로 공작물을 이송하는 것을 하향절삭이라 하고 백래시 제거장치가 필요하다.

44 컨베이어 작업 시 준수해야 할 사항이 아닌 것은?

① 운전 중인 컨베이어 등의 위로 근로자를 넘어가도록 하는 경우에는 위험을 방지하기 위하여 건널다리를 설치하는 등 필요한 조치를 하여야 한다.
② 근로자를 운반할 수 있는 구조가 아닌 운전 중인 컨베이어에 근로자를 탑승시켜서는 안 된다.
③ 작업 중 급정지를 방지하기 위하여 비상정지장치는 해체해야 한다.
④ 트롤리 컨베이어에 트롤리와 체인·행거가 쉽게 벗겨지지 않도록 확실하게 연결시켜야 한다.

해설

컨베이어의 안전조치사항
1. 컨베이어, 이송용 롤러 등을 사용하는 경우에는 정전·전압강하 등에 따른 화물 또는 운반구의 이탈 및 역주행을 방지하는 장치를 갖추어야 한다.
2. 컨베이어 등에 해당 근로자의 신체의 일부가 말려드는 등 근로자가 위험해질 우려가 있는 경우 및 비상시에는 즉시 컨베이어 등의 운전을 정지시킬 수 있는 장치를 설치하여야 한다.
3. 컨베이어 등으로부터 화물이 떨어져 근로자가 위험해질 우려가 있는 경우에는 해당 컨베이어 등에 덮개 또는 울을 설치하는 등 낙하 방지를 위한 조치를 하여야 한다.
4. 트롤리 컨베이어(Trolley Conveyor)를 사용하는 경우에는 트롤리와 체인·행거(Hanger)가 쉽게 벗겨지지 않도록 서로 확실하게 연결하여 사용하도록 하여야 한다.
5. 운전 중인 컨베이어 등의 위로 근로자를 넘어가도록 하는 경우에는 위험을 방지하기 위하여 건널다리를 설치하는 등 필요한 조치를 하여야 한다.
6. 동일 선상에 구간별 설치된 컨베이어에 중량물을 운반하는 경우에는 중량물 충돌에 대비한 스토퍼를 설치하거나 작업자 출입을 금지하여야 한다.

45 기계운동 형태에 따른 위험점 분류 중 다음에서 설명하는 것은?

> 고정부분과 회전하는 동작부분이 함께 만드는 위험점으로 연삭숫돌과 작업받침대, 교반기의 날개와 하우스, 반복왕복운동을 하는 기계부분 등이다.

① 끼임점 ② 접선물림점
③ 협착점 ④ 절단점

정답 42 ② 43 ④ 44 ③ 45 ①

해설

끼임점(Shear-Point)
1. 회전운동하는 부분과 고정부 사이에 위험이 형성되는 위험점(고정점＋회전운동)
2. 위험점의 예 : 연삭숫돌과 작업대, 반복동작되는 링크기구, 교반기의 날개와 몸체 사이, 회전폴리와 벨트

46 위험기계·기구와 이에 해당하는 방호장치의 연결이 틀린 것은?

① 연삭기 - 급정지장치
② 프레스 - 광전자식 방호장치
③ 아세틸렌 용접장치 - 안전기
④ 압력용기 - 압력방출용 안전밸브

해설

연삭기의 방호장치는 덮개이다.

> **TIP** 연삭기 또는 평삭기의 테이블, 형삭기 램 등의 행정끝 : 덮개 또는 울 등을 설치

47 기계설비의 일반적인 안전조건에 해당되지 않는 것은?

① 설비의 안전화
② 기능의 안전화
③ 구조의 안전화
④ 작업의 안전화

해설

기계의 안전조건
1. 외관상의 안전화
2. 기능적 안전화
3. 작업점의 안전화
4. 작업의 안전화
5. 구조상의 안전화
6. 보전작업의 안전화

48 보일러수에 유지류, 고형물 등에 의한 거품이 생겨 수위를 판단하지 못하는 현상은?

① 역화
② 포밍
③ 프라이밍
④ 캐리오버

해설

이상현상의 종류

프라이밍 (Priming)	보일러수가 극심하게 끓어서 수면에서 계속하여 물방울이 비산하고 증기부가 물방울로 충만하여 수위가 불안정하게 되는 현상
포밍 (Foaming)	보일러수에 유지류, 고형물 등의 부유물로 인해 거품이 발생하여 수위를 판단하지 못하는 현상
캐리오버 (Carry Over)	1. 보일러에서 증기관 쪽에 보내는 증기에 대량의 물방울이 포함되는 경우로 프라이밍이나 포밍이 생기면 필연적으로 발생 2. 보일러에서 증기의 순도를 저하시킴으로써 관 내 응축수가 생겨 워터해머의 원인이 되는 것
워터해머 (Water Hammer, 수격작용)	증기관 내에서 증기를 보내기 시작할 때 해머로 치는 듯한 소리를 내며 관이 진동하는 현상, 워터해머는 캐리오버에 기인한다.

49 프레스기에 사용하는 양수조작식 방호장치의 일반구조에 관한 설명 중 틀린 것은?

① 1행정 1정지 기구에 사용할 수 있어야 한다.
② 누름버튼을 양 손으로 동시에 조작하지 않으면 작동시킬 수 없는 구조이어야 한다.
③ 양쪽 버튼의 작동시간 차이는 최대 0.5초 이내일 때 프레스가 동작되도록 해야 한다.
④ 방호장치는 사용전원전압의 ±50%의 변동에 대하여 정상적으로 작동되어야 한다.

해설

양수조작식 방호장치
방호장치는 릴레이, 리미트스위치 등의 전기부품의 고장, 전원전압의 변동 및 정전에 의해 슬라이드가 불시에 동작하지 않아야 하며, 사용전원전압의 ±(100분의 20)의 변동에 대하여 정상으로 작동되어야 한다.

50 기준 무부하상태에서 구내최고속도가 20km/h인 지게차의 주행 시 좌우안정도 기준은 몇 % 이내인가?

① 4%
② 20%
③ 37%
④ 40%

해설

지게차의 안정도 기준
주행 시의 좌우안정도
$= (15+1.1V)\%$
$= (15+1.1 \times 20) = 37[\%]$ 이내
여기서, V : 최고속도(km/hr)

정답 46 ① 47 ① 48 ② 49 ④ 50 ③

51 세이퍼 작업 시의 안전대책으로 틀린 것은?

① 바이트는 가급적 짧게 물리도록 한다.
② 가공 중 다듬질 면을 손으로 만지지 않는다.
③ 시공하기 전에 행정 조정용 핸들을 끼워둔다.
④ 가공 중에는 바이트의 운동방향에 서지 않도록 한다.

해설
세이퍼 작업에 대한 안전수칙
시동 전에 행정 조정 손잡이(핸들)는 빼둔다.

52 드릴작업 시 가공재를 고정하기 위한 방법으로 적합하지 않은 것은?

① 가공재가 길 때는 방진구를 이용한다.
② 가공재가 작을 때는 바이스로 고정한다.
③ 가공재가 크고 복잡할 때는 볼트와 고정구로 고정한다.
④ 대량생산과 정밀도가 요구될 때는 지그로 고정한다.

해설
드릴링 작업에서 일감(공작물)의 고정방법
1. 일감이 작을 때 : 바이스로 고정
2. 일감이 크고 복잡할 때 : 볼트와 고정구(클램프)로 고정
3. 대량 생산과 정밀도를 요할 때 : 지그(jig)로 고정
4. 얇은 판의 재료일 때 : 나무판을 받치고 기구로 고정

TIP 선반 작업 시 주의사항
바이트는 가급적 짧게 장치하며 가공물의 길이가 직경의 12배 이상일 때는 반드시 방진구를 사용하여 진동을 막는다.

53 산업용 로봇의 작동범위에서 그 로봇에 관하여 교시 등의 작업을 하는 때의 작업시간 전 점검사항에 해당하지 않는 것은?(단, 로봇의 동력원을 차단하고 행하는 것을 제외한다.)

① 회전부의 덮개 또는 울
② 제동장치 및 비상정지장치의 기능
③ 외부전선의 피복 또는 외장의 손상 유무
④ 머니퓰레이터(Manipulator) 작동의 이상 유무

해설
교시 등의 작업을 할 때 작업시작 전 점검사항
1. 외부 전선의 피복 또는 외장의 손상 유무
2. 머니퓰레이터(Manipulator) 작동의 이상 유무
3. 제동장치 및 비상정지장치의 기능

54 보일러에서 과열이 발생하는 직접적인 원인과 가장 거리가 먼 것은?

① 수관의 청소 불량
② 관수 부족 시 보일러의 가동
③ 안전밸브의 기능이 부정확할 때
④ 수면계의 고장으로 드럼 내의 물의 감소

해설
보일러의 과열 원인
1. 수관과 본체의 청소불량
2. 관수 부족 시 보일러의 가동
3. 수면계의 고장으로 드럼 내의 물의 감소

55 기계설비의 안전조건 중 외관의 안전화에 해당되는 조치는?

① 고장 발생을 최소화하기 위해 정기점검을 실시하였다.
② 강도의 열화를 생각하여 안전율을 최대로 고려하여 설계하였다.
③ 전압강하, 정전 시의 오작동을 방지하기 위하여 자동제어 장치를 설치하였다.
④ 작업자가 접촉할 우려가 있는 기계의 회전부를 덮개로 씌우고 안전색채를 사용하였다.

해설
외관상의 안전화
기계를 설계할 때 기계 외부에 나타나는 위험부분을 제거하거나 기계 내부에 내장시키는 것
1. 가드 설치 : 기계 외형 부분 및 회전체 돌출 부분(문힘형이나 덮개의 설치)
2. 구획된 장소에 격리 : 원동기 및 동력전도장치(벨트, 기어, 샤프트, 체인 등)
3. 안전 색채 조절(기계 장비 및 부수되는 배관)

56 기계설비의 본질적 안전화를 위한 방식 중 성격이 다른 것은?

① 고정 가드   ② 인터록 기구
③ 압력용기 안전밸브 ④ 양수조작식 조작기구

정답 51 ③ 52 ① 53 ① 54 ③ 55 ④ 56 ③

해설

압력용기 안전밸브는 과압으로 인한 폭발을 방지하기 위해 설치하는 압력방출장치로 페일 세이프(Fail Safe)에 해당되고 나머지 종류는 풀 프루프(Fool Proof)의 기구에 해당된다.

57 기계설비의 방호장치 분류 중 위험원에 대한 방호장치는?

① 감지형 방호장치
② 접근반응형 방호장치
③ 위치제한형 방호장치
④ 접근거부형 방호장치

해설

방호장치의 분류
1. 위험장소 : 격리형 방호장치, 위치제한형 방호장치, 접근반응형 방호장치, 접근거부형 방호장치
2. 위험원 : 포집형 방호장치, 감지형 방호장치

58 프레스기에서 사용하는 손쳐내기식 방호장치의 방호판에 관한 기준으로 옳은 것은?

① 방호판의 폭은 금형폭의 1/2 이상이어야 하고, 행정 길이가 300mm 이상의 프레스 기계에서는 방호판의 폭을 200mm로 해야 한다.
② 방호판의 폭은 금형폭의 1/2 이상이어야 하고, 행정 길이가 300mm 이상의 프레스 기계에서는 방호판의 폭을 300mm로 해야 한다.
③ 방호판의 폭은 금형폭의 1/3 이상이어야 하고, 행정 길이가 300mm 이상의 프레스 기계에서는 방호판의 폭을 200mm로 해야 한다.
④ 방호판의 폭은 금형폭의 1/3 이상이어야 하고, 행정 길이가 300mm 이상의 프레스 기계에서는 방호판의 폭을 300mm로 해야 한다.

해설

손쳐내기식 방호장치 설치방법
방호판의 폭은 금형폭의 1/2 이상이어야 하고, 행정길이가 300mm 이상의 프레스기계에는 방호판 폭을 300mm로 해야 한다.

59 작업장에서 사용하는 로프의 최대사용하중이 200kgf이고, 절단하중이 600kgf일 때 이 로프의 안전율은?

① 0.33
② 3
③ 200
④ 300

해설

안전율(안전계수)

$$\text{안전율(안전계수)} = \frac{\text{기초강도}}{\text{허용응력}} = \frac{\text{극한강도}}{\text{허용응력}} = \frac{\text{최대응력}}{\text{허용응력}}$$

$$= \frac{\text{절단하중(파괴하중)}}{\text{최대사용하중}}$$

$$= \frac{\text{극한강도}}{\text{최대설계응력}} = \frac{\text{파단하중}}{\text{안전하중}} = \frac{\text{인장강도}}{\text{허용응력}}$$

안전율 = $\frac{\text{절단하중}}{\text{최대사용하중}} = \frac{600}{200} = 3$

60 연삭기에서 연삭숫돌차의 바깥지름이 250mm일 경우 평형플랜지의 바깥지름은 약 몇 mm 이상이어야 하는가?

① 62
② 84
③ 93
④ 114

해설

플랜지의 지름

플랜지의 지름 = 숫돌지름 × $\frac{1}{3}$ = 250 × $\frac{1}{3}$ ≒ 83.33mm

4과목 전기 및 화학설비위험방지기술

61 정전작업 시 주의할 사항으로 틀린 것은?

① 감독자를 배치시켜 스위치의 조작을 통제한다.
② 퓨즈가 있는 개폐기의 경우는 퓨즈를 제거한다.
③ 정전 작업 전에 작업내용을 충분히 작업원에게 주지시킨다.
④ 단시간에 끝나는 작업일 경우 작업원의 판단에 의해 작업한다.

정답 57 ① 58 ② 59 ② 60 ② 61 ④

해설
작업자가 전기위험이 있는 전기기기 등의 노출 충전부 또는 그 인근에서 작업을 하는 경우에는 유자격자만이 할 수 있도록 하여야 하며, 작업지휘자의 지시를 받아 작업하여야 한다.

62 근로자가 충전전로에 취급하거나 그 인근에서 작업하는 경우 조치하여야 하는 사항으로 틀린 것은?

① 충전전로를 취급하는 근로자에게 그 작업에 적합한 절연용 보호구를 착용시킬 것
② 충전전로를 정전시키는 경우 차단장치나 단로기 등의 잠금장치 확인 없이 빠른 시간 내에 작업을 완료할 것
③ 충전전로에 근접한 장소에서 전기작업을 하는 경우에는 해당 전압에 적합한 절연용 방호구를 설치할 것
④ 고압 및 특별고압의 전로에서 전기작업을 하는 근로자에게 활선작업용 기구 및 장치를 사용하도록 할 것

해설
정전전로에서의 전로차단 절차
1. 전기기기 등에 공급되는 모든 전원을 관련 도면, 배선도 등으로 확인할 것
2. 전원을 차단한 후 각 단로기 등을 개방하고 확인할 것
3. 차단장치나 단로기 등에 잠금장치 및 꼬리표를 부착할 것
4. 개로된 전로에서 유도전압 또는 전기에너지가 축적되어 근로자에게 전기위험을 끼칠 수 있는 전기기기 등은 접촉하기 전에 잔류전하를 완전히 방전시킬 것
5. 검전기를 이용하여 작업 대상 기기가 충전되었는지를 확인할 것
6. 전기기기 등이 다른 노출 충전부와의 접촉, 유도 또는 예비동력원의 역송전 등으로 전압이 발생할 우려가 있는 경우에는 충분한 용량을 가진 단락 접지기구를 이용하여 접지할 것

63 전기설비의 점화원 중 잠재적 점화원에 속하지 않는 것은?

① 전동기 권선
② 마그네트 코일
③ 케이블
④ 릴레이 전기접점

해설
전기설비의 점화원

현재적 점화원	잠재적 점화원
정상운전 중 전기불꽃, 고온이 되는 점화원	이상상태에서 전기불꽃, 고온이 되는 점화원

현재적 점화원	잠재적 점화원
1. 직류전동기의 정류자 2. 권선형 유도전동기의 슬립링 3. 고온부로서 전열기, 저항기, 전동기의 고온부 4. 개폐기 및 차단기류의 접점 5. 제어기기 및 보호계전기의 전기접점 등	1. 전동기의 권선 2. 변압기의 권선 3. 마그네트 코일 4. 전기적 광원 5. 케이블 기타 배선

64 접지에 관한 설명으로 틀린 것은?

① 접지저항이 크면 클수록 좋다.
② 접지공사의 접지선은 과전류차단기를 시설하여서는 안 된다.
③ 접지극의 시설은 동판, 동봉 등이 부식도리 우려가 없는 장소를 선정하여 지중에 매설 또는 타입한다.
④ 고압전로와 저압전로를 결합하는 변압기의 저압전로 사용전압이 300V 이하로 중성점 접지가 어려운 경우 저압 측 임의의 한 단자에 제2종 접지공사를 실시한다.

해설
접지저항값이 작을수록, 접지선의 굵기가 클수록 효과가 좋다. 즉, 접지저항이 작다는 것은 전류가 대지로 잘 통한다는 것을 의미한다.

TIP 관련 법 개정으로 접지대상에 따라 일괄 적용한 종별접지(1종, 2종, 3종, 특별3종)가 폐지되었습니다. 해설을 참고하세요.

접지시스템

구분	1. 계통접지(System Earthing) : 전력계통에서 돌발적으로 발생하는 이상현상에 대비하여 대지와 계통을 연결하는 것으로, 중성점을 대지에 접속하는 것을 말한다. 2. 보호접지(Protective Earthing) : 고장 시 감전에 대한 보호를 목적으로 기기의 한 점 또는 여러 점을 접지하는 것을 말한다. 3. 피뢰시스템 접지 : 뇌격전류를 안전하게 대지로 보내기 위해 접지극을 대지에 접속하는 것을 말한다.
종류	1. 단독접지 : (특)고압 계통의 접지극과 저압 접지계통의 접지극을 독립적으로 시설하는 접지방식 2. 공통접지 : (특)고압 접지계통과 저압 접지계통을 등전위 형성을 위해 공통으로 접지하는 방식 3. 통합접지 : 계통접지, 통신접지, 피뢰접지극의 접지극을 통합하여 접지하는 방식
구성요소	접지시스템은 접지극, 접지도체, 보호도체 및 기타 설비로 구성한다.
연결	접지극은 접지도체를 사용하여 주 접지단자에 연결하여야 한다.

정답 62 ② 63 ④ 64 ①

65 방폭구조의 명칭과 표기기호가 잘못 연결된 것은?

① 안전증방폭구조 : e
② 유입(油入) 방폭구조 : o
③ 내압(耐壓) 방폭구조 : p
④ 본질안전방폭구조 : ia 또는 ib

해설

방폭구조의 종류 및 기호

내압 방폭구조	d	안전증 방폭구조	e	비점화 방폭구조	n
압력 방폭구조	p	특수 방폭구조	s	몰드 방폭구조	m
유입 방폭구조	o	본질안전 방폭구조	i(ia, ib)	충전 방폭구조	q

66 인체의 대부분이 수중에 있는 상태에서의 허용접촉 전압으로 옳은 것은?

① 2.5V 이하
② 25V 이하
③ 50V 이하
④ 100V 이하

해설

허용접촉전압

종별	접촉상태	허용접촉 전압
제1종	인체의 대부분이 수중에 있는 상태	2.5V 이하
제2종	• 인체가 현저하게 젖어 있는 상태 • 금속성의 전기기계장치나 구조물에 인체의 일부가 상시 접촉되어 있는 상태	25V 이하
제3종	제1종, 제2종 이외의 경우로 통상의 인체상태에 있어서 접촉전압이 가해지면 위험성이 높은 상태	50V 이하
제4종	• 제1종, 제2종 이외의 경우로 통상의 인체 상태에 있어서 접촉전압이 가해지더라도 위험성이 낮은 상태 • 접촉전압이 가해질 우려가 없는 상태	제한 없음

67 전기기계 · 기구의 조작부분을 점검하거나 보수하는 경우에는 근로자가 안전하게 작업할 수 있도록 전기기계 · 기구로부터 몇 m 이상의 작업 공간을 확보하여야 하는지 그 기준으로 옳은 것은?

① 0.5
② 0.7
③ 0.9
④ 1.2

해설

전기기계 · 기구의 조작 시 등의 안전조치
전기기계 · 기구의 조작부분을 점검하거나 보수하는 경우에는 근로자가 안전하게 작업할 수 있도록 전기 기계 · 기구로부터 폭 70cm 이상의 작업공간을 확보하여야 한다. 다만, 작업공간을 확보하는 것이 곤란하여 근로자에게 절연용 보호구를 착용하도록 한 경우에는 그러하지 아니하다.

68 정전기의 대전현상이 아닌 것은?

① 교반대전
② 충돌대전
③ 박리대전
④ 망상대전

해설

정전기 발생현상
1. 마찰대전
2. 박리대전
3. 유동대전
4. 분출대전
5. 충돌대전
6. 유도대전
7. 비말대전
8. 파괴대전
9. 교반대전(진동대전)

69 인체가 전격(감전)으로 인한 사고 시 통전전류에 의한 인체반응으로 틀린 것은?

① 교류가 직류보다 일반적으로 더 위험하다.
② 주파수가 높아지면 감지전류는 작아진다.
③ 심장을 관통하는 경로가 가장 사망률이 높다.
④ 가수전류는 불수전류보다 값이 대체적으로 작다.

해설

최소감지전류
1. 인체에 전압을 인가하여 통전전류의 값을 서서히 증가시켜서, 어느 일정한 값에 도달하게 되면 고통을 느끼지 않으면서 전기가 흐르는 것을 감지하게 되는데 이때의 전류값을 최소감지전류라고 한다.
2. 교류보다는 직류의 경우 감지전류가 더 크게 나타난다.
3. 직류일 때 평균 최소감지전류는 5.2mA이고 교류에 비해 약 5배의 수치가 된다.
4. 주파수를 증가시키면 감지전류는 증가된다. 즉, 주파수가 높을수록 전격의 영향은 감소한다.

70 400V를 넘는 저압 전로의 절연저항값은 몇 MΩ 이상으로 하여야 하는가?

① 0.2
② 0.4
③ 0.8
④ 1.0

정답 65 ③ 66 ① 67 ② 68 ④ 69 ② 70 ②

해설

저압전로의 절연저항

전로의 사용전압(V)	DC시험전압(V)	절연저항(MΩ)
SELV 및 PELV	250	0.5
FELV, 500V 이하	500	1.0
500V 초과	1,000	1.0

주) 특별저압(Extra Low Voltage : 2차 전압이 AC 50V, DC 120V 이하)으로 SELV(비접지회로 구성) 및 PELV(접지회로 구성)는 1차와 2차가 전기적으로 절연된 회로, FELV는 1차와 2차가 전기적으로 절연되지 않은 회로

TIP 본 문제는 법 개정으로 일부 내용이 수정되었습니다. 해설은 법 개정으로 수정된 내용이니 해설을 학습하세요.

71 25℃, 1기압에서 공기 중 벤젠(C_6H_6)의 허용농도가 10ppm일 때 이를 mg/m³의 단위로 환산하면 약 얼마인가?(단, C, H의 원자량은 각각 12, 1이다.)

① 28.7　　② 31.9
③ 34.8　　④ 45.9

해설

용량농도(ppm)를 질량농도(mg/m³)로 환산

$$mg/m^3 = ppm \times \frac{\text{분자량(g)}}{24.45} \text{(25℃, 1기압)}$$

여기서, 24.45 : 25℃, 1기압에서 물질 1mol의 부피

1. 벤젠(C_6H_6)의 분자량 = (12×6) + (1×6) = 78[g]
2. $mg/m^3 = ppm \times \frac{\text{분자량(g)}}{24.45}$
   $= 10 \times \frac{78}{24.45} = 31.9[mg/m^3]$

72 다음 중 점화원에 해당하지 않는 것은?

① 기화열　　② 충격·마찰
③ 복사열　　④ 고온물질표면

해설

점화원

기계적 점화원	충격, 마찰, 단열압축 등
전기적 점화원	전기적 스파크, 정전기 등
열적 점화원	불꽃, 고열표면, 용융물 등
자연발화	자연발화물질의 자연발화에 의한 발화에너지는 점화원이 된다.

TIP 기화열
액체가 기체로 바뀔 때 외부에서 흡수하는 열량을 말하며, 흡수된 열이 온도 상승을 위해 사용하지 않고, 기화를 위한 에너지로 사용되므로 기화잠열이라고도 한다.

73 리튬(Li)에 관한 설명으로 틀린 것은?

① 연소 시 산소와는 반응하지 않는 특성이 있다.
② 염산과 반응하여 수소를 발생한다.
③ 물과 반응하여 수소를 발생한다.
④ 화재 발생 시 소화방법으로는 건조된 마른 모래 등을 이용한다.

해설

리튬(Li, 제3류 위험물)
1. 공기 중에서 서서히 가열해도 발화하여 연소하며, 연소 시 탄산가스(CO_2) 속에서도 꺼지지 않고 연소한다.
2. 산, 알코올류와는 격렬히 반응하여 수소를 발생한다.
3. 물과는 격렬하게 반응하여 수소를 발생한다.
4. 주수를 엄금하고 잘 건조된 소금분말, 마른 모래, 건조 분말 소화약제에 의해 질식소화를 한다.

74 다음 중 화재의 종류가 옳게 연결된 것은?

① A급 화재 – 유류화재　② B급 화재 – 유류화재
③ C급 화재 – 일반화재　④ D급 화재 – 일반화재

해설

화재의 종류
1. A급 화재 : 일반화재　2. B급 화재 : 유류·가스화재
3. C급 화재 : 전기화재　4. D급 화재 : 금속화재

75 위험물안전관리법상 자기반응성 물질은 제 몇 류 위험물로 분류하는가?

① 제1류 위험물　　② 제3류 위험물
③ 제4류 위험물　　④ 제5류 위험물

해설

제5류 위험물(자기반응성 물질)
1. 열적으로 불안정하여 외부로부터 산소의 공급 없이도 가열, 충격 등에 의해 강렬하게 발열·분해하기 쉬운 액체·고체 또는 혼합물을 말한다.
2. 종류 : 유기과산화물, 질산에스테르류, 니트로화합물, 아조화합물, 디아조화합물, 히드라진 유도체, 히드록실아민, 히드록실아민염류 등

정답 71 ② 72 ① 73 ① 74 ② 75 ④

76 프로판(C_3H_8) 1몰이 완전연소하기 위한 산소의 화학양론계수는 얼마인가?

① 2　　　　　② 3
③ 4　　　　　④ 5

해설
프로판(C_3H_8)의 산소의 화학양론적 계수
$C_3H_8 + 5O_2 \rightarrow 3CO_2 + 4H_2O$
그러므로, 산소의 화학양론계수는 5이다.

> **TIP** 산소의 화학양론적 계수
> 1. 부탄(C_4H_{10}) : 6.5
> 2. 메탄올(CH_3OH) : 1.5

77 다음 중 분해 폭발하는 가스의 폭발방지를 위하여 첨가하는 불활성 가스로 가장 적합한 것은?

① 산소　　　　② 질소
③ 수소　　　　④ 프로판

해설
불활성화
1. 가연성 혼합가스나 혼합분진에 불활성 가스를 주입하여 산소의 농도를 최소산소농도 이하로 낮게 유지하는 것
2. 불활성 가스
   - 질소
   - 이산화탄소
   - 수증기 또는 연소배기 가스 등이 있으며 통상적으로 불활성 가스로 질소가 사용된다.

78 다음 중 물속에 저장이 가능한 물질은?

① 칼륨　　　　② 황린
③ 인화칼슘　　④ 탄화알루미늄

해설
황린(백린, P_4)
pH 9(약알칼리성) 정도의 물속에 저장하며 보호액이 증발되지 않도록 한다.

79 다음 중 건조설비의 사용상 주의사항으로 적절하지 않은 것은?

① 고조설비 가까이 가연성 물질을 두지 말 것
② 고온으로 가열 건조한 물질은 즉시 격리 저장할 것
③ 위험물 건조설비를 사용할 때는 미리 내부를 청소하거나 환기시킨 후 사용할 것
④ 건조 시 발생하는 가스·증기 또는 분진에 의한 화재·폭발의 위험이 있는 물질은 안전한 장소로 배출할 것

해설
건조설비의 사용 시 준수사항
1. 위험물 건조설비를 사용하는 경우에는 미리 내부를 청소하거나 환기할 것
2. 위험물 건조설비를 사용하는 경우에는 건조로 인하여 발생하는 가스·증기 또는 분진에 의하여 폭발·화재의 위험이 있는 물질을 안전한 장소로 배출시킬 것
3. 위험물 건조설비를 사용하여 가열건조하는 건조물은 쉽게 이탈되지 않도록 할 것
4. 고온으로 가열건조한 인화성 액체는 발화의 위험이 없는 온도로 냉각한 후에 격납시킬 것
5. 건조설비(바깥 면이 현저히 고온이 되는 설비만 해당)에 가까운 장소에는 인화성 액체를 두지 않도록 할 것

80 할로겐화합물 소화약제의 소화작용과 같이 연소의 연속적인 연쇄 반응을 차단, 억제 또는 방해하여 연소현상이 일어나지 않도록 하는 소화작용은?

① 부촉매 소화작용　　② 냉각 소화작용
③ 질식 소화작용　　　④ 제거 소화작용

해설
억제소화(부촉매소화)
가연성 물질과 산소와의 화학반응을 느리게 함으로써 소화하는 방법(연쇄반응을 억제시켜 소화하는 방법)

5과목 건설안전기술

81 굴착면 붕괴의 원인과 가장 관계가 먼 것은?

① 사면경사의 증가
② 성토 높이의 감소
③ 공사에 의한 진동하중의 증가
④ 굴착높이의 증가

정답 76 ④　77 ②　78 ②　79 ②　80 ①　81 ②

해설

토석붕괴의 원인

외적 원인	1. 사면, 법면의 경사 및 기울기의 증가 2. 절토 및 성토 높이의 증가 3. 공사에 의한 진동 및 반복 하중의 증가 4. 지표수 및 지하수의 침투에 의한 토사 중량의 증가 5. 지진, 차량, 구조물의 하중작용 6. 토사 및 암석의 혼합층 두께
내적 원인	1. 절토 사면의 토질·암질 2. 성토 사면의 토질 구성 및 분포 3. 토석의 강도 저하

82 물체를 투하할 때 투하설비를 설치하거나 감시인을 배치하는 등의 위험방지를 위한 조치를 하여야 하는 기준 높이는?

① 3m 이상
② 5m 이상
③ 7m 이상
④ 10m 이상

해설

높이 3m 이상인 장소에서 물체를 투하하는 경우 조치사항
1. 투하설비 설치
2. 감시인 배치

83 공사금액이 500억 원인 건설업 공사에서 선임해야 할 최소 안전관리자 수는?

① 1명
② 2명
③ 3명
④ 4명

해설

건설업 안전관리자의 수

규모	안전관리자의 수
공사금액 50억 원 이상(관계수급인은 100억 원 이상) 120억 원 미만(토목공사업의 경우에는 150억 원 미만)	1명 이상
공사금액 120억 원 이상(토목공사업의 경우에는 150억 원 이상) 800억 원 미만	1명 이상
공사금액 800억 원 이상 1,500억 원 미만	2명 이상. 다만, 전체 공사기간을 100으로 할 때 공사 시작에서 15에 해당하는 기간과 공사 종료 전의 15에 해당하는 기간 동안은 1명 이상으로 한다.
공사금액 1,500억 원 이상 2,200억 원 미만	3명 이상. 다만, 전체 공사기간 중 전·후 15에 해당하는 기간은 2명 이상으로 한다.
공사금액 2,200억 원 이상 3천억 원 미만	4명 이상. 다만, 전체 공사기간 중 전·후 15에 해당하는 기간은 2명 이상으로 한다.
공사금액 3천억 원 이상 3,900억 원 미만	5명 이상. 다만, 전체 공사기간 중 전·후 15에 해당하는 기간은 3명 이상으로 한다.
공사금액 3,900억 원 이상 4,900억 원 미만	6명 이상. 다만, 전체 공사기간 중 전·후 15에 해당하는 기간은 3명 이상으로 한다.
공사금액 4,900억 원 이상 6천억 원 미만	7명 이상. 다만, 전체 공사기간 중 전·후 15에 해당하는 기간은 4명 이상으로 한다.
공사금액 6천억 원 이상 7,200억 원 미만	8명 이상. 다만, 전체 공사기간 중 전·후 15에 해당하는 기간은 4명 이상으로 한다.
공사금액 7,200억 원 이상 8,500억 원 미만	9명 이상. 다만, 전체 공사기간 중 전·후 15에 해당하는 기간은 5명 이상으로 한다.
공사금액 8,500억 원 이상 1조 원 미만	10명 이상. 다만, 전체 공사기간 중 전·후 15에 해당하는 기간은 5명 이상으로 한다.
1조 원 이상	11명 이상[매 2천억 원(2조 원 이상부터는 매 3천억 원)마다 1명씩 추가한다]. 다만, 전체 공사기간 중 전·후 15에 해당하는 기간은 선임 대상 안전관리자 수의 2분의 1(소수점 이하는 올림한다) 이상으로 한다.

TIP 본 문제는 법 개정으로 일부 내용이 수정되었습니다. 해설은 법 개정으로 수정된 내용이니 해설을 학습하세요.

84 채석작업을 하는 때 채석작업계획에 포함되어야 하는 사항에 해당되지 않는 것은?

① 굴착면의 높이와 기울기
② 기둥침하의 유무 및 상태 확인
③ 암석의 분할방법
④ 표토 또는 용수의 처리방법

해설

채석작업의 작업계획서 내용
1. 노천굴착과 갱내굴착의 구별 및 채석방법
2. 굴착면의 높이와 기울기
3. 굴착면 소단(小段)의 위치와 넓이
4. 갱내에서의 낙반 및 붕괴방지 방법
5. 발파방법
6. 암석의 분할방법
7. 암석의 가공장소

정답 82 ① 83 ① 84 ②

8. 사용하는 굴착기계 · 분할기계 · 적재기계 또는 운반기계의 종류 및 성능
9. 토석 또는 암석의 적재 및 운반방법과 운반경로
10. 표토 또는 용수(湧水)의 처리방법

85 슬레이트, 선라이트 등 강도가 약한 재료로 덮은 지붕 위에서의 작업 중 위험방지를 위하여 필요한 발판의 폭 기준은?

① 10cm 이상
② 20cm 이상
③ 25cm 이상
④ 30cm 이상

해설
지붕 위에서의 위험 방지
1. 지붕의 가장자리에 안전난간을 설치할 것
2. 채광창(Skylight)에는 견고한 구조의 덮개를 설치할 것
3. 슬레이트 등 강도가 약한 재료로 덮은 지붕에는 폭 30cm 이상의 발판을 설치할 것
4. 작업 환경 등을 고려할 때 안전난간을 설치하기 곤란한 경우에는 추락방호망을 설치해야 한다. 다만, 사업주는 작업 환경 등을 고려할 때 추락방호망을 설치하기 곤란한 경우에는 근로자에게 안전대를 착용하도록 하는 등 추락 위험을 방지하기 위하여 필요한 조치를 해야 한다.

86 가설구조물의 특징으로 옳지 않은 것은?

① 연결재가 적은 구조로 되기 쉽다.
② 부재의 결합이 매우 복잡하다.
③ 구조상의 결함이 있는 경우 중대재해로 이어질 수 있다.
④ 사용부재가 과소단면이거나 결함재료를 사용하기 쉽다.

해설
가설구조물의 특징
1. 연결재가 적은 구조가 되기 쉽다.
2. 부재결합이 간략하여 불안전 결합이 되기 쉽다.
3. 구조물이라는 개념이 확고하지 않아 조립 정밀도가 낮다.
4. 사용부재는 과소 단면이거나 결함재가 되기 쉽다.

87 철골보 인양작업 시 준수사항으로 옳지 않은 것은?

① 인양용 와이어로프의 체결지점은 수평부재의 1/4 지점을 기준으로 한다.
② 인양용 와이어로프를 매달기 각도는 양변 60°를 기준으로 한다.
③ 흔들리거나 선회하지 않도록 유도 로프로 유도한다.
④ 후크는 용접의 경우 용접규격을 반드시 확인한다.

해설
철골보의 인양 시 준수사항
1. 인양 와이어로프의 매달기 각도는 양변 60°를 기준으로 2열로 매달고 와이어 체결지점은 수평부재의 1/3 기점을 기준하여야 한다.
2. 조립되는 순서에 따라 사용될 부재가 하단부에 적치되어 있을 때에는 상단부의 부재를 무너뜨리는 일이 없도록 주의하여 옆으로 옮긴 후 부재를 인양하여야 한다.
3. 인양할 때는 다음의 사항을 준수하여야 한다.
   • 인양 와이어로프는 후크의 중심에 걸어야 하며 후크는 용접의 경우 용접장 등 용접규격을 확인하여 인양 시 취성파괴에 의한 탈락을 방지하여야 한다.
   • 신호자는 운전자가 잘 보이는 곳에서 신호하여야 한다.
   • 불안정하거나 매단 부재가 경사지면 지상에 내려 다시 체결하여야 한다.
   • 부재의 균형을 확인하면 서서히 인양하여야 한다.
   • 흔들리거나 선회하지 않도록 유도 로프로 유도하며 장애물에 닿지 않도록 주의하여야 한다.

88 강관틀비계를 조립하여 사용하는 경우 벽이음의 수직방향 조립간격은?

① 2m 이내마다
② 3m 이내마다
③ 6m 이내마다
④ 8m 이내마다

해설
강관틀비계 조립 시의 준수사항
1. 비계기둥의 밑둥에는 밑받침 철물을 사용하여야 하며 밑받침에 고저차가 있는 경우에는 조절형 밑받침철물을 사용하여 각각의 강관틀비계가 항상 수평 및 수직을 유지하도록 할 것
2. 높이가 20m를 초과하거나 중량물의 적재를 수반하는 작업을 할 경우에는 주틀 간의 간격을 1.8m 이하로 할 것
3. 주틀 간에 교차 가새를 설치하고 최상층 및 5층 이내마다 수평재를 설치할 것
4. 수직방향으로 6m, 수평방향으로 8m 이내마다 벽이음을 할 것
5. 길이가 띠장 방향으로 4m 이하이고 높이가 10m를 초과하는 경우에는 10m 이내마다 띠장 방향으로 버팀기둥을 설치할 것

정답 85 ④ 86 ② 87 ① 88 ③

89 흙의 함수비 측정시험을 하였다. 먼저 용기의 무게를 잰 결과 10g이었다. 시료를 용기에 넣은 후에 총 무게는 40g, 그대로 건조시킨 후 무게는 30g이었다. 이 흙의 함수비는?

① 25%   ② 30%
③ 50%   ④ 75%

해설

함수비(Water Content : w)
흙입자의 무게에 대한 물의 무게비이며, 백분율로 표시한다.

$$w = \frac{W_W}{W_S} \times 100(\%)$$

여기서, W_W : 물의 무게, W_S : 흙입자의 무게

1. 흙입자와 물의 중량 = 40 − 10 = 30g
2. 물의 중량 = 40 − 30 = 10g
3. 흙입자의 중량 = 30 − 10 = 20g

∴ $w = \frac{W_W}{W_S} \times 100(\%) = \frac{10}{20} \times 100 = 50[\%]$

90 일반적인 안전수칙에 따른 수공구와 관련된 행동으로 옳지 않은 것은?

① 작업에 맞는 공구의 선택과 올바른 취급을 하여야 한다.
② 결함이 없는 완전한 공구를 사용하여야 한다.
③ 작업 중인 공구는 작업이 편리한 반경 내의 작업대나 기계 위에 올려놓고 사용하여야 한다.
④ 공구는 사용 후 안전한 장소에 보관하여야 한다.

해설

작업 중인 공구를 작업대나 기계 위에 올려놓을 경우 떨어져 재해의 원인이 될 수 있으므로 공구는 안전한 장소에 보관하여야 한다.

91 낙하물 방지망 설치기준으로 옳지 않은 것은?

① 높이 10m 이내마다 설치한다.
② 내면 길이는 벽면으로부터 3m 이상으로 한다.
③ 수평면과의 각도는 20° 이상 30° 이하를 유지한다.
④ 방호선반의 설치기준과 동일하다.

해설

낙하물방지망 또는 방호선반 설치 시 준수사항
1. 높이 10m 이내마다 설치하고, 내민 길이는 벽면으로부터 2m 이상으로 할 것
2. 수평면과의 각도는 20° 이상 30° 이하를 유지할 것

92 추락방지망의 달기로프를 지지점에 부착할 때 지지점의 간격이 1.5m인 경우 지지점의 강도는 최소 얼마 이상이어야 하는가?

① 200kg   ② 300kg
③ 400kg   ④ 500kg

해설

지지점의 강도

$$F = 200B$$

여기서, F는 외력(단위 : kg), B는 지지점간격(단위 : m)

F = 200B = 200×1.5 = 300[kg]

93 히빙현상에 대한 안전대책과 가장 거리가 먼 것은?

① 어스앵커 설치
② 흙막이벽의 근입심도 확보
③ 양질의 재료로 지반개량 실시
④ 굴착 주변에 상재하중을 증대

해설

히빙(Heaving)현상
1. 정의 : 연질점토 지반에서 굴착에 의한 흙막이 내·외면의 흙의 중량 차이로 인해 굴착 저면이 부풀어 올라오는 현상
2. 안전대책
   • 흙막이 근입깊이를 깊게
   • 표토제거 하중감소
   • 굴착 저면 지반개량(흙의 전단강도를 높임)
   • 굴착면 하중증가
   • 어스앵커 설치
   • 주변 지하수위 저하
   • 소단굴착을 하여 소단부 흙의 중량이 바닥을 누르게 함
   • 토류벽의 배면토압을 경감

94 철골작업 시 폭우와 같은 악천후에 작업을 중지하여야 하는 강우량 기준은?

① 1시간당 1mm 이상일 때
② 2시간당 1mm 이상일 때
③ 3시간당 2mm 이상일 때
④ 4시간당 2mm 이상일 때

정답 89 ③　90 ③　91 ②　92 ②　93 ④　94 ①

해설
작업의 제한(철골작업 중지)
1. 풍속이 초당 10m 이상인 경우
2. 강우량이 시간당 1mm 이상인 경우
3. 강설량이 시간당 1cm 이상인 경우

95 철골공사에서 부재의 건립용 기계로 거리가 먼 것은?

① 타워크레인   ② 가이데릭
③ 삼각데릭   ④ 항타기

해설
철골세우기용 기계
1. 타워크레인   2. 트럭크레인
3. 가이데릭   4. 진폴데릭
5. 스티프 레그 데릭(삼각데릭)

96 콘크리트 양생작업에 관한 설명 중 옳지 않은 것은?

① 콘크리트 타설 후 소요기간까지 경화에 필요한 조건을 유지시켜 주는 작업이다.
② 양생 기간 중에 예상되는 진동, 충격, 하중 등의 유해한 작용으로부터 보호하여야 한다.
③ 습윤양생 시 일광을 최대한 도입하여 수화작용을 촉진하도록 한다.
④ 습윤양생 시 거푸집판이 건조될 우려가 있는 경우에는 살수하여야 한다.

해설
양생 방법 및 주의사항
1. 콘크리트 타설 후 경화가 될 때까지 양생기간 동안 직사광선이나 바람에 의해 수분이 증발하지 않도록 보호하여야 한다.
2. 콘크리트 타설 후 습윤 상태로 노출면이 마르지 않도록 하여야 하며, 수분의 증발에 따라 살수를 하여 습윤 상태로 보호하여야 한다.
3. 거푸집이 건조될 우려가 있는 경우에는 살수하여야 한다.
4. 콘크리트는 양생 기간 중에 예상되는 진동, 충격, 하중 등의 유해한 작용으로부터 보호하여야 한다.
5. 재령 5일이 될 때까지는 해수에 씻기지 않도록 보호한다.

97 양중기에서 화물을 직접 지지하는 달기와이어로프의 안전계수는 최소 얼마 이상으로 하여야 하는가?

① 2   ② 3
③ 5   ④ 10

해설
와이어로프 등 달기구의 안전계수

구분	안전계수
근로자가 탑승하는 운반구를 지지하는 달기와이어로프 또는 달기체인의 경우	10 이상
화물의 하중을 직접 지지하는 달기와이어로프 또는 달기체인의 경우	5 이상
훅, 샤클, 클램프, 리프팅 빔의 경우	3 이상
그 밖의 경우	4 이상

98 다음은 산업안전보건기준에 관한 규칙 중 조립도에 관한 사항이다. ( ) 안에 알맞은 것은?

> 거푸집 및 동바리를 조립하는 경우에는 그 구조를 검토한 후 조립도를 작성하고, 그 조립도에 따라 조립하도록 해야 한다. 조립도에는 거푸집 및 동바리를 구성하는 부재의 재질·단면규격·( ) 및 이음방법 등을 명시해야 한다.

① 부재강도   ② 기울기
③ 안전대책   ④ 설치간격

해설
거푸집 동바리 조립도
1. 거푸집 및 동바리를 조립하는 경우에는 그 구조를 검토한 후 조립도를 작성하고, 그 조립도에 따라 조립하도록 해야 한다.
2. 조립도에는 거푸집 및 동바리를 구성하는 부재의 재질·단면규격·설치간격 및 이음방법 등을 명시해야 한다.

99 건설공사 유해·위험방지계획서를 제출하는 경우 자격을 갖춘 자의 의견을 들은 후 제출하여야 하는데 이 자격에 해당하지 않는 자는?

① 건설안전기사로서 건설안전 관련 실무경력이 4년인 자
② 건설안전기술사
③ 토목시공기술사
④ 건설안전분야 산업안전지도사

정답 95 ④ 96 ③ 97 ③ 98 ④ 99 ①

해설
계획서 작성 시 의견 청취해야 할 대상의 자격요건(검토자의 자격요건)
1. 건설안전 분야 산업안전지도사
2. 건설안전기술사 또는 토목·건축 분야 기술사
3. 건설안전산업기사 이상의 자격을 취득한 후 건설안전 관련 실무경력이 건설안전기사 이상의 자격은 5년, 건설안전산업기사 자격은 7년 이상인 사람

100 흙의 안식각과 동일한 의미를 가진 용어는?
① 자연 경사각 ② 비탈면각
③ 시공 경사각 ④ 계획 경사각

해설
토사의 안식각(휴식각, Angle of Repose)
1. 안정된 비탈면과 원지면이 이루는 흙의 사면 각도로 자연 경사각이라고 한다.
2. 기초파기의 구배는 토사의 안식각에서 결정되므로 토질에 따라 다르다.
3. 토사의 안식각은 토사의 종류, 함수량에 따라 변화한다.
4. 충분한 안식각의 확보는 토사붕괴 재해를 예방할 수 있다.

정답 100 ①

PART 02
04 2017년 1회 기출문제

1과목 산업안전관리론

01 산업안전보건법령상 안전보건표지에 관한 설명으로 틀린 것은?

① 안전보건표지 속의 그림 또는 부호의 크기는 안전보건표지의 크기와 비례하여야 하며, 안전보건표지 전체 규격의 30% 이상이 되어야 한다.
② 안전보건표지 색채의 물감은 변질되지 아니하는 것에 색채 고정원료를 배합하여 사용하여야 한다.
③ 안전보건표지는 그 표시내용을 근로자가 빠르고 쉽게 알아볼 수 있는 크기로 제작하여야 한다.
④ 안전보건표지에는 야광물질을 사용하여서는 아니된다.

해설

안전보건표지의 제작
1. 종류별로 기본모형에 의하여 종류별 용도, 설치·부착장소, 형태 및 색채의 구분에 따라 제작하여야 한다.
2. 표시내용을 근로자가 빠르고 쉽게 알아볼 수 있는 크기로 제작하여야 한다.
3. 그림 또는 부호의 크기는 안전보건표지의 크기와 비례하여야 하며, 안전보건표지 전체 규격의 30% 이상이 되어야 한다.
4. 쉽게 파손되거나 변형되지 않는 재료로 제작해야 한다.
5. 야간에 필요한 안전보건표지는 야광물질을 사용하는 등 쉽게 알아볼 수 있도록 제작해야 한다.

02 무재해 운동의 추진을 위한 3요소에 해당하지 않는 것은?

① 모든 위험잠재요인의 해결
② 최고 경영자의 경영자세
③ 관리감독자(Line)의 적극적 추진
④ 직장 소집단의 자주활동 활성화

해설

무재해 운동 추진의 3기둥(요소)

최고경영자의 경영자세	안전보건은 최고경영자의 무재해, 무질병에 대한 확고한 경영자세로부터 시작된다.
관리감독자에 의한 안전보건의 추진 (라인화의 철저)	관리감독자(라인)들이 생산활동 속에서 안전보건을 함께 실천하는 것이 성공의 지름길이며 기본이다.
직장 소집단의 자주 활동의 활성화	일하는 한 사람 한 사람이 안전보건을 자신의 문제이며, 동시에 같은 동료의 문제로서 진지하게 받아들여 직장의 팀 구성원과의 협동노력으로 자주적인 안전활동을 추진해 가는 것이 필요하다.

03 억측판단의 배경이 아닌 것은?

① 생략 행위
② 초조한 심정
③ 희망적 관측
④ 과거의 성공한 경험

해설

억측판단
1. 자기 멋대로 하는 주관적인 판단
2. 억측판단의 발생 배경
 • 정보가 불확실할 때
 • 희망적인 관측이 있을 때
 • 과거의 성공한 경험이 있을 때
 • 초조한 심정

04 재해의 기본원인 4M에 해당하지 않는 것은?

① Man
② Machine
③ Media
④ Measurement

해설

재해 발생의 기본원인(4M)
1. 인간관계요인(Man)
2. 작업적 요인(Media)
3. 관리적 요인(Management)
4. 설비적(물적) 요인(Machine)

정답 01 ④ 02 ① 03 ① 04 ④

05 다음과 같은 스트레스에 대한 반응은 무엇에 해당하는가?

> 여동생이나 남동생을 얻게 되면서 손가락을 빠는 것과 같이 어린 시절의 버릇을 나타낸다.

① 투사   ② 억압
③ 승화   ④ 퇴행

해설

적응기제

투사	1. 자기 마음속의 억압된 것을 다른 사람의 것으로 생각하는 것 2. 자신이 미워하는 대상에 대해서, 그 사람이 자신을 미워한다고 생각한다.
억압	현실적으로 받아들이기 곤란한 충동이나 욕망(사회적으로 승인되지 않는 성적 욕구, 공격적 욕구, 감정) 등을 무의식적으로 억누르는 것
승화	1. 억압당한 욕구가 사회적·문화적으로 가치 있는 목적으로 향하여 노력함으로써 욕구를 충족하는 행위 2. 성적 욕구 및 공격적 행동 등이 예술, 스포츠 등으로 전환되는 것이 좋은 예이다.
퇴행	1. 현실의 어려움을 이겨내지 못하고 어린 시절로 되돌아가고자 하는 행위 2. 여동생이나 남동생을 얻게 되면서 손가락을 빠는 것과 같이 어린 시절의 버릇을 나타낸다.

06 산업안전보건법령상 사업주가 근로자에 대하여 실시하여야 하는 교육 중 특별안전·보건교육의 대상이 되는 작업이 아닌 것은?

① 화학설비의 탱크 내 작업
② 전압이 30V인 정전 및 활선작업
③ 건설용 리프트·곤돌라를 이용한 작업
④ 동력에 의하여 작동되는 프레스 기계를 5대 이상 보유한 사업장에서 해당 기계로 하는 작업

해설

특별안전 보건교육 대상 작업명(제1호부터 제38호까지의 작업 중 일부)
1. 밀폐된 장소(탱크 내 또는 환기가 극히 불량한 좁은 장소)에서 하는 용접작업 또는 습한 장소에서 하는 전기용접 작업
2. 액화석유가스·수소가스 등 인화성 가스 또는 폭발성 물질 중 가스의 발생장치 취급 작업
3. 화학설비 중 반응기, 교반기·추출기의 사용 및 세척작업
4. 화학설비의 탱크 내 작업
5. 건설용 리프트·곤돌라를 이용한 작업
6. 주물 및 단조작업
7. 전압이 75V 이상인 정전 및 활선작업
8. 콘크리트 인공구조물(그 높이가 2m 이상인 것만 해당)의 해체 또는 파괴작업
9. 게이지 압력을 m^2당 1kg 이상으로 사용하는 압력용기의 설치 및 취급 작업
10. 방사선 업무에 관계되는 작업(의료 및 실험용은 제외)
11. 석면해체·제거작업

07 인간의 행동 특성에 관한 레빈(Lewin)의 법칙에서 각 인자에 대한 내용으로 틀린 것은?

$$B = f(P \cdot E)$$

① B : 행동   ② f : 함수관계
③ P : 개체   ④ E : 기술

해설

레윈(K. Lewin)의 행동법칙

$$B = f(P \cdot E)$$

여기서, B : Behavior(인간의 행동)
f : function(함수관계), $P \cdot E$에 영향을 줄 수 있는 조건
P : person(개체, 개인의 자질, 연령, 경험, 심신상태, 성격, 지능 등)
E : Environment(심리적 환경 – 작업환경, 인간관계, 설비적 결함 등)

• 레윈의 이론 : 인간의 행동(B)은 개인의 자질과 심리학적 환경과의 상호 함수관계이다.

08 개인 카운슬링(Counseling) 방법으로 가장 거리가 먼 것은?

① 직접적 충고   ② 설득적 방법
③ 설명적 방법   ④ 반복적 충고

해설

개인적 카운슬링 방법
1. 직접적 충고   2. 설득적 방법
3. 설명적 방법

09 교육의 효과를 높이기 위하여 시청각 교재를 최대한으로 활용하는 시청각적 방법의 필요성이 아닌 것은?

① 교재의 구조화를 기할 수 있다.
② 대량 수업체제가 확립될 수 있다.
③ 교수의 평준화를 기할 수 있다.
④ 개인차를 최대한으로 고려할 수 있다.

정답 05 ④ 06 ② 07 ④ 08 ④ 09 ④

> [해설]

시청각 교육의 필요성
1. 교수의 효율성을 높일 수 있다.
2. 대규모 인원에 대한 대량 수업체제가 확립될 수 있다.
3. 교수의 개인차에서 오는 교수의 평준화를 기할 수 있다.
4. 사물에 대한 정확한 이해는 건전한 사고력을 유발하고 바람직한 태도 형성에 도움이 된다.
5. 지식 팽창에 따른 교재의 구조화를 기할 수 있다.

10 재해의 원인과 결과를 연계하여 상호 관계를 파악하기 위해 도표화하는 분석방법은?

① 특성요인도 ② 파레토도
③ 크로스분류도 ④ 관리도

> [해설]

특성요인도
특성과 요인관계를 어골상으로 도표화하여 분석하는 기법 (원인과 결과를 연계하여 상호 관계를 파악하기 위한 분석 방법)

11 보호구 안전인증 고시에 따른 안전모의 일반구조 중 턱끈의 최소 폭 기준은?

① 5mm 이상 ② 7mm 이상
③ 10mm 이상 ④ 12mm 이상

> [해설]

안전모의 일반구조
턱끈의 폭은 10mm 이상일 것

12 허츠버그(Herzberg)의 동기·위생 이론에 대한 설명으로 옳은 것은?

① 위생요인은 직무내용에 관련된 요인이다.
② 동기요인은 직무에 만족을 느끼는 주요인이다.
③ 위생요인은 매슬로 욕구단계 중 존경, 자아실현의 욕구와 유사하다.
④ 동기요인은 매슬로 욕구단계 중 생리적 욕구와 유사하다.

> [해설]

허즈버그(F. Herzberg)의 2요인(동기 – 위생) 이론

동기요인(직무내용)	위생요인(직무환경)
1. 성취감 4. 안정감 2. 책임감 5. 도전감 3. 성장과 발전 6. 일 그 자체	1. 보수 2. 작업조건 3. 관리감독 4. 임금 5. 지위 6. 회사 정책과 관리

13 연평균 근로자 수가 1,000명인 사업장에서 연간 6건의 재해가 발생한 경우, 이때의 도수율은?(단, 1일 근로시간 수는 4시간, 연평균 근로일수는 150일이다.)

① 1 ② 10
③ 100 ④ 1000

> [해설]

도수율

$$도수율 = \frac{재해발생건수}{연간총근로시간수} \times 1,000,000$$

$$도수율 = \frac{재해발생건수}{연간총근로시간수} \times 1,000,000 = \frac{6}{(1,000 \times 4 \times 150)} \times 1,000,000 = 10$$

14 산업안전보건법령상 일용근로자의 안전·보건 교육 과정별 교육시간 기준으로 틀린 것은?

① 채용 시의 교육 : 1시간 이상
② 작업내용 변경 시의 교육 : 2시간 이상
③ 건설업 기초안전·보건교육(건설 일용근로자) : 4시간
④ 특별교육 : 2시간 이상(흙막이 지보공의 보강 또는 동바리를 설치하거나 해체하는 작업에 종사하는 일용근로자)

> [해설]

근로자 안전보건교육

교육과정	교육대상		교육시간
가. 정기 교육	1) 사무직 종사 근로자		매반기 6시간 이상
	2) 그 밖의 근로자	가) 판매업무에 직접 종사하는 근로자	매반기 6시간 이상
		나) 판매업무에 직접 종사하는 근로자 외의 근로자	매반기 12시간 이상

정답 10 ① 11 ③ 12 ② 13 ② 14 ②

교육과정	교육대상	교육시간
나. 채용 시 교육	1) 일용근로자 및 근로계약기간이 1주일 이하인 기간제근로자	1시간 이상
	2) 근로계약기간이 1주일 초과 1개월 이하인 기간제근로자	4시간 이상
	3) 그 밖의 근로자	8시간 이상
다. 작업내용 변경 시 교육	1) 일용근로자 및 근로계약기간이 1주일 이하인 기간제근로자	1시간 이상
	2) 그 밖의 근로자	2시간 이상
라. 특별교육	1) 일용근로자 및 근로계약기간이 1주일 이하인 기간제근로자 : 특별교육 대상 작업에 해당하는 작업에 종사하는 근로자에 한정 (타워크레인을 사용하는 작업 시 신호업무를 하는 작업은 제외)	2시간 이상
	2) 일용근로자 및 근로계약기간이 1주일 이하인 기간제근로자 : 타워크레인을 사용하는 작업 시 신호업무를 하는 작업에 종사하는 근로자에 한정	8시간 이상
	3) 일용근로자 및 근로계약기간이 1주일 이하인 기간제근로자를 제외한 근로자 : 특별교육 대상 작업에 종사하는 근로자에 한정	가) 16시간 이상(최초 작업에 종사하기 전 4시간 이상 실시하고 12시간은 3개월 이내에서 분할하여 실시 가능) 나) 단기간 작업 또는 간헐적 작업인 경우에는 2시간 이상
마. 건설업 기초 안전·보건 교육	건설 일용근로자	4시간 이상

TIP 본 문제는 법 개정으로 일부 내용이 수정되었습니다. 해설은 법 개정으로 수정된 내용이니 해설을 학습하세요.

15 산업안전보건법령상 고용노동부장관이 산업재해 예방을 위하여 종합적인 개선조치를 할 필요가 있다고 인정할 때에 안전보건개선계획의 수립·시행을 명할 수 있는 대상 사업장이 아닌 것은?

① 산업재해율이 같은 업종의 규모별 평균 산업재해율보다 높은 사업장
② 사업주가 안전보건조치의무를 이행하지 아니하여 중대재해가 발생한 사업장
③ 고용노동부장관이 관보 등에 고시한 유해인자의 노출기준을 초과한 사업장
④ 경미한 재해가 다발로 발생한 사업장

해설

안전보건개선계획의 수립·시행을 명할 수 있는 사업장
1. 산업재해율이 같은 업종의 규모별 평균 산업재해율보다 높은 사업장
2. 사업주가 필요한 안전조치 또는 보건조치를 이행하지 아니하여 중대재해가 발생한 사업장
3. 직업성 질병자가 연간 2명 이상 발생한 사업장
4. 유해인자의 노출기준을 초과한 사업장

16 산업안전보건법령상 안전인증대상 기계·기구 등이 아닌 것은?

① 프레스 ② 전단기
③ 롤러기 ④ 산업용 원심기

해설

안전인증대상 기계 등

기계 또는 설비	1. 프레스 2. 전단기 및 절곡기 3. 크레인 4. 리프트 5. 압력용기	6. 롤러기 7. 사출성형기 8. 고소 작업대 9. 곤돌라
방호장치	1. 프레스 및 전단기 방호장치 2. 양중기용 과부하방지장치 3. 보일러 압력방출용 안전밸브 4. 압력용기 압력방출용 안전밸브 5. 압력용기 압력방출용 파열판 6. 절연용 방호구 및 활선작업용 기구 7. 방폭구조 전기기계·기구 및 부품 8. 추락·낙하 및 붕괴 등의 위험 방지 및 보호에 필요한 가설기자재로서 고용노동부장관이 정하여 고시하는 것 9. 충돌·협착 등의 위험 방지에 필요한 산업용 로봇 방호장치로서 고용노동부장관이 정하여 고시하는 것	
보호구	1. 추락 및 감전 위험방지용 안전모 2. 안전화 3. 안전장갑 4. 방진마스크 5. 방독마스크 6. 송기마스크 7. 전동식 호흡보호구 8. 보호복	

보호구	9. 안전대 10. 차광 및 비산물 위험방지용 보안경 11. 용접용 보안면 12. 방음용 귀마개 또는 귀덮개

17 적응기제(Adjustment Mechanism)의 도피적 행동인 고립에 해당하는 것은?

① 운동시합에서 진 선수가 컨디션이 좋지 않았다고 말한다.
② 키가 작은 사람이 키 큰 친구들과 같이 사진을 찍으려 하지 않는다.
③ 자녀가 없는 여교사가 아동교육에 전념하게 되었다.
④ 동생이 태어나자 형이 된 아이가 말을 더듬는다.

해설
고립
1. 현실도피의 행위이며 자기의 실패를 자기의 내부로 돌리는 유형이다.
2. 키가 작은 사람이 키가 큰 친구들과 사진을 같이 찍으려 하지 않는다.

> **TIP**
> 1. 운동시합에서 진 선수가 컨디션이 좋지 않았다고 말한다. : 합리화
> 2. 자녀가 없는 여교사가 아동교육에 전념하게 되었다. : 보상
> 3. 동생이 태어나자 형이 된 아이가 말을 더듬는다. : 퇴행

18 조직이 리더에게 부여하는 권한으로 볼 수 없는 것은?

① 보상적 권한   ② 강압적 권한
③ 합법적 권한   ④ 위임된 권한

해설
리더십의 권한

조직이 지도자에게 부여한 권한	1. 보상적 권한 2. 강압적 권한 3. 합법적 권한
지도자 자신이 자신에게 부여한 권한	1. 전문성의 권한 2. 위임된 권한

19 안전교육 훈련기법에 있어 태도개발 측면에서 가장 적합한 기본교육 훈련방식은?

① 실습방식   ② 제시방식
③ 참가방식   ④ 시뮬레이션방식

해설
기본교육 훈련방식
1. 지식형성 : 제시방식
2. 기능숙련 : 실습방식
3. 태도개발 : 참가방식

20 무재해 운동의 추진기법 중 위험예지훈련의 4라운드 중 2라운드 진행방법에 해당하는 것은?

① 본질추구   ② 목표설정
③ 현상파악   ④ 대책수립

해설
위험예지훈련의 4라운드
1. 1라운드(1R) : 현상파악(사실을 파악한다)
2. 2라운드(2R) : 본질추구(요인을 찾아낸다)
3. 3라운드(3R) : 대책수립(대책을 선정한다)
4. 4라운드(4R) : 목표설정(행동계획을 정한다)

2과목 인간공학 및 시스템 안전공학

21 반복되는 사건이 많이 있는 경우에 FTA의 최소 컷셋을 구하는 알고리즘이 아닌 것은?

① Fussel Algorithm
② Boolean Algorithm
③ Monte Carlo Algorithm
④ Limnios & Ziani Algorithm

해설
Monte Carlo 모의 실험
1. 구하고자 하는 수치의 확률적 분포를 반복 가능한 실험의 통계로부터 구하는 방법을 말하며, 시뮬레이션 테크닉의 일종이다.
2. 이 기법의 목적은 체계가 어디에서 요원에게 과도 혹은 과소한 부하를 주는가를 나타내고 보통의 조작자가 요구되는 모든 직무를 시간 내에 완수할 수 있는가를 결정하기 위한 것

정답 17 ② 18 ④ 19 ③ 20 ① 21 ③

22 1cd의 점광원에서 1m 떨어진 곳에서의 조도가 3lux이었다. 동일한 조건에서 5m 떨어진 곳에서의 조도는 약 몇 lux인가?

① 0.12 ② 0.22
③ 0.36 ④ 0.56

해설

조도

$$조도 = \frac{광도}{(거리)^2}$$

1. 광도 = 조도 × (거리)^2
2. 1m 거리의 광도 = 3×1^2 = 3[cd]이므로
3. 5m 거리의 조도 = $\frac{3}{5^2}$ = 0.12[lux]

23 지게차 인장벨트의 수명은 평균이 100,000시간, 표준편차가 500시간인 정규분포를 따른다. 이 인장벨트의 수명이 101,000시간 이상일 확률은 약 얼마인가?[단, $P(Z≤1)=0.8413$, $P(Z≤2)=0.9772$, $P(Z≤3)=0.9987$이다.]

① 1.60% ② 2.28%
③ 3.28% ④ 4.28%

해설

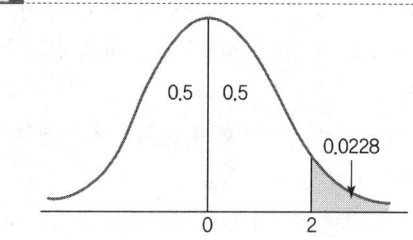

$P(x \geq 101,000) = P\left(Z \geq \frac{x-\mu}{\sigma}\right) = P(Z \geq 2)$
$= P\left(Z \geq \frac{101000-100000}{500}\right) = P(Z \geq 2)$
$= 1 - 0.9772 = 0.0228 = 2.28\%$

24 산업안전보건법령에서 정한 물리적 인자의 분류기준에 있어서 소음은 소음성 난청을 유발할 수 있는 몇 dB(A) 이상의 시끄러운 소리로 규정하고 있는가?

① 70 ② 85
③ 100 ④ 115

해설

소음작업(물리적 인자의 분류기준)
소음성 난청을 유발할 수 있는 85데시벨(A) 이상의 시끄러운 소리

25 모든 시스템 안전 프로그램 중 최초 단계의 분석으로 시스템 내의 위험요소가 어떤 상태에 있는지를 정성적으로 평가하는 방법은?

① CA ② FHA
③ PHA ④ FMEA

해설

예비 위험 분석(Preliminary Hazards Analysis : PHA)
1. 공정 또는 설비 등에 관한 상세한 정보를 얻을 수 없는 상황에서 위험물질과 공정 요소에 초점을 맞추어 초기위험을 확인하는 방법을 말한다.
2. 시스템안전 위험분석(SSHA)을 수행하기 위한 예비적인 최초의 작업으로 위험요소가 얼마나 위험한지를 정성적으로 평가하는 것이다.
3. PHA는 구상단계나 설계 및 발주의 극히 초기에 실시된다.

26 인터페이스 설계 시 고려해야 하는 인간과 기계와의 조화성에 해당되지 않는 것은?

① 지적 조화성 ② 신체적 조화성
③ 감성적 조화성 ④ 심미적 조화성

해설

계면 조화성의 3가지 차원

신체적 조화성	인간의 신체적 또는 형태적 특성의 적합성 여부(필요조건)
지적 조화성	인간의 인지능력, 정신적 부담의 정도(편리수준)
감성적 조화성	인간의 감정 및 정서의 적합성 여부(쾌적수준)

27 FTA에 의한 재해사례 연구의 순서를 올바르게 나열한 것은?

A. 목표사상 선정
B. FT도 작성
C. 사상마다 재해원인 규명
D. 개선계획 작성

정답 22 ① 23 ② 24 ② 25 ③ 26 ④ 27 ②

① A→B→C→D ② A→C→B→D
③ B→C→A→D ④ B→A→C→D

해설

FTA에 의한 재해사례의 연구 순서
1. 제1단계 : 톱사상(정상사상)의 선정
2. 제2단계 : 각 사상의 재해원인 규명
3. 제3단계 : FT도의 작성
4. 제4단계 : 개선계획의 작성

28 청각적 표시장치에서 300m 이상의 장거리용 경보기에 사용하는 진동수로 가장 적절한 것은?

① 800Hz 전후   ② 2,200Hz 전후
③ 3,500Hz 전후 ④ 4,000Hz 전후

해설

경계 및 경보 신호를 선택, 설계할 때의 지침
1. 귀는 중음역에 가장 민감하므로 500~3,000Hz의 진동수를 사용
2. 고음은 멀리 가지 못하므로 300m 이상의 장거리용으로는 1,000Hz 이하의 진동수를 사용
3. 신호가 장애물을 돌아가거나 칸막이를 통과해야 할 경우에는 500Hz 이하의 진동수를 사용
4. 주의를 끌기 위해서 변조된 신호를 사용(초당 1~8번 나는 소리나 초당 1~3번 오르내리는 변조된 신호)
5. 배경소음의 진동수와 다른 신호를 사용(신호는 최소 0.5~1초 지속)
6. 경보효과를 높이기 위해서 개시시간이 짧은 고강도 신호 사용
7. 주변 소음에 대한 은폐효과를 막기 위해 500~1,000Hz 신호를 사용하여, 적어도 30dB 이상 차이가 나야 함
8. 가능하다면 다른 용도에 쓰이지 않는 확성기, 경적 등과 같은 별도의 통신계통을 사용

29 FT도에 사용되는 다음 기호의 명칭으로 맞는 것은?

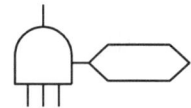

① 억제 게이트
② 부정 게이트
③ 배타적 OR 게이트
④ 우선적 AND 게이트

해설

게이트 기호

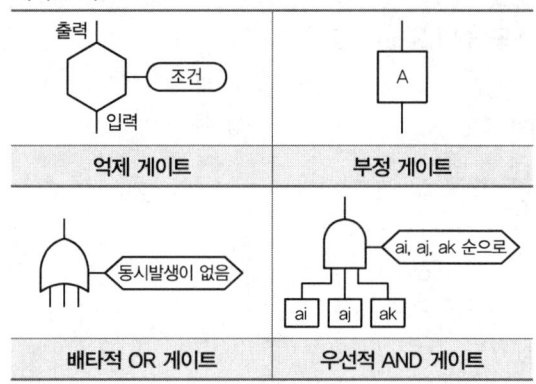

30 작업장 내의 색채조절이 적합하지 못한 경우에 나타나는 상황이 아닌 것은?

① 안전표지가 너무 많아 눈에 거슬린다.
② 현란한 색배합으로 물체 식별이 어렵다.
③ 무채색으로만 구성되어 중압감을 느낀다.
④ 다양한 색채를 사용하면 작업의 집중도가 높아진다.

31 위험처리 방법에 관한 설명으로 틀린 것은?

① 위험처리 대책 수립 시 비용문제는 제외된다.
② 재정적으로 처리하는 방법에는 보류와 전가방법이 있다.
③ 위험의 제어 방법에는 회피, 손실제어, 위험분리, 책임 전가 등이 있다.
④ 위험처리 방법에는 위험을 제어하는 방법과 재정적으로 처리하는 방법이 있다.

해설

위험처리기술(위험관리기법)

위험의 회피 (Avoidance)	1. 위험 자체를 피하는 행위 2. 잠재적 이익도 포기하는 극히 소극적인 수단
위험의 감소 (Reduction)	1. 위험을 적극적으로 예방하고 경감하는 행위 2. 잠재적 위험의 노출을 최대한 감소하는 방법
위험의 전가 (Transfer)	1. 위험을 제3자에게 전가하거나 공유하는 행위 2. 보험, 공제조합, 기금 등
위험의 보유(보류) (Retention)	1. 무계획적 보유 : 가장 위험한 행위 2. 계획적 보유 : 회피, 감소, 전가될 수 없는 위험에 적극적으로 대응

정답 28 ① 29 ④ 30 ④ 31 ①

32 인간의 가청주파수 범위는?

① 2~10,000Hz
② 20~20,000Hz
③ 200~30,000Hz
④ 200~40,000Hz

해설

인간의 가청 주파수
20~20,000Hz

33 산업안전보건법에서 규정하는 근골격계 부담작업의 범위에 해당하지 않는 것은?

① 단기간작업 또는 간헐적인 작업
② 하루에 10회 이상 25kg 이상의 물체를 드는 작업
③ 하루에 총 2시간 이상 쪼그리고 앉거나 무릎을 굽힌 자세에서 이루어지는 작업
④ 하루에 4시간 이상 집중적으로 자료입력 등을 위해 키보드 또는 마우스를 조작하는 작업

해설

근골격계부담작업이란 단순반복작업 또는 인체에 과도한 부담을 주는 작업에 따른 작업으로서 작업량·작업속도·작업강도 및 작업장 구조 등에 따라 다음의 작업을 말한다.
1. 하루에 4시간 이상 집중적으로 자료입력 등을 위해 키보드 또는 마우스를 조작하는 작업
2. 하루에 총 2시간 이상 목, 어깨, 팔꿈치, 손목 또는 손을 사용하여 같은 동작을 반복하는 작업
3. 하루에 총 2시간 이상 머리 위에 손이 있거나, 팔꿈치가 어깨 위에 있거나, 팔꿈치를 몸통으로부터 들거나, 팔꿈치를 몸통 뒤쪽에 위치하도록 하는 상태에서 이루어지는 작업
4. 지지되지 않은 상태이거나 임의로 자세를 바꿀 수 없는 조건에서, 하루에 총 2시간 이상 목이나 허리를 구부리거나 트는 상태에서 이루어지는 작업
5. 하루에 총 2시간 이상 쪼그리고 앉거나 무릎을 굽힌 자세에서 이루어지는 작업
6. 하루에 총 2시간 이상 지지되지 않은 상태에서 1kg 이상의 물건을 한 손의 손가락으로 집어 옮기거나, 2kg 이상에 상응하는 힘을 가하여 한 손의 손가락으로 물건을 쥐는 작업
7. 하루에 총 2시간 이상 지지되지 않은 상태에서 4.5kg 이상의 물건을 한 손으로 들거나 동일한 힘으로 쥐는 작업
8. 하루에 10회 이상 25kg 이상의 물체를 드는 작업
9. 하루에 25회 이상 10kg 이상의 물체를 무릎 아래에서 들거나, 어깨 위에서 들거나, 팔을 뻗은 상태에서 드는 작업
10. 하루에 총 2시간 이상, 분당 2회 이상 4.5kg 이상의 물체를 드는 작업
11. 하루에 총 2시간 이상 시간당 10회 이상 손 또는 무릎을 사용하여 반복적으로 충격을 가하는 작업

34 기능식 생산에서 유연생산 시스템 설비의 가장 적합한 배치는?

① 합류(Y)형 배치
② 유자(U)형 배치
③ 일자(-)형 배치
④ 복수라인(=)형 배치

해설

유연생산 시스템(Flexible Manufacturing System : FMS)
1. 다품종 소량생산에서 비교적 높은 생산성을 유지하면서 다양한 제품을 생산할 수 있는 유연성을 가진 자동화된 생산시스템을 말한다.
2. U자형 배치 시 장점
   - U자형 라인은 작업장이 밀집되어 있어 공간이 적게 소요됨
   - 작업자의 이동이나 운반거리가 짧아 운반을 최소화함
   - 모여서 작업하므로 작업자들의 의사소통을 증가시킴
   - 작업자는 이웃부서뿐만 아니라 반대 라인에 있는 부서와도 연관을 가지므로 작업의 유연성을 증가시킴

35 인간-기계 체계에서 인간의 과오에 기인된 원인 확률을 분석하여 위험성의 예측과 개선을 위한 평가 기법은?

① PHA
② FMEA
③ THERP
④ MORT

해설

인간과오율 예측기법(Technique For Human Error Rate Prediction : THERP)
1. 사고원인 가운데 인간의 과오나 기인된 원인분석, 확률을 계산함으로써 제품의 결함을 감소시키고, 인간공학적 대책을 수립하는 데 사용되는 분석기법
2. 인간의 과오(Human Error)를 정량적으로 평가하기 위해 개발된 기법(Swain 등에 의해 개발된 인간과오율 예측기법)

36 인체계측 자료에서 주로 사용하는 변수가 아닌 것은?

① 평균
② 5백분위수
③ 최빈값
④ 95백분위수

해설

인체계측 자료의 응용원칙

조절 가능한 설계	조절범위는 통상 여성의 5%치(최소치)에서 남성의 95%치(최대치)로 한다.
극단치를 이용한 설계	1. 최대 집단치 설계 : 대표치는 남성의 95백분위수를 이용 2. 최소 집단치 설계 : 대표치는 여성의 5백분위수를 이용
평균치를 이용한 설계	1. 최대 집단치 설계나 최소 집단치 설계 또는 조절범위식 설계가 부적절하거나 불가능할 때 평균치를 기준으로 한 설계를 할 경우가 있다. 2. 대표치는 남녀 혼합 50백분위수를 이용한다.

37 다음 그림은 C/R비와 시간과의 관계를 나타낸 그림이다. ㉠~㉣에 들어갈 내용이 맞는 것은?

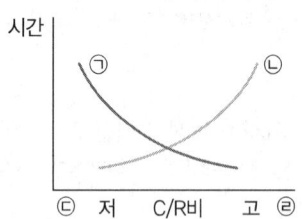

① ㉠ 이동시간, ㉡ 조정시간, ㉢ 민감, ㉣ 둔감
② ㉠ 이동시간, ㉡ 조정시간, ㉢ 둔감, ㉣ 민감
③ ㉠ 조정시간, ㉡ 이동시간, ㉢ 민감, ㉣ 둔감
④ ㉠ 조정시간, ㉡ 이동시간, ㉢ 둔감, ㉣ 민감

해설

최적 C/D비(C/R비)
1. 최적통제비는 이동시간과 조정시간의 교차점이다.
2. C/D비가 작을수록 이동시간은 짧고, 조종은 어려워서 민감한 조정장치이다.
3. C/D비가 클수록 미세한 조종은 쉽지만 수행시간은 상대적으로 길다.

38 어떤 작업자의 배기량을 측정하였더니, 10분간 200L이었고, 배기량을 분석한 결과 O_2 : 16%, CO_2 : 4%였다. 분당 산소 소비량은 약 얼마인가?

① 1.05L/분   ② 2.05L/분
③ 3.05L/분   ④ 4.05L/분

해설

산소 소비량의 측정

> 흡기부피를 V_1, 배기부피(분당 배기량)를 V_2라 하면
> $79\% \times V_1 = N_2\% \times V_2$
> $V_1 = \dfrac{(100 - O_2\% - CO_2\%)}{79} \times V_2$
> 산소 소비량 $= (21\% \times V_1) - (O_2\% \times V_2)$
> 에너지가(價)(kcal/min) = 분당 산소 소비량(L)×5kcal
> ※ 1Liter의 산소소비 = 5kcal

1. 분당 배기량(V_2) $= \dfrac{200}{10} = 20$(L/분)
2. 흡기부피(V_1) $= \dfrac{(100-16-4)}{79} \times 20 = 20.25$(L/분)

∴ 산소 소비량 $= (21\% \times V_1) - (O_2\% \times V_2)$
$= (0.21 \times 20.25) - (0.16 \times 20)$
$= 1.05$[L/분]

39 인간공학에 관련된 설명으로 틀린 것은?

① 편리성, 쾌적성, 효율성을 높일 수 있다.
② 사고를 방지하고 안전성과 능률성을 높일 수 있다.
③ 인간의 특성과 한계점을 고려하여 제품을 설계한다.
④ 생산성을 높이기 위해 인간을 작업 특성에 맞추는 것이다.

해설

인간공학의 정의
1. 인간의 특성과 한계 능력을 공학적으로 분석, 평가하여 이를 복잡한 체계의 설계에 응용함으로써 효율을 최대로 활용할 수 있도록 하는 학문분야이다.
2. 인간의 생리적·심리적 요소를 연구하여 기계나 설비를 인간의 특성에 맞추어 설계하고자 하는 것이다.

40 설비나 공법 등에서 나타날 위험에 대하여 정성적 또는 정량적인 평가를 행하고 그 평가에 따른 대책을 강구하는 것은?

① 설비보전   ② 동작분석
③ 안전계획   ④ 안전성 평가

해설

안전성 평가(Safety Assessment)의 정의
설비나 공법 등에 대해서 이동 중 또는 시공 중에 나타날 위험에 대해 설계 또는 계획단계에서 정성적 또는 정량적인 평가를 하고 그 평가에 따른 대책을 강구하는 것이다.

정답 37 ③ 38 ① 39 ④ 40 ④

3과목 기계위험 방지기술

41 방호장치의 안전기준상 평면연삭기 또는 절단연삭기에서 덮개의 노출각도 기준으로 옳은 것은?

① 80° 이내
② 125° 이내
③ 150° 이내
④ 180° 이내

해설
연삭기 덮개의 각도
1. 일반연삭작업 등에 사용하는 것을 목적으로 하는 탁상용 연삭기 덮개의 노출각도는 125° 이내로 한다.
2. 연삭숫돌의 상부를 사용하는 것을 목적으로 하는 탁상용 연삭기 덮개의 노출각도는 60° 이내로 한다.
3. 1. 및 2.이외의 탁상용 연삭기, 그 밖에 이와 유사한 연삭기 덮개의 노출각도는 80° 이내로 하되, 숫돌의 주축에서 수평면 위로 이루는 원주 각도는 65° 이상이 되지 않도록 한다.
4. 원통연삭기, 센터리스연삭기, 공구연삭기, 만능연삭기, 그 밖에 이와 비슷한 연삭기 덮개의 노출각도는 180° 이내로 한다.
5. 휴대용 연삭기, 스윙연삭기, 스라브연삭기, 그 밖에 이와 비슷한 연삭기 덮개의 노출각도는 180° 이내로 한다.
6. 평면연삭기, 절단연삭기, 그 밖에 이와 비슷한 연삭기 덮개의 노출각도는 150° 이내로 하되, 숫돌의 주축에서 수평면 밑으로 이루는 덮개의 각도는 15° 이상이 되도록 한다.

42 롤러기의 방호장치 중 복부조작식 급정지장치의 설치위치 기준에 해당하는 것은?(단, 위치는 급정지장치의 조작부의 중심점을 기준으로 한다.)

① 밑면에서 1.8m 이상
② 밑면에서 0.8m 미만
③ 밑면에서 0.8m 이상 1.1m 이내
④ 밑면에서 0.4 이상 0.8m 이내

해설
급정지장치의 설치방법

급정지장치 조작부의 종류	위치	비고
손으로 조작하는 것	밑면으로부터 1.8m 이내	위치는 급정지장치 조작부의 중심점을 기준으로 함
복부로 조작하는 것	밑면으로부터 0.8m 이상 1.1m 이내	
무릎으로 조작하는 것	밑면으로부터 0.4m 이상 0.6m 이내	

43 광전자식 방호장치가 설치된 프레스에서 손이 광선을 차단했을 때부터 급정지기구가 작동을 개시할 때까지의 시간은 0.3초, 급정지기구가 작동을 개시했을 때부터 슬라이드가 정지할 때까지의 시간이 0.4초 걸린다고 할 때 최소 안전거리는 약 몇 mm인가?

① 540
② 760
③ 980
④ 1120

해설
광전자식 방호장치의 설치 안전거리

$$D = 1,600 \times (T_c + T_s)$$

여기서, D : 안전거리[mm]
T_c : 방호장치의 작동시간[즉, 손이 광선을 차단했을 때부터 급정지기구가 작동을 개시할 때까지의 시간(초)]
T_s : 프레스 등의 최대정지시간[즉, 급정지기구가 작동을 개시했을 때부터 슬라이드 등이 정지할 때까지의 시간(초)]

$D = 1,600 \times (T_c + T_s) = 1,600 \times (0.3 + 0.4) = 1,120$ [mm]

44 드릴링 머신의 드릴지름이 10mm이고, 드릴 회전수가 1,000rpm일 때 원주속도는 약 얼마인가?

① 3.14m/min
② 6.28m/min
③ 31.4m/min
④ 62.8m/min

해설
드릴링 머신의 원주속도

$$V = \frac{\pi DN}{1,000}$$

여기서, V : 드릴의 원주속도[m/min]
D : 드릴의 직경[mm]
N : 드릴의 회전수[rpm]

$V = \frac{\pi DN}{1,000} = \frac{\pi \times 10 \times 1,000}{1,000} ≒ 31.4$ [m/min]

45 금형운반에 대한 안전수칙에 관한 설명으로 옳지 않은 것은?

① 상부금형과 하부금형이 닿을 위험이 있을 때는 고정 패드를 이용한 스트랩, 금속재질이나 우레탄 고무의 블록 등을 사용한다.
② 금형을 안전하게 취급하기 위해 아이볼트를 사용할 때는 숄더형으로 사용하는 것이 좋다.

정답 41 ③ 42 ③ 43 ④ 44 ③ 45 ③

③ 관통 아이볼트가 사용될 때는 조립이 쉽도록 구멍 틈새를 크게 한다.
④ 운반하기 위해 꼭 들어 올려야 할 때는 필요한 높이 이상으로 들어 올려서는 안 된다.

해설

금형운반의 안전
1. 상부금형과 하부금형이 닿을 위험이 있을 때는 고정 패드를 이용한 스트랩, 금속재질이나 우레탄 고무의 블록 등을 사용한다.
2. 금형을 안전하게 취급하기 위해 아이볼트를 사용할 때는 반드시 숄더형으로서 완전하게 고정되어 있어야 한다.
3. 관통 아이볼트가 사용될 때는 구멍 틈새가 최소화되도록 한다. 아이볼트 고정을 위한 탭(Tap)이 있는 구멍들은 볼트 크기가 섞이지 않도록 한다.
4. 운반하기 위해 꼭 들어 올려야 할 때는 다이를 최소한의 간격을 유지하기 위해 필요한 높이 이상으로 들어 올려서는 안 된다. 항상 작업자는 다이가 매달려 있는 위치 아래에 손, 발 또는 기타 신체의 어느 일부분도 놓여서는 안 된다.

46 기계설비 구조의 안전을 위해 설계 시 고려하여야 할 안전계수(Safety Factor)의 산출 공식으로 틀린 것은?

① 파괴강도 ÷ 허용응력
② 안전하중 ÷ 파단하중
③ 파괴강도 ÷ 허용하중
④ 극한강도 ÷ 최대설계응력

해설

안전율(안전계수)

$$\text{안전율(안전계수)} = \frac{\text{기초강도}}{\text{허용응력}} = \frac{\text{극한강도}}{\text{허용응력}} = \frac{\text{최대응력}}{\text{허용응력}}$$

$$= \frac{\text{절단하중(파괴하중)}}{\text{최대사용하중}}$$

$$= \frac{\text{극한강도}}{\text{최대설계응력}} = \frac{\text{파단하중}}{\text{안전하중}} = \frac{\text{인장강도}}{\text{허용응력}}$$

47 지게차의 안정도 기준으로 틀린 것은?

① 기준부하상태에서 주행 시의 전후 안정도는 8% 이내이다.
② 하역작업 시의 좌우안정도는 최대하중상태에서 포크를 가장 높이 올리고 마스트를 가장 뒤로 기울인 상태에서 6% 이내이다.
③ 하역작업 시의 전후안정도는 최대하중상태에서 포크를 가장 높이 올린 경우 4% 이내이며, 5톤 이상은 3.5% 이내이다.
④ 기준무부하상태에서 주행 시의 좌우안정도는 (15 + 1.1×V)% 이내이고, V는 구내최고속도(km/h)를 의미한다.

해설

지게차의 안정도 기준
1. 하역작업 시의 전후안정도 4% 이내(5톤 이상 : 3.5% 이내, 최대하중상태에서 포크를 가장 높이 올린 경우)
2. 주행 시의 전후안정도 18% 이내(기준부하상태)
3. 하역작업 시의 좌우안정도 6% 이내(최대하중상태에서 포크를 가장 높이 올리고 마스트를 가장 뒤로 기울인 경우)
4. 주행 시의 좌우안정도 (15+1.1V)% 이내, V : 최고속도(km/h)(기준무부하상태)

48 선반 등으로부터 돌출하여 회전하고 있는 가공물이 근로자에게 위험을 미칠 우려가 있는 경우 설치할 방호 장치로 가장 적합한 것은?

① 덮개 또는 울
② 슬리브
③ 건널다리
④ 체인 블록

해설

원동기·회전축 등의 위험방지

구분	내용
원동기·회전축·기어·풀리·플라이휠·벨트 및 체인 등 근로자가 위험에 처할 우려가 있는 부위	1. 덮개 2. 울 3. 슬리브 4. 건널다리 등
회전축·기어·풀리 및 플라이휠 등에 부속되는 키·핀 등의 기계요소	1. 묻힘형 2. 덮개
벨트의 이음 부분	돌출된 고정구를 사용금지
건널다리	1. 안전난간 2. 미끄러지지 아니하는 구조의 발판
선반 등으로부터 돌출하여 회전하고 있는 가공물	덮개 또는 울 등을 설치

49 원심기의 안전대책에 관한 사항에 해당되지 않는 것은?

① 최고사용회전수를 초과하여 사용해서는 아니 된다.

② 내용물이 튀어나오는 것을 방지하도록 덮개를 설치하여야 한다.
③ 폭발을 방지하도록 압력방출장치를 2개 이상 설치하여야 한다.
④ 청소, 검사, 수리 등의 작업 시에는 기계의 운전을 정지하여야 한다.

해설

원심기의 안전기준
1. 원심기에는 덮개를 설치하여야 한다.
2. 원심기 또는 분쇄기 등으로부터 내용물을 꺼내거나 정비, 청소, 검사, 수리 또는 그 밖에 이와 유사한 작업을 하는 때에는 운전을 정지하여야 한다.
3. 원심기의 최고사용회전수를 초과하여 사용해서는 아니 된다.

50 탁상용 연삭기의 평형 플랜지 바깥지름이 150 mm일 때, 숫돌의 바깥지름은 몇 mm 이내이어야 하는가?

① 300mm ② 450mm
③ 600mm ④ 750mm

해설

플랜지의 지름

$$플랜지의\ 지름 = 숫돌지름 \times \frac{1}{3}$$

숫돌지름 = 플랜지의 지름 × 3 = 150 × 3 = 450[mm]

51 산업안전보건법령상 고속회전체의 회전시험을 하는 경우 미리 회전축의 재질 및 형상 등에 상응하는 종류의 비파괴검사를 해서 결함 유무(有無)를 확인하여야 하는 고속회전체 대상은?

① 회전축의 중량이 0.5톤을 초과하고, 원주속도가 15m/s 이상인 것
② 회전축의 중량이 1톤을 초과하고, 원주속도가 30m/s 이상인 것
③ 회전축의 중량이 0.5톤을 초과하고, 원주속도가 60m/s 이상인 것
④ 회전축의 중량이 1톤을 초과하고, 원주속도가 120m/s 이상인 것

해설

고속 회전체의 위험방지

고속회전체(원주속도가 초당 25미터를 초과하는 것)의 회전시험을 하는 경우	전용의 견고한 시설물의 내부 또는 견고한 장벽 등으로 격리된 장소에서 하여야 한다.
회전축의 중량이 1톤을 초과하고, 원주속도가 초당 120미터 이상인 것의 회전시험을 하는 경우	미리 회전축의 재질 및 형상 등에 상응하는 종류의 비파괴검사를 해서 결함 유무를 확인하여야 한다.

52 기계운동 형태에 따른 위험점 분류에 해당되지 않는 것은?

① 접선끼임점 ② 회전말림점
③ 물림점   ④ 절단점

해설

기계운동 형태에 따른 위험점 분류
1. 협착점   2. 끼임점
3. 절단점   4. 물림점
5. 접선물림점   6. 회전물림점

53 기계를 구성하는 요소에서 피로현상은 안전과 밀접한 관련이 있다. 다음 중 기계요소의 피로파괴현상과 가장 관련이 적은 것은?

① 소음(Noise)   ② 노치(Notch)
③ 부식(Corrosion)   ④ 치수 효과(Size Effect)

해설

피로파괴
1. 재료에 변동하는 외력이 반복적으로 가해지면 어떤 시간이 경과된 후 재료가 파괴되는 현상
2. 피로파괴현상의 영향 요인
   • 자국(Notch)   • 부식(Corrosion)
   • 치수 효과(Size Effect)   • 온도
   • 표면상태 등

54 위험기계·기구 자율안전 확인고시에 의하면 탁상용 연삭기에서 연삭숫돌의 외주면과 가공물 받침대 사이 거리는 몇 mm를 초과하지 않아야 하는가?

① 1   ② 2
③ 4   ④ 8

정답 50 ② 51 ④ 52 ① 53 ① 54 ②

해설

가공물 받침대 및 유도·고정장치
연삭숫돌의 외주면과 받침대 사이의 거리는 2mm를 초과하지 않을 것

55 지게차의 헤드가드 상부틀에 있어서 각 개구부의 폭 또는 길이의 크기는?

① 8cm 미만
② 10cm 미만
③ 16cm 미만
④ 20cm 미만

해설

지게차의 헤드가드
1. 강도는 지게차의 최대하중의 2배 값(4톤을 넘는 값에 대해서는 4톤으로 한다)의 등분포정하중에 견딜 수 있을 것
2. 상부틀의 각 개구의 폭 또는 길이가 16cm 미만일 것
3. 운전자가 앉아서 조작하거나 서서 조작하는 지게차의 헤드가드는 한국산업표준에서 정하는 높이 기준 이상일 것
   ① 좌석식 : 좌석기준점으로부터 903mm 이상
   ② 입승식 : 조종사가 서 있는 플랫폼으로부터 1,880mm 이상

56 안전한 상태를 확보할 수 있도록 기계의 작동부분 상호 간을 기계적, 전기적인 방법으로 연결하여 기계가 정상 작동을 하기 위한 모든 조건이 충족되어야지만 작동하며, 그중 하나라도 충족이 되지 않으면 자동적으로 정지시키는 방호장치 형식은?

① 자동식 방호장치
② 가변식 방호장치
③ 고정식 방호장치
④ 인터록식 방호장치

해설

인터록(Interlock)
1. 기계의 각 작동 부분 상호 간을 전기적, 기구적, 유공압 장치 등으로 연결해서 기계의 각 작동 부분이 정상으로 작동하기 위한 조건이 만족되지 않을 경우 자동적으로 그 기계를 작동할 수 없도록 하는 것
2. 인터록(연동장치)의 요건
   • 가드가 완전히 닫히기 전에는 기계가 작동되어서는 안 된다.
   • 가드가 열리는 순간 기계의 작동은 반드시 정지되어야 한다.

57 다음 중 목재가공용 둥근톱에 설치해야 하는 분할날의 두께에 관한 설명으로 옳은 것은?

① 톱날 두께의 1.1배 이상이고, 톱날의 치진폭보다 커야 한다.
② 톱날 두께의 1.1배 이상이고, 톱날의 치진폭보다 작아야 한다.
③ 톱날 두께의 1.1배 이내이고, 톱날의 치진폭보다 커야 한다.
④ 톱날 두께의 1.1배 이내이고, 톱날의 치진폭보다 작아야 한다.

해설

분할날의 설치구조
1. 분할날의 두께는 둥근톱 두께의 1.1배 이상일 것

$$1.1t_1 \leq t_2 < b$$

여기서, t_1 : 톱두께, t_2 : 분할날 두께, b : 치진폭

2. 견고히 고정할 수 있으며 분할날과 톱날 원주면과의 거리는 12mm 이내로 조정, 유지할 수 있어야 하고 표준 테이블면(승강반에 있어서도 테이블을 최하로 내린 때의 면) 상의 톱 뒷날의 2/3 이상을 덮도록 할 것
3. 재료는 KS D 3751(탄소공구강재)에서 정한 STC 5(탄소공구강) 또는 이와 동등 이상의 재료를 사용할 것
4. 분할날 조임볼트는 2개 이상이어야 하며 볼트는 이완방지 조치가 되어 있어야 한다.

58 롤러기의 급정지장치를 작동시켰을 경우에 무부하 운전 시 앞면 롤러의 표면속도가 30m/min 미만일 때의 급정지거리로 적합한 것은?

① 앞면 롤러 원주의 1/1.5 이내
② 앞면 롤러 원주의 1/2 이내
③ 앞면 롤러 원주의 1/2.5 이내
④ 앞면 롤러 원주의 1/3 이내

해설

무부하 동작에서 급정지거리

앞면 롤러의 표면속도(m/min)	급정지거리
30 미만	앞면 롤러 원주의 1/3
30 이상	앞면 롤러 원주의 1/2.5

정답 55 ③ 56 ④ 57 ② 58 ④

59 산업용 로봇의 재해 발생에 대한 주된 원인이며, 본체의 외부에 조립되어 인간의 팔에 해당되는 기능을 하는 것은?

① 센서(Sensor)
② 제어 로직(Control Logic)
③ 제동장치(Brake System)
④ 머니퓰레이터(Manipulator)

해설

머니퓰레이터
인간의 팔과 유사한 기능을 가진 것으로 작업의 대상물을 이동시키는 것을 가리키며 각종 로봇에 공통되는 기본 개념이다.

60 산업안전보건법령상 크레인의 직동식 권과 방지장치는 훅·버킷 등 달기구의 윗면이 드럼, 상부 도르래 등 권상장치의 아랫면과 접촉할 우려가 있을 때 그 간격이 얼마 이상이어야 하는가?

① 0.01m 이상
② 0.02m 이상
③ 0.03m 이상
④ 0.05m 이상

해설

방호장치의 조정
크레인 및 이동식 크레인의 양중기에 대한 권과방지장치는 훅·버킷 등 달기구의 윗면(그 달기구에 권상용 도르래가 설치된 경우에는 권상용 도르래의 윗면)이 드럼, 상부 도르래, 트롤리프레임 등 권상장치의 아랫면과 접촉할 우려가 있는 경우에 그 간격이 0.25m 이상(직동식 권과방지장치는 0.05m 이상으로 한다)이 되도록 조정하여야 한다.

4과목 전기 및 화학설비위험방지기술

61 교류아크 용접기의 재해방지를 위해 쓰이는 것은?

① 자동전격방지 장치
② 리미트 스위치
③ 정전압 장치
④ 정전류 장치

해설

자동전격방지기
용접기의 주회로(변압기의 경우는 1차 회로 또는 2차 회로)를 제어하는 장치를 가지고 있어, 용접봉의 조작에 따라 용접할 때에만 용접기의 주회로를 형성하고, 그 외에는 용접기의 출력 측의 무부하전압을 25볼트 이하로 저하시켜 감전의 위험 및 전력손실을 방지하는 장치를 말한다.

62 방폭구조의 종류와 기호가 잘못 연결된 것은?

① 유입방폭구조 - o
② 압력방폭구조 - p
③ 내압방폭구조 - d
④ 본질안전방폭구조 - e

해설

방폭구조의 종류 및 기호

내압방폭구조	d	안전증방폭구조	e	비점화방폭구조	n
압력방폭구조	p	특수 방폭구조	s	몰드방폭구조	m
유입방폭구조	o	본질안전방폭구조	i(ia, ib)	충전방폭구조	q

63 누전에 의한 감전위험을 방지하기 위하여 누전차단기를 설치하여야 하는데 다음 중 누전차단기를 설치하지 않아도 되는 것은?

① 절연대 위에서 사용하는 이중 절연구조의 전동기기
② 임시배선의 전로가 설치되는 장소에서 사용하는 이동형 전기기구
③ 철판 위와 같이 도전성이 높은 장소에서 사용하는 이동형 전기기구
④ 물과 같이 도전성이 높은 액체에 의한 습윤 장소에서 사용하는 이동형 전기기구

해설

감전방지용 누전차단기의 적용 대상
1. 대지전압이 150볼트를 초과하는 이동형 또는 휴대형 전기기계·기구
2. 물 등 도전성이 높은 액체가 있는 습윤장소에서 사용하는 저압(1.5천볼트 이하 직류전압이나 1천볼트 이하의 교류전압)용 전기기계·기구
3. 철판·철골 위 등 도전성이 높은 장소에서 사용하는 이동형 또는 휴대형 전기기계·기구
4. 임시배선의 전로가 설치되는 장소에서 사용하는 이동형 또는 휴대형 전기기계·기구

> **TIP** 감전방지용 누전차단기의 적용 제외 대상
> 1. 이중절연구조 또는 이와 같은 수준 이상으로 보호되는 구조로 된 전기기계·기구
> 2. 절연대 위 등과 같이 감전위험이 없는 장소에서 사용하는 전기기계·기구
> 3. 비접지방식의 전로

정답 59 ④ 60 ④ 61 ① 62 ④ 63 ①

64 누전차단기의 설치 환경조건에 관한 설명으로 틀린 것은?

① 전원전압은 정격전압의 85~110% 범위로 한다.
② 설치장소가 직사광선을 받을 경우 차폐시설을 설치한다.
③ 정격부동작 전류가 정격감도 전류의 30% 이상이어야 하고, 이들의 차가 가능한 큰 것이 좋다.
④ 정격전부하전류가 30A인 이동형 전기기계·기구에 접속되어 있는 경우 일반적으로 정격감도 전류는 30mA 이하인 것을 사용한다.

해설
누전차단기의 설치 환경조건 및 성능
1. 전원전압의 변동에 유의할 것 : 누전차단기는 전원전압이 정격전압의 85~110% 사이에서 사용할 것
2. 옥외 : 직사광선 주의
3. 정격 부동작전류는 정격 감도전류의 50% 이상으로 하고, 이들의 전류값은 가능한 한 작게 한다.
4. 당해 누전차단기와 접속되어 있는 각각의 전기기기에 대하여 정격 감도전류는 30mA 이하, 동작시간은 0.03초 이내로 한다. 다만, 정격 전부하 전류가 50A 이상인 전기기기에 설치되는 누전차단기에는 오작동을 방지하기 위하여 정격 감도전류가 20mA 이하, 동작시간은 0.1초 이내로 할 수 있다.

65 위험장소의 분류에 있어 다음 설명에 해당되는 것은?

> 분진운 형태의 가연성 분진이 폭발농도를 형성할 정도로 충분한 양이 정상작동 중에 연속적으로 또는 자주 존재하거나, 제어할 수 없을 정도의 양 및 두께의 분진층이 형성될 수 있는 장소

① 20종 장소   ② 21종 장소
③ 22종 장소   ④ 23종 장소

해설
분진폭발 위험장소

분류	적요
20종 장소	분진운 형태의 가연성 분진이 폭발농도를 형성할 정도로 충분한 양이 정상 작동 중에 연속적으로 또는 자주 존재하거나, 제어할 수 없을 정도의 양 및 두께의 분진층이 형성될 수 있는 장소를 말한다.
21종 장소	20종 장소 밖으로서(장소 외의 장소로서) 분진운 형태의 가연성 분진이 폭발농도를 형성할 정도의 충분한 양이 정상 작동 중에 존재할 수 있는 장소를 말한다.
22종 장소	21종 장소 밖으로서(장소 외의 장소로서) 가연성 분진운 형태가 드물게 발생 또는 단기간 존재할 우려가 있거나, 이상 작동 상태하에서 가연성 분진운이 형성될 수 있는 장소를 말한다.

66 전기화재의 직접적인 발생 요인과 가장 거리가 먼 것은?

① 피뢰기의 손상
② 누전, 열의 축적
③ 과전류 및 절연의 손상
④ 지락 및 접속불량으로 인한 과열

해설
전기화재의 원인
1. 단락   6. 절연열화에 의한 발열
2. 누전   7. 지락
3. 과전류   8. 낙뢰
4. 스파크   9. 정전기 스파크
5. 접촉부과열

67 이온생성 방법에 따라 정전기 제전기의 종류가 아닌 것은?

① 고전압인가식   ② 접지제어식
③ 자기방전식   ④ 방사선식

해설
제전기의 종류
1. 전압인가식 제전기
2. 자기방전식 제전기
3. 방사선식 제전기(이온식 제전기)

68 피뢰설비 기본 용어에 있어 외부 뇌보호 시스템에 해당되지 않는 구성요소는?

① 수뢰부   ② 인하도선
③ 접지시스템   ④ 등전위 본딩

해설
외부 피뢰설비
직격뢰를 받는 수뢰부, 뇌격전류를 접지전극으로 흐르게 하는 인하도선, 뇌격전류를 전류로 방류하는 접지시스템 등의 3요소로 구성된 설비

> **TIP** 내부 피뢰설비
> 보호범위 내에서 뇌격전류에 의한 전자적 영향을 감소시키기 위해 설치되는 본딩도체, 서지억제기 등 외부 피뢰설비 이외에 설치된 모든 설비

정답 64 ③ 65 ① 66 ① 67 ② 68 ④

69 콘덴서의 단자전압이 1kV, 정전용량이 740pF 일 경우 방전에너지는 약 몇 mJ 인가?

① 370 ② 37
③ 3.7 ④ 0.37

해설

정전기 에너지

$$W = \frac{1}{2}CV^2 = \frac{1}{2}QV = \frac{1}{2}\frac{Q^2}{C}$$

여기서, W : 정전기 에너지[J], C : 도체의 정전용량[F]
V : 대전 전위[V], Q : 대전 전하량[C]

$W = \frac{1}{2}CV^2 = \frac{1}{2} \times (740 \times 10^{-12}) \times (1,000)^2$
$= 0.00037[J] = 0.37[mJ]$

 단위
1pF = 10^{-12}[F], 1mJ = 10^{-3}J, 1V = 10^{-3}kV

70 송전선의 경우 복도체 방식으로 송전하는데 이는 어떤 방전 손실을 줄이기 위한 것인가?

① 코로나방전 ② 평등방전
③ 불꽃방전 ④ 자기방전

해설

코로나 현상
1. 전선 간에 가해지는 전압이 어떤 값 이상으로 되면 전선 주위의 전장이 강하게 되어 전선 표면의 공기가 국부적으로 절연이 파괴되어 빛과 소리를 내면서 방전되는 현상을 말한다.
2. 코로나의 영향
   - 코로나 손실에 의한 송전효율 저하
   - 전선의 부식을 촉진
   - 코로나 잡음이 발생
   - 통신선로 유도장해 발생 등

71 다음 중 화학물질 및 물리적 인자의 노출기준에 따른 TWA 노출기준이 가장 낮은 물질은?

① 불소 ② 아세톤
③ 니트로벤젠 ④ 사염화탄소

해설

화학물질의 노출기준

유해물질의 명칭	화학식	노출기준 TWA	
		ppm	mg/m³
불소	F_2	0.1	–
아세톤	CH_3COCH_3	500	–
니트로벤젠	$C_6H_5NO_2$	1	–
사염화탄소	CCl_4	5	–

72 대기 중에 대량의 가연성 가스가 유출되거나 대량의 가연성 액체가 유출하여 그것으로부터 발생하는 증기가 공기와 혼합해서 가연성 혼합기체를 형성하고, 점화원에 의하여 발생하는 폭발을 무엇이라 하는가?

① UVCE ② BLEVE
③ Detonation ④ Boil over

해설

UVCE(개방계 증기운 폭발)
가연성 가스 또는 기화하기 쉬운 가연성 액체 등이 저장된 고압가스 용기(저장탱크)의 파괴로 인하여 대기 중으로 유출된 가연성 증기가 구름을 형성(증기운)한 상태에서 점화원이 증기운에 접촉하여 폭발하는 현상

73 화재 발생 시 알코올포(내알코올포) 소화약제의 소화효과가 큰 대상물은?

① 특수인화물
② 물과 친화력이 있는 수용성 용매
③ 인화점이 영하 이하의 인화성 물질
④ 발생하는 증기가 공기보다 무거운 인화성 액체

해설

제4류 위험물(인화성 액체) 소화방법
1. 이산화탄소, 할로겐화물, 분말, 포에 의한 질식소화가 효과적이다.
2. 수용성 위험물에는 알코올 포를 사용하거나 다량의 물로 희석시켜 가연성 증기의 발생을 억제하여 소화한다.
3. 비중이 물보다 작기 때문에 주수소화를 하면 화재 면을 확대시킬 수 있으므로 절대금지이다.

정답 69 ④ 70 ① 71 ① 72 ① 73 ②

74 산업안전보건법령에서 정한 위험물질의 종류에서 "물반응성 물질 및 인화성 고체"에 해당하는 것은?

① 니트로화합물 ② 과염소산
③ 아조화합물 ④ 칼륨

해설

물반응성 물질 및 인화성 고체
1. 리튬
2. 칼륨 · 나트륨
3. 황
4. 황린
5. 황화인 · 적린
6. 셀룰로이드류
7. 알킬알루미늄 · 알킬리튬
8. 마그네슘 분말
9. 금속 분말(마그네슘 분말은 제외)
10. 알칼리금속(리튬 · 칼륨 및 나트륨은 제외)
11. 유기 금속화합물(알킬알루미늄 및 알킬리튬은 제외)
12. 금속의 수소화물
13. 금속의 인화물
14. 칼슘 탄화물, 알루미늄 탄화물
15. 그 밖에 1부터 14까지의 물질과 같은 정도의 발화성 또는 인화성이 있는 물질
16. 1부터 15까지의 물질을 함유한 물질

TIP 1. 니트로소화합물, 아조화합물 : 폭발성 물질 및 유기과산화물
2. 과염소산 : 산화성 액체 및 산화성 고체

75 다음 중 폭발한계의 범위가 가장 넓은 가스는?

① 수소 ② 메탄
③ 프로판 ④ 아세틸렌

해설

주요 가연성 가스의 폭발범위

가연성 가스	폭발하한값(%)	폭발상한값(%)	폭발범위
아세틸렌(C_2H_2)	2.5	81.0	81.0 − 2.5 = 78.5
수소(H_2)	4.0	75.0	75.0 − 4.0 = 71.0
프로판(C_3H_8)	2.1	9.5	9.5 − 2.1 = 7.4
메탄(CH_4)	5.0	15.0	15.0 − 5.0 = 10.0

76 20℃, 1기압의 공기를 압축비 3으로 단열 압축하였을 때 온도는 약 몇 ℃가 되겠는가?(단, 공기의 비열비는 1.4이다.)

① 84 ② 128
③ 182 ④ 1,091

해설

단열압축 과정에서의 온도 변화

$$\frac{T_2}{T_1} = \left(\frac{P_2}{P_1}\right)^{(k-1)/k} \qquad T_2 = T_1 \times \left(\frac{P_2}{P_1}\right)^{(k-1)/k}$$

여기서, T_1 : 압축 전 절대온도[K]
T_2 : 단열압축 후의 절대온도[K]
P_1 : 압축 전 압력, P_2 : 단열압축 시의 압력
k : 압축비(통상 1.4를 기준)[1.1~1.8의 값]
절대온도[K] = ℃ + 273, ℃ = 절대온도[K] − 273

1. $T_2 = T_1 \times \left(\frac{P_2}{P_1}\right)^{(k-1)/k}$

   $= (273 + 20) \times \left(\frac{3}{1}\right)^{(1.4-1)/1.4} = 401.04[K]$

2. 절대온도를 섭씨온도로 바꾸면,
   401.04 − 273 = 128.04 ≒ 128[℃]

77 산업안전보건법령에서 정한 안전검사의 주기에 따르면 건조설비 및 그 부속설비는 사업장에 설치가 끝난 날부터 몇 년 이내에 최초 안전검사를 실시하여야 하는가?

① 1 ② 2
③ 3 ④ 4

해설

안전검사의 주기

크레인(이동식 크레인은 제외), 리프트(이삿짐운반용 리프트는 제외) 및 곤돌라	사업장에 설치가 끝난 날부터 3년 이내에 최초 안전검사를 실시하되, 그 이후부터 2년마다(건설현장에서 사용하는 것은 최초로 설치한 날부터 6개월마다)
이동식 크레인, 이삿짐운반용 리프트 및 고소작업대	「자동차관리법」에 따른 신규등록 이후 3년 이내에 최초 안전검사를 실시하되, 그 이후부터 2년마다
프레스, 전단기, 압력용기, 국소 배기장치, 원심기, 롤러기, 사출성형기, 컨베이어, 산업용 로봇, 혼합기, 파쇄기 또는 분쇄기	사업장에 설치가 끝난 날부터 3년 이내에 최초 안전검사를 실시하되, 그 이후부터 2년마다(공정안전보고서를 제출하여 확인을 받은 압력용기는 4년마다)

TIP 본 문제는 법 개정으로 일부 내용이 수정되었습니다. 해설은 법 개정으로 수정된 내용이니 해설을 학습하세요.

정답 74 ④ 75 ④ 76 ② 77 ③

78 여러 가지 성분의 액체 혼합물을 각 성분별로 분리하고자 할 때 비점의 차이를 이용하여 분리하는 화학설비를 무엇이라 하는가?

① 건조기   ② 반응기
③ 진공관   ④ 증류탑

해설
증류탑(Distillation Tower)
1. 용액의 성분을 증발시켜서 끓는점 차이를 이용하여 증발분을 응축하여 원하는 성분별로 분류하는 기기를 말한다.
2. 여러 가지 성분의 액체 혼합물을 각 성분별로 분리하고자 할 때 비점의 차이를 이용하여 감압 또는 가압하에서 분리하는 화학설비이다.

79 프로판(C_3H_8) 가스의 공기 중 완전연소 조성농도는 약 몇 vol%인가?

① 2.02   ② 3.02
③ 4.02   ④ 5.02

해설
완전연소 조성농도(화학양론농도)

$$C_{st} = \frac{100}{1 + 4.773\left(n + \frac{m-f-2\lambda}{4}\right)}$$

여기서, n : 탄소, m : 수소
f : 할로겐 원소의 원자 수, λ : 산소의 원자 수

$$C_{st} = \frac{100}{1 + 4.773\left(n + \frac{m-f-2\lambda}{4}\right)}$$
$$= \frac{100}{1 + 4.773\left(3 + \frac{8}{4}\right)} ≒ 4.02[\%]$$

(단, $C_3H_8 → n=3, m=8, f=0, \lambda=0$)

80 가스를 저장하는 가스용기의 색상이 틀린 것은?(단, 의료용 가스는 제외한다.)

① 암모니아 – 백색   ② 이산화탄소 – 황색
③ 산소 – 녹색   ④ 수소 – 주황색

해설
고압가스 용기의 도색

가스의 종류	도색의 구분	가스의 종류	도색의 구분
액화석유가스	밝은 회색	액화암모니아	백색
수소	주황색	액화염소	갈색
아세틸렌	황색	산소	녹색
액화탄산가스	청색	질소	회색
소방용 용기	소방법에 따른 도색	그 밖의 가스	회색

5과목 건설안전기술

81 콘크리트 타설작업을 하는 경우에 준수해야 할 사항으로 옳지 않은 것은?

① 당일의 작업을 시작하기 전에 해당 작업에 관한 거푸집동바리 등의 변형·변위 및 지반의 침하 유무 등을 점검하고 이상이 있으면 보수할 것
② 작업 중에는 거푸집동바리 등의 변형·변위 및 침하 유무 등을 감시할 수 있는 감시자를 배치하여 이상이 있으면 작업을 중지하고 근로자를 대피시킬 것
③ 설계도서상의 콘크리트 양생기간을 준수하여 거푸집동바리 등을 해체할 것
④ 콘크리트를 타설하는 경우에는 편심을 유발하여 한쪽 부분부터 밀실하게 타설되도록 유도할 것

해설
콘크리트 타설작업 시 준수사항
1. 당일의 작업을 시작하기 전에 해당 작업에 관한 거푸집 및 동바리의 변형·변위 및 지반의 침하 유무 등을 점검하고 이상이 있으면 보수할 것
2. 작업 중에는 감시자를 배치하는 등의 방법으로 거푸집 및 동바리의 변형·변위 및 침하 유무 등을 확인해야 하며, 이상이 있으면 작업을 중지하고 근로자를 대피시킬 것
3. 콘크리트 타설작업 시 거푸집 붕괴의 위험이 발생할 우려가 있으면 충분한 보강조치를 할 것
4. 설계도서상의 콘크리트 양생기간을 준수하여 거푸집 및 동바리를 해체할 것
5. 콘크리트를 타설하는 경우에는 편심이 발생하지 않도록 골고루 분산하여 타설할 것

정답 78 ④ 79 ③ 80 ② 81 ④

82 철골공사에서 나타나는 용접결함의 종류에 해당하지 않는 것은?

① 가우징(Gouging)
② 오버랩(Overlap)
③ 언더 컷(Under Cut)
④ 블로우 홀(Blow Hole)

해설

용접결함의 종류
1. 기공(블로우홀)(Blow Hole)
2. 슬래그 섞임(Slag Inclusion)
3. 용입부족(Lack Of Penetration)
4. 언더컷(Under Cut)   5. 오버랩(Over Lap)
6. 용접균열(Weld Crack)   7. 피트(Pit)
8. 스패터   9. 선상조직

TIP 가우징(Gouging)
용접관 관련된 작업 중에 용접이 잘못되었거나 모재를 파내어야 할 경우에 사용하는 방법

83 이동식 비계를 조립하여 작업을 하는 경우의 준수사항으로 옳지 않은 것은?

① 이동식 비계의 바퀴에는 뜻밖의 갑작스러운 이동 또는 전도를 방지하기 위하여 브레이크 · 쐐기 등으로 바퀴를 고정시킨 다음 비계의 일부를 견고한 시설물에 고정하거나 아웃트리거(Outrigger)를 설치하는 등 필요한 조치를 할 것
② 작업발판은 항상 수평을 유지하고 작업발판 위에서 안전난간을 딛고 작업을 하지 않도록 하며, 대신 받침대 또는 사다리를 사용하여 작업할 것
③ 비계의 최상부에서 작업을 하는 경우에는 안전난간을 설치할 것
④ 작업발판의 최대적재하중은 250kg을 초과하지 않도록 할 것

해설

이동식 비계 조립 시의 준수사항
1. 이동식 비계의 바퀴에는 뜻밖의 갑작스러운 이동 또는 전도를 방지하기 위하여 브레이크 · 쐐기 등으로 바퀴를 고정시킨 다음 비계의 일부를 견고한 시설물에 고정하거나 아웃 트리거를 설치하는 등 필요한 조치를 할 것
2. 승강용 사다리는 견고하게 설치할 것
3. 비계의 최상부에서 작업을 하는 경우에는 안전난간을 설치할 것
4. 작업발판은 항상 수평을 유지하고 작업발판 위에서 안전난간을 딛고 작업을 하거나 받침대 또는 사다리를 사용하여 작업하지 않도록 할 것
5. 작업발판의 최대적재하중은 250kg을 초과하지 않도록 할 것

84 버팀대(Strut)의 축하중 변화 상태를 측정하는 계측기는?

① 경사계(Inclino Meter)
② 수위계(Water Level Meter)
③ 침하계(Extension)
④ 하중계(Load Cell)

해설

계측기

장치	용도
지중 경사계 (Inclino Meter)	지중 수평변위를 측정하여 흙막이의 기울어진 정도 파악
수위계 (Water Level Meter)	지하수의 수위 변화 측정
지중 침하계 (Extension Meter)	지중수직 변위를 측정하여 지반의 침하 정도 파악
하중계 (Load Cell)	흙막이 버팀대에 작용하는 토압, 어스앵커의 인장력 등을 측정

85 건설업에서 사업주의 유해 · 위험 방지계획서 제출 대상 사업장이 아닌 것은?

① 지상 높이가 31m 이상인 건축물의 건설, 개조 또는 해체공사
② 연면적 5,000m² 이상 관광숙박시설의 해체공사
③ 저수용량 5,000톤 이하의 지방상수도 전용 댐 건설 등의 공사
④ 깊이 10m 이상인 굴착공사

해설

유해위험방지계획서를 제출해야 될 건설공사
1. 다음 각 목의 어느 하나에 해당하는 건축물 또는 시설 등의 건설 · 개조 또는 해체공사
   ㉠ 지상높이가 31m 이상인 건축물 또는 인공구조물
   ㉡ 연면적 3만m² 이상인 건축물
   ㉢ 연면적 5천m² 이상인 시설로서 다음의 어느 하나에 해당하는 시설
      • 문화 및 집회시설(전시장 및 동물원 · 식물원은 제외)

정답 82 ① 83 ② 84 ④ 85 ③

- 판매시설, 운수시설(고속철도의 역사 및 집배송시설은 제외)
- 종교시설
- 의료시설 중 종합병원
- 숙박시설 중 관광숙박시설
- 지하도상가
- 냉동·냉장 창고시설

2. 연면적 5천m² 이상인 냉동·냉장 창고시설의 설비공사 및 단열공사
3. 최대 지간길이(다리의 기둥과 기둥의 중심 사이의 거리)가 50m 이상인 다리의 건설 등 공사
4. 터널의 건설 등 공사
5. 다목적댐, 발전용댐, 저수용량 2천만 톤 이상의 용수 전용 댐 및 지방상수도 전용 댐의 건설 등 공사
6. 깊이 10m 이상인 굴착공사

86 굴착작업을 하는 경우 지반의 붕괴 또는 토석의 낙하에 의한 근로자의 위험을 방지하기 위하여 관리감독자로 하여금 작업 시작 전에 점검하도록 해야 하는 사항과 가장 거리가 먼 것은?

① 부석·균열의 유무 ② 함수·용수
③ 동결상태의 변화 ④ 시계의 상태

해설
토석붕괴 위험방지
1. 작업 장소 및 그 주변의 부석·균열의 유무
2. 함수·용수 및 동결상태의 변화를 점검

87 다음은 산업안전보건법령에 따른 지붕 위에서의 위험 방지에 관한 사항이다. ( ) 안에 알맞은 것은?

> 슬레이트, 선라이트 등 강도가 약한 재료로 덮은 지붕 위에서 작업을 할 때에 발이 빠지는 등 근로자가 위험해질 우려가 있는 경우 폭 ( )센터미터 이상의 발판을 설치하거나 안전방망을 치는 등 근로자의 위험을 방지하기 위하여 필요한 조치를 하여야 한다.

① 20 ② 25
③ 30 ④ 40

해설
지붕 위에서의 위험 방지
1. 지붕의 가장자리에 안전난간을 설치할 것
2. 채광창(Skylight)에는 견고한 구조의 덮개를 설치할 것
3. 슬레이트 등 강도가 약한 재료로 덮은 지붕에는 폭 30cm 이상의 발판을 설치할 것

4. 작업 환경 등을 고려할 때 안전난간을 설치하기 곤란한 경우에는 추락방호망을 설치해야 한다. 다만, 사업주는 작업 환경 등을 고려할 때 추락방호망을 설치하기 곤란한 경우에는 근로자에게 안전대를 착용하도록 하는 등 추락 위험을 방지하기 위하여 필요한 조치를 해야 한다.

88 안전방망을 건축물의 바깥쪽으로 설치하는 경우 벽면으로부터 망의 내민 길이는 최소 얼마 이상이어야 하는가?

① 2m ② 3m
③ 5m ④ 10m

해설
추락방호망의 설치기준
1. 추락방호망의 설치위치는 가능하면 작업면으로부터 가까운 지점에 설치하여야 하며, 작업면으로부터 망의 설치지점까지의 수직거리는 10m를 초과하지 아니할 것
2. 추락방호망은 수평으로 설치하고, 망의 처짐은 짧은 변 길이의 12% 이상이 되도록 할 것
3. 건축물 등의 바깥쪽으로 설치하는 경우 추락방호망의 내민 길이는 벽면으로부터 3m 이상 되도록 할 것. 다만, 그물코가 20mm 이하인 추락방호망을 사용한 경우에는 낙하물에 의한 위험 방지에 따른 낙하물방지망을 설치한 것으로 본다.

89 다음에서 설명하고 있는 건설장비의 종류는?

> 앞뒤 두 개의 차륜이 있으며(2축 2륜), 각각의 차축이 평행으로 배치된 것으로 찰흙, 점성토 등의 두꺼운 흙을 다짐하는 데 적당하나 단단한 각재를 다지는 데는 부적당하며 머캐덤 롤러 다짐 후의 아스팔트 포장에 사용된다.

① 클램셸 ② 탠덤 롤러
③ 트랙터 셔블 ④ 드래그 라인

해설
다짐기계(전압식)

로드 롤러 (Road Roller)	머캐덤 롤러 (Macadam Roller)	3륜 형식으로 쇄석, 자갈 등의 다짐에 사용
	탠덤 롤러 (Tandem Roller)	2륜 형식으로 아스팔트 포장의 끝마무리에 사용
탬핑 롤러 (Tamping Roller)		1. 깊은 다짐이나 고함수비 지반의 다짐에 많이 이용 2. 롤러의 표면에 돌기를 만들어 부착한 것

정답 86 ④ 87 ③ 88 ② 89 ②

탬핑 롤러 (Tamping Roller)	3. 풍화함을 파쇄하고 흙 속의 간극수압을 제거 4. 점성토 지반에 효과적
타이어 롤러 (Tire Roller)	사질토나 사질 점성토에 적합하며 주행속도 개선

90 작업으로 인하여 물체가 떨어지거나 날아올 위험이 있는 경우 설치하는 낙하물 방지망의 수평면과의 각도 기준으로 옳은 것은?

① 10° 이상 20° 이하를 유지
② 20° 이상 30° 이하를 유지
③ 30° 이상 40° 이하를 유지
④ 40° 이상 45° 이하를 유지

해설

낙하물 방지망 또는 방호선반 설치 시 준수사항
1. 높이 10m 이내마다 설치하고, 내민 길이는 벽면으로부터 2m 이상으로 할 것
2. 수평면과의 각도는 20° 이상 30° 이하를 유지할 것

91 건설업 산업안전보건관리비의 안전시설비로 사용 가능하지 않은 항목은?

① 비계·통로·계단에 추가 설치하는 추락방지용 안전난간
② 공사수행에 필요한 안전통로
③ 틀비계에 별도로 설치하는 안전난간·사다리
④ 통로의 낙하물 방호선반

해설

안전시설비의 사용 불가내역
안전발판, 안전통로, 안전계단 등과 같이 명칭에 관계없이 공사 수행에 필요한 가시설들은 사용 불가

92 다음은 산업안전보건법령에 따른 말비계를 조립하여 사용하는 경우에 관한 준수사항이다. ( ) 안에 알맞은 숫자는?

> 말비계의 높이가 2m를 초과할 경우에는 작업발판의 폭을 ( )cm 이상으로 할 것

① 10
② 20
③ 30
④ 40

해설

말비계 조립 시의 준수사항
1. 지주부재의 하단에는 미끄럼 방지장치를 하고, 근로자가 양측 끝부분에 올라서서 작업하지 않도록 할 것
2. 지주부재와 수평면의 기울기를 75° 이하로 하고, 지주부재와 지주부재 사이를 고정시키는 보조부재를 설치할 것
3. 말비계의 높이가 2m를 초과하는 경우에는 작업발판의 폭을 40cm 이상으로 할 것

93 터널 지보공을 설치한 경우에 수시로 점검하여야 할 사항에 해당하지 않는 것은?

① 기둥침하의 유무 및 상태
② 부재의 긴압 정도
③ 매설물 등의 유무 또는 상태
④ 부재의 접속부 및 교차부의 상태

해설

터널 지보공의 붕괴 등의 방지를 위한 점검사항
1. 부재의 손상·변형·부식·변위 탈락의 유무 및 상태
2. 부재의 긴압 정도
3. 부재의 접속부 및 교차부의 상태
4. 기둥침하의 유무 및 상태

94 통나무 비계를 건축물, 공작물 등의 건조·해체 및 조립 등의 작업에 사용하기 위한 지상 높이 기준은?

① 2층 이하 또는 6m 이하
② 3층 이하 또는 9m 이하
③ 4층 이하 또는 12m 이하
④ 5층 이하 또는 15m 이하

해설

통나무 비계 사용기준
통나무 비계는 지상높이 4층 이하 또는 12m 이하인 건축물, 공작물 등의 건조·해체 및 조립 등의 작업에만 사용할 수 있다.

> TIP 본 문제는 법 개정으로 내용이 삭제되었습니다. 참고만 하세요.

95 굴착공사 중 암질변화구간 및 이상암질 출현 시에는 암질판별시험을 수행하는데 이 시험의 기준과 거리가 먼 것은?

① 함수비
② R.Q.D
③ 탄성파속도
④ 일축압축강도

정답 90 ② 91 ② 92 ④ 93 ③ 94 ③ 95 ①

해설
암질판별 기준
1. R.Q.D(%)
2. 탄성파속도(m/sec)
3. R.M.R
4. 일축압축강도(kg/cm²)
5. 진동치 속도(cm/sec=Kine)

96 거푸집동바리 등을 조립하거나 해체하는 작업을 하는 경우 준수사항으로 옳지 않은 것은?

① 해당 작업을 하는 구역에는 관계 근로자가 아닌 사람의 출입을 금지할 것
② 비, 눈, 그 밖의 기상상태의 불안정으로 날씨가 몹시 나쁜 경우에는 그 작업을 중지할 것
③ 낙하·충격에 의한 돌발적 재해를 방지하기 위하여 버팀목을 설치하고 거푸집동바리 등을 인양장비에 매단 후에 작업을 하도록 하는 등 필요한 조치를 할 것
④ 재료, 기구 또는 공구 등을 올리거나 내리는 경우에는 근로자로 하여금 달줄·달포대 등의 사용을 금지하도록 할 것

해설
기둥·보·벽체·슬래브 등의 거푸집 및 동바리를 조립하거나 해체하는 작업을 하는 경우 준수사항
1. 해당 작업을 하는 구역에는 관계 근로자가 아닌 사람의 출입을 금지할 것
2. 비, 눈, 그 밖의 기상상태의 불안정으로 날씨가 몹시 나쁜 경우에는 그 작업을 중지할 것
3. 재료, 기구 또는 공구 등을 올리거나 내리는 경우에는 근로자로 하여금 달줄·달포대 등을 사용하도록 할 것
4. 낙하·충격에 의한 돌발적 재해를 방지하기 위하여 버팀목을 설치하고 거푸집 및 동바리를 인양장비에 매단 후에 작업을 하도록 하는 등 필요한 조치를 할 것

97 크레인을 사용하여 작업을 하는 경우 준수해야 할 사항으로 옳지 않은 것은?

① 인양할 하물(荷物)을 바닥에서 끌어당기거나 밀어 정위치 작업을 할 것
② 유류드럼이나 가스통 등 운반 도중에 떨어져 폭발하거나 누출될 가능성이 있는 위험물용기는 보관함(또는 보관고)에 담아 안전하게 매달아 운반할 것
③ 미리 근로자의 출입을 통제하여 인양 중인 하물이 작업자의 머리 위로 통과하지 않도록 할 것
④ 인양할 하물이 보이지 아니하는 경우에는 어떠한 동작도 하지 아니할 것(신호하는 사람에 의하여 작업을 하는 경우는 제외한다.)

해설
크레인 작업 시의 조치 및 준수사항
인양할 하물(荷物)을 바닥에서 끌어당기거나 밀어내는 작업을 하지 아니할 것

98 고소작업대가 갖추어야 할 설치조건으로 옳지 않은 것은?

① 작업대를 와이어로프 또는 체인으로 올리거나 내릴 경우에는 와이어로프 또는 체인이 끊어져 작업대가 떨어지지 아니하는 구조여야 하며, 와이어로프 또는 체인의 안전율은 3 이상일 것
② 작업대를 유압에 의해 올리거나 내릴 경우에는 작업대를 일정한 위치에 유지할 수 있는 장치를 갖추고 압력의 이상 저하를 방지할 수 있는 구조일 것
③ 작업대에 정격하중(안전율 5 이상)을 표시할 것
④ 작업대에 끼임·충돌 등 재해를 예방하기 위한 가드 또는 과상승방지장치를 설치할 것

해설
고소작업대 설치기준
작업대를 와이어로프 또는 체인으로 올리거나 내릴 경우에는 와이어로프 또는 체인이 끊어져 작업대가 떨어지지 아니하는 구조여야 하며, 와이어로프 또는 체인의 안전율은 5 이상일 것

99 추락방지망의 방망 지지점은 최소 얼마 이상의 외력에 견딜 수 있는 강도를 보유하여야 하는가?

① 500kg ② 600kg
③ 700kg ④ 800kg

해설
지지점의 강도
방망 지지점은 600kg의 외력에 견딜 수 있는 강도를 보유하여야 한다.

정답 96 ④ 97 ① 98 ① 99 ②

100 아스팔트 포장도로의 노반의 파쇄 또는 토사 중에 있는 암석 제거에 가장 적당한 장비는?

① 스크레이퍼(Scraper)
② 롤러(Roller)
③ 리퍼(Ripper)
④ 드래그라인(Dragline)

해설

리퍼도저(Ripper Dozer)
아스팔트 포장도로 등 단단한 땅이나 연약한 암석을 파내는 갈고리 모양의 도저

05 | 2017년 2회 기출문제

1과목 산업안전관리론

01 기업 내 정형교육 중 TWI의 훈련내용이 아닌 것은?

① 작업방법훈련 ② 작업지도훈련
③ 사례연구훈련 ④ 인간관계훈련

해설
TWI의 교육 과정
1. Job Method Training(JMT) : 작업방법훈련, 작업개선훈련
2. Job Instruction Training(JIT) : 작업지도훈련
3. Job Relations Training(JRT) : 인간관계 훈련, 부하통솔법
4. Job Safety Training(JST) : 작업안전훈련

02 강의계획에 있어 학습목적의 3요소가 아닌 것은?

① 목표 ② 주제
③ 학습 내용 ④ 학습 정도

해설
학습목적의 3요소

목표(Goal)	학습목적의 핵심, 학습을 통하여 달성하려는 지표
주제(Subject)	목표달성을 위한 테마
학습정도(Level of Learning)	주제를 학습시킬 범위와 내용의 정도

03 비통제의 집단행동 중 폭동과 같은 것을 말하며, 군중보다 합의성이 없고, 감정에 의해서만 행동하는 특성은?

① 패닉(Panic)
② 모브(Mob)
③ 모방(Imitation)
④ 심리적 전염(Mental Epidemic)

해설
집단행동의 구분

통제 있는 집단행동 (규칙이나 규율과 같은 룰(rule)이 존재)	1. 관습 2. 제도적 행동 3. 유행
비통제의 집단행동 (구성원 간의 정서, 감정에 의해 좌우되고 연속성이 희박)	1. 군중(crowd) 2. 모브(mob) 3. 패닉(panic) 4. 심리적 전염(mental epidemin)

TIP 모방(Imitation)
남의 행동이나 판단을 표본으로 하여 그것과 같거나 그것에 가까운 행동 또는 판단을 취하려는 것

04 부주의의 발생 원인과 그 대책이 옳게 연결된 것은?

① 의식의 우회 – 상담
② 소질적 조건 – 교육
③ 작업환경 조건 불량 – 작업순서 정비
④ 작업순서의 부적당 – 작업자 재배치

해설
부주의 발생 원인과 대책

구분	발생 원인	대책
외적 원인	작업 및 환경조건의 불량	환경정비
	작업순서의 부적합	작업순서 정비(인간공학적 접근)
	작업강도	작업량, 작업시간, 속도 등의 조절
	기상조건	온도, 습도 등의 조절
내적 원인	소질적 요인	적성에 따른 배치(적성배치)
	의식의 우회	카운슬링(상담)
	경험부족 및 미숙련	교육 및 훈련
	피로도	충분한 휴식
	정서 불안정	심리적 안정 및 치료

05 산업안전보건법령상 안전검사 대상 유해·위험 기계 등이 아닌 것은?

① 곤돌라 ② 이동식 국소 배기장치
③ 산업용 원심기 ④ 압력용기

정답 01 ③ 02 ③ 03 ② 04 ① 05 ②

> 해설

안전검사 대상기계 등
1. 프레스
2. 전단기
3. 크레인(정격 하중이 2톤 미만인 것은 제외)
4. 리프트
5. 압력용기
6. 곤돌라
7. 국소 배기장치(이동식은 제외)
8. 원심기(산업용만 해당)
9. 롤러기(밀폐형 구조는 제외)
10. 사출성형기(형 체결력 294킬로뉴턴(KN) 미만은 제외)
11. 고소작업대(화물자동차 또는 특수자동차에 탑재한 고소작업대로 한정)
12. 컨베이어
13. 산업용 로봇
14. 혼합기
15. 파쇄기 또는 분쇄기

06 재해 발생의 주요 원인 중 불안전한 상태에 해당하지 않는 것은?

① 기계설비 및 장비의 결함
② 부적절한 조명 및 환기
③ 작업장소의 정리·정돈 불량
④ 보호구 미착용

> 해설

불안전한 행동과 상태의 분류

불안전한 행동 (인적 요인)	설비·기계 및 물질의 부적절한 사용·관리, 구조물 등 그 밖의 위험방치 및 미확인, 작업수행 소홀 및 절차 미준수, 불안전한 작업자세, 작업수행 중 과실, 무모한 또는 불필요한 행위 및 동작, 복장, 보호구의 부적절한 사용, 불안전한 속도 조작, 안전장치의 기능 제거, 불안전한 인양 및 운반
불안전한 상태 (물적 요인)	물체 및 설비 자체의 결함, 방호조치의 부적절, 작업통로 등 장소불량 및 위험, 물체, 기계기구 등의 취급상 위험, 작업공정·절차의 부적절, 작업환경 등의 부적절, 보호구의 성능불량, 불안전한 설계로 인한 결함 발생

07 산업안전보건법령상 근로자 안전·보건교육의 기준으로 틀린 것은?

① 사무직 종사 근로자의 정기교육 : 매분기 3시간 이상
② 일용근로자의 작업내용 변경 시의 교육 : 1시간 이상
③ 관리감독자의 지위에 있는 사람의 정기교육 : 연간 16시간 이상
④ 건설 일용근로자의 건설업 기초안전·보건교육 : 2시간 이상

> 해설

근로자 안전·보건교육
1. 사무직 종사 근로자의 정기교육 : 매반기 6시간 이상
2. 일용근로자 및 근로계약기간이 1주일 이하인 기간제근로자의 작업내용 변경 시의 교육 : 1시간 이상
3. 관리감독자의 지위에 있는 사람의 정기교육 : 연간 16시간 이상
4. 건설업 기초안전·보건교육(건설 일용근로자) : 4시간 이상

> TIP 본 문제는 법 개정으로 일부 내용이 수정되었습니다. 해설은 법 개정으로 수정된 내용이니 해설을 학습하세요.

08 토의법의 유형 중 다음에서 설명하는 것은?

> 교육과제에 정통한 전문가 4~5명이 피교육자 앞에서 자유로이 토의를 실시한 다음에 피교육자 전원이 참가하여 사회자의 사회에 따라 토의하는 방법

① 포럼(Forum)
② 패널 디스커션(Panel Discussion)
③ 심포지엄(Symposium)
④ 버즈 세션(Buzz Session)

> 해설

토의법의 종류

패널 디스커션 (Panel Discussion)	전문가 4~5명이 피교육자 앞에서 자유로이 토의를 하고, 그 후에 피교육자 전원이 사회자의 사회에 따라 토의하는 방법
심포지엄 (Symposium)	발제자 없이 몇 사람의 전문가에 의하여 과제에 관한 견해를 발표한 뒤에 참가자로 하여금 의견이나 질문을 하게 하여 토의하는 방법
버즈 세션 (Buzz Session)	6-6 회의라고도 하며, 참가자가 다수인 경우에 전원을 토의에 참가시키기 위한 방법으로 소집단을 구성하여 회의를 진행시키는 방법
포럼 (Forum)	새로운 자료나 주제를 내보이거나 발표한 후 피교육자로 하여금 문제나 의견을 제시하게 하고 다시 깊이 있게 토론해 나가는 방법

09 학습 정도(Level of Learning)의 4단계 요소가 아닌 것은?

① 지각
② 적용
③ 인지
④ 정리

해설
학습 정도(Level of Learning)의 4단계
1. 인지 : ~을 인지하여야 한다.
2. 지각 : ~을 알아야 한다.
3. 이해 : ~을 이해하여야 한다.
4. 적용 : ~을 ~에 적용할 줄 알아야 한다.

10 안전관리조직의 형태 중 라인·스탭형에 대한 설명으로 틀린 것은?

① 안전스탭은 안전에 관한 기획·입안·조사·검토 및 연구를 행한다.
② 안전업무를 전문적으로 담당하는 스탭 및 생산라인의 각 계층에도 겸임 또는 전임의 안전담당자를 둔다.
③ 모든 안전관리업무를 생산라인을 통하여 직선적으로 이루어지도록 편성된 조직이다.
④ 대규모 사업장(1000명 이상)에 효율적이다.

해설
라인-스태프형(Line-Staff형) - 직계 참모형 조직
1. 의의
   • 안전보건 업무를 전담하는 스태프를 별도로 두고 또 생산 라인에는 그 부서의 장으로 하여금 계획된 생산 라인의 안전관리조직을 통하여 실시하도록 한 조직 형태
   • 1,000명 이상의 대규모 사업장에 적합한 조직형태
2. 장점
   • 라인에서 안전보건 업무가 수행되어 안전보건에 관한 지시 명령 조치가 신속, 정확하게 이루어짐
   • 스태프는 안전에 관한 기획, 조사, 검토 및 연구를 수행한다.
3. 단점
   • 명령계통과 조언, 권고적 참여가 혼동되기 쉬움
   • 라인과 스태프 간에 협조가 안 될 경우 업무의 원활한 추진 불가(라인과 스태프 간의 월권 또는 상호 의견충돌이 생길 수 있음)
   • 라인이 스태프에 의존 또는 활용하지 않는 경우가 있음

11 맥그리거(McGregor)의 X이론에 따른 관리처방이 아닌 것은?

① 목표에 의한 관리
② 권위주의적 리더십 확립
③ 경제적 보상체제의 강화
④ 면밀한 감독과 엄격한 통제

해설
X, Y이론의 관리처방

X이론의 관리처방	Y이론의 관리처방
1. 권위주의적 리더십의 확립 2. 경제적 보상 체제의 강화 3. 면밀한 감독과 엄격한 통제 4. 상부 책임제도의 강화 5. 설득, 보상, 벌, 통제에 의한 관리 6. 조직구조의 고층성	1. 분권화와 권한의 위임 2. 목표에 의한 관리 3. 비공식적 조직의 활용 4. 민주적 리더십의 확립 5. 직무 확장 6. 자체 평가제도의 활성화 7. 조직 목표 달성을 위한 자율적인 통제 8. 조직구조의 평면화

12 어느 공장의 재해율을 조사한 결과 도수율이 20이고, 강도율이 1.2로 나타났다. 이 공장에서 근무하는 근로자가 입사부터 정년퇴직할 때까지 예상되는 재해건수(a)와 이로 인한 근로손실 일수(b)는?(단, 이 공장의 1인당 입사부터 정년퇴직할 때까지 평균 근로시간은 100,000시간으로 한다.)

① a=20, b=1.2
② a=2, b=120
③ a=20, b=20
④ a=120, b=2

해설
환산재해율
1. 환산도수율 = 도수율 × $\frac{1}{10}$ = 20 × $\frac{1}{10}$ = 2[건]
2. 환산강도율 = 강도율 × 100 = 1.2 × 100 = 120[일]

TIP 환산재해율
1. 환산강도율(S) : 10만 시간(평생근로)당의 근로손실 일 수
2. 환산도수율(F) : 10만 시간(평생근로)당의 재해건수

정답 09 ④ 10 ③ 11 ① 12 ②

13 재해손실비의 평가방식 중 시몬즈(R.H. Simonds) 방식에 의한 계산방법으로 옳은 것은?

① 직접비 + 간접비
② 공동비용 + 개별비용
③ 보험코스트 + 비보험코스트
④ (휴업상해건수 × 관련 비용 평균치) + (통원상해건수 × 관련 비용 평균치)

해설

시몬즈(Simonds) 방식
총 재해 코스트(cost) = 보험 코스트(cost) + 비보험 코스트(cost)
1. 보험 코스트(cost) : 산재보험료
2. 비보험 코스트(cost) = A×휴업상해건수+B×통원상해건수+C×응급조치건수+D×무상해사고건수
3. A, B, C, D는 상해 정도별 재해에 대한 비보험 코스트의 평균치이다.
4. 사망과 영구 전노동 불능 상해는 재해범주에서 제외된다.

14 무재해 운동 추진기법 중 지적 확인에 대한 설명으로 옳은 것은?

① 비평을 금지하고, 자유로운 토론을 통하여 독창적인 아이디어를 끌어낼 수 있다.
② 참여자 전원의 스킨십을 통하여 연대감, 일체감을 조성할 수 있고 느낌을 교류한다.
③ 작업 전 5분간의 미팅을 통하여 시나리오상의 역할을 연기하여 체험하는 것을 목적으로 한다.
④ 오관의 감각기관을 총동원하여 작업의 정확성과 안전을 확인한다.

해설

지적 확인
작업공정이나 상황 가운데 위험요인이나 작업의 중요 포인트에 대해 자신의 행동을 "○○ 좋아!"라고 큰소리로 제창하여 확인하는 것으로 인간의 실수를 없애기 위하여 눈, 손, 입, 그리고 귀를 이용하여 작업시작 전에 뇌를 자극시켜 안전을 확보하기 위한 방법이다.

15 재해예방의 4원칙에 해당하지 않는 것은?

① 예방 가능의 원칙   ② 대책 선정의 원칙
③ 손실 우연의 원칙   ④ 원인 추정의 원칙

해설

하인리히의 재해예방 4원칙

예방 가능의 원칙	천재지변을 제외한 모든 재해는 원칙적으로 예방이 가능하다.
손실 우연의 원칙	사고에 의해서 생기는 상해의 종류 및 정도는 우연적이다.
원인 계기의 원칙	사고와 손실과의 관계는 우연적이지만 사고와 원인관계는 필연적이다(사고에는 반드시 원인이 있다).
대책 선정의 원칙	원인을 정확히 규명해서 대책을 선정하고 실시되어야 한다(3E, 즉 기술, 교육, 독려를 중심으로).

16 인간의 착각현상 중 버스나 전동차의 움직임으로 인하여 자신이 승차하고 있는 정지된 차량이 움직이는 것 같은 느낌을 받는 현상은?

① 자동운동   ② 유도운동
③ 가현운동   ④ 플리커현상

해설

인간의 착각현상

가현운동	1. 정지하고 있는 대상물을 나타냈다가 지웠다가 자주 반복하면 그 물체가 마치 운동하는 것처럼 인식되는 현상 2. 영화영상기법, β운동
자동운동	1. 암실 내에서 정지된 소광점을 응시하면 그 광점이 움직이는 것처럼 보이는 현상 2. 자동운동이 생기기 쉬운 조건 ㉠ 광점이 작을 것 ㉡ 시야의 다른 부분이 어두울 것 ㉢ 광(光)의 강도가 작을 것 ㉣ 대상이 단순할 것
유도운동	1. 실제로는 움직이지 않는 것이 어느 기준의 이동에 유도되어 움직이는 것처럼 느껴지는 현상 2. 하행선 기차역에 정지하고 있는 열차 안의 승객이 반대편 상행선 열차의 출발로 인하여 하행선 열차가 움직이는 것처럼 느끼는 경우

17 안전·보건표지의 기본모형 중 다음 그림의 기본모형의 표시사항으로 옳은 것은?

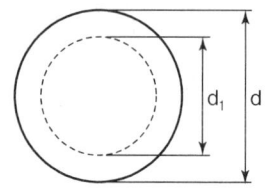

① 지시　　　② 안내
③ 경고　　　④ 금지

해설

안전·보건표지의 기본모형

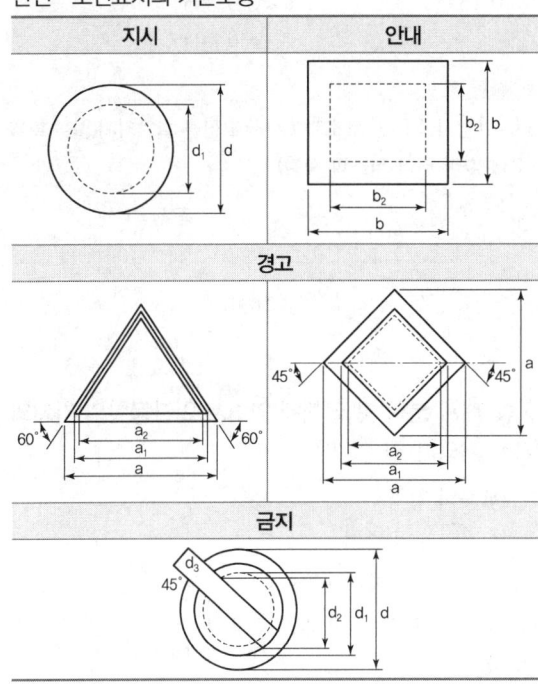

18 지도자가 추구하는 계획과 목표를 부하직원이 자신의 것으로 받아들여 자발적으로 참여하게 하는 리더십의 권한은?

① 보상적 권한　　② 강압적 권한
③ 위임된 권한　　④ 합법적 권한

해설

리더십의 권한

조직이 지도자에게 부여한 권한	
보상적 권한	부하직원에게 적절한 보상을 통해 효과적인 통제를 유도(봉급의 인상, 승진 등)
강압적 권한	부하직원에게 적절한 처벌을 통해 효과적인 통제를 유도(승진누락, 임금삭감, 해고 등)
합법적 권한	조직의 규정에 의해 지도자의 권한이 합법화하고 공식화된 것
지도자 자신이 자신에게 부여한 권한	
전문성의 권한	지도자가 목표수행에 필요한 전문적인 지식을 갖고 부하직원들의 전문성을 인정하면 능동적으로 업무에 스스로 동참
위임된 권한	지도자가 추구하는 목표를 부하직원들이 자신의 것으로 받아들여 지도자와 함께 일하는 것

19 하인리히의 사고방지 5단계 중 제1단계 안전조직의 내용이 아닌 것은?

① 경영자의 안전목표 설정
② 안전관리자의 선임
③ 안전활동의 방침 및 계획수립
④ 안전회의 및 토의

해설

하인리히의 재해예방 5단계(제1단계 : 조직)
1. 경영자의 안전목표 설정　2. 안전관리조직의 편성
3. 안전관리 조직과 책임 부여　4. 조직을 통한 안전활동
5. 안전관리 규정의 제정

TIP 안전회의 및 토의 : 사실의 발견(제2단계)에 대한 내용이다.

20 보호구 자율안전확인 고시상 사용 구분에 따른 보안경의 종류가 아닌 것은?

① 차광보안경　　② 유리보안경
③ 프라스틱보안경　　④ 도수렌즈보안경

해설

보안경의 종류

보안경(자율안전확인)	1. 유리보안경 2. 프라스틱보안경 3. 도수렌즈보안경
차광보안경(안전인증)	1. 자외선용　3. 복합용 2. 적외선용　4. 용접용

2과목 인간공학 및 시스템 안전공학

21 휘도(Luminance)가 10cd/m²이고, 조도(Illuminance)가 100lx일 때 반사율(Reflectance)(%)은?

① 0.1π　　② 10π
③ 100π　　④ $1,000\pi$

해설

반사율

$$반사율(\%) = \frac{광속발산도(fL)}{조도(fc)} \times 100 = \frac{cd/m^2 \times \pi}{lux}$$

$$반사율(\%) = \frac{cd/m^2 \times \pi}{lux} = \frac{10 \times \pi}{100} = 0.1\pi$$

22 사람의 감각기관 중 반응속도가 가장 느린 것은?

① 청각
② 시각
③ 미각
④ 촉각

해설

감각기관별 자극반응시간

청각	촉각	시각	미각	통각
0.17초	0.18초	0.20초	0.29초	0.70초

23 한 사무실에서 타자기의 소리 때문에 말소리가 묻히는 현상을 무엇이라 하는가?

① dBA
② CAS
③ phone
④ Masking

해설

은폐(Masking)효과
1. 정의 : 크고 작은 두 소리가 동시에 들릴 때 큰 소리만 듣고 작은 소리는 듣지 못하는 현상으로 음파의 간섭에 의해 발생한다.
2. 특징
   - 음의 한 성분이 다른 성분에 대한 귀의 감수성을 감소시키는 상황을 말한다.
   - 피은폐된 한 음의 가청역치가 다른 은폐된 음 때문에 높아지는 현상을 말한다.
   - 어떤 음의 청취가 다른 음에 의해 방해되는 청각현상을 말한다.
   - 예를 들어 사무실의 자판 소리 때문에 말소리가 묻히는 경우에 해당한다.

24 1에서 15까지 수의 집합에서 무작위로 선택할 때, 어떤 숫자가 나올지 알려주는 경우의 정보량은 몇 bit인가?

① 2.91bit
② 3.91bit
③ 4.51bit
④ 4.91bit

해설

정보의 측정 단위
실현 가능성이 같은 n개의 대안이 있을 때 총 정보량 H

$$H = \log_2 n$$

$H = \log_2 15 = \dfrac{\log 15}{\log 2} = 3.91 \text{(bit)}$

25 어떤 전자기기의 수명은 지수분포를 따르며, 그 평균수명이 1,000시간이라고 할 때, 500시간 동안 고장 없이 작동할 확률은 약 얼마인가?

① 0.1353
② 0.3935
③ 0.6065
④ 0.8647

해설

평균고장시간 t_0인 요소가 t시간 고장을 일으키지 않을 확률 (고장 없이 정상 작동할 확률)

$$R(t) = e^{-\frac{t}{t_0}} = e^{-\lambda t} = e^{-\frac{t}{MTBF}}$$

$R(t) = e^{-\frac{t}{MTBF}} = e^{-\frac{500}{1,000}} = 0.6065$

26 체계 분석 및 설계에 있어서 인간공학의 가치와 가장 거리가 먼 것은?

① 성능의 향상
② 훈련비용의 증가
③ 사용자의 수용도 향상
④ 생산 및 보전의 경제성 증대

해설

체계 분석 및 설계에서 인간공학의 가치(기여도)
1. 성능(Performance)의 향상
2. 훈련비용의 절감
3. 인력 이용률(Utilization)의 향상
4. 사고 및 오용으로부터의 손실 감소
5. 생산 및 보전의 경제성 증대
6. 사용자의 수용도 향상

27 작업기억과 관련된 설명으로 틀린 것은?

① 단기기억이라고도 한다.
② 오랜 기간 정보를 기억하는 것이다.
③ 작업기억 내의 정보는 시간이 흐름에 따라 쇠퇴할 수 있다.
④ 리허설(Rehearsal)은 정보를 작업기억 내에 유지하는 유일한 방법이다.

정답 22 ③ 23 ④ 24 ② 25 ③ 26 ② 27 ②

해설

인간 기억의 정보량

감각보관 (Sensory Storage)	1. 개개의 감각 경로는 임시 보관 창고를 가지고 있는 것 같으며 자극이 사라진 후에도 잠시 감각이 지속 2. 감각보관은 비교적 자동적이며, 좀 더 긴 시간 동안 정보를 보관하기 위해서는 암호화되어 작업기억으로 이전되어야 함
작업기억 (Working Memory)	1. 감각보관으로부터 정보를 암호화하여 작업기억 혹은 단기기억으로 이전하기 위해서는 인간이 그 과정에 주의를 집중해야 함 2. 작업기억 내의 정보는 시간이 흐름에 따라 쇠퇴할 수 있음
장기기억 (Long-term Memory)	1. 작업기억 내의 정보는 의미론적으로 암호화되어 장기기억에 이전됨 2. 보다 많은 정보를 상기하기 위해서는 정보를 분석하고, 비교하고, 과거 지식과 관련지어야 함

28 의자의 등받이 설계에 관한 설명으로 가장 적절하지 않은 것은?

① 등받이 폭은 최소 30.5cm가 되게 한다.
② 등받이 높이는 최소 50cm가 되게 한다.
③ 의자의 좌판과 등받이 각도는 90~105°를 유지한다.
④ 요부받침의 높이는 25~35cm로 하고 폭은 30.5cm로 한다.

해설

의자 등 받침대(Backrest)
1. 의자 등 받침대의 각도 : 상체와 대퇴의 각도가 90°보다는 적어서는 안 되며 최소 100°는 되어야 한다.
2. 등 받침대의 높이
   - 특별히 지정된 치수는 없고, 요추골 부분을 받쳐줄 수 있어야 하며, 이 높이는 개인의 자세, 작업, 특성, 의자 모양 등에 의존하게 된다.
   - 요추골을 받칠 수 있는 최소한의 높이는 15.2~22.9cm가 되어야 하고 폭은 30.5cm는 되어야 한다.
3. 등 받침대의 폭 : 최소한 요추부분에서 30.5cm가 되어야 한다.

29 FT도에 의한 컷셋(Cut Set)이 다음과 같이 구해졌을 때 최소 컷셋(Mimimal Cut Set)으로 맞는 것은?

$$(X_1, X_3)$$
$$(X_1, X_2, X_3)$$
$$(X_1, X_3, X_4)$$

① (X_1, X_3)
② (X_1, X_2, X_3)
③ (X_1, X_3, X_4)
④ (X_1, X_2, X_3, X_4)

해설

미니멀 컷셋(Minimal Cut Set)
1. 컷셋 속의 중복사상이나 컷셋을 제거해야 진정한 미니멀 컷셋이 된다.
2. (X_1, X_3)의 컷셋이 (X_1, X_2, X_3), (X_1, X_3, X_4)에 중복되어 있기 때문에 제거를 하면 최소 컷셋은 (X_1, X_3)이 된다.

30 단일 차원의 시각적 암호 중 구성암호, 영문자암호, 숫자암호에 대하여 암호로서의 성능이 가장 좋은 것부터 배열한 것은?

① 숫자암호 – 영문자암호 – 구성암호
② 구성암호 – 숫자암호 – 영문자암호
③ 영문자암호 – 숫자암호 – 구성암호
④ 영문자암호 – 구성암호 – 숫자암호

해설

암호로서의 성능이 가장 좋은 것의 배열순서
숫자, 색 암호 → 영문자암호 → 기하학적 형상암호 → 구성암호

31 정보 전달용 표시장치에서 청각적 표현이 좋은 경우가 아닌 것은?

① 메시지가 복잡하다.
② 시각장치가 지나치게 많다.
③ 즉각적인 행동이 요구된다.
④ 메시지가 그때의 사건을 다룬다.

해설

청각장치와 시각장치의 비교

청각적 표시장치	시각적 표시장치
1. 전언이 간단하다.	1. 전언이 복잡하다.
2. 전언이 짧다	2. 전언이 길다.
3. 전언이 후에 재참조되지 않는다.	3. 전언이 후에 재참조된다.
4. 전언이 시간적 사상을 다룬다.	4. 전언이 공간적인 위치를 다룬다.
5. 전언이 즉각적인 행동을 요구한다.(긴급할 때)	5. 전언이 즉각적인 행동을 요구하지 않는다.
6. 수신장소가 너무 밝거나 암조응 유지가 필요시	6. 수신장소가 너무 시끄러울 때
7. 직무상 수신자가 자주 움직일 때	7. 직무상 수신자가 한곳에 머물 때
8. 수신자가 시각계통이 과부하상태일 때	8. 수신자의 청각 계통이 과부하상태일 때

32 FTA의 용도와 거리가 먼 것은?

① 고장의 원인을 연역적으로 찾을 수 있다.
② 시스템의 전체적인 구조를 그림으로 나타낼 수 있다.
③ 시스템에서 고장이 발생할 수 있는 부분을 쉽게 찾을 수 있다.
④ 구체적인 초기사건에 대하여 상향식(Bottom-up) 접근방식으로 재해경로를 분석하는 정량적 기법이다.

해설

결함수 분석(FTA)
1. FTA는 시스템 고장을 발생시키는 사상과 그의 원인과의 인과관계를 논리기호를 사용하여 나뭇가지 모양의 그림으로 나타낸 고장목을 만들고 이에 의거 시스템의 고장확률을 구함으로써 문제가 되는 부분을 찾아내어 시스템의 신뢰성을 개선하는 연역적이고 정성적, 정량적인 고장해석 및 신뢰성 평가방법이다.
2. Top Down 형식(하향식)이다.

TIP Bottom-up 형식(상향식) : FMEA

33 안전가치분석의 특징으로 틀린 것은?

① 기능 위주로 분석한다.
② 왜 비용이 드는가를 분석한다.
③ 특정 위험의 분석을 위주로 한다.
④ 그룹 활동은 전원의 중지를 모은다.

해설

특정 위험의 분석을 위주로 하여서는 안 된다.

34 일반적인 인간-기계 시스템의 형태 중 인간이 사용자나 동력원으로 기능하는 것은?

① 수동체계
② 기계화체계
③ 자동체계
④ 반자동체계

해설

인간-기계 통합 체계의 유형

수동 시스템	1. 수공구나 기타 보조물로 이루어지며 자신의 신체적인 힘을 원동력으로 사용하여 작업을 통제하는 시스템(인간이 사용자나 동력원으로 기능) 2. 다양성 있는 체계로 역할할 수 있는 능력을 충분히 활용하는 시스템 예 장인과 공구, 가수와 앰프
기계 시스템	1. 고도로 통합된 부품들로 구성되어 있으며, 일반적으로 변화가 거의 없는 기능들을 수행하는 시스템 2. 운전자의 조종에 의해 운용되며 융통성이 없는 시스템 3. 동력은 기계가 제공하며, 조종장치를 사용하여 통제하는 것은 사람이다. 4. 반자동 체계라고도 한다. 예 엔진, 자동차, 공작기계
자동 시스템	1. 체계가 감지, 정보보관, 정보처리 및 의사결정, 행동을 포함한 모든 임무를 수행하는 체계 2. 신뢰성이 완전한 자동체계란 불가능하므로 인간은 감시, 정비, 보존, 계획수립 등의 기능을 수행한다. 예 자동화된 처리공장, 자동교환대, 컴퓨터

35 산업안전보건법에 따라 상시 작업에 종사하는 장소에서 보통작업을 하고자 할 때 작업면의 최소 조도(lux)로 맞는 것은?(단, 작업장은 일반적인 작업장소이며, 감광재료를 취급하지 않는 장소이다.)

① 75
② 150
③ 300
④ 750

해설

적정 조명 수준

작업의 종류	작업면 조도
초정밀작업	750럭스(lux) 이상
정밀작업	300럭스(lux) 이상
보통작업	150럭스(lux) 이상
그 밖의 작업	75럭스(lux) 이상

36 보전효과 측정을 위해 사용하는 설비고장 강도율의 식으로 맞는 것은?

① 부하시간 ÷ 설비가동시간
② 총 수리시간 ÷ 설비가동시간
③ 설비고장건수 ÷ 설비가동시간
④ 설비고장 정지시간 ÷ 설비가동시간

해설

고장 강도율
고장으로 인해 설비가 정지한 시간의 비율을 표시한 것으로 안전관리에서 사용되고 있는 강도율을 설비관리의 말로 응용한 것을 말한다.

$$\text{고장 강도율} = \frac{\text{고장정지시간}}{\text{부하시간}} \times 100$$
$$= \frac{\text{설비고장정지시간}}{\text{설비가동시간}} \times 100$$

여기서, 부하시간(설비가동시간) = 전 동작시간 + 정지시간

37 정보처리기능 중 정보보관에 해당되는 것과 관계가 깊은 것은?

① 감지   ② 정보처리
③ 출력   ④ 기억

해설

정보보관(Information Storage)
1. 인간의 정보저장 : 학습과정을 통해 축적한 기억
2. 기계의 정보저장 : 펀치카드, 자기테이프, 기록, 자료표, 녹음테이프 등으로 보관
3. 정보의 보관형태 : 암호화, 부호화된 형태로 보관

38 인체 측정치 중 기능적 인체차수에 해당되는 것은?

① 표준자세
② 특정작업에 국한
③ 움직이지 않는 피측정자
④ 각 지체는 독립적으로 움직임

해설

인체 계측의 방법

구조적 인체 치수 (정적 측정)	1. 표준 자세에서 움직이지 않는 피측정자를 인체 계측기 등으로 측정하는 것 2. 특수 또는 일반적 용품의 설계에 기초 자료로 활용
기능적 인체 치수 (동적 측정)	1. 인체 계측 중 운전 또는 워드 작업과 같이 인체의 각 부분이 서로 조화를 이루어 움직이는 자세에서의 인체치수를 측정하는 것 2. 신체적 기능을 수행할 때 각 신체 부위는 독립적으로 움직이는 것이 아니라 조화를 이루어 움직이기 때문에 기능적 인체 치수를 사용하는 것이 중요

39 FT 작성 시 논리게이트에 속하지 않는 것은 무엇인가?

① OR 게이트   ② 억제 게이트
③ AND 게이트   ④ 동등 게이트

해설

게이트

게이트 기호	1. AND 게이트 2. OR 게이트 3. 억제 게이트 4. 부정 게이트
수정 게이트	1. 우선적 AND 게이트 2. 조합 AND 게이트 3. 배타적 OR 게이트 4. 위험 지속기호

40 시스템 안전분석기법 중 인적 오류와 그로 인한 위험성의 예측과 개선을 위한 기법은 무엇인가?

① FTA   ② ETBA
③ THERP   ④ MORT

해설

인간과오율 예측기법(Technique For Human Error Rate Prediction : THERP)
1. 사고원인 가운데 인간의 과오나 기인된 원인분석, 확률을 계산함으로써 제품의 결함을 감소시키고, 인간공학적 대책을 수립하는 데 사용되는 분석기법
2. 인간의 과오(Human Error)를 정량적으로 평가하기 위해 개발된 기법(Swain 등에 의해 개발된 인간과오율 예측 기법)

정답 36 ④ 37 ④ 38 ② 39 ④ 40 ③

3과목 기계위험 방지기술

41 산업안전보건법령상 양중기에 사용하지 않아야 하는 달기체인의 기준으로 틀린 것은?

① 변형이 심한 것
② 균열이 있는 것
③ 길이의 증가가 제조 시보다 3%를 초과한 것
④ 링의 단면지름의 감소가 제조 시 링 지름의 10%를 초과한 것

해설
양중기 달기 체인의 사용금지 조건
1. 달기 체인의 길이가 달기 체인이 제조된 때의 길이의 5%를 초과한 것
2. 링의 단면지름이 달기 체인이 제조된 때의 해당 링의 지름의 10%를 초과하여 감소한 것
3. 균열이 있거나 심하게 변형된 것

42 아세틸렌 용접장치의 안전기준과 관련하여 다음 빈칸에 들어갈 용어로 옳은 것은?

> 사업주는 가스용기가 발생기와 분리되어 있는 아세틸렌 용접장치에 대하여는 발생기와 가스용기 사이에 (　)을(를) 설치하여야 한다.

① 격납실　　　　　② 안전기
③ 안전밸브　　　　④ 소화설비

해설
안전기의 설치기준(아세틸렌 용접장치)
1. 아세틸렌 용접장치의 취관마다 안전기를 설치하여야 한다.(다만, 주관 및 취관에 가장 가까운 분기관마다 안전기를 부착한 경우에는 그러하지 아니하다)
2. 가스용기가 발생기와 분리되어 있는 아세틸렌 용접장치에 대하여 발생기와 가스용기 사이에 안전기를 설치하여야 한다.

43 기계설비의 안전조건 중 외관의 안전화에 해당되지 않는 것은?

① 오동작 방지 회로 적용
② 안전색채 조절
③ 덮개의 설치
④ 구획된 장소에 격리

해설
외관상의 안전화
기계를 설계할 때 기계 외부에 나타나는 위험부분을 제거하거나 기계 내부에 내장시키는 것
1. 가드 설치 : 기계 외형 부분 및 회전체 돌출 부분(묻힘형이나 덮개의 설치)
2. 구획된 장소에 격리 : 원동기 및 동력전도장치(벨트, 기어, 샤프트, 체인 등)
3. 안전 색채 조절(기계 장비 및 부수되는 배관)

44 산업용 로봇 작업 시 안전조치 방법이 아닌 것은?

① 높이 1.8m 이상의 방책을 설치한다.
② 로봇의 조작방법 및 순서의 지침에 따라 작업한다.
③ 로봇 작업 중 이상 상황의 대처를 위해 근로자 이외에도 로봇의 기동스위치를 조작할 수 있도록 한다.
④ 2인 이상의 근로자에게 작업을 시킬 때는 신호방법의 지침을 정하고 그 지침에 따라 작업한다.

해설
산업용 로봇의 안전기준
작업을 하고 있는 동안 로봇의 기동스위치 등에 작업 중이라는 표시를 하는 등 작업에 종사하고 있는 근로자가 아닌 사람이 그 스위치 등을 조작할 수 없도록 필요한 조치를 할 것

45 다음 중 연삭기의 종류가 아닌 것은?

① 다두연삭기　　　② 원통연삭기
③ 센터리스연삭기　④ 만능연삭기

해설
연삭기의 종류
1. 탁상용 연삭기　　6. 휴대용 연삭기
2. 원통연삭기　　　7. 스윙연삭기
3. 센터리스연삭기　8. 스라브연삭기
4. 공구연삭기　　　9. 평면연삭기
5. 만능연삭기　　　10. 절단연삭기

46 프레스의 제작 및 안전기준에 따라 프레스의 각 항목이 표시된 이름판을 부착해야 하는데 이 이름판에 나타내어야 하는 항목이 아닌 것은?

① 압력능력 또는 전단능력
② 제조연월

정답 41 ③　42 ②　43 ①　44 ③　45 ①　46 ④

③ 안전인증의 표시
④ 정격하중

해설

표시내용
다음의 내용이 표시된 이름판을 부착해야 한다.
1. 압력능력(전단기는 전단능력)
2. 사용전기설비의 정격
3. 제조자명
4. 제조연월
5. 안전인증의 표시
6. 형식 또는 모델번호
7. 제조번호

47 동력식 수동대패기계의 덮개와 송급 테이블면과의 간격기준은 몇 mm 이하여야 하는가?

① 3
② 5
③ 8
④ 12

해설

대패기계용 덮개의 시험방법(작동상태를 3회 이상 반복시험)
1. 가동식 방호장치는 스프링의 복원력 상태 및 날과 덮개와의 접촉 유무를 확인한다.
2. 가동부의 고정상태 및 작업자의 접촉으로 인한 위험성 유무를 확인한다.
3. 날접촉 예방장치인 덮개와 송급테이블면과의 간격이 8mm 이하이어야 한다.
4. 작업에 방해의 유무, 안전성의 여부를 확인한다.

48 기계나 그 부품에 고장이나 기능 불량이 생겨도 항상 안전하게 작동하는 안전화 대책은?

① Fool Proof
② Fail Safe
③ Risk Management
④ Hazard Diagnosis

해설

풀 프루프와 페일 세이프

풀 프루프 (Fool Proof)	작업자가 기계를 잘못 취급하여 불안전 행동이나 실수를 하여도 기계설비의 안전 기능이 작용되어 재해를 방지할 수 있는 기능을 가진 구조
페일 세이프 (Fail Safe)	기계나 그 부품에 파손·고장이나 기능 불량이 발생하여도 항상 안전하게 작동할 수 있는 기능을 가진 구조

49 다음 중 연삭기의 원주속도 V(m/s)를 구하는 식으로 옳은 것은?(단, D는 숫돌의 지름(m), n은 회전수(rpm)이다.)

① $V = \dfrac{\pi D n}{16}$
② $V = \dfrac{\pi D n}{32}$
③ $V = \dfrac{\pi D n}{60}$
④ $V = \dfrac{\pi D n}{1000}$

해설

원주속도(회전속도)

$$V = \pi DN [\text{mm/min}] = \dfrac{\pi DN}{1000}[\text{m/min}]$$

여기서, V : 원주속도(회전속도)[m/min]
D : 숫돌의 지름[mm]
N : 숫돌의 매분 회전수[rpm]

1. 공식에서는 숫돌의 지름이 [mm]인데 문제에서 숫돌의 지름이 [m]로 주어졌으므로
$V = \dfrac{\pi DN}{1000}[\text{m/min}] = \dfrac{\pi \times 1000 \times N}{1000}[\text{m/min}]$
$= \pi DN[\text{m/min}]$

2. 공식에서는 원주속도의 단위가 [m/min]인데 문제에서 원주속의 단위가 [m/s]로 주어졌으므로
$V = \pi DN \times \dfrac{1}{60(\text{초})} = \dfrac{\pi DN}{60}[\text{m/s}]$

50 산업안전보건법령에 따라 다음 중 덮개 혹은 울을 설치하여야 하는 경우나 부위에 속하지 않는 것은?

① 목재가공용 띠톱기계를 제외한 띠톱기계에서 절단에 필요한 톱날 부위 외의 위험한 톱날 부위
② 선반으로부터 돌출하여 회전하고 있는 가공물이 근로자에게 위험을 미칠 우려가 있는 경우
③ 보일러에서 과열에 의한 압력 상승으로 인해 사용자에게 위험을 미칠 우려가 있는 경우
④ 연삭기 또는 평삭기의 테이블, 형삭기 램 등의 행정 끝이 근로자에게 위험을 미칠 우려가 있는 경우

해설

덮개 또는 울을 설치해야 하는 경우
1. 목재가공용 띠톱기계의 절단에 필요한 톱날 부위 외의 위험한 톱날 부위
2. 연삭기 또는 평삭기의 테이블, 형삭기 램 등의 행정 끝이 근로자에게 위험을 미칠 우려가 있는 경우
3. 선반 등으로부터 돌출하여 회전하고 있는 가공물이 근로자에게 위험을 미칠 우려가 있는 경우

정답 47 ③ 48 ② 49 ③ 50 ③

51 다음 중 컨베이어(Conveyor)의 방호장치로 볼 수 없는 것은?

① 반발예방장치
② 이탈방지장치
③ 비상정지장치
④ 덮개 또는 울

해설

컨베이어의 방호장치
1. 비상정지장치
2. 역전방지장치
3. 브레이크
4. 이탈방지장치
5. 덮개 또는 울
6. 건널다리

52 클러치 프레스에 부착된 양수기동식 방호장치에 있어서 확동 클러치의 봉합개소의 수가 4, 분당 행정수가 300spm일 때 양수기동식 조작부의 최소 안전거리는?(단, 인간의 손의 기준 속도는 1.6m/s로 한다.)

① 240mm
② 260mm
③ 340mm
④ 360mm

해설

방호장치 설치 안전거리(양수기동식)

$$D_m = 1.6 T_m$$

여기서, D_m : 안전거리[mm]
T_m : 양손으로 누름단추 누르기 시작할 때부터 슬라이드가 하사점에 도달하기까지 소요시간[ms]

$$T_m = \left(\frac{1}{\text{클러치 맞물림 개소수}} + \frac{1}{2}\right) \times \frac{60{,}000}{\text{매분 행정수}} [\text{ms}]$$

$$T_m = \left(\frac{1}{\text{클러치 맞물림 개소수}} + \frac{1}{2}\right) \times \frac{60{,}000}{\text{매분 행정수}} [\text{ms}]$$

$$= \left(\frac{1}{4} + \frac{1}{2}\right) \times \frac{60{,}000}{300} = 150 [\text{ms}]$$

∴ $D_m = 1.6 T_m = 1.6 \times 150 = 240 [\text{mm}]$

53 프레스의 본질적 안전화(No-hand in Die 방식) 추진대책이 아닌 것은?

① 안전금형을 설치
② 전용프레스의 사용
③ 방호울이 부착된 프레스 사용
④ 감응식 방호장치 설치

해설

프레스의 안전대책

구분	종류
No-hand in Die 방식	1. 안전울을 부착한 프레스 2. 안전금형을 부착한 프레스 3. 전용프레스 4. 자동프레스
Hand in Die 방식	1. 가드식 방호장치 2. 수인식 방호장치 3. 손쳐내기식 방호장치 4. 양수조작식 5. 광전자식(감응식)

54 산업안전보건법령상 크레인의 방호장치에 해당하지 않는 것은?

① 권과방지장치
② 낙하방지장치
③ 비상정지장치
④ 과부하방지장치

해설

양중기 방호장치의 종류

방호장치의 조정 대상	1. 크레인 2. 이동식 크레인 3. 리프트 4. 곤돌라 5. 승강기
방호장치의 종류	1. 과부하방지장치 2. 권과방지장치 3. 비상정지장치 및 제동장치 4. 그 밖의 방호장치(승강기의 파이널 리미트 스위치, 속도조절기, 출입문 인터록 등)

55 양수조작식 방호장치에서 누름버튼 상호 간의 내측 거리는 얼마 이상이어야 하는가?

① 250mm 이상
② 300mm 이상
③ 350mm 이상
④ 400mm 이상

해설

양수조작식
누름버튼의 상호 간 내측거리는 300mm 이상이어야 한다.

정답 51 ① 52 ① 53 ④ 54 ② 55 ②

56 작업장 내 운반을 주목적으로 하는 구내운반차가 준수해야 할 사항으로 옳지 않은 것은?

① 주행을 제동하거나 정지상태를 유지하기 위하여 유효한 제동장치를 갖출 것
② 경음기를 갖출 것
③ 핸들의 중심에서 차체 바깥 측까지의 거리가 65cm 이내일 것
④ 운전자석이 차 실내에 있는 것은 좌우에 한 개씩 방향지시기를 갖출 것

해설
구내운반차 사용 시 준수사항(작업장 내 운반을 주목적으로 하는 차량으로 한정)
1. 주행을 제동하거나 정지상태를 유지하기 위하여 유효한 제동장치를 갖출 것
2. 경음기를 갖출 것
3. 운전석이 차 실내에 있는 것은 좌우에 한개씩 방향지시기를 갖출 것
4. 전조등과 후미등을 갖출 것(다만, 작업을 안전하게 하기 위하여 필요한 조명이 있는 장소에서 사용하는 구내운반차에 대해서는 그러하지 아니하다.)
5. 구내운반차가 후진 중에 주변의 근로자 또는 차량계 하역운반기계 등과 충돌할 위험이 있는 경우에는 구내운반차에 후진경보기와 경광등을 설치할 것

TIP 본 문제는 법 개정으로 일부 내용이 수정되었습니다. 해설은 법 개정으로 수정된 내용이니 해설을 학습하세요.

57 기계운동의 형태에 따른 위험점 분류에 해당되지 않는 것은?

① 끼임점   ② 회전물림점
③ 협착점   ④ 절단점

해설
기계운동 형태에 따른 위험점 분류
1. 협착점   2. 끼임점
3. 절단점   4. 물림점
5. 접선물림점 6. 회전말림점

58 연삭기에서 숫돌의 바깥지름이 180mm라면, 평형 플랜지의 바깥지름은 몇 mm 이상이어야 하는가?

① 30   ② 36
③ 45   ④ 60

해설
플랜지의 지름
플랜지의 지름 = 숫돌지름 $\times \frac{1}{3}$ = $180 \times \frac{1}{3}$ = 60mm

59 롤러기에 사용되는 급정지장치의 종류가 아닌 것은?

① 손 조작식   ② 발 조작식
③ 무릎 조작식   ④ 복부 조작식

해설
급정지장치의 설치방법

급정지장치 조작부의 종류	위치	비고
손으로 조작하는 것	밑면으로부터 1.8m 이내	위치는 급정지장치 조작부의 중심점을 기준으로 함
복부로 조작하는 것	밑면으로부터 0.8m 이상 1.1m 이내	
무릎으로 조작하는 것	밑면으로부터 0.4m 이상 0.6m 이내	

60 드릴링 머신을 이용한 작업 시 안전수칙에 관한 설명으로 옳지 않은 것은?

① 일감을 손으로 견고하게 쥐고 작업한다.
② 장갑을 끼고 작업을 하지 않는다.
③ 칩은 기계를 정지시킨 다음에 와이어브러시로 제거한다.
④ 드릴을 끼운 후에는 척 렌치를 반드시 탈거한다.

해설
드릴링 작업에 대한 안전수칙
일감은 견고하게 고정시키며 관통된 것을 확인하기 위해 손으로 만져 서는 안 된다.

4과목 전기 및 화학설비위험방지기술

61 다음 중 접지공사의 종류에 해당되지 않는 것은?

① 특별 제1종 접지공사   ② 특별 제3종 접지공사
③ 제1종 접지공사   ④ 제2종 접지공사

해설
접지시스템

구분	1. 계통접지(System Earthing) : 전력계통에서 돌발적으로 발생하는 이상현상에 대비하여 대지와 계통을 연결하는 것으로, 중성점을 대지에 접속하는 것을 말한다. 2. 보호접지(Protective Earthing) : 고장 시 감전에 대한 보호를 목적으로 기기의 한 점 또는 여러 점을 접지하는 것을 말한다. 3. 피뢰시스템 접지 : 뇌격전류를 안전하게 대지로 보내기 위해 접지극을 대지에 접속하는 것을 말한다.
종류	1. 단독접지 : (특)고압 계통의 접지극과 저압 접지계통의 접지극을 독립적으로 시설하는 접지방식 2. 공통접지 : (특)고압 접지계통과 저압 접지계통을 등전위 형성을 위해 공통으로 접지하는 방식 3. 통합접지 : 계통접지, 통신접지, 피뢰접지극의 접지극을 통합하여 접지하는 방식
구성요소	접지시스템은 접지극, 접지도체, 보호도체 및 기타 설비로 구성한다.
연결	접지극은 접지도체를 사용하여 주 접지단자에 연결하여야 한다.

TIP 법 개정으로 접지대상에 따라 일괄 적용한 종별접지(1종, 2종, 3종, 특별 3종)가 폐지되었습니다. 해설을 참고하세요.

62 전기스파크의 최소발화에너지를 구하는 공식은?

① $W = \frac{1}{2}CV^2$ ② $W = \frac{1}{2}CV$
③ $W = 2CV^2$ ④ $W = 2C^2V$

해설
최소발화에너지

$$E = \frac{1}{2}CV^2$$

여기서, E : 발화에너지[J], C : 전기용량[F], V : 방전전압[V]

63 허용접촉전압이 종별 기준과 서로 다른 것은?

① 제1종 – 2.5V 이하   ② 제2종 – 25V 이하
③ 제3종 – 75V 이하   ④ 제4종 – 제한 없음

해설
허용접촉전압

종별	접촉상태	허용접촉전압
제1종	인체의 대부분이 수중에 있는 상태	2.5V 이하
제2종	1. 인체가 현저하게 젖어 있는 상태 2. 금속성의 전기기계장치나 구조물에 인체의 일부가 상시 접촉되어 있는 상태	25V 이하
제3종	제1종, 제2종 이외의 경우로 통상의 인체상태에 있어서 접촉전압이 가해지면 위험성이 높은 상태	50V 이하
제4종	1. 제1종, 제2종 이외의 경우로 통상의 인체상태에 있어서 접촉전압이 가해지더라도 위험성이 낮은 상태 2. 접촉전압이 가해질 우려가 없는 상태	제한 없음

64 감전을 방지하기 위하여 정전작업 요령을 관계근로자에 주지시킬 필요가 없는 것은?

① 전원설비 효율에 관한 사항
② 단락접지 실시에 관한 사항
③ 전원 재투입 순서에 관한 사항
④ 작업 책임자의 임명, 정전범위 및 절연용 보호구 작업 등 필요한 사항

해설
정전작업 요령 포함사항
1. 작업책임자의 임명, 정전범위 · 절연용 보호구의 이상유무 점검 및 활선접근경보장치의 휴대 등 작업시작전에 필요한 사항
2. 전로 또는 설비의 정전순서에 관한 사항
3. 개폐기관리 및 표지판 부착에 관한 사항
4. 정전확인순서에 관한 사항
5. 단락접지실시에 관한 사항
6. 전원재투입 순서에 관한 사항
7. 점검 또는 시운전을 위한 일시운전에 관하 사항
8. 교대근무시 근무인계에 필요한 사항

65 누전에 의한 감전위험을 방지하기 위하여 감전방지용 누전차단기의 접속에 관한 일반사항으로 틀린 것은?

① 분기회로마다 누전차단기를 설치한다.
② 동작시간은 0.03초 이내이어야 한다.
③ 전기기계 · 기구에 설치되어 있는 누전차단기는 정격감도전류가 30mA 이하이어야 한다.
④ 누전차단기는 배전반 또는 분전반 내에 접속하지 않고 별도로 설치한다.

정답 62 ① 63 ③ 64 ① 65 ④

해설

누전차단기 접속 시 준수사항
1. 전기기계·기구에 설치되어 있는 누전차단기는 정격감도전류가 30밀리암페어 이하이고 작동시간은 0.03초 이내일 것(다만, 정격전부하전류가 50암페어 이상인 전기기계·기구에 접속되는 누전차단기는 오작동을 방지하기 위하여 정격감도전류는 200밀리암페어 이하로, 작동시간은 0.1초 이내로 할 수 있다.)
2. 분기회로 또는 전기기계·기구마다 누전차단기를 접속한다(다만, 평상시 누설전류가 매우 적은 소용량부하의 전로에는 분기회로에 일괄하여 접속할 수 있다.)
3. 누전차단기는 배전반 또는 분전반 내에 접속하거나 꽂음 접속기형 누전차단기를 콘센트에 접속하는 등 파손이나 감전사고를 방지할 수 있는 장소에 접속한다.
4. 지락보호전용 기능만 있는 누전차단기는 과전류를 차단하는 퓨즈나 차단기 등과 조합하여 접속한다.

66 방폭전기설비의 설치 시 고려하여야 할 환경조건으로 가장 거리가 먼 것은?
① 열
② 진동
③ 산소량
④ 수분 및 습기

해설

방폭구조 전기설비 설치 시 표준환경조건

주변온도	−20~40℃
표고	1,000m 이하
상대습도	45~85%
공해, 부식성 가스 등	전기설비에 특별한 고려를 필요로 하는 정도의 공해, 부식성 가스, 진동 등이 존재하지 않는 환경

67 다음 중 방폭구조의 종류와 기호가 올바르게 연결된 것은?
① 압력방폭구조 : q
② 유입방폭구조 : m
③ 비점화방폭구조 : n
④ 본질안전방폭구조 : e

해설

방폭구조의 종류 및 기호

내압 방폭구조	d	안전증 방폭구조	e	비점화 방폭구조	n
압력 방폭구조	p	특수 방폭구조	s	몰드방폭 구조	m
유입 방폭구조	o	본질안전 방폭구조	i(ia, ib)	충전방폭 구조	q

68 페인트를 스프레이로 뿌려 도장작업을 하는 작업 중 발생할 수 있는 정전기 대전으로만 이루어진 것은?
① 분출대전, 충돌대전
② 충돌대전, 마찰대전
③ 유동대전, 충돌대전
④ 분출대전, 유동대전

해설

정전기의 발생현상

분출대전	분체류, 액체류, 기체류가 단면적이 작은 개구부를 통해 분출할 때 분출물과 개구부의 마찰로 인하여 정전기가 발생
충돌대전	분체류에 의한 입자끼리 또는 입자와 고정된 고체의 충돌, 접촉, 분리 등에 의해 정전기 발생

69 제3종 접지공사 시 접지선에 흐르는 전류가 0.1A일 때 전압강하로 인한 대지 전압의 최대값은 몇 V 이하이어야 하는가?
① 10V
② 20V
③ 30V
④ 50V

해설

대지전압의 최대값
1. 제3종 접지공사의 접지저항값 : 100Ω 이하
2. 대지전압의 최대값 : 0.1A×100Ω = 10V

> **TIP** 관련 법 개정으로 접지대상에 따라 일괄 적용한 종별접지(1종, 2종, 3종, 특별3종)가 폐지되었습니다. 해설을 참고하세요.
>
> 접지시스템
>
> | 구분 | 1. 계통접지(System Earthing) : 전력계통에서 돌발적으로 발생하는 이상현상에 대비하여 대지와 계통을 연결하는 것으로, 중성점을 대지에 접속하는 것을 말한다.
2. 보호접지(Protective Earthing) : 고장 시 감전에 대한 보호를 목적으로 기기의 한 점 또는 여러 점을 접지하는 것을 말한다.
3. 피뢰시스템 접지 : 뇌격전류를 안전하게 대지로 보내기 위해 접지극을 대지에 접속하는 것을 말한다. |
> |---|---|
> | 종류 | 1. 단독접지 : (특)고압 계통의 접지극과 저압 접지계통의 접지극을 독립적으로 시설하는 접지방식
2. 공통접지 : (특)고압 접지계통과 저압 접지계통을 등전위 형성을 위해 공통으로 접지하는 방식
3. 통합접지 : 계통접지, 통신접지, 피뢰접지극의 접지극을 통합하여 접지하는 방식 |
> | 구성 요소 | 접지시스템은 접지극, 접지도체, 보호도체 및 기타 설비로 구성한다. |
> | 연결 | 접지극은 접지도체를 사용하여 주 접지단자에 연결하여야 한다. |

정답 66 ③ 67 ③ 68 ① 69 ①

70 다음 중 대전된 정전기의 제거방법으로 적당하지 않은 것은?

① 작업장 내에서의 습도를 가능한 낮춘다.
② 제전기를 이용해 물체에 대전된 정전기를 제거한다.
③ 도전성을 부여하여 대전된 전하를 누설시킨다.
④ 금속 도체와 대지 사이의 전위를 최소화하기 위하여 접지한다.

해설
정전기재해의 방지대책
1. 접지(도체의 대전방지) 2. 유속의 제한
3. 보호구의 착용 4. 대전방지제 사용
5. 가습(상대습도를 60~70% 정도 유지)
6. 제전기 사용 7. 대전물체의 차폐
8. 정치시간의 확보 9. 도전성 재료 사용

71 휘발유를 저장하던 이동저장탱크에 등유나 경유를 이동저장탱크의 밑 부분으로부터 주입할 때에 액 표면의 높이가 주입관의 선단의 높이를 넘을 때까지 주입속도는 몇 m/s 이하로 하여야 하는가?

① 0.5 ② 1
③ 1.5 ④ 2.0

해설
가솔린이 남아 있는 설비에 등유 등의 주입
등유나 경유를 주입하는 경우에는 그 액표면의 높이가 주입관의 선단의 높이를 넘을 때까지 주입속도를 초당 1m 이하로 할 것

72 다음 중 증류탑의 원리로 거리가 먼 것은?

① 끓는점(휘발성) 차이를 이용하여 목적 성분을 분리한다.
② 열이동은 도모하지만 물질이동은 관계하지 않는다.
③ 기–액 두 상의 접촉이 충분히 일어날 수 있는 접촉면적이 필요하다.
④ 여러 개의 단을 사용하는 다단탑이 사용될 수 있다.

해설
증류탑(Distillation Tower)
1. 용액의 성분을 증발시켜서 끓는점 차이를 이용하여 증발분을 응축하여 원하는 성분별로 분류하는 기기를 말한다.
2. 여러 가지 성분의 액체 혼합물을 각 성분별로 분리하고자 할 때 비점의 차이를 이용하여 감압 또는 가압하에서 분리하는 화학설비

73 화염의 전파속도가 음속보다 빨라 파면 선단에 충격파가 형성되며 보통 그 속도가 1,000~3,500m/s에 이르는 현상을 무엇이라 하는가?

① 폭발현상 ② 폭굉현상
③ 파괴현상 ④ 발화현상

해설
폭굉파
1. 폭발 범위 내의 특정 농도 범위에서 연소속도가 폭발에 비해 수백 내지 수천 배에 달하는 현상
2. 음속보다 화염 전파속도가 큰 경우로 파면선단(진행전면)에 충격파라고 하는 압력파가 생겨 격렬한 파괴작용을 일으키는 현상
3. 폭발한계는 폭굉한계보다 농도범위가 넓다.
4. 진행속도가 1,000~3,500m/s에 이른다.
5. 화염이 전파속도가 음속보다 빠르다.

74 SO_2, 20ppm은 약 몇 g/m³인가?(단, SO_2의 분자량은 64이고, 온도는 21℃, 압력은 1기압으로 한다.)

① 0.571 ② 0.531
③ 0.0571 ④ 0.0531

해설
용량농도(ppm)를 질량농도(mg/m³)로 환산

$$mg/m^3 = ppm \times \frac{분자량(g)}{24.1}$$

여기서, 24.1 : 21℃, 1기압에서 물질 1mol의 부피

1. SO_2의 분자량 : 64
2. $mg/m^3 = ppm \times \frac{분자량(g)}{24.1} = 20 \times \frac{64}{24.1}$
   $\fallingdotseq 53.11 [mg/m^3]$
   $= 0.05311 [g/m^3]$

TIP 1,000mg = 1g, 즉 1mg = 0.001g

75 다음 중 유해·위험물질이 유출되는 사고가 발생했을 때의 대처요령으로 가장 적절하지 않은 것은?

① 중화 또는 희석을 시킨다.
② 유해·위험물질을 즉시 모두 소각시킨다.
③ 유출부분을 억제 또는 폐쇄시킨다.
④ 유출된 지역의 인원을 대피시킨다.

해설

유해·위험물질의 유출 사고 시 조치사항
유출된 지역의 인원을 대피시키고, 위험물질의 농도를 희석하여 안전하게 하거나 유출된 부분은 폐쇄하여 완전히 격리하도록 한다.

76 다음 중 가연성 분진의 폭발 메커니즘으로 옳은 것은?

① 퇴적분진 → 비산 → 분산 → 발화원 발생 → 폭발
② 발화원 발생 → 퇴적분진 → 비산 → 분산 → 폭발
③ 퇴적분진 → 발화원 발생 → 분산 → 비산 → 폭발
④ 발화원 발생 → 비산 → 분산 → 퇴적분진 → 폭발

해설

분진폭발 발생 순서

77 다음 중 물질의 위험성과 그 시험방법이 올바르게 연결된 것은?

① 인화점 - 태그 밀폐식
② 발화온도 - 산소지수법
③ 연소시험 - 가스크로마토그래피법
④ 최소발화에너지 - 클리블랜드 개방식

해설

인화점 시험방법
1. 태그(Tag) 밀폐식
2. 세타(Seta) 밀폐식
3. 클리블랜드(Cleaveland) 개방식

78 메탄(CH_4) 100mol이 산소 중에서 완전연소하였다면 이때 소비된 산소량은 몇 mol인가?

① 50   ② 100
③ 150   ④ 200

해설

메탄의 연소 반응식

$$CH_4 + 2O_2 \rightarrow CO_2 + 2H_2O$$

$CH_4 : 2O_2 = 1mol : 2mol$이므로
$1mol : 2mol = 100mol : x$
∴ 산소량(x) = 200mol

TIP 1몰의 메탄이 완전연소하는 데 2몰의 산소가 소비된다.

79 물반응성 물질에 해당하는 것은?

① 니트로화합물   ② 칼륨
③ 염소산나트륨   ④ 부탄

해설

물반응성 물질 및 인화성 고체
1. 리튬
2. 칼륨·나트륨
3. 황
4. 황린
5. 황화인·적린
6. 셀룰로이드류
7. 알킬알루미늄·알킬리튬
8. 마그네슘 분말
9. 금속 분말(마그네슘 분말은 제외)
10. 알칼리금속(리튬·칼륨 및 나트륨은 제외)
11. 유기 금속화합물(알킬알루미늄 및 알킬리튬은 제외)
12. 금속의 수소화물
13. 금속의 인화물
14. 칼슘 탄화물, 알루미늄 탄화물
15. 그 밖에, 1.부터 14. 까지의 물질과 같은 정도의 발화성 또는 인화성이 있는 물질
16. 1.부터 15. 까지의 물질을 함유한 물질

80 가정에서 요리를 할 때 사용하는 가스렌지에서 일어나는 가스의 연소 형태에 해당되는 것은?

① 자기연소   ② 분해연소
③ 표면연소   ④ 확산연소

해설

확산연소
1. 가연성 가스가 공기 중의 지연성 가스(산소)와 접촉하여 접촉면에서 연소가 일어나는 현상(수소, 메탄, 프로판, 부탄 등)
2. 기체의 일반적인 연소형태이다.

정답 76 ① 77 ① 78 ④ 79 ② 80 ④

5과목 건설안전기술

81 산업안전보건 중 안전시설비의 항목에서 사용할 수 있는 항목에 해당하는 것은?
① 외부인 출입금지, 공사자 경계표시를 위한 가설울타리
② 작업발판
③ 절토부 및 성토부 등의 토사유실 방지를 위한 설비
④ 사다리 전도방지장치

해설
안전시설비의 사용 불가내역
1. 외부인 출입금지, 공사장 경계표시를 위한 가설울타리
2. 각종 비계, 작업발판, 가설계단 · 통로, 사다리 등
3. 절토부 및 성토부 등의 토사유실 방지를 위한 설비

82 달비계에 사용하는 와이어로프는 지름의 감소가 공칭지름의 몇 %를 초과하는 경우에 사용할 수 없도록 규정되어 있는가?
① 5% ② 7%
③ 9% ④ 10%

해설
달비계의 와이어로프 사용금지 사항
1. 이음매가 있는 것
2. 와이어로프의 한 꼬임에서 끊어진 소선의 수가 10% 이상인 것
3. 지름의 감소가 공칭지름의 7%를 초과하는 것
4. 꼬인 것
5. 심하게 변형되거나 부식된 것
6. 열과 전기충격에 의해 손상된 것

83 건설작업용 리프트에 대하여 바람에 의한 붕괴를 방지하는 조치를 한다고 할 때 그 기준이 되는 풍속은?
① 순간풍속 30m/sec 초과
② 순간풍속 35m/sec 초과
③ 순간풍속 40m/sec 초과
④ 순간풍속 45m/sec 초과

해설
붕괴 등의 방지
1. 사업주는 지반침하, 불량한 자재사용 또는 헐거운 결선(結線) 등으로 리프트가 붕괴되거나 넘어지지 않도록 필요한 조치를 하여야 한다.
2. 사업주는 순간풍속이 초당 35m를 초과하는 바람이 불어올 우려가 있는 경우 건설작업용 리프트(지하에 설치되어 있는 것은 제외)에 대하여 받침의 수를 증가시키는 등 그 붕괴 등을 방지하기 위한 조치를 하여야 한다.

84 추락에 의한 위험방지와 관련된 승강설비의 설치에 관한 사항이다. ( )에 들어갈 내용으로 옳은 것은?

> 사업주는 높이 또는 깊이가 ( )를 초과하는 장소에서 작업하는 경우 해당 작업에 종사하는 근로자가 안전하게 승강하기 위한 건설용 리프트 등의 설비를 설치해야 한다.

① 1.0m ② 1.5m
③ 2.0m ④ 2.5m

해설
승강설비의 설치
높이 또는 깊이가 2미터를 초과하는 장소에서 작업하는 경우 해당 작업에 종사하는 근로자가 안전하게 승강하기 위한 건설용 리프트 등의 설비를 설치해야 한다. 다만, 승강설비를 설치하는 것이 작업의 성질상 곤란한 경우에는 그렇지 않다.

85 지반의 조사방법 중 지질의 상태를 가장 정확히 파악할 수 있는 보링방법은?
① 충격식 보링(Percussion Boring)
② 수세식 보링(Wash Boring)
③ 회전식 보링(Rotary Boring)
④ 오거 보링(Auger Boring)

해설
보링(Boring)의 종류

종류	방법
오거 보링 (Augar Boring)	지표면 부근의 시료채취나 얕은 지반조사에 사용하는 방법으로 깊이 10m 이내의 토사를 채취한다.
수세식 보링 (Wash Boring)	깊이 30m 내외의 연질층에 사용하는 방법으로 이중관을 충격을 주며 물을 뿜어 파진 흙을 배출하여 침전시켜 토질판별
회전식 보링 (Rotary Boring)	날을 회전시켜 천공하는 방법, 비교적 자연상태 그대로 채취 가능(연속적으로 시료를 채취할 수 있어 지층의 변화를 비교적 정확히 알 수 있다)
충격식 보링 (Precussion Boring)	와이어로프(Wire Rope) 끝에 충격날을 부착하여 상하 충격에 의해 천공, 토사와 암석에도 가능

정답 81 ④ 82 ② 83 ② 84 ③ 85 ③

86 철근의 인력운반 방법에 관한 설명으로 옳지 않는 것은?

① 긴 철근은 두 사람이 1조가 되어 같은 쪽의 어깨에 메고 운반한다.
② 양끝은 묶어서 운반한다.
③ 1회 운반 시 1인당 무게는 50kg 정도로 한다.
④ 공동작업 시 신호에 따라 작업한다.

해설
철근의 인력운반
1. 1인당 무게는 25kg 정도가 적절하며, 무리한 운반을 삼가하여야 한다.
2. 2인 이상이 1조가 되어 어깨메기로 하여 운반하는 등 안전을 도모하여야 한다.
3. 긴 철근을 부득이 한 사람이 운반할 때에는 한쪽을 어깨에 메고 한쪽 끝을 끌면서 운반하여야 한다.
4. 운반할 때에는 양끝을 묶어 운반하여야 한다.
5. 내려 놓을 때는 천천히 내려 놓고 던지지 않아야 한다.
6. 공동 작업을 할 때에는 신호에 따라 작업을 하여야 한다.

87 사다리식 통로를 설치할 때 사다리의 상단은 걸쳐 놓은 지점으로부터 최소 얼마 이상 올라가도록 하여야 하는가?

① 45cm 이상   ② 60cm 이상
③ 75cm 이상   ④ 90cm 이상

해설
사다리식 통로
1. 견고한 구조로 할 것
2. 심한 손상·부식 등이 없는 재료를 사용할 것
3. 발판의 간격은 일정하게 할 것
4. 발판과 벽과의 사이는 15cm 이상의 간격을 유지할 것
5. 폭은 30cm 이상으로 할 것
6. 사다리가 넘어지거나 미끄러지는 것을 방지하기 위한 조치를 할 것
7. 사다리의 상단은 걸쳐 놓은 지점으로부터 60cm 이상 올라가도록 할 것
8. 사다리식 통로의 길이가 10m 이상인 경우에는 5m 이내마다 계단참을 설치할 것
9. 사다리식 통로의 기울기는 75도 이하로 할 것. 다만, 고정식 사다리식 통로의 기울기는 90도 이하로 하고, 그 높이가 7미터 이상인 경우에는 다음 각 목의 구분에 따른 조치를 할 것
   ㉠ 등받이울이 있어도 근로자 이동에 지장이 없는 경우 : 바닥으로부터 높이가 2.5미터 되는 지점부터 등받이울을 설치할 것
   ㉡ 등받이울이 있으면 근로자가 이동이 곤란한 경우 : 개인용 추락 방지 시스템을 설치하고 근로자로 하여금 전신안전대를 사용하도록 할 것
10. 접이식 사다리 기둥은 사용 시 접히거나 펼쳐지지 않도록 철물 등을 사용하여 견고하게 조치할 것

88 차량계 건설기계의 작업계획서 작성 시 그 내용에 포함되어야 할 사항이 아닌 것은?

① 사용하는 차량계 건설기계의 종류 및 성능
② 차량계 건설기계의 운행 경로
③ 차량계 건설기계에 의한 작업방법
④ 브레이크 및 클러치 등의 기능 점검

해설
차량계 건설기계의 작업계획서 내용
1. 사용하는 차량계 건설기계의 종류 및 성능
2. 차량계 건설기계의 운행경로
3. 차량계 건설기계에 의한 작업방법

89 개착식 굴착공사(Open Cut)에서 설치하는 계측기기와 거리가 먼 것은?

① 수위계   ② 경사계
③ 응력계   ④ 내공변위계

해설
계측관리(굴착공사 표준안전 작업지침)

터널공사 계측관리	1. 내공 변위 측정 2. 천단침하측정 3. 지중, 지표침하측정 4. 록볼트 축력측정 5. 숏크리트 응력측정
굴착공사 계측관리	1. 수위계 2. 경사계 3. 하중 및 침하계 4. 응력계

90 콘크리트 측압에 관한 설명으로 옳지 않은 것은?

① 대기의 온도가 높을수록 크다.
② 콘크리트의 타설속도가 빠를수록 크다.
③ 콘크리트의 타설높이가 높을수록 크다.
④ 배근된 철근량이 적을수록 크다.

정답 86 ③ 87 ② 88 ④ 89 ④ 90 ①

해설
거푸집 측압증가에 영향을 미치는 인자(측압의 영향요소)
1. 거푸집 수평단면이 클수록 크다.
2. 콘크리트 슬럼프치가 클수록 커진다.
3. 거푸집 표면이 평활(평탄)할수록 커진다.
4. 철골, 철근량이 적을수록 커진다.
5. 콘크리트 시공연도가 좋을수록 커진다.
6. 외기의 온도, 습도가 낮을수록 커진다.
7. 타설 속도가 빠를수록 커진다.
8. 다짐이 충분할수록 커진다.
9. 타설 시 상부에서 직접 낙하할 경우 커진다.
10. 거푸집의 강성이 클수록 크다.
11. 콘크리트의 비중(단위중량)이 클수록 크다.
12. 벽 두께가 두꺼울수록 커진다.

91 차량계 하역운반기계 등을 이송하기 위하여 자주(自走) 또는 견인에 의하여 화물자동차에 싣거나 내리는 작업을 할 때 발판·성토 등을 사용하는 경우 기계의 전도 또는 전락에 의한 위험을 방지하기 위하여 준수하여야 할 사항으로 옳지 않은 것은?

① 싣거나 내리는 작업은 견고한 경사지에서 실시할 것
② 가설대 등을 사용하는 경우에는 충분한 폭 및 강도와 적당한 경사를 확보할 것
③ 발판을 사용하는 경우에는 충분한 길이·폭 및 강도를 가진 것을 사용할 것
④ 지정운전자의 성명·연락처 등을 보기 쉬운 곳에 표시하고 지정운전자 외에는 운전하지 않도록 할 것

해설
차량계 하역운반기계 등의 이송 시 준수사항
1. 싣거나 내리는 작업은 평탄하고 견고한 장소에서 할 것
2. 발판을 사용하는 경우에는 충분한 길이·폭 및 강도를 가진 것을 사용하고 적당한 경사를 유지하기 위하여 견고하게 설치할 것
3. 가설대 등을 사용하는 경우에는 충분한 폭 및 강도와 적당한 경사를 확보할 것
4. 지정운전자의 성명·연락처 등을 보기 쉬운 곳에 표시하고 지정운전자 외에는 운전하지 않도록 할 것

92 다음 중 차량계 건설기계에 속하지 않는 것은?

① 배쳐플랜트 ② 모터그레이더
③ 크롤러드릴 ④ 탠덤롤러

해설
배쳐플랜트(Batcher Plant)
혼합재료를 정해진 비율로 계량하는 장치를 배쳐라 하며 배쳐에 재료를 넣는 설비, 계량한 재료를 믹서에 투입하는 설비를 합하여 배쳐플랜트라 한다.

93 거푸집 해체 시 작업자가 이행해야 할 안전수칙으로 옳지 않은 것은?

① 거푸집 해체는 순서에 입각하여 실시한다.
② 상하에서 동시작업을 할 때는 상하의 작업자가 긴밀하게 연락을 취해야 한다.
③ 거푸집 해체가 용이하지 않을 때에는 큰 힘을 줄 수 있는 지렛대를 사용해야 한다.
④ 해체된 거푸집, 각목 등을 올리거나 내릴 때는 달줄, 달포대 등을 사용한다.

해설
거푸집 해체 작업 시 준수사항
거푸집 해체 때 구조체에 무리한 충격이나 큰 힘에 의한 지렛대 사용은 금지하여야 한다.

94 강관비계의 구조에서 비계기둥 간의 최대 허용 적재 하중으로 옳은 것은?

① 500kg ② 400kg
③ 300kg ④ 200kg

해설
강관비계의 구조
1. 비계기둥의 간격은 띠장 방향에서는 1.85m 이하, 장선 방향에서는 1.5m 이하로 할 것. 다만, 다음 각 목의 어느 하나에 해당하는 작업의 경우에는 안전성에 대한 구조검토를 실시하고 조립도를 작성하면 띠장 방향 및 장선 방향으로 각각 2.7m 이하로 할 수 있다.
   ① 선박 및 보트 건조작업
   ② 그 밖에 장비 반입·반출을 위하여 공간 등을 확보할 필요가 있는 등 작업의 성질상 비계기둥 간격에 관한 기준을 준수하기 곤란한 작업
2. 띠장 간격은 2.0m 이하로 할 것. 다만, 작업의 성질상 이를 준수하기가 곤란하여 쌍기둥틀 등에 의하여 해당 부분을 보강한 경우에는 그러하지 아니하다.
3. 비계기둥의 제일 윗부분으로부터 31m 되는 지점 밑부분의 비계기둥은 2개의 강관으로 묶어 세울 것. 다만, 브라켓(Bracket) 등으로 보강하여 2개의 강관으로 묶을 경우

이상의 강도가 유지되는 경우에는 그러하지 아니하다.
4. 비계기둥 간의 적재하중은 400kg을 초과하지 않도록 할 것

TIP 본 문제는 법 개정으로 일부 내용이 수정되었습니다. 해설은 법 개정으로 수정된 내용이니 해설을 학습하세요.

95 다음 셔블계 굴착장비 중 좁고 깊은 굴착에 가장 적합한 장비는?

① 드래그라인(Dragline)
② 파워 셔블(Power Shovel)
③ 백호(Back Hoe)
④ 클램셸(Clam Shell)

해설
클램셸(Clam Shell)
1. 좁고 깊은 곳의 수직굴착, 수중굴착에 적당
2. 지하연속벽 공사, 깊은 우물통 파기에 사용
3. 구조물의 기초바닥, 잠함 등과 같은 협소하고 깊은 범위의 굴착에 적합

96 추락방지망의 달기로프를 지지점에 부착할 때 지지점의 간격이 1.5m인 경우 지지점의 강도는 최소 얼마 이상이어야 하는가?(단, 연속적인 구조물이 방망 지지점인 경우)

① 200kg   ② 300kg
③ 400kg   ④ 500kg

해설
지지점의 강도

$$F = 200B$$

여기서, F는 외력(단위 : 킬로그램), B는 지지점 간격(단위 : m)

$F = 200B = 200 \times 1.5 = 300[kg]$

97 토류벽에 거치된 어스 앵커의 인장력을 측정하기 위한 계측기는?

① 하중계(Load Cell)
② 변형계(Strain Gauge)
③ 지하수위계(Piezometer)
④ 지중경사계(Inclinometer)

해설
계측기

장치	용도
하중계(Load Cell)	흙막이 버팀대에 작용하는 토압, 어스앵커의 인장력 등을 측정
변형률계(Strain Gauge)	흙막이벽 버팀대의 응력 변화 측정
간극수압계(Piezometer)	굴착으로 인한 지하의 간극수압 측정
지중경사계(Inclinometer)	지중 수평변위를 측정하여 흙막이의 기울어진 정도 파악

98 작업에서의 위험요인과 재해형태가 가장 관련이 적은 것은?

① 무리한 자재 적재 및 통로 미확보 → 전도
② 개구부 안전난간 미설치 → 추락
③ 벽돌 등 중량물 취급 작업 → 협착
④ 항만 하역 작업 → 질식

해설
항만 하역 작업의 핵심위험요인
1. 작업 중 작업방법 불량에 따른 화물 붕괴의 위험이 있다.
2. 설비 불량에 따른 매달린 화물의 낙하의 위험이 있다.

99 건설공사현장에 가설통로를 설치하는 경우 경사는 몇 도 이내를 원칙으로 하는가?

① 15°   ② 20°
③ 25°   ④ 30°

해설
가설통로
1. 견고한 구조로 할 것
2. 경사는 30° 이하로 할 것(다만, 계단을 설치하거나 높이 2m 미만의 가설통로로서 튼튼한 손잡이를 설치한 경우에는 그러하지 아니하다)
3. 경사가 15°를 초과하는 경우에는 미끄러지지 아니하는 구조로 할 것
4. 추락할 위험이 있는 장소에는 안전난간을 설치할 것(다만, 작업상 부득이한 경우에는 필요한 부분만 임시로 해체할 수 있다)
5. 수직갱에 가설된 통로의 길이가 15m 이상인 경우에는 10m 이내마다 계단참을 설치할 것
6. 건설공사에 사용하는 높이 8m 이상인 비계다리에는 7m 이내마다 계단참을 설치할 것

정답 95 ④ 96 ② 97 ① 98 ④ 99 ④

100 건설업 산업안전보건관리비 계상 및 사용기준을 적용하는 공사금액 기준으로 옳은 것은?

① 총 공사금액 2천만 원 이상인 공사
② 총 공사금액 4천만 원 이상인 공사
③ 총 공사금액 6천만 원 이상인 공사
④ 총 공사금액 1억 원 이상인 공사

해설

적용범위
건설공사 중 총공사금액 2천만 원 이상인 공사에 적용한다. 다만, 단가계약에 의하여 행하는 공사에 대하여는 총계약금액을 기준으로 적용한다.

정답 100 ①

PART 02
06 2017년 3회 기출문제

1과목 산업안전관리론

01 무재해운동 추진기법 중 다음에서 설명하는 것은?

> 작업을 오조작 없이 안전하게 하기 위하여 작업공정의 요소에서 자신의 행동을 하고 대상을 가리킨 후 큰 소리로 확인하는 것

① 지적 확인 ② T.B.M.
③ 터치 앤드 콜 ④ 삼각 위험예지 훈련

해설
지적 확인
작업공정이나 상황 가운데 위험요인이나 작업의 중요 포인트에 대해 자신의 행동은 "○○ 좋아!"라고 큰 소리로 제창하여 확인 하는 것으로 인간의 실수를 없애기 위하여 눈, 손, 입, 그리고 귀를 이용하여 작업 시작 전에 뇌를 자극시켜 안전을 확보하기 위한 방법이다.

02 산업안전보건법령상 안전검사 대상 유해·위험 기계가 아닌 것은?

① 선반 ② 리프트
③ 압력용기 ④ 곤돌라

해설
안전검사 대상기계 등
1. 프레스
2. 전단기
3. 크레인(정격 하중이 2톤 미만인 것은 제외)
4. 리프트
5. 압력용기
6. 곤돌라
7. 국소 배기장치(이동식은 제외)
8. 원심기(산업용만 해당)
9. 롤러기(밀폐형 구조는 제외)
10. 사출성형기(형 체결력 294킬로뉴턴(KN) 미만은 제외)
11. 고소작업대(화물자동차 또는 특수자동차에 탑재한 고소작업대로 한정)
12. 컨베이어
13. 산업용 로봇
14. 혼합기
15. 파쇄기 또는 분쇄기

03 50인의 상시 근로자를 가지고 있는 어느 사업장에 1년간 3건의 부상자를 내고 그 휴업일수가 219일이라면 강도율은?

① 1.37 ② 1.50
③ 1.86 ④ 0.21

해설
강도율
$= \dfrac{\text{근로손실일수}}{\text{연간총근로시간수}} \times 1{,}000$

$= \dfrac{219 \times \dfrac{300}{365}}{50 \times 2{,}400} \times 1{,}000 = 1.50$

TIP
1. 일시 전노동불능 : 근로손실일수 = 휴업일수 × $\dfrac{300}{365}$
2. 문제에서 조건이 없는 경우 일반적으로 1일 8시간, 300일 근무이다.

04 조건반사설에 의한 학습이론의 원리에 해당하지 않는 것은?

① 강도의 원리 ② 시간의 원리
③ 효과의 원리 ④ 계속성의 원리

해설
학습의 원리

조건반사설 (Pavlov)	시행착오설 (Thorndike)	조작적 조건형성이론 (Skinner)
1. 강도의 원리 2. 일관성의 원리 3. 시간의 원리 4. 계속성의 원리	1. 효과의 법칙 2. 준비성의 법칙 3. 연습의 법칙	1. 강화의 원리 2. 소거의 원리 3. 조형의 원리 4. 자발적 회복의 원리 5. 변별의 원리

05 의사결정 과정에 따른 리더십의 행동유형 중 전제형에 속하는 것은?

정답 01 ① 02 ① 03 ② 04 ③ 05 ②

① 집단 구성원에게 자유를 준다.
② 지도자가 모든 정책을 결정한다.
③ 집단토론이나 집단결정을 통해서 정책을 결정한다.
④ 명목적인 리더의 자리를 지키고 부하직원들의 의견에 따른다.

해설

리더십의 유형(업무추진 방식에 따른 분류)

분류	특징
권위형 (독재적)	1. 리더 중심 2. 지도자가 집단의 모든 권한 행사를 단독적으로 처리한다.
민주형 (민주적)	1. 집단 중심 2. 집단의 토론, 회의 등에 의해 정책을 결정한다.
자유방임형 (개방적)	1. 종업원 중심 2. 집단에 대하여 전혀 리더십을 발휘하지 않고 명목상의 리더 자리만을 지키는 유형으로 지도자가 집단 구성원에게 완전히 자유를 주는 경우이다.

06 하인리히(Heinrich)의 사고 발생의 연쇄성 5단계 중 2단계에 해당되는 것은?

① 유전과 환경 ② 개인적인 결함
③ 불안전한 행동 ④ 사고

해설

하인리히(H.W. Heinrich)의 도미노이론(사고연쇄성)
1. 제1단계 : 사회적 환경 및 유전적 요인
2. 제2단계 : 개인적 결함
3. 제3단계 : 불안전한 행동 및 불안전한 상태
4. 제4단계 : 사고
5. 제5단계 : 재해
※ 불안전한 행동이나 불안전한 상태, 즉 제3단계를 제거하면 사고나 재해를 예방할 수 있다.

07 착시현상 중 그림과 같이 우선 평행의 호를 보고 이어 직선을 본 경우에 직선은 호와의 반대방향으로 휘어져 보이는 현상은?

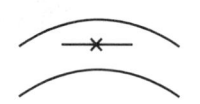

① 동화착오 ② 분할착오
③ 윤곽착오 ④ 방향착오

해설

착시현상

동화 착오	→a← →b←	실제 a=b이나 a가 b보다 길게 보인다.
분할 착오	(그림) a b	a는 양단이 벌어져 보이고 b는 중앙이 벌어져 보인다.
윤곽 착오	(그림)	우선 평행의 호를 보고, 이어 직선을 본 경우에는 직선은 호와의 반대방향으로 휘어져 보인다.
방향 착오	(그림)	세로의 선이 수직선인데 휘어져 보인다.

08 인간의 사회적 행동의 기본 형태가 아닌 것은?

① 대립 ② 도피
③ 모방 ④ 협력

해설

사회행동의 기본 형태

사회행동의 기초	1. 욕구 2. 개성 3. 인지 4. 신념 5. 태도
사회행동의 기본 형태	1. 협력(조력, 분업) 2. 대립(공격, 경쟁) 3. 도피(고립, 정신병, 자살) 4. 융합(강제, 타협, 통합)

09 안전보건관리조직의 형태 중 라인(Line)형 조직의 특성이 아닌 것은?

① 소규모 사업장(100명 이하)에 적합하다.
② 라인에 과중한 책임을 지우기가 쉽다.
③ 안전관리 전담 요원을 별도로 지정한다.
④ 모든 명령은 생산 계통을 따라 이루어진다.

해설

라인형(Line형) – 직계형 조직
1. 의의
  • 안전을 전문으로 분담하는 조직이 없고, 안전관리에 관한 계획에서부터 실시·평가에 이르기까지 생산라인(생산지시)을 통해서 이루어지는 조직 형태
  • 100명 미만의 소규모 사업장에 적합한 조직형태

정답 06 ② 07 ③ 08 ③ 09 ③

2. 장점
   - 명령과 보고가 상하관계뿐이므로 간단 명료한 조직
   - 경영자의 명령이나 지휘가 신속정확하게 전달되어 개선조치가 빠르게 진행
3. 단점
   - 안전에 대한 전문지식이나 정보가 불충분
   - 생산라인의 업무에 중점을 두어 안전보건관리가 소홀해질 수 있음

10 무재해 운동의 기본이념 3대 원칙이 아닌 것은?

① 무의 원칙
② 참가의 원칙
③ 선취의 원칙
④ 자주활동의 원칙

해설

무재해 운동의 3원칙

무(無)의 원칙	단순히 사망재해나 휴업재해만 없으면 된다는 소극적인 사고가 아닌, 사업장 내의 모든 잠재위험요인을 적극적으로 사전에 발견하고 파악·해결함으로써 산업재해의 근원적인 요소를 없앤다는 것을 의미
참여의 원칙 (전원참가의 원칙)	작업에 따르는 잠재위험요인을 발견하고 파악·해결하기 위해 전원이 일치 협력하여 각자의 위치에서 적극적으로 문제해결을 하겠다는 것을 의미
안전제일의 원칙 (선취의 원칙)	안전한 사업장을 조성하기 위한 궁극의 목표로서 사업장 내에서 행동하기 전에 잠재위험요인을 발견하고 파악·해결하여 재해를 예방하는 것을 의미

11 안전교육방법 중 사례연구법의 장점이 아닌 것은?

① 흥미가 있고, 학습동기를 유발할 수 있다.
② 현실적인 문제의 학습이 가능하다.
③ 관찰력과 분석력을 높일 수 있다.
④ 원칙과 규정의 체계적 습득이 용이하다.

해설

사례연구법(Case Method)
1. 정의 : 먼저 사례를 제시하고 문제가 되는 사실들과 그 상호관계에 대해서 검토하고 대책을 토의하는 방법
2. 장단점

장점	단점
1. 흥미가 있고, 학습동기를 유발할 수 있다. 2. 현실적인 문제의 학습이 가능하다. 3. 관찰력과 분석력을 높일 수 있다. 4. 판단력과 응용력의 향상이 가능하다.	1. 원칙과 규정의 체계적인 습득이 곤란하다. 2. 적절한 사례의 확보 곤란 및 진행방법에 대한 연구가 필요하다. 3. 학습의 진보를 측정하기 어렵다.

12 안전·보건표지의 색채 및 색도 기준 중 다음 ( ) 안에 알맞은 것은?

색채	색도기준	용도
(㉠)	5Y 8.5/12	경고
(㉡)	2.5PB 4/10	지시

① ㉠ 빨간색, ㉡ 흰색
② ㉠ 검은색, ㉡ 노란색
③ ㉠ 흰색, ㉡ 녹색
④ ㉠ 노란색, ㉡ 파란색

해설

안전·보건표지의 색채, 색도기준 및 용도

색채	색도기준	용도	사용례
빨간색	7.5R 4/14	금지	정지신호, 소화설비 및 그 장소, 유해행위의 금지
		경고	화학물질 취급장소에서의 유해·위험 경고
노란색	5Y 8.5/12	경고	화학물질 취급장소에서의 유해·위험경고 이외의 위험경고, 주의표지 또는 기계방호물
파란색	2.5PB 4/10	지시	특정 행위의 지시 및 사실의 고지
녹색	2.5G 4/10	안내	비상구 및 피난소, 사람 또는 차량의 통행표지
흰색	N9.5		파란색 또는 녹색에 대한 보조색
검은색	N0.5		문자 및 빨간색 또는 노란색에 대한 보조색

13 재해손실비의 평가방식 중 하인리히(Heinrich) 계산방식으로 옳은 것은?

① 총 재해비용＝보험비용 + 비보험비용
② 총 재해비용＝직접손실비용 + 간접손실비용
③ 총 재해비용＝공동비용 + 개별비용
④ 총 재해비용＝노동손실비용 + 설비손실비용

해설

하인리히(H.W. Heinrich) 방식(1 : 4원칙)

총 재해 코스트(재해손실비용)
＝직접비＋간접비＝직접비×5
직접손실비 : 간접손실비＝1 : 4

정답 10 ④ 11 ④ 12 ④ 13 ②

14 산업안전보건법령상 근로자 안전보건교육 중 근로자의 정기교육에 해당하지 않은 것은?

① 산업재해보상보험 제도에 관한 사항
② 산업안전 및 산업재해 예방에 관한 사항
③ 산업보건 및 건강장해 예방에 관한 사항
④ 기계·기구의 위험성과 작업의 순서 및 동선에 관한 사항

해설
근로자 정기교육
1. 산업안전 및 산업재해 예방에 관한 사항(화재·폭발 사고 발생 시 대피에 관한 사항을 포함)
2. 산업보건 및 건강장해 예방에 관한 사항(폭염·한파작업으로 인한 건강장해 발생 시 응급조치에 관한 사항을 포함)
3. 위험성 평가에 관한 사항
4. 건강증진 및 질병 예방에 관한 사항
5. 유해·위험 작업환경 관리에 관한 사항
6. 산업안전보건법령 및 산업재해보상보험 제도에 관한 사항
7. 직무스트레스 예방 및 관리에 관한 사항
8. 직장 내 괴롭힘, 고객의 폭언 등으로 인한 건강장해 예방 및 관리에 관한 사항

15 허즈버그(Herzberg)의 동기·위생이론 중 위생요인에 해당하지 않는 것은?

① 보수　　　　② 책임감
③ 작업조건　　④ 감독

해설
허즈버그(F. Herzberg)의 2요인(동기-위생) 이론

동기요인(직무내용)	위생요인(직무환경)
1. 성취감	1. 보수
2. 책임감	2. 작업조건
3. 성장과 발전	3. 관리감독
4. 안정감	4. 임금
5. 도전감	5. 지위
6. 일 그 자체	6. 회사 정책과 관리

16 추락 및 감전 위험방지용 안전모의 난연성 시험 성능기준 중 모체가 불꽃을 내며 최소 몇 초 이상 연소되지 않아야 하는가?

① 3　　② 5
③ 7　　④ 10

해설
난연성 시험 성능기준
모체가 불꽃을 내며 5초 이상 연소되지 않아야 한다.

17 T.W.I (Training Within Industry)의 교육내용이 아닌 것은?

① Job Support Training
② Job Method Training
③ Job Relation Training
④ Job Instruction Training

해설
TWI의 교육 과정
1. Job Method Training(JMT) : 작업방법훈련, 작업개선훈련
2. Job Instruction Training(JIT) : 작업지도훈련
3. Job Relations Training(JRT) : 인간관계 훈련, 부하통솔법
4. Job Safety Training(JST) : 작업안전훈련

18 재해원인 분석방법의 통계적 원인분석 중 다음에서 설명하는 것은?

> 사고의 유형, 기인물 등 분류항목을 큰 순서대로 도표화 한다.

① 파레토도　　② 특성 요인도
③ 크로스도　　④ 관리도

해설
파레토도
사고의 유형, 기인물 등 분류항목을 큰 값에서 작은 값의 순서로 도표화하며, 문제나 목표의 이해에 편리하다.

19 교육의 3요소 중 교육의 주체에 해당하는 것은?

① 강사　　　　② 교재
③ 수강자　　　④ 교육방법

해설
교육의 3요소
1. 교육의 주체 : 강사
2. 교육의 객체 : 수강자(교육대상)
3. 교육의 매개체 : 교재(교육내용)

정답　14 ④　15 ②　16 ②　17 ①　18 ①　19 ①

20 상황성 누발자의 재해유발원인과 거리가 먼 것은?

① 작업의 어려움 ② 기계설비의 결함
③ 심신의 근심 ④ 주의력의 산만

해설

재해 누발자의 유형

상황성 누발자	1. 작업이 어렵기 때문에 2. 기계설비에 결함이 있기 때문에 3. 심신에 근심이 있기 때문에 4. 환경상 주의력의 집중이 혼란되기 때문에
습관성 누발자	1. 재해의 경험에 의해 겁을 먹거나 신경과민 2. 일종의 슬럼프 상태
미숙성 누발자	1. 기능이 미숙하기 때문에 2. 환경에 익숙하지 못하기 때문에(환경에 적응 미숙)
소질성 누발자	1. 개인의 소질 가운데 재해원인의 요소를 가진 자 2. 개인의 특수성격 소유자

2과목 인간공학 및 시스템 안전공학

21 MIL-STD-882B에서 시스템 안전 필요사항을 충족시키고 확인된 위험을 해결하기 위한 우선권을 정하는 순서로 맞는 것은?

㉠ 경보장치 설치
㉡ 안전장치 설치
㉢ 절차 및 교육훈련 개발
㉣ 최소 리스크를 위한 설계

① ㉣ → ㉡ → ㉠ → ㉢
② ㉣ → ㉠ → ㉡ → ㉢
③ ㉢ → ㉣ → ㉠ → ㉡
④ ㉢ → ㉣ → ㉡ → ㉠

해설

시스템 안전 달성 단계(시스템 안전의 우선도)
㉠ 1단계 : 위험상태의 존재를 최소화
㉡ 2단계 : 안전장치의 채용
㉢ 3단계 : 경보장치의 채용
㉣ 4단계 : 특수한 수단

22 반복되는 사건이 많이 있는 경우, FTA의 최소 컷셋과 관련이 없는 것은?

① Fussel Algorithm
② Boolean Algorithm
③ Monte Carlo Algorithm
④ Limnios & Ziani Algorithm

해설

Monte Carlo 모의 실험
1. 구하고자 하는 수치의 확률적 분포를 반복 가능한 실험의 통계로부터 구하는 방법을 말하며, 시뮬레이션 테크닉의 일종이다.
2. 이 기법의 목적은 체계가 어디에서 요원에게 과도 혹은 과소한 부하를 주는가를 나타내고 보통의 조작자가 요구되는 모든 직무를 시간 내에 완수할 수 있는가를 결정하기 위한 것

23 계수형(Digital) 표시장치를 사용하는 것이 부적합한 것은?

① 수치를 정확히 읽어야 할 경우
② 짧은 판독 시간을 필요로 할 경우
③ 판독 오차가 적은 것을 필요로 할 경우
④ 표시장치에 나타나는 값들이 계속 변하는 경우

해설

정량적 표시장치의 종류(정량적인 동적 표시장치)

아날로그 (Analog)	정목동침형 (Moving Pointer, 지침이동형)	1. 눈금이 고정되고 지침이 움직이는 형(고정눈금 이동지침 표시장치) 2. 일정한 범위에서 수치가 자주 또는 계속 변하는 경우 가장 유용한 표시장치
	정침동목형 (Moving scale, 지침고정형)	1. 지침이 고정되고 눈금이 움직이는 형(이동눈금 고정지침 표시장치) 2. 나타내고자 하는 값의 범위가 클 때, 비교적 작은 눈금판에 모두 나타내고자 할 때(공간을 적게 차지하는 이점이 있음)
디지털 (Digital)	계수형 (Digital)	1. 전력계나 택시 요금 계기와 같이 기계, 전자적으로 숫자가 표시되는 형 2. 출력되는 값을 정확하게 읽어야 하는 경우에 가장 적합하다.(수치를 정확하게 읽어야 할 경우)

정답 20 ④ 21 ① 22 ③ 23 ④

24 안전성 향상을 위한 시설배치의 예로 적절하지 않은 것은?

① 기계배치는 작업의 흐름을 따른다.
② 작업자가 통로 쪽으로 등(背)을 향하여 일하도록 한다.
③ 기계 설비 주위에 운전 공간, 보수 점검 공간을 확보한다.
④ 통로는 선을 그어 작업장과 명확히 구별하도록 한다.

해설

배치(Layout)
1. 기계설비의 배치가 작업의 흐름에 맞지 않는 작업장에서는 재료나 반제품이 정체하기 쉽고, 더욱이 이런 작업장에서는 일반적으로 기계설비의 주위에 공간이 충분히 없기 때문에 통로에 재료나 반제품이 놓이게 되므로 이러한 작업장은 공장의 배치 그 자체를 근본적으로 처음부터 다시 하여야 한다.
2. 배치에 대하여 검토를 요하는 사항
   - 작업의 흐름에 따라 기계설비를 배치시켜 필요 없는 운반작업을 배제할 것
   - 작업자가 능률적으로 작업할 수 있도록 기계의 배치, 가공품을 놓아둘 장소, 공구, 선반 등의 배치를 적정하게 할 것
   - 재료, 제품, 공구 등의 크기, 기계의 운동범위 등을 생각하여 충분한 공간을 취할 것
   - 안전한 통로를 설정하고, 작업장소와 통로는 명확히 구분할 것
   - 폭발성 물질을 취급하는 위험도가 높은 설비를 설치함에 있어서는 이상 시에 그 피해를 최소로 하도록 하고 다른 기계설비와의 위치관계를 적정히 할 것

TIP 작업자가 통로 쪽으로 등을 향하여 일하지 않도록 배치

25 기계의 고장률이 일정한 지수분포를 가지며, 고장률이 0.04/시간일 때, 이 기계가 10시간 동안 고장이 나지 않고 작동할 확률은 약 얼마인가?

① 0.40　　　② 0.67
③ 0.84　　　④ 0.96

해설

신뢰도 계산
$\lambda = 0.04$, $t = 10$이므로
$R(t) = e^{-\lambda t} = e^{-(0.04 \times 10)} = 0.67$

26 청각적 표시의 원리로 조작자에 대한 입력신호는 꼭 필요한 정보만을 제공한다는 원리는?

① 양립성　　　② 분리성
③ 근사성　　　④ 검약성

해설

청각적 표시장치 설계 시의 일반원리
1. 양립성 : 가능한 한 사용자가 알고 있거나 자연스러운 신호차원과 코드를 선택한다.(긴급용 신호일 때는 높은 주파수를 사용한다)
2. 근사성 : 복잡한 정보를 나타낼 때는 2단계의 신호를 고려한다.
3. 분리성 : 두 가지 이상의 채널을 듣고 있다면 각 채널의 주파수가 분리되어야 한다.
4. 검약성 : 조작자에 대한 입력신호는 꼭 필요한 것만을 제공하여야 한다.
5. 불변성 : 동일한 신호는 항상 동일한 정보를 지정한다.

27 불대수(Boolean Algebra)의 관계식으로 맞는 것은?

① $A(A \cdot B) = B$
② $A + B = A \cdot B$
③ $A + A \cdot B = A \cdot B$
④ $A + B \cdot C = (A+B)(A+C)$

해설

불(Boolean Algebra)의 식
1. $A \cdot (A \cdot B) = A \cdot B$
2. $A + B = B + A$
3. $A + (A \cdot B) = A$
4. $A + (B \cdot C) = (A + B) \cdot (A + C)$

28 고장의 발생 상황 중 부적합품 제조, 생산과정에서의 품질관리 미비, 설계미숙 등으로 일어나는 고장은?

① 초기고장　　　② 마모고장
③ 우발고장　　　④ 품질관리고장

해설

시스템 수명곡선(욕조곡선)

초기고장	1. 감소형 – DFR(Decreasing Failure Rate) : 고장률이 시간에 따라 감소 2. 불량제조, 생산과정에서 품질관리 미비, 설계미숙 등으로 일어나는 고장

우발고장	1. 일정형 – CFR(Constant Failure Rate) : 고장률이 시간에 관계없이 거의 일정 2. 예측할 수 없을 때 발생하는 고장으로 시운전이나 점검작업으로는 방지할 수 없다.
마모고장	1. 증가형 – IFR(Increasing Failure Rate) : 고장률이 시간에 따라 증가 2. 장치의 일부가 수명을 다하여 생기는 고장

29 누적손상장애(CTDs)의 원인이 아닌 것은?

① 과도한 힘의 사용
② 높은 장소에서의 사용
③ 장시간 진동공구의 사용
④ 부적절한 자세에서의 작업

해설

근골격계 질환
1. 반복적인 동작, 부적절한 작업자세, 무리한 힘의 사용, 날카로운 면과의 신체접촉, 진동 및 온도 등의 요인에 의하여 발생하는 건강장해로서 목, 어깨, 허리, 팔·다리의 신경·근육 및 그 주변 신체조직 등에 나타나는 질환을 말한다.
2. 유사용어로는 누적 외상성 질환(CTDS), 반복성 긴장 상해 등이 있다.

30 인간-기계 시스템을 설계하기 위해 고려해야 할 사항으로 틀린 것은?

① 시스템 설계 시 동작 경제의 원칙이 만족되도록 고려하여야 한다.
② 인간과 기계가 모두 복수인 경우, 종합적인 효과보다 기계를 우선적으로 고려한다.
③ 대상이 되는 시스템이 위치할 환경 조건이 인간에 대한 한계치를 만족하는가의 여부를 조사한다.
④ 인간이 수행해야 할 조작이 연속적인가 불연속적인가를 알아보기 위해 특성조사를 실시한다.

해설

인간-기계 체계의 설계 시 고려사항
인간과 기계가 모두 복수인 경우, 전체에 대한 배치로부터 발생하는 종합적인 효과가 가장 중요하며 우선적으로 고려되어야 한다.

31 좌식 평면 작업대에서의 최대작업영역에 대한 설명으로 맞는 것은?

① 각 손의 정상작업영역 경계선이 작업자의 정면에서 교차되는 공통영역
② 윗팔과 손목을 중립자세로 유지한 채 손으로 원을 그릴 때, 부채꼴 원호의 내부 영역
③ 어깨로부터 팔을 펴서 어깨를 축으로 하여 수평면 상에 원을 그릴 때, 부채꼴 원호의 내부지역
④ 자연스러운 자세로 윗팔을 몸통에 붙인 채 손으로 수평면 상에 원을 그릴 때, 부채꼴 원호의 내부지역

해설

수평 작업대

정상 작업역 (표준영역)	위팔(상완)을 자연스럽게 수직으로 늘어뜨린 채, 아래팔(전완)만으로 편하게 뻗어 파악할 수 있는 구역
최대 작업역 (최대영역)	아래팔(전완)과 위팔(상완)을 곧게 펴서 파악할 수 있는 구역

32 출력과 반대방향으로 그 속도에 비례해서 작용하는 힘 때문에 생기는 항력으로 원활한 제어를 도우며, 특히 규정된 변위 속도를 유지하는 효과를 가진 조종장치의 저항력은?

① 관성
② 탄성저항
③ 점성저항
④ 정지 및 미끄럼 마찰

해설

점성저항(Viscous Damping)
1. 출력과 반대방향으로 속도에 비례해서 작용하는 힘 때문에 생기는 항력
2. 원활한 제어를 도우며, 규정된 변위 속도를 유지하는 효과가 있다.

33 현장에서 인간공학의 적용분야로 가장 거리가 먼 것은?

① 설비관리
② 제품설계
③ 재해·질병 예방
④ 장비·공구·설비의 설계

정답 29 ② 30 ② 31 ③ 32 ③ 33 ①

해설
사업장에서의 인간공학 적용분야
1. 작업설계와 조직의 변경
2. 재해 및 질병의 예방
3. 제품의 사용성 평가
4. 작업 환경의 개선
5. 핵발전소 제어실 설계
6. 고기술 제품의 인터페이스 디자인
7. 장비 및 공구의 설계 등

번호	기호	명칭	내용
5	△	전이기호 (이행기호)	FT도 상에서 다른 부분에 관한 이행 또는 연결을 나타낸다. 상부에 선이 있는 경우는 다른 부분으로 전입(IN)
6	△	전이기호 (이행기호)	FT도 상에서 다른 부분에 관한 이행 또는 연결을 나타낸다. 측면에 선이 있는 경우는 다른 부분으로 전출(OUT)

34 신호검출 이론의 응용분야가 아닌 것은?
① 품질검사 ② 의료진단
③ 교통통제 ④ 시뮬레이션

해설
신호검출 이론의 응용
1. 소리의 파형, 빛, 레이더 영상의 점 같은 시각 신호 등 다른 종류의 신호나 잡음에도 적용된다.
2. 음파탐지, 품질 검사 임무, 의료 진단, 증인 증언, 항공 교통 통제 등 광범위하게 적용되어 왔다.

36 A 요업공장의 근로자 최씨는 작업일 3월 15일에 다음과 같은 소음에 노출되었다. 총 소음 투여량은 (%) 약 얼마인가?

- 80dB-A : 2시간 30분
- 90dB-A : 4시간 30분
- 100dB-A : 1시간

① 114.1 ② 124.1
③ 134.1 ④ 144.1

해설
소음 노출분량과 소음 노출 허용수준
1. 소음 노출분량(Noise Dose)

$$부분\ 노출분량(\%) = \frac{실제\ 노출\ 시간}{최대\ 허용\ 시간} \times 100$$

※ 허용 노출 수준 : 100%의 소음 투여량(총 소음 투여량은 부분 노출분량의 합과 같다.)

2. 소음 노출 허용 수준

음압 수준	80dB	90dB	100dB
허용시간	32	8	2

3. 계산

소음 노출 수준 $= \left(\frac{2.5}{32} + \frac{4.5}{8} + \frac{1}{2}\right) \times 100 = 114.06 ≒ 114.1$

TIP 소음 노출 기준 초과 여부 : 100(%)를 초과했으므로 소음 노출 기준의 초과로 부적합

35 FT도에서 사용되는 다음 기호의 의미로 맞는 것은?

① 결함사상 ② 통상사상
③ 기본사상 ④ 제외사상

해설
FTA분석 기호

번호	기호	명칭	내용
1	▭	결함사상	사고가 일어난 사상(사건)
2	○	기본사상	더 이상 전개가 되지 않는 기본적인 사상 또는 발생확률이 단독으로 얻어지는 낮은 레벨의 기본적인 사상
3	⌂	통상사상 (가형사상)	통상 발생이 예상되는 사상(예상되는 원인)
4	◇	생략사상 (최후사상)	정보부족 또는 분석기술 불충분으로 더 이상 전개할 수 없는 사상(작업진행에 따라 해석이 가능할 때는 다시 속행한다.)

37 IES(Illuminating Engineering Society)의 권고에 따른 작업장 내부의 추천 반사율이 가장 높아야 하는 곳은?
① 벽 ② 바닥
③ 천장 ④ 가구

해설
실내 면(面)의 추천 반사율

바닥	가구, 사무용 기기, 책상	창문 발(blind), 벽	천장
20~40%	25~45%	40~60%	80~90%

38 일반적인 조종장치의 경우, 어떤 것을 켤 때 기대되는 운동방향이 아닌 것은?

① 레버를 앞으로 민다.
② 버튼을 우측으로 민다.
③ 스위치를 위로 올린다.
④ 다이얼을 반시계 방향으로 돌린다.

해설
다이얼을 시계방향으로 돌릴 때 어떤 것을 켤 때 기대되는 운동방향이다.

39 작업장에서 광원으로부터의 직사휘광을 처리하는 방법으로 맞는 것은?

① 광원의 휘도를 늘인다.
② 가리개, 차양을 설치한다.
③ 광원을 시선에서 가까이 위치시킨다.
④ 휘광원 주위를 밝게 하여 광도비를 늘린다.

해설
광원으로부터의 직사휘광처리
1. 광원의 휘도를 줄이고 수를 늘림
2. 광원을 시선에서 멀리 위치시킴
3. 휘광원 주위를 밝게 하여 광도비를 줄임
4. 가리개(Shield), 갓(Hood) 혹은 차양(Visor)을 사용

40 정신적 작업 부하 척도와 가장 거리가 먼 것은?

① 부정맥
② 혈액성분
③ 점멸융합주파수
④ 눈 깜박임률(Blink Rate)

해설
정신부하의 측정방법

주 작업 측정	이용 가능한 시간에 대해서 실제로 이용한 시간을 비율로 정한 방법
부수작업 측정	주작업 수행도에 직접 관련이 없는 부수작업을 이용하여 여유능력을 측정하고자 하는 것
생리적 측정	주로 단일 감각기관에 의존하는 경우에 작업에 대한 정신부하를 측정할 때 이용되는 방법으로 부정맥, 점멸 융합 주파수, 피부전기반사, 눈깜박거림, 뇌파 등이 정신 작업부하 평가에 이용
주관적 측정	측정 시 주관적인 상태를 표시하는 등급을 쉽게 조정할 수 있다.

3과목 기계위험 방지기술

41 지름이 60cm이고, 20rpm으로 회전하는 롤러기의 무부하 동작에서 급정지 거리기준으로 옳은 것은?

① 앞면 롤러 원주의 1/1.5 이내 거리에서 급정지
② 앞면 롤러 원주의 1/2 이내 거리에서 급정지
③ 앞면 롤러 원주의 1/2.5 이내 거리에서 급정지
④ 앞면 롤러 원주의 1/3 이내 거리에서 급정지

해설
롤러기의 급정지 거리

$$V = \frac{\pi DN}{1,000} [\text{m/min}]$$

여기서, V : 표면속도
D : 롤러 원통의 직경[mm]
N : 1분간에 롤러기가 회전되는 수[rpm]

1. $V = \frac{\pi DN}{1,000} [\text{m/min}] = \frac{\pi \times 600 \times 20}{1,000} \fallingdotseq 37.68 [\text{m/min}]$

2. 무부하 동작에서 급정지거리

앞면 롤러의 표면속도(m/min)	급정지거리
30 미만	앞면 롤러 원주의 1/3
30 이상	앞면 롤러 원주의 1/2.5

3. 표면속도(V)가 37.68[m/mm]로 30[m/min] 이상이므로 앞면 롤러 원주의 1/2.5이다.

42 다음 중 원심기에 적용하는 방호장치는?

① 덮개
② 권과방지장치
③ 리미트 스위치
④ 과부하 방지장치

정답 38 ④ 39 ② 40 ② 41 ③ 42 ①

> **해설**

원심기의 방호장치
원심기에는 덮개를 설치하여야 한다.

43 지게차의 작업과정에서 작업 대상물의 팔레트 폭이 b라고 할 때 적절한 포크 간격은?(단, 포크의 중심과 팔레트의 중심은 일치한다고 가정한다.)

① $\frac{1}{4}b \sim \frac{1}{2}b$ ② $\frac{1}{4}b \sim \frac{3}{4}b$
③ $\frac{1}{2}b \sim \frac{3}{4}b$ ④ $\frac{3}{4}b \sim \frac{7}{8}b$

> **해설**

포크의 간격
포크의 간격은 적재상태 팔레트 폭(b)의 1/2 이상, 3/4 이하 정도 간격을 유지한다.

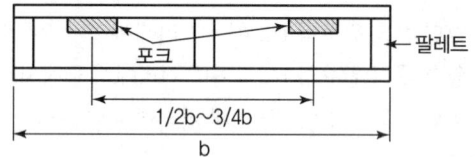

44 드릴작업 시 유의사항 중 틀린 것은?

① 균열이 심한 드릴은 사용해서는 안 된다.
② 드릴을 장치에서 제거할 경우에는 회전을 완전히 멈추고 한다.
③ 드릴이 밑면에 나왔는지 확인을 위해 가공물 밑면에 손으로 만지면서 확인한다.
④ 가공 중에는 소리에 주의하여 드릴의 날에 이상한 소리가 나면 즉시 드릴을 연마하거나 다른 드릴과 교환한다.

> **해설**

드릴링 작업에 대한 안전수칙
일감은 견고하게 고정시키며 관통된 것을 확인하기 위해 손으로 만져 서는 안 된다.

45 돌의 지름이 D[mm], 회전수 N[rpm]이라 할 경우 숫돌의 원주속도 V[m/min]를 구하는 식으로 옳은 것은?

① $D \cdot N$ ② $\pi \cdot D \cdot N$
③ $\frac{D \cdot N}{1,000}$ ④ $\frac{\pi \cdot D \cdot N}{1,000}$

> **해설**

원주속도(회전속도)

$$V = \pi DN [\text{mm/min}] = \frac{\pi DN}{1,000}[\text{m/min}]$$

여기서, V : 원주속도(회전속도)[m/min]
D : 숫돌의 지름[mm]
N : 숫돌의 매분 회전수[rpm]

46 크레인 작업 시 2000N의 화물을 걸어 25m/s² 가속도로 감아올릴 때 로프에 걸리는 총 하중은 약 몇 kN인가?(단, 중력가속도는 9.81m/s²이다.)

① 3.1 ② 5.1
③ 7.1 ④ 9.1

> **해설**

와이어로프에 걸리는 하중계산

와이어로프에 걸리는 총 하중	총 하중(W) = 정하중(W_1) + 동하중(W_2) 동하중(W_2) = $\frac{W_1}{g} \times a$ [g : 중력가속도(9.8m/s²), a : 가속도(m/s²)]
와이어로프에 작용하는 장력	장력[N] = 총 하중[kg] × 중력가속도[m/s²]

동하중(W_2) = $\frac{W_1}{g} \times a = \frac{2,000}{9.81} \times 25 = 5,096$[kgf]

∴ 총 하중(W) = 정하중(W_1) + 동하중(W_2)
= 2,000 + 5,096 = 7,096[N] = 7.096 ≒ 7.1[kN]

> **TIP** 1kN = 1,000N

47 연삭숫돌을 사용하는 작업 시 해당 기계의 이상 유·무를 확인하기 위한 시험운전 시간으로 옳은 것은?

① 작업시작 전 30초 이상, 연삭숫돌 교체 후 5분 이상
② 작업시작 전 30초 이상, 연삭숫돌 교체 후 3분 이상
③ 작업시작 전 1분 이상, 연삭숫돌 교체 후 5분 이상
④ 작업시작 전 1분 이상, 연삭숫돌 교체 후 3분 이상

> **해설**

연삭기 작업면에 있어서의 안전기준
1. 회전 중인 연삭숫돌(지름이 5cm 이상인 것으로 한정)이 근로자에게 위험을 미칠 우려가 있는 경우에 그 부위에 덮개를 설치하여야 한다.

정답 43 ③ 44 ③ 45 ④ 46 ③ 47 ④

2. 연삭숫돌을 사용하는 작업의 경우 작업을 시작하기 전에는 1분 이상, 연삭숫돌을 교체한 후에는 3분 이상 시험운전을 하고 해당 기계에 이상이 있는지를 확인하여야 한다.
3. 시험운전에 사용하는 연삭숫돌은 작업 시작 전에 결함이 있는지를 확인한 후 사용하여야 한다.
4. 연삭숫돌의 최고 사용회전속도를 초과하여 사용하도록 해서는 아니 된다.
5. 측면을 사용하는 것을 목적으로 하지 않는 연삭숫돌을 사용하는 경우 측면을 사용하도록 해서는 아니 된다.

48 프레스의 분류 중 동력 프레스에 해당하지 않는 것은?

① 크랭크 프레스 ② 토글 프레스
③ 마찰 프레스 ④ 아버 프레스

[해설]

프레스의 종류

인력 프레스	1. 푸트 프레스(Foot Press) 2. 나사 프레스(Screw Press) 3. 아버 프레스(Arbor Press) 4. 액센트릭 프레스(Eccentric Press)
동력 프레스	1. 크랭크 프레스(Crank Press) 2. 토글 프레스(Toggle Press) 3. 마찰 프레스(Friction Press) 4. 액압 프레스(Hydraulic Press)

49 기계 고장률의 기본모형에 해당하지 않는 것은?

① 예측고장 ② 초기고장
③ 우발고장 ④ 마모고장

[해설]

기계 고장률의 기본모형

초기 고장	감소형 : DFR (Decreasing Failure Rate)	1. 고장률이 시간에 따라 감소 2. 디버깅 기간 3. 번인(Burn-In) 기간
우발 고장	일정형 : CFR (Constant Failure Rate)	1. 고장률이 시간에 관계없이 거의 일정 2. 고장률이 가장 낮다. 3. 사후보전(BM) 실시
마모 고장	증가형 : IFR (Increasing Failure Rate)	1. 고장률이 시간에 따라 증가 2. 예방보전(PM) 실시

50 왕복운동을 하는 기계의 동작부분과 고정부분 사이에 형성되는 위험점으로 프레스, 절단기 등에서 주로 나타나는 것은?

① 끼임점 ② 절단점
③ 협착점 ④ 접선 물림점

[해설]

협착점(Squeeze-Point)
1. 왕복운동을 하는 운동부와 움직임이 없는 고정부 사이에서 형성되는 위험점(고정점 + 운동점)
2. 위험점의 예 : 프레스, 전단기, 성형기, 조형기, 밴딩기, 인쇄기

51 롤러에 설치하는 급정지 장치 조작부의 종류와 그 위치로 옳은 것은?(단, 위치는 조작부의 중심점을 기준으로 함)

① 발조작식은 밑면으로부터 0.2m 이내
② 손조작식은 밑면으로부터 1.8m 이내
③ 복부조작식은 밑면으로부터 0.6m이상 1m 이내
④ 무릎조작식은 밑면으로부터 0.2m이상 0.4m 이내

[해설]

급정지 장치의 설치방법

급정지 장치 조작부의 종류	위치	비고
손으로 조작하는 것	밑면으로부터 1.8m 이내	위치는 급정지 장치 조작부의 중심점을 기준 으로 함
복부로 조작하는 것	밑면으로부터 0.8m 이상 1.1m 이내	
무릎으로 조작하는 것	밑면으로부터 0.4m 이상 0.6m 이내	

52 크레인에 사용하는 방호장치가 아닌 것은?

① 과부하방지장치 ② 가스집합장치
③ 권과방지장치 ④ 제동장치

[해설]

양중기 방호장치의 종류

방호장치의 조정 대상	1. 크레인 2. 이동식 크레인 3. 리프트 4. 곤돌라 5. 승강기
방호장치의 종류	1. 과부하방지장치 2. 권과방지장치 3. 비상정지장치 및 제동장치 4. 그 밖의 방호장치(승강기의 파이널 리미트 스위치, 속도조절기, 출입문 인터록 등)

정답 48 ④ 49 ① 50 ③ 51 ② 52 ②

53 통로의 설치기준 중 ( ) 안에 공통적으로 들어갈 숫자로 옳은 것은?

> 사업주는 통로 면으로부터 높이 ( )미터 이내에는 장애물이 없도록 하여야 한다. 다만, 부득이하게 통로면으로부터 높이 ( )미터 이내에 장애물을 설치할 수밖에 없거나 통로 면으로부터 높이 ( )미터 이내의 장애물을 제거하는 것이 곤란하다고 고용노동부장관이 인정하는 경우에는 근로자에게 발생할 수 있는 부상 등의 위험을 방지하기 위한 안전 조치를 하여야 한다.

① 1　　② 2
③ 1.5　　④ 2.5

해설

통로의 설치
1. 작업장으로 통하는 장소 또는 작업장 내에 근로자가 사용할 안전한 통로를 설치하고 항상 사용할 수 있는 상태로 유지하여야 한다.
2. 통로의 주요 부분에는 통로표시를 하고, 근로자가 안전하게 통행할 수 있도록 하여야 한다.
3. 통로면으로부터 높이 2미터 이내에는 장애물이 없도록 하여야 한다.(다만, 부득이하게 통로면으로부터 높이 2미터 이내에 장애물을 설치할 수밖에 없거나 통로면으로부터 높이 2미터 이내의 장애물을 제거하는 것이 곤란하다고 고용노동부장관이 인정하는 경우에는 근로자에게 발생할 수 있는 부상 등의 위험을 방지하기 위한 안전 조치를 하여야 한다)

54 화물 적재 시에 지게차의 안정 조건을 옳게 나타낸 것은?(단, W는 화물의 중량, L_w는 앞바퀴에서 화물중심까지의 최단거리, G는 지게차의 중량, L_G는 앞바퀴에서 지게차 중심까지의 최단거리이다.)

① $G \times L_G \geq W \times L_W$
② $W \times L_W \geq G \times L_G$
③ $G \times L_W \geq W \times L_G$
④ $W \times L_G \geq G \times L_W$

해설

지게차의 안정조건

$$Wa < Gb$$

여기서, W : 화물 중심에서의 화물의 중량[kgf]
　　　　G : 지게차 중심에서의 지게차의 중량[kgf]
　　　　a : 앞바퀴에서 화물 중심까지의 최단거리[cm]
　　　　b : 앞바퀴에서 지게차 중심까지의 최단거리[cm]
　　　　$M_1 = Wa$ (화물의 모멘트), $M_2 = Gb$ (지게차의 모멘트)

55 선반 등으로부터 돌출하여 회전하고 있는 가공물에 설치할 방호장치는?

① 클러치　　② 울
③ 슬리브　　④ 베드

해설

원동기 · 회전축 등의 위험방지

원동기 · 회전축 · 기어 · 풀리 · 플라이휠 · 벨트 및 체인 등 근로자가 위험에 처할 우려가 있는 부위	1. 덮개 2. 울 3. 슬리브 4. 건널다리 등
회전축 · 기어 · 풀리 및 플라이휠 등에 부속되는 키 · 핀 등의 기계요소	1. 묻힘형 2. 덮개
벨트의 이음 부분	돌출된 고정구를 사용금지
건널다리	1. 안전난간 2. 미끄러지지 아니하는 구조의 발판
선반 등으로부터 돌출하여 회전하고 있는 가공물	덮개 또는 울 등을 설치

56 작업자의 신체 움직임을 감지하여 프레스의 작동을 급정지시키는 광전자식 안전장치를 부착한 프레스가 있다. 안전거리가 48cm인 경우 급정지에 소요되는 시간은 최대 몇 초 이내일 때 안전한가?(단, 급정지에 소요되는 시간은 손이 광선을 차단한 순간부터 급정지기구가 작동하여 슬라이드가 정지할 때까지의 시간을 의미한다.)

① 0.1초　　② 0.2초
③ 0.3초　　④ 0.4초

해설

광전자식 방호장치의 설치 안전거리

$$D = 1,600 \times (T_c + T_s)$$

여기서, D : 안전거리[mm]
　　　　T_c : 방호장치의 작동시간[즉, 누름버튼으로부터 한 손이 떨어졌을 때부터 급정지기구가 작동을 개시할 때까지의 시간(초)]
　　　　T_s : 프레스 등의 급정지시간[즉, 급정지기구가 작동을 개시했을 때부터 슬라이드 등이 정지할 때까지의 시간(초)]

1. $(T_c + T_s)$ = 급정지 시간
2. 480mm = 1,600 × 급정지시간[초]
3. 급정지시간 = $\frac{480}{1,600}$ = 0.3[초]

TIP 단위에 주의할 것

57 프레스 및 전단기에서 양수조작식 방호장치의 일반 구조에 대한 설명으로 옳지 않은 것은?

① 누름버튼(레버 포함)은 돌출형 구조로 설치할 것
② 누름버튼의 상호 간 내측거리는 300mm 이상일 것
③ 누름버튼을 양손으로 동시에 조작하지 않으면 작동시킬 수 없는 구조일 것
④ 정상동작표시등은 녹색, 위험표시등은 붉은색으로 하며, 쉽게 근로자가 볼 수 있는 곳에 설치할 것

해설
양수조작식 방호장치
누름버튼(레버 포함)은 매립형의 구조로 설치해야 한다.

58 프레스에 사용되는 손쳐내기식 방호장치의 일반 구조에 대한 설명으로 틀린 것은?

① 슬라이드 하행정거리의 1/4 위치에서 손을 완전히 밀어내야 한다.
② 방호판의 폭은 금형폭의 1/2 이상이어야 하고, 행정 길이가 300mm 이상의 프레스기계에는 방호판 폭을 300mm로 해야 한다.
③ 부착볼트 등의 고정금속부분은 예리하게 돌출되지 않아야 한다.
④ 손쳐내기봉의 행정(Stroke) 길이를 금형의 높이에 따라 조정할 수 있고, 진동폭은 금형폭 이상이어야 한다.

해설
손쳐내기식 방호장치 설치방법
1. 슬라이드 하행정거리의 3/4 위치에서 손을 완전히 밀어내야 한다.
2. 손쳐내기봉의 행정(Stroke) 길이를 금형의 높이에 따라 조정할 수 있고 진동폭은 금형폭 이상이어야 한다.
3. 방호판과 손쳐내기봉은 경량이면서 충분한 강도를 가져야 한다.
4. 방호판의 폭은 금형폭의 1/2 이상이어야 하고, 행정길이가 300mm 이상의 프레스기계에는 방호판 폭을 300mm로 해야 한다.
5. 손쳐내기봉은 손 접촉 시 충격을 완화할 수 있는 완충재를 부착해야 한다.
6. 부착볼트 등의 고정금속부분은 예리하게 돌출되지 않아야 한다.

59 연삭숫돌의 상부를 사용하는 것을 목적으로 하는 탁상용 연삭기 덮개의 노출 각도는?

① 60° 이내 ② 65° 이내
③ 80° 이내 ④ 125° 이내

해설
연삭기 덮개의 각도
1. 일반연삭작업 등에 사용하는 것을 목적으로 하는 탁상용 연삭기 덮개의 노출각도는 125° 이내로 한다.
2. 연삭숫돌의 상부를 사용하는 것을 목적으로 하는 탁상용 연삭기 덮개의 노출각도는 60° 이내로 한다.
3. 1. 및 2.이외의 탁상용 연삭기, 그 밖에 이와 유사한 연삭기 덮개의 노출각도는 80° 이내로 하되, 숫돌의 주축에서 수평면 위로 이루는 원주 각도는 65° 이상이 되지 않도록 한다.
4. 원통연삭기, 센터리스연삭기, 공구연삭기, 만능연삭기, 그 밖에 이와 비슷한 연삭기 덮개의 노출각도는 180° 이내로 한다.
5. 휴대용 연삭기, 스윙연삭기, 스라브연삭기, 그 밖에 이와 비슷한 연삭기 덮개의 노출각도는 180° 이내로 한다.
6. 평면연삭기, 절단연삭기, 그 밖에 이와 비슷한 연삭기 덮개의 노출각도는 150° 이내로 하되, 숫돌의 주축에서 수평면 밑으로 이루는 덮개의 각도는 15° 이상이 되도록 한다.

60 다음 중 원통 보일러의 종류가 아닌 것은?

① 입형 보일러 ② 노통 보일러
③ 연관 보일러 ④ 관류 보일러

해설
보일러의 종류

원통형 보일러	1. 입형(입형횡관식, 입형연관식, 코크란 보일러) 2. 횡형(노통, 연관, 노통연관)
수관식 보일러	1. 자연 순환식 2. 강제 순환식 3. 관류식
주철제 보일러	주철제 섹셔널 보일러
특수 보일러	1. 특수액체 보일러 2. 특수연료 보일러 3. 폐열 보일러 4. 간접가열 보일러

정답 57 ① 58 ① 59 ① 60 ④

4과목 전기 및 화학설비위험방지기술

61 10Ω의 저항에 10A의 전류를 1분간 흘렸을 때의 발열량은 몇 cal인가?

① 1,800
② 3,600
③ 7,200
④ 14,400

해설

열량

$$Q = 0.24I^2RT \times 10^{-3}[kcal] = 0.24I^2RT[cal]$$

여기서, $Q[J]$: 열량, $I[A]$: 전류, $R[\Omega]$: 저항
$T[sec]$: 전류가 흐른 시간

$Q = 0.24I^2RT = 0.24 \times 10^2 \times 10 \times 60 = 14,400[cal]$

62 다음 중 인입용 비닐 절연전선에 해당하는 약어로 옳은 것은?

① RB
② IV
③ DV
④ OW

해설

전선 약어 및 명칭
1. 고무 절연 전선 : RB
2. 600(V) 비닐 절연 전선 : IV
3. 인입용 비닐 절연 전선 : DV
4. 옥외용 비닐 절연 전선 : OW

63 작업장 내 시설하는 저압전선에는 감전 등의 위험으로 나전선을 사용하지 않고 있지만, 특별한 이유에 의하여 사용할 수 있도록 규정된 곳이 있는데 이에 해당되지 않은 것은?

① 버스덕트 작업에 의한 시설 작업
② 애자사용 작업에 의한 전기로용 전선
③ 유희용 전차시설의 규정에 준하는 접촉전선을 시설하는 경우
④ 애자사용 작업에 의한 전선의 피복 절연물이 부식되지 않는 장소에 시설하는 전선

해설

나전선의 사용 제한
옥내에 시설하는 저압전선에는 나전선을 사용하여서는 아니 된다. 다만, 다음의 어느 하나에 해당하는 경우에는 그러하지 아니하다.

1. 애자사용공사에 의하여 전개된 곳에 다음의 전선을 시설하는 경우
   - 전기로용 전선
   - 전선의 피복 절연물이 부식하는 장소에 시설하는 전선
   - 취급자 이외의 자가 출입할 수 없도록 설비한 장소에 시설하는 전선
2. 버스덕트공사에 의하여 시설하는 경우
3. 라이팅덕트공사에 의하여 시설하는 경우
4. 옥내에 시설하는 저압 접촉전선 공사의 규정에 준하는 접촉 전선을 시설하는 경우
5. 유희용 전차시설의 규정에 준하는 접촉 전선을 시설하는 경우

64 다음 설명에 해당하는 위험장소의 종류로 옳은 것은?

> 공기 중에서 가연성 분진운의 형태가 연속적, 또는 장기적 자주 폭발성 분위기가 존재하는 장소

① 0종 장소
② 1종 장소
③ 20종 장소
④ 21종 장소

해설

분진폭발 위험장소

분류	적요
20종 장소	분진운 형태의 가연성 분진이 폭발농도를 형성할 정도로 충분한 양이 정상 작동 중에 연속적으로 또는 자주 존재하거나, 제어할 수 없을 정도의 양 및 두께의 분진층이 형성될 수 있는 장소를 말한다.
21종 장소	20종 장소 밖으로서(장소 외의 장소로서) 분진운 형태의 가연성 분진이 폭발농도를 형성할 정도의 충분한 양이 정상 작동 중에 존재할 수 있는 장소를 말한다.
22종 장소	21종 장소 밖으로서(장소 외의 장소로서) 가연성 분진운 형태가 드물게 발생 또는 단기간 존재할 우려가 있거나, 이상 작동 상태하에서 가연성 분진운이 형성될 수 있는 장소를 말한다.

65 다음 중 전선이 연소될 때의 단계별 순서로 가장 적절한 것은?

① 착화단계 → 순시용단 단계 → 발화단계 → 인화단계
② 인화단계 → 착화단계 → 발화단계 → 순시용단 단계
③ 순시용단 단계 → 착화단계 → 인화단계 → 발화단계
④ 발화단계 → 순시용단 단계 → 착화단계 → 인화단계

정답 61 ④ 62 ③ 63 ④ 64 ③ 65 ②

해설

배선의 용단단계에 따른 전선 전류밀도(전선의 연소 과정)

단계	인화단계	착화단계	발화단계		순시용단단계
	허용 전류의 3배 정도	큰 전류, 점화원 없이 착화연소	심선이 용단		심선용단 및 도선폭발
전류밀도 (A/mm²)	40~43	43~60	발화 후 용단	용단과 동시 발화	120 이상
			60~70	75~120	

66 절연물은 여러 가지 원인으로 전기저항이 저하되어 이른바 절연불량을 일으켜 위험한 상태가 되는데 절연불량의 주요 원인이 아닌 것은?

① 정전에 의한 전기적 원인
② 온도상승에 의한 열적 요인
③ 진동, 충격 등에 의한 기계적 요인
④ 높은 이상전압 등에 의한 전기적 요인

해설

전기절연물의 절연파괴(불량) 주요 원인
1. 진동, 충격 등에 의한 기계적 요인
2. 산화 등에 의한 화학적 요인
3. 온도상승에 의한 열적 요인
4. 높은 이상전압 등에 의한 전기적 요인

67 제1종, 제2종 접지공사에서 사람이 접촉할 우려가 있는 경우에 시설하는 방법이 아닌 것은?

① 접지극은 지하 50cm 이상의 깊이로 매설할 것
② 접지극은 금속체로부터 1m 이상 이격시켜 매설할 것
③ 접지선은 절연전선 케이블, 캡타이어 케이블 등을 사용할 것
④ 접지선은 지하 75cm에서 지표상 2m까지의 합성수지관 또는 몰드로 덮을 것

해설

접지극의 매설
1. 접지극은 매설하는 토양을 오염시키지 않아야 하며, 가능한 다습한 부분에 설치한다.
2. 접지극은 동결 깊이를 감안하여 시설하되 고압 이상의 전기설비와 변압기 중성점 접지에 의하여 시설하는 접지극의 매설깊이는 지표면으로부터 지하 0.75m 이상으로 한다.
3. 접지극은 지표면으로부터 지하 0.75m 이상으로 하되 동결 깊이를 감안하여 매설 깊이를 정해야 한다.
4. 접지도체를 철주, 기타의 금속체를 따라서 시설하는 경우에는 접지극을 철주의 밑면으로부터 0.3m 이상의 깊이에 매설하는 경우 이외에는 접지극을 지중에서 그 금속체로부터 1m 이상 떼어 매설하여야 한다.

> **TIP** 법 개정으로 접지대상에 따라 일괄 적용한 종별접지(1종, 2종, 3종, 특별 3종)가 폐지되었습니다. 해설을 참고하세요.

68 정전기 제전기의 분류 방식으로 틀린 것은?

① 고전압인가형   ② 자기방전형
③ 연X선형   ④ 접지형

해설

제전기의 종류
1. 전압인가식 제전기
2. 자기방전식 제전기
3. 방사선식 제전기(이온식 제전기)

> **TIP** 연X선형 제전기
> 코로나 방전으로 이온을 발생시키는 것이 아니라 빛의 일종인 연X선을 이용하여 이온을 생성시켜 정전기를 제거하는 방식

69 전기기기의 과도한 온도 상승, 아크 또는 불꽃 발생의 위험을 방지하기 위하여 추가적인 안전조치를 통한 안전도를 증가시킨 방폭구조를 무엇이라 하는가?

① 충전 방폭구조   ② 안전증 방폭구조
③ 비점화 방폭구조   ④ 본질안전 방폭구조

해설

안전증 방폭구조(Increased Safety Type, e)
1. 전기기기의 정상 사용조건 및 특정 비정상 상태에서 과도한 온도 상승, 아크 또는 스파크의 발생 위험을 방지하기 위해 추가적인 안전조치를 통한 안전도를 증가시킨 방폭구조
2. 전기기구의 권선, 접점부, 단자부 등과 같은 부분이 정상적인 운전 중에는 불꽃, 아크 또는 과열이 발생되지 않는 부분에 대하여 방지하기 위한 구조와 온도 상승에 대해 특히 안전도를 증가시킨 구조

정답 66 ① 67 ① 68 ④ 69 ②

70 다음 중 정전기의 발생요인으로 적절하지 않은 것은?

① 도전성 재료에 의한 발생
② 박리에 의한 발생
③ 유동에 의한 발생
④ 마찰에 의한 발생

해설

정전기 발생현상
1. 마찰대전   4. 분출대전   7. 비말대전
2. 박리대전   5. 충돌대전   8. 파괴대전
3. 유동대전   6. 유도대전   9. 교반대전(진동대전)

71 다음 중 독성이 강한 순서로 옳게 나열된 것은?

① 일산화탄소 > 염소 > 아세톤
② 일산화탄소 > 아세톤 > 염소
③ 염소 > 일산화탄소 > 아세톤
④ 염소 > 아세톤 > 일산화탄소

해설

화학물질의 노출기준

유해물질의 명칭	화학식	노출기준 TWA	
		ppm	mg/m³
염소	Cl_2	0.5	–
일산화탄소	CO	30	–
아세톤	CH_3COCH_3	500	–

72 어떤 혼합가스의 구성성분이 공기는 50vol%, 수소는 20vol%, 아세틸렌 30vol%인 경우 이 혼합가스의 폭발하한계는?(단, 폭발하한값이 수소는 4vol%, 아세틸렌은 2.5 vol%이다.)

① 2.50%   ② 2.94%
③ 4.76%   ④ 5.88%

해설

르 샤틀리에(Le Chatelier)의 법칙(혼합가스가 공기와 섞여 있을 경우)

$$L = \frac{V_1 + V_2 + \cdots + V_n}{\frac{V_1}{L_1} + \frac{V_2}{L_2} + \cdots + \frac{V_n}{L_n}}$$

여기서, V_n : 전체 혼합가스 중 각 성분 가스의 체적(비율)[%]
L_n : 각 성분 단독의 폭발한계(상한 또는 하한)
L : 혼합가스의 폭발한계(상한 또는 하한)[vol%]

$$L = \frac{20 + 30}{\frac{20}{4} + \frac{30}{2.5}} ≒ 2.94[vol\%]$$

73 산업안전보건법령에서 규정한 위험물질을 기준량 이상으로 제조 또는 취급하는 특수화학설비에 설치하여야 할 계측장치가 아닌 것은?

① 온도계   ② 유량계
③ 압력계   ④ 경보계

해설

계측장치의 설치
특수화학설비를 설치하는 경우에는 내부의 이상 상태를 조기에 파악하기 위하여 필요한 온도계·유량계·압력계 등의 계측장치를 설치하여야 한다.

74 부탄의 연소하한값이 1.6vol%일 경우, 연소에 필요한 최소산소농도는 약 몇 vol%인가?

① 9.4   ② 10.4
③ 11.4   ④ 12.4

해설

최소산소농도(Minimum Oxygen Concentration : MOC)

최소산소농도(MOC) = 연소하한계×산소의 화학양론적 계수

1. $C_4H_{10} + 6.5O_2 \rightarrow 4CO_2 + 5H_2O$
2. 최소산소농도(MOC)
 = 연소하한계×산소의 화학양론적 계수
 = 1.6×6.5 = 10.4(%)

75 LPG에 대한 설명으로 옳지 않은 것은?

① 강한 독성 가스로 분류된다.
② 질식의 우려가 있다.
③ 누설 시 인화, 폭발성이 있다.
④ 가스의 비중은 공기보다 크다.

해설

LPG(Liquefied Petroleum Gas, 액화석유가스)의 특징
1. LPG는 공기보다 무겁다.
2. 액상의 LPG는 물보다 가볍다.

정답 70 ① 71 ③ 72 ② 73 ④ 74 ② 75 ①

3. 액화 및 기화가 쉽다.
4. 기화하면 체적이 커진다.
5. 기화열(증발잠열)이 크다.
6. 용해성이 있다.
7. 무색, 무취, 무미하며 질식의 우려가 있다.
8. 정전기 발생이 쉽다.
9. 연소범위(폭발범위)가 좁으며, 누설 시 인화, 폭발할 수 있다.
10. 연소 시 공기량이 많이 필요하다.

76 배관설비 중 유체의 역류를 방지하기 위하여 설치하는 밸브는?

① 글로브밸브
② 체크밸브
③ 게이트밸브
④ 시퀀스밸브

해설

밸브

글로브밸브	유체의 흐름과 평행하게 밸브가 개폐(가정에서 사용하는 수도꼭지 같은 것으로 섬세한 유량을 조절할 수 있다.)
체크밸브	유체의 역류를 방지하는 밸브이며, 펌프의 토출구 등에 많이 사용
게이트밸브	유체의 흐름과 직각으로 움직이는 게이트를 상하운동에 의행 유량 조절(저수지 수문과 같은 것으로 섬세한 유량의 조절은 힘들다.)
시퀀스밸브	2개 이상의 분기회로를 가지는 회로 중에서 그 작동 순서를 회로의 압력에 의하여 제어하는 밸브

77 인화점에 대한 설명으로 옳은 것은?

① 인화점이 높을수록 위험하다.
② 인화점이 낮을수록 위험하다.
③ 인화점과 위험성은 관계없다.
④ 인화점이 0℃ 이상인 경우만 위험하다

해설

인화점(Flash Point)의 정의
1. 가연성 물질에 점화원을 주었을 때 연소가 시작되는 최저 온도
2. 사용 중인 용기 내에서 액체가 증발하여 인화될 수 있는 가장 낮은 온도
3. 액체의 표면에서 발생한 증기농도가 공기 중에서 연소하한 농도가 될 수 있는 가장 낮은 액체온도
4. 인화점이 낮을수록 위험한 물질이다.

78 응상폭발에 해당하지 않는 것은?

① 수증기폭발
② 전선폭발
③ 증기폭발
④ 분진폭발

해설

원인물질의 상태에 따른 분류

기상폭발	가스폭발, 분무폭발, 분진폭발, 가스분해폭발, 증기운폭발
응상폭발	수증기폭발(액체일 때), 증기폭발(액화가스일 때), 전선폭발

79 다음은 산업안전보건법령에 따른 위험물질의 종류 중 부식성 염기류에 관한 내용이다. ( ) 안에 알맞은 수치는?

농도가 ( )퍼센트 이상인 수산화나트륨, 수산화칼륨, 그 밖에 이와 같은 정도 이상의 부식성을 가지는 염기류

① 20
② 40
③ 60
④ 80

해설

부식성 물질

부식성 산류	1. 농도가 20퍼센트 이상인 염산, 황산, 질산, 그 밖에 이와 같은 정도 이상의 부식성을 가지는 물질 2. 농도가 60퍼센트 이상인 인산, 아세트산, 불산, 그 밖에 이와 같은 정도 이상의 부식성을 가지는 물질
부식성 염기류	농도가 40퍼센트 이상인 수산화나트륨, 수산화칼륨, 그 밖에 이와 같은 정도 이상의 부식성을 가지는 염기류

80 고압가스 용기에 사용되며 화재 등으로 용기의 온도가 상승하였을 때 금속의 일부분을 녹여 가스의 배출구를 만들어 압력을 분출시켜 용기의 폭발을 방지하는 안전장치는?

① 가용합금 안전밸브
② 방유제
③ 폭압방산공
④ 폭발억제장치

해설

안전밸브의 종류

스프링식	일반적으로 가장 널리 사용하며, 압력이 설정된 값을 초과하면 스프링을 밀어내어 가스를 분출시켜 폭발을 방지
중추식	밸브 장치에 무게가 있는 추를 달아서 설정 압력이 되면 추를 밀어 올려 가스를 분출

정답 76 ② 77 ② 78 ④ 79 ② 80 ①

파열판식	압력이 급격히 상승할 경우 용기 내의 가스를 배출(한 번 작동 후 교체)
가용전식 (가용합금식)	설정온도에서 온도가 규정온도 이상이면 녹아서 전체 가스를 배출

5과목 건설안전기술

81 다음과 같은 조건에서 방망사의 신품에 대한 최소 인장강도로 옳은 것은?(단, 그물코의 크기는 10cm, 매듭방망)

① 240kg
② 200kg
③ 150kg
④ 110kg

해설

방망사의 신품에 대한 인장강도

그물코의 크기 (단위 : cm)	방망의 종류(단위 : kg)	
	매듭 없는 방망	매듭방망
10	240	200
5		110

82 굴착공사 표준 안전작업지침에 따른 인력굴착 작업 시 굴착면이 높아 계단식 굴착을 할 때 소단의 폭은 수평거리로 얼마 정도 하여야 하는가?

① 1m
② 1.5m
③ 2m
④ 2.5m

해설

굴착면이 높은 경우는 계단식으로 굴착하고 소단의 폭은 수평거리 2m 정도로 하여야 한다.

83 다음 빈칸에 알맞은 숫자를 순서대로 옳게 나타낸 것은?

강관비계의 경우, 띠장간격은 (　)m 이하로 설치하되, 첫 번째 띠장은 지상으로부터 (　) m 이하의 위치에 설치한다.

① 2, 2
② 2.5, 3
③ 1.5, 2
④ 1, 3

해설

강관비계의 구조
1. 비계기둥의 간격은 띠장 방향에서는 1.85m 이하, 장선 방향에서는 1.5m 이하로 할 것. 다만, 다음 각 목의 어느 하나에 해당하는 작업의 경우에는 안전성에 대한 구조검토를 실시하고 조립도를 작성하면 띠장 방향 및 장선 방향으로 각각 2.7m 이하로 할 수 있다.
   ① 선박 및 보트 건조작업
   ② 그 밖에 장비 반입·반출을 위하여 공간 등을 확보할 필요가 있는 등 작업의 성질상 비계기둥 간격에 관한 기준을 준수하기 곤란한 작업
2. 띠장 간격은 2.0m 이하로 할 것. 다만, 작업의 성질상 이를 준수하기가 곤란하여 쌍기둥틀 등에 의하여 해당 부분을 보강한 경우에는 그러하지 아니하다.
3. 비계기둥의 제일 윗부분으로부터 31m 되는 지점 밑부분의 비계기둥은 2개의 강관으로 묶어 세울 것. 다만, 브라켓(Bracket) 등으로 보강하여 2개의 강관으로 묶을 경우 이상의 강도가 유지되는 경우에는 그러하지 아니하다.
4. 비계기둥 간의 적재하중은 400kg을 초과하지 않도록 할 것

TIP 본 문제는 법 개정으로 일부 내용이 수정되었습니다. 해설은 법 개정으로 수정된 내용이니 해설을 학습하세요.

84 다음 건설기계 중 360° 회전작업이 불가능한 것은?

① 타워크레인
② 크롤러 크레인
③ 가이 데릭
④ 삼각 데릭

해설

삼각 데릭(Stiff Leg Derick, 스티프 레그 데릭)
1. 주기둥을 지탱하는 지선 대신에 2본의 다리에 의해 고정된 형태
2. 수평이동 가능 : 층수가 낮은 긴 평면에 유리함
3. 작업회전 반경은 약 270° 정도

정답 81 ② 82 ③ 83 ③ 84 ④

85 지내력 시험을 통하여 다음과 같은 하중-침하량 곡선을 얻었을 때 장기하중에 대한 허용 지내력도로 옳은 것은?(단, 장기하중에 대한 허용지내력도 = 단기하중에 대한 허용지내력도 × 1/2)

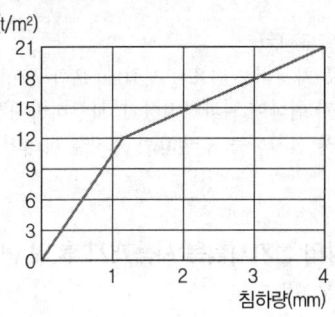

① 6t/m²   ② 7t/m²
③ 12t/m²   ④ 14t/m²

[해설]

허용지내력도
- 단기하중에 대한 허용지내력도 : 12[t/m²]
- 장기하중에 대한 허용지내력도 = $12 \times \dfrac{1}{2} = 6[t/m^2]$

86 앞 뒤 두 개의 차륜이 있으며 (2륜 2축) 각각의 차축이 평행으로 배치된 것으로 찰흙, 점성토 등의 두꺼운 흙을 다짐하는 데는 적당하나 단단한 각재를 다지는 데는 부적당한 기계는?

① 머캐덤 롤러(Macadam Roller)
② 탠덤 롤러(Tandem Roller)
③ 래머(Rammer)
④ 진동 롤러(Vibrating Roller)

[해설]

다짐기계(전압식)

로드 롤러 (Road Roller)	머캐덤 롤러 (Macadam Roller)	3륜 형식으로 쇄석, 자갈 등의 다짐에 사용
	탠덤 롤러 (Tandem Roller)	2륜 형식으로 아스팔트 포장의 끝마무리에 사용
탬핑 롤러 (Tamping Roller)		1. 깊은 다짐이나 고함수비 지반의 다짐에 많이 이용 2. 롤러의 표면에 돌기를 만들어 부착한 것 3. 풍화함을 파쇄하고 흙 속의 간극 수압을 제거 4. 점성토 지반에 효과적
타이어 롤러 (Tire Roller)		사질토나 사질 점성토에 적합하며 주행속도 개선

87 다음은 건설현장의 추락재해를 방지하기 위한 사항이다. 빈칸에 들어갈 내용으로 옳은 것은?

사업주는 높이 또는 깊이가 (   )를 초과하는 장소에서 작업하는 경우 해당 작업에 종사하는 근로자가 안전하게 승강하기 위한 건설용 리프트 등의 설비를 설치해야 한다. 다만, 승강설비를 설치하는 것이 작업의 성질상 곤란한 경우에는 그렇지 않다.

① 2m   ② 3m
③ 4m   ④ 5m

[해설]

승강설비의 설치
높이 또는 깊이가 2미터를 초과하는 장소에서 작업하는 경우 해당 작업에 종사하는 근로자가 안전하게 승강하기 위한 건설용 리프트 등의 설비를 설치해야 한다. 다만, 승강설비를 설치하는 것이 작업의 성질상 곤란한 경우에는 그렇지 않다.

88 작업장의 바닥, 도로 및 통로 등에서 낙하물이 근로자에게 위험을 미칠 우려가 있는 경우의 필요한 조치 및 준수사항으로 옳지 않은 것은?

① 수직 보호망 또는 방호 선반 설치
② 출입금지구역의 설정
③ 낙하물 방지망의 수평면과의 각도는 20° 이상 30° 이하 유지
④ 낙하물 방지망의 높이 15m 이내마다 설치

[해설]

낙하·비래의 위험방지 조치
1. 물체가 떨어지거나 날아올 위험이 있는 경우의 위험방지
   - 낙하물 방지망 설치
   - 수직보호망 설치
   - 방호선반 설치
   - 출입금지구역 설정
   - 보호구 착용
2. 낙하물 방지망 또는 방호선반 설치 시 준수사항
   - 높이 10m 이내마다 설치하고, 내민 길이는 벽면으로부터 2m 이상으로 할 것
   - 수평면과의 각도는 20° 이상 30° 이하를 유지할 것

[정답] 85 ① 86 ② 87 ① 88 ④

89 화물취급작업 중 화물적재 시 준수하여야 할 사항으로 옳지 않은 것은?

① 침하 우려가 없는 튼튼한 기반 위에 적재할 것
② 중량의 화물은 공간의 효율성을 고려하여 건물의 칸막이나 벽에 기대어 적재할 것
③ 불안정할 정도로 높이 쌓아 올리지 말 것
④ 하중이 한쪽으로 치우치지 않도록 쌓을 것

해설
화물의 적재 시 준수사항
1. 침하 우려가 없는 튼튼한 기반 위에 적재할 것
2. 건물의 칸막이나 벽 등이 화물의 압력에 견딜 만큼의 강도를 지니지 아니한 경우에는 칸막이나 벽에 기대어 적재하지 않도록 할 것
3. 불안정할 정도로 높이 쌓아 올리지 말 것
4. 하중이 한쪽으로 치우치지 않도록 쌓을 것

90 하루의 평균기온이 4°C 이하로 될 것이 예상되는 기상조건에서 낮에도 콘크리트가 동결의 우려가 있는 경우에 사용되는 콘크리트는?

① 고강도 콘크리트 ② 경량 콘크리트
③ 서중 콘크리트   ④ 한중 콘크리트

해설
한중 콘크리트
동절기 시공에 대비한 특수 콘크리트로 일 평균기온 4°C 이하를 기준으로 한다.

91 건설현장에서 근로자가 안전하게 통행할 수 있도록 통로에 설치하는 조명의 조도 기준은?

① 65lux 이상   ② 75lux 이상
③ 85lux 이상   ④ 95lux 이상

해설
통로의 조명
근로자가 안전하게 통행할 수 있도록 통로에 75럭스 이상의 채광 또는 조명시설을 하여야 한다.(다만, 갱도 또는 상시 통행을 하지 아니하는 지하실 등을 통행하는 근로자에게 휴대용 조명기구를 사용하도록 한 경우에는 제외)

92 리프트(Lift)의 안전장치에 해당하지 않는 것은?

① 권과방지장치   ② 비상정지장치
③ 과부하방지장치 ④ 조속기

해설
리프트의 방호장치
리프트(자동차정비용 리프트 제외)의 운반구 이탈 등의 위험을 방지하기 위하여 권과방지장치, 과부하방지장치, 비상정지장치 등을 설치하는 등 필요한 조치를 하여야 한다.

93 방망의 정기시험은 사용개시 후 몇 년 이내에 실시하는가?

① 1년 이내   ② 2년 이내
③ 3년 이내   ④ 4년 이내

해설
정기시험
방망의 정기시험은 사용 개시 후 1년 이내로 하고, 그 후 6개월마다 1회씩 정기적으로 시험용사에 대해서 등속인장시험을 하여야 한다. 다만, 사용상태가 비슷한 다수의 방망의 시험용사에 대하여는 무작위 추출한 5개 이상을 인장시험했을 경우 다른 방망에 대한 등속 인장시험을 생략할 수 있다.

94 거푸집동바리 등을 조립하는 경우의 준수사항으로 옳지 않은 것은?

① 강재와 강재의 접속부 및 교차부는 볼트·클램프 등 전용철물을 사용하여 단단히 연결할 것
② 동바리로 사용하는 강관(파이프 서포트는 제외)은 높이 2m 이내마다 수평연결재를 2개 방향으로 만들고 수평연결재의 변위를 방지할 것
③ 동바리의 이음은 맞댄이음으로 하고 장부이음의 적용은 절대 금할 것
④ 거푸집이 곡면인 경우에는 버팀대의 부탁 등 그 거푸집의 부상(浮上)을 방지하기 위한 조치를 할 것

해설
동바리 조립 시의 안전조치
1. 동바리 조립 시의 안전조치
   동바리를 조립하는 경우에는 하중의 지지상태를 유지할 수 있도록 다음 각 호의 사항을 준수해야 한다.
   ① 받침목이나 깔판의 사용, 콘크리트 타설, 말뚝박기 등 동바리의 침하를 방지하기 위한 조치를 할 것

② 동바리의 상하 고정 및 미끄러짐 방지 조치를 할 것
③ 상부·하부의 동바리가 동일 수직선상에 위치하도록 하여 깔판·받침목에 고정시킬 것
④ 개구부 상부에 동바리를 설치하는 경우에는 상부하중을 견딜 수 있는 견고한 받침대를 설치할 것
⑤ U헤드 등의 단판이 없는 동바리의 상단에 멍에 등을 올릴 경우에는 해당 상단에 U헤드 등의 단판을 설치하고, 멍에 등이 전도되거나 이탈되지 않도록 고정시킬 것
⑥ 동바리의 이음은 같은 품질의 재료를 사용할 것
⑦ 강재의 접속부 및 교차부는 볼트·클램프 등 전용철물을 사용하여 단단히 연결할 것
⑧ 거푸집의 형상에 따른 부득이한 경우를 제외하고는 깔판이나 받침목은 2단 이상 끼우지 않도록 할 것
⑨ 깔판이나 받침목을 이어서 사용하는 경우에는 그 깔판·받침목을 단단히 연결할 것

2. 동바리 유형에 따른 동바리 조립 시의 안전조치
  1) 동바리로 사용하는 파이프 서포트의 경우
    ㉠ 파이프 서포트를 3개 이상 이어서 사용하지 않도록 할 것
    ㉡ 파이프 서포트를 이어서 사용하는 경우에는 4개 이상의 볼트 또는 전용철물을 사용하여 이을 것
    ㉢ 높이가 3.5m를 초과하는 경우에는 높이 2m 이내마다 수평연결재를 2개 방향으로 만들고 수평연결재의 변위를 방지할 것
  2) 동바리로 사용하는 강관틀의 경우
    ㉠ 강관틀과 강관틀 사이에 교차가새를 설치할 것
    ㉡ 최상단 및 5단 이내마다 동바리의 측면과 틀면의 방향 및 교차가새의 방향에서 5개 이내마다 수평연결재를 설치하고 수평연결재의 변위를 방지할 것
    ㉢ 최상단 및 5단 이내마다 동바리의 틀면의 방향에서 양단 및 5개틀 이내마다 교차가새의 방향으로 띠장틀을 설치할 것

> **TIP** 본 문제는 법 개정으로 일부 내용이 수정되었습니다. 해설은 법 개정으로 수정된 내용이니 해설을 학습하세요.

95 다음 공사규모를 가진 사업장 중 유해위험방지계획서를 제출해야 할 대상사업장은?

① 최대 지간길이가 40m인 교량 건설공사
② 연면적 4,000m²인 종합병원 공사
③ 연면적 3,000m²인 종교시설 공사
④ 연면적 6,000m²인 지하도상가 공사

해설
유해위험방지계획서를 제출해야 될 건설공사
1. 다음 각 목의 어느 하나에 해당하는 건축물 또는 시설 등의 건설·개조 또는 해체공사
  ㉠ 지상높이가 31m 이상인 건축물 또는 인공구조물
  ㉡ 연면적 3만m² 이상인 건축물
  ㉢ 연면적 5천m² 이상인 시설로서 다음의 어느 하나에 해당하는 시설
    • 문화 및 집회시설(전시장 및 동물원·식물원은 제외)
    • 판매시설, 운수시설(고속철도의 역사 및 집배송시설은 제외)
    • 종교시설
    • 의료시설 중 종합병원
    • 숙박시설 중 관광숙박시설
    • 지하도상가
    • 냉동·냉장 창고시설
2. 연면적 5천m² 이상인 냉동·냉장 창고시설의 설비공사 및 단열공사
3. 최대 지간길이(다리의 기둥과 기둥의 중심 사이의 거리)가 50m 이상인 다리의 건설 등 공사
4. 터널의 건설 등 공사
5. 다목적댐, 발전용댐, 저수용량 2천만 톤 이상의 용수 전용 댐 및 지방상수도 전용 댐의 건설 등 공사
6. 깊이 10m 이상인 굴착공사

96 다음은 건설업 산업안전보건관리비 계상 및 사용기준의 적용에 관한 사항이다. 빈칸에 들어갈 내용으로 옳은 것은?

> 이 고시는 법 제2조 제11호의 건설공사 중 총 공사금액 ( ) 이상인 공사에 적용한다. 다만, 단가계약에 의하여 행하는 공사에 대하여는 총계약금액을 기준으로 적용한다.

① 2천만 원
② 4천만 원
③ 8천만 원
④ 1억 원

해설
적용범위
건설공사 중 총공사금액 2천만 원 이상인 공사에 적용한다. 다만, 단가계약에 의하여 행하는 공사에 대하여는 총계약금액을 기준으로 적용한다.

정답 95 ④ 95 ④ 96 ①

97 거푸집동바리 등을 조립하는 때 동바리로 사용하는 파이프서포트에 대하여는 다음 각 목에서 정하는 바에 의해 설치하여야 한다. 빈칸에 들어갈 내용으로 옳은 것은?

> 가. 파이프서포트를 ( )개 이상 이어서 사용하지 않도록 할 것
> 나. 파이프서포트를 이어서 사용하는 경우에는 ( )개 이상의 볼트 또는 전용 철물을 사용하여 이을 것

① 가 : 1, 나 : 2   ② 가 : 2, 나 : 3
③ 가 : 3, 나 : 4   ④ 가 : 4, 나 : 5

해설
동바리로 사용하는 파이프 서포트의 경우 조립 시의 안전조치
1. 파이프 서포트를 3개 이상 이어서 사용하지 않도록 할 것
2. 파이프 서포트를 이어서 사용하는 경우에는 4개 이상의 볼트 또는 전용철물을 사용하여 이을 것
3. 높이가 3.5m를 초과하는 경우에는 높이 2m 이내마다 수평연결재를 2개 방향으로 만들고 수평연결재의 변위를 방지할 것

98 터널 계측관리 및 이상 발견 시 조치에 관한 설명으로 옳지 않은 것은?

① 숏크리트가 벗겨지면 두께를 감소시키고 뿜어붙이기를 금한다.
② 터널의 계측관리는 일상계측과 대표계측으로 나뉜다.
③ 록볼트의 축력이 증가하여 지압판이 휘게 되면 추가볼트를 시공한다.
④ 지중변위가 크게 되고 이완영역이 이상하게 넓어지면 추가볼트를 시공한다.

해설
불량한 터널의 뿜어붙이기 콘크리트(숏크리트)를 발견하면 신속히 양호한 뿜어붙이기 콘크리트로 대체하여 콘크리트 덩어리의 분리와 낙하로 인한 재해를 예방한다.

99 거푸집 해체작업 시 일반적인 안전수칙과 거리가 먼 것은?

① 거푸집동바리를 해체할 때는 작업책임자를 선임한다.
② 해체된 거푸집 재료를 올리거나 내릴 때는 달줄이나 달포대를 사용한다.
③ 보 밑 또는 슬래브 거푸집을 해체할 때는 동시에 해체하여야 한다.
④ 거푸집의 해체가 곤란한 경우 구조체에 무리한 충격이나 지렛대 사용은 금하여야 한다.

해설
거푸집 해체작업 시 일반적인 안전수칙
보 밑 또는 슬래브 거푸집을 해체할 때에는 한쪽 먼저 해체한 다음 밧줄 등을 이용하여 묶어두고, 다른 한쪽을 서서히 해체한 다음 천천히 달아 내려 거푸집 보호는 물론, 거푸집의 낙하 충격으로 인한 작업원의 돌발적 재해를 방지한다.

100 비계(달비계, 달대비계 및 말비계 제외)의 높이가 2m 이상인 작업장소에 적합한 작업발판의 폭은 최소 얼마 이상이어야 하는가?

① 10cm   ② 20cm
③ 30cm   ④ 40cm

해설
비계(달비계, 달대비계 및 말비계는 제외)의 높이가 2m 이상인 작업장소의 작업발판 설치기준
작업발판의 폭은 40cm 이상으로 하고, 발판재료 간의 틈은 3cm 이하로 할 것

정답 97 ③ 98 ① 99 ③ 100 ④

PART 02

07 2018년 1회 기출문제

1과목 산업안전관리론

01 산업안전보건법령상 근로자 안전·보건교육 기준 중 다음 ( ) 안에 알맞은 것은?

교육과정	교육대상	교육시간
채용 시의 교육	일용근로자	(㉠)시간 이상
	일용근로자를 제외한 근로자	(㉡)시간 이상

① ㉠ 1, ㉡ 8
② ㉠ 2, ㉡ 8
③ ㉠ 1, ㉡ 2
④ ㉠ 3, ㉡ 6

해설

근로자 안전보건교육

교육과정	교육대상		교육시간
가. 정기 교육	1) 사무직 종사 근로자		매반기 6시간 이상
	2) 그 밖의 근로자	가) 판매업무에 직접 종사하는 근로자	매반기 6시간 이상
		나) 판매업무에 직접 종사하는 근로자 외의 근로자	매반기 12시간 이상
나. 채용 시 교육	1) 일용근로자 및 근로계약기간이 1주일 이하인 기간제근로자		1시간 이상
	2) 근로계약기간이 1주일 초과 1개월 이하인 기간제근로자		4시간 이상
	3) 그 밖의 근로자		8시간 이상
다. 작업내용 변경 시 교육	1) 일용근로자 및 근로계약기간이 1주일 이하인 기간제근로자		1시간 이상
	2) 그 밖의 근로자		2시간 이상
라. 특별 교육	1) 일용근로자 및 근로계약기간이 1주일 이하인 기간제근로자 : 특별교육 대상 작업에 해당하는 작업에 종사하는 근로자에 한정(타워크레인을 사용하는 작업 시 신호업무를 하는 작업은 제외)		2시간 이상
	2) 일용근로자 및 근로계약기간이 1주일 이하인 기간제근로자 : 타워크레인을 사용하는 작업 시 신호업무를 하는 작업에 종사하는 근로자에 한정		8시간 이상
	3) 일용근로자 및 근로계약기간이 1주일 이하인 기간제근로자를 제외한 근로자 : 특별교육 대상 작업에 종사하는 근로자에 한정		가) 16시간 이상(최초 작업에 종사하기 전 4시간 이상 실시하고 12시간은 3개월 이내에서 분할하여 실시 가능) 나) 단기간 작업 또는 간헐적 작업인 경우에는 2시간 이상
마. 건설업 기초안전·보건교육	건설 일용근로자		4시간 이상

TIP 본 문제는 법 개정으로 일부 내용이 수정되었습니다. 해설은 법 개정으로 수정된 내용이니 해설을 학습하세요.

02 안전심리의 5대 요소에 해당하는 것은?

① 기질(Temper)
② 지능(Intelligence)
③ 감각(Sense)
④ 환경(Environment)

해설

산업안전심리의 5대 요소

기질	인간의 성격, 능력 등 개인적인 특성(생활환경, 주위환경에 따라 변화한다.)
동기	능동적인 감각에 의한 자극에서 일어나는 사고의 결과로 마음을 움직이는 원동력
습관	개인의 특성이 자신도 모르게 습관화된 현상으로, 습관에 직접 영향을 주는 요인으로는 동기, 기질, 감정, 습성이 있다.
감정	대상이나 상태에 따라 발생하는 슬픔, 기쁨 등에 해당하는 마음의 현상
습성	오랜 습관으로 인하여 굳어 버린 성질로, 동기, 기질, 감정 등이 밀접한 연관관계이다.

정답 01 ① 02 ①

03 학습을 자극에 의한 반응으로 보는 이론에 해당하는 것은?

① 손다이크(Thorndike)의 시행착오설
② 쾰러(Köhler)의 통찰설
③ 톨만(Tolman)의 기호형태설
④ 레빈(Lewin)의 장이론

해설

학습이론

구분	
S(자극) - R(반응)이론 (행동주의 학습이론)	1. 조건반사설(Pavlov) 2. 시행착오설(Thorndike) 3. 조작적 조건 형성이론(Skinner)
인지이론(형태이론)	1. 통찰설(Köhler) 2. 장이론(Lewin) 3. 기호형태설(Tolman)

04 학생이 마음속에 생각하고 있는 것을 외부에 구체적으로 실현하고 형상화하기 위하여 자기 스스로가 계획을 세워 수행하는 학습활동으로 이루어지는 학습지도의 형태는?

① 케이스 메소드(Case Method)
② 패널 디스커션(Panel Discussion)
③ 구안법(Project Method)
④ 문제법(Problem Method)

해설

구안법(Project Method)
학습자 마음속에 생각하고 있는 것을 외부에 구체적으로 실현하고 형상화하기 위해 학습자 스스로가 계획을 세워서 수행하는 학습활동으로 이루어지는 교육방법

05 헤드십(Headship)에 관한 설명으로 틀린 것은?

① 구성원과의 사회적 간격이 좁다.
② 지휘의 형태는 권위주의적이다.
③ 권한의 부여는 조직으로부터 위임받는다.
④ 권한귀속은 공식화된 규정에 의한다.

해설

헤드십과 리더십의 구분

구분	헤드십	리더십
권한행사 및 부여	위에서 위임하여 임명된 헤드	밑에서부터의 동의에 의해 선출된 리더
권한근거	법적 또는 공식적	개인능력
상관과 부하의 관계	지배적	개인적인 경향
책임귀속	상사	상사와 부하
부하와의 사회적 간격	넓다.	좁다.
지휘형태	권위주의적	민주주의적
권한귀속	공식화된 규정에 의함	집단목표에 기여한 공로 인정

06 추락 및 감전 위험방지용 안전모의 일반구조가 아닌 것은?

① 착장체
② 충격흡수재
③ 선심
④ 모체

해설

안전모의 구조

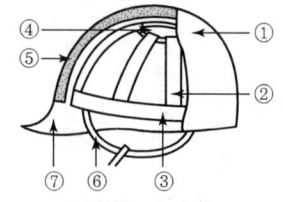

〈안전모의 명칭〉

번호	명칭	
①		모체
②	착장체	머리받침끈
③		머리고정대
④		머리받침고리
⑤	충격흡수재 (자율안전확인에서는 제외)	
⑥	턱끈	
⑦	챙(차양)	

정답 03 ① 04 ③ 05 ① 06 ③

07 Safe-T-Score에 대한 설명으로 틀린 것은?

① 안전관리의 수행도를 평가하는 데 유용하다.
② 기업의 산업재해에 대한 과거와 현재의 안전성적을 비교 평가한 점수로 단위가 없다.
③ Safe-T-Score가 +2.0 이상인 경우는 안전관리가 과거보다 좋아졌음을 나타낸다.
④ Safe-T-Score가 +2.0 ~ -2.0 사이인 경우는 안전관리가 과거에 비해 심각한 차이가 없음을 나타낸다.

해설

세이프-T-스코어(Safe-T-Score)
1. 안전에 관한 중대성의 차이를 비교하고자 사용하는 통계 방식
2. 과거의 안전성적과 현재의 안전성적을 비교·평가하는 방식
3. 공식

$$Safe-T-Score = \frac{현재의 빈도율(FR) - 과거의 빈도율(FR)}{\sqrt{\frac{과거의 빈도율(FR)}{근로 총시간수(현재)} \times 1,000,000}}$$

4. 판정
   단위가 없고 계산 결과가 +이면 나쁜 기록이고, -이면 과거에 비해 좋은 기록

   • +2.00 이상 : 과거보다 심각하게 나빠졌다.
   • +2.00 에서 -2.00 사이 : 과거에 비해 심각한 차이가 없다.
   • -2.00 이하 : 과거보다 좋아졌다.

08 매슬로(Maslow)의 욕구단계 이론의 요소가 아닌 것은?

① 생리적 욕구
② 안전에 대한 욕구
③ 사회적 욕구
④ 심리적 욕구

해설

매슬로(Maslow)의 욕구단계 이론

제1단계	생리적 욕구	기아, 갈증, 호흡, 배설, 성욕 등 생명 유지의 기본적 욕구
제2단계	안전의 욕구	1. 자기보존 욕구-안전을 구하려는 욕구 2. 전쟁, 재해, 질병의 위험으로부터 자유로워지려는 욕구
제3단계	사회적 욕구	1. 소속감과 애정에 대한 욕구 2. 사회적으로 관계를 향상시키는 욕구
제4단계	인정받으려는 욕구 (자기 존중의 욕구)	자존심, 명예, 성취, 지위 등 인정받으려는 욕구
제5단계	자아실현의 욕구	1. 잠재능력을 실현하고자 하는 성취욕구 2. 특유의 창의력을 발휘

09 산업안전보건법령상 안전·보건표지 중 지시표지사항의 기본모형은?

① 사각형
② 원형
③ 삼각형
④ 마름모형

해설

안전·보건표지의 기본모형

10 재해 발생 시 조치사항 중 대책수립의 목적은?

① 재해발생 관련자 문책 및 처벌
② 재해 손실비 산정
③ 재해발생 원인 분석
④ 동종 및 유사재해 방지

해설

대책의 수립
1. 동종재해 방지대책
2. 유사재해 방지대책
3. 대책의 실시 계획수립(육하원칙)

> **TIP** 재해사례의 연구순서
> ① 제1단계 : 사실의 확인
> ② 제2단계 : 문제점의 발견
> ③ 제3단계 : 근본적인 문제의 결정
> ④ 제4단계 : 대책의 수립

11 기업 내 정형교육 중 대상으로 하는 계층이 한정되어 있지 않고, 한번 훈련을 받은 관리자는 그 부하인 감독자에 대해 지도원이 될 수 있는 교육방법은?

① TWI(Training Within Industry)
② MTP(Management Training Program)
③ CCS(Civil Communication Section)
④ ATT(American Telephone & Telegram co)

해설

기업 내 정형교육

분류	교육대상자
TWI	제일선 관리감독자
MTP	TWI보다 약간 높은 관리자(관리 문제에 치중하는 관리자)
CCS	당초에는 일부 회사의 최고 관리자에 대해서만 행하였던 것이 널리 보급된 것
ATT	교육대상이 한정되어 있지 않고, 한번 훈련을 받은 관리자는 그 부하인 감독자에 대해 지도원이 될 수 있음

12 부하의 행동에 영향을 주는 리더십 중 조언, 설명, 보상조건 등의 제시를 통한 적극적인 방법은?

① 강요　　　　② 모범
③ 제언　　　　④ 설득

해설

조언, 설명, 보상조건 등의 제시로 부하의 행동에 영향을 주는 적극적인 리더십 방법은 설득이다.

13 사고예방대책의 기본원리 5단계 중 제4단계의 내용으로 틀린 것은?

① 인사조정　　　② 작업분석
③ 기술의 개선　　④ 교육 및 훈련의 개선

해설

하인리히의 재해예방 5단계(사고예방 대책의 기본원리)

제1단계	조직 (안전관리 조직)	1. 경영자의 안전목표 설정 2. 안전관리조직의 편성 3. 안전관리조직과 책임 부여 4. 조직을 통한 안전활동 5. 안전관리 규정의 제정
제2단계	사실의 발견 (현상파악)	1. 안전사고 및 활동기록의 검토 2. 작업분석 및 불안전 요소 발견 3. 안전점검 및 안전진단 4. 사고조사 5. 관찰 및 보고서의 연구 6. 안전토의 및 회의 7. 근로자의 건의 및 여론조사
제3단계	분석평가	1. 불안전 요소의 분석 2. 현장조사 결과의 분석 3. 사고보고서 분석 4. 인적·물적 환경조건의 분석 5. 작업공정의 분석 6. 교육과 훈련의 분석 7. 안전수칙 및 안전기준의 분석
제4단계	시정책의 선정 (대책의 선정)	1. 인사 및 배치조정 2. 기술적 개선 3. 기술교육 및 훈련의 개선 4. 안전관리 행정업무의 개선 5. 규정 및 수칙의 개선 6. 확인 및 통제체제 개선
제5단계	시정책의 적용 (목표달성)	1. 3E의 적용단계(기술적·교육적·관리적 대책 실시) 2. 목표설정 실시 3. 결과의 재평가 및 개선

14 주의(Attention)의 특성 중 여러 종류의 자극을 받을 때 소수의 특정한 것에만 반응하는 것은?

① 선택성　　　② 방향성
③ 단속성　　　④ 변동성

정답 10 ④　11 ④　12 ④　13 ②　14 ①

해설

주의의 특징

선택성	1. 주의는 동시에 두 개의 방향에 집중하지 못한다. 2. 여러 종류의 자극을 지각하거나 수용할 때 특정한 것에 한하여 선택하는 기능
변동성	1. 고도의 주의는 장시간 지속할 수 없다.(주의에는 리듬이 존재) 2. 주의에는 리듬이 있어 언제나 일정수준을 유지할 수 없다.
방향성	1. 한 지점에 주의를 집중하면 다른 곳의 주의는 약해진다. 2. 주시점만 인지하는 기능

15 재해예방의 4원칙이 아닌 것은?

① 원인 계기의 원칙 ② 예방 가능의 원칙
③ 사실 보존의 원칙 ④ 손실 우연의 원칙

해설

하인리히의 재해예방 4원칙

예방 가능의 원칙	천재지변을 제외한 모든 재해는 원칙적으로 예방이 가능하다.
손실 우연의 원칙	사고로 생기는 상해의 종류 및 정도는 우연적이다.
원인 계기의 원칙	사고와 손실의 관계는 우연적이지만 사고와 원인관계는 필연적이다.(사고에는 반드시 원인이 있다.)
대책 선정의 원칙	원인을 정확히 규명해서 대책을 선정하고 실시되어야 한다.(3E, 즉 기술, 교육, 독려를 중심으로)

16 산업안전보건법령상 관리감독자의 업무의 내용이 아닌 것은?

① 해당 작업에 관련되는 기계·기구 또는 설비의 안전·보건점검 및 이상유무의 확인
② 해당 사업장 산업보건의 지도·조언에 대한 협조
③ 위험성평가를 위한 업무에 기인하는 유해·위험요인의 파악 및 그 결과에 따라 개선조치의 시행
④ 작성된 물질안전보건자료의 게시 또는 비치에 관한 보좌 및 조언·지도

해설

관리감독자의 업무내용
1. 사업장 내 관리감독자가 지휘·감독하는 작업과 관련된 기계·기구 또는 설비의 안전·보건 점검 및 이상 유무의 확인
2. 관리감독자에게 소속된 근로자의 작업복·보호구 및 방호장치의 점검과 그 착용·사용에 관한 교육·지도
3. 해당 작업에서 발생한 산업재해에 관한 보고 및 이에 대한 응급조치
4. 해당 작업의 작업장 정리·정돈 및 통로확보에 대한 확인·감독
5. 사업장의 다음 각 목의 어느 하나에 해당하는 사람의 지도·조언에 대한 협조
   ㉠ 안전관리자 또는 안전관리자의 업무를 안전관리전문기관에 위탁한 사업장의 경우에는 그 안전관리전문기관의 해당 사업장 담당자
   ㉡ 보건관리자 또는 보건관리자의 업무를 보건관리전문기관에 위탁한 사업장의 경우에는 그 보건관리전문기관의 해당 사업장 담당자
   ㉢ 안전보건관리담당자 또는 안전보건관리담당자의 업무를 안전관리전문기관 또는 보건관리전문기관에 위탁한 사업장의 경우에는 그 안전관리전문기관 또는 보건관리전문기관의 해당 사업장 담당자
   ㉣ 산업보건의
6. 위험성평가에 관한 다음 각 목의 업무
   ㉠ 유해·위험요인의 파악에 대한 참여
   ㉡ 개선조치의 시행에 대한 참여
7. 그 밖에 해당 작업의 안전 및 보건에 관한 사항으로서 고용노동부령으로 정하는 사항

17 400명의 근로자가 종사하는 공장에서 휴업일수 127일, 중대 재해 1건이 발생한 경우 강도율은?(단, 1일 8시간으로 연 300일 근무조건으로 한다.)

① 10 ② 0.1
③ 1.0 ④ 0.01

해설

강도율

$$강도율 = \frac{근로손실일수}{연간 총근로시간 수} \times 1,000$$

$$강도율 = \frac{127 \times \frac{300}{365}}{400 \times 8 \times 300} \times 1,000 ≒ 0.10$$

18 시행착오설에 의한 학습법칙이 아닌 것은?

① 효과의 법칙
② 준비성의 법칙
③ 연습의 법칙
④ 일관성의 법칙

해설
학습의 원리

조건반사설 (Pavlov)	시행착오설 (Thorndike)	조작적 조건 형성이론 (Skinner)
1. 강도의 원리 2. 일관성의 원리 3. 시간의 원리 4. 계속성의 원리	1. 효과의 법칙 2. 준비성의 법칙 3. 연습의 법칙	1. 강화의 원리 2. 소거의 원리 3. 조형의 원리 4. 자발적 회복의 원리 5. 변별의 원리

19 산업안전보건법령상 건설현장에서 사용하는 크레인, 리프트 및 곤돌라의 안전검사의 주기로 옳은 것은? (단, 이동식 크레인, 이삿짐운반용 리프트는 제외한다.)

① 최초로 설치한 날부터 6개월마다
② 최초로 설치한 날부터 1년마다
③ 최초로 설치한 날부터 2년마다
④ 최초로 설치한 날부터 3년마다

해설
안전검사의 주기

크레인(이동식 크레인은 제외), 리프트(이삿짐운반용 리프트는 제외) 및 곤돌라	사업장에 설치가 끝난 날부터 3년 이내에 최초 안전검사를 실시하되, 그 이후부터 2년마다(건설현장에서 사용하는 것은 최초로 설치한 날부터 6개월마다)
이동식 크레인, 이삿짐운반용 리프트 및 고소작업대	「자동차관리법」에 따른 신규등록 이후 3년 이내에 최초 안전검사를 실시하되, 그 이후부터 2년마다
프레스, 전단기, 압력용기, 국소 배기장치, 원심기, 롤러기, 사출성형기, 컨베이어, 산업용 로봇, 혼합기, 파쇄기 또는 분쇄기	사업장에 설치가 끝난 날부터 3년 이내에 최초 안전검사를 실시하되, 그 이후부터 2년마다(공정안전보고서를 제출하여 확인을 받은 압력용기는 4년마다)

20 위험예지훈련 4R방식 중 각 라운드(Round)별 내용 연결이 옳은 것은?

① 1R – 목표 설정
② 2R – 본질 추구
③ 3R – 현상 파악
④ 4R – 대책 수립

해설
위험예지훈련의 4라운드
1. 1라운드(1R) : 현상 파악(사실을 파악한다)
2. 2라운드(2R) : 본질 추구(요인을 찾아낸다)
3. 3라운드(3R) : 대책 수립(대책을 선정한다)
4. 4라운드(4R) : 목표 설정(행동계획을 정한다)

2과목 인간공학 및 시스템 안전공학

21 시각적 표시장치를 사용하는 것이 청각적 표시장치를 사용하는 것보다 좋은 경우는?

① 메시지가 후에 참고되지 않을 때
② 메시지가 공간적인 위치를 다룰 때
③ 메시지가 시간적인 사건을 다룰 때
④ 사람의 일이 연속적인 움직임을 요구할 때

해설
청각장치와 시각장치의 비교

청각적 표시장치	시각적 표시장치
1. 전언이 간단하다. 2. 전언이 짧다. 3. 전언이 후에 재참조되지 않는다. 4. 전언이 시간적 사상을 다룬다. 5. 전언이 즉각적인 행동을 요구한다.(긴급할 때) 6. 수신장소가 너무 밝거나 암조응 유지가 필요할 때 7. 직무상 수신자가 자주 움직일 때 8. 수신자가 시각계통이 과부하상태일 때	1. 전언이 복잡하다. 2. 전언이 길다. 3. 전언이 후에 재참조된다. 4. 전언이 공간적인 위치를 다룬다. 5. 전언이 즉각적인 행동을 요구하지 않는다. 6. 수신장소가 너무 시끄러울 때 7. 직무상 수신자가 한곳에 머물 때 8. 수신자의 청각계통이 과부하상태일 때

22 체계분석 및 설계에 있어서 인간공학의 가치와 가장 거리가 먼 것은?

① 성능의 향상
② 인력 이용률의 감소
③ 사용자의 수용도 향상
④ 사고 및 오용으로부터의 손실 감소

해설
체계 분석 및 설계에 있어서의 인간공학의 가치(기여도)
1. 성능의 향상
2. 훈련비용의 절감
3. 인력 이용률의 향상
4. 사고 및 오용으로부터의 손실 감소
5. 생산 및 보전의 경제성 증대
6. 사용자의 수용도 향상

정답 19 ① 20 ② 21 ② 22 ②

23 휘도(Luminance)의 척도 단위(Unit)가 아닌 것은?

① fc ② fL
③ mL ④ cd/m²

해설

휘도(Luminance)
일정한 넓이를 가진 광원 또는 빛의 반사체 표면의 밝기를 나타내는 양으로, 눈부심의 정도를 나타내며 표준단위는 cd/m²이지만 mL(Milli-Lambert), fL(Foot-Lambert), nit(cd/m²) 등의 단위도 사용된다.

TIP Foot-Candle(fc)
1촉광의 점광원으로부터 1foot 떨어진 곡면에 비추는 광의 밀도(1fc = 1lumen/ft2 = 10.764lux)로, 조도의 척도 이다.

24 신체 반응의 척도 중 생리적 스트레인의 척도로 신체적 변화의 측정 대상에 해당하지 않는 것은?

① 혈압 ② 부정맥
③ 혈액성분 ④ 심박수

해설

스트레인(긴장)의 주요 척도

생리적 긴장	화학적	• 혈액성분 • 산소 소비량 • 산소 회복 곡선	• 요성분 • 산소 결손 • 열량
	전기적	• 뇌전도(EEG) • 근전도(EMG) • 전기피부반응(GSR)	• 심전도(ECG) • 안전도(EOG)
	신체적	• 혈압 • 부정맥 • 박동 결손 • 호흡수	• 심박수 • 박동량 • 신체온도
심리적 긴장	활동	• 작업속도 • 눈 깜박수	• 실수
	태도	• 권태	• 기타 태도요소

25 안전성의 관점에서 시스템을 분석 평가하는 접근방법과 거리가 먼 것은?

① "이런 일은 금지한다."의 개인판단에 따른 주관적인 방법
② "어떻게 하면 무슨 일이 발생할 것인가?"의 연역적인 방법
③ "어떤 일은 하면 안 된다."라는 점검표를 사용하는 직관적인 방법
④ "어떤 일이 발생하였을 때 어떻게 처리하여야 안전한가?"의 귀납적인 방법

해설

시스템을 분석 평가하는 접근방법은 개인판단에 따른 주관적인 방법이 아니라 객관적이어야 한다.

26 다음의 연산표에 해당하는 논리연산은?

입력		출력
X₁	X₂	
0	0	0
0	1	1
1	0	1
1	1	0

① XOR ② AND
③ NOT ④ OR

해설

배타적 논리합(XOR)
0이 거짓, 1이 참이라고 하면 거짓이나 참이 같을 때에만 거짓을 출력하고 서로 다른 입력에는 참을 출력한다. 즉 입력하는 신호가 같으면 0, 입력하는 신호가 다르면 1을 출력한다.

27 항공기 위치 표시장치의 설계원칙에 있어, 다음 [보기]의 설명에 해당하는 것은?

[보기]
항공기의 경우 일반적으로 이동부분의 영상은 고정된 눈금이나 좌표계에 나타내는 것이 바람직하다.

① 통합 ② 양립적 이동
③ 추종표시 ④ 표시의 현실성

해설

이동 부분의 원칙
일반적으로 이동 부분(비행기 또는 기타 이동 물체를 나타내는 부호)의 영상은 고정된 눈금이나 좌표계에 나타내는 것이 바람직하다.

TIP 양립성
자극들 간의, 반응들 간의, 자극-반응 조합의 관계가 인간의 기대와 모순되지 않는 것이다.(인간이 기대하는 바와 자극 또는 반응들이 일치하는 관계)

28 근골격계 질환의 인간공학적 주요 위험요인과 가장 거리가 먼 것은?

① 과도한 힘
② 부적절한 자세
③ 고온의 환경
④ 단순 반복 작업

해설

근골격계 질환
1. 반복적인 동작, 부적절한 작업자세, 무리한 힘의 사용, 날카로운 면과의 신체접촉, 진동 및 온도 등의 요인에 의하여 발생하는 건강장해로서, 목, 어깨, 허리, 팔·다리의 신경·근육 및 그 주변 신체조직 등에 나타나는 질환을 말한다.
2. 유사용어로는 누적 외상성 질환(CTDs), 반복성 긴장상해 등이 있다.

29 산업현장에서 사용하는 생산설비의 경우 안전장치가 부착되어 있으나 생산성을 위해 제거하고 사용하는 경우가 있다. 이러한 경우를 대비하여 설계 시 안전장치를 제거하면 작동이 안 되는 구조를 채택하고 있다. 이러한 구조는 무엇인가?

① Fail Safe
② Fool Proof
③ Lock Out
④ Tamper Proof

해설

Tamper Proof
생산성과 작업의 용이성을 위해 작업자들은 종종 안전장치를 제거하고 사용하는 경우가 있다. 따라서 고의로 안전장치를 제거하는 것을 대비하는 예방설계를 말한다. 예를 들어 화학설비의 안전장치를 제거하는 경우 설비가 작동되지 않도록 설계하는 것이다.

30 FTA의 활용 및 기대효과가 아닌 것은?

① 시스템의 결함 진단
② 사고원인 규명의 간편화
③ 사고원인 분석의 정량화
④ 시스템의 결함 비용 분석

해설

FTA의 활용 및 기대효과

사고원인 규명의 간편화	사고의 세부적인 원인목록을 작성하여 전문적인 지식이 부족한 사람도 해당 사고의 구조를 파악할 수 있음
사고원인 분석의 일반화	재해 발생에 대한 모든 원인들의 연쇄를 한눈에 알기 쉽게 Tree상으로 표현할 수 있음
사고원인 분석의 정량화	FTA에 의한 재해 발생 원인의 정량적 해석과 예측, 컴퓨터 처리 및 통계적인 처리가 가능
노력과 시간의 절감	FTA의 전산화를 통해 사고 발생에의 기여도가 높은 중요 원인을 분석하고 파악하여 사고예방을 위한 노력과 시간을 절감
시스템 결함 진단	최소시간과 최소비용으로 복잡한 시스템 내의 결함을 효과적으로 교정하여 재해를 예방할 수 있고 재해 발생 시 이를 극소화할 수 있음
안전점검 체크리스트 작성	안전점검상 중점을 두어야 할 부분 등을 체계적으로 정리한 안전점검 체크리스트를 만들 수 있음

31 인간공학적 부품배치의 원칙에 해당하지 않는 것은?

① 신뢰성의 원칙
② 사용 순서의 원칙
③ 중요성의 원칙
④ 사용 빈도의 원칙

해설

부품배치의 원칙

부품의 위치 결정	중요성의 원칙	체계의 목표달성에 긴요한 정도에 따른 우선순위를 설정
	사용빈도의 원칙	부품이 사용되는 빈도에 따른 우선순위 설정
부품의 배치 결정	기능별 배치의 원칙	기능적으로 관련된 부품들을 모아서 배치
	사용 순서의 원칙	순서적으로 사용되는 장치들을 가까이에 순서적으로 배치

32 시스템안전프로그램계획(SSPP)에서 "완성해야 할 시스템안전업무"에 속하지 않는 것은?

① 정성 해석
② 운용 해석
③ 경제성 분석
④ 프로그램 심사의 참가

해설
완성해야 할 시스템안전 업무
1. 정성해석
2. 정량해석
3. 운용해석
4. 프로그램 심사의 참가
5. 설계심사에 참가
6. 계약업자의 감사활동

33 선형 조정장치를 16cm 옮겼을 때, 선형 표시장치가 4cm 움직였다면, C/R비는 얼마인가?

① 0.2
② 2.5
③ 4.0
④ 5.3

해설
선형 조종장치가 선형 표시장치를 움직일 때 각각 직선변위의 비(제어표시비)

$$\text{C/D비(C/R비)} = \frac{\text{조종장치(제어기기)의 이동거리}}{\text{표시장치(표시기기)의 반응거리}}$$

C/D비 $= \frac{16}{4} = 4.0$

34 자연습구온도가 20℃이고, 흑구온도가 30℃일 때, 실내의 습구흑구온도지수(WBGT ; Wet-Bulb Globe Temperature)는 얼마인가?

① 20℃
② 23℃
③ 25℃
④ 30℃

해설
옥내 또는 옥외 장소(태양광선이 내리쬐지 않는 장소)의 WBGT

$$\text{WBGT}(℃) = 0.7 \times \text{자연습구온도} + 0.3 \times \text{흑구온도}$$

WBGT $= 0.7 \times 20 + 0.3 \times 30 = 23℃$

35 소음을 방지하기 위한 대책으로 틀린 것은?

① 소음원 통제
② 차폐장치 사용
③ 소음원 격리
④ 연속 소음 노출

해설
소음방지 대책
1. 소음원의 제거 – 가장 적극적인 대책
2. 소음원의 통제 – 기계의 적절한 설계, 정비 및 주유, 고무 받침대 부착, 소음기 사용(차량) 등
3. 소음의 격리 – 씌우개(Enclosure), 장벽을 사용(창문을 닫으면 약 10dB 감음됨)
4. 적절한 배치(Lay Out)
5. 음향 처리제 사용
6. 차폐 장치(baffle) 및 흡음재 사용

36 산업안전 분야에서의 인간공학을 위한 제반 언급사항으로 관계가 먼 것은?

① 안전관리자와의 의사소통 원활화
② 인간과오 방지를 위한 구체적 대책
③ 인간행동 특성자료의 정량화 및 축적
④ 인간-기계체계의 설계 개선을 위한 기금의 축적

해설
인간-기계체계의 설계 개선을 위한 기금의 축적은 인간공학을 위한 제반 언급사항에 해당되지 않는다.

37 시스템 안전을 위한 업무 수행 요건이 아닌 것은?

① 안전활동의 계획 및 관리
② 다른 시스템 프로그램과 분리 및 배제
③ 시스템 안전에 필요한 사람의 동일성 식별
④ 시스템 안전에 대한 프로그램 해석 및 평가

해설
시스템 안전관리의 내용(시스템 안전업무의 수행요건)
1. 시스템 안전에 필요한 사항의 동일성에 대한 식별
2. 안전활동의 계획 및 조직과 관리
3. 다른 시스템 프로그램 영역과의 조정
4. 시스템 안전 프로그램의 해석과 검토 및 평가

38 컷셋(Cut Sets)과 최소 패스셋(Minimal Path Sets)을 정의한 것으로 맞는 것은?

① 컷셋은 시스템 고장을 유발시키는 필요 최소한의 고장들의 집합이며, 최소 패스셋은 시스템의 신뢰성을 표시한다.
② 컷셋은 시스템 고장을 유발시키는 기본고장들의 집합이며, 최소 패스셋은 시스템의 불신뢰도를 표시한다.
③ 컷셋은 그 속에 포함되어 있는 모든 기본사상이 일어났을 때 톱 사상을 일으키는 기본사상의 집합이며, 최소 패스셋은 시스템의 신뢰성을 표시한다.

정답 33 ③ 34 ② 35 ④ 36 ④ 37 ② 38 ③

④ 컷셋은 그 속에 포함되어 있는 모든 기본사상이 일어났을 때 톱 사상을 일으키는 기본사상의 집합이며, 최소 패스셋은 시스템의 성공을 유발하는 기본사상의 집합이다.

해설

컷셋과 패스셋
1. 컷셋(Cut Set) : 정상사상을 발생시키는 기본사상의 집합으로 그 안에 포함되는 모든 기본사상(여기서는 통상사상, 생략결함사상 등을 포함한 기본사상)이 발생할 때 정상사상을 발생시킬 수 있는 기본사상의 집합이다.
2. 패스셋(Path Set) : 그 안에 포함되는 모든 기본사상이 일어나지 않을 때 처음으로 정상사상이 일어나지 않는 기본사상의 집합, 즉 시스템이 고장나지 않도록 하는 사상의 조합이다.
3. 미니멀 컷셋(Minimal Cut Set) : 컷셋의 집합 중에서 정상사상을 일으키기 위하여 필요한 최소한의 컷셋을 미니멀 컷셋이라 한다. 즉 컷셋 중에서 타 컷셋을 포함하고 있는 것을 배제하고 남은 컷셋들을 의미한다.
4. 미니멀 패스셋(Minimal Path Set) : 정상사상이 일어나지 않기 위한 필요한 최소한의 것을 말하며, 시스템의 신뢰성을 나타낸다. 즉, 시스템의 기능을 살리는 최소요인의 집합이다.

39 인체 측정치의 응용 원칙과 거리가 먼 것은?

① 극단치를 고려한 설계
② 조절 범위를 고려한 설계
③ 평균치를 기준으로 한 설계
④ 기능적 치수를 이용한 설계

해설

인체계측 자료의 응용원칙

극단치를 이용한 설계	극단치를 이용한 설계는 최대치를 이용하거나 최소치를 이용한다.
조절 가능한 설계	작업에 사용하는 설비, 기구 등은 체격이 다른 여러 근로자들을 위하여 작업 크기를 조절할 수 있도록 조절식으로 설계한다.
평균치를 이용한 설계	특정 장비나 설비의 경우, 최대 집단치 설계나 최소 집단치 설계 또는 조절범위식 설계가 부적절하거나 불가능할 때 평균치를 기준으로 한 설계를 할 경우가 있다.

40 10시간 설비 가동 시 설비고장으로 1시간 정지하였다면 설비고장 강도율은 얼마인가?

① 0.1%   ② 9%
③ 10%   ④ 11%

해설

고장 강도율

$$고장강도율 = \frac{고장정지시간}{부하시간} \times 100$$
$$= \frac{설비고장정지시간}{설비가동시간} \times 100$$

여기서, 부하시간(설비가동시간) = 전 동작시간 + 정지시간

고장 강도율 $= \frac{1}{10} \times 100 = 10[\%]$

3과목 기계위험 방지기술

41 500rpm으로 회전하는 연삭기의 숫돌지름이 200mm일 때 원주속도(m/min)는?

① 628   ② 62.8
③ 314   ④ 31.4

해설

원주속도(회전속도)

$$V = \pi DN [\text{mm/min}] = \frac{\pi DN}{1,000} [\text{m/min}]$$

여기서, V : 원주속도(회전속도)[m/min], D : 숫돌의 지름[mm]
N : 숫돌의 매분 회전수[rpm]

$V = \frac{\pi \times 200 \times 500}{1,000} ≒ 314(\text{m/min})$

42 기계의 운동 형태에 따른 위험점의 분류에서 고정부분과 회전하는 동작부분이 함께 만드는 위험점으로, 교반기의 날개와 하우스 등에서 발생하는 위험점을 무엇이라 하는가?

① 끼임점   ② 절단점
③ 물림점   ④ 회전말림점

> **해설**
>
> 끼임점(Shear-Point)
> 1. 회전 운동하는 부분과 고정부 사이에 위험이 형성되는 위험점(고정점+회전운동)
> 2. 위험점의 예 : 연삭숫돌과 작업대, 반복 동작되는 링크기구, 교반기의 날개와 몸체 사이, 회전풀리와 벨트

43 컨베이어 작업시작 전 점검해야 할 사항으로 거리가 먼 것은?

① 원동기 및 풀리 기능의 이상 유무
② 이탈 등의 방지장치 기능의 이상 유무
③ 비상정지장치의 이상 유무
④ 자동전격방지장치의 이상 유무

> **해설**
>
> 컨베이어 작업 시작 전 점검사항
> 1. 원동기 및 풀리(Pulley) 기능의 이상 유무
> 2. 이탈 등의 방지장치 기능의 이상 유무
> 3. 비상정지장치 기능의 이상 유무
> 4. 원동기·회전축·기어 및 풀리 등의 덮개 또는 울 등의 이상 유무

44 아세틸렌 용접장치에서 아세틸렌 발생기실 설치 위치 기준으로 옳은 것은?

① 건물 지하층에 설치하고 화기 사용설비로부터 3미터 초과 장소에 설치
② 건물 지하층에 설치하고 화기 사용설비로부터 1.5미터 초과 장소에 설치
③ 건물 최상층에 설치하고 화기 사용설비로부터 3미터 초과 장소에 설치
④ 건물 최상층에 설치하고 화기 사용설비로부터 1.5미터 초과 장소에 설치

> **해설**
>
> 발생기실의 설치 장소
> 1. 아세틸렌 용접장치의 아세틸렌 발생기를 설치하는 경우에는 전용의 발생기실에 설치하여야 한다.
> 2. 건물의 최상층에 위치하여야 하며, 화기를 사용하는 설비로부터 3미터를 초과하는 장소에 설치하여야 한다.
> 3. 옥외에 설치한 경우에는 그 개구부를 다른 건축물로부터 1.5미터 이상 떨어지도록 하여야 한다.

45 기계설비 방호에서 가드의 설치조건으로 옳지 않은 것은?

① 충분한 강도를 유지할 것
② 구조가 단순하고 위험점 방호가 확실할 것
③ 개구부(틈새)의 간격은 임의로 조정이 가능할 것
④ 작업, 점검, 주유 시 장애가 없을 것

> **해설**
>
> 가드의 설치기준
> 1. 충분한 강도를 유지할 것
> 2. 구조가 단순하고 조정이 용이할 것
> 3. 작업, 점검, 주유 시 장애가 없을 것
> 4. 위험점 방호가 확실할 것
> 5. 개구부 등 간격(틈새)이 적정할 것

46 완전 회전식 클러치 기구가 있는 양수조작식 방호장치에서 확동클러치의 봉합개소가 4개, 분당 행정수가 200spm일 때, 방호장치의 최소 안전거리는 몇 mm 이상이어야 하는가?

① 80　　　　　② 120
③ 240　　　　④ 360

> **해설**
>
> 방호장치 설치 안전거리(양수기동식)
>
> $$D_m = 1.6 T_m$$
>
> 여기서, D_m : 안전거리[mm]
> T_m : 양손으로 누름단추를 누르기 시작할 때부터 슬라이드가 하사점에 도달하기까지 소요시간[ms]
>
> $$T_m = \left(\frac{1}{\text{클러치 맞물림 개소수}} + \frac{1}{2}\right) \times \frac{60,000}{\text{매분 행정수}} (\text{ms})$$
>
> $T_m = \left(\frac{1}{4} + \frac{1}{2}\right) \times \frac{60,000}{200} = 225 [\text{ms}]$
>
> ∴ $D_m = 1.6 T_m = 1.6 \times 225 = 360 [\text{mm}]$

47 목재가공용 둥근톱의 두께가 3mm일 때, 분할날의 두께는 몇 mm 이상이어야 하는가?

① 3.3mm 이상　　② 3.6mm 이상
③ 4.5mm 이상　　④ 4.8mm 이상

정답 43 ④　44 ③　45 ③　46 ④　47 ①

해설

분할날의 두께
분할날의 두께는 둥근톱 두께의 1.1배 이상일 것

$$1.1t_1 \leq t_2 < b$$

여기서, t_1 : 톱 두께, t_2 : 분할날 두께, b : 치진폭

분할날의 두께 = 1.1×톱 두께 = 1.1×3 = 3.3[mm]

48 산업안전보건법령에 따라 타워크레인의 운전작업을 중지해야 되는 순간풍속의 기준은?

① 초당 10m를 초과하는 경우
② 초당 15m를 초과하는 경우
③ 초당 30m를 초과하는 경우
④ 초당 35m를 초과하는 경우

해설

타워크레인의 작업제한(악천 후 및 강풍 시 작업 중지)

순간풍속이 초당 10m를 초과	타워크레인의 설치·수리·점검 또는 해체작업 중지
순간풍속이 초당 15m를 초과	타워크레인의 운전작업 중지

49 탁상용 연삭기에서 숫돌을 안전하게 설치하기 위한 방법으로 옳지 않은 것은?

① 숫돌바퀴 구멍은 축 지름보다 0.1mm 정도 작은 것을 선정하여 설치한다.
② 설치 전에는 육안 및 목재 해머로 숫돌의 흠, 균열을 점검한 후 설치한다.
③ 축의 턱에 내측 플랜지, 압지 또는 고무판, 숫돌 순으로 끼운 후 외측에 압지 또는 고무판, 플랜지, 너트 순으로 조인다.
④ 가공물 받침대는 숫돌의 중심에 맞추어 연삭기에 견고히 고정한다.

해설

탁상용 연삭기의 숫돌 설치
숫돌바퀴 구멍은 축 지름보다 0.1mm 정도 큰 것을 선정하여 설치한다.

50 다음 중 근로자에게 위험을 미칠 우려가 있을 때 덮개 또는 울을 설치해야 하는 위치와 가장 거리가 먼 것은?

① 연삭기 또는 평삭기의 테이블, 형삭기 램 등의 행정 끝
② 선반으로부터 돌출하여 회전하고 있는 가공물 부근
③ 과열에 따른 과열이 예상되는 보일러의 버너 연소실
④ 띠톱기계의 위험한 톱날(절단부분 제외) 부위

해설

덮개 또는 울을 설치해야 하는 경우
1. 목재가공용 띠톱기계의 절단에 필요한 톱날부위 외의 위험한 톱날부위
2. 연삭기 또는 평삭기의 테이블, 형삭기 램 등의 행정 끝이 근로자에게 위험을 미칠 우려가 있는 경우
3. 선반 등으로부터 돌출하여 회전하고 있는 가공물이 근로자에게 위험을 미칠 우려가 있는 경우

51 산업안전보건법령상 차량계 하역 운반기계를 이용한 화물 적재 시의 준수해야 할 사항으로 틀린 것은?

① 최대적재량의 10% 이상 초과하지 않도록 적재한다.
② 운전자의 시야를 가리지 않도록 적재한다.
③ 붕괴, 낙하 방지를 위해 화물에 로프를 거는 등 필요 조치를 한다.
④ 편하중이 생기지 않도록 적재한다.

해설

화물 적재 시의 조치
1. 하중이 한쪽으로 치우치지 않도록 적재할 것
2. 구내운반차 또는 화물자동차의 경우 화물의 붕괴 또는 낙하에 의한 위험을 방지하기 위하여 화물에 로프를 거는 등 필요한 조치를 할 것
3. 운전자의 시야를 가리지 않도록 화물을 적재할 것
4. 화물을 적재하는 경우에는 최대적재량을 초과해서는 아니 된다.

52 롤러기의 급정지장치 중 복부 조작식과 무릎 조작식의 조작부 위치 기준은?(단, 밑면과 상대거리를 나타낸다.)

복부 조작식 / 무릎 조작식

① 0.5~0.7[m] / 0.2~0.4[m]
② 0.8~1.1[m] / 0.4~0.6[m]
③ 0.8~1.1[m] / 0.6~0.8[m]
④ 1.1~1.4[m] / 0.8~1.0[m]

해설

급정지장치의 설치방법

급정지장치 조작부의 종류	위치	비고
손으로 조작하는 것	밑면으로부터 1.8m 이내	위치는 급정지장치 조작부의 중심점을 기준으로 함
복부로 조작하는 것	밑면으로부터 0.8m 이상 1.1m 이내	
무릎으로 조작하는 것	밑면으로부터 0.4m 이상 0.6m 이내	

53 양수조작식 방호장치에서 2개의 누름버튼 간의 거리는 300mm 이상으로 정하고 있는데 이 거리의 기준은?

① 2개의 누름버튼 간의 중심거리
② 2개의 누름버튼 간의 외측거리
③ 2개의 누름버튼 간의 내측거리
④ 2개의 누름버튼 간의 평균 이동거리

해설

누름버튼의 상호 간 내측거리는 300mm 이상이어야 한다.

54 다음 중 프레스에 사용되는 광전자식 방호장치의 일반구조에 관한 설명으로 틀린 것은?

① 방호장치의 감지기능은 규정한 검출영역 전체에 걸쳐 유효하여야 한다.
② 슬라이드 하강 중 정전 또는 방호장치의 이상 시에는 1회 동작 후 정지할 수 있는 구조이어야 한다.
③ 정상동작표시램프는 녹색, 위험표시램프는 붉은색으로 하며, 쉽게 근로자가 볼 수 있는 곳에 설치해야 한다.
④ 방호장치의 정상작동 중에 감지가 이루어지거나 공급전원이 중단되는 경우 적어도 두 개 이상의 독립된 출력신호 개폐장치가 꺼진 상태로 돼야 한다.

해설

광전자식 방호장치 설치방법
슬라이드 하강 중 정전 또는 방호장치의 이상 시에 정지할 수 있는 구조이어야 한다.

55 보일러수에 불순물이 많이 포함되어 있을 경우, 보일러수의 비등과 함께 수면부위에 거품을 형성하여 수위가 불안정하게 되는 현상은?

① 프라이밍(Priming)
② 포밍(Foaming)
③ 캐리오버(Carry Over)
④ 워터해머(Water Hammer)

해설

이상현상의 종류

프라이밍 (Priming)	보일러수가 극심하게 끓어서 수면에서 계속하여 물방울이 비산하고 증기부가 물방울로 충만하여 수위가 불안정하게 되는 현상
포밍 (Foaming)	보일러수에 유지류, 고형물 등의 부유물로 인해 거품이 발생하여 수위를 판단하지 못하는 현상
캐리오버 (Carry Over, 기수공발)	1. 보일러에서 증기관 쪽에 보내는 증기에 대량의 물방울이 포함되는 경우로 프라이밍이나 포밍이 생기면 필연적으로 발생 2. 보일러에서 증기의 순도를 저하시킴으로써 관 내 응축수가 생겨 워터해머의 원인이 되는 것
워터해머 (Water Hammer, 수격작용)	1. 관 내의 유동, 밸브의 급격한 개폐 등에 의해 압력파(압력변화)가 생겨 불규칙한 유체의 흐름이 생성되어 관벽을 해머로 치는 듯한 소리를 내며 관이 진동하는 현상 2. 과열과는 상관이 없으며, 워터해머는 캐리오버에 기인

56 다음 중 연삭기의 사용상 안전대책으로 적절하지 않은 것은?

① 방호장치로 덮개를 설치한다.
② 숫돌 교체 후 1분 정도 시운전을 실시한다.
③ 숫돌의 최고사용회전속도를 초과하여 사용하지 않는다.
④ 숫돌 측면을 사용하는 것을 목적으로 하는 연삭숫돌을 제외하고는 측면 연삭을 하지 않도록 한다.

정답 52 ② 53 ③ 54 ② 55 ② 56 ②

해설

연삭기 작업면에 있어서의 안전기준
1. 회전 중인 연삭숫돌(지름이 5cm 이상인 것으로 한정)이 근로자에게 위험을 미칠 우려가 있는 경우에 그 부위에 덮개를 설치하여야 한다.
2. 연삭숫돌을 사용하는 작업의 경우 작업을 시작하기 전에는 1분 이상, 연삭숫돌을 교체한 후에는 3분 이상 시험운전을 하고 해당 기계에 이상이 있는지를 확인하여야 한다.
3. 시험운전에 사용하는 연삭숫돌은 작업시작 전에 결함이 있는지를 확인한 후 사용하여야 한다.
4. 연삭숫돌의 최고 사용회전속도를 초과하여 사용하도록 해서는 아니 된다.
5. 측면을 사용하는 것을 목적으로 하지 않는 연삭숫돌을 사용하는 경우 측면을 사용하도록 해서는 아니 된다.

57 다음 중 드릴 작업 시 가장 안전한 행동에 해당하는 것은?

① 장갑을 끼고 옷 소매가 긴 작업복을 입고 작업한다.
② 작업 중에 브러시로 칩을 털어낸다.
③ 가공할 구멍 지름이 클 경우 작은 구멍을 먼저 뚫고 그 위에 큰 구멍을 뚫는다.
④ 드릴을 먼저 회전시킨 상태에서 공작물을 고정한다.

해설

드릴링 작업에 대한 안전수칙
1. 일감은 견고하게 고정시키며 관통된 것을 확인하기 위해 손으로 만져서는 안 된다.
2. 드릴을 끼운 후 척 렌치(Chuck Wrench)는 반드시 뺀다.
3. 작업모를 착용하고 옷소매가 긴 작업복은 입지 않는다.
4. 드릴작업에서는 보안경 및 안전덮개(Shield)를 설치한다.
5. 칩은 브러쉬(와이어 브러쉬)로 제거하고 장갑 착용은 금지한다.
6. 구멍 끝 작업에서는 절삭압력을 주어서는 안 된다.
7. 고정구를 사용하여 작업 중 공작물의 유동을 방지한다.
8. 가공 중에 구멍이 관통되면 기계를 멈추고 손으로 돌려서 드릴을 뺀다.
9. 일감의 설치, 테이블의 고정이나 조정은 기계를 정지시킨 후에 실시한다.
10. 큰 구멍을 뚫을 때는 반드시 작은 구멍을 먼저 뚫은 후 큰 구멍을 뚫는다.
11. 얇은 판에 구멍을 뚫을 때에는 나무판을 밑에 받치고 뚫는다.
12. 구멍이 거의 다 뚫리는 끝부분에서 일감이 드릴과 함께 맞물려 회전하기 쉬우므로 주의하여야 한다.

58 다음 중 산업안전보건법령에 따라 비파괴 검사를 실시해야 하는 고속회전체의 기준은?

① 회전축중량 1톤 초과, 원주속도 120m/s 이상
② 회전축중량 1톤 초과, 원주속도 100m/s 이상
③ 회전축중량 0.7톤 초과, 원주속도 120m/s 이상
④ 회전축중량 0.7톤 초과, 원주속도 100m/s 이상

해설

고속회전체의 위험방지

고속회전체(원주속도가 초당 25m를 초과하는 것)의 회전시험을 하는 경우	전용의 견고한 시설물의 내부 또는 견고한 장벽 등으로 격리된 장소에서 하여야 한다.
회전축의 중량이 1톤을 초과하고, 원주속도가 초당 120m 이상인 것의 회전시험을 하는 경우	미리 회전축의 재질 및 형상 등에 상응하는 종류의 비파괴검사를 해서 결함 유무를 확인하여야 한다.

59 지게차의 안전장치에 해당하지 않는 것은?

① 후사경
② 헤드 가드
③ 백 레스트
④ 권과방지장치

해설

권과방지장치는 크레인 등 양중기에 해당하는 방호장치이다.

60 다음 중 접근 반응형 방호장치에 해당되는 것은?

① 양수조작식 방호장치
② 손쳐내기식 방호장치
③ 덮개식 방호장치
④ 광전자식 방호장치

해설

접근 반응형 방호장치
1. 작업자의 신체부위가 위험한계 또는 그 인접한 거리 내로 들어오면 이를 감지하여 그 즉시 기계의 동작을 정지시키고 경보등을 발하는 방호장치
2. 프레스 및 전단기의 광전자식 방호장치

4과목 전기 및 화학설비위험방지기술

61 저압 옥내직류 전기설비를 전로보호장치의 확실한 동작의 확보와 이상전압 및 대지전압의 억제를 위하여 접지를 하여야 하나 직류 2선식으로 시설할 때, 접지를 생략할 수 있는 경우로 옳은 것은?

① 접지검출기를 설치하고 특정구역 내의 산업용 기계기구에만 공급하는 경우
② 사용전압이 110V 이상인 경우
③ 최대전류 30mA 이하의 직류화재경보회로
④ 교류계통으로부터 공급을 받는 정류기에서 인출되는 직류계통

해설
저압 옥내직류 전기설비의 접지
저압 옥내직류 전기설비는 전로보호장치의 확실한 동작의 확보, 이상전압 및 대지전압의 억제를 위하여 직류 2선식의 임의의 한 점 또는 변환장치의 직류 측 중간점, 태양전지의 중간점 등을 접지하여야 한다. 다만, 직류 2선식을 다음에 따라 시설하는 경우는 생략한다.
1. 사용전압이 60V 이하인 경우
2. 접지검출기를 설치하고 특정구역 내의 산업용 기계기구에만 공급하는 경우
3. 교류계통으로부터 공급을 받는 정류기에서 인출되는 직류계통
4. 최대전류 30mA 이하의 직류화재경보회로

62 감전에 의한 전격위험을 결정하는 주된 인자와 거리가 먼 것은?

① 통전저항
② 통전전류의 크기
③ 통전경로
④ 통전시간

해설
감전재해의 요인

1차적 감전요소	1. 통전 전류의 크기 : 크면 위험, 인체의 저항이 일정할 때 접촉전압에 비례 2. 통전 경로 : 인체의 주요한 부분을 흐를수록 위험 3. 통전시간 : 장시간 흐르면 위험 4. 전원의 종류 : 전원의 크기(전압)가 동일한 경우 교류가 직류보다 위험
2차적 감전요소	1. 인체의 조건(저항) : 땀이나 물에 젖어있는 경우 인체의 저항이 감소하므로 위험성이 높아짐 2. 전압 : 전압의 크기가 클수록 위험 3. 계절 : 계절에 따라 인체의 저항이 변화하므로 전격에 대한 위험도에 영향을 줌

63 폭발위험장소를 분류할 때 가스폭발 위험장소의 종류에 해당하지 않는 것은?

① 0종 장소
② 1종 장소
③ 2종 장소
④ 3종 장소

해설
위험장소의 분류

가스폭발 위험장소	0종, 1종, 2종
분진폭발 위험장소	20종, 21종, 22종

64 다음 중 정전기 재해의 방지대책으로 가장 적절한 것은?

① 절연도가 높은 플라스틱을 사용한다.
② 대전하기 쉬운 금속은 접지를 실시한다.
③ 작업장 내의 온도를 낮게 해서 방전을 촉진시킨다.
④ (+), (-) 전하의 이동을 방해하기 위하여 주위의 습도를 낮춘다.

해설
정전기재해의 방지대책
1. 접지(도체의 대전방지)
2. 유속의 제한
3. 보호구의 착용
4. 대전방지제 사용
5. 가습(상대습도를 60~70% 정도 유지)
6. 제전기 사용
7. 대전물체의 차폐
8. 정치시간의 확보
9. 도전성 재료 사용

65 전로의 과전류로 인한 재해를 방지하기 위한 방법으로 과전류 차단장치를 설치할 때에 대한 설명으로 틀린 것은?

① 과전류 차단장치로는 차단기·퓨즈 또는 보호계전기 등이 있다.
② 차단기·퓨즈는 계통에서 발생하는 최대 과전류에 대하여 충분하게 차단할 수 있는 성능을 가져야 한다.
③ 과전류 차단장치는 반드시 접지선에 병렬로 연결하여 과전류 발생 시 전로를 자동으로 차단하도록 설치하여야 한다.

정답 61 ①, ③, ④ 62 ① 63 ④ 64 ② 65 ③

④ 과전류 차단장치가 전기계통상에서 상호 협조·보완되어 과전류를 효과적으로 차단하도록 하여야 한다.

해설

과전류 차단장치의 설치 기준
1. 과전류 차단장치는 반드시 접지선이 아닌 전로에 직렬로 연결하여 과전류 발생 시 전로를 자동으로 차단하도록 설치할 것
2. 차단기·퓨즈는 계통에서 발생하는 최대 과전류에 대하여 충분하게 차단할 수 있는 성능을 가질 것
3. 과전류 차단장치가 전기계통상에서 상호 협조·보완되어 과전류를 효과적으로 차단하도록 할 것
※ 과전류 차단장치 : 차단기·퓨즈 또는 보호계전기 등과 이에 수반되는 변성기

66 인체의 저항이 500Ω이고, 440V 회로에 누전차단기(ELB)를 설치할 경우 다음 중 가장 적당한 누전차단기는?

① 30mA 이하, 0.1초 이하에 작동
② 30mA 이하, 0.03초 이하에 작동
③ 15mA 이하, 0.1초 이하에 작동
④ 15mA 이하, 0.03초 이하에 작동

해설

누전차단기 접속 시 준수사항
전기기계·기구에 설치되어 있는 누전차단기는 정격감도전류가 30mA 이하이고 작동시간은 0.03초 이내일 것. 다만, 정격전부하전류가 50A 이상인 전기기계·기구에 접속되는 누전차단기는 오작동을 방지하기 위하여 정격감도전류는 200mA 이하로, 작동시간은 0.1초 이내로 할 수 있다.

67 다음 중 통전경로별 위험도가 가장 높은 경로는?

① 왼손 – 등
② 오른손 – 가슴
③ 왼손 – 가슴
④ 오른손 – 양발

해설

통전경로별 위험도

통전경로	심장전류계수	통전경로	심장전류계수
왼손 – 가슴	1.5	왼손 – 등	0.7
오른손 – 가슴	1.3	한 손 또는 양손 – 앉아 있는 자리	0.7
왼손 – 한 발 또는 양발	1.0	왼손 – 오른손	0.4
양손 – 양발	1.0	오른손 – 등	0.3
오른손 – 한 발 또는 양발	0.8		

※ 숫자가 클수록 위험도가 높다.

68 정전기 발생 종류가 아닌 것은?

① 박리
② 마찰
③ 분출
④ 방전

해설

정전기 발생현상
1. 마찰대전
2. 박리대전
3. 유동대전
4. 분출대전
5. 충돌대전
6. 유도대전
7. 비말대전
8. 파괴대전
9. 교반대전(진동대전)

69 다음 중 방폭구조의 종류와 기호를 올바르게 나타낸 것은?

① 안전증방폭구조 : e
② 몰드방폭구조 : n
③ 충전방폭구조 : p
④ 압력방폭구조 : o

해설

방폭구조의 종류 및 기호

내압 방폭구조	d	안전증 방폭구조	e	비점화 방폭구조	n
압력 방폭구조	p	특수 방폭구조	s	몰드 방폭구조	m
유입 방폭구조	o	본질안전 방폭구조	i(ia, ib)	충전 방폭구조	q

70 전기설비에서 일반적인 제2종 접지공사는 접지저항값을 몇 [Ω] 이하로 하여야 하는가?

① 10
② 100
③ $\dfrac{150}{1선 지락전류}$
④ $\dfrac{400}{1선 지락전류}$

정답 66 ② 67 ③ 68 ④ 69 ① 70 ③

해설

중성점 접지저항값
1. 일반적으로 변압기의 고압·특고압 측 전로 1선 지락전류로 150을 나눈 값과 같은 저항 값 이하
2. 변압기의 고압·특고압 측 전로 또는 사용전압이 35kV 이하의 특고압전로가 저압 측 전로와 혼촉하고 저압전로의 대지전압이 150V를 초과하는 경우 저항 값은 다음에 의한다.
   ㉠ 1초 초과 2초 이내에 고압·특고압 전로를 자동으로 차단하는 장치를 설치할 때는 300을 나눈 값 이하
   ㉡ 1초 이내에 고압·특고압 전로를 자동으로 차단하는 장치를 설치할 때는 600을 나눈 값 이하

$$\therefore 접지저항값 = \frac{150}{전로의\ 1선\ 지락전류[A]}$$

TIP

접지대상	(개정 전) 접지방식	(개정 후) KEC 접지방식
(특)고압설비	1종 : 접지저항 10Ω	• 계통접지 : TN, TT, IT 계통 • 보호접지 : 등전위본딩 등 • 피뢰시스템접지
600V 이하 설비	특3종 : 접지저항 10Ω	
400V 이하 설비	3종 : 접지저항 100Ω	
변압기	2종 : (계산 요함)	"변압기 중성점 접지"로 명칭 변경

법 개정으로 접지대상에 따라 일괄 적용한 종별접지(1종, 2종, 3종, 특별3종)가 폐지되었습니다. 해설을 참고하세요.

71 다음 중 분진폭발의 가능성이 가장 낮은 물질은?
① 소맥분 ② 마그네슘
③ 질석가루 ④ 석탄

해설

질석가루는 불연성 물질로, 팽창질석은 금속화재의 소화에 사용된다.

72 인화성 가스, 불활성 가스 및 산소를 사용하여 금속의 용접·용단 또는 가열작업을 하는 경우 가스 등의 누출 또는 방출로 인한 폭발·화재 또는 화상을 예방하기 위하여 준수해야 할 사항으로 옳지 않은 것은?

① 가스 등의 호스와 취관(吹管)은 손상·마모 등에 의하여 가스 등이 누출할 우려가 없는 것을 사용할 것
② 비상상황을 제외하고는 가스 등의 공급구의 밸브나 콕을 절대 잠그지 말 것
③ 용단작업을 하는 경우에는 취관으로부터 산소의 과잉방출로 인한 화상을 예방하기 위하여 근로자가 조절밸브를 서서히 조작하도록 주지시킬 것
④ 가스 등의 취관 및 호스의 상호 접촉부분은 호스밴드, 호스클립 등 조임기구를 사용하여 가스 등이 누출되지 않도록 할 것

해설

가스용접 등의 작업 시 준수사항
작업을 중단하거나 마치고 작업장소를 떠날 경우에는 가스 등의 공급구의 밸브나 콕을 잠글 것

73 산업안전보건기준에 관한 규칙상 섭씨 몇 ℃ 이상인 상태에서 운전되는 설비는 특수화학설비에 해당하는가?(단, 규칙에서 정한 위험물질의 기준량 이상을 제조하거나 취급하는 설비인 경우이다.)

① 150℃ ② 250℃
③ 350℃ ④ 450℃

해설

특수화학설비
1. 발열반응이 일어나는 반응장치
2. 증류·정류·증발·추출 등 분리를 하는 장치
3. 가열시켜 주는 물질의 온도가 가열되는 위험물질의 분해온도 또는 발화점보다 높은 상태에서 운전되는 설비
4. 반응폭주 등 이상 화학반응에 의하여 위험물질이 발생할 우려가 있는 설비
5. 온도가 섭씨 350도 이상이거나 게이지 압력이 980킬로파스칼 이상인 상태에서 운전되는 설비
6. 가열로 또는 가열기

74 점화원 없이 발화를 일으키는 최저온도를 무엇이라 하는가?

① 착화점 ② 연소점
③ 용융점 ④ 기화점

해설

발화점(Ignition Point)[발화온도, 착화점, 착화온도]
착화원(점화원)이 없는 상태에서 가연성 물질을 공기 또는 산소 중에서 가열하였을 때 발화되는 최저온도

75 배관용 부품에 있어 사용되는 용도가 다른 것은?

① 엘보(Elbow) ② 티이(T)
③ 크로스(Cross) ④ 밸브(Valve)

정답 71 ③ 72 ② 73 ③ 74 ① 75 ④

해설

피팅류(Fittings)

두 개의 관을 연결할 때	플랜지(Flange), 유니온(Union), 커플링(Coupling), 니플(Nipple), 소켓(Socket)
관로의 방향을 바꿀 때	엘보우(Elbow), Y지관(Y-Branch), 티(Tee), 십자(Cross)
관로의 크기를 바꿀 때 (관의 지름을 변경할 때)	리듀서(Reducer), 부싱(Bushing)
가지관을 설치할 때	Y지관(Y-Branch), 티(Tee), 십자(Cross)
유로를 차단할 때	플러그(Plug), 캡(Cap), 밸브(Valve)
유량 조절	밸브(Valve)

76 에틸에테르(폭발하한값 : 1.9vol%)와 에틸알코올(폭발하한값 : 4.3vol%)이 4 : 1로 혼합된 증기의 폭발하한계(vol%)는 약 얼마인가?(단, 혼합증기는 에틸에테르가 80%, 에틸알코올이 20%로 구성되고, 르샤틀리에 법칙을 이용한다.)

① 2.14vol% ② 3.14vol%
③ 4.14vol% ④ 5.14vol%

해설

르샤틀리에의 법칙(순수한 혼합가스일 경우)

$$\frac{100}{L} = \frac{V_1}{L_1} + \frac{V_2}{L_2} + \frac{V_3}{L_3} \cdots$$

$$L = \frac{100}{\frac{V_1}{L_1} + \frac{V_2}{L_2} + \cdots + \frac{V_n}{L_n}}$$

여기서, V_n : 전체 혼합가스 중 각 성분 가스의 체적(비율)[%]
L_n : 각 성분 단독의 폭발한계(상한 또는 하한)
L : 혼합가스의 폭발한계(상한 또는 하한)[vol%]

$$L = \frac{100}{\frac{80}{1.9} + \frac{20}{4.3}} = 2.138 \cdots \fallingdotseq 2.14[vol\%]$$

77 다음 중 산업안전보건기준에 관한 규칙에서 규정하는 급성 독성물질에 해당되지 않는 것은?

① 쥐에 대한 경구투입실험에 의하여 실험동물의 50%를 사망시킬 수 있는 물질의 양이 kg당 300mg-(체중) 이하인 화학물질
② 쥐에 대한 경피흡수실험에 의하여 실험동물의 50%를 사망시킬 수 있는 물질의 양이 kg당 1,000mg-(체중) 이하인 화학물질
③ 토끼에 대한 경피흡수실험에 의하여 실험동물의 50%를 사망시킬 수 있는 물질의 양이 kg당 1,000mg-(체중) 이하인 화학물질
④ 쥐에 대한 4시간 동안의 흡입실험에 의하여 실험동물의 50%를 사망시킬 수 있는 가스의 농도가 3,000ppm 이상인 화학물질

해설

급성 독성물질
1. 쥐에 대한 경구투입실험에 의하여 실험동물의 50%를 사망시킬 수 있는 물질의 양, 즉 LD50(경구, 쥐)이 kg당 300mg-(체중) 이하인 화학물질
2. 쥐 또는 토끼에 대한 경피흡수실험에 의하여 실험동물의 50%를 사망시킬 수 있는 물질의 양, 즉 LD50(경피, 토끼 또는 쥐)이 kg당 1,000mg-(체중) 이하인 화학물질
3. 쥐에 대한 4시간 동안의 흡입실험에 의하여 실험동물의 50%를 사망시킬 수 있는 물질의 농도, 즉 가스 LC50(쥐, 4시간 흡입)이 2,500ppm 이하인 화학물질, 증기 LC50(쥐, 4시간 흡입)이 10mg/L 이하인 화학물질, 분진 또는 미스트 1mg/L 이하인 화학물질

78 연소의 3요소 중 1가지에 해당하는 요소가 아닌 것은?

① 메탄 ② 공기
③ 정전기 방전 ④ 이산화탄소

해설

연소의 3요소
1. 가연성물질(가연물) : 메탄
2. 산소공급원 : 공기
3. 점화원 : 정전기 방전

TIP 이산화탄소 : 이산화탄소, 물 등은 더 이상 산화반응을 할 수 없으므로 불연성 물질에 포함된다.

79 다음 물질이 물과 반응하였을 때 가스가 발생한다. 위험도값이 가장 큰 가스를 발생하는 물질은?

① 칼륨 ② 수소화나트륨
③ 탄화칼슘 ④ 트리에틸알루미늄

해설

탄화칼슘(CaC_2, 카바이드)
백색 결정체로, 자신은 불연성이나 물과 반응하여 아세틸렌을 발생시킨다.

$$CaC_2 + 2H_2O \rightarrow Ca(OH)_2 + C_2H_2$$
(탄화칼슘)　(물)　(수산화칼슘)　(아세틸렌)

80 다음 중 화재의 분류에서 전기화재에 해당하는 것은?

① A급 화재
② B급 화재
③ C급 화재
④ D급 화재

해설

화재의 종류

분류	A급 화재	B급 화재	C급 화재	D급 화재
명칭	일반화재	유류화재	전기화재	금속화재
분류	보통 잔재의 작열에 의해 발생하는 연소에서 보통 유기 성질의 고체물질을 포함한 화재	액체 또는 액화할 수 있는 고체를 포함한 화재 및 가연성 가스화재	통전 중인 전기설비를 포함한 화재	금속을 포함한 화재
가연물	목재, 종이, 섬유 등	가솔린, 등유, 프로판가스 등	전기기기, 변압기, 전기다리미 등	가연성 금속 (Mg분, Al분)
소화방법	냉각소화	질식소화	질식, 냉각소화	질식소화
적응 소화제	1. 물 소화기 2. 강화액 소화기 3. 산·알칼리 소화기	1. 이산화탄소 소화기 2. 할로겐 화합물 소화기 3. 분말 소화기 4. 포말 소화기	1. 이산화탄소 소화기 2. 할로겐 화합물 소화기 3. 분말 소화기 4. 무상강화액 소화기	1. 건조사 2. 팽창 질석 3. 팽창 진주암

5과목 건설안전기술

81 잠함 또는 우물통의 내부에서 근로자가 굴착작업을 하는 경우의 준수사항으로 옳지 않은 것은?

① 산소결핍 우려가 있는 경우에는 산소의 농도를 측정하는 사람을 지명하여 측정하도록 할 것
② 근로자가 안전하게 오르내리기 위한 설비를 설치할 것
③ 굴착깊이가 20m를 초과하는 경우에는 해당 작업장소와 외부와의 연락을 위한 통신설비 등을 설치할 것
④ 잠함 또는 우물통의 급격한 침하에 의한 위험을 방지하기 위하여 바닥으로부터 천장 또는 보까지의 높이는 2m 이내로 할 것

해설

급격한 침하로 인한 위험방지(잠함 또는 우물통의 내부에서 굴착작업을 하는 경우)
1. 침하관계도에 따라 굴착방법 및 재하량 등을 정할 것
2. 바닥으로부터 천장 또는 보까지의 높이는 1.8m 이상으로 할 것

82 굴착작업 시 근로자의 위험을 방지하기 위하여 해당 작업, 작업장에 대한 사전조사를 실시하여야 하는데 이 사전조사 항목에 포함되지 않는 것은?

① 지반의 지하수위 상태
② 형상·지질 및 지층의 상태
③ 굴착기의 이상 유무
④ 매설물 등의 유무 또는 상태

해설

굴착작업 시 사전조사 내용
1. 형상·지질 및 지층의 상태
2. 균열·함수·용수 및 동결의 유무 또는 상태
3. 매설물 등의 유무 또는 상태
4. 지반의 지하수위 상태

83 흙의 연경도(Consistency)에서 반고체상태와 소성상태의 한계를 무엇이라 하는가?

① 액성한계
② 소성한계
③ 수축한계
④ 반수축한계

정답 80 ③　81 ④　82 ③　83 ②

해설
흙의 연경도(Consistency)
흙의 함수비 변화에 따른 상태변화를 나타내는 성질을 말한다.

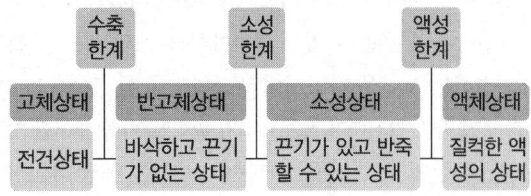

84 화물을 적재하는 경우 준수하여야 할 사항으로 옳지 않은 것은?

① 침하 우려가 없는 튼튼한 기반 위에 적재할 것
② 화물의 압력정도와 관계없이 건물의 벽이나 칸막이 등을 이용하여 화물을 기대어 적재할 것
③ 하중이 한쪽으로 치우치지 않도록 쌓을 것
④ 불안정할 정도로 높이 쌓아 올리지 말 것

해설
화물의 적재 시 준수사항
1. 침하 우려가 없는 튼튼한 기반 위에 적재할 것
2. 건물의 칸막이나 벽 등이 화물의 압력에 견딜 만큼의 강도를 지니지 아니한 경우에는 칸막이나 벽에 기대어 적재하지 않도록 할 것
3. 불안정할 정도로 높이 쌓아 올리지 말 것
4. 하중이 한쪽으로 치우치지 않도록 쌓을 것

85 발파공사 암질 변화구간 및 이상암질 출현 시 적용하는 암질 판별방법과 거리가 먼 것은?

① R.Q.D
② RMR 분류
③ 탄성파 속도
④ 하중계(Load Cell)

해설
암질판별 기준
1. R.Q.D(%)
2. 탄성파속도(m/sec)
3. R.M.R
4. 일축압축강도(kg/cm^2)
5. 진동치 속도(cm/sec=Kine)

86 철골작업을 중지하여야 하는 풍속과 강우량 기준으로 옳은 것은?

① 풍속 : 10m/sec 이상, 강우량 : 1mm/h 이상
② 풍속 : 5m/sec 이상, 강우량 : 1mm/h 이상
③ 풍속 : 10m/sec 이상, 강우량 : 2mm/h 이상
④ 풍속 : 5m/sec 이상, 강우량 : 2mm/h 이상

해설
작업의 제한(철골작업 중지)
1. 풍속이 초당 10m 이상인 경우
2. 강우량이 시간당 1mm 이상인 경우
3. 강설량이 시간당 1cm 이상인 경우

87 근로자의 추락 등의 위험을 방지하기 위하여 안전난간을 설치하는 경우 안전난간은 구조적으로 가장 취약한 지점에서 가장 취약한 방향으로 작용하는 얼마 이상의 하중에 견딜 수 있는 튼튼한 구조이어야 하는가?

① 50kg
② 100kg
③ 150kg
④ 200kg

해설
안전난간의 하중
안전난간은 구조적으로 가장 취약한 지점에서 가장 취약한 방향으로 작용하는 100kg 이상의 하중에 견딜 수 있는 튼튼한 구조일 것

88 달비계(곤돌라의 달비계는 제외)의 최대 적재하중을 정하는 경우 달기와이어로프 및 달기 강선의 안전계수 기준으로 옳은 것은?

① 5 이상
② 7 이상
③ 8 이상
④ 10 이상

해설
달비계(곤돌라의 달비계 제외)의 안전계수

구분		안전계수
달기 와이어로프 및 달기 강선		10 이상
달기 체인 및 달기 훅		5 이상
달기 강대와 달비계의 하부 및 상부 지점	강재	2.5 이상
	목재	5 이상

TIP 본 문제는 법 개정으로 내용이 삭제되었습니다. 참고만 하세요.

정답 84 ② 85 ④ 86 ① 87 ② 88 ④

89 지반 종류에 따른 굴착면의 기울기 기준으로 옳지 않은 것은?

① 보통 흙의 습지 – 1 : 1~1 : 1.5
② 연암 – 1 : 0.7
③ 풍화암 – 1 : 1.0
④ 보통 흙의 건지 – 1 : 0.5~1 : 1

해설

굴착면의 기울기

지반의 종류	굴착면의 기울기
모래	1 : 1.8
연암 및 풍화암	1 : 1.0
경암	1 : 0.5
그 밖의 흙	1 : 1.2

TIP 본 문제는 법 개정으로 일부 내용이 수정되었습니다. 해설은 법 개정으로 수정된 내용이니 해설을 학습하세요.

90 재료비가 30억 원, 직접노무비가 50억 원인 건설공사의 예정가격상 안전관리비로 옳은 것은?[단, 건축공사에 해당되며 계상기준은 2.37%임]

① 56,400,000원
② 94,000,000원
③ 150,400,000원
④ 189,600,000원

해설

안전관리비
1. 안전관리비 대상액
   = 재료비 + 직접노무비
   = 3,000,000,000 + 5,000,000,000
   = 8,000,000,000원
2. 계상기준(대상액이 5억 원 미만 또는 50억 원 이상일 경우)

   안전보건관리비 = 대상액 × 계상기준표의 비율

3. 안전관리비
   = 대상액 × 계상기준표의 비율
   = 8,000,000,000 × 0.0237
   = 189,600,000원

공사 종류	대상액 5억 원 미만인 경우 적용비율(%)	대상액 5억 원 이상 50억 원 미만인 경우		대상액 50억 원 이상인 경우 적용비율(%)	보건관리자 선임대상 건설공사의 적용비율(%)
		적용비율(%)	기초액		
건축공사	3.11%	2.28%	4,325,000원	2.37%	2.64%
토목공사	3.15%	2.53%	3,300,000원	2.60%	2.73%
중건설공사	3.64%	3.05%	2,975,000원	3.11%	3.39%
특수건설공사	2.07%	1.59%	2,450,000원	1.64%	1.78%

안전관리비 대상액 = 공사원가계산서 구성항목 중 직접재료비, 간접재료비와 직접노무비를 합한 금액(발주자가 재료를 제공할 경우에는 해당 재료비를 포함)

91 사질토지반에서 보일링(Boiling)현상에 의한 위험성이 예상될 경우의 대책으로 옳지 않은 것은?

① 흙막이 말뚝의 밑둥넣기를 깊게 한다.
② 굴착 저면보다 깊은 지반을 불투수로 개량한다.
③ 굴착 밑 투수층에 만든 피트(Pit)를 제거한다.
④ 흙막이벽 주위에서 배수시설을 통해 수두차를 적게 한다.

해설

보일링(Boiling)현상
1. 정의 : 사질토 지반에서 굴착저면과 흙막이 배면과의 수위차로 인해 굴착저면의 흙과 물이 함께 위로 솟구쳐 오르는 현상
2. 안전대책
   ㉠ 차수성이 높은 흙막이벽 설치
   ㉡ 흙막이 근입깊이를 깊게
   ㉢ 약액주입 등의 굴착면 고결
   ㉣ 주변의 지하수위저하(웰포인트 공법 등)
   ㉤ 압성토 공법

92 유해 · 위험 방지계획서 제출 시 첨부서류의 항목이 아닌 것은?

① 보호장비 폐기계획
② 공사개요서
③ 산업안전보건관리비 사용계획
④ 전체 공정표

해설

건설공사 유해 · 위험방지계획서 제출 시 첨부서류
1. 공사 개요 및 안전보건관리계획
   ㉠ 공사 개요서

정답 89 ② 90 ④ 91 ③ 92 ①

  ⓒ 공사현장의 주변 현황 및 주변과의 관계를 나타내는 도면(매설물 현황을 포함)
  ⓒ 전체 공정표
  ⓔ 산업안전보건관리비 사용계획서
  ⓜ 안전관리 조직표
  ⓗ 재해 발생 위험 시 연락 및 대피방법
2. 작업 공사 종류별 유해·위험방지계획

93 다음 (　) 안에 알맞은 수치는?

> 슬레이트, 선라이트(Sunlight) 등 강도가 약한 재료로 덮은 지붕 위에서 작업을 할 때에 발이 빠지는 등 근로자가 위험해질 우려가 있는 경우 폭 (　) 이상의 발판을 설치하거나 추락방호망을 치는 등 위험을 방지하기 위하여 필요한 조치를 하여야 한다.

① 30cm   ② 40cm
③ 50cm   ④ 60cm

해설
지붕 위에서의 위험 방지
1. 지붕의 가장자리에 안전난간을 설치할 것
2. 채광창(Skylight)에는 견고한 구조의 덮개를 설치할 것
3. 슬레이트 등 강도가 약한 재료로 덮은 지붕에는 폭 30cm 이상의 발판을 설치할 것
4. 작업 환경 등을 고려할 때 안전난간을 설치하기 곤란한 경우에는 추락방호망을 설치해야 한다. 다만, 사업주는 작업 환경 등을 고려할 때 추락방호망을 설치하기 곤란한 경우에는 근로자에게 안전대를 착용하도록 하는 등 추락 위험을 방지하기 위하여 필요한 조치를 해야 한다.

94 다음 중 셔블계 굴착기계에 속하지 않는 것은?

① 파워 셔블(Power Shovel)
② 클램셸(Clamshell)
③ 스크레이퍼(Scraper)
④ 드래그라인(Dragline)

해설
셔블계 굴착기계
1. 파워 셔블　　2. 드래그셔블
3. 드래그라인　　4. 클램셸

> **TIP** 스크레이퍼(Scraper)는 도저계 굴착기계에 해당된다.

95 토사 붕괴의 내적 요인이 아닌 것은?

① 사면, 법면의 경사 증가
② 절토 사면의 토질구성 이상
③ 성토 사면의 토질구성 이상
④ 토석의 강도 저하

해설
토석 붕괴의 원인

외적 원인	1. 사면, 법면의 경사 및 기울기의 증가 2. 절토 및 성토 높이의 증가 3. 공사에 의한 진동 및 반복 하중의 증가 4. 지표수 및 지하수의 침투에 의한 토사 중량의 증가 5. 지진, 차량, 구조물의 하 중작용 6. 토사 및 암석의 혼합층 두께
내적 원인	1. 절토 사면의 토질·암질 2. 성토 사면의 토질구성 및 분포 3. 토석의 강도 저하

96 다음은 비계발판용 목재재료의 강도상의 결점에 대한 조사기준이다. (　) 안에 들어갈 내용으로 옳은 것은?

> 발판의 폭과 동일한 길이 내에 있는 결점치수의 총합이 발판폭의 (　)을 초과하지 않을 것

① 1/2   ② 1/3
③ 1/4   ④ 1/6

해설
재료의 강도상 결점 검사기준(작업발판으로 사용하는 목재의 경우)

결점의 대상 및 위치		검사기준
발판의 폭과 동일한 길이 내에 있는 결점치수의 총합		발판폭의 1/4을 초과금지
결점 개개의 크기가	발판의 중앙부에 있는 경우	발판폭의 1/5을 초과금지
	발판의 갓부분에 있는 경우	발판폭의 1/7을 초과금지
발판의 갓면에 있을 때		발판두께의 1/2을 초과금지
발판의 갈라짐		발판폭의 1/2을 초과금지 (철선, 띠철로 감아서 보존할 것)

97 다음은 산업안전보건법령에 따른 작업장에서의 투하설비 등에 관한 사항이다. 빈칸에 들어갈 내용으로 옳은 것은?

> 사업주는 높이가 ( ) 이상인 장소로부터 물체를 투하하는 경우 적당한 투하설비를 설치하거나 감시인을 배치하는 등 위험을 방지하기 위하여 필요한 조치를 하여야 한다.

① 2m ② 3m
③ 5m ④ 10m

해설
투사설비 등
높이가 3m 이상인 장소로부터 물체를 투하하는 경우 적당한 투하설비를 설치하거나 감시인을 배치하는 등 위험을 방지하기 위하여 필요한 조치를 하여야 한다.

98 철골용접 작업자의 전격 방지를 위한 주의사항으로 옳지 않은 것은?

① 보호구와 복장을 구비하고, 기름기가 묻었거나 젖은 것은 착용하지 않을 것
② 작업 중지의 경우에는 스위치를 떼어 놓을 것
③ 개로전압이 높은 교류 용접기를 사용할 것
④ 좁은 장소에서의 작업에서는 신체를 노출시키지 않을 것

해설
철골용접 작업 시 감전재해 방지대책
1. 안전보호구를 반드시 착용하며 기름기가 묻었거나 젖은 것을 착용하지 않을 것
2. 용접 작업 전 캡타이어 케이블의 피복상태, 용접기의 접지상태를 확실하게 점검할 것
3. 좁은 장소의 작업에서는 신체를 노출 시키지 말 것
4. 용접 작업 중지 시에는 반드시 메인(주)전원 스위치를 내릴 것
5. 전격방지장치는 매일 점검할 것
6. 전격방지기를 설치하고 개로전압(무부하전압)이 필요 이상 높지 않도록 할 것
7. 용접작업 시 용접봉 끝부분이 충전부에 접촉되지 않도록 할 것

99 층고가 높은 슬래브 거푸집 하부에 적용하는 무지주 공법이 아닌 것은?

① 보우빔(Bow Beam)
② 철근일체형 데크플레이트(Deck Plate)
③ 페코빔(Pecco Beam)
④ 솔져시스템(Soldier System)

해설
솔져시스템
솔져시스템은 합벽을 지지해주는 것으로 합벽지지대라고도 한다.

 ① 보우빔(Bow Beam) : 하층의 작업공간을 확보하기 위하여 철골트러스와 유사한 경량 가설보를 설치하여 바닥콘크리트를 타설하는 것으로 무지주공법이다.
② 철근일체형 데크플레이트(Deck Plate) : 건축물에서 철골보에 데크플레이트를 걸쳐대고 철근을 배근한 후 콘크리트를 타설하는 것으로 지주가 없는 무지주공법이다.
③ 페코빔(Pecco Beam) : 보우빔과 같이 하층의 작업공간을 확보하기 위한 무지주공법으로 조절이 자유롭다.

100 도심지에서 주변에 주요시설물이 있을 때 침하와 변위를 적게 할 수 있는 가장 적당한 흙막이공법은?

① 동결공법
② 샌드드레인공법
③ 지하연속벽공법
④ 뉴매틱케이슨공법

해설
지하연속벽공법(Slurry Wall)
1. 구조물의 벽체 부분을 먼저 굴착한 후 안정액(Bentonite)을 사용하여 굴착 벽면의 붕괴를 방지하면서 그 속에 철근망을 삽입하고 콘크리트를 타설하여 지하벽체를 형성하는 공법
2. 소음과 진동이 거의 없으며, 인접 건물에 근접 시공 가능

정답 97 ② 98 ③ 99 ④ 100 ③

PART 02

08 2018년 2회 기출문제

1과목 산업안전관리론

01 산업안전보건법령상 안전·보건표지의 색채, 색도기준 및 용도 중 다음 ( ) 안에 알맞은 것은?

색채	색도기준	용도	사용례
( )	5Y 8.5/12	경고	화학물질 취급장소에서의 유해·위험경고 이외의 위험경고, 주의표지 또는 기계방호물

① 파란색   ② 노란색
③ 빨간색   ④ 검은색

해설

안전·보건표지의 색채, 색도기준 및 용도

색채	색도기준	용도	사용 예
빨간색	7.5R 4/14	금지	정지신호, 소화설비 및 그 장소, 유해행위의 금지
		경고	화학물질 취급장소에서의 유해·위험경고
노란색	5Y 8.5/12	경고	화학물질 취급장소에서의 유해·위험경고 이외의 위험경고, 주의표지 또는 기계방호물
파란색	2.5PB 4/10	지시	특정 행위의 지시 및 사실의 고지
녹색	2.5G 4/10	안내	비상구 및 피난소, 사람 또는 차량의 통행표지
흰색	N9.5		파란색 또는 녹색에 대한 보조색
검은색	N0.5		문자 및 빨간색 또는 노란색에 대한 보조색

02 산업재해에 있어 인명이나 물적 등 일체의 피해가 없는 사고를 무엇이라고 하는가?

① Near Accident   ② Good Accident
③ True Accident   ④ Original Accident

해설

아차사고(Near Accident)
재해 또는 사고가 발생하여도 인명상해나 물적손실 등 일체의 피해가 없는 사고를 말한다.

03 점검시기에 의한 안전점검의 분류에 해당하지 않는 것은?

① 성능점검   ② 정기점검
③ 임시점검   ④ 특별점검

해설

안전점검의 종류

점검주기에 따른 구분	1. 정기점검(계획점검) 2. 수시점검(일상점검, 일일점검) 3. 임시점검 4. 특별점검
점검방법에 의한 구분	1. 외관점검(육안점검) 2. 작동점검(작동상태검사) 3. 기능점검(조작검사) 4. 종합점검

04 지난 한 해 동안 산업재해로 인하여 직접손실비용이 3조 1,600억 원이 발생한 경우의 총재해 코스트는? (단, 하인리히의 재해손실비 평가방식을 적용한다.)

① 6조 3,200억 원   ② 9조 4,800억 원
③ 12조 6,400억 원   ④ 15조 8,000억 원

해설

총재해 코스트
총재해 코스트(재해손실비용) = 직접비 + 간접비
= 직접비×5 = 3조 1,600억 원×5 = 15조 8,000억 원

> **TIP** 하인리히(H.W.Heinrich) 방식(1 : 4 원칙)
> 1. 총재해 코스트(재해손실비용) = 직접비 + 간접비
>   = 직접비×5
> 2. 직접손실비 : 간접손실비 = 1 : 4

05 내전압용 절연장갑의 성능기준상 최대사용전압에 따른 절연장갑의 구분 중 00등급의 색상으로 옳은 것은?

① 노란색   ② 흰색
③ 녹색   ④ 갈색

정답 01 ② 02 ① 03 ① 04 ④ 05 ④

해설

내전압용 절연장갑의 등급

등급	최대사용전압		등급별색상
	교류(V, 실효값)	직류(V)	
00	500	750	갈색
0	1,000	1,500	빨강색
1	7,500	11,250	흰색
2	17,000	25,500	노랑색
3	26,500	39,750	녹색
4	36,000	54,000	등색

06 파블로프(Pavlov)의 조건반사설에 의한 학습이론의 원리에 해당하지 않는 것은?

① 일관성의 원리 ② 시간의 원리
③ 강도의 원리 ④ 준비성의 원리

해설

학습의 원리

조건반사설 (Pavlov)	시행착오설 (Thorndike)	조작적 조건형성이론 (Skinner)
1. 강도의 원리 2. 일관성의 원리 3. 시간의 원리 4. 계속성의 원리	1. 효과의 법칙 2. 준비성의 법칙 3. 연습의 법칙	1. 강화의 원리 2. 소거의 원리 3. 조형의 원리 4. 자발적 회복의 원리 5. 변별의 원리

07 착오의 요인 중 인지과정의 착오에 해당하지 않는 것은?

① 정서 불안정
② 감각차단 현상
③ 정보부족
④ 생리·심리적 능력의 한계

해설

착오의 요인

종류	내용
인지과정 착오	1. 심리 또는 생리적 요인 2. 정보량 저장의 한계 : 한계정보량보다 더 많은 정보가 들어오는 경우 정보를 처리하지 못하는 현상 3. 감각차단 현상 : 단조로운 업무가 장시간 지속될 때 작업자의 감각기능 및 판단능력이 둔화 또는 마비되는 현상(예 : 고도비행, 단독비행, 계기비행, 직선 고속도로 운행 등) 4. 정서적 불안정(불안, 공포) 5. 정보수용 능력의 한계 : 인간의 감지범위 밖의 정보
판단과정 착오	1. 정보부족(옹고집, 지나친 자기중심적 인간) 2. 능력부족(지식부족, 경험부족) 3. 자기합리화(자기에게 유리하게 판단) 4. 환경조건불비(작업조건불량)
조치과정 착오	1. 기술능력 미숙 2. 경험 부족 3. 피로

08 안전교육 방법 중 TWI의 교육과정이 아닌 것은?

① 작업지도훈련 ② 인간관계훈련
③ 정책수립훈련 ④ 작업방법훈련

해설

TWI의 교육과정
1. Job Method Training(JMT) : 작업방법훈련, 작업개선훈련
2. Job Instruction Training(JIT) : 작업지도훈련
3. Job Relations Training(JRT) : 인간관계훈련, 부하통솔법
4. Job Safety Training(JST) : 작업안전훈련

09 산업안전보건법령상 안전관리자가 수행하여야 할 업무가 아닌 것은?(단, 그 밖에 안전에 관한 사항으로서 고용노동부장관이 정하는 사항은 제외한다.)

① 위험성평가에 관한 보좌 및 조언·지도
② 물질안전보건자료의 게시 또는 비치에 관한 보좌 및 조언·지도
③ 사업장 순회점검·지도 및 조치의 건의
④ 산업재해에 관한 통계의 유지·관리·분석을 위한 보좌 및 조언·지도

해설

안전관리자의 업무
1. 산업안전보건위원회 또는 안전 및 보건에 관한 노사협의체에서 심의·의결한 업무와 해당 사업장의 안전보건관리규정 및 취업규칙에서 정한 업무
2. 위험성평가에 관한 보좌 및 지도·조언
3. 안전인증대상 기계 등과 자율안전확인대상 기계 등 구입 시 적격품의 선정에 관한 보좌 및 지도·조언
4. 해당 사업장 안전교육계획의 수립 및 안전교육 실시에 관한 보좌 및 지도·조언
5. 사업장 순회점검, 지도 및 조치 건의
6. 산업재해 발생의 원인 조사·분석 및 재발 방지를 위한 기술적 보좌 및 지도·조언

정답 06 ④ 07 ③ 08 ③ 09 ②

7. 산업재해에 관한 통계의 유지·관리·분석을 위한 보좌 및 지도·조언
8. 법 또는 법에 따른 명령으로 정한 안전에 관한 사항의 이행에 관한 보좌 및 지도·조언
9. 업무수행 내용의 기록·유지
10. 그 밖에 안전에 관한 사항으로서 고용노동부장관이 정하는 사항

> **TIP** 물질안전보건자료의 게시 또는 비치에 관한 보좌 및 조언·지도 : 보건관리자의 업무

10 부주의 현상 중 의식의 우회에 대한 예방대책으로 옳은 것은?

① 안전교육
② 표준작업제도 도입
③ 상담
④ 적성배치

해설
부주의 발생원인과 대책

구분	발생원인	대책
외적 원인	작업 및 환경조건의 불량	환경정비
	작업순서의 부적합	작업순서 정비(인간공학적 접근)
	작업강도	작업량, 작업시간, 속도 등의 조절
	기상조건	온도, 습도 등의 조절
내적 원인	소질적 요인	적성에 따른 배치(적성배치)
	의식의 우회	카운슬링(상담)
	경험 부족 및 미숙련	교육 및 훈련
	피로도	충분한 휴식
	정서 불안정	심리적 안정 및 치료

11 안전모의 시험성능기준 항목이 아닌 것은?

① 내관통성
② 충격흡수성
③ 내구성
④ 난연성

해설
안전모의 시험성능 항목 및 기준

안전인증 대상 안전모의 시험성능기준 항목	1. 내관통성 4. 내수성 2. 충격흡수성 5. 난연성 3. 내전압성 6. 턱끈 풀림
자율안전 확인 안전모의 시험성능기준 항목	1. 내관통성 3. 난연성 2. 충격흡수성 4. 턱끈 풀림

12 매슬로(Maslow)의 욕구단계 이론 중 제5단계 욕구로 옳은 것은?

① 안전에 대한 욕구
② 자아실현의 욕구
③ 사회적(애정적) 욕구
④ 존경과 긍지에 대한 욕구

해설
매슬로(Maslow)의 욕구단계 이론

제1단계	생리적 욕구	기아, 갈증, 호흡, 배설, 성욕 등 생명 유지의 기본적 욕구
제2단계	안전의 욕구	1. 자기보존 욕구 – 안전을 구하려는 욕구 2. 전쟁, 재해, 질병의 위험으로부터 자유로워지려는 욕구
제3단계	사회적 욕구	1. 소속감과 애정에 대한 욕구 2. 사회적으로 관계를 향상시키는 욕구
제4단계	인정받으려는 욕구 (자기 존중의 욕구)	자존심, 명예, 성취, 지위 등 인정받으려는 욕구
제5단계	자아실현의 욕구	1. 잠재능력을 실현하고자 하는 성취욕구 2. 특유의 창의력을 발휘

13 산업안전보건법령상 특별안전·보건교육 대상 작업별 교육내용 중 밀폐공간에서의 작업별 교육내용이 아닌 것은?(단, 그 밖에 안전·보건관리에 필요한 사항은 제외한다.)

① 산소농도 측정 및 작업환경에 관한 사항
② 유해물질의 인체에 미치는 영향
③ 보호구 착용 및 사용방법에 관한 사항
④ 사고 시의 응급처치 및 비상시 구출에 관한 사항

해설
특별안전 보건교육내용(밀폐공간에서의 작업)
1. 산소농도 측정 및 작업환경에 관한 사항
2. 사고 시의 응급처치 및 비상시 구출에 관한 사항
3. 보호구 착용 및 사용방법에 관한 사항
4. 밀폐공간작업의 안전작업방법에 관한 사항
5. 그 밖에 안전·보건관리에 필요한 사항

정답 10 ③ 11 ③ 12 ② 13 ②

14 산업안전보건법령상 근로자 안전보건교육 중 채용 시의 교육 및 작업내용 변경 시의 교육사항으로 옳은 것은?

① 물질안전보건자료에 관한 사항
② 건강증진 및 질병 예방에 관한 사항
③ 유해·위험 작업환경 관리에 관한 사항
④ 표준안전 작업방법 결정 및 지도·감독 요령에 관한 사항

해설
근로자 채용 시 교육 및 작업내용 변경 시 교육
1. 산업안전 및 산업재해 예방에 관한 사항(화재·폭발 사고 발생 시 대피에 관한 사항을 포함)
2. 산업보건 및 건강장해 예방에 관한 사항
3. 위험성 평가에 관한 사항
4. 산업안전보건법령 및 산업재해보상보험 제도에 관한 사항
5. 직무스트레스 예방 및 관리에 관한 사항
6. 직장 내 괴롭힘, 고객의 폭언 등으로 인한 건강장해 예방 및 관리에 관한 사항
7. 기계·기구의 위험성과 작업의 순서 및 동선에 관한 사항
8. 작업 개시 전 점검에 관한 사항
9. 정리정돈 및 청소에 관한 사항
10. 사고 발생 시 긴급조치에 관한 사항
11. 물질안전보건자료에 관한 사항

15 안전교육 훈련의 기법 중 하버드 학파의 5단계 교수법을 순서대로 나열한 것으로 옳은 것은?

① 총괄 → 연합 → 준비 → 교시 → 응용
② 준비 → 교시 → 연합 → 총괄 → 응용
③ 교시 → 준비 → 연합 → 응용 → 총괄
④ 응용 → 연합 → 교시 → 준비 → 총괄

해설
하버드 학파의 5단계 교수법
1. 1단계 : 준비시킨다(Preparation).
2. 2단계 : 교시한다(Presentation).
3. 3단계 : 연합한다(Association).
4. 4단계 : 총괄시킨다(Generalization).
5. 5단계 : 응용시킨다(Application).

16 인간관계의 메커니즘 중 다른 사람의 판단이나 행동을 무비판적으로 논리적, 사실적 근거 없이 받아들이는 것은?

① 모방(Imitation)
② 투사(Projection)
③ 동일화(Identification)
④ 암시(Suggestion)

해설
인간관계 메커니즘

투사 (Projection)	자기 마음속의 억압된 것을 다른 사람의 것으로 생각하는 것
암시 (Suggestion)	다른 사람으로부터의 판단이나 행동을 무비판적으로 논리적, 사실적 근거 없이 받아들이는 것
동일화 (Identification)	다른 사람의 행동양식이나 태도를 투입하거나 다른 사람 가운데서 자기와 비슷한 것을 발견하게 되는 것
모방 (Imitation)	남의 행동이나 판단을 표본으로 하여 그것과 같거나 그것에 가까운 행동 또는 판단을 취하려는 것
커뮤니케이션 (Communication)	여러 가지 행동양식이 기로를 매개로 하여 한 사람으로부터 다른 사람에게 전달되는 과정으로 언어, 손짓, 몸짓, 표정 등

17 재해율 중 재직근로자 1,000명당 1년간 발생하는 재해자 수를 나타내는 것은?

① 연천인율
② 도수율
③ 강도율
④ 종합재해지수

해설
연천인율
근로자 1,000명당 1년간 발생하는 재해자 수

$$연천인율 = \frac{연간\ 재해자\ 수}{연평균\ 근로자\ 수} \times 1,000$$

18 보호구 안전인증 고시에 따른 안전화의 정의 중 다음 ( ) 안에 알맞은 것은?

경작업용 안전화란 (㉠)[mm]의 낙하높이에서 시험했을 때 충격과 (㉡ ± 0.1)[kN]의 압축하중에서 시험했을 때 압박에 대하여 보호해 줄 수 있는 선심을 부착하여 착용자를 보호하기 위한 안전화를 말한다.

① ㉠ 500, ㉡ 10.0
② ㉠ 250, ㉡ 10.0
③ ㉠ 500, ㉡ 4.4
④ ㉠ 250, ㉡ 4.4

정답 14 ① 15 ② 16 ④ 17 ① 18 ④

해설
안전화의 시험방법

구분	내충격시험 충격조건	내압박성시험 하중
중작업용	1,000mm의 낙하높이에서 시험	(15.0±0.1)킬로뉴턴(KN)의 압축하중에서 시험
보통 작업용	500mm의 낙하높이에서 시험	(10.0±0.1)킬로뉴턴(KN)의 압축하중에서 시험
경작업용	250mm의 낙하높이에서 시험	(4.4±0.1)킬로뉴턴(KN)의 압축하중에서 시험

19 근로자가 작업대 위에서 전기공사 작업 중 감전에 의하여 지면으로 떨어져 다리에 골절상해를 입은 경우의 기인물과 가해물로 옳은 것은?

① 기인물 - 작업대, 가해물 - 지면
② 기인물 - 전기, 가해물 - 지면
③ 기인물 - 지면, 가해물 - 전기
④ 기인물 - 작업대, 가해물 - 전기

해설
기인물과 가해물
1. 기인물 : 전기
2. 가해물 : 지면

> **TIP** 기인물과 가해물의 정의
> ① 기인물 : 직접적으로 재해를 유발하거나 영향을 끼친 에너지원(운동, 위치, 열, 전기 등)을 지닌 기계, 장치, 구조물, 물체·물질, 사람 또는 환경 등을 말한다.
> ② 가해물 : 사람에게 직접적으로 상해를 입힌 기계, 장치, 구조물, 물체·물질, 사람 또는 환경요인을 말한다.

20 모랄 서베이(Morale Survey)의 효용이 아닌 것은?

① 조직 또는 구성원의 성과를 비교·분석한다.
② 종업원의 정화(Catharsis)작용을 촉진시킨다.
③ 경영관리를 개선하는 자료를 얻는다.
④ 근로자의 심리 또는 욕구를 파악하여 불만을 해소하고, 노동의욕을 높인다.

해설
모랄 서베이의 기대효과
1. 근로자의 심리, 욕구를 파악하여 불만을 해소하고 근로의욕을 높인다.
2. 경영관리 개선의 자료를 얻는다.
3. 근로자의 정화작용을 촉진시킨다.

2과목 인간공학 및 시스템 안전공학

21 FT도에 사용되는 기호 중 "전이기호"를 나타내는 기호는?

① 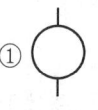   ②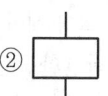

③ 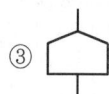   ④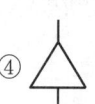

해설
FTA 분석 기호

번호	기호	명칭	내용
1	□	결함사상	사고가 일어난 사상(사건)
2	○	기본사상	더 이상 전개가 되지 않는 기본적인 사상 또는 발생확률이 단독으로 얻어지는 낮은 레벨의 기본적인 사상
3	⬠	통상사상 (가형사상)	통상발생이 예상되는 사상(예상되는 원인)
4	◇	생략사상 (최후사상)	정보부족 또는 분석기술 불충분으로 더 이상 전개할 수 없는 사상(작업진행에 따라 해석이 가능할 때는 다시 속행한다.)
5	△	전이기호 (이행기호)	• FT도상에서 다른 부분에 관한 이행 또는 연결을 나타낸다. • 상부에 선이 있는 경우는 다른 부분으로 전입(IN)
6	△	전이기호 (이행기호)	• FT도상에서 다른 부분에 관한 이행 또는 연결을 나타낸다. • 측면에 선이 있는 경우는 다른 부분으로 전출(OUT)

22 건습지수로서 습구온도와 건구온도의 가중 평균치를 나타내는 Oxford 지수의 공식으로 맞는 것은?

① $WD = 0.65WB + 0.35DB$
② $WD = 0.75WB + 0.25DB$
③ $WD = 0.85WB + 0.15DB$
④ $WD = 0.95WB + 0.05DB$

정답 19 ② 20 ① 21 ④ 22 ③

해설
Oxford 지수
습건(WD) 지수라고도 부르며, 습구온도(W)와 건구온도(D)의 가중평균치로서 정의된다.

$$WD = 0.85W + 0.15D$$

23 FTA에서 어떤 고장이나 실수를 일으키지 않으면 정상사상(Top Event)은 일어나지 않는다고 하는 것으로 시스템의 신뢰성을 표시하는 것은?

① Cut Set
② Minimal Cut Set
③ Free Event
④ Minimal Path Set

해설
미니멀 컷셋과 미니멀 패스셋

미니멀 컷셋 (Minimal Cut Set)	1. 컷셋의 집합 중에서 정상사상을 일으키기 위하여 필요한 최소한의 컷셋을 미니멀 컷셋이라 한다. 즉, 컷셋 중에서 타 컷셋을 포함하고 있는 것을 배제하고 남은 컷셋들을 의미한다. 2. 어느 고장이나 실수를 발생시키면 재해가 일어나는가 하는 것, 즉 시스템의 위험성(반대로 말하면 안전성)을 나타내는 것이다. 3. 시스템의 기능을 마비시키는 사고요인의 집합이다.
미니멀 패스셋 (Minimal Path Set)	1. 정상사상이 일어나지 않기 위해 필요한 최소한의 것을 말한다. 2. 어느 고장이나 실수를 일으키지 않으면 재해가 일어나지 않는다는 것으로 시스템의 신뢰성을 나타내는 것이다. 3. 시스템의 기능을 살리는 최소요인의 집합이다.

24 인간의 기대하는 바와 자극 또는 반응들이 일치하는 관계를 무엇이라 하는가?

① 관련성
② 반응성
③ 양립성
④ 자극성

해설
양립성(Compatibility)
1. 자극들 간의, 반응들 간의, 자극-반응 조합의 관계가 인간의 기대와 모순되지 않는 것이다.(인간이 기대하는 바와 자극 또는 반응들이 일치하는 관계)
2. 양립성의 종류
   ㉠ 공간 양립성
   ㉡ 운동 양립성
   ㉢ 개념 양립성
   ㉣ 양식 양립성

25 윤활관리시스템에서 준수해야 하는 4가지 원칙이 아닌 것은?

① 적정량 준수
② 다양한 윤활제의 혼합
③ 올바른 윤활법의 선택
④ 윤활기간의 올바른 준수

해설
윤활관리의 4원칙
1. 적유 : 기계가 필요로 하는 윤활제 선정
2. 적법 : 올바른 윤활법 채택
3. 적량 : 그 양을 규정
4. 적기 : 적절한 시기에 교환 또는 보충

26 작업기억(Working Memory)에서 일어나는 정보코드화에 속하지 않는 것은?

① 의미 코드화
② 음성 코드화
③ 시각 코드화
④ 다차원 코드화

해설
작업기억에서 일어나는 정보 코드화
1. 의미 코드화
2. 음성 코드화
3. 시각 코드화

> **TIP** 작업기억
> 입력된 정보들을 일시적으로 보유하고 각종 인지적 과정을 계획하고 순서 지으며 실제로 수행하는 작업장으로서의 기능을 수행하는 단기적 기억을 말한다. 작업기억 내의 정보는 시간이 흐름에 따라 쇠퇴할 수 있다.

27 인간공학적인 의자설계를 위한 일반적 원칙으로 적절하지 않은 것은?

① 척추의 허리부분은 요부 전만을 유지한다.
② 허리 강화를 위하여 쿠션은 설치하지 않는다.
③ 좌판의 앞 모서리 부분은 5cm 정도 낮아야 한다.
④ 좌판과 등받이 사이의 각도는 90~105°를 유지하도록 한다.

해설
의자설계의 원칙
1. 등받이 굴곡 : 요추부위의 전만곡선을 유지한다.

정답 23 ④ 24 ③ 25 ② 26 ④ 27 ②

2. 의자좌판의 높이 : 대퇴를 압박하지 않도록 좌판은 오금의 높이보다 높지 않아야 하고 앞 모서리는 5cm 정도 낮게 설계한다.(치수는 5%치 사용)
3. 의자좌판과 등받이 사이의 각도 : 90~105°를 유지하도록 한다.

> **TIP** 의자 쿠션은 탄력성과 통기성이 좋은 것을 사용하고 두께는 4~5cm 정도로 한다.

28 인간의 눈에서 빛이 가장 먼저 접촉하는 부분은?
① 각막　　② 망막
③ 초자체　④ 수정체

해설
눈의 구조 및 기능

각막	1. 빛이 가장 먼저 접촉하는 부위이다. 2. 카메라 렌즈의 앞면에 해당된다.
망막	1. 눈으로 들어온 빛이 최종적으로 도달하는 곳이다. 2. 카메라의 필름에 해당된다.
초자체 (유리체)	1. 안구 내 공간을 채움으로써 안구의 정상적인 형태를 유지한다(성분의 98~99%는 물). 2. 동공을 통해 들어온 빛이나 물체의 상이 망막에 맺힐 수 있게 한다.
수정체	1. 렌즈의 역할을 하며, 빛을 굴절시킨다. 2. 카메라 렌즈의 후면에 해당된다.

29 인체에서 뼈의 주요 기능으로 볼 수 없는 것은?
① 대사작용　② 신체의 지지
③ 조혈작용　④ 장기의 보호

해설
골격의 주요 기능
1. 지지(Support) : 신체를 지지하고 형상을 유지하는 역할
2. 보호(Protection) : 주요한 부분(생명기관)을 보호하는 역할
3. 근부착(Muscle Attachment) : 골격근이 수축할 때 지렛대 역할을 하여 신체활동(인체운동)을 수행하는 역할
4. 조혈(Blood Cell Production) : 골수에서 혈구를 생산하는 조혈작용
5. 무기질 저장(Mineral Storage) : 칼슘, 인산의 중요한 저장고가 되며 나트륨과 마그네슘 이온의 작은 저장고 역할

30 그림과 같은 시스템에서 전체 시스템의 신뢰도는 얼마인가?(단, 네모 안의 숫자는 각 부품의 신뢰도이다.)

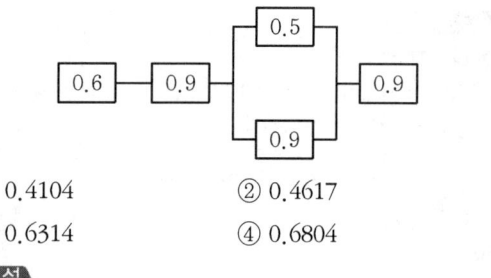

① 0.4104　② 0.4617
③ 0.6314　④ 0.6804

해설
시스템의 신뢰도
$R = 0.6 \times 0.9 \times [1-(1-0.5)(1-0.9)] \times 0.9 = 0.4617$

31 단위 면적당 표면을 떠나는 빛의 양을 설명한 것으로 맞는 것은?
① 휘도　② 조도
③ 광도　④ 반사율

해설
휘도(Brightness)
단위 면적당 표면에서 반사 또는 방출되는 빛의 양을 말하며, 이때 밝음의 정도를 주관적으로 나타낼 때의 척도를 말하기도 한다.

32 정보를 전송하기 위해 청각적 표시장치를 사용해야 효과적인 경우는?
① 전언이 복잡할 경우
② 전언이 후에 재참조될 경우
③ 전언이 공간적인 위치를 다룰 경우
④ 전언이 즉각적인 행동을 요구할 경우

해설
청각장치와 시각장치의 비교

청각적 표시장치	시각적 표시장치
1. 전언이 간단하다. 2. 전언이 짧다. 3. 전언이 후에 재참조되지 않는다. 4. 전언이 시간적 사상을 다룬다. 5. 전언이 즉각적인 행동을 요구한다(긴급할 때). 6. 수신장소가 너무 밝거나 암조응 유지가 필요시 7. 직무상 수신자가 자주 움직일 때 8. 수신자가 시각계통이 과부하 상태일 때	1. 전언이 복잡하다. 2. 전언이 길다. 3. 전언이 후에 재참조된다. 4. 전언이 공간적인 위치를 다룬다. 5. 전언이 즉각적인 행동을 요구하지 않는다. 6. 수신장소가 너무 시끄러울 때 7. 직무상 수신자가 한곳에 머물 때 8. 수신자의 청각계통이 과부하 상태일 때

정답 28 ① 29 ① 30 ② 31 ① 32 ④

33 반경 10[cm]의 조종구(Ball Control)를 30° 움직였을 때, 표시장치가 2[cm] 이동하였다면 통제표시비(C/R)는 약 얼마인가?

① 1.3 ② 2.6
③ 5.2 ④ 7.8

해설

조종 – 표시장치 이동비율(C/D비 ; Control – Display Ratio)
회전운동을 하는 조종장치가 선형 표시장치를 움직일 경우

$$C/D비(C/R비) = \frac{(a/360) \times 2\pi L}{표시장치의 이동거리}$$

여기서, L : 반경(지레의 길이)
a : 조종장치가 움직인 각도

$$C/D비 = \frac{(30/360) \times 2 \times \pi \times 10}{2} ≒ 2.6$$

34 소음성 난청 유소견자로 판정하는 구분을 나타내는 것은?

① A ② C
③ D_1 ④ D_2

해설

소음성 난청 구분

구분		내용
A		건강관리상 사후관리가 필요 없는 자(건강자)
C	C_1	직업성 질병으로 진전될 우려가 있어 추적조사 등 관찰이 필요한 자(요관찰자)
	C_2	일반질병으로 진전될 우려가 있어 추적관찰이 필요한 자(요관찰자)
D_1		직업성 질병의 소견을 보여 사후관리가 필요한 자(직업병 유소견자)
D_2		일반질병의 소견을 보여 사후관리가 필요한 자(일반질병 유소견자)
R		일반건강진단에서의 질환의심자(제2차 건강진단 대상자)

TIP C, C_1, C_2 : 관찰 대상자
D_1, D_2 : 직업병 확진 의뢰 등의 조치

35 결함수분석법에서 일정 조합 안에 포함되어 있는 기본사상들이 모두 발생하지 않으면 틀림없이 정상사상(Top Event)이 발생되지 않는 조합을 무엇이라고 하는가?

① 컷셋(Sut Set)
② 패스셋(Path Set)
③ 결함수셋(Fault Tree Set)
④ 부울대수(Boolean Algebra)

해설

컷셋과 패스셋

컷셋 (Cut Set)	정상사상을 발생시키는 기본사상의 집합으로 그 안에 포함되는 모든 기본사상(여기서는 통상사상, 생략결함사상 등을 포함한 기본사상)이 발생할 때 정상사상을 발생시킬 수 있는 기본사상의 집합
패스셋 (Path Set)	그 안에 포함되는 모든 기본사상이 일어나지 않을 때 처음으로 정상사상이 일어나지 않는 기본사상의 집합, 즉 시스템이 고장나지 않도록 하는 사상의 조합

36 체계 분석 및 설계에 있어서 인간공학적 노력의 효능을 산정하는 척도의 기준에 포함되지 않는 것은?

① 성능의 향상
② 훈련비용의 절감
③ 인력 이용률의 저하
④ 생산 및 보전의 경제성 향상

해설

체계 분석 및 설계에서 인간공학의 가치(기여도)
1. 성능의 향상
2. 훈련비용의 절감
3. 인력 이용률의 향상
4. 사고 및 오용으로부터의 손실 감소
5. 생산 및 보전의 경제성 증대
6. 사용자의 수용도 향상

37 Chapanis의 위험수준에 의한 위험발생률 분석에 대한 설명으로 맞는 것은?

① 자주 발생하는(frequent) > 10^{-3}/day
② 가끔 발생하는(occasional) > 10^{-5}/day
③ 거의 발생하지 않는(remote) > 10^{-6}/day
④ 극히 발생하지 않는(impossible) > 10^{-8}/day

정답 33 ② 34 ③ 35 ② 36 ③ 37 ④

해설

Chapanis의 위험분석
1. 전혀 발생하지 않는(발생 불가능)
   : impossible > 10^{-8}/day
2. 극히 발생할 것 같지 않은
   : extremely unlikely > 10^{-6}/day
3. 거의 발생하지 않는 : remote > 10^{-5}/day
4. 가끔 발생하는 : occasional > 10^{-4}/day
5. 보통 발생하는 : reasonably probable > 10^{-3}/day
6. 자주 발생하는 : frequent > 10^{-2}/day

38 휴먼에러의 배후 요소 중 작업방법, 작업순서, 작업정보, 작업환경과 가장 관련이 깊은 것은?

① Man
② Machine
③ Media
④ Management

해설

휴먼에러(Human Error)의 배후요인(4M)

인간관계요인 (Man)	동료나 상사, 본인 이외의 사람 등의 인간관계를 의미
작업적 요인 (Media)	1. 작업의 내용, 작업정보, 작업방법, 작업환경의 요인 2. 인간과 기계를 연결하는 매개체 3. 작업방법의 부적절
관리적 요인 (Management)	안전법규의 준수, 안전기준, 지휘감독 등의 단속 및 점검 1. 교육훈련 부족 2. 감독지도 불충분 3. 적성배치 불충분
설비적(물적) 요인 (Machine)	1. 기계설비 등의 물적 조건 2. 기계설비의 고장, 결함

39 시스템의 정의에 포함되는 조건 중 틀린 것은?

① 제약된 조건 없이 수행
② 요소의 집합에 의해 구성
③ 시스템 상호 간에 관계를 유지
④ 어떤 목적을 위하여 작용하는 집합체

해설

시스템의 정의
1. 여러 가지의 요소 또는 요소의 집합에 의해 구성되고(집합성)
2. 그것이 서로 상호관계를 가지면서(관련성)
3. 정해진 조건하에서
4. 어떤 목적을 달성하기 위해 작용하는 집합체(목적 추구성)

40 설비의 위험을 예방하기 위한 안전성 평가단계 중 가장 마지막에 해당하는 것은?

① 재평가
② 정성적 평가
③ 안전대책
④ 정량적 평가

해설

안전성 평가의 단계
안전성 평가는 6단계에 의해 실시되며, 경우에 따라 5단계와 6단계가 동시에 이루어지는 경우도 있다.
1. 제1단계 : 관계자료의 정비검토
2. 제2단계 : 정성적 평가
3. 제3단계 : 정량적 평가
4. 제4단계 : 안전대책
5. 제5단계 : 재해정보에 의한 재평가
6. 제6단계 : FTA에 의한 재평가

3과목 기계위험 방지기술

41 동력 프레스를 분류하는 데 있어서 그 종류에 속하지 않는 것은?

① 크랭크 프레스
② 토글 프레스
③ 마찰 프레스
④ 터릿 프레스

해설

프레스의 종류

인력 프레스	1. 푸트 프레스(Foot Press) 2. 나사 프레스(Screw Press) 3. 아버 프레스(Arbor Press) 4. 액센트릭 프레스(Eccentric Press)
동력 프레스	1. 크랭크 프레스(Crank Press) 2. 토글 프레스(Toggle Press) 3. 마찰 프레스(Friction Press) 4. 액압 프레스(Hydraulic Press)

42 프레스의 양수조작식 방호장치에서 누름버튼의 상호 간 내측거리는 몇 mm 이상이어야 하는가?

① 200
② 300
③ 400
④ 500

해설

누름버튼의 상호 간 내측거리는 300mm 이상이어야 한다.

43 제철공장에서는 주괴(Ingot)를 운반하는 데 주로 컨베이어를 사용하고 있다. 이 컨베이어에 대한 방호조치의 설명으로 옳지 않은 것은?

① 근로자 신체의 일부가 말려드는 등 근로자에게 위험을 미칠 우려가 있을 때 및 비상시에는 즉시 컨베이어의 운전을 정지시킬 수 있는 장치를 설치하여야 한다.
② 화물의 낙하로 인하여 근로자에게 위험을 미칠 우려가 있는 때에는 컨베이어에 덮개 또는 울을 설치하는 등 낙하방지를 위한 조치를 하여야 한다.
③ 수평상태로만 사용하는 컨베이어의 경우 정전, 전압강하 등에 의한 화물 또는 운반구의 이탈 및 역주행을 방지하는 장치를 갖추어야 한다.
④ 운전 중인 컨베이어 위로 근로자를 넘어가도록 하는 때에는 근로자의 위험을 방지하기 위하여 건널다리를 설치하는 등 필요한 조치를 하여야 한다.

해설
이탈 등의 방지
컨베이어, 이송용 롤러 등을 사용하는 경우에는 정전·전압강하 등에 따른 화물 또는 운반구의 이탈 및 역주행을 방지하는 장치를 갖추어야 한다. 다만, 무동력상태 또는 수평상태로만 사용하여 근로자가 위험해질 우려가 없는 경우에는 그러하지 아니하다.

44 와이어로프의 절단하중이 11,160N이고, 한 줄로 물건을 매달고자 할 때 안전계수를 6으로 하면 몇 N 이하의 물건을 매달 수 있는가?

① 1,860 ② 3,720
③ 5,580 ④ 66,960

해설
안전율(안전계수)

$$안전율(안전계수) = \frac{기초강도}{허용응력} = \frac{극한강도}{허용응력} = \frac{최대응력}{허용응력}$$
$$= \frac{절단하중(파괴하중)}{최대사용하중}$$
$$= \frac{극한강도}{최대설계응력} = \frac{파단하중}{안전하중}$$
$$= \frac{인장강도}{허용응력}$$

1. 안전율(안전계수) = $\frac{절단하중}{최대사용하중}$
2. 최대사용하중 = $\frac{절단하중}{안전율(안전계수)} = \frac{11,160}{6} = 1,860[N]$

45 산업안전보건법령에서 규정하는 양중기에 속하지 않는 것은?

① 호이스트 ② 이동식 크레인
③ 곤돌라   ④ 체인블록

해설
양중기의 종류
1. 크레인(호이스트 포함)
2. 이동식 크레인
3. 리프트(이삿짐운반용 리프트의 경우에는 적재하중이 0.1톤 이상인 것)
4. 곤돌라
5. 승강기

46 위험한 작업점과 작업자 사이의 위험을 차단시키는 격리형 방호장치가 아닌 것은?

① 접촉반응형 방호장치
② 완전차단형 방호장치
③ 덮개형 방호장치
④ 안전방책

해설
격리형 방호장치
1. 작업점과 작업자 사이에 접촉되어 일어날 수 있는 재해를 방지하기 위해 차단벽이나 망을 설치하는 방호장치
2. 종류 : 완전차단형, 덮개형, 안전방책

47 목재가공용 둥근톱에서 둥근톱의 두께가 4mm일 때 분할날의 두께는 몇 mm 이상이어야 하는가?

① 4.0 ② 4.2
③ 4.4 ④ 4.8

해설
분할날의 두께
분할날의 두께는 둥근톱 두께의 1.1배 이상일 것

$$1.1t_1 \leq t_2 < b$$

정답 43 ③ 44 ① 45 ④ 46 ① 47 ③

여기서, t_1 : 톱 두께
t_2 : 분할날 두께
b : 치진폭

분할날의 두께=1.1×톱 두께=1.1×4=4.4[mm]

48 근로자의 추락 등에 의한 위험을 방지하기 위하여 안전난간을 설치하는 경우 이에 관한 구조 및 설치 요건으로 틀린 것은?

① 상부 난간대, 중간 난간대, 발끝막이판 및 난간기둥으로 구성할 것
② 발끝막이판은 바닥면 등으로부터 5cm 이상의 높이를 유지할 것
③ 난간대는 지름 2.7cm 이상의 금속제 파이프나 그 이상의 강도를 가진 재료일 것
④ 안전난간은 구조적으로 가장 취약한 지점에서 가장 취약한 방향으로 작용하는 100kg 이상의 하중에 견딜 수 있을 것

해설

안전난간의 구조 및 설치요건
1. 상부 난간대, 중간 난간대, 발끝막이판 및 난간기둥으로 구성할 것. 다만, 중간 난간대, 발끝막이판 및 난간기둥은 이와 비슷한 구조와 성능을 가진 것으로 대체할 수 있다.
2. 상부 난간대는 바닥면·발판 또는 경사로의 표면(바닥면 등)으로부터 90cm 이상 지점에 설치하고, 상부 난간대를 120cm 이하에 설치하는 경우에는 중간 난간대는 상부 난간대와 바닥면등의 중간에 설치해야 하며, 120cm 이상 지점에 설치하는 경우에는 중간 난간대를 2단 이상으로 균등하게 설치하고 난간의 상하 간격은 60cm 이하가 되도록 할 것. 다만, 난간기둥 간의 간격이 25cm 이하인 경우에는 중간 난간대를 설치하지 않을 수 있다.
3. 발끝막이판은 바닥면등으로부터 10cm 이상의 높이를 유지할 것. 다만, 물체가 떨어지거나 날아올 위험이 없거나 그 위험을 방지할 수 있는 망을 설치하는 등 필요한 예방조치를 한 장소는 제외한다.
4. 난간기둥은 상부 난간대와 중간 난간대를 견고하게 떠받칠 수 있도록 적정한 간격을 유지할 것
5. 상부 난간대와 중간 난간대는 난간 길이 전체에 걸쳐 바닥면등과 평행을 유지할 것
6. 난간대는 지름 2.7cm 이상의 금속제 파이프나 그 이상의 강도가 있는 재료일 것
7. 안전난간은 구조적으로 가장 취약한 지점에서 가장 취약한 방향으로 작용하는 100kg 이상의 하중에 견딜 수 있는 튼튼한 구조일 것

49 휴대용 연삭기 덮개의 노출각도 기준은?

① 60° 이내
② 90° 이내
③ 150° 이내
④ 180° 이내

해설

연삭기 덮개의 각도
1. 일반연삭작업 등에 사용하는 것을 목적으로 하는 탁상용 연삭기 덮개의 노출각도는 125° 이내로 한다.
2. 연삭숫돌의 상부를 사용하는 것을 목적으로 하는 탁상용 연삭기 덮개의 노출각도는 60° 이내로 한다.
3. 1. 및 2. 이외의 탁상용 연삭기, 그 밖에 이와 유사한 연삭기 덮개의 노출각도는 80° 이내로 하되, 숫돌의 주축에서 수평면 위로 이루는 원주 각도는 65° 이상이 되지 않도록 한다.
4. 원통연삭기, 센터리스연삭기, 공구연삭기, 만능연삭기, 그 밖에 이와 비슷한 연삭기 덮개의 노출각도는 180° 이내로 한다.
5. 휴대용 연삭기, 스윙연삭기, 스라브연삭기, 그 밖에 이와 비슷한 연삭기 덮개의 노출각도는 180° 이내로 한다.
6. 평면연삭기, 절단연삭기, 그 밖에 이와 비슷한 연삭기 덮개의 노출각도는 150° 이내로 하되, 숫돌의 주축에서 수평면 밑으로 이루는 덮개의 각도는 15° 이상이 되도록 한다.

50 작업자의 신체움직임을 감지하여 프레스의 작동을 급정지시키는 광전자식 안전장치를 부착한 프레스가 있다. 안전거리가 32cm라면 급정지에 소요되는 시간은 최대 몇 초 이내이어야 하는가?(단, 급정지에 소요되는 시간은 손이 광선을 차단한 순간부터 급정지기구가 작동하여 하강하는 슬라이드가 정지할 때까지의 시간을 의미한다.)

① 0.1초
② 0.2초
③ 0.5초
④ 1초

해설

광전자식 방호장치의 설치 안전거리

$$D=1,600\times(T_c+T_s)$$

여기서, D : 안전거리[mm]
T_c : 방호장치의 작동시간[즉, 손이 광선을 차단했을 때부터 급정지기구가 작동을 개시할 때까지의 시간(초)]
T_s : 프레스 등의 최대정지시간[즉, 급정지기구가 작동을 개시했을 때부터 슬라이드 등이 정지할 때까지의 시간(초)]

1. (T_c+T_s)=급정지 시간
2. 320mm=1,600×급정지 시간(초)

3. 급정지 시간 = $\frac{320}{1,600}$ = 0.2초

※ 단위에 주의할 것

51 보일러수에 유지류, 고형물 등의 부유물로 인한 거품이 발생하여 수위를 판단하지 못하는 현상은?

① 프라이밍(Priming)
② 캐리오버(Carry Over)
③ 포밍(Forming)
④ 워터해머(Water Hammer)

해설
이상현상의 종류

프라이밍 (Priming)	보일러수가 극심하게 끓어서 수면에서 계속하여 물방울이 비산하고 증기부가 물방울로 충만하여 수위가 불안정하게 되는 현상
포밍 (Foaming)	보일러수에 유지류, 고형물 등의 부유물로 인해 거품이 발생하여 수위를 판단하지 못하는 현상
캐리오버 (Carry Over, 기수공발)	1. 보일러에서 증기관 쪽에 보내는 증기에 대량의 물방울이 포함되는 경우로 프라이밍이나 포밍이 생기면 필연적으로 발생 2. 보일러에서 증기의 순도를 저하시킴으로써 관내 응축수가 생겨 워터해머의 원인이 되는 것
워터해머 (Water Hammer, 수격작용)	1. 관 내의 유동, 밸브의 급격한 개폐 등에 의해 압력파(압력변화)가 생겨 불규칙한 유체의 흐름이 생성되어 관벽을 해머로 치는 듯한 소리를 내며 관이 진동하는 현상 2. 과열과는 상관이 없으며, 워터해머는 캐리오버에 기인

52 선반에서 절삭가공 중 발생하는 연속적인 칩을 자동적으로 끊어 주는 역할을 하는 것은?

① 칩 브레이커   ② 방진구
③ 보안경   ④ 커버

해설
선반의 방호장치(안전장치)

칩 브레이커 (Chip Breaker)	절삭 중 칩을 자동적으로 끊어 주는 바이트에 설치된 안전장치
급정지 브레이크	가공작업 중 선반을 급정지시킬 수 있는 방호장치
실드(Shield)	가공물의 칩이 비산되어 발생하는 위험을 방지하기 위해 사용하는 덮개(칩 비산 방지 투명판)
척 커버 (Chuck Cover)	척과 척으로 잡은 가공물의 돌출부에 작업자가 접촉하지 않도록 설치하는 덮개

53 지게차의 헤드가드가 갖추어야 할 조건에 대한 설명으로 틀린 것은?

① 강도는 지게차 최대하중의 2배 값(4톤을 넘는 값에 대해서는 4톤으로 한다)의 등분포정하중에 견딜 수 있을 것
② 상부틀의 각 개구의 폭 또는 길이가 26cm 미만일 것
③ 운전자가 앉아서 조작하는 방식의 지게차의 경우에는 운전자 좌석의 윗면에서 헤드가드의 상부틀의 아랫면까지의 높이가 1m 이상일 것
④ 운전자가 서서 조작하는 방식의 지게차는 운전석의 바닥면에서 헤드가드 상부틀의 하면까지의 높이가 2m 이상일 것

해설
지게차의 헤드가드
1. 강도는 지게차의 최대하중의 2배 값(4톤을 넘는 값에 대해서는 4톤으로 한다)의 등분포정하중에 견딜 수 있을 것
2. 상부틀의 각 개구의 폭 또는 길이가 16cm 미만일 것
3. 운전자가 앉아서 조작하거나 서서 조작하는 지게차의 헤드가드는 한국산업표준에서 정하는 높이 기준 이상일 것
   ① 좌승식 : 좌석기준점으로부터 903mm 이상
   ② 입승식 : 조종사가 서 있는 플랫폼으로부터 1,880mm 이상

TIP 본 문제는 법 개정으로 일부 내용이 수정되었습니다. 해설은 법 개정으로 수정된 내용이니 해설을 학습하세요.

54 금형 작업의 안전과 관련하여 금형 부품의 조립 시 주의사항으로 틀린 것은?

① 맞춤 핀을 조립할 때에는 헐거운 끼워맞춤으로 한다.
② 파일럿 핀, 직경이 작은 펀치, 핀 게이지 등의 삽입부품은 빠질 위험이 있으므로 플랜지를 설치하는 등 이탈 방지대책을 세워둔다.
③ 쿠션 핀을 사용할 경우에는 상승 시 누름판의 이탈방지를 위하여 단붙임한 나사로 견고히 조여야 한다.
④ 가이드 포스트, 샹크는 확실하게 고정한다.

해설
금형의 파손에 의한 위험방지(부품의 조립요령)
맞춤 핀을 사용할 때에는 억지끼워맞춤으로 한다. 상형에 사용할 때에는 낙하방지의 대책을 세워둔다.

정답 51 ③ 52 ① 53 ② 54 ①

55 연삭숫돌의 덮개 재료 선정 시 최고속도에 따라 허용되는 덮개 두께가 달라지는데, 동일한 최고속도에서 가장 얇은 판을 쓸 수 있는 덮개의 재료로 다음 중 가장 적절한 것은?

① 회주철
② 압연강판
③ 가단주철
④ 탄소강주강품

해설

압연강판을 재료로 할 경우를 기준으로 회주철은 압연강판 두께의 값에 4를 곱한 값 이상, 가단주철은 압연강판 두께의 값에 2를 곱한 값 이상, 탄소강주강품은 압연강판 두께에 1.6을 곱한 값 이상이어야 한다. 따라서, 가장 얇은 판은 압연강판이다.

56 선반 작업 시 주의사항으로 틀린 것은?

① 회전 중에 가공품을 직접 만지지 않는다.
② 공작물의 설치가 끝나면 척에서 렌치류는 곧바로 제거한다.
③ 칩(Chip)이 비산할 때는 보안경을 쓰고 방호판을 설치하여 사용한다.
④ 돌리개는 적정 크기의 것을 선택하고 심압대 스핀들은 가능한 길게 나오도록 한다.

해설

선반 작업에 대한 안전수칙
1. 공작물을 조립 시에는 반드시 스위치를 차단하고 바이트를 충분히 연 다음 실시한다.
2. 돌리개는 적당한 크기의 것을 선택하고, 심압대 스핀들을 지나치게 길게 내놓지 않는다.
3. 공작물의 설치가 끝나면 척에서 렌치류는 곧 제거한다.
4. 무게가 편중된 공작물은 균형추를 부착한다.
5. 바이트를 교환할 때는 기계를 정지시키고 한다.

57 다음 중 기계 고장률의 기본모형이 아닌 것은?

① 초기 고장
② 우발 고장
③ 영구 고장
④ 마모 고장

해설

기계 고장률의 기본모형

초기 고장	감소형 : DFR (Decreasing Failure Rate)	1. 고장률이 시간에 따라 감소 2. 디버깅 기간 3. 번인(Burn-In) 기간
우발 고장	일정형 : CFR (Constant Failure Rate)	1. 고장률이 시간에 관계없이 거의 일정 2. 고장률이 가장 낮음 3. 사후보전(BM) 실시
마모 고장	증가형 : IFR (Increasing Failure Rate)	1. 고장률이 시간에 따라 증가 2. 예방보전(PM) 실시

58 롤러기에서 손조작식 급정지장치의 조작부 설치 위치로 옳은 것은?(단, 위치는 급정지장치의 조작부의 중심점을 기준으로 한다.)

① 밑면으로부터 0.4[m] 이상 0.6[m] 이내
② 밑면으로부터 0.8[m] 이상 1.1[m] 이내
③ 밑면으로부터 0.8[m] 이내
④ 밑면으로부터 1.8[m] 이내

해설

급정지장치의 설치방법

급정지장치 조작부의 종류	위치	비고
손으로 조작하는 것	밑면으로부터 1.8m 이내	위치는 급정지장치 조작부의 중심점을 기준으로 함
복부로 조작하는 것	밑면으로부터 0.8m 이상 1.1m 이내	
무릎으로 조작하는 것	밑면으로부터 0.4m 이상 0.6m 이내	

59 산업용 로봇에 사용되는 안전매트에 요구되는 일반구조 및 표시에 관한 설명으로 옳지 않은 것은?

① 단선경보장치가 부착되어 있어야 한다.
② 감응시간을 조절하는 장치는 부착되어 있지 않아야 한다.
③ 자율안전확인의 표시 외에 작동하중, 감응시간, 복귀신호의 자동 또는 수동여부, 대소인공용 여부를 추가로 표시해야 한다.
④ 감응도 조절장치가 있는 경우 봉인되어 있지 않아야 한다.

정답 55 ② 56 ④ 57 ③ 58 ④ 59 ④

해설

안전매트의 일반구조 및 추가표시

일반 구조	1. 단선경보장치가 부착되어 있어야 한다. 2. 감응시간을 조절하는 장치는 부착되어 있지 않아야 한다. 3. 감응도 조절장치가 있는 경우 봉인되어 있어야 한다.
추가 표시	자율안전확인 안전매트에는 자율안전확인의 표시에 따른 표시 외에 다음 사항을 추가로 표시하여야 한다. 1. 작동하중 2. 감응시간 3. 복귀신호의 자동 또는 수동여부 4. 대소인공용 여부

60 구멍이 있거나 노치(Notch) 등이 있는 재료에 외력이 작용할 때 가장 현저히 나타나는 현상은?

① 가공경화 ② 피로
③ 응력집중 ④ 크리프(Creep)

해설

응력집중
구멍이나 노치(Notch) 등이 있을 때 국부적으로 큰 응력이 생기는 현상을 말한다.

4과목 전기 및 화학설비위험방지기술

61 고압 또는 특고압의 기계기구·모선 등을 옥외에 시설하는 발전소·변전소·개폐소 또는 이에 준하는 곳에는 구내에 취급자 이외의 자가 들어가지 못하도록 하기 위한 시설의 기준에 대한 설명으로 틀린 것은?

① 울타리·담 등의 높이는 1.5m 이상으로 시설하여야 한다.
② 출입구에는 출입금지의 표시를 하여야 한다.
③ 출입구에는 자물쇠장치 기타 적당한 장치를 하여야 한다.
④ 지표면과 울타리·담 등의 하단 사이의 간격은 15cm 이하로 하여야 한다.

해설

발전소 등의 울타리·담 등의 시설
1. 울타리·담 등을 시설할 것

2. 출입구에는 출입금지의 표시를 할 것
3. 출입구에는 자물쇠장치 기타 적당한 장치를 할 것
4. 울타리·담 등의 높이는 2 m 이상으로 하고 지표면과 울타리·담 등의 하단 사이의 간격은 0.15m 이하로 할 것

62 전선 간에 가해지는 전압이 어떤 값 이상으로 되면 전선 주위의 전기장이 강하게 되어 전선 표면의 공기가 국부적으로 절연이 파괴되어 빛과 소리를 내는 것은?

① 표피 작용 ② 페란티 효과
③ 코로나 현상 ④ 근접 현상

해설

코로나 현상
1. 전선 간에 가해지는 전압이 어떤 값 이상으로 되면 전선 주위의 전장이 강하게 되어 전선 표면의 공기가 국부적으로 절연이 파괴되어 빛과 소리를 내면서 방전되는 현상을 말한다.
2. 코로나의 영향
   ㉠ 코로나 손실에 의한 송전효율 저하
   ㉡ 전선의 부식 촉진
   ㉢ 코로나 잡음 발생
   ㉣ 통신선로 유도장해 발생 등

63 전기기계·기구에 대하여 누전에 의한 감전위험을 방지하기 위하여 누전차단기를 전기기계·기구에 접속할 때 준수하여야 할 사항으로 옳은 것은?

① 누전차단기는 정격감도전류가 60mA 이하이고 작동시간은 0.1초 이내일 것
② 누전차단기는 정격감도전류가 50mA 이하이고 작동시간은 0.08초 이내일 것
③ 누전차단기는 정격감도전류가 40mA 이하이고 작동시간은 0.05초 이내일 것
④ 누전차단기는 정격감도전류가 30mA 이하이고 작동시간은 0.03초 이내일 것

해설

누전차단기 접속 시 준수사항
전기기계·기구에 설치되어 있는 누전차단기는 정격감도전류가 30mA 이하이고 작동시간은 0.03초 이내일 것. 다만, 정격전부하전류가 50A 이상인 전기기계·기구에 접속되는 누전차단기는 오작동을 방지하기 위하여 정격감도전류는 200mA 이하로, 작동시간은 0.1초 이내로 할 수 있다.

정답 60 ③ 61 ① 62 ③ 63 ④

64 전기기계 · 기구의 조작부분을 점검하거나 보수하는 경우에는 근로자가 안전하게 작업할 수 있도록 전기기계 · 기구로부터 몇 cm 이상의 작업공간 폭을 확보하여야 하는가?(단, 작업공간을 확보하는 것이 곤란하여 절연용 보호구를 착용하도록 한 경우 제외)

① 60cm　　② 70cm
③ 80cm　　④ 90cm

해설
전기기계 · 기구의 조작 시 등의 안전조치
1. 전기기계 · 기구의 조작부분을 점검하거나 보수하는 경우에는 근로자가 안전하게 작업할 수 있도록 전기기계 · 기구로부터 폭 70cm 이상의 작업공간을 확보하여야 한다. 다만, 작업공간을 확보하는 것이 곤란하여 근로자에게 절연용 보호구를 착용하도록 한 경우에는 그러하지 아니하다.
2. 전기적 불꽃 또는 아크에 의한 화상의 우려가 있는 고압 이상의 충전전로 작업에 근로자를 종사시키는 경우에는 방염 처리된 작업복 또는 난연성능을 가진 작업복을 착용시켜야 한다.

65 정전기 발생에 영향을 주는 요인이 아닌 것은?
① 물체의 특성　　② 물체의 표면상태
③ 접촉면적 및 압력　　④ 응집속도

해설
정전기 발생의 영향 요인(정전기 발생요인)
1. 물체의 특성　　4. 접촉면적 및 압력
2. 물체의 표면상태　　5. 분리속도
3. 물체의 이력　　6. 완화시간

66 누전에 의한 감전의 위험을 방지하기 위하여 반드시 접지를 하여야만 하는 부분에 해당되지 않는 것은?
① 절연대 위 등과 같이 감전 위험이 없는 장소에서 사용하는 전기
② 전기기계 · 기구의 금속제 외함, 금속제 외피 및 철대
③ 전기를 사용하지 아니하는 설비 중 전동식 양중기의 프레임과 궤도에 해당하는 금속체
④ 코드와 플러그를 접속하여 사용하는 휴대형 전동기계 · 기구의 노출된 비충전 금속체

해설
접지를 하지 않아도 되는 대상
1. 이중절연구조 또는 이와 같은 수준 이상으로 보호되는 구조로 된 전기기계 · 기구
2. 절연대 위 등과 같이 감전 위험이 없는 장소에서 사용하는 전기기계 · 기구
3. 비접지방식의 전로(그 전기기계 · 기구의 전원 측의 전로에 설치한 절연변압기의 2차 전압이 300볼트 이하, 정격용량이 3킬로볼트암페어 이하이고 그 절연전압기의 부하 측의 전로가 접지되어 있지 아니한 것으로 한정)에 접속하여 사용되는 전기기계 · 기구

67 과전류차단기로 시설하는 퓨즈 중 고압전로에 사용하는 비포장퓨즈에 대한 설명으로 옳은 것은?
① 정격전류의 1.25배의 전류에 견디고 또한 2배의 전류로 2분 안에 용단되는 것이어야 한다.
② 정격전류의 1.25배의 전류에 견디고 또한 2배의 전류로 4분 안에 용단되는 것이어야 한다.
③ 정격전류의 2배의 전류에 견디고 또한 2배의 전류로 4분 안에 용단되는 것이어야 한다.
④ 정격전류의 2배의 전류에 견디고 또한 2배의 전류로 4분 안에 용단되는 것이어야 한다.

해설
고압전로에 사용하는 퓨즈

포장퓨즈	비포장퓨즈
· 정격전류의 1.3배의 전류에 견딜 것 · 2배의 전류로 120분 안에 용단되는 것	· 정격전류의 1.25배의 전류에 견딜 것 · 2배의 전류로 2분 안에 용단되는 것

68 폭발위험장소의 분류 중 1종 장소에 해당하는 것은?
① 폭발성 가스분위기가 연속적, 장기간 또는 빈번하게 존재하는 장소
② 폭발성 가스분위기가 정상작동 중 조성되지 않거나 조성된다 하더라도 짧은 기간에만 존재할 수 있는 장소
③ 폭발성 가스분위기가 정상작동 중 주기적 또는 빈번하게 생성되는 장소

정답　64 ②　65 ④　66 ①　67 ①　68 ③

④ 폭발성 가스분위기가 장기간 또는 거의 조성되지 않는 장소

해설

가스폭발 위험장소

0종 장소	인화성 액체의 증기 또는 가연성 가스에 의한 폭발위험이 지속적으로 또는 장기간 존재하는 장소	용기·장치·배관 등의 내부 등
1종 장소	정상작동상태에서 폭발위험분위기가 존재하기 쉬운 장소	맨홀·벤트·피트 등의 주위
2종 장소	정상작동상태에서 폭발위험분위기가 존재할 우려가 없으나, 존재할 경우 그 빈도가 아주 적고 단기간만 존재할 수 있는 장소	개스킷·패킹 등의 주위

69 인체저항을 5,000[Ω]으로 가정하면 심실세동을 일으키는 전류에서의 전기에너지는?(단, 심실세동전류는 $\frac{165}{\sqrt{T}}$mA이며 통전시간 T는 1초이고 전원은 교류정현파이다.)

① 33J　　② 130J
③ 136J　　④ 142J

해설

위험한계에너지

$$W = I^2RT[J/S] = \left(\frac{165}{\sqrt{T}} \times 10^{-3}\right)^2 \times R \times T$$

$$W = \left(\frac{165}{\sqrt{1}} \times 10^{-3}\right)^2 \times 5,000 \times 1 ≒ 136[J]$$

70 방폭구조의 종류 중 방진방폭구조를 나타내는 표시로 옳은 것은?

① DDP　　② tD
③ XDP　　④ DP

해설

방진방폭구조(tD)
분진층이나 분진운의 점화를 방지하기 위하여 용기로 보호하는 전기기기에 적용되는 분진침투방지, 표면온도제한 등의 방법을 말한다.

71 다음 중 유류화재의 종류에 해당하는 것은?

① A급　　② B급
③ C급　　④ D급

해설

화재의 종류

분류	A급 화재	B급 화재	C급 화재	D급 화재
명칭	일반화재	유류화재	전기화재	금속화재
분류	보통 잔재의 작열에 의해 발생하는 연소에서 보통 유기 성질의 고체물질을 포함한 화재	액체 또는 액화할 수 있는 고체를 포함한 화재 및 가연성 가스화재	통전 중인 전기설비를 포함한 화재	금속을 포함한 화재
가연물	목재, 종이, 섬유 등	가솔린, 등유, 프로판가스 등	전기기기, 변압기, 전기다리미 등	가연성 금속 (Mg분, Al분)
소화방법	냉각소화	질식소화	질식, 냉각소화	질식소화
적응소화제	1. 물 소화기 2. 강화액 소화기 3. 산·알칼리 소화기	1. 이산화탄소 소화기 2. 할로겐 화합물 소화기 3. 분말 소화기 4. 포말 소화기	1. 이산화탄소 소화기 2. 할로겐 화합물 소화기 3. 분말 소화기 4. 무상강화액 소화기	1. 건조사 2. 팽창 질석 3. 팽창 진주암

72 산화성 액체 중 질산의 성질에 관한 설명으로 옳지 않은 것은?

① 피부 및 의복을 부식하는 성질이 있다.
② 쉽게 연소하는 가연성 물질이므로 화기에 극도로 주의한다.
③ 위험물 유출 시 건조사를 뿌리거나 중화제로 중화한다.
④ 물과 반응하면 발열반응을 일으키므로 물과의 접촉을 피한다.

해설

질산(HNO_3)
1. 피부에 닿으면 산화력과 부식성이 강하여 화상을 입는다.
2. 산화성물질로 물과 접촉하면 심하게 발열한다.
3. 건조사, 포 등으로 소화한다.

정답 69 ③　70 ②　71 ②　72 ②

73 최소착화에너지가 0.25[mJ], 극간 정전용량이 10[pF]인 부탄가스 버너를 점화시키기 위해서 최소 얼마 이상의 전압을 인가하여야 하는가?

① $0.52 \times 10^2 V$
② $0.74 \times 10^3 V$
③ $7.07 \times 10^3 V$
④ $5.03 \times 10^5 V$

해설

최소발화에너지

$$E = \frac{1}{2}CV^2$$

여기서, E : 발화에너지[J]
 C : 전기용량[F]
 V : 방전전압[V]

1. $E = \frac{1}{2}CV^2 \rightarrow 2E = CV^2 \rightarrow V^2 = \frac{2E}{C} \rightarrow V = \sqrt{\frac{2E}{C}}$

2. $V = \sqrt{\frac{2E}{C}} = \sqrt{\frac{2 \times 0.25 \times 10^{-3}}{10 \times 10^{-12}}} = 7,071.06[V]$
 $= 7.07 \times 10^3 [V]$

TIP $pF = 10^{-12}F$, $mJ = 10^{-3}J$

---

74 다음 중 가연성 가스의 폭발범위에 관한 설명으로 틀린 것은?

① 상한과 하한이 있다.
② 압력과 무관하다.
③ 공기와 혼합된 가연성 가스의 체적 농도로 표시된다.
④ 가연성 가스의 종류에 따라 다른 값을 갖는다.

해설

가연성가스의 폭발범위 영향 요소

1. 가스의 온도가 높을수록 폭발범위도 일반적으로 넓어진다.(폭발하한계는 감소, 폭발상한계는 증가)
2. 가스의 압력이 높아지면 폭발하한계는 영향이 없으나 폭발상한계는 증가한다.
3. 산소 중에서의 폭발범위는 공기 중에서보다 넓어진다.
4. 압력이 상압인 1atm보다 낮아질 때 폭발범위는 큰 변화가 없다.
5. 일산화탄소는 압력이 높을수록 폭발범위가 좁아지고, 수소는 10atm까지는 좁아지지만 그 이상의 압력에서는 넓어진다.
6. 불활성 기체가 첨가될 경우 혼합가스의 농도가 희석되어 폭발범위가 좁아진다.

7. 화학양론농도 부근에서는 연소나 폭발이 가장 일어나기 쉽고 또한 격렬한 정도도 크다.

TIP 압력

높을수록 폭발상한계가 높아진다(폭발하한계는 영향 없음, 폭발상한계는 증가).

---

75 산소용기의 압력계가 100kgf/cm²일 때 약 몇 psia인가?(단, 대기압은 표준대기압이다.)

① 1,465
② 1,455
③ 1,438
④ 1,423

해설

1. $1[kgf/cm^2] = 14.223393[psi]$
2. $100[kgf/cm^2] = 1422.3393[psi]$
3. $1422.3393 + 14.7 = 1437.0393[psia]$

---

76 다음 중 물리적 공정에 해당되는 것은?

① 유화중합
② 축합중합
③ 산화
④ 증류

해설

화학반응의 분류

물리적 공정(단위조작)	증류, 추출, 건조, 혼합, 여과, 증발 등
화학적 공정(단위공정)	중합, 축합, 산화, 치환, 연소, 환원 등

---

77 산업안전보건법령상 관리대상 유해물질의 운반 및 저장 방법으로 적절하지 않은 것은?

① 저장장소에는 관계 근로자가 아닌 사람의 출입을 금지하는 표시를 한다.
② 저장장소에서 관리대상 유해물질의 증기가 실외로 배출되지 않도록 적절한 조치를 한다.
③ 관리대상 유해물질을 저장할 때 일정한 장소를 지정하여 저장하여야 한다.
④ 물질이 새거나 발산될 우려가 없는 뚜껑 또는 마개가 있는 튼튼한 용기를 사용한다.

해설

관리대상 유해물질의 저장

1. 관리대상 유해물질을 운반하거나 저장하는 경우에 그 물질이 새거나 발산될 우려가 없는 뚜껑 또는 마개가 있는

정답 73 ③ 74 ② 75 ③ 76 ④ 77 ②

튼튼한 용기를 사용하거나 단단하게 포장을 하여야 하며, 그 저장장소에는 다음 각 호의 조치를 하여야 한다.
㉠ 관계 근로자가 아닌 사람의 출입을 금지하는 표시를 할 것
㉡ 관리대상 유해물질의 증기를 실외로 배출시키는 설비를 설치할 것
2. 사업주는 관리대상 유해물질을 저장할 경우에 일정한 장소를 지정하여 저장하여야 한다.

78 다음 중 산업안전보건법령상 위험물의 종류에서 인화성 가스에 해당하지 않는 것은?

① 수소
② 질산에스테르
③ 아세틸렌
④ 메탄

[해설]
인화성 가스
1. 수소   2. 아세틸렌
3. 에틸렌   4. 메탄
5. 에탄   6. 프로판
7. 부탄
8. 유해·위험물질 규정량에 따른 가스

79 어떤 물질 내에서 반응전파속도가 음속보다 빠르게 진행되고 이로 인해 발생된 충격파가 반응을 일으키고 유지하는 발열반응을 무엇이라 하는가?

① 점화(Ignition)
② 폭연(Deflagration)
③ 폭발(Explosion)
④ 폭굉(Detonation)

[해설]
폭굉파
1. 폭발 범위 내의 특정 농도범위에서 연소속도가 폭발에 비해 수백 내지 수천 배에 달하는 현상
2. 음속보다 화염 전파속도가 큰 경우로, 파면선단(진행전면)에 충격파라고 하는 압력파가 생겨 격렬한 파괴작용을 일으키는 현상
3. 폭발한계는 폭굉한계보다 농도범위가 넓다.
4. 진행속도가 1,000~3,500m/s에 이른다.
5. 화염의 전파속도가 음속보다 빠르다.

80 산업안전보건법령상의 위험물을 저장·취급하는 화학설비 및 그 부속설비를 설치하는 경우 폭발이나 화재에 따른 피해를 줄이기 위하여 단위공정시설 및 설비로부터 다른 단위공정시설 및 설비 사이의 안전거리는 얼마로 하여야 하는가?

① 설비의 안쪽 면으로부터 10m 이상
② 설비의 바깥 면으로부터 10m 이상
③ 설비의 안쪽 면으로부터 5m 이상
④ 설비의 바깥 면으로부터 5m 이상

[해설]
위험물을 저장·취급하는 화학설비 및 그 부속설비를 설치하는 경우의 안전거리

구분	안전거리
단위공정시설 및 설비로부터 다른 단위공정시설 및 설비의 사이	설비의 바깥 면으로부터 10m 이상
플레어스택으로부터 단위공정시설 및 설비, 위험물질 저장탱크 또는 위험물질 하역설비의 사이	플레어스택으로부터 반경 20m 이상(다만, 단위공정시설 등이 불연재로 시공된 지붕 아래에 설치된 경우에는 제외)
위험물질 저장탱크로부터 단위공정시설 및 설비, 보일러 또는 가열로의 사이	저장탱크의 바깥 면으로부터 20m 이상(다만, 저장탱크의 방호벽, 원격조종화설비 또는 살수설비를 설치한 경우에는 제외)
사무실·연구실·실험실·정비실 또는 식당으로부터 단위공정시설 및 설비, 위험물질 저장탱크, 위험물질 하역설비, 보일러 또는 가열로의 사이	사무실 등의 바깥 면으로부터 20m 이상(다만, 난방용 보일러인 경우 또는 사무실 등의 벽을 방호구조로 설치한 경우에는 제외)

5과목 건설안전기술

81 추락재해 방지용 방망의 신품에 대한 인장강도는 얼마인가?(단, 그물코의 크기가 10cm이며, 매듭 없는 방망)

① 220kg
② 240kg
③ 260kg
④ 280kg

[해설]
방망사의 신품에 대한 인장강도

그물코의 크기 (단위 : cm)	방망의 종류(단위 : kg)	
	매듭 없는 방망	매듭방망
10	240	200
5		110

[정답] 78 ② 79 ④ 80 ② 81 ②

82 거푸집동바리 등을 조립하는 경우의 준수사항으로 옳지 않은 것은?

① 동바리로 사용하는 파이프 서포트는 최소 3개 이상 이어서 사용하도록 할 것
② 동바리의 상하 고정 및 미끄러짐 방지 조치를 하고 하중의 지지상태를 유지할 것
③ 동바리의 이음은 맞댄이음나 장부이음으로 하고 같은 품질의 재료를 사용할 것
④ 강재와 강재의 접속부 및 교차부는 볼트·클램프 등 전용철물을 사용하여 단단히 연결할 것

해설

동바리 조립 시의 안전조치
1. 동바리 조립 시의 안전조치
   동바리를 조립하는 경우에는 하중의 지지상태를 유지할 수 있도록 다음 각 호의 사항을 준수해야 한다.
   ① 받침목이나 깔판의 사용, 콘크리트 타설, 말뚝박기 등 동바리의 침하를 방지하기 위한 조치를 할 것
   ② 동바리의 상하 고정 및 미끄러짐 방지 조치를 할 것
   ③ 상부·하부의 동바리가 동일 수직선상에 위치하도록 하여 깔판·받침목에 고정시킬 것
   ④ 개구부 상부에 동바리를 설치하는 경우에는 상부하중을 견딜 수 있는 견고한 받침대를 설치할 것
   ⑤ U헤드 등의 단판이 없는 동바리의 상단에 멍에 등을 올릴 경우에는 해당 상단에 U헤드 등의 단판을 설치하고, 멍에 등이 전도되거나 이탈되지 않도록 고정시킬 것
   ⑥ 동바리의 이음은 같은 품질의 재료를 사용할 것
   ⑦ 강재의 접속부 및 교차부는 볼트·클램프 등 전용철물을 사용하여 단단히 연결할 것
   ⑧ 거푸집의 형상에 따른 부득이한 경우를 제외하고는 깔판이나 받침목은 2단 이상 끼우지 않도록 할 것
   ⑨ 깔판이나 받침목을 이어서 사용하는 경우에는 그 깔판·받침목을 단단히 연결할 것

2. 동바리 유형에 따른 동바리 조립 시의 안전조치
   1) 동바리로 사용하는 파이프 서포트의 경우
      ㉠ 파이프 서포트를 3개 이상 이어서 사용하지 않도록 할 것
      ㉡ 파이프 서포트를 이어서 사용하는 경우에는 4개 이상의 볼트 또는 전용철물을 사용하여 이을 것
      ㉢ 높이가 3.5m를 초과하는 경우에는 높이 2m 이내마다 수평연결재를 2개 방향으로 만들고 수평연결재의 변위를 방지할 것
   2) 동바리로 사용하는 강관틀의 경우
      ㉠ 강관틀과 강관틀 사이에 교차가새를 설치할 것
      ㉡ 최상단 및 5단 이내마다 동바리의 측면과 틀면의 방향 및 교차가새의 방향에서 5개 이내마다 수평연결재를 설치하고 수평연결재의 변위를 방지할 것
      ㉢ 최상단 및 5단 이내마다 동바리의 틀면의 방향에서 양단 및 5개틀 이내마다 교차가새의 방향으로 띠장틀을 설치할 것

TIP 본 문제는 법 개정으로 일부 내용이 수정되었습니다. 해설은 법 개정으로 수정된 내용이니 해설을 학습하세요.

83 개착식 굴착공사에서 버팀보공법을 적용하여 굴착할 때 지반붕괴를 방지하기 위하여 사용하는 계측장치로 거리가 먼 것은?

① 지하수위계
② 경사계
③ 변형률계
④ 록볼트응력계

해설

록볼트 응력계는 터널공사 계측기기에 해당된다.

TIP 계측관리

터널공사 계측관리	1. 내공변위 측정 2. 천단침하 측정 3. 지중, 지표침하 측정 4. 록볼트 축력 측정 5. 숏크리트 응력 측정
굴착공사 계측관리	1. 수위계 2. 경사계 3. 하중 및 침하계 4. 응력계

84 근로자의 추락 위험이 있는 장소에서 발생하는 추락재해의 원인으로 볼 수 없는 것은?

① 안전대를 부착하지 않았다.
② 덮개를 설치하지 않았다.
③ 투하설비를 설치하지 않았다.
④ 안전난간을 설치하지 않았다.

해설

투하설비는 낙하·비래의 위험방지 조치이다.

85 콘크리트 타설작업 시 거푸집에 작용하는 연직하중이 아닌 것은?

① 콘크리트의 측압
② 거푸집의 중량
③ 굳지 않은 콘크리트의 중량
④ 작업원의 작업하중

해설
거푸집 및 동바리 시공 시 고려하중

종류	내용
연직방향하중	거푸집, 지보공(동바리), 콘크리트, 철근, 작업원, 타설용 기계기구, 가설설비 등의 중량 및 충격하중
횡방향하중	작업할 때의 진동, 충격, 시공오차 등에 기인되는 횡방향하중 이외에 필요에 따라 풍압, 유수압, 지진 등
콘크리트의 측압	굳지 않은 콘크리트의 측압
특수하중	시공 중에 예상되는 특수한 하중

86 산업안전보건관리비 계상을 위한 대상액이 56억 원인 교량공사의 산업안전보건관리비는 얼마인가? (단, 건축공사에 해당)

① 104,160천 원
② 132,720천 원
③ 144,800천 원
④ 150,400천 원

해설
산업안전보건관리비
대상액이 5억 원 미만 또는 50억 원 이상일 경우

대상액 × 계상기준표의 비율

56억 원 × 0.0237 = 132,720천 원

TIP 공사종류 및 규모별 산업안전보건관리비 계상기준표

공사 종류	대상액 5억 원 미만인 경우 적용비율(%)	대상액 5억 원 이상 50억 원 미만인 경우 적용비율(%)		대상액 50억 원 이상인 경우 적용비율(%)	보건관리자 선임대상 건설공사의 적용비율(%)
		적용비율(%)	기초액		
건축공사	3.11%	2.28%	4,325,000원	2.37%	2.64%
토목공사	3.15%	2.53%	3,300,000원	2.60%	2.73%
중건설공사	3.64%	3.05%	2,975,000원	3.11%	3.39%
특수건설공사	2.07%	1.59%	2,450,000원	1.64%	1.78%

안전관리비 대상액 = 공사원가계산서 구성항목 중 직접재료비, 간접재료비와 직접노무비를 합한 금액(발주자가 재료를 제공할 경우에는 해당 재료비를 포함)

87 다음은 산업안전보건법령에 따른 근로자의 추락위험 방지를 위한 추락방호망의 설치기준이다. ( ) 안에 들어갈 내용으로 옳은 것은?

추락방호망은 수평으로 설치하고, 망의 처짐은 짧은 변 길이의 ( ) 이상이 되도록 할 것

① 10%
② 12%
③ 15%
④ 18%

해설
추락방호망의 설치기준
1. 추락방호망의 설치위치는 가능하면 작업면으로부터 가까운 지점에 설치하여야 하며, 작업면으로부터 망의 설치지점까지의 수직거리는 10m를 초과하지 아니할 것
2. 추락방호망은 수평으로 설치하고, 망의 처짐은 짧은 변 길이의 12% 이상이 되도록 할 것
3. 건축물 등의 바깥쪽으로 설치하는 경우 추락방호망의 내민 길이는 벽면으로부터 3m 이상 되도록 할 것. 다만, 그물코가 20mm 이하인 추락방호망을 사용한 경우에는 낙하물에 의한 위험 방지에 따른 낙하물방지망을 설치한 것으로 본다.

88 강풍 시 타워크레인의 설치·수리·점검 또는 해체작업을 중지하여야 하는 순간풍속 기준으로 옳은 것은?

① 순간풍속이 초당 10m를 초과하는 경우
② 순간풍속이 초당 15m를 초과하는 경우
③ 순간풍속이 초당 20m를 초과하는 경우
④ 순간풍속이 초당 30m를 초과하는 경우

해설
타워크레인의 작업제한(악천후 및 강풍 시 작업 중지)

순간풍속이 초당 10m를 초과	타워크레인의 설치·수리·점검 또는 해체작업 중지
순간풍속이 초당 15m를 초과	타워크레인의 운전작업 중지

89 발파작업에 종사하는 근로자가 준수하여야 할 사항으로 옳지 않은 것은?

① 장전구는 마찰·충격·정전기 등에 의한 폭발의 위험이 없는 안전한 것을 사용할 것
② 발파공의 충진재료는 점토·모래 등 발화성 또는 인화성의 위험이 없는 재료를 사용할 것

정답 85 ① 86 ② 87 ② 88 ① 89 ③

③ 얼어붙은 다이너마이트는 화기에 접근시키거나 그 밖의 고열물에 직접 접촉시켜 단시간 안에 융해시킬 수 있도록 할 것
④ 전기뇌관에 의한 발파의 경우 점화하기 전에 화약류를 장전한 장소로부터 30m 이상 떨어진 안전한 장소에서 전선에 대하여 저항측정 및 도통시험을 할 것

해설
발파의 작업기준
얼어붙은 다이너마이트는 화기에 접근시키거나 그 밖의 고열물에 직접 접촉시키는 등 위험한 방법으로 융해되지 않도록 할 것

90 다음 중 유해 · 위험방지 계획서 제출대상 공사에 해당하는 것은?

① 지상높이가 25m인 건축물 건설공사
② 최대 지간길이가 45m인 교량건설공사
③ 깊이가 8m인 굴착공사
④ 제방 높이가 50m인 다목적댐 건설공사

해설
유해위험방지계획서를 제출해야 될 건설공사
1. 다음 각 목의 어느 하나에 해당하는 건축물 또는 시설 등의 건설 · 개조 또는 해체공사
   ㉠ 지상높이가 31m 이상인 건축물 또는 인공구조물
   ㉡ 연면적 3만m² 이상인 건축물
   ㉢ 연면적 5천m² 이상인 시설로서 다음의 어느 하나에 해당하는 시설
      • 문화 및 집회시설(전시장 및 동물원 · 식물원은 제외)
      • 판매시설, 운수시설(고속철도의 역사 및 집배송시설은 제외)
      • 종교시설
      • 의료시설 중 종합병원
      • 숙박시설 중 관광숙박시설
      • 지하도상가
      • 냉동 · 냉장 창고시설
2. 연면적 5천m² 이상인 냉동 · 냉장 창고시설의 설비공사 및 단열공사
3. 최대 지간길이(다리의 기둥과 기둥의 중심 사이의 거리)가 50m 이상인 다리의 건설 등 공사
4. 터널의 건설 등 공사
5. 다목적댐, 발전용댐, 저수용량 2천만 톤 이상의 용수 전용 댐 및 지방상수도 전용 댐의 건설 등 공사
6. 깊이 10m 이상인 굴착공사

91 기상상태의 악화로 비계에서의 작업을 중지시킨 후 그 비계에서 작업을 다시 시작하기 전에 점검해야 할 사항에 해당하지 않는 것은?

① 기둥의 침하 · 변형 · 변위 또는 흔들림 상태
② 손잡이의 탈락 여부
③ 격벽의 설치여부
④ 발판재료의 손상 여부 및 부착 또는 걸림상태

해설
비계의 점검 및 보수

점검 보수 시기	1. 비, 눈, 그 밖의 기상상태의 악화로 작업을 중지시킨 후 그 비계에서 작업할 경우 2. 비계를 조립 · 해체하거나 변경한 후에 그 비계에서 작업을 하는 경우
작업 시작 전 점검사항	1. 발판 재료의 손상 여부 및 부착 또는 걸림 상태 2. 해당 비계의 연결부 또는 접속부의 풀림 상태 3. 연결 재료 및 연결 철물의 손상 또는 부식 상태 4. 손잡이의 탈락 여부 5. 기둥의 침하, 변형, 변위 또는 흔들림 상태 6. 로프의 부착 상태 및 매단 장치의 흔들림 상태

92 다음은 산업안전보건기준에 관한 규칙 중 가설통로의 구조에 관한 사항이다. ( ) 안에 들어갈 내용으로 옳은 것은?

수직갱에 가설된 통로의 길이가 15[m] 이상인 경우에는 10[m] 이내마다 ( )을/를 설치할 것

① 손잡이　　② 계단참
③ 클램프　　④ 버팀대

해설
가설통로
1. 견고한 구조로 할 것
2. 경사는 30° 이하로 할 것. 다만, 계단을 설치하거나 높이 2미터 미만의 가설통로로서 튼튼한 손잡이를 설치한 경우에는 그러하지 아니하다.
3. 경사가 15°를 초과하는 경우에는 미끄러지지 아니하는 구조로 할 것
4. 추락할 위험이 있는 장소에는 안전난간을 설치할 것. 다만, 작업상 부득이한 경우에는 필요한 부분만 임시로 해체할 수 있다.
5. 수직갱에 가설된 통로의 길이가 15m 이상인 경우에는 10m 이내마다 계단참을 설치할 것
6. 건설공사에 사용하는 높이 8m 이상인 비계다리에는 7m 이내마다 계단참을 설치할 것

정답 90 ④　91 ③　92 ②

93 다음 중 구조물의 해체작업을 위한 기계·기구가 아닌 것은?

① 쇄석기   ② 데릭
③ 압쇄기   ④ 철제 해머

해설
해체용 기구
1. 압쇄기
2. 대형브레이커
3. 철제해머
4. 핸드브레이커
5. 절단톱
6. 잭키
7. 절단줄톱
8. 팽창제 등

TIP 데릭 : 철골세우기용 기계

94 사다리식 통로 등을 설치하는 경우 발판과 벽의 사이는 최소 얼마 이상의 간격을 유지하여야 하는가?

① 5cm   ② 10cm
③ 15cm   ④ 20cm

해설
사다리식 통로
1. 견고한 구조로 할 것
2. 심한 손상·부식 등이 없는 재료를 사용할 것
3. 발판의 간격은 일정하게 할 것
4. 발판과 벽의 사이는 15cm 이상의 간격을 유지할 것
5. 폭은 30cm 이상으로 할 것
6. 사다리가 넘어지거나 미끄러지는 것을 방지하기 위한 조치를 할 것
7. 사다리의 상단은 걸쳐놓은 지점으로부터 60cm 이상 올라가도록 할 것
8. 사다리식 통로의 길이가 10m 이상인 경우에는 5m 이내마다 계단참을 설치할 것
9. 사다리식 통로의 기울기는 75도 이하로 할 것. 다만, 고정식 사다리식 통로의 기울기는 90도 이하로 하고, 그 높이가 7미터 이상인 경우에는 다음 각 목의 구분에 따른 조치를 할 것
   ㉠ 등받이울이 있어도 근로자 이동에 지장이 없는 경우 : 바닥으로부터 높이가 2.5미터 되는 지점부터 등받이울을 설치할 것
   ㉡ 등받이울이 있으면 근로자가 이동이 곤란한 경우 : 개인용 추락 방지 시스템을 설치하고 근로자로 하여금 전신안전대를 사용하도록 할 것
10. 접이식 사다리 기둥은 사용 시 접혀지거나 펼쳐지지 않도록 철물 등을 사용하여 견고하게 조치할 것

95 산업안전보건법령에 따른 중량물을 취급하는 작업을 하는 경우의 작업계획서 내용에 포함되지 않는 사항은?

① 추락위험을 예방할 수 있는 안전대책
② 낙하위험을 예방할 수 있는 안전대책
③ 전도위험을 예방할 수 있는 안전대책
④ 위험물 누출위험을 예방할 수 있는 안전대책

해설
중량물의 취급작업 작업계획서 내용
1. 추락위험을 예방할 수 있는 안전대책
2. 낙하위험을 예방할 수 있는 안전대책
3. 전도위험을 예방할 수 있는 안전대책
4. 협착위험을 예방할 수 있는 안전대책
5. 붕괴위험을 예방할 수 있는 안전대책

96 거푸집 공사에 관한 설명으로 옳지 않은 것은?

① 거푸집 조립 시 거푸집이 이동하지 않도록 비계 또는 기타 공작물과 직접 연결한다.
② 거푸집 치수를 정확하게 하여 시멘트 모르타르가 새지 않도록 한다.
③ 거푸집 해체가 쉽게 가능하도록 박리제 사용 등의 조치를 한다.
④ 측압에 대한 안전성을 고려한다.

해설
거푸집이 이동하지 않도록 콘크리트 구조물에 고정하여야 하며, 거푸집을 비계 등 가설구조물과 직접 연결하여 영향을 주면 안 된다.

97 드럼에 다수의 돌기를 붙여 놓은 기계로 점토층의 내부를 다지는 데 적합한 것은?

① 탠덤 롤러   ② 타이어 롤러
③ 진동 롤러   ④ 탬핑 롤러

정답 93 ② 94 ③ 95 ④ 96 ① 97 ④

해설

다짐기계(전압식)

로드 롤러 (Road Roller)	머캐덤 롤러 (Macadam Roller)	3륜 형식으로 쇄석, 자갈 등의 다짐에 사용
	탠덤 롤러 (Tandem Roller)	2륜 형식으로 아스팔트 포장의 끝마무리에 사용
탬핑 롤러 (Tamping Roller)		1. 깊은 다짐이나 고함수비 지반의 다짐에 많이 이용 2. 롤러의 표면에 돌기를 만들어 부착한 것 3. 풍화암을 파쇄하고 흙 속의 간극수압을 제거 4. 점성토 지반에 효과적
타이어 롤러 (Tire Roller)		사질토나 사질 점성토에 적합하며 주행속도 개선

98 차량계 하역운반기계 등을 사용하는 작업을 할 때, 그 기계가 넘어지거나 굴러떨어짐으로써 근로자에게 위험을 미칠 우려가 있는 경우에 이를 방지하기 위한 조치사항과 거리가 먼 것은?

① 유도자 배치
② 지반의 부동침하 방지
③ 상단부분의 안정을 위하여 버팀줄 설치
④ 갓길 붕괴 방지

해설

전도 등의 방지
차량계 하역운반기계 등을 사용하는 작업을 할 때에 그 기계가 넘어지거나 굴러떨어짐으로써 근로자에게 위험을 미칠 우려가 있는 경우에는 그 기계를 유노하는 사람(유도사)을 배치하고 지반의 부동침하 및 갓길 붕괴를 방지하기 위한 조치를 해야 한다.

99 콘크리트 구조물에 적용하는 해체작업 공법의 종류가 아닌 것은?

① 연삭 공법
② 발파 공법
③ 오픈컷 공법
④ 유압 공법

해설

오픈컷(Open Cut) 공법

경사면(비탈면) Open Cut 공법	흙막이 지보공(버팀대) 없이 굴착면을 경사지게 파내는 공법
흙막이 Open Cut 공법	흙막이벽과 널말뚝에 의해 지지하면서 터파기를 하는 공법

TIP 오픈컷 공법은 굴착공법이다.

100 달비계에 사용이 불가한 와이어로프의 기준으로 옳지 않은 것은?

① 이음매가 없는 것
② 지름의 감소가 공칭지름의 7%를 초과하는 것
③ 심하게 변형되거나 부식된 것
④ 와이어로프의 한 꼬임에서 끊어진 소선(素線)의 수가 10% 이상인 것

해설

달비계의 와이어로프 사용금지 사항
1. 이음매가 있는 것
2. 와이어로프의 한 꼬임에서 끊어진 소선의 수가 10% 이상인 것
3. 지름의 감소가 공칭지름의 7%를 초과하는 것
4. 꼬인 것
5. 심하게 변형되거나 부식된 것
6. 열과 전기충격에 의해 손상된 것

PART 02
09 2018년 3회 기출문제

1과목 산업안전관리론

01 사고예방대책의 기본원리 5단계 중 사실의 발견 단계에 해당하는 것은?

① 작업환경 측정
② 안전성 진단, 평가
③ 점검, 검사 및 조사 실시
④ 안전관리계획 수립

해설

제2단계 : 사실의 발견(현상파악)
1. 안전사고 및 활동기록의 검토
2. 작업분석 및 불안전요소 발견
3. 안전점검 및 안전진단
4. 사고조사
5. 관찰 및 보고서의 연구
6. 안전토의 및 회의
7. 근로자의 건의 및 여론조사

> **TIP** 하인리히의 재해예방 5단계(사고예방 대책의 기본원리)
> • 제1단계 : 조직(안전관리조직)
> • 제2단계 : 사실의 발견(현상파악)
> • 제3단계 : 분석평가
> • 제4단계 : 시정책의 선정(대책의 선정)
> • 제5단계 : 시정책의 적용(목표달성)

02 재해예방의 4원칙에 해당하지 않는 것은?

① 손실연계의 원칙
② 대책선정의 원칙
③ 예방가능의 원칙
④ 원인계기의 원칙

해설

하인리히의 재해예방 4원칙

예방가능의 원칙	천재지변을 제외한 모든 재해는 원칙적으로 예방이 가능하다.
손실우연의 원칙	사고로 생기는 상해의 종류 및 정도는 우연적이다.
원인계기의 원칙	사고와 손실의 관계는 우연적이지만 사고와 원인관계는 필연적이다(사고에는 반드시 원인이 있다).
대책선정의 원칙	원인을 정확히 규명해서 대책을 선정하고 실시되어야 한다(3E, 즉 기술, 교육, 독려를 중심으로).

03 산업스트레스의 요인 중 직무특성과 관련된 요인으로 볼 수 없는 것은?

① 조직구조
② 작업속도
③ 근무시간
④ 업무의 반복성

해설

산업스트레스의 요인
1. 직무특성의 요인 : 작업속도, 근무시간, 업무의 반복성, 작업교대, 복잡성, 위험성 등
2. 스트레스는 동기부여의 저하, 신체적·정신적 건강뿐만 아니라 직무몰입과 생산성 감소의 직접적인 원인이 된다.

04 산업심리의 5대 요소에 해당되지 않는 것은?

① 동기
② 지능
③ 감정
④ 습관

해설

산업안전심리의 5대요소

기질	인간의 성격, 능력 등 개인적인 특성(생활환경, 주위 환경에 따라 변화한다.)
동기	능동적인 감각에 의한 자극에서 일어나는 사고의 결과로 마음을 움직이는 원동력
습관	개인의 특성이 자신도 모르게 습관화된 현상으로 습관에 직접 영향을 주는 요인으로는 동기, 기질, 감정, 습성이 있다.
감정	대상이나 상태에 따라 발생하는 슬픔, 기쁨 등에 해당하는 마음의 현상
습성	오랜 습관으로 인하여 굳어버린 성질로 동기, 기질, 감정 등이 밀접한 연관관계이다.

05 사업장의 도수율이 10.83이고, 강도율이 7.92일 경우의 종합재해지수(FSI)는?

① 4.63
② 6.42
③ 9.26
④ 12.84

정답 01 ③ 02 ① 03 ① 04 ② 05 ③

해설
종합재해지수(Frequency Severity Indicator : FSI)

$$종합재해지수(FSI) = \sqrt{도수율(FR) \times 강도율(SR)}$$
$$\left(단, 미국의 경우 \ FSI = \sqrt{\frac{FR \times SR}{1000}}\right)$$

$$종합재해지수(FSI) = \sqrt{도수율(FR) \times 강도율(SR)}$$
$$= \sqrt{10.83 \times 7.92} = 9.261$$

06 리더십(Leadership)의 특성으로 볼 수 없는 것은?
① 민주주의적 지휘 형태
② 부하와의 넓은 사회적 간격
③ 밑으로부터의 동의에 의한 권한 부여
④ 개인적 영향에 의한 부하와의 관계유지

해설
헤드십과 리더십의 구분

구분	헤드십	리더십
권한행사 및 부여	위에서 위임하여 임명된 헤드	밑에서부터의 동의에 의해 선출된 리더
권한 근거	법적 또는 공식적	개인능력
상관과 부하의 관계	지배적	개인적인 경향
책임귀속	상사	상사와 부하
부하와의 사회적 간격	넓다.	좁다.
지휘형태	권위주의적	민주주의적
권한귀속	공식화된 규정에 의함	집단목표에 기여한 공로 인정

07 매슬로(A. H. Maslow) 욕구단계 이론의 각 단계별 내용으로 틀린 것은?
① 1단계 : 자아실현의 욕구
② 2단계 : 안전에 대한 욕구
③ 3단계 : 사회적(애정적) 욕구
④ 4단계 : 존경과 긍지에 대한 욕구

해설
매슬로(Maslow)의 욕구단계 이론

제1단계	생리적 욕구	기아, 갈증, 호흡, 배설, 성욕 등 생명 유지의 기본적 욕구
제2단계	안전의 욕구	1. 자기보존 욕구 – 안전을 구하려는 욕구 2. 전쟁, 재해, 질병의 위험으로부터 자유로워지려는 욕구
제3단계	사회적 욕구	1. 소속감과 애정에 대한 욕구 2. 사회적으로 관계를 향상시키는 욕구
제4단계	인정받으려는 욕구 (자기 존중의 욕구)	자존심, 명예, 성취, 지위 등 인정받으려는 욕구
제5단계	자아실현의 욕구	1. 잠재능력을 실현하고자 하는 성취욕구 2. 특유의 창의력을 발휘

08 산업안전보건법령에 따른 근로자 안전보건 교육 중 채용 시의 교육 내용이 아닌 것은?(단, 산업안전보건법령 및 산업재해보상보험 제도에 관한 사항은 제외한다.)
① 사고 발생 시 긴급조치에 관한 사항
② 유해・위험작업환경 관리에 관한 사항
③ 산업보건 및 건강장해 예방에 관한 사항
④ 기계・기구의 위험성과 작업의 순서 및 동선에 관한 사항

해설
근로자 채용 시 교육 및 작업내용 변경 시 교육
1. 산업안전 및 산업재해 예방에 관한 사항(화재・폭발 사고 발생 시 대피에 관한 사항을 포함)
2. 산업보건 및 건강장해 예방에 관한 사항
3. 위험성 평가에 관한 사항
4. 산업안전보건법령 및 산업재해보상보험 제도에 관한 사항
5. 직무스트레스 예방 및 관리에 관한 사항
6. 직장 내 괴롭힘, 고객의 폭언 등으로 인한 건강장해 예방 및 관리에 관한 사항
7. 기계・기구의 위험성과 작업의 순서 및 동선에 관한 사항
8. 작업 개시 전 점검에 관한 사항
9. 정리정돈 및 청소에 관한 사항
10. 사고 발생 시 긴급조치에 관한 사항
11. 물질안전보건자료에 관한 사항

09 피로에 의한 정신적 증상과 가장 관련이 깊은 것은?

① 주의력이 감소 또는 경감된다.
② 작업의 효과나 작업량이 감퇴 및 저하된다.
③ 작업에 대한 몸의 자세가 흐트러지고 지치게 된다.
④ 작업에 대하여 무감각·무표정·경련 등이 일어난다.

해설
피로의 증상

신체적 증상 (생리적 현상)	• 작업에 대한 몸자세가 흐트러지고 지치게 된다. • 작업에 대한 무감각, 무표정, 경련 등이 일어난다. • 작업효과나 작업량이 감퇴 및 저하한다.
정신적 증상 (심리적 현상)	• 주의력이 감소 또는 경감된다. • 불쾌감이 증가된다. • 긴장감이 해지 또는 해소된다. • 권태, 태만해지고 관심 및 흥미감이 상실된다. • 졸음, 두통, 싫증, 짜증이 일어난다.

10 산업안전보건법령에 따른 안전·보건 표지에 사용하는 색채기준 중 비상구 및 피난소, 사람 또는 차량의 통행표지의 안내용도로 사용하는 색채는?

① 빨간색   ② 녹색
③ 노란색   ④ 파란색

해설
안전·보건표지의 색채, 색도기준 및 용도

색채	색도기준	용도	사용 예
빨간색	7.5R 4/14	금지	정지신호, 소화설비 및 그 장소, 유해행위의 금지
		경고	화학물질 취급장소에서의 유해·위험 경고
노란색	5Y 8.5/12	경고	화학물질 취급장소에서의 유해·위험경고 이외의 위험경고, 주의표지 또는 기계방호물
파란색	2.5PB 4/10	지시	특정 행위의 지시 및 사실의 고지
녹색	2.5G 4/10	안내	비상구 및 피난소, 사람 또는 차량의 통행표지
흰색	N9.5		파란색 또는 녹색에 대한 보조색
검은색	N0.5		문자 및 빨간색 또는 노란색에 대한 보조색

11 일반적으로 교육이란 "인간행동의 계획적 변화"로 정의할 수 있다. 여기서 인간의 행동이 의미하는 것은?

① 신념과 태도
② 외현적 행동만 포함
③ 내현적 행동만 포함
④ 내현적, 외현적 행동 모두 포함

해설
인간의 행동은 내현적, 외현적 행동을 모두 포함한다.

12 OFF JT의 설명으로 틀린 것은?

① 다수의 근로자에게 조직적 훈련이 가능하다.
② 훈련에만 전념하게 된다.
③ 효과가 곧 업무에 나타나며 훈련의 좋고 나쁨에 따라 개선이 쉽다.
④ 교육훈련목표에 대해 집단적 노력이 흐트러질 수 있다.

해설
OFF J.T(Off the Job Training)
1. 외부의 전문가를 활용할 수 있다.(전문가를 초빙하여 강사로 활용이 가능하다.)
2. 다수의 대상자에게 조직적 훈련이 가능하다.
3. 특별교재, 교구, 시설을 유효하게 사용할 수 있다.
4. 타 직종 사람과의 많은 지식, 경험을 교류할 수 있다.
5. 업무와 분리되어 교육에 전념하는 것이 가능하다.
6. 교육목표를 위하여 집단적으로 협조와 협력이 가능하다.
7. 법규, 원리, 원칙, 개념, 이론 등의 교육에 적합하다.

13 산업안전보건법령에 따른 안전검사대상 유해·위험 기계 등의 검사주기 기준 중 다음 ( ) 안에 알맞은 것은?

크레인(이동식 크레인은 제외), 리프트(이삿짐 운반용 리프트는 제외) 및 곤돌라는 사업장에 설치가 끝난 날부터 3년 이내에 최초 안전검사를 실시하되, 그 이후부터 (㉠)년마다[건설현장에서 사용하는 것은 최초로 설치한 날부터 (㉡)개월마다]

① ㉠ 1, ㉡ 4   ② ㉠ 1, ㉡ 6
③ ㉠ 2, ㉡ 4   ④ ㉠ 2, ㉡ 6

정답 09 ① 10 ② 11 ④ 12 ③ 13 ④

해설
안전검사의 주기

크레인(이동식 크레인은 제외), 리프트(이삿짐운반용 리프트는 제외) 및 곤돌라	사업장에 설치가 끝난 날부터 3년 이내에 최초 안전검사를 실시하되, 그 이후부터 2년마다(건설현장에서 사용하는 것은 최초로 설치한 날부터 6개월마다)
이동식 크레인, 이삿짐운반용 리프트 및 고소작업대	「자동차관리법」에 따른 신규등록 이후 3년 이내에 최초 안전검사를 실시하되, 그 이후부터 2년마다
프레스, 전단기, 압력용기, 국소 배기장치, 원심기, 롤러기, 사출성형기, 컨베이어, 산업용 로봇, 혼합기, 파쇄기 또는 분쇄기	사업장에 설치가 끝난 날부터 3년 이내에 최초 안전검사를 실시하되, 그 이후부터 2년마다(공정안전보고서를 제출하여 확인을 받은 압력용기는 4년마다)

14 보호구 안전인증 고시에 따른 방독마스크 중 할로겐용 정화통 외부 측면의 표시 색으로 옳은 것은?

① 갈색   ② 회색
③ 녹색   ④ 노랑색

해설
방독마스크의 종류 및 표시 색

종류	시험가스	정화통 외부 측면의 표시 색
유기화합물용	시클로헥산(C_6H_{12})	갈색
	디메틸에테르(CH_3OCH_3)	
	이소부탄(C_4H_{10})	
할로겐용	염소가스 또는 증기(Cl_2)	회색
황화수소용	황화수소가스(H_2S)	
시안화수소용	시안화수소가스(HCN)	
아황산용	아황산가스(SO_2)	노랑색
암모니아용	암모니아가스(NH_3)	녹색

15 직접 사람에게 접촉되어 위해를 가한 물체를 무엇이라고 하는가?

① 낙하물   ② 비래물
③ 기인물   ④ 가해물

해설
기인물과 가해물
1. 기인물 : 직접적으로 재해를 유발하거나 영향을 끼친 에너지원(운동, 위치, 열, 전기 등)을 지닌 기계·장치, 구조물, 물체·물질, 사람 또는 환경 등을 말한다.
2. 가해물 : 사람에게 직접적으로 상해를 입힌 기계, 장치, 구조물, 물체·물질, 사람 또는 환경요인을 말한다.

16 산업재해보상보험법에 따른 산업재로 인한 보상비가 아닌 것은?

① 교통비   ② 장의비
③ 휴업급여   ④ 유족급여

해설
직접비와 간접비

직접비	법적으로 정한 산재보상비(산재자에게 지급되는 보상비 일체) • 요양급여(진찰비, 간호비용 등) • 휴업급여 • 장해급여 • 간병급여 • 유족급여 • 장의비 • 상병보상 연금 • 기타(장해특별급여, 유족특별급여, 직업재활급여)
간접비	직접비를 제외한 모든 비용(산재로 인해 기업이 입은 재산상의 손실) • 인적손실 • 물적손실 • 생산손실 • 특수손실 • 기타손실

17 기업 내 교육방법 중 작업의 개선방법 및 사람을 다루는 방법, 작업을 가르치는 방법 등을 주된 교육 내용으로 하는 것은?

① CCS(Civil Communication Section)
② MTP(Management Training Program)
③ TWI(Training Within Industry)
④ ATT(American Telephone & Telegram Co)

해설
TWI의 교육 과정
1. Job Method Training(JMT) : 작업방법훈련, 작업개선훈련
2. Job Instruction Training(JIT) : 작업지도훈련
3. Job Relations Training(JRT) : 인간관계 훈련, 부하통솔법
4. Job Safety Training(JST) : 작업안전훈련

> TIP 관리감독자의 구비조건
> • 직무에 관한 지식
> • 직책의 지식
> • 작업을 가르치는 능력
> • 작업의 방법을 개선하는 기능
> • 사람을 다스리는 기능

18 다음 중 교육의 3요소에 해당되지 않는 것은?

① 교육의 주체   ② 교육의 기간
③ 교육의 매개체   ④ 교육의 객체

정답 14 ② 15 ④ 16 ① 17 ③ 18 ②

> [해설]

교육의 3요소
1. 교육의 주체 : 강사
2. 교육의 객체 : 수강자(교육대상)
3. 교육의 매개체 : 교재(교육내용)

19 산업안전보건법령에 따른 최소 상시 근로자 50명 이상 규모에 산업안전보건위원회를 설치·운영하여야 할 사업의 종류가 아닌 것은?

① 토사석 광업
② 1차 금속 제조업
③ 자동차 및 트레일러 제조업
④ 정보서비스업

> [해설]

산업안전보건위원회를 구성해야 할 사업의 종류 및 상시근로자 수

사업의 종류	사업장의 상시근로자 수
1. 토사석 광업 2. 목재 및 나무제품 제조업 : 가구 제외 3. 화학물질 및 화학제품 제조업 : 의약품 제외 (세제, 화장품 및 광택제 제조업과 화학섬유 제조업은 제외한다) 4. 비금속 광물제품 제조업 5. 1차 금속 제조업 6. 금속가공제품 제조업 : 기계 및 가구 제외 7. 자동차 및 트레일러 제조업 8. 기타 기계 및 장비 제조업(사무용 기계 및 장비 제조업은 제외한다) 9. 기타 운송장비 제조업(전투용 차량 제조업은 제외한다)	상시근로자 50명 이상

TIP 정보서비스업 : 상시 근로자 300명 이상 규모에 산업안전보건위원회를 구성해야 할 사업

20 위험예지훈련의 방법으로 적절하지 않은 것은?

① 반복 훈련한다.
② 사전에 준비한다.
③ 자신의 작업으로 실시한다.
④ 단위 인원수를 많게 한다.

> [해설]

위험예지훈련
1. 위험예지훈련은 직장단위로 소집단으로 편성하여 활동을 추진하게 된다.
2. 같은 직장에서 같은 일을 하고 있는 작업자의 단위로 편성하는 것이 효율적이다.
3. 마음놓고 대화할 수 있는 인원수로 편성해야 하는데 소집단의 인원수는 5~6인이 좋다.

2과목 인간공학 및 시스템 안전공학

21 체계설계 과정 중 기본설계 단계의 주요활동으로 볼 수 없는 것은?

① 작업설계
② 체계의 정의
③ 기능의 할당
④ 인간 성능요건 명세

> [해설]

인간-기계 체계설계의 기본단계 순서
1. 제1단계 : 목표 및 성능 명세 결정
   체계가 설계되기 전에 우선 그 목적이나 존재 이유가 있어야 한다.
2. 제2단계 : 시스템(체계)의 정의
   어떤 체계(특히 복잡한 것)의 경우에 있어서는 목적을 달성하기 위해서 특정한 기본적인 기능(임무)들이 수행되어야 한다.
3. 제3단계 : 기본설계
   주요 인간공학 활동은 ㉠ 인간, 하드웨어, 소프트웨어에 기능할당, ㉡ 인간 성능 요건 명세, ㉢ 직무분석, ㉣ 작업설계가 있다.
4. 제4단계 : 인터페이스(계면) 설계
   인간-기계체계에서 인간과 기계가 만나는 면(面)을 계면이라고 한다.
5. 제5단계 : 촉진물 설계
   촉진물 설계 단계의 주 초점은 만족스러운 인간 성능을 증진시킬 보조물에 대해 설계하는 것이다.
6. 제6단계 : 시험 및 평가
   체계 개발의 산물(기기, 절차 및 요원)이 계획된 대로 작동하는지 알아보기 위해 산물(産物)들을 측정하는 것이다.

정답 19 ④ 20 ④ 21 ②

22 정보입력에 사용되는 표시장치 중 청각장치보다 시각장치를 사용하는 것이 더 유리한 경우는?

① 정보의 내용이 긴 경우
② 수신자가 직무상 자주 이동하는 경우
③ 정보의 내용이 즉각적인 행동을 요구하는 경우
④ 정보를 나중에 다시 확인하지 않아도 되는 경우

해설
청각장치와 시각장치의 비교

청각적 표시장치	시각적 표시장치
1. 전언이 간단하다.	1. 전언이 복잡하다.
2. 전언이 짧다.	2. 전언이 길다.
3. 전언이 후에 재참조되지 않는다.	3. 전언이 후에 재참조된다.
4. 전언이 시간적 사상을 다룬다.	4. 전언이 공간적인 위치를 다룬다.
5. 전언이 즉각적인 행동을 요구한다.(긴급할 때)	5. 전언이 즉각적인 행동을 요구하지 않는다.
6. 수신장소가 너무 밝거나 암조응 유지가 필요시	6. 수신장소가 너무 시끄러울 때
7. 직무상 수신자가 자주 움직일 때	7. 직무상 수신자가 한곳에 머물 때
8. 수신자가 시각계통이 과부하상태일 때	8. 수신자의 청각 계통이 과부하상태일 때

23 FTA 도표에서 사용하는 논리기호 중 기본사상을 나타내는 기호는?

①    ②
③   ④

해설
FTA 분석기호

번호	기호	명칭	내용
1	□	결함사상	사고가 일어난 사상(사건)
2	○	기본사상	더 이상 전개가 되지 않는 기본적인 사상 또는 발생확률이 단독으로 얻어지는 낮은 레벨의 기본적인 사상
3	⌂	통상사상 (가형사상)	통상발생이 예상되는 사상(예상되는 원인)
4	◇	생략사상 (최후사상)	정보부족 또는 분석기술 불충분으로 더 이상 전개할 수 없는 사상(작업진행에 따라 해석이 가능할 때는 다시 속행한다.)
5	△	전이기호 (이행기호)	FT도상에서 다른 부분에 관한 이행 또는 연결을 나타낸다.(상부에 선이 있는 경우는 다른 부분으로 전입〈IN〉)
6	△	전이기호 (이행기호)	FT도상에서 다른 부분에 관한 이행 또는 연결을 나타낸다.(측면에 선이 있는 경우는 다른 부분으로 전출〈OUT〉)

24 조도가 250럭스인 책상 위에 짙은 색 종이 A와 B가 있다. 종이 A의 반사율은 20%이고, 종이 B의 반사율은 15%이다. 종이 A에는 반사율 80%의 색으로, 종이 B에는 반사율 60%의 색으로 같은 글자를 각각 썼을 때의 설명으로 맞는 것은?(단, 두 글자의 크기, 색, 재질 등은 동일하다.)

① 두 종이에 쓴 글자는 동일한 수준으로 보인다.
② 어느 종이에 쓰인 글자가 더 잘 보이는지 알 수 없다.
③ A종이에 쓰인 글자가 B종이에 쓰인 글자보다 눈에 더 잘 보인다.
④ B종이에 쓰인 글자가 A종이에 쓰인 글자보다 눈에 더 잘 보인다.

해설
대비
표적의 광도와 배경 광도의 차를 나타내는 척도이며, 광도대비 또는 휘도대비란 표면의 광도와 배경의 광도의 차를 나타내는 척도이다.

$$대비(\%) = \frac{배경의\ 광도(L_b) - 표적의\ 광도(L_t)}{배경의\ 광도(L_b)} \times 100$$

$$= \frac{70-10}{70} \times 100 = 85.7(\%)$$

1. A의 대비

$$대비(\%) = \frac{배경의\ 광도(L_b) - 표적의\ 광도(L_t)}{배경의\ 광도(L_b)} \times 100$$

$$= \frac{20-80}{20} \times 100 = -300(\%)$$

정답 22 ① 23 ② 24 ①

2. B의 대비

$$대비(\%) = \frac{배경의\ 광도(L_b) - 표적의\ 광도(L_t)}{배경의\ 광도(L_b)} \times 100$$

$$= \frac{15-60}{15} \times 100 = -300(\%)$$

∴ 대비가 같으므로 두 종이에 쓴 글자는 동일한 수준으로 보인다.

25 검사공정의 작업자가 제품의 완성도에 대한 검사를 하고 있다. 어느 날 10,000개의 제품에 대한 검사를 실시하여 200개의 부적합품을 발견하였으나 이 로트에는 실제로 500개의 부적합품이 있었다. 이때 인간과오확률(Human Error Probability)은 얼마인가?

① 0.02　　② 0.03
③ 0.04　　④ 0.05

해설

인간실수확률(HEP ; Human Error Probability)

$$HEP = \frac{인간의\ 실수\ 수}{전체\ 실수발생기회의\ 수}$$

$$HEP = \frac{인간의\ 실수\ 수}{전체\ 실수발생기회의\ 수} = \frac{500-200}{10,000} = 0.03$$

26 제품의 설계단계에서 고유 신뢰성을 증대시키기 위하여 일반적으로 많이 사용되는 방법이 아닌 것은?

① 병렬 및 대기 리던던시의 활용
② 부품과 조립품의 단순화 및 표준화
③ 제조부문과 납품업자에 대한 부품규격의 명세 제시
④ 부품의 전기적, 기계적, 열적 및 기타 작동조건의 경감

해설

신뢰성 설계기술(시스템의 신뢰도를 증가시키는 방법)
1. 리던던시 설계(중복설계)
2. 부품의 단순화와 표준화
3. 최적 재료의 선정
4. 디레이팅 설계(구성부품에 걸리는 부하의 정격값에 여유를 두고 설계하는 방법)
5. 내환경성 설계
6. 인간공학적 설계와 보전성 설계(Fail safe와 Fool proof)

27 작업장의 실효온도에 영향을 주는 인자 중 가장 관계가 먼 것은?

① 온도　　② 체온
③ 습도　　④ 공기유동

해설

실효온도(Effective Temperature, 체감온도, 감각온도)
1. 온도, 습도 및 공기의 유동이 인체에 미치는 열효과를 하나의 수치로 통합한 경험적 감각지수
2. 상대습도 100%일 때의 건구온도에서 느끼는 것과 동일한 온감이다.
3. 실제로 감각되는 온도로서 실감온도라고 한다.
4. 실효온도의 결정요소(실효온도에 영향을 주는 요인)
   • 온도
   • 습도
   • 공기의 유동(대류)

28 인간-기계시스템에 관련된 정의로 틀린 것은?

① 시스템이란 전체목표를 달성하기 위한 유기적인 결합체이다.
② 인간-기계시스템이란 인간과 물리적 요소가 주어진 입력에 대해 원하는 출력을 내도록 결합되어 상호작용하는 집합체이다.
③ 수동시스템은 입력된 정보를 근거로 자신의 신체적 에너지를 사용하여 수공구나 보조기구에 힘을 가하여 작업을 제어하는 시스템이다.
④ 자동화시스템은 기계에 의해 동력과 몇몇 다른 기능들이 제공되며, 인간이 원하는 반응을 얻기 위해 기계의 제어장치를 사용하여 제어기능을 수행하는 시스템이다.

해설

인간-기계 통합체계의 유형

수동 시스템	• 수공구나 기타 보조물로 이루어지며 자신의 신체적인 힘을 원동력으로 사용하여 작업을 통제하는 시스템(인간이 사용자나 동력원으로 가능) • 다양성 있는 체계로 역할할 수 있는 능력을 충분히 활용하는 시스템 예 장인과 공구, 가수와 앰프

기계 시스템	• 고도로 통합된 부품들로 구성되어 있으며, 일반적으로 변화가 거의 없는 기능들을 수행하는 시스템 • 운전자의 조종에 의해 운용되며 융통성이 없는 시스템 • 동력은 기계가 제공하며, 조종장치를 사용하여 통제하는 것은 사람이다. • 반자동 체계라고도 한다. 예 엔진, 자동차, 공작기계
자동 시스템	• 체계가 감지, 정보보관, 정보처리 및 의사결정, 행동을 포함한 모든 임무를 수행하는 체계 • 신뢰성이 완전한 자동체계란 불가능 하므로 인간은 감시, 정비, 보전, 계획수립 등의 기능을 수행한다. 예 자동화된 처리공장, 자동교환대, 컴퓨터

29 통제표시비를 설계할 때 고려해야 할 5가지 요소에 해당하지 않는 것은?

① 공차　　　　② 조작시간
③ 일치성　　　④ 목측거리

해설

통제표시비(C/D비)를 설계할 때 고려사항

계측의 크기	계기의 조절시간이 가장 짧게 소요되는 크기를 선택해야 하며 크기가 너무 작으면 오차가 커지므로 상대적으로 고려해야 한다.
공차	짧은 주행시간 내에서 공차의 인정 범위를 초과하지 않는 계기를 마련해야 한다.
목측거리	목측거리가 길면 길수록 조절의 정확도는 낮고 시간이 증가하게 된다.
조작시간	조작시간의 지연은 직업적으로 조종반응비(C/R비)가 가장 크게 작용하고 있다.
방향성	조종장치의 조작방향과 표시장치의 운동방향이 일치하지 않으면 작업자의 동작에 혼란을 초래하고, 조작시간이 오래 걸리며 오차가 커진다.

30 결함수분석(FTA) 결과 다음과 같은 패스셋을 구하였다. X_4가 중복사상인 경우, 최소 패스셋(Minimal Path Sets)으로 맞는 것은?

[다음]
$\{X_2, X_3, X_4\}$
$\{X_1, X_3, X_4\}$
$\{X_3, X_4\}$

① $\{X_3, X_4\}$　　　　② $\{X_1, X_3, X_4\}$
③ $\{X_2, X_3, X_4\}$　　④ $\{X_2, X_3, X_4\}$와 $\{X_3, X_4\}$

해설

미니멀 패스셋(Minimal Path Set)
1. 미니멀 패스셋은 정상사상이 일어나지 않기 위해 필요한 최소한의 것을 말한다.
2. 미니멀 패스셋은 어느 고장이나 실수를 일으키지 않으면 재해가 일어나지 않는다는 것으로 시스템의 신뢰성을 나타내는 것이다.
3. 미니멀 패스셋은 시스템의 기능을 살리는 최소 요인의 집합이다.

TIP 최소 패스셋은 중복된 사상과 중복된 컷을 제거하면 $\{X_3, X_4\}$가 된다.

31 인간실수의 주원인에 해당하는 것은?

① 기술수준　　　② 경험수준
③ 훈련수준　　　④ 인간 고유의 변화성

해설

인간실수
1. 인간 고유의 변화성은 인간실수의 주원인이다.
2. 변화성의 정도가 지나치면 실수를 일으키며, 이는 훈련을 통한 기술습득에 의해서만 통제할 수 있다.

32 통신에서 잡음 중의 일부를 제거하기 위해 필터(Filter)를 사용하였다면, 어느 것의 성능을 향상시키는 것인가?

① 신호의 양립성　　② 신호의 산란성
③ 신호의 표준성　　④ 신호의 검출성

해설

신호 검출 이론
주로 통신에서 잡음 중의 일부를 제거하기 위해 여파기(Filter)를 사용하여 신호의 검출성을 향상시킬 수 있다.

33 청각적 자극 제시와 이에 대한 음성응답과업에서 갖는 양립성에 해당하는 것은?

① 개념의 양립성　　② 운동 양립성
③ 공간적 양립성　　④ 양식 양립성

정답 29 ③　30 ①　31 ④　32 ④　33 ④

해설
양립성의 종류

공간 양립성	• 표시장치와 이에 대응하는 조종장치 간의 위치 또는 배열이 인간의 기대와 모순되지 않아야 한다. • 가스버너에서 오른쪽 조리대는 오른쪽 조절장치로, 왼쪽 조리대는 왼쪽 조절장치로 조정하도록 배치한다.
운동 양립성	• 조작장치의 방향과 표시장치의 움직이는 방향이 사용자의 기대와 일치하는 것 • 자동차를 운전하는 과정에서 우측으로 회전하기 위하여 핸들을 우측으로 돌린다.
개념 양립성	• 사람들이 가지고 있는(이미 사람들이 학습을 통해 알고 있는) 개념적 연상에 관한 기대와 일치하는 것 • 냉온수기에서 빨간색은 온수, 파란색은 냉수가 나온다.
양식 양립성	음성과업에 대해서는 청각적 자극 제시와 이에 대한 음성 응답 등에 해당

34 작업공간에서 부품배치의 원칙에 따라 레이아웃을 개선하려 할 때 부품배치의 원칙에 해당하지 않는 것은?

① 편리성의 원칙
② 사용빈도의 원칙
③ 사용 순서의 원칙
④ 기능별 배치의 원칙

해설
부품배치의 원칙

부품의 위치 결정	중요성의 원칙	체계의 목표달성에 긴요한 정도에 따른 우선순위를 설정
	사용빈도의 원칙	부품이 사용되는 빈도에 따른 우선순위 설정
부품의 배치 결정	기능별 배치의 원칙	기능적으로 관련된 부품들을 모아서 배치
	사용 순서의 원칙	순서적으로 사용되는 장치들을 가까이에 순서적으로 배치

35 시스템에 영향을 미치는 모든 요소의 고장을 형태별로 분석하여 그 영향을 검토하는 분석기법은?

① FTA
② CHECK LIST
③ FMEA
④ DECISION TREE

해설
고장형태와 영향분석(Failure Mode and Effects Analysis : FMEA)
1. 시스템이나 서브시스템 위험분석을 위하여 일반적으로 사용되는 전형적인 정성적, 귀납적 분석기법으로 시스템에 영향을 미치는 모든 요소의 고장을 형태별로 분석하여 그 영향을 검토하는 분석기법
2. 시스템 내의 위험요소가 얼마나 위험한 상태에 있는가를 정성적으로 평가하는 기법
3. 고장 발생을 최소로 하고자 하는 경우에 유효하다.

36 시력손상에 가장 크게 영향을 미치는 전신 진동의 주파수는?

① 5Hz 미만
② 5~10Hz
③ 10~25Hz
④ 25Hz 초과

해설
진동이 인간 성능에 끼치는 일반적인 영향
1. 진동은 진폭에 비례하여 시력을 손상하며 10~25Hz의 경우 가장 심하다.
2. 진동은 진폭에 비례하여 추적능력을 손상하며 5Hz 이하의 낮은 진동수에서 가장 심하다.
3. 안정되고 정확한 근육 조절을 요하는 작업은 진동에 의해서 저하된다.
4. 반응시간, 감시, 형태 식별 등 주로 중앙신경처리에 달린 임무는 진동의 영향을 덜 받는다.

37 화학설비의 안전성을 평가하는 방법 5단계 중 제3단계에 해당하는 것은?

① 안전대책
② 정량적 평가
③ 관계자료 검토
④ 정성적 평가

해설
안전성 평가의 단계
안전성 평가는 6단계에 의해 실시되며, 경우에 따라 5단계와 6단계가 동시에 이루어지는 경우도 있다.
1. 제1단계 : 관계자료의 정비검토
2. 제2단계 : 정성적 평가
3. 제3단계 : 정량적 평가
4. 제4단계 : 안전대책
5. 제5단계 : 재해정보에 의한 재평가
6. 제6단계 : FTA에 의한 재평가

정답 34 ① 35 ③ 36 ③ 37 ②

38 사후보전에 필요한 평균수리시간을 나타내는 것은?

① MDT ② MTTF
③ MTBF ④ MTTR

해설

용어의 정의

MTTR (평균수리시간)	고장 난 후 시스템이나 제품이 제 기능을 발휘하지 않은 시간부터 회복할 때까지의 소요시간에 대한 평균의 척도이며 사후보전에 필요한 수리시간의 평균치를 나타낸다.
MTTF (평균고장수명)	고장이 발생되면 그것으로 수명이 없어지는 제품의 평균수명이며, 이는 수리하지 않는 시스템, 제품, 기기, 부품 등이 고장 날 때까지 동작시간의 평균치
MTBF (평균고장간격)	수리하여 사용이 가능한 시스템에서 고장과 고장 사이의 정상적인 상태로 동작하는 평균시간(고장과 고장 사이 시간의 평균치)
MDT (평균정지시간)	설비의 보전(예방보전과 사후보전)을 위해 장치가 정지된 시간의 평균

39 러닝벨트 위를 일정한 속도로 걷는 사람의 배기가스를 5분간 수집한 표본을 가스성분분석기로 조사한 결과, 산소 16%, 이산화탄소 4%로 나타났다. 배기가스 전량을 가스미터에 통과시킨 결과, 배기량이 90리터였다면 분당 산소소비량과 에너지가(에너지소비량)는 약 얼마인가?

① 0.95리터/분 − 4.75Kcal/분
② 0.96리터/분 − 4.80Kcal/분
③ 0.97리터/분 − 4.85Kcal/분
④ 0.98리터/분 − 4.90Kcal/분

해설

산소소비량의 측정

흡기 부피를 V_1, 배기 부피(분당배기량)를 V_2라 하면
$$79\% \times V_1 = N_2\% \times V_2$$
$$V_1 = \frac{(100 - O_2\% - CO_2\%)}{79} \times V_2$$
산소소비량 = $(21\% \times V_1) - (O_2\% \times V_2)$
에너지가(價)(kcal/min) = 분당 산소소비량(L)×5kcal
※ 1Liter의 산소소비 = 5kcal

1. 분당 배기량(V_2) = $\frac{90}{5}$ = 18[L/분]
2. 흡기부피(V_1) = $\frac{(100-16-4)}{79} \times 18$ = 18.23(L/분)
3. 산소소비량 = $(21\% \times V_1) - (O_2\% \times V_2)$
   = $(0.21 \times 18.23) - (0.16 \times 18)$
   = 0.948 ≒ 0.95[L/분]
4. 에너지가 = 분당 산소소비량×5kcal = 0.95×5
   = 4.75[kcal/분]

40 톱사상 T를 일으키는 컷셋에 해당하는 것은?

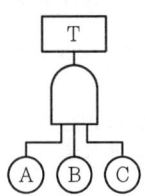

① {A} ② {A, B}
③ {A, B, C} ④ {B, C}

해설

컷셋(Cut Set)

T → A, B, C

3과목 기계위험 방지기술

41 [보기]는 기계설비의 안전화 중 기능의 안전화와 구조의 안전화를 위해 고려해야 할 사항을 열거한 것이다. [보기] 중 기능의 안전화를 위해 고려해야 할 사항에 속하는 것은?

[보기]
㉠ 재료의 결함 ㉡ 가공상의 잘못
㉢ 정전 시의 오동작 ㉣ 설계의 잘못

① ㉠ ② ㉡
③ ㉢ ④ ㉣

해설

기능적 안전화

1. 기계나 기구를 사용할 때 기계의 기능이 저하하지 않고 안전하게 작업하는 것으로 능률적이고 재해방지를 위한 설계를 한다.

정답 38 ④ 39 ① 40 ③ 41 ③

2. 적절한 조치가 필요한 이상상태(자동화된 기계설비가 재해 측면에서의 불리한 조건)
   - 전압강하, 정전 시의 기계 오동작
   - 단락, 스위치 릴레이 고장 시 오동작
   - 사용압력 변동 시의 오동작
   - 밸브계통의 고장에 의한 오동작

42 탁상용 연삭기에서 일반적으로 플랜지의 지름은 숫돌 지름의 얼마 이상이 적정한가?

① $\frac{1}{2}$　　② $\frac{1}{3}$
③ $\frac{1}{5}$　　④ $\frac{1}{10}$

해설
플랜지의 지름

플랜지의 지름=숫돌 지름×$\frac{1}{3}$

43 공작기계인 밀링작업의 안전사항이 아닌 것은?

① 사용 전에는 기계기구를 점검하고 시운전을 한다.
② 칩을 제거할 때는 칩브레이커로 제거한다.
③ 회전하는 커터에 손을 대지 않는다.
④ 커터의 제거·설치 시에는 반드시 스위치를 차단하고 한다.

해설
밀링작업에 대한 안전수칙
1. 제품을 따 내는 데에는 손끝을 대지 말아야 한다.
2. 운전 중 가공면에 손을 대지 말아야 하며 장갑 착용을 금지한다.
3. 칩을 제거할 때에는 커터의 운전을 중지하고 브러시(솔)를 사용하며 걸레를 사용하지 않는다.
4. 칩의 비산이 많으므로 보안경을 착용한다.
5. 커터 설치 시 및 측정은 반드시 기계를 정지시킨 후에 한다.
6. 일감(공작물)은 테이블 또는 바이스에 안전하게 고정한다.
7. 상하 이송장치의 핸들은 사용 후 반드시 빼 두어야 한다.
8. 가공 중에 밀링머신에 얼굴을 대지 않는다.
9. 절삭속도는 재료에 따라 정한다.
10. 커터를 끼울 때는 아버를 깨끗이 닦는다.
11. 일감(공작물)을 고정하거나 풀어낼 때는 기계를 정지시킨다.
12. 테이블 위에 공구 등을 올려놓지 않는다.
13. 강력 절삭을 할 때는 일감을 바이스에 깊게 물린다.
14. 급속이송은 백래시 제거장치가 동작하지 않고 있음을 확인한 후 실시하고, 급속이송은 한 방향으로만 한다.

44 다음 중 욕조 형태를 갖는 일반적인 기계고장곡선에서의 기본적인 3가지 고장 유형에 해당하지 않는 것은?

① 피로고장　　② 우발고장
③ 초기고장　　④ 마모고장

해설
기계고장률의 기본모형

초기고장	감소형 : DFR (Decreasing Failure Rate)	• 고장률이 시간에 따라 감소 • 디버깅 기간 • 번인(Burn-In) 기간
우발고장	일정형 : CFR (Constant Failure Rate)	• 고장률이 시간에 관계없이 거의 일정 • 고장률이 가장 낮다. • 사후보전(BM) 실시
마모고장	증가형 : IFR (Increasing Failure Rate)	• 고장률이 시간에 따라 증가 • 예방보전(PM) 실시

45 산업안전보건법령에 따른 안전난간의 구조 및 설치요건에 대한 설명으로 옳은 것은?

① 상부 난간대, 중간 난간대, 발끝막이판 및 난간기둥으로 구성하여야 한다.
② 발끝막이판은 바닥면 등으로부터 5cm 이하의 높이를 유지하여야 한다.
③ 난간대는 지름 1.5cm 이상의 금속제 파이프를 사용하여야 한다.
④ 안전난간은 가장 취약한 지점에서 가장 취약한 방향으로 작용하는 70kg 이상의 하중에 견딜 수 있어야 한다.

해설
안전난간의 구조 및 설치요건
1. 상부 난간대, 중간 난간대, 발끝막이판 및 난간기둥으로 구성할 것. 다만, 중간 난간대, 발끝막이판 및 난간기둥은 이와 비슷한 구조와 성능을 가진 것으로 대체할 수 있다.
2. 상부 난간대는 바닥면·발판 또는 경사로의 표면(바닥면 등)으로부터 90cm 이상 지점에 설치하고, 상부 난간대를

120cm 이하에 설치하는 경우에는 중간 난간대는 상부 난간대와 바닥면등의 중간에 설치해야 하며, 120cm 이상 지점에 설치하는 경우에는 중간 난간대를 2단 이상으로 균등하게 설치하고 난간의 상하 간격은 60cm 이하가 되도록 할 것. 다만, 난간기둥 간의 간격이 25cm 이하인 경우에는 중간 난간대를 설치하지 않을 수 있다.
3. 발끝막이판은 바닥면등으로부터 10cm 이상의 높이를 유지할 것. 다만, 물체가 떨어지거나 날아올 위험이 없거나 그 위험을 방지할 수 있는 망을 설치하는 등 필요한 예방조치를 한 장소는 제외한다.
4. 난간기둥은 상부 난간대와 중간 난간대를 견고하게 떠받칠 수 있도록 적정한 간격을 유지할 것
5. 상부 난간대와 중간 난간대는 난간 길이 전체에 걸쳐 바닥면과 평행을 유지할 것
6. 난간대는 지름 2.7cm 이상의 금속제 파이프나 그 이상의 강도가 있는 재료일 것
7. 안전난간은 구조적으로 가장 취약한 지점에서 가장 취약한 방향으로 작용하는 100kg 이상의 하중에 견딜 수 있는 튼튼한 구조일 것

46 보일러의 안전한 가동을 위하여 압력방출장치를 2개 설치한 경우에 작동방법으로 옳은 것은?

① 최고 사용압력 이하에서 2개가 동시 작동
② 최고 사용압력 이하에서 1개가 작동되고 다른 것은 최고 사용압력 1.05배 이하에서 작동
③ 최고 사용압력 이하에서 1개가 작동되고 다른 것은 최고 사용압력 1.1배 이하에서 작동
④ 최고 사용압력의 1.1배 이하에서 2개가 동시 작동

해설

보일러의 압력방출장치
1. 보일러의 안전한 가동을 위하여 보일러 규격에 맞는 압력방출장치를 1개 또는 2개 이상 설치하고 최고사용압력(설계압력 또는 최고허용압력) 이하에서 작동되도록 하여야 한다.
2. 압력방출장치가 2개 이상 설치된 경우에는 최고사용압력 이하에서 1개가 작동되고, 다른 압력방출장치는 최고사용압력 1.05배 이하에서 작동되도록 부착하여야 한다.
3. 압력방출장치는 매년 1회 이상 교정을 받은 압력계를 이용하여 설정압력에서 압력방출장치가 적정하게 작동하는지를 검사한 후 납으로 봉인하여 사용하여야 한다(공정안전보고서 이행상태 평가결과가 우수한 사업장은 압력방출장치에 대하여 4년마다 1회 이상 설정압력에서 압력방출장치가 적정하게 작동하는지를 검사할 수 있다).

4. 스프링식, 중추식, 지렛대식(일반적으로 스프링식 안전밸브가 많이 사용)

47 크레인에서 훅걸이용 와이어로프 등이 훅으로부터 벗겨지는 것을 방지하기 위해 사용하는 방호장치는?

① 덮개
② 권과방지장치
③ 비상정지장치
④ 해지장치

해설

훅 해지장치
줄걸이 용구인 와이어로프 슬링 또는 체인, 섬유벨트 등을 훅에 걸고 작업 시 이탈을 방지하기 위한 안전장치

48 프레스 및 전단기에서 양수조작식 방호장치 누름버튼의 상호 간 최소 내측거리로 옳은 것은?

① 100mm   ② 150mm
③ 250mm   ④ 300mm

해설

양수조작식
누름버튼의 상호 간 내측거리는 300mm 이상이어야 한다.

49 다음 중 드릴링 작업에 있어서 공작물을 고정하는 방법으로 가장 적절하지 않은 것은?

① 작은 공작물은 바이스로 고정한다.
② 작고 길쭉한 공작물은 플라이어로 고정한다.
③ 대량 생산과 정밀도를 요구할 때는 지그로 고정한다.
④ 공작물이 크고 복잡할 때는 볼트와 고정구로 고정한다.

해설

드릴링 작업에서 일감(공작물)의 고정방법
1. 일감이 작을 때 : 바이스로 고정
2. 일감이 크고 복잡할 때 : 볼트와 고정구(클램프)로 고정
3. 대량 생산과 정밀도를 요할 때 : 지그(Jig)로 고정
4. 얇은 판의 재료 일 때 : 나무판을 받치고 기구로 고정

정답 46 ② 47 ④ 48 ④ 49 ②

50 이동식 크레인과 관련된 용어의 설명 중 옳지 않은 것은?

① "정격하중"이라 함은 이동식 크레인의 지브나 붐의 경사각 및 길이에 따라 부하할 수 있는 최대하중에서 인양기구(훅, 그래브 등)의 무게를 뺀 하중을 말한다.
② "정격 총하중"이라 함은 최대하중(붐 길이 및 작업반경에 따라 결정)과 부가하중(훅과 그 이외의 인양도구들의 무게)을 합한 하중을 말한다.
③ "작업반경"이라 함은 이동식 크레인의 선회중심선으로부터 훅의 중심선까지의 수평거리를 말하며, 최대 작업반경은 이동 시 크레인으로 작업이 가능한 최대치를 말한다.
④ "파단하중"이라 함은 줄걸이 용구 1개를 가지고 안전율을 고려하여 수직으로 매달 수 있는 최대 무게를 말한다.

[해설]
파단하중
파단시험에서 시험편이 파단될 때까지의 최대하중을 말한다.

51 프레스 금형의 설치 및 조정 시 슬라이드 불시 하강을 방지하기 위하여 설치해야 하는 것은?

① 인터록 ② 클러치
③ 게이트 가드 ④ 안전블록

[해설]
금형조정작업의 위험방지
프레스 등의 금형을 부착·해체 또는 조정하는 작업을 할 때에 해당 작업에 종사하는 근로자의 신체가 위험한계 내에 있는 경우 슬라이드가 갑자기 작동함으로써 근로자에게 발생할 우려가 있는 위험을 방지하기 위하여 안전블록을 사용하는 등 필요한 조치를 하여야 한다.

52 프레스 방호장치 중 가드식 방호장치의 구조 및 선정조건에 대한 설명으로 옳지 않은 것은?

① 미동(Inching) 행정에서는 작업자 안전을 위해 가드를 개방할 수 없는 구조로 한다.
② 1행정, 1정지 기구를 갖춘 프레스에 사용한다.
③ 가드 폭이 400mm 이하일 때는 가드 측면을 방호하는 가드를 부착하여 사용한다.
④ 가드 높이는 프레스에 부착되는 금형 높이 이상(최소 180mm)으로 한다.

[해설]
가드식 방호장치의 구조 및 선정 조건
미동(Inching) 행정에서는 가드를 개방할 수 있는 것이 작업성에 좋다.

53 다음은 지게차의 헤드가드에 관한 기준이다. ( ) 안에 들어갈 내용으로 옳은 것은?

> 지게차 사용 시 화물 낙하 위험의 방호조치 사항으로 헤드가드를 낮추어야 한다. 그 강도는 지게차 최대하중의 ( ) 값의 등분포정하중(等分布靜荷重)에 견딜 수 있어야 한다. 단, 그 값이 4톤을 넘는 것에 대하여서는 4톤으로 한다.

① 2배 ② 3배
③ 4배 ④ 5배

[해설]
지게차의 헤드가드
1. 강도는 지게차의 최대하중의 2배 값(4톤을 넘는 값에 대해서는 4톤으로 한다)의 등분포정하중에 견딜 수 있을 것
2. 상부틀의 각 개구의 폭 또는 길이가 16cm 미만일 것
3. 운전자가 앉아서 조작하거나 서서 조작하는 지게차의 헤드가드는 한국산업표준에서 정하는 높이 기준 이상일 것
   ① 좌승식 : 좌석기준점으로부터 903mm 이상
   ② 입승식 : 조종사가 서 있는 플랫폼으로부터 1,880mm 이상

54 다음 중 보일러의 폭발사고 예방을 위한 장치로 가장 거리가 먼 것은?

① 압력제한 스위치 ② 압력방출장치
③ 고저수위 고정장치 ④ 화염검출기

[해설]
보일러 안전장치의 종류
• 압력방출장치
• 압력제한 스위치
• 고저수위 조절장치
• 화염검출기

[정답] 50 ④ 51 ④ 52 ① 53 ① 54 ③

55 산업안전보건법령상 회전 중인 연삭숫돌지름이 최소 얼마 이상인 경우로서 근로자에게 위험을 미칠 우려가 있는 경우 해당 부위에 덮개를 설치하여야 하는가?

① 3cm 이상 ② 5cm 이상
③ 10cm 이상 ④ 20cm 이상

해설
연삭기 작업면에 있어서의 안전기준
1. 회전 중인 연삭숫돌(지름이 5cm 이상인 것으로 한정)이 근로자에게 위험을 미칠 우려가 있는 경우에 그 부위에 덮개를 설치하여야 한다.
2. 연삭숫돌을 사용하는 작업의 경우 작업을 시작하기 전에는 1분 이상, 연삭숫돌을 교체한 후에는 3분 이상 시험운전을 하고 해당 기계에 이상이 있는지를 확인하여야 한다.
3. 시험운전에 사용하는 연삭숫돌은 작업시작 전에 결함이 있는지를 확인한 후 사용하여야 한다.
4. 연삭숫돌의 최고 사용회전속도를 초과하여 사용하도록 해서는 아니 된다.
5. 측면을 사용하는 것을 목적으로 하지 않는 연삭숫돌을 사용하는 경우 측면을 사용하도록 해서는 아니 된다.

56 프레스 작업 시 금형의 파손을 방지하기 위한 조치 내용 중 틀린 것은?

① 금형 맞춤판은 억지 끼워맞춤으로 한다.
② 쿠션 핀을 사용할 경우에는 상승 시 누름 판의 이탈 방지를 위하여 단붙임한 나사로 견고히 조여야 한다.
③ 금형에 사용하는 스프링은 인장형을 사용한다.
④ 스프링 등의 파손에 의해 부품이 비산될 우려가 있는 부분에는 덮개를 설치한다.

해설
금형의 파손에 의한 위험 방지
금형에 사용하는 스프링은 압축형으로 한다.

57 산업용 로봇에 지워지지 않는 방법으로 반드시 표시해야 하는 항목이 있는데 다음 중 이에 속하지 않는 것은?

① 제조자의 이름과 주소, 모델 번호 및 제조 일련번호, 제조연월
② 머니퓰레이터 회전 반경
③ 중량
④ 이동 및 설치를 위한 인양 지점

해설
산업용 로봇의 표시사항
1. 제조자의 이름과 주소, 모델 번호 및 제조일련번호, 제조연월
2. 중량
3. 전기 또는 유·공압시스템에 대한 공급사양
4. 이동 및 설치를 위한 인양 지점
5. 부하 능력

58 급정지기구가 있는 1행정 프레스의 광전자식 방호장치에서 광선에 신체의 일부가 감지된 후로부터 급정지기구의 작동 시까지의 시간이 40ms이고, 급정지기구의 작동 직후로부터 프레스기가 정지될 때까지의 시간이 20ms라면 안전거리는 몇 mm 이상 이어야 하는가?

① 60 ② 76
③ 80 ④ 96

해설
광전자식 방호장치의 설치 안전거리

$$D = 1,600 \times (T_c + T_s)$$

여기서, D : 안전거리[mm]
T_c : 방호장치의 작동시간즉, 손이 광선을 차단했을 때부터 급정지기구가 작동을 개시할 때까지의 시간(초)]
T_s : 프레스 등의 최대정지시간즉, 급정지기구가 작동을 개시했을 때부터 슬라이드 등이 정지할 때까지의 시간(초)]

$D = 1,600 \times (T_c + T_s) = 1,600 \times (0.04 + 0.02) = 96$[mm]

TIP $1\text{ms} = \dfrac{1}{1,000}$초

59 롤러의 위험점 전방에 개구부 간격 16.5mm의 가드를 설치하고자 한다면, 개구부에서 위험점까지의 거리는 몇 mm 이상이어야 하는가?(단, 위험점이 전동체는 아니다.)

① 70 ② 80
③ 90 ④ 100

해설
롤러기 가드의 개구부 간격(ILO 기준, 위험점이 전동체가 아닌 경우)

$$Y = 6 + 0.15X \quad (X < 160mm)$$
$$(단, X \geq 160mm일 때, Y = 30mm)$$

여기서, X : 가드와 위험점 간의 거리(안전거리)(mm)
　　　　Y : 가드 개구부 간격(안전간극)(mm)

$Y = 6 + 0.15X \rightarrow 16.5 = 6 + 0.15X$

$\therefore X = \dfrac{16.5 - 6}{0.15} = 70[mm]$

60 산업안전보건법령에 따라 컨베이어의 작업 시작 전 점검사항 중 틀린 것은?

① 원동기 및 풀리 기능의 이상 유무
② 이탈 등의 방지장치 기능의 이상 유무
③ 과부하방지장치 기능의 이상 유무
④ 원동기, 회전축, 기어 및 풀리 등의 덮개 또는 울 등의 이상 유무

해설
컨베이어의 작업 시작 전 점검사항
• 원동기 및 풀리(Pulley) 기능의 이상 유무
• 이탈 등의 방지장치 기능의 이상 유무
• 비상정지장치 기능의 이상 유무
• 원동기 · 회전축 · 기어 및 풀리 등의 덮개 또는 울 등의 이상 유무

4과목 전기 및 화학설비위험방지기술

61 작업장에서 꽂음접속기를 설치 또는 사용하는 때에 작업자의 감전위험을 방지하기 위하여 필요한 준수사항으로 틀린 것은?

① 서로 다른 전압의 꽂음접속기는 상호 접속되는 구조의 것을 사용할 것
② 습윤한 장소에 사용되는 꽂음접속기는 방수형 등 해당 장소에 적합한 것을 사용할 것
③ 꽂음접속기를 접속시킬 경우 땀 등으로 젖은 손으로 취급하지 않도록 할 것
④ 꽂음접속기에 잠금장치가 있는 때에는 접속 후 잠그고 사용할 것

해설
꽂음접속기의 설치 · 사용 시 준수사항
1. 서로 다른 전압의 꽂음 접속기는 서로 접속되지 아니한 구조의 것을 사용할 것
2. 습윤한 장소에 사용되는 꽂음 접속기는 방수형 등 그 장소에 적합한 것을 사용할 것
3. 근로자가 해당 꽂음 접속기를 접속시킬 경우에는 땀 등으로 젖은 손으로 취급하지 않도록 할 것
4. 해당 꽂음 접속기에 잠금장치가 있는 경우에는 접속 후 잠그고 사용할 것

62 전기 기계 · 기구에 누전에 의한 감전위험을 방지하기 위하여 설치한 누전차단기에 의한 감전방지의 사항으로 틀린 것은?

① 정격감도전류가 30mA 이하이고 작동시간은 3초 이내일 것
② 분기회로 또는 전기기계 · 기구마다 누전 차단기를 접속할 것
③ 파손이나 감전사고를 방지할 수 있는 장소에 접속할 것
④ 지락보호 전용 기능만 있는 누전차단기는 과전류를 차단하는 퓨즈나 차단기 등과 조합하여 접속할 것

해설
누전차단기 접속 시 준수사항
1. 전기기계 · 기구에 설치되어 있는 누전차단기는 정격감도전류가 30mA 이하이고 작동시간은 0.03초 이내일 것. 다만, 정격전부하전류가 50A 이상인 전기기계 · 기구에 접속되는 누전차단기는 오작동을 방지하기 위하여 정격감도전류는 200mA 이하로, 작동시간은 0.1초 이내로 할 수 있다.
2. 분기회로 또는 전기기계 · 기구마다 누전차단기를 접속할 것. 다만, 평상시 누설전류가 매우 적은 소용량부하의 전로에는 분기회로에 일괄하여 접속할 수 있다.
3. 누전차단기는 배전반 또는 분전반 내에 접속하거나 꽂음접속기형 누전차단기를 콘센트에 접속하는 등 파손이나 감전사고를 방지할 수 있는 장소에 접속할 것
4. 지락보호전용 기능만 있는 누전차단기는 과전류를 차단하는 퓨즈나 차단기 등과 조합하여 접속할 것

정답 60 ③ 61 ① 62 ①

63 페인트를 스프레이로 뿌려 도장작업을 하는 작업 중 발생할 수 있는 정전기 대전으로만 이루어진 것은?

① 유동대전, 충돌대전
② 유동대전, 마찰대전
③ 분출대전, 충돌대전
④ 분출대전, 유동대전

해설

정전기의 발생현상

분출대전	분체류, 액체류, 기체류가 단면적이 작은 개구부를 통해 분출할 때 분출물과 개구부의 마찰로 인하여 정전기가 발생
충돌대전	분체류에 의한 입자끼리 또는 입자와 고정된 고체의 충돌, 접촉, 분리 등에 의해 정전기 발생

64 정전기에 의한 재해 방지대책으로 틀린 것은?

① 대전방지제 등을 사용한다.
② 공기 중의 습기를 제거한다.
③ 금속 등의 도체를 접지시킨다.
④ 배관 내 액체가 흐를 경우 유속을 제한한다.

해설

정전기재해의 방지대책
1. 접지(도체의 대전방지)
2. 유속의 제한
3. 보호구의 착용
4. 대전방지제 사용
5. 가습(상대습도를 60~70% 정도 유지)
6. 제전기 사용
7. 대전물체의 차폐
8. 정치시간의 확보
9. 도전성 재료 사용

65 폭발위험장소 중 1종 장소에 해당하는 것은?

① 폭발성 가스 분위기가 연속적, 장기간 또는 빈번하게 존재하는 장소
② 폭발성 가스 분위기가 정상작동 중 주기적 또는 빈번하게 생성되는 장소
③ 폭발성 가스 분위기가 정상작동 중 조성되지 않거나 조성된다 하더라도 짧은 기간에만 존재할 수 있는 장소
④ 전기설비를 제조, 설치 및 사용함에 있어 특별한 주의를 요하는 정도의 폭발성 가스 분위기가 조성될 우려가 없는 장소

해설

가스폭발 위험장소

0종 장소	인화성 액체의 증기 또는 가연성 가스에 의한 폭발위험이 지속적으로 또는 장기간 존재하는 장소	용기·장치·배관 등의 내부 등
1종 장소	정상작동상태에서 폭발위험분위기가 존재하기 쉬운 장소	맨홀·벤트·피트 등의 주위
2종 장소	정상작동상태에서 폭발위험분위기가 존재할 우려가 없으나, 존재할 경우 그 빈도가 아주 적고 단기간만 존재할 수 있는 장소	개스킷·패킹 등의 주위

66 누설전류로 인해 화재가 발생될 수 있는 누전화재의 3요소에 해당하지 않는 것은?

① 누전점
② 인입점
③ 접지점
④ 출화점

해설

전기누전으로 인한 화재조사 시에 착안해야 할 입증 흔적
1. 누전점 : 전류의 유입점
2. 발화점 : 발화된 장소(출화점)
3. 접지점 : 전류의 유출점

67 전기사용장소의 사용전압이 440V인 저압전로의 전선 상호 간 및 전로와 대지 사이의 절연저항은 얼마 이상이어야 하는가?

① 0.1MΩ
② 0.2MΩ
③ 0.3MΩ
④ 0.4MΩ

해설

저압전로의 절연저항

전로의 사용전압(V)	DC시험전압(V)	절연저항(MΩ)
SELV 및 PELV	250	0.5
FELV, 500V 이하	500	1.0
500V 초과	1,000	1.0

주) 특별저압(Extra Low Voltage : 2차 전압이 AC 50V, DC 120V 이하)으로 SELV(비접지회로 구성) 및 PELV(접지회로 구성)는 1차와 2차가 전기적으로 절연된 회로, FELV는 1차와 2차가 전기적으로 절연되지 않은 회로

TIP 본 문제는 법 개정으로 일부 내용이 수정되었습니다. 해설은 법 개정으로 수정된 내용이니 해설을 학습하세요.

정답 63 ③ 64 ② 65 ② 66 ② 67 ④

68 다음 중 전압의 분류가 잘못된 것은?

① 600V 이하의 교류 전압 - 저압
② 750V 이하의 직류 전압 - 저압
③ 600V 초과 7kV 이하의 교류 전압 - 고압
④ 10kV를 초과하는 직류 전압 - 초고압

해설

전압의 구분

전원의 종류	저압	고압	특고압
직류[DC]	1,500V 이하	1,500V 초과, 7,000V 이하	7,000V 초과
교류[AC]	1,000V 이하	1,000V 초과 7,000V 이하	7,000V 초과

TIP 본 문제는 법 개정으로 일부 내용이 수정되었습니다. 해설은 법 개정으로 수정된 내용이니 해설을 학습하세요.

69 방폭구조 중 전폐구조를 하고 있으며 외부의 폭발성 가스가 내부로 침입하여 내부에서 폭발하더라도 용기는 그 압력에 견디고, 내부의 폭발로 인하여 외부의 폭발성 가스에 착화될 우려가 없도록 만들어진 구조는?

① 안전증방폭구조
② 본질안전방폭구조
③ 유입방폭구조
④ 내압방폭구조

해설

내압방폭구조(d)
전폐형 구조로 용기 내에 외부의 폭발성 가스가 침입하여 내부에서 폭발하더라도 용기는 그 압력에 견뎌야 하고 폭발한 고열가스나 화염이 용기의 접합부 틈을 통하여 새어나가는 동안 냉각되어 외부의 폭발성 가스에 화염이 파급될 우려가 없도록 한 방폭구조

70 피뢰기의 제한전압이 800kV이고, 충격절연강도가 1,000kV라면, 보호여유도는?

① 12%
② 25%
③ 39%
④ 43%

해설

피뢰침의 보호 여유도

$$여유도(\%) = \frac{충격절연강도 - 제한전압}{제한전압} \times 100$$

$$= \frac{1,000 - 800}{800} \times 100 = 25[\%]$$

71 최소점화에너지(MIE)와 온도, 압력 관계를 옳게 설명한 것은?

① 압력, 온도에 모두 비례한다.
② 압력, 온도 모두 반비례한다.
③ 압력에 비례하고, 온도에 반비례한다.
④ 압력에 반비례하고, 온도에 비례한다.

해설

최소발화에너지의 영향요소
1. 특정화합물이나 혼합물의 조성
2. 농도(많아지면 MIE는 작아진다.)
3. 압력(상승하면 MIE는 작아진다.)
4. 온도(상승하면 MIE는 작아진다.)
5. 유속(상승하면 MIE는 커진다.)
6. 연소속도(상승하면 MIE는 적어진다.)

72 폭발범위가 1.8~8.5vol%인 가스의 위험도를 구하면 얼마인가?

① 0.8
② 3.7
③ 5.7
④ 6.7

해설

위험도

$$H = \frac{UFL - LFL}{LFL}$$

여기서, UFL : 연소 상한값
LFL : 연소 하한값
H : 위험도

$$H = \frac{UFL - LFL}{LFL} = \frac{8.5 - 1.8}{1.8} ≒ 3.7$$

73 공정별로 폭발을 분류할 때 물리적 폭발이 아닌 것은?

① 분해폭발
② 탱크의 감압폭발
③ 수증기 폭발
④ 고압용기의 폭발

정답 68 ④ 69 ④ 70 ② 71 ② 72 ② 73 ①

해설

폭발의 분류

공정에 따른 분류	핵 폭발	원자핵의 분열이나 융합에 의한 강렬한 에너지 방출 현상
	물리적 폭발	화학적 변화 없이 물리 변화를 주체로 한 폭발의 형태(탱크의 감압 폭발, 수증기 폭발, 고압용기의 폭발, 전선 폭발, 보일러 폭발 등)
	화학적 폭발	화학반응이 관여하는 화학적 특성 변화에 의한 폭발(산화폭발, 분해 폭발, 중합폭발, 반응폭주)
원인물질의 상태에 따른 분류	기상 폭발	가스폭발, 분무폭발, 분진폭발, 가스분해폭발, 증기운폭발
	응상 폭발	수증기폭발(액체일 때), 증기폭발(액화가스일 때), 전선폭발

74 사업주가 금속의 용접 · 용단 또는 가열에 사용되는 가스 등의 용기를 취급하는 경우에 준수하여야 하는 사항으로 틀린 것은?

① 용기의 온도 40℃ 이하로 유지할 것
② 전도의 위험이 없도록 할 것
③ 밸브의 개폐는 빠르게 할 것
④ 용해아세틸렌의 용기는 세워 둘 것

해설

금속의 용접 · 용단 또는 가열에 사용되는 가스 등의 용기를 취급하는 경우 준수사항
1. 용기의 온도를 40℃ 이하로 유지할 것
2. 전도의 위험이 없도록 할 것
3. 충격을 가하지 않도록 할 것
4. 운반하는 경우에는 캡을 씌울 것
5. 사용하는 경우에는 용기의 마개에 부착되어 있는 유류 및 먼지를 제거할 것
6. 밸브의 개폐는 서서히 할 것
7. 사용 전 또는 사용 중인 용기와 그 밖의 용기를 명확히 구별하여 보관할 것
8. 용해아세틸렌의 용기는 세워 둘 것
9. 용기의 부식 · 마모 또는 변형상태를 점검한 후 사용할 것

75 관로의 크기를 변경하고자 할 때 사용하는 관 부속품은?

① 밸브(Valve) ② 엘보우(Elbow)
③ 부싱(Bushing) ④ 플랜지(Flange)

해설

피팅류(Fittings)

두 개의 관을 연결할 때	플랜지(Flange), 유니온(Union), 커플링(Coupling), 니플(Nipple), 소켓(Socket)
관로의 방향을 바꿀 때	엘보우(Elbow), Y자관(Y-Branch), 티(Tee), 십자(Cross)
관로의 크기를 바꿀 때 (관의 지름을 변경할 때)	리듀서(Reducer), 부싱(Bushing)
가지관을 설치할 때	Y자관(Y-Branch), 티(Tee), 십자(Cross)
유로를 차단할 때	플러그(Plug), 캡(Cap), 밸브(Valve)
유량조절	밸브(Valve)

76 산업안전보건기준에 관한 규칙상 ( ) 안의 내용으로 알맞은 것은?

사업주는 급성 독성 물질이 지속적으로 외부에 유출될 수 있는 화학설비 및 그 부속설비에 파열판과 안전밸브를 직렬로 설치하고 그 사이에는 ( )를 설치하여야 한다.

① 온도지시계 또는 과열방지장치
② 압력지시계 또는 자동경보장치
③ 유량지시계 또는 유속지시계
④ 액위지시계 또는 과압방지장치

해설

파열판 및 안전밸브의 직결 설치
급성 독성 물질이 지속적으로 외부에 유출될 수 있는 화학설비 및 그 부속설비에 파열판과 안전밸브를 직렬로 설치하고 그 사이에는 압력시시세 또는 자동경보장치를 설치하여야 한다.

77 다음 물질 중 가연성 가스가 아닌 것은?

① 수소 ② 메탄
③ 프로판 ④ 염소

해설

고압가스(가연성에 의한 분류)

가연성 가스	공기 중에서 연소하면 폭발하는 가스(아세틸렌, 암모니아, 수소, 일산화탄소, 메탄, 프로판, 부탄, 에틸렌 등)
지연성 가스	산소, 공기 등 다른 가연성 가스의 연소를 돕는 가스, 즉 연소하거나 폭발되지 않지만 연소를 지지하는 가스(산소, 공기, 염소, 산화질소, 오존, 불소 등)

정답 74 ③ 75 ③ 76 ② 77 ④

불연성 가스	자신이 연소하지도 않고 다른 물질을 연소시키지도 않는 가스로 연소하고 있는 화염을 꺼지게 하는 가스(헬륨, 네온, 질소, 아르곤, 이산화탄소 등)

78 산업안전보건기준 관한 규칙에서 정한 위험물질의 종류에서 인화성 액체에 해당하지 않는 것은?

① 적린
② 에틸에테르
③ 산화프로필렌
④ 아세톤

해설

인화성 액체
1. 에틸에테르, 가솔린, 아세트알데히드, 산화프로필렌, 그 밖에 인화점이 23℃ 미만이고 초기 끓는점이 35℃ 이하인 물질
2. 노르말헥산, 아세톤, 메틸에틸케톤, 메틸알코올, 에틸알코올, 이황화탄소, 그 밖에 인화점이 23℃ 미만이고 초기 끓는점이 35℃를 초과하는 물질
3. 크실렌, 아세트산아밀, 등유, 경유, 테레핀유, 이소아밀알코올, 아세트산, 하이드라진, 그 밖에 인화점이 23℃ 이상 60℃ 이하인 물질

TIP 적린 : 물반응성 물질 및 인화성 고체

79 산업안전보건법령상 공정안전보고서의 내용 중 공정안전자료에 포함되지 않는 것은?

① 유해 · 위험설비의 목록 및 사양
② 폭발위험장소 구분도 및 전기단선도
③ 안전운전지침서
④ 각종 건물 · 설비의 배치도

해설

공정안전자료
1. 취급 · 저장하고 있거나 취급 · 저장하려는 유해 · 위험물질의 종류 및 수량
2. 유해 · 위험물질에 대한 물질안전보건자료
3. 유해하거나 위험한 설비의 목록 및 사양
4. 유해하거나 위험한 설비의 운전방법을 알 수 있는 공정도면
5. 각종 건물 · 설비의 배치도
6. 폭발위험장소 구분도 및 전기단선도
7. 위험설비의 안전설계 · 제작 및 설치 관련 지침서

80 황린의 저장 및 취급방법으로 옳은 것은?

① 강산화제를 첨가하여 중화된 상태로 저장한다.
② 물 속에 저장한다.
③ 자연발화하므로 건조한 상태로 저장한다.
④ 강알칼리 용액 속에 저장한다.

해설

황린(백린, P4)
pH 9(약알칼리성) 정도의 물속에 저장하며 보호액이 증발되지 않도록 한다.

5과목 건설안전기술

81 콘크리트 타설 시 거푸집의 측압에 영향을 미치는 인자들에 관한 설명으로 옳지 않은 것은?

① 슬럼프가 클수록 측압이 크다.
② 거푸집의 강성이 클수록 측압은 크다.
③ 철근량이 많을수록 측압은 작다.
④ 타설속도가 느릴수록 측압은 크다.

해설

거푸집 측압 증가에 영향을 미치는 인재(측압의 영향요소)
1. 거푸집 수평단면이 클수록 크다.
2. 콘크리트 슬럼프치가 클수록 커진다.
3. 거푸집 표면이 평활할수록(평탄) 커진다.
4. 철골, 철근량이 적을수록 커진다.
5. 콘크리트 시공연도가 좋을수록 커진다.
6. 외기의 온도, 습도가 낮을수록 커진다.
7. 타설속도가 빠를수록 커진다.
8. 다짐이 충분할수록 커진다.
9. 타설 시 상부에서 직접 낙하할 경우 커진다.
10. 거푸집의 강성이 클수록 크다.
11. 콘크리트의 비중(단위중량)이 클수록 크다.
12. 벽 두께가 두꺼울수록 커진다.

82 굴착면의 기울기 기준으로 옳지 않은 것은?

① 풍화암 $-$ 1 : 1.0
② 연암 $-$ 1 : 1.0
③ 경암 $-$ 1 : 0.2
④ 건지 $-$ 1 : 0.5 ~ 1 : 1

정답 78 ① 79 ③ 80 ② 81 ④ 82 ③

해설
굴착면의 기울기

지반의 종류	굴착면의 기울기
모래	1 : 1.8
연암 및 풍화암	1 : 1.0
경암	1 : 0.5
그 밖의 흙	1 : 1.2

TIP 본 문제는 법 개정으로 일부 내용이 수정되었습니다. 해설은 법 개정으로 수정된 내용이니 해설을 학습하세요.

83 차량계 하역운반기계의 운전자가 운전위치를 이탈하는 경우의 조치사항으로 부적절한 것은?

① 포크 및 버킷을 가장 높은 위치에 두어 근로자 통행을 방해하지 않도록 하였다.
② 원동기를 정지시키고 브레이크를 걸었다.
③ 시동키를 운전대에서 분리시켰다.
④ 경사지에서 갑작스런 주행이 되지 않도록 바퀴에 블록 등을 놓았다.

해설
운전위치 이탈 시의 조치
차량계 하역운반기계등, 차량계 건설기계의 운전자가 운전위치를 이탈하는 경우 해당 운전자 준수사항
1. 포크, 버킷, 디퍼 등의 장치를 가장 낮은 위치 또는 지면에 내려 둘 것
2. 원동기를 정지시키고 브레이크를 확실히 거는 등 차량계 하역운반기계 등, 차량계 건설기계의 갑작스러운 이동을 방지하기 위한 조치를 할 것
3. 운전석을 이탈하는 경우에는 시동키를 운전대에서 분리시킬 것. 다만, 운전석에 잠금장치를 하는 등 운전자가 아닌 사람이 운전하지 못하도록 조치한 경우에는 그러하지 아니하다.

84 작업으로 인하여 물체가 떨어지거나 날아올 위험이 있는 경우에 조치 및 준수하여야 할 사항으로 옳지 않은 것은?

① 낙하물방지망, 수직보호망 또는 방호선반 등을 설치한다.
② 낙하물방지망의 내민 길이는 벽면으로부터 2m 이상으로 한다.
③ 낙하물방지망의 수평면과의 각도는 20° 이상 30° 이하를 유지한다.
④ 낙하물방지망은 높이 15m 이내마다 설치한다.

해설
낙하물방지망 또는 방호선반 설치 시 준수사항
1. 높이 10m 이내마다 설치하고, 내민 길이는 벽면으로부터 2m 이상으로 할 것
2. 수평면과의 각도는 20° 이상 30° 이하를 유지할 것

TIP 물체가 떨어지거나 날아올 위험이 있는 경우의 위험방지
• 낙하물 방지망 설치   • 수직보호망 설치
• 방호선반 설치   • 출입금지구역 설정
• 보호구 착용

85 건설업 산업안전보건관리비 항목으로 사용가능한 내역은?

① 경비원, 청소원 및 폐자재처리원의 인건비
② 외부인 출입금지, 공사장 경계표시를 위한 가설 울타리 설치 및 해체비용
③ 원활한 공사 수행을 위하여 사업장 주변 교통정리를 하는 신호자의 인건비
④ 해열제, 소화제 등 구급 약품 및 구급 용구 등의 구입비용

해설
안전관리비의 사용 불가내역(일부 항목)
1. 경비원, 청소원, 폐자재처리원 등 산업안전 · 보건과 무관하거나 사무보조원(안전보건관리자의 사무를 보조하는 경우를 포함)의 인건비
2. 외부인 출입금지, 공사장 경계표시를 위한 가설울타리 구입 · 수리 및 설치 · 해체 비용 등
3. 원활한 공사수행을 위하여 사업장 주변 교통정리, 민원 및 환경 관리 등의 목적이 포함되어 있는 경우의 유도자 또는 신호자의 인건비
4. 병 · 의원 등에 지불하는 진료비, 암 검사비, 국민건강보험 제공비용 등(다만, 해열제, 소화제 등 구급약품 및 구급용구 등의 구입비용은 사용가능함)

TIP 법 개정으로 삭제된 내용입니다. 참고만 하세요.

정답 83 ① 84 ④ 85 ④

86 산업안전보건법령에 따라 안전관리자와 보건관리자의 직무를 분류할 때 안전관리자의 직무에 해당되지 않는 것은?

① 산업재해에 관한 통계의 유지·관리·분석을 위한 보좌 및 조언·지도
② 산업재해 발생의 원인 조사·분석 및 재발 방지를 위한 기술적 보좌 및 조언·지도
③ 해당 사업장 안전교육계획의 수립 및 안전교육 실시에 관한 보좌 및 조언·지도
④ 작업장 내에서 사용되는 전체 환기장치 및 국소 배기장치 등에 관한 설비의 점검과 작업방법의 공학적 개선에 관한 보좌 및 조언·지도

해설
안전관리자의 업무
1. 산업안전보건위원회 또는 안전 및 보건에 관한 노사협의체에서 심의·의결한 업무와 해당 사업장의 안전보건관리규정 및 취업규칙에서 정한 업무
2. 위험성평가에 관한 보좌 및 지도·조언
3. 안전인증대상 기계 등과 자율안전확인대상 기계 등 구입 시 적격품의 선정에 관한 보좌 및 지도·조언
4. 해당 사업장 안전교육계획의 수립 및 안전교육 실시에 관한 보좌 및 지도·조언
5. 사업장 순회점검, 지도 및 조치 건의
6. 산업재해 발생의 원인 조사·분석 및 재발 방지를 위한 기술적 보좌 및 지도·조언
7. 산업재해에 관한 통계의 유지·관리·분석을 위한 보좌 및 지도·조언
8. 법 또는 법에 따른 명령으로 정한 안전에 관한 사항의 이행에 관한 보좌 및 지도·조언
9. 업무수행 내용의 기록·유지
10. 그 밖에 안전에 관한 사항으로서 고용노동부장관이 정하는 사항

87 추락에 의한 위험방지를 위해 해당 장소에서 조치해야 할 사항과 거리가 먼 것은?

① 추락방호망 설치   ② 안전난간 설치
③ 덮개 설치   ④ 투하설비 설치

해설
투하설비는 낙하·비래의 위험방지 조치이다.

88 산업안전보건법령에서는 터널건설작업을 하는 경우에 해당 터널 내부의 화기나 아크를 사용하는 장소에는 필히 무엇을 설치하도록 규정하고 있는가?

① 소화설비   ② 대피설비
③ 충전설비   ④ 차단설비

해설
소화설비 등
터널건설작업을 하는 경우에는 해당 터널 내부의 화기나 아크를 사용하는 장소 또는 배전반, 변압기, 차단기 등을 설치하는 장소에 소화설비를 설치하여야 한다.

89 항타기 또는 항발기의 권상용 와이어로프의 안전계수 기준으로 옳은 것은?

① 3 이상   ② 5 이상
③ 8 이상   ④ 10 이상

해설
권상용 와이어로프의 안전계수
항타기 또는 항발기의 권상용 와이어로프의 안전계수가 5 이상이 아니면 이를 사용해서는 아니 된다.

90 높이 2m를 초과하는 말비계를 조립하여 사용하는 경우 작업발판의 최소 폭 기준으로 옳은 것은?

① 20cm   ② 30cm
③ 40cm   ④ 50cm

해설
말비계 조립 시의 준수사항
1. 지주부재의 하단에는 미끄럼 방지장치를 하고, 근로자가 양측 끝부분에 올라서서 작업하지 않도록 할 것
2. 지주부재와 수평면의 기울기를 75° 이하로 하고, 지주부재와 지주부재 사이를 고정시키는 보조부재를 설치할 것
3. 말비계의 높이가 2m를 초과하는 경우에는 작업발판의 폭을 40cm 이상으로 할 것

91 산업안전보건법령에 따른 가설통로의 구조에 관한 설치기준으로 옳지 않은 것은?

① 경사로가 25°를 초과하는 경우에는 미끄러지지 아니하는 구조로 할 것
② 경사는 30° 이하로 할 것

정답 86 ④ 87 ④ 88 ① 89 ② 90 ③ 91 ①

③ 수직갱에 가설된 통로의 길이가 15m 이상인 경우에는 10m 이내마다 계단참을 설치할 것
④ 건설공사에 사용하는 높이 8m 이상인 비계다리에는 7m 이내마다 계단참을 설치할 것

해설

가설통로
1. 견고한 구조로 할 것
2. 경사는 30° 이하로 할 것. 다만, 계단을 설치하거나 높이 2m 미만의 가설통로로서 튼튼한 손잡이를 설치한 경우에는 그러하지 아니하다.
3. 경사가 15°를 초과하는 경우에는 미끄러지지 아니하는 구조로 할 것
4. 추락할 위험이 있는 장소에는 안전난간을 설치할 것(다만, 작업상 부득이한 경우에는 필요한 부분만 임시로 해체할 수 있다.)
5. 수직갱에 가설된 통로의 길이가 15m 이상인 경우에는 10m 이내마다 계단참을 설치할 것
6. 건설공사에 사용하는 높이 8m 이상인 비계다리에는 7m 이내마다 계단참을 설치할 것

92 비탈면 붕괴를 방지하기 위한 방법으로 옳지 않은 것은?

① 비탈면 상부의 토사 제거
② 지하배수공 시공
③ 비탈면 하부의 성토
④ 비탈면 내부 수압의 증가 유도

해설

붕괴예방대책
1. 적절한 경사면의 기울기를 계획하여야 한다.
2. 경사면의 기울기가 당초 계획과 차이가 발생되면 즉시 재검토하여 계획을 변경시켜야 한다.
3. 활동할 가능성이 있는 토석은 제거하여야 한다.
4. 경사면의 하단부에 압성토 등 보강공법으로 활동에 대한 저항대책을 강구하여야 한다.
5. 말뚝(강관, H형강, 철근콘크리트)을 타입하여 지반을 강화시킨다.
6. 빗물, 지표수, 지하수의 사전제거 및 침투를 방지하여야 한다.

93 철골작업 시 위험방지를 위하여 철골작업을 중지하여야 하는 기준으로 옳은 것은?

① 강설량이 시간당 1mm 이상인 경우
② 강우량이 시간당 1mm 이상인 경우
③ 풍속이 초당 20m 이상인 경우
④ 풍속이 시간당 200m 이상인 경우

해설

작업의 제한(철골작업 중지)
1. 풍속이 초당 10m 이상인 경우
2. 강우량이 시간당 1mm 이상인 경우
3. 강설량이 시간당 1cm 이상인 경우

94 발파작업에 종사하는 근로자가 준수해야 할 사항으로 옳지 않은 것은?

① 얼어붙은 다이너마이트는 화기에 접근시키거나 그 밖의 고열물에 직접 접촉시키는 등 위험한 방법으로 융해되지 않도록 할 것
② 발파공의 충진재료는 점토·모래 등의 사용을 금할 것
③ 장전구(裝塡具)는 마찰·충격·정전기 등에 의한 폭발의 위험이 없는 안전한 것을 사용할 것
④ 전기뇌관에 의한 발파의 경우 점화하기 전에 화약류를 장전한 장소로부터 30m 이상 떨어진 안전한 장소에서 전선에 대하여 저항측정 및 도통(導通) 시험을 할 것

해설

발파의 작업기준
발파공의 충진재료는 점토·모래 등 발화성 또는 인화성의 위험이 없는 재료를 사용할 것

95 유해·위험방지계획서 작성 대상 공사의 기준으로 옳지 않은 것은?

① 지상높이 31m 이상인 건축물 공사
② 저수용량 1천만 톤 이상의 용수 전용 댐
③ 최대 지간길이 50m 이상인 교량건설 등 공사
④ 깊이 공사 10m 이상인 굴착공사

정답 92 ④ 93 ② 94 ② 95 ②

해설
유해위험방지계획서를 제출해야 될 건설공사
1. 다음 각 목의 어느 하나에 해당하는 건축물 또는 시설 등의 건설·개조 또는 해체공사
   ㉠ 지상높이가 31m 이상인 건축물 또는 인공구조물
   ㉡ 연면적 3만m² 이상인 건축물
   ㉢ 연면적 5천m² 이상인 시설로서 다음의 어느 하나에 해당하는 시설
   - 문화 및 집회시설(전시장 및 동물원·식물원은 제외)
   - 판매시설, 운수시설(고속철도의 역사 및 집배송시설은 제외)
   - 종교시설
   - 의료시설 중 종합병원
   - 숙박시설 중 관광숙박시설
   - 지하도상가
   - 냉동·냉장 창고시설
2. 연면적 5m² 이상인 냉동·냉장 창고시설의 설비공사 및 단열공사
3. 최대 지간길이(다리의 기둥과 기둥의 중심 사이의 거리)가 50m 이상인 다리의 건설 등 공사
4. 터널의 건설 등 공사
5. 다목적댐, 발전용댐, 저수용량 2천만 톤 이상의 용수 전용 댐 및 지방상수도 전용 댐의 건설 등 공사
6. 깊이 10m 이상인 굴착공사

96 앞쪽에 한 개의 조향륜 롤러와 뒤축에 두 개의 롤러가 배치된 것으로 (2축 3륜), 하층 노반다지기, 아스팔트 포장에 주로 쓰이는 장비의 이름은?
① 머캐덤 롤러   ② 탬핑 롤러
③ 페이 로더   ④ 래머

해설
다짐기계(전압식)

로드 롤러 (Road Roller)	머캐덤 롤러 (Macadam Roller)	3륜 형식으로 쇄석, 자갈 등의 다짐에 사용
	탠덤 롤러 (Tandem Roller)	2륜 형식으로 아스팔트 포장의 끝마무리에 사용
탬핑 롤러 (Tamping Roller)		• 깊은 다짐이나 고함수비 지반의 다짐에 많이 이용 • 롤러의 표면에 돌기를 만들어 부착한 것 • 풍화암을 파쇄하고 흙 속의 간극수압을 제거 • 점성토 지반에 효과적
타이어 롤러 (Tire Roller)		사질토나 사질 점성토에 적합하며 주행속도 개선

97 거푸집 동바리에 작용하는 횡하중이 아닌 것은?
① 콘크리트 측압   ② 풍하중
③ 자중   ④ 지진하중

해설
거푸집 및 동바리 시공 시 고려 하중

종류	내용
연직방향 하중	거푸집, 지보공(동바리), 콘크리트, 철근, 작업원, 타설용 기계기구, 가설설비 등의 중량 및 충격하중
횡방향 하중	작업할 때의 진동, 충격 시공오차 등에 기인되는 횡방향 하중 이외에 필요에 따라 풍압, 유수압, 지진 등
콘크리트의 측압	굳지 않은 콘크리트의 측압
특수하중	시공 중에 예상되는 특수한 하중

TIP 자중 : 연직방향 하중

98 절토공사 중 발생하는 비탈면 붕괴의 원인과 거리가 먼 것은?
① 함수비 고정으로 인한 균일한 흙의 단위중량
② 건조로 인하여 점성토의 점착력 상실
③ 점성토의 수축이나 팽창으로 균열 발생
④ 공사진행으로 비탈면의 높이와 기울기 증가

해설
함수비 고정(불변)으로 인한 균일한 흙의 단위중량은 붕괴위험을 감소하며, 함수비 증가로 흙의 단위중량이 증가할 때 붕괴의 원인이 된다.

99 달비계의 최대 적재하중을 정하는 경우 달기와이어로프의 최대 하중이 50kg일 때 안전계수에 의한 와이어로프의 절단하중은 얼마인가?
① 1,000kg   ② 700kg
③ 500kg   ④ 300kg

해설
와이어 로프의 안전계수

$$\text{안전율(안전계수)} = \frac{\text{절단하중}}{\text{최대사용하중(하중의 최대값)}}$$

안전계수 = $\frac{\text{절단하중}}{\text{최대사용하중}}$

→ 절단하중 = 안전계수 × 최대사용하중 = 10 × 50 = 500(kg)

정답 96 ① 97 ③ 98 ① 99 ③

> **TIP** ① 달비계(곤돌라의 달비계 제외)의 안전계수
>
> | 구분 | | 안전계수 |
> |---|---|---|
> | 달기 와이어로프 및 달기 강선 | | 10 이상 |
> | 달기 체인 및 달기 훅 | | 5 이상 |
> | 달기 강대와 달비계의 하부 및 상부 지점 | 강재 | 2.5 이상 |
> | | 목재 | 5 이상 |
>
> ② 안전계수는 와이어로프 등의 절단하중 값을 그 와이어로프 등에 걸리는 하중의 최대값으로 나눈 값을 말한다.

※ 달비계(곤돌라의 달비계 제외)의 안전계수는 법 개정으로 내용이 삭제되었습니다. 참고만 하세요.

100 안전난간의 구조 및 설치요건과 관련하여 발끝막이판은 바닥면으로부터 얼마 이상의 높이를 유지하여야 하는가?

① 10cm 이상　② 15cm 이상
③ 20cm 이상　④ 30cm 이상

해설

발끝막이판(폭목)
바닥면 등으로부터 10cm 이상의 높이를 유지할 것(다만, 물체가 떨어지거나 날아올 위험이 없거나 그 위험을 방지할 수 있는 망을 설치하는 등 필요한 예방조치를 한 장소는 제외)

> **TIP** 공구 등 물체가 작업발판에서 지상으로 낙하되지 않도록 하기 위하여 바닥면 등으로부터 10cm 이상의 높이로 설치한다.

10 2019년 1회 기출문제

1과목 산업안전관리론

01 다음 중 스트레스(Stress)에 관한 설명으로 가장 적절한 것은?

① 스트레스는 나쁜 일에서만 발생한다.
② 스트레스는 부정적인 측면만 가지고 있다.
③ 스트레스는 직무 몰입과 생산성 감소의 직접적인 원인이 된다.
④ 스트레스는 상황에 직면하는 기회가 많을수록 스트레스 발생 가능성은 낮아진다.

해설
스트레스의(Stress) 개요
1. 외부로 부터의 자극과 마음속의 갈등이 서로 조화를 이루지 못함으로써 발생되는 심리적 압박감으로 이러한 압박감이나 자극에 의해서 외부로 발견되는 현상을 스트레스에 의한 반응이라고 한다.
2. 조직 스트레스는 직무 몰입과 생산성 감소의 직접적인 원인이 된다.

02 누전차단장치 등과 같은 안전장치를 정해진 순서에 따라 작동시키고 동작상황의 양부를 확인하는 점검은?

① 외관점검 ② 작동점검
③ 기술점검 ④ 종합점검

해설
안전점검의 종류(점검방법에 의한 구분)

외관점검 (육안점검)	기기의 적정한 배치, 설치상태, 변형, 균열, 손상, 부식, 볼트의 풀림 등의 유무를 외관에서 시각 및 촉각 등으로 조사하고 점검기준에 의 행 양부를 확인하는 것
작동점검 (작동상태검사)	안전장치나 누전차단기 등을 정해진 순서에 의해 작동시켜 작동상황의 양부를 확인하는 것
기능점검 (조작검사)	간단한 조작을 행하여 대상기기의 기능의 양부를 확인하는 것
종합점검	정해진 점검기준에 의해 측정·검사하고 또 정해진 조건하에서 운전시험을 행하여 그 기계설비의 종합적인 기능을 확인하는 것

03 재해사례연구에 관한 설명으로 틀린 것은?

① 재해사례연구는 주관적이며 정확성이 있어야 한다.
② 문제점과 재해요인의 분석은 과학적이고, 신뢰성이 있어야 한다.
③ 재해사례를 과제로 하여 그 사고와 배경을 체계적으로 파악한다.
④ 재해요인을 규명하여 분석하고 그에 대한 대책을 세운다.

해설
재해사례연구는 객관적이며 정확성이 있어야 한다.

04 객관적인 위험을 자기 나름대로 판정해서 의지결정을 하고 행동에 옮기는 인간의 심리특성은?

① 세이프 테이킹(Safe Taking)
② 액션 테이킹(Action Taking)
③ 리스크 테이킹(Risk Taking)
④ 휴먼 테이킹(Human Taking)

해설
리스크 테이킹(Risk Taking)
1. 객관적인 위험을 자기 나름대로 판정해서 의지결정을 하고 행동에 옮기는 인간의 심리특성이다.
2. 안전태도가 양호한 자는 리스크 테이킹의 정도가 적다.
3. 안전태도 수준이 같은 경우 작업의 달성 동기, 성격, 능률 등 각종 요인의 영향에 의해 리스크 테이킹의 정도는 변한다.
4. 리스크 테이킹의 발생 요인은 부적절한 태도이다.

05 안전교육의 3단계에서 생활지도, 작업동작지도 등을 통한 안전의 습관화를 위한 교육은?

① 지식교육 ② 기능교육
③ 태도교육 ④ 인성교육

해설
안전교육 3단계
• 제1단계 : 지식교육
  1. 강의, 시청각교육을 통한 지식의 전달과 이해

정답 01 ③ 02 ② 03 ① 04 ③ 05 ③

2. 근로자가 지켜야 할 규정의 숙지를 위한 교육
- 제2단계 : 기능교육
  1. 시범, 견학, 실습, 현장실습을 통한 경험 체득과 이해
  2. 교육 대상자가 스스로 행함으로써 습득하는 교육
  3. 같은 내용을 반복해서 개인의 시행착오에 의해서만 얻어지는 교육
- 제3단계 : 태도교육
  1. 작업동작지도, 생활지도 등을 통한 안전의 습관화 및 일체감
  2. 동기를 부여하는 데 가장 적절한 교육
  3. 안전한 작업방법을 알고는 있으나 시행하지 않는 것에 대한 교육

06 모랄 서베이(Morale Survey)의 효용이 아닌 것은?

① 조직 또는 구성원의 성과를 비교·분석한다.
② 종업원의 정화(Catharsis)작용을 촉진시킨다.
③ 경영관리를 개선하는 데에 대한 자료를 얻는다.
④ 근로자의 심리 또는 욕구를 파악하여 불만을 해소하고, 노동의욕을 높인다.

해설

모랄 서베이의 기대효과
1. 근로자의 심리, 욕구를 파악하여 불만을 해소하고 근로의 욕을 높인다.
2. 경영관리 개선의 자료를 얻는다.
3. 근로자의 정화작용을 촉진시킨다.

07 산업안전보건법상 안전·보건 표지에서 기본모형의 색상이 빨강이 아닌 것은?

① 산화성 물질 경고   ② 화기 금지
③ 탑승 금지   ④ 고온 경고

해설

안전·보건표지의 기본모형

산화성 물질 경고	화기 금지	탑승 금지	고온경고
기본모형 : 빨간색 (검은색도 가능)	기본모형 : 빨간색	기본모형 : 빨간색	기본모형 : 검은색

08 인간의 적응기제(適應機制)에 포함되지 않는 것은?

① 갈등(Conflict)
② 억압(Repression)
③ 공격(Aggression)
④ 합리화(Rationalization)

해설

대표적인 적응기제(자아방어기제)
1. 억압   8. 투사
2. 공격   9. 합리화
3. 반동형성   10. 보상
4. 도피   11. 동일화
5. 고립   12. 백일몽
6. 퇴행   13. 망상형
7. 승화

09 OJT(On the Job Training)의 특징이 아닌 것은?

① 훈련에 필요한 업무의 계속성이 끊어지지 않는다.
② 교육효과가 업무에 신속히 반영된다.
③ 다수의 근로자들을 대상으로 동시에 조직적 훈련이 가능하다.
④ 개개인에게 적절한 지도훈련이 가능하다.

해설

OJT(On the Job Training)의 특징
1. 직장의 실정에 맞는 구체적이고 실제적인 지도 교육이 가능하다.
2. 개개인에게 적절한 지도 훈련이 가능하다(개인의 능력과 적성에 알맞은 맞춤교육이 가능하다).
3. 훈련 효과에 의해 상호 신뢰이해도가 높아진다(상사와의 의사소통 및 신뢰도 향상에 도움이 된다).
4. 교육의 효과가 업무에 신속하게 반영된다.
5. 교육의 이해도가 빠르고 동기부여가 쉽다.
6. 교육으로 인해 업무가 중단되는 업무손실이 적다.
7. 교육경비의 절감효과가 있다.

10 하인리히의 재해구성비율에 따라 경상사고가 87건 발생하였다면 무상해사고는 몇 건이 발생하였겠는가?

① 300건   ② 600건
③ 900건   ④ 1,200건

정답 06 ① 07 ④ 08 ① 09 ③ 10 ③

해설

하인리히(H. W. Heinrich)의 재해구성비율

하인리히의 재해구성비율(1 : 29 : 300)		
중상 및 사망	경상해	무상해사고
1	29	300
$1 : 29 = x : 87$		$29 : 300 = 87 : x$
$29x = 87$		$29x = 300 \times 87$
$x = \dfrac{87}{29} = 3$(건)	$29 \times 3 = 87$(건)	$x = \dfrac{300 \times 87}{29} = 900$(건)

11 안전을 위한 동기부여로 틀린 것은?

① 기능을 숙달시킨다.
② 경쟁과 협동을 유도한다.
③ 상벌제도를 합리적으로 시행한다.
④ 안전 목표를 명확히 설정하여 주지시킨다.

해설

동기부여의 방법
1. 안전의 근본이념을 인식시킨다.
2. 안전 목표를 명확히 설정하여 주지시킨다.
3. 결과의 가치를 인식하고 알려준다.
4. 상과 벌을 준다.(상벌제도를 합리적으로 시행한다)
5. 경쟁과 협동을 유도한다.
6. 동기 유발의 최적 수준을 유지한다.

12 재해예방의 4원칙에 해당하지 않는 것은?

① 예방 가능의 원칙   ② 손실 우연의 원칙
③ 원인 계기의 원칙   ④ 선취 해결의 원칙

해설

하인리히의 재해예방 4원칙

예방 가능의 원칙	천재지변을 제외한 모든 재해는 원칙적으로 예방이 가능하다.
손실 우연의 원칙	사고에 의해서 생기는 상해의 종류 및 정도는 우연적이다.
원인 계기의 원칙	사고와 손실과의 관계는 우연적이지만 사고와 원인관계는 필연적이다.(사고에는 반드시 원인이 있다.)
대책 선정의 원칙	원인을 정확히 규명해서 대책을 선정하고 실시되어야 한다.(3E, 즉 기술, 교육, 독려를 중심으로)

13 산업안전보건법상 직업병 유소견자가 발생하거나 다수 발생할 우려가 있는 경우에 실시하는 건강진단은?

① 특별 건강진단   ② 일반 건강진단
③ 임시 건강진단   ④ 채용 시 건강진단

해설

임시 건강진단
• 개요
다음의 어느 하나에 해당하는 경우에 특수건강진단 대상 유해인자 또는 그 밖의 유해인자에 의한 중독 여부, 질병에 걸렸는지 여부 또는 질병의 발생 원인 등을 확인하기 위하여 지방고용노동관서의 장의 명령에 따라 사업주가 실시하는 건강진단을 말한다.
1. 같은 부서에 근무하는 근로자 또는 같은 유해인자에 노출되는 근로자에게 유사한 질병의 자각·타각증상이 발생한 경우
2. 직업병 유소견자가 발생하거나 여러 명이 발생할 우려가 있는 경우
3. 그 밖에 지방고용노동관서의 장이 필요하다고 판단하는 경우
• 실시시기
필요한 경우 지방고용노동관서의 장의 명령에 따라 실시한다.

14 재해 발생 형태별 분류 중 물건이 주체가 되어 사람이 상해를 입는 경우에 해당되는 것은?

① 추락   ② 전도
③ 충돌   ④ 낙하·비래

해설

재해 발생 형태별 분류
1. 떨어짐(높이가 있는 곳에서 사람이 떨어짐) : 사람이 인력(중력)에 의하여 건축물, 구조물, 가설물, 수목, 사다리 등의 높은 장소에서 떨어지는 것
2. 넘어짐(사람이 미끄러지거나 넘어짐) : 사람이 거의 평면 또는 경사면, 층계 등에서 구르거나 넘어지는 경우
3. 부딪힘(물체에 부딪힘)·접촉 : 재해자 자신의 움직임·동작으로 인하여 기인물에 접촉 또는 부딪히거나, 물체가 고정부에서 이탈하지 않은 상태로 움직임(규칙, 불규칙) 등에 의하여 부딪히거나, 접촉한 경우
4. 맞음(날아오거나 떨어진 물체에 맞음) : 구조물, 기계 등에 고정되어 있던 물체가 중력, 원심력, 관성력 등에 의하여 고정부에서 이탈하거나 또는 설비 등으로부터 물질이 분출되어 사람을 가해하는 경우

TIP 본 문제는 법 개정으로 일부 내용이 수정되었습니다. 해설은 법 개정으로 수정된 내용이니 해설을 학습하세요.

정답 11 ① 12 ④ 13 ③ 14 ④

15 위험예지훈련 중 TBM(Tool Box Meeting)에 관한 설명으로 틀린 것은?

① 작업 장소에서 원형의 형태를 만들어 실시한다.
② 통상 작업시작 전후 10분 정도 시간으로 미팅한다.
③ 토의는 다수인(30인)이 함께 수행한다.
④ 근로자 모두가 말하고 스스로 생각하고 "이렇게 하자"라고 합의한 내용이 되어야 한다.

해설
TBM(Tool Box Meeting)
직장에서 행하는 미팅으로 사고의 직접원인 중에서 주로 불안전한 행동을 근절시키기 위하여 5~7명 정도의 소집단으로 나누어 작업장 내의 적당한 장소에서 실시하는 단시간 미팅으로, 현장에서 그때그때 주어진 상황에 적응하여 실시하므로 '즉시 즉응법'이라고도 한다.

16 하버드 학파의 5단계 교수법에 해당하지 않는 것은?

① 교시(Presentation) ② 연합(Association)
③ 추론(Reasoning)   ④ 총괄(Generalization)

해설
하버드 학파의 5단계 교수법
- 1단계 – 준비시킨다(Preparation).
- 2단계 – 교시한다(Presentation).
- 3단계 – 연합한다(Association).
- 4단계 – 총괄시킨다(Generalization).
- 5단계 – 응용시킨다(Application).

17 산업안전보건법령상 특별안전·보건교육의 대상 작업에 해당하지 않는 것은?

① 석면 해체·제거 작업
② 밀폐된 장소에서 하는 용접작업
③ 화학설비 취급품의 검수·확인 작업
④ 2m 이상의 콘크리트 인공구조물의 해체작업

해설
특별안전 보건교육 대상 작업명(작업 중 일부 내용)
1. 밀폐된 장소(탱크 내 또는 환기가 극히 불량한 좁은 장소)에서 하는 용접작업 또는 습한 장소에서 하는 전기용접작업
2. 액화석유가스·수소가스 등 인화성 가스 또는 폭발성 물질 중 가스의 발생장치 취급 작업
3. 화학설비 중 반응기, 교반기·추출기의 사용 및 세척 작업
4. 화학설비의 탱크 내 작업
5. 건설용 리프트·곤돌라를 이용한 작업
6. 주물 및 단조 작업
7. 전압이 75볼트 이상인 정전 및 활선 작업
8. 콘크리트 인공구조물(그 높이가 2m 이상인 것만 해당)의 해체 또는 파괴 작업
9. 게이지 압력을 제곱센티미터당 1킬로그램 이상으로 사용하는 압력용기의 설치 및 취급 작업
10. 방사선 업무에 관계되는 작업(의료 및 실험용은 제외)
11. 석면해체·제거 작업

18 주의(Attention)의 특징 중 여러 종류의 자극을 자각할 때, 소수의 특정한 것에 한하여 주의가 집중되는 것은?

① 선택성 ② 방향성
③ 변동성 ④ 검출성

해설
주의의 특징

선택성	• 주의는 동시에 두 개의 방향에 집중하지 못한다. • 여러 종류의 자극을 지각하거나 수용할 때 특정한 것에 한하여 선택하는 기능
변동성	• 고도의 주의는 장시간 지속될 수 없다(주의에는 리듬이 존재). • 주의에는 리듬이 있어 언제나 일정 수준을 유지할 수 없다.
방향성	• 한 지점에 주의를 집중하면 다른 곳의 주의는 약해진다. • 주시점만 인지하는 기능

19 제조업자는 제조물의 결함으로 인하여 생명·신체 또는 재산에 손해를 입은 자에게 그 손해를 배상하여야 하는데 이를 무엇이라 하는가?(단, 당해 제조물에 대해서만 발생한 손해는 제외한다.)

① 입증 책임 ② 담보 책임
③ 연대 책임 ④ 제조물 책임

해설
제조물 책임(PL ; Product Liability)
소비자 또는 제3자가 제품의 결함에 의해 발생된 인적·물적 손해와 관련된 손실을 생산자나 판매자가 직접 피해자에게 배상해 주는 것으로 제품 책임이라고도 한다. 품질보증은 문제의 제품에 대해 교환 또는 수리로서 책임을 다하게 되나, 제조물 책임은 손해배상이 포함된다는 면이 품질보증과 차이가 있다.

정답 15 ③ 16 ③ 17 ③ 18 ① 19 ④

20 방독마스크의 정화통 색상으로 틀린 것은?

① 유기화합물용 – 갈색　② 할로겐용 – 회색
③ 황화수소용 – 회색　　④ 암모니아용 – 노란색

해설

방독마스크의 종류 및 표시색

종류	시험가스	정화통 외부 측면의 표시 색
유기화합물용	시클로헥산(C_6H_{12})	갈색
	디메틸에테르(CH_3OCH_3)	
	이소부탄(C_4H_{10})	
할로겐용	염소 가스 또는 증기(Cl_2)	회색
황화수소용	황화수소가스(H_2S)	
시안화수소용	시안화수소가스(HCN)	
아황산용	아황산가스(SO_2)	노랑색
암모니아용	암모니아가스(NH_3)	녹색

2과목 인간공학 및 시스템 안전공학

21 인간–기계 시스템에서의 신뢰도 유지방안으로 가장 거리가 먼 것은?

① Lock System
② Fail–Safe System
③ Fool–Proof System
④ Risk Assessment System

해설

인간–기계의 신뢰도 유지방안

Fail Safe	기계나 그 부품에 파손·고장이나 기능불량이 발생하여도 항상 안전하게 작동할 수 있는 기능을 가진 구조
Fool Proof	작업자가 기계를 잘못 취급하여 불안전 행동이나 실수를 하여도 기계설비의 안전 기능이 작용되어 재해를 방지할 수 있는 기능을 가진 구조
Temper Proof	생산성과 작업의 용이성을 위해 작업자들이 종종 안전장치를 제거하고 사용하는 경우, 고의로 안전장치를 제거하는 것을 대비하는 예방설계
Lock System	어떠한 단계에서 실패가 발생할 경우 다음 단계로 넘어가는 것을 차단하는 것

TIP 리스크 어세스먼트(Risk Assessment)
손실방지를 위한 관리활동으로 기업경영은 생산활동을 둘러싸고 있는 모든 리스크를 제거하여 이익을 얻는 것이다.

22 작업장에서 구성요소를 배치하는 인간공학적 원칙과 가장 거리가 먼 것은?

① 중요도의 원칙
② 선입선출의 원칙
③ 기능성의 원칙
④ 사용빈도의 원칙

해설

부품배치의 원칙

부품의 위치 결정	중요성의 원칙	체계의 목표달성에 긴요한 정도에 따른 우선순위를 설정
	사용빈도의 원칙	부품이 사용되는 빈도에 따른 우선순위 설정
부품의 배치 결정	기능별 배치의 원칙	기능적으로 관련된 부품들을 모아서 배치
	사용 순서의 원칙	순서적으로 사용되는 장치들을 가까이에 순서적으로 배치

23 다음 중 연마작업장의 가장 소극적인 소음대책은?

① 음향 처리제를 사용할 것
② 방음 보호 용구를 착용할 것
③ 덮개를 씌우거나 창문을 닫을 것
④ 소음원으로부터 적절하게 배치할 것

해설

소음방지대책

1. 소음원의 제거 : 가장 적극적인 대책
2. 소음원의 통제 : 기계의 적절한 설계, 정비 및 주유, 고무 받침대 부착, 소음기 사용(차량) 등
3. 소음의 격리 : 씌우개(Enclosure), 장벽을 사용(창문을 닫으면 약 10dB이 감음됨)
4. 적절한 배치(Layout)
5. 음향 처리제 사용
6. 차폐 장치(Baffle) 및 흡음재 사용
7. 방음 보호 용구 착용

TIP 작업자의 보호구 착용은 음원에 대한 대책이 아니라 근로자에 대한 대책에 해당된다.

정답　20 ④　21 ④　22 ②　23 ②

24 통제표시비(Control/Display Ratio)를 설계할 때 고려하는 요소에 관한 설명으로 틀린 것은?

① 통제표시비가 낮다는 것은 민감한 장치라는 것을 의미한다.
② 목시거리(目示距離)가 길면 길수록 조절의 정확도는 떨어진다.
③ 짧은 주행 시간 내에 공차의 인정범위를 초과하지 않는 계기를 마련한다.
④ 계기의 조절시간이 짧게 소요되도록 계기의 크기(size)는 항상 작게 설계한다.

해설

통제표시비(C/D비)를 설계할 때 고려사항

계측의 크기	계기의 조절시간이 가장 짧게 소요되는 크기를 선택해야 하며 크기가 너무 작으면 오차가 커지므로 상대적으로 고려해야 한다.
공차	짧은 주행시간 내에서 공차의 인정 범위를 초과하지 않는 계기를 마련해야 한다.
목측거리	목측거리가 길면 길수록 조절의 정확도는 낮고 시간이 증가하게 된다.
조작시간	조작시간의 지연은 직업적으로 조종반응비(C/R비)가 가장 크게 작용하고 있다.
방향성	조종장치의 조작방향과 표시장치의 운동방향이 일치하지 않으면 작업자의 동작에 혼란을 초래하고, 조작시간이 오래 걸리며 오차가 커진다.

25 전통적인 인간 – 기계(Man – Machine) 체계의 대표적 유형과 거리가 먼 것은?

① 수동체계
② 기계화체계
③ 자동체계
④ 인공지능체계

해설

인간 – 기계 통합 체계의 유형

수동시스템	1. 수공구나 기타 보조물로 이루어지며 자신의 신체적인 힘을 원동력으로 사용하여 작업을 통제하는 시스템(인간이 사용자나 동력원으로 가능) 2. 다양성 있는 체계로 역할할 수 있는 능력을 충분히 활용하는 시스템 예 장인과 공구, 가수와 앰프
기계시스템	1. 고도로 통합된 부품들로 구성되어 있으며, 일반적으로 변화가 거의 없는 기능들을 수행하는 시스템 2. 운전자의 조종에 의해 운용되며 융통성이 없는 시스템 3. 동력은 기계가 제공하며, 조종장치를 사용하여 통제하는 것은 사람이다. 4. 반자동 체계라고도 한다. 예 엔진, 자동차, 공작기계
자동시스템	1. 체계가 감지, 정보보관, 정보처리 및 의사결정, 행동을 포함한 모든 임무를 수행하는 체계 2. 신뢰성이 완전한 자동체계란 불가능하므로 인간은 감시, 정비, 보전, 계획수립 등의 기능을 수행한다. 예 자동화된 처리공장, 자동교환대, 컴퓨터

26 어떤 결함수의 쌍대결함수를 구하고, 컷셋을 찾아내어 결함(사고)을 예방할 수 있는 최소의 조합을 의미하는 것은?

① 최대 컷셋
② 최소 컷셋
③ 최대 패스셋
④ 최소 패스셋

해설

미니멀 패스셋(Minimal Path Set)
• 미니멀 패스는 미니멀 컷셋과 미니멀 패스셋의 쌍대성을 이용하여 구하는 것이 좋다.
• 쌍대 FT란 원래 FT의 논리곱을 논리합으로, 논리합을 논리곱으로 치환해서 모든 사상이 일어나지 않는 경우로 생각한 FT이다.

27 자동차나 항공기의 앞유리 혹은 차양판 등에 정보를 중첩 투사하는 표시장치는?

① CRT
② LCD
③ HUD
④ LED

해설

헤드업 표시(HUD ; Head – up display, 전방표시장치)
정보를 유리나 헬멧의 차양판 등을 통하여 외부와 중첩시켜서 표시하는 장치를 말한다.

28 FT도에 사용되는 기호 중 입력신호가 생긴 후, 일정 시간이 지속된 후에 출력이 생기는 것을 나타내는 것은?

① OR 게이트
② 위험 지속 기호
③ 억제 게이트
④ 배타적 OR 게이트

해설

위험 지속기호

입력사상이 생겨 어떤 일정한 시간이 지속했을 때 출력이 생긴다. 만약 지속되지 않으면 출력은 생기지 않는다.

 • OR 게이트 : 입력사상 중 어느 하나만이라도 발생하게 되면 출력사상이 발생한다.
• 억제 게이트 : 입력사상 중 어느 것이나 이 게이트로 나타내는 조건이 만족하는 경우에만 출력사상이 발생한다.(조건부확률)
• 배타적 OR 게이트 : OR 게이트이지만 2개 또는 그 이상의 입력이 동시에 존재하는 경우에는 출력이 생기지 않는다.

29 동전 던지기에서 앞면이 나올 확률 P(앞)=0.6 이고, 뒷면이 나올 확률 P(뒤)=0.4일 때, 앞면과 뒷면이 나올 사건의 정보량을 각각 맞게 나타낸 것은?

① 앞면 : 0.10bit, 뒷면 : 1.00bit
② 앞면 : 0.74bit, 뒷면 : 1.32bit
③ 앞면 : 1.32bit, 뒷면 : 0.74bit
④ 앞면 : 2.00bit, 뒷면 : 1.00bit

해설

정보의 측정 단위

각 대안의 실현 확률(즉, n의 역수)로 표현할 수도 있다. P를 각 대안의 실현 확률이라 하면

$$H = \log_2 \frac{1}{P}, \quad P = \frac{1}{n}$$

• 앞면
$H = \log_2 \frac{1}{P} = \log_2 \frac{1}{0.6} = 0.74\text{[bit]}$

• 뒷면
$H = \log_2 \frac{1}{P} = \log_2 \frac{1}{0.4} = 1.32\text{[bit]}$

30 다음 그림 중 형상암호화된 조종장치에서 단회전용 조종장치로 가장 적절한 것은?

①  ②
③  ④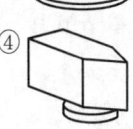

해설

형상암호화된 조종장치

만져서 혼동되지 않는 꼭지		
다회전용	단회전용	이산 멈춤 위치용
용도와 관련된 형상으로 식별되는 손잡이		
기화기	착륙장치	역출력

31 다음 FTA 그림에서 a, b, c의 부품 고장률이 각각 0.01일 때, 최소 컷셋(minimal cut sets)과 신뢰도로 옳은 것은?

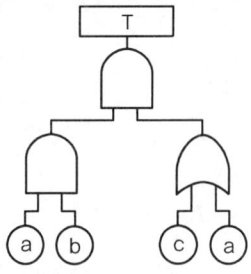

① {a, b}, $R(t) = 99.99\%$
② {a, b, c}, $R(t) = 98.99\%$
③ {a, c}, $R(t) = 96.99\%$
   {a, b}
④ {a, c}, $R(t) = 97.99\%$
   {a, b, c}

정답 29 ② 30 ① 31 ①

해설
미니멀 컷셋(minimal cut set)
- 미니멀 컷셋 구하기
  a, b를 A, c, a를 B라고 가정하면

  $T \to A, B \to a, b, B \to \begin{matrix} a, b, c \\ a, b, a \end{matrix} \to \begin{matrix} a, b, c \\ a, b \end{matrix} \to a, b$

  ⓐ　　　ⓑ　　　ⓒ　　　ⓓ　　　ⓔ

- 신뢰도 계산
  신뢰도 = 1 − 발생확률 = 1 − (a×b) = 1 − (0.01×0.01)
  = 0.9999 = 99.99[%]

> **TIP**
> - ⓒ에서 2행의 컷셋은 (a)가 중복되어 있으므로 ⓓ에서 2행처럼 (a, b)가 되고 ⓓ의 1행에서는 (a, b)가 포함되어 있기 때문에 최소 컷셋은 ⓔ와 같다.
> - 본 문제는 고장확률을 구하는 문제가 아니라 신뢰도를 구하는 문제이다. FTA는 사고의 원인이 되는 장치의 이상이나 고장의 다양한 조합 및 작업자 실수 원인을 연역적으로 분석하는 방법이라는 개념을 알고 있어야 한다.

32 화학설비의 안전성 평가 과정에서 제3단계인 정량적 평가 항목에 해당되는 것은?

① 목록
② 공정계통도
③ 화학설비용량
④ 건조물의 도면

해설
안전성 평가(제3단계 : 정량적 평가)
평가 항목
1. 취급물질
2. 화학설비의 용량
3. 온도
4. 압력
5. 조작

> **TIP** 안전성 평가의 단계
> 안전성 평가는 6단계에 의해 실시되며, 경우에 따라 5단계와 6단계가 동시에 이루어지는 경우도 있다.
> - 제1단계 : 관계 자료의 정비 검토
> - 제2단계 : 정성적 평가
> - 제3단계 : 정량적 평가
> - 제4단계 : 안전대책
> - 제5단계 : 재해정보에 의한 재평가
> - 제6단계 : FTA에 의한 재평가

33 신뢰성과 보전성을 효과적으로 개선하기 위해 작성하는 보전기록 자료로서 가장 거리가 먼 것은?

① 자재관리표
② MTBF 분석표
③ 설비이력카드
④ 고장원인대책표

해설
보전기록자료
1. 설비이력카드
2. MTBF 분석표
3. 고장원인대책표

34 체내에서 유기물을 합성하거나 분해하는 데는 반드시 에너지의 전환이 뒤따른다. 이것을 무엇이라 하는가?

① 에너지 변환
② 에너지 합성
③ 에너지 대사
④ 에너지 소비

해설
에너지 대사
체내에서 유기물을 합성하거나 분해하는 데에는 반드시 에너지의 전환이 뒤따르게 되는데 이것을 특히 에너지대사라 한다.

35 일반적인 수공구의 설계원칙으로 볼 수 없는 것은?

① 손목을 곧게 유지한다.
② 반복적인 손가락 동작을 피한다.
③ 사용이 용이한 검지만 주로 사용한다.
④ 손잡이는 접촉면적을 가능하면 크게 한다.

해설
수공구(手工具) 설계원칙
1. 손잡이의 길이는 95%tile(백분위수)의 남성의 손 폭을 기준으로 한다. 최소 11cm가 되어야 하며, 장갑 사용 시 최소 12.5cm가 되어야 한다.
2. 손바닥 부위에 압박을 주는 손잡이의 형태는 피할 것(손잡이의 단면이 원형을 이루어야 한다.)
3. 사용 용도에 따른 손잡이의 직경
   ㉠ 힘을 요하는 작업도구일 경우 : 2.5 ~ 4cm
   ㉡ 정밀을 요하는 작업의 경우 : 0.75 ~ 1.5cm
4. 손목을 꺾지 말고 손잡이를 꺾을 것(손목은 곧게 유지되도록 설계한다)
5. 동력공구의 손잡이는 최소 두 손가락 이상으로 작동하도록 설계할 것

정답 32 ③ 33 ① 34 ③ 35 ③

6. 최대한 공구의 무게를 줄이고 사용 시 무게의 균형이 유지되도록 설계할 것
7. 반복적인 손가락 동작을 피한다.
8. 가능한 한 손잡이의 접촉면을 넓게 한다.

36 인간-기계시스템에 대한 평가에서 평가척도나 기준(Criteria)으로서 관심의 대상이 되는 변수는?

① 독립변수 ② 종속변수
③ 확률변수 ④ 통제변수

해설
실험연구에서의 변수

독립변수	조명, 기기의 설계, 정보경로, 중력 등과 같이 조사 연구되어야 할 인자이다.(실험자가 조작하는 변수 즉, 실험에서 자극을 주는 변수)
종속변수	독립변수의 가능한 '효과'의 척도이다. 종속변수는 보통 기준(Criterion)이라고도 부른다.(자극에 대한 반응이나 결과를 나타내는 변수로 독립변수의 변화에 따라 변한다.)

37 암호체계 사용상의 일반적인 지침에 해당하지 않는 것은?

① 암호의 검출성 ② 부호의 양립성
③ 암호의 표준화 ④ 암호의 단일 차원화

해설
암호 체계 사용상의 일반적 지침

암호의 검출성	검출이 가능하여야 한다.
암호의 변별성	다른 암호 표시와 구별될 수 있어야 한다.
부호의 양립성	자극들 간의, 반응들 간의, 자극-반응 조합의 관계가 인간의 기대와 모순되지 않는 것이다.
부호의 의미	사용자가 그 뜻을 분명히 알 수 있어야 한다.
암호의 표준화	암호를 표준화하여야 한다.
다차원 암호의 사용	2가지 이상의 암호 차원을 조합해서 사용하면 정보전달이 촉진된다.

38 위험조정을 위해 필요한 기술은 조직형태에 따라 다양하다. 이를 4가지로 분류하였을 때 이에 속하지 않는 것은?

① 전가(Transfer) ② 보류(Retention)
③ 계속(Continuation) ④ 감축(Reduction)

해설
위험처리기술(위험관리기법)

위험의 회피 (Avoidance)	1. 위험 자체를 피하는 행위 2. 잠재적 이익도 포기하는 극히 소극적인 수단
위험의 감소 (Reduction)	1. 위험을 적극적으로 예방하고 경감하는 행위 2. 잠재적 위험의 노출을 최대한 감소하는 방법
위험의 전가 (Transfer)	1. 위험을 제3자에게 전가하거나 공유하는 행위 2. 보험, 공제조합, 기금 등
위험의 보유(보류) (Retention)	1. 무계획적 보유 : 가장 위험한 행위 2. 계획적 보유 : 회피, 감소, 전가될 수 없는 위험에 적극적으로 대응

39 광원으로부터의 직사휘광을 줄이기 위한 방법으로 적절하지 않은 것은?

① 휘광원 주위를 어둡게 한다.
② 가리개, 갓, 차양 등을 사용한다.
③ 광원을 시선에서 멀리 위치시킨다.
④ 광원의 수는 늘리고 휘도는 줄인다.

해설
광원으로부터의 직사휘광 처리
1. 광원의 휘도를 줄이고 수를 늘림
2. 광원을 시선에서 멀리 위치시킴
3. 휘광원 주위를 밝게 하여 광도비를 줄임
4. 가리개(Shield), 갓(Hood) 혹은 차양(Visor)을 사용

40 다음의 설명에서 ( ) 안의 내용을 맞게 나열한 것은?

40phon은 (㉠)sone을 나타내며, 이는 (㉡)dB의 (㉢)Hz 순음의 크기를 나타낸다.

① ㉠ 1, ㉡ 40, ㉢ 1,000
② ㉠ 1, ㉡ 32, ㉢ 1,000
③ ㉠ 2, ㉡ 40, ㉢ 2,000
④ ㉠ 2, ㉡ 32, ㉢ 2,000

해설
sone
- 감각적인 음의 크기를 나타내는 양으로 음의 대소를 표현하는 단위를 말한다.
- 1,000Hz 순음의 음의 세기레벨, 40dB의 음의 크기를 1sone으로 정의한다.

정답 36 ② 37 ④ 38 ③ 39 ① 40 ①

3과목 기계위험 방지기술

41 다음과 같은 작업조건일 경우 와이어로프의 안전율은?

> 작업대에서 사용된 와이어로프 1줄의 파단하중이 100kN, 인양하중이 40kN, 로프의 줄 수가 2줄

① 2 ② 2.5
③ 4 ④ 5

해설

와이어로프의 안전율

$$안전율(S) = \frac{로프의\ 가닥수(N) \times 로프의\ 파단하중(P)}{안전하중(Q)}$$

$안전율(S) = \dfrac{2 \times 100}{40} = 5$

42 프레스기에 사용하는 양수조작식 방호장치의 일반구조에 관한 설명 중 틀린 것은?

① 1행정 1정지 기구에 사용할 수 있어야 한다.
② 누름버튼을 양손으로 동시에 조작하지 않으면 작동시킬 수 없는 구조이어야 한다.
③ 양쪽 버튼의 작동시간 차이는 최대 0.5초 이내일 때 프레스가 동작되도록 해야 한다.
④ 방호장치는 사용전원전압의 ±50%의 변동에 대하여 정상적으로 작동되어야 한다.

해설

양수조작식 방호장치
방호장치는 릴레이, 리미트 스위치 등의 전기부품의 고장, 전원전압의 변동 및 정전에 의해 슬라이드가 불시에 동작하지 않아야 하며, 사용전원전압의 ±(100분의 20)의 변동에 대하여 정상으로 작동되어야 한다.

43 산업안전보건법령에 따라 아세틸렌 발생기실에 설치해야 할 배기통은 얼마 이상의 단면적을 가져야 하는가?

① 바닥면적의 $\dfrac{1}{16}$ ② 바닥면적의 $\dfrac{1}{20}$
③ 바닥면적의 $\dfrac{1}{24}$ ④ 바닥면적의 $\dfrac{1}{30}$

해설

발생기실의 구조
1. 벽은 불연성 재료로 하고 철근 콘크리트 또는 그 밖에 이와 같은 수준이거나 그 이상의 강도를 가진 구조로 할 것
2. 지붕과 천장에는 얇은 철판이나 가벼운 불연성 재료를 사용할 것
3. 바닥면적의 16분의 1 이상의 단면적을 가진 배기통을 옥상으로 돌출시키고 그 개구부를 창이나 출입구로부터 1.5m 이상 떨어지도록 할 것
4. 출입구의 문은 불연성 재료로 하고 두께 1.5mm 이상의 철판이나 그 밖에 그 이상의 강도를 가진 구조로 할 것
5. 벽과 발생기 사이에는 발생기의 조정 또는 카바이드 공급 등의 작업을 방해하지 않도록 간격을 확보할 것

44 피복 아크 용접작업 시 생기는 결함에 대한 설명 중 틀린 것은?

① 스패터(Spatter) : 용융된 금속의 작은 입자가 튀어나와 모재에 묻어 있는 것
② 언더컷(Under Cut) : 전류가 과대하고 용접속도가 너무 빠르며, 아크를 짧게 유지하기 어려운 경우 모재 및 용접부의 일부가 녹아서 발생하는 홈 또는 오목하게 생긴 부분
③ 크레이터(Crater) : 용착금속 속에 남아 있는 가스로 인하여 생긴 구멍
④ 오버랩(Overlap) : 용접봉의 운행이 불량하거나 용접봉의 용융온도가 모재보다 낮을 때 과잉 용착 금속이 남아 있는 부분

해설

크레이터(Crater)
용접 끝부분이 오목하게 들어가는 것으로 불순물이 들어가기 쉽고 냉각 중에 균열이 생기기 쉽다.

45 프레스 작업 중 작업자의 신체 일부가 위험한 작업점으로 들어가면 자동적으로 정지되는 기능이 있는데, 이러한 안전대책을 무엇이라고 하는가?

① 풀 프루프(Fool Proof)
② 페일 세이프(Fail Safe)
③ 인터록(Inter Lock)
④ 리미트 스위치(Limit Switch)

정답 41 ④ 42 ④ 43 ① 44 ③ 45 ①

해설

풀 프루프(Fool Proof)
작업자가 기계를 잘못 취급하여 불안전 행동이나 실수를 하여도 기계설비의 안전 기능이 작용되어 재해를 방지할 수 있는 기능을 가진 구조

> **TIP**
> - 페일 세이프(Fail Safe) : 기계나 그 부품에 파손·고장이나 기능 불량이 발생하여도 항상 안전하게 작동할 수 있는 기능을 가진 구조
> - 인터록(Inter Lock) : 기계의 각 작동부분 상호 간을 전기·기구 유공압 장치 등으로 연결해서 기계의 각 작동부분이 정상으로 작동하기 위한 조건이 만족되지 않을 경우 자동적으로 그 기계를 작동할 수 없도록 하는 것
> - 리미트 스위치(Limit Switch) : 기계장치 등에서 동작이 일정한 한계에 도달하였을 때 스위치가 작동하여 차단하는 장치

46 다음 중 기계설비에 의해 형성되는 위험점이 아닌 것은?

① 회전 말림점   ② 접선 분리점
③ 협착점   ④ 끼임점

해설

기계운동 형태에 따른 위험점 분류

협착점 (Squeeze Point)	왕복운동을 하는 운동부와 움직임이 없는 고정부 사이에서 형성되는 위험점(고정점 + 운동점)	1. 프레스 4. 조형기 2. 전단기 5. 밴딩기 3. 성형기 6. 인쇄기
끼임점 (Shear Point)	회전운동하는 부분과 고정부 사이에 위험이 형성되는 위험점(고정점 + 회전운동)	1. 연삭숫돌과 작업대 2. 반복동작되는 링크기구 3. 교반기의 날개와 몸체 사이 4. 회전풀리와 벨트
절단점 (Cutting Point)	회전하는 운동부 자체의 위험이나 운동하는 기계부분 자체의 위험에서 형성되는 위험점 (회전운동 + 기계)	1. 밀링커터 2. 둥근 톱의 톱날 3. 목공용 띠톱 날
물림점 (Nip Point)	회전하는 두 개의 회전체에 형성되는 위험점(서로 반대방향의 회전체)[중심점 + 반대방향의 회전운동]	1. 기어와 기어의 물림 2. 롤러와 롤러의 물림 3. 롤러 분쇄기
접선 물림점 (Tangential Nip Point)	회전하는 부분의 접선방향으로 물려 들어갈 위험이 있는 위험점	1. V벨트와 풀리 2. 랙과 피니언 3. 체인벨트 4. 평벨트
회전 말림점 (Trapping Point)	회전하는 물체의 길이, 굵기, 속도 등의 불규칙 부위와 돌기 회전부위에 의해 장갑 또는 작업복 등이 말려들 위험이 있는 위험점	1. 회전하는 축 2. 커플링 3. 회전하는 드릴

47 안전계수가 5인 로프의 절단하중이 4,000N이라면 이 로프는 몇 N 이하의 하중을 매달아야 하는가?

① 500   ② 800
③ 1,000   ④ 1,600

해설

안전율(안전계수)

$$안전율(안전계수) = \frac{절단하중}{최대사용하중}$$

$$최대사용하중 = \frac{절단하중}{안전율} = \frac{4,000}{5} = 800[N]$$

48 프레스의 방호장치 중 확동식 클러치가 적용된 프레스에 한해서만 적용 가능한 방호장치로만 나열된 것은? (단, 방호장치는 한 가지 종류만 사용한다고 가정한다.)

① 광전자식, 수인식   ② 양수조작식, 손쳐내기식
③ 광전자식, 양수조작식   ④ 손쳐내기식, 수인식

해설

확동식 클러치
1. 클러치의 동력전달이 기계적인 맞물림에 의해 이루어지는 구조
2. 대부분은 한 번 작동한 후 일행정이 끝나지 않으면 작동을 정지시킬 수 없다.
3. 확동식 클러치에만 적용 가능한 방호장치는 가드식, 손쳐내기식, 수인식 등이 있다.

49 선반작업에 대한 안전수칙으로 틀린 것은?

① 척 핸들은 항상 척에 끼워 둔다.
② 베드 위에 공구를 올려놓지 않아야 한다.
③ 바이트를 교환할 때는 기계를 정지시키고 한다.
④ 일감의 길이가 외경과 비교하여 매우 길 때는 방진구를 사용한다.

해설

선반 작업에 대한 안전수칙
1. 공작물을 조립 시에는 반드시 스위치를 차단하고 바이트를 충분히 연 다음 실시한다.
2. 돌리개는 적당한 크기의 것을 선택하고, 심압대 스핀들은 지나치게 길게 내놓지 않는다.
3. 공작물의 설치가 끝나면 척에서 렌치류는 곧 제거한다.
4. 무게가 편중된 공작물은 균형추를 부착한다.
5. 바이트를 교환할 때는 기계를 정지시키고 한다.

50 컨베이어 역전방지장치의 형식 중 전기식 장치에 해당하는 것은?

① 라쳇 브레이크 ② 밴드 브레이크
③ 롤러 브레이크 ④ 스러스트 브레이크

해설

컨베이어의 방호장치
1. 비상정지장치
2. 역전방지장치
   ㉠ 기계식 : 라쳇식, 롤러식, 밴드식
   ㉡ 전기식 : 전기 브레이크, 스러스트 브레이크
3. 브레이크
4. 이탈방지장치
   ㉠ 전자식 브레이크
   ㉡ 유압식 브레이크
5. 덮개 또는 울
6. 건널다리

51 가스 용접에서 역화의 원인으로 볼 수 없는 것은?

① 토치 성능이 부실한 경우
② 취관이 작업 소재에 너무 가까이 있는 경우
③ 산소 공급량이 부족한 경우
④ 토치 팁에 이물질이 묻은 경우

해설

역화(Back Fire)

정의	용접 도중에 모재에 팁 끝이 닿아 불꽃이 순간적으로 팁 끝에서 순간적으로 폭음을 내며 불꽃이 들어갔다가 꺼지는 현상
원인	1. 압력 조정기의 고장 2. 과열되었을 때 3. 산소 공급이 과다할 때 4. 토치의 성능이 좋지 않을 때 5. 토치 팁에 이물질이 묻었을 때
방지법	1. 용접 팁을 물에 담가서 식힘 2. 아세틸렌을 차단 3. 토치의 기능을 점검

52 양중기에 사용 가능한 와이어로프에 해당하는 것은?

① 와이어로프의 한 꼬임에서 끊어진 소선의 수가 10%를 초과한 것
② 심하게 변형 또는 부식된 것
③ 지름의 감소가 공칭지름의 7% 이내인 것
④ 이음매가 있는 것

해설

양중기 와이어로프 사용금지 조건
1. 이음매가 있는 것
2. 와이어로프의 한 꼬임에서 끊어진 소선의 수가 10% 이상인 것
3. 지름의 감소가 공칭지름의 7%를 초과하는 것
4. 꼬인 것
5. 심하게 변형되거나 부식된 것
6. 열과 전기충격에 의해 손상된 것

53 롤러기에서 앞면 롤러의 지름이 200mm, 회전속도가 30rpm인 롤러의 무부하 동작에서의 급정지거리로 옳은 것은?

① 66mm 이내 ② 84mm 이내
③ 209mm 이내 ④ 248mm 이내

해설

롤러기의 급정지거리

$$V = \frac{\pi DN}{1,000} (\text{m/min})$$

여기서, V : 표면속도
  D : 롤러 원통의 직경(mm)
  N : 1분간 롤러기가 회전되는 수(rpm)

1. $V = \frac{\pi DN}{1,000}(\text{m/min}) = \frac{\pi \times 200 \times 30}{1,000} = 18.85(\text{m/min})$

2. 무부하 동작에서 급정지거리

앞면 롤러의 표면속도(m/min)	급정지거리
30 미만	앞면 롤러 원주의 1/3
30 이상	앞면 롤러 원주의 1/2.5

3. 표면속도(V)가 18.85(m/mm)로 30(m/min) 미만이므로 앞면 롤러 원주의 1/3이다.
∴ 급정지거리
$= \pi \times D \times \frac{1}{3} = \pi \times 200 \times \frac{1}{3}$
$≒ 209.43[\text{mm}]$

TIP 원둘레 길이 = $\pi D = 2\pi r$
여기서, D : 지름, r : 반지름

54 다음 중 선반(Lathe)의 방호장치에 해당하는 것은?

① 슬라이드(Slide) ② 심압대(Tail Stock)
③ 주축대(Head Stock) ④ 척가드(Chuck Guard)

해설

선반의 방호장치(안전장치)

칩 브레이커 (Chip Breaker)	절삭 중 칩을 자동적으로 끊어 주는 바이트에 설치된 안전장치
급정지 브레이크	가공작업 중 선반을 급정지시킬 수 있는 방호장치
쉴드(Shield)	가공물의 칩이 비산되어 발생하는 위험을 방지하기 위해 사용하는 덮개(칩 비산 방지 투명판)
척커버 (Chuck Cover)	척과 척으로 잡은 가공물의 돌출부에 작업자가 접촉하지 않도록 설치하는 덮개

55 위험기계에 조작자의 신체 부위가 의도적으로 위험점 밖에 있도록 하는 방호장치는?

① 덮개형 방호장치
② 차단형 방호장치
③ 위치제한형 방호장치
④ 접근반응형 방호장치

해설

위치제한형 방호장치
1. 작업자의 신체부위가 위험한계 밖에 있도록 기계의 조작장치를 위험한 작업점에서 안전거리 이상 떨어지게 하거나 조작장치를 양손으로 동시에 조작하게 함으로써 위험한계에 접근하는 것을 제한하는 방호장치
2. 프레스의 양수조작식 방호장치

56 공장설비의 배치 계획에서 고려할 사항이 아닌 것은?

① 작업의 흐름에 따라 기계 배치
② 기계설비의 주변 공간 최소화
③ 공장 내 안전통로 설정
④ 기계설비의 보수점검 용이성을 고려한 배치

해설

재료, 제품, 공구 등의 크기, 기계의 운동범위 등을 생각하여 충분한 공간을 취할 것

57 정(Chisel) 작업의 일반적인 안전수칙으로 틀린 것은?

① 따내기 및 칩이 튀는 가공에서는 보안경을 착용하여야 한다.
② 절단작업 시 절단된 끝이 튀는 것을 조심하여야 한다.
③ 작업을 시작할 때는 가급적 정을 세게 타격하고 점차 힘을 줄여간다.
④ 담금질된 철강 재료는 정 가공을 하지 않는 것이 좋다.

해설

정(Chisel) 작업의 안전수칙
1. 칩이 튀는 작업에는 반드시 보호안경을 착용하여야 한다.
2. 처음에는 가볍게 때리고, 점차 힘을 가한다.
3. 절단된 가공물의 끝이 튕길 수 있는 위험의 발생을 방지하여야 한다.
4. 절단이 끝날 무렵에는 정을 세게 타격해서는 안 된다.
5. 정으로 담금질된 재료를 절대로 가공할 수 없다.

58 다음 중 취급운반 시 준수해야 할 원칙으로 틀린 것은?

① 연속 운반으로 할 것
② 직선 운반으로 할 것
③ 운반 작업을 집중화시킬 것
④ 생산을 최소로 하도록 운반할 것

해설

취급운반의 5원칙
1. 이동되는 운반은 직선으로 할 것
2. 연속으로 운반을 행할 것
3. 효율(생산성)을 최고로 높일 것
4. 자재 운반을 집중화할 것
5. 가능한 한 수작업을 없앨 것

59 산업안전보건법령에 따라 압력용기에 설치하는 안전밸브의 설치 및 작동에 관한 설명으로 틀린 것은?

① 다단형 압축기에는 각 단별로 안전밸브 등을 설치하여야 한다.
② 안전밸브는 이를 통하여 보호하려는 설비의 최저사용압력 이하에서 작동되도록 설정하여야 한다.

정답 54 ④ 55 ③ 56 ② 57 ③ 58 ④ 59 ②

③ 화학공정 유체와 안전밸브의 디스크 또는 시트가 직접 접촉될 수 있도록 설치된 경우에는 2년마다 1회 이상 국가 교정기관에서 검사한 후 납으로 봉인하여 사용한다.
④ 공정안전보고서 이행상태 평가결과가 우수한 사업장의 안전밸브의 경우 검사주기는 4년마다 1회 이상이다.

해설
안전밸브의 작동요건
안전밸브 등이 안전밸브 등을 통하여 보호하려는 설비의 최고사용압력 이하에서 작동되도록 하여야 한다. 다만, 안전밸브 등이 2개 이상 설치된 경우에 1개는 최고사용압력의 1.05배(외부화재를 대비한 경우에는 1.1배) 이하에서 작동되도록 설치할 수 있다.

60 금형조정작업 시 슬라이드가 갑자기 작동하는 것으로부터 근로자를 보호하기 위하여 가장 필요한 안전장치는?

① 안전블록
② 클러치
③ 안전 1행정 스위치
④ 광전자식 방호장치

해설
금형조정작업의 위험 방지
프레스 등의 금형을 부착·해체 또는 조정하는 작업을 할 때에 해당 작업에 종사하는 근로자의 신체가 위험한계 내에 있는 경우 슬라이드가 갑자기 작동함으로써 근로자에게 발생할 우려가 있는 위험을 방지하기 위하여 안전블록을 사용하는 등 필요한 조치를 하여야 한다.

4과목 전기 및 화학설비위험방지기술

61 인체가 전격을 당했을 경우 통전시간이 1초라면 심실세동을 일으키는 전류값(mA)은?(단, 심실세동 전류값은 Dalziel의 관계식을 이용한다.)

① 100
② 165
③ 180
④ 215

해설
심실세동전류(치사전류)

$$I = \frac{165}{\sqrt{T}}(mA)$$

여기서, I : 심실세동전류(mA), T : 통전 시간(sec)

$I = \frac{165}{\sqrt{T}} = \frac{165}{\sqrt{1}} = 165[mA]$

62 활선작업 시 사용하는 안전장구가 아닌 것은?

① 절연용 보호구
② 절연용 방호구
③ 활선작업용 기구
④ 절연저항 측정기구

해설
활선작업용 안전장구
1. 절연용 보호구 : 활선작업 또는 활선근접작업에서 감전을 방지하기 위하여 작업자가 신체에 착용하는 절연안전모, 절연장갑, 절연화, 절연장화, 절연복 등을 말한다.
2. 절연용 방호구 : 충전전로를 취급하는 작업 또는 그 인접한 곳에서 작업하는 경우, 감전 또는 선로손상의 위험 등을 방지하기 위하여 충전부분을 덮는 기구를 말하여 절연덮개, 선로호스, 절연매트, 절연담요, 절연봉 등이 있다.
3. 활선작업용 기구 : 손으로 잡는 부분이 절연재료로 만들어진 절연물로서 절연용 보호구를 착용하지 않고 활선작업을 하는 것으로 절연봉, 배전선용 후크 봉 등이 있다.

TIP 해당 기기설비, 전로 등의 충전 유무를 확인하기 위해서는 검전기 등을 사용한다.

63 제1종 또는 제2종 접지공사에 사용하는 접지선에 사람이 접촉할 우려가 있는 경우 접지공사 방법으로 틀린 것은?

① 접지극은 지하 75cm 이상 깊이에 묻을 것
② 접지선을 시설한 지지물에는 피뢰침용 지선을 시설하지 않을 것
③ 접지선은 캡타이어케이블, 절연전선 또는 통신용 케이블 이외의 케이블을 사용할 것
④ 지하 60cm부터 지표 위 1.5m까지의 부분은 접지선은 합성수지관 또는 몰드로 덮을 것

정답 60 ① 61 ② 62 ④ 63 ④

> [해설]

접지시스템
1. 접지극은 동결 깊이를 감안하여 시설하되 고압 이상의 전기설비와 변압기 중성점 접지에 의하여 시설하는 접지극의 매설깊이는 지표면으로부터 지하 0.75m 이상으로 한다.
2. 접지도체를 철주, 기타의 금속체를 따라서 시설하는 경우에는 접지극을 철주의 밑면으로부터 0.3m 이상의 깊이에 매설하는 경우 이외에는 접지극을 지중에서 그 금속체로부터 1m 이상 떼어 매설하여야 한다.
3. 접지도체는 절연전선(옥외용 비닐절연전선은 제외) 또는 케이블(통신용 케이블은 제외)을 사용하여야 한다. 다만, 접지도체를 철주, 기타의 금속체를 따라서 시설하는 경우 이외의 경우에는 접지도체의 지표상 0.6m를 초과하는 부분에 대하여는 절연전선을 사용하지 않을 수 있다.
4. 접지도체는 지하 0.75m부터 지표상 2m까지 부분은 합성수지관(두께 2mm 미만의 합성수지제 전선관 및 가연성 콤바인덕트관은 제외한다) 또는 이와 동등 이상의 절연효과와 강도를 가지는 몰드로 덮어야 한다.

> TIP 법 개정으로 접지대상에 따라 일괄 적용한 종별접지(1종, 2종, 3종, 특별 3종)가 폐지되었습니다. 해설을 참고하세요.

64 다음 정의에 해당하는 방폭구조는?

> 전기기기의 과도한 온도 상승, 아크 또는 불꽃 발생의 위험을 방지하기 위하여 추가적인 안전조치를 통한 안전도를 증가시킨 방폭구조를 말한다.

① 내압방폭구조 ② 유입방폭구조
③ 안전증방폭구조 ④ 본질안전방폭구조

> [해설]

안전증방폭구조(Increased Safety Type, e)
1. 전기 기기의 정상 사용조건 및 특정 비정상 상태에서 과도한 온도 상승, 아크 또는 스파크의 발생 위험을 방지하기 위해 추가적인 안전조치를 통한 안전도를 증가시킨 방폭구조(KS C IEC 60079-7)
2. 전기기구의 권선, 접점부, 단자부 등과 같은 부분이 정상적인 운전 중에는 불꽃, 아크 또는 과열이 발생되지 않는 부분에 대하여 방지하기 위한 구조와 온도상승에 대해 특히 안전도를 증가시킨 구조
3. 정상운전 중에 아크나 불꽃을 발생시키는 전기기기는 안전증방폭구조의 전기기기 범위에서 제외

> TIP
> • 내압방폭구조 : 점화원에 의해 용기 내부에서 폭발이 발생할 경우에 용기가 폭발압력에 견딜 수 있고, 화염이 용기 외부의 폭발성 분위기로 전파되지 않도록 한 방폭구조
> • 유입방폭구조 : 유체 상부 또는 용기 외부에 존재할 수 있는 폭발성 분위기가 발화할 수 없도록 전기설비 또는 전기설비의 부품을 보호액에 함침시키는 방폭구조
> • 본질안전방폭구조 : 정상작동 및 고장상태 시 발생하는 불꽃, 아크 또는 고온에 의해 폭발성 가스 또는 증기에 점화되지 않는 것이 점화시험, 기타에 의해 확인된 방폭구조

65 건설현장에서 사용하는 임시배선의 안전대책으로 거리가 먼 것은?

① 모든 전기기기의 외함은 접지시켜야 한다.
② 임시배선은 다심케이블을 사용하지 않아도 된다.
③ 배선은 반드시 분전반 또는 배전반에서 인출해야 한다.
④ 지상 등에서 금속관으로 방호할 때는 그 금속관을 접지해야 한다.

66 전기화재의 원인을 직접원인과 간접원인으로 구분할 때, 직접원인과 거리가 먼 것은?

① 애자의 오손 ② 과전류
③ 누전 ④ 절연열화

> [해설]

전기화재의 원인
1. 단락
2. 누전
3. 과전류
4. 스파크
5. 접촉부과열
6. 절연열화에 의한 발열
7. 지락
8. 낙뢰
9. 정전기 스파크

67 정상운전 중의 전기설비가 점화원으로 작용하지 않는 것은?

① 변압기 권선
② 개폐기 접점
③ 직류 전동기의 정류자
④ 권선형 전동기의 슬립링

정답 64 ③ 65 ② 66 ① 67 ①

해설

전기설비의 점화원

구분	현재적 점화원	잠재적 점화원
개념	정상운전 중 전기불꽃, 고온이 되는 점화원	이상 상태에서 전기불꽃, 고온이 되는 점화원
종류	1. 직류전동기의 정류자 2. 권선형 유도전동기의 슬립링 3. 고온부로서 전열기, 저항기, 전동기의 고온부 4. 개폐기 및 차단기류의 접점 5. 제어기기 및 보호계전기의 전기접점 등	1. 전동기의 권선 2. 변압기의 권선 3. 마그네트 코일 4. 전기적 광원 5. 케이블 기타 배선

68 정전기 제거방법으로 가장 거리가 먼 것은?

① 설비 주위를 가습한다.
② 설비의 금속 부분을 접지한다.
③ 설비의 주변에 적외선을 조사한다.
④ 정전기 발생 방지 도장을 실시한다.

해설

정전기재해의 방지대책
1. 접지(도체의 대전방지)
2. 유속의 제한
3. 보호구의 착용
4. 대전방지제 사용
5. 가습(상대습도를 60~70% 정도 유지)
6. 제전기 사용
7. 대전물체의 차폐
8. 정치시간의 확보
9. 도전성 재료 사용

69 근로자가 활선작업용 기구를 사용하여 작업할 경우 근로자의 신체 등과 충전전로 사이의 사용전압별 접근한계거리가 틀린 것은?

① 15kV 초과 37kV 이하 : 80cm
② 37kV 초과 88kV 이하 : 110cm
③ 121kV 초과 145kV 이하 : 150cm
④ 242kV 초과 362kV 이하 : 380cm

해설

충전전로에서의 전기작업

충전전로의 선간전압 (단위 : kV)	충전전로에 대한 접근 한계거리 (단위 : cm)
0.3 이하	접촉금지
0.3 초과 0.75 이하	30
0.75 초과 2 이하	45
2 초과 15 이하	60
15 초과 37 이하	90
37 초과 88 이하	110
88 초과 121 이하	130
121 초과 145 이하	150
145 초과 169 이하	170
169 초과 242 이하	230
242 초과 362 이하	380
362 초과 550 이하	550
550 초과 800 이하	790

70 정전기의 발생에 영향을 주는 요인과 가장 거리가 먼 것은?

① 박리속도
② 물체의 표면상태
③ 접촉면적 및 압력
④ 외부공기의 풍속

해설

정전기 발생의 영향요인(정전기 발생요인)

물체의 특성	일반적으로 대전량은 접촉이나 분리하는 두 가지 물체가 대전서열 내에서 가까운 곳에 있으면 적고 먼 위치에 있을수록 대전량이 큰 경향이 있다.
물체의 표면상태	1. 표면이 거칠수록 정전기 발생량이 커진다. 2. 기름, 수분, 불순물 등 오염이 심할수록, 산화 부식이 심할수록 정전기 발생량이 커진다.
물체의 이력	정전기 발생량은 처음 접촉, 분리가 일어날 때 최대가 되며, 발생횟수가 반복될수록 발생량이 감소한다.
접촉면적 및 압력	접촉면적 및 압력이 클수록 정전기 발생량은 커진다.
분리속도	분리속도가 빠를수록 정전기 발생량이 커진다.
완화시간	완화시간이 길면 전하분리에 주는 에너지도 커져서 정전기 발생량이 커진다.

71 건조설비의 사용에 있어 500~800℃범위의 온도에 가열된 스테인리스강에서 주로 일어나며, 탄화크롬이 형성되었을 때 결정경계면의 크롬 함유량이 감소하여 발생되는 부식형태는?

① 전면부식 ② 층상부식
③ 입계부식 ④ 격간부식

해설
부식의 형태

전면부식	전면이 균일하게 부식되므로 부식량은 크나, 쉽게 발견 대처하므로 피해는 적다.
국부부식	특정 부분에 집중적으로 일어나는 현상으로 부식 속도가 크고 위험성이 높다.
선택부식	합금의 특정 부분만 선택적으로 부식되는 현상으로 주철의 흑연화 부식, 황동의 탈아연 부식, 알루미늄 청동의 탈알루미늄 부식 등이 있다.
입계부식	불순물, 합금 성분의 잘못된 조성에 의해 부식되는 현상으로 스테인리스강의 경우 500~800℃에서 가장 잘 나타나며 이는 크롬(Cr) 원소의 부족에 기인한다.

72 다음 중 분진 폭발의 발생 위험성을 낮추는 방법으로 적절하지 않은 것은?

① 주변의 점화원을 제거한다.
② 분진이 날리지 않도록 한다.
③ 분진과 그 주변의 온도를 낮춘다.
④ 분진 입자의 표면적을 크게 한다.

해설
입도와 입도분포
1. 분진의 표면적이 입자 체적에 비하여 커지면 열의 발생속도가 방열속도보다 커져서 폭발이 용이해진다.
2. 평균 입자의 직경이 작고 밀도가 작을수록 비표면적은 크게 되고 표면에너지도 크게 되어 폭발이 용이해진다.

73 다음 중 가연성 가스가 아닌 것은?

① 이산화탄소 ② 수소
③ 메탄 ④ 아세틸렌

해설
고압가스(가연성에 의한 분류)

가연성 가스	공기 중에서 연소하면 폭발하는 가스(아세틸렌, 암모니아, 수소, 일산화탄소, 메탄, 프로판, 부탄, 에틸렌 등)
지연성 가스	산소, 공기 등 다른 가연성 가스의 연소를 돕는 가스 즉, 연소하거나 폭발되지 않지만 연소를 지지하는 가스(산소, 공기, 염소, 산화질소, 오존, 불소 등)
불연성 가스	자신이 연소하지도 않고 다른 물질을 연소시키지도 않는 가스로 연소하고 있는 화염을 꺼지게 하는 가스(헬륨, 네온, 질소, 아르곤, 이산화탄소 등)

74 유해·위험물질 취급 시 보호구로서 구비조건이 아닌 것은?

① 방호성능이 충분할 것
② 재료의 품질이 양호할 것
③ 작업에 방해가 되지 않을 것
④ 외관이 화려할 것

해설
보호구의 구비조건
1. 착용이 간편할 것
2. 작업에 방해요소가 되지 않도록 할 것
3. 유해·위험요소에 대한 방호성능이 완전할 것
4. 재료의 품질이 우수할 것
5. 구조 및 표면가공이 우수할 것
6. 외관이 보기 좋을 것

75 다음 중 벤젠(C_6H_6)이 공기 중에서 연소될 때의 이론혼합비(화학양론조성)는?

① 0.72vol% ② 1.22vol%
③ 2.72vol% ④ 3.22vol%

해설
완전연소 조성농도(화학양론농도)

$$C_{st} = \frac{100}{1+4.773\left(n+\frac{m-f-2\lambda}{4}\right)}$$

여기서 n : 탄소, m : 수소
f : 할로겐 원소의 원자 수
λ : 산소의 원자 수

완전연소 조성농도

$$C_{st} = \frac{100}{1+4.773\left(n+\frac{m-f-2\lambda}{4}\right)} = \frac{100}{1+4.773\left(6+\frac{6}{4}\right)}$$

$\approx 2.72[\%]$

($C_6H_6 \rightarrow n=6, m=6, f=0, \lambda=0$)

76 알루미늄 금속분말에 대한 설명으로 틀린 것은?
① 분진폭발의 위험성이 있다.
② 연소 시 열을 발생한다.
③ 분진폭발을 방지하기 위해 물속에 저장한다.
④ 염산과 반응하여 수소 가스를 발생한다.

해설
알루미늄은 물과 접촉하면 격렬하게 반응하는 금수성 물질로 수분과의 접촉을 피하고 밀봉하여 보관한다.

77 공기 중에 3ppm의 디메틸아민(Demethylamine, TLV-TWA : 10ppm)과 20ppm의 시클로헥산올(Cyclohexanol, TLV-TWA : 50ppm)이 있고, 10ppm의 산화프로필렌(Propyleneoxide, TLV-TWA : 20ppm)이 존재한다면 혼합 TLV-TWA는 몇 ppm인가?
① 12.5
② 22.5
③ 27.5
④ 32.5

해설
노출지수(EI ; Exposure Index) : 공기 중 혼합물질

- 노출지수$(EI) = \dfrac{C_1}{TLV_1} + \dfrac{C_2}{TLV_2} + \cdots + \dfrac{C_n}{TLV_n}$
- 보정된 허용농도(기준) $= \dfrac{혼합물의 공기 중 농도(C_1 + C_2 + \cdots + C_n)}{노출지수(EI)}$

여기서, C_n : 각 혼합물질의 공기 중 농도
TLV_n : 각 혼합물질의 노출기준

- 노출지수(EI)
$= \dfrac{C_1}{TLV_1} + \dfrac{C_2}{TLV_2} + \dfrac{C_3}{TLV_3} = \dfrac{3}{10} + \dfrac{20}{50} + \dfrac{10}{20} = 1.2$
- 보정된 허용농도(기준)
$= \dfrac{혼합물의 공기 중 농도(C_1 + C_2 + \cdots + C_n)}{노출지수(EI)}$
$= \dfrac{3 + 20 + 10}{1.2} = 27.5[ppm]$

78 다음은 산업안전보건법령상 파열판 및 안전밸브의 직렬설치에 관한 내용이다. ( )에 알맞은 용어는?

> 사업주는 급성 독성물질이 지속적으로 외부에 유출될 수 있는 화학설비 및 그 부속설비에 파열판과 안전밸브를 직렬로 설치하고 그 사이에는 압력지시계 또는 ( )을(를) 설치하여야 한다.

① 자동경보장치
② 차단장치
③ 플레어헤드
④ 콕

해설
파열판 및 안전밸브의 직렬설치
급성 독성물질이 지속적으로 외부에 유출될 수 있는 화학설비 및 그 부속설비에 파열판과 안전밸브를 직렬로 설치하고 그 사이에는 압력지시계 또는 자동경보장치를 설치하여야 한다.

79 위험물안전관리법령상 칼륨에 의한 화재에 적응성이 있는 것은?
① 건조사(마른 모래)
② 포소화기
③ 이산화탄소소화기
④ 할로겐화합물소화기

해설
칼륨의 소화방법
건조사, 팽창질석, 팽창진주암 등을 사용한 질식소화가 효과적이다.

80 산업안전보건법령상 용해아세틸렌의 가스집합용접장치의 배관 및 부속기구에는 구리나 구리 함유량이 몇 퍼센트 이상인 합금을 사용할 수 없는가?
① 40
② 50
③ 60
④ 70

해설
구리 사용의 제한
용해아세틸렌의 가스집합용접장치의 배관 및 부속기구는 구리나 구리 함유량이 70퍼센트 이상인 합금을 사용해서는 아니 된다.

5과목 건설안전기술

81 지반조사의 방법 중 지반을 강관으로 천공하고 토사를 채취 후 여러 가지 시험을 시행하여 지반의 토질 분포, 흙의 층상과 구성 등을 알 수 있는 것은?
① 보링
② 표준관입시험
③ 베인테스트
④ 평판재하시험

해설
보링(Boring)
1. 개요 : 굴착 기계 및 기구를 사용하여 지반에 깊은 구멍을 파는 것으로 흙의 성질 및 지층상태, 지하수의 위 등을 조사하는 방법

정답 76 ③ 77 ③ 78 ① 79 ① 80 ④ 81 ①

2. 종류

종류	방법
오거 보링 (Augar Boring)	지표면 부근의 시료 채취나 얕은 지반 조사에 사용하는 방법으로 깊이 10m 이내의 토사를 채취
수세식 보링 (Wash Boring)	깊이 30m 내외의 연질층에 사용하는 방법으로 이중관을 충격을 주며 물을 뿜어 파진 흙을 배출하여 침전시켜 토질 판별
회전식 보링 (Rotary Boring)	날을 회전시켜 천공하는 방법, 비교적 자연상태 그대로 채취 가능(연속적으로 시료를 채취할 수 있어 지층의 변화를 비교적 정확히 알 수 있다)
충격식 보링 (Precussion Boring)	와이어 로프(Wire Rope) 끝에 충격날을 부착하여 상하 충격에 의해 천공, 토사와 암석에도 가능

> **TIP**
> - 표준관입시험 : 무게 63.5kg의 해머로 76cm 높이에서 자유낙하시켜 샘플러를 30cm 관입시키는 데 소요되는 타격횟수 N치를 측정하는 시험으로 사질토 지반에 적용
> - 베인테스트 : 로드 선단에 +자형 날개(vane)를 부착하여 지중에 박아 회전시켜 점토의 점착력을 판별하는 시험으로 연약점토 지반에 적용
> - 평판재하시험 : 지반에 하중을 가하여 지반의 지지력을 파악하기 위한 시험

82 핸드브레이커 취급 시 안전에 관한 유의사항으로 옳지 않은 것은?

① 기본적으로 현장 정리가 잘되어 있어야 한다.
② 작업 자세는 항상 하향 45° 방향으로 유지하여야 한다.
③ 작업 전 기계에 대한 점검을 철저히 한다.
④ 호스의 교차 및 꼬임 여부를 점검하여야 한다.

해설
핸드브레이커
1. 압축공기, 유압의 급속한 충격력에 의거 콘크리트 등을 해체할 때 사용하는 것
2. 작은 부재의 파쇄에 유리하고 소음, 진동 및 분진이 발생
3. 준수사항
   ㉠ 끝의 부러짐을 방지하기 위하여 작업자세는 하향 수직 방향으로 유지하도록 하여야 한다.
   ㉡ 기계는 항상 점검하고, 호스의 꼬임·교차 및 손상 여부를 점검하여야 한다.

83 강관틀비계의 높이가 20m를 초과하는 경우 주틀 간의 간격은 최대 얼마 이하로 사용해야 하는가?

① 1.0m   ② 1.5m
③ 1.8m   ④ 2.0m

해설
강관틀비계 조립 시의 준수사항
1. 비계기둥의 밑둥에는 밑받침 철물을 사용하여야 하며 밑받침에 고저차가 있는 경우에는 조절형 밑받침철물을 사용하여 각각의 강관틀비계가 항상 수평 및 수직을 유지하도록 할 것
2. 높이가 20m를 초과하거나 중량물의 적재를 수반하는 작업을 할 경우에는 주틀 간의 간격을 1.8m 이하로 할 것
3. 주틀 간에 교차 가새를 설치하고 최상층 및 5층 이내마다 수평재를 설치할 것
4. 수직 방향으로 6m, 수평 방향으로 8m 이내마다 벽이음을 할 것
5. 길이가 띠장 방향으로 4m 이하이고 높이가 10m를 초과하는 경우에는 10m 이내마다 띠장 방향으로 버팀기둥을 설치할 것

84 흙막이 가시설의 버팀대(Strut)의 변형을 측정하는 계측기에 해당하는 것은?

① Water Level Meter   ② Strain Gauge
③ Piezometer   ④ Load Cell

해설
계측기

장치	용도
변형률계 (Strain Gauge)	흙막이벽 버팀대의 응력 변화를 측정
하중계 (Load Cell)	흙막이 버팀대에 작용하는 토압, 어스앵커의 인장력 등을 측정
간극 수압계 (Piezo Meter)	굴착으로 인한 지하의 간극수압을 측정
지하수위계 (Water Level Meter)	지하수의 수위 변화를 측정

정답 82 ② 83 ③ 84 ②

85 사다리식 통로 등을 설치하는 경우 준수해야 할 기준으로 옳지 않은 것은?

① 접이식 사다리 기둥은 사용 시 접혀지거나 펼쳐지지 않도록 철물 등을 사용하여 견고하게 조치할 것
② 발판과 벽과의 사이는 25cm 이상의 간격을 유지할 것
③ 폭은 30cm 이상으로 할 것
④ 사다리식 통로의 길이가 10m 이상인 경우에는 5m 이내마다 계단참을 설치할 것

해설
사다리식 통로
1. 견고한 구조로 할 것
2. 심한 손상·부식 등이 없는 재료를 사용할 것
3. 발판의 간격은 일정하게 할 것
4. 발판과 벽과의 사이는 15cm 이상의 간격을 유지할 것
5. 폭은 30cm 이상으로 할 것
6. 사다리가 넘어지거나 미끄러지는 것을 방지하기 위한 조치를 할 것
7. 사다리의 상단은 걸쳐놓은 지점으로부터 60cm 이상 올라가도록 할 것
8. 사다리식 통로의 길이가 10m 이상인 경우에는 5m 이내마다 계단참을 설치할 것
9. 사다리식 통로의 기울기는 75도 이하로 할 것. 다만, 고정식 사다리식 통로의 기울기는 90도 이하로 하고, 그 높이가 7미터 이상인 경우에는 다음 각 목의 구분에 따른 조치를 할 것
   ㉠ 등받이울이 있어도 근로자 이동에 지장이 없는 경우 : 바닥으로부터 높이가 2.5미터 되는 지점부터 등받이울을 설치할 것
   ㉡ 등받이울이 있으면 근로자가 이동이 곤란한 경우 : 개인용 추락 방지 시스템을 설치하고 근로자로 하여금 전신안전대를 사용하도록 할 것
10. 접이식 사다리 기둥은 사용 시 접혀지거나 펼쳐지지 않도록 철물 등을 사용하여 견고하게 조치할 것

86 굴착이 곤란한 경우 발파가 어려운 암석의 파쇄굴착 또는 암석제거에 적합한 장비는?

① 리퍼 ② 스크레이퍼
③ 롤러 ④ 드래그라인

해설
리퍼 도저(Ripper Dozer)
아스팔트 포장도로 등 단단한 땅이나 연약한 암석을 파내는 갈고리 모양의 도저

87 철골공사에서 용접작업을 실시함에 있어 전격예방을 위한 안전조치 중 옳지 않은 것은?

① 전격 방지를 위해 자동전격방지기를 설치한다.
② 우천, 강설 시에는 야외작업을 중단한다.
③ 개로 전압이 낮은 교류 용접기는 사용하지 않는다.
④ 절연 홀더(Holder)를 사용한다.

해설
철골 용접작업 시 감전재해 방지대책
1. 안전보호구를 반드시 착용하며 기름기가 묻었거나 젖은 것은 착용하지 않을 것
2. 용접작업 전 캡타이어 케이블의 피복상태, 용접기의 접지 상태를 확실하게 점검할 것
3. 좁은 장소의 작업에서는 신체를 노출시키지 말 것
4. 용접작업 중지 시에는 반드시 메인(주) 전원 스위치를 내릴 것
5. 전격방지장치는 매일 점검할 것
6. 전격방지기를 설치하고 개로전압(무부하전압)이 필요 이상 높지 않도록 할 것
7. 용접작업 시 용접봉 끝부분이 충전부에 접촉되지 않도록 할 것

88 타워크레인의 운전작업을 중지하여야 하는 순간풍속기준으로 옳은 것은?

① 초당 10m 초과 ② 초당 12m 초과
③ 초당 15m 초과 ④ 초당 20m 초과

해설
타워크레인의 작업 제한(악천후 및 강풍 시 작업 중지)

순간풍속이 초당 10m를 초과	타워크레인의 설치·수리·점검 또는 해체 작업 중지
순간풍속이 초당 15m를 초과	타워크레인의 운전작업 중지

89 유한사면에서 사면기울기가 비교적 완만한 점성토에서 주로 발생되는 사면파괴의 형태는?

① 저부 파괴 ② 사면 선단 파괴
③ 사면 내 파괴 ④ 국부 전단 파괴

해설
단순사면(유한사면)의 붕괴형태
• 사면 내 파괴(Slope Failure) : 성토층이 여러 층이고 기반이 얕은 경우
• 사면 선(선단) 파괴(Toe Failure) : 사면이 비교적 급하고

정답 85 ② 86 ① 87 ③ 88 ③ 89 ①

점착력이 작은 경우
- 사면 저부(바닥면) 파괴(Base Failure) : 사면이 비교적 완만하고 점착력이 큰 경우

90 말비계를 조립하여 사용하는 경우의 준수사항으로 옳지 않은 것은?

① 지주부재의 하단에는 미끄럼 방지장치를 할 것
② 지주부재와 수평면과의 기울기는 85° 이하로 할 것
③ 말비계의 높이가 2m를 초과할 경우에는 작업발판의 폭을 40cm 이상으로 할 것
④ 지주부재와 지주부재 사이를 고정시키는 보조부재를 설치할 것

해설
말비계 조립 시의 준수사항
1. 지주부재의 하단에는 미끄럼 방지장치를 하고, 근로자가 양측 끝부분에 올라서서 작업하지 않도록 할 것
2. 지주부재와 수평면의 기울기를 75° 이하로 하고, 지주부재와 지주부재 사이를 고정시키는 보조부재를 설치할 것
3. 말비계의 높이가 2m를 초과하는 경우에는 작업발판의 폭을 40cm 이상으로 할 것

91 화물을 적재하는 경우에 준수하여야 하는 사항으로 옳지 않은 것은?

① 침하 우려가 없는 튼튼한 기반 위에 적재할 것
② 건물의 칸막이나 벽 등이 화물의 압력에 견딜 만큼의 강도를 지니지 아니한 경우에는 칸막이나 벽에 기대어 적재하지 않도록 할 것
③ 불안정할 정도로 높이 쌓아 올리지 말 것
④ 편하중이 발생하도록 쌓아 적재효율을 높일 것

해설
화물의 적재 시 준수사항
1. 침하 우려가 없는 튼튼한 기반 위에 적재할 것
2. 건물의 칸막이나 벽 등이 화물의 압력에 견딜 만큼의 강도를 지니지 아니한 경우에는 칸막이나 벽에 기대어 적재하지 않도록 할 것
3. 불안정할 정도로 높이 쌓아 올리지 말 것
4. 하중이 한쪽으로 치우치지 않도록 쌓을 것

92 흙막이지보공을 설치하였을 때 정기적으로 점검하고 이상을 발견하면 즉시 보수하여야 하는 사항으로 거리가 먼 것은?

① 부재의 손상, 변형, 부식, 변위 및 탈락의 유무와 상태
② 부재의 접속부, 부착부 및 교차부의 상태
③ 침하의 정도
④ 발판의 지지 상태

해설
흙막이 지보공의 붕괴 등의 방지를 위한 점검사항
1. 부재의 손상·변형·부식·변위 및 탈락의 유무와 상태
2. 버팀대의 긴압의 정도
3. 부재의 접속부·부착부 및 교차부의 상태
4. 침하의 정도

93 중량물의 취급작업 시 근로자의 위험을 방지하기 위하여 사전에 작성하여야 하는 작업계획서 내용에 해당되지 않는 것은?

① 추락위험을 예방할 수 있는 안전대책
② 낙하위험을 예방할 수 있는 안전대책
③ 전도위험을 예방할 수 있는 안전대책
④ 침수위험을 예방할 수 있는 안전대책

해설
중량물의 취급작업 작업계획서 내용
1. 추락위험을 예방할 수 있는 안전대책
2. 낙하위험을 예방할 수 있는 안전대책
3. 전도위험을 예방할 수 있는 안전대책
4. 협착위험을 예방할 수 있는 안전대책
5. 붕괴위험을 예방할 수 있는 안전대책

94 산업안전보건관리비 중 안전시설비 등의 항목에서 사용 가능한 내역은?

① 외부인 출입금지, 공사장 경계표시를 위한 가설울타리
② 비계·통로·계단에 추가 설치하는 추락 방지용 안전난간
③ 절토부 및 성토부 등의 토사유실 방지를 위한 설비
④ 공사 목적물의 품질 확보 또는 건설장비 자체의 운행 감시, 공사 진척상황 확인, 방범 등의 목적을 가진 CCTV 등 감시용 장비

정답 90 ② 91 ④ 92 ④ 93 ④ 94 ②

해설

안전관리비의 사용 불가 내역(일부 항목)
안전발판, 안전통로, 안전계단 등과 같이 명칭에 관계없이 공사 수행에 필요한 가시설들은 사용 불가 다만, 비계·통로·계단에 추가 설치하는 추락방지용 안전난간, 사다리 전도방지장치, 틀비계에 별도로 설치하는 안전난간·사다리, 통로의 낙하물방호선반 등은 사용 가능함

TIP 법 개정으로 삭제된 내용입니다. 참고만 하세요.

95 추락 방지용 방망을 구성하는 그물코의 모양과 크기로 옳은 것은?

① 원형 또는 사각으로서 그 크기는 10cm 이하이어야 한다.
② 원형 또는 사각으로서 그 크기는 20cm 이하이어야 한다.
③ 사각 또는 마름모로서 그 크기는 10cm 이하이어야 한다.
④ 사각 또는 마름모로서 그 크기는 20cm 이하이어야 한다.

해설

그물코 구조 및 치수
사각 또는 마름모로서 그 크기는 10cm 이하이어야 한다.

96 추락방지망의 달기로프를 지지점에 부착할 때 지지점의 간격이 1.5m인 경우 지지점의 강도는 최소 얼마 이상이어야 하는가?

① 200kg
② 300kg
③ 400kg
④ 500kg

해설

지지점의 강도
방망 지지점은 600kg의 외력에 견딜 수 있는 강도를 보유하여야 한다.(다만, 연속적인 구조물이 방망 지지점인 경우의 외력이 다음 식에 계산한 값에 견딜 수 있는 것은 제외)

$$F = 200B$$

여기서, F : 외력(kg), B : 지지점간격(m)
$F = 200B = 200 \times 1.5 = 300[kg]$

97 가설통로를 설치하는 경우 준수해야 할 기준으로 옳지 않은 것은?

① 경사는 45° 이하로 할 것
② 경사가 15°를 초과하는 경우에는 미끄러지지 아니하는 구조로 할 것
③ 추락할 위험이 있는 장소에는 안전난간을 설치할 것
④ 수직갱에 가설된 통로의 길이가 15m 이상인 경우에는 10m 이내마다 계단참을 설치할 것

해설

가설통로
1. 견고한 구조로 할 것
2. 경사는 30° 이하로 할 것(다만, 계단을 설치하거나 높이 2m 미만의 가설통로로서 튼튼한 손잡이를 설치한 경우에는 그러하지 아니하다)
3. 경사가 15°를 초과하는 경우에는 미끄러지지 아니하는 구조로 할 것
4. 추락할 위험이 있는 장소에는 안전난간을 설치할 것(다만, 작업상 부득이한 경우에는 필요한 부분만 임시로 해체할 수 있다)
5. 수직갱에 가설된 통로의 길이가 15m 이상인 경우에는 10m 이내마다 계단참을 설치할 것
6. 건설공사에 사용하는 높이 8m 이상인 비계다리에는 7m 이내마다 계단참을 설치할 것

98 철골작업을 중지하여야 하는 제한 기준에 해당되지 않는 것은?

① 풍속이 초당 10m 이상인 경우
② 강우량이 시간당 1mm 이상인 경우
③ 강설량이 시간당 1cm 이상인 경우
④ 소음이 65dB 이상인 경우

해설

작업의 제한(철골작업 중지)
1. 풍속이 초당 10m 이상인 경우
2. 강우량이 시간당 1mm 이상인 경우
3. 강설량이 시간당 1cm 이상인 경우

정답 95 ③ 96 ② 97 ① 98 ④

99 유해·위험방지계획서를 제출해야 하는 공사의 기준으로 옳지 않은 것은?

① 최대 지간길이 30m 이상인 교량 건설 등 공사
② 깊이 10m 이상인 굴착공사
③ 터널 건설 등의 공사
④ 다목적댐, 발전용 댐 및 저수용량 2천만 톤 이상의 용수 전용 댐, 지방상수도 전용 댐 건설 등의 공사

해설

유해위험방지계획서를 제출해야 될 건설공사
1. 다음 각 목의 어느 하나에 해당하는 건축물 또는 시설 등의 건설·개조 또는 해체공사
   ㉠ 지상높이가 31m 이상인 건축물 또는 인공구조물
   ㉡ 연면적 3만m² 이상인 건축물
   ㉢ 연면적 5천m² 이상인 시설로서 다음의 어느 하나에 해당하는 시설
     • 문화 및 집회시설(전시장 및 동물원·식물원은 제외)
     • 판매시설, 운수시설(고속철도의 역사 및 집배송시설은 제외)
     • 종교시설
     • 의료시설 중 종합병원
     • 숙박시설 중 관광숙박시설
     • 지하도상가
     • 냉동·냉장 창고시설
2. 연면적 5천m² 이상인 냉동·냉장 창고시설의 설비공사 및 단열공사
3. 최대 지간길이(다리의 기둥과 기둥의 중심 사이의 거리)가 50m 이상인 다리의 건설 등 공사
4. 터널의 건설 등 공사
5. 다목적댐, 발전용댐, 저수용량 2천만 톤 이상의 용수 전용 댐 및 지방상수도 전용 댐의 건설 등 공사
6. 깊이 10m 이상인 굴착공사

100 콘크리트 타설용 거푸집에 작용하는 외력 중 연직방향 하중이 아닌 것은?

① 고정하중　　② 충격하중
③ 작업하중　　④ 풍하중

해설

연직방향 하중에 대한 거푸집 동바리 구조검토

W = 고정하중 + 활하중
　 = (콘크리트 = 거푸집)중량 + (충격 + 작업)하중
　 = $(\gamma \cdot t + 0.4 kN/m^2) + 2.5 kN/m^2$

여기서, γ : 철근콘크리트 단위중량(kN/m³)
　　　t : 슬래브 두께(m)

• 고정하중 : 철근콘크리트와 거푸집의 중량을 합한 하중
• 활하중 : 작업원, 경량의 장비하중, 그 밖의 콘크리트 타설에 필요한 자재 및 공구 등의 시공(작업)하중 및 충격하중을 포함

 횡방향 하중 : 풍하중, 콘크리트 측압, 지진하중 등

정답 99 ① 100 ④

PART 02

11 | 2019년 2회 기출문제

1과목 산업안전관리론

01 산업안전보건법령상 산업재해 조사표에 기록되어야 할 내용으로 옳지 않은 것은?

① 사업장 정보
② 재해정보
③ 재해발생 개요 및 원인
④ 안전교육 계획

해설

산업재해 조사표 작성내용
1. 사업장 정보
2. 재해정보
3. 재해발생 개요 및 원인
4. 재발방지계획

02 다음 중 작업표준의 구비조건으로 옳지 않은 것은?

① 작업의 실정에 적합할 것
② 생산성과 품질의 특성에 적합할 것
③ 표현은 추상적으로 나타낼 것
④ 다른 규정 등에 위배되지 않을 것

해설

작업표준의 구비조건
1. 작업의 표준 설정은 작업의 실정에 적합할 것
2. 좋은 작업의 표준일 것(안전하게, 정확하게, 빠르게, 쉽게 할 수 있는 작업)
3. 표현은 구체적으로 나타낼 것
4. 생산성과 품질의 특성에 적합할 것
5. 이상 시의 조치기준에 대해 정해 둘 것
6. 다른 규정 등에 위배되지 않을 것

> **TIP** 작업표준
> 작업자가 작업을 함에 있어서 가장 안전하고 능률적으로 작업을 할 수 있도록 작업내용 및 작업단위별로 사용설비, 작업자, 작업조건 및 작업방법 등에 관해 규정해 놓은 것

03 French와 Raven이 제시한, 리더가 가지고 있는 세력의 유형이 아닌 것은?

① 전문세력(Expert Power)
② 보상세력(Reward Power)
③ 위임세력(Entrust Power)
④ 합법세력(Legitimate Power)

해설

French와 Raven의 리더 세력의 유형
1. 강압세력(Coercive Power)
   인간의 두려움에 기반을 둔 권력으로 부하들이 바람직하지 않은 행동을 했을 때 처벌을 줄 수 있는 권력
2. 보상세력(Reward Power)
   바람직한 행동을 한 사람들에게 보상을 줄 수 있는 능력에 기반을 두는 권력(봉급, 승진, 직위부여 등)
3. 합법세력(Legitimate Power)
   조직 내의 직위 또는 보직에 의해 결정되는 권력
4. 전문세력(Expert Power)
   리더의 전문적인 기술이나 지식에 기반해 발생하는 권력
5. 준거세력(Referent Power)
   부하들이 리더를 좋아해서 그에게 동화되고 그를 본받으려고 하는 데 기초를 둔 권력

04 레빈(Lewin)은 인간행동과 인간의 조건 및 환경조건의 관계를 다음과 같이 표시하였다. 이때 'f'의 의미는?

$$B = f(P, E)$$

① 행동
② 조명
③ 지능
④ 함수

해설

레빈(K. Lewin)의 행동법칙

$$B = f(P \cdot E)$$

여기서, B : Behavior(인간의 행동)
f : Function(함수관계), $P \cdot E$에 영향을 줄 수 있는 조건
P : Person(개체, 개인의 자질, 연령, 경험, 심신상태, 성격, 지능 등)
E : Environment(심리적 환경 - 작업환경, 인간관계, 설비적 결함 등)

정답 01 ④ 02 ③ 03 ③ 04 ④

> **TIP** 레빈의 이론
> 인간의 행동(B)은 개인의 자질과 심리학적 환경과의 상호 함수관계이다.

05 다음 중 산업재해통계에 관한 설명으로 적절하지 않은 것은?

① 산업재해통계는 구체적으로 표시되어야 한다.
② 산업재해통계는 안전활동을 추진하기 위한 기초자료이다.
③ 산업재해통계만을 기반으로 해당 사업장의 안전수준을 추측한다.
④ 산업재해통계의 목적은 기업에서 발생한 산업재해에 대하여 효과적인 대책을 강구하기 위함이다.

해설

재해통계 작성 시 유의사항
1. 산업재해통계는 그 활용 목적을 만족시킬 수 있는 충분한 내용이 담겨 있어야 한다.
2. 산업재해통계는 구체적으로 표시되어야 하며 그 내용은 쉽게 이해되고 활용될 수 있도록 작성한다.
3. 산업재해통계는 안전활동을 추진하기 위한 기초자료이며, 안전활동 그 자체가 아님을 인식한다.
4. 산업재해통계를 기반으로 안전조건이나 상태를 추측해서는 안 되며, 이 통계 사실을 정직하게 보고 판단한다.
5. 산업재해통계 그 자체보다는 재해통계에 나타난 경향과 성질의 활용을 중요시해야 한다.
6. 이용이나 활용하지 않는 통계는 그 작성에 따른 시간과 예산 낭비임을 인식한다.

06 매슬로(Maslow)의 욕구단계 이론 중 제2단계의 욕구에 해당하는 것은?

① 사회적 욕구
② 안전에 대한 욕구
③ 자아실현의 욕구
④ 존경과 긍지에 대한 욕구

해설

매슬로(Maslow)의 욕구단계 이론

제1단계	생리적 욕구	기아, 갈증, 호흡, 배설, 성욕 등 생명유지의 기본적 욕구
제2단계	안전의 욕구	1. 자기보존 욕구 – 안전을 구하려는 욕구 2. 전쟁, 재해, 질병의 위험으로부터 자유로워지려는 욕구
제3단계	사회적 욕구	1. 소속감과 애정에 대한 욕구 2. 사회적으로 관계를 향상시키는 욕구
제4단계	인정 받으려는 욕구(자기 존중의 욕구)	자존심, 명예, 성취, 지위 등 인정받으려는 욕구
제5단계	자아 실현의 욕구	잠재능력을 실현하고자 하는 성취욕구

07 특성에 따른 안전교육의 3단계에 포함되지 않는 것은?

① 태도교육
② 지식교육
③ 직무교육
④ 기능교육

해설

안전보건교육의 3단계

| 지식교육
(제1단계) | 기능교육
(제2단계) | 태도교육
(제3단계) |

> **TIP** 안전보건교육의 단계별 교육과정
> • 제1단계 : 지식교육
>   1. 강의, 시청각 교육을 통한 지식의 전달과 이해
>   2. 근로자가 지켜야 할 규정의 숙지를 위한 교육
> • 제2단계 : 기능교육
>   1. 시범, 견학, 실습, 현장실습을 통한 경험 체득과 이해
>   2. 교육 대상자가 스스로 행함으로써 습득하는 교육
>   3. 같은 내용을 반복해서 개인의 시행착오에 의해서만 얻어지는 교육
> • 제3단계 : 태도교육
>   1. 작업동작지도, 생활지도 등을 통한 안전의 습관화 및 일체감
>   2. 동기를 부여하는 데 가장 적절한 교육
>   3. 안전한 작업방법을 알고는 있으나 시행하지 않는 것에 대한 교육

08 안전지식교육 실시 4단계에서 지식을 실제의 상황에 맞추어 문제를 해결해보고 그 수법을 이해시키는 단계로 옳은 것은?

① 도입
② 제시
③ 적용
④ 확인

정답 05 ③ 06 ② 07 ③ 08 ③

해설

교육방법의 4단계

단계		내용
제1단계	도입 (준비)	1. 학습할 준비를 시킨다. 2. 작업에 대한 흥미를 갖게 한다. 3. 학습자의 동기부여 및 마음의 안정
제2단계	제시 (설명)	1. 작업을 설명한다. 2. 한 번에 하나하나씩 나누어 확실하게 이해시켜야 한다. 3. 강의순서대로 진행하고 설명, 교재를 통해 듣고 말하는 단계
제3단계	적용 (응용)	1. 작업을 시켜본다. 2. 상호 학습 및 토의 등으로 이해력을 향상시킨다. 3. 자율학습을 통해 배운 것을 학습한다.
제4단계	확인 (평가)	1. 가르친 뒤 살펴본다. 2. 잘못된 것을 수정한다. 3. 요점을 정리하여 복습한다.

09 산업안전보건법령상 다음 그림에 해당하는 안전 · 보건표지의 종류로 옳은 것은?

① 부식성 물질 경고
② 산화성 물질 경고
③ 인화성 물질 경고
④ 폭발성 물질 경고

해설

안전 · 보건표지

부식성 물질 경고	산화성 물질 경고
인화성 물질 경고	폭발성 물질 경고

10 산업안전보건법령상 안전검사 대상 유해 · 위험기계의 종류에 포함되지 않는 것은?

① 전단기
② 리프트
③ 곤돌라
④ 교류아크용접기

해설

안전검사 대상기계 등
1. 프레스
2. 전단기
3. 크레인(정격 하중이 2톤 미만인 것은 제외)
4. 리프트
5. 압력용기
6. 곤돌라
7. 국소 배기장치(이동식은 제외)
8. 원심기(산업용만 해당)
9. 롤러기(밀폐형 구조는 제외)
10. 사출성형기[형 체결력 294킬로뉴턴(KN) 미만은 제외]
11. 고소작업대(화물자동차 또는 특수자동차에 탑재한 고소작업대로 한정)
12. 컨베이어
13. 산업용 로봇
14. 혼합기
15. 파쇄기 또는 분쇄기

11 산업안전보건법령상 특별안전 · 보건교육 대상 작업별 교육내용 중 밀폐공간에서의 작업 시 교육내용에 포함되지 않는 것은?(단, 그 밖에 안전 · 보건관리에 필요한 사항은 제외한다.)

① 산소농도측정 및 작업환경에 관한 사항
② 유해물질이 인체에 미치는 영향
③ 보호구 착용 및 사용방법에 관한 사항
④ 사고 시의 응급처치 및 비상시 구출에 관한 사항

해설

특별안전 보건교육내용(밀폐공간에서의 작업)
1. 산소농도 측정 및 작업환경에 관한 사항
2. 사고 시의 응급처치 및 비상시 구출에 관한 사항
3. 보호구 착용 및 사용방법에 관한 사항
4. 밀폐공간작업의 안전작업방법에 관한 사항
5. 그 밖에 안전 · 보건관리에 필요한 사항

12 다음 중 안전 태도 교육의 원칙으로 적절하지 않은 것은?

① 청취 위주의 대화를 한다.
② 이해하고 납득한다.
③ 항상 모범을 보인다.
④ 지적과 처벌 위주로 한다.

해설
태도교육의 기본과정(순서)

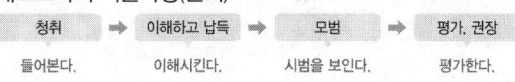

TIP 태도교육 시 지적과 처벌 위주의 교육이 되어서는 안 되며 적절한 상과 벌을 통해 학습의욕을 환기시킨다.

13 주의의 수준에서 중간수준에 포함되지 않는 것은?

① 다른 곳에 주의를 기울이고 있을 때
② 가시 시야 내 부분
③ 수면 중
④ 일상과 같은 조건일 경우

해설
주의의 수준

0(zero) 수준	• 수면 중 • 자극에 의한 반응시간 내
중간수준	• 다른 곳에 주의를 기울이고 있을 때 • 가시 시야 내 부분 • 일상과 같은 조건의 경우
고수준	• 주시부분 • 예기수준이 높을 때(예측하고 있을 때)

14 다음 중 위험예지훈련 4라운드의 순서가 올바르게 나열된 것은?

① 현상파악 → 본질추구 → 대책수립 → 목표설정
② 현상파악 → 대책수립 → 본질추구 → 목표설정
③ 현상파악 → 본질추구 → 목표설정 → 대책수립
④ 현상파악 → 목표설정 → 본질추구 → 대책수립

해설
위험예지훈련의 4라운드
• 1라운드(1R) : 현상파악(사실을 파악한다)
• 2라운드(2R) : 본질추구(요인을 찾아낸다)
• 3라운드(3R) : 대책수립(대책을 선정한다)
• 4라운드(4R) : 목표설정(행동계획을 정한다)

15 산업안전보건법령상 안전모의 종류(기호) 중 사용 구분에서 "물체의 낙하 또는 비래 및 추락에 의한 위험을 방지 또는 경감하고, 머리 부위 감전에 의한 위험을 방지하기 위한 것"으로 옳은 것은?

① A ② AB
③ AE ④ ABE

해설
추락 및 감전 위험방지용 안전모의 종류

종류(기호)	사용구분
AB	물체의 낙하 또는 비래 및 추락에 의한 위험을 방지 또는 경감시키기 위한 것
AE	물체의 낙하 또는 비래에 의한 위험을 방지 또는 경감하고, 머리 부위 감전에 의한 위험을 방지하기 위한 것
ABE	물체의 낙하 또는 비래 및 추락에 의한 위험을 방지 또는 경감하고, 머리 부위 감전에 의한 위험을 방지하기 위한 것

16 산업안전보건법령상 상시근로자수의 산출내역에 따라, 연간 국내공사 실적액이 50억 원이고 건설업 월평균 임금이 250만 원이며, 노무비율은 0.06인 사업장의 상시근로자수는?

① 10인 ② 30인
③ 33인 ④ 75인

해설
상시근로자수

$$\text{상시근로자수} = \frac{\text{연간 국내공사 실적액} \times \text{노무비율}}{\text{건설업 월평균 임금} \times 12}$$

$$\text{상시근로자수} = \frac{5,000,000,000 \times 0.06}{2,500,000 \times 12} = 10\text{인}$$

정답 12 ④ 13 ③ 14 ① 15 ④ 16 ①

17 다음 중 무재해운동의 기본이념 3원칙에 포함되지 않는 것은?

① 무의 원칙
② 선취의 원칙
③ 참가의 원칙
④ 라인화의 원칙

해설

무재해운동의 3원칙

무(無)의 원칙	단순히 사망재해나 휴업재해만 없으면 된다는 소극적인 사고가 아닌, 사업장 내의 모든 잠재 위험요인을 적극적으로 사전에 발견하고 파악·해결함으로써 산업재해의 근원적인 요소를 없앤다는 것을 의미
참여의 원칙 (전원참가의 원칙)	작업에 따르는 잠재 위험요인을 발견하고 파악·해결하기 위해 전원이 일치 협력하여 각자의 위치에서 적극적으로 문제 해결을 하겠다는 것을 의미
안전제일의 원칙 (선취의 원칙)	안전한 사업장을 조성하기 위한 궁극의 목표로서 사업장 내에서 행동하기 전에 잠재 위험요인을 발견하고 파악·해결하여 재해를 예방하는 것을 의미

18 다음 중 산업심리의 5대 요소에 해당하지 않는 것은?

① 적성
② 감정
③ 기질
④ 동기

해설

산업안전심리의 5대 요소

기질	인간의 성격, 능력 등 개인적인 특성(생활환경, 주위 환경에 따라 변화한다.)
동기	능동적인 감각에 의한 자극에서 일어나는 사고의 결과로 마음을 움직이는 원동력
습관	개인의 특성이 자신도 모르게 습관화된 현상으로 습관에 직접 영향을 주는 요인으로는 동기, 기질, 감정, 습성이 있다.
감정	대상이나 상태에 따라 발생하는 슬픔, 기쁨 등에 해당하는 마음의 현상
습성	오랜 습관으로 인하여 굳어버린 성질로 동기, 기질, 감정 등이 밀접한 연관 관계이다.

19 적응기제(Adjustment Mechanism)의 유형에서 "동일화(Identification)"의 사례에 해당하는 것은?

① 운동시합에 진 선수가 컨디션이 좋지 않았다고 한다.
② 결혼에 실패한 사람이 고아들에게 정열을 쏟고 있다.
③ 아버지의 성공을 자신의 성공인 것처럼 자랑하며 거만한 태도를 보인다.
④ 동생이 태어난 후 초등학교에 입학한 큰 아이가 손가락을 빨기 시작했다.

해설

적응기제

합리화	1. 자기의 난처한 입장이나 실패의 결점을 이유나 변명으로 일관하는 것 2. 실제의 행위나 상태보다 훌륭하게 평가되기 위하여 구실을 내세우는 행위 3. 시합에 진 운동선수가 컨디션이 좋지 않았다고 한다.
보상	1. 자신의 결함과 무능에 의해 생긴 열등감을 다른 것으로 대치하여 욕구를 충족하려는 행위 2. 공부 못하는 학생이 운동을 열심히 한다. 3. 결혼에 실패한 사람이 고아들에게 정열을 쏟고 있다.
동일화	1. 다른 사람의 행동양식이나 태도를 투입하거나 다른 사람 가운데서 자기와 비슷한 것을 발견하게 되는 것 2. 동창생을 자랑하거나 우쭐대는 것 3. 아버지의 성공을 자랑하며 자신의 목에 힘이 들어간다.
퇴행	1. 현실의 어려움을 이겨내지 못하고 어린 시절로 되돌아가고자 하는 행위 2. 여동생이나 남동생을 얻게 되면서 손가락을 빠는 것과 같이 어린 시절의 버릇을 나타낸다.

20 하인리히의 재해발생원인 도미노 이론에서 사고의 직접원인으로 옳은 것은?

① 통제의 부족
② 관리구조의 부적절
③ 불안전한 행동과 상태
④ 유전과 환경적 영향

해설

하인리히(H. W. Heinrich)의 도미노 이론(사고 연쇄성)
- 제1단계 : 사회적 환경 및 유전적 요인
- 제2단계 : 개인적 결함
- 제3단계 : 불안전한 행동 및 불안전한 상태
- 제4단계 : 사고
- 제5단계 : 재해

불안전한 행동이나 불안전한 상태, 즉 제3단계를 제거하면 사고나 재해를 예방할 수 있다.

정답 17 ④ 18 ① 19 ③ 20 ③

2과목 인간공학 및 시스템 안전공학

21 다음의 FT도에서 몇 개의 미니멀 패스셋(Minimal Path Sets)이 존재하는가?

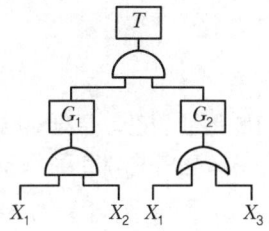

① 1개　　② 2개
③ 3개　　④ 4개

해설
미니멀 패스셋(Minimal Path Set)
1. 미니멀 패스를 구하기 위해서는 미니멀 컷셋과 미니멀 패스셋의 쌍대성을 이용하여 구하는 것이 좋다.
2. 쌍대 FT란 원래 FT의 논리곱을 논리합으로, 논리합을 논리곱으로 치환해서 모든 사상이 일어나지 않는 경우로 생각한 FT이다.

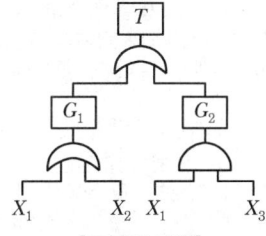

[FT도의 치환]

미니멀 패스셋 구하기

$$T \to \begin{matrix} G_1 \\ G_2 \end{matrix} \to \begin{matrix} X_1 & X_1 \\ X_2 \to X_2 \\ G_2 & X_1 X_3 \end{matrix}$$

22 다음 중 생리적 스트레스를 전기적으로 측정하는 방법으로 옳지 않은 것은?

① 뇌전도(EEG)
② 근전도(EMG)
③ 전기 피부 반응(GSR)
④ 안구 반응(EOG)

해설
스트레인(긴장)의 주요 척도

생리적 긴장			심리적 긴장	
화학적	전기적	신체적	활동	태도
• 혈액성분 • 요 성분 • 산소 소비량 • 산소 결손 • 산소 회복 곡선 • 열량	• 뇌전도(EEG) • 심전도(ECG) • 근전도(EMG) • 안전도(EOG) • 전기피부 반응(GSR)	• 혈압 • 심박수 • 부정맥 • 박동량 • 박동 결손 • 신체온도 • 호흡수	• 작업 속도 • 실수 • 눈 깜박수	• 권태 • 기타 태도요소

23 FTA에서 모든 기본사상이 일어났을 때 톱(top)사상을 일으키는 기본사상의 집합을 무엇이라 하는가?

① 컷셋(Cut Set)
② 최소 컷셋(Minimal Cut Set)
③ 패스셋(Path Set)
④ 최소 패스셋(Minimal Path Set)

해설
컷셋(cut set)
정상사상을 발생시키는 기본사상의 집합으로 그 안에 포함되는 모든 기본사상(여기서는 통상사상, 생략결함사상 등을 포함한 기본사상)이 발생할 때 정상사상을 발생시킬 수 있는 기본사상의 집합

> **TIP** 1. 최소 컷셋(Minimal Cut Set)
> 컷셋의 집합 중에서 정상사상을 일으키기 위하여 필요한 최소한의 컷셋을 미니멀 컷셋이라 한다. 즉, 컷셋 중에서 타 컷셋을 포함하고 있는 것을 배제하고 남은 컷셋들을 의미한다.
> 2. 패스셋(Path Set)
> 그 안에 포함되는 모든 기본사상이 일어나지 않을 때 처음으로 정상사상이 일어나지 않는 기본사상의 집합, 즉 시스템이 고장나지 않도록 하는 사상의 조합이다.
> 3. 최소 패스셋(Minimal Path Set)
> 정상사상이 일어나지 않기 위한 필요한 최소한의 것을 말하며, 시스템의 신뢰성을 나타낸다. 즉, 시스템의 기능을 살리는 최소 요인의 집합이다.

24 정보를 전송하기 위해 청각적 표시장치를 이용하는 것이 바람직한 경우로 적합한 것은?

① 전언이 복잡한 경우
② 전언이 이후에 재참조되는 경우

정답 21 ③　22 ④　23 ①　24 ④

③ 전언이 공간적인 사건을 다루는 경우
④ 전언이 즉각적인 행동을 요구하는 경우

해설

청각장치와 시각장치의 비교

청각적 표시장치	시각적 표시장치
1. 전언이 간단하다.	1. 전언이 복잡하다.
2. 전언이 짧다	2. 전언이 길다.
3. 전언이 후에 재참조되지 않는다.	3. 전언이 후에 재참조된다.
4. 전언이 시간적 사상을 다룬다.	4. 전언이 공간적인 위치를 다룬다.
5. 전언이 즉각적인 행동을 요구한다.(긴급할 때)	5. 전언이 즉각적인 행동을 요구하지 않는다.
6. 수신장소가 너무 밝거나 암조응 유지가 필요시	6. 수신장소가 너무 시끄러울 때
7. 직무상 수신자가 자주 움직일 때	7. 직무상 수신자가 한곳에 머물 때
8. 수신자의 시각 계통이 과부하 상태일 때	8. 수신자의 청각 계통이 과부하 상태일 때

25 위팔은 자연스럽게 수직으로 늘어뜨린 채, 아래 팔만을 편하게 뻗어 작업할 수 있는 범위는?

① 정상작업역
② 최대작업역
③ 최소작업역
④ 작업포락면

해설

수평 작업대

정상작업역 (표준영역)	위팔(상완)을 자연스럽게 수직으로 늘어뜨린 채, 아래팔(전완)만으로 편하게 뻗어 파악할 수 있는 구역
최대 작업역 (최대영역)	아래팔(전완)과 위팔(상완)을 곧게 펴서 파악할 수 있는 구역

TIP 앉은 사람의 작업 공간
1. 작업 공간 포락면(Work-Space Envelope) : 한 장소에 앉아서 수행하는 작업 활동에서, 사람이 작업하는데 사용하는 공간
2. 파악 한계(Grasping Reach) : 앉은 작업자가 특정한 수작업 기능을 편히 수행할 수 있는 공간의 외곽 한계

26 고장형태 및 영향분석(FMEA ; Failure Mode and Effect Analysis)에서 치명도 해석을 포함시킨 분석 방법으로 옳은 것은?

① CA
② ETA
③ FMETA
④ FMECA

해설

이상 위험도 분석(FMECA)
1. 공정 및 설비의 고장의 형태 및 영향, 고장 형태별 위험도 순위 등을 결정하는 방법을 말한다.
2. 고장의 형태, 영향 및 치명도 분석이라고도 한다.
3. FMECA = FMEA + CA

27 조종장치를 통한 인간의 통제 아래 기계가 동력원을 제공하는 시스템의 형태로 옳은 것은?

① 기계화 시스템
② 수동 시스템
③ 자동화 시스템
④ 컴퓨터 시스템

해설

인간-기계 통합체계의 유형

수동 시스템	1. 수공구나 기타 보조물로 이루어지며 자신의 신체적인 힘을 원동력으로 사용하여 작업을 통제하는 시스템(인간이 사용자나 동력원으로 가능) 2. 다양성 있는 체계로 역할할 수 있는 능력을 충분히 활용하는 시스템 예 장인과 공구, 가수와 앰프
기계 시스템	1. 고도로 통합된 부품들로 구성되어 있으며, 일반적으로 변화가 거의 없는 기능들을 수행하는 시스템 2. 운전자의 조종에 의해 운용되며 융통성이 없는 시스템 3. 동력은 기계가 제공하며, 조종장치를 사용하여 통제하는 것은 사람이다. 4. 반자동 체계라고도 한다. 예 엔진, 자동차, 공작기계
자동 시스템	1. 체계가 감지, 정보보관, 정보처리 및 의사결정, 행동을 포함한 모든 임무를 수행하는 체계 2. 신뢰성이 완전한 자동체계란 불가능하므로 인간은 감시, 정비, 보전, 계획수립 등의 기능을 수행한다. 예 자동화된 처리공장, 자동교환대, 컴퓨터

28 일반적으로 인체에 가해지는 온·습도 및 기류 등의 외적변수를 종합적으로 평가하는 데에는 "불쾌지수"라는 지표가 이용된다. 불쾌지수의 계산식이 다음과 같은 경우, 건구온도와 습구온도의 단위로 옳은 것은? 명

불쾌지수 = 0.72×(건구온도 + 습구온도) + 40.6

① 실효온도
② 화씨온도
③ 절대온도
④ 섭씨온도

해설

불쾌지수

인체에 가해지는 온·습도 및 기류 등의 외적 변수를 종합적으로 평가하는 데에는 불쾌지수라는 지표가 이용된다.

- 섭씨 = 0.72×(건구온도 + 습구온도) + 40.6
- 화씨 = (건구온도 + 습구온도)×0.4 + 15

- 70 이하 : 모든 사람이 불쾌감을 느끼지 않는다.
- 70 이상 : 불쾌감을 느끼기 시작한다.
- 80 이상 : 모든 사람이 불쾌감을 느낀다.

29 음의 강약을 나타내는 기본 단위는?

① dB ② pont
③ hertz ④ diopter

해설

dB(Decibel)
- dB이란 음의 전파방향에 수직한 단위 면적을 단위 시간에 통과하는 음의 세기량 또는 음의 압력량이며 소리(소음)의 크기를 나타내는 단위이다.
- 사람의 감각량(반응량)은 자극량(소리크기량)에 대수적으로 비례하여 변하는 것을 기본적인 이론으로 한다.
- 일반적으로 가청소음도는 0 ~ 130dB로 한다.

30 FT도에 사용되는 논리기호 중 AND 게이트에 해당하는 것은?

① 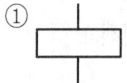 ②
③  ④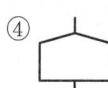

해설

FTA분석 기호 및 게이트 기호

AND 게이트	OR 게이트	결함사상	통상사상

31 서서 하는 작업의 작업대 높이에 대한 설명으로 옳지 않은 것은?

① 정밀작업의 경우 팔꿈치 높이보다 약간 높게 한다.
② 경작업의 경우 팔꿈치 높이보다 약간 낮게 한다.
③ 중작업의 경우 경작업의 작업대 높이보다 약간 낮게 한다.
④ 작업대의 높이는 기준을 지켜야 하므로 높낮이가 조절되어서는 안 된다.

해설

체격에 따라 자신의 팔꿈치 높이를 기준으로 하여 작업대 높이를 조절한다.

> **TIP** 입식 작업대 높이
> - 경작업 : 팔꿈치 높이보다 5~10cm 정도 낮게
> - 중작업 : 팔꿈치 높이보다 10~30cm 정도 낮게
> - 정밀작업 : 팔꿈치 높이보다 10~20cm 정도 높게

32 체계 설계 과정의 주요 단계 중 가장 먼저 실시되어야 하는 것은?

① 기본설계 ② 계면설계
③ 체계의 정의 ④ 목표 및 성능 명세 결정

해설

인간 – 기계 체계 설계의 기본단계 순서
- 제1단계 : 목표 및 성능 명세 결정
- 제2단계 : 시스템(체계)의 정의
- 제3단계 : 기본 설계
- 제4단계 : 인터페이스(계면) 설계
- 제5단계 : 촉진물 설계
- 제6단계 : 시험 및 평가

33 작업장 내부의 추천반사율이 가장 낮아야 하는 곳은?

① 벽 ② 천장
③ 바닥 ④ 가구

해설

실내 면(面)의 추천 반사율

바닥	가구, 사무용 기기, 책상	창문 발(Blind), 벽	천장
20~40%	25~45%	40~60%	80~90%

정답 29 ① 30 ③ 31 ④ 32 ④ 33 ③

34 인간의 정보처리기능 중 그 용량이 7개 내외로 작아, 순간적 망각 등 인적 오류의 원인이 되는 것은?

① 지각
② 작업기억
③ 주의력
④ 감각보관

해설

작업기억
1. 입력된 정보들을 일시적으로 보유하고, 각종 인지적 과정을 계획하고 순서 지으며 실제로 수행하는 작업장으로서의 기능을 수행하는 단기적 기억을 말하며, 작업기억 내의 정보는 시간이 흐름에 따라 쇠퇴할 수 있다.
2. 단기기억이라고도 하며 용량이 7±2개 내외로 작아, 순간적 망각 등 인적 오류의 원인이 된다.

35 예비위험분석(PHA)에 대한 설명으로 옳은 것은?

① 관련된 과거 안전점검 결과의 조사에 적절하다.
② 안전 관련 법규 조항의 준수를 위한 조사방법이다.
③ 시스템 고유의 위험성을 파악하고 예상되는 재해의 위험수준을 결정한다.
④ 초기 단계에서 시스템 내의 위험요소가 어떠한 위험상태에 있는가를 정성적으로 평가하는 것이다.

해설

예비위험분석(Preliminary Hazards Analysis : PHA)
1. 공정 또는 설비 등에 관한 상세한 정보를 얻을 수 없는 상황에서 위험물질과 공정요소에 초점을 맞추어 초기 위험을 확인하는 방법을 말한다.
2. 시스템안전위험분석(SSHA)을 수행하기 위한 예비적인 최초의 작업으로 위험요소가 얼마나 위험한지를 정성적으로 평가하는 것이다.
3. PHA는 구상단계나 설계 및 발주의 극히 초기에 실시된다.

36 그림과 같은 시스템의 신뢰도로 옳은 것은?(단, 그림의 숫자는 각 부품의 신뢰도이다.)

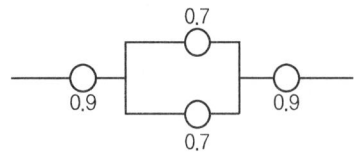

① 0.6261
② 0.7371
③ 0.8481
④ 0.9591

해설

시스템의 신뢰도
$R_s = 0.9 \times [1-(1-0.7)(1-0.7)] \times 0.9 = 0.7371$

37 인간오류의 분류 중 원인에 의한 분류의 하나로, 작업자 자신으로부터 발생하는 에러로 옳은 것은?

① Command Error
② Secondary Error
③ Primary Error
④ Third Error

해설

인간오류 원인의 레벨(Level)적 분류

Primary Error (1차 에러)	작업자 자신으로부터 발생한 에러
Secondary Error (2차 에러)	작업형태나 작업조건 중에서 다른 문제가 발생하여 필요한 직무나 절차를 수행할 수 없는 에러
Command Error (지시 에러)	작업자가 움직이려 해도 필요한 물건, 정보, 에너지 등이 공급되지 않아서 작업자가 움직일 수 없는 상황에서 발생한 에러

38 신뢰성과 보전성 개선을 목적으로 하는 효과적인 보전기록 자료에 해당하지 않는 것은?

① 설비이력카드
② 자재관리표
③ MTBF 분석표
④ 고장원인대책표

해설

보전기록자료
1. 설비이력카드
2. MTBF 분석표
3. 고장원인대책표

39 인간의 시각특성을 설명한 것으로 옳은 것은?

① 적응은 수정체의 두께가 얇아져 근거리의 물체를 볼 수 있게 되는 것이다.
② 시야는 수정체의 두께 조절로 이루어진다.
③ 망막은 카메라의 렌즈에 해당된다.
④ 암조응에 걸리는 시간은 명조응보다 길다.

해설
1. 갑자기 어두운 곳에 들어가면 아무것도 보이지 않게 되며, 갑자기 밝은 곳에 노출되면 눈이 부셔 보기 힘들다. 그러나 시간이 지나면 점차 사물의 현상을 알 수 있다. 이러한 새로운 광도 수준에 대한 적응을 순응(적응)이라 한다.
2. 시야는 눈으로 볼 수 있는 좌우의 범위를 말한다.
3. 망막은 눈으로 들어온 빛이 최종적으로 도달하는 곳으로 카메라의 필름에 해당된다.
4. 완전 암조응은 보통 30~40분이 소요되지만, 명조응은 몇 초밖에 안 걸리며, 넉넉잡아 1~2분이다.

40 레버를 10° 움직이면 표시장치는 1cm 이동하는 조종 장치가 있다. 레버의 길이가 20cm라고 하면 이 조종 장치의 통제표시비(C/D)는 약 얼마인가?

① 1.27 ② 2.38
③ 3.49 ④ 4.51

해설
조종 – 표시장치 이동비율(C/D비, Control – Display Ratio) 회전운동을 하는 조종장치가 선형 표시장치를 움직일 경우

$$C/D비(C/R비) = \frac{(a/360) \times 2\pi L}{표시장치의 이동거리}$$

여기서, L : 반경(지레의 길이),
a : 조종장치가 움직인 각도

$$C/D비 = \frac{(a/360) \times 2\pi L}{표시장치의 이동거리}$$
$$= \frac{(10/360) \times 2 \times \pi \times 20}{1} = 3.49$$

3과목 기계위험 방지기술

41 지게차 헤드가드의 안전기준에 관한 설명으로 틀린 것은?

① 상부틀의 각 개구의 폭 또는 길이가 20cm 이상일 것
② 강도는 지게차의 최대하중의 2배 값(4톤을 넘는 값에 대해서는 4톤으로 한다.)의 등분포정하중에 견딜 수 있을 것
③ 운전자가 서서 조작하는 방식의 지게차의 경우에는 운전석 바닥면에서 헤드가드의 상부틀 하면까지의 높이가 2m 이상일 것
④ 운전자가 앉아서 조작하는 방식의 지게차의 경우에는 운전자의 좌석 윗면에서 헤드가드의 상부틀 아랫면까지의 높이가 1m 이상일 것

해설
지게차의 헤드가드
1. 강도는 지게차의 최대하중의 2배 값(4톤을 넘는 값에 대해서는 4톤으로 한다)의 등분포정하중에 견딜 수 있을 것
2. 상부틀의 각 개구의 폭 또는 길이가 16cm 미만일 것
3. 운전자가 앉아서 조작하거나 서서 조작하는 지게차의 헤드가드는 한국산업표준에서 정하는 높이 기준 이상일 것
   ① 좌승식 : 좌석기준점으로부터 903mm 이상
   ② 입승식 : 조종사가 서 있는 플랫폼으로부터 1,880mm 이상

TIP 본 문제는 법 개정으로 일부 내용이 수정되었습니다. 해설은 법 개정으로 수정된 내용이니 해설을 학습하세요.

42 프레스에 금형조정작업 시 슬라이드가 갑자기 작동함으로써 근로자에게 발생할 우려가 있는 위험을 방지하기 위하여 사용하는 것은?

① 안전 블록
② 비상정지장치
③ 감응식 안전장치
④ 양수조작식 안전장치

해설
금형조정작업의 위험 방지
프레스 등의 금형을 부착·해체 또는 조정하는 작업을 할 때에 해당 작업에 종사하는 근로자의 신체가 위험한계 내에 있는 경우 슬라이드가 갑자기 작동함으로써 근로자에게 발생할 우려가 있는 위험을 방지하기 위하여 안전블록을 사용하는 등 필요한 조치를 하여야 한다.

43 양수조작식 방호장치에서 양쪽 누름버튼 간의 내측거리는 몇 mm 이상이어야 하는가?

① 100 ② 200
③ 300 ④ 400

해설
양수조작식
누름버튼의 상호 간 내측거리는 300mm 이상이어야 한다.

정답 40 ③ 41 ①③④ 42 ① 43 ③

44 프레스 작업 시 왕복 운동하는 부분과 고정 부분 사이에서 형성되는 위험점은?

① 물림점 ② 협착점
③ 절단점 ④ 회전말림점

> **해설**
> 협착점(Squeeze-Point)
> 왕복운동을 하는 운동부와 움직임이 없는 고정부 사이에서 형성되는 위험점(고정점 + 운동점)
> 예 프레스, 전단기, 성형기, 조형기, 밴딩기, 인쇄기
>
> **TIP**
> - 물림점 : 회전하는 두 개의 회전체에 형성되는 위험점(서로 반대방향의 회전체)(롤러와 롤러의 물림, 기어와 기어의 물림 등)
> - 절단점 : 회전하는 운동부 자체의 위험이나 운동하는 기계부분 자체의 위험에서 형성되는 위험점(밀링커터, 둥근톱의 톱날, 목공용 띠톱날 등)
> - 회전말림점 : 회전하는 물체에 작업복 등이 말려들 위험이 있는 위험점(회전하는 축, 회전하는 드릴 등)

45 선반에서 냉각재 등에 의한 생물학적 위험을 방지하기 위한 방법으로 틀린 것은?

① 냉각재가 기계에 잔류되지 않고 중력에 의해 수집 탱크로 배유되도록 해야 한다.
② 냉각재 저장탱크에는 외부 이물질의 유입을 방지하기 위한 덮개를 설치해야 한다.
③ 특별한 경우를 제외하고는 정상 운전 시 전체 냉각재가 계통 내에서 순환되고 냉각재 탱크에 체류하지 않아야 한다.
④ 배출용 배관의 지름은 대형 이물질이 들어가지 않도록 작아야 하고, 지면과 수평이 되도록 제작해야 한다.

> **해설**
> 냉각재 등에 의한 생물학적 위험 방지
> 배출용 배관의 직경은 슬러지의 체류를 최소화할 수 있을 정도의 충분한 크기이고 적정한 기울기를 부여할 것

46 "가"와 "나"에 들어갈 내용으로 옳은 것은?

> 순간풍속이 (가)를 초과하는 경우에는 타워크레인의 설치, 수리, 점검 또는 해체작업을 중지하여야 하며, 순간풍속이 (나)를 초과하는 경우에는 타워크레인의 운전작업을 중지하여야 한다.

① 가 : 10m/s, 나 : 15m/s
② 가 : 10m/s, 나 : 25m/s
③ 가 : 20m/s, 나 : 35m/s
④ 가 : 20m/s, 나 : 45m/s

> **해설**
> 타워크레인의 작업제한(악천후 및 강풍 시 작업 중지)
>
> | 순간풍속이 초당 10m를 초과 | 타워크레인의 설치·수리·점검 또는 해체 작업 중지 |
> |---|---|
> | 순간풍속이 초당 15m를 초과 | 타워크레인의 운전작업 중지 |

47 크레인 작업 시 300kg의 질량을 10m/s^2의 가속도로 감아올릴 때 로프에 걸리는 총하중은 약 몇 N인가?(단, 중력가속도는 9.81m/s^2로 한다.)

① 2,943 ② 3,000
③ 5,943 ④ 8,886

> **해설**
> 와이어로프에 걸리는 하중 계산
>
> | 와이어로프에 걸리는 총하중 | 총하중(W) = 정하중(W_1) + 동하중(W_2)
 동하중(W_2) = $\dfrac{W_1}{g} \times a$
 g: 중력가속도(9.8m/s^2), a: 가속도(m/s^2) |
> |---|---|
> | 와이어로프에 작용하는 장력 | 장력[N] = 총하중[kg]×중력가속도[m/s^2] |
>
> 1. 동하중
> $$동하중(W_2) = \frac{W_1}{g} \times a = \frac{300}{9.81} \times 10 ≒ 305.81[\text{kgf}]$$
> 2. 총하중
> $$총하중(W) = 정하중(W_1) + 동하중(W_2)$$
> $$= 300 + 305.81 = 605.81[\text{kgf}]$$
> 3. 장력
>   장력[N] = 총하중[kg]×중력가속도[m/s^2]
> $$= 605.81[\text{kgf}] \times 9.81 = 5,942.996[\text{N}]$$

48 롤러기의 급정지를 위한 방호장치를 설치하고자 한다. 앞면 롤러의 지름이 30cm이고, 회전수가 30rpm일 때 요구되는 급정지거리의 기준은?

① 급정지 거리가 앞면 롤러 원주의 1/3 이상일 것
② 급정지 거리가 앞면 롤러 원주의 1/3 이내일 것
③ 급정지 거리가 앞면 롤러 원주의 1/2.5 이상일 것
④ 급정지 거리가 앞면 롤러 원주의 1/2.5 이내일 것

해설

롤러기의 급정지거리

$$V = \frac{\pi DN}{1,000} \text{(m/min)}$$

여기서, V : 표면속도
D : 롤러 원통의 직경(mm)
N : 1분간에 롤러기가 회전되는 수(rpm)

1. $V = \frac{\pi DN}{1,000} \text{(m/min)} = \frac{\pi \times 300 \times 30}{1,000} ≒ 28.27 \text{(m/min)}$
2. 무부하 동작에서 급정지거리

앞면 롤러의 표면속도(m/min)	급정지거리
30 미만	앞면 롤러 원주의 1/3
30 이상	앞면 롤러 원주의 1/2.5

3. 표면속도(V)가 28.27(m/mm)로 30(m/min) 미만이므로 앞면 롤러 원주의 1/3이다.

49 프레스의 작업 시작 전 점검사항으로 거리가 먼 것은?

① 클러치 및 브레이크의 기능
② 금형 및 고정볼트 상태
③ 전단기(剪斷機)의 칼날 및 테이블의 상태
④ 언로드 밸브의 기능

해설

프레스 등의 작업시작 전 점검사항
1. 클러치 및 브레이크의 기능
2. 크랭크축·플라이휠·슬라이드·연결봉 및 연결 나사의 풀림 여부
3. 1행정 1정지기구·급정지장치 및 비상정지장치의 기능
4. 슬라이드 또는 칼날에 의한 위험방지기구의 기능
5. 프레스의 금형 및 고정볼트 상태
6. 방호장치의 기능
7. 전단기의 칼날 및 테이블의 상태

50 드릴 작업 시 올바른 작업안전수칙이 아닌 것은?

① 구멍을 뚫을 때 관통된 것을 확인하기 위해 손으로 만져서는 안 된다.
② 드릴을 끼운 후에 척 렌치(Chuck Wrench)를 부착한 상태에서 드릴 작업을 한다.
③ 작업모를 착용하고 옷소매가 긴 작업복은 입지 않는다.
④ 보호 안경을 쓰거나 안전덮개를 설치한다.

해설

드릴링 작업에 대한 안전수칙
1. 일감은 견고하게 고정시키며 관통된 것을 확인하기 위해 손으로 만져서는 안 된다.
2. 드릴을 끼운 후 척렌치(Chuck Wrench)는 반드시 뺀다.
3. 작업모를 착용하고 옷소매가 긴 작업복은 입지 않는다.
4. 드릴 작업에서는 보안경 및 안전덮개(Shield)를 설치한다.
5. 칩은 브러시(와이어 브러시)로 제거하고 장갑 착용은 금지한다.
6. 구멍 끝 작업에서는 절삭압력을 주어서는 안 된다.
7. 고정구를 사용하여 작업 중 공작물의 유동을 방지한다.
8. 가공 중에 구멍이 관통되면 기계를 멈추고 손으로 돌려서 드릴을 뺀다.
9. 일감의 설치, 테이블의 고정이나 조정은 기계를 정지시킨 후에 실시한다.
10. 큰 구멍을 뚫을 때는 반드시 작은 구멍을 먼저 뚫은 후 큰 구멍을 뚫는다.
11. 얇은 판에 구멍을 뚫을 때에는 나무판을 밑에 받치고 뚫는다.
12. 구멍이 거의 다 뚫리는 끝부분에서 일감이 드릴과 함께 맞물려 회전하기 쉬우므로 주의하여야 한다.

51 근로자에게 위험을 미칠 우려가 있는 원동기, 축이음, 풀리 등에 설치하여야 하는 것은?

① 덮개
② 압력계
③ 통풍장치
④ 과압방지기

해설

원동기·회전축 등의 위험방지

원동기·회전축·기어·풀리·플라이휠·벨트 및 체인 등 근로자가 위험에 처할 우려가 있는 부위	덮개, 울, 슬리브, 건널다리 등
회전축·기어·풀리 및 플라이휠 등에 부속되는 키·핀 등의 기계요소	• 묻힘형 • 덮개
벨트의 이음 부분	돌출된 고정구 사용 금지
건널다리	• 안전난간 • 미끄러지지 아니하는 구조의 발판
선반 등으로부터 돌출하여 회전하고 있는 가공물	덮개 또는 울 등을 설치

정답 49 ④ 50 ② 51 ①

52 다음 중 연삭기를 이용한 작업의 안전대책으로 가장 옳은 것은?

① 연삭숫돌의 최고 원주속도 이상으로 사용하여야 한다.
② 운전 중 연삭숫돌의 균열 확인을 위해 수시로 충격을 가해본다.
③ 정밀한 작업을 위해서는 연삭기의 덮개를 벗기고 숫돌의 정면에 서서 작업한다.
④ 작업시간 전에는 1분 이상 시운전을 하고 숫돌의 교체 시에는 3분 이상 시운전을 한다.

해설

연삭기 작업면에 있어서의 안전기준
1. 회전 중인 연삭숫돌(지름이 5cm 이상인 것으로 한정)이 근로자에게 위험을 미칠 우려가 있는 경우에 그 부위에 덮개를 설치하여야 한다.
2. 연삭숫돌을 사용하는 작업의 경우 작업을 시작하기 전에는 1분 이상, 연삭숫돌을 교체한 후에는 3분 이상 시험운전을 하고 해당 기계에 이상이 있는지를 확인하여야 한다.
3. 시험운전에 사용하는 연삭숫돌은 작업시작 전에 결함이 있는지를 확인한 후 사용하여야 한다.
4. 연삭숫돌의 최고 사용회전속도를 초과하여 사용하도록 해서는 아니 된다.
5. 측면을 사용하는 것을 목적으로 하지 않는 연삭숫돌을 사용하는 경우 측면을 사용하도록 해서는 아니 된다.

53 산업용 로봇의 작동범위에서 그 로봇에 관하여 교시 등의 작업을 하는 경우 작업시간 전 점검사항에 해당하지 않는 것은?(단, 로봇의 동력원을 차단하고 행하는 것을 제외 한다.)

① 회전부의 덮개 또는 울 부착 여부
② 제동장치 및 비상정지장치의 기능
③ 외부전선의 피복 또는 외장의 손상 유무
④ 매니퓰레이터(Manipulator) 작동의 이상 유무

해설

교시 등의 작업을 할 때 작업시작 전 점검사항
1. 외부 전선의 피복 또는 외장의 손상 유무
2. 매니퓰레이터(Manipulator) 작동의 이상 유무
3. 제동장치 및 비상정지장치의 기능

54 기계설비의 안전화를 크게 외관의 안전화, 기능의 안전화, 구조적 안전화로 구분할 때, 기능의 안전화에 해당되는 것은?

① 안전율의 확보
② 위험부위 덮개 설치
③ 기계 외관에 안전 색채 사용
④ 전압 강하 시 기계의 자동 정지

해설

기능적 안전화
1. 기계나 기구를 사용할 때 기계의 기능이 저하하지 않고 안전하게 작업하는 것으로 능률적이고 재해방지를 위한 설계를 한다.
2. 적절한 조치가 필요한 이상상태(자동화된 기계설비가 재해 측면에서의 불리한 조건)
 ㉠ 전압 강하, 정전 시의 기계 오동작
 ㉡ 단락, 스위치 릴레이 고장 시 오동작
 ㉢ 사용압력 변동 시의 오동작
 ㉣ 밸브 계통의 고장에 의한 오동작

TIP
- 안전율의 확보 : 구조적 안전화
- 위험 부위 덮개 설치, 기계 외관에 안전 색채 사용 : 외관의 안전화

55 기계장치의 안전설계를 위해 적용하는 안전율 계산식은?

① 안전하중 ÷ 설계하중
② 최대사용하중 ÷ 극한강도
③ 극한강도 ÷ 최대설계응력
④ 극한강도 ÷ 파단하중

해설

안전율(안전계수)

$$안전율(안전계수) = \frac{기초강도}{허용응력} = \frac{극한강도}{허용응력} = \frac{최대응력}{허용응력}$$
$$= \frac{절단하중(파괴하중)}{최대사용하중} = \frac{극한강도}{최대설계응력}$$
$$= \frac{파단하중}{안전하중} = \frac{인장강도}{허용응력}$$

정답 52 ④ 53 ① 54 ④ 55 ③

56 컨베이어(Conveyer)의 역전방지장치 형식이 아닌 것은?

① 램식
② 라쳇식
③ 롤러식
④ 전기 브레이크식

해설
컨베이어의 방호장치
1. 비상정지장치
2. 역전방지장치
   ㉠ 기계 : 라쳇식, 롤러식, 밴드식
   ㉡ 전기식 : 전기 브레이크, 스러스트 브레이크
3. 브레이크
4. 이탈방지장치
   ㉠ 전자식 브레이크
   ㉡ 유압식 브레이크
5. 덮개 또는 울
6. 건널다리

57 프레스 가공품의 이송방법으로 2차 가공용 송급배출장치가 아닌 것은?

① 다이얼 피더(Dial Feeder)
② 롤 피더(Roll Feeder)
③ 푸셔 피더(Pusher Feeder)
④ 트랜스퍼 피더(Transfer Feeder)

해설
이송장치
- 1차 가공용 송급배출장치(롤 피더, 그리퍼 피드 등)
- 2차 가공용 송급배출장치(슈트, 다이얼 피더, 푸셔 피더, 트랜스퍼 피더, 프레스용 로봇 등)

58 압력용기에서 안전밸브를 2개 설치한 경우 그 설치방법으로 옳은 것은?(단, 해당하는 압력용기가 외부 화재에 대한 대비가 필요한 경우로 한정한다.)

① 1개는 최고사용압력 이하에서 작동하고 다른 1개는 최고사용압력의 1.1배 이하에서 작동하도록 한다.
② 1개는 최고사용압력 이하에서 작동하고 다른 1개는 최고사용압력의 1.2배 이하에서 작동하도록 한다.
③ 1개는 최고사용압력의 1.05배 이하에서 작동하고 다른 1개는 최고사용압력의 1.1배 이하에서 작동하도록 한다.
④ 1개는 최고사용압력의 1.05배 이하에서 작동하고 다른 1개는 최고사용압력의 1.2배 이하에서 작동하도록 한다.

해설
안전밸브의 작동요건
안전밸브 등이 안전밸브 등을 통하여 보호하려는 설비의 최고사용압력 이하에서 작동되도록 하여야 한다. 다만, 안전밸브 등이 2개 이상 설치된 경우에 1개는 최고사용압력의 1.05배(외부 화재를 대비한 경우에는 1.1배) 이하에서 작동되도록 설치할 수 있다.

59 사고 체인의 5요소에 해당하지 않는 것은?

① 함정(Trap)
② 충격(Impact)
③ 접촉(Contact)
④ 결함(Flaw)

해설
위험의 5요소(위험분류 체크 요인, 사고 체인의 요소)

요소	내용
1요소 : 함정(Trap)	기계의 운동에 의해서 트랩 점이 발생할 가능성이 있는가?
2요소 : 충격(Impact)	운동하는 기계 요소와 사람이 부딪쳐 사고가 날 가능성이 없는가?
3요소 : 접촉(Contact)	날카롭거나, 차갑거나, 전류가 흐름으로써 접촉 시 상해가 일어날 요소들이 있는가?
4요소 : 얽힘, 말림 (Entanglement)	머리카락, 옷소매, 바지, 장갑, 넥타이, 작업복 등 기계설비에 말려들 염려는 없는가?
5요소 : 튀어나옴(Ejection)	기계 부품이나 피가공재가 기계로부터 튀어나올 염려가 없는가?

60 범용 수동선반의 방호조치에 대한 설명으로 틀린 것은?

① 대형 선반의 후면 칩가드는 새들의 전체 길이를 방호할 수 있어야 한다.
② 척가드의 폭은 공작물의 가공작업에 방해되지 않는 범위에서 척 전체 길이를 방호해야 한다.
③ 수동조작을 위한 제어장치는 정확한 제어를 위해 조작 스위치를 돌출형으로 제작해야 한다.
④ 스핀들 부위를 통한 기어박스에 접촉될 위험이 있는 경우에는 해당 부위에 잠금장치가 구비된 가드를 설치하고 스핀들 회전과 연동회로를 구성해야 한다.

정답 56 ① 57 ② 58 ① 59 ④ 60 ③

해설
범용 수동선반의 방호조치
수동조작을 위한 제어장치는 매입형 스위치의 사용 등 불시 접촉에 의한 기동을 방지하기 위한 조치를 해야 한다.

> **TIP** 범용 수동선반 : 모든 작동이 수치제어를 사용하지 않고 조작자에 의해서만 이루어지는 기계

4과목 전기 및 화학설비위험방지기술

61 전폐형 방폭구조가 아닌 것은?

① 압력방폭구조 ② 내압방폭구조
③ 유입방폭구조 ④ 안전증방폭구조

해설
전폐형 방폭구조
- 전폐형 구조는 내부와 외부 사이를 완전히 차단하는 구조를 말한다.
- 종류 : 내압방폭구조, 압력방폭구조, 유입방폭구조

62 혼촉방지판이 부착된 변압기를 설치하고 혼촉방지판을 접지시켰다. 이러한 변압기를 사용하는 주요 이유는?

① 2차 측의 전류를 감소시킬 수 있기 때문에
② 누전전류를 감소시킬 수 있기 때문에
③ 2차 측에 비접지 방식을 채택하면 감전 시 위험을 감소시킬 수 있기 때문에
④ 전력의 손실을 감소시킬 수 있기 때문에

해설
혼촉방지판
혼촉이란 변압기에서 1차권선과 2차권선의 열화 또는 물리적인 외력에 의해 서로 붙게 되는 사고로 고압 측과 저압 측 권선이 상호 접촉하는 현상을 말하며, 이렇게 혼촉 사고가 발생하면 저압 측에 고압전압이 인가되어 부하설비가 파손되거나 인축에 위험을 초래하게 된다. 이러한 위험을 방지하기 위하여 금속제의 고압 측 권선과 저압 측 권선 사이에 금속제의 판을 설치하는데 이것을 혼촉방지판이라고 하며, 제2종 접지공사를 한다.

> **TIP** 혼촉방지판 내장의 목적
> 변압기 권선의 고, 저압 사이에 절연이 파괴되었을 경우 저압측에 전달되는 접지 전류는 혼촉방지판의 접지를 통해서 흐르게 되어 저압 회로의 전위 상승을 방지하므로 저압기기의 소손 및 인축 등의 피해를 막을 수 있다.

63 산업안전보건법상 전기기계·기구의 누전에 의한 감전 위험을 방지하기 위하여 접지를 하여야 하는 사항으로 틀린 것은?

① 전기기계·기구의 금속제 내부 충전부
② 전기기계·기구의 금속제 외함
③ 전기기계·기구의 금속제 외피
④ 전기기계·기구의 금속제 철대

해설
전기 기계·기구의 접지(접지 대상)
1. 전기 기계·기구의 금속제 외함, 금속제 외피 및 철대
2. 고정 설치되거나 고정배선에 접속된 전기기계·기구의 노출된 비충전 금속체 중 충전될 우려가 있는 다음 각 목의 어느 하나에 해당하는 비충전 금속체
    ㉠ 지면이나 접지된 금속체로부터 수직거리 2.4m, 수평거리 1.5m 이내인 것
    ㉡ 물기 또는 습기가 있는 장소에 설치되어 있는 것
    ㉢ 금속으로 되어 있는 기기접지용 전선의 피복·외장 또는 배선관 등
    ㉣ 사용전압이 대지전압 150V를 넘는 것

64 인체가 현저히 젖어 있는 상태 또는 금속성의 전기·기계 장치나 구조물에 인체의 일부가 상시 접촉되어 있는 상태에서의 허용접촉전압으로 옳은 것은?

① 2.5V 이하 ② 25V 이하
③ 50V 이하 ④ 75V 이하

해설
허용 접촉전압

종별	접촉상태	허용접촉전압
제1종	인체의 대부분이 수중에 있는 상태	2.5V 이하
제2종	• 인체가 현저하게 젖어 있는 상태 • 금속성의 전기기계장치나 구조물에 인체의 일부가 상시 접촉되어 있는 상태	25V 이하
제3종	• 제1종, 제2종 이외의 경우로 통상의 인체상태에 있어서 접촉전압이 가해지면 위험성이 높은 상태	50V 이하
제4종	• 제1종, 제2종 이외의 경우로 통상의 인체상태에 있어서 접촉전압이 가해지더라도 위험성이 낮은 상태 • 접촉전압이 가해질 우려가 없는 상태	제한 없음

정답 61 ④ 62 ③ 63 ① 64 ②

65 방폭구조의 명칭과 표기기호가 잘못 연결된 것은?

① 안전증방폭구조 : e
② 유입(油入)방폭구조 : o
③ 내압(耐壓)방폭구조 : p
④ 본질안전방폭구조 : ia 또는 ib

해설

방폭구조의 종류 및 기호

내압방폭구조	d	안전증방폭구조	e	비점화방폭구조	n
압력방폭구조	p	특수방폭구조	s	몰드방폭구조	m
유입방폭구조	o	본질안전방폭구조	i(ia, ib)	충전방폭구조	q

66 변압기 전로의 1선 지락전류가 6A일 때 제2종 접지공사의 접지저항값은?(단, 자동 전로차단장치는 설치되지 않았다.)

① 10Ω
② 15Ω
③ 20Ω
④ 25Ω

해설

변압기의 중성점 접지저항값
1. 일반적으로 변압기의 고압·특고압 측 전로 1선 지락전류로 150을 나눈 값과 같은 저항 값 이하
2. 변압기의 고압·특고압 측 전로 또는 사용전압이 35kV 이하의 특고압전로가 저압 측 전로와 혼촉하고 저압전로의 대지전압이 150V를 초과하는 경우는 저항 값은 다음에 의한다.
   ㉠ 1초 초과 2초 이내에 고압·특고압 전로를 자동으로 차단하는 장치를 설치할 때는 300을 나눈 값 이하
   ㉡ 1초 이내에 고압·특고압 전로를 자동으로 차단하는 장치를 설치할 때는 600을 나눈 값 이하

∴ 접지저항값 = $\dfrac{150}{\text{전로의 1선지락전류[A]}} = \dfrac{150}{6} = 25[\Omega]$

TIP 관련 법 개정으로 접지대상에 따라 일괄 적용한 종별접지(1종, 2종, 3종, 특별3종)가 폐지되었습니다. 해설을 참고하세요.

접지시스템

구분	1. 계통접지(System Earthing) : 전력계통에서 돌발적으로 발생하는 이상현상에 대비하여 대지와 계통을 연결하는 것으로, 중성점을 대지에 접속하는 것을 말한다. 2. 보호접지(Protective Earthing) : 고장 시 감전에 대한 보호를 목적으로 기기의 한 점 또는 여러 점을 접지하는 것을 말한다. 3. 피뢰시스템 접지 : 뇌격전류를 안전하게 대지로 보내기 위해 접지극을 대지에 접속하는 것을 말한다.
종류	1. 단독접지 : (특)고압 계통의 접지극과 저압 접지계통의 접지극을 독립적으로 시설하는 접지방식 2. 공통접지 : (특)고압 접지계통과 저압 접지계통을 등전위 형성을 위해 공통으로 접지하는 방식 3. 통합접지 : 계통접지, 통신접지, 피뢰접지극의 접지극을 통합하여 접지하는 방식
구성요소	접지시스템은 접지극, 접지도체, 보호도체 및 기타 설비로 구성한다.
연결	접지극은 접지도체를 사용하여 주 접지단자에 연결하여야 한다.

67 아크 용접 작업 시 감전재해 방지에 쓰이지 않는 것은?

① 보호면
② 절연장갑
③ 절연용접봉 홀더
④ 자동전격방지장치

해설

아크 용접 작업 시 감전사고 방지대책
1. 절연장갑 사용
2. 절연용접봉 홀더의 사용
3. 자동전격방지장치의 부착 등

TIP 용접용 보안면 및 보안경 사용은 눈의 조직 손상을 방지하기 위해 착용한다.

68 파이프 등에 유체가 흐를 때 발생하는 유동대전에 가장 큰 영향을 미치는 요인은?

① 유체의 이동거리
② 유체의 점도
③ 유체의 속도
④ 유체의 양

해설

유동대전
• 액체류를 파이프 등으로 수송할 때 액체류가 파이프 등과 접촉하여 두 물질의 경계에 전기 2중층이 형성되어 정전기가 발생한다.
• 액체류의 유동속도가 정전기 발생에 큰 영향을 준다.
• 파이프 속에 저항이 높은 액체가 흐를 때 발생한다.

69 정전기 발생의 원인에 해당되지 않는 것은?

① 마찰
② 냉장
③ 박리
④ 충돌

정답 65 ③ 66 ④ 67 ① 68 ③ 69 ②

해설

정전기 발생현상
1. 마찰대전   4. 분출대전   7. 비말대전
2. 박리대전   5. 충돌대전   8. 파괴대전
3. 유동대전   6. 유도대전   9. 교반대전(진동대전)

70 충전전로의 선간전압이 121kV 초과 145kV 이하인 활선작업 시 충전전로에 대한 접근한계거리(cm)는?

① 130   ② 150
③ 170   ④ 230

해설

충전전로에서의 전기작업

충전전로의 선간전압 (단위 : kV)	충전전로에 대한 접근 한계거리 (단위 : cm)
0.3 이하	접촉 금지
0.3 초과 0.75 이하	30
0.75 초과 2 이하	45
2 초과 15 이하	60
15 초과 37 이하	90
37 초과 88 이하	110
88 초과 121 이하	130
121 초과 145 이하	150
145 초과 169 이하	170
169 초과 242 이하	230
242 초과 362 이하	380
362 초과 550 이하	550
550 초과 800 이하	790

71 아세틸렌(C_2H_2)의 공기 중 완전연소 조성농도(C_{st})는 약 얼마인가?

① 6.7vol%   ② 7.0vol%
③ 7.4vol%   ④ 7.7vol%

해설

완전연소 조성농도(화학양론농도)

$$C_{st} = \frac{100}{1+4.773\left(n+\frac{m-f-2\lambda}{4}\right)}$$

여기서 n : 탄소, m : 수소
f : 할로겐 원소의 원자 수, λ : 산소의 원자 수

완전연소 조성농도 C_{st}
$$= \frac{100}{1+4.773\left(n+\frac{m-f-2\lambda}{4}\right)} = \frac{100}{1+4.773\left(2+\frac{2}{4}\right)}$$
$\fallingdotseq 7.7[\%]$
($C_2H_2 \rightarrow n=2, m=2, f=0, \lambda=0$)

72 다음 중 폭굉(Detonation) 현상에 있어서 폭굉파의 진행 전면에 형성되는 것은?

① 증발열   ② 충격파
③ 역화   ④ 화염의 대류

해설

폭굉파
1. 폭발 범위 내의 특정 농도 범위에서 연소속도가 폭발에 비해 수백 내지 수천 배에 달하는 현상
2. 음속보다 화염 전파속도가 큰 경우로 파면선단(진행 전면)에 충격파라고 하는 압력파가 생겨 격렬한 파괴작용을 일으키는 현상
3. 폭발한계는 폭굉한계보다 농도범위가 넓다.
4. 진행속도가 1,000~3,500m/s에 이른다.
5. 화염의 전파속도가 음속보다 빠르다.

73 위험물안전관리법령상 제4류 위험물(인화성 액체)이 갖는 일반 성질로 가장 거리가 먼 것은?

① 증기는 대부분 공기보다 무겁다.
② 대부분 물보다 가볍고 물에 잘 녹는다.
③ 대부분 유기화합물이다.
④ 발생증기는 연소하기 쉽다.

해설

인화성 액체의 공통성질
1. 액체는 물보다 가볍고, 대부분 물에 잘 녹지 않는다.
2. 증기는 대부분 공기보다 무겁다.
3. 연소 하한이 낮아 증기와 공기가 약간 혼합되어 있어도 연소한다.
4. 상온에서 액체이며 인화하기 쉽다.
5. 착화온도가 낮을수록 위험하다.

정답 70 ② 71 ④ 72 ② 73 ②

74 다음 중 분진폭발에 대한 설명으로 틀린 것은?

① 일반적으로 입자의 크기가 클수록 위험이 더 크다.
② 산소의 농도는 분진폭발 위험에 영향을 주는 요인이다.
③ 주위 공기의 난류확산은 위험을 증가시킨다.
④ 가스폭발에 비하여 불완전 연소를 일으키기 쉽다.

해설

분진폭발의 영향 인자

분진의 화학적 성질과 조성	분진의 발열량이 클수록 폭발성이 크며 휘발성분의 함유량이 많을수록 폭발하기 쉽다.
입도와 입도분포	• 분진의 표면적이 입자 체적에 비하여 커지면 열의 발생속도가 방열속도보다 커져서 폭발이 용이해진다. • 평균 입자의 직경이 작고 밀도가 작을수록 비표면적은 크게 되고 표면 에너지도 크게 되어 폭발이 용이해진다.
입자의 형상과 표면의 상태	평균입경이 동일한 분진인 경우, 입자의 형상이 복잡하면 폭발이 잘 된다.
수분	• 수분 함유량이 적을수록 폭발성이 급격히 증가된다. • 분진 속에 존재하는 수분은 분진의 부유성을 억제하고 대전성을 감소시켜 폭발성을 둔감하게 한다.
분진의 농도	분진의 농도가 양론조성농도보다 약간 높을 때, 폭발속도가 최대가 된다.
분진의 온도	• 초기온도가 높을수록 최소폭발농도가 낮아져서 위험하다. • 초기온도가 높을수록 최소점화에너지(MIE)는 감소된다.
분진의 부유성	• 입자가 작고 가벼운 것은 공기 중에서 부유하기 쉽다. • 부유성이 큰 것일수록 공기 중에서의 체류시간도 길고 위험성도 증가한다.
산소의 농도	• 산소나 공기가 증가하면 폭발하한농도가 낮아짐과 동시에 입도가 큰 것도 폭발성을 갖게 된다. • 불활성 가스(CO_2, N_2 등)를 사용하여 산소농도를 낮춘다.

75 산업안전보건기준에 관한 규칙에 따라 폭발성 물질을 저장·취급하는 화학설비 및 그 부속설비를 설치할 때, 단위 공정시설 및 설비로부터 다른 단위공정시설 및 설비 사이의 안전거리는 설비 바깥 면으로부터 몇 m 이상 두어야 하는가?(단, 원칙적인 경우에 한한다.)

① 3 ② 5
③ 10 ④ 20

해설

위험물을 저장·취급하는 화학설비 및 그 부속설비를 설치하는 경우의 안전거리

구분	안전거리
단위공정시설 및 설비로부터 다른 단위공정시설 및 설비의 사이	설비의 바깥 면으로부터 10m 이상
플레어스택으로부터 단위공정시설 및 설비, 위험물질 저장탱크 또는 위험물질 하역설비의 사이	플레어스택으로부터 반경 20m 이상(다만, 단위공정시설 등이 불연재로 시공된 지붕 아래에 설치된 경우에는 제외)
위험물질 저장탱크로부터 단위공정시설 및 설비, 보일러 또는 가열로의 사이	저장탱크의 바깥 면으로부터 20m 이상(다만, 저장탱크의 방호벽, 원격조종화설비 또는 살수설비를 설치한 경우에는 제외)
사무실·연구실·실험실·정비실 또는 식당으로부터 단위공정시설 및 설비, 위험물질 저장탱크, 위험물질 하역설비, 보일러 또는 가열로의 사이	사무실 등의 바깥 면으로부터 20m 이상(다만, 난방용 보일러인 경우 또는 사무실 등의 벽을 방호구조로 설치한 경우에는 제외)

76 다음 중 가연성 가스가 아닌 것으로만 나열된 것은?

① 일산화탄소, 프로판
② 이산화탄소, 프로판
③ 일산화탄소, 산소
④ 산소, 이산화탄소

해설

고압가스(가연성에 의한 분류)

가연성 가스	공기 중에서 연소하면 폭발하는 가스(아세틸렌, 암모니아, 수소, 일산화탄소, 메탄, 프로판, 부탄, 에틸렌 등)
지연성 가스	산소, 공기 등 다른 가연성 가스의 연소를 돕는 가스, 즉 연소하거나 폭발되지 않지만 연소를 지지하는 가스(산소, 공기, 염소, 산화질소, 오존, 불소 등)
불연성 가스	자신이 연소하지도 않고 다른 물질을 연소시키지도 않는 가스로 연소하고 있는 화염을 꺼지게 하는 가스(헬륨, 네온, 질소, 아르곤, 이산화탄소 등)

77 산업안전보건기준에 관한 규칙에서 부식성 염기류에 해당하는 것은?

① 농도 30퍼센트인 과염소산
② 농도 30퍼센트인 아세틸렌
③ 농도 40퍼센트인 디아조화합물
④ 농도 40퍼센트인 수산화나트륨

정답 74 ① 75 ③ 76 ④ 77 ④

해설

부식성 물질

부식성 산류	• 농도가 20퍼센트 이상인 염산, 황산, 질산, 그 밖에 이와 같은 정도 이상의 부식성을 가지는 물질 • 농도가 60퍼센트 이상인 인산, 아세트산, 불산, 그 밖에 이와 같은 정도 이상의 부식성을 가지는 물질
부식성 염기류	농도가 40퍼센트 이상인 수산화나트륨, 수산화칼륨, 그 밖에 이와 같은 정도 이상의 부식성을 가지는 염기류

78 다음은 산업안전보건기준에 관한 규칙에서 정한 부식방지와 관련한 내용이다. ( )에 해당하지 않는 것은?

사업주는 화학설비 또는 그 배관(화학설비 또는 그 배관의 밸브나 콕은 제외한다) 중 위험물 또는 인화점이 섭씨 60도 이상인 물질이 접촉하는 부분에 대해서는 위험물질 등에 의하여 그 부분이 부식되어 폭발·화재 또는 누출되는 것을 방지하기 위하여 위험물질 등의 ( )·( )·( ) 등에 따라 부식이 잘 되지 않는 재료를 사용하거나 도장(塗裝) 등의 조치를 하여야 한다.

① 종류 ② 온도
③ 농도 ④ 색상

해설

부식방지 조치사항
화학설비 또는 그 배관(화학설비 또는 그 배관의 밸브나 콕은 제외) 중 위험물 또는 인화점이 섭씨 60도 이상인 물질이 접촉하는 부분에 대해서는 위험물질 등에 의하여 그 부분이 부식되어 폭발·화재 또는 누출되는 것을 방지하기 위하여 위험물질 등의 종류·온도·농도 등에 따라 부식이 잘 되지 않는 재료를 사용하거나 도장 등의 조치를 하여야 한다.

79 나트륨은 물과 반응할 때 위험성이 매우 크다. 그 이유로 적합한 것은?

① 물과 반응하여 지연성 가스 및 산소를 발생시키기 때문이다.
② 물과 반응하여 맹독성 가스를 발생시키기 때문이다.
③ 물과 발열반응을 일으키면서 가연성 가스를 발생시키기 때문이다.
④ 물과 반응하여 격렬한 흡열반응을 일으키기 때문이다.

해설

나트륨
1. 물과 격렬히 반응하여 발열하고 가연성 가스인 수소를 발생시킨다.
2. 유동파라핀 등의 보호액을 넣어 밀봉 저장한다.

80 메탄올의 연소반응이 다음과 같을 때 최소산소농도(MOC)는 약 얼마인가?[단, 메탄올의 연소하한 값(L)은 6.7vol%이다.]

$$CH_3OH + 1.5O_2 \rightarrow CO_2 + 2H_2O$$

① 1.5vol% ② 6.7vol%
③ 10vol% ④ 15vol%

해설

최소산소농도(Minimum Oxygen Concentration : MOC)

최소산소농도(MOC)
= 연소하한계×산소의 화학양론적 계수

최소산소농도 = $6.7 \times 1.5 = 10.05(\%)$

5과목 건설안전기술

81 가설구조물이 갖추어야 할 구비요건과 가장 거리가 먼 것은?

① 영구성 ② 경제성
③ 작업성 ④ 안전성

해설

가설 구조물의 구비조건
1. 안전성 : 안전에 대한 충분한 강도 및 구조를 가질 것
2. 경제성 : 가설 및 철거가 신속하고 용이할 것
3. 작업성 : 시공성, 넓은 작업발판과 공간을 확보

82 말비계를 조립하여 사용하는 경우에 준수해야 하는 사항으로 옳지 않은 것은?

① 지주부재의 하단에는 미끄럼 방지장치를 한다.
② 근로자는 양측 끝부분에 올라서 작업하도록 한다.
③ 지주부재와 수평면의 기울기를 75° 이하로 한다.
④ 말비계의 높이가 2m를 초과하는 경우에는 작업발판의 폭을 40cm 이상으로 한다.

정답 78 ④ 79 ③ 80 ③ 81 ① 82 ②

해설
말비계 조립 시의 준수사항
1. 지주부재의 하단에는 미끄럼 방지장치를 하고, 근로자가 양측 끝부분에 올라서서 작업하지 않도록 할 것
2. 지주부재와 수평면의 기울기를 75° 이하로 하고, 지주부재와 지주부재 사이를 고정시키는 보조부재를 설치할 것
3. 말비계의 높이가 2m를 초과하는 경우에는 작업발판의 폭을 40cm 이상으로 할 것

83 차량계 하역운반기계에 화물을 적재할 때의 준수사항과 거리가 먼 것은?

① 하중이 한쪽으로 치우치지 않도록 적재할 것
② 구내 운반차 또는 화물자동차의 경우 화물의 붕괴 또는 낙하에 의한 위험을 방지하기 위하여 화물에 로프를 거는 등 필요한 조치를 할 것
③ 운전자의 시야를 가리지 않도록 화물을 적재할 것
④ 제동장치 및 조정장치 기능의 이상 유무를 점검할 것

해설
화물적재 시의 조치
1. 하중이 한쪽으로 치우치지 않도록 적재할 것
2. 구내 운반차 또는 화물자동차의 경우 화물의 붕괴 또는 낙하에 의한 위험을 방지하기 위하여 화물에 로프를 거는 등 필요한 조치를 할 것
3. 운전자의 시야를 가리지 않도록 화물을 적재할 것
4. 화물을 적재하는 경우에는 최대적재량을 초과하지 않을 것

84 콘크리트를 타설할 때 안전상 유의하여야 할 사항으로 옳지 않은 것은?

① 콘크리트를 치는 도중에는 거푸집, 지보공 등의 이상 유무를 확인한다.
② 진동기 사용 시 지나친 진동은 거푸집 도괴의 원인이 될 수 있으므로 적절히 사용해야 한다.
③ 최상부의 슬래브는 되도록 이어붓기를 하고 여러 번에 나누어 콘크리트를 타설한다.
④ 타워에 연결되어 있는 슈트의 접속이 확실한지 확인한다.

해설
최상부의 슬래브는 이어붓기를 되도록 피하고 일시에 전체를 타설하도록 한다.

85 무한궤도식 장비와 타이어식(차륜식) 장비의 차이점에 관한 설명으로 옳은 것은?

① 무한궤도식은 기동성이 좋다.
② 타이어식은 승차감과 주행성이 좋다.
③ 무한궤도식은 경사지반에서의 작업에 부적당하다.
④ 타이어식은 땅을 다지는 데 효과적이다.

해설
① 무한궤도식은 작업 시 안전성이 더 높고, 타이어식은 기동성이 더 높다.
③ 경사로나 연약지반에서는 무한궤도식이 타이어식보다 안전하다.
④ 무한궤도식이 땅을 다지는 데 효과적이다.

86 철근콘크리트 공사 시 활용되는 거푸집의 필요조건이 아닌 것은?

① 콘크리트의 하중에 대해 뒤틀림이 없는 강도를 갖출 것
② 콘크리트 내 수분 등에 대한 물빠짐이 원활한 구조를 갖출 것
③ 최소한의 재료로 여러 번 사용할 수 있는 전용성을 가질 것
④ 거푸집은 조립ㆍ해체ㆍ운반이 용이하도록 할 것

해설
거푸집의 필요조건
1. 조립ㆍ해체ㆍ운반이 용이할 것
2. 반복 사용할 수 있는 형상과 크기일 것
3. 수분이나 모르타르의 누출을 방지할 수 있게 수밀성을 확보할 것
4. 시공정확도를 유지하고 변형이 생기지 않는 구조일 것
5. 충격 및 작업하중에 견디고, 변형을 일으키지 않는 강도를 가질 것
6. 청소ㆍ보수ㆍ뒷정리가 쉬울 것

정답 83 ④ 84 ③ 85 ② 86 ②

87 근로자가 추락하거나 넘어질 위험이 있는 장소에서 추락방호망의 설치 기준으로 옳지 않은 것은?

① 망의 처짐은 짧은 변 길이의 10% 이상이 되도록 할 것
② 추락방호망은 수평으로 설치할 것
③ 건축물 등의 바깥쪽으로 설치하는 경우 추락방호망의 내민길이는 벽면으로부터 3m 이상 되도록 할 것
④ 추락방호망의 설치위치는 가능하면 작업면으로부터 가까운 지점에 설치하여야 하며, 작업면으로부터 망의 설치지점까지의 수직거리는 10m를 초과하지 아니할 것

해설
추락방호망의 설치기준
1. 추락방호망의 설치위치는 가능하면 작업면으로부터 가까운 지점에 설치하여야 하며, 작업면으로부터 망의 설치지점까지의 수직거리는 10m를 초과하지 아니할 것
2. 추락방호망은 수평으로 설치하고, 망의 처짐은 짧은 변 길이의 12% 이상이 되도록 할 것
3. 건축물 등의 바깥쪽으로 설치하는 경우 추락방호망의 내민길이는 벽면으로부터 3m 이상 되도록 할 것. 다만, 그 물코가 20mm 이하인 추락방호망을 사용한 경우에는 낙하물에 의한 위험 방지에 따른 낙하물방지망을 설치한 것으로 본다.

88 공사현장에서 낙하물방지망 또는 방호선반을 설치할 때 설치높이 및 벽면으로부터 내민길이 기준으로 옳은 것은?

① 설치높이 : 10m 이내마다, 내민길이 : 2m 이상
② 설치높이 : 15m 이내마다, 내민길이 : 2m 이상
③ 설치높이 : 10m 이내마다, 내민길이 : 3m 이상
④ 설치높이 : 15m 이내마다, 내민길이 : 3m 이상

해설
낙하물방지망 또는 방호선반 설치 시 준수사항
1. 높이 10m 이내마다 설치하고, 내민길이는 벽면으로부터 2m 이상으로 할 것
2. 수평면과의 각도는 20° 이상 30° 이하를 유지할 것

89 다음 중 유해·위험방지계획서 작성 및 제출 대상에 해당되는 공사는?

① 지상높이가 20m인 건축물의 해체공사
② 깊이 9.5m인 굴착공사
③ 최대 지간거리가 50m인 교량건설공사
④ 저수용량 1천만 톤인 용수 전용 댐

해설
유해위험방지계획서를 제출해야 될 건설공사
1. 다음 각 목의 어느 하나에 해당하는 건축물 또는 시설 등의 건설·개조 또는 해체공사
   ㉠ 지상높이가 31m 이상인 건축물 또는 인공구조물
   ㉡ 연면적 3만m² 이상인 건축물
   ㉢ 연면적 5천m² 이상인 시설로서 다음의 어느 하나에 해당하는 시설
   • 문화 및 집회시설(전시장 및 동물원·식물원은 제외)
   • 판매시설, 운수시설(고속철도의 역사 및 집배송시설은 제외)
   • 종교시설
   • 의료시설 중 종합병원
   • 숙박시설 중 관광숙박시설
   • 지하도상가
   • 냉동·냉장 창고시설
2. 연면적 5천m² 이상인 냉동·냉장 창고시설의 설비공사 및 단열공사
3. 최대 지간길이(다리의 기둥과 기둥의 중심 사이의 거리)가 50m 이상인 다리의 건설 등 공사
4. 터널의 건설 등 공사
5. 다목적댐, 발전용댐, 저수용량 2천만 톤 이상의 용수 전용 댐 및 지방상수도 전용 댐의 건설 등 공사
6. 깊이 10m 이상인 굴착공사

90 굴착면 붕괴의 원인과 가장 거리가 먼 것은?

① 사면경사의 증가
② 성토 높이의 감소
③ 공사에 의한 진동하중의 증가
④ 굴착 높이의 증가

정답 87 ① 88 ① 89 ③ 90 ②

해설

토석붕괴의 원인

외적 원인	1. 사면, 법면의 경사 및 기울기의 증가 2. 절토 및 성토 높이의 증가 3. 공사에 의한 진동 및 반복하중의 증가 4. 지표수 및 지하수의 침투에 의한 토사 중량의 증가 5. 지진, 차량, 구조물의 하중작용 6. 토사 및 암석의 혼합층 두께
내적 원인	1. 절토 사면의 토질·암질 2. 성토 사면의 토질구성 및 분포 3. 토석의 강도 저하

91 시스템 비계를 사용하여 비계를 구성하는 경우에 준수하여야 할 사항으로 옳지 않은 것은?

① 수직재와 수직재의 연결철물은 이탈되지 않도록 견고한 구조로 할 것
② 수직재·수평재·가새재를 견고하게 연결하는 구조가 되도록 할 것
③ 수직재와 받침철물의 연결부 겹침길이는 받침철물 전체 길이의 4분의 1 이상이 되도록 할 것
④ 수평재는 수직재와 직각으로 설치하여야 하며, 체결 후 흔들림이 없도록 견고하게 설치할 것

해설

시스템 비계의 구조
1. 수직재·수평재·가새재를 견고하게 연결하는 구조가 되도록 할 것
2. 비계 밑단의 수직재와 받침철물은 밀착되도록 설치하고, 수직재와 받침철물의 연결부의 겹침길이는 받침철물 전체 길이의 3분의 1 이상이 되도록 할 것
3. 수평재는 수직재와 직각으로 설치하여야 하며, 체결 후 흔들림이 없도록 견고하게 설치할 것
4. 수직재와 수직재의 연결철물은 이탈되지 않도록 견고한 구조로 할 것
5. 벽 연결재의 설치간격은 제조사가 정한 기준에 따라 설치할 것

92 사다리식 통로 등을 설치하는 경우 발판과 벽과의 사이는 최소 얼마 이상의 간격을 유지하여야 하는가?

① 10cm 이상   ② 15cm 이상
③ 20cm 이상   ④ 25cm 이상

해설

사다리식 통로
1. 견고한 구조로 할 것
2. 심한 손상·부식 등이 없는 재료를 사용할 것
3. 발판의 간격은 일정하게 할 것
4. 발판과 벽과의 사이는 15cm 이상의 간격을 유지할 것
5. 폭은 30cm 이상으로 할 것
6. 사다리가 넘어지거나 미끄러지는 것을 방지하기 위한 조치를 할 것
7. 사다리의 상단은 걸쳐놓은 지점으로부터 60cm 이상 올라가도록 할 것
8. 사다리식 통로의 길이가 10m 이상인 경우에는 5m 이내마다 계단참을 설치할 것
9. 사다리식 통로의 기울기는 75도 이하로 할 것. 다만, 고정식 사다리식 통로의 기울기는 90도 이하로 하고, 그 높이가 7미터 이상인 경우에는 다음 각 목의 구분에 따른 조치를 할 것
   ㉠ 등받이울이 있어도 근로자 이동에 지장이 없는 경우 : 바닥으로부터 높이가 2.5미터 되는 지점부터 등받이울을 설치할 것
   ㉡ 등받이울이 있으면 근로자가 이동이 곤란한 경우 : 개인용 추락 방지 시스템을 설치하고 근로자로 하여금 전신안전대를 사용하도록 할 것
10. 접이식 사다리 기둥은 사용 시 접혀지거나 펼쳐지지 않도록 철물 등을 사용하여 견고하게 조치할 것

93 산업안전보건기준에 관한 규칙에 따른 토사 굴착 시 굴착면의 기울기기준으로 옳지 않은 것은?

① 보통흙인 습지 – 1 : 1 ~ 1 : 1.5
② 풍화암 – 1 : 1.0
③ 연암 – 1 : 1.0
④ 보통흙인 건지 – 1 : 1.2 ~ 1 : 5

해설

굴착면의 기울기

지반의 종류	굴착면의 기울기
모래	1 : 1.8
연암 및 풍화암	1 : 1.0
경암	1 : 0.5
그 밖의 흙	1 : 1.2

TIP 본 문제는 법 개정으로 일부 내용이 수정되었습니다. 해설은 법 개정으로 수정된 내용이니 해설을 학습하세요.

정답 91 ③ 92 ② 93 ④

94 가설통로를 설치하는 경우 준수하여야 할 기준으로 옳지 않은 것은?

① 견고한 구조로 할 것
② 경사는 30° 이하로 할 것
③ 경사가 30°를 초과하는 경우에는 미끄러지지 아니하는 구조로 할 것
④ 수직갱에 가설된 통로의 길이가 15m 이상인 경우에는 10m 이내마다 계단참을 설치할 것

해설
가설통로
1. 견고한 구조로 할 것
2. 경사는 30° 이하로 할 것(다만, 계단을 설치하거나 높이 2m 미만의 가설통로로서 튼튼한 손잡이를 설치한 경우에는 그러하지 아니하다)
3. 경사가 15°를 초과하는 경우에는 미끄러지지 아니하는 구조로 할 것
4. 추락할 위험이 있는 장소에는 안전난간을 설치할 것(다만, 작업상 부득이한 경우에는 필요한 부분만 임시로 해체할 수 있다)
5. 수직갱에 가설된 통로의 길이가 15m 이상인 경우에는 10m 이내마다 계단참을 설치할 것
6. 건설공사에 사용하는 높이 8m 이상인 비계다리에는 7m 이내마다 계단참을 설치할 것

95 산업안전보건관리비에 관한 설명으로 옳지 않은 것은?

① 발주자는 수급인이 안전관리비를 다른 목적으로 사용한 금액에 대해서는 계약금액에서 감액 조정할 수 있다.
② 발주자는 수급인이 안전관리비를 사용하지 아니한 금액에 대하여는 반환을 요구할 수 있다.
③ 자기공사자는 원가계산에 의한 예정가격 작성 시 안전관리비를 계상한다.
④ 발주자는 설계변경 등으로 대상액의 변동이 있는 경우 공사 완료 후 정산하여야 한다.

해설
안전관리비의 계상 및 사용
발주자 또는 자기공사자는 설계변경 등으로 대상액의 변동이 있는 경우에 지체 없이 안전보건관리비를 조정 계상하여야 한다.

96 정기안전점검 결과 건설공사의 물리적·기능적 결함 등이 발견되어 보수·보강 등의 조치를 하기 위하여 필요한 경우에 실시하는 것은?

① 자체안전점검
② 정밀안전점검
③ 상시안전점검
④ 품질관리점검

해설
시설물의 안전관리
1. 안전점검 : 경험과 기술을 갖춘 자가 육안이나 점검기구 등으로 검사하여 시설물에 내재(內在)되어 있는 위험요인을 조사하는 행위를 말한다.
2. 정밀안전진단 : 시설물의 물리적·기능적 결함을 발견하고 그에 대한 신속하고 적절한 조치를 하기 위하여 구조적 안전성과 결함의 원인 등을 조사·측정·평가하여 보수·보강 등의 방법을 제시하는 행위를 말한다.

97 철근콘크리트 슬래브에 발생하는 응력에 관한 설명으로 옳지 않은 것은?

① 전단력은 일반적으로 단부보다 중앙부에서 크게 작용한다.
② 중앙부 하부에는 인장응력이 발생한다.
③ 단부 하부에는 압축응력이 발생한다.
④ 휨응력은 일반적으로 슬래브의 중앙부에서 크게 작용한다.

해설
전단력은 일반적으로 중앙부보다 단부에서 크게 작용한다.

98 연약지반을 굴착할 때, 흙막이벽 뒤쪽 흙의 중량이 바닥의 지지력보다 커지면, 굴착 저면에서 흙이 부풀어 오르는 현상은?

① 슬라이딩(Sliding)
② 보일링(Boiling)
③ 파이핑(Piping)
④ 히빙(Heaving)

정답 94 ③ 95 ④ 96 ② 97 ① 98 ④

해설

지반의 이상현상

히빙(Heaving) 현상	연질점토 지반에서 굴착에 의한 흙막이 내·외면의 흙의 중량 차이로 인해 굴착저면이 부풀어 올라오는 현상
보일링(Boiling) 현상	사질토 지반에서 굴착 저면과 흙막이 배면과의 수위 차이로 인해 굴착 저면의 흙과 물이 함께 위로 솟구쳐 오르는 현상
파이핑(Piping) 현상	보일링 현상으로 인하여 지반 내에 물의 통로가 생기면서 흙이 세굴되는 현상

99 슬레이트, 선라이트 등 강도가 약한 재료로 덮은 지붕 위에서 작업을 할 때 발이 빠지는 등 근로자의 위험을 방지하기 위하여 필요한 발판의 폭 기준은?

① 10cm 이상
② 20cm 이상
③ 25cm 이상
④ 30cm 이상

해설

지붕 위에서의 위험 방지
1. 지붕의 가장자리에 안전난간을 설치할 것
2. 채광창(Skylight)에는 견고한 구조의 덮개를 설치할 것
3. 슬레이트 등 강도가 약한 재료로 덮은 지붕에는 폭 30cm 이상의 발판을 설치할 것
4. 작업 환경 등을 고려할 때 안전난간을 설치하기 곤란한 경우에는 추락방호망을 설치해야 한다. 다만, 사업주는 작업 환경 등을 고려할 때 추락방호망을 설치하기 곤란한 경우에는 근로자에게 안전대를 착용하도록 하는 등 추락 위험을 방지하기 위하여 필요한 조치를 해야 한다.

100 추락방지용 방망 그물코의 모양 및 크기의 기준으로 옳은 것은?

① 원형 또는 사각으로서 그 크기는 5cm 이하이어야 한다.
② 원형 또는 사각으로서 그 크기는 10cm 이하이어야 한다.
③ 사각 또는 마름모로서 그 크기는 5cm 이하이어야 한다.
④ 사각 또는 마름모로서 그 크기는 10cm 이하이어야 한다.

해설

그물코 구조 및 치수
사각 또는 마름모로서 그 크기는 10cm 이하이어야 한다.

12 2019년 3회 기출문제

1과목 산업안전관리론

01 토의(회의)방식 중 참가자가 다수인 경우에 전원을 토의에 참가시키기 위하여 소집단으로 구분하고, 각각 자유토의를 행하여 의견을 종합하는 방식은?

① 포럼(Forum)
② 심포지엄(Symposium)
③ 버즈 세션(Buzz Session)
④ 패널 디스커션(Panel Discussion)

해설

토의법의 종류
1. 자유토의법
   참가자가 주어진 주제에 대하여 자유로운 발표와 토의를 통하여 서로의 의견을 교환하고 상호 이해력을 높이며 의견을 절충해나가는 방법
2. 패널 디스커션(Panel Discussion)
   전문가 4~5명이 피교육자 앞에서 자유로이 토의를 하고, 그 후에 피교육자 전원이 사회자의 사회에 따라 토의하는 방법
3. 심포지엄(Symposium)
   발제자 없이 몇 사람의 전문가에 의하여 과제에 관한 견해를 발표한 뒤에 참가자로 하여금 의견이나 질문을 하게 하여 토의하는 방법
4. 포럼(Forum)
   ㉠ 사회자의 진행으로 몇 사람이 주제에 대하여 발표한 후 피교육자가 질문을 하고 토론해나가는 방법
   ㉡ 새로운 자료나 주제를 내보이거나 발표한 후 피교육자로 하여금 문제나 의견을 제시하게 하고 다시 깊이 있게 토론해나가는 방법
5. 버즈 세션(Buzz Session)
   6-6 회의라고도 하며, 참가자가 다수인 경우에 전원을 토의에 참가시키기 위한 방법으로 소집단을 구성하여 회의를 진행시키는 방법

02 안전교육 방법 중 TWI(Training Within Industry)의 교육과정이 아닌 것은?

① 직업지도훈련
② 인간관계훈련
③ 정책수립훈련
④ 작업방법훈련

해설

TWI의 교육 과정
1. Job Method Training(JMT) : 작업방법훈련, 작업개선훈련
2. Job Instruction Training(JIT) : 작업지도훈련
3. Job Relations Training(JRT) : 인간관계훈련, 부하통솔법
4. Job Safety Training(JST) : 작업안전훈련

03 안전모에 관한 내용으로 옳은 것은?

① 안전모의 종류는 안전모의 형태로 구분한다.
② 안전모의 종류는 안전모의 색상으로 구분한다.
③ A형 안전모 : 물체의 낙하, 비래에 의한 위험을 방지, 경감시키는 것으로 내전압성이다.
④ AE형 안전모 : 물체의 낙하, 비래에 의한 위험을 방지 또는 경감하고 머리 부위의 감전에 의한 위험을 방지하기 위한 것으로 내전압성이다.

해설

추락 및 감전 위험방지용 안전모의 종류

종류(기호)	사용구분	비고
AB	물체의 낙하 또는 비래 및 추락에 의한 위험을 방지 또는 경감시키기 위한 것	-
AE	물체의 낙하 또는 비래에 의한 위험을 방지 또는 경감하고, 머리 부위 감전에 의한 위험을 방지하기 위한 것	내전압성
ABE	물체의 낙하 또는 비래 및 추락에 의한 위험을 방지 또는 경감하고, 머리 부위 감전에 의한 위험을 방지하기 위한 것	내전압성

※ 내전압성 : 7,000V 이하의 전압에 견디는 것을 말한다.

04 재해누발자의 유형 중 작업이 어렵고, 기계설비에 결함이 있기 때문에 재해를 일으키는 유형은?

① 상황성 누발자
② 습관성 누발자
③ 소질성 누발자
④ 미숙성 누발자

정답 01 ③ 02 ③ 03 ④ 04 ①

해설

재해 누발자의 유형

상황성 누발자	1. 작업이 어렵기 때문에 2. 기계설비에 결함이 있기 때문에 3. 심신에 근심이 있기 때문에 4. 환경상 주의력의 집중이 혼란되기 때문에
습관성 누발자	1. 재해의 경험에 의해 겁을 먹거나 신경과민 2. 일종의 슬럼프 상태
미숙성 누발자	1. 기능이 미숙하기 때문에 2. 환경에 익숙하지 못하기 때문에(환경에 적응 미숙)
소질성 누발자	1. 개인의 소질 가운데 재해원인의 요소를 가진 자 2. 개인의 특수성격 소유자

05 매슬로(Maslow)의 욕구위계이론 5단계를 올바르게 나열한 것은?

① 생리적 욕구 → 안전의 욕구 → 사회적 욕구 → 존경의 욕구 → 자아 실현의 욕구
② 생리적 욕구 → 안전의 욕구 → 사회적 욕구 → 자아 실현의 욕구 → 존경의 욕구
③ 안전의 욕구 → 생리적 욕구 → 사회적 욕구 → 자아 실현의 욕구 → 존경의 욕구
④ 안전의 욕구 → 생리적 욕구 → 사회적 욕구 → 존경의 욕구 → 자아 실현의 욕구

해설

매슬로(Maslow)의 욕구단계 이론

제1단계	생리적 욕구	기아, 갈증, 호흡, 배설, 성욕 등 생명유지의 기본적 욕구
제2단계	안전의 욕구	1. 자기보존 욕구 - 안전을 구하려는 욕구 2. 전쟁, 재해, 질병의 위험으로부터 자유로워지려는 욕구
제3단계	사회적 욕구	1. 소속감과 애정에 대한 욕구 2. 사회적으로 관계를 향상시키는 욕구
제4단계	인정 받으려는 욕구 (자기 존중의 욕구)	자존심, 명예, 성취, 지위 등 인정받으려는 욕구
제5단계	자아실현의 욕구	잠재능력을 실현하고자 하는 성취욕구

06 적응기제(Adjustment Mechanism) 중 방어적 기제(Defence Mechanism)에 해당하는 것은?

① 고립(Isolation)
② 퇴행(Regression)
③ 억압(Suppression)
④ 합리화(Rationalization)

해설

적응기제의 기본유형

구분	공격적 기제 (행동)	도피적 기제 (행동)	방어적(절충적) 기제(행동)
개념	욕구 불만에 대한 반항이나 자기를 괴롭히는 대상에 대하여 적극적이고 능동적으로 적대시하는 감정이나 태도를 취하는 행위	욕구불만에 의한 긴장이나 압박으로부터 벗어나 비합리적인 행동으로 공상에 도피하고 현실세계에서 벗어나 안정을 얻으려는 기제	자신의 약점이나 무능력, 열등감을 위장하여 유리하게 보호함으로써 안정감을 찾으려는 기제
유형	1. 직접적 공격 기제 : 폭행, 싸움, 기물파손 등 2. 간접적 공격 기제 : 비난, 폭언, 욕설 등	1. 백일몽 2. 퇴행 3. 억압 4. 반동형성 5. 고립 등	1. 승화 2. 보상 3. 합리화 4. 투사 5. 동일화 등

07 안전심리의 5대 요소 중 능동적인 감각에 의한 자극에서 일어난 사고의 결과로서, 사람의 마음을 움직이는 원동력이 되는 것은?

① 기질(Temper)   ② 동기(Motive)
③ 감정(Emotion)   ④ 습관(Custom)

해설

산업안전심리의 5대 요소

기질	인간의 성격, 능력 등 개인적인 특성(생활환경, 주위 환경에 따라 변화한다.)
동기	능동적인 감각에 의한 자극에서 일어나는 사고의 결과로 마음을 움직이는 원동력
습관	개인의 특성이 자신도 모르게 습관화된 현상으로 습관에 직접 영향을 주는 요인으로는 동기, 기질, 감정, 습성이 있다.
감정	대상이나 상태에 따라 발생하는 슬픔, 기쁨 등에 해당하는 마음의 현상
습성	오랜 습관으로 인하여 굳어버린 성질로 동기, 기질, 감정 등이 밀접한 연관 관계이다.

정답 05 ① 06 ④ 07 ②

08 지적확인이란 사람의 눈이나 귀 등 오감의 감각기관을 총동원해서 작업의 정확성과 안전을 확인하는 것이다. 지적확인과 정확도가 올바르게 짝지어진 것은?

① 지적확인한 경우 : 0.3%
② 확인만 하는 경우 : 1.25%
③ 지적만 하는 경우 : 1.0%
④ 아무것도 하지 않은 경우 : 1.8%

해설
지적확인 효과

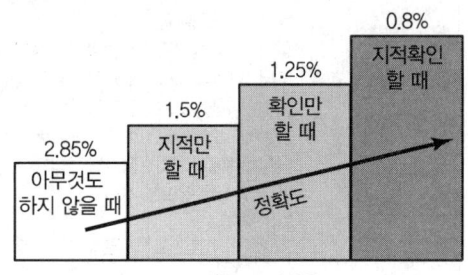

오조작률, 오판단율

09 산업안전보건법령상 안전보건표지의 종류에 있어 "안전모 착용"은 어떤 표지에 해당하는가?

① 경고 표지　　② 지시 표지
③ 안내 표지　　④ 관계자 외 출입금지

해설
안전보건표지의 종류

금지표지	출입금지, 보행금지, 차량통행금지, 사용금지, 탑승금지, 금연, 화기금지, 물체이동금지
경고표지	인화성 물질 경고, 산화성 물질 경고, 폭발성 물질 경고, 급성 독성 물질 경고, 부식성 물질 경고, 방사성 물질 경고, 고압전기경고, 매달린 물체 경고, 낙하물경고, 고온경고, 저온경고, 몸균형 상실 경고, 레이저 광선 경고, 발암성·변이원성·생식독성·전신독성·호흡기과민성 물질 경고, 위험장소경고
지시표지	보안경 착용, 방독마스크 착용, 방진마스크 착용, 보안면 착용, 안전모 착용, 귀마개 착용, 안전화 착용, 안전장갑 착용, 안전복 착용
안내표지	녹십자표지, 응급구호표지, 들것, 세안장치, 비상용기구, 비상구, 좌측비상구, 우측비상구
관계자 외 출입금지	허가대상물질 작업장, 석면취급/해체작업장, 금지대상물질의 취급 실험실 등

10 안전관리 조직의 형태 중 참모식(Staff) 조직에 대한 설명으로 틀린 것은?

① 이 조직은 분업의 원칙을 고도로 이용한 것이며, 책임 및 권한이 직능적으로 분담되어 있다.
② 생산 및 안전에 관한 명령이 각각 별개의 계통에서 나오는 결함이 있어, 응급처치 및 통제수속이 복잡하다.
③ 참모(Staff)의 특성상 업무 관장은 계획안의 작성, 조사, 점검결과에 따른 조언, 보고에 머무는 것이다.
④ 참모(Staff)는 각 생산라인의 안전 업무를 직접 관장하고 통제한다.

해설
스태프형(Staff형, 참모형 조직)
1. 의의
   - 회사 내에 별도로 안전활동 전담부서를 두는 방식의 조직 형태
   - 100명 이상 1,000명 미만의 중규모 사업장에 적합한 조직 형태
   - 안전관리에 관한 계획과 조정, 조사, 검토, 보고 등의 일과 현장에 대한 기술지원을 담당하도록 편성된 조직
2. 장점
   - 경영자의 조언과 자문역할을 함
   - 안전에 관한 지식, 기술의 정보 수집이 용이하고 빠름
3. 단점
   - 생산부문은 안전에 대한 책임과 권한이 없음
   - 안전과 생산을 별개로 취급하기 쉬움

11 어느 공장의 연평균근로자가 180명이고, 1년간 사상자가 6명이 발생했다면 연천인율은 약 얼마인가? (단, 근로자는 하루 8시간씩 연간 300일을 근무한다.)

① 12.79　　② 13.89
③ 33.33　　④ 43.69

해설
연천인율

$$연천인율 = \frac{연간재해자수}{연평균근로자수} \times 1,000$$

$$연천인율 = \frac{6}{180} \times 1,000 = 33.33$$

정답 08 ② 09 ② 10 ④ 11 ③

12 사고의 간접원인이 아닌 것은?

① 물적 원인　　② 정신적 원인
③ 관리적 원인　④ 신체적 원인

해설

산업재해의 원인

직접원인	1. 인적요인(불안전한 행동) 2. 물적요인(불안전한 상태)	
간접원인 (관리적 원인)	1. 기술적 원인 2. 교육적 원인 3. 신체적 원인	4. 정신적 원인 5. 작업관리상의 원인

13 무재해운동의 3원칙에 해당되지 않는 것은?

① 참가의 원칙　　② 무의 원칙
③ 예방의 원칙　　④ 선취의 원칙

해설

무재해 운동의 3원칙

무(無)의 원칙	단순히 사망재해나 휴업재해만 없으면 된다는 소극적인 사고가 아닌, 사업장 내의 모든 잠재위험요인을 적극적으로 사전에 발견하고 파악·해결함으로써 산업재해의 근원적인 요소를 없앤다는 것을 의미
참여의 원칙 (전원참가의 원칙)	작업에 따르는 잠재위험요인을 발견하고 파악·해결하기 위해 전원이 일치 협력하여 각자의 위치에서 적극적으로 문제를 해결하겠다는 것을 의미
안전제일의 원칙 (선취의 원칙)	안전한 사업장을 조성하기 위한 궁극의 목표로서 사업장 내에서 행동하기 전에 잠재 위험요인을 발견하고 파악·해결하여 재해를 예방하는 것을 의미

14 기업조직의 원리 중 지시 일원화의 원리에 대한 설명으로 가장 적절한 것은?

① 지시에 따라 최선을 다해서 주어진 임무나 기능을 수행하는 것
② 책임을 완수하는 데 필요한 수단을 상사로부터 위임받은 것
③ 언제나 직속 상사에게서만 지시를 받고 특정 부하 직원들에게만 지시하는 것
④ 가능한 한 조직의 각 구성원이 한 가지 특수 직무만을 담당하도록 하는 것

해설

지시 일원화의 원리(명령 일원화의 원리)
1. 한 사람의 상급자에게만 명령을 받고 또 자기가 어떤 일처리를 하면 한 사람한테만 보고를 하도록 하는 체제를 말한다.
2. 장점 : 지휘계통의 명확, 지시사항의 신속·정확한 전달
3. 단점 : 업무의 전문성 결여 우려(상급자의 지식과 경험의 한계)

15 다음 재해손실 비용 중 직접손실비에 해당하는 것은?

① 진료비
② 입원 중의 잡비
③ 당일 손실 시간손비
④ 구원, 연락으로 인한 부동 임금

해설

직접비와 간접비

직접비	법적으로 정한 산재보상비(산재자에게 지급되는 보상비 일체) 1. 요양급여(진찰비, 간호비용 등) 2. 휴업급여 3. 장해급여 4. 간병급여 5. 유족급여 6. 장의비 7. 상병보상 연금 8. 기타(장해특별급여, 유족특별급여, 직업재활급여)	
간접비	직접비를 제외한 모든 비용(산재로 인해 기업이 입은 재산상의 손실) 1. 인적 손실 2. 물적 손실 3. 생산손실	4. 특수손실 5. 기타 손실

16 레빈(Lewin)의 법칙에서 환경조건(E)에 포함되는 것은?

$$B = f(P \cdot E)$$

① 지능　　② 소질
③ 적성　　④ 인간관계

해설

레빈(K. Lewin)의 행동법칙

$$B = f(P \cdot E)$$

여기서, B : Behavior(인간의 행동)
f : Function(함수관계), $P \cdot E$에 영향을 줄 수 있는 조건
P : Person(개체, 개인의 자질, 연령, 경험, 심신상태, 성격, 지능 등)
E : Environment(심리적 환경 – 작업환경, 인간관계, 설비적 결함 등)

TIP 레빈의 이론
인간의 행동(B)은 개인의 자질과 심리학적 환경과의 상호 함수관계이다.

17 교육의 기본 3요소에 해당하지 않는 것은?
① 교육의 형태
② 교육의 주체
③ 교육의 객체
④ 교육의 매개체

해설

교육의 3요소
1. 교육의 주체 : 강사
2. 교육의 객체 : 수강자(교육 대상)
3. 교육의 매개체 : 교재(교육 내용)

18 기기의 적정한 배치, 변형, 균열, 손상, 부식 등의 유무를 육안, 촉수 등으로 조사 후 그 설비별로 정해진 점검기준에 따라 양부를 확인하는 점검은?
① 외관점검
② 작동점검
③ 기능점검
④ 종합점검

해설

안전점검의 종류(점검방법에 의한 구분)

외관점검 (육안점검)	기기의 적정한 배치, 설치상태, 변형, 균열, 손상, 부식, 볼트의 풀림 등의 유무를 외관에서 시각 및 촉각 등으로 조사하고 점검기준에 의해 양부를 확인하는 것
작동점검 (작동상태검사)	안전장치나 누전차단기 등을 정해진 순서에 의해 작동시켜 작동상황의 양부를 확인하는 것
기능점검 (조작검사)	간단한 조작을 행하여 대상 기기의 기능의 양부를 확인하는 것
종합점검	정해진 점검기준에 의해 측정·검사하고 또 정해진 조건하에서 운전시험을 행하여 그 기계설비의 종합적인 기능을 확인하는 것

19 산업안전보건법상 특별안전·보건교육 대상 작업이 아닌 것은?
① 건설용 리프트·곤돌라를 이용한 작업
② 전압이 50볼트(V)인 정전 및 활선 작업
③ 화학설비 중 반응기, 교반기·추출기의 사용 및 세척 작업
④ 액화석유가스·수소가스 등 인화성 가스 또는 폭발성 물질 중 가스의 발생장치 취급 작업

해설

특별안전 보건교육 대상 작업명(작업 중 일부 내용)
1. 밀폐된 장소(탱크 내 또는 환기가 극히 불량한 좁은 장소)에서 하는 용접작업 또는 습한 장소에서 하는 전기용접 작업
2. 액화석유가스·수소가스 등 인화성 가스 또는 폭발성 물질 중 가스의 발생장치 취급 작업
3. 화학설비 중 반응기, 교반기·추출기의 사용 및 세척 작업
4. 화학설비의 탱크 내 작업
5. 건설용 리프트·곤돌라를 이용한 작업
6. 주물 및 단조 작업
7. 전압이 75볼트 이상인 정전 및 활선 작업
8. 콘크리트 인공구조물(그 높이가 2m 이상인 것만 해당)의 해체 또는 파괴 작업
9. 게이지 압력을 제곱센티미터당 1킬로그램 이상으로 사용하는 압력용기의 설치 및 취급 작업
10. 방사선 업무에 관계되는 작업(의료 및 실험용은 제외)
11. 석면해체·제거 작업

20 재해의 근원이 되는 기계장치나 기타의 물(物) 또는 환경을 뜻하는 것은?
① 상해
② 가해물
③ 기인물
④ 사고의 형태

해설

기인물과 가해물
1. 기인물 : 직접적으로 재해를 유발하거나 영향을 끼친 에너지원(운동, 위치, 열, 전기 등)을 지닌 기계·장치, 구조물, 물체·물질, 사람 또는 환경 등을 말한다.
2. 가해물 : 사람에게 직접적으로 상해를 입힌 기계, 장치, 구조물, 물체·물질, 사람 또는 환경요인을 말한다.

2과목 인간공학 및 시스템 안전공학

21 FMEA 기법의 장점에 해당하는 것은?
① 서식이 간단하다.
② 논리적으로 완벽하다.
③ 해석의 초점이 인간에 맞추어져 있다.
④ 동시에 복수의 요소가 고장나는 경우의 해석이 용이하다.

해설

FMEA의 특징
1. CA(Criticality Analysis)와 병행하는 일이 많다.
2. FTA보다 서식이 간단하다.
3. 적은 노력으로 특별한 훈련 없이 분석이 가능하다.
4. 논리성이 부족하다.
5. 각 요소 간의 영향분석이 어려워 동시에 둘 이상의 요소가 고장나는 경우 해석이 곤란하다.
6. 요소가 물체로 한정되어 있어 인적 원인 해명이 곤란하다.
7. 서브 시스템 분석의 경우 FMEA보다 FTA를 하는 것이 더 실제적인 방법이다.
8. 정성적, 귀납적 해석방법 등에 사용

22 Fussell의 알고리즘으로 최소 컷셋을 구하는 방법에 대한 설명으로 틀린 것은?
① OR 게이트는 항상 컷셋의 수를 증가시킨다.
② AND 게이트는 항상 컷셋의 크기를 증가시킨다.
③ 중복 및 반복되는 사건이 많은 경우에 적용하기 적합하고 매우 간편하다.
④ 톱(top) 사상을 일으키기 위해 필요한 최소한의 컷셋이 최소 컷셋이다.

해설

미니멀 컷을 구하는 법
1. AND 게이트 : 항상 컷셋의 크기를 증가
2. OR 게이트 : 항상 컷셋의 수를 증가
3. 정상사상에서 차례로 상단의 사상을 하단의 사상으로 치환하면서 AND 게이트는 가로로 나열하고, OR 게이트는 세로로 나열시킨다.(모든 기본사상에 도달했을 때 그들 각 행이 미니멀 컷셋이 된다.)
4. Fussell의 알고리즘에 의해서 구한 컷셋 BICS(Boolean Indicated Cut Sets)는 진정한 미니멀 컷셋이라 할 수 없으며 이들 컷셋 속의 중복사상이나 컷셋을 제거해야 진정한 미니멀 컷셋이 된다.

TIP 중복사상이 없어야 FTA 계산을 간략화할 수 있다.

23 FT에서 사용되는 사상기호에 대한 설명으로 맞는 것은?
① 위험지속기호 : 정해진 횟수 이상 입력이 될 때 출력이 발생한다.
② 억제게이트 : 조건부 사건이 일어나는 상황하에서 입력이 발생할 때 출력이 발생한다.
③ 우선적 AND 게이트 : 사건이 발생할 때 정해진 순서대로 복수의 출력이 발생한다.
④ 배타적 OR 게이트 : 동시에 2개 이상이 입력이 존재하는 경우에 출력이 발생한다.

해설

사상기호
1. 위험지속기호
   입력사상이 생겨 어떤 일정한 시간이 지속했을 때 출력이 생긴다. 만약 지속되지 않으면 출력은 생기지 않는다.
2. 억제게이트
   입력사상 중 어느 것이나 이 게이트로 나타내는 조건을 만족하는 경우에만 출력사상이 발생한다.(조건부 확률)
3. 우선적 AND 게이트
   입력사상 중 어떤 사상이 다른 사상보다 먼저 일어난 때에 출력사상이 생긴다. 즉, 출력이 발생하기 위해서는 입력들이 정해진 순서로 발생해야 한다.
4. 배타적 OR 게이트
   OR 게이트이지만 2개 또는 그 이상의 입력이 동시에 존재하는 경우에는 출력이 생기지 않는다.

24 일반적인 FTA 기법의 순서로 맞는 것은?

| ㉠ FT의 작성 | ㉡ 시스템의 정의 |
| ㉢ 정량적 평가 | ㉣ 정성적 평가 |

① ㉠ → ㉡ → ㉢ → ㉣
② ㉠ → ㉡ → ㉣ → ㉢
③ ㉡ → ㉠ → ㉢ → ㉣
④ ㉡ → ㉠ → ㉣ → ㉢

정답 21 ① 22 ③ 23 ② 24 ④

해설
결함수 분석(FTA)
1. 사고의 원인이 되는 장치의 이상이나 고장의 다양한 조합 및 작업자 실수 원인을 연역적으로 분석하는 방법을 말한다.
2. 일반적인 FTA 기법의 순서인 '시스템의 정의 → FT의 작성 → 정성적 평가 → 정량적 평가'를 순차적으로 분석한다.

25 작업장에서 발생하는 소음에 대한 대책으로 가장 먼저 고려하여야 할 적극적인 방법은?

① 소음원의 통제
② 소음원의 격리
③ 귀마개 등 보호구의 착용
④ 덮개 등 방호장치의 설치

해설
소음방지대책
1. 소음원의 제거 : 가장 적극적인 대책
2. 소음원의 통제 : 기계의 적절한 설계, 정비 및 주유, 고무 받침대 부착, 소음기 사용(차량) 등
3. 소음의 격리 : 씌우개(Enclosure), 장벽을 사용(창문을 닫으면 약 10dB이 감음됨)
4. 적절한 배치(Layout)
5. 음향 처리제 사용
6. 차폐 장치(Baffle) 및 흡음재 사용
7. 방음 보호 용구 착용

26 인간공학의 연구 방법에서 인간-기계 시스템을 평가하는 척도의 요건으로 적합하지 않은 것은?

① 적절성, 타당성
② 무오염성
③ 주관성
④ 신뢰성

해설
연구 기준의 요건
1. 실제적 요건 : 평가 척도는 현실성을 가지고 있어야 하며, 실질적으로 이용하기가 용이해야 한다. 즉, 객관적이고, 정량적이며, 강요적이지 않고, 수집이 쉬우며, 자료수집 기법이나 기기가 특수하지 않고, 돈이나 실험자의 수고가 적게 드는 것이어야 한다.
2. 적절성(타당성) : 기준이 의도된 목적에 적당하다고 판단되는 정도
3. 무오염성 : 측정하고자 하는 변수 이외의 다른 변수들의 영향을 받아서는 안 된다.

4. 기준척도의 신뢰성(Reliability of Criterion Measure) : 사용되는 척도의 신뢰성 즉 반복성을 말한다.
5. 민감도 : 기대되는 차이에 적합한 정도의 단위로 측정이 가능해야 한다. 즉, 피실험자 사이에서 볼 수 있는 예상 차이점에 비례하는 단위로 측정해야 함을 의미한다.

27 정적 자세 유지 시, 진전(Tremor)을 감소시킬 수 있는 방법으로 틀린 것은?

① 시각적인 참조가 있도록 한다.
② 손이 심장 높이에 있도록 유지한다.
③ 작업 대상물에 기계적 마찰이 있도록 한다.
④ 손을 떨지 않으려고 힘을 주어 노력한다.

해설
진전(잔잔한 떨림)을 감소시킬 수 있는 방법
1. 시각적 참조(Reference)
2. 몸과 작업에 관계되는 부위를 잘 받친다.
3. 손이 심장 높이에 있을 때 손떨림 현상이 적다.
4. 작업 대상물에 기계적인 마찰(Friction)이 있을 경우

TIP 사람이 떨지 않으려고 노력하면 할수록 더 심해짐

28 온도가 적정 온도에서 낮은 온도로 내려갈 때의 인체반응으로 옳지 않은 것은?

① 발한을 시작
② 직장 온도가 상승
③ 피부 온도가 하강
④ 혈액은 많은 양이 몸의 중심부를 순환

해설
온도 변화에 대한 인체의 적응

적정 온도에서 고온환경(더운 환경)으로 변할 때	1. 많은 양의 혈액이 피부를 경유하며 피부 온도가 올라간다. 2. 직장(直腸) 온도가 내려간다. 3. 발한이 시작된다.
적정 온도에서 한랭환경(추운 환경)으로 변할 때	1. 혈액은 피부를 경유하는 순환량이 감소하고, 많은 양의 혈액이 몸의 중심부를 순환한다. 2. 피부 온도가 내려간다. 3. 직장(直腸) 온도가 약간 올라간다. 4. 소름이 돋고 몸이 떨린다.

29 시력과 대비감도에 영향을 미치는 인자에 해당하지 않는 것은?

① 노출시간 ② 연령
③ 주파수   ④ 휘도 수준

해설

시식별에 영향을 주는 조건
1. 노출시간 : 조도가 큰 조건에서는 노출시간이 클수록 식별력이 커지지만 그 이상에서는 같다.
2. 연령 : 나이가 들면 시력과 대비감도가 나빠진다. 일반적으로 40세를 넘어서면서부터 이러한 기능의 저하는 계속된다.
3. 휘광(Glare) : 눈이 적응된 휘도보다 밝은 광원이나 반사광이 시계 내에 있을 때 생기는 눈부심 현상이다.

30 반복적 노출에 따라 민감성이 가장 쉽게 떨어지는 표시장치는?

① 시각 표시장치 ② 청각 표시장치
③ 촉각 표시장치 ④ 후각 표시장치

해설

후각적 표시장치를 많이 쓰지 않는 이유
1. 사람마다 여러 냄새에 대한 민감도의 개인차가 심하고, 코가 막히면 민감도가 떨어진다.
2. 사람은 냄새에 빨리 익숙해져서 노출 후 얼마 이상이 지나면 냄새의 존재를 느끼지 못한다.
3. 냄새의 확산을 통제하기가 힘들다.
4. 어떤 냄새는 메스껍게 하고 사람이 싫어할 수도 있다.

31 조종장치를 3cm 움직였을 때 표시장치의 지침이 5cm 움직였다면, C/R비는 얼마인가?

① 0.25 ② 0.6
③ 1.6   ④ 1.7

해설

선형 조종장치가 선형 표시장치를 움직일 때 각각 직선변위의 비(제어표시비)

$$C/D비(C/R비) = \frac{조종장치(제어기기)의\ 이동거리}{표시장치(표시기기)의\ 반응거리}$$

$C/D비 = \dfrac{조종장치의\ 이동거리}{표시장치의\ 반응거리} = \dfrac{3}{5} = 0.6$

32 NIOSH의 연구에 기초하여, 목과 어깨 부위의 근골격계 질환 발생과 인과관계가 가장 적은 위험요인은?

① 진동   ② 반복작업
③ 과도한 힘 ④ 작업자세

해설

근골격계 질환과 유해 인자 사이의 연관성

목과 목 (어깨 부위)	작업자세가 강한 연관성이 있으며, 반복성과 힘은 연관성이 있다. 진동은 연관성에 대한 증거가 불충분
어깨 부위	작업자세와 반복성이 연관성이 있으며, 힘과 진동은 연관성에 대한 증거가 불충분
팔꿈치 부위	작업자세, 반복성, 힘이 혼합된 위험요인들로 강한 연관성이 있으며, 힘은 연관성이 존재하고, 반복성과 작업자세는 연관성에 대한 증거가 불충분
손 및 손목 부위 (수근관증후군)	작업자세, 반복성, 힘이 혼합된 위험요인들로 강한 연관성이 있으며, 반복성, 힘, 진동은 연관성이 존재하고, 작업자세는 연관성에 대한 증거가 불충분
손 및 손목 부위 (건초염)	작업자세, 반복성, 힘이 혼합된 위험요인들로 강한 연관성이 있으며, 반복성, 힘, 작업자세가 연관성이 존재
손 및 손목 부위 (진동증후군)	진동만이 강한 연관성이 있음
허리 부위	들기 작업과 힘, 전신진동이 강한 연관성이 있으며, 작업자세와 고된 작업은 연관성이 있으며, 정적인 자세는 연관성에 대한 증거가 불충분

33 시스템의 수명곡선에서 고장의 발생형태가 일정하게 나타나는 기간은?

① 초기고장기간
② 우발고장기간
③ 마모고장기간
④ 피로고장기간

해설

시스템 수명곡선(욕조곡선)

초기 고장	1. 감소형(DFR ; Decreasing Failure Rate) : 고장률이 시간에 따라 감소 2. 불량 제조, 생산과정에서 품질관리 미비, 설계 미숙 등으로 일어나는 고장 3. 점검작업이나 시운전 등으로 감소시킬 수 있다. 4. 보전예방(MP) 실시

우발고장	1. 일정형(CFR ; Constant Failure Rate) : 고장률이 시간에 관계없이 거의 일정 2. 예측할 수 없을 때 발생하는 고장으로 시운전이나 점검작업으로는 방지할 수 없다. 3. 낮은 안전계수, 사용자의 과오, 설계강도 이상의 급격한 스트레스 축적, 최선의 검사방법으로도 탐지되지 않는 결함 때문에 발생하는 고장 4. 사후보전(BM) 실시
마모고장	1. 증가형(IFR ; Increasing Failure Rate) : 고장률이 시간에 따라 증가 2. 장치의 일부가 수명을 다하여 생기는 고장 3. 부식 또는 산화, 마모 또는 피로, 불충한 정비 등으로 발생하는 고장 4. 안전진단 및 적당한 보수에 의해 감소시킬 수 있다. 5. 예방보전(PM) 실시

34 인체측정치를 이용한 설계에 관한 설명으로 옳은 것은?

① 평균치를 기준으로 한 설계를 제일 먼저 고려한다.
② 의자의 깊이와 너비는 모두 작은 사람을 기준으로 설계한다.
③ 자세와 동작에 따라 고려해야 할 인체측정치수가 달라진다.
④ 큰 사람을 기준으로 한 설계는 인체측정치의 5%tile을 사용한다.

해설

인체계측 자료의 응용원칙
1. 인체측정치를 이용한 설계 흐름도는 '조절 가능한 설계 → 극단치를 이용한 설계 → 평균치를 이용한 설계' 순서로 설계에 적용한다.
2. 의자의 깊이는 최소 집단치 설계, 의자의 너비는 최대 집단치를 기준으로 설계한다.
3. 최대 집단치를 기준으로 한 설계의 대표치는 남성의 95백분위수를 사용한다.

35 60fL의 광도를 요하는 시각 표시장치의 반사율이 75%일 때, 소요조명은 몇 fc인가?

① 75
② 80
③ 85
④ 90

해설

소요조명

$$소요조명(fc) = \frac{광속발산도(fL)}{반사율(\%)} \times 100$$

$소요조명(fc) = \frac{60}{75} \times 100 = 80[fc]$

36 필요한 작업 또는 절차의 잘못된 수행으로 발생하는 과오는?

① 시간적 과오(Time Error)
② 생략적 과오(Omission Error)
③ 순서적 과오(Sequential Error)
④ 수행적 과오(Commision Error)

해설

인간실수의 분류(심리적인 분류)

생략 에러 (Omission Error) 부작위 실수	필요한 직무 및 절차를 수행하지 않아(생략) 발생하는 에러 예 가스밸브를 잠그는 것을 잊어 사고가 났다.
작위 에러 (Commission Error)	필요한 작업 또는 절차의 불확실한 수행(잘못 수행)으로 인한 에러 예 전선이 바뀌었다. 틀린 부품을 사용하였다. 부품이 거꾸로 조립되었다. 등
순서 에러 (Sequential Error)	필요한 작업 또는 절차의 순서 착오로 인한 에러 예 자동차 출발 시 핸드브레이크를 해제하지 않고 출발하여 발생한 경우
시간 에러 (Time Error)	필요한 직무 또는 절차의 수행 지연으로 인한 에러 예 프레스 작업 중에 금형 내에 손이 오랫동안 남아 있어 발생한 재해
과잉행동 에러 (Extraneous Error)	불필요한 작업 또는 절차를 수행함으로써 기인한 에러 예 자동차 운전 중 습관적으로 손을 창문으로 내밀어 발생한 재해

37 인간의 과오를 정량적으로 평가하기 위한 기법으로, 인간과오의 분류시스템과 확률을 계산하는 안전성 평가기법은?

① THERP
② FTA
③ ETA
④ HAZOP

정답 34 ③ 35 ② 36 ④ 37 ①

해설

인간과오율 예측기법(Technique For Human Error Rate Prediction : THERP)
1. 사고원인 가운데 인간의 과오에서 기인된 원인분석, 확률을 계산함으로서 제품의 결함을 감소시키고, 인간공학적 대책을 수립하는 데 사용되는 분석기법
2. 인간의 과오(Human Error)를 정량적으로 평가하기 위해 개발된 기법

> TIP
> - 결함수 분석(FTA) : 사고의 원인이 되는 장치의 이상이나 고장의 다양한 조합 및 작업자 실수 원인을 연역적으로 분석하는 방법을 말한다.
> - 사건수 분석(ETA) : 초기사건으로 알려진 특정한 장치의 이상 또는 운전자의 실수에 의해 발생되는 잠재적인 사고결과를 정량적으로 평가·분석하는 방법을 말한다.
> - 위험과 운전분석(HAZOP) : 공정에 존재하는 위험요소들과 공정의 효율을 떨어뜨릴 수 있는 운전상의 문제점을 찾아내어 그 원인을 제거하는 방법을 말한다.

38 제어장치와 표시장치에 있어 물리적 형태나 배열을 유사하게 설계하는 것은 어떤 양립성(Compatibility)의 원칙에 해당하는가?

① 시각적 양립성(Visual Compatibility)
② 양식 양립성(Modality Compatibility)
③ 공간적 양립성(Spatial Compatibility)
④ 개념적 양립성(Conceptual Compatibility)

해설

양립성의 종류

공간 양립성	표시장치와 이에 대응하는 조종장치 간의 위치 또는 배열이 인간의 기대와 모순되지 않아야 한다. 예 가스버너에서 오른쪽 조리대는 오른쪽 조절장치로, 왼쪽 조리대는 왼쪽 조절장치로 조정하도록 배치한다.
운동 양립성	조작장치의 방향과 표시장치의 움직이는 방향이 사용자의 기대와 일치하는 것 예 자동차를 운전하는 과정에서 우측으로 회전하기 위하여 핸들을 우측으로 돌린다.
개념 양립성	사람들이 가지고 있는(이미 사람들이 학습을 통해 알고 있는) 개념적 연상에 관한 기대와 일치하는 것 예 냉온수기에서 빨간색은 온수, 파란색은 냉수가 나온다.
양식 양립성	음성 과업에 대해서는 청각적 자극 제시와 이에 대한 음성 응답 등에 해당

39 인간-기계 시스템에서의 기본적인 기능에 해당하지 않는 것은?

① 행동 기능
② 정보의 설계
③ 정보의 수용
④ 정보의 저장

해설

체계(System)의 기본기능 및 업무

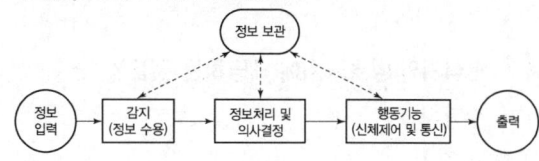

40 어떤 기기의 고장률이 시간당 0.002로 일정하다고 한다. 이 기기를 100시간 사용했을 때 고장이 발생할 확률은?

① 0.1813
② 0.2214
③ 0.6253
④ 0.8187

해설

고장률이 사용시간에 관계없이 일정한 경우(시간당 고장률이 일정)

> - 신뢰도 함수 : $R(t) = e^{-\lambda t}$
> - 불신뢰도 함수 : $F(t) = 1 - R(t) = 1 - e^{-\lambda t}$

1. 신뢰도
$R(t) = e^{-\lambda t} = e^{-0.002 \times 100} = 0.8187$

2. 불신뢰도
$F(t) = 1 - R(t) = 1 - 0.8187 = 0.1813$

3과목 기계위험 방지기술

41 연삭기에서 숫돌의 바깥지름이 180mm라면, 평형 플랜지의 바깥지름은 몇 mm 이상이어야 하는가?

① 30
② 36
③ 45
④ 60

정답 38 ③ 39 ② 40 ① 41 ④

해설

플랜지의 지름

$$\text{플랜지의 지름} = \text{숫돌 지름} \times \frac{1}{3}$$

플랜지의 지름 $= 180 \times \frac{1}{3} = 60\text{mm}$

42 연삭기의 방호장치에 해당하는 것은?

① 주수장치
② 덮개 장치
③ 제동 장치
④ 소화 장치

해설

연삭기
연삭기 행정 끝이 근로자에게 위험을 미칠 우려가 있는 경우에 해당 부위에 덮개 또는 울 등을 설치하여야 한다.

43 기계의 왕복운동을 하는 동작 부분과 움직임이 없는 고정 부분 사이에 형성되는 위험점으로 프레스 등에서 주로 나타나는 것은?

① 물림점
② 협착점
③ 절단점
④ 회전말림점

해설

협착점(Squeeze-Point)
왕복운동을 하는 운동부와 움직임이 없는 고정부 사이에서 형성되는 위험점(고정점 + 운동점)
예) 프레스, 전단기, 성형기, 조형기, 밴딩기, 인쇄기

TIP
- 물림점 : 회전하는 두 개의 회전체에 형성되는 위험점(서로 반대방향의 회전체)[롤러와 롤러의 물림, 기어와 기어의 물림 등]
- 절단점 : 회전하는 운동부 자체의 위험이나 운동하는 기계부분 자체의 위험에서 형성되는 위험점(밀링커터, 둥근톱의 톱날, 목공용 띠톱날 등)
- 회전말림점 : 회전하는 물체에 작업복 등이 말려들 위험이 있는 위험점(회전하는 축, 회전하는 드릴 등)

44 프레스의 손쳐내기식 방호장치에서 방호판의 기준에 대한 설명이다. ( )에 들어갈 내용으로 맞는 것은?

방호판의 폭은 금형 폭의 (㉠) 이상이어야 하고, 행정길이가 (㉡)mm 이상인 프레스 기계에서는 방호판의 폭을 (㉢)mm로 해야 한다.

① ㉠ 1/2, ㉡ 300, ㉢ 200
② ㉠ 1/2, ㉡ 300, ㉢ 300
③ ㉠ 1/3, ㉡ 300, ㉢ 200
④ ㉠ 1/3, ㉡ 300, ㉢ 300

해설

손쳐내기식 방호장치 설치방법
1. 슬라이드 하행정거리의 3/4 위치에서 손을 완전히 밀어내야 한다.
2. 손쳐내기봉의 행정(Stroke)길이를 금형의 높이에 따라 조정할 수 있고 진동 폭은 금형 폭 이상이어야 한다.
3. 방호판과 손쳐내기봉은 경량이면서 충분한 강도를 가져야 한다.
4. 방호판의 폭은 금형폭의 1/2 이상이어야 하고, 행정길이가 300mm 이상의 프레스기계에는 방호판 폭을 300mm로 해야 한다.
5. 손쳐내기봉은 손 접촉 시 충격을 완화할 수 있는 완충재를 부착해야 한다.
6. 부착볼트 등의 고정 금속 부분은 예리하게 돌출되지 않아야 한다.

45 2개의 회전체가 회전운동을 할 때에 물림점이 발생할 수 있는 조건은?

① 두 개의 회전체 모두 시계 방향으로 회전
② 두 개의 회전체 모두 시계 반대 방향으로 회전
③ 하나는 시계 방향으로 회전하고 다른 하나는 정지
④ 하나는 시계 방향으로 회전하고 다른 하나는 시계 반대 방향으로 회전

해설

물림점(Nip-Point)
회전하는 두 개의 회전체에 형성되는 위험점(서로 반대방향의 회전체)[중심점+반대방향의 회전운동]
예) 기어와 기어의 물림, 롤러와 롤러의 물림, 롤러분쇄기

46 산업안전보건법령에 따라 달기 체인을 달비계에 사용해서는 안 되는 경우가 아닌 것은?

① 균열이 있거나 심하게 변형된 것
② 달기 체인의 한 꼬임에서 끊어진 소선의 수가 10% 이상인 것
③ 달기 체인의 길이가 달기 체인이 제조된 때의 길이의 5%를 초과한 것
④ 링의 단면지름이 달기 체인이 제조된 때의 해당 링의 지름의 10%를 초과하여 감소한 것

해설
양중기 달기 체인의 사용금지 조건
1. 달기 체인의 길이가 달기 체인이 제조된 때의 길이의 5%를 초과한 것
2. 링의 단면지름이 달기 체인이 제조된 때의 해당 링의 지름의 10%를 초과하여 감소한 것
3. 균열이 있거나 심하게 변형된 것

47 산업안전보건법령에 따라 컨베이어에 부착해야 할 방호장치로 적합하지 않은 것은?

① 비상정지장치
② 과부하방지장치
③ 역주행방지장치
④ 덮개 또는 낙하방지용 울

해설
컨베이어의 방호장치
1. 비상정지장치
2. 역전방지장치
　㉠ 기계식 : 라쳇식, 롤러식, 밴드식
　㉡ 전기식 : 전기 브레이크, 스러스트 브레이크
3. 브레이크
4. 이탈방지 장치
　㉠ 전자식 브레이크
　㉡ 유압식 브레이크
5. 덮개 또는 울
6. 건널다리

48 보일러의 방호장치로 적절하지 않은 것은?

① 압력방출방치
② 과부하방지장치
③ 압력제한 스위치
④ 고저수위조절장치

해설
보일러 안전장치의 종류
1. 압력방출장치
2. 압력제한 스위치
3. 고저수위조절장치
4. 화염검출기

49 산업안전보건법령에 따라 목재가공용 기계에 설치하여야 하는 방호장치에 대한 내용으로 틀린 것은?

① 목재가공용 둥근톱기계에는 분할날 등 반발예방장치를 설치하여야 한다.
② 목재가공용 둥근톱기계에는 톱날접촉예방장치를 설치하여야 한다.
③ 모떼기기계에는 가공 중 목재의 회전을 방지하는 회전방지장치를 설치하여야 한다.
④ 작업대상물이 수동으로 공급되는 동력식 수동대패 기계에 날접촉예방장치를 설치하여야 한다.

해설
모떼기기계의 방호장치
모떼기기계(자동이송장치를 부착한 것은 제외)에 날접촉예방장치를 설치하여야 한다. 다만, 작업의 성질상 날접촉예방장치를 설치하는 것이 곤란하여 해당 근로자에게 적절한 작업공구 등을 사용하도록 한 경우에는 그러하지 아니하다.

50 연삭기의 원주 속도 V(m/s)를 구하는 식은?
[단, D는 숫돌의 지름(m), n은 회전수 (rpm)이다.]

① $V = \dfrac{\pi D n}{16}$ ② $V = \dfrac{\pi D n}{32}$
③ $V = \dfrac{\pi D n}{60}$ ④ $V = \dfrac{\pi D n}{1,000}$

해설
원주속도(회전속도)

$$V = \pi DN (\text{mm/min}) = \dfrac{\pi DN}{1,000}(\text{m/min})$$

여기서 V : 원주속도(회전속도)(m/min)
　　　D : 숫돌의 지름(mm)
　　　N : 숫돌의 매분 회전수(rpm)

1. 공식에서는 숫돌의 지름이 mm인데 문제에서 숫돌의 지름이 m로 주어졌으므로

$$V = \frac{\pi DN}{1,000}(\text{m/min}) = \frac{\pi \times 1,000 \times N}{1,000}(\text{m/min})$$
$$= \pi DN(\text{m/min})$$

2. 공식에서는 원주속도의 단위가 m/min인데 문제에서 원주속도의 단위가 m/s로 주어졌으므로

$$V = \pi DN \times \frac{1}{60(\text{초})} = \frac{\pi DN}{60}(\text{m/s})$$

51 다음 중 산소 – 아세틸렌 가스용접 시 역화의 원인과 가장 거리가 먼 것은?

① 토치의 과열
② 토치 팁의 이물질
③ 산소 공급의 부족
④ 압력조정기의 고장

해설

역화(Back Fire)

정의	용접 도중에 모재에 팁 끝이 닿아 불꽃이 팁 끝에서 순간적으로 폭음을 내며 불꽃이 들어갔다가 꺼지는 현상
원인	1. 압력 조정기의 고장 2. 과열되었을 때 3. 산소 공급이 과다할 때 4. 토치의 성능이 좋지 않을 때 5. 토치 팁에 이물질이 묻었을 때
방지법	1. 용접 팁을 물에 담가서 식힘 2. 아세틸렌을 차단 3. 토치의 기능을 점검

52 다음 중 프레스의 안전작업을 위하여 활용하는 수공구로 가장 거리가 먼 것은?

① 브러시
② 진공 컵
③ 마그넷 공구
④ 플라이어(집게)

해설

수공구의 종류

누름봉, 갈고리류	재료나 부품을 누르거나 받치거나 끌어당기거나 들어 올리거나 떼어내거나 위치를 바로잡거나 밀거나 할 때 사용하는 수공구
핀셋트류	작은 부품을 손으로 집어내거나 송급 시에 작업 부품 등을 넣을 때 손가락으로 잡는 것보다 효과적으로 사용할 수 있는 수공구
플라이어류	재료나 부품을 잡을 때 가장 응용범위가 많은 수공구
마그넷 공구류	취급재료가 철판인 경우 사용되는 수공구
진공컵류	판막에 밀착해서 사용하는 수공구

53 그림과 같은 지게차가 안정적으로 작업할 수 있는 상태의 조건으로 적합한 것은?

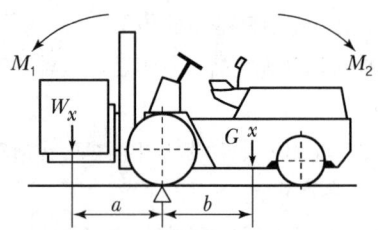

M_1:화물의 모멘트, M_2:차의 모멘트

① $M_1 < M_2$
② $M_1 > M_2$
③ $M_1 \geqq M_2$
④ $M_1 > 2M_2$

해설

지게차의 안정조건

$$Wa < Gb$$

여기서, W : 화물중심에서의 화물의 중량(kgf)
G : 지게차 중심에서의 지게차의 중량(kgf)
a : 앞바퀴에서 화물 중심까지의 최단거리(cm)
b : 앞바퀴에서 지게차 중심까지의 최단거리(cm)
$M_1 = Wa$(화물의 모멘트), $M_2 = Gb$(지게차의 모멘트)

54 그림과 같이 2줄의 와이어로프로 중량물을 달아 올릴 때, 로프에 가장 힘이 적게 걸리는 각도(θ)는?

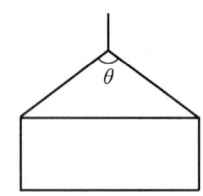

① 30°
② 60°
③ 90°
④ 120°

해설

슬링와이어로프의 한 가닥에 걸리는 하중

$$\text{하중} = \frac{\text{화물의 무게}(W_1)}{2} \div \cos\frac{\theta}{2}$$

여기서, 각도 θ가 작을수록 힘이 적게 걸린다.

55 기계 설비의 안전조건에서 구조적 안전화에 해당하지 않는 것은?

① 가공결함
② 재료결함
③ 설계상의 결함
④ 방호장치의 작동결함

해설
구조상의 안전화
기계를 설계할 때 적정한 재료를 선정하고 충분한 강도를 유지하면서 신뢰성 있게 제작하는 것으로 설계, 재료 및 가공상의 결함을 제거하는 것이다.

설계상의 결함	1. 가장 큰 원인은 강도산정(부하예측, 강도계산)상의 오류 2. 사용상 강도의 열화를 고려하여 안전율을 산정
재료의 결함	기계 재료 자체에 균열, 부식, 강도 저하 등 결함이 있으므로 설계 시 재료의 선택에 유의하여야 한다.
가공의 결함	재료 가공 도중 결함이 생길 수 있으므로 기계적 특성을 갖는 적절한 열처리 등이 필요하다.

56 산업용 로봇의 동작 형태별 분류에 해당하지 않는 것은?
① 관절 로봇 ② 극좌표 로봇
③ 수치제어 로봇 ④ 원통좌표 로봇

해설
산업용 로봇의 종류

입력 정보 교시에 의한 분류	1. 시퀀스 로봇 2. 플레이백 로봇	3. 수치제어 로봇 4. 지능 로봇
동작 형태에 의한 분류	1. 원통좌표 로봇 2. 극좌표 로봇	3. 직각좌표 로봇 4. 다관절 로봇

57 프레스기의 방호장치의 종류가 아닌 것은?
① 가드식 ② 초음파식
③ 광전자식 ④ 양수조작식

해설
프레스의 방호장치
1. 게이트 가드식
2. 손쳐내기식
3. 수인식
4. 양수조작식
5. 광전자식

58 선반작업에서 가공물의 길이가 외경에 비하여 과도하게 길 때, 절삭저항에 의한 떨림을 방지하기 위한 장치는?
① 센터 ② 심봉
③ 방진구 ④ 돌리개

해설
방진구
1. 가공물의 길이가 외경에 비해 가늘고 긴 공작물을 가공할 경우 자중 및 절삭력으로 인하여 휘거나 처짐, 진동을 방지하기 위하여 사용하는 기구로 고정식과 이동식 방진구가 있다.
2. 가공물의 길이가 직경의 12배 이상일 때는 반드시 방진구를 사용하여야 한다.

59 양수조작식 방호장치에서 누름버튼 상호 간의 내측 거리는 몇 mm 이상이어야 하는가?
① 250 ② 300
③ 350 ④ 400

해설
양수조작식
누름버튼의 상호 간 내측거리는 300mm 이상이어야 한다.

60 기계설비 외형의 안전화 방법이 아닌 것은?
① 덮개 ② 안전색채 조절
③ 가드(Guard)의 설치 ④ 페일 세이프(Fail Safe)

해설
외관상의 안전화
기계를 설계할 때 기계 외부에 나타나는 위험부분을 제거하거나 기계 내부에 내장시키는 것
1. 가드 설치 : 기계 외형 부분 및 회전체 돌출 부분(묻힘형이나 덮개의 설치)
2. 구획된 장소에 격리 : 원동기 및 동력전도장치(벨트, 기어, 샤프트, 체인 등)
3. 안전색채 조절(기계 장비 및 부수되는 배관)

시동 스위치	녹색	고열을 내는 기계	청녹색, 회청색	기름배관	암황적색
급정지 스위치	적색	증기배관	암적색	물배관	청색
대형기계	밝은 연녹색	가스배관	황색	공기배관	백색

> **TIP** 페일 세이프(Fail Safe) : 기능적 안전화에 해당된다.

정답 56 ③ 57 ② 58 ③ 59 ② 60 ④

> [4과목] 전기 및 화학설비위험방지기술

61 도체의 정전용량 $C = 20\mu F$, 대전전위(방전 시 전압) $V = 3kV$일 때 정전에너지(J)는?

① 45
② 90
③ 180
④ 360

해설

정전에너지

$$W = \frac{1}{2}CV^2$$

여기서, W : 정전에너지(mJ), C : 도체의정전용량(F),
V : 대전전위(V), Q : 대전전하량(C)

$W = \frac{1}{2}CV^2 = \frac{1}{2} \times (20 \times 10^{-6}) \times (3,000)^2 = 90[J]$

TIP $1[\mu F] = 10^{-6}[F]$, $1V = 10^{-3}kV$

62 사람이 접촉될 우려가 있는 장소에서 제1종 접지공사의 접지선을 시설할 때 접지극의 최소 매설깊이는?

① 지하 30cm 이상
② 지하 50cm 이상
③ 지하 75cm 이상
④ 지하 90cm 이상

해설

접지극의 매설
1. 접지극은 매설하는 토양을 오염시키지 않아야 하며, 가능한 다습한 부분에 설치한다.
2. 접지극은 동결 깊이를 감안하여 시설하되 고압 이상의 전기설비와 변압기 중성점 접지에 의하여 시설하는 접지극의 매설깊이는 지표면으로부터 지하 0.75m 이상으로 한다.
3. 접지극은 지표면으로부터 지하 0.75m 이상으로 하되 동결 깊이를 감안하여 매설 깊이를 정해야 한다.
4. 접지도체를 철주, 기타의 금속체를 따라서 시설하는 경우에는 접지극을 철주의 밑면으로부터 0.3m 이상의 깊이에 매설하는 경우 이외에는 접지극을 지중에서 그 금속체로부터 1m 이상 떼어 매설하여야 한다.

TIP 법 개정으로 접지대상에 따라 일괄 적용한 종별접지(1종, 2종, 3종, 특별 3종)가 폐지되었습니다. 해설을 참고하세요.

63 접지공사의 종류별로 접지선의 굵기 기준이 바르게 연결된 것은?

① 제1종 접지공사 – 공칭단면적 1.6mm² 이상의 연동선
② 제2종 접지공사 – 공칭단면적 2.6mm² 이상의 연동선
③ 제3종 접지공사 – 공칭단면적 2mm² 이상의 연동선
④ 특별 제3종 접지공사 – 공칭단면적 2.5mm² 이상의 연동선

해설

접지시스템
1. 접지시스템

구분	1. 계통접지(System Earthing) : 전력계통에서 돌발적으로 발생하는 이상현상에 대비하여 대지와 계통을 연결하는 것으로, 중성점을 대지에 접속하는 것을 말한다. 2. 보호접지(Protective Earthing) : 고장 시 감전에 대한 보호를 목적으로 기기의 한 점 또는 여러 점을 접지하는 것을 말한다. 3. 피뢰시스템 접지 : 뇌격전류를 안전하게 대지로 보내기 위해 접지극을 대지에 접속하는 것을 말한다.
종류	1. 단독접지 : (특)고압 계통의 접지극과 저압 접지계통의 접지극을 독립적으로 시설하는 접지방식 2. 공통접지 : (특)고압 접지계통과 저압 접지계통을 등전위 형성을 위해 공통으로 접지하는 방식 3. 통합접지 : 계통접지, 통신접지, 피뢰접지극의 접지극을 통합하여 접지하는 방식
구성요소	접지시스템은 접지극, 접지도체, 보호체 및 기타 설비로 구성한다.
연결	접지극은 접지도체를 사용하여 주 접지단자에 연결하여야 한다.

2. 보호도체
  (1) 보호도체의 최소 단면적
    ① 보호도체의 최소 단면적은 다음에 따라 선정해야 하며, 보호도체용 단자도 이 도체의 크기에 적합하여야 한다. 다만, "②"에 따라 계산한 값 이상이어야 한다.

상도체의 단면적 S(mm², 구리)	보호도체의 최소 단면적(mm², 구리)	
	보호도체의 재질	
	상도체와 같은 경우	상도체와 다른 경우
$S \leq 16$	S	$(k_1/k_2) \times S$
$16 < S \leq 35$	$16(a)$	$(k_1/k_2) \times 16$
$S > 35$	$S(a)/2$	$(k_1/k_2) \times (S/2)$

정답 61 ② 62 ③ 63 ④

여기서, k_1 : 도체 및 절연의 재질에 따라 KS C IEC에서 선정된 상도체에 대한 k값
k_2 : KS C IEC에서 선정된 보호도체에 대한 k값
a : PEN 도체의 최소단면적은 중성선과 동일하게 적용

② 보호도체의 단면적은 다음의 계산 값 이상이어야 한다.
㉠ 차단시간이 5초 이하인 경우에만 다음 계산식을 적용한다.

$$S = \frac{\sqrt{I^2 t}}{k}$$

여기서, S : 단면적(mm²)
I : 보호장치를 통해 흐를 수 있는 예상 고장전류 실효값(A)
t : 자동차단을 위한 보호장치의 동작시간(s)
k : 보호도체, 절연, 기타 부위의 재질 및 초기 온도와 최종온도에 따라 정해지는 계수

㉡ 계산 결과가 "①"의 보호도체의 최소 단면적 값 이상으로 산출된 경우, 계산 값 이상의 단면적을 가진 도체를 사용하여야 한다.

TIP 법 개정으로 접지대상에 따라 일괄 적용한 종별접지(1종, 2종, 3종, 특별 3종)가 폐지되었습니다. 해설을 참고하세요.

64 인체가 현저히 젖어 있거나 인체의 일부가 금속성의 전기기구 또는 구조물에 상시 접촉되어 있는 상태의 허용접촉전압(V)은?

① 2.5V 이하
② 25V 이하
③ 50V 이하
④ 제한 없음

해설

허용 접촉전압

종별	접촉상태	허용접촉전압
제1종	인체의 대부분이 수중에 있는 상태	2.5V 이하
제2종	• 인체가 현저하게 젖어 있는 상태 • 금속성의 전기기계장치나 구조물에 인체의 일부가 상시 접촉되어 있는 상태	25V 이하
제3종	• 제1종, 제2종 이외의 경우로 통상의 인체상태에 있어서 접촉전압이 가해지면 위험성이 높은 상태	50V 이하
제4종	• 제1종, 제2종 이외의 경우로 통상의 인체상태에 있어서 접촉전압이 가해지더라도 위험성이 낮은 상태 • 접촉전압이 가해질 우려가 없는 상태	제한 없음

65 신선한 공기 또는 불연성가스 등의 보호기체를 용기의 내부에 압입함으로써 내부의 압력을 유지하여 폭발성 가스가 침입하지 않도록 하는 방폭구조는?

① 내압 방폭구조
② 압력 방폭구조
③ 안전증 방폭구조
④ 특수 방진 방폭구조

해설

압력 방폭구조(p)
점화원이 될 우려가 있는 부분을 용기 안에 넣고 보호 기체(신선한 공기 또는 불활성기체)를 용기 안에 압입함으로써 폭발성 가스가 침입하는 것을 방지하도록 되어 있는 방폭 구조(전폐형 구조)

TIP
• 내압 방폭구조(d) : 전폐형 구조로 용기 내에 외부의 폭발성 가스가 침입하여 내부에서 폭발하더라도 용기는 그 압력에 견뎌야 하고 폭발한 고열 가스나 화염이 용기의 접합부 틈을 통하여 새어나가는 동안 냉각되어 외부의 폭발성 가스에 화염이 파급될 우려가 없도록 한 방폭구조
• 안전증 방폭구조(e) : 전기 기기의 정상 사용조건 및 특정 비정상 상태에서 과도한 온도 상승, 아크 또는 스파크의 발생 위험을 방지하기 위해 추가적인 안전조치를 통한 안전도를 증가시킨 방폭구조
• 특수 방진 방폭구조(SDP) : 전폐구조로서 접합면 깊이를 일정치 이상으로 하거나 또는 접합면에 일정치 이상의 깊이가 있는 패킹을 사용하여 분진이 용기 내부로 침입하지 않도록 한 구조

66 과전류차단기로 시설하는 퓨즈 중 고압전로에 사용하는 포장 퓨즈는 정격전류의 몇 배를 견딜 수 있어야 하는가?

① 1.1배
② 1.3배
③ 1.6배
④ 2.0배

해설

고압전로에 사용하는 퓨즈

포장퓨즈	비포장 퓨즈
• 정격전류의 1.3배의 전류에 견딜 것 • 2배의 전류로 120분 안에 용단되는 것	• 정격전류의 1.25배의 전류에 견딜 것 • 2배의 전류로 2분 안에 용단되는 것

정답 64 ② 65 ② 66 ②

67 산업안전보건기준에 관한 규칙에 따라 꽂음접속기를 설치 또는 사용하는 경우 준수하여야 할 사항으로 틀린 것은?

① 서로 다른 전압의 꽂음접속기는 서로 접속되지 아니한 구조의 것을 사용할 것
② 습윤한 장소에 사용되는 꽂음접속기는 방수형 등 그 장소에 적합한 것을 사용할 것
③ 근로자가 해당 꽂음접속기를 접속시킬 경우에는 땀 등으로 젖은 손으로 취급하지 않도록 할 것
④ 꽂음접속기에 잠금장치가 있을 때에는 접속 후 개방하여 사용할 것

해설
꽂음접속기의 설치·사용 시 준수사항
1. 서로 다른 전압의 꽂음접속기는 서로 접속되지 아니한 구조의 것을 사용할 것
2. 습윤한 장소에 사용되는 꽂음접속기는 방수형 등 그 장소에 적합한 것을 사용할 것
3. 근로자가 해당 꽂음접속기를 접속시킬 경우에는 땀 등으로 젖은 손으로 취급하지 않도록 할 것
4. 해당 꽂음접속기에 잠금장치가 있는 경우에는 접속 후 잠그고 사용할 것

68 방폭전기설비에서 1종 위험장소에 해당하는 것은?

① 이상상태에서 위험분위기를 발생할 염려가 있는 장소
② 보통장소에서 위험분위기를 발생할 염려가 있는 장소
③ 위험분위기가 보통의 상태에서 계속해서 발생하는 장소
④ 위험분위기가 장기간 또는 거의 조성되지 않는 장소

해설
가스폭발 위험장소

0종 장소	인화성 액체의 증기 또는 가연성 가스에 의한 폭발위험이 지속적으로 또는 장기간 존재하는 장소	용기·장치·배관 등의 내부 등
1종 장소	정상작동상태에서 폭발위험분위기가 존재하기 쉬운 장소	맨홀·벤트·피트 등의 주위
2종 장소	정상작동상태에서 폭발위험분위기가 존재할 우려가 없으나, 존재할 경우 그 빈도가 아주 적고 단기간만 존재할 수 있는 장소	개스킷·패킹 등의 주위

69 전기기계·기구의 누전에 의한 감전의 위험을 방지하기 위하여 코드 및 플러그를 접속하여 사용하는 전기기계·기구 중 노출된 비충전 금속체에 접지를 실시하여야 하는 것이 아닌 것은?

① 사용전압이 대지전압 110V인 기구
② 냉장고·세탁기·컴퓨터 및 주변기기 등과 같은 고정형 전기기계·기구
③ 고정형·이동형 또는 휴대형 전동기계·기구
④ 휴대형 손전등

해설
전기 기계·기구의 접지(접지 대상)
코드와 플러그를 접속하여 사용하는 전기 기계·기구 중 다음 각 목의 어느 하나에 해당하는 노출된 비충전 금속체
1. 사용전압이 대지전압 150볼트를 넘는 것
2. 냉장고·세탁기·컴퓨터 및 주변기기 등과 같은 고정형 전기기계·기구
3. 고정형·이동형 또는 휴대형 전동기계·기구
4. 물 또는 도전성이 높은 곳에서 사용하는 전기기계·기구, 비접지형 콘센트
5. 휴대형 손전등

70 액체가 관 내를 이동할 때에 정전기가 발생하는 현상은?

① 마찰대전 ② 박리대전
③ 분출대전 ④ 유동대전

해설
유동대전
1. 액체류를 파이프 등으로 수송할 때 액체류가 파이프 등과 접촉하여 두 물질의 경계에 전기 2중층이 형성되어 정전기 발생
2. 액체류의 유동속도가 정전기 발생에 큰 영향을 준다.
3. 파이프 속에 저항이 높은 액체가 흐를 때 발생

> **TIP** 1. 마찰대전 : 두 물체가 서로 접촉 시 위치의 이동으로 전하의 분리 및 재배열이 일어나는 현상
> 2. 박리대전 : 상호 밀착해 있던 물체가 떨어지면서 전하 분리가 생겨 정전기가 발생(필름을 벗겨낼 때)
> 3. 분출대전 : 분체류, 액체류, 기체류가 단면적이 작은 개구부를 통해 분출할 때 분출물과 개구부의 마찰로 인하여 정전기가 발생

71 물과의 반응 또는 열에 의해 분해되어 산소를 발생하는 것은?

① 적린 ② 과산화나트륨
③ 유황 ④ 이황화탄소

해설
과산화나트륨(Na_2O_2)(제1류 위험물)
1. 가열하면 열분해하여 산화나트륨과 산소를 발생
2. 상온에서 물과 급격히 반응하여, 가열하면 분해되어 산소를 발생
3. 불연성이나 물과 접촉하면 발열하며, 대량의 경우 폭발

72 위험물안전관리법령상 제3류 위험물이 아닌 것은?

① 황화린 ② 금속나트륨
③ 황린 ④ 금속칼륨

해설
제3류 위험물(자연발화성 및 금수성 물질)
칼륨, 나트륨, 알킬알루미늄, 알킬리튬, 황린, 알칼리금속 및 알칼리토금속, 유기금속화합물, 금속의 수소화물, 금속의 인화물, 칼슘 또는 알루미늄의 탄화물 등

TIP • 황화린 : 제2류 위험물(가연성 고체)

73 산업안전보건법령에서 정한 위험물을 기준량 이상으로 제조하거나 취급하는 설비 중 특수화학설비에 해당하지 않는 것은?

① 발열반응이 일어나는 반응장치
② 증류·정류·증발·추출 등 분리를 하는 장치
③ 가열로 또는 가열기
④ 고로 등 점화기를 직접 사용하는 열교환기류

해설
특수화학설비
1. 발열반응이 일어나는 반응장치
2. 증류·정류·증발·추출 등 분리를 하는 장치
3. 가열시켜 주는 물질의 온도가 가열되는 위험물질의 분해온도 또는 발화점보다 높은 상태에서 운전되는 설비
4. 반응폭주 등 이상 화학반응에 의하여 위험물질이 발생할 우려가 있는 설비
5. 온도가 섭씨 350도 이상이거나 게이지 압력이 980킬로파스칼 이상인 상태에서 운전되는 설비
6. 가열로 또는 가열기

74 환풍기가 고장 난 장소에서 인화성 액체를 취급할 때, 부주의로 마개를 막지 않았다. 여기서 작업자가 담배를 피우기 위해 불을 켜는 순간 인화성 액체에서 불꽃이 일어나는 사고가 발생하였다. 이와 같은 사고의 발생 가능성이 가장 높은 물질은?(단, 작업현장의 온도는 20℃이다.)

① 글리세린 ② 중유
③ 디에틸에테르 ④ 경유

해설
디에틸에테르
1. 무색투명한 유동성 액체로 휘발성이 크다
2. 인화점($-45℃$), 발화점($180℃$)이 매우 낮고 연소범위($1.9 \sim 48\%$)가 넓어 인화성, 발화성이 강하다.

TIP • 글리세린 : 인화점 199℃, 발화점 370℃
• 중유 : 인화점 60~150℃, 발화점 254~405℃
• 경유 : 인화점 50~70℃, 발화점 257℃

75 연소의 3요소에 해당되지 않는 것은?

① 가연물 ② 점화원
③ 연쇄반응 ④ 산소공급원

해설
연소의 3요소
1. 가연성 물질(가연물)
2. 산소공급원
3. 점화원

76 유해물질의 농도를 c, 노출시간을 t라 할 때 유해물 지수(k)와의 관계인 Haber의 법칙을 바르게 나타낸 것은?

① $k = c + t$ ② $k = \dfrac{c}{k}$
③ $k = c \times t$ ④ $k = c - t$

해설
Haber의 법칙
농도가 증가할수록 유해도는 증가한다.

$$k = c \times t$$

여기서, k : 유해물 지수
c : 유해물질의 농도
t : 노출시간

정답 71 ② 72 ① 73 ④ 74 ③ 75 ③ 76 ③

77 분진폭발에 대한 안전대책으로 적절하지 않은 것은?

① 분진의 퇴적을 방지한다.
② 점화원을 제거한다.
③ 입자의 크기를 최소화한다.
④ 불활성 분위기를 조성한다.

해설

입도와 입도분포
1. 분진의 표면적이 입자 체적에 비하여 커지면 열의 발생속도가 방열속도보다 커져서 폭발이 용이해진다.
2. 평균 입자의 직경이 작고 밀도가 작을수록 비표면적은 크게 되고 표면에너지도 크게 되어 폭발이 용이해진다.

78 프로판(C_3H_8)의 완전연소 조성농도는 약 몇 vol%인가?

① 4.02 ② 4.19
③ 5.05 ④ 5.19

해설

완전연소 조성농도(화학양론농도)

$$C_{st} = \frac{100}{1 + 4.773\left(n + \frac{m-f-2\lambda}{4}\right)}$$

여기서 n : 탄소, m : 수소
f : 할로겐 원소의 원자 수, λ : 산소의 원자 수

$$C_{st} = \frac{100}{1 + 4.773\left(n + \frac{m-f-2\lambda}{4}\right)}$$
$$= \frac{100}{1 + 4.773\left(3 + \frac{8}{4}\right)} ≒ 4.02[\%]$$

($C_3H_8 \to n = 3, m = 8, f = 0, \lambda = 0$)

79 절연성 액체를 운반하는 관에서 정전기로 인해 일어나는 화재 및 폭발을 예방하기 위한 방법으로 가장 거리가 먼 것은?

① 유속을 줄인다.
② 관을 접지시킨다.
③ 도전성이 큰 재료의 관을 사용한다.
④ 관의 안지름을 작게 한다.

해설

정전기재해의 방지대책
1. 접지(도체의 대전방지) 2. 유속의 제한
3. 보호구의 착용 4. 대전방지제 사용
5. 가습(상대습도를 60~70% 정도 유지)
6. 제전기 사용 7. 대전물체의 차폐
8. 정치시간의 확보 9. 도전성 재료 사용

80 20℃인 1기압의 공기를 압축비 3으로 단열압축하였을 때, 온도는 약 몇 ℃가 되겠는가?(단, 공기의 비열비는 1.4이다.)

① 84 ② 128
③ 182 ④ 1,091

해설

단열압축 과정에서의 온도 변화

$$\frac{T_2}{T_1} = \left(\frac{P_2}{P_1}\right)^{(k-1)/k}, \quad T_2 = T_1 \times \left(\frac{P_2}{P_1}\right)^{(k-1)/k}$$

여기서, T_1 : 압축 전 절대온도(K), T_2 : 단열압축 후의 절대온도(K)
P_1 : 압축 전 압력, P_2 : 단열압축 시의 압력
k : 압축비(통상 1.4를 기준)[1.1~1.8의 값]
※ 절대온도[K] = ℃ + 273, ℃ = 절대온도[K] − 273

1. $T_2 = T_1 \times \left(\frac{P_2}{P_1}\right)^{(k-1)/k}$
$= (273+20) \times \left(\frac{3}{1}\right)^{(1.4-1)/1.4} = 401.04(K)$

2. 절대온도를 섭씨온도를 바꾸면,
$401.04 - 273 = 128.04 ≒ 128[℃]$

5과목 건설안전기술

81 거푸집 동바리 조립도에 명시해야 할 사항과 거리가 먼 것은?

① 작업 환경 조건 ② 부재의 재질
③ 단면규격 ④ 설치간격

해설

거푸집 동바리 조립도
1. 거푸집 및 동바리를 조립하는 경우에는 그 구조를 검토한 후 조립도를 작성하고, 그 조립도에 따라 조립하도록 해야 한다.

정답 77 ③ 78 ① 79 ④ 80 ② 81 ①

2. 조립도에는 거푸집 및 동바리를 구성하는 부재의 재질·단면규격·설치간격 및 이음방법 등을 명시해야 한다.

82 강관을 사용하여 비계를 구성하는 경우 준수해야 할 기준으로 옳지 않은 것은?

① 비계기둥의 간격은 띠장 방향에서는 1.5m 이상 1.8m 이하, 장선(長線) 방향에서는 1.5m 이하로 할 것
② 띠장 간격은 1.5m 이하로 설치하되, 첫 번째 띠장은 지상으로부터 2.5m 이하의 위치에 설치할 것
③ 비계기둥의 제일 윗부분으로부터 31m 되는 지점 밑부분의 비계기둥은 2개의 강관으로 묶어 세울 것
④ 비계기둥 간의 적재하중은 400kg을 초과하지 않도록 할 것

해설
강관비계의 구조
1. 비계기둥의 간격은 띠장 방향에서는 1.85m 이하, 장선 방향에서는 1.5m 이하로 할 것. 다만, 다음 각 목의 어느 하나에 해당하는 작업의 경우에는 안전성에 대한 구조검토를 실시하고 조립도를 작성하면 띠장 방향 및 장선 방향으로 각각 2.7m 이하로 할 수 있다.
   ① 선박 및 보트 건조작업
   ② 그 밖에 장비 반입·반출을 위하여 공간 등을 확보할 필요가 있는 등 작업의 성질상 비계기둥 간격에 관한 기준을 준수하기 곤란한 작업
2. 띠장 간격은 2.0m 이하로 할 것. 다만, 작업의 성질상 이를 준수하기가 곤란하여 쌍기둥틀 등에 의하여 해당 부분을 보강한 경우에는 그러하지 아니하다.
3. 비계기둥의 제일 윗부분으로부터 31m 되는 지점 밑부분의 비계기둥은 2개의 강관으로 묶어 세울 것. 다만, 브라켓(Bracket) 등으로 보강하여 2개의 강관으로 묶을 경우 이상의 강도가 유지되는 경우에는 그러하지 아니하다.
4. 비계기둥 간의 적재하중은 400kg을 초과하지 않도록 할 것

TIP 본 문제는 법 개정으로 일부 내용이 수정되었습니다. 해설은 법 개정으로 수정된 내용이니 해설을 학습하세요.

83 굴착공사 시 안전한 작업을 위한 사질 지반(점토질을 포함하지 않은 것)의 굴착면 기울기와 높이 기준으로 옳은 것은?

① 1 : 1.5 이상, 5m 미만
② 1 : 0.5 이상, 5m 미만
③ 1 : 1.5 이상, 2m 미만
④ 1 : 0.5 이상, 2m 미만

해설
기울기 및 높이의 기준
1. 사질의 지반(점토질을 포함하지 않은 것)은 굴착면의 기울기를 1 : 1.5 이상으로 하고 높이는 5미터 미만으로 하여야 한다.
2. 발파 등에 의해서 붕괴하기 쉬운 상태의 지반 및 매립하거나 반출시켜야 할 지반의 굴착면의 기울기는 1 : 1 이하 또는 높이는 2미터 미만으로 하여야 한다.

84 철골작업 시의 위험방지와 관련하여 철골작업을 중지하여야 하는 강설량의 기준은?

① 시간당 1mm 이상인 경우
② 시간당 3mm 이상인 경우
③ 시간당 1cm 이상인 경우
④ 시간당 3cm 이상인 경우

해설
작업의 제한(철골작업 중지)
1. 풍속이 초당 10m 이상인 경우
2. 강우량이 시간당 1mm 이상인 경우
3. 강설량이 시간당 1cm 이상인 경우

85 옥내작업장에는 비상시에 근로자에게 신속하게 알리기 위한 경보용 설비 또는 기구를 설치하여야 한다. 그 설치대상 기준으로 옳은 것은?

① 연면적이 400㎡ 이상이거나 상시 40명 이상의 근로자가 작업하는 옥내작업장
② 연면적이 400㎡ 이상이거나 상시 50명 이상의 근로자가 작업하는 옥내작업장
③ 연면적이 500㎡ 이상이거나 상시 40명 이상의 근로자가 작업하는 옥내작업장
④ 연면적이 500㎡ 이상이거나 상시 50명 이상의 근로자가 작업하는 옥내작업장

해설
경보용 설비
연면적이 400㎡ 이상이거나 상시 50명 이상의 근로자가 작업하는 옥내작업장에는 비상시에 근로자에게 신속하게 알리기 위한 경보용 설비 또는 기구를 설치하여야 한다.

정답 82 ② 83 ① 84 ③ 85 ②

86 토석이 붕괴되는 원인을 외적 요인과 내적 요인으로 나눌 때 외적 요인으로 볼 수 없는 것은?

① 사면, 법면의 경사 및 기울기의 증가
② 지진 발생, 차량 또는 구조물의 중량
③ 공사에 의한 진동 및 반복하중의 증가
④ 절토 사면의 토질, 암질

해설
토석붕괴의 원인

외적 원인	1. 사면, 법면의 경사 및 기울기의 증가 2. 절토 및 성토 높이의 증가 3. 공사에 의한 진동 및 반복하중의 증가 4. 지표수 및 지하수의 침투에 의한 토사 중량의 증가 5. 지진, 차량, 구조물의 하중작용 6. 토사 및 암석의 혼합층 두께
내적 원인	1. 절토 사면의 토질·암질 2. 성토 사면의 토질구성 및 분포 3. 토석의 강도 저하

87 양중기의 와이어로프 등 달기구의 안전계수 기준으로 옳은 것은?(단, 화물의 하중을 직접 지지하는 달기 와이어로프 또는 달기체인의 경우)

① 3 이상 ② 4 이상
③ 5 이상 ④ 6 이상

해설
와이어로프 등 달기구의 안전계수

근로자가 탑승하는 운반구를 지지하는 달기 와이어로프 또는 달기 체인의 경우	10 이상
화물의 하중을 직접 지지하는 달기 와이어로프 또는 달기 체인의 경우	5 이상
훅, 샤클, 클램프, 리프팅 빔의 경우	3 이상
그 밖의 경우	4 이상

88 건설용 양중기에 관한 설명으로 옳은 것은?

① 삼각데릭은 인접시설에 장해가 없는 상태에서 360° 회전이 가능하다.
② 이동식 크레인(Crane)에는 트럭 크레인, 크롤러 크레인 등이 있다.
③ 휠 크레인에는 무한궤도식과 타이어식이 있으며 장거리 이동에 적당하다.
④ 크롤러 크레인은 휠 크레인보다 기동성이 뛰어나다.

해설
건설용 양중기
1. 삼각데릭의 회전범위는 270°, 작업범위는 180°이다.
2. 휠 크레인에는 기계식과 유압식이 있으며, 기계식보다 유압식을 많이 사용한다.
3. 휠 크레인은 크롤러 크레인보다 기동성이 뛰어나다.

> **TIP** 이동식 크레인의 종류
> 트럭 크레인, 크롤러 크레인, 휠 크레인, 유압크레인 등

89 터널 등의 건설작업을 하는 경우에 낙반 등에 의하여 근로자가 위험해질 우려가 있는 경우, 그 위험을 방지하기 위하여 취해야 할 조치와 거리가 먼 것은?

① 터널 지보공 설치   ② 록볼트 설치
③ 부석의 제거   ④ 산소의 측정

해설
낙반 등에 의한 위험방지 조치
1. 터널 지보공 및 록볼트의 설치
2. 부석의 제거

90 비계의 높이가 2m 이상인 작업장소에 설치되는 작업발판의 구조에 관한 기준으로 옳지 않은 것은?

① 작업발판의 폭은 40cm 이상으로 할 것
② 발판재료 간의 틈은 5cm 이하로 할 것
③ 작업발판재료는 뒤집히거나 떨어지지 않도록 둘 이상의 지지물에 연결하거나 고정시킬 것
④ 작업발판을 작업에 따라 이동시킬 경우에는 위험방지에 필요한 조치를 할 것

해설
비계(달비계, 달대비계 및 말비계는 제외)의 높이가 2미터 이상인 작업장소의 작업발판 설치기준
1. 발판재료는 작업할 때의 하중을 견딜 수 있도록 견고한 것으로 할 것
2. 작업발판의 폭은 40cm 이상으로 하고, 발판재료 간의 틈은 3cm 이하로 할 것
3. 제2호에도 불구하고 선박 및 보트 건조작업의 경우 선박블록 또는 엔진실 등의 좁은 작업공간에 작업발판을 설치하기 위하여 필요하면 작업발판의 폭을 30cm 이상으로 할 수 있고, 걸침비계의 경우 강관기둥 때문에 발판재료 간의 틈을 3cm 이하로 유지하기 곤란하면 5cm 이하로 할 수 있다. 이 경우 그 틈 사이로 물체 등이 떨어질 우려가 있는 곳에는 출입금지 등의 조치를 하여야 한다.

정답 86 ④ 87 ③ 88 ② 89 ④ 90 ②

4. 추락의 위험이 있는 장소에는 안전난간을 설치할 것(다만, 작업의 성질상 안전난간을 설치하는 것이 곤란한 경우, 작업의 필요상 임시로 안전난간을 해체할 때에 안전방망을 설치하거나 근로자로 하여금 안전대를 사용하도록 하는 등 추락위험 방지 조치를 한 경우에는 그러하지 아니하다.)
5. 작업발판의 지지물은 하중에 의하여 파괴될 우려가 없는 것을 사용할 것
6. 작업발판재료는 뒤집히거나 떨어지지 않도록 둘 이상의 지지물에 연결하거나 고정시킬 것
7. 작업발판을 작업에 따라 이동시킬 경우에는 위험 방지에 필요한 조치를 할 것

91 철근의 가스절단 작업 시 안전상 유의해야 할 사항으로 옳지 않은 것은?

① 작업장에는 소화기를 비치하도록 한다.
② 호스, 전선 등은 다른 작업장을 거치는 곡선상의 배선이어야 한다.
③ 전선의 경우 피복이 손상되어 있는지를 확인하여야 한다.
④ 호스는 작업 중에 겹치거나 밟히지 않도록 한다.

해설
가스절단을 할 때 유의사항
1. 가스절단 및 용접자는 해당 자격 소지자라야 하며, 작업 중에는 보호구를 착용하여야 한다.
2. 가스절단 작업 시 호스는 겹치거나 구부러지거나 밟히지 않도록 하고 전선의 경우에는 피복이 손상되어 있는지를 확인하여야 한다.
3. 호스, 전선 등은 다른 작업장을 거치지 않는 직선상의 배선이어야 하며, 길이가 짧아야 한다.
4. 작업장에서 가연성 물질에 인접하여 용접 작업할 때에는 소화기를 비치하여야 한다.

92 비탈면 붕괴 방지를 위한 붕괴방지공법과 가장 거리가 먼 것은?

① 배토공법
② 압성토공법
③ 공작물의 설치
④ 언더피닝 공법

해설
붕괴예방대책
1. 적절한 경사면의 기울기를 계획하여야 한다.
2. 경사면의 기울기가 당초 계획과 차이가 발생되면 즉시 재검토하여 계획을 변경시켜야 한다.
3. 활동할 가능성이 있는 토석은 제거하여야 한다.
4. 경사면의 하단부에 압성토 등 보강공법으로 활동에 대한 저항대책을 강구하여야 한다.
5. 말뚝(강관, H형강, 철근 콘크리트)을 타입하여 지반을 강화시킨다.
6. 빗물, 지표수, 지하수의 사전 제거 및 침투를 방지하여야 한다.

> **TIP** 언더피닝 공법
> 기존 건물에 기초를 보강하거나 새로운 기초 설비를 위해 기존 건물을 보호하는 보강공사공법을 말한다.

93 계단의 개방된 측면에 근로자의 추락 위험을 방지하기 위하여 안전난간을 설치하고자 할 때 그 설치기준으로 옳지 않은 것은?

① 안전난간은 상부 난간대, 중간 난간대, 발끝막이판 및 난간기둥으로 구성할 것
② 발끝막이판은 바닥면 등으로부터 10cm 이상의 높이를 유지할 것
③ 난간기둥은 상부 난간대와 중간 난간대를 견고하게 떠받칠 수 있도록 적정한 간격을 유지할 것
④ 난간대는 지름 3.8cm 이상의 금속제 파이프나 그 이상의 강도가 있는 재료일 것

해설
안전난간의 구조 및 설치요건
1. 상부 난간대, 중간 난간대, 발끝막이판 및 난간기둥으로 구성할 것. 다만, 중간 난간대, 발끝막이판 및 난간기둥은 이와 비슷한 구조와 성능을 가진 것으로 대체할 수 있다.
2. 상부 난간대는 바닥면·발판 또는 경사로의 표면(바닥면 등)으로부터 90cm 이상 지점에 설치하고, 상부 난간대를 120cm 이하에 설치하는 경우에는 중간 난간대는 상부 난간대와 바닥면등의 중간에 설치해야 하며, 120cm 이상 지점에 설치하는 경우에는 중간 난간대를 2단 이상으로 균등하게 설치하고 난간의 상하 간격은 60cm 이하가 되도록 할 것. 다만, 난간기둥 간의 간격이 25cm 이하인 경우에는 중간 난간대를 설치하지 않을 수 있다.
3. 발끝막이판은 바닥면등으로부터 10cm 이상의 높이를 유지할 것. 다만, 물체가 떨어지거나 날아올 위험이 없거나 그 위험을 방지할 수 있는 망을 설치하는 등 필요한 예방 조치를 한 장소는 제외한다.
4. 난간기둥은 상부 난간대와 중간 난간대를 견고하게 떠받칠 수 있도록 적정한 간격을 유지할 것

정답 91 ② 92 ④ 93 ④

5. 상부 난간대와 중간 난간대는 난간 길이 전체에 걸쳐 바닥면등과 평행을 유지할 것
6. 난간대는 지름 2.7cm 이상의 금속제 파이프나 그 이상의 강도가 있는 재료일 것
7. 안전난간은 구조적으로 가장 취약한 지점에서 가장 취약한 방향으로 작용하는 100kg 이상의 하중에 견딜 수 있는 튼튼한 구조일 것

94 철골공사 중 트랩을 이용해 승강할 때 안전과 관련된 항목이 아닌 것은?

① 수평구명줄 ② 수직구명줄
③ 죔줄   ④ 추락방지대

해설
트랩을 이용해 승강할 때 착용보호구
1. 안전벨트   2. 수직구명줄
3. 추락방지대

95 철골공사 시 도괴의 위험이 있어 강풍에 대한 안전 여부를 확인해야 할 필요성이 가장 높은 경우는?

① 연면적당 철골량이 일반 건물보다 많은 경우
② 기둥에 H형강을 사용하는 경우
③ 이음부가 공장용접인 경우
④ 단면구조가 현저한 차이가 있으며 높이가 20m 이상인 구조

해설
외압(강풍에 의한 풍압 등)에 대한 내력설계 확인 구조물
구조안전의 위험이 큰 다음 각 항목의 철골구조물은 건립 중 강풍에 의한 풍압 등 외압에 대한 내력이 설계에 고려되었는지 확인하여야 한다.
1. 높이 20m 이상의 구조물
2. 구조물의 폭과 높이의 비가 1 : 4 이상인 구조물
3. 단면구조에 현저한 차이가 있는 구조물
4. 연면적당 철골량이 50kg/m² 이하인 구조물
5. 기둥이 타이플레이트(Tie Plate)형인 구조물
6. 이음부가 현장용접인 구조물

96 굴착공사의 경우 유해·위험방지계획서 제출 대상의 기준으로 옳은 것은?

① 깊이 5m 이상인 굴착공사
② 깊이 8m 이상인 굴착공사
③ 깊이 10m 이상인 굴착공사
④ 깊이 15m 이상인 굴착공사

해설
유해위험방지계획서를 제출해야 될 건설공사
1. 다음 각 목의 어느 하나에 해당하는 건축물 또는 시설 등의 건설·개조 또는 해체공사
   ㉠ 지상높이가 31m 이상인 건축물 또는 인공구조물
   ㉡ 연면적 3만m² 이상인 건축물
   ㉢ 연면적 5천m² 이상인 시설로서 다음의 어느 하나에 해당하는 시설
      • 문화 및 집회시설(전시장 및 동물원·식물원은 제외)
      • 판매시설, 운수시설(고속철도의 역사 및 집배송시설은 제외)
      • 종교시설
      • 의료시설 중 종합병원
      • 숙박시설 중 관광숙박시설
      • 지하도상가
      • 냉동·냉장 창고시설
2. 연면적 5천m² 이상인 냉동·냉장 창고시설의 설비공사 및 단열공사
3. 최대 지간길이(다리의 기둥과 기둥의 중심 사이의 거리)가 50m 이상인 다리의 건설 등 공사
4. 터널의 건설 등 공사
5. 다목적댐, 발전용댐, 저수용량 2천만 톤 이상의 용수 전용 댐 및 지방상수도 전용 댐의 건설 등 공사
6. 깊이 10m 이상인 굴착공사

97 거푸집 동바리 등을 조립하거나 해체하는 작업을 하는 경우에 준수해야 할 사항으로 옳지 않은 것은?

① 해당 작업을 하는 구역에는 관계 근로자가 아닌 사람의 출입을 금지할 것
② 비, 눈, 그 밖의 기상상태의 불안정으로 날씨가 몹시 나쁜 경우에는 그 작업을 중지할 것
③ 재료, 기구 또는 공구 등을 올리거나 내리는 경우에는 근로자 간 서로 직접 전달하도록 하고 달줄·달포대 등의 사용을 금할 것
④ 낙하·충격에 의한 돌발적 재해를 방지하기 위하여 버팀목을 설치하고 거푸집동바리등을 인양장비에 매단 후에 작업을 하도록 하는 등 필요한 조치를 할 것

정답 94 ① 95 ④ 96 ③ 97 ③

해설

기둥·보·벽체·슬래브 등의 거푸집 및 동바리를 조립하거나 해체하는 작업을 하는 경우 준수사항
1. 해당 작업을 하는 구역에는 관계 근로자가 아닌 사람의 출입을 금지할 것
2. 비, 눈, 그 밖의 기상상태의 불안정으로 날씨가 몹시 나쁜 경우에는 그 작업을 중지할 것
3. 재료, 기구 또는 공구 등을 올리거나 내리는 경우에는 근로자로 하여금 달줄·달포대 등을 사용하도록 할 것
4. 낙하·충격에 의한 돌발적 재해를 방지하기 위하여 버팀목을 설치하고 거푸집 및 동바리를 인양장비에 매단 후에 작업을 하도록 하는 등 필요한 조치를 할 것

98 거푸집 및 동바리 설계 시 적용하는 연직방향하중에 해당되지 않는 것은?

① 콘크리트의 측압 ② 철근콘크리트의 자중
③ 작업하중 ④ 충격하중

해설

거푸집 및 동바리 시공 시 고려하중

종류	내용
연직방향 하중	거푸집, 지보공(동바리), 콘크리트, 철근, 작업원, 타설용 기계기구, 가설설비 등의 중량 및 충격하중
횡방향 하중	작업할 때의 진동, 충격, 시공오차 등에 기인되는 횡방향 하중 이외에 필요에 따라 풍압, 유수압, 지진 등
콘크리트의 측압	굳지 않은 콘크리트의 측압
특수하중	시공 중에 예상되는 특수한 하중

99 다음은 공사진척에 따른 안전관리비의 사용기준이다. ( )에 들어갈 내용으로 옳은 것은?

공정률	50% 이상 70% 미만	70% 이상 90% 미만	90% 이상
사용기준	( )	70% 이상	90% 이상

① 30% 이상 ② 40% 이상
③ 50% 이상 ④ 60% 이상

해설

공사진척에 따른 안전관리비 사용기준

공정율	50% 이상 70% 미만	70% 이상 90% 미만	90% 이상
사용기준	50% 이상	70% 이상	90% 이상

100 고소작업대를 사용하는 경우 준수해야 할 사항으로 옳지 않은 것은?

① 안전한 작업을 위하여 적정 수준의 조도를 유지할 것
② 전로(電路)에 근접하여 작업을 하는 경우에는 작업감시자를 배치하는 등 감전사고를 방지하기 위하여 필요한 조치를 할 것
③ 작업대의 붐대를 상승시킨 상태에서 탑승자는 작업대를 벗어나지 말 것
④ 전환스위치는 다른 물체를 이용하여 고정할 것

해설

고소작업대 사용 시 준수 사항
1. 작업자가 안전모·안전대 등의 보호구를 착용하도록 할 것
2. 관계자가 아닌 사람이 작업구역에 들어오는 것을 방지하기 위하여 필요한 조치를 할 것
3. 안전한 작업을 위하여 적정 수준의 조도를 유지할 것
4. 전로에 근접하여 작업을 하는 경우에는 작업감시자를 배치하는 등 감전사고를 방지하기 위하여 필요한 조치를 할 것
5. 작업대를 정기적으로 점검하고 붐·작업대 등 각 부위의 이상 유무를 확인할 것
6. 전환스위치는 다른 물체를 이용하여 고정하지 말 것
7. 작업대는 정격하중을 초과하여 물건을 싣거나 탑승하지 말 것
8. 작업대의 붐대를 상승시킨 상태에서 탑승자는 작업대를 벗어나지 말 것. 다만, 작업대에 안전대 부착설비를 설치하고 안전대를 연결하였을 때에는 그러하지 아니하다.

정답 98 ① 99 ③ 100 ④

PART 02
13 2020년 통합 1·2회 기출문제

1과목 산업안전관리론

01 산업안전보건법령상 안전보건표지의 종류와 형태 중 그림과 같은 경고 표지는?(단, 바탕은 무색, 기본도형은 빨간색, 그림은 검은색이다.)

① 부식성 물질 경고
② 폭발성 물질 경고
③ 산화성 물질 경고
④ 인화성 물질 경고

해설

안전보건표지

부식성 물질 경고	산화성 물질 경고	인화성 물질 경고	폭발성 물질 경고

02 산업재해 예방의 4원칙 중 "재해발생에는 반드시 원인이 있다."라는 원칙은?

① 대책 선정의 원칙
② 원인 계기의 원칙
③ 손실 우연의 원칙
④ 예방 가능의 원칙

해설

하인리히의 재해예방 4원칙

예방 가능의 원칙	천재지변을 제외한 모든 재해는 원칙적으로 예방이 가능하다.
손실 우연의 원칙	사고로 생기는 상해의 종류 및 정도는 우연적이다.
원인 계기의 원칙	사고와 손실의 관계는 우연적이지만 사고와 원인관계는 필연적이다.(사고에는 반드시 원인이 있다.)
대책 선정의 원칙	원인을 정확히 규명해서 대책을 선정하고 실시되어야 한다.(3E, 즉 기술, 교육, 관리를 중심으로)

03 테크니컬 스킬즈(Technical Skills)에 관한 설명으로 옳은 것은?

① 모럴(Morale)을 앙양시키는 능력
② 인간을 사물에 적응시키는 능력
③ 사물을 인간에게 유리하게 처리하는 능력
④ 인간과 인간의 의사소통을 원활히 처리하는 능력

해설

인간관계 관리(Mayo)

테크니컬 스킬즈 (Technical Skills)	사물을 처리함에 있어 인간의 목적에 유익하도록 처리하는 능력(사물을 인간에 유익하도록 처리하는 능력)
소셜 스킬즈 (Social Skills)	사람과 사람 사이의 커뮤니케이션을 양호하게 하고 사람들의 요구를 충족시키면서 모랄을 앙양시키는 능력(모랄을 앙양시키는 능력)

04 보호구 안전인증 고시에 따른 안전화의 정의 중 ( ) 안에 알맞은 것은?

경작업용 안전화란 (㉠)mm의 낙하높이에서 시험했을 때 충격과 (㉡ ± 0.1)kN의 압축하중에서 시험했을 때 압박에 대하여 보호해 줄 수 있는 선심을 부착하여, 착용자를 보호하기 위한 안전화를 말한다.

① ㉠ 500, ㉡ 10.0
② ㉠ 250, ㉡ 10.0
③ ㉠ 500, ㉡ 4.4
④ ㉠ 250, ㉡ 4.4

해설

안전화의 시험방법

구분	내충격시험 충격조건	내압박성시험 하중
중작업용	1,000mm의 낙하높이에서 시험	(15.0±0.1)킬로뉴턴(kN)의 압축하중에서 시험
보통작업용	500mm의 낙하높이에서 시험	(10.0±0.1)킬로뉴턴(kN)의 압축하중에서 시험
경작업용	250mm의 낙하높이에서 시험	(4.4±0.1)킬로뉴턴(kN)의 압축하중에서 시험

정답 01 ④ 02 ② 03 ③ 04 ④

05 조직이 리더에게 부여하는 권한으로 볼 수 없는 것은?

① 보상적 권한 ② 강압적 권한
③ 합법적 권한 ④ 위임된 권한

해설

리더십의 권한
1. 조직이 지도자에게 부여한 권한
   ㉠ 보상적 권한, ㉡ 강압적 권한, ㉢ 합법적 권한
2. 지도자 자신이 자신에게 부여한 권한
   ㉠ 전문성의 권한, ㉡ 위임된 권한

06 산업안전보건법령상 근로자 안전보건교육 중 채용 시의 교육 및 작업내용 변경 시의 교육사항으로 옳은 것은?

① 물질안전보건자료에 관한 사항
② 건강증진 및 질병 예방에 관한 사항
③ 유해·위험 작업환경 관리에 관한 사항
④ 표준안전 작업방법 결정 및 지도·감독 요령에 관한 사항

해설

근로자 채용 시 교육 및 작업내용 변경 시 교육
1. 산업안전 및 산업재해 예방에 관한 사항(화재·폭발 사고 발생 시 대피에 관한 사항을 포함)
2. 산업보건 및 건강장해 예방에 관한 사항
3. 위험성 평가에 관한 사항
4. 산업안전보건법령 및 산업재해보상보험 제도에 관한 사항
5. 직무스트레스 예방 및 관리에 관한 사항
6. 직장 내 괴롭힘, 고객의 폭언 등으로 인한 건강장해 예방 및 관리에 관한 사항
7. 기계·기구의 위험성과 작업의 순서 및 동선에 관한 사항
8. 작업 개시 전 점검에 관한 사항
9. 정리정돈 및 청소에 관한 사항
10. 사고 발생 시 긴급조치에 관한 사항
11. 물질안전보건자료에 관한 사항

07 상시 근로자수가 75명인 사업장에서 1일 8시간씩 연간 320일을 작업하는 동안에 4건의 재해가 발생하였다면 이 사업장의 도수율은 약 얼마인가?

① 17.68 ② 19.67
③ 20.83 ④ 22.83

해설

도수율
연간 근로시간 합계 100만 시간당 재해발생건수

$$도수율 = \frac{재해발생건수}{연간\ 총근로시간수} \times 1{,}000{,}000$$

$$도수율 = \frac{4}{(75 \times 8 \times 320)} \times 1{,}000{,}000 ≒ 20.83$$

08 다음 중 매슬로(Maslow)가 제창한 인간의 욕구 5단계 이론을 단계별로 옳게 나열한 것은?

① 생리적 욕구 → 안전 욕구 → 사회적 욕구 → 존경의 욕구 → 자아실현의 욕구
② 안전 욕구 → 생리적 욕구 → 사회적 욕구 → 존경의 욕구 → 자아실현의 욕구
③ 사회적 욕구 → 생리적 욕구 → 안전 욕구 → 존경의 욕구 → 자아실현의 욕구
④ 사회적 욕구 → 안전 욕구 → 생리적 욕구 → 존경의 욕구 → 자아실현의 욕구

해설

매슬로(Maslow)의 욕구단계 이론

제1단계	생리적 욕구	기아, 갈증, 호흡, 배설, 성욕 등 생명 유지의 기본적 욕구
제2단계	안전의 욕구	1. 자기보존 욕구 – 안전을 구하려는 욕구 2. 전쟁, 재해, 질병의 위험으로부터 자유로워지려는 욕구
제3단계	사회적 욕구	1. 소속감과 애정에 대한 욕구 2. 사회적으로 관계를 향상시키는 욕구
제4단계	인정받으려는 욕구 (자기 존중의 욕구)	자존심, 명예, 성취, 지위 등 인정받으려는 욕구
제5단계	자아실현의 욕구	1. 잠재능력을 실현하고자 하는 성취욕구 2. 특유의 창의력을 발휘

정답 05 ④ 06 ① 07 ③ 08 ①

09 하인리히 재해 발생 5단계 중 3단계에 해당하는 것은?

① 불안전한 행동 또는 불안전한 상태
② 사회적 환경 및 유전적 요소
③ 관리의 부재
④ 사고

해설
하인리히(H. W. Heinrich)의 도미노이론(사고연쇄성)
1. 제1단계 : 사회적 환경 및 유전적 요인
2. 제2단계 : 개인적 결함
3. 제3단계 : 불안전한 행동 및 불안전한 상태
4. 제4단계 : 사고
5. 제5단계 : 재해
불안전한 행동이나 불안전한 상태, 즉 제3단계를 제거하면 사고나 재해를 예방할 수 있다.

10 산업안전보건법령상 특별교육 대상 작업별 교육 작업 기준으로 틀린 것은?

① 전압이 75V 이상인 정전 및 활선작업
② 굴착면의 높이가 2m 이상이 되는 암석의 굴착작업
③ 동력에 의하여 작동되는 프레스기계를 3대 이상 보유한 사업장에서 해당 기계로 하는 작업
④ 1톤 미만의 크레인 또는 호이스트를 5대 이상 보유한 사업장에서 해당 기계로 하는 작업

해설
특별교육 대상 작업별 교육 작업명
동력에 의하여 작동되는 프레스기계를 5대 이상 보유한 사업장에서 해당 기계로 하는 작업

11 산업재해의 발생유형으로 볼 수 없는 것은?

① 지그재그형
② 집중형
③ 연쇄형
④ 복합형

해설
산업재해의 발생형태

구분	내용	발생형태
단순 자극형 (집중형)	상호 자극에 의하여 순간적으로 재해가 발생하는 유형으로 재해가 일어난 장소와 그 시기에 일시적으로 요인이 한 곳에 집중	
연쇄형	어느 하나의 사고 요인이 또 다른 사고 요인을 발생시키면서 재해를 발생시키는 유형	단순 연쇄형 / 복합 연쇄형
복합형	단순 자극형(집중형)과 연쇄형의 복합적인 재해 발생 유형	

12 일반적으로 사업장에서 안전관리조직을 구성할 때 고려할 사항과 가장 거리가 먼 것은?

① 조직 구성원의 책임과 권한을 명확하게 한다.
② 회사의 특성과 규모에 부합되게 조직되어야 한다.
③ 생산조직과는 동떨어진 독특한 조직이 되도록 하여 효율성을 높인다.
④ 조직의 기능이 충분히 발휘될 수 있는 제도적 체계가 갖추어져야 한다.

해설
안전관리 조직의 구비조건
1. 회사의 특성과 규모에 부합되게 조직화될 것
2. 조직의 기능이 충분히 발휘될 수 있는 제도적 체계를 갖출 것
3. 조직을 구성하는 관리자의 책임과 권한을 분명히 할 것
4. 생산라인과 밀착된 조직이 될 것

정답 09 ① 10 ③ 11 ① 12 ③

13 재해의 원인 분석법 중 사고의 유형, 기인물 등 분류 항목을 큰 순서대로 도표화하여 문제나 목표의 이해가 편리한 것은?

① 관리도(Control Chart)
② 파레토도(Pareto Diagram)
③ 클로즈분석(Close Analysis)
④ 특성요인도(Cause—Reason Diagram)

해설
통계에 의한 원인분석
1. 파레토도 : 사고의 유형, 기인물 등 분류항목을 큰 값에서 작은 값의 순서로 도표화하며, 문제나 목표의 이해에 편리하다.
2. 특성요인도 : 특성과 요인관계를 어골상으로 도표화하여 분석하는 기법(원인과 결과를 연계하여 상호 관계를 파악하기 위한 분석방법)
3. 클로즈분석 : 두 개 이상의 문제관계를 분석하는 데 사용하는 것으로, 데이터를 집계하고 표로 표시하여 요인별 결과내역을 교차한 클로즈 그림을 작성하여 분석하는 기법
4. 관리도 : 재해발생 건수 등의 추이에 대해 한계선을 설정하여 목표 관리를 수행하는 데 사용되는 방법으로 관리선은 관리상한선, 중심선, 관리하한선으로 구성된다.

14 기억의 과정 중 과거의 학습경험을 통해서 학습된 행동이 현재와 미래에 지속되는 것을 무엇이라 하는가?

① 기명(Memorizing)
② 파지(Retention)
③ 재생(Recall)
④ 재인(Recognition)

해설
파지와 망각

파지	• 기록이 계속 간직되는 것 • 과거의 학습경험이 현재와 미래의 행동에 영향을 주는 작용 • 학습된 내용이 지속되는 현상
망각	경험한 내용이나 학습된 내용을 다시 생각하여 작업에 적용하지 아니하고 방치함으로써 경험의 내용이나 인상이 약해지거나 소멸되는 현상

15 심리검사의 특징 중 "검사의 관리를 위한 조건과 절차의 일관성과 통일성"을 의미하는 것은?

① 규준
② 표준화
③ 객관성
④ 신뢰성

해설
심리검사의 구비조건

표준화	검사의 관리를 위한 조건, 절차의 일관성과 통일성에 대한 심리검사의 표준화가 마련되어야 한다.
객관성	검사결과를 채점하는 과정에서 채점자의 편견이나 주관성이 배제되어야 하며, 공정한 평가가 이루어져야 한다.
규준성	검사결과의 해석에 있어 상대적 위치를 결정하기 위한 참조 또는 비교의 기준이 있어야 한다.
타당성	측정하고자 하는 것을 실제로 측정하고 있는가를 나타내는 것이다.
신뢰성	검사의 일관성을 의미하는 것으로 동일한 문제를 재측정할 경우 오차가 적어야 한다.

16 주의의 특성으로 볼 수 없는 것은?

① 변동성
② 선택성
③ 방향성
④ 통합성

해설
주의의 특징

선택성	• 주의는 동시에 두 개의 방향에 집중하지 못한다. • 여러 종류의 자극을 지각하거나 수용할 때 특정한 것에 한하여 선택하는 기능
변동성	• 고도의 주의는 장시간 지속할 수 없다.(주의에는 리듬이 존재) • 주의에는 리듬이 있어 언제나 일정수준을 유지할 수 없다.
방향성	• 한 지점에 주의를 집중하면 다른 곳의 주의는 약해진다. • 주시점만 인지하는 기능

17 위험예지훈련 기초 4라운드(4R)에서 라운드별 내용이 바르게 연결된 것은?

① 1라운드 : 현상파악
② 2라운드 : 대책수립
③ 3라운드 : 목표설정
④ 4라운드 : 본질추구

해설
위험예지훈련의 4라운드
1. 1라운드(1R) : 현상파악(사실을 파악한다)
2. 2라운드(2R) : 본질추구(요인을 찾아낸다)
3. 3라운드(3R) : 대책수립(대책을 선정한다)
4. 4라운드(4R) : 목표설정(행동계획을 정한다)

정답 13 ② 14 ② 15 ② 16 ④ 17 ①

18 OJT(On the Job Training) 교육의 장점과 가장 거리가 먼 것은?

① 훈련에만 전념할 수 있다.
② 직장의 실정에 맞게 실제적 훈련이 가능하다.
③ 개개인의 업무능력에 적합하고 자세한 교육이 가능하다.
④ 교육을 통하여 상사와 부하 간의 의사소통과 신뢰감이 깊게 된다.

해설

OJT(On the Job Training)의 특징
1. 직장의 실정에 맞는 구체적이고 실제적인 지도 교육이 가능하다.
2. 개개인에게 적절한 지도 훈련이 가능하다.(개인의 능력과 적성에 알맞은 맞춤교육이 가능하다)
3. 훈련 효과에 의해 상호 신뢰이해도가 높아진다.(상사와의 의사 소통 및 신뢰도 향상에 도움이 된다)
4. 교육의 효과가 업무에 신속하게 반영된다.
5. 교육의 이해도가 빠르고 동기부여가 쉽다.
6. 교육으로 인해 업무가 중단되는 업무손실이 적다.
7. 교육경비의 절감효과가 있다.

> **TIP** 업무와 분리되어 교육에 전념하는 것이 가능한 것은 OFF JT(Off the Job Training)의 특징이다.

19 기계 · 기구 또는 설비의 신설, 변경 또는 고장 수리 등 부정기적인 점검을 말하며, 기술적 책임자가 시행하는 점검은?

① 정기점검   ② 수시점검
③ 특별점검   ④ 임시점검

해설

안전점검(점검주기에 의한 구분)

정기점검 (계획점검)	일정기간마다 정기적으로 실시하는 점검으로 주간점검, 월간점검, 연간점검 등이 있다.(마모상태, 부식, 손상, 균열 등 설비의 상태 변화나 이상 유무 등을 점검한다.)
수시점검 (일상점검, 일일점검)	매일 현장에서 작업 시작 전, 작업 중, 작업 후에 일상적으로 실시하는 점검(작업자, 작업담당자가 실시한다.) • 작업 시작 전 점검사항 : 주변의 정리정돈, 주변의 청소 상태, 설비의 방호장치 점검, 설비의 주유상태, 구동부분 등 • 작업 중 점검사항 : 이상소음, 진동, 냄새, 가스 및 기름 누출, 생산품질의 이상 여부 등 • 작업 종료 시 점검사항 : 기계의 청소와 정비, 안전장치의 작동 여부, 스위치 조작, 환기, 통로정리 등
임시점검	정기점검 실시 후 다음 점검기일 이전에 임시로 실시하는 점검(기계, 기구 또는 설비의 이상 발견 시에 임시로 점검)
특별점검	• 기계, 기구 또는 설비를 신설하거나 변경 내지는 고장 수리 등을 할 경우 • 강풍 또는 지진 등의 천재지변 발생 후의 점검 • 산업안전보건 강조기간에도 실시

20 교육의 3요소 중 교육의 주체에 해당하는 것은?

① 강사   ② 교재
③ 수강자   ④ 교육방법

해설

교육의 3요소
1. 교육의 주체 : 강사
2. 교육의 객체 : 수강자(교육대상)
3. 교육의 매개체 : 교재(교육내용)

2과목 인간공학 및 시스템 안전공학

21 FTA에 사용되는 기호 중 다음 기호에 해당하는 것은?

① 생략사상   ② 부정사상
③ 결함사상   ④ 기본사상

해설

FTA 분석 기호

번호	기호	명칭	내용
1	□	결함사상	사고가 일어난 사상(사건)

정답 18 ① 19 ③ 20 ① 21 ④

번호	기호	명칭	내용
2	○	기본사상	더 이상 전개가 되지 않는 기본적인 사상 또는 발생확률이 단독으로 얻어지는 낮은 레벨의 기본적인 사상
3	⌂	통상사상 (가형사상)	통상발생이 예상되는 사상(예상되는 원인)
4	◇	생략사상 (최후사상)	정보부족 또는 분석기술 불충분으로 더 이상 전개할 수 없는 사상(작업진행에 따라 해석이 가능할 때는 다시 속행한다.)
5	△	전이기호 (이행기호)	• FT도상에서 다른 부분에 관한 이행 또는 연결을 나타낸다. • 상부에 선이 있는 경우는 다른 부분으로 전입(IN)
6	△	전이기호 (이행기호)	• FT도상에서 다른 부분에 관한 이행 또는 연결을 나타낸다. • 측면에 선이 있는 경우는 다른 부분으로 전출(OUT)

22 공간 배치의 원칙에 해당되지 않는 것은?

① 중요성의 원칙
② 다양성의 원칙
③ 사용빈도의 원칙
④ 기능별 배치의 원칙

해설

부품배치의 원칙

부품의 위치 결정	중요성의 원칙	체계의 목표달성에 긴요한 정도에 따른 우선순위를 설정
	사용빈도의 원칙	부품이 사용되는 빈도에 따른 우선순위 설정
부품의 배치 결정	기능별 배치의 원칙	기능적으로 관련된 부품들을 모아서 배치
	사용 순서의 원칙	순서적으로 사용되는 장치들을 가까이에 순서적으로 배치

23 가청 주파수 내에서 사람의 귀가 가장 민감하게 반응하는 주파수 대역은?

① 20~20,000Hz
② 50~15,000Hz
③ 100~10,000Hz
④ 500~3,000Hz

해설

경계 및 경보 신호를 선택 혹은 설계할 때 귀는 중음역에 가장 민감하므로 500~3,000Hz의 진동수를 사용한다.

24 반복되는 사건이 많이 있는 경우, FTA의 최소 컷셋과 관련이 없는 것은?

① Fussel Algorithm
② Boolean Algorithm
③ Monte Carlo Algorithm
④ Limnios & Ziani Algorithm

해설

Monte Carlo 모의 실험
1. 구하고자 하는 수치의 확률적 분포를 반복 가능한 실험의 통계로부터 구하는 방법을 말하며, 시뮬레이션 테크닉의 일종이다.
2. 이 기법의 목적은 체계가 어디에서 요원에게 과도 혹은 과소한 부하를 주는가를 나타내고 보통의 조작자가 요구되는 모든 직무를 시간 내에 완수할 수 있는가를 결정하기 위한 것이다.

25 글자의 설계 요소 중 검은 바탕에 쓰여진 흰 글자가 번져 보이는 현상과 가장 관련 있는 것은?

① 획폭비
② 글자체
③ 종이 크기
④ 글자 두께

해설

획폭
1. 문자나 숫자의 높이에 대한 획굵기의 비
2. 흰 바탕에 검은 글씨(양각)는 1 : 6 ~ 1 : 8 권장(최대명시거리 1 : 8 정도)
3. 검은 바탕에 흰 글씨(음각)는 1 : 8 ~ 1 : 10 권장(최대명시거리 1 : 13.3 정도) – 광삼현상으로 더 가늘어도 된다.

※ 광삼현상 : 흰 모양이 주위의 검은 배경으로 번져 보이는 현상

가 나 다 라 (검은 바탕)	검은색 바탕의 흰색 글씨(음각)
가 나 다 라	흰색 바탕의 검은색 글씨(양각)

26 화학공장(석유화학사업장 등)에서 가동문제를 파악하는 데 널리 사용되며, 위험요소를 예측하고, 새로운 공정에 대한 가동문제를 예측하는 데 사용되는 위험성평가방법은?

① SHA
② EVP
③ CCFA
④ HAZOP

해설
위험 및 운전성 검토(HAZOP ; Hazard & Operability Review)
1. 화학공장에서 가동문제를 파악하는 데 널리 사용된다. 즉, 위험요소를 예측하고 새로운 공정에 대한(지식부족으로 인한) 가동문제를 예측하는 데 사용되어진다.
2. 5~7명의 각 분야별 전문가와 안전기사로 구성된 팀원들이 상상력을 동원하여 가이드단어로서 위험요소를 점검한다.
3. HAZOP의 적용은 대부분 상세설계 기간이나 설계가 완료된 단계, 즉 개발단계에서 수행되는 것이 보통이다.

27 인터페이스 설계 시 고려해야 하는 인간과 기계와의 조화성에 해당되지 않는 것은?

① 지적 조화성
② 신체적 조화성
③ 감성적 조화성
④ 심미적 조화성

해설
계면 조화성의 3가지 차원
인간과 기계(환경) 계면에서의 인간과 기계의 조화성은 다음의 3가지 차원에서 고려된다.

신체적 조화성	인간의 신체적 또는 형태적 특성의 적합성 여부(필요조건)
지적 조화성	인간의 인지능력, 정신적 부담의 정도(편리수준)
감성적 조화성	인간의 감정 및 정서의 적합성 여부(쾌적수준)

28 건강한 남성이 8시간 동안 특정 작업을 실시하고, 분당 산소 소비량이 1.1L/분으로 나타났다면 8시간 총 작업시간에 포함될 휴식시간은 약 몇 분인가? (단, Murrell의 방법을 적용하며, 휴식 중 에너지소비율은 1.5kcal/min이다.)

① 30분
② 54분
③ 60분
④ 75분

해설
휴식시간

$$R = \frac{60(E-5)}{E-1.5}$$

여기서, R : 휴식시간(분)
E : 작업 시 평균 에너지소비량(kcal/분)
60 : 총작업시간(분)
1.5kcal/분 : 휴식시간 중의 에너지소비량

1. 1L/분당 평균 에너지소비량 : 5kcal
2. 작업 시 평균 에너지소비량 = 1.1L/분×5kcal = 5.5[kcal/분]이 된다.
3. 총작업 시간 = 8시간×60분 = 480분

$\therefore R = \dfrac{480(5.5-5)}{5.5-1.5} = 60[분]$

29 시스템의 성능 저하가 인원의 부상이나 시스템 전체에 중대한 손해를 입히지 않고 제어가 가능한 상태의 위험강도는?

① 범주 Ⅰ : 파국적
② 범주 Ⅱ : 위기적
③ 범주 Ⅲ : 한계적
④ 범주 Ⅳ : 무시

해설
위험성의 분류

범주	분류	해당 재난
범주 Ⅰ	파국적(Catastrophic)	사망 및 중상 또는 시스템의 완전한 손실
범주 Ⅱ	위기적(Critical)	상해 또는 주요 시스템의 손상을 일으키고, 인원 및 시스템의 생존을 위해 즉시 시정조치 필요
범주 Ⅲ	한계적(Marginal)	상해 또는 주요 시스템의 손상 없이 배제나 억제 가능
범주 Ⅳ	무시(Negligible)	상해 또는 시스템의 손상에는 이르지 않음

30 통제표시비(C/D비)를 설계할 때의 고려할 사항으로 가장 거리가 먼 것은?

① 공차
② 운동성
③ 조작시간
④ 계기의 크기

정답 26 ④ 27 ④ 28 ③ 29 ③ 30 ②

해설

통제표시비(C/D비)를 설계할 때 고려사항

계측의 크기	계기의 조절시간이 가장 짧게 소요되는 크기를 선택해야 하며 크기가 너무 작으면 오차가 커지므로 상대적으로 고려해야 한다.
공차	짧은 주행시간 내에서 공차의 인정 범위를 초과하지 않는 계기를 마련해야 한다.
목측거리	목측거리가 길면 길수록 조절의 정확도는 낮고 시간이 증가하게 된다.
조작시간	조작시간의 지연은 직업적으로 조종반응비(C/R비)가 가장 크게 작용하고 있다.
방향성	조종장치의 조작방향과 표시장치의 운동방향이 일치하지 않으면 작업자의 동작에 혼란을 초래하고, 조작시간이 오래 걸리며 오차가 커진다.

31 휴먼 에러(Human Error)의 분류 중 필요한 임무나 절차의 순서 착오로 인하여 발생하는 오류는?

① Ommission Error
② Sequential Error
③ Commission Error
④ Extraneous Error

해설

인간실수의 분류(심리적인 분류)

생략에러 (Omission Error, 부작위 실수)	• 필요한 직무 및 절차를 수행하지 않아(생략) 발생하는 에러 예 가스밸브를 잠그는 것을 잊어 사고가 났다.
작위에러 (Commission Error, 실행에러)	• 필요한 작업 또는 절차의 불확실한 수행(잘못 수행)으로 인한 에러 • 넓은 의미로 선택착오, 순서착오, 시간착오, 정성적 착오를 포함한다. 예 전선이 바뀌었다, 틀린 부품을 사용하였다, 부품이 거꾸로 조립되었다 등
순서에러 (Sequential Error)	필요한 작업 또는 절차의 순서 착오로 인한 에러 예 자동차 출발 시 핸드브레이크를 해제하지 않고 출발하여 발생한 에러
시간에러 (Time Error)	필요한 직무 또는 절차의 수행지연으로 인한 에러 예 프레스 작업 중에 금형 내에 손이 오랫동안 남아 있어 발생한 재해
과잉행동에러 (Extraneous Error, 불필요한 행동에러)	불필요한 작업 또는 절차를 수행함으로써 기인한 에러 예 자동차 운전 중 습관적으로 손을 창문으로 내밀어 발생한 재해

32 인간-기계 시스템에서 기계와 비교한 인간의 장점으로 볼 수 없는 것은?(단, 인공지능과 관련된 사항은 제외한다.)

① 완전히 새로운 해결책을 찾아낸다.
② 여러 개의 프로그램된 활동을 동시에 수행한다.
③ 다양한 경험을 토대로 하여 의사결정을 한다.
④ 상황에 따라 변화하는 복잡한 자극 형태를 식별한다.

해설

인간이 기계보다 우수한 기능
1. 매우 낮은 수준의 자극(시각, 청각, 촉각, 후각, 미각적인)을 감지한다.
2. 수신 상태가 나쁜 음극선관에 나타나는 영상과 같이 배경 잡음이 심한 경우에도 신호를 인지할 수 있다.
3. 항공 사진의 피사체나 말소리처럼 상황에 따라 변화하는 복잡한 자극의 형태를 식별할 수 있다.
4. 주위의 예기치 못한 상황을 감지할 수 있다.
5. 많은 양의 정보를 오랜 기간 동안 보관하였다가 적절한 정보를 상기한다.
6. 다양한 경험을 토대로 의사결정을 한다.
7. 어떤 운용 방법이 실패할 경우, 다른 방법을 선택한다.
8. 관찰을 통해서 일반화하여 귀납적으로 추리한다.
9. 원칙을 적용하여 다양한 문제를 해결한다.
10. 완전히 새로운 해결책을 찾을 수 있다.
11. 다양한 운용상의 요건에 맞추어서 신체적인 반응을 적응시킨다.
12. 과부하 상황에서 불가피한 경우에는 중요한 일에만 전념한다.
13. 주관적으로 추산하고 평가한다.

TIP '여러 개의 프로그램된 활동을 동시에 수행한다.'는 기계가 인간보다 우수한 기능이다.

33 결함수 분석법에서 일정 조합 안에 포함되는 기본사상들이 동시에 발생할 때 반드시 목표사상을 발생시키는 조합을 무엇이라 하는가?

① Cut Set
② Decision Tree
③ Path Set
④ 불대수

해설

컷셋(Cut Set)
정상사상을 발생시키는 기본사상의 집합으로 그 안에 포함되는 모든 기본사상이 발생할 때 정상사상을 발생시킬 수 있는 기본사상의 집합

TIP
1. 최소 컷셋(Minimal Cut Set)
컷셋의 집합 중에서 정상사상을 일으키기 위하여 필요한 최소한의 컷셋을 미니멀 컷셋이라 한다. 즉, 컷셋 중에서 타 컷셋을 포함하고 있는 것을 배제하고 남은 컷셋들을 의미한다.
2. 패스셋(Path Set)
그 안에 포함되는 모든 기본사상이 일어나지 않을 때 처음으로 정상사상이 일어나지 않는 기본사상의 집합. 즉 시스템이 고장 나지 않도록 하는 사상의 조합이다.
3. 최소 패스셋(Minimal Path Set)
정상사상이 일어나지 않기 위해 필요한 최소한의 것을 말하며, 시스템의 신뢰성을 나타낸다. 즉, 시스템의 기능을 살리는 최소요인의 집합이다.

34 다음은 1/100초 동안 발생한 3개의 음파를 나타낸 것이다. 음의 세기가 가장 큰 것과 가장 높은 음은 무엇인가?

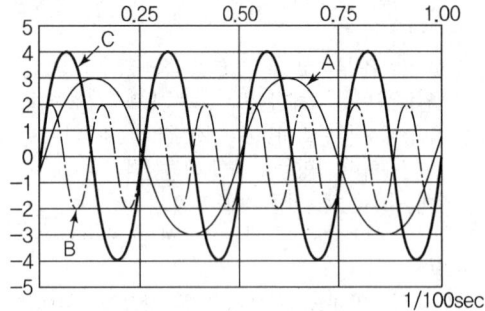

① 가장 큰 음의 세기 : A, 가장 높은 음 : B
② 가장 큰 음의 세기 : C, 가장 높은 음 : B
③ 가장 큰 음의 세기 : C, 가장 높은 음 : A
④ 가장 큰 음의 세기 : B, 가장 높은 음 : C

해설
소리의 3요소

소리의 세기(크기)	큰 소리는 진폭이 크고, 작은 소리는 진폭이 작다.
소리의 높낮이	높은 소리는 진동수가 크고, 낮은 소리는 진동수가 작다.
소리의 맵시	소리를 내는 물체가 다르면 파형의 모양이 다르다.

1. 음의 세기가 가장 큰 것 : C
2. 가장 높은 음 : B

35 건구온도 38℃, 습구온도 32℃일 때의 Oxford 지수는 몇 ℃인가?
① 30.2
② 32.9
③ 35.3
④ 37.1

해설
Oxford 지수
습건(WD)지수라고도 부르며, 습구온도(W)와 건구온도(D)의 가중 평균치로서 정의된다.

$$WD = 0.85W + 0.15D$$

$WD = 0.85W + 0.15D = 0.85 \times 32 + 0.15 \times 38 = 32.9(℃)$

36 모든 시스템 안전 프로그램 중 최초 단계의 분석으로 시스템 내의 위험요소가 어떤 상태에 있는지를 정성적으로 평가하는 방법은?
① CA
② FHA
③ PHA
④ FMEA

해설
예비 위험 분석(PHA ; Preliminary Hazards Analysis)
1. 공정 또는 설비 등에 관한 상세한 정보를 얻을 수 없는 상황에서 위험물질과 공정 요소에 초점을 맞추어 초기위험을 확인하는 방법을 말한다.
2. 시스템안전 위험분석(SSHA)을 수행하기 위한 예비적인 최초의 작업으로 위험요소가 얼마나 위험한지를 정성적으로 평가하는 것이다.
3. PHA는 구상단계나 설계 및 발주의 극히 초기에 실시된다.

37 다음 중 설비보전관리에서 설비이력카드, MTBF 분석표, 고정원인대책표와 관련이 깊은 관리는?
① 보전기록관리
② 보전자재관리
③ 보전작업관리
④ 예방보전관리

해설
보전기록자료
1. 설비이력카드
2. MTBF 분석표
3. 고장원인대책표

정답 34 ② 35 ② 36 ③ 37 ①

38 인간공학적 수공구의 설계에 관한 설명으로 옳은 것은?

① 수공구 사용 시 무게 균형이 유지되도록 설계한다.
② 손잡이 크기를 수공구 크기에 맞추어 설계한다.
③ 힘을 요하는 수공구의 손잡이는 직경을 60mm 이상으로 한다.
④ 정밀 작업용 수공구의 손잡이는 직경을 5mm 이하로 한다.

해설

수공구(手工具) 설계원칙
1. 손잡이의 길이는 95%tile(백분위수)의 남성의 손 폭을 기준으로 한다. 최소 11cm가 되어야 하며, 장갑 사용 시 최소 12.5cm이 되어야 한다.
2. 손바닥 부위에 압박을 주는 손잡이의 형태는 피할 것(손잡이의 단면이 원형이 이루어야 한다.)
3. 사용 용도에 따른 손잡이의 직경
   ㉠ 힘을 요하는 작업도구일 경우 : 2.5~4cm
   ㉡ 정밀을 요하는 작업의 경우 : 0.75~1.5cm
4. 손목을 꺾지 말고 손잡이를 꺾을 것(손목은 곧게 유지되도록 설계한다.)
5. 동력공구의 손잡이는 최소 두 손가락 이상으로 작동하도록 설계할 것
6. 최대한 공구의 무게를 줄이고 사용 시 무게의 균형이 유지되도록 설계할 것
7. 반복적인 손가락 동작을 피한다.
8. 가능한 한 손잡이의 접촉면을 넓게 한다.

39 점광원(Point Source)에서 표면에 비추는 조도(lux)의 크기를 나타내는 식으로 옳은 것은?(단, D는 광원으로부터의 거리를 말한다.)

① $\dfrac{광도[fc]}{D^2[m^2]}$ ② $\dfrac{광도[lm]}{D[m]}$

③ $\dfrac{광도[cd]}{D^2[m^2]}$ ④ $\dfrac{광도[fL]}{D[m]}$

해설

조도
1. 어떤 물체나 표면에 도달하는 빛의 단위 면적당 밀도

$$조도 = \dfrac{광도}{(거리)^2}$$

2. 단위는 lux를 사용하며, 거리가 증가할 때에 조도는 거리 역자승의 법칙에 따라 감소한다.
3. 조도는 광도에 비례하고 거리의 제곱에 반비례한다.

TIP 광도 : 단위면적당 표면에서 반사 또는 방출하는 빛의 양을 말하며 단위는 촉광(Candela : cd)을 사용한다.

40 작업자가 100개의 부품을 육안 검사하여 20개의 불량품을 발견하였다. 실제 불량품이 40개라면 인간에러(Human Error) 확률은 약 얼마인가?

① 0.2   ② 0.3
③ 0.4   ④ 0.5

해설

인간 실수 확률(HEP ; Human Error Probability)
특정한 직무에서 하나의 착오가 발생할 확률(할당된 시간은 내재적이거나 명시되지 않는다.)

$$HEP = \dfrac{인간의\ 실수\ 수}{전체\ 실수발생\ 기회의\ 수}$$

$$HEP = \dfrac{40-20}{100} = 0.2$$

3과목 기계위험 방지기술

41 산업안전보건법령상 양중기에 사용하지 않아야 하는 달기 체인의 기준으로 틀린 것은?

① 심하게 변형된 것
② 균열이 있는 것
③ 달기 체인의 길이가 달기 체인이 제조된 때의 길이의 3%를 초과한 것
④ 링의 단면지름이 달기 체인이 제조된 때의 해당 링의 지름의 10%를 초과하여 감소한 것

해설

양중기 달기 체인의 사용금지 조건
1. 달기 체인의 길이가 달기 체인이 제조된 때의 길이의 5%를 초과한 것
2. 링의 단면지름이 달기 체인이 제조된 때의 해당 링의 지름의 10%를 초과하여 감소한 것
3. 균열이 있거나 심하게 변형된 것

정답 38 ① 39 ③ 40 ① 41 ③

42 다음 중 연삭기를 이용한 작업을 할 경우 연삭숫돌을 교체한 후에는 얼마 동안 시험운전을 하여야 하는가?

① 1분 이상 ② 3분 이상
③ 10분 이상 ④ 15분 이상

해설

연삭기 작업면에 있어서의 안전기준
1. 회전 중인 연삭숫돌(지름이 5센티미터 이상인 것으로 한정)이 근로자에게 위험을 미칠 우려가 있는 경우에 그 부위에 덮개를 설치하여야 한다.
2. 연삭숫돌을 사용하는 작업의 경우 작업을 시작하기 전에는 1분 이상, 연삭숫돌을 교체한 후에는 3분 이상 시험운전을 하고 해당 기계에 이상이 있는지를 확인하여야 한다.
3. 시험운전에 사용하는 연삭숫돌은 작업시작 전에 결함이 있는지를 확인한 후 사용하여야 한다.
4. 연삭숫돌의 최고 사용회전속도를 초과하여 사용하도록 해서는 아니 된다.
5. 측면을 사용하는 것을 목적으로 하지 않는 연삭숫돌을 사용하는 경우 측면을 사용하도록 해서는 아니 된다.

43 연삭기 숫돌의 파괴 원인으로 볼 수 없는 것은?

① 숫돌의 회전속도가 너무 빠를 때
② 숫돌 자체에 균열이 있을 때
③ 숫돌의 정면을 사용할 때
④ 숫돌에 과대한 충격을 주게 되는 때

해설

연삭숫돌의 파괴 원인
1. 숫돌의 회전속도가 너무 빠를 때
2. 숫돌 자체에 균열이 있을 때
3. 숫돌에 과대한 충격을 가할 때
4. 숫돌의 측면을 사용하여 작업할 때
5. 숫돌의 불균형이나 베어링 마모에 의한 진동이 있을 때 (숫돌이 경우에 따라 파손될 수 있다.)
6. 숫돌 반경방향의 온도변화가 심할 때
7. 작업에 부적당한 숫돌을 사용할 때
8. 숫돌의 치수가 부적당할 때
9. 플랜지가 현저히 작을 때

44 드릴 작업의 안전조치 사항으로 틀린 것은?

① 칩은 와이어 브러시로 제거한다.
② 드릴 작업에서는 보안경을 쓰거나 안전덮개를 설치한다.
③ 칩에 의한 자상을 방지하기 위해 면장갑을 착용한다.
④ 바이스 등을 사용하여 작업 중 공작물의 유동을 방지한다.

해설

드릴링 작업에 대한 안전수칙
1. 일감은 견고하게 고정시키며 관통된 것을 확인하기 위해 손으로 만져서는 안 된다.
2. 드릴을 끼운 후 척 렌치(Chuck Wrench)는 반드시 뺀다.
3. 작업모를 착용하고 옷소매가 긴 작업복은 입지 않는다.
4. 드릴작업에서는 보안경 및 안전덮개(Shield)를 설치한다.
5. 칩은 브러시(와이어 브러시)로 제거하고 장갑 착용은 금지한다.
6. 구멍 끝 작업에서는 절삭압력을 주어서는 안 된다.
7. 고정구를 사용하여 작업 중 공작물의 유동을 방지한다.
8. 가공 중에 구멍이 관통되면 기계를 멈추고 손으로 돌려서 드릴을 뺀다.
9. 일감의 설치, 테이블의 고정이나 조정은 기계를 정지시킨 후에 실시한다.
10. 큰 구멍을 뚫을 때는 반드시 작은 구멍을 먼저 뚫은 후 큰 구멍을 뚫는다.
11. 얇은 판에 구멍을 뚫을 때에는 나무판을 밑에 받치고 뚫는다.
12. 구멍이 거의 다 뚫리는 끝부분에서 일감이 드릴과 함께 맞물려 회전하기 쉬우므로 주의하여야 한다.

45 대패기계용 덮개의 시험 방법에서 날접촉 예방장치인 덮개와 송급 테이블 면과의 간격기준은 몇 mm 이하여야 하는가?

① 3   ② 5
③ 8   ④ 12

해설

대패기계용 덮개의 시험방법(작동상태를 3회 이상 반복시험)
1. 가동식 방호장치는 스프링의 복원력상태 및 날과 덮개와의 접촉 유무를 확인한다.
2. 가동부의 고정상태 및 작업자의 접촉으로 인한 위험성 유무를 확인한다.
3. 날접촉 예방장치인 덮개와 송급테이블면과의 간격이 8mm 이하이어야 한다.
4. 작업에 방해의 유무, 안전성의 여부를 확인한다.

정답 42 ② 43 ③ 44 ③ 45 ③

46 롤러기에 사용되는 급정지장치의 종류가 아닌 것은?

① 손 조작식
② 발 조작식
③ 무릎 조작식
④ 복부 조작식

해설

급정지장치의 설치방법

급정지장치 조작부의 종류	위치	비고
손으로 조작하는 것	밑면으로부터 1.8m 이내	위치는 급정지장치 조작부의 중심점을 기준으로 함
복부로 조작하는 것	밑면으로부터 0.8m 이상 1.1m 이내	
무릎으로 조작하는 것	밑면으로부터 0.4m 이상 0.6m 이내	

47 연삭 숫돌과 작업받침대, 교반기의 날개, 하우스 등의 기계의 회전 운동하는 부분과 고정 부분 사이에 위험이 형성되는 위험점은?

① 물림점
② 끼임점
③ 절단점
④ 접선물림점

해설

기계운동 형태에 따른 위험점 분류

협착점 (Squeeze Point)	왕복운동을 하는 운동부와 움직임이 없는 고정부 사이에서 형성되는 위험점(고정점+운동점)	• 프레스 • 전단기 • 성형기 • 조형기 • 밴딩기 • 인쇄기
끼임점 (Shear Point)	회전운동하는 부분과 고정부 사이에 위험이 형성되는 위험점(고정점+회전운동)	• 연삭숫돌과 작업대 • 반복 동작되는 링크기구 • 교반기의 날개와 몸체 사이 • 회전풀리와 벨트
절단점 (Cutting Point)	회전하는 운동부 자체의 위험이나 운동하는 기계 부분 자체의 위험에서 형성되는 위험점(회전운동+기계)	• 밀링커터 • 둥근 톱의 톱날 • 목공용 띠톱날
물림점 (Nip Point)	회전하는 두 개의 회전체에 형성되는 위험점[서로 반대방향의 회전체(중심점+반대방향의 회전운동)]	• 기어와 기어의 물림 • 롤러와 롤러의 물림 • 롤러분쇄기
접선 물림점 (Tangential Nip Point)	회전하는 부분의 접선방향으로 물려 들어갈 위험이 있는 위험점	• V벨트와 풀리 • 랙과 피니언 • 체인벨트 • 평벨트
회전 말림점 (Trapping Point)	회전하는 물체의 길이, 굵기, 속도 등의 불규칙 부위와 돌기 회전부위에 의해 장갑 또는 작업복 등이 말려들 위험이 있는 위험점	• 회전하는 축 • 커플링 • 회전하는 드릴

48 선반의 크기를 표시하는 것으로 틀린 것은?

① 양쪽 센터 사이의 최대 거리
② 왕복대 위의 스윙
③ 베드 위의 스윙
④ 주축에 물릴 수 있는 공작물의 최대 지름

해설

선반의 크기 표시

베드 위의 스윙	베드에 닿지 않게 주축에 설치할 수 있는 공작물의 최대 지름
왕복대의 스윙	왕복대에 닿지 않게 주축에 설치할 수 있는 공작물의 최대 지름
양 센터 사이의 최대 길이	양(주축대와 심압대) 센터에 설치할 수 있는 공작물의 최대 지름

49 기계설비의 방호는 위험장소에 대한 방호와 위험원에 대한 방호로 분류할 때, 다음 위험원에 대한 방호장치에 해당하는 것은?

① 격리형 방호장치
② 포집형 방호장치
③ 접근거부형 방호장치
④ 위치제한형 방호장치

해설

방호장치의 분류
1. 위험장소 : 격리형 방호장치, 위치제한형 방호장치, 접근반응형 방호장치, 접근거부형 방호장치
2. 위험원 : 포집형 방호장치, 감지형 방호장치

50 개구부에서 회전하는 롤러의 위험점까지 최단거리가 60mm일 때 개구부 간격은?

① 10mm
② 12mm
③ 13mm
④ 15mm

해설

롤러기 가드의 개구부 간격(ILO기준, 위험점이 전동체가 아닌 경우)

$$Y = 6 + 0.15X \ (X < 160mm)$$
$$(단, X \geq 160mm 일 때, Y = 30mm)$$

여기서, X : 가드와 위험점 간의 거리(안전거리)(mm)
Y : 가드 개구부 간격(안전간극)(mm)

$Y = 6 + 0.15X = 6 + 0.15 \times 60 = 15[mm]$

51 선반 작업의 안전사항으로 틀린 것은?

① 베드 위에 공구를 올려놓지 않아야 한다.
② 바이트를 교환할 때는 기계를 정지시키고 한다.
③ 바이트는 끝을 길게 장치한다.
④ 반드시 보안경을 착용한다.

해설

선반 작업 시 주의사항
1. 칩(Chip)이 비산할 때는 보안경을 쓰고 방호판을 설치 사용한다.
2. 베드 위에 공구를 올려놓지 않아야 한다.
3. 작업 중에 가공품을 만지지 않는다.
4. 장갑 착용을 금한다.
5. 작업 시 공구는 항상 정리해 둔다.
6. 가능한 한 절삭 방향은 주축대 쪽으로 한다.
7. 기계 점검을 한 후 작업을 시작한다.
8. 칩(Chip)이나 부스러기를 제거할 때는 기계를 정지시키고 압축공기를 사용하지 말고 반드시 브러시(솔)를 사용한다.
9. 치수 측정, 주유 및 청소를 할 때는 반드시 기계를 정지시키고 한다.
10. 기계를 운전 중에 백 기어(Back Gear)를 사용하지 말고 시동 전에 심압대가 잘 죄어 있는가를 확인한다.
11. 바이트는 가급적 짧게 장치하며 가공물의 길이가 직경의 12배 이상일 때는 반드시 방진구를 사용하여 진동을 막는다.
12. 리드 스크루에는 작업자의 하부가 걸리기 쉬우므로 조심해야 한다.

52 산업용 로봇 작업 시 안전조치 방법으로 틀린 것은?

① 작업 중의 매니퓰레이터의 속도의 지침에 따라 작업한다.
② 로봇의 조작방법 및 순서의 지침에 따라 작업한다.
③ 작업을 하고 있는 동안 해당 작업 근로자 이외에도 로봇의 기동스위치를 조작할 수 있도록 한다.
④ 2명 이상의 근로자에게 작업을 시킬 때는 신호 방법의 지침을 정하고 그 지침에 따라 작업한다.

해설

산업용 로봇의 안전기준
1. 교시 등의 작업 시 안전조치 사항
   ㉠ 다음 각 목의 사항에 관한 지침을 정하고 그 지침에 따라 작업을 시킬 것
   • 로봇의 조작방법 및 순서
   • 작업 중의 매니퓰레이터의 속도
   • 2명 이상의 근로자에게 작업을 시킬 경우의 신호방법
   • 이상을 발견한 경우의 조치
   • 이상을 발견하여 로봇의 운전을 정지시킨 후 이를 재가동시킬 경우의 조치
   • 그 밖에 로봇의 예기치 못한 작동 또는 오조작에 의한 위험을 방지하기 위하여 필요한 조치
   ㉡ 작업에 종사하고 있는 근로자 또는 그 근로자를 감시하는 사람은 이상을 발견하면 즉시 로봇의 운전을 정지시키기 위한 조치를 할 것
   ㉢ 작업을 하고 있는 동안 로봇의 기동스위치 등에 작업 중이라는 표시를 하는 등 작업에 종사하고 있는 근로자가 아닌 사람이 그 스위치 등을 조작할 수 없도록 필요한 조치를 할 것

2. 운전 중 위험방지(근로자가 로봇에 부딪힐 위험이 있을 경우)
   ㉠ 높이 1.8m 이상의 울타리 설치
   ㉡ 컨베이어 시스템의 설치 등으로 울타리를 설치할 수 없는 일부 구간 : 안전매트 또는 광전자식 방호장치 등 감응형 방호장치 설치

53 산업안전보건법령상 프레스를 사용하여 작업을 할 때 작업시작 전 점검 항목에 해당하지 않는 것은?

① 전선 및 접속부 상태
② 클러치 및 브레이크의 기능
③ 프레스의 금형 및 고정볼트 상태
④ 1행정 1정지기구·급정지장치 및 비상정지장치의 기능

정답 50 ④ 51 ③ 52 ③ 53 ①

해설
프레스 등의 작업시작 전 점검사항
1. 클러치 및 브레이크의 기능
2. 크랭크축·플라이휠·슬라이드·연결봉 및 연결 나사의 풀림 여부
3. 1행정 1정지기구·급정지장치 및 비상정지장치의 기능
4. 슬라이드 또는 칼날에 의한 위험방지 기구의 기능
5. 프레스의 금형 및 고정볼트 상태
6. 방호장치의 기능
7. 전단기의 칼날 및 테이블의 상태

54 작업장 내 운반을 주목적으로 하는 구내운반차가 준수해야 할 사항으로 옳지 않은 것은?

① 주행을 제동하거나 정지상태를 유지하기 위하여 유효한 제동장치를 갖출 것
② 경음기를 갖출 것
③ 핸들의 중심에서 차체 바깥 측까지의 거리가 65cm 이내일 것
④ 운전자석이 차 실내에 있는 것은 좌우에 한 개씩 방향지시기를 갖출 것

해설
구내운반차 사용 시 준수사항(작업장 내 운반을 주목적으로 하는 차량으로 한정)
1. 주행을 제동하거나 정지상태를 유지하기 위하여 유효한 제동장치를 갖출 것
2. 경음기를 갖출 것
3. 운전석이 차 실내에 있는 것은 좌우에 한개씩 방향지시기를 갖출 것
4. 전조등과 후미등을 갖출 것(다만, 작업을 안전하게 하기 위하여 필요한 조명이 있는 장소에서 사용하는 구내운반차에 대해서는 그러하지 아니하다.)
5. 구내운반차가 후진 중에 주변의 근로자 또는 차량계 하역운반기계 등과 충돌할 위험이 있는 경우에는 구내운반차에 후진경보기와 경광등을 설치할 것

TIP 본 문제는 법 개정으로 일부 내용이 수정되었습니다. 해설은 법 개정으로 수정된 내용이니 해설을 학습하세요.

55 크레인 작업 시 조치사항 중 틀린 것은?

① 인양할 하물은 바닥에서 끌어당기거나, 밀어내는 작업을 하지 아니할 것
② 유류드럼이나 가스통 등의 위험물 용기는 보관함에 담아 안전하게 매달아 운반할 것
③ 고정된 물체는 직접 분리, 제거하는 작업을 할 것
④ 근로자의 출입을 통제하여 하물이 작업자의 머리 위로 통과하지 않게 할 것

해설
크레인 작업 시의 조치 및 준수사항
1. 인양할 하물을 바닥에서 끌어당기거나 밀어내는 작업을 하지 아니할 것
2. 유류드럼이나 가스통 등 운반 도중에 떨어져 폭발하거나 누출될 가능성이 있는 위험물 용기는 보관함(또는 보관고)에 담아 안전하게 매달아 운반할 것
3. 고정된 물체를 직접 분리·제거하는 작업을 하지 아니할 것
4. 미리 근로자의 출입을 통제하여 인양 중인 하물이 작업자의 머리 위로 통과하지 않도록 할 것
5. 인양할 하물이 보이지 아니하는 경우에는 어떠한 동작도 하지 아니할 것(신호하는 사람에 의하여 작업을 하는 경우는 제외)

56 프레스 등의 금형을 부착·해체 또는 조정 작업 중 슬라이드가 갑자기 작동하여 근로자에게 발생할 수 있는 위험을 방지하기 위하여 설치하는 것은?

① 방호 울 ② 안전블록
③ 시건장치 ④ 게이트 가드

해설
금형조정작업의 위험 방지
프레스 등의 금형을 부착·해체 또는 조정하는 작업을 할 때에 해당 작업에 종사하는 근로자의 신체가 위험한계 내에 있는 경우 슬라이드가 갑자기 작동함으로써 근로자에게 발생할 우려가 있는 위험을 방지하기 위하여 안전블록을 사용하는 등 필요한 조치를 하여야 한다.

57 프레스기가 작동 후 작업점까지의 도달시간이 0.2초 걸렸다면 양수기동식 방호장치의 설치거리는 최소 얼마인가?

① 3.2cm ② 32cm
③ 6.4cm ④ 64cm

정답 54 ③ 55 ③ 56 ② 57 ②

해설

방호장치 설치 안전거리(양수기동식)

$$D_m = 1.6 T_m$$

여기서,
D_m : 안전거리(mm)
T_m : 양손으로 누름단추를 누르기 시작할 때부터 슬라이드가 하사점에 도달하기까지 소요시간(ms)

$$T_m = \left(\frac{1}{\text{클러치 맞물림 개소수}} + \frac{1}{2}\right) \times \frac{60,000}{\text{매분 행정수}} (\text{ms})$$

$D_m = 1.6 \times (0.2 \times 1,000) = 320 \text{[mm]} = 32 \text{[cm]}$

TIP 단위
- $\text{ms} = \frac{1}{1,000} 초 \rightarrow 1,000\text{ms} = 1초$
- $0.2초 = 0.2 \times 1,000\text{ms}$

58 보일러의 연도(굴뚝)에서 버려지는 여열을 이용하여 보일러에 공급되는 급수를 예열하는 부속장치는?

① 과열기
② 절탄기
③ 공기예열기
④ 연소장치

해설

보일러의 장치

과열기	본체에서 발생하는 포화온도 이상으로 재가열하여 과열증기로 만드는 장치
절탄기	연도(굴뚝)에서 버려지는 여열을 이용하여 보일러에 공급되는 급수를 예열하는 장치
공기예열기	연도(굴뚝)에서 버려지는 여열을 이용하여 보일러에 공급되는 온도를 올리기 위한 장치
연소장치	기본본체에 열을 공급하기 위해 연료를 연소시키기 위한 장치

59 밀링 머신의 작업 시 안전수칙에 대한 설명으로 틀린 것은?

① 커터의 교환 시는 테이블 위에 목재를 받쳐 놓는다.
② 강력 절삭 시에는 일감을 바이스에 깊게 물린다.
③ 작업 중 면장갑은 착용하지 않는다.
④ 커터는 가능한 컬럼(Column)으로부터 멀리 설치한다.

해설

밀링 작업에 대한 안전수칙
1. 제품을 따 내는 데에는 손끝을 대지 말아야 한다.
2. 운전 중 가공면에 손을 대지 말아야 하며 장갑 착용을 금지한다.
3. 칩을 제거할 때에는 커터의 운전을 중지하고 브러시(솔)를 사용하며 걸레를 사용하지 않는다.
4. 칩의 비산이 많으므로 보안경을 착용한다.
5. 커터 설치 시 및 측정은 반드시 기계를 정지시킨 후에 한다.
6. 일감(공작물)은 테이블 또는 바이스에 안전하게 고정한다.
7. 상하 이송장치의 핸들은 사용 후 반드시 빼 두어야 한다.
8. 가공 중에 밀링머신에 얼굴을 대지 않는다.
9. 절삭 속도는 재료에 따라 정한다.
10. 커터를 끼울 때는 아버를 깨끗이 닦는다.
11. 일감(공작물)을 고정하거나 풀어낼 때는 기계를 정지시킨다.
12. 테이블 위에 공구 등을 올려놓지 않는다.
13. 강력 절삭을 할 때는 일감을 바이스에 깊에 물린다.
14. 급속이송은 백래시 제거장치가 동작하지 않고 있음을 확인한 후 실시하고, 급속이송은 한 방향으로만 한다.

TIP 커터는 될 수 있는 한 컬럼에 가깝게 설치한다.

60 다음 중 컨베이어의 안전장치가 아닌 것은?

① 이탈 및 역주행방지장치
② 비상정지장치
③ 덮개 또는 울
④ 비상난간

해설

컨베이어의 안전장치
1. 이탈 및 역주행방지장치
2. 비상정지장치
3. 덮개 또는 울
4. 건널다리

정답 58 ② 59 ④ 60 ④

4과목 전기 및 화학설비위험방지기술

61 정전기 발생량과 관련된 내용으로 옳지 않은 것은?

① 분리속도가 빠를수록 정전기 발생량이 많아진다.
② 두 물질 간의 대전서열이 가까울수록 정전기 발생량이 많아진다.
③ 접촉면적이 넓을수록, 접촉압력이 증가할수록 정전기 발생량이 많아진다.
④ 물질의 표면이 수분이나 기름 등에 오염되어 있으면 정전기 발생량이 많아진다.

해설
정전기 발생의 영향요인(정전기 발생요인)

물체의 특성	일반적으로 대전량은 접촉이나 분리하는 두 가지 물체가 대전서열 내에서 가까운 곳에 있으면 적고, 먼 위치에 있을수록 대전량이 큰 경향이 있다.
물체의 표면상태	• 표면이 거칠수록 정전기 발생량이 커진다. • 기름, 수분, 불순물 등 오염이 심할수록, 산화 부식이 심할수록 정전기 발생량이 커진다.
물체의 이력	정전기 발생량은 처음 접촉, 분리가 일어날 때 최대가 되며, 발생횟수가 반복될수록 발생량이 감소한다.
접촉면적 및 압력	접촉면적 및 압력이 클수록 정전기 발생량은 커진다.
분리속도	분리속도가 빠를수록 정전기 발생량이 커진다.
완화시간	완화시간이 길면 전하분리에 주는 에너지도 커져서 정전기 발생량이 커진다.

62 피뢰기가 반드시 가져야 할 성능 중 틀린 것은?

① 방전개시 전압이 높을 것
② 뇌전류 방전능력이 클 것
③ 속류 차단을 확실하게 할 수 있을 것
④ 반복 동작이 가능할 것

해설
피뢰기의 구비성능
1. 충격 방전 개시 전압과 제한 전압이 낮을 것
2. 반복 동작이 가능할 것
3. 구조가 견고하며 특성이 변화하지 않을 것
4. 점검, 보수가 간단할 것
5. 뇌전류의 방전능력이 클 것
6. 속류의 차단이 확실하게 될 것

63 최대안전틈새(MESG)의 특성을 적용한 방폭구조는?

① 내압 방폭구조   ② 유입 방폭구조
③ 안전증 방폭구조 ④ 압력 방폭구조

해설
최대안전틈새(MESG ; Maximum Experimental Safety Gap = 안전간극 = 화염일주한계)
1. 8L 정도의 구형 용기 안에 폭발성 혼합가스를 채우고 착화시켜 가스가 발화될 때 화염이 용기 외부의 폭발성 혼합가스에 전달되는가의 여부를 보아 화염을 전달시킬 수 없는 한계의 틈을 말한다.
2. 화염이 틈새를 통하여 바깥쪽의 폭발성 가스에 전달되지 않는 한계의 틈새를 말한다.
3. 폭발화염이 외부로 전파되지 않도록 하기 위해 안전간격을 작게 한다.
4. 안전간격이 작은 가스일수록 위험하다.
5. 폭발성 가스의 종류에 따라 다르며, 폭발성 가스의 분류 및 내압 방폭구조의 분류와 관련이 있다.

64 내전압용 절연장갑의 등급에 따른 최대사용전압이 올바르게 연결된 것은?

① 00등급 : 직류 750V   ② 00등급 : 교류 650V
③ 0등급 : 직류 1000V ④ 0등급 : 교류 800V

해설
내전압용 절연장갑의 등급

등급	최대사용전압		등급별 색상
	교류(V, 실횻값)	직류(V)	
00	500	750	갈색
0	1,000	1,500	빨간색
1	7,500	11,250	흰색
2	17,000	25,500	노란색
3	26,500	39,750	녹색
4	36,000	54,000	등색

65 전기설비 등에는 누전에 의한 감전의 위험을 방지하기 위하여 전기기계·기구에 접지를 실시하도록 하고 있다. 전기기계·기구의 접지에 대한 설명 중 틀린 것은?

① 특별고압의 전기를 취급하는 변전소·개폐소 그 밖에 이와 유사한 장소에서는 지락(地絡)사고가 발생할 경우 접지극의 전위상승에 의한 감전위험을 감소시키기 위한 조치를 하여야 한다.

정답 61 ② 62 ① 63 ① 64 ① 65 ②

② 코드 및 플러그를 접속하여 사용하는 전압이 대지전압 110V를 넘는 전기기계·기구가 노출된 비충전 금속체에는 접지를 반드시 실시하여야 한다.
③ 접지설비에 대하여는 상시 적정상태 유지 여부를 점검하고 이상을 발견한 때에는 즉시 보수하거나 재설치하여야 한다.
④ 전기기계·기구의 금속제 외함·금속제 외피 및 철대에는 접지를 실시하여야 한다.

해설

전기 기계·기구의 접지(접지 대상)
코드와 플러그를 접속하여 사용하는 전기 기계·기구 중 다음의 어느 하나에 해당하는 노출된 비충전 금속체
1. 사용전압이 대지전압 150볼트를 넘는 것
2. 냉장고·세탁기·컴퓨터 및 주변기기 등과 같은 고정형 전기기계·기구
3. 고정형·이동형 또는 휴대형 전동기계·기구
4. 물 또는 도전성이 높은 곳에서 사용하는 전기기계·기구, 비접지형 콘센트
5. 휴대형 손전등

66 누전차단기의 선정 및 설치에 대한 설명으로 틀린 것은?

① 차단기를 설치한 전로에 과부하 보호장치를 설치하는 경우는 서로 협조가 잘 이루어지도록 한다.
② 정격 부동작전류와 정격 감도전류와의 차는 가능한 큰 차단기로 선정한다.
③ 감전방지 목적으로 시설하는 누전차단기는 고감도 고속형을 선정한다.
④ 전로의 대지정전용량이 크면 차단기가 오동작하는 경우가 있으므로 각 분기회로마다 차단기를 설치한다.

해설

누전차단기의 성능
정격 부동작전류는 정격 감도전류의 50% 이상으로 하고, 이들의 전류값은 가능한 한 작게 한다.

67 어떤 도체에 20초 동안에 100C의 전하량이 이동하면 이때 흐르는 전류(A)는?

① 200
② 50
③ 10
④ 5

해설

전류
어떤 도체의 단면을 t[sec] 동안 Q[C]의 전하가 이동할 때 통과하는 전하의 양으로 나타낸다.

$$I = \frac{Q}{t}[C/sec][A]$$

따라서, 1[A]는 1[sec] 동안에 1[C]의 전기량이 이동할 때의 전류의 크기를 말한다.

$I = \dfrac{Q}{t} = \dfrac{100}{20} = 5[A]$

68 선간전압이 6.6kV인 충전전로 인근에서 유자격자가 작업하는 경우 충전전로에 대한 최소 접근한계거리(cm)는?(단, 충전부에 절연 조치가 되어 있지 않고, 작업자는 절연장갑을 착용하지 않았다.)

① 20
② 30
③ 50
④ 60

해설

충전전로에서의 전기작업

충전전로의 선간전압 (단위 : kV)	충전전로에 대한 접근 한계거리 (단위 : cm)
0.3 이하	접촉금지
0.3 초과 0.75 이하	30
0.75 초과 2 이하	45
2 초과 15 이하	60
15 초과 37 이하	90
37 초과 88 이하	110
88 초과 121 이하	130
121 초과 145 이하	150
145 초과 169 이하	170
169 초과 242 이하	230
242 초과 362 이하	380
362 초과 550 이하	550
550 초과 800 이하	790

정답 66 ② 67 ④ 68 ④

69 가스 또는 분진폭발위험장소에는 변전실·배전반실·제어실 등을 설치하여서는 아니 된다. 다만, 실내기압이 항상 양압을 유지하도록 하고, 별도의 조치를 한 경우에는 그러하지 않는데 이때 요구되는 조치사항으로 틀린 것은?

① 양압을 유지하기 위한 환기설비의 고장 등으로 양압이 유지되지 아니한 때 경보를 할 수 있는 조치를 한 경우
② 환기설비가 정지된 후 재가동하는 경우 변전실 등에 가스 등이 있는지를 확인할 수 있는 가스검지기 등의 장비를 비치한 경우
③ 환기설비에 의하여 변전실 등에 공급되는 공기는 가스폭발위험장소 또는 분진폭발위험장소가 아닌 곳으로부터 공급되도록 하는 조치를 한 경우
④ 실내기압이 항상 양압 10Pa 이상이 되도록 장치를 한 경우

해설
변전실 등의 위치
가스폭발 위험장소 또는 분진폭발 위험장소에는 변전실, 배전반실, 제어실, 그 밖에 이와 유사한 시설을 설치해서는 아니 된다. 다만, 변전실 등의 실내기압이 항상 양압(25파스칼 이상의 압력)을 유지하도록 하고 다음의 조치를 하거나, 가스폭발 위험장소 또는 분진폭발 위험장소에 적합한 방폭성능을 갖는 전기 기계·기구를 변전실 등에 설치·사용한 경우에는 그러하지 아니하다.
1. 양압을 유지하기 위한 환기설비의 고장 등으로 양압이 유지되지 아니한 경우 경보를 할 수 있는 조치
2. 환기설비가 정지된 후 재가동하는 경우 변전실 등에 가스 등이 있는지를 확인할 수 있는 가스검지기 등 장비의 비치
3. 환기설비에 의하여 변전실 등에 공급되는 공기는 가스폭발 위험장소 또는 분진폭발 위험장소가 아닌 곳으로부터 공급되도록 하는 조치

70 절연체에 발생한 정전기는 일정 장소에 축적되었다가 점차 소멸되는데 처음 값의 몇 %로 감소되는 시간을 그 물체의 "시정수" 또는 "완화시간"이라고 하는가?

① 25.8　　② 36.8
③ 45.8　　④ 67.8

해설
시정수
일반적으로 절연체에 발생하는 정전기는 일정장소에 축적되었다가 점차 소멸되는데 처음 값의 36.8%로 감소되는 시간을 그 물체에 대한 시정수 또는 완화시간이라 한다.

71 다음 가스 중 공기 중에서 폭발범위가 넓은 순서로 옳은 것은?

① 아세틸렌 > 프로판 > 수소 > 일산화탄소
② 수소 > 아세틸렌 > 프로판 > 일산화탄소
③ 아세틸렌 > 수소 > 일산화탄소 > 프로판
④ 수소 > 프로판 > 일산화탄소 > 아세틸렌

해설
주요 가연성 가스의 폭발범위

가연성 가스	폭발하한값 (%)	폭발상한값 (%)	폭발범위
아세틸렌 (C_2H_2)	2.5	81.0	81.0 − 2.5 = 78.5
수소 (H_2)	4.0	75.0	75.0 − 4.0 = 71.0
일산화탄소 (CO)	12.5	74.0	74.0 − 12.5 = 61.5
프로판 (C_3H_8)	2.1	9.5	9.5 − 2.1 = 7.4

72 다음 중 반응기의 운전을 중지할 때 필요한 주의사항으로 가장 적절하지 않은 것은?

① 급격한 유량 변화를 피한다.
② 가연성 물질이 새거나 흘러나올 때의 대책을 사전에 세운다.
③ 급격한 압력 변화 또는 온도 변화를 피한다.
④ 80~90℃의 염산으로 세정을 하면서 수소가스로 잔류가스를 제거한 후 잔류물을 처리한다.

해설
반응기의 잔유물 제거
1. 반응공정 운전 중에 생성 물질이 부착되거나 기기 개방 시에 배출 잔액과 세정 잔액 또는 잔류 공기 등이 있으면, 운전이 개시되거나 수리 시에 이상반응이 일어나 화재 폭발을 일으킬 수 있다.

2. 잔유물을 확인한 경우에는 스팀 세정과 화학세정의 실시 그리고 각 첨가제를 투입하여 물질의 변성 및 물질 치환을 통하여 제거하도록 한다. 이러한 방법을 사용할 수 없을 때에는 에어펌프를 사용하고 가급적 탱크 내에 들어가지 않도록 한다.

73 다음 중 분진폭발의 가능성이 가장 낮은 물질은?
① 소맥분 ② 마그네슘분
③ 질석가루 ④ 석탄가루

해설
질석가루는 불연성 물질로 팽창질석은 금속화재의 소화에 사용된다.

74 산업안전보건기준에 관한 규칙에서 규정하는 급성 독성 물질의 기준으로 틀린 것은?
① 쥐에 대한 경구투입실험에 의하여 실험동물의 50%를 사망시킬 수 있는 물질의 양이 kg당 300mg − (체중) 이하인 화학물질
② 쥐에 대한 경피흡수실험에 의하여 실험동물의 50%를 사망시킬 수 있는 물질의 양이 kg당 1,000mg − (체중) 이하인 화학물질
③ 토끼에 대한 경피흡수실험에 의하여 실험동물의 50%를 사망시킬 수 있는 물질의 양이 kg당 1,000mg − (체중) 이하인 화학물질
④ 쥐에 대한 4시간 동안의 흡입실험에 의하여 실험동물의 50%를 사망시킬 수 있는 가스의 농도가 3,000ppm 이상인 화학물질

해설
급성 독성 물질
1. 쥐에 대한 경구투입실험에 의하여 실험동물의 50%를 사망시킬 수 있는 물질의 양, 즉 LD_{50}(경구, 쥐)이 kg당 300mg −(체중) 이하인 화학물질
2. 쥐 또는 토끼에 대한 경피흡수실험에 의하여 실험동물의 50%를 사망시킬 수 있는 물질의 양, 즉 LD_{50}(경피, 토끼 또는 쥐)이 kg당 1,000mg −(체중) 이하인 화학물질

3. 쥐에 대한 4시간 동안의 흡입실험에 의하여 실험동물의 50%를 사망시킬 수 있는 물질의 농도, 즉 가스 LC_{50}(쥐, 4시간 흡입)이 2,500ppm 이하인 화학물질, 증기 LC_{50}(쥐, 4시간 흡입)이 10mg/L 이하인 화학물질, 분진 또는 미스트 1mg/L 이하인 화학물질

75 위험물을 건조하는 경우 내용적이 몇 m^3 이상인 건조설비일 때 위험물 건조설비 중 건조실을 설치하는 건축물의 구조를 독립된 단층으로 해야 하는가? (단, 건축물은 내화구조가 아니며, 건조실을 건축물의 최상층에 설치한 경우가 아니다.)
① 0.1 ② 1
③ 10 ④ 100

해설
위험물 건조설비를 설치하는 건축물의 구조
다음 각 호의 어느 하나에 해당하는 위험물 건조설비 중 건조실을 설치하는 건축물의 구조는 독립된 단층건물로 하여야 한다. 다만, 해당 건조실을 건축물의 최상층에 설치하거나 건축물이 내화구조인 경우에는 그러하지 아니하다.
1. 위험물 또는 위험물이 발생하는 물질을 가열·건조하는 경우 내용적이 $1m^3$ 이상인 건조설비
2. 위험물이 아닌 물질을 가열·건조하는 경우로서 다음 각 목의 어느 하나의 용량에 해당하는 건조설비
   ㉠ 고체 또는 액체연료의 최대사용량이 시간당 10kg 이상
   ㉡ 기체연료의 최대사용량이 시간당 $1m^3$ 이상
   ㉢ 전기사용 정격용량이 10kW 이상

76 어떤 물질 내에서 반응전파속도가 음속보다 빠르게 진행되며 이로 인해 발생된 충격파가 반응을 일으키고 유지하는 발열반응을 무엇이라 하는가?
① 점화(Ignition) ② 폭연(Deflagration)
③ 폭발(Explosion) ④ 폭굉(Detonation)

해설
폭굉파
1. 폭발 범위 내의 특정 농도 범위에서 연소속도가 폭발에 비해 수백 내지 수천 배에 달하는 현상
2. 음속보다 화염 전파속도가 큰 경우로 파면선단(진행전면)에 충격파라고 하는 압력파가 생겨 격렬한 파괴작용을 일으키는 현상
3. 폭발한계는 폭굉한계보다 농도범위가 넓다.
4. 진행속도가 1,000~3,500m/s에 이른다.
5. 화염의 전파속도가 음속보다 빠르다.

정답 73 ③ 74 ④ 75 ② 76 ④

77 산업안전보건법상 물질안전보건자료 작성 시 포함되어야 하는 항목이 아닌 것은?(단, 참고사항은 제외한다.)

① 화학제품과 회사에 관한 정보
② 제조일자 및 유효기간
③ 운송에 필요한 정보
④ 환경에 미치는 영향

해설
물질안전보건자료 작성 시 포함되어야 할 항목 및 그 순서
1. 화학제품과 회사에 관한 정보
2. 유해성 · 위험성
3. 구성성분의 명칭 및 함유량
4. 응급조치요령
5. 폭발 · 화재 시 대처방법
6. 누출사고 시 대처방법
7. 취급 및 저장방법
8. 노출방지 및 개인보호구
9. 물리화학적 특성
10. 안정성 및 반응성
11. 독성에 관한 정보
12. 환경에 미치는 영향
13. 폐기 시 주의사항
14. 운송에 필요한 정보
15. 법적 규제 현황
16. 그 밖의 참고사항

78 사업장에서 유해 · 위험물질의 일반적인 보관방법으로 적합하지 않은 것은?

① 질소와 격리하여 저장
② 서늘한 장소에 저장
③ 부식성이 없는 용기에 저장
④ 차광막이 있는 곳에 저장

해설
질소
1. 대기 중에 78%를 함유하고 있다.
2. 불연성 가스이고, 상온에서 다른 가스와 반응하지 않는다.
3. 가연성 가스를 사용하는 장치의 치환(Purge)용으로 사용된다.

79 물반응성 물질에 해당하는 것은?

① 니트로화합물
② 칼륨
③ 염소산나트륨
④ 부탄

해설
물반응성 물질 및 인화성 고체
1. 리튬
2. 칼륨 · 나트륨
3. 황
4. 황린
5. 황화인 · 적린
6. 셀룰로이드류
7. 알킬알루미늄 · 알킬리튬
8. 마그네슘 분말
9. 금속 분말(마그네슘 분말은 제외)
10. 알칼리금속(리튬 · 칼륨 및 나트륨은 제외)
11. 유기 금속화합물(알킬알루미늄 및 알킬리튬은 제외)
12. 금속의 수소화물
13. 금속의 인화물
14. 칼슘 탄화물, 알루미늄 탄화물
15. 그 밖에 1부터 14까지의 물질과 같은 정도의 발화성 또는 이 있는 물질
16. 1부터 15까지의 물질을 함유한 물질

80 A 가스의 폭발하한계가 4.1vol%, 폭발상한계가 62vol%일 때 이 가스의 위험도는 약 얼마인가?

① 8.94
② 12.75
③ 14.12
④ 16.12

해설
위험도

$$H = \frac{UFL - LFL}{LFL}$$

여기서, UFL : 연소상한값
LFL : 연소하한값
H : 위험도

$$H = \frac{UFL - LFL}{LFL} = \frac{62 - 4.1}{4.1} ≒ 14.12$$

5과목 건설안전기술

81 크레인의 운전실을 통하는 통로의 끝과 건설물 등의 벽체와의 간격은 최대 얼마 이하로 하여야 하는가?

① 0.3m
② 0.4m
③ 0.5m
④ 0.6m

해설
건설물 등의 벽체와 통로의 간격
다음 각 호의 간격을 0.3m 이하로 하여야 한다. 다만, 근로자가 추락할 위험이 없는 경우에는 그 간격을 0.3m 이하로 유지하지 아니할 수 있다.
1. 크레인의 운전실 또는 운전대를 통하는 통로의 끝과 건설물 등의 벽체의 간격

정답 77 ② 78 ① 79 ② 80 ③ 81 ①

2. 크레인 거더(Girder)의 통로 끝과 크레인 거더의 간격
3. 크레인 거더의 통로로 통하는 통로의 끝과 건설물 등의 벽체의 간격

82 산업안전보건관리비 중 안전시설비의 항목에서 사용할 수 있는 항목에 해당하는 것은?

① 외부인 출입금지, 공사장 경계표시를 위한 가설울타리
② 작업발판
③ 절토부 및 성토부 등의 토사유실 방지를 위한 설비
④ 사다리 전도방지장치

해설

안전시설비의 사용 불가내역(일부 항목)
1. 외부인 출입금지, 공사장 경계표시를 위한 가설울타리
2. 각종 비계, 작업발판, 가설계단·통로, 사다리 등
3. 절토부 및 성토부 등의 토사유실 방지를 위한 설비

TIP 비계·통로·계단에 추가 설치하는 추락방지용 안전난간, 사다리 전도방지장치, 틀비계에 별도로 설치하는 안전난간·사다리, 통로의 낙하물방호선반 등은 사용 가능함

83 포화도 80%, 함수비 28%, 흙 입자의 비중 2.7일 때 공극비를 구하면?

① 0.940
② 0.945
③ 0.950
④ 0.955

해설

비중, 공극비(간극비), 함수비 관계

$$G \cdot w = S \cdot e$$

여기서, G : 흙의 비중, w : 함수비
S : 포화도, e : 공극비(간극비)

$G \cdot w = S \cdot e \to e = \dfrac{G \cdot w}{S}$

∴ 공극비 $(e) = \dfrac{G \cdot w}{S} = \dfrac{2.7 \times 28}{80} = 0.945$

84 다음 터널 공법 중 전단면 기계 굴착에 의한 공법에 속하는 것은?

① ASSM(American Steel Supported Method)
② NATM(New Austrian Tunneling Method)
③ TBM(Tunnel Boring Machine)
④ 개착식 공법

해설

터널 굴착 공법의 분류

재래식 지보공 공법 (ASSM)	종래 광산에서 많이 사용하는 것으로 굴착과 동시에 목재나 강재로 주변지반의 하중을 지지하는 공법으로 안전성이 낮다.
NATM 공법	굴착 후 주변지반의 지지력을 이용하여 록볼트, 숏크리트 등을 사용하는 공법으로 경제성이 우수하다.
TBM 공법	원통형 터널굴착기로 전단면을 파쇄하는 굴착공법이다.
개착식 공법 (Open Cut Method)	굴착면의 안정을 유지하면서 지표면으로부터 수직으로 파내려가 구조물을 축조하고 다시 원상태로 복구하는 공법을 말하며, 도심지터널, 지하철의 공법으로 널리 사용되고 있다.

85 이동식 비계 작업 시 주의사항으로 옳지 않은 것은?

① 비계의 최상부에서 작업을 하는 경우에는 안전난간을 설치한다.
② 이동 시 작업지휘자가 이동식 비계에 탑승하여 이동하며 안전 여부를 확인하여야 한다.
③ 비계를 이동시키고자 할 때는 바닥의 구멍이나 머리 위의 장애물을 사전에 점검한다.
④ 작업발판은 항상 수평을 유지하고 작업발판 위에서 안전난간을 딛고 작업을 하거나 받침대 또는 사다리를 사용하여 작업하지 않도록 한다.

해설

근로자가 탑승하여 이동하는 것을 금지하여야 한다.

86 공사종류 및 규모별 안전관리비 계상기준표에서 공사종류의 명칭에 해당되지 않는 것은?

① 철도·궤도신설공사
② 일반건설공사(병)
③ 중건설공사
④ 특수 및 기타건설공사

정답 82 ④ 83 ② 84 ③ 85 ② 86 ②

해설

공사종류 및 규모별 산업안전보건관리비 계상기준표

(단위 : 원)

공사 종류	대상액 5억 원 미만인 경우 적용비율(%)	대상액 5억 원 이상 50억 원 미만인 경우		대상액 50억 원 이상인 경우 적용비율(%)	보건관리자 선임대상 건설공사의 적용비율(%)
		적용비율(%)	기초액		
건축공사	3.11%	2.28%	4,325,000원	2.37%	2.64%
토목공사	3.15%	2.53%	3,300,000원	2.60%	2.73%
중건설공사	3.64%	3.05%	2,975,000원	3.11%	3.39%
특수건설공사	2.07%	1.59%	2,450,000원	1.64%	1.78%

안전관리비 대상액 = 공사원가계산서 구성항목 중 직접재료비, 간접재료비와 직접노무비를 합한 금액(발주자가 재료를 제공할 경우에는 해당 재료비를 포함)

TIP 본 문제는 법 개정으로 일부 내용이 수정되었습니다. 해설은 법 개정으로 수정된 내용이니 해설을 학습하세요.

87 콘크리트용 거푸집의 재료에 해당되지 않는 것은?

① 철재
② 목재
③ 석면
④ 경금속

해설

거푸집
1. 부어넣은 콘크리트가 소정의 형상 및 치수를 유지하며 콘크리트가 적합한 강도에 도달하기까지 지지하는 가설구조물을 말한다.
2. 거푸집의 재료는 목재, 강재, 경금속, 플라스틱, 유리섬유 강화플라스틱 등을 사용한다.

88 가설통로 설치 시 경사가 몇 도를 초과하면 미끄러지지 않는 구조로 설치하여야 하는가?

① 15°
② 20°
③ 25°
④ 30°

해설

가설통로
1. 견고한 구조로 할 것
2. 경사는 30° 이하로 할 것(다만, 계단을 설치하거나 높이 2m 미만의 가설통로로서 튼튼한 손잡이를 설치한 경우에는 그러하지 아니하다)
3. 경사가 15°를 초과하는 경우에는 미끄러지지 아니하는 구조로 할 것
4. 추락할 위험이 있는 장소에는 안전난간을 설치할 것(다만, 작업상 부득이한 경우에는 필요한 부분만 임시로 해체할 수 있다.)
5. 수직갱에 가설된 통로의 길이가 15m 이상인 경우에는 10m 이내마다 계단참을 설치할 것
6. 건설공사에 사용하는 높이 8m 이상인 비계다리에는 7미터 이내마다 계단참을 설치할 것

89 철근 콘크리트 공사에서 거푸집 동바리의 해체시기를 결정하는 요인으로 가장 거리가 먼 것은?

① 시방서상의 거푸집 존치기간의 경과
② 콘크리트 강도시험 결과
③ 동절기일 경우 적산 온도
④ 후속공정의 착수시기

해설

거푸집 및 동바리는 콘크리트가 자중 및 시공 중에 가해지는 하중에 충분히 견딜 만한 강도를 가질 때까지 떼어내서는 안 되며, 후속공정의 착수시기에 따라 거푸집 동바리의 해체시기가 결정되는 것은 아니다.

90 물체가 떨어지거나 날아올 위험 또는 근로자가 추락할 위험이 있는 작업 시 착용하여야 할 보호구는?

① 보안경
② 안전모
③ 방열복
④ 방한복

해설

보호구의 지급

보안경	물체가 흩날릴 위험이 있는 작업
안전모	물체가 떨어지거나 날아올 위험 또는 근로자가 추락할 위험이 있는 작업
방열복	고열에 의한 화상 등의 위험이 있는 작업
방한모·방한복·방한화·방한장갑	섭씨 영하 18도 이하인 급냉동어창에서 하는 하역작업

91 지반의 사면파괴 유형 중 유한사면의 종류가 아닌 것은?

① 사면 내 파괴
② 사면 선단 파괴
③ 사면 저부 파괴
④ 직립 사면 파괴

해설

단순사면(유한사면)의 붕괴형태
1. 사면 내 파괴(Slope Failure) : 성토층이 여러 층이고 기반이 얕은 경우

정답 87 ③ 88 ① 89 ④ 90 ② 91 ④

2. 사면 선(선단) 파괴(Toe Failure) : 사면이 비교적 급하고 점착력이 작은 경우
3. 사면 저부(바닥면) 파괴(Base Failure) : 사면이 비교적 완만하고 점착력이 큰 경우

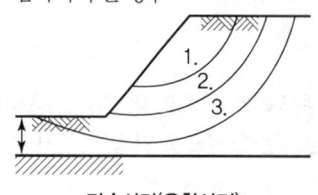
단순사면(유한사면)

92 옹벽 축조를 위한 굴착작업에 관한 설명으로 옳지 않은 것은?

① 수평 방향으로 연속적으로 시공한다.
② 하나의 구간을 굴착하면 방치하지 말고 기초 및 본체구조물 축조를 마무리한다.
③ 절취경사면에 전석, 낙석의 우려가 있고 혹은 장기간 방치할 경우에는 숏크리트, 록볼트, 캔버스 및 모르타르 등으로 방호한다.
④ 작업위치의 좌우에 만일의 경우에 대비한 대피통로를 확보하여 둔다.

해설
옹벽축조를 위한 굴착 시 준수사항
1. 수평방향의 연속시공을 금하며, 브럭으로 나누어 단위시공 단면적을 최소화하여 분단시공을 한다.
2. 하나의 구간을 굴착하면 방치하지 말고 즉시 버팀 콘크리트를 타설하고 기초 및 본체구조물 축조를 마무리한다.
3. 절취경사면에 전석, 낙석의 우려가 있고 혹은 장기간 방치할 경우에는 숏크리트, 록볼트, 넷트, 캔버스 및 모르터 등으로 방호한다.
4. 작업위치의 좌우에 만일의 경우에 대비한 대피통로를 확보하여 둔다.

93 건설현장에서 사용하는 공구 중 토공용이 아닌 것은?

① 착암기
② 포장 파괴기
③ 연마기
④ 점토 굴착기

해설
연마기
동력에 의해 회전하는 연삭숫돌 등 연삭·연마공구를 사용하여 금속이나 그 밖의 가공물의 표면을 깎아내거나 절단 또는 광택을 내기 위해 사용하는 기계를 말한다.

94 부두 등의 하역작업장에서 부두 또는 안벽의 선을 따라 설치하는 통로의 최소폭 기준은?

① 30cm 이상
② 50cm 이상
③ 70cm 이상
④ 90cm 이상

해설
부두·안벽 등 하역작업장 조치사항
1. 작업장 및 통로의 위험한 부분에는 안전하게 작업할 수 있는 조명을 유지할 것
2. 부두 또는 안벽의 선을 따라 통로를 설치하는 경우에는 폭을 90cm 이상으로 할 것
3. 육상에서의 통로 및 작업장소로서 다리 또는 선거 갑문을 넘는 보도 등의 위험한 부분에는 안전난간 또는 울타리 등을 설치할 것

95 다음 그림은 풍화암에서 토사붕괴를 예방하기 위한 기울기를 나타낸 것이다. x 의 값은?

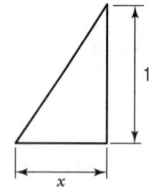

① 1.0
② 0.8
③ 0.5
④ 0.3

해설
굴착면의 기울기

지반의 종류	굴착면의 기울기
모래	1 : 1.8
연암 및 풍화암	1 : 1.0
경암	1 : 0.5
그 밖의 흙	1 : 1.2

TIP 본 문제는 법 개정으로 일부 내용이 수정되었습니다. 해설은 법 개정으로 수정된 내용이니 해설을 학습하세요.

정답 92 ① 93 ③ 94 ④ 95 ①

96 건설현장에서의 PC(Precast Concrete)조립 시 안전대책으로 옳지 않은 것은?

① 달아 올린 부재의 아래에서 정확한 상황을 파악하고 전달하여 작업한다.
② 운전자는 부재를 달아 올린 채 운전대를 이탈해서는 안 된다.
③ 신호는 사전 정해진 방법에 의해서만 실시한다.
④ 크레인 이용 시 PC관의 중량을 고려하여 아웃트리거를 사용한다.

해설
매달린 부재 하부에는 모든 사람의 출입을 금지하여야 한다.

97 가설구조물의 특징이 아닌 것은?

① 연결재가 적은 구조로 되기 쉽다.
② 부재결합이 불완전할 수 있다.
③ 영구적인 구조설계의 개념이 확실하게 적용된다.
④ 단면에 결함이 있기 쉽다.

해설
가설구조물의 특징
1. 연결재가 적은 구조가 되기 쉽다.
2. 부재결합이 간략하여 불안전 결합이 되기 쉽다.
3. 구조물이라는 개념이 확고하지 않아 조립 정밀도가 낮다.
4. 사용부재는 과소 단면이거나 결함재가 되기 쉽다.

98 운반작업 중 요통을 일으키는 인자와 가장 거리가 먼 것은?

① 물건의 중량
② 작업 자세
③ 작업 시간
④ 물건의 표면마감 종류

해설
요통
척추뼈, 추간판(디스크), 관절, 인대, 신경, 혈관 등이 기능 이상 및 상호 조정이 어려워짐으로써 발생하는 허리 부위의 통증으로 물건의 표면마감 종류와는 거리가 멀다.

99 건설현장에서 계단을 설치하는 경우 계단의 높이가 최소 몇 미터 이상일 때 계단의 개방된 측면에 안전난간을 설치하여야 하는가?

① 0.8m
② 1.0m
③ 1.2m
④ 1.5m

해설
가설계단의 설치기준

계단 및 계단참의 강도	• 매 m²당 500kg 이상의 하중에 견딜 수 있는 강도를 가진 구조로 설치하여야 한다. • 안전율(재료의 파괴응력도와 허용응력도의 비율)은 4 이상으로 하여야 한다. • 계단 및 승강구 바닥을 구멍이 있는 재료로 만드는 경우 렌치나 그 밖의 공구 등이 낙하할 위험이 없는 구조로 하여야 한다.
계단의 폭	• 계단을 설치하는 경우 그 폭을 1m 이상으로 하여야 한다.(다만, 급유용·보수용·비상용 계단 및 나선형 계단이거나 높이 1미터 미만의 이동식 계단인 경우에는 제외) • 계단에 손잡이 외의 다른 물건 등을 설치하거나 쌓아 두어서는 아니 된다.
계단참의 설치	높이가 3m를 초과하는 계단에 높이 3m 이내마다 진행방향으로 길이 1.2m 이상의 계단참을 설치하여야 한다.
천장의 높이	계단을 설치하는 경우 바닥면으로부터 높이 2m 이내의 공간에 장애물이 없도록 하여야 한다.(다만, 급유용·보수용·비상용 계단 및 나선형 계단인 경우에는 제외)
계단의 난간	높이 1m 이상인 계단의 개방된 측면에 안전난간을 설치하여야 한다.

100 콘크리트 타설작업을 하는 경우에 준수해야 할 사항으로 옳지 않은 것은?

① 콘크리트를 타설하는 경우에는 편심을 유발하여 한쪽 부분부터 밀실하게 타설되도록 유도할 것
② 당일의 작업을 시작하기 전에 해당 작업에 관한 거푸집 동바리 등의 변형·변위 및 지반의 침하 유무 등을 점검하고 이상이 있으면 보수할 것
③ 작업 중에는 거푸집 동바리 등의 변형·변위 및 침하 유무 등을 감시할 수 있는 감시자를 배치하여 이상이 있으면 작업을 중지하고 근로자를 대피시킬 것
④ 설계도서상의 콘크리트 양생기간을 준수하여 거푸집 동바리 등을 해체할 것

해설

콘크리트 타설작업 시 준수사항
1. 당일의 작업을 시작하기 전에 해당 작업에 관한 거푸집 및 동바리의 변형·변위 및 지반의 침하 유무 등을 점검하고 이상이 있으면 보수할 것
2. 작업 중에는 감시자를 배치하는 등의 방법으로 거푸집 및 동바리의 변형·변위 및 침하 유무 등을 확인해야 하며, 이상이 있으면 작업을 중지하고 근로자를 대피시킬 것
3. 콘크리트 타설작업 시 거푸집 붕괴의 위험이 발생할 우려가 있으면 충분한 보강조치를 할 것
4. 설계도서상의 콘크리트 양생기간을 준수하여 거푸집 및 동바리를 해체할 것
5. 콘크리트를 타설하는 경우에는 편심이 발생하지 않도록 골고루 분산하여 타설할 것

정답 100 ①

PART 02
14 | 2020년 3회 기출문제

1과목 산업안전관리론

01 무재해 운동의 이념 가운데 직장의 위험 요인을 행동하기 전에 예지하여 발견, 파악, 해결하는 것을 의미하는 것은?

① 무의 원칙
② 선취의 원칙
③ 참가의 원칙
④ 인간 존중의 원칙

해설
무재해 운동의 3원칙

무(無)의 원칙	단순히 사망재해나 휴업재해만 없으면 된다는 소극적인 사고가 아닌, 사업장 내의 모든 잠재위험요인을 적극적으로 사전에 발견하고 파악·해결함으로써 산업재해의 근원적인 요소를 없앤다는 것을 의미
참여의 원칙 (전원참가의 원칙)	작업에 따르는 잠재위험요인을 발견하고 파악·해결하기 위해 전원이 일치 협력하여 각자의 위치에서 적극적으로 문제를 해결하겠다는 것을 의미
안전제일의 원칙 (선취의 원칙)	안전한 사업장을 조성하기 위한 궁극의 목표로서 사업장 내에서 행동하기 전에 잠재위험요인을 발견하고 파악·해결하여 재해를 예방하는 것을 의미

02 산업안전보건법령상 안전보건표지의 종류 중 인화성 물질에 관한 표지에 해당하는 것은?

① 금지표지
② 경고표지
③ 지시표지
④ 안내표지

해설
안전보건표지(경고표지)
1. 인화성 물질 경고
2. 산화성 물질 경고
3. 폭발성 물질경고
4. 급성 독성 물질경고
5. 부식성 물질경고
6. 방사성 물질경고
7. 고압전기경고
8. 매달린 물체경고
9. 낙하물경고
10. 고온경고
11. 저온경고
12. 몸균형상실경고
13. 레이저광선경고
14. 발암성·변이원성·생식독성·전신독성·호흡기·호흡기과민성 물질경고
15. 위험장소경고

03 인간관계의 메커니즘 중 다른 사람의 행동양식이나 태도를 투입시키거나, 다른 사람 가운데서 자기와 비슷한 것을 발견하는 것을 무엇이라고 하는가?

① 투사(Projection)
② 모방(Imitation)
③ 암시(Suggestion)
④ 동일화(Identification)

해설
인간관계 메커니즘

투사 (Projection)	자기 마음속의 억압된 것을 다른 사람의 것으로 생각하는 것
암시 (Suggestion)	다른 사람의 판단이나 행동을 무비판적으로 논리적, 사실적 근거 없이 받아들이는 것
동일화 (Identification)	다른 사람의 행동양식이나 태도를 투입하거나 다른 사람 가운데서 자기와 비슷한 것을 발견하게 되는 것
모방 (Imitation)	남의 행동이나 판단을 표본으로 하여 그것과 같거나 그것에 가까운 행동 또는 판단을 취하려는 것
커뮤니케이션 (Communication)	여러 가지 행동양식이 기호를 매개로 하여 한 사람으로부터 다른 사람에게 전달되는 과정으로 언어, 손짓, 몸짓, 표정 등

04 산업안전보건법령상 근로자 안전보건교육 대상과 교육시간으로 옳은 것은?

① 정기교육인 경우 : 사무직 종사 근로자 – 매 분기 3시간 이상
② 정기교육인 경우 : 관리감독자 지위에 있는 사람 – 연간 10시간 이상
③ 채용 시 교육인 경우 : 일용근로자 – 4시간 이상
④ 작업내용 변경 시 교육인 경우 : 일용 근로자를 제외한 근로자 – 1시간 이상

정답 01 ② 02 ② 03 ④ 04 ①

해설

근로자 안전보건교육

교육과정	교육대상		교육시간
가. 정기 교육	1) 사무직 종사 근로자		매반기 6시간 이상
	2) 그 밖의 근로자	가) 판매업무에 직접 종사하는 근로자	매반기 6시간 이상
		나) 판매업무에 직접 종사하는 근로자 외의 근로자	매반기 12시간 이상
나. 채용 시 교육	1) 일용근로자 및 근로계약기간이 1주일 이하인 기간제근로자		1시간 이상
	2) 근로계약기간이 1주일 초과 1개월 이하인 기간제근로자		4시간 이상
	3) 그 밖의 근로자		8시간 이상
다. 작업 내용 변경 시 교육	1) 일용근로자 및 근로계약기간이 1주일 이하인 기간제근로자		1시간 이상
	2) 그 밖의 근로자		2시간 이상
라. 특별 교육	1) 일용근로자 및 근로계약기간이 1주일 이하인 기간제근로자 : 특별교육 대상 작업에 해당하는 작업에 종사하는 근로자에 한정(타워크레인을 사용하는 작업 시 신호업무를 하는 작업은 제외)		2시간 이상
	2) 일용근로자 및 근로계약기간이 1주일 이하인 기간제근로자 : 타워크레인을 사용하는 작업 시 신호업무를 하는 작업에 종사하는 근로자에 한정		8시간 이상
	3) 일용근로자 및 근로계약기간이 1주일 이하인 기간제근로자를 제외한 근로자 : 특별교육 대상 작업에 종사하는 근로자에 한정		가) 16시간 이상(최초 작업에 종사하기 전 4시간 이상 실시하고 12시간은 3개월 이내에서 분할하여 실시 가능) 나) 단기간 작업 또는 간헐적 작업인 경우에는 2시간 이상
마. 건설업 기초안전·보건 교육	건설 일용근로자		4시간 이상

TIP 본 문제는 법 개정으로 일부 내용이 수정되었습니다. 해설은 법 개정으로 수정된 내용이니 해설을 학습하세요.

05 위험예지훈련 4라운드 기법의 진행방법에 있어 문제점 발견 및 중요 문제를 결정하는 단계는?

① 대책수립 단계
② 현상파악 단계
③ 본질추구 단계
④ 행동목표설정 단계

해설

위험예지훈련의 4라운드
1. 1라운드(1R) : 현상파악(사실을 파악한다)
2. 2라운드(2R) : 본질추구(요인을 찾아낸다)
3. 3라운드(3R) : 대책수립(대책을 선정한다)
4. 4라운드(4R) : 목표설정(행동계획을 정한다)

06 산업안전보건법령상 안전모의 시험성능기준 항목이 아닌 것은?

① 난연성
② 인장성
③ 내관통성
④ 충격흡수성

해설

안전모의 시험성능 항목 및 기준

항목	시험성능기준
내관통성	• 안전인증 : AE, ABE종 안전모는 관통거리가 9.5mm 이하이고, AB종 안전모는 관통거리가 11.1mm 이하이어야 한다. • 자율안전확인 : 안전모는 관통거리가 11.1mm이어야 한다.
충격흡수성	최고전달충격력이 4,450N을 초과해서는 안 되며, 모체와 착장체의 기능이 상실되지 않아야 한다.
내전압성	AE, ABE종 안전모는 교류 20kV에서 1분간 절연파괴 없이 견뎌야 하고, 이때 누설되는 충전전류는 10mA 이하이어야 한다(※ 자율안전확인에서는 제외).
내수성	AE, ABE종 안전모는 질량증가율이 1% 미만이어야 한다(※ 자율안전확인에서는 제외).
난연성	모체가 불꽃을 내며 5초 이상 연소되지 않아야 한다.
턱끈 풀림	150N 이상 250N 이하에서 턱끈이 풀려야 한다.

정답 05 ③ 06 ②

07 OJT(On the Job Training)의 특징 중 틀린 것은?

① 훈련과 업무의 계속성이 끊어지지 않는다.
② 직장의 실정에 맞게 실제적 훈련이 가능하다.
③ 훈련의 효과가 곧 업무에 나타나며 훈련의 개선이 용이하다.
④ 다수의 근로자들에게 조직적 훈련이 가능하다.

해설

OJT(On the Job Training)의 특징
1. 직장의 실정에 맞는 구체적이고 실제적인 지도 교육이 가능하다.
2. 개개인에게 적절한 지도 훈련이 가능하다.(개인의 능력과 적성에 알맞은 맞춤교육이 가능하다)
3. 훈련 효과에 의해 상호 신뢰이해도가 높아진다.(상사와의 의사소통 및 신뢰도 향상에 도움이 된다)
4. 교육의 효과가 업무에 신속하게 반영된다.
5. 교육의 이해도가 빠르고 동기부여가 쉽다.
6. 교육으로 인해 업무가 중단되는 업무손실이 적다.
7. 교육경비의 절감효과가 있다.

TIP '다수의 근로자들에게 조직적 훈련이 가능하다.'는 OFF JT(Off the Job Training)의 특징이다.

08 인지과정 착오의 요인이 아닌 것은?

① 정서 불안정
② 감각차단 현상
③ 작업자의 기능 미숙
④ 생리ㆍ심리적 능력의 한계

해설

착오의 요인

종류	내용
인지과정 착오	• 심리적 또는 생리적 요인 • 정보량 저장의 한계 : 한계정보량보다 더 많은 정보가 들어오는 경우 정보를 처리하지 못하는 현상 • 감각차단 현상 : 단조로운 업무가 장시간 지속될 때 작업자의 감각기능 및 판단능력이 둔화 또는 마비되는 현상 고도비행, 단독비행, 계기비행, 직선 고속도로 운행 등 • 정서적 불안정(불안, 공포) • 정보수용 능력의 한계 : 인간의 감지범위 밖의 정보
판단과정 착오	• 정보 부족(옹고집, 지나친 자기중심적 인간) • 능력부족(지식 부족, 경험 부족) • 자기합리화(자기에게 유리하게 판단) • 환경조건 불비(작업조건 불량)
조치과정 착오	• 기술능력 미숙 • 경험 부족 • 피로

09 학습 성취에 직접적인 영향을 미치는 요인과 가장 거리가 먼 것은?

① 적성
② 준비도
③ 개인차
④ 동기유발

해설

학습성취에 직접적인 영향을 미치는 요인
1. 준비도   2. 개인차   3. 동기유발

10 태풍, 지진 등의 천재지변이 발생한 경우나 이상 상태 발생 시 기능상 이상 유ㆍ무에 대한 안전점검의 종류는?

① 일상점검
② 정기점검
③ 수시점검
④ 특별점검

해설

안전점검(점검주기에 의한 구분)

정기점검 (계획점검)	일정기간마다 정기적으로 실시하는 점검으로 주간점검, 월간점검, 연간점검 등이 있다(마모상태, 부식, 손상, 균열 등 설비의 상태 변화나 이상 유무 등을 점검한다).
수시점검 (일상점검, 일일점검)	매일 현장에서 작업 시작 전, 작업 중, 작업 후에 일상적으로 실시하는 점검(작업자, 작업담당자가 실시한다.) • 작업 시작 전 점검사항 : 주변의 정리정돈, 주변의 청소 상태, 설비의 방호장치 점검, 설비의 주유상태, 구동부분 등 • 작업 중 점검사항 : 이상소음, 진동, 냄새, 가스 및 기름 누출, 생산품질의 이상 여부 등 • 작업 종료 시 점검사항 : 기계의 청소와 정비, 안전장치의 작동 여부, 스위치 조작, 환기, 통로정리 등

정답 07 ④   08 ③   09 ①   10 ④

임시점검	정기점검 실시 후 다음 점검기일 이전에 임시로 실시하는 점검(기계, 기구 또는 설비의 이상 발견 시에 임시로 점검)
특별점검	• 기계, 기구 또는 설비를 신설하거나 변경 내지는 고장 수리 등을 할 경우 • 강풍 또는 지진 등의 천재지변 발생 후의 점검 • 산업안전보건 강조기간에도 실시

11 연간 근로자수가 300명인 A 공장에서 지난 1년간 1명의 재해자(신체장해등급 : 1급)가 발생하였다면 이 공장의 강도율은?(단, 근로자 1인당 1일 8시간씩 연간 300일을 근무하였다.)

① 4.27
② 6.42
③ 10.05
④ 10.42

해설

강도율
근로시간 1,000시간당 재해에 의해 잃어버린(상실되는) 근로손실 일수

$$강도율 = \frac{근로손실일수}{연간 \ 총근로시간수} \times 1,000$$

$$강도율 = \frac{7,500}{300 \times 8 \times 300} \times 1,000 ≒ 10.42$$

TIP 사망 및 영구 전노동불능(신체장해등급 1~3급) 근로손실일수 : 7,500일

12 재해예방의 4원칙에 해당하는 내용이 아닌 것은?

① 예방 가능의 원칙
② 원인 계기의 원칙
③ 손실 우연의 원칙
④ 사고 조사의 원칙

해설

하인리히의 재해예방 4원칙

예방 가능의 원칙	천재지변을 제외한 모든 재해는 원칙적으로 예방이 가능하다.
손실 우연의 원칙	사고로 생기는 상해의 종류 및 정도는 우연적이다.
원인 계기의 원칙	사고와 손실의 관계는 우연적이지만 사고와 원인관계는 필연적이다.(사고에는 반드시 원인이 있다.)
대책 선정의 원칙	원인을 정확히 규명해서 대책을 선정하고 실시되어야 한다.(3E, 즉 기술, 교육, 관리를 중심으로)

13 알더퍼의 ERG(Existence Relation Growth) 이론에서 생리적 욕구, 물리적 측면의 안전욕구 등 저차원적 욕구에 해당하는 것은?

① 관계욕구
② 성장욕구
③ 존재욕구
④ 사회적 욕구

해설

알더퍼(Alderfer)의 ERG 이론

생존(Existence) 욕구 (존재 욕구)	유기체의 생존과 유지에 관련된 욕구 • 의식주와 같은 기본적인 욕구 • 임금, 안전한 작업조건 • 직무안전
관계(Relatedness) 욕구	다른 사람과의 상호작용을 통하여 만족을 추구하는 대인욕구 • 의미 있는 타인과의 상호작용 • 대인 욕구
성장(Growth) 욕구	개인적인 발전과 증진에 관한 욕구(잠재력의 발전으로 충족) • 개인의 발전능력 • 잠재력 충족

14 상황성 누발자의 재해유발원인과 거리가 먼 것은?

① 작업의 어려움
② 기계설비의 결함
③ 심신의 근심
④ 주의력의 산만

해설

재해 누발자의 유형

상황성 누발자	• 작업이 어렵기 때문에 • 기계설비에 결함이 있기 때문에 • 심신에 근심이 있기 때문에 • 환경상 주의력의 집중이 혼란되기 때문에
습관성 누발자	• 재해의 경험에 의해 겁을 먹거나 신경과민 • 일종의 슬럼프 상태
미숙성 누발자	• 기능이 미숙하기 때문에 • 환경에 익숙하지 못하기 때문에(환경에 적응 미숙)
소질성 누발자	• 개인의 소질 가운데 재해원인의 요소를 가진 자 • 개인의 특수성격 소유자

정답 11 ④ 12 ④ 13 ③ 14 ④

15 리더십(Leadership)의 특성에 대한 설명으로 옳은 것은?

① 지휘형태는 민주적이다.
② 권한부여는 위에서 위임된다.
③ 구성원과의 관계는 지배적 구조이다.
④ 권한근거는 법적 또는 공식적으로 부여된다.

해설

헤드십과 리더십의 구분

구분	헤드십	리더십
권한행사 및 부여	위에서 위임하여 임명된 헤드	밑에서부터의 동의에 의해 선출된 리더
권한근거	법적 또는 공식적	개인능력
상관과 부하와의 관계	지배적	개인적인 경향
책임귀속	상사	상사와 부하
부하와의 사회적 간격	넓다.	좁다.
지위형태	권위주의적	민주주의적
권한귀속	공식화된 규정에 의함	집단목표에 기여한 공로 인정

16 재해 원인을 통상적으로 직접원인과 간접원인으로 나눌 때 직접 원인에 해당되는 것은?

① 기술적 원인   ② 물적 원인
③ 교육적 원인   ④ 관리적 원인

해설

산업재해의 원인

직접원인	• 인적 요인(불안전한 행동) • 물적 요인(불안전한 상태)
간접원인 (관리적 원인)	• 기술적 원인 • 교육적 원인 • 신체적 원인 • 정신적 원인 • 작업관리상의 원인

17 안전교육 계획 수립 시 고려하여야 할 사항과 관계가 가장 먼 것은?

① 필요한 정보를 수집한다.
② 현장의 의견을 충분히 반영한다.
③ 법 규정에 의한 교육에 한정한다.
④ 안전교육 시행 체계와의 관련을 고려한다.

해설

안전보건교육계획 수립 시 고려할 사항
1. 필요한 정보를 수집한다.
2. 현장의 의견을 반영한다.
3. 안전교육 시행체계와의 관련을 고려한다.
4. 법 규정에 의한 교육에만 그치지 않는다.
5. 교육담당자를 지정한다.

18 안전관리조직의 형태 중 라인스탭형에 대한 설명으로 틀린 것은?

① 대규모 사업장(1,000명 이상)에 효율적이다.
② 안전과 생산업무가 분리될 우려가 없기 때문에 균형을 유지할 수 있다.
③ 모든 안전관리 업무가 생산라인을 통하여 직선적으로 이루어지도록 편성된 조직이다.
④ 안전업무를 전문적으로 담당하는 스탭 및 생산라인의 각 계층에도 겸임 또는 전임의 안전담당자를 둔다.

해설

라인-스태프형(Line-Staff형, 직계 참모형 조직)

의의	• 안전보건 업무를 전담하는 스태프를 별도로 두고 또 생산라인에는 그 부서의 장으로 하여금 계획된 생산라인의 안전관리조직을 통하여 실시하도록 한 조직 형태 • 1,000명 이상의 대규모 사업장에 적합한 조직 형태
장점	• 라인에서 안전보건 업무가 수행되어 안전보건에 관한 지시 명령 조치가 신속·정확하게 이루어짐 • 스태프는 안전에 관한 기획, 조사, 검토 및 연구를 수행
단점	• 명령계통과 조언, 권고적 참여가 혼동되기 쉬움 • 라인과 스태프 간에 협조가 안 될 경우 업무의 원활한 추진 불가(라인과 스태프 간의 월권 또는 상호 의견충돌이 생길 수 있음) • 라인이 스태프에 의존 또는 활용하지 않는 경우가 있음

TIP '모든 안전관리 업무를 생산라인을 통하여 직선적으로 이루어지도록 편성된 조직이다.' : 라인형(Line형, 직계형 조직)

19 기능(기술)교육의 진행방법 중 하버드 학파의 5단계 교수법의 순서로 옳은 것은?

① 준비 → 연합 → 교시 → 응용 → 총괄
② 준비 → 교시 → 연합 → 총괄 → 응용
③ 준비 → 총괄 → 연합 → 응용 → 교시
④ 준비 → 응용 → 총괄 → 교시 → 연합

정답 15 ① 16 ② 17 ③ 18 ③ 19 ②

해설

하버드 학파의 5단계 교수법

1단계	2단계	3단계	4단계	5단계
준비시킨다. Preparation	교시한다. Presentation	연합한다. Association	총괄시킨다. Generalization	응용시킨다. Application

20 재해의 원인과 결과를 연계하여 상호 관계를 파악하기 위해 도표화하는 분석방법은?

① 관리도
② 파레토도
③ 특성요인도
④ 크로스분류도

해설

통계에 의한 원인분석
1. 파레토도 : 사고의 유형, 기인물 등 분류항목을 큰 값에서 작은 값의 순서로 도표화하며, 문제나 목표의 이해에 편리하다.
2. 특성요인도 : 특성과 요인관계를 어골상으로 도표화하여 분석하는 기법이다.(원인과 결과를 연계하여 상호 관계를 파악하기 위한 분석방법)
3. 클로즈분석 : 두 개 이상의 문제관계를 분석하는 데 사용하는 것으로, 데이터를 집계하고 표로 표시하여 요인별 결과내역을 교차한 클로즈 그림을 작성하여 분석하는 기법이다.
4. 관리도 : 재해 발생 건수 등의 추이에 대해 한계선을 설정하여 목표 관리를 수행하는 데 사용되는 방법으로 관리선은 관리상한선, 중심선, 관리하한선으로 구성된다.

2과목 인간공학 및 시스템 안전공학

21 산업안전보건법령상 정밀작업 시 갖추어져야 할 작업면의 조도 기준은?(단, 갱내 작업장과 감광재료를 취급하는 작업장은 제외한다.)

① 75럭스 이상
② 150럭스 이상
③ 300럭스 이상
④ 750럭스 이상

해설

적정 조명 수준

작업의 종류	작업면 조도
초정밀작업	750럭스(lux) 이상
정밀작업	300럭스(lux) 이상
보통작업	150럭스(lux) 이상
그 밖의 작업	75럭스(lux) 이상

22 시스템 수명주기 단계 중 이전 단계들에서 발생되었던 사고 또는 사건으로부터 축적된 자료에 대해 실증을 통한 문제를 규명하고 이를 최소화하기 위한 조치를 마련하는 단계는?

① 구상단계
② 정의단계
③ 생산단계
④ 운전단계

해설

시스템의 수명주기
1. 1단계 : 구상단계 – 적용 분석기법 : 예비위험분석(PHA)
2. 2단계 : 정의단계 – 시스템개발의 가능성과 타당성의 확인, 생산물의 적합성 검토
3. 3단계 : 개발단계 – 적용 분석기법 : FMEA(고장형태와 영향분석)
4. 4단계 : 생산단계 – 설계변경에 따른 수정작업, 안전교육의 실시
5. 5단계 : 운전단계 – 사고조사 참여, 기술변경의 개발, 고객에 의한 최종 성능검사, 훈련, 산업자료 정보, 시스템의 보수 및 폐기, 시스템 안전 프로그램에 따른 평가
6. 6단계 : 정상적 시스템 수명 후의 폐기절차와 긴급 폐기철차의 검토

> **TIP** 운전단계
> 운전단계에서는 발생되었던 사고, 사건, 생산고장 등의 자료가 모아진다.

23 FTA에 의한 재해사례 연구의 순서를 올바르게 나열한 것은?

A. 목표사상 선정
B. FT도 작성
C. 사상마다 재해원인 규명
D. 개선계획 작성

① A → B → C → D
② A → C → B → D
③ B → C → A → D
④ B → A → C → D

정답 20 ③ 21 ③ 22 ④ 23 ②

해설

FTA에 의한 재해사례의 연구 순서
1. 제1단계 : 톱사상(정상사상)의 선정
2. 제2단계 : 각 사상의 재해원인 규명
3. 제3단계 : FT도의 작성
4. 제4단계 : 개선 계획의 작성

24 반복되는 사건이 많이 있는 경우에 FTA의 최소 컷셋을 구하는 알고리즘이 아닌 것은?

① Fussel Algorithm
② Boolean Algorithm
③ Monte Carlo Algorithm
④ Limnios & Ziani Algorithm

해설

Monte Carlo 모의 실험
1. 구하고자 하는 수치의 확률적 분포를 반복 가능한 실험의 통계로부터 구하는 방법을 말하며, 시뮬레이션 테크닉의 일종이다.
2. 이 기법의 목적은 체계가 어디에서 요원에게 과도 혹은 과소한 부하를 주는가를 나타내고 보통의 조작자가 요구되는 모든 직무를 시간 내에 완수할 수 있는가를 결정하기 위한 것이다.

25 신뢰도가 0.4인 부품 5개가 병렬결합 모델로 구성된 제품이 있을 때 이 제품의 신뢰도는?

① 0.90
② 0.91
③ 0.92
④ 0.93

해설

시스템의 신뢰도
$R = 1 - (1-0.4)(1-0.4)(1-0.4)(1-0.4)(1-0.4) ≒ 0.92$

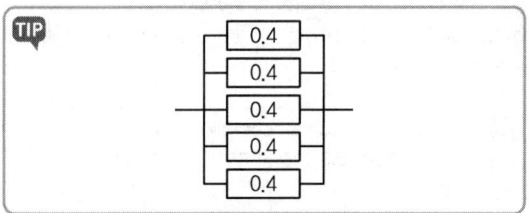

26 조작자 한 사람의 신뢰도가 0.9일 때 요원을 중복하여 2인 1조가 되어 작업을 진행하는 공정이 있다. 작업 기간 중 항상 요원 지원을 한다면 이 조의 인간 신뢰도는?

① 0.93
② 0.94
③ 0.96
④ 0.99

해설

인간 신뢰도(요원 중복)
운전자 한 사람의 인간 성능 신뢰도가 R_1, 2인조 인간 신뢰도가 R_2라면

$$R_2 = 1 - (1-R_1)^2$$

$R_2 = 1 - (1-0.9)^2 = 0.99$

27 주물공장 A작업자의 작업지속시간과 휴식시간을 열압박지수(HSI)를 활용하여 계산하니 각각 45분, 15분이었다. A작업자의 1일 작업량(TW)은 얼마인가?(단, 휴식시간은 포함하지 않으며, 1일 근무시간은 8시간이다.)

① 4.5시간
② 5시간
③ 5.5시간
④ 6시간

해설

작업량(TW)

$$작업량(TW) = 8 \times \frac{WT(작업 지속 시간)}{WT(작업지속시간) + RT(휴식시간)}$$

$작업량(TW) = 8 \times \frac{45}{45+15} = 6[시간]$

28 다수의 표시장치(디스플레이)를 수평으로 배열할 경우 해당 제어장치를 각각의 표시장치 아래에 배치하면 좋아지는 양립성의 종류는?

① 공간 양립성
② 운동 양립성
③ 개념 양립성
④ 양식 양립성

정답 24 ③ 25 ③ 26 ④ 27 ④ 28 ①

> 해설

양립성의 종류

공간 양립성	표시장치와 이에 대응하는 조종장치 간의 위치 또는 배열이 인간의 기대와 모순되지 않아야 한다. 예 가스버너에서 오른쪽 조리대는 오른쪽 조절장치로, 왼쪽 조리대는 왼쪽 조절장치로 조정하도록 배치한다.
운동 양립성	조작장치의 방향과 표시장치의 움직이는 방향이 사용자의 기대와 일치하는 것 예 자동차를 운전하는 과정에서 우측으로 회전하기 위하여 핸들을 우측으로 돌린다.
개념 양립성	사람들이 가지고 있는(이미 사람들이 학습을 통해 알고 있는) 개념적 연상에 관한 기대와 일치하는 것 예 냉온수기에서 빨간색은 온수, 파란색은 냉수가 나온다.
양식 양립성	음성과업에 대해서는 청각적 자극 제시와 이에 대한 음성 응답 등에 해당

29 환경요소의 조합에 의해서 부과되는 스트레스나 노출로 인해서 개인에 유발되는 긴장(Strain)을 나타내는 환경요소 복합지수가 아닌 것은?

① 카타온도(Kata Temperature)
② Oxford 지수(Wet-Dry Index)
③ 실효온도(Effective Temperature)
④ 열 스트레스 지수(Heat Stress Index)

> 해설

환경요소의 복합지수
여러 요소가 열교환 과정에 영향을 끼치므로, 환경요소의 조합에 의해서 부과되는 스트레스나 노출로 인해서 개인에 유발되는 긴장(Strain)을 나타내는 지수들이 필요하다. 긴장지수로는 체온, 심박수, 발한량 등이 사용된다.
환경요소지수에는 실효온도, Oxford 지수, 열압박지수(Heat Stress Index) 등이 있다.

30 활동의 내용마다 "우·양·가·불가"로 평가하고 이 평가내용을 합하여 다시 종합적으로 정규화하여 평가하는 안전성 평가기법은?

① 평점척도법
② 쌍대비교법
③ 계층적 기법
④ 일관성 검정법

> 해설

평점척도법
평가대상이 주어진 몇 개의 범주 중 어느 것에 속하는가를 판단하여, 그 평균 평점을 구하는 방법으로 좋다~나쁘다, 우·양·가·불가로 평가하는 것이 대표적인 예이다.

31 MIL-STD-882E에서 분류한 심각도(Severity) 카테고리 범주에 해당하지 않는 것은?

① 재앙수준(Catastrophic)
② 임계수준(Critical)
③ 경계수준(Precautionary)
④ 무시 가능 수준(Negligible)

> 해설

심각도(Severity) 카테고리

범주	분류	해당 재난
범주 I	파국적 (Catastrophic)	사망 및 중상 또는 시스템의 완전한 손실
범주 II	위기적 (Critical)	상해 또는 주요 시스템의 손상을 일으키고, 인원 및 시스템의 생존을 위해 즉시 시정조치 필요
범주 III	한계적 (Mariginal)	상해 또는 주요 시스템의 손상 없이 배제나 제어 가능
범주 IV	무시 가능 (Negligible)	상해 또는 시스템의 손상에는 이르지 않음

32 다음 중 육체적 활동에 대한 생리학적 측정방법과 가장 거리가 먼 것은?

① EMG
② EEG
③ 심박수
④ 에너지 소비량

> 해설

동적 근력작업에 따른 생리학적 측정법
에너지 대사량, 산소 소비량 및 CO_2 배출량 등과 호흡량, 맥박수, 근전도(EMG) 등

> TIP 뇌전도(EEG ; Electroencephalogram)
> 뇌의 전기적 활동을 기록한 것

정답 29 ① 30 ① 31 ③ 32 ②

33 작업기억(Working Memory)과 관련된 설명으로 옳지 않은 것은?

① 오랜 기간 정보를 기억하는 것이다.
② 작업기억 내의 정보는 시간이 흐름에 따라 쇠퇴할 수 있다.
③ 작업기억의 정보는 일반적으로 시각, 음성, 의미 코드의 3가지로 코드화된다.
④ 리허설(Rehearsal)은 정보를 작업기억 내에 유지하는 유일한 방법이다.

해설
인간 기억의 정보량

감각보관 (Sensory Storage)	• 개개의 감각 경로는 임시 보관 창고를 가지고 있는 것 같으며 자극이 사라진 후에도 잠시 감각이 지속됨 • 감각보관은 비교적 자동적이며, 좀 더 긴 시간 동안 정보를 보관하기 위해서는 암호화되어 작업기억으로 이전되어야 함
작업기억 (Working Memory)	• 감각보관으로부터 정보를 암호화하여 작업기억 혹은 단기기억으로 이전하기 위해서는 인간이 그 과정에 주의를 집중해야 함 • 작업기억 내의 정보는 시간이 흐름에 따라 쇠퇴할 수 있음
장기기억 (Long-Term Memory)	• 작업기억 내의 정보는 의미론적으로 암호화되어 장기기억에 이전됨 • 보다 많은 정보를 상기하기 위해서는 정보를 분석하고, 비교하고, 과거 지식과 관련지어야 함

TIP 장기기억
단기기억(작업기억)이 암호화되어 저장된 영구적 기억이다.

34 다음 형상 암호화 조종장치 중 이산 멈춤 위치용 조종장치는?

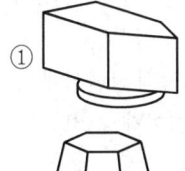 ①   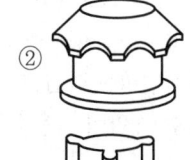 ②

 ③   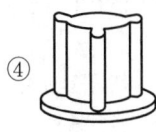 ④

해설
이산 멈춤 위치용 조종장치

 비연속 제어에 사용되며, 전 제어작용에서 볼 때 정보의 중요한 부분을 차지하는 사항의 위치지정을 할 때 사용

35 표시값의 변화 방향이나 변화 속도를 나타내어 전반적인 추이의 변화를 관측할 필요가 있는 경우에 가장 적합한 표시장치 유형은?

① 계수형(Digital) ② 묘사형(Descriptive)
③ 동목형(Moving Scale) ④ 동침형(Moving Pointer)

해설
정량적 표시장치의 종류(정량적인 동적 표시장치)

아날로그 (Analog)	정목동침형 (Moving Pointer, 지침이동형)	• 눈금이 고정되고 지침이 움직이는 형 (고정눈금 이동지침 표시장치) • 일정한 범위에서 수치가 자주 또는 계속 변하는 경우 가장 유용한 표시장치 • 지침의 위치는 인식적인 암시 신호를 얻을 수 있다.
	정침동목형 (Moving Scale, 지침고정형)	• 지침이 고정되고 눈금이 움직이는 형 (이동눈금 고정지침 표시장치) • 나타내고자 하는 값의 범위가 클 때, 비교적 작은 눈금판에 모두 나타내고자 할 때(공간을 적게 차지하는 이점이 있음)
디지털 (Digital)	계수형 (Digital)	• 전력계나 택시 요금 계기와 같이 기계, 전자적으로 숫자가 표시되는 형 • 출력되는 값을 정확하게 읽어야 하는 경우에 가장 적합하다.(수치를 정확하게 읽어야 할 경우) • 판독 오차는 원형 표시 장치보다 적을 뿐 아니라 판독(평균반응) 시간도 짧다.(계수형 : 0.94초, 원형 : 3.54초)

36 사용자의 잘못된 조작 또는 실수로 인해 기계의 고장이 발생하지 않도록 설계하는 방법은?

① FMEA ② HAZOP
③ Fail Safe ④ Fool Proof

정답 33 ① 34 ① 35 ④ 36 ④

> **해설**
> 풀 프루프와 페일 세이프

풀 프루프 (Fool Proof)	작업자가 기계를 잘못 취급하여 불안전 행동이나 실수를 하여도 기계설비의 안전기능이 작용되어 재해를 방지할 수 있는 기능을 가진 구조
페일 세이프 (Fail Safe)	기계나 그 부품에 파손·고장·기능 불량이 발생하여도 항상 안전하게 작동할 수 있는 기능을 가진 구조

37 인간-기계 시스템을 설계하기 위해 고려해야 할 사항과 거리가 먼 것은?

① 시스템 설계 시 동작 경제의 원칙이 만족되도록 고려한다.
② 인간과 기계가 모두 복수인 경우, 종합적인 효과 보다 기계를 우선적으로 고려한다.
③ 대상이 되는 시스템이 위치할 환경 조건이 인간에 대한 한계치를 만족하는가의 여부를 조사한다.
④ 인간이 수행해야 할 조작이 연속적인가 불연속적인가를 알아보기 위해 특성조사를 실시한다.

> **해설**
> 인간 – 기계 체계의 설계 시 고려사항
> 1. 인간, 기계 또는 목적 대상물의 조합으로 이루어진 종합적인 시스템에서 그 안에 존재하는 사실들을 파악하고 필요한 조건 등을 명확히 표현한다.
> 2. 인간이 수행해야 할 조작의 연속성 여부(연속적인가 아니면 불연속적인가)를 알아보기 위해 특성을 조사하여야 한다.
> 3. 시스템 설계 시 동작 경제의 원칙이 만족되도록 고려하여야 한다.
> 4. 대상이 되는 시스템이 배치될 환경조건이 인간의 한계치를 만족하는가의 여부를 조사한다.
> 5. 단독의 기계에 대하여 수행해야 할 배치는 인간의 심리 및 기능에 부합되도록 한다.
> 6. 인간과 기계가 모두 복수인 경우, 전체에 대한 배치로부터 발생하는 종합적인 효과가 가장 중요하며 우선적으로 고려되어야 한다.
> 7. 인간이 기계조작 방법을 습득하기 위해 어떤 훈련방법이 필요한지, 시스템의 활용에 있어서 인간에게 어느 정도 필요한지를 명확히 해 두어야 한다.
> 8. 시스템 설계의 성공적인 완료를 위해 조작의 능률성, 보존의 용이성, 제작의 경제성 측면에서 재검토되어야 한다.
> 9. 최종적으로 완성된 시스템에 대해 불량 여부의 결정을 수행하여야 한다.

38 한국산업표준상 결함 나무 분석(FTA) 시 다음과 같이 사용되는 사상기호가 나타내는 사상은?

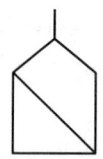

① 공사상
② 기본사상
③ 통상사상
④ 심층분석사상

> **해설**
> FTA 분석 기호

기호	명칭	내용
⌂	공사상	발생할 수 없는 사상
○	기본사상	더 이상 전개가 되지 않는 기본적인 사상 또는 발생확률이 단독으로 얻어지는 낮은 레벨의 기본적인 사상
⌂	통상사상	통상발생이 예상되는 사상 (예상되는 원인)
◇	심층분석사상	추후 다른 결함 나무에서 심층 분석되는 사상

39 작업자의 작업공간과 관련된 내용으로 옳지 않은 것은?

① 서서 작업하는 작업공간에서 발바닥을 높이면 뻗침 길이가 늘어난다.
② 서서 작업하는 작업공간에서 신체의 균형에 제한을 받으면 뻗침길이가 늘어난다.
③ 앉아서 작업하는 작업공간은 동적 팔뻗침에 의해 포락면(Reach Envelope)의 한계가 결정된다.
④ 앉아서 작업하는 작업공간에서 기능적 팔뻗침에 영향을 주는 제약이 적을수록 뻗침길이가 늘어난다.

> **해설**
> 서서 작업하는 작업공간에서 신체의 균형에 제한을 받으면 뻗침길이가 줄어든다.

40 조종장치의 촉각적 암호화를 위하여 고려하는 특성으로 볼 수 없는 것은?

① 형상 ② 무게
③ 크기 ④ 표면 촉감

해설

조종장치의 촉각적 암호화 방법
촉각적 표시장치에서 기본 정보 수용기로 주로 사용되는 것은 손이다.
1. 형상을 이용한 암호화
2. 표면 촉감을 이용한 암호화
3. 크기를 이용한 암호화

3과목 기계위험 방지기술

41 크레인 작업 시 로프에 1톤의 중량을 걸어 20m/s² 의 가속도로 감아올릴 때, 로프에 걸리는 총하중(kgf)은 약 얼마인가?(단, 중력가속도는 10m/s²이다.)

① 1,000 ② 2,000
③ 3,000 ④ 3,500

해설

와이어로프에 걸리는 하중계산

와이어로프에 걸리는 총하중	총하중(W) = 정하중(W_1) + 동하중(W_2) 동하중(W_2) = $\dfrac{W_1}{g} \times a$ g : 중력가속도(9.8m/s²), a : 가속도(m/s²)
와이어로프에 작용하는 장력	장력[N] = 총하중[kg] × 중력가속도[m/s²]

• 동하중(W_2) = $\dfrac{W_1}{g} \times a = \dfrac{1000}{10} \times 20 = 2,000$[kgf]

∴ 총하중(W) = 정하중(W_1) + 동하중(W_2)
= 1,000 + 2,000 = 3,000[kgf]

TIP 1ton = 1,000kgf

42 다음 중 선반 작업 시 준수하여야 하는 안전사항으로 틀린 것은?

① 작업 중 면장갑 착용을 금한다.
② 작업 시 공구는 항상 정리해 둔다.
③ 운전 중에 백기어를 사용한다.
④ 주유 및 청소를 할 때에는 반드시 기계를 정지시키고 한다.

해설

선반 작업 시 주의사항
1. 칩(Chip)이 비산할 때는 보안경을 쓰고 방호판을 설치 사용한다.
2. 베드 위에 공구를 올려놓지 않아야 한다.
3. 작업 중에 가공품을 만지지 않는다.
4. 장갑 착용을 금한다.
5. 작업 시 공구는 항상 정리해 둔다.
6. 가능한 한 절삭 방향은 주축대 쪽으로 한다.
7. 기계 점검을 한 후 작업을 시작한다.
8. 칩(Chip)이나 부스러기를 제거할 때는 기계를 정지시키고 압축공기를 사용하지 말고 반드시 브러시(솔)를 사용한다.
9. 치수 측정, 주유 및 청소를 할 때는 반드시 기계를 정지시키고 한다.
10. 기계를 운전 중에 백 기어(Back Gear)를 사용하지 말고 시동 전에 심압대가 잘 죄어 있는가를 확인한다.
11. 바이트는 가급적 짧게 장치하며 가공물의 길이가 직경의 12배 이상일 때는 반드시 방진구를 사용하여 진동을 막는다.
12. 리드 스크루에는 작업자의 하부가 걸리기 쉬우므로 조심해야 한다.

43 기계설비의 안전조건 중 구조의 안전화에 대한 설명으로 가장 거리가 먼 것은?

① 기계재료의 선정 시 재료 자체에 결함이 없는지 철저히 확인한다.
② 사용 중 재료의 강도가 열화될 것을 감안하여 설계 시 안전율을 고려한다.
③ 기계작동 시 기계의 오동작을 방지하기 위하여 오동작 방지 회로를 적용한다.
④ 가공 경화와 같은 가공결함이 생길 우려가 있는 경우는 열처리 등으로 결함을 방지한다.

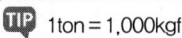

해설
구조상의 안전화

설계상의 결함	• 가장 큰 원인은 강도산정(부하예측, 강도계산)상의 오류 • 사용상 강도의 열화를 고려하여 안전율을 산정
재료의 결함	기계 재료 자체에 균열, 부식, 강도 저하 등 결함이 있으므로 설계 시 재료의 선택에 유의
가공의 결함	재료 가공 도중 결함이 생길 수 있으므로 기계적 특성을 갖는 적절한 열처리 등이 필요

TIP 오동작을 방지하기 위하여 오동작 방지 회로를 적용하는 것은 기능적 안전화에 해당된다.

44 산업안전보건법령상 리프트의 종류로 틀린 것은?

① 건설용 리프트
② 자동차정비용 리프트
③ 이삿짐운반용 리프트
④ 간이 리프트

해설
리프트의 종류
동력을 사용하여 사람이나 화물을 운반하는 것을 목적으로 하는 기계설비

건설용 리프트	동력을 사용하여 가이드레일(운반구를 지지하여 상승 및 하강 동작을 안내하는 레일)을 따라 상하로 움직이는 운반구를 매달아 사람이나 화물을 운반할 수 있는 설비 또는 이와 유사한 구조 및 성능을 가진 것으로 건설현장에서 사용하는 것
산업용 리프트	동력을 사용하여 가이드레일을 따라 상하로 움직이는 운반구를 매달아 화물을 운반할 수 있는 설비 또는 이와 유사한 구조 및 성능을 가진 것으로 건설현장 외의 장소에서 사용하는 것
자동차정비용 리프트	동력을 사용하여 가이드레일을 따라 움직이는 지지대로 자동차 등을 일정한 높이로 올리거나 내리는 구조의 리프트로서 자동차 정비에 사용하는 것
이삿짐운반용 리프트	연장 및 축소가 가능하고 끝단을 건축물 등에 지지하는 구조의 사다리형 붐에 따라 동력을 사용하여 움직이는 운반구를 매달아 화물을 운반하는 설비로서 화물자동차 등 차량 위에 탑재하여 이삿짐 운반 등에 사용하는 것

45 보일러수 속에 불순물 농도가 높아지면서 수면에 거품이 형성되어 수위가 불안정하게 되는 현상은?

① 포밍
② 서징
③ 수격현상
④ 공동현상

해설
보일러 취급 시 이상현상

프라이밍 (Priming)	보일러수가 극심하게 끓어서 수면에서 계속하여 물방울이 비산하고 증기부가 물방울로 충만하여 수위가 불안정하게 되는 현상
포밍 (Foaming)	보일러 수에 유지류, 고형물 등의 부유물로 인해 거품이 발생하여 수위를 판단하지 못하는 현상
캐리오버 (Carry Over)	• 보일러에서 증기관 쪽에 보내는 증기에 대량의 물방울이 포함되는 경우로 프라이밍이나 포밍이 생기면 필연적으로 발생 • 보일러에서 증기의 순도를 저하시킴으로써 관내 응축수가 생겨 워터해머의 원인이 되는 것
워터해머 (Water Hammer, 수격작용)	증기관 내에서 증기를 보내기 시작할 때 해머로 치는 듯한 소리를 내며 관이 진동하는 현상, 워터해머는 캐리오버에 기안한다.

46 산업안전보건법령상 연삭숫돌의 상부를 사용하는 것을 목적으로 하는 탁상용 연삭기 덮개의 노출각도는?

① 60° 이내
② 65° 이내
③ 80° 이내
④ 125° 이내

해설
연삭기 덮개의 각도
1. 일반 연삭작업 등에 사용하는 것을 목적으로 하는 탁상용 연삭기 덮개의 노출각도는 125° 이내로 한다.
2. 연삭숫돌의 상부를 사용하는 것을 목적으로 하는 탁상용 연삭기 덮개의 노출각도는 60° 이내로 한다.
3. 1 및 2 이외의 탁삭용 연삭기, 그 밖에 이와 유사한 연삭기 덮개의 노출각도는 80° 이내로 하되, 숫돌의 주축에서 수평면 위로 이루는 원주 각도는 65° 이상이 되지 않도록 한다.
4. 원통연삭기, 센터리스연삭기, 공구연삭기, 만능연삭기, 그 밖에 이와 비슷한 연삭기 덮개의 노출각도는 180° 이내로 한다.
5. 휴대용 연삭기, 스윙연삭기, 스라브연삭기, 그 밖에 이와 비슷한 연삭기 덮개의 노출각도는 180° 이내로 한다.
6. 평면연삭기, 절단연삭기, 그 밖에 이와 비슷한 연삭기 덮개의 노출각도는 150° 이내로 하되, 숫돌의 주축에서 수평면 밑으로 이루는 덮개의 각도는 15° 이상이 되도록 한다.

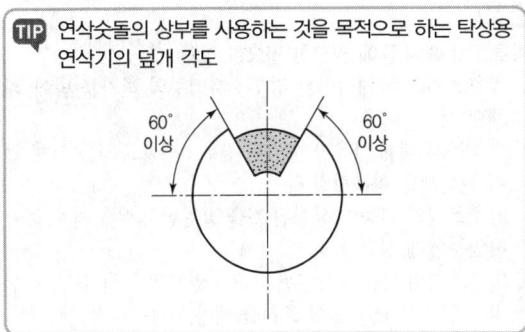

TIP 연삭숫돌의 상부를 사용하는 것을 목적으로 하는 탁상용 연삭기의 덮개 각도

47 산업안전보건법령상 위험기계·기구별 방호조치로 가장 적절하지 않은 것은?

① 산업용 로봇 – 안전매트
② 보일러 – 급정지장치
③ 목재가공용 둥근톱기계 – 반발예방장치
④ 산업용 로봇 – 광전자식 방호장치

해설

보일러 안전장치의 종류
1. 압력방출장치   2. 압력제한스위치
3. 고저수위조절장치   4. 화염검출기

48 산업안전보건법령상 연삭숫돌의 시운전에 관한 설명으로 옳은 것은?

① 연삭숫돌의 교체 시에는 바로 사용할 수 있다.
② 연삭숫돌의 교체 시 1분 이상 시운전을 하여야 한다.
③ 연삭숫돌의 교체 시 2분 이상 시운전을 하여야 한다.
④ 연삭숫돌의 교체 시 3분 이상 시운전을 하여야 한다.

해설

연삭기 작업면에 있어서의 안전기준
1. 회전 중인 연삭숫돌(지름이 5cm 이상인 것으로 한정)이 근로자에게 위험을 미칠 우려가 있는 경우에 그 부위에 덮개를 설치하여야 한다.
2. 연삭숫돌을 사용하는 작업의 경우 작업을 시작하기 전에는 1분 이상, 연삭숫돌을 교체한 후에는 3분 이상 시험운전을 하고 해당 기계에 이상이 있는지를 확인하여야 한다.
3. 시험운전에 사용하는 연삭숫돌은 작업시작 전에 결함이 있는지를 확인한 후 사용하여야 한다.
4. 연삭숫돌의 최고 사용회전속도를 초과하여 사용하도록 해서는 아니 된다.
5. 측면을 사용하는 것을 목적으로 하지 않는 연삭숫돌을 사용하는 경우 측면을 사용하도록 해서는 아니 된다.

49 금형의 안전화에 대한 설명 중 틀린 것은?

① 금형의 틈새는 8mm 이상 충분하게 확보한다.
② 금형 사이에 신체 일부가 들어가지 않도록 한다.
③ 충격이 반복되어 부가되는 부분에는 완충장치를 설치한다.
④ 금형설치용 홈은 설치된 프레스의 홈에 적합한 형상의 것으로 한다.

해설

금형에 의한 위험 방지
다음 부분의 간격이 8mm 이하가 되도록 금형을 설치하여 신체의 일부가 들어가지 않도록 한다.
1. 상사점에 있어서 상형과 하형과의 간격
2. 금형 가이드 포스트(Guide Post)와 가이드 부시와의 간격

50 컨베이어의 종류가 아닌 것은?

① 체인 컨베이어   ② 스크류 컨베이어
③ 슬라이딩 컨베이어   ④ 유체 컨베이어

해설

컨베이어의 종류
1. 롤러 컨베이어   2. 스크류 컨베이어
3. 벨트 컨베이어   4. 체인 컨베이어
5. 진동 컨베이어   6. 유체 컨베이어
7. 엘리베이팅 컨베이어   8. 공기필름 컨베이어

51 산업안전보건법령상 지게차 방호장치에 해당하는 것은?

① 포크   ② 헤드가드
③ 호이스트   ④ 힌지드 버킷

해설

지게차의 안전장치
1. 전조등 및 후미등   2. 헤드가드
3. 백레스트   4. 후방접근경보기 등

TIP 헤드가드
1. 강도는 지게차의 최대하중의 2배 값(4톤을 넘는 값에 대해서는 4톤으로 한다)의 등분포정하중에 견딜 수 있을 것
2. 상부틀의 각 개구의 폭 또는 길이가 16cm 미만일 것
3. 운전자가 앉아서 조작하거나 서서 조작하는 지게차의 헤드가드는 한국산업표준에서 정하는 높이 기준 이상일 것
   ㉠ 좌승식 : 좌석기준점으로부터 903mm 이상
   ㉡ 입승식 : 조종사가 서 있는 플랫폼으로부터 1,880mm 이상

정답 47 ② 48 ④ 49 ① 50 ③ 51 ②

52 프레스의 방호장치에 해당되지 않는 것은?

① 가드식 방호장치　② 수인식 방호장치
③ 롤 피드식 방호장치　④ 손쳐내기식 방호장치

해설

프레스의 방호장치
1. 가드식　　　2. 손쳐내기식
3. 수인식　　　4. 양수조작식
5. 광전자식

53 산업안전보건법령상 양중기에서 절단하중이 100톤인 와이어로프를 사용하여 화물을 직접적으로 지지하는 경우, 화물의 최대허용하중(톤)은?

① 20　② 30
③ 40　④ 50

해설

와이어로프의 안전계수

$$\text{안전율(안전계수)} = \frac{\text{절단하중(파괴하중)}}{\text{최대허용하중}}$$

화물의 하중을 직접 지지하는 달기와이어로프 또는 달기체인의 경우 안전계수 : 5 이상

$$\therefore \text{최대허용하중} = \frac{\text{절단하중(파괴하중)}}{\text{안전계수}} = \frac{100}{5} = 20[\text{톤}]$$

TIP 와이어로프 등 달기구의 안전계수

근로자가 탑승하는 운반구를 지지하는 달기와이어로프 또는 달기체인의 경우	10 이상
화물의 하중을 직접 지지하는 달기와이어로프 또는 달기체인의 경우	5 이상
훅, 샤클, 클램프, 리프팅 빔의 경우	3 이상
그 밖의 경우	4 이상

54 산업안전보건법령상 기계 기구의 방호조치에 대한 사업주·근로자 준수사항으로 가장 적절하지 않은 것은?

① 방호조치의 기능상실에 대한 신고가 있을 시 사업주는 수리, 보수 및 작업중지 등 적절한 조치를 할 것
② 방호조치 해체 사유가 소멸된 경우 근로자는 즉시 원상회복 시킬 것
③ 방호조치의 기능상실을 발견 시 사업주에게 신고할 것
④ 방호조치 해체 시 해당 근로자가 판단하여 해체할 것

해설

방호조치 해체 등에 필요한 필요한 조치
1. 방호조치를 해체하려는 경우 : 사업주의 허가를 받아 해체할 것
2. 방호조치 해체 사유가 소멸된 경우 : 방호조치를 지체 없이 원상으로 회복시킬 것
3. 방호조치의 기능이 상실된 것을 발견한 경우 : 지체 없이 사업주에게 신고할 것
4. 방호조치의 기능이 상실된 신고가 있으면 즉시 수리, 보수 및 작업중지 등 적절한 조치를 해야 한다.

55 산업안전보건법령상 프레스를 사용하여 작업을 할 때 작업시작 전 점검 항목에 해당하지 않는 것은?

① 전선 및 접속부 상태
② 클러치 및 브레이크의 기능
③ 프레스의 금형 및 고정볼트 상태
④ 1행정 1정지기구·급정지장치 및 비상정지장치의 기능

해설

프레스 등의 작업시작 전 점검사항
1. 클러치 및 브레이크의 기능
2. 크랭크축·플라이휠·슬라이드·연결봉 및 연결 나사의 풀림 여부
3. 1행정 1정지기구·급정지장치 및 비상정지장치의 기능
4. 슬라이드 또는 칼날에 의한 위험방지 기구의 기능
5. 프레스의 금형 및 고정볼트 상태
6. 방호장치의 기능
7. 전단기의 칼날 및 테이블의 상태

56 프레스의 분류 중 동력 프레스에 해당하지 않는 것은?

① 크랭크 프레스　② 토글 프레스
③ 마찰 프레스　　④ 아버 프레스

해설

프레스의 종류

인력 프레스	• 푸트 프레스(Foot Press) • 나사 프레스(Screw Press) • 아버 프레스(Arbor Press) • 엑센트릭 프레스(Eccentric Press)
동력 프레스	• 크랭크 프레스(Crank Press) • 토글 프레스(Toggle Press) • 마찰 프레스(Friction Press) • 액압 프레스(Hydraulic Press)

정답 52 ③　53 ①　54 ④　55 ①　56 ④

57 밀링작업 시 안전수칙에 해당되지 않는 것은?

① 칩이나 부스러기는 반드시 브러시를 사용하여 제거한다.
② 가공 중에는 가공면을 손으로 점검하지 않는다.
③ 기계를 가동 중에는 변속시키지 않는다.
④ 바이트는 가급적 짧게 고정시킨다.

해설

밀링 작업에 대한 안전수칙
1. 제품을 따 내는 데에는 손끝을 대지 말아야 한다.
2. 운전 중 가공면에 손을 대지 말아야 하며 장갑 착용을 금지한다.
3. 칩을 제거할 때에는 커터의 운전을 중지하고 브러시(솔)를 사용하며 걸레를 사용하지 않는다.
4. 칩의 비산이 많으므로 보안경을 착용한다.
5. 커터 설치 시 및 측정은 반드시 기계를 정지시킨 후에 한다.
6. 일감(공작물)은 테이블 또는 바이스에 안전하게 고정한다.
7. 상하 이송장치의 핸들은 사용 후 반드시 빼 두어야 한다.
8. 가공 중에 밀링머신에 얼굴을 대지 않는다.
9. 절삭 속도는 재료에 따라 정한다.
10. 커터를 끼울 때는 아버를 깨끗이 닦는다.
11. 일감(공작물)을 고정하거나 풀어낼 때는 기계를 정지시킨다.
12. 테이블 위에 공구 등을 올려놓지 않는다.
13. 강력 절삭을 할 때는 일감을 바이스에 깊에 물린다.
14. 급속이송은 백래시 제거장치가 동작하지 않고 있음을 확인한 후 실시하고, 급속이송은 한 방향으로만 한다.

58 산소-아세틸렌가스 용접에서 산소 용기의 취급 시 주의사항으로 틀린 것은?

① 산소 용기의 운반 시 밸브를 닫고 캡을 씌워서 이동할 것
② 기름이 묻은 손이나 장갑을 끼고 취급하지 말 것
③ 원활한 산소 공급을 위하여 산소 용기는 눕혀서 사용할 것
④ 통풍이 잘되고 직사광선이 없는 곳에 보관할 것

해설

산소 용기의 취급 시 주의사항
1. 산소 용기의 운반 시 밸브를 닫고 캡을 씌워서 이동할 것
2. 기름이 묻은 손이나 장갑을 끼고 취급하지 말 것
3. 저장 또는 사용 중에는 반드시 용기를 세워둘 것
4. 통풍이 잘되고 직사광선이 없는 곳에 보관할 것
5. 가연성 물질이 있는 곳에 용기를 보관하지 말 것
6. 가스용기는 뉘어두거나 굴리는 등 충돌, 충격을 주지 말 것
7. 사용전 누설여부를 확인할 것
8. 산소병 내에 다른 가스를 혼합하지 말 것
9. 용기의 밸브가 얼었을 경우 따뜻한 물로 녹일 것
10. 산소 밸브를 천천히 개폐할 것

59 가드(Guard)의 종류가 아닌 것은?

① 고정식
② 조정식
③ 자동식
④ 반자동식

해설

가드의 종류

종류	설명
고정형 가드	개구부로부터 가공물과 공구 등을 넣어도 손은 위험영역에 머무르지 않는 형태
자동형 가드	기계적, 전기적, 유공압적 방법에 의한 인터록(Interlock) 기구를 부착한 가드로 가드 해제 시 자동적으로 기계가 정지하는 방식
조절형 가드	위험구역에 맞추어 적당한 모양으로 조절하는 것으로 기계에 사용하는 공구를 바꿀 때 이에 맞추어 조정하는 가드

60 산업안전보건법령상 롤러기의 무릎조작식 급정지장치의 설치 위치 기준은?(단, 위치는 급정지장치 조작부의 중심점을 기준)

① 밑면에서 0.7~0.8m 이내
② 밑면에서 0.6m 이내
③ 밑면에서 0.8~1.2m 이내
④ 밑면에서 1.5m 이내

해설

급정지장치의 설치방법

종류	설치위치	비고
손조작식	밑면에서 1.8m 이내	위치는 급정지장치의 조작부의 중심점을 기준
복부조작식	밑면에서 0.8m 이상 1.1m 이내	
무릎조작식	밑면에서 0.6m 이내	

정답 57 전항 정답 58 ③ 59 ④ 60 ②

4과목 전기 및 화학설비위험방지기술

61 대전된 물체가 방전을 일으킬 때의 에너지 E(J)를 구하는 식으로 옳은 것은[단, 도체의 정전용량을 C(F), 대전전위를 V(V), 대전전하량을 Q(C)라 한다.]

① $E = \sqrt{2CQ}$
② $E = \dfrac{1}{2}CV$
③ $E = \dfrac{Q^2}{2C}$
④ $E = \sqrt{\dfrac{2V}{C}}$

해설

정전에너지

$$E = \frac{1}{2}CV^2 = \frac{1}{2}QV = \frac{Q^2}{2C}$$

대전 전하량$(Q) = C \cdot V$, 대전전위$(V) = \dfrac{Q}{C}$

여기서, E : 정전기 에너지(J)
C : 도체의 정전용량(F)
V : 대전전위(V)
Q : 대전전하량(C)

62 인체의 대부분이 수중에 있는 상태에서의 허용 접촉전압으로 옳은 것은?

① 2.5V 이하
② 25V 이하
③ 50V 이하
④ 100V 이하

해설

허용 접촉전압

종별	접촉상태	허용접촉전압
제1종	인체의 대부분이 수중에 있는 상태	2.5V 이하
제2종	• 인체가 현저하게 젖어 있는 상태 • 금속성의 전기기계장치나 구조물에 인체의 일부가 상시 접촉되어 있는 상태	25V 이하
제3종	제1종, 제2종 이외의 경우로 통상의 인체상태에 있어서 접촉전압이 가해지면 위험성이 높은 상태	50V 이하
제4종	• 제1종, 제2종 이외의 경우로 통상의 인체상태에 있어서 접촉전압이 가해지더라도 위험성이 낮은 상태 • 접촉전압이 가해질 우려가 없는 상태	제한 없음

63 전기설비에서 제1종 접지공사는 접지저항을 몇 Ω 이하로 해야 하는가?

① 5
② 10
③ 50
④ 100

해설

접지공사의 종류

접지대상	(개정 전) 접지방식	(개정 후) KEC 접지방식
(특)고압설비	1종 : 접지저항 10Ω	• 계통접지 : TN, TT, IT 계통
600V 이하 설비	특3종 : 접지저항 10Ω	• 보호접지 : 등전위본딩 등
400V 이하 설비	3종 : 접지저항 100Ω	• 피뢰시스템접지
변압기	2종 : (계산 요함)	"변압기 중성점 접지"로 명칭 변경

TIP 법 개정으로 접지대상에 따라 일괄 적용한 종별접지(1종, 2종, 3종, 특별 3종)가 폐지되었습니다. 해설을 참고하세요.

64 저압전로 중 절연 부분의 전선과 대지 간 및 전선의 심선 상호 간의 절연저항은 사용전압에 대한 누설전류가 최대 공급전류의 얼마를 넘지 않도록 규정하고 있는가?

① $\dfrac{1}{1,000}$
② $\dfrac{1}{1,500}$
③ $\dfrac{1}{2,000}$
④ $\dfrac{1}{2,500}$

해설

허용누설전류

$$누설전류 = 최대공급전류 \times \frac{1}{2,000}$$

65 방폭구조 전기기계·기구의 선정기준에 있어 가스폭발 위험장소의 제1종 장소에 사용할 수 없는 방폭구조는?

① 내압방폭구조
② 안전증방폭구조
③ 본질안전방폭구조
④ 비점화방폭구조

정답 61 ③ 62 ① 63 ② 64 ③ 65 ④

해설

가스폭발 위험장소

폭발위험장소의 분류	방폭구조 전기기계기구의 선정기준
0종 장소	본질안전방폭구조(ia)
1종 장소	내압방폭구조(d), 압력방폭구조(p), 충전방폭구조(q), 유입방폭구조(o), 안전증방폭구조(e), 본질안전방폭구조(ia, ib), 몰드방폭구조(m)
2종 장소	• 0종 장소 및 1종 장소에 사용 가능한 방폭구조 • 비점화방폭구조(n)

66 폭발성 가스가 전기기기 내부로 침입하지 못하도록 전기기기의 내부에 불활성 가스를 압입하는 방식의 방폭구조는?

① 내압방폭구조
② 압력방폭구조
③ 본질안전방폭구조
④ 유입방폭구조

해설

압력 방폭구조(Pressurized Type, p)의 개요
1. 점화원이 될 우려가 있는 부분을 용기 안에 넣고 보호 기체(신선한 공기 또는 불활성 기체)를 용기 안에 압입함으로써 폭발성 가스가 침입하는 것을 방지하도록 되어 있는 방폭 구조(전폐형 구조)
2. 운전 중에 보호기체의 압력이 저하하는 경우 자동경보를 하거나 운전을 정지하는 보호장치를 설치하도록 하고 있음

67 옥내배선에서 누전으로 인한 화재방지의 대책이 아닌 것은?

① 배선불량 시 재시공할 것
② 배선에 단로기를 설치할 것
③ 정기적으로 절연저항을 측정할 것
④ 정기적으로 배선시공 상태를 확인할 것

해설

단로기(DS ; Disconnecting Switch)
고압 또는 특고압 회로에서 충전된 전로를 개폐하기 위해 사용되며, 무부하상태에서만 차단이 가능하고 부하상태의 개폐를 원칙적으로 하지 않는 개폐장치

68 제전기의 설치 장소로 가장 적절한 것은?

① 대전물체의 뒷면에 접지물체가 있는 경우
② 정전기의 발생원으로부터 5 ~ 20cm 정도 떨어진 장소
③ 오물과 이물질이 자주 발생하고 묻기 쉬운 장소
④ 온도가 150℃, 상대습도가 80% 이상인 장소

해설

제전기의 설치(일반적인 사항)
1. 제전기는 원칙적으로 대전물체 이면의 접지에 또는 타 제전기가 설치되어 있고, 정전기의 발생원, 오물이 많은 곳 등의 장소는 피함은 물론, 온도 150℃ 이상, 상대습도 80% 이상의 환경은 피하는 것이 좋다.
2. 제전기 설치하기 전후의 대전전위를 측정하여 제전의 목표치를 만족하는 위치 또는 제전효율이 90% 이상이 되는 곳을 선정한다.
3. 취부하기 전 대전물체의 전위를 측정해서 가능한 한 고전위 위치로 한다.
4. 정전기의 발생원에서 최소한 설치거리 이상 떨어지고 일반적으로 정전기의 발생원으로부터 5~20cm 이상 떨어진 위치에 설치한다.
5. 제전기의 설치 각도는 대전물체에 수직으로 설치하는 것이 표준이지만 정전기의 발생원에 가깝게 설치할 때에는 설치 각도를 발생원을 향하도록 한다.

69 전기적 불꽃 또는 아크에 의한 화상의 우려가 높은 고압 이상의 충전전로작업에 근로자를 종사시키는 경우에는 어떠한 성능을 가진 작업복을 착용시켜야 하는가?

① 방충처리 또는 방수성능을 갖춘 작업복
② 방염처리 또는 난연성능을 갖춘 작업복
③ 방청처리 또는 난연성능을 갖춘 작업복
④ 방수처리 또는 방청성능을 갖춘 작업복

해설

전기기계 · 기구의 조작 시 등의 안전조치
1. 전기기계 · 기구의 조작부분을 점검하거나 보수하는 경우에는 근로자가 안전하게 작업할 수 있도록 전기 기계 · 기구로부터 폭 70cm 이상의 작업공간을 확보하여야 한다. 다만, 작업공간을 확보하는 것이 곤란하여 근로자에게 절연용 보호구를 착용하도록 한 경우에는 그러하지 아니하다.
2. 전기적 불꽃 또는 아크에 의한 화상의 우려가 있는 고압 이상의 충전전로 작업에 근로자를 종사시키는 경우에는 방염처리된 작업복 또는 난연성능을 가진 작업복을 착용시켜야 한다.

정답 66 ② 67 ② 68 ② 69 ②

70 감전을 방지하기 위해 관계근로자에게 반드시 주지시켜야 하는 정전작업 사항으로 가장 거리가 먼 것은?

① 전원설비 효율에 관한 사항
② 단락접지 실시에 관한 사항
③ 전원 재투입 순서에 관한 사항
④ 작업 책임자의 임명, 정전범위 및 절연용 보호구 작업 등 필요한 사항

해설
전원설비 효율에 관한 사항은 감전을 방지하기 위해 관계근로자에게 반드시 주지시켜야 하는 사항이 아니다.

71 위험물안전관리법령상 제3류 위험물의 금수성 물질이 아닌 것은?

① 과염소산염   ② 금속나트륨
③ 탄화칼슘   ④ 탄화알루미늄

해설
제3류 위험물(자연 발화성 및 금수성 물질)
칼륨, 나트륨, 알킬알루미늄, 알킬리튬, 황린, 알칼리금속 및 알칼리토금속, 유기금속화합물, 금속의 수소화물, 금속의 인화물, 칼슘 또는 알루미늄의 탄화물 등

> **TIP** 과염소산염
> 제1류 위험물(산화성 고체)

72 이산화탄소 소화기에 관한 설명으로 옳지 않은 것은?

① 전기화재에 사용할 수 있다.
② 주된 소화작용은 질식작용이다.
③ 소화약제 자체 압력으로 방출이 가능하다.
④ 전기전도성이 높아 사용 시 감전에 유의해야 한다.

해설
이산화탄소 소화기
1. 공기 중에 존재하고 있는 산소의 농도 21%를 15% 이하로 낮추어 소화하는 질식작용과 CO_2 가스 방출 시 기화열의 흡수로 인하여 소화하는 냉각작용을 하는 소화약제이다.
2. 전기의 부도체로서 C급 화재(전기화재)에 매우 효과적이다.

73 낮은 압력에서 물질의 끓는점이 내려가는 현상을 이용하여 시행하는 분리법으로 온도를 높여서 가열할 경우 원료가 분해될 우려가 있는 물질을 증류할 때 사용하는 방법을 무엇이라 하는가?

① 진공증류
② 추출증류
③ 공비증류
④ 수증기증류

해설
특수한 증류방법

감압증류 (진공증류)	상압하에서 끓는점까지 가열할 경우 분해할 우려가 있는 물질의 증류를 감압 또는 진공하여 끓는점을 내려서 증류하는 방법
추출증류	분리하여야 하는 물질의 끓는점이 비슷한 경우 증류하는 방법
공비증류	일반적인 증류로 순수한 성분을 분리할 수 없는 혼합물의 경우 증류하는 방법
수증기증류	물에 거의 용해하지 않는 휘발성 액체에 수증기를 불어넣으면서 가열하여 그 액체의 원래 끓는점보다 상당히 낮은 온도에서 유출하는 방법

74 다음 중 폭발하한농도(vol%)가 가장 높은 것은?

① 일산화탄소
② 아세틸렌
③ 디에틸에테르
④ 아세톤

해설
주요 가연성 가스의 폭발범위

가연성 가스	폭발하한값(%)	폭발상한값(%)
일산화탄소(CO)	12.5	74.0
아세틸렌(C_2H_2)	2.5	81.0
디에틸에테르($C_2H_5OC_2H_5$)	1.9	48
아세톤(CH_3COCH_3)	2.5	12.8

정답 70 ① 71 ① 72 ④ 73 ① 74 ①

75 다음 중 불연성 가스에 해당하는 것은?

① 프로판
② 탄산가스
③ 아세틸렌
④ 암모니아

해설

고압가스(가연성에 의한 분류)

가연성 가스	공기 중에서 연소하면 폭발하는 가스(아세틸렌, 암모니아, 수소, 일산화탄소, 메탄, 프로판, 부탄, 에틸렌 등)
지연성 가스	산소, 공기 등 다른 가연성 가스의 연소를 돕는 가스, 즉 연소하거나 폭발되지 않지만 연소를 지지하는 가스(산소, 공기, 염기, 산화질소, 오존, 불소 등)
불연성 가스	자신이 연소하지도 않고 다른 물질을 연소시키지도 않는 가스로 연소하고 있는 화염을 꺼지게 하는 가스(헬륨, 네온, 질소, 아르곤, 이산화탄소, 탄산가스 등)

76 염소산칼륨에 관한 설명으로 옳은 것은?

① 탄소, 유기물과 접촉 시에도 분해폭발 위험은 거의 없다.
② 열에 강한 성질이 있어서 500°C의 고온에서도 안정적이다.
③ 찬물이나 에탄올에도 매우 잘 녹는다.
④ 산화성 고체물질이다.

해설

염소산칼륨($KClO_3$)[제1류 위험물(산화성 고체)]
1. 강산화성 물질(황, 적린, 목탄, 알루미늄의 분말, 유기물질 등)과 분해 촉매와 혼합 시 약한 자극에도 폭발할 수 있다.
2. 약 400°C 부근에서 열분해되기 시작하여 540~560°C에서 과염소산칼륨($KClO_4$)을 생성하고 다시 분해하여 염화칼륨(KCl)과 산소(O_2)를 방출한다.
3. 중성, 알칼리성 용액에서는 산화작용이 없으나 산성 용액에서는 강한 산화제가 된다.
4. 찬물, 알코올에는 잘 녹지 않고 온수, 글리세린 등에는 잘 녹는다.

77 메탄 20vol%, 에탄 25vol%, 프로판 55vol%의 조성을 가진 혼합가스의 폭발하한계값(vol%)은 약 얼마인가?(단, 메탄, 에탄 및 프로판가스의 폭발하한값은 각각 5vol%, 3vol%, 2vol%이다.)

① 2.51
② 3.12
③ 4.26
④ 5.22

해설

르샤틀리에의 법칙(순수한 혼합가스일 경우)

$$\frac{100}{L} = \frac{V_1}{L_1} + \frac{V_2}{L_2} + \frac{V_3}{L_3} \cdots$$

$$L = \frac{100}{\frac{V_1}{L_1} + \frac{V_2}{L_2} + \cdots + \frac{V_n}{L_n}}$$

여기서, V_n : 전체 혼합가스 중 각 성분 가스의 체적(비율)[%]
L_n : 각 성분 단독의 폭발한계(상한 또는 하한)
L : 혼합가스의 폭발한계(상한 또는 하한)[vol%]

$$L = \frac{100}{\frac{20}{5} + \frac{25}{3} + \frac{55}{2}} ≒ 2.51[vol\%]$$

78 다음 중 증류탑의 원리로 거리가 먼 것은?

① 끓는점(휘발성) 차이를 이용하여 목적 성분을 분리한다.
② 열이동은 도모하지만 물질이동은 관계하지 않는다.
③ 기-액 두 상의 접촉이 충분히 일어날 수 있는 접촉면적이 필요하다.
④ 여러 개의 단을 사용하는 다단탑이 사용될 수 있다.

해설

증류탑(Distillation Tower)
1. 용액의 성분을 증발시켜서 끓는점 차이를 이용하여 증발분을 응축하여 원하는 성분별로 분류하는 기기로 끓는점이 낮은 물질은 위쪽에서 분리되고 끓는점이 높은 물질은 아래쪽에서 분리된다.
2. 여러 가지 성분의 액체 혼합물을 각 성분별로 분리하고자 할 때 비점의 차이를 이용하여 감압 또는 가압하에서 분리하는 화학설비이다.

79 물과 접촉할 경우 화재나 폭발의 위험성이 더욱 증가하는 것은?

① 칼륨
② 트리니트로톨루엔
③ 황린
④ 니트로셀룰로오스

해설

금수성 물질(물과 접촉을 금지해야 하는 물질)
1. 정의
   물과 접촉하면 격렬한 발열반응을 하는 것으로 물질이 공기중의 습기를 흡수해서 화학반응을 일으켜 발열하거나, 수분과 접촉해서 발열하여 그 온도가 가속도적으로 높아져 발화되는 물질
2. 종류
   ㉠ 칼륨, ㉡ 리튬, ㉢ 칼슘, ㉣ 마그네슘, ㉤ 알킬알루미늄, ㉥ 나트륨, ㉦ 철분, ㉧ 알킬리튬, ㉨ 금속분, ㉩ 탄화칼슘 등

80 다음 중 화재의 종류가 옳게 연결된 것은?

① A급 화재 – 유류화재
② B급 화재 – 유류화재
③ C급 화재 – 일반화재
④ D급 화재 – 일반화재

해설

화재의 종류

분류	A급 화재	B급 화재	C급 화재	D급 화재
명칭	일반화재	유류화재	전기화재	금속화재
분류	보통 잔재의 작열에 의해 발생하는 연소에서 보통 유기 성질의 고체물질을 포함한 화재	액체 또는 액화할 수 있는 고체를 포함한 화재 및 가연성 가스 화재	통전 중인 전기설비를 포함한 화재	금속을 포함한 화재
가연물	목재, 종이, 섬유 등	가솔린, 등유, 프로판 가스 등	전기기기, 변압기, 전기다리미 등	가연성 금속 (Mg분, Al분)
소화방법	냉각소화	질식소화	질식, 냉각소화	질식소화
적응 소화제	• 물 소화기 • 강화액 소화기 • 산 · 알칼리 소화기	• 이산화탄소 소화기 • 할로겐 화합물 소화기 • 분말 소화기 • 포말 소화기	• 이산화탄소 소화기 • 할로겐 화합물 소화기 • 분말 소화기 • 무상강화액 소화기	• 건조사 • 팽창 질석 • 팽창 진주암
표시색	백색	황색	청색	무색

5과목 건설안전기술

81 항타기 및 항발기를 조립하는 경우 점검하여야 할 사항이 아닌 것은?

① 과부하장치 및 제동장치의 이상 유무
② 권상장치의 브레이크 및 쐐기장치 기능의 이상 유무
③ 본체 연결부의 풀림 또는 손상의 유무
④ 권상기의 설치상태의 이상 유무

해설

항타기 또는 항발기를 조립하거나 해체하는 경우 점검사항
1. 본체 연결부의 풀림 또는 손상의 유무
2. 권상용 와이어로프 · 드럼 및 도르래의 부착상태의 이상 유무
3. 권상장치의 브레이크 및 쐐기장치 기능의 이상 유무
4. 권상기의 설치상태의 이상 유무
5. 리더(Leader)의 버팀 방법 및 고정상태의 이상 유무
6. 본체 · 부속장치 및 부속품의 강도가 적합한지 여부
7. 본체 · 부속장치 및 부속품에 심한 손상 · 마모 · 변형 또는 부식이 있는지 여부

82 건설공사 유해위험방지계획서 제출 시 공통적으로 제출하여야 할 첨부서류가 아닌 것은?

① 공사개요서
② 전체 공정표
③ 산업안전보건관리비 사용계획서
④ 가설도로계획서

해설

건설공사 유해 · 위험방지계획서 제출 시 첨부서류
1. 공사 개요 및 안전보건관리계획
   ㉠ 공사 개요서
   ㉡ 공사현장의 주변 현황 및 주변과의 관계를 나타내는 도면(매설물 현황을 포함)
   ㉢ 전체 공정표
   ㉣ 산업안전보건관리비 사용계획서
   ㉤ 안전관리 조직표
   ㉥ 재해 발생 위험 시 연락 및 대피방법
2. 작업 공사 종류별 유해 · 위험방지계획

83 신축공사 현장에서 강관으로 외부비계를 설치할 때 비계기둥의 최고 높이가 45m라면 관련 법령에 따라 비계기둥을 2개의 강관으로 보강하여야 하는 높이는 지상으로부터 얼마까지인가?

① 14m
② 20m
③ 25m
④ 31m

해설
강관비계의 구조
비계기둥의 제일 윗부분으로부터 31미터 되는 지점 밑부분의 비계기둥은 2개의 강관으로 묶어 세울 것
∴ 45m − 31m = 14[m]

TIP 강관비계의 구조
1. 비계기둥의 간격은 띠장 방향에서는 1.85m 이하, 장선 방향에서는 1.5m 이하로 할 것. 다만, 다음 각 목의 어느 하나에 해당하는 작업의 경우에는 안전성에 대한 구조검토를 실시하고 조립도를 작성하면 띠장 방향 및 장선 방향으로 각각 2.7m 이하로 할 수 있다.
   ① 선박 및 보트 건조작업
   ② 그 밖에 장비 반입·반출을 위하여 공간 등을 확보할 필요가 있는 등 작업의 성질상 비계기둥 간격에 관한 기준을 준수하기 곤란한 작업
2. 띠장 간격은 2.0m 이하로 할 것. 다만, 작업의 성질상 이를 준수하기가 곤란하여 쌍기둥틀 등에 의하여 해당 부분을 보강한 경우에는 그러하지 아니하다.
3. 비계기둥의 제일 윗부분으로부터 31m 되는 지점 밑부분의 비계기둥은 2개의 강관으로 묶어 세울 것. 다만, 브라켓(Bracket) 등으로 보강하여 2개의 강관으로 묶을 경우 이상의 강도가 유지되는 경우에는 그러하지 아니하다.
4. 비계기둥 간의 적재하중은 400kg을 초과하지 않도록 할 것

84 철근콘크리트 현장타설공법과 비교한 PC(Precast Concrete)공법의 장점으로 볼 수 없는 것은?

① 기후의 영향을 받지 않아 동절기 시공이 가능하고, 공기를 단축할 수 있다.
② 현장작업이 감소되고, 생산성이 향상되어 인력절감이 가능하다.
③ 공사비가 매우 저렴하다.
④ 공장 제작이므로 콘크리트 양생 시 최적조건에 의한 양질의 제품생산이 가능하다.

85 흙막이 지보공을 설치하였을 때 붕괴 등의 위험방지를 위하여 정기적으로 점검하고, 이상발견 시 즉시 보수하여야 하는 사항이 아닌 것은?

① 침하의 정도
② 버팀대의 긴압의 정도
③ 지형·지질 및 지층상태
④ 부재의 손상·변형·변위 및 탈락의 유무와 상태

해설
흙막이 지보공의 붕괴 등의 방지를 위한 점검사항
1. 부재의 손상·변형·부식·변위 및 탈락의 유무와 상태
2. 버팀대의 긴압의 정도
3. 부재의 접속부·부착부 및 교차부의 상태
4. 침하의 정도

86 작업발판 및 통로의 끝이나 개구부로서 근로자가 추락할 위험이 있는 장소에서의 방호조치로 옳지 않은 것은?

① 안전난간 설치
② 와이어로프 설치
③ 울타리 설치
④ 수직형 추락방망 설치

해설
개구부 등의 방호조치
1. 작업발판 및 통로의 끝이나 개구부로서 근로자가 추락할 위험이 있는 장소에는 안전난간, 울타리, 수직형 추락방망 또는 덮개 등의 방호 조치를 충분한 강도를 가진 구조로 튼튼하게 설치하여야 하며, 덮개를 설치하는 경우에는 뒤집히거나 떨어지지 않도록 설치하여야 한다. 이 경우 어두운 장소에서도 알아볼 수 있도록 개구부임을 표시하여야 한다.
2. 난간 등을 설치하는 것이 매우 곤란하거나 작업의 필요상 임시로 난간 등을 해체하여야 하는 경우 추락방호망을 설치하여야 한다. 다만, 추락방호망을 설치하기 곤란한 경우에는 근로자에게 안전대를 착용하도록 하는 등 추락할 위험을 방지하기 위하여 필요한 조치를 하여야 한다.

87 히빙(Heaving)현상이 가장 쉽게 발생하는 토질 지반은?

① 연약한 점토 지반
② 연약한 사질토 지반
③ 견고한 점토 지반
④ 견고한 사질토 지반

해설

지반의 이상현상

구분	정의
히빙(Heaving) 현상	연질점토 지반에서 굴착에 의한 흙막이 내·외면의 흙의 중량 차로 인해 굴착저면이 부풀어 올라오는 현상
보일링(Boiling) 현상	사질토 지반에서 굴착저면과 흙막이 배면과의 수위 차이로 인해 굴착저면의 흙과 물이 함께 위로 솟구쳐 오르는 현상
파이핑(Piping) 현상	보일링 현상으로 인하여 지반 내에서 물의 통로가 생기면서 흙이 세굴되는 현상

88 암질 변화구간 및 이상 암질 출현 시 판별 방법과 가장 거리가 먼 것은?

① RQD
② RMR
③ 지표침하량
④ 탄성파 속도

해설

암질판별 기준
1. RQD(%)
3. RMR
2. 탄성파속도(m/sec)
4. 일축압축강도(kg/cm²)
5. 진동치 속도(cm/sec=Kine)

89 블레이드의 길이가 길고 낮으며 블레이드의 좌우를 전후 25~30° 각도로 회전시킬 수 있어 흙을 측면으로 보낼 수 있는 도저는?

① 레이크 도저
② 스트레이트 도저
③ 앵글 도저
④ 틸트 도저

해설

배토판(Blade)의 형태 및 작동방법에 의한 분류

스트레이트 도저 (Straight Dozer)	트랙터의 종방향 중심축에 배토판을 직각으로 설치하여 직선적인 굴착 및 압토작업에 효율적
앵글 도저 (Angle Dozer)	배토판을 진행방향에 따라 20~30°의 좌우로 돌릴 수 있도록 만든 장치, 측면굴착에 유리
틸트 도저 (Tilt Dozer)	배토판을 좌우로 상하 25~30°까지 아래로 기울어지게 하여 도랑파기, 경사면 굴착에 유리
힌지 도저 (Hinge Dozer)	배토판 중앙에 힌지를 붙여 안팎으로 V자형으로 꺾을 수 있으며, 흙을 깎아 옆으로 밀어내면서 전진하므로 제설, 제토작업 및 다량의 흙을 전방으로 밀고 가는 데 적합한 도저

90 동바리로 사용하는 파이프 서포트에 관한 설치기준으로 옳지 않은 것은?

① 파이프 서포트를 3개 이상 이어서 사용하지 않도록 할 것
② 파이프 서포트를 이어서 사용하는 경우에는 4개 이상의 볼트 또는 전용철물을 사용하여 이을 것
③ 높이가 3.5m를 초과하는 경우에는 높이 2m 이내마다 수평연결재를 2개 방향으로 만들고 수평연결재의 변위를 방지할 것
④ 파이프 서포트 사이에 교차가새를 설치하여 수평력에 대하여 보강 조치할 것

해설

동바리로 사용하는 파이프 서포트에 대한 준수사항
1. 파이프 서포트를 3개 이상 이어서 사용하지 않도록 할 것
2. 파이프 서포트를 이어서 사용하는 경우에는 4개 이상의 볼트 또는 전용철물을 사용하여 이을 것
3. 높이가 3.5미터를 초과하는 경우에는 높이 2미터 이내마다 수평연결재를 2개 방향으로 만들고 수평연결재의 변위를 방지할 것

TIP 동바리로 사용하는 강관틀에 대해 강관틀과 강관틀 사이에 교차가새를 설치할 것

91 건물외부에 낙하물 방지망을 설치할 경우 벽면으로부터 돌출되는 거리의 기준은?

① 1m 이상
② 1.5m 이상
③ 1.8m 이상
④ 2m 이상

해설

낙하물방지망 또는 방호선반 설치 시 준수사항
1. 높이 10m 이내마다 설치하고, 내민 길이는 벽면으로부터 2m 이상으로 할 것
2. 수평면과의 각도는 20° 이상 30° 이하를 유지할 것

정답 88 ③ 89 ③ 90 ④ 91 ④

92 콘크리트를 타설할 때 거푸집에 작용하는 콘크리트 측압에 영향을 미치는 요인과 가장 거리가 먼 것은?

① 콘크리트 타설 속도 ② 콘크리트 타설 높이
③ 콘크리트의 강도   ④ 기온

해설
거푸집 측압증가에 영향을 미치는 인자(측압의 영향요소)
1. 거푸집 수평단면이 클수록 크다.
2. 콘크리트 슬럼프치가 클수록 커진다.
3. 거푸집 표면이 평활(평탄)할수록 커진다.
4. 철골, 철근량이 적을수록 커진다.
5. 콘크리트 시공연도가 좋을수록 커진다.
6. 외기의 온도, 습도가 낮을수록 커진다.
7. 타설 속도가 빠를수록 커진다.
8. 다짐이 충분할수록 커진다.
9. 타설 시 상부에서 직접 낙하할 경우 커진다.
10. 거푸집의 강성이 클수록 크다.
11. 콘크리트의 비중(단위중량)이 클수록 크다.
12. 벽 두께가 두꺼울수록 커진다.

93 다음과 같은 조건에서 추락 시 로프의 지지점에서 최하단까지의 거리 h를 구하면 얼마인가?

- 로프 길이 : 150cm
- 로프 신율 : 30%
- 근로자 신장 : 170cm

① 2.8m   ② 3.0m
③ 3.2m   ④ 3.4m

해설
최하사점

$$H > h = 로프의 길이(l) + 로프의 신장(율)길이(l \times a) + 작업자의 키 \times \frac{1}{2}$$

여기서, h : 추락 시 로프지지 위치에서 신체의 최하사점까지의 거리 (최하사점)
H : 로프를 지지한 위치에서 바닥면까지의 거리

$h = 150 + (150 \times 0.3) + 170 \times \frac{1}{2} = 280[cm] = 2.8m$

94 산업안전보건법령에 따른 크레인을 사용하여 작업을 하는 때 작업시작 전 점검사항에 해당되지 않는 것은?

① 권과방지장치·브레이크·클러치 및 운전장치의 기능
② 주행로의 상측 및 트롤리(Trolley)가 횡행하는 레일의 상태
③ 원동기 및 풀리(Pulley)기능의 이상 유무
④ 와이어로프가 통하고 있는 곳의 상태

해설
크레인을 사용하여 작업을 하는 때 작업시작 전 점검사항
1. 권과방지장치·브레이크·클러치 및 운전장치의 기능
2. 주행로의 상측 및 트롤리(Trolley)가 횡행하는 레일의 상태
3. 와이어로프가 통하고 있는 곳의 상태

95 다음은 비계를 조립하여 사용하는 경우 작업발판 설치에 관한 기준이다. ( )에 들어갈 내용으로 옳은 것은?

사업주는 비계(달비계, 달대비계 및 말비계는 제외한다)의 높이가 ( ) 이상인 작업장소에 다음 각 호의 기준에 맞는 작업발판을 설치하여야 한다.
1. 발판재료는 작업할 때의 하중을 견딜 수 있도록 견고한 것으로 할 것
2. 작업발판의 폭은 40센티미터 이상으로 하고, 발판재료 간의 틈은 3센티미터 이하로 할 것

① 1m   ② 2m
③ 3m   ④ 4m

해설
비계(달비계, 달대비계 및 말비계는 제외)의 높이가 2m 이상인 작업장소의 작업발판 설치기준
1. 발판재료는 작업할 때의 하중을 견딜 수 있도록 견고한 것으로 할 것
2. 작업발판의 폭은 40cm 이상으로 하고, 발판재료 간의 틈은 3cm 이하로 할 것
3. 제2호에도 불구하고 선박 및 보트 건조작업의 경우 선박블록 또는 엔진실 등의 좁은 작업공간에 작업발판을 설치하기 위하여 필요하면 작업발판의 폭을 30cm 이상으로 할 수 있고, 걸침비계의 경우 강관기둥 때문에 발판재료 간의 틈을 3cm 이하로 유지하기 곤란하면 5cm 이하로 할 수 있다. 이 경우 그 틈 사이로 물체 등이 떨어질 우려가 있는 곳에는 출입금지 등의 조치를 하여야 한다.

정답 92 ③ 93 ① 94 ③ 95 ②

4. 추락의 위험이 있는 장소에는 안전난간을 설치할 것(다만, 작업의 성질상 안전난간을 설치하는 것이 곤란한 경우, 작업의 필요상 임시로 안전난간을 해체할 때에 추락방호망을 설치하거나 근로자로 하여금 안전대를 사용하도록 하는 등 추락위험 방지 조치를 한 경우에는 그러하지 아니하다.)
5. 작업발판의 지지물은 하중에 의하여 파괴될 우려가 없는 것을 사용할 것
6. 작업발판재료는 뒤집히거나 떨어지지 않도록 둘 이상의 지지물에 연결하거나 고정시킬 것
7. 작업발판을 작업에 따라 이동시킬 경우에는 위험 방지에 필요한 조치를 할 것

96 다음은 산업안전보건법령에 따른 승강설비의 설치에 관한 내용이다. ( )에 들어갈 내용으로 옳은 것은?

> 사업주는 높이 또는 깊이가 ( )를 초과하는 장소에서 작업하는 경우 해당 작업에 종사하는 근로자가 안전하게 승강하기 위한 건설용 리프트 등의 설비를 설치해야 한다. 다만, 승강설비를 설치하는 것이 작업의 성질상 곤란한 경우에는 그렇지 않다.

① 2m ② 3m
③ 4m ④ 5m

해설
승강설비의 설치
높이 또는 깊이가 2미터를 초과하는 장소에서 작업하는 경우 해당 작업에 종사하는 근로자가 안전하게 승강하기 위한 건설용 리프트 등의 설비를 설치해야 한다. 다만, 승강설비를 설치하는 것이 작업의 성질상 곤란한 경우에는 그렇지 않다.

97 리프트(Lift)의 방호장치에 해당하지 않는 것은?

① 권과방지장치 ② 비상정지장치
③ 과부하방지장치 ④ 자동경보장치

해설
리프트의 방호장치
리프트(자동차정비용 리프트는 제외)의 운반구 이탈 등의 위험을 방지하기 위하여 권과방지장치, 과부하방지장치, 비상정지장치 등을 설치하는 등 필요한 조치를 하여야 한다.

98 부두·안벽 등 하역작업을 하는 장소에서 부두 또는 안벽의 선을 따라 통로를 설치하는 경우 그 폭을 최소 얼마 이상으로 하여야 하는가?

① 60cm ② 90cm
③ 120cm ④ 150cm

해설
부두·안벽 등 하역작업장 조치사항
1. 작업장 및 통로의 위험한 부분에는 안전하게 작업할 수 있는 조명을 유지할 것
2. 부두 또는 안벽의 선을 따라 통로를 설치하는 경우에는 폭을 90cm 이상으로 할 것
3. 육상에서의 통로 및 작업장소로서 다리 또는 선거 갑문을 넘는 보도 등의 위험한 부분에는 안전난간 또는 울타리 등을 설치할 것

99 안전관리비의 사용 항목에 해당하지 않는 것은?

① 안전시설비
② 개인보호구 구입비
③ 접대비
④ 사업장의 안전·보건진단비

해설
안전보건관리비 사용항목
1. 안전·보건관리자 임금 등
2. 안전시설비 등
3. 보호구 등
4. 안전보건진단비 등
5. 안전보건교육비 등
6. 근로자 건강장해예방비 등
7. 건설재해예방전문지도기관 기술지도비
8. 본사 전담조직 근로자 임금 등
9. 위험성평가 등에 따른 소요비용

TIP 본 문제는 법 개정으로 일부 내용이 수정되었습니다. 해설은 법 개정으로 수정된 내용이니 해설을 학습하세요.

정답 96 ① 97 ④ 98 ② 99 ③

100 강관을 사용하여 비계를 구성하는 경우의 준수사항으로 옳지 않은 것은?

① 비계기둥의 간격은 띠장 방향에서는 1.85m 이하로 할 것
② 비계기둥의 간격은 장선(長線) 방향에서는 1.0m 이하로 할 것
③ 띠장 간격은 2.0m 이하로 할 것
④ 비계기둥 간의 적재하중은 400kg을 초과하지 않도록 할 것

해설

강관비계의 구조
1. 비계기둥의 간격은 띠장 방향에서는 1.85m 이하, 장선 방향에서는 1.5m 이하로 할 것. 다만, 다음 각 목의 어느 하나에 해당하는 작업의 경우에는 안전성에 대한 구조검토를 실시하고 조립도를 작성하면 띠장 방향 및 장선 방향으로 각각 2.7m 이하로 할 수 있다.
   ① 선박 및 보트 건조작업
   ② 그 밖에 장비 반입·반출을 위하여 공간 등을 확보할 필요가 있는 등 작업의 성질상 비계기둥 간격에 관한 기준을 준수하기 곤란한 작업
2. 띠장 간격은 2.0m 이하로 할 것. 다만, 작업의 성질상 이를 준수하기가 곤란하여 쌍기둥틀 등에 의하여 해당 부분을 보강한 경우에는 그러하지 아니하다.
3. 비계기둥의 제일 윗부분으로부터 31m 되는 지점 밑부분의 비계기둥은 2개의 강관으로 묶어 세울 것. 다만, 브라켓(Bracket) 등으로 보강하여 2개의 강관으로 묶을 경우 이상의 강도가 유지되는 경우에는 그러하지 아니하다.
4. 비계기둥 간의 적재하중은 400kg을 초과하지 않도록 할 것

정답 100 ②

PART 02

15 2021년 1회 기출복원문제

1과목 산업안전관리론

01 산업안전보건법령상 근로자 안전·보건교육 중 채용 시의 교육 및 작업내용 변경 시의 교육사항으로 옳은 것은?

① 물질안전보건자료에 관한 사항
② 건강증진 및 질병 예방에 관한 사항
③ 유해·위험 작업환경 관리에 관한 사항
④ 표준안전 작업방법 결정 및 지도·감독 요령에 관한 사항

해설
근로자 채용 시 교육 및 작업내용 변경 시 교육
1. 산업안전 및 산업재해 예방에 관한 사항(화재·폭발 사고 발생 시 대피에 관한 사항을 포함)
2. 산업보건 및 건강장해 예방에 관한 사항
3. 위험성 평가에 관한 사항
4. 산업안전보건법령 및 산업재해보상보험 제도에 관한 사항
5. 직무스트레스 예방 및 관리에 관한 사항
6. 직장 내 괴롭힘, 고객의 폭언 등으로 인한 건강장해 예방 및 관리에 관한 사항
7. 기계·기구의 위험성과 작업의 순서 및 동선에 관한 사항
8. 작업 개시 전 점검에 관한 사항
9. 정리정돈 및 청소에 관한 사항
10. 사고 발생 시 긴급조치에 관한 사항
11. 물질안전보건자료에 관한 사항

02 다음 중 기능교육의 3원칙에 해당하지 않는 것은?

① 준비
② 안전의식 고취
③ 위험작업의 규제
④ 안전작업 표준화

해설
기능교육의 3원칙
1. 준비
2. 위험작업의 규제(수칙)
3. 안전작업의 표준화(방법)

03 적응기제 중 다음 설명에 해당하는 것은?

> 자기의 행동이 정당하며 실제의 행위나 상태보다도 훌륭하게 평가되기 위하여 사회적으로 인정되는 구실을 적용하여 증명하고자 하는 행위

① 보상
② 합리화
③ 동일시
④ 승화

해설
적응기제

보상	• 자신의 결함과 무능에 의해 생긴 열등감을 다른 것으로 대치하여 욕구를 충족하려는 행위 • 공부 못하는 학생이 운동을 열심히 한다. • 결혼에 실패한 사람이 고아들에게 정열을 쏟고 있다.
합리화	• 자기의 난처한 입장이나 실패의 결점을 이유나 변명으로 일관하는 것 • 실제의 행위나 상태보다 훌륭하게 평가되기 위하여 구실을 내세우는 행위 • 시합에 진 운동선수가 컨디션이 좋지 않았다고 한다.
동일화	• 다른 사람의 행동양식이나 태도를 투입하거나 다른 사람 가운데서 자기와 비슷한 것을 발견하게 되는 것 • 동창생을 자랑하거나 우쭐대는 것 • 아버지의 성공을 자랑하며 자신의 목에 힘이 들어간다.
승화	• 억압당한 욕구가 사회적·문화적으로 가치 있는 목적으로 향하여 노력함으로써 욕구를 충족하는 행위 • 성적 욕구 및 공격적 행동 등이 예술, 스포츠 등으로 전환되는 것이 좋은 예이다.

04 조직이 리더에게 부여하는 권한으로 볼 수 없는 것은?

① 보상적 권한
② 강압적 권한
③ 합법적 권한
④ 위임된 권한

해설
리더십의 권한
1. 조직이 지도자에게 부여한 권한

보상적 권한	부하직원에게 적절한 보상을 통해 효과적인 통제를 유도(봉급의 인상, 승진 등)
강압적 권한	부하직원에게 적절한 처벌을 통해 효과적인 통제를 유도(승진누락, 임금삭감, 해고 등)
합법적 권한	조직의 규정에 의해 지도자의 권한이 합법화·공식화된 것

정답 01 ① 02 ② 03 ② 04 ④

2. 지도자 자신이 자신에게 부여한 권한

전문성의 권한	지도자가 목표수행에 필요한 전문적인 지식을 갖고 부하직원들의 전문성을 인정하며 능동적으로 업무에 스스로 동참
위임된 권한	지도자가 추구하는 목표를 부하직원들이 자신의 것으로 받아들여 지도자와 함께 일하는 것(목표 달성을 위하여 부하 직원들이 상사를 존경하여 상사와 함께 일하고자 할 때 상사에게 부여되는 권한)

05 산업안전보건법상 안전보건관리규정에 포함되어야 할 내용이 아닌 것은?

① 안전보건교육에 관한 사항
② 작업장의 안전 및 보건 관리에 관한 사항
③ 사고 조사 및 대책 수립에 관한 사항
④ 보호구 안전인증에 관한 사항

해설

안전보건관리규정의 포함사항
1. 안전 및 보건에 관한 관리조직과 그 직무에 관한 사항
2. 안전보건교육에 관한 사항
3. 작업장의 안전 및 보건 관리에 관한 사항
4. 사고 조사 및 대책 수립에 관한 사항
5. 그 밖에 안전 및 보건에 관한 사항

06 다음 중 재해예방의 4원칙에 해당되지 않는 것은?

① 사실 보존의 원칙
② 원인 연계의 원칙
③ 손실 우연의 원칙
④ 예방 가능의 원칙

해설

하인리히의 재해예방 4원칙

예방 가능의 원칙	천재지변을 제외한 모든 재해는 원칙적으로 예방이 가능하다.
손실 우연의 원칙	사고로 생기는 상해의 종류 및 정도는 우연적이다.
원인 계기의 원칙	사고와 손실의 관계는 우연적이지만 사고와 원인관계는 필연적이다(사고에는 반드시 원인이 있다).
대책 선정의 원칙	원인을 정확히 규명해서 대책을 선정하고 실시되어야 한다(3E, 즉 기술, 교육, 독려를 중심으로).

07 다음 중 리스크 테이킹(Risk Taking)의 빈도가 가장 높은 사람은?

① 안전지식이 부족한 사람
② 안전기능이 미숙한 사람
③ 안전태도가 불량한 사람
④ 신체적 결함이 있는 사람

해설

리스크 테이킹(Risk Taking)
1. 객관적인 위험을 자기 나름대로 판정해서 의지결정을 하고 행동에 옮기는 인간의 심리특성을 말한다.
2. 안전태도가 양호한 자는 리스크 테이킹의 정도가 적다.
3. 안전태도 수준이 같은 경우 작업의 달성 동기, 성격, 능률 등 각종 요인의 영향에 의해 리스크 테이킹의 정도는 변한다.
4. 리스크 테이킹의 발생 요인은 부적절한 태도이다.

08 재해발생의 주요 원인 중 불안전한 상태에 해당하지 않는 것은?

① 기계설비 및 장비의 결함
② 부적절한 조명 및 환기
③ 작업장소의 정리·정돈 불량
④ 보호구 미착용

해설

불안전한 행동과 상태의 분류

불안전한 행동 (인적 요인)	설비·기계 및 물질의 부적절한 사용·관리, 구조물 등 그 밖의 위험방지 및 미확인, 작업수행 소홀 및 절차 미준수, 불안전한 작업자세, 작업수행 중 과실, 무모 또는 불필요한 행위 및 동작, 복장, 보호구의 부적절한 사용, 불안전한 속도 조작, 안전장치의 기능 제거, 불안전한 인양 및 운반
불안전한 상태 (물적 요인)	물체 및 설비 자체의 결함, 방호조치의 부적절, 작업통로 등 장소불량 및 위험, 물체, 기계기구 등의 취급상 위험, 작업공정·절차의 부적절, 작업환경 등의 부적절, 보호구의 성능불량, 불안전한 설계로 인한 결함 발생

09 안전모의 시험성능기준 항목이 아닌 것은?

① 내관통성
② 충격흡수성
③ 내구성
④ 난연성

정답 05 ④ 06 ① 07 ③ 08 ④ 09 ③

해설

안전모의 시험성능 항목 및 기준

항목	시험성능기준
내관통성	• 안전인증 : AE, ABE종 안전모는 관통거리가 9.5 mm 이하이고, AB종 안전모는 관통거리가 11.1mm 이하이어야 한다. • 자율안전 확인 : 안전모는 관통거리가 11.1mm이어야 한다.
충격 흡수성	최고전달충격력이 4,450N을 초과해서는 안 되며, 모체와 착장체의 기능이 상실되지 않아야 한다.
내전압성	AE, ABE종 안전모는 교류 20kV에서 1분간 절연파괴 없이 견뎌야 하고, 이때 누설되는 충전전류는 10mA 이하이어야 한다(※ 자율안전확인에서는 제외).
내수성	AE, ABE종 안전모는 질량증가율이 1% 미만이어야 한다(※ 자율안전확인에서는 제외).
난연성	모체가 불꽃을 내며 5초 이상 연소되지 않아야 한다.
턱끈 풀림	150N 이상 250N 이하에서 턱끈이 풀려야 한다.

10 토의법의 유형 중 다음에서 설명하는 것은?

교육과제에 정통한 전문가 4~5명이 피교육자 앞에서 자유로이 토의를 실시한 다음에 피교육자 전원이 참가하여 사회자의 사회에 따라 토의하는 방법

① 포럼(Forum)
② 패널 디스커션(Panel Discussion)
③ 심포지엄(Symposium)
④ 버즈 세션(Buzz Session)

해설

토의법의 종류

패널 디스커션 (Panel Discussion)	전문가 4~5명이 피교육자 앞에서 자유로이 토의를 하고, 그 후에 피교육자 전원이 사회자의 사회에 따라 토의하는 방법
심포지엄 (Symposium)	발제자 없이 몇 사람의 전문가에 의하여 과제에 관한 견해를 발표한 뒤에 참가자로 하여금 의견이나 질문을 하게 하여 토의하는 방법
버즈 세션 (Buzz Session)	6-6 회의라고도 하며, 참가자가 다수인 경우에 전원을 토의에 참가시키기 위한 방법으로 소집단을 구성하여 회의를 진행시키는 방법
포럼(Forum)	새로운 자료나 주제를 내보이거나 발표한 후 피교육자로 하여금 문제나 의견을 제시하게 하고 다시 깊이 있게 토론해 나가는 방법

11 산업안전보건법령상 다음 그림에 해당하는 안전·보건표지의 종류로 옳은 것은?

① 부식성 물질 경고
② 산화성 물질 경고
③ 인화성 물질 경고
④ 폭발성 물질 경고

해설

안전보건표지

부식성 물질 경고	산화성 물질 경고	인화성 물질 경고	폭발성 물질 경고

12 사업장의 도수율이 10.83이고, 강도율이 7.92일 경우의 종합재해지수(FSI)는?

① 4.63
② 6.42
③ 9.26
④ 12.84

해설

종합재해지수(FSI ; Frequency Severity Indicator)

$$종합재해지수(FSI) = \sqrt{도수율(FR) \times 강도율(SR)}$$
$$\left(단, 미국의 경우 FSI = \sqrt{\frac{FR \times SR}{1,000}}\right)$$

$$종합재해지수(FSI) = \sqrt{도수율(FR) \times 강도율(SR)}$$
$$= \sqrt{10.83 \times 7.92} ≒ 9.261$$

13 재해 발생 시 조치사항 중 대책수립의 목적은?

① 재해발생 관련자 문책 및 처벌
② 재해 손실비 산정
③ 재해발생 원인 분석
④ 동종 및 유사재해 방지

해설

대책의 수립
1. 동종재해 방지대책
2. 유사재해 방지대책
3. 대책의 실시계획 수립(육하원칙)

> **TIP** 재해사례의 연구순서
> - 제1단계 : 사실의 확인
> - 제2단계 : 문제점의 발견
> - 제3단계 : 근본적인 문제의 결정
> - 제4단계 : 대책의 수립

14 모랄 서베이(Morale Survey)의 주요 방법 중 태도조사법에 해당하는 것은?

① 사례연구법 ② 관찰법
③ 실험연구법 ④ 문답법

해설

모랄 서베이의 주요 방법
1. 통계에 의한 방법 : 사고 상해율, 결근, 지각, 조퇴, 이직 등을 분석하여 파악하는 방법(보조자료로 주로 사용)
2. 사례연구법 : 경영관리상의 여러 가지 제도에 나타나는 사례에 대해 사례연구로서 현상을 파악하는 방법
3. 관찰법 : 근무실태를 계속 관찰하면서 문제점을 찾아내는 방법
4. 실험연구법 : 실험그룹과 통제그룹으로 나누어 정황, 자극을 주어 태도변화 여부를 조사하는 방법
5. 태도조사법 : 질문지법, 면접법, 집단토의법, 문답법, 투사법 등에 의해 의견을 조사하는 방법(가장 많이 사용하는 방법)

15 산업재해에 있어 인명이나 물적 등 일체의 피해가 없는 사고를 무엇이라고 하는가?

① Near Accident ② Good Accident
③ True Accident ④ Original Accident

해설

아차사고(Near Accident)
재해 또는 사고가 발생하여도 인명상해나 물적 손실 등 일체의 피해가 없는 사고를 말한다.

16 적응기제(Adjustment Mechanism) 중 방어적 기제(Defence Mechanism)에 해당하는 것은?

① 고립(Isolation)
② 퇴행(Regression)
③ 억압(Suppression)
④ 합리화(Rationalization)

해설

적응기제의 기본유형

구분	공격적 기제(행동)	도피적 기제(행동)	방어적(절충적) 기제(행동)
개념	욕구 불만에 대한 반항이나 자기를 괴롭히는 대상에 대하여 적극적이고 능동적으로 적대시하는 감정이나 태도를 취하는 행위	욕구불만에 의한 긴장이나 압박으로부터 벗어나 비합리적인 행동으로 공상에 도피하고 현실세계에서 벗어나 안정을 얻으려는 기제	자신의 약점이나 무능력, 열등감을 위장하여 유리하게 보호함으로써 안정감을 찾으려는 기제
유형	• 직접적 공격 기제 : 폭행, 싸움, 기물파손 등 • 간접적 공격 기제 : 비난, 폭언, 욕설 등	• 백일몽 • 퇴행 • 억압 • 반동형성 • 고립 등	• 승화 • 보상 • 합리화 • 투사 • 동일화 등

17 산업안전보건법령에 따른 안전검사대상 기계 등의 검사 주기 기준 중 다음 ( ) 안에 알맞은 것은?

> 크레인(이동식 크레인은 제외), 리프트(이삿짐 운반용 리프트는 제외) 및 곤돌라는 사업장에 설치가 끝난 날부터 3년 이내에 최초 안전 검사를 실시하되, 그 이후부터 (㉠)년마다(건설현장에서 사용하는 것은 최초로 설치한 날부터 (㉡)개월마다)

① ㉠ 1, ㉡ 4 ② ㉠ 1, ㉡ 6
③ ㉠ 2, ㉡ 4 ④ ㉠ 2, ㉡ 6

해설

안전검사의 주기

크레인(이동식 크레인은 제외), 리프트(이삿짐운반용 리프트는 제외) 및 곤돌라	사업장에 설치가 끝난 날부터 3년 이내에 최초 안전검사를 실시하되, 그 이후부터 2년마다(건설현장에서 사용하는 것은 최초로 설치한 날부터 6개월마다)
이동식 크레인, 이삿짐운반용 리프트 및 고소작업대	「자동차관리법」에 따른 신규등록 이후 3년 이내에 최초 안전검사를 실시하되, 그 이후부터 2년마다
프레스, 전단기, 압력용기, 국소 배기장치, 원심기, 롤러기, 사출성형기, 컨베이어, 산업용 로봇, 혼합기, 파쇄기 또는 분쇄기	사업장에 설치가 끝난 날부터 3년 이내에 최초 안전검사를 실시하되, 그 이후부터 2년마다(공정안전보고서를 제출하여 확인을 받은 압력용기는 4년마다)

정답 14 ④ 15 ① 16 ④ 17 ④

18 다음 중 적성배치 시 작업자의 특성과 가장 관계가 적은 것은?

① 연령　　② 작업조건
③ 태도　　④ 업무능력

해설
적성배치
1. 작업자의 특성 : 연령, 태도, 업무경력, 개인능력 등
2. 작업의 특성 : 환경조건, 작업조건, 작업종류 등

19 안전을 위한 동기부여로 틀린 것은?

① 기능을 숙달시킨다.
② 경쟁과 협동을 유도한다.
③ 상벌제도를 합리적으로 시행한다.
④ 안전목표를 명확히 설정하여 주지시킨다.

해설
동기부여의 방법
1. 안전의 근본이념을 인식시킨다.
2. 안전목표를 명확히 설정하여 주지시킨다.
3. 결과의 가치를 인식하고 알려준다.
4. 상과 벌을 준다.(상벌 제도를 합리적으로 시행한다.)
5. 경쟁과 협동을 유도한다.
6. 동기 유발의 최적수준을 유지한다.

20 다음 중 위험예지훈련 4라운드의 순서가 올바르게 나열된 것은?

① 현상파악 → 본질추구 → 대책수립 → 목표설정
② 현상파악 → 대책수립 → 본질추구 → 목표설정
③ 현상파악 → 본질추구 → 목표설정 → 대책수립
④ 현상파악 → 목표설정 → 본질추구 → 대책수립

해설
위험예지훈련의 4라운드
1. 1라운드(1R) : 현상파악(사실을 파악한다)
2. 2라운드(2R) : 본질추구(요인을 찾아낸다)
3. 3라운드(3R) : 대책수립(대책을 선정한다)
4. 4라운드(4R) : 목표설정(행동계획을 정한다)

2과목 인간공학 및 시스템 안전공학

21 관측하고자 하는 측정값을 가장 정확하게 읽을 수 있는 표시장치는?

① 계수형　　② 동침형
③ 동목형　　④ 묘사형

해설
정량적 표시장치의 종류(정량적인 동적 표시장치)

아날로그 (Analog)	정목동침형 (Moving Pointer, 지침이동형)	• 눈금이 고정되고 지침이 움직이는 형 (고정눈금 이동지침 표시장치) • 일정한 범위에서 수치가 자주 또는 계속 변하는 경우 가장 유용한 표시장치 • 지침의 위치는 인식적인 암시 신호를 얻을 수 있다.
	정침동목형 (Moving Scale, 지침고정형)	• 지침이 고정되고 눈금이 움직이는 형 (이동눈금 고정지침 표시장치) • 나타내고자 하는 값의 범위가 클 때, 비교적 작은 눈금판에 모두 나타내고자 할 때(공간을 적게 차지하는 이점이 있음)
디지털 (Digital)	계수형 (Digital)	• 전력계나 택시 요금 계기와 같이 기계, 전자적으로 숫자가 표시되는 형 • 출력되는 값을 정확하게 읽어야 하는 경우에 가장 적합하다.(수치를 정확하게 읽어야 할 경우) • 판독 오차는 원형 표시장치보다 적을 뿐 아니라 판독(평균반응) 시간도 짧다.(계수형 : 0.94초, 원형 : 3.54초)

22 누적손상장애(CTDs)의 원인이 아닌 것은?

① 과도한 힘의 사용
② 높은 장소에서의 사용
③ 장시간 진동공구의 사용
④ 부적절한 자세에서의 작업

해설
근골격계 질환
1. 반복적인 동작, 부적절한 작업자세, 무리한 힘의 사용, 날카로운 면과의 신체접촉, 진동 및 온도 등의 요인에 의하여 발생하는 건강장해로서 목, 어깨, 허리, 팔·다리의 신경·근육 및 그 주변 신체조직 등에 나타나는 질환을 말한다.
2. 유사용어로는 누적 외상성 질환(CTDS), 반복성긴장 상해 등이 있다.

정답 18 ② 19 ① 20 ① 21 ① 22 ②

23 1cd의 점광원에서 1m 떨어진 곳에서의 조도가 3lux이었다. 동일한 조건에서 5m 떨어진 곳에서의 조도는 약 몇 lux인가?

① 0.12　　② 0.22
③ 0.36　　④ 0.56

해설
조도

$$조도 = \frac{광도}{(거리)^2}$$

1. 광도 = 조도 × (거리)²
2. 1m 거리의 광도 = 3 × 1² = 3[cd]
∴ 5m 거리의 조도 = $\frac{3}{5^2}$ = 0.12[lux]

24 사후보전에 필요한 수리시간의 평균치를 나타내는 것은?

① MTTF　　② MTBF
③ MDT　　④ MTTR

해설
용어의 정의

구분	내용
MTTR (평균수리시간)	고장 난 후 시스템이나 제품이 제 기능을 발휘하지 않은 시간부터 회복할 때까지의 소요시간에 대한 평균의 척도이며 사후보전에 필요한 수리시간의 평균치를 나타낸다.
MTTF (평균고장수명)	고장이 발생되면 그것으로 수명이 없어지는 제품의 평균수명이며, 이는 수리하지 않는 시스템, 제품, 기기, 부품 등이 고장 날 때까지 동작시간의 평균치
MTBF (평균고장간격)	수리하여 사용이 가능한 시스템에서 고장과 고장 사이의 정상적인 상태로 동작하는 평균시간 (고장과 고장 사이 시간의 평균치)
MDT (평균정지시간)	설비의 보전(예방보전과 사후보전)을 위해 장치가 정지된 시간의 평균

25 위험조정을 위해 필요한 기술은 조직형태에 따라 다양하며 4가지로 분류하였을 때 이에 속하지 않는 것은?

① 전가(Transfer)　　② 보류(Retention)
③ 계속(Continuation)　　④ 감축(Reduction)

해설
위험처리기술(위험관리기법)

위험의 회피 (Avoidance)	• 위험 자체를 피하는 행위 • 잠재적 이익도 포기하는 극히 소극적인 수단
위험의 감소 (Reduction)	• 위험을 적극적으로 예방하고 경감하는 행위 • 잠재적 위험의 노출을 최대한 감소하는 방법
위험의 전가 (Transfer)	• 위험을 제3자에게 전가하거나 공유하는 행위 • 보험, 공제조합, 기금 등
위험의 보유(보류) (Retention)	• 무계획적 보유 : 가장 위험한 행위 • 계획적 보유 : 회피, 감소, 전가될 수 없는 위험에 적극적으로 대응

26 화학공장(석유화학사업장 등)에서 가동문제를 파악하는 데 널리 사용되며, 위험요소를 예측하고, 새로운 공정에 대한 가동문제를 예측하는 데 사용되는 위험성평가방법은?

① SHA　　② EVP
③ CCFA　　④ HAZOP

해설
위험 및 운전성 검토(HAZOP ; Hazard & Operability Review)
1. 화학공장에서 가동문제를 파악하는 데 널리 사용된다. 즉, 위험요소를 예측하고 새로운 공정에 대한(지식부족으로 인한) 가동문제를 예측하는 데 사용된다.
2. 5~7명의 각 분야별 전문가와 안전기사로 구성된 팀원들이 상상력을 동원하여 가이드단어로서 위험요소를 점검
3. HAZOP의 적용은 대부분 상세설계 기간이나 설계가 완료된 단계, 즉 개발단계에서 수행되는 것이 보통이다.

27 인간-기계 시스템 설계 과정의 주요 6단계를 올바른 순서로 나열한 것은?

ⓐ 기본설계
ⓑ 시스템 정의
ⓒ 목표 및 성능 명세 결정
ⓓ 인간-기계 인터페이스(Human-Machine Interface) 설계
ⓔ 매뉴얼 및 성능보조자료 작성
ⓕ 시험 및 평가

① ⓒ → ⓑ → ⓐ → ⓓ → ⓔ → ⓕ
② ⓐ → ⓑ → ⓒ → ⓓ → ⓔ → ⓕ
③ ⓑ → ⓒ → ⓐ → ⓔ → ⓓ → ⓕ
④ ⓒ → ⓐ → ⓑ → ⓔ → ⓓ → ⓕ

정답　23 ①　24 ④　25 ③　26 ④　27 ①

해설

인간 - 기계 체계설계의 기본단계 순서
1. 제1단계 : 목표 및 성능 명세 결정
2. 제2단계 : 시스템(체계)의 정의
3. 제3단계 : 기본설계
4. 제4단계 : 인터페이스(계면) 설계
5. 제5단계 : 촉진물 설계
6. 제6단계 : 시험 및 평가

TIP 매뉴얼 및 성능보조자료 작성은 촉진물 설계에 해당된다.

28 FTA에서 모든 기본사상이 일어났을 때 톱(Top)사상을 일으키는 기본사상의 집합을 무엇이라 하는가?

① 컷셋(Cut Set)
② 최소 컷셋(Minimal Cut Set)
③ 패스셋(Path Set)
④ 최소 패스셋(Minimal Path Set)

해설

컷셋(Cut Set)
정상사상을 발생시키는 기본사상의 집합으로 그 안에 포함되는 모든 기본사상(여기서는 통상사상, 생략결함사상 등을 포함한 기본사상)이 발생할 때 정상사상을 발생시킬 수 있는 기본사상의 집합이다.

TIP
1. 최소 컷셋(Minimal Cut Set)
   컷셋의 집합 중에서 정상사상을 일으키기 위하여 필요한 최소한의 컷셋을 미니멀 컷셋이라 한다. 즉 컷셋 중에서 타 컷셋을 포함 하고 있는 것을 배제하고 남은 컷셋들을 의미한다.
2. 패스셋(Path Set)
   그 안에 포함되는 모든 기본사상이 일어나지 않을 때 처음으로 정상사상이 일어나지 않는 기본사상의 집합. 즉 시스템이 고장나지 않도록 하는 사상의 조합이다.
3. 최소 패스셋(Minimal Path Set)
   정상사상이 일어나지 않기 위해 필요한 최소한의 것을 말하며, 시스템의 신뢰성을 나타낸다. 즉, 시스템의 기능을 살리는 최소요인의 집합이다.

29 다음 중 육체적 활동에 대한 생리학적 측정방법과 가장 거리가 먼 것은?

① EMG
② EEG
③ 심박수
④ 에너지소비량

해설

동적 근력작업에 따른 생리학적 측정법
에너지대사량, 산소소비량 및 CO_2 배출량 등과 호흡량, 맥박수, 근전도(EMG) 등이 있다.

TIP 뇌전도(EEG ; Electroencephalogram)
뇌의 전기적 활동을 기록한 것

30 인간계측자료를 응용하여 제품을 설계하고자 할 때 다음 중 제품과 적용기준으로 가장 적절하지 않은 것은?

① 출입문 - 최대집단치 설계기준
② 안내데스크 - 평균치 설계기준
③ 선반 높이 - 최대집단치 설계기준
④ 공구 - 평균치 설계기준

해설

극단치를 이용한 설계

구분	최대집단치 설계	최소집단치 설계
개념	• 대상 집단에 대한 인체 측정 변수의 상위 백분위수를 기준으로 90, 95, 혹은 99%치가 사용 • 대표치는 남성의 95백분위수를 이용	• 관련 인체 측정 변수 분포의 1, 5, 10% 등과 같은 하위 백분위수를 기준으로 결정 • 대표치는 여성의 5백분위수를 이용
사례	• 출입문, 탈출구의 크기, 통로 등과 같은 공간여유를 정할 때 사용 • 그네, 줄사다리와 같은 지지물 등의 최소지지 중량(강도) • 버스 내 승객용 좌석 간의 거리, 위험구역 울타리 • 작업대와 의자 사이의 간격	• 선반의 높이 • 조종 장치까지의 거리 (조작자와 제어버튼 사이의 거리) • 비상벨의 위치 설계

31 작업자가 소음 작업환경에 장기간 노출되어 소음성 난청이 발병하였다면 일반적으로 청력손실이 가장 크게 나타나는 주파수는?

① 1,000Hz
② 2,000Hz
③ 4,000Hz
④ 6,000Hz

정답 28 ① 29 ② 30 ③ 31 ③

해설
청력 손실의 성격
1. 청력 손실의 정도는 노출되는 소음 수준에 따라 증가한다.(비례관계)
2. 강한 소음에 대해서는 노출기간에 따라 청력 손실도 증가한다.
3. 약한 소음에 대해서는 노출기간과 청력손실 간에 관계가 없다.
4. 청력 손실은 4,000Hz에서 크게 나타난다.

32 제어장치에서 조종장치의 변위를 3cm 움직였을 때 표시장치의 지침이 5cm 움직였다면 이 기기의 C/D비는 약 얼마인가?

① 0.25　　② 0.6
③ 1.5　　④ 1.67

해설
선형 조종장치가 선형 표시장치를 움직일 때 각각 직선변위의 비(제어표시비)

$$C/D비 (C/R비) = \frac{조종장치(제어기기)의 이동거리}{표시장치(표시기기)의 반응거리}$$

$C/D비 = \dfrac{조종장치의 이동거리}{표시장치의 반응거리} = \dfrac{3}{5} = 0.6$

33 60폰(phon)의 소리에 해당하는 손(sone)의 값은?

① 1　　② 2
③ 4　　④ 8

해설
phon(음량 수준)과 sone(음량)의 관계

$$sone 치 = 2^{(phon치 - 40)/10}$$

음량 수준이 10phon 증가하면 음량(sone)은 2배 증가한다.
sone 치 $= 2^{(phon치 - 40)/10} = 2^{(60-40)/10} = 4[sone]$

34 위팔은 자연스럽게 수직으로 늘어뜨린 채, 아래팔만을 편하게 뻗어 작업할 수 있는 범위는?

① 정상작업역　　② 최대작업역
③ 최소작업역　　④ 작업포락면

해설
수평 작업대

정상작업역 (표준영역)	위팔(상완)을 자연스럽게 수직으로 늘어뜨린 채, 아래팔(전완)만으로 편하게 뻗어 파악할 수 있는 구역
최대작업역 (최대영역)	아래팔(전완)과 위팔(상완)을 곧게 펴서 파악할 수 있는 구역

TIP 앉은 사람의 작업공간
1. 작업공간 포락면(Work-space Envelope): 한 장소에 앉아서 수행하는 작업 활동에서, 사람이 작업하는 데 사용하는 공간
2. 파악 한계(Grasping Reach): 앉은 작업자가 특정한 수작업 기능을 편히 수행할 수 있는 공간의 외곽 한계

35 FT도에서 입력현상이 발생하여 어떤 일정 시간이 지속된 후 출력이 발생하는 것을 나타내는 게이트나 기호로 옳은 것은?

① 위험 지속 기호
② 조합 AND 게이트
③ 시간 단축 기호
④ 억제 게이트

해설
위험 지속 기호

입력사상이 발생하여 어떤 일정한 시간이 지속될 때에 출력이 생긴다. 만약 지속되지 않으면 출력은 생기지 않는다.

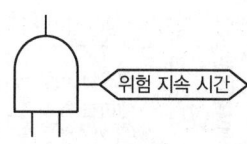

36 인간-기계 시스템에서의 기본적인 기능에 해당하지 않는 것은?

① 행동 기능　　② 정보의 설계
③ 정보의 수용　　④ 정보의 저장

해설
체계(System)의 기본기능 및 업무

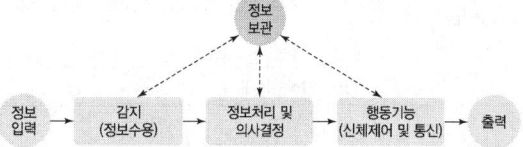

37 FT도에서 정상사상 A의 발생확률은?(단, 기본 사상 ①과 ②의 발생확률은 각각 2×10^{-3}/h, 3×10^{-2}/h 이다.)

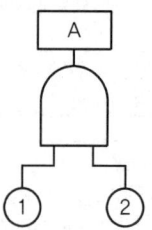

① 5×10^{-5}/h
② 6×10^{-5}/h
③ 5×10^{-6}/h
④ 6×10^{-6}/h

해설

발생확률의 계산
$A = ① \times ② = (2\times10^{-3}) \times (3\times10^{-2}) = 6\times10^{-5}$

38 필요한 작업 또는 절차의 잘못된 수행으로 발생하는 과오는?

① 시간적 과오(Time Error)
② 생략적 과오(Omission Error)
③ 순서적 과오(Sequential Error)
④ 수행적 과오(Commision Error)

해설

인간실수의 분류(심리적인 분류)

생략 에러 (Omission Error, 부작위 실수)	필요한 직무 및 절차를 수행하지 않아(생략) 발생하는 에러 예 가스밸브를 잠그는 것을 잊어 사고가 났다.
작위 에러 (Commission Error)	필요한 작업 또는 절차의 불확실한 수행(잘못 수행)으로 인한 에러 예 전선이 바뀌었다, 틀린 부품을 사용하였다, 부품이 거꾸로 조립되었다 등
순서 에러 (Sequential Error)	필요한 작업 또는 절차의 순서 착오로 인한 에러 예 자동차 출발 시 핸드브레이크를 해제하지 않고 출발하여 발생한 경우
시간 에러 (Time Error)	필요한 직무 또는 절차의 수행 지연으로 인한 에러 예 프레스 작업 중에 금형 내에 손이 오랫동안 남아 있어 발생한 재해
과잉행동 에러 (Extraneous Error)	불필요한 작업 또는 절차를 수행함으로써 기인한 에러 예 자동차 운전 중 습관적으로 손을 창문으로 내밀어 발생한 재해

39 작업장의 실효온도에 영향을 주는 인자 중 가장 관계가 먼 것은?

① 온도
② 체온
③ 습도
④ 공기유동

해설

실효온도(Effective Temperature, 체감온도, 감각온도)
1. 온도, 습도 및 공기의 유동이 인체에 미치는 열효과를 하나의 수치로 통합한 경험적 감각지수
2. 상대습도 100%일 때의 건구온도에서 느끼는 것과 동일한 온감이다.
3. 실제로 감각되는 온도로서 실감온도라고 한다.
4. 실효온도의 결정요소(실효온도에 영향을 주는 요인)
   ㉠ 온도, ㉡ 습도, ㉢ 공기의 유동(대류)

40 모든 시스템 안전 프로그램 중 최초 단계의 분석으로 시스템 내의 위험요소가 어떤 상태에 있는지를 정성적으로 평가하는 방법은?

① CA
② FHA
③ PHA
④ FMEA

해설

예비위험분석(PHA ; Preliminary Hazards Analysis)
1. 공정 또는 설비 등에 관한 상세한 정보를 얻을 수 없는 상황에서 위험물질과 공정 요소에 초점을 맞추어 초기위험을 확인하는 방법을 말한다.
2. 시스템안전 위험분석(SSHA)을 수행하기 위한 예비적인 최초의 작업으로 위험요소가 얼마나 위험한지를 정성적으로 평가하는 것이다.
3. PHA는 구상단계나 설계 및 발주의 극히 초기에 실시된다.

3과목 기계위험 방지기술

41 산업안전보건법령에 따라 보일러의 과열을 방지하기 위하여 최고사용압력과 상용압력 사이에서 보일러의 버너 연소를 차단할 수 있도록 부착하여 사용하여야 하는 장치는?

① 경보음장치
② 압력제한스위치
③ 압력방출장치
④ 고저수위 조절장치

해설

압력제한스위치
보일러의 과열을 방지하기 위하여 최고사용압력과 상용압력 사이에서 보일러의 버너 연소를 차단할 수 있도록 압력제한스위치를 부착하여 사용하여야 한다.

42 밀링 작업 시 안전수칙 중 잘못된 것은?

① 작업 시 보안경을 착용한다.
② 칩의 처리는 칩 브레이커로 한다.
③ 가공물의 치수는 기계 정지 후 확인한다.
④ 절삭속도는 재료에 따라 달리 적용한다.

해설

밀링 작업에 대한 안전수칙
1. 제품을 따 내는 데에는 손끝을 대지 말아야 한다.
2. 운전 중 가공면에 손을 대지 말아야 하며 장갑 착용을 금지한다.
3. 칩을 제거할 때에는 커터의 운전을 중지하고 브러시(솔)를 사용하며 걸레를 사용하지 않는다.
4. 칩의 비산이 많으므로 보안경을 착용한다.
5. 커터 설치 및 측정 시에는 반드시 기계를 정지시킨 후에 한다.
6. 일감(공작물)은 테이블 또는 바이스에 안전하게 고정한다.
7. 상하 이송장치의 핸들은 사용 후 반드시 빼 두어야 한다.
8. 가공 중에 밀링머신에 얼굴을 대지 않는다.
9. 절삭 속도는 재료에 따라 정한다.
10. 커터를 끼울 때는 아버를 깨끗이 닦는다.
11. 일감(공작물)을 고정하거나 풀어낼 때는 기계를 정지시킨다.
12. 테이블 위에 공구 등을 올려놓지 않는다.
13. 강력 절삭을 할 때는 일감을 바이스에 깊게 물린다.
14. 급속이송은 백래시 제거장치가 동작하지 않고 있음을 확인한 후 실시하고, 급속이송은 한 방향으로만 한다.

43 근로자에게 위험을 미칠 우려가 있는 원동기, 축이음, 풀리 등에 설치하여야 하는 것은?

① 덮개
② 압력계
③ 통풍장치
④ 과압방지기

해설

원동기·회전축 등의 위험방지

원동기·회전축·기어·풀리·플라이휠·벨트 및 체인 등 근로자가 위험에 처할 우려가 있는 부위	덮개, 울, 슬리브, 건널다리 등
회전축·기어·풀리 및 플라이휠 등에 부속되는 키·핀 등의 기계요소	• 묻힘형 • 덮개
벨트의 이음 부분	돌출된 고정구 사용 금지
건널다리	• 안전난간 • 미끄러지지 아니하는 구조의 발판
선반 등으로부터 돌출하여 회전하고 있는 가공물	덮개 또는 울 등을 설치

44 선반에서 절삭가공 중 발생하는 연속적인 칩을 자동적으로 끊어 주는 역할을 하는 것은?

① 칩 브레이커
② 방진구
③ 보안경
④ 커버

해설

선반의 방호장치(안전장치)

칩 브레이커 (Chip Breaker)	절삭 중 칩을 자동적으로 끊어 주는 바이트에 설치된 안전장치
급정지 브레이크	가공작업 중 선반을 급정지시킬 수 있는 방호장치
실드(Shield)	가공물의 칩이 비산되어 발생하는 위험을 방지하기 위해 사용하는 덮개(칩 비산 방지 투명판)
척커버 (Chuck Cover)	척과 척으로 잡은 가공물의 돌출부에 작업자가 접촉하지 않도록 설치하는 덮개

45 클러치 프레스에 부착된 양수조작식 방호장치에 있어서 클러치 맞물림 개소수가 4군데, 매분 행정수가 300SPM일 때 양수조작식 조작부의 최소안전거리는?(단, 인간의 손의 기준 속도는 1.6m/s로 한다.)

① 240mm
② 260mm
③ 340mm
④ 360mm

정답 41 ② 42 ② 43 ① 44 ① 45 ①

해설
방호장치 설치 안전거리(양수기동식)

$$D_m = 1.6 T_m$$

여기서, D_m : 안전거리(mm)
T_m : 양손으로 누름단추를 누르기 시작할 때부터 슬라이드가 하사점에 도달하기까지 소요시간(ms)

$T_m = \left(\dfrac{1}{\text{클러치 맞물림 개소수}} + \dfrac{1}{2}\right) \times \dfrac{60,000}{\text{매분 행정수}}$ [ms]

$T_m = \left(\dfrac{1}{\text{클러치 맞물림 개소수}} + \dfrac{1}{2}\right) \times \dfrac{60,000}{\text{매분 행정수}}$ [ms]

$= \left(\dfrac{1}{4} + \dfrac{1}{2}\right) \times \dfrac{60,000}{300} = 150$ [ms]

∴ $D_m = 1.6 T_m = 1.6 \times 150 = 240$ [mm]

46 보일러수 속에 불순물 농도가 높아지면서 수면에 거품이 형성되어 수위가 불안정하게 되는 현상은?

① 포밍
② 서징
③ 수격현상
④ 공동현상

해설
이상현상의 종류

프라이밍 (Priming)	보일러수가 극심하게 끓어서 수면에서 계속하여 물방울이 비산하고 증기부가 물방울로 충만하여 수위가 불안정하게 되는 현상
포밍 (Foaming)	보일러수에 유지류, 고형물 등의 부유물로 인해 거품이 발생하여 수위를 판단하지 못하는 현상
캐리오버 (Carry Over)	• 보일러에서 증기관 쪽에 보내는 증기에 대량의 물방울이 포함되는 경우로 프라이밍이나 포밍이 생기면 필연적으로 발생 • 보일러에서 증기의 순도를 저하시킴으로써 관 내 응축수가 생겨 워터해머의 원인이 되는 것
워터해머 (Water Hammer, 수격작용)	• 증기관 내에서 증기를 보내기 시작할 때 해머로 치는 듯한 소리를 내며 관이 진동하는 현상 • 워터해머는 캐리오버에 기인한다.

47 프레스 작업 중 작업자의 신체 일부가 위험한 작업점으로 들어가면 자동적으로 정지되는 기능이 있는데, 이러한 안전 대책을 무엇이라고 하는가?

① 풀 프루프(Fool Proof)
② 페일 세이프(Fail Safe)
③ 인터록(Inter Lock)
④ 리미트 스위치(Limit Switch)

해설
풀 프루프(Fool Proof)
작업자가 기계를 잘못 취급하여 불안전 행동이나 실수를 하여도 기계설비의 안전 기능이 작용되어 재해를 방지할 수 있는 기능을 가진 구조이다.

> **TIP** • 페일 세이프(Fail Safe) : 기계나 그 부품에 파손·고장이나 기능 불량이 발생하여도 항상 안전하게 작동할 수 있는 기능을 가진 구조
> • 인터록(Inter Lock) : 기계의 각 작동부분 상호 간을 전기·기구 유공압 장치 등으로 연결해서 기계의 각 작동부분이 정상으로 작동하기 위한 조건이 만족되지 않을 경우 자동적으로 그 기계를 작동할 수 없도록 하는 것
> • 리미트 스위치(Limit Switch) : 기계장치 등에서 동작이 일정한 한계에 도달하였을 때 스위치가 작동하여 차단하는 장치

48 가스 용접에서 역화의 원인으로 볼 수 없는 것은?

① 토치 성능이 부실한 경우
② 취관이 작업 소재에 너무 가까이 있는 경우
③ 산소공급량이 부족한 경우
④ 토치 팁에 이물질이 묻은 경우

해설
역화(Back Fire)

정의	용접 도중에 모재에 팁 끝이 닿아 불꽃이 팁 끝에서 순간적으로 폭음을 내며 불꽃이 들어갔다가 꺼지는 현상
원인	• 압력 조정기의 고장 • 과열되었을 때 • 산소 공급이 과다할 때 • 토치의 성능이 좋지 않을 때 • 토치 팁에 이물질이 묻었을 때
방지법	• 용접 팁을 물에 담가서 식힘 • 아세틸렌을 차단 • 토치의 기능을 점검

49 연삭기에서 숫돌의 바깥지름이 180mm라면, 평형 플랜지의 바깥지름은 몇 mm 이상이어야 하는가?

① 30　　② 36
③ 45　　④ 60

해설
플랜지의 지름

$$\text{플랜지의 지름} = \text{숫돌지름} \times \frac{1}{3}$$

플랜지의 지름 = 숫돌지름 $\times \frac{1}{3}$ = $180 \times \frac{1}{3}$ = 60mm

50 양수 조작식 방호장치에서 양쪽 누름버튼 간의 내측 거리는 몇 mm 이상이어야 하는가?

① 100　　② 200
③ 300　　④ 400

해설
양수조작식
누름버튼의 상호 간 내측거리는 300mm 이상이어야 한다.

51 아세틸렌 용접장치를 사용하여 금속의 용접·용단 또는 가열작업을 하는 경우 게이지 압력으로 얼마를 초과하는 압력의 아세틸렌을 발생시켜 사용해서는 아니 되는가?

① 85kPa　　② 107kPa
③ 127kPa　　④ 150kPa

해설
압력의 제한
아세틸렌 용접장치를 사용하여 금속의 용접·용단 또는 가열작업을 하는 경우에는 게이지 압력이 127kPa을 초과하는 압력의 아세틸렌을 발생시켜 사용해서는 아니 된다.

52 산업안전보건법령에서 규정하는 양중기에 속하지 않는 것은?

① 호이스트
② 이동식 크레인
③ 곤돌라
④ 체인블록

해설
양중기의 종류
1. 크레인(호이스트 포함)
2. 이동식 크레인
3. 리프트(이삿짐운반용 리프트의 경우 적재하중 0.1톤 이상인 것)
4. 곤돌라
5. 승강기

53 프레스 등의 금형을 부착·해체 또는 조정 작업 중 슬라이드가 갑자기 작동하여 근로자에게 발생할 수 있는 위험을 방지하기 위하여 설치하는 것은?

① 방호 울
② 안전블록
③ 시건장치
④ 게이트 가드

해설
금형조정작업의 위험 방지
프레스 등의 금형을 부착·해체 또는 조정하는 작업을 할 때에 해당 작업에 종사하는 근로자의 신체가 위험한계 내에 있는 경우 슬라이드가 갑자기 작동함으로써 근로자에게 발생할 우려가 있는 위험을 방지하기 위하여 안전블록을 사용하는 등 필요한 조치를 하여야 한다.

54 다음과 같은 작업조건일 경우 와이어로프의 안전율은?

> 작업대에서 사용된 와이어로프 1줄의 파단 하중이 100kN, 인양하중이 40kN, 로프의 줄 수가 2줄

① 2　　② 2.5
③ 4　　④ 5

해설
와이어로프의 안전율

$$\text{안전율}(S) = \frac{\text{로프의 가닥수}(N) \times \text{로프의 파단하중}(P)}{\text{안전하중}(Q)}$$

안전율$(S) = \frac{2 \times 100}{40} = 5$

정답　49 ④　50 ③　51 ③　52 ④　53 ②　54 ④

55 기준 무부하상태에서 구내최고속도가 20km/h인 지게차의 주행 시 좌우안정도 기준은 몇 % 이내인가?

① 4%
② 20%
③ 37%
④ 40%

해설
지게차의 안정도 기준
주행 시의 좌우 안정도 $= (15 + 1.1V)\%$
$= (15 + 1.1 \times 20) = 37[\%]$ 이내
여기서, V : 최고속도(km/hr)

56 기계설비 구조의 안전을 위해 설계 시 고려하여야 할 안전계수(Safety Factor)의 산출 공식으로 틀린 것은?

① 파괴강도 ÷ 허용응력
② 안전하중 ÷ 파단하중
③ 파괴강도 ÷ 허용하중
④ 극한강도 ÷ 최대설계응력

해설
안전율(안전계수)

$$\text{안전율(안전계수)} = \frac{\text{기초강도}}{\text{허용응력}} = \frac{\text{극한강도}}{\text{허용응력}} = \frac{\text{최대응력}}{\text{허용응력}}$$
$$= \frac{\text{절단하중(파괴하중)}}{\text{최대사용하중}} = \frac{\text{극한강도}}{\text{최대설계응력}}$$
$$= \frac{\text{파단하중}}{\text{안전하중}} = \frac{\text{인장강도}}{\text{허용응력}}$$

57 산업안전보건법령상 프레스를 사용하여 작업을 할 때 작업 시작 전 점검 항목에 해당하지 않는 것은?

① 전선 및 접속부 상태
② 클러치 및 브레이크의 기능
③ 프레스의 금형 및 고정볼트 상태
④ 1행정 1정지기구 · 급정지장치 및 비상정지장치의 기능

해설
프레스 등의 작업 시작 전 점검사항
1. 클러치 및 브레이크의 기능
2. 크랭크축 · 플라이휠 · 슬라이드 · 연결봉 및 연결 나사의 풀림 여부
3. 1행정 1정지기구 · 급정지장치 및 비상정지장치의 기능
4. 슬라이드 또는 칼날에 의한 위험방지기구의 기능
5. 프레스의 금형 및 고정볼트 상태
6. 방호장치의 기능
7. 전단기의 칼날 및 테이블의 상태

58 산업안전보건법령상 크레인의 방호장치에 해당하지 않는 것은?

① 권과방지장치
② 낙하방지장치
③ 비상정지장치
④ 과부하방지장치

해설
양중기 방호장치의 종류

방호장치의 조정 대상	크레인, 이동식 크레인, 리프트, 곤돌라, 승강기
방호장치의 종류	• 과부하방지장치 • 권과방지장치 • 비상정지장치 및 제동장치 • 그 밖의 방호장치(승강기의 파이널 리미트 스위치, 속도조절기, 출입문 인터록 등)

59 용접 토치 팁의 청소는 무엇으로 해야 가장 좋은가?

① 놋쇠선
② 철선
③ 전선케이블
④ 팁클리너

해설
토치 취급상 주의사항
1. 팁을 모래나 먼지 위에 놓지 않는다.
2. 토치를 함부로 분해하지 않는다.
3. 팁이 과열된 때는 아세틸렌가스를 멈추고 산소만 다소 분출시키면서 물속에 넣어 냉각시킨다.
4. 점화 시 아세틸렌 밸브를 열고 점화 후 산소를 밸브를 열어 조절한다.
5. 작업 종료 후 또는 고무호스에 역화 · 역류 발생 시에는 산소밸브를 가장 먼저 잠근다.
6. 용접토치팁의 청소는 팁클리너로 하는 것이 가장 좋다.

60 500rpm으로 회전하는 연삭기의 숫돌지름이 200mm일 때 원주속도(m/min)는?

① 628
② 62.8
③ 314
④ 31.4

정답 55 ③ 56 ② 57 ① 58 ② 59 ④ 60 ③

> [해설]

원주속도(회전속도)

$$V = \pi DN [\text{mm/min}] = \frac{\pi DN}{1,000}[\text{m/min}]$$

여기서 V : 원주속도(회전속도)(m/min)
D : 숫돌의 지름(mm)
N : 숫돌의 매분 회전수(rpm)

$V = \frac{\pi DN}{1,000}[\text{m/min}] = \frac{\pi \times 200 \times 500}{1,000} ≒ 314[\text{m/min}]$

4과목 전기 및 화학설비위험방지기술

61 전기 기계·기구에 누전에 의한 감전 위험을 방지하기 위하여 설치한 누전차단기에 의한 감전방지의 사항으로 틀린 것은?

① 정격 감도 전류가 30mA 이하이고 작동시간은 3초 이내일 것
② 분기회로 또는 전기기계·기구마다 누전 차단기를 접속할 것
③ 파손이나 감전사고를 방지할 수 있는 장소에 접속할 것
④ 지락보호전용 기능만 있는 누전차단기는 과전류를 차단하는 퓨즈나 차단기 등과 조합하여 접속할 것

> [해설]

누전차단기 접속 시 준수사항
1. 전기기계·기구에 설치되어 있는 누전차단기는 정격감도전류가 30mA 이하이고 작동시간은 0.03초 이내일 것(다만, 정격전부하전류가 50A 이상인 전기기계·기구에 접속되는 누전차단기는 오작동을 방지하기 위하여 정격감도전류는 200mA 이하로, 작동시간은 0.1초 이내로 할 수 있다.)
2. 분기회로 또는 전기기계·기구마다 누전차단기를 접속할 것(다만, 평상시 누설전류가 매우 적은 소용량부하의 전로에는 분기회로에 일괄하여 접속할 수 있다.)
3. 누전차단기는 배전반 또는 분전반 내에 접속하거나 꽂음 접속기형 누전차단기를 콘센트에 접속하는 등 파손이나 감전사고를 방지할 수 있는 장소에 접속할 것
4. 지락보호전용 기능만 있는 누전차단기는 과전류를 차단하는 퓨즈나 차단기 등과 조합하여 접속할 것

62 다음 중 전압의 분류가 잘못된 것은?

① 1,000V 이하의 교류 전압 - 저압
② 1,500V 이하의 직류 전압 - 저압
③ 1,000V 초과 7,000V 이하의 교류 전압 - 고압
④ 10kV를 초과하는 직류전압 - 초고압

> [해설]

전압의 구분

전원의 종류	저압	고압	특고압
직류(DC)	1,500V 이하	1,500V 초과 7,000V 이하	7,000V 초과
교류(AC)	1,000V 이하	1,000V 초과 7,000V 이하	7,000V 초과

63 다음 중 통전경로별 위험도가 가장 높은 경로는?

① 왼손 - 등
② 오른손 - 가슴
③ 왼손 - 가슴
④ 오른손 - 양발

> [해설]

통전 경로별 위험도
감전 시의 영향은 전류의 경로에 따라 그 위험성이 달라지며, 전류가 심장 또는 그 주위를 통하게 되면 심장에 영향을 주어 가장 위험하다.

통전경로	심장전류계수	통전경로	심장전류계수
왼손 - 가슴	1.5	왼손 - 등	0.7
오른손 - 가슴	1.3	한 손 또는 양손 - 앉아 있는 자리	0.7
왼손 - 한 발 또는 양발	1.0	왼손 - 오른손	0.4
양손 - 양발	1.0	오른손 - 등	0.3
오른손 - 한 발 또는 양발	0.8		

※ 숫자가 클수록 위험도가 높다.

64 고압 또는 특고압의 기계기구·모선 등을 옥외에 시설하는 발전소·변전소·개폐소 또는 이에 준하는 곳에는 구내에 취급자 이외의 자가 들어가지 못하도록 하기 위한 시설의 기준에 대한 설명으로 틀린 것은?

[정답] 61 ① 62 ④ 63 ③ 64 ①

① 울타리·담 등의 높이는 1.5m 이상으로 시설하여야 한다.
② 출입구에는 출입금지의 표시를 하여야 한다.
③ 출입구에는 자물쇠장치 기타 적당한 장치를 하여야 한다.
④ 지표면과 울타리·담 등의 하단 사이의 간격은 15cm 이하로 하여야 한다.

해설

발전소 등의 울타리·담 등의 시설
1. 울타리·담 등을 시설할 것
2. 출입구에는 출입금지의 표시를 할 것
3. 출입구에는 자물쇠장치 기타 적당한 장치를 할 것
4. 울타리·담 등의 높이는 2m 이상으로 하고 지표면과 울타리·담 등의 하단 사이의 간격은 0.15m 이하로 할 것

65 다음 각 물질의 저장방법에 관한 설명으로 옳은 것은?

① 황린은 저장용기 중에 물을 넣어 보관한다.
② 과산화수소는 장기 보존 시 유리용기에 저장한다.
③ 피크린산은 철 또는 구리로 된 용기에 저장한다.
④ 마그네슘은 다습하고, 통풍이 잘 되는 장소에 보관한다.

해설

황린(백린 = P_4)
pH 9(약알칼리성) 정도의 물속에 저장하며 보호액이 증발되지 않도록 한다.

66 다음 중 가연성 가스의 폭발범위에 관한 설명으로 틀린 것은?

① 상한과 하한이 있다.
② 압력과 무관하다.
③ 공기와 혼합된 가연성 가스의 체적 농도로 표시된다.
④ 가연성 가스의 종류에 따라 다른 값을 갖는다.

해설

가연성 가스의 폭발범위 영향 요소
1. 가스의 온도가 높을수록 폭발범위도 일반적으로 넓어진다(폭발하한계는 감소, 폭발상한계는 증가).
2. 가스의 압력이 높아지면 폭발하한계는 영향이 없으나 폭발상한계는 증가한다.
3. 산소 중에서의 폭발범위는 공기 중에서 보다 넓어진다.
4. 압력이 상압인 1atm보다 낮아질 때 폭발범위는 큰 변화가 없다.
5. 일산화탄소는 압력이 높을수록 폭발범위가 좁아지고, 수소는 10atm까지는 좁아지지만 그 이상의 압력에서는 넓어진다.
6. 불활성 기체가 첨가될 경우 혼합가스의 농도가 희석되어 폭발범위가 좁아진다.
7. 화학양론농도 부근에서는 연소나 폭발이 가장 일어나기 쉽고 또한 격렬한 정도도 크다.

TIP 압력
높을수록 폭발상한계가 높아진다(폭발하한계는 영향 없음, 폭발상한계 증가).

67 방폭구조의 명칭과 표기기호가 잘못 연결된 것은?

① 안전증방폭구조 : e
② 유입(油入)방폭구조 : o
③ 내압(耐壓)방폭구조 : p
④ 본질안전방폭구조 : ia 또는 ib

해설

방폭구조의 종류 및 기호

내압 방폭구조	d	안전증 방폭구조	e	비점화 방폭구조	n
압력 방폭구조	p	특수 방폭구조	s	몰드 방폭구조	m
유입 방폭구조	o	본질안전 방폭구조	i(ia, ib)	충전 방폭구조	q

68 다음 중 위험물에 대한 일반적 개념으로 옳지 않은 것은?

① 반응속도가 급격히 진행된다.
② 화학적 구조 및 결합력이 불안정하다.
③ 대부분 화학적 구조가 복잡한 고분자 물질이다.
④ 그 자체가 위험하다든가 또는 환경 조건에 따라 쉽게 위험성을 나타내는 물질을 말한다.

해설

위험물의 정의
1. 위험물이라 함은 인화성 또는 발화성 등의 성질을 가지는 물품을 말한다.
2. 위험물질이란 그 자체가 위험하든가 또는 환경조건에 따라 쉽게 위험성을 나타내는 물질로서 보통 위험성 물질이라 부른다.
3. 위험물의 일반적인 특징
   ㉠ 자연계에 흔히 존재하는 물 또는 산소와의 반응이 용이하다.
   ㉡ 반응속도가 급격히 진행한다.
   ㉢ 반응 시 발생되는 발열량이 크다.
   ㉣ 수소와 같은 가연성 가스를 발생한다.
   ㉤ 화학적 구조 및 결합력이 대단히 불안정하다.

69 방전에너지가 크지 않은 코로나 방전이 발생할 경우 공기 중에 발생할 수 있는 것은?

① O_2
② O_3
③ N_2
④ N_3

해설

코로나(Corona) 방전
1. 고체에 정전기가 축적되면 전위가 높아지게 되고 고체표면의 전위경도가 어느 일정치를 넘어서면 낮은 소리와 연한 빛을 수반하는 방전
2. 방전현상으로 공기 중에서 오존(O_3)이 발생
3. 방전에너지가 적어 재해 원인이 될 확률은 비교적 작다.

70 절연물은 여러 가지 원인으로 전기저항이 저하되어 이른바 절연불량을 일으켜 위험한 상태가 되는데 절연불량의 주요 원인이 아닌 것은?

① 정전에 의한 전기적 원인
② 온도상승에 의한 열적 요인
③ 진동, 충격 등에 의한 기계적 요인
④ 높은 이상전압 등에 의한 전기적 요인

해설

전기절연물의 절연파괴(불량) 주요 원인
1. 진동, 충격 등에 의한 기계적 요인
2. 산화 등에 의한 화학적 요인
3. 온도상승에 의한 열적 요인
4. 높은 이상전압 등에 의한 전기적 요인

71 관로의 크기를 변경하고자 할 때 사용하는 관 부속품은?

① 밸브(Valve)
② 엘보우(Elbow)
③ 부싱(Bushing)
④ 플랜지(Flange)

해설

피팅류(Fittings)

두 개의 관을 연결할 때	플랜지(Flange), 유니온(Union), 커플링(Coupling), 니플(Nipple), 소켓(Socket)
관로의 방향을 바꿀 때	엘보우(Elbow), Y자관(Y-branch), 티(Tee), 십자(Cross)
관로의 크기를 바꿀 때 (관의 지름을 변경할 때)	리듀서(Reducer), 부싱(Bushing)
가지관을 설치할 때	Y자관(Y-branch), 티(Tee), 십자(Cross)
유로를 차단할 때	플러그(Plug), 캡(Cap), 밸브(Valve)
유량조절	밸브(Valve)

72 다음 주 물분무소화설비의 주된 소화효과에 해당하는 것으로만 나열하는 것은?

① 냉각효과, 질식효과
② 희석효과, 제거효과
③ 제거효과, 억제효과
④ 억제효과, 희석효과

해설

물분무소화설비
화재 시 분무노즐에서 물을 미립자로 방사하여 소화하는 설비로서, 미세한 물의 냉각효과, 질식효과, 유화효과, 희석효과를 이용하여 화재의 억제 및 연소를 방지하는 소화설비를 말한다.

73 고압가스 용기에 사용되며 화재 등으로 용기의 온도가 상승하였을 때 금속의 일부분을 녹여 가스의 배출구를 만들어 압력을 분출시켜 용기의 폭발을 방지하는 안전장치는?

① 가용합금 안전밸브
② 방유제
③ 폭압방산공
④ 폭발억제장치

정답 69 ② 70 ① 71 ③ 72 ① 73 ①

해설

안전밸브의 종류

스프링식	일반적으로 가장 널리 사용하며, 압력이 설정된 값을 초과하면 스프링을 밀어내어 가스를 분출시켜 폭발을 방지
중추식	밸브 장치에 무게가 있는 추를 달아서 설정 압력이 되면 추를 밀어올려 가스를 분출
파열판식	압력이 급격히 상승할 경우 용기 내의 가스를 배출(한 번 작동 후 교체)
가용전식 (가용합금식)	설정온도에서 온도가 규정온도 이상이면 녹아서 전체가스를 배출

74 산업안전보건법상 전기기계·기구의 누전에 의한 감전 위험을 방지하기 위하여 접지를 하여야 하는 사항으로 틀린 것은?

① 전기기계·기구의 금속제 내부 충전부
② 전기기계·기구의 금속제 외함
③ 전기기계·기구의 금속제 외피
④ 전기기계·기구의 금속제 철대

해설

전기기계·기구의 접지(접지 대상)
1. 전기기계·기구의 금속제 외함, 금속제 외피 및 철대
2. 고정 설치되거나 고정배선에 접속된 전기기계·기구의 노출된 비충전 금속체 중 충전될 우려가 있는 다음 각 목의 어느 하나에 해당하는 비충전 금속체
   ㉠ 지면이나 접지된 금속체로부터 수직거리 2.4m, 수평거리 1.5m 이내인 것
   ㉡ 물기 또는 습기가 있는 장소에 설치되어 있는 것
   ㉢ 금속으로 되어 있는 기기접지용 전선의 피복·외장 또는 배선관 등
   ㉣ 사용전압이 대지전압 150V를 넘는 것

75 소화방법에 대한 주된 소화원리로 틀린 것은?

① 물을 살포한다 : 냉각소화
② 모래를 뿌린다 : 질식소화
③ 초를 불어서 끈다 : 억제소화
④ 담요로 덮는다 : 질식소화

해설

제거소화

소화원리	가연성 물질을 연소구역에서 제거하여 줌으로써 소화하는 방법
제거소화의 예	• 가스의 화재 : 공급밸브를 차단하여 가스의 공급을 중단 • 산림화재 : 연소방면의 수목을 제거 • 촛불 : 입김으로 불어 가연성 증기를 제거

TIP 촛불이나 성냥이 타고 있을 때 입김을 불면 꺼지는 이유는 공기를 공급하는 기능보다는 탈물질이 제거되는 효과가 더 크기 때문이다.

76 다음 중 물질에 발생한 정전기의 제거방법으로 적절하지 않은 것은?

① 습기 여부
② 자외선의 공급
③ 금속부분의 접지
④ 정전기방지용 도장

해설

정전기재해의 방지대책
1. 접지(도체의 대전방지)
2. 유속의 제한
3. 보호구의 착용
4. 대전방지제 사용
5. 가습(상대습도를 60~70% 정도 유지)
6. 제전기 사용
7. 대전물체의 차폐
8. 정치시간의 확보
9. 도전성 재료 사용

77 공기 중 산화성이 높아 반드시 석유, 경유 등의 보호액에 저장해야 하는 것은?

① Ca
② P_4
③ K
④ S

해설

위험물의 저장 및 취급방법
1. 칼륨(K), 나트륨(Na) : 석유(등유, 경유), 유동파라핀 등의 보호액을 넣어 밀봉 저장한다.
2. 황린(백린=P_4) : pH 9(약알칼리성) 정도의 물속에 저장하며 보호액이 증발되지 않도록 한다.

정답 74 ① 75 ③ 76 ② 77 ③

78 다음 중 분진 폭발의 발생 위험성을 낮추는 방법으로 적절하지 않은 것은?

① 주변의 점화원을 제거한다.
② 분진이 날리지 않도록 한다.
③ 분진과 그 주변의 온도를 낮춘다.
④ 분진 입자의 표면적을 크게 한다.

해설

입도와 입도분포
1. 분진의 표면적이 입자체적에 비하여 커지면 열의 발생속도가 방열속도보다 커져서 폭발이 용이해진다.
2. 평균 입자의 직경이 작고 밀도가 작을수록 비표면적은 크게 되고 표면에너지도 크게 되어 폭발이 용이해진다.

79 폭발범위가 1.8~8.5vol%인 가스의 위험도를 구하면 얼마인가?

① 0.8 ② 3.7
③ 5.7 ④ 6.7

해설

위험도

$$H = \frac{UFL - LFL}{LFL}$$

여기서, UFL : 연소상한값
LFL : 연소하한값
H : 위험도

$H = \dfrac{UFL - LFL}{LFL} = \dfrac{8.5 - 1.8}{1.8} = 3.722$

80 10Ω의 저항에 10A의 전류를 1분간 흘렸을 때의 발열량은 몇 cal인가?

① 1,800 ② 3,600
③ 7,200 ④ 14,400

해설

열량

$$Q = 0.24I^2RT \times 10^{-3}[\text{kcal}] = 0.24I^2RT[\text{cal}]$$

여기서, Q : 열량[J], I : 전류[A], R : 저항[Ω]
T : 전류가 흐른 시간[sec]

$Q = 0.24I^2RT = 0.24 \times 10^2 \times 10 \times 60 = 14,400[\text{cal}]$

5과목 건설안전기술

81 블레이드의 길이가 길고 낮으며 블레이드의 좌우를 전후 25~30° 각도로 회전시킬 수 있어 흙을 측면으로 보낼 수 있는 도저는?

① 레이크 도저
② 스트레이트 도저
③ 앵글 도저
④ 틸트 도저

해설

배토판(Blade)의 형태 및 작동방법에 의한 분류

스트레이트 도저 (Straight Dozer)	트랙터의 종방향 중심축에 배토판을 직각으로 설치하여 직선적인 굴착 및 압토작업에 효율적
앵글 도저 (Angle Dozer)	배토판을 진행방향에 따라 20~30°의 좌우로 돌릴 수 있도록 만든 장치로, 측면굴착에 유리
틸트 도저 (Tilt Dozer)	배토판을 좌우로 상하 25~30°까지 아래로 기울어지게 하여 도랑파기, 경사면 굴착에 유리
힌지 도저 (Hinge Dozer)	배토판 중앙에 힌지를 붙여 안팎으로 V자형으로 꺾을 수 있으며, 흙을 깎아 옆으로 밀어내면서 전진하므로 제설, 제토작업 및 다량의 흙을 전방으로 밀고 가는 데 적합한 도저

82 철골공사에서 부재의 건립용 기계로 거리가 먼 것은?

① 타워크레인
② 가이데릭
③ 삼각데릭
④ 항타기

해설

철골세우기용 기계
1. 타워크레인
2. 트럭크레인
3. 가이데릭
4. 진폴데릭
5. 스티프 레그 데릭(삼각데릭)

정답 78 ④ 79 ② 80 ④ 81 ③ 82 ④

83 공사현장에서 낙하물방지망 또는 방호선반을 설치할 때 설치높이 및 벽면으로부터 내민 길이 기준으로 옳은 것은?

① 설치높이 : 10m 이내마다, 내민 길이 2m 이상
② 설치높이 : 15m 이내마다, 내민 길이 2m 이상
③ 설치높이 : 10m 이내마다, 내민 길이 3m 이상
④ 설치높이 : 15m 이내마다, 내민 길이 3m 이상

해설
낙하물방지망 또는 방호선반 설치 시 준수사항
1. 높이 10m 이내마다 설치하고, 내민 길이는 벽면으로부터 2m 이상으로 할 것
2. 수평면과의 각도는 20° 이상 30° 이하를 유지할 것

84 토사붕괴 시의 조치사항으로 거리가 먼 것은?

① 대피통로 및 공간의 확보
② 동시작업의 금지
③ 2차 재해의 방지
④ 굴착공법의 선정

해설
붕괴 조치사항

동시작업의 금지	붕괴토석의 최대도달거리 범위 내에서 굴착공사, 배수관의 매설, 콘크리트 타설작업 등을 할 경우에는 적절한 보강대책을 강구하여야 함
대피공간의 확보	붕괴의 속도는 높이에 비례하므로 수평방향의 활동에 대비하여 작업장 좌우에 피난통로 등을 확보하여야 함
2차 재해의 방지	작은 규모의 붕괴가 발생되어 인명구출 등 구조작업 도중에 대형붕괴의 재차 발생을 방지하기 위하여 붕괴면의 주변상황을 충분히 확인하고 이중 안전조치를 강구한 후 복구작업에 임하여야 함

85 지반의 사면파괴 유형 중 유한사면의 종류가 아닌 것은?

① 사면 내 파괴
② 사면선단파괴
③ 사면저부파괴
④ 직립사면파괴

해설
단순사면(유한사면)의 붕괴형태
1. 사면 내 파괴(Slope Failure) : 성토층이 여러 층이고 기반이 얕은 경우
2. 사면 선(선단) 파괴(Toe Failure) : 사면이 비교적 급하고 점착력이 작은 경우
3. 사면 저부(바닥면) 파괴(Base Failure) : 사면이 비교적 완만하고 점착력이 큰 경우

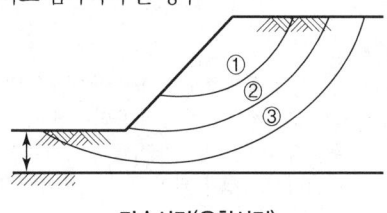

단순사면(유한사면)

86 건설공사 유해위험방지계획서 제출 시 공통적으로 제출하여야 할 첨부서류가 아닌 것은?

① 공사 개요서
② 전체 공정표
③ 산업안전보건관리비 사용계획서
④ 가설도로계획서

해설
건설공사 유해·위험방지계획서 제출 시 첨부서류
1. 공사 개요 및 안전보건관리계획
  ㉠ 공사 개요서
  ㉡ 공사현장의 주변 현황 및 주변과의 관계를 나타내는 도면(매설물 현황을 포함)
  ㉢ 전체 공정표
  ㉣ 산업안전보건관리비 사용계획서
  ㉤ 안전관리 조직표
  ㉥ 재해 발생 위험 시 연락 및 대피방법
2. 작업 공사 종류별 유해·위험방지계획

87 점성토의 지반의 개량공법으로 적합하지 않은 것은?

① 바이브로 플로테이션 공법
② 프리로딩 공법
③ 치환공법
④ 페이퍼 드레인공법

정답 83 ① 84 ④ 85 ④ 86 ④ 87 ①

> **[해설]**
> 지반개량공법

사질토	· 동다짐공법 · 전기충격공법 · 다짐모래말뚝공법 · 진동다짐공법(바이브로 플로테이션 공법) · 폭파다짐공법 · 약액주입공법
점성토	· 치환공법(굴착치환, 미끄럼치환, 폭파치환) · 압밀(재하)공법(여성토 공법[프리로딩 공법], 사면선단 재하공법, 압성토공법) · 탈수공법(샌드드레인 공법, 페이퍼드레인 공법, 팩드레인 공법) · 배수공법(디프 웰 공법, 웰 포인트 공법) · 고결공법(생석회 말뚝 공법, 동결공법, 소결공법)

88 거푸집동바리 등을 조립할 때 동바리로 사용하는 파이프 서포트에 대하여는 다음 각목에서 정하는 바에 의해 설치하여야 한다. 빈칸에 들어갈 내용으로 옳은 것은?

> 가. 파이프 서포트를 ( )개 이상 이어서 사용하지 않도록 할 것
> 나. 파이프 서포트를 이어서 사용하는 경우에는 ( )개 이상의 볼트 또는 전용 철물을 사용하여 이을 것

① 가 : 1, 나 : 2
② 가 : 2, 나 : 3
③ 가 : 3, 나 : 4
④ 가 : 4, 나 : 5

> **[해설]**
> 동바리로 사용하는 파이프 서포트의 경우 조립 시의 안전조치
> 1. 파이프 서포트를 3개 이상 이어서 사용하지 않도록 할 것
> 2. 파이프 서포트를 이어서 사용하는 경우에는 4개 이상의 볼트 또는 전용철물을 사용하여 이을 것
> 3. 높이가 3.5m를 초과하는 경우에는 높이 2m 이내마다 수평연결재를 2개 방향으로 만들고 수평연결재의 변위를 방지할 것

89 고소작업대를 사용하는 경우 준수해야 할 사항으로 옳지 않은 것은?

① 안전한 작업을 위하여 적정수준의 조도를 유지할 것
② 전로(電路)에 근접하여 작업을 하는 경우에는 작업감시자를 배치하는 등 감전사고를 방지하기 위하여 필요한 조치를 할 것
③ 작업대의 붐대를 상승시킨 상태에서 탑승자는 작업대를 벗어나지 말 것
④ 전환스위치는 다른 물체를 이용하여 고정할 것

> **[해설]**
> 고소작업대 사용 시 준수사항
> 1. 작업자가 안전모·안전대 등의 보호구를 착용하도록 할 것
> 2. 관계자가 아닌 사람이 작업구역에 들어오는 것을 방지하기 위하여 필요한 조치를 할 것
> 3. 안전한 작업을 위하여 적정수준의 조도를 유지할 것
> 4. 전로에 근접하여 작업을 하는 경우에는 작업감시자를 배치하는 등 감전사고를 방지하기 위하여 필요한 조치를 할 것
> 5. 작업대를 정기적으로 점검하고 붐·작업대 등 각 부위의 이상 유무를 확인할 것
> 6. 전환스위치는 다른 물체를 이용하여 고정하지 말 것
> 7. 작업대는 정격하중을 초과하여 물건을 싣거나 탑승하지 말 것
> 8. 작업대의 붐대를 상승시킨 상태에서 탑승자는 작업대를 벗어나지 말 것. 다만, 작업대에 안전대 부착설비를 설치하고 안전대를 연결하였을 때에는 그러하지 아니하다.

90 물체가 떨어지거나 날아올 위험 또는 근로자가 추락할 위험이 있는 작업 시 착용하여야 할 보호구는?

① 보안경
② 안전모
③ 방열복
④ 방한복

> **[해설]**
> 보호구의 지급
>
> | 보안경 | 물체가 흩날릴 위험이 있는 작업 |
> |---|---|
> | 안전모 | 물체가 떨어지거나 날아올 위험 또는 근로자가 추락할 위험이 있는 작업 |
> | 방열복 | 고열에 의한 화상 등의 위험이 있는 작업 |
> | 방한모·방한복·방한화·방한장갑 | 섭씨 영하 18도 이하인 급냉동어창에서 하는 하역작업 |

91 철골작업 시의 위험방지와 관련하여 철골작업을 중지하여야 하는 강설량의 기준은?

① 시간당 1mm 이상인 경우
② 시간당 3mm 이상인 경우
③ 시간당 1cm 이상인 경우
④ 시간당 3cm 이상인 경우

정답 88 ③ 89 ④ 90 ② 91 ③

해설
작업의 제한(철골작업 중지)
1. 풍속이 초당 10m 이상인 경우
2. 강우량이 시간당 1m 이상인 경우
3. 강설량이 시간당 1cm 이상인 경우

92 철근을 인력으로 운반할 때의 주의사항으로 틀린 것은?

① 긴 철근은 2인 1조가 되어 어깨메기로 하여 운반한다.
② 긴 철근을 부득이 1인이 운반할 때는 철근의 한쪽을 어깨에 메고 다른 한쪽 끝을 땅에 끌면서 운반한다.
③ 1인이 1회에 운반할 수 있는 적당한 무게한도는 운반자의 몸무게 정도이다.
④ 운반 시에는 항상 양끝을 묶어 운반한다.

해설
철근의 인력운반
1. 1인당 무게는 25kg 정도가 적절하며, 무리한 운반을 삼가하여야 한다.
2. 2인 이상이 1조가 되어 어깨메기로 하여 운반하는 등 안전을 도모하여야 한다.
3. 긴 철근을 부득이 한 사람이 운반할 때에는 한쪽을 어깨에 메고 한쪽 끝을 끌면서 운반하여야 한다.
4. 운반할 때에는 양 끝을 묶어 운반하여야 한다.
5. 내려 놓을 때는 천천히 내려놓고 던지지 않아야 한다.
6. 공동 작업을 할 때에는 신호에 따라 작업을 하여야 한다.

93 작업발판 및 통로의 끝이나 개구부로서 근로자가 추락할 위험이 있는 장소에 설치하는 것과 거리가 먼 것은?

① 교차가새
② 안전난간
③ 울타리
④ 수직형 추락방망

해설
개구부 등의 방호조치
1. 작업발판 및 통로의 끝이나 개구부로서 근로자가 추락할 위험이 있는 장소에는 안전난간, 울타리, 수직형 추락방망 또는 덮개 등의 방호 조치를 충분한 강도를 가진 구조로 튼튼하게 설치하여야 하며, 덮개를 설치하는 경우에는 뒤집히거나 떨어지지 않도록 설치하여야 한다. 이 경우 어두운 장소에서도 알아볼 수 있도록 개구부임을 표시하여야 한다.

2. 난간 등을 설치하는 것이 매우 곤란하거나 작업의 필요상 임시로 난간 등을 해체하여야 하는 경우 추락방호망을 설치하여야 한다. 다만, 추락방호망을 설치하기 곤란한 경우에는 근로자에게 안전대를 착용하도록 하는 등 추락할 위험을 방지하기 위하여 필요한 조치를 하여야 한다.

TIP 교차가새
비계기둥과 띠장을 일체화하고 비계의 도괴에 대한 저항력을 증대시키기 위해 비계 전면에 X형태로 설치하는 것

94 낙하추나 화약의 폭발 등으로 인공진동을 일으켜 지반의 종류, 지층 및 강성도 등을 알아내는 데 활용되는 지반조사 방법은?

① 탄성파 탐사
② 전기저항 탐사
③ 방사능 탐사
④ 유량검층 탐사

해설
탄성파 탐사(지진파 탐사)
인공적으로 지표 부근에 지진파를 발생시켜서 지반의 종류, 지층 및 강성도를 알아내는 방법이다.

95 토사붕괴 재해의 발생 원인으로 보기 어려운 것은?

① 부석의 점검을 소홀히 했다.
② 지질조사를 충분히 하지 않았다.
③ 굴착면 상하에서 동시작업을 했다.
④ 안식각으로 굴착했다.

해설
토사의 안식각(휴식각, Angle of Repose)
1. 안정된 비탈면과 원지면이 이루는 흙의 사면 각도로 자연경사각이라고 한다.
2. 기초파기의 구배는 토사의 안식각에서 결정되므로 토질에 따라 다르다.
3. 토사의 안식각은 토사의 종류, 함수량에 따라 변화한다.
4. 충분한 안식각의 확보는 토사붕괴 재해를 예방할 수 있다.

96 수중굴착 공사에 가장 적합한 건설장비는?

① 백호
② 어스드릴
③ 항타기
④ 클램셸

정답 92 ③ 93 ① 94 ① 95 ④ 96 ④

해설

클램셸(Clam Shell)
1. 좁고 깊은 곳의 수직굴착, 수중굴착에 적당
2. 지하연속벽 공사, 깊은 우물통 파기에 사용
3. 구조물의 기초바닥, 잠함 등과 같은 협소하고 깊은 범위의 굴착에 적합

97 기상상태의 악화로 비계에서의 작업을 중지시킨 후 그 비계에서 작업을 다시 시작하기 전에 점검해야 할 사항에 해당하지 않는 것은?

① 기둥의 침하·변형·변위 또는 흔들림 상태
② 손잡이의 탈락 여부
③ 격벽의 설치 여부
④ 발판재료의 손상 여부 및 부착 또는 걸림상태

해설

비계의 점검 및 보수

점검 보수 시기	• 비, 눈, 그 밖의 기상상태의 악화로 작업을 중지시킨 후 그 비계에서 작업할 경우 • 비계를 조립·해체하거나 변경한 후에 그 비계에서 작업을 하는 경우
작업 시작 전 점검사항	• 발판 재료의 손상 여부 및 부착 또는 걸림 상태 • 해당 비계의 연결부 또는 접속부의 풀림 상태 • 연결 재료 및 연결 철물의 손상 또는 부식 상태 • 손잡이의 탈락 여부 • 기둥의 침하, 변형, 변위 또는 흔들림 상태 • 로프의 부착 상태 및 매단 장치의 흔들림 상태

98 채석작업을 하는 경우 지반의 붕괴 또는 토석의 낙하로 인하여 근로자에게 발생할 우려가 있는 위험을 방지하기 위하여 취하여야 할 조치와 가장 거리가 먼 것은?

① 작업 시작 전 작업장소 및 그 주변 지반의 부석과 균열의 유무와 상태 점검
② 함수·용수 및 동결상태의 변화 점검
③ 진동치 속도 점검
④ 발파 후 발파장소 점검

해설

채석작업 지반붕괴 위험방지
1. 점검자를 지명하고 당일 작업 시작 전에 작업장소 및 그 주변 지반의 부석과 균열의 유무와 상태, 함수·용수 및 동결상태의 변화를 점검할 것
2. 점검자는 발파 후 그 발파 장소와 그 주변의 부석 및 균열의 유무와 상태를 점검할 것

99 모래질 지반에서 포화된 가는 모래에 충격을 가하면 모래가 약간 수축하여 정(+)의 공극수압이 발생하며, 이로 인하여 유효능력이 감소하여 전단강도가 떨어져 순간침하가 발생하는 현상은?

① 동상현상
② 연화현상
③ 리칭현상
④ 액상화현상

해설

액상화(Liquefaction) 현상
1. 액상화란 모래지반에서 순간충격 등에 의해 간극수압의 상승으로 유효응력이 감소되어 전단저항을 상실하고 지반이 액체와 같이 되는 현상
2. 액상화 발생 시 건물의 부상 및 부동침하가 발생

100 콘크리트 타설 시 안전에 유의해야 할 사항으로 옳지 않은 것은?

① 콘크리트 다짐효과를 위하여 최대한 높은 곳에서 타설한다.
② 타설순서는 계획에 의하여 실시한다.
③ 콘크리트를 치는 도중에는 거푸집, 동바리 등의 이상 유무를 확인하여야 한다.
④ 타설 시 비어 있는 공간이 발생되지 않도록 밀실하게 부어 넣는다.

해설

높은 곳에서 타설하면 측압의 증가로 거푸집 변형 및 재료분리의 현상이 발생하므로 가능한 한 타설 높이를 낮게 하여야 한다.

정답 97 ③ 98 ③ 99 ④ 100 ①

PART 02
16 | 2021년 2회 기출복원문제

1과목 산업안전관리론

01 교육의 3요소 중 교육의 주체에 해당하는 것은?

① 강사　　　　　② 교재
③ 수강자　　　　④ 교육방법

해설
교육의 3요소
1. 교육의 주체 : 강사
2. 교육의 객체 : 수강자(교육대상)
3. 교육의 매개체 : 교재(교육내용)

02 안전인증 대상 보호구 중 차광보안경의 사용구분에 따른 종류가 아닌 것은?

① 보정용　　　　② 용접용
③ 복합용　　　　④ 적외선용

해설
차광보안경(안전인증)

종류	사용구분
자외선용	자외선이 발생하는 장소
적외선용	적외선이 발생하는 장소
복합용	자외선 및 적외선이 발생하는 장소
용접용	산소용접작업 등과 같이 자외선, 적외선 및 강렬한 가시광선이 발생하는 장소

03 다음 중 히인리히 재해 발생 5단계 중 제3단계에 해당하는 것은?

① 불안전한 행동 또는 불안전한 상태
② 사회적 환경 및 유전적 요소
③ 관리의 부재
④ 사고

해설
하인리히(H. W. Heinrich)의 도미노이론(사고연쇄성)
1. 제1단계 : 사회적 환경 및 유전적 요인
2. 제2단계 : 개인적 결함
3. 제3단계 : 불안전한 행동 및 불안전한 상태
4. 제4단계 : 사고
5. 제5단계 : 재해
※ 불안전한 행동이나 불안전한 상태, 즉 제3단계를 제거하면 사고나 재해를 예방할 수 있다.

04 착시현상 중 그림과 같이 우선 평행의 호를 보고 이어 직선을 본 경우에 직선이 호와의 반대방향으로 휘어져 보이는 현상은?

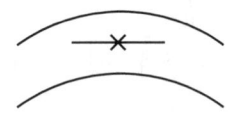

① 동화착오　　　② 분할착오
③ 윤곽착오　　　④ 방향착오

해설
착시현상

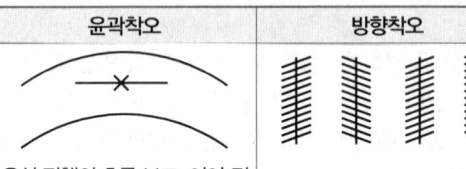

동화착오	분할착오
실제 a=b이나 a가 b보다 길게 보인다.	a는 양단이 벌어져 보이고 b는 중앙이 벌어져 보인다.
윤곽착오	방향착오
우선 평행의 호를 보고, 이어 직선을 본 경우에는 직선은 호와의 반대방향으로 휘어져 보인다.	세로의 선이 수직선인데 휘어져 보인다.

05 위험예지훈련 4R방식 중 각 라운드(Round)별 내용 연결이 옳은 것은?

① 1R – 목표설정
② 2R – 본질추구
③ 3R – 현상파악
④ 4R – 대책수립

정답 01 ① 02 ① 03 ① 04 ③ 05 ②

해설
위험예지훈련의 4라운드
1. 1라운드(1R) : 현상파악(사실을 파악한다)
2. 2라운드(2R) : 본질추구(요인을 찾아낸다)
3. 3라운드(3R) : 대책수립(대책을 선정한다)
4. 4라운드(4R) : 목표설정(행동계획을 정한다)

06 인간의 사회적 행동의 기본 형태가 아닌 것은?
① 대립
② 도피
③ 모방
④ 협력

해설
사회행동의 기본형태

사회행동의 기초	욕구, 개성, 인지, 신념, 태도
사회행동의 기본 형태	• 협력(조력, 분업) • 대립(공격, 경쟁) • 도피(고립, 정신병, 자살) • 융합(강제, 타협, 통합)

07 의식수준 5단계 중 의식수준의 저하로 인한 피로와 단조로움의 생리적 상태가 일어나는 단계는?
① Phase Ⅰ
② Phase Ⅱ
③ Phase Ⅲ
④ Phase Ⅳ

해설
의식수준의 단계

단계	의식의 상태	행동상태	신뢰성
Phase 0 (제0단계)	무의식, 실신	수면, 뇌 발작	0(zero)
Phase Ⅰ (제Ⅰ단계)	정상 이하, 의식흐림 (Subnormal), 의식 몽롱함	피로, 단조로움, 졸음, 술취함	0.9 이하
Phase Ⅱ (제Ⅱ단계)	정상, 이완상태, 느긋한 기분	안정기거, 휴식 시, 정례작업 시(정상작업 시) 일반적으로 일을 시작할 때 안정된 행동	0.99~ 0.99999
Phase Ⅲ (제Ⅲ단계)	정상, 상쾌한 상태, 분명한 의식	판단을 동반한 행동, 적극활동 시 가장 좋은 의식수준상태, 긴급이상 사태를 의식할 때	0.999999 이상 (신뢰도가 가장 높은 상태)
Phase Ⅳ (제Ⅳ단계)	과긴장, 흥분상태	긴급 방위반응, 당황해서 패닉(감정흥분 시 당황한 상태)	0.9 이하

08 토의(회의)방식 중 참가자가 다수인 경우에 전원을 토의에 참가시키기 위하여 소집단으로 구분하고, 각각 자유토의를 행하여 의견을 종합하는 방식은?
① 포럼(Forum)
② 심포지엄(Symposium)
③ 버즈 세션(Buzz Session)
④ 패널 디스커션(Panel Discussion)

해설
토의법의 종류
1. 자유토의법 : 참가자가 주어진 주제에 대하여 자유로운 발표와 토의를 통하여 서로의 의견을 교환하고 상호이해력을 높이며 의견을 절충해 나가는 방법
2. 패널 디스커션(Panel Discussion) : 전문가 4~5명이 피교육자 앞에서 자유로이 토의를 하고, 그 후에 피교육자 전원이 사회자의 사회에 따라 토의하는 방법
3. 심포지엄(Symposium) : 발제자 없이 몇 사람의 전문가에 의하여 과제에 관한 견해를 발표한 뒤에 참가자로 하여금 의견이나 질문을 하게 하여 토의하는 방법
4. 포럼(Forum)
   ㉠ 사회자의 진행으로 몇 사람이 주제에 대하여 발표한 후 피교육자가 질문을 하고 토론해 나가는 방법
   ㉡ 새로운 자료나 주제를 내보이거나 발표한 후 피교육자로 하여금 문제나 의견을 제시하게 하고 다시 깊이 있게 토론해 나가는 방법
5. 버즈 세션(Buzz Session) : 6-6 회의라고도 하며, 참가자가 다수인 경우에 전원을 토의에 참가시키기 위한 방법으로 소집단을 구성하여 회의를 진행시키는 방법

09 다음 중 재해예방의 4원칙에 해당되지 않는 것은?
① 예방 가능의 원칙
② 원인 계기(연계)의 원칙
③ 대책 선정의 원칙
④ 현장보존의 원칙

해설
하인리히의 재해예방 4원칙

예방 가능의 원칙	천재지변을 제외한 모든 재해는 원칙적으로 예방이 가능하다.
손실 우연의 원칙	사고에 의해서 생기는 상해의 종류 및 정도는 우연적이다.
원인 계기의 원칙	사고와 손실과의 관계는 우연적이지만 사고와 원인관계는 필연적이다(사고에는 반드시 원인이 있다).
대책 선정의 원칙	원인을 정확히 규명해서 대책을 선정하고 실시되어야 한다(3E, 즉 기술, 교육, 독려를 중심으로).

정답 06 ③ 07 ① 08 ③ 09 ④

10 산업안전보건법령상 특별교육 대상 작업별 교육작업 기준으로 틀린 것은?

① 건설용 리프트·곤돌라를 이용한 작업
② 전압이 50볼트(V)인 정전 및 활선작업
③ 화학설비 중 반응기, 교반기·추출기의 사용 및 세척작업
④ 액화석유가스·수소가스 등 인화성 가스 또는 폭발성 물질 중 가스의 발생장치 취급 작업

해설
특별교육 대상 작업별 교육 작업명
전압이 75볼트 이상인 정전 및 활선작업

11 산업안전보건법령상 안전인증 대상 기계 등이 아닌 것은?

① 프레스 ② 전단기
③ 롤러기 ④ 혼합기

해설
안전인증 대상 기계 또는 설비
1. 프레스   6. 롤러기
2. 전단기 및 절곡기 7. 사출성형기
3. 크레인   8. 고소 작업대
4. 리프트   9. 곤돌라
5. 압력용기

12 산업안전보건법령에 따른 안전보건표지에 사용하는 색채기준 중 비상구 및 피난소, 사람 또는 차량의 통행표지의 안내용도로 사용하는 색채는?

① 빨간색 ② 녹색
③ 노란색 ④ 파란색

해설
안전·보건표지의 색채, 색도기준 및 용도

색채	색도기준	용도	사용 예
빨간색	7.5R 4/14	금지	정지신호, 소화설비 및 그 장소, 유해행위의 금지
		경고	화학물질 취급장소에서의 유해·위험 경고
노란색	5Y 8.5/12	경고	화학물질 취급장소에서의 유해·위험경고 이외의 위험경고, 주의표지 또는 기계방호물
파란색	2.5PB 4/10	지시	특정 행위의 지시 및 사실의 고지
녹색	2.5G 4/10	안내	비상구 및 피난소, 사람 또는 차량의 통행표지
흰색	N9.5		파란색 또는 녹색에 대한 보조색
검은색	N0.5		문자 및 빨간색 또는 노란색에 대한 보조색

13 연평균 근로자수가 1,000명인 사업장에서 연간 6건의 재해가 발생한 경우, 이때의 도수율은?(단, 1일 근로시간수는 4시간, 연평균 근로일수는 150일이다.)

① 1   ② 10
③ 100   ④ 1,000

해설
도수율

$$도수율 = \frac{재해발생건수}{연간 총근로시간수} \times 1,000,000$$

$$도수율 = \frac{재해발생건수}{연간총근로시간수} \times 1,000,000$$
$$= \frac{6}{1,000 \times 4 \times 150} \times 1,000,000 = 10$$

14 재해원인을 직접원인과 간접원인으로 나눌 때, 직접원인에 해당하는 것은?

① 기술적 원인 ② 관리적 원인
③ 교육적 원인 ④ 물적 원인

해설
산업재해의 원인

직접원인	• 인적요인(불안전한 행동) • 물적요인(불안전한 상태)	
간접원인 (관리적 원인)	• 기술적 원인 • 교육적 원인 • 신체적 원인	• 정신적 원인 • 작업관리상의 원인

15 다음 중 조직이 리더에게 부여하는 권한으로 볼 수 없는 것은?

① 보상적 권한 ② 강압적 권한
③ 합법적 권한 ④ 위임된 권한

정답 10 ② 11 ④ 12 ② 13 ② 14 ④ 15 ④

해설

리더십의 권한
1. 조직이 지도자에게 부여한 권한

보상적 권한	부하직원에게 적절한 보상을 통해 효과적인 통제를 유도(봉급의 인상, 승진 등)
강압적 권한	부하직원에게 적절한 처벌을 통해 효과적인 통제를 유도(승진누락, 임금삭감, 해고 등)
합법적 권한	조직의 규정에 의해 지도자의 권한이 합법화하고 공식화된 것

2. 지도자 자신이 자신에게 부여한 권한

전문성의 권한	지도자가 목표수행에 필요한 전문적인 지식을 갖고 부하직원들의 전문성을 인정하면 능동적으로 업무에 스스로 동참
위임된 권한	지도자가 추구하는 목표를 부하직원들이 자신의 것으로 받아들여 지도자와 함께 일하는 것(목표달성을 위하여 부하 직원들이 상사를 존경하여 상사와 함께 일하고자 할 때 상사에게 부여되는 권한)

16 일반적으로 사업장에서 안전관리조직을 구성할 때 고려할 사항과 가장 거리가 먼 것은?

① 조직 구성원의 책임과 권한을 명확하게 한다.
② 회사의 특성과 규모에 부합되게 조직되어야 한다.
③ 생산조직과는 동떨어진 독특한 조직이 되도록 하여 효율성을 높인다.
④ 조직의 기능이 충분히 발휘될 수 있는 제도적 체계가 갖추어져야 한다.

해설

안전관리조직의 구비조건
1. 회사의 특성과 규모에 부합되게 조직화될 것
2. 조직의 기능이 충분히 발휘될 수 있는 제도적 체계를 갖출 것
3. 조직을 구성하는 관리자의 책임과 권한을 분명히 할 것
4. 생산라인과 밀착된 조직이 될 것

17 기업 내 교육방법 중 작업의 개선방법 및 사람을 다루는 방법, 작업을 가르치는 방법 등을 주된 교육 내용으로 하는 것은?

① CCS(Civil Communication Section)
② MTP(Management Training Program)
③ TWI(Training Within Industry)
④ ATT(American Telephone & Telegram Co)

해설

TWI의 교육 과정
1. Job Method Training(JMT) : 작업방법훈련, 작업개선훈련
2. Job Instruction Training(JIT) : 작업지도훈련
3. Job Relations Training(JRT) : 인간관계 훈련, 부하통솔법
4. Job Safety Training(JST) : 작업안전훈련

18 다음 중 매슬로(Maslow)가 제창한 인간의 욕구 5단계 이론을 단계별로 옳게 나열한 것은?

① 생리적 욕구 → 안전 욕구 → 사회적 욕구 → 존경의 욕구 → 자아실현의 욕구
② 안전 욕구 → 생리적 욕구 → 사회적 욕구 → 존경의 욕구 → 자아실현의 욕구
③ 사회적 욕구 → 생리적 욕구 → 안전 욕구 → 존경의 욕구 → 자아실현의 욕구
④ 사회적 욕구 → 안전 욕구 → 생리적 욕구 → 존경의 욕구 → 자아실현의 욕구

해설

매슬로(Maslow)의 욕구단계 이론

제1단계	생리적 욕구	기아, 갈증, 호흡, 배설, 성욕 등 생명유지의 기본적 욕구
제2단계	안전의 욕구	• 자기보존 욕구 – 안전을 구하려는 욕구 • 전쟁, 재해, 질병의 위험으로부터 자유로워지려는 욕구
제3단계	사회적 욕구	• 소속감과 애정에 대한 욕구 • 사회적으로 관계를 향상시키는 욕구
제4단계	인정받으려는 욕구 (자기 존중의 욕구)	자존심, 명예, 성취, 지위 등 인정받으려는 욕구
제5단계	자아실현의 욕구	잠재능력을 실현하고자 하는 성취 욕구

19 재해의 기본원인 4M에 해당하지 않는 것은?

① Man
② Machine
③ Media
④ Measurement

정답 16 ③ 17 ③ 18 ① 19 ④

해설

재해발생의 기본원인(4M)

인간관계요인 (Man)	동료나 상사, 본인 이외의 사람 등의 인간관계를 의미
작업적 요인 (Media)	• 작업의 내용, 작업정보, 작업방법, 작업환경의 요인 • 인간과 기계를 연결하는 매개체 • 작업방법의 부적절
관리적 요인 (Management)	안전법규의 준수, 안전기준, 지휘감독 등의 단속 및 점검 • 교육훈련 부족 • 감독지도 불충분 • 적성배치 불충분
설비적(물적) 요인 (Machine)	• 기계설비 등의 물적 조건 • 기계설비의 고장, 결함

20 학습을 자극에 의한 반응으로 보는 이론에 해당하는 것은?

① 손다이크(Thorndike)의 시행착오설
② 퀠러(Kohler)의 통찰설
③ 톨만(Tolman)의 기호형태설
④ 레빈(Lewin)의 장이론

해설

학습이론
1. S(자극) – R(반응)이론(행동주의 학습이론)
   ㉠ 조건반사설(Pavlov)
   ㉡ 시행착오설(Thorndike)
   ㉢ 조작적 조건 형성이론(Skinner)
2. 인지이론(형태이론)
   ㉠ 통찰설(Köhler)
   ㉡ 장이론(Lewin)
   ㉢ 기호형태설(Tolman)

2과목 인간공학 및 시스템 안전공학

21 인간 오류의 분류에 있어 원인에 의한 분류 중 작업의 조건이나 작업의 형태 중에서 다른 문제가 생겨 그 때문에 필요한 사항을 실행할 수 없는 오류(Error)를 무엇이라고 하는가?

① Secondary Error ② Primary Error
③ Command Error ④ Commission Error

해설

인간오류 원인의 레벨(Level)적 분류

Primary Error (1차 에러)	작업자 자신으로부터 발생한 에러
Secondary Error (2차 에러)	작업형태나 작업조건 중에서 다른 문제가 발생하여 필요한 직무나 절차를 수행할 수 없는 에러
Command Error (지시 에러)	작업자가 움직이려 해도 필요한 물건, 정보, 에너지 등이 공급되지 않아서 작업자가 움직일 수 없는 상황에서 발생한 에러

22 시각적 부호 중 교통표지판, 안전보건표지 등과 같이 부호가 이미 고안되어 있으므로 이를 배워야 하는 부호를 무엇이라 하는가?

① 추상적 부호 ② 묘사적 부호
③ 임의적 부호 ④ 상태적 부호

해설

부호의 유형

묘사적 부호	사물이나 행동을 단순하고 정확하게 나타낸 부호 예 위험 표시판의 해골과 뼈, 보도 표지판의 걷는 사람, 소방안전표지판의 소화기 등
추상적 부호	전언의 기본요소를 도식적으로 압축한 부호(원개념과는 약간의 유사성만 존재)
임의적 부호	부호가 이미 고안되어 이를 사용자가 배워야 하는 부호 예 경고표지는 삼각형, 안내표지는 사각형, 지시표지는 원형 등

23 인간공학의 주된 연구 목적과 가장 거리가 먼 것은?

① 제품품질 향상
② 작업의 안전성 향상
③ 작업환경의 쾌적성 향상
④ 기계조작의 능률성 향상

해설

인간공학의 목적
1. 안전성 향상 및 사고방지
2. 기계조작의 능률성과 생산성의 향상
3. 작업환경의 쾌적성 향상

24 일반적으로 의자설계의 원칙에서 고려해야 할 사항과 거리가 먼 것은?

① 체중분포에 관한 사항
② 상반신의 안정에 관한 사항
③ 개인차의 반영에 관한 사항
④ 의자 좌판의 높이에 관한 사항

해설
의자 설계의 일반적인 원칙

체중 분포	• 사람이 의자에 앉을 때 체중이 주로 좌골결절에 실려야 편안하다. • 바람직한 체중 분포를 위해 적당한 두께의 탄력성 완충재나 방석을 깐다.
의자 좌판의 높이	• 대퇴를 압박하지 않도록 좌판은 오금의 높이보다 높지 않아야 하고 앞 모서리는 5cm 정도 낮게 설계(치수는 5%치 사용) • 좌판의 높이는 조절할 수 있도록 하는 것이 바람직하다.
의자 좌판의 깊이와 폭	• 폭은 큰 사람에게 맞도록 하고 깊이는 장딴지 여유를 주고 대퇴를 압박하지 않도록 작은 사람에게 맞도록 설계 • 긴 의자에 일렬로 앉든가 의자들이 옆으로 붙어있는 경우 팔꿈치 간의 폭을 고려(95%치 사용)

몸통의 안정	• 체중이 좌골결절에 실려야 몸통의 안정이 유리
	• 사무용 의자
	   -좌판 각도 : 3°
	   -등판 각도 : 100°
	• 좌판은 (뒤가 낮게) 약간 경사져야 하고, 등판은 뒤로 기댈 수 있도록 뒤로 기울어야 한다.

25 인체에서 뼈의 주요 기능으로 볼 수 없는 것은?

① 대사작용   ② 신체의 지지
③ 조혈작용   ④ 장기의 보호

해설
골격의 주요 기능
1. 지지(Support) : 신체를 지지하고 형상을 유지하는 역할
2. 보호(Protection) : 주요한 부분(생명기관)을 보호하는 역할
3. 근부착(Muscle Attachment) : 골격근이 수축할 때 지렛대 역할을 하여 신체활동(인체운동)을 수행하는 역할
4. 조혈(Blood Cell Production) : 골수에서 혈구를 생산하는 조혈작용
5. 무기질 저장(Mineral Storage) : 칼슘, 인산의 중요한 저장고가 되며 나트륨과 마그네슘 이온의 작은 저장고 역할

26 다음 중 연마작업장의 가장 소극적인 소음대책은?

① 음향 처리제를 사용할 것
② 방음 보호 용구를 착용할 것
③ 덮개를 씌우거나 창문을 닫을 것
④ 소음원으로부터 적절하게 배치할 것

해설
소음방지대책
1. 소음원의 제거 : 가장 적극적인 대책
2. 소음원의 통제 : 기계의 적절한 설계, 정비 및 주유, 고무 받침대 부착, 소음기 사용(차량) 등
3. 소음의 격리 : 씌우개(Enclosure), 장벽을 사용(창문을 닫으면 약 10dB이 감음됨)
4. 적절한 배치(Layout)
5. 음향 처리제 사용
6. 차폐 장치(Baffle) 및 흡음재 사용
7. 방음 보호 용구 착용

TIP 작업자의 보호구 착용은 음원에 대한 대책이 아니라 근로자에 대한 대책에 해당된다.

27 60폰(phon)의 소리에 해당하는 손(sone)의 값은?

① 1   ② 2
③ 4   ④ 8

해설
phon(음량 수준)과 sone(음량)의 관계

$$\text{sone치} = 2^{(\text{phon치} - 40)/10}$$

음량 수준이 10phon 증가하면 음량(sone)은 2배 증가한다.
sone 치 $= 2^{(\text{phon치} - 40)/10} = 2^{(60-40)/10} = 4[\text{sone}]$

28 신뢰도가 0.4인 부품 5개가 병렬결합 모델로 구성된 제품이 있을 때 이 제품의 신뢰도는?

① 0.90   ② 0.91
③ 0.92   ④ 0.93

해설
시스템의 신뢰도
$R = 1 - (1-0.4)(1-0.4)(1-0.4)(1-0.4)(1-0.4) ≒ 0.92$

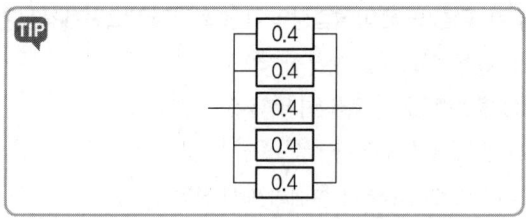

29 레버를 10° 움직이면 표시장치는 1cm 이동하는 조종장치가 있다. 레버의 길이가 20cm라고 하면 이 조종장치의 통제표시비(C/D)는 약 얼마인가?

① 1.27
② 2.38
③ 3.49
④ 4.51

해설
조종 – 표시장치 이동비율(C/D비 : Control – Display Ratio)
회전운동을 하는 조종장치가 선형 표시장치를 움직일 경우

$$C/D비(C/R비) = \frac{(a/360) \times 2\pi L}{\text{표시장치의 이동거리}}$$

여기서, L : 반경(지레의 길이)
a : 조종장치가 움직인 각도

$$C/D비 = \frac{(a/360) \times 2\pi L}{\text{표시장치의 이동거리}} = \frac{(10/360) \times 2 \times \pi \times 20}{1} = 3.49$$

30 FT도에서 정상사상 A의 발생확률은?(단, 사상 B_1의 발생확률은 0.3, B_2의 발생확률은 0.2이다.)

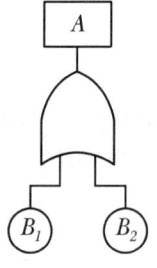

① 0.06
② 0.44
③ 0.56
④ 0.94

해설
발생확률의 계산
$A = 1 - (1-B_1)(1-B_2) = 1 - (1-0.3)(1-0.02) = 0.44$

31 작업자가 소음 작업환경에 장기간 노출되어 소음성 난청이 발병하였다면 일반적으로 청력 손실이 가장 크게 나타나는 주파수는?

① 1,000Hz
② 2,000Hz
③ 4,000Hz
④ 6,000Hz

해설
청력 손실의 성격
1. 청력 손실의 정도는 노출되는 소음 수준에 따라 증가한다.(비례관계)
2. 강한 소음에 대해서는 노출기간에 따라 청력 손실도 증가한다.
3. 약한 소음에 대해서는 노출기간과 청력손실 간에 관계가 없다.
4. 청력 손실은 4,000Hz에서 크게 나타난다.

32 다음 중 설비보전관리에서 설비이력카드, MTBF 분석표, 고정원인대책표와 관련이 깊은 관리는?

① 보전기록관리
② 보전자재관리
③ 보전작업관리
④ 예방보전관리

해설
보전기록자료
1. 설비이력카드
2. MTBF분석표
3. 고장원인대책표

33 다음 중 시스템에 영향을 미칠 우려가 있는 모든 요소의 고장을 형태별로 해석하여 그 영향을 검토하는 분석방법은?

① FTA
② ETA
③ MORT
④ FMEA

해설
고장형태와 영향분석(FMEA ; Failure Mode and Effects Analysis)
1. 시스템이나 서브시스템 위험분석을 위하여 일반적으로 사용되는 전형적인 정성적, 귀납적 분석기법으로 시스템에 영향을 미치는 모든 요소의 고장을 형태별로 분석하여 그 영향을 검토하는 분석기법
2. 시스템 내의 위험요소가 얼마나 위험한 상태에 있는가를 정성적으로 평가하는 기법
3. 고장 발생을 최소로 하고자 하는 경우에 유효하다.

정답 29 ③ 30 ② 31 ③ 32 ① 33 ④

34 옥내 조명에서 최적 반사율의 크기가 작은 것부터 큰 순서대로 나열된 것은?

① 벽<천장<가구<바닥
② 바닥<가구<천장<벽
③ 가구<바닥<천장<벽
④ 바닥<가구<벽<천장

해설

실내 면(面)의 추천 반사율
1. 최대반사율 : 약 95%
2. 천정의 반사율은 80~90%가 좋으나 최소한 75% 이상은 되어야 한다.

바닥	가구, 사무용 기기, 책상	창문 발(Blind), 벽	천정
20~40%	25~45%	40~60%	80~90%

35 다음 중 자동차 가속 페달과 브레이크 페달 간의 간격, 브레이크 폭 등을 결정하는 데 사용할 수 있는 가장 적합한 인간공학이론은?

① Miller의 법칙
② Fitts의 법칙
③ Weber의 법칙
④ Wickens의 법칙

해설

핏츠(Fitts)의 법칙
1. 인간의 손이나 발을 이동시켜 조작장치를 조작하는 데 걸리는 시간을 표적까지의 거리와 표적 크기의 함수로 나타내는 모형이다.
2. 인간의 행동에 대해 속도와 정확성 간의 관계를 설명하는 기본적인 법칙을 타나낸다.
3. 목표물의 크기가 작아질수록 속도와 정확도가 나빠지고 목표물과의 거리가 멀어질수록 필요한 시간이 더 길어진다.

36 다음 중 조작자와 제어 버튼 사이의 거리, 조작에 필요한 힘 등을 정할 때 가장 일반적으로 적용되는 인체측정자료 응용원칙은?

① 평균치 설계원칙
② 최대치 설계원칙
③ 최소치 설계원칙
④ 조절식 설계원칙

해설

극단치를 이용한 설계

구분	최대 집단치 설계	최소 집단치 설계
개념	• 대상 집단에 대한 인체 측정 변수의 상위 백분위수를 기준으로 90, 95 혹은 99%치가 사용 • 대표치는 남성의 95백분위수를 이용	• 관련 인체 측정 변수 분포의 1, 5, 10% 등과 같은 하위 백분위수를 기준으로 결정 • 대표치는 여성의 5백분위수를 이용
사례	• 출입문, 탈출구의 크기, 통로 등과 같은 공간여유를 정할 때 사용 • 그네, 줄다리기와 같은 지지물 등의 최소지지 중량(강도) • 버스 내 승객용 좌석간의 거리, 위험구역 울타리 • 작업대와 의자 사이의 간격	• 선반의 높이 • 조종 장치까지의 거리 (조작자와 제어버튼 사이의 거리) • 비상벨의 위치 설계

TIP 인체계측자료의 응용원칙
1. 조절가능한 설계
2. 극단치를 이용한 설계
3. 평균치를 이용한 설계

37 다음과 같이 ①~④의 기본사상을 가진 FT도에서 Minimal Cut Set으로 옳은 것은?

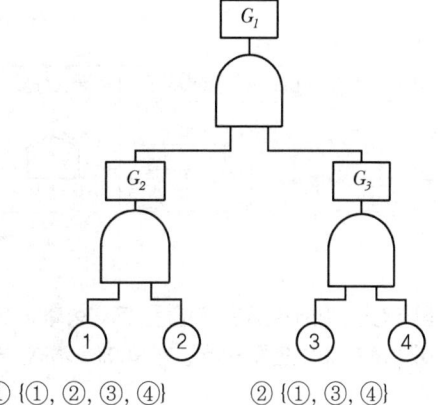

① {①, ②, ③, ④}
② {①, ③, ④}
③ {①, ②}
④ {③, ④}

해설

미니멀 컷셋(Minimal Cut Set)
$G_1 \rightarrow G_2, G_3 \rightarrow ①, ②, G_3 \rightarrow ①, ②, ③, ④$

정답 34 ④ 35 ② 36 ③ 37 ①

38 인간-기계 시스템에서의 기본적인 기능에 해당하지 않는 것은?

① 행동 기능
② 정보의 설계
③ 정보의 수용
④ 정보의 저장

해설
체계(System)의 기본 기능 및 업무

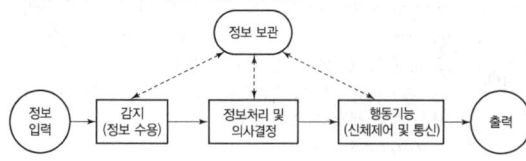

39 FT도에 사용되는 논리기호 중 AND 게이트에 해당하는 것은?

① 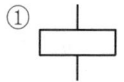   ②

③   ④

해설
FTA분석 기호 및 게이트 기호

AND 게이트	OR 게이트	결함사상	통상사상

40 위험조정을 위해 필요한 기술은 조직형태에 따라 다양하며 4가지로 분류하였을 때 이에 속하지 않는 것은?

① 전가(Transfer)
② 보류(Retention)
③ 계속(Continuation)
④ 감축(Reduction)

해설
위험처리기술(위험관리기법)

위험의 회피 (Avoidance)	• 위험 자체를 피하는 행위 • 잠재적 이익도 포기하는 극히 소극적인 수단
위험의 감소 (Reduction)	• 위험을 적극적으로 예방하고 경감하는 행위 • 잠재적 위험의 노출을 최대한 감소하는 방법
위험의 전가 (Transfer)	• 위험을 제3자에게 전가하거나 공유하는 행위 • 보험, 공제조합, 기금 등
위험의 보유(보류) (Retention)	• 무계획적 보유 : 가장 위험한 행위 • 계획적 보유 : 회피, 감소, 전가될 수 없는 위험에 적극적으로 대응

3과목 기계위험 방지기술

41 산업안전보건법령상 크레인의 방호장치에 해당하지 않는 것은?

① 권과방지장치
② 낙하방지장치
③ 비상정지장치
④ 과부하방지장치

해설
양중기 방호장치의 종류

방호장치의 조정 대상	크레인, 이동식 크레인, 리프트, 곤돌라, 승강기
방호장치의 종류	• 과부하방지장치 • 권과방지장치 • 비상정지장치 및 제동장치 • 그 밖의 방호장치(승강기의 파이널 리미트 스위치, 속도조절기, 출입문 인터록 등)

42 안전계수 5인 로프의 절단하중이 4,000N이라면 이 로프는 몇 N 이하의 하중을 매달아야 하는가?

① 500   ② 800
③ 1,000   ④ 1,600

해설
안전율(안전계수)

$$안전율(안전계수) = \frac{절단하중}{최대사용하중}$$

최대사용하중 $= \dfrac{절단하중}{안전율} = \dfrac{4,000}{5} = 800[N]$

정답 38 ② 39 ③ 40 ③ 41 ② 42 ②

43 숫돌축의 회전수 3,000rpm인 연삭기에 외측 지름 200mm의 연삭숫돌을 장착하여 운전하면 연삭숫돌의 원주속도는 약 얼마인가?

① 188.4m/min ② 1,884m/min
③ 314m/min   ④ 3,140m/min

해설

원주속도(회전속도)

$$V = \pi DN [\text{mm/min}] = \frac{\pi DN}{1,000}[\text{m/min}]$$

여기서 V : 원주속도(회전속도)(m/min)
  D : 숫돌의 지름(mm)
  N : 숫돌의 매분 회전수(rpm)

$V = \frac{\pi DN}{1,000}[\text{m/min}] = \frac{\pi \times 200 \times 3,000}{1,000} ≒ 1,884[\text{m/min}]$

44 용접 토치 팁의 청소는 무엇으로 해야 가장 좋은가?

① 놋쇠선   ② 철선
③ 전선케이블   ④ 팁클리너

해설

토치 취급상 주의사항
1. 팁을 모래나 먼지 위에 놓지 말 것
2. 토치를 함부로 분해하지 말 것
3. 팁이 과열된 때는 아세틸렌가스를 멈추고 산소만 다소 분출시키면서 물속에 넣어 냉각시킬 것
4. 점화 시 아세틸렌 밸브를 열고 점화 후 산소를 밸브를 열어 조절
5. 작업 종료 후 또는 고무호스에 역화·역류 발생 시에는 산소밸브를 가장 먼저 잠근다.
6. 용접토치팁의 청소는 팁클리너로 하는 것이 가장 좋다.

45 그림과 같이 2줄의 와이어로프로 중량물을 달아 올릴 때, 로프에 가장 힘이 적게 걸리는 각도(θ)는?

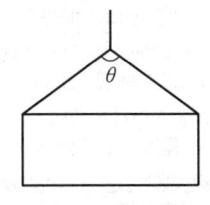

① 30°   ② 60°
③ 90°   ④ 120°

해설

슬링와이어로프의 한 가닥에 걸리는 하중

$$하중 = \frac{화물의\ 무게(W_1)}{2} \div \cos\frac{\theta}{2}$$

여기서, 각도 θ가 작을수록 힘이 적게 걸린다.

46 정(Chisel) 작업의 일반적인 안전수칙으로 틀린 것은?

① 따내기 및 칩이 튀는 가공에서는 보안경을 착용하여야 한다.
② 절단 작업 시 절단된 끝이 튀는 것을 조심하여야 한다.
③ 작업을 시작할 때는 가급적 정을 세게 타격하고 점차 힘을 줄여간다.
④ 담금질된 철강 재료는 정 가공을 하지 않는 것이 좋다.

해설

정(Chisel) 작업의 안전수칙
1. 칩이 튀는 작업에는 반드시 보호안경을 착용하여야 한다.
2. 처음에는 가볍게 때리고, 점차 힘을 가한다.
3. 절단된 가공물의 끝이 튕길 수 있는 위험의 발생을 방지하여야 한다.
4. 절단이 끝날 무렵에는 정을 세게 타격 해서는 안 된다.
5. 정으로 담금질된 재료를 절대로 가공할 수 없다.

47 프레스의 양수조작식 방호장치에서 누름버튼의 상호 간 내측거리는 몇 mm 이상이어야 하는가?

① 200   ② 300
③ 400   ④ 500

해설

양수조작식
누름버튼의 상호 간 내측거리는 300mm 이상이어야 한다.

48 프레스 작업 시 왕복 운동하는 부분과 고정 부분 사이에서 형성되는 위험점은?

① 물림점
② 협착점
③ 절단점
④ 회전말림점

정답 43 ② 44 ④ 45 ① 46 ③ 47 ② 48 ②

해설

기계운동 형태에 따른 위험점 분류

협착점 (Squeeze Point)	왕복운동을 하는 운동부와 움직임이 없는 고정부 사이에서 형성되는 위험점 (고정점 + 운동점)	• 프레스 • 전단기 • 성형기 • 조형기 • 밴딩기 • 인쇄기
끼임점 (Shear Point)	회전운동하는 부분과 고정부 사이에 위험이 형성되는 위험점(고정점 + 회전운동)	• 연삭숫돌과 작업대 • 반복동작되는 링크기구 • 교반기의 날개와 몸체 사이 • 회전풀리와 벨트
절단점 (Cutting Point)	회전하는 운동부 자체의 위험이나 운동하는 기계부분 자체의 위험에서 형성되는 위험점(회전운동 + 기계)	• 밀링커터 • 둥근 톱의 톱날 • 목공용 띠톱 날
물림점 (Nip Point)	회전하는 두 개의 회전체에 형성되는 위험점(서로 반대방향의 회전체)[중심점 + 반대방향의 회전운동]	• 기어와 기어의 물림 • 롤러와 롤러의 물림 • 롤러 분쇄기
접선 물림점 (Tangential Nip Point)	회전하는 부분의 접선방향으로 물려 들어갈 위험이 있는 위험점	• V벨트와 풀리 • 랙과 피니언 • 체인벨트 • 평벨트
회전 말림점 (Trapping Point)	회전하는 물체의 길이, 굵기, 속도 등의 불규칙 부위와 돌기 회전부위에 의해 장갑 또는 작업복 등이 말려들 위험이 있는 위험점	• 회전하는 축 • 커플링 • 회전하는 드릴

49 기계의 원동기, 회전축 및 체인 등 근로자에게 위험을 미칠 우려가 있는 부위에 설치해야 하는 위험방지장치가 아닌 것은?

① 덮개   ② 건널다리
③ 클러치   ④ 슬리브

해설

원동기 · 회전축 등의 위험방지

원동기 · 회전축 · 기어 · 풀리 · 플라이휠 · 벨트 및 체인 등 근로자가 위험에 처할 우려가 있는 부위	덮개, 울, 슬리브, 건널다리 등
회전축 · 기어 · 풀리 및 플라이휠 등에 부속되는 키 · 핀 등의 기계요소	• 묻힘형 • 덮개
벨트의 이음 부분	돌출된 고정구 사용 금지

건널다리	• 안전난간 • 미끄러지지 아니하는 구조의 발판
선반 등으로부터 돌출하여 회전하고 있는 가공물	덮개 또는 울 등을 설치

50 롤러의 맞물림점 전방에 개구 간격 30mm의 가드를 설치하고자 한다. 개구면에서 위험점까지의 최단거리(mm)는 얼마인가?(단, ILO기준에 의해 계산한다.)

① 80   ② 100
③ 120   ④ 160

해설

롤러기 가드의 개구부 간격(ILO 기준, 위험점이 전동체가 아닌 경우)

$$Y = 6 + 0.15X \, (X < 160mm)$$
$$(단, X \geq 160mm 일\ 때\ Y = 30mm)$$

여기서, X : 가드와 위험점 간의 거리(안전거리)(mm)
       Y : 가드 개구부 간격(안전간극)(mm)

$Y = 6 + 0.15X \rightarrow 30 = 6 + 0.15X$

$\therefore X = \dfrac{30-6}{0.15} = 160[mm]$

51 보일러의 연도(굴뚝)에서 버려지는 여열을 이용하여 보일러에 공급되는 급수를 예열하는 부속장치는?

① 과열기
② 절탄기
③ 공기예열기
④ 연소장치

해설

보일러의 장치

과열기	본체에서 발생하는 포화온도 이상으로 재가열하여 과열증기로 만드는 장치
절탄기	연도(굴뚝)에서 버려지는 여열을 이용하여 보일러에 공급되는 급수를 예열하는 장치
공기예열기	연도(굴뚝)에서 버려지는 여열을 이용하여 보일러에 공급되는 온도를 올리기 위한 장치
연소장치	기본본체에 열을 공급하기 위해 연료를 연소시키기 위한 장치

정답 49 ③ 50 ④ 51 ②

52 프레스의 손쳐내기식 방호장치에서 방호판의 기준에 대한 설명이다. ( )에 들어갈 내용으로 맞는 것은?

> 방호판의 폭은 금형 폭의 (㉠) 이상이어야 하고, 행정길이가 (㉡)mm 이상인 프레스 기계에서는 방호판의 폭을 (㉢)mm로 해야 한다.

① ㉠ 1/2, ㉡ 300, ㉢ 200
② ㉠ 1/2, ㉡ 300, ㉢ 300
③ ㉠ 1/3, ㉡ 300, ㉢ 200
④ ㉠ 1/3, ㉡ 300, ㉢ 300

해설
손쳐내기식 방호장치 설치방법
1. 슬라이드 하행정거리의 3/4 위치에서 손을 완전히 밀어내야 한다.
2. 손쳐내기봉의 행정(Stroke) 길이를 금형의 높이에 따라 조정할 수 있고 진동폭은 금형폭 이상이어야 한다.
3. 방호판과 손쳐내기봉은 경량이면서 충분한 강도를 가져야 한다.
4. 방호판의 폭은 금형폭의 1/2 이상이어야 하고, 행정길이가 300mm 이상의 프레스기계에는 방호판 폭을 300mm로 해야 한다.
5. 손쳐내기봉은 손 접촉 시 충격을 완화할 수 있는 완충재를 부착해야 한다.
6. 부착볼트 등의 고정금속부분은 예리하게 돌출되지 않아야 한다.

53 다음 빈칸에 들어갈 용어로 알맞은 것은?

> 사업주는 가스용기가 발생기와 분리되어 있는 아세틸렌 용접장치에 대하여는 발생기와 가스용기 사이에 ( )을 설치하여야 한다.

① 격납실   ② 안전기
③ 안전밸브   ④ 소화설비

해설
안전기의 설치기준
1. 아세틸렌 용접장치의 취관마다 안전기를 설치하여야 한다(다만, 주관 및 취관에 가장 가까운 분기관마다 안전기를 부착한 경우에는 그러하지 아니하다).
2. 가스용기가 발생기와 분리되어 있는 아세틸렌 용접장치에 대하여 발생기와 가스용기 사이에 안전기를 설치하여야 한다.

54 다음 중 산업안전보건법령에 따라 비파괴 검사를 실시해야 하는 고속회전체의 기준은?

① 회전축중량 1톤 초과, 원주속도 120m/s 이상
② 회전축중량 1톤 초과, 원주속도 100m/s 이상
③ 회전축중량 0.7톤 초과, 원주속도 120m/s 이상
④ 회전축중량 0.7톤 초과, 원주속도 100m/s 이상

해설
고속 회전체의 위험방지

고속회전체(원주속도가 초당 25m를 초과하는 것)의 회전시험을 하는 경우	전용의 견고한 시설물의 내부 또는 견고한 장벽 등으로 격리된 장소에서 하여야 한다.
회전축의 중량이 1톤을 초과하고, 원주속도가 초당 120m 이상인 것의 회전시험을 하는 경우	미리 회전축의 재질 및 형상 등에 상응하는 종류의 비파괴검사를 해서 결함 유무를 확인하여야 한다.

55 연삭기에서 숫돌의 바깥지름이 180mm라면, 평형 플랜지의 바깥지름은 몇 mm 이상이어야 하는가?

① 30   ② 36
③ 45   ④ 60

해설
플랜지의 지름

$$플랜지의 지름 = 숫돌지름 \times \frac{1}{3}$$

플랜지의 지름 = 숫돌지름 $\times \frac{1}{3}$ = $180 \times \frac{1}{3}$ = 60mm

56 산업용 로봇 작업 시 안전조치방법으로 틀린 것은?

① 작업 중의 매니퓰레이터의 속도의 지침에 따라 작업한다.
② 로봇의 조작방법 및 순서의 지침에 따라 작업한다.
③ 작업을 하고 있는 동안 해당 작업 근로자 이외에도 로봇의 기동스위치를 조작할 수 있도록 한다.
④ 2명 이상의 근로자에게 작업을 시킬 때는 신호방법의 지침을 정하고 그 지침에 따라 작업한다.

정답 52 ② 53 ② 54 ① 55 ④ 56 ③

> **해설**
>
> 산업용 로봇의 안전기준
> 1. 교시 등의 작업 시 안전조치사항
>   ㉠ 다음 각 목의 사항에 관한 지침을 정하고 그 지침에 따라 작업을 시킬 것
>   - 로봇의 조작방법 및 순서
>   - 작업 중의 매니퓰레이터의 속도
>   - 2명 이상의 근로자에게 작업을 시킬 경우의 신호방법
>   - 이상을 발견한 경우의 조치
>   - 이상을 발견하여 로봇의 운전을 정지시킨 후 이를 재가동시킬 경우의 조치
>   - 그 밖에 로봇의 예기치 못한 작동 또는 오조작에 의한 위험을 방지하기 위하여 필요한 조치
>   ㉡ 작업에 종사하고 있는 근로자 또는 그 근로자를 감시하는 사람은 이상을 발견하면 즉시 로봇의 운전을 정지시키기 위한 조치를 할 것
>   ㉢ 작업을 하고 있는 동안 로봇의 기동스위치 등에 작업 중이라는 표시를 하는 등 작업에 종사하고 있는 근로자가 아닌 사람이 그 스위치 등을 조작할 수 없도록 필요한 조치를 할 것
> 2. 운전 중 위험방지(근로자가 로봇에 부딪힐 위험이 있을 경우)
>   ㉠ 높이 1.8m 이상의 울타리 설치
>   ㉡ 컨베이어 시스템의 설치 등으로 울타리를 설치할 수 없는 일부 구간 : 안전매트 또는 광전자식 방호장치 등 감응형 방호장치 설치

57 컨베이어 작업 시작 전 점검해야 할 사항으로 거리가 먼 것은?

① 원동기 및 풀리 기능의 이상 유무
② 이탈 등의 방지장치 기능의 이상 유무
③ 비상정지장치의 이상 유무
④ 자동전격방지장치의 이상 유무

> **해설**
>
> 컨베이어의 작업 시작 전 점검사항
> 1. 원동기 및 풀리(Pulley) 기능의 이상 유무
> 2. 이탈 등의 방지장치 기능의 이상 유무
> 3. 비상정지장치 기능의 이상 유무
> 4. 원동기·회전축·기어 및 풀리 등의 덮개 또는 울 등의 이상 유무

58 선반 작업에 대한 안전수칙으로 틀린 것은?

① 척 핸들은 항상 척에 끼워 둔다.
② 베드 위에 공구를 올려놓지 않아야 한다.
③ 바이트를 교환할 때는 기계를 정지시키고 한다.
④ 일감의 길이가 외경과 비교하여 매우 길 때는 방진구를 사용한다.

> **해설**
>
> 선반 작업에 대한 안전수칙
> 1. 공작물 조립 시에는 반드시 스위치를 차단하고 바이트를 충분히 연 다음 실시한다.
> 2. 돌리개는 적당한 크기의 것을 선택하고, 심압대 스핀들은 지나치게 길게 내놓지 않는다.
> 3. 공작물의 설치가 끝나면 척에서 렌치류는 곧 제거한다.
> 4. 무게가 편중된 공작물은 균형추를 부착한다.
> 5. 바이트를 교환할 때는 기계를 정지시키고 한다.

59 다음 중 톱의 후면날 가까이에 설치되어 목재의 켜진 틈 사이에 끼어서 쐐기작용을 하여 목재가 압박을 가하지 않도록 하는 장치를 무엇이라 하는가?

① 분할날   ② 반발방지장치
③ 날접촉예방장치 ④ 가동식 접촉예방장치

> **해설**
>
> 분할날(Spreader)
> 톱 뒷날(후면톱날) 가까이에 설치되고 절삭된 가공재의 홈 사이로 들어가면서 가공재의 모든 두께에 걸쳐서 쐐기작용을 하여 가공재가 톱날에 밀착되는 것을 방지하는 것

60 롤러기에 사용되는 급정지장치의 종류가 아닌 것은?

① 손 조작식   ② 발 조작식
③ 무릎 조작식 ④ 복부 조작식

> **해설**
>
> 급정지장치의 설치방법
>
> | 급정지장치 조작부의 종류 | 위치 |
> |---|---|
> | 손으로 조작하는 것 | 밑면으로부터 1.8m 이내 |
> | 복부로 조작하는 것 | 밑면으로부터 0.8m 이상 1.1m 이내 |
> | 무릎으로 조작하는 것 | 밑면으로부터 0.4m 이상 0.6m 이내 |

정답 57 ④ 58 ① 59 ① 60 ②

4과목 전기 및 화학설비위험방지기술

61 방전에너지가 크지 않은 코로나 방전이 발생할 경우 공기 중에 발생할 수 있는 것은?

① O_2
② O_3
③ N_2
④ N_3

해설

코로나(Corona) 방전
1. 고체에 정전기가 축적되면 전위가 높아지게 되고 고체표면의 전위경도가 어느 일정치를 넘어서면 낮은 소리와 연한 빛을 수반하는 방전
2. 방전현상으로 공기 중에서 오존(O_3)이 발생
3. 방전에너지가 적어 재해 원인이 될 확률은 비교적 적다.

62 소화방법에 대한 주된 소화원리로 틀린 것은?

① 물을 살포한다 : 냉각소화
② 모래를 뿌린다 : 질식소화
③ 초를 불어서 끈다. : 억제소화
④ 담요로 덮는다. : 질식소화

해설

제거소화

소화원리	가연성 물질을 연소구역에서 제거하여 줌으로써 소화하는 방법
제거소화의 예	• 가스의 화재 : 공급밸브를 차단하여 가스의 공급을 중단 • 산림화재 : 연소방면의 수목을 제거 • 촛불 : 입김으로 불어 가연성 증기를 제거

TIP 촛불이나 성냥이 타고 있을 때 입김을 불면 꺼지는 이유는 공기를 공급하는 기능보다는 탈 물질을 제거되는 효과가 더 크기 때문이다.

63 전기설비 등에는 누전에 의한 감전의 위험을 방지하기 위하여 전기기계·기구에 접지를 실시하도록 하고 있다. 전기기계·기구의 접지에 대한 설명 중 틀린 것은?

① 특별고압의 전기를 취급하는 변전소·개폐소 그 밖에 이와 유사한 장소에서는 지락(地絡)사고가 발생할 경우 접지극의 전위상승에 의한 감전위험을 감소시키기 위한 조치를 하여야 한다.

② 코드 및 플러그를 접속하여 사용하는 전압이 대지전압 110V를 넘는 전기기계·기구가 노출된 비충전 금속체에는 접지를 반드시 실시하여야 한다.

③ 접지설비에 대하여는 상시 적정상태 유지 여부를 점검하고 이상을 발견한 때에는 즉시 보수하거나 재설치하여야 한다.

④ 전기기계·기구의 금속제 외함·금속제 외피 및 철대에는 접지를 실시하여야 한다.

해설

전기 기계·기구의 접지(접지 대상)
코드와 플러그를 접속하여 사용하는 전기 기계·기구 중 다음 각 목의 어느 하나에 해당하는 노출된 비충전 금속체
1. 사용전압이 대지전압 150볼트를 넘는 것
2. 냉장고·세탁기·컴퓨터 및 주변기기 등과 같은 고정형 전기기계·기구
3. 고정형·이동형 또는 휴대형 전동기계·기구
4. 물 또는 도전성이 높은 곳에서 사용하는 전기기계·기구, 비접지형 콘센트
5. 휴대형 손전등

64 전기기계·기구에 대하여 누전에 의한 감전위험을 방지하기 위하여 누전차단기를 전기기계·기구에 접속할 때 준수하여야 할 사항으로 옳은 것은?

① 누전차단기는 정격감도전류가 60mA 이하이고 작동시간은 0.1초 이내일 것
② 누전차단기는 정격감도전류가 50mA 이하이고 작동시간은 0.08초 이내일 것
③ 누전차단기는 정격감도전류가 40mA 이하이고 작동시간은 0.05초 이내일 것
④ 누전차단기는 정격감도전류가 30mA 이하이고 작동시간은 0.03초 이내일 것

해설

누전차단기 접속 시 준수사항
전기기계·기구에 설치되어 있는 누전차단기는 정격감도전류가 30mA 이하이고 작동시간은 0.03초 이내일 것(다만, 정격부하전류가 50A 이상인 전기기계·기구에 접속되는 누전차단기는 오작동을 방지하기 위하여 정격감도전류는 200mA 이하로, 작동시간은 0.1초 이내로 할 수 있다.)

정답 61 ② 62 ③ 63 ② 64 ④

65 다음 중 유해물질에 대한 노출기준의 정의에서 근로자가 1일 작업시간 동안 잠시라도 노출되어서는 아니 되는 기준은?

① STEL
② TWA
③ Ceiling
④ LC₅₀

해설
유해물질의 노출기준
1. 시간가중 평균 노출기준(TWA)
   1일 8시간, 주 40시간 동안의 평균농도로서 거의 모든 근로자가 평상작업에서 반복하여 노출되더라도 건강장해를 일으키지 않는 공기 중 유해물질의 농도를 말한다.
2. 단시간 노출기준(STEL ; Short Term Exposure Limit)
   근로자가 1회 15분간 유해인자에 노출되는 경우의 기준 (허용농도)
3. 최고노출기준(Ceiling, C)
   근로자가 1일 작업시간 동안 잠시라도 노출되어서는 아니 되는 기준
4. LC₅₀
   실험 동물 50%를 사망시키는 독성 물질의 농도를 말한다.

66 산업안전보건법령에서 규정한 위험물질을 기준량 이상으로 제조 또는 취급하는 특수화학설비에 설치하여야 할 계측장치가 아닌 것은?

① 온도계
② 유량계
③ 압력계
④ 경보계

해설
계측장치의 설치
특수화학설비를 설치하는 경우에는 내부의 이상 상태를 조기에 파악하기 위하여 필요한 온도계·유량계·압력계 등의 계측장치를 설치하여야 한다.

67 전류밀도, 통전전류, 접촉면적과 피부저항과의 관계를 올바르게 표현한 것은?

① 전류밀도와 통전전류는 반비례 관계이다.
② 통전전류와 접촉면적에 관계없이 피부저항은 항상 일정하다.
③ 같은 크기의 통전전류가 흘러도 접촉면적이 커지면 전류밀도는 커진다.
④ 같은 크기의 통전전류가 흘러도 접촉면적이 커지면 피부저항은 작게 된다.

해설
피부와 전극 접촉면적에 의한 변화
같은 크기의 전류가 흘러도 접촉면적이 커지면 피부저항은 그만큼 적게 되며, 전류밀도 또한 줄어든다.

68 다음 중 분진폭발의 가능성이 가장 낮은 물질은?

① 소맥분
② 마그네슘
③ 질석가루
④ 석탄

해설
질석가루는 불연성 물질로 팽창질석은 금속화재의 소화에 사용된다.

69 도체의 정전용량 $C=20\mu F$, 대전 전위(방전 시 전압) $V=3kV$일 때 정전에너지(J)는?

① 45
② 90
③ 180
④ 360

해설
정전에너지

$$W = \frac{1}{2}CV^2$$

여기서, W : 정전에너지(J), C : 도체의 정전용량(F)
V : 대전 전위(V), Q : 대전 전하량(C)

$W = \frac{1}{2}CV^2 = \frac{1}{2} \times (20 \times 10^{-6}) \times (3,000)^2 = 90[J]$

TIP $1\mu F = 10^{-6}F$, $1V = 10^{-3}kV$

70 절연물은 여러 가지 원인으로 전기저항이 저하되어 이른바 절연불량을 일으켜 위험한 상태가 되는데 절연불량의 주요 원인이 아닌 것은?

① 정전에 의한 전기적 원인
② 온도상승에 의한 열적 요인
③ 진동, 충격 등에 의한 기계적 요인
④ 높은 이상전압 등에 의한 전기적 요인

정답 65 ③ 66 ④ 67 ④ 68 ③ 69 ② 70 ①

해설
전기절연물의 절연파괴(불량) 주요 원인
1. 진동, 충격 등에 의한 기계적 요인
2. 산화 등에 의한 화학적 요인
3. 온도상승에 의한 열적 요인
4. 높은 이상전압 등에 의한 전기적 요인

71 산업안전보건법령상 관리대상 유해물질의 운반 및 저장방법으로 적절하지 않은 것은?

① 저장장소에는 관계 근로자가 아닌 사람의 출입을 금지하는 표시를 한다.
② 저장장소에서 관리대상 유해물질의 증기가 실외로 배출되지 않도록 적절한 조치를 한다.
③ 관리대상 유해물질을 저장할 때 일정한 장소를 지정하여 저장하여야 한다.
④ 물질이 새거나 발산될 우려가 없는 뚜껑 또는 마개가 있는 튼튼한 용기를 사용한다.

해설
관리대상 유해물질의 저장
1. 관리대상 유해물질을 운반하거나 저장하는 경우에 그 물질이 새거나 발산될 우려가 없는 뚜껑 또는 마개가 있는 튼튼한 용기를 사용하거나 단단하게 포장을 하여야 하며, 그 저장장소에는 다음 각 호의 조치를 하여야 한다.
   ㉠ 관계 근로자가 아닌 사람의 출입을 금지하는 표시를 할 것
   ㉡ 관리대상 유해물질의 증기를 실외로 배출시키는 설비를 설치할 것
2. 사업주는 관리대상 유해물질을 저장할 경우에 일정한 장소를 지정하여 저장하여야 한다.

72 다음 중 방폭구조의 종류와 기호가 올바르게 연결된 것은?

① 압력방폭구조 : q
② 유입방폭구조 : m
③ 비점화방폭구조 : n
④ 본질안전방폭구조 : e

해설
방폭구조의 종류 및 기호

내압 방폭구조	d	안전증 방폭구조	e	비점화 방폭구조	n
압력 방폭구조	p	특수 방폭구조	s	몰드 방폭구조	m
유입 방폭구조	o	본질안전 방폭구조	i(ia, ib)	충전 방폭구조	q

73 산업안전보건법령상 공정안전보고서의 내용 중 공정안전자료에 포함되지 않는 것은?

① 유해·위험설비의 목록 및 사양
② 폭발위험장소 구분도 및 전기단선도
③ 안전운전지침서
④ 각종 건물·설비의 배치도

해설
공정안전자료
1. 취급·저장하고 있거나 취급·저장하려는 유해·위험물질의 종류 및 수량
2. 유해·위험물질에 대한 물질안전보건자료
3. 유해·위험설비의 목록 및 사양
4. 유해·위험설비의 운전방법을 알 수 있는 공정도면
5. 각종 건물·설비의 배치도
6. 폭발위험장소 구분도 및 전기단선도
7. 위험설비의 안전설계·제작 및 설치 관련 지침서

74 다음 중 인체에 흐르는 전류가 50mA일 때 일반적으로 인체에 미치는 영향을 가장 적절하게 설명한 것은?

① 거의 느끼지 못한다.
② 가벼운 경직 현상이 일어난다.
③ 혈압상승, 심장박동이 불규칙하여 실신하기도 한다.
④ 심한 근육 수축으로 현장에서 사망한다.

해설
통전전류에 따른 인체의 영향

분류	인체에 미치는 전류의 영향	통전 전류
최소감지전류	전류의 흐름을 느낄 수 있는 최소전류	상용주파수 60Hz에서 성인남자 1mA

정답 71 ② 72 ③ 73 ③ 74 ③

분류	인체에 미치는 전류의 영향	통전 전류
고통한계전류	고통을 참을 수 있는 한계전류	상용주파수 60Hz에서 성인남자 7~8mA
가수전류 (이탈전류, 마비한계전류)	인체가 자력으로 이탈할 수 있는 전류	상용주파수 60Hz에서 성인남자 10~15mA
불수전류	신경이 마비되고 신체를 움직일 수 없으며 말을 할 수 없는 상태 (인체가 충전부에 접촉하여 감전되었을 때 자력으로 이탈할 수 없는 상태의 전류)	상용주파수 60Hz에서 성인남자 15~50mA
심실세동전류 (치사전류)	심장의 맥동에 영향을 주어 심장마비 상태를 유발하여 수분이내에 사망	일반적으로 50~100mA

75 분진폭발에 대한 안전대책으로 적절하지 않은 것은?

① 분진의 퇴적을 방지한다.
② 점화원을 제거한다.
③ 입자의 크기를 최소화한다.
④ 불활성 분위기를 조성한다.

해설

입도와 입도분포
1. 분진의 표면적이 입자체적에 비하여 커지면 열의 발생속도가 방열속도보다 커져서 폭발이 용이해진다.
2. 평균 입자의 직경이 작고 밀도가 작을수록 비표면적은 크게 되고 표면에너지도 크게 되어 폭발이 용이해진다.

76 정전기 제거를 위한 제전기의 종류 중 이온생성방식에 따른 분류로 볼 수 없는 것은?

① 자기방전식 제전기
② 방사선식 제전기
③ 고주파식 제전기
④ 전압인가 제전기

해설

제전기의 종류
1. 전압인가식 제전기
2. 자기방전식 제전기
3. 방사선식 제전기(이온식 제전기)

77 다음 중 피부에 닿았을 때 탈지현상을 일으키는 물질은?

① 등유
② 아세톤
③ 글리세린
④ 니트로톨루엔

해설

탈지현상
1. 피부의 유분성분이 제거되면서 하얗게 변화되는 현상을 탈지현상이라 할 수 있다.
2. 아세톤으로 매니큐어를 지울 때 과도하게 사용한 경우 하얗게 변하는 현상은 탈지현상의 일종이다.

78 다음 중 벤젠(C_6H_6)이 공기 중에서 연소될 때의 이론혼합비(화학양론조성)는?

① 0.72vol%
② 1.22vol%
③ 2.72vol%
④ 3.22vol%

해설

완전연소 조성농도(화학양론농도)

$$C_{st} = \frac{100}{1 + 4.773\left(n + \frac{m-f-2\lambda}{4}\right)}$$

여기서, n : 탄소의 원자수, m : 수소의 원자수
f : 할로겐 원소의 원자수, λ : 산소의 원자수

완전연소 조성농도

$$C_{st} = \frac{100}{1 + 4.773\left(n + \frac{m-f-2\lambda}{4}\right)} = \frac{100}{1 + 4.773\left(6 + \frac{6}{4}\right)}$$

$\fallingdotseq 2.72[\%]$

($C_6H_6 \rightarrow n=6, m=6, f=0, \lambda=0$)

79 이산화탄소 소화기의 사용에 관한 설명으로 옳지 않은 것은?

① B급 화재 및 C급 화재의 적용에 적절하다.
② 이산화탄소의 주된 소화작용은 질식작용이므로 산소의 농도가 15% 이하가 되도록 약제를 살포한다.
③ 액화탄산가스가 공기 중에서 이산화탄소로 기화하면 체적이 급격하게 팽창하므로 질식에 주의한다.
④ 이산화탄소는 반도체설비와 반응을 일으키므로 통신기기나 컴퓨터설비에 사용을 해서는 아니 된다.

정답 75 ③ 76 ③ 77 ② 78 ③ 79 ④

> 해설

이산화탄소(CO_2) 소화기
이산화탄소 소화기는 비전도성 불연성 가스이고 화재를 진압한 후 잔존물이 없어서 소방 대상물을 오염, 손상시키지 않기 때문에 전산실, 정밀기계실, 전기설비, 통신기기 및 컴퓨터설비 등의 소화에 효과적이다.

80 방폭구조의 종류 중 전기기기의 과도한 온도상승, 아크 또는 불꽃 발생의 위험을 방지하기 위하여 추가적인 안전 조치를 통한 안전도를 증가시킨 방폭구조를 무엇이라 하는가?

① 안전증방폭구조
② 본질안전방폭구조
③ 충전방폭구조
④ 비점화방폭구조

> 해설

안전증방폭구조(e)
1. 전기기기의 정상 사용조건 및 특정 비정상 상태에서 과도한 온도 상승, 아크 또는 스파크의 발생 위험을 방지하기 위해 추가적인 안전조치를 통한 안전도를 증가시킨 방폭구조
2. 전기기구의 권선, 접점부, 단자부 등과 같은 부분이 정상적인 운전 중에는 불꽃, 아크 또는 과열이 발생되지 않는 부분에 대하여 방지하기 위한 구조와 온도상승에 대해 특히 안전도를 증가시킨 구조
3. 정상운전 중에 아크나 불꽃을 발생시키는 전기기기는 안전증방폭구조의 전기기기 범위에서 제외

5과목 건설안전기술

81 달비계에 설치되는 작업발판의 폭에 대한 기준으로 옳은 것은?

① 20cm 이상
② 40cm 이상
③ 60cm 이상
④ 80cm 이상

> 해설

달비계의 구조
작업발판은 폭을 40cm 이상으로 하고 틈새가 없도록 할 것

82 계단의 개방된 측면에 근로자의 추락 위험을 방지하기 위하여 안전난간을 설치하고자 할 때 그 설치기준으로 옳지 않은 것은?

① 안전난간은 상부 난간대, 중간 난간대, 발끝막이판 및 난간기둥으로 구성할 것
② 발끝막이판은 바닥면 등으로부터 10cm 이상의 높이를 유지할 것
③ 난간기둥은 상부 난간대와 중간 난간대를 견고하게 떠받칠 수 있도록 적정한 간격을 유지할 것
④ 난간대는 지름 3.8cm 이상의 금속제 파이프나 그 이상의 강도가 있는 재료일 것

> 해설

안전난간의 구조 및 설치요건
1. 상부 난간대, 중간 난간대, 발끝막이판 및 난간기둥으로 구성할 것. 다만, 중간 난간대, 발끝막이판 및 난간기둥은 이와 비슷한 구조와 성능을 가진 것으로 대체할 수 있다.
2. 상부 난간대는 바닥면·발판 또는 경사로의 표면(바닥면 등)으로부터 90cm 이상 지점에 설치하고, 상부 난간대를 120cm 이하에 설치하는 경우에는 중간 난간대는 상부 난간대와 바닥면등의 중간에 설치해야 하며, 120cm 이상 지점에 설치하는 경우에는 중간 난간대를 2단 이상으로 균등하게 설치하고 난간의 상하 간격은 60cm 이하가 되도록 할 것. 다만, 난간기둥 간의 간격이 25cm 이하인 경우에는 중간 난간대를 설치하지 않을 수 있다.
3. 발끝막이판은 바닥면등으로부터 10cm 이상의 높이를 유지할 것. 다만, 물체가 떨어지거나 날아올 위험이 없거나 그 위험을 방지할 수 있는 망을 설치하는 등 필요한 예방조치를 한 장소는 제외한다.
4. 난간기둥은 상부 난간대와 중간 난간대를 견고하게 떠받칠 수 있도록 적정한 간격을 유지할 것
5. 상부 난간대와 중간 난간대는 난간 길이 전체에 걸쳐 바닥면등과 평행을 유지할 것
6. 난간대는 지름 2.7cm 이상의 금속제 파이프나 그 이상의 강도가 있는 재료일 것
7. 안전난간은 구조적으로 가장 취약한 지점에서 가장 취약한 방향으로 작용하는 100kg 이상의 하중에 견딜 수 있는 튼튼한 구조일 것

정답 80 ① 81 ② 82 ④

83 콘크리트를 타설할 때 거푸집에 작용하는 콘크리트 측압에 영향을 미치는 요인과 가장 거리가 먼 것은?

① 콘크리트 타설 속도 ② 콘크리트 타설 높이
③ 콘크리트의 강도 ④ 기온

해설
거푸집 측압증가에 영향을 미치는 인자(측압의 영향요소)
1. 거푸집 수평단면이 클수록 크다.
2. 콘크리트 슬럼프치가 클수록 커진다.
3. 거푸집 표면이 평활할수록(평탄) 커진다.
4. 철골, 철근량이 적을수록 커진다.
5. 콘크리트 시공연도가 좋을수록 커진다.
6. 외기의 온도, 습도가 낮을수록 커진다.
7. 타설 속도가 빠를수록 커진다.
8. 다짐이 충분할수록 커진다.
9. 타설 시 상부에서 직접 낙하할 경우 커진다.
10. 거푸집의 강성이 클수록 크다.
11. 콘크리트의 비중(단위중량)이 클수록 크다.
12. 벽 두께가 두꺼울수록 커진다.

84 철골조립 공사 중에 볼트작업을 하기 위해 주체인 철골에 매달아서 작업발판으로 이용하는 비계는?

① 달비계 ② 말비계
③ 달대비계 ④ 선반비계

해설
달대비계
철골 조립공사 중에 리벳이나 볼트 작업을 하기 위해 주체인 철골에 매달아서 작업하는 작업발판이다.

85 물체가 떨어지거나 날아올 위험 또는 근로자가 추락할 위험이 있는 작업 시 착용하여야 할 보호구는?

① 보안경 ② 안전모
③ 방열복 ④ 방한복

해설
보호구의 지급

보안경	물체가 흩날릴 위험이 있는 작업
안전모	물체가 떨어지거나 날아올 위험 또는 근로자가 추락할 위험이 있는 작업
방열복	고열에 의한 화상 등의 위험이 있는 작업
방한모 · 방한복 · 방한화 · 방한장갑	섭씨 영하 18도 이하인 급냉동어창에서 하는 하역작업

86 굴착작업 시 근로자의 위험을 방지하기 위하여 해당 작업, 작업장에 대한 사전조사를 실시하여야 하는데 이 사전조사 항목에 포함되지 않는 것은?

① 지반의 지하수위 상태
② 형상 · 지질 및 지층의 상태
③ 굴착기의 이상 유무
④ 매설물 등의 유무 또는 상태

해설
굴착작업 시 사전조사 내용
1. 형상 · 지질 및 지층의 상태
2. 균열 · 함수 · 용수 및 동결의 유무 또는 상태
3. 매설물 등의 유무 또는 상태
4. 지반의 지하수위 상태

87 낙하추나 화약의 폭발 등으로 인공진동을 일으켜 지반의 종류, 지층 및 강성도 등을 알아내는 데 활용되는 지반조사방법은?

① 탄성파 탐사 ② 전기저항 탐사
③ 방사능 탐사 ④ 유량검층 탐사

해설
탄성파 탐사(지진파 탐사)
인공적으로 지표 부근에 지진파를 발생시켜서 지반의 종류, 지층 및 강성도를 알아내는 방법이다.

88 가설통로를 설치하는 경우 준수해야 할 기준으로 옳지 않은 것은?

① 경사는 45° 이하로 할 것
② 경사가 15°를 초과하는 경우에는 미끄러지지 아니하는 구조로 할 것
③ 추락할 위험이 있는 장소에는 안전난간을 설치할 것
④ 수직갱에 가설된 통로의 길이가 15m 이상인 경우에는 10m 이내마다 계단참을 설치할 것

해설
가설통로
1. 견고한 구조로 할 것
2. 경사는 30° 이하로 할 것(다만, 계단을 설치하거나 높이 2m 미만의 가설통로로서 튼튼한 손잡이를 설치한 경우에는 그러하지 아니하다.)

정답 83 ③ 84 ③ 85 ② 86 ③ 87 ① 88 ①

3. 경사가 15°를 초과하는 경우에는 미끄러지지 아니하는 구조로 할 것
4. 추락할 위험이 있는 장소에는 안전난간을 설치할 것(다만, 작업상 부득이한 경우에는 필요한 부분만 임시로 해체할 수 있다.)
5. 수직갱에 가설된 통로의 길이가 15미터 이상인 경우에는 10미터 이내마다 계단참을 설치할 것
6. 건설공사에 사용하는 높이 8미터 이상인 비계다리에는 7m 이내마다 계단참을 설치할 것

89 산업안전보건기준에 관한 규칙에 따른 굴착면의 기울기 기준으로 틀린 것은?

① 보통흙 습지 – 1 : 1~1 : 1.5
② 풍화암 – 1 : 0.5
③ 보통흙 건지 – 1 : 0.5~1 : 1
④ 경암 – 1 : 0.5

해설

굴착면의 기울기

지반의 종류	굴착면의 기울기
모래	1 : 1.8
연암 및 풍화암	1 : 1.0
경암	1 : 0.5
그 밖의 흙	1 : 1.2

TIP 본 문제는 법 개정으로 일부 내용이 수정되었습니다. 해설은 법 개정으로 수정된 내용이니 해설을 학습하세요.

90 다음과 같은 조건에서 방망사의 신품에 대한 최소 인장강도로 옳은 것은?(단, 그물코의 크기는 10cm, 매듭방망)

① 240kg
② 200kg
③ 150kg
④ 110kg

해설

방망사의 신품에 대한 인장강도

그물코의 크기 (단위 : cm)	방망의 종류(단위 : kg)	
	매듭 없는 방망	매듭방망
10	240(150)	200(135)
5		110(60)

※ 단, ( )는 폐기 시 인장강도

91 옹벽이 외력에 대하여 안정하기 위한 검토조건이 아닌 것은?

① 전도
② 활동
③ 좌굴
④ 지반지지력

해설

옹벽의 안정조건

전도(Over Turning)에 대한 안정	• 안전율(F_s) $= \dfrac{\text{전도에 저항하는 모멘트}}{\text{전도모멘트}} \geq 2.0$ • 대책 : 옹벽의 높이를 낮추거나 기초 후면의 길이를 길게 함	
활동(Sliding)에 대한 안정	• 안전율(F_s) $= \dfrac{\text{활동에 저항하려는 힘}}{\text{활동하려는 힘}} \geq 1.5$ • 대책 : 기초 저반의 폭 증가, 기초 하부에 말뚝보강, 기초 하부에 활동방지벽(Shear Key) 설치	
지반지지력 (침하, Settlement)에 대한 안정	• 안전율(F_s) $= \dfrac{\text{지반의 극한지지력도}}{\text{지반의 최대반력}} \geq 3.0$ • 대책 : 기초 저반의 폭 증가, 기초 하부의 지반 개량 및 강화	

92 차량계 하역운반기계 등을 사용하는 작업을 할 때, 그 기계가 넘어지거나 굴러떨어짐으로써 근로자에게 위험을 미칠 우려가 있는 경우에 이를 방지하기 위한 조치사항과 거리가 먼 것은?

① 유도자 배치
② 지반의 부동침하 방지
③ 상단부분의 안정을 위하여 버팀줄 설치
④ 갓길 붕괴 방지

해설

전도 등의 방지

차량계 하역운반기계 등을 사용하는 작업을 할 때에 그 기계가 넘어지거나 굴러떨어짐으로써 근로자에게 위험을 미칠 우려가 있는 경우에는 그 기계를 유도하는 사람(유도자)을 배치하고 지반의 부동침하 및 갓길 붕괴를 방지하기 위한 조치를 해야 한다.

정답 89 ② 90 ② 91 ③ 92 ③

93 다음 중 셔블계 굴착기계에 속하지 않는 것은?

① 파워 셔블(Power Shovel)
② 클램셸(Clam Shell)
③ 스크레이퍼(Scraper)
④ 드래그라인(Dragline)

해설

셔블계 굴삭기
1. 파워 셔블   3. 드래그라인
2. 드래그 셔블   4. 클램셸

 스크레이퍼는(Scraper)는 도저계 굴착기계에 해당된다.

94 항타기 또는 항발기의 권상용 와이어로프의 안전계수 기준으로 옳은 것은?

① 3 이상   ② 5 이상
③ 8 이상   ④ 10 이상

해설

권상용 와이어로프의 안전계수
항타기 또는 항발기의 권상용 와이어로프의 안전계수가 5 이상이 아니면 이를 사용해서는 아니 된다.

95 흙의 동상현상을 지배하는 인자가 아닌 것은?

① 흙의 마찰력
② 동결지속시간
③ 모관 상승고의 크기
④ 흙의 투수성

해설

동상현상을 지배하는 주요 인자
1. 흙의 투수성
2. 지하수위
3. 모관 상승고의 크기
4. 동결온도의 지속시간

96 철근콘크리트 해체용 장비가 아닌 것은?

① 철 해머   ② 압쇄기
③ 램머   ④ 핸드브레이커

해설

해체용 기구
1. 압쇄기   5. 절단톱
2. 대형브레이커   6. 잭키
3. 철제해머   7. 절단줄톱
4. 핸드브레이커   8. 팽창제 등

97 차량계 하역운반기계의 운전자가 운전위치를 이탈하는 경우 조치해야 할 내용 중 틀린 것은?

① 포크 및 버킷을 가장 높은 위치에 두어 근로자 통행을 방해하지 않도록 하였다.
② 원동기를 정지시켰다.
③ 브레이크를 걸어두고 확인하였다.
④ 경사지에서 갑작스런 주행이 되지 않도록 바퀴에 블록 등을 놓았다.

해설

운전위치 이탈 시의 조치
차량계 하역운반기계 등 차량계 건설기계의 운전자가 운전위치를 이탈하는 경우 해당 운전자 준수사항
1. 포크, 버킷, 디퍼 등의 장치를 가장 낮은 위치 또는 지면에 내려 둘 것
2. 원동기를 정지시키고 브레이크를 확실히 거는 등 차량계 하역운반기계 등, 차량계 건설기계의 갑작스러운 이동을 방지하기 위한 조치를 할 것
3. 운전석을 이탈하는 경우에는 시동키를 운전대에서 분리시킬 것. 다만, 운전석에 잠금장치를 하는 등 운전자가 아닌 사람이 운전하지 못하도록 조치한 경우에는 그러하지 아니하다.

98 철근콘크리트 공사에서 거푸집동바리의 해체시기를 결정하는 요인으로 가장 거리가 먼 것은?

① 시방서상의 거푸집 존치기간의 경과
② 콘크리트 강도시험 결과
③ 일정한 양생 기간의 경과
④ 후속공정의 착수시기

해설

후속공정의 착수시기에 따라 거푸집동바리의 해체 시기가 결정되는 것은 아니다.

정답 93 ③ 94 ② 95 ① 96 ③ 97 ① 98 ④

99 추락방지용 방망을 구성하는 그물코의 모양과 크기로 옳은 것은?

① 원형 또는 사각으로서 그 크기는 10cm 이하이어야 한다.
② 원형 또는 사각으로서 그 크기는 20cm 이하이어야 한다.
③ 사각 또는 마름모로서 그 크기는 10cm 이하이어야 한다.
④ 사각 또는 마름모로서 그 크기는 20cm 이하이어야 한다.

해설

그물코 구조 및 치수
사각 또는 마름모로서 그 크기는 10cm 이하이어야 한다.

100 안전관리비의 사용 항목에 해당하지 않는 것은?

① 안전시설비
② 개인보호구 구입비
③ 접대비
④ 사업장의 안전·보건진단비

해설

안전보건관리비 사용항목
1. 안전·보건관리자 임금 등
2. 안전시설비 등
3. 보호구 등
4. 안전보건진단비 등
5. 안전보건교육비 등
6. 근로자 건강장해예방비 등
7. 건설재해예방전문지도기관 기술지도비
8. 본사 전담조직 근로자 임금 등
9. 위험성평가 등에 따른 소요비용

TIP 본 문제는 법 개정으로 일부 내용이 수정되었습니다. 해설은 법 개정으로 수정된 내용이니 해설을 학습하세요.

정답 99 ③ 100 ③

17 2021년 3회 기출복원문제

1과목 산업안전관리론

01 인간의 사회적 행동의 기본 형태가 아닌 것은?
① 대립 ② 도피
③ 모방 ④ 협력

해설
사회행동의 기본 형태

사회행동의 기초	욕구, 개성, 인지, 신념, 태도
사회행동의 기본 형태	• 협력(조력, 분업) • 대립(공격, 경쟁) • 도피(고립, 정신병, 자살) • 융합(강제, 타협, 통합)

02 주의의 특성으로 볼 수 없는 것은?
① 변동성 ② 선택성
③ 방향성 ④ 통합성

해설
주의의 특징

선택성	• 주의는 동시에 두 개의 방향에 집중하지 못한다. • 여러 종류의 자극을 지각하거나 수용할 때 특정한 것에 한하여 선택하는 기능
변동성	• 고도의 주의는 장시간 지속할 수 없다.(주의에는 리듬이 존재) • 주의에는 리듬이 있어 언제나 일정 수준을 유지할 수 없다.
방향성	• 한 지점에 주의를 집중하면 다른 곳의 주의는 약해진다. • 주시점만 인지하는 기능

03 밀폐작업공간에서 유해물과 분진이 있는 상태에서 작업할 때 가장 적합한 보호구는?
① 방진마스크 ② 방독마스크
③ 송기마스크 ④ 보안경

해설
마스크의 사용장소

송기마스크	공기 중 산소농도가 부족하고(산소농도 18% 미만 장소), 공기 중에 미립자상 물질이 부유하는 장소에서 사용하기에 가장 적절한 보호구
방독마스크	방독마스크는 산소농도가 18% 이상인 장소에서 사용하여야 하고, 고농도와 중농도에서 사용하는 방독마스크는 전면형(격리식, 직결식)을 사용해야 한다.
방진마스크	산소농도 18% 이상인 장소에서 사용하여야 한다.

04 하인리히 재해발생 5단계 중 3단계는?
① 불안전행위 또는 불안전상태
② 사회적 환경 및 유전적 요소
③ 인적 결함
④ 사고

해설
하인리히(H. W. Heinrich)의 도미노이론(사고연쇄성)
1. 제1단계 : 사회적 환경 및 유전적 요인
2. 제2단계 : 개인적 결함
3. 제3단계 : 불안전한 행동 및 불안전한 상태
4. 제4단계 : 사고
5. 제5단계 : 재해
※ 불안전한 행동이나 불안전한 상태, 즉 제3단계를 제거하면 사고나 재해를 예방할 수 있다.

05 지도자가 추구하는 계획과 목표를 부하직원이 자신의 것으로 받아들여 자발적으로 참여하게 하는 리더십의 권한은?
① 보상적 권한
② 강압적 권한
③ 위임된 권한
④ 합법적 권한

정답 01 ③ 02 ④ 03 ③ 04 ① 05 ③

> **해설**
> 리더십의 권한
> 1. 조직이 지도자에게 부여한 권한
>
> | 보상적 권한 | 부하직원에게 적절한 보상을 통해 효과적인 통제를 유도(봉급의 인상, 승진 등) |
> |---|---|
> | 강압적 권한 | 부하직원에게 적절한 처벌을 통해 효과적인 통제를 유도(승진누락, 임금삭감, 해고 등) |
> | 합법적 권한 | 조직의 규정에 의해 지도자의 권한이 합법화하고 공식화된 것 |
>
> 2. 지도자 자신이 자신에게 부여한 권한
>
> | 전문성의 권한 | 지도자가 목표수행에 필요한 전문적인 지식을 갖고 부하직원들의 전문성을 인정하면 능동적으로 업무에 스스로 동참 |
> |---|---|
> | 위임된 권한 | 지도자가 추구하는 목표를 부하직원들이 자신의 것으로 받아들여 지도자와 함께 일하는 것(목표달성을 위하여 부하 직원들이 상사를 존경하여 상사와 함께 일하고자 할 때 상사에게 부여되는 권한) |

06 기능(기술)교육의 진행방법 중 하버드 학파의 5단계 교수법의 순서로 옳은 것은?

① 준비 → 연합 → 교시 → 응용 → 총괄
② 준비 → 교시 → 연합 → 총괄 → 응용
③ 준비 → 총괄 → 연합 → 응용 → 교시
④ 준비 → 응용 → 총괄 → 교시 → 연합

> **해설**
> 하버드 학파의 5단계 교수법
>
> | 1단계 | 2단계 | 3단계 | 4단계 | 5단계 |
> |---|---|---|---|---|
> | 준비시킨다. Preparation | 교시한다. Presentation | 연합한다. Association | 총괄시킨다. Generalization | 응용시킨다. Application |

07 위험예지훈련 4라운드 기법의 진행방법에 있어 문제점 발견 및 중요 문제를 결정하는 단계는?

① 대책수립 단계
② 현상파악 단계
③ 본질추구 단계
④ 행동목표설정 단계

> **해설**
> 위험예지훈련의 4라운드
> 1. 1라운드(1R) : 현상파악(사실을 파악한다)
> 2. 2라운드(2R) : 본질추구(요인을 찾아낸다)
> 3. 3라운드(3R) : 대책수립(대책을 선정한다)
> 4. 4라운드(4R) : 목표설정(행동계획을 정한다)

08 Alderfer의 ERG 이론 중 생존(Existence)욕구에 해당되는 Maslow의 욕구단계는?

① 자아실현의 욕구
② 존경의 욕구
③ 사회적 욕구
④ 생리적 욕구

> **해설**
> 동기이론의 상호 관련성
>
> | 매슬로의 욕구 5단계 | 허즈버그의 2요인 이론 | 맥그리거의 X, Y이론 | 알더퍼의 ERG 이론 | 맥클랜드의 성취동기 이론 |
> |---|---|---|---|---|
> | 1단계 생리적 욕구 | 위생요인 | X이론 | 생존욕구 | |
> | 2단계 안전의 욕구 | | | | |
> | 3단계 사회적 욕구 | | | 관계욕구 | 친화욕구 |
> | 4단계 인정받으려는 욕구 | 동기요인 | Y이론 | 성장욕구 | 권력욕구 |
> | 5단계 자아실현의 욕구 | | | | 성취욕구 |

09 다음 중 인지(認知)과정에서 생길 수 있는 착오의 원인으로 볼 수 없는 것은?

① 심리적 능력한계
② 감각차단 현상
③ 자기기술 과신
④ 정보량의 저장한계

> **해설**
> 착오의 요인
>
> | 종류 | 내용 |
> |---|---|
> | 인지과정 착오 | • 심리적 또는 생리적 요인
• 정보량 저장의 한계 : 한계정보량보다 더 많은 정보가 들어오는 경우 정보를 처리하지 못하는 현상
• 감각차단 현상 : 단조로운 업무가 장시간 지속될 때 작업자의 감각기능 및 판단능력이 둔화 또는 마비되는 현상
예 고도비행, 단독비행, 계기비행, 직선 고속도로 운행 등
• 정서적 불안정(불안, 공포)
• 정보수용 능력의 한계 : 인간의 감지범위 밖의 정보 |

정답 06 ② 07 ③ 08 ④ 09 ③

종류	내용
판단과정 착오	• 정보 부족(옹고집, 지나친 자기중심적 인간) • 능력부족(지식 부족, 경험 부족) • 자기합리화(자기에게 유리하게 판단) • 환경조건 불비(작업조건 불량)
조치과정 착오	• 기술능력 미숙 • 경험 부족 • 피로

10 다음 중 산업안전보건법에서 정하는 산업안전보건표지의 종류에 해당되지 않는 것은?

① 안내표지
② 경고표지
③ 지시표지
④ 보호표지

해설

안전·보건표지의 종류
1. 금지표지
2. 경고표지
3. 지시표지
4. 안내표지

11 산업안전보건법령상 사업 내 안전·보건교육의 교육과정에 해당하지 않는 것은?

① 특별안전·보건교육
② 근자로 정기안전·보건교육
③ 관리감독자 정기안전·보건교육
④ 안전관리자 신규 및 보수교육

해설

근로자 안전·보건교육
1. 정기교육
2. 채용 시의 교육
3. 작업내용 변경 시의 교육
4. 특별교육
5. 건설업 기초안전·보건교육

12 다음 중 안전교육의 단계에 있어 안전한 마음가짐을 몸에 익히는 심리적인 교육방법을 무엇이라 하는가?

① 지식교육
② 실습교육
③ 태도교육
④ 기능교육

해설

태도교육
1. 작업동작지도, 생활지도 등을 통한 안전의 습관화 및 일체감
2. 동기를 부여하는 데 가장 적절한 교육

3. 안전한 작업방법을 알고는 있으나 시행하지 않는 것에 대한 교육

13 다음 중 학습전이(Transfer)의 조건이 아닌 것은?

① 학습의 정도
② 시간적 간격
③ 학습의 평가
④ 학습자와 태도

해설

학습전이의 조건(영향요소)
1. 학습의 정도
2. 학습의 방법
3. 학습자의 태도
4. 과거의 경험
5. 학습자료의 유의성
6. 학습자료의 제시방법
7. 학습자의 지능요인
8. 시간적인 간격의 요인 등

14 국제노동기구(ILO)에서 구분한 "일시 전 노동 불능"에 관한 설명으로 옳은 것은?

① 부상의 결과로 근로기능을 완전히 잃은 부상
② 부상의 결과로 신체의 일부가 근로기능을 완전히 상실한 부상
③ 의사의 소견에 따라 일정 기간 동안 노동에 종사할 수 없는 상해
④ 의사의 소견에 따라 일시적으로 근로시간 중 치료를 받는 정도의 상해

해설

상해 정도별 분류(국제노동기구(ILO)에 따른 분류)

사망	안전사고 혹은 부상의 결과로 사망한 경우 : 노동손실일수 7,500일
영구 전노동 불능 상해	부상결과 근로기능을 완전히 잃은 경우(신체장해등급 제1~3급) : 노동손실일수 7,500일
영구 일부 노동 불능 상해	부상결과 신체의 일부가 근로기능을 상실한 경우(신체장해등급 제4~14급)
일시 전 노동 불능 상해	의사의 진단에 따라 일정기간 근로를 할 수 없는 경우(신체장해가 남지 않는 일반적인 휴업재해)
일시 일부 노동 불능 상해	의사의 진단에 따라 부상 다음날 혹은 그 이후에 정규근로에 종사할 수 없는 휴업재해 이외의 경우(일시적으로 작업시간 중에 업무를 떠나 치료를 받는 것 또는 가벼운 작업에 종사하는 정도의 휴업재해)
응급(구급) 조치 상해	응급처치 혹은 의료조치를 받아 부상당한 다음 날 정규근로에 종사할 수 있는 경우

15 근로자가 작업대 위에서 전기공사 작업 중 감전에 의하여 지면으로 떨어져 다리에 골절상해를 입은 경우의 기인물과 가해물로 옳은 것은?

① 기인물－작업대, 가해물－지면
② 기인물－전기, 가해물－지면
③ 기인물－지면, 가해물－전기
④ 기인물－작업대, 가해물－전기

해설

기인물과 가해물
1. 기인물 : 전기
2. 가해물 : 지면

> **TIP** 기인물과 가해물의 정의
> 1. 기인물 : 직접적으로 재해를 유발하거나 영향을 끼친 에너지원(운동, 위치, 열, 전기 등)을 지닌 기계·장치, 구조물, 물체·물질, 사람 또는 환경 등을 말한다.
> 2. 가해물 : 사람에게 직접적으로 상해를 입힌 기계, 장치, 구조물, 물체·물질, 사람 또는 환경요인을 말한다.

16 A 사업장의 연간근로시간수가 110만 시간이고, 이 기간 중 재해가 12건 발생하여 120일의 근로손실이 발행하였다면 이 사업장의 도수율은 약 얼마인가?

① 0.11   ② 1.11
③ 10.91 ④ 109

해설

도수율(빈도율)
1. 산업재해의 발생 빈도를 나타내는 단위
2. 연간 근로시간 합계 100만 시간당 재해발생건수
3. 공식

$$도수율 = \frac{재해발생건수}{연간총근로시간수} \times 1,000,000$$

$$도수율 = \frac{재해발생건수}{연간총근로시간수} \times 1,000,000$$
$$= \frac{12}{1,100,000} \times 1,000,000 = 10.91$$

17 다음 중 산업안전보건법상 자율안전확인대상 기계 또는 설비에 해당하지 않는 것은?

① 산업용 로봇   ② 인쇄기
③ 롤러기   ④ 혼합기

해설

자율안전확인대상 기계 또는 설비
1. 연삭기 또는 연마기(휴대형은 제외)
2. 산업용 로봇
3. 혼합기
4. 파쇄기 또는 분쇄기
5. 식품가공용기계(파쇄·절단·혼합·제면기만 해당)
6. 컨베이어
7. 자동차정비용 리프트
8. 공작기계(선반, 드릴기, 평삭·형삭기, 밀링만 해당)
9. 고정형 목재가공용 기계(둥근톱, 대패, 루타기, 띠톱, 모떼기 기계만 해당)
10. 인쇄기

18 재해예방의 4원칙에 해당하는 내용이 아닌 것은?

① 예방 가능의 원칙
② 원인 계기의 원칙
③ 손실 우연의 원칙
④ 사고조사의 원칙

해설

하인리히의 재해예방 4원칙

예방 가능의 원칙	천재지변을 제외한 모든 재해는 원칙적으로 예방이 가능하다.
손실 우연의 원칙	사고에 의해서 생기는 상해의 종류 및 정도는 우연적이다.
원인 계기의 원칙	사고와 손실과의 관계는 우연적이지만 사고와 원인관계는 필연적이다.(사고에는 반드시 원인이 있다.)
대책 선정의 원칙	원인을 정확히 규명해서 대책을 선정하고 실시되어야 한다.(3E, 즉 기술, 교육, 독려를 중심으로)

19 교육방법 중 강의법(Lecture)의 장점으로 볼 수 없는 것은?

① 강사의 입장에서 시간의 조정이 가능하다.
② 참가자는 긍정적이며, 능동적 입장에 놓인다.
③ 전체적인 교육내용을 제시하는 데 유리하다.
④ 비교적 많은 인원을 대상으로 단시간에 지식을 부여할 수 있다.

정답 15 ② 16 ③ 17 ③ 18 ④ 19 ②

해설
강의식 교육의 장단점

장점	• 한 번에 많은 사람이 지식을 부여받는다(최적인원 40~50명). • 시간의 계획과 통제가 용이하다. • 체계적으로 교육할 수 있다. • 준비가 간단하고 어디에서도 가능하다. • 수업의 도입이나 초기단계에 적용하는 것이 효과적이다.
단점	• 가르치는 방법이 일방적, 기계적, 획일적이다. • 참가자는 대개 수동적 입장이며 참여가 제약된다. • 암기에 빠지기 쉽고, 현실에서 필요한 개념형성이 되기 어렵다.

20 다음 중 산업안전보건위원회의 구성원으로 잘못된 것은?

① 해당 사업의 대표자
② 근로자대표가 지명하는 1인 이상의 명예산업안전감독관
③ 근로자대표가 지명하는 10인 이내의 해당 사업장의 근로자
④ 해당 사업장의 대표자가 지명하는 9인 이내의 해당 사업장 부서의 장

해설
산업안전보건위원회의 구성

구분	산업안전보건위원회 구성 위원
근로자 위원	1. 근로자대표 2. 근로자대표가 지명하는 1명 이상의 명예감독관(위촉되어 있는 사업장의 경우) 3. 근로자대표가 지명하는 9명 이내의 해당 사업장의 근로자(명예감독관이 근로자위원으로 지명되어 있는 경우에는 그 수를 제외한 수의 근로자를 말한다.)
사용자 위원	상시 근로자 50명 이상 100명 미만을 사용하는 사업장에서는 5.에 해당하는 사람을 제외하고 구성할 수 있다. 1. 해당 사업의 대표자 2. 안전관리자 1명 3. 보건관리자 1명 4. 산업보건의(해당 사업장에 선임되어 있는 경우) 5. 해당 사업의 대표자가 지명하는 9명 이내의 해당 사업장 부서의 장

2과목 인간공학 및 시스템 안전공학

21 다음 중 작업장에서 광원으로부터 직사휘광을 처리하는 방법으로 옳은 것은?

① 광원의 휘도를 늘린다.
② 광원을 시선에서 가까이 위치시킨다.
③ 휘광원 주위를 밝게 하여 광도비를 늘린다.
④ 가리개, 차양을 설치한다.

해설
광원으로부터의 직사휘광처리
1. 광원의 휘도를 줄이고 수를 늘린다.
2. 광원을 시선에서 멀리 위치시킨다.
3. 휘광원 주위를 밝게 하여 광도비를 줄인다.
4. 가리개(Shield), 갓(Hood) 혹은 차양(Visor)을 사용한다.

22 FT도에 사용되는 기호 중 "전이기호"를 나타내는 기호는?

① 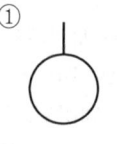   ②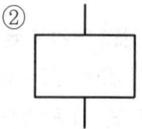

③ 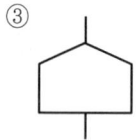   ④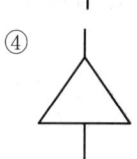

해설
FTA분석 기호

번호	기호	명칭	내용
1	□	결함사상	사고가 일어난 사상(사건)
2	○	기본사상	더 이상 전개가 되지 않는 기본적인 사상 또는 발생확률이 단독으로 얻어지는 낮은 레벨의 기본적인 사상
3	⌂	통상사상 (가형사상)	통상발생이 예상되는 사상(예상되는 원인)
4	◇	생략사상 (최후사상)	정보부족 또는 분석기술 불충분으로 더 이상 전개할 수 없는 사상(작업진행에 따라 해석이 가능할 때는 다시 속행한다.)

번호	기호	명칭	내용
5	△	전이기호 (이행기호)	• FT도상에서 다른 부분에 관한 이행 또는 연결을 나타낸다. • 상부에 선이 있는 경우는 다른 부분으로 전입(IN)
6	△	전이기호 (이행기호)	• FT도상에서 다른 부분에 관한 이행 또는 연결을 나타낸다. • 측면에 선이 있는 경우는 다른 부분으로 전출(OUT)

23 고열환경에서 심한 육체노동 후에 탈수와 체내 염분 농도 부족으로 근육의 수축이 격렬하게 일어나는 장해는?

① 열경련(Heat Cramp)
② 열사병(Heat Stroke)
③ 열쇠약(Heat Prostration)
④ 열피로(Heat Exhaustion)

해설

고열장애의 분류
1. 열경련(Heat Cramp)
   고온환경에서 지속적으로 심한 육체적인 노동을 함으로써 과다한 땀의 배출로 전해질이 고갈되어 발생하는 근육의 경련현상을 말한다.
2. 열사병(Heat Stroke)
   고온다습한 환경에 노출될 때 뇌 온도의 상승으로 신체 내부의 체온조절 중추에 기능장애를 일으켜 생기는 위급한 상태를 말한다.
3. 열쇠약(Heat Prostration)
   고열에 의한 만성 체력소모를 의미한다.
4. 열소모(Heat Exhaustion, 열피로)
   고온환경에서 장시간 힘든 노동을 할 때 땀을 많이 흘려(과다 발한) 수분과 염분 손실이 많을 때 생긴다.

24 다음 중 시스템안전분석에서 제일 첫 번째 단계의 분석으로 시스템 내의 위험요소가 어떤 상태에 있는가를 정상적으로 분석, 평가하는 위험분석기법은?

① 결함수분석
② 예비위험분석
③ 결함위험분석
④ 운용위험분석

해설

예비위험분석(PHA ; Preliminary Hazards Analysis)
1. 공정 또는 설비 등에 관한 상세한 정보를 얻을 수 없는 상황에서 위험물질과 공정 요소에 초점을 맞추어 초기위험을 확인하는 방법을 말한다.
2. 시스템안전 위험분석(SSHA)을 수행하기 위한 예비적인 최초의 작업으로 위험요소가 얼마나 위험한지를 정성적으로 평가하는 것이다.
3. PHA는 구상단계나 설계 및 발주의 극히 초기에 실시된다.

25 작업자가 100개의 부품을 육안 검사하여 20개의 불량품을 발견하였다. 실제 불량품이 40개라면 인간에러(Human Error) 확률은 약 얼마인가?

① 0.2
② 0.3
③ 0.4
④ 0.5

해설

인간 실수 확률(HEP ; Human Error Probability)
특정한 직무에서 하나의 착오가 발생할 확률(할당된 시간은 내재적이거나 명시되지 않는다.)

$$HEP = \frac{\text{인간의 실수 수}}{\text{전체 실수발생 기회의 수}}$$

$$HEP = \frac{\text{인간의 실수 수}}{\text{전체 실수발생 기회의 수}} = \frac{40-20}{100} = 0.2$$

26 암호체계 사용상의 일반적인 지침에 해당하지 않는 것은?

① 암호의 검출성
② 부호의 양립성
③ 암호의 표준화
④ 암호의 단일 차원화

해설

암호체계 사용상의 일반적 지침

암호의 검출성	검출이 가능하여야 한다.
암호의 변별성	다른 암호 표시와 구별될 수 있어야 한다.
부호의 양립성	자극들 간의, 반응들 간의, 자극-반응 조합의 관계가 인간의 기대와 모순되지 않는 것이다.
부호의 의미	사용자가 그 뜻을 분명히 알 수 있어야 한다.
암호의 표준화	암호를 표준화하여야 한다.
다차원 암호의 사용	2가지 이상의 암호 차원을 조합해서 사용하면 정보전달이 촉진된다.

27 시스템 안전해석방법 중 고장이 직접 시스템의 손실과 인명의 사상에 연결되는 높은 위험도를 가진 요소나 고장의 형태를 가진 분석법은?

① CA
② ETA
③ PHA
④ FMEA

해설

치명도 해석(CA ; Criticality Analysis)
1. 고장이 직접 시스템의 손실과 인명의 사상에 연결되는 높은 위험도를 가진 요소나 고장의 형태에 따른 분석기법
2. FMEA을 실시한 결과 고장등급이 높은 고장모드가 시스템이나 기기의 고장에 어느 정도로 기여하는가를 정량적으로 계산하고, 고장모드가 시스템이나 기기에 미치는 영향을 정량적으로 평가하는 해석 기법
3. FMEA에다 치명도 해석을 포함시킨 것을 FMECA(Failure Mode Effect and Criticality Analysis)라고 한다.

28 다음 FT도에서 각 사상이 발생할 확률이 B_1은 0.1, B_2는 0.2, B_3는 0.3일 때 사상 A가 발생할 확률은 얼마인가?

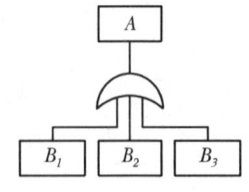

① 0.006
② 0.496
③ 0.604
④ 0.804

해설

발생확률의 계산
$A = 1 - (1 - B_1)(1 - B_2)(1 - B_3)$
$\quad = 1 - (1 - 0.1)(1 - 0.2)(1 - 0.3) = 0.496$

29 인간이 현존하는 기계를 능가하는 기능으로 거리가 먼 것은?

① 완전히 새로운 해결책을 도출할 수 있다.
② 원칙을 적용하여 다양한 문제를 해결할 수 있다.
③ 여러 개의 프로그램된 활동을 동시에 수행할 수 있다.
④ 상황에 따라 변하는 복잡한 자극 형태를 식별할 수 있다.

해설

인간이 기계보다 우수한 기능
1. 매우 낮은 수준의 자극(시각, 청각, 촉각, 후각, 미각적인)을 감지한다.
2. 수신 상태가 나쁜 음극선관에 나타나는 영상과 같이 배경잡음이 심한 경우에도 신호를 인지할 수 있다.
3. 항공사진의 피사체나 말소리처럼 상황에 따라 변화하는 복잡한 자극의 형태를 식별할 수 있다.
4. 주의의 예기치 못한 상황을 감지할 수 있다.
5. 많은 양의 정보를 오랜 기간 동안 보관하였다가 적절한 정보를 상기한다.
6. 다양한 경험을 토대로 의사결정을 한다.
7. 어떤 운용 방법이 실패할 경우, 다른 방법을 선택한다.
8. 관찰을 통해서 일반화하여 귀납적으로 추리한다.
9. 원칙을 적용하여 다양한 문제를 해결한다.
10. 완전히 새로운 해결책을 찾을 수 있다.
11. 다양한 운용상의 요건에 맞추어서 신체적인 반응을 적응시킨다.
12. 과부하 상황에서 불가피한 경우에는 중요한 일에만 전념한다.
13. 주관적으로 추산하고 평가한다.

TIP 여러 개의 프로그램된 활동을 동시에 수행하는 것은 기계가 인간보다 우수한 기능이다.

30 다음 중 인체치수 측정 자료의 활용을 위한 적용원리로 볼 수 없는 것은?

① 평균치의 활용
② 조절범위의 설정
③ 임의 선택 자료의 활용
④ 최대치수와 최소치수의 설정

해설

인체계측자료의 응용원칙

극단치를 이용한 설계	극단치를 이용한 설계는 최대치를 이용하거나 최소치를 이용한다.
조절 가능한 설계	작업에 사용하는 설비, 기구 등은 체격이 다른 여러 근로자들을 위하여 작업크기를 조절할 수 있도록 조절식으로 설계하는 것이 바람직한 경우도 있다.
평균치를 이용한 설계	특정 장비나 설비의 경우, 최대 집단치 설계나 최소 집단치 설계 또는 조절범위식 설계가 부적절하거나 불가능할 때 평균치를 기준으로 한 설계를 할 경우가 있다.

정답 27 ① 28 ② 29 ③ 30 ③

31 다음 중 인간-기계 체계에 의해 수행하는 기본 기능의 유형이 아닌 것은?

① 감지 ② 정보보관
③ 궤환 ④ 행동

해설
체계(System)의 기본기능 및 업무

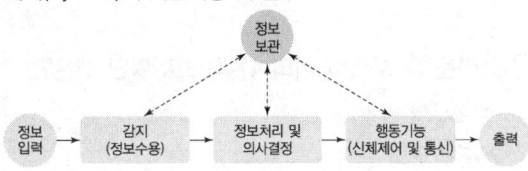

32 인간공학의 연구방법에서 인간-기계 시스템을 평가하는 척도의 요건으로 적합하지 않은 것은?

① 적절성, 타당성
② 무오염성
③ 주관성
④ 신뢰성

해설
연구 기준의 요건
1. 실제적 요건 : 평가 척도는 현실성을 가지고 있어야 하며, 실질적으로 이용하기가 용이해야 한다. 즉, 객관적이고, 정량적이며, 강요적이지 않고, 수집이 쉬우며, 자료수집 기법이나 기기가 특수하지 않고, 돈이나 실험자의 수고가 적게 드는 것이어야 한다.
2. 적절성(타당성) : 기준이 의도된 목적에 적당하다고 판단되는 정도
3. 무오염성 : 측정하고자 하는 변수 이외의 다른 변수들의 영향을 받아서는 안 된다.
4. 기준척도의 신뢰성(Reliability of Criterion Measure) : 사용되는 척도의 신뢰성, 즉 반복성을 말한다.
5. 민감도 : 기대되는 차이에 적합한 정도의 단위로 측정이 가능해야 한다. 즉, 피실험자 사이에서 볼 수 있는 예상 차이점에 비례하는 단위로 측정해야 함을 의미한다.

33 FTA에 의한 재해사례 연구의 순서를 올바르게 나열한 것은?

A. 목표사상 선정
B. FT도 작성
C. 사상마다 재해원인 규명
D. 개선계획 작성

① A → B → C → D
② A → C → B → D
③ B → C → A → D
④ B → A → C → D

해설
FTA에 의한 재해사례의 연구 순서
1. 제1단계 : 톱사상(정상사상)의 선정
2. 제2단계 : 각 사상의 재해원인 규명
3. 제3단계 : FT도의 작성
4. 제4단계 : 개선 계획의 작성

34 자연습구온도가 20℃이고, 흑구온도가 30℃일 때, 실내의 습구흑구온도지수(WBGT ; Wet-Bulb Globe Temperature)는 얼마인가?

① 20℃ ② 23℃
③ 25℃ ④ 30℃

해설
옥내 또는 옥외 장소(태양광선이 내리쬐지 않는 장소)

$$WBGT(℃) = 0.7 \times 자연습구온도 + 0.3 \times 흑구온도$$

$WBGT = 0.7 \times 20 + 0.3 \times 30 = 23℃$

35 시각적 부호 중 교통표지판, 안전보건표지 등과 같이 부호가 이미 고안되어 있으므로 이를 배워야 하는 부호를 무엇이라 하는가?

① 추상적 부호 ② 묘사적 부호
③ 임의적 부호 ④ 상태적 부호

해설
부호의 유형

묘사적 부호	사물이나 행동을 단순하고 정확하게 나타낸 부호 예 위험 표시판의 해골과 뼈, 보도 표지판의 걷는 사람, 소방안전표지판의 소화기 등
추상적 부호	전언의 기본요소를 도식적으로 압축한 부호(원개념과는 약간의 유사성만 존재)
임의적 부호	부호가 이미 고안되어 이를 사용자가 배워야 하는 부호 예 경고표지는 삼각형, 안내표지는 사각형, 지시표지는 원형 등

정답 31 ③ 32 ③ 33 ② 34 ② 35 ③

36 어떤 작업의 평균 에너지소비량이 5kcal/min일 때 1시간 작업 시 휴식시간은 약 몇 분이 필요한가? (단, 기초대사를 포함한 작업에 대한 평균 에너지소비량의 상한은 4kcal/min, 휴식시간에 대한 평균 에너지소비량은 1.5kcal/min이다.)

① 15
② 18
③ 21
④ 24

해설

휴식시간
1. 작업의 성질과 강도에 따라서 휴식시간이나 회수가 결정되어야 한다.
2. 공식

$$R = \frac{60(E-4)}{E-1.5}$$

여기서, R : 휴식시간(분)
E : 작업 시 평균 에너지소비량(kcal/분)
60 : 총작업시간(분)
1.5kcal/분 : 휴식시간 중의 에너지소비량

$$R = \frac{60(E-4)}{E-1.5} = \frac{60(5-4)}{5-1.5} = 17.14 \cdots \fallingdotseq 18[\text{분}]$$

37 고장의 발생상황 중 부적합품 제조, 생산과정에서의 품질관리 미비, 설계 미숙 등으로 일어나는 고장은?

① 초기고장
② 마모고장
③ 우발고장
④ 품질관리고장

해설

시스템 수명곡선(욕조곡선)

초기 고장	• 감소형(DFR ; Decreasing Failure Rate) : 고장률이 시간에 따라 감소 • 불량 제조, 생산과정에서 품질관리 미비, 설계 미숙 등으로 일어나는 고장 • 점검작업이나 시운전 등으로 감소시킬 수 있다. • 보전예방(MP) 실시
우발 고장	• 일정형(CFR ; Constant Failure Rate) : 고장률이 시간에 관계없이 거의 일정 • 예측할 수 없을 때 발생하는 고장으로 시운전이나 점검작업으로는 방지할 수 없다. • 낮은 안전계수, 사용자의 과오, 설계강도 이상의 급격한 스트레스 축적, 최선의 검사방법으로도 탐지되지 않는 결함 때문에 발생하는 고장 • 사후보전(BM) 실시
마모 고장	• 증가형(IFR ; Increasing Failure Rate) : 고장률이 시간에 따라 증가 • 장치의 일부가 수명을 다하여 생기는 고장 • 부식 또는 산화, 마모 또는 피로, 불충한 정비 등으로 발생하는 고장 • 안전진단 및 적당한 보수에 의해 감소시킬 수 있다. • 예방보전(PM) 실시

38 다음 중 부품 배치의 4원칙으로 틀린 것은?

① 중요성의 법칙
② 사용빈도의 원칙
③ 사용방법의 원칙
④ 기능별 배치의 원칙

해설

부품배치의 원칙

부품의 위치 결정	중요성의 원칙	체계의 목표달성에 긴요한 정도에 따른 우선순위를 설정
	사용빈도의 원칙	부품이 사용되는 빈도에 따른 우선순위 설정
부품의 배치 결정	기능별 배치의 원칙	기능적으로 관련된 부품들을 모아서 배치
	사용 순서의 원칙	순서적으로 사용되는 장치들을 가까이에 순서적으로 배치

39 청각적 표시장치에서 300m 이상의 장거리용 경보기에 사용하는 진동수로 가장 적절한 것은?

① 800Hz 전후
② 2,200Hz 전후
③ 3,500Hz 전후
④ 4,000Hz 전후

해설

경계 및 경보 신호를 선택, 설계할 때의 지침
1. 귀는 중음역에 가장 민감하므로 500~3,000Hz의 진동수를 사용
2. 고음은 멀리 가지 못하므로 300m 이상의 장거리용으로는 1,000Hz 이하의 진동수를 사용
3. 신호가 장애물을 돌아가거나 칸막이를 통과해야 할 경우에는 500Hz 이하의 진동수를 사용한다.
4. 주의를 끌기 위해서 변조된 신호를 사용(초당 1~8번 나는 소리나 초당 1~3번 오르내리는 변조된 신호)
5. 배경소음의 진동수와 다른 신호를 사용(신호는 최소 0.5~1초 지속)

정답 36 ② 37 ① 38 ③ 39 ①

6. 경보효과를 높이기 위해서 개시시간이 짧은 고강도 신호를 사용
7. 주변 소음에 대한 은폐효과를 막기 위해 500~1,000Hz 신호를 사용하여, 적어도 30dB 이상 차이가 나야 함
8. 가능하다면 다른 용도에 쓰이지 않는 확성기, 경적 등과 같은 별도의 통신계통을 사용

40 반복적 노출에 따라 민감성이 가장 쉽게 떨어지는 표시장치는?

① 시각 표시장치 ② 청각 표시장치
③ 촉각 표시장치 ④ 후각 표시장치

해설
후각적 표시장치를 많이 쓰지 않는 이유
1. 사람마다 여러 냄새에 대한 민감도의 개인차가 심하고, 코가 막히면 민감도가 떨어진다.
2. 사람은 냄새에 빨리 익숙해져서 노출 후 얼마 이상이 지나면 냄새의 존재를 느끼지 못한다.
3. 냄새의 확산을 통제하기가 힘들다.
4. 어떤 냄새는 메스껍게 하고 사람이 싫어할 수도 있다.

3과목 기계위험 방지기술

41 롤러기의 가드 설치 시에 개구부 간격을 계산하는 식은?(단, Y : 개구부 간격, X : 개구부에서 위험점까지 최단거리, X는 160mm 미만의 경우의 식을 구한다.)

① $Y = 6 + 0.15X$
② $X = 6 + 0.15Y$
③ $Y = 6 + 10X$
④ $X = 6 + Y/10$

해설
롤러기 가드의 개구부 간격(ILO 기준, 위험점이 전동체가 아닌 경우)

$$Y = 6 + 0.15X (X < 160mm)$$
$$(단, X \geq 160mm일 때 Y = 30mm)$$

여기서, X : 가드와 위험점 간의 거리(안전거리)(mm)
         Y : 가드 개구부 간격(안전간극)(mm)

42 다음 중 컨베이어(Conveyor)의 방호장치로 볼 수 없는 것은?

① 반발예방장치 ② 이탈방지장치
③ 비상정지장치 ④ 덮개 또는 울

해설
컨베이어의 안전장치
1. 이탈 및 역주행방지장치 3. 덮개 또는 울
2. 비상정지장치   4. 건널다리

43 연삭 숫돌과 작업받침대, 교반기의 날개, 하우스 등의 기계의 회전 운동하는 부분과 고정 부분 사이에 위험이 형성되는 위험점은?

① 물림점   ② 끼임점
③ 절단점   ④ 접선물림점

해설
기계운동 형태에 따른 위험점 분류

협착점 (Squeeze Point)	왕복운동을 하는 운동부와 움직임이 없는 고정부 사이에서 형성되는 위험점 (고정점 + 운동점)	• 프레스 • 단기 • 성형기 • 조형기 • 밴딩기 • 인쇄기
끼임점 (Shear Point)	회전운동하는 부분과 고정부 사이에 위험이 형성되는 위험점(고정점 + 회전운동)	• 연삭숫돌과 작업대 • 반복동작되는 링크 기구 • 교반기의 날개와 몸체 사이 • 회전풀리와 벨트
절단점 (Cutting Point)	회전하는 운동부 자체의 위험이나 운동하는 기계부분 자체의 위험에서 형성되는 위험점(회전운동 + 기계)	• 밀링커터 • 둥근 톱의 톱날 • 목공용 띠톱 날
물림점 (Nip Point)	회전하는 두 개의 회전체에 형성되는 위험점(서로 반대 방향의 회전체)[중심점 + 반대방향의 회전운동]	• 기어와 기어의 물림 • 롤러와 롤러의 물림 • 롤러 분쇄기
접선 물림점 (Tangential Nip Point)	회전하는 부분의 접선방향으로 물려들어갈 위험이 있는 위험점	• V벨트와 풀리 • 랙과 피니언 • 체인벨트 • 평벨트
회전 말림점 (Trapping Point)	회전하는 물체의 길이, 굵기, 속도 등의 불규칙 부위와 돌기 회전부위에 의해 장갑 또는 작업복 등이 말려들 위험이 있는 위험점	• 회전하는 축 • 커플링 • 회전하는 드릴

정답 40 ④ 41 ① 42 ① 43 ②

44 연삭숫돌의 바깥지름이 300mm라면, 평형 플랜지의 바깥지름은 몇 mm 이상이어야 하는가?

① 100mm
② 150mm
③ 200mm
④ 250mm

해설

플랜지의 지름

$$\text{플랜지의 지름} = \text{숫돌지름} \times \frac{1}{3}$$

플랜지의 지름 $= 300 \times \frac{1}{3} = 100\text{mm}$

45 기계설비의 일반적인 안전조건에 해당되지 않는 것은?

① 설비의 안전화
② 기능의 안전화
③ 구조의 안전화
④ 작업의 안전화

해설

기계의 안전조건
1. 외관상의 안전화
2. 기능적 안전화
3. 작업점의 안전화
4. 작업의 안전화
5. 구조상의 안전화
6. 보전작업의 안전화

46 선반작업의 안전사항으로 틀린 것은?

① 베드 위에 공구를 올려놓지 않아야 한다.
② 바이트를 교환할 때는 기계를 정지시키고 한다.
③ 바이트는 끝을 길게 장치한다.
④ 반드시 보안경을 착용한다.

해설

선반작업 시 주의사항
1. 칩(Chip)이 비산할 때는 보안경을 쓰고 방호판을 설치 사용한다.
2. 베드 위에 공구를 올려 놓지 않아야 한다.
3. 작업 중에 가공품을 만지지 않는다.
4. 장갑 착용을 금한다.
5. 작업 시 공구는 항상 정리해 둔다.
6. 가능한 한 절삭 방향은 주축대 쪽으로 한다.
7. 기계 점검을 한 후 작업을 시작한다.
8. 칩(Chip)이나 부스러기를 제거할 때는 기계를 정지시키고 압축공기를 사용하지 말고 반드시 브러시(솔)를 사용한다.
9. 치수 측정, 주유 및 청소를 할 때는 반드시 기계를 정지시키고 한다.
10. 기계를 운전 중에 백 기어(Back Gear)를 사용하지 말고 시동 전에 심압대가 잘 죄어 있는가를 확인한다.
11. 바이트는 가급적 짧게 장치하며 가공물의 길이가 직경의 12배 이상일 때는 반드시 방진구를 사용하여 진동을 막는다.
12. 리드 스크루에는 작업자의 하부가 걸리기 쉬우므로 조심해야 한다.

47 프레스의 일반적인 방호장치가 아닌 것은?

① 광전자식 방호장치
② 포집형 방호장치
③ 게이트 가드식 방호장치
④ 양수조작식 방호장치

해설

프레스의 방호장치
1. 게이트 가드식
2. 손쳐내기식
3. 수인식
4. 양수조작식
5. 광전자식

48 작업자의 신체움직임을 감지하여 프레스의 작동을 급정지시키는 광전자식 안전장치를 부착한 프레스가 있다. 안전거리가 48cm인 경우 급정지에 소요되는 시간은 최대 몇 초 이내일 때 안전한가?(단, 급정지에 소요되는 시간은 손이 광선을 차단한 순간부터 급정지기구가 작동하여 슬라이드가 정지할 때까지의 시간을 의미한다.)

① 0.1초
② 0.2초
③ 0.3초
④ 0.4초

해설

광전자식 방호장치의 설치 안전거리

$$D = 1,600 \times (T_c + T_s)$$

여기서, D : 안전거리(mm)
T_c : 방호장치의 작동시간[즉, 손이 광선을 차단했을 때부터 급정지기구가 작동을 개시할 때까지의 시간(초)]
T_s : 프레스 등의 최대정지시간[즉, 급정지기구가 작동을 개시했을 때부터 슬라이드 등이 정지할 때까지의 시간(초)]

1. $(T_c + T_s)$ = 급정지시간
2. $480\text{mm} = 1,600 \times $ 급정지시간[초]

∴ 급정지시간 $= \dfrac{480}{1,600} = 0.3[\text{초}]$

TIP 단위에 주의할 것

49 산업안전보건법령상 양중기에 사용하지 않아야 하는 달기체인의 기준으로 틀린 것은?

① 심하게 변형된 것
② 균열이 있는 것
③ 달기체인의 길이가 달기체인이 제조된 때의 길이의 3%를 초과한 것
④ 링의 단면지름이 달기체인이 제조된 때의 해당 링의 지름의 10%를 초과하여 감소한 것

해설
양중기 달기체인의 사용금지 조건
1. 달기체인의 길이가 달기체인이 제조된 때의 길이의 5%를 초과한 것
2. 링의 단면지름이 달기체인이 제조된 때의 해당 링의 지름의 10%를 초과하여 감소한 것
3. 균열이 있거나 심하게 변형된 것

50 다음 중 보일러의 증기관 내에서 수격작용 현상이 발생하는 가장 큰 원인은?

① 프라이밍
② 링
③ 캐리오버
④ 서어징

해설
이상현상의 종류

프라이밍 (Priming)	보일러수가 극심하게 끓어서 수면에서 계속하여 물방울이 비산하고 증기부가 물방울로 충만하여 수위가 불안정하게 되는 현상
포밍 (Foaming)	보일러수에 유지류, 고형물 등의 부유물로 인해 거품이 발생하여 수위를 판단하지 못하는 현상
캐리오버 (Carry Over)	• 보일러에서 증기관 쪽으로 보내는 증기에 대량의 물방울이 포함되는 경우로 프라이밍이나 포밍이 생기면 필연적으로 발생 • 보일러에서 증기의 순도를 저하시킴으로써 관 내 응축수가 생겨 워터해머의 원인이 되는 것
워터해머 (Water Hammer, 수격작용)	• 증기관 내에서 증기를 보내기 시작할 때 해머로 치는 듯한 소리를 내며 관이 진동하는 현상 • 워터해머는 캐리오버에 기인한다.

51 다음 중 원심기의 방호장치로 가장 적합한 것은?

① 덮개
② 반발방지장치
③ 릴리프밸브
④ 수인식 가드

해설
원심기의 방호장치
원심기에는 덮개를 설치하여야 한다.

52 기계설비의 방호는 위험장소에 대한 방호와 위험원에 대한 방호로 분류할 때, 다음 위험원에 대한 방호장치에 해당하는 것은?

① 격리형 방호장치
② 포집형 방호장치
③ 접근거부형 방호장치
④ 위치제한형 방호장치

해설
방호장치의 분류
1. 위험장소 : 격리형 방호장치, 위치제한형 방호장치, 접근반응형 방호장치, 접근 거부형 방호장치
2. 위험원 : 포집형 방호장치, 감지형 방호장치

53 다음 중 산업안전보건법령에 따른 아세틸렌 용접장치에 관한 설명으로 옳은 것은?

① 아세틸렌 용접장치의 안전기는 취관마다 설치하여야 한다.
② 아세틸렌 용접장치의 아세틸렌 전용 발생기실은 건물의 지하에 위치하여야 한다.
③ 아세틸렌 전용의 발생기실은 화기를 사용하는 설비로부터 1.5m를 초과하는 장소에 설치하여야 한다.
④ 아세틸렌 용접장치를 사용하여 금속의 용접·용단하는 경우에는 게이지 압력이 250kPa을 초과하는 압력의 아세틸렌을 발생시켜 사용해서는 아니 된다.

해설
아세틸렌 용접장치
1. 발생기실의 설치장소
건물의 최상층에 위치하여야 하며, 화기를 사용하는 설비로부터 3m를 초과하는 장소에 설치하여야 한다.

2. 압력의 제한
아세틸렌 용접장치를 사용하여 금속의 용접·용단 또는 가열작업을 하는 경우에는 게이지 압력이 127kPa을 초과하는 압력의 아세틸렌을 발생시켜 사용해서는 아니 된다.

54 드릴작업 시 가공재를 고정하기 위한 방법으로 적합하지 않은 것은?

① 가공재가 길 때는 방진구를 이용한다.
② 가공재가 작을 때는 바이스로 고정한다.
③ 가공재가 크고 복잡할 때는 볼트와 고정구로 고정한다.
④ 대량생산과 정밀도가 요구될 때는 지그로 고정한다.

해설

드릴링 작업에서 일감(공작물)의 고정방법
1. 일감이 작을 때 : 바이스로 고정
2. 일감이 크고 복잡할 때 : 볼트와 고정구(클램프)로 고정
3. 대량 생산과 정밀도를 요할 때 : 지그(Jig)로 고정
4. 얇은 판의 재료일 때 : 나무판을 받치고 기구로 고정

TIP 선반작업 시 주의사항
바이트는 가급적 짧게 장치하며 가공물의 길이가 직경의 12배 이상일 때는 반드시 방진구를 사용하여 진동을 막는다.

55 드릴링 머신은 드릴지름이 10mm이고, 드릴 회전수가 1,000rpm일 때 원주속도는 약 몇 m/min인가?

① 3.14m/min
② 6.28m/min
③ 31.4m/min
④ 62.8m/min

해설

드릴링 머신의 원주속도

$$V = \frac{\pi DN}{1,000}$$

여기서, V : 드릴의 원주속도(m/min)
D : 드릴의 직경(mm)
N : 드릴의 회전수(rpm)

$$V = \frac{\pi DN}{1,000} = \frac{\pi \times 10 \times 1,000}{1,000} ≒ 31.4[m/min]$$

56 다음과 같은 작업 조건일 경우 와이어로프의 안전율은?

작업조건 : 작업대에서 사용된 와이어로프 1줄의 파단하중이 10톤, 인양하중이 4톤, 로프의 줄 수가 2줄

① 2
② 3
③ 4
④ 5

해설

와이어로프의 안전율

$$안전율(S) = \frac{로프의\ 가닥수(N) \times 로프의\ 파단하중(P) \times 단말고정이음효율(nR)}{안전하중(최대사용하중, Q) \times 하중계수(C)}$$

$$안전율(S) = \frac{로프의\ 가닥수(N) \times 로프의\ 파단하중(P)}{안전하중(Q)}$$

$$= \frac{2 \times 10}{4} = 5$$

57 체인과 스프로킷, 랙과 피니언, 풀리와 V벨트 등에서 형성되는 위험점은?

① 끼임점
② 회전말림점
③ 접선물림점
④ 협착점

해설

접선 물림점(Tangential Nip-Point)
1. 회전하는 부분의 접선방향으로 물려들어갈 위험이 있는 위험점
2. 위험점의 예 : V벨트와 풀리, 랙과 피니언, 체인벨트, 평벨트

58 드릴머신에서 얇은 철판이나 동판에 구멍을 뚫을 때 올바른 작업방법은?

① 테이블에 고정한다.
② 클램프로 고정한다.
③ 드릴 바이스에 고정한다.
④ 각목을 밑에 깔고 기구로 고정한다.

해설

드릴링 작업에서 일감(공작물)의 고정방법
1. 일감이 작을 때 : 바이스로 고정
2. 일감이 크고 복잡할 때 : 볼트와 고정구(클램프)로 고정
3. 대량 생산과 정밀도를 요할 때 : 지그(Jig)로 고정
4. 얇은 판의 재료일 때 : 나무판을 받치고 기구로 고정

정답 54 ① 55 ③ 56 ④ 57 ③ 58 ④

59 용접 토치 팁의 청소는 무엇으로 해야 가장 좋은가?

① 놋쇠선
② 철선
③ 전선케이블
④ 팁클리너

해설

토치 취급상 주의사항
1. 팁을 모래나 먼지 위에 놓지 말 것
2. 토치를 함부로 분해하지 말 것
3. 팁이 과열된 때는 아세틸렌가스를 멈추고 산소만 다소 분출시키면서 물속에 넣어 냉각시킬 것
4. 점화 시 아세틸렌 밸브를 열고 점화 후 산소를 밸브를 열어 조절
5. 작업 종료 후 또는 고무호스에 역화·역류 발생 시에는 산소밸브를 가장 먼저 잠근다.
6. 용접 토치 팁의 청소는 팁클리너로 하는 것이 가장 좋다.

60 롤러기의 급정지장치 설치방법 중 잘못된 것은?

① 손 조작식은 바닥면에서 2m 이내일 것
② 복부 조작식은 바닥면에서 0.8m 이상 1.1m 이내일 것
③ 무릎조작식은 바닥면에서 0.4m 이상 0.6m 이내일 것
④ 급정지장치가 동작한 경우 롤러기의 기동장치를 재조작하지 않으면 가동되지 않는 구조일 것

해설

급정지장치의 설치방법

급정지장치 조작부의 종류	위치	비고
손으로 조작하는 것	밑면으로부터 1.8m 이내	위치는 급정지장치 조작부의 중심점을 기준으로 함
복부로 조작하는 것	밑면으로부터 0.8m 이상 1.1m 이내	
무릎으로 조작하는 것	밑면으로부터 0.4m 이상 0.6m 이내	

4과목 전기 및 화학설비위험방지기술

61 저항값이 0.1Ω인 도체에 10A의 전류가 1분간 흘렀을 경우 발생하는 열량은 몇 cal인가?

① 124
② 144
③ 166
④ 250

해설

열량

$$Q = 0.24I^2RT \times 10^{-3} [\text{kcal}] = 0.24I^2RT [\text{cal}]$$

여기서, Q : 열량[J], I : 전류[A], R : 저항[Ω]
T : 전류가 흐른 시간[sec]

$Q = 0.24I^2RT = 0.24 \times 10^2 \times 0.1 \times 60 = 144 [\text{cal}]$

62 다음 중 산업안전보건법상 충전전로를 취급하는 경우의 조치사항으로 틀린 것은?

① 고압 및 특별고압의 전로에서 전기작업을 하는 근로자에게 활선작업용 기구 및 장치를 사용하도록 할 것
② 충전전로를 취급하는 근로자에게 그 작업에 적합한 절연용 보호구를 착용시킬 것
③ 충전전로를 정전시키는 경우에는 전기작업 전원을 차단한 후 각 단로기 등을 폐로시킬 것
④ 근로자가 절연용 방호구의 설치, 해체작업을 하는 경우에는 절연용 보호구를 착용하거나 활선작업용 기구 및 장치를 사용하도록 할 것

해설

정전전로에서의 전로차단 절차
1. 전기기기 등에 공급되는 모든 전원을 관련 도면, 배선도 등으로 확인할 것
2. 전원을 차단한 후 각 단로기 등을 개방하고 확인할 것
3. 차단장치나 단로기 등에 잠금장치 및 꼬리표를 부착할 것
4. 개로된 전로에서 유도전압 또는 전기에너지가 축적되어 근로자에게 전기위험을 끼칠 수 있는 전기기기 등은 접촉하기 전에 잔류전하를 완전히 방전시킬 것
5. 검전기를 이용하여 작업대상 기기가 충전되었는지를 확인할 것
6. 전기기기 등이 다른 노출 충전부와의 접촉, 유도 또는 예비동력원의 역송전 등으로 전압이 발생할 우려가 있는 경우에는 충분한 용량을 가진 단락 접지기구를 이용하여 접지할 것

정답 59 ④ 60 ① 61 ② 62 ③

63 에틸에테르(폭발하한값 1.9vol%)와 에틸알코올(폭발하한값 4.3vol%)이 4 : 1로 혼합된 증기의 폭발하한계(vol%)는 약 얼마인가?[(단, 혼합증기는 에틸에테르가 80%, 에틸알코올이 20%로 구성되고, 르샤틀리에(Le Chatelier)법칙을 이용한다.]

① 2.14vol% ② 3.14vol%
③ 4.14vol% ④ 5.14vol%

해설

르샤틀리에의 법칙(순수한 혼합가스일 경우)

$$\frac{100}{L} = \frac{V_1}{L_1} + \frac{V_2}{L_2} + \frac{V_3}{L_3} \cdots$$

$$L = \frac{100}{\frac{V_1}{L_1} + \frac{V_2}{L_2} + \cdots + \frac{V_n}{L_n}}$$

여기서, V_n : 전체 혼합가스 중 각 성분 가스의 체적(비율)[%]
L_n : 각 성분 단독의 폭발한계(상한 또는 하한)
L : 혼합가스의 폭발한계(상한 또는 하한)[vol%]

$$L = \frac{100}{\frac{80}{1.9} + \frac{20}{4.3}} = 2.138 \cdots ≒ 2.14[vol\%]$$

64 산업안전보건기준에 관한 규칙에 따라 폭발성 물질을 저장·취급하는 화학설비 및 그 부속설비를 설치할 때, 단위공정시설 및 설비로부터 다른 단위공정시설 및 설비 사이의 안전거리는 설비 바깥 면으로부터 몇 m 이상 두어야 하는가?(단, 원칙적인 경우에 한한다.)

① 3 ② 5
③ 10 ④ 20

해설

위험물을 저장·취급하는 화학설비 및 그 부속설비를 설치하는 경우의 안전거리

구분	안전거리
단위공정시설 및 설비로부터 다른 단위공정시설 및 설비의 사이	설비의 바깥 면으로부터 10m 이상
플레어스택으로부터 단위공정시설 및 설비, 위험물질 저장탱크 또는 위험물질 하역설비의 사이	플레어스택으로부터 반경 20m 이상(다만, 단위공정시설 등이 불연재로 시공된 지붕 아래에 설치된 경우에는 제외)
위험물질 저장탱크로부터 단위공정시설 및 설비, 보일러 또는 가열로의 사이	저장탱크의 바깥 면으로부터 20m 이상(다만, 저장탱크의 방호벽, 원격조종화설비 또는 살수설비를 설치한 경우에는 제외)
사무실·연구실·실험실·정비실 또는 식당으로부터 단위공정시설 및 설비, 위험물질 저장탱크, 위험물질 하역설비, 보일러 또는 가열로의 사이	사무실 등의 바깥 면으로부터 20m 이상(다만, 난방용 보일러인 경우 또는 사무실 등의 벽을 방호구조로 설치한 경우에는 제외)

65 감전에 의한 전격위험을 결정하는 주된 인자와 거리가 먼 것은?

① 통전저항 ② 통전전류의 크기
③ 통전경로 ④ 통전시간

해설

감전재해의 요인

1차적 감전요소	• 통전 전류의 크기 : 크면 위험, 인체의 저항이 일정할 때 접촉전압에 비례 • 통전 경로 : 인체의 주요한 부분을 흐를수록 위험 • 통전시간 : 장시간 흐르면 위험 • 전원의 종류 : 전원의 크기(전압)가 동일한 경우 교류가 직류보다 위험하다.
2차적 감전요소	• 인체의 조건(저항) : 땀에 젖어 있거나 물에 젖어 있는 경우 인체의 저항이 감소하므로 위험성이 높아진다. • 전압 : 전압의 크기가 클수록 위험하다. • 계절 : 계절에 따라 인체의 저항이 변화하므로 전격에 대한 위험도에 영향을 준다.

66 산업안전보건법상 전기기계, 기구의 누전에 의한 감전 위험을 방지하기 위하여 접지를 하여야 하는 사항으로 틀린 것은?

① 전기기계, 기구의 금속제 내부 충전부
② 전기기계, 기구의 금속제 외함
③ 전기기계, 기구의 금속제 외피
④ 전기기계, 기구의 금속제 철대

해설

전기기계·기구의 접지(접지 대상)
1. 전기기계·기구의 금속제 외함, 금속제 외피 및 철대
2. 고정 설치되거나 고정배선에 접속된 전기기계·기구의 노출된 비충전 금속체 중 충전될 우려가 있는 다음 각 목의 어느 하나에 해당하는 비충전 금속체
   ㉠ 지면이나 접지된 금속체로부터 수직거리 2.4m, 수평거리 1.5m 이내인 것

정답 63 ① 64 ③ 65 ① 66 ①

ⓒ 물기 또는 습기가 있는 장소에 설치되어 있는 것
ⓒ 금속으로 되어 있는 기기접지용 전선의 피복·외장 또는 배선관 등
ⓔ 사용전압이 대지전압 150V를 넘는 것

67 다음 중 황린에 대한 설명으로 옳은 것은?

① 주수에 의한 냉각소화는 황화수소를 발생시키므로 사용을 금한다.
② 황린은 자연발화하므로 물속에 보관한다.
③ 황린은 황과 인의 화합물이다.
④ 독성 및 부식성이 없다.

해설

황린(백린 = P_4)
pH 9(약알칼리성) 정도의 물속에 저장하며 보호액이 증발되지 않도록 한다.

68 폭발범위에 있는 가연성 가스 혼합물에 전압을 변화시키며 전기 불꽃을 주었더니 1,000V가 되는 순간 폭발이 일어났다. 이때 사용한 전기불꽃의 콘덴서 용량은 $0.1\mu F$을 사용하였다면 이 가스에 대한 최소 발화에너지는 몇 mJ인가?

① 5
② 10
③ 50
④ 100

해설

최소발화에너지

$$E = \frac{1}{2}CV^2$$

여기서, E : 발화에너지[J], C : 전기용량[F], V : 방전전압[V]

$$E = \frac{1}{2}CV^2 = \frac{1}{2} \times (0.1 \times 10^{-6}) \times 1,000^2 = 0.05[J] = 50mJ$$

TIP $\mu F = 10^{-6}F$, $1J = 1,000mJ$

69 다음 중 정전기의 대전현상이 아닌 것은?

① 교반대전
② 충돌대전
③ 파괴대전
④ 망상대전

해설

정전기 발생현상
1. 마찰대전   6. 유도대전
2. 박리대전   7. 비말대전
3. 유동대전   8. 파괴대전
4. 분출대전   9. 교반대전(진동대전)
5. 충돌대전

70 공정별로 폭발물을 분류할 때 물리적 폭발이 아닌 것은?

① 분해폭발
② 탱크의 감압폭발
③ 수증기 폭발
④ 고압용기의 폭발

해설

폭발의 분류

공정에 따른 분류	핵 폭발	원자핵의 분열이나 융합에 의한 강렬한 에너지 방출 현상
	물리적 폭발	화학적 변화 없이 물리 변화를 주체로 한 폭발의 형태(탱크의 감압폭발, 수증기폭발, 고압용기의 폭발, 전선폭발, 보일러폭발 등)
	화학적 폭발	화학반응이 관여하는 화학적 특성 변화에 의한 폭발(산화폭발, 분해폭발, 중합폭발, 반응폭주)
원인물질의 상태에 따른 분류	기상 폭발	가스폭발, 분무폭발, 분진폭발, 가스분해폭발, 증기운폭발
	응상 폭발	수증기폭발(액체일 때), 증기폭발(액화가스일 때), 전선폭발

71 다음 중 방폭구조의 종류에 해당되지 않는 것은?

① 유출 방폭구조
② 안전증 방폭구조
③ 압력 방폭구조
④ 본질안전 방폭구조

해설

방폭구조의 종류 및 기호

내압 방폭구조	d	안전증 방폭구조	e	비점화 방폭구조	n
압력 방폭구조	p	특수 방폭구조	s	몰드 방폭구조	m
유입 방폭구조	o	본질안전 방폭구조	i(ia, ib)	충전 방폭구조	q

정답 67 ② 68 ③ 69 ④ 70 ① 71 ①

72 점화원 없이 발화를 일으키는 최저온도를 무엇이라 하는가?

① 착화점 ② 연소점
③ 용융점 ④ 기화점

해설

발화점(Ignition Point, 발화온도, 착화점, 착화온도)
착화원(점화원)이 없는 상태에서 가연성 물질을 공기 또는 산소 중에서 가열하였을 때 발화되는 최저온도

73 다음 중 정전기 재해의 방지 대책으로 적절하지 않은 것은?

① 접지를 실시한다.
② 단로기를 설치한다.
③ 가습을 한다.
④ 제전기를 사용한다.

해설

정전기재해의 방지대책
1. 접지(도체의 대전방지)
2. 유속의 제한
3. 보호구의 착용
4. 대전방지제 사용
5. 가습(상대습도를 60~70% 정도 유지)
6. 제전기 사용
7. 대전물체의 차폐
8. 정치시간의 확보
9. 도전성 재료 사용

74 할론 소화기는 연소의 어느 요소를 제거함으로써 소화작용을 하는가?

① 발화원 ② 가연물
③ 연쇄반응 ④ 탄화물

해설

할론 소화기는 억제소화(부촉매소화)에 해당되며, 억제소화란 가연성 물질과 산소와의 화학반응을 느리게 함으로써 소화하는 방법(연쇄반응을 억제시켜 소화하는 방법)을 말한다.

75 인체에 전격을 당했을 경우 통전시간이 1초라면 심실세동을 일으키는 전류값은 얼마인가?

① 100mA ② 165mA
③ 30mA ④ 215mA

해설

심실세동전류(치사전류)

$$I = \frac{165}{\sqrt{T}}[\text{mA}]$$

여기서, I : 심실세동전류(mA), T : 통전시간(sec)
전류 I는 1,000명 중 5명 정도가 심실세동을 일으키는 값

$$I = \frac{165}{\sqrt{T}} = \frac{165}{\sqrt{1}} = 165[\text{mA}]$$

76 건조설비구조에 관한 설명으로 옳지 않은 것은?

① 건조설비의 외면은 불연성 재료로 한다.
② 위험물 건조설비의 측벽이나 바닥은 견고한 구조로 한다.
③ 건조설비의 내부는 청소할 수 있는 구조로 되어서는 안 된다.
④ 건조설비의 내부온도는 국부적으로 상승되는 구조로 되어서는 안 된다.

해설

건조설비의 구조
1. 건조설비의 바깥 면은 불연성 재료로 만들 것
2. 건조설비(유기과산화물을 가열 건조하는 것은 제외한다.)의 내면과 내부의 선반이나 틀은 불연성 재료로 만들 것
3. 위험물 건조설비의 측벽이나 바닥은 견고한 구조로 할 것
4. 위험물 건조설비는 그 상부를 가벼운 재료로 만들고 주위 상황을 고려하여 폭발구를 설치할 것
5. 위험물 건조설비는 건조하는 경우에 발생하는 가스·증기 또는 분진을 안전한 장소로 배출시킬 수 있는 구조로 할 것
6. 액체연료 또는 인화성 가스를 열원의 연료로 사용하는 건조설비는 점화하는 경우에는 폭발이나 화재를 예방하기 위하여 연소실이나 그 밖에 점화하는 부분을 환기시킬 수 있는 구조로 할 것
7. 건조설비의 내부는 청소하기 쉬운 구조로 할 것
8. 건조설비의 감시창·출입구 및 배기구 등과 같은 개구부는 발화 시에 불이 다른 곳으로 번지지 아니하는 위치에 설치하고 필요한 경우에는 즉시 밀폐할 수 있는 구조로 할 것
9. 건조설비는 내부의 온도가 국부적으로 상승하지 아니하는 구조로 설치할 것

10. 위험물 건조설비의 열원으로서 직화를 사용하지 아니할 것
11. 위험물 건조설비가 아닌 건조설비의 열원으로서 직화를 사용하는 경우에는 불꽃 등에 의한 화재를 예방하기 위하여 덮개를 설치하거나 격벽을 설치할 것

77 공정안전보고서에 포함되어야 할 세부 내용 중 공정안전자료에 해당하는 것은?

① 결함수분석(FTA)
② 도급업체 안전관리계획
③ 각종 건물·설비의 배치도
④ 비상조치계획에 따른 교육계획

해설

공정안전자료
1. 취급·저장하고 있거나 취급·저장하려는 유해·위험물질의 종류 및 수량
2. 유해·위험물질에 대한 물질안전보건자료
3. 유해·위험설비의 목록 및 사양
4. 유해·위험설비의 운전방법을 알 수 있는 공정도면
5. 각종 건물·설비의 배치도
6. 폭발위험장소 구분도 및 전기단선도
7. 위험설비의 안전설계·제작 및 설치 관련 지침서

78 폭발범위에 관한 설명으로 옳은 것은?

① 공기밀도에 대한 폭발성 가스 및 증기의 폭발 가능 밀도범위
② 가연성 액체의 액면 근방에 생기는 증기가 착화할 수 있는 온도범위
③ 폭발화염이 내부에서 외부로 전파될 수 있는 용기의 틈새 간격범위
④ 가연성 가스와 공기와의 혼합가스에 점화원을 주었을 때 폭발이 일어나는 혼합가스의 농도범위

해설

연소범위(연소한계, 폭발범위, 폭발한계)
1. 가연성의 기체 또는 액체의 증기와 공기와의 혼합물에 점화를 했을 때 화염이 전파하여 폭발로 이어지는 가스의 농도한계를 말한다.
2. 가연성 가스의 농도가 너무 높거나 낮을 경우 화염의 전파가 일어나지 않는 농도한계가 존재하게 되며, 이때 농도가 낮은 쪽을 폭발하한계, 높은 쪽을 폭발상한계, 그리고 그 사이를 폭발범위라 한다.

79 전기기계·기구의 누전에 의한 감전위험을 방지하기 위하여 해당 전로에는 정격에 적합하고 감도가 양호한 감전방지용 누전차단기를 설치하여야 한다. 이 누전차단기의 기준은 정격감도전류가 30mA 이하이고 작동시간은 몇 초 이내이어야 하는가?(단, 정격부하전류가 50A 미만의 전기기계·기구에 접속되는 누전차단기이다.)

① 0.03초   ② 0.1초
③ 0.3초   ④ 0.5초

해설

누전차단기 접속 시 준수사항
전기기계·기구에 설치되어 있는 누전차단기는 정격감도전류가 30mA 이하이고 작동시간은 0.03초 이내일 것(다만, 정격전부하전류가 50A 이상인 전기기계·기구에 접속되는 누전차단기는 오작동을 방지하기 위하여 정격감도전류는 200mA 이하로, 작동시간은 0.1초 이내로 할 수 있다.)

80 부탄의 연소하한값이 1.6vol%일 경우, 연소에 필요한 최소산소농도는 약 몇 vol%인가?

① 9.4
② 10.4
③ 11.4
④ 12.4

해설

최소산소농도(MOC ; Minimum Oxygen Concentration)

> 최소산소농도(MOC)
> = 연소하한계 × 산소의 화학양론적 계수

1. $C_4H_{10} + 6.5O_2 \rightarrow 4CO_2 + 5H_2O$
2. 최소산소농도(MOC)
   = 연소하한계 × 산소의 화학양론적 계수
   = $1.6 \times 6.5 = 10.4$[%]

정답 77 ③ 78 ④ 79 ① 80 ②

5과목 건설안전기술

81 말비계를 조립하여 사용하는 경우의 준수사항으로 옳지 않은 것은?

① 지주부재의 하단에는 미끄럼 방지장치를 할 것
② 지주부재와 수평면과의 기울기는 85° 이하로 할 것
③ 말비계의 높이가 2m를 초과할 경우에는 작업발판의 폭을 40cm 이상으로 할 것
④ 지주부재와 지주부재 사이를 고정시키는 보조부재를 설치할 것

해설

말비계 조립 시의 준수사항
1. 지주부재의 하단에는 미끄럼 방지장치를 하고, 근로자가 양측 끝부분에 올라서서 작업하지 않도록 할 것
2. 지주부재와 수평면의 기울기를 75도 이하로 하고, 지주부재와 지주부재 사이를 고정시키는 보조부재를 설치할 것
3. 말비계의 높이가 2미터를 초과하는 경우에는 작업발판의 폭을 40센티미터 이상으로 할 것

82 다음 중 크레인의 방호장치와 거리가 먼 것은?

① 비상정지장치　　② 권과방지장치
③ 과부하방지장치　④ 충격흡수장치

해설

방호장치의 조정

방호장치의 조정 대상	크레인, 이동식 크레인, 리프트, 곤돌라, 승강기
방호장치의 종류	• 과부하방지장치 • 권과방지장치 • 비상정지장치 및 제동장치 • 그 밖의 방호장치(승강기의 파이널 리미트 스위치, 속도조절기, 출입문 인터록 등)

83 건설용 양중기에 관한 설명으로 옳은 것은?

① 삼각데릭은 인접시설에 장해가 없는 상태에서 360° 회전이 가능하다.
② 이동식 크레인(Crane)에는 트럭 크레인, 크롤러 크레인 등이 있다.
③ 휠 크레인에는 무한궤도식과 타이어식이 있으며 장거리 이동에 적당하다.
④ 크롤러 크레인은 휠 크레인보다 기동성이 뛰어나다.

해설

건설용 양중기
1. 삼각데릭의 회전범위는 270°, 작업범위는 180°이다.
2. 휠 크레인에는 기계식과 유압식이 있으며, 기계식보다 유압식을 많이 사용한다.
3. 휠 크레인은 크롤러 크레인보다 기동성이 뛰어나다.

> **TIP** 이동식 크레인의 종류
> 트럭 크레인, 크롤러 크레인, 휠 크레인, 유압크레인 등

84 다음은 산업안전보건기준에 관한 규칙 중 조립도에 관한 사항이다. (　) 안에 알맞은 것은?

> 거푸집동바리 등을 조립하는 때에는 그 구조를 검토한 후 조립도를 작성하여야 한다. 조립도에는 동바리·멍에 등 부재의 재질·단면규격·(　) 및 이음방법 등을 명시하여야 한다.

① 부재강도　　② 기울기
③ 안전대책　　④ 설치간격

해설

거푸집 동바리 조립도
1. 거푸집 및 동바리를 조립하는 경우에는 그 구조를 검토한 후 조립도를 작성하고, 그 조립도에 따라 조립하도록 해야 한다.
2. 조립도에는 거푸집 및 동바리를 구성하는 부재의 재질·단면규격·설치간격 및 이음방법 등을 명시해야 한다.

85 거푸집 동바리에 작용하는 횡하중이 아닌 것은?

① 콘크리트 측압　　② 풍하중
③ 자중　　　　　　④ 지진하중

해설

거푸집 및 동바리 시공 시 고려하중

종류	내용
연직방향 하중	거푸집, 지보공(동바리), 콘크리트, 철근, 작업원, 타설용 기계기구, 가설설비 등의 중량 및 충격하중
횡방향 하중	작업할 때의 진동, 충격, 시공오차 등에 기인되는 횡방향 하중 이외에 필요에 따라 풍압, 유수압, 지진 등
콘크리트의 측압	굳지 않은 콘크리트의 측압
특수하중	시공 중에 예상되는 특수한 하중

> **TIP** 자중
> 연직방향 하중

정답 81 ② 82 ④ 83 ② 84 ④ 85 ③

86 추락에 의한 위험방지 조치사항으로 거리가 먼 것은?

① 투하설비 설치
② 작업발판 설치
③ 추락방지망 설치
④ 근로자에게 안전대 착용

해설
1. 투하설비는 낙하물에 의한 위험방지 조치이다.
2. 높이 3m 이상인 장소에서 물체를 투하하는 경우 조치사항
   ㉠ 투하설비 설치
   ㉡ 감시인 배치

87 건설현장에서 계단을 설치하는 경우 계단의 높이가 최소 몇 m 이상일 때 계단의 개방된 측면에 안전난간을 설치하여야 하는가?

① 0.8m
② 1.0m
③ 1.2m
④ 1.5m

해설
가설계단의 설치기준

계단 및 계단참의 강도	• 매 m²당 500kg 이상의 하중에 견딜 수 있는 강도를 가진 구조로 설치하여야 한다. • 안전율(재료의 파괴응력도와 허용응력도의 비율)은 4 이상으로 하여야 한다. • 계단 및 승강구 바닥을 구멍이 있는 재료로 만드는 경우 렌치나 그 밖의 공구 등이 낙하할 위험이 없는 구조로 하여야 한다.
계단의 폭	• 계단을 설치하는 경우 그 폭을 1m 이상으로 하여야 한다(다만, 급유용·보수용·비상용 계단 및 나선형 계단이거나 높이 1m 미만의 이동식 계단인 경우에는 제외). • 계단에 손잡이 외의 다른 물건 등을 설치하거나 쌓아 두어서는 아니 된다.
계단참의 설치	높이가 3m를 초과하는 계단에 높이 3m 이내마다 진행방향으로 길이 1.2m 이상의 계단참을 설치하여야 한다.
천장의 높이	계단을 설치하는 경우 바닥면으로부터 높이 2m 이내의 공간에 장애물이 없도록 하여야 한다(다만, 급유용·보수용·비상용 계단 및 나선형 계단인 경우에는 제외).
계단의 난간	높이 1m 이상인 계단의 개방된 측면에 안전난간을 설치하여야 한다.

88 다음과 같은 조건에서 추락 시 로프의 지지점에서 최하단까지의 거리 h를 구하면 얼마인가?

• 로프 길이 : 150cm
• 로프 신율 : 30%
• 근로자 신장 : 170cm

① 2.8m
② 3.0m
③ 3.2m
④ 3.4m

해설
최하사점

$$H > h = 로프의\ 길이(l) + 로프의\ 신장(율)길이(l \times a) + 작업자의\ 키 \times \frac{1}{2}$$

여기서, h : 추락 시 로프지지 위치에서 신체의 최하사점까지의 거리 (최하사점)
H : 로프를 지지한 위치에서 바닥면까지의 거리

$h = 150 + (150 \times 0.3) + 170 \times \frac{1}{2} = 280[cm] = 2.8[m]$

89 블레이드의 길이가 길고 낮으며 블레이드의 좌우를 전후 25~30° 각도로 회전시킬 수 있어 흙을 측면으로 보낼 수 있는 도저는?

① 레이크 도저
② 스트레이트 도저
③ 앵글 도저
④ 틸트 도저

해설
배토판(Blade)의 형태 및 작동방법에 의한 분류

스트레이트 도저 (Straight Dozer)	트랙터의 종방향 중심축에 배토판을 직각으로 설치하여 직선적인 굴착 및 압토작업에 효율적
앵글 도저 (Angle Dozer)	배토판을 진행방향에 따라 20~30°의 좌우로 돌릴 수 있도록 만든 장치로, 측면굴착에 유리
틸트 도저 (Tilt Dozer)	배토판을 좌우로 상하 25~30°까지 아래로 기울어지게 하여 도랑파기, 경사면 굴착에 유리
힌지 도저 (Hinge Dozer)	배토판 중앙에 힌지를 붙여 안팎으로 V자형으로 꺾을 수 있으며, 흙을 깎아 옆으로 밀어내면서 전진하므로 제설, 제토작업 및 다량의 흙을 전방으로 밀고 가는 데 적합한 도저

정답 86 ① 87 ② 88 ① 89 ③

90 추락 방지용 방망에 표시해야 할 사항이 아닌 것은?

① 신품인 때의 방망의 강도
② 망사의 직경
③ 제조자명
④ 그물코

해설

추락방지용 방망의 표시
1. 제조자명
2. 제조연월
3. 재봉 치수
4. 그물코
5. 신품인 때의 방망의 강도

91 이동식 비계의 조립에 대한 유의사항으로 옳지 않은 것은?

① 제동장치를 설치
② 승강용 사다리를 견고하게 부착
③ 비계의 최대높이는 밑변 최대폭의 4배 이하
④ 최상층 및 5층 이내마다 수평재를 설치

해설

이동식 비계를 조립하여 사용 시 준수사항
1. 안전담당자의 지휘하에 작업을 행하여야 한다.
2. 비계의 최대높이는 밑변 최소폭의 4배 이하이어야 한다.
3. 작업대의 발판은 전면에 걸쳐 빈틈없이 깔아야 한다.
4. 비계의 일부를 건물에 체결하여 이동, 전도 등을 방지하여야 한다.
5. 승강용 사다리는 견고하게 부착하여야 한다.
6. 최대적재하중을 표시하여야 한다.
7. 부재의 접속부, 교차부는 확실하게 연결하여야 한다.
8. 작업대에는 안전난간을 설치하여야 하며 낙하물 방지조치를 설치하여야 한다.
9. 불의의 이동을 방지하기 위한 제동장치를 반드시 갖추어야 한다.
10. 이동할 때에는 작업원이 없는 상태이어야 한다.
11. 비계의 이동에는 충분한 인원배치를 하여야 한다.
12. 안전모를 착용하여야 하며 지지 로프를 설치하여야 한다.
13. 재료, 공구의 오르내리기에는 포대, 로프 등을 이용하여야 한다.
14. 작업장 부근에 고압선 등이 있는가를 확인하고 적절한 방호조치를 취하여야 한다.
15. 상하에서 동시에 작업을 할 때에는 충분한 연락을 취하면서 작업을 하여야 한다.

92 사다리식 통로 등을 설치하는 경우 준수해야 할 기준으로 옳지 않은 것은?

① 접이식 사다리 기둥은 사용 시 접혀지거나 펼쳐지지 않도록 철물 등을 사용하여 견고하게 조치할 것
② 발판과 벽과의 사이는 25cm 이상의 간격을 유지할 것
③ 폭은 30cm 이상으로 할 것
④ 사다리식 통로의 길이가 10m 이상인 경우에는 5m 이내마다 계단참을 설치할 것

해설

사다리식 통로
1. 견고한 구조로 할 것
2. 심한 손상·부식 등이 없는 재료를 사용할 것
3. 발판의 간격은 일정하게 할 것
4. 발판과 벽과의 사이는 15cm 이상의 간격을 유지할 것
5. 폭은 30cm 이상으로 할 것
6. 사다리가 넘어지거나 미끄러지는 것을 방지하기 위한 조치를 할 것
7. 사다리의 상단은 걸쳐놓은 지점으로부터 60cm 이상 올라가도록 할 것
8. 사다리식 통로의 길이가 10m 이상인 경우에는 5m 이내마다 계단참을 설치할 것
9. 사다리식 통로의 기울기는 75도 이하로 할 것. 다만, 고정식 사다리식 통로의 기울기는 90도 이하로 하고, 그 높이가 7미터 이상인 경우에는 다음 각 목의 구분에 따른 조치를 할 것
   ㉠ 등받이울이 있어도 근로자 이동에 지장이 없는 경우 : 바닥으로부터 높이가 2.5미터 되는 지점부터 등받이울을 설치할 것
   ㉡ 등받이울이 있으면 근로자가 이동이 곤란한 경우 : 개인용 추락 방지 시스템을 설치하고 근로자로 하여금 전신안전대를 사용하도록 할 것
10. 접이식 사다리 기둥은 사용 시 접혀지거나 펼쳐지지 않도록 철물 등을 사용하여 견고하게 조치할 것

93 굴착작업을 하는 경우 지반의 붕괴 또는 토석의 낙하에 의한 근로자의 위험을 방지하기 위하여 관리감독자로 하여금 작업 시작 전에 점검하도록 해야 하는 사항과 가장 거리가 먼 것은?

① 부석·균열의 유무
② 함수·용수
③ 동결상태의 변화
④ 시계의 상태

정답 90 ② 91 ③ 92 ② 93 ④

> [해설]

토석붕괴 위험방지
1. 작업 장소 및 그 주변의 부석·균열의 유무
2. 함수·용수 및 동결상태의 변화를 점검

94 채석작업을 하는 경우 지반의 붕괴 또는 토석의 낙하로 인하여 근로자에게 발생할 우려가 있는 위험을 방지하기 위하여 취하여야 할 조치와 가장 거리가 먼 것은?

① 작업 시작 전 작업장소 및 그 주변 지반의 부석과 균열의 유무와 상태 점검
② 함수·용수 및 동결상태의 변화 점검
③ 진동치 속도 점검
④ 발파 후 발파장소 점검

> [해설]

채석작업 지반붕괴 위험방지
1. 점검자를 지명하고 당일 작업 시작 전에 작업장소 및 그 주변 지반의 부석과 균열의 유무와 상태, 함수·용수 및 동결상태의 변화를 점검할 것
2. 점검자는 발파 후 그 발파 장소와 그 주변의 부석 및 균열의 유무와 상태를 점검할 것

95 지반의 투수계수에 영향을 주는 인자에 해당하지 않는 것은?

① 토립자의 단위중량
② 유체의 점성계수
③ 토립자의 공극비
④ 유체의 밀도

> [해설]

지반의 투수계수에 영향을 미치는 요소
1. 흙입자의 크기가 클수록 투수계수가 증가한다.
2. 물의 밀도와 농도가 클수록 투수계수가 증가한다.
3. 물의 점성계수가 클수록 투수계수가 감소한다.
4. 간극비(공극비)가 클수록 투수계수가 증가한다.
5. 포화도가 클수록 투수계수가 증가한다.
6. 점토의 면모구조가 이산구조보다 투수계수가 크다.
7. 흙의 비중은 투수계수와 관계가 없다.

96 추락방지용 방망의 지지점은 최소 몇 kgf 이상의 외력에 견딜 수 있어야 하는가?

① 300kgf
② 500kgf
③ 600kgf
④ 1,000kgf

> [해설]

지지점의 강도
방망 지지점은 600kg의 외력에 견딜 수 있는 강도를 보유하여야 한다.(다만, 연속적인 구조물이 방망 지지점인 경우의 외력이 다음 식에서 계산한 값에 견딜 수 있는 것은 제외)

$$F = 200B$$

여기서, F : 외력(kg)
B : 지지점간격(m)

97 유해위험 방지계획서 제출대상 공사에 해당하는 것은?

① 지상 높이가 21m인 건축물 해체공사
② 최대지간거리가 50m인 교량의 건설공사
③ 연면적 5,000m²인 동물원 건설공사
④ 깊이가 9m인 굴착공사

> [해설]

유해위험방지계획서를 제출해야 될 건설공사
1. 다음 각 목의 어느 하나에 해당하는 건축물 또는 시설 등의 건설·개조 또는 해체공사
   ㉠ 지상높이가 31m 이상인 건축물 또는 인공구조물
   ㉡ 연면적 3만m² 이상인 건축물
   ㉢ 연면적 5천m² 이상인 시설로서 다음의 어느 하나에 해당하는 시설
     • 문화 및 집회시설(전시장 및 동물원·식물원은 제외)
     • 판매시설, 운수시설(고속철도의 역사 및 집배송시설은 제외)
     • 종교시설
     • 의료시설 중 종합병원
     • 숙박시설 중 관광숙박시설
     • 지하도상가
     • 냉동·냉장 창고시설
2. 연면적 5천m² 이상인 냉동·냉장 창고시설의 설비공사 및 단열공사
3. 최대 지간길이(다리의 기둥과 기둥의 중심 사이의 거리)가 50m 이상인 다리의 건설 등 공사
4. 터널의 건설 등 공사

정답 94 ③ 95 ① 96 ③ 97 ②

5. 다목적댐, 발전용 댐, 저수용량 2천만 톤 이상의 용수 전용 댐 및 지방상수도 전용 댐의 건설 등 공사
6. 깊이 10m 이상인 굴착공사

98 슬레이트 지붕 위에서 작업을 할 때 산업안전보건법에서 정한 작업발판의 최소 폭은?

① 20cm 이상
② 30cm 이상
③ 40cm 이상
④ 50cm 이상

해설

지붕 위에서의 위험 방지
1. 지붕의 가장자리에 안전난간을 설치할 것
2. 채광창(Skylight)에는 견고한 구조의 덮개를 설치할 것
3. 슬레이트 등 강도가 약한 재료로 덮은 지붕에는 폭 30cm 이상의 발판을 설치할 것
4. 작업 환경 등을 고려할 때 안전난간을 설치하기 곤란한 경우에는 추락방호망을 설치해야 한다. 다만, 사업주는 작업 환경 등을 고려할 때 추락방호망을 설치하기 곤란한 경우에는 근로자에게 안전대를 착용하도록 하는 등 추락 위험을 방지하기 위하여 필요한 조치를 해야 한다.

99 철근콘크리트 공사에서 거푸집동바리의 해체시기를 결정하는 요인으로 가장 거리가 먼 것은?

① 시방서상의 거푸집 존치기간의 경과
② 콘크리트 강도시험 결과
③ 일정한 양생 기간의 경과
④ 후속공정의 착수시기

해설

후속공정의 착수시기에 따라 거푸집동바리의 해체 시기가 결정되는 것은 아니다.

100 기계가 서 있는 지면보다 높은 곳을 파는 작업에 가장 적합한 굴착기계는?

① 파워 셔블
② 드래그라인
③ 백호
④ 클램셸

해설

파워 셔블(Power Shovel)
1. 굴삭기가 위치한 지면보다 높은 곳의 굴착에 적당
2. 작업대가 견고하여 단단한 토질의 굴착에도 용이

정답 98 ② 99 ④ 100 ①

PART 02
18 | 2022년 1회 기출복원문제

1과목 산업안전관리론

01 밀폐작업공간에서 유해물과 분진이 있는 상태에서 작업할 때 가장 적합한 보호구는?

① 방진마스크 ② 방독마스크
③ 송기마스크 ④ 보안경

해설
마스크의 사용장소

송기마스크	공기 중 산소농도가 부족하고(산소농도 18% 미만 장소), 공기 중에 미립자상 물질이 부유하는 장소에서 사용하기에 가장 적절한 보호구
방독마스크	방독마스크는 산소농도가 18% 이상인 장소에서 사용하여야 하고, 고농도와 중농도에서 사용하는 방독마스크는 전면형(격리식, 직결식)을 사용해야 한다.
방진마스크	산소농도 18% 이상인 장소에서 사용하여야 한다.

02 무재해 운동의 추진기법 중 위험예지훈련의 4라운드에서 제3단계 진행방법에 해당하는 것은?

① 목표설정 ② 현상파악
③ 본질추구 ④ 대책수립

해설
위험예지훈련의 4라운드
- 1라운드(1R) : 현상파악(사실을 파악한다)
- 2라운드(2R) : 본질추구(요인을 찾아낸다)
- 3라운드(3R) : 대책수립(대책을 선정한다)
- 4라운드(4R) : 목표설정(행동계획을 정한다)

03 레빈(Lewin)의 법칙 $B = f(P \cdot E)$에서 인간 행동(B)은 개체(P)와 환경조건(E)과의 상호 함수관계를 갖는다. 다음 중 환경조건(E)이 나타내는 것은?

① 지능 ② 소질
③ 적성 ④ 인간관계

해설
레빈(K. Lewin)의 행동법칙

$$B = f(P \cdot E)$$

여기서, B : Behavior(인간의 행동)
f : Function(함수관계), $P \cdot E$에 영향을 줄 수 있는 조건
P : Person(개체, 개인의 자질, 연령, 경험, 심신상태, 성격, 지능 등)
E : Environment(심리적 환경-작업환경, 인간관계, 설비적 결함 등)

04 재해예방대책의 기본원리 5단계 중 제4단계의 내용으로 적절하지 않은 것은?

① 기술적인 개선 ② 작업배치의 조정
③ 교육훈련의 개선 ④ 작업 분석 및 평가

해설
하인리히의 재해예방 5단계(사고예방 대책의 기본원리)

제1단계	조직 (안전관리 조직)	• 경영자의 안전목표 설정 • 안전관리조직의 편성 • 안전관리조직과 책임 부여 • 조직을 통한 안전활동 • 안전관리 규정의 제정
제2단계	사실의 발견 (현상파악)	• 안전사고 및 활동기록의 검토 • 작업분석 및 불안전요소 발견 • 안전점검 및 안전진단 • 사고조사 • 관찰 및 보고서의 연구 • 안전토의 및 회의 • 근로자의 건의 및 여론조사
제3단계	분석평가	• 불안전 요소의 분석 • 현장조사 결과의 분석 • 사고보고서 분석 • 인적·물적 환경조건의 분석 • 작업공정의 분석 • 교육과 훈련의 분석 • 안전수칙 및 안전기준의 분석
제4단계	시정책의 선정 (대책의 선정)	• 인사 및 배치조정 • 기술적 개선 • 기술교육 및 훈련의 개선 • 안전관리 행정업무의 개선 • 규정 및 수칙의 개선 • 확인 및 통제체제 개선
제5단계	시정책의 적용 (목표달성)	• 3E의 적용단계(기술적 대책, 교육적 대책, 독려적 대책) • 목표설정 실시 • 결과의 재평가 및 개선

정답 01 ③ 02 ④ 03 ④ 04 ④

05 강의 계획에 있어 학습목적의 3요소에 해당되지 않는 것은?

① 목표 ② 주제
③ 학습내용 ④ 학습정도

해설
학습목적의 3요소

목표(Goal)	학습목적의 핵심, 학습을 통하여 달성하려는 지표
주제(Subject)	목표달성을 위한 테마
학습정도(Level of Learning)	주제를 학습시킬 범위와 내용의 정도

06 다음 중 교육의 3요소에 해당되지 않는 것은?

① 교육의 주체 ② 교육의 기간
③ 교육의 매개체 ④ 교육의 객체

해설
교육의 3요소
1. 교육의 주체 : 강사
2. 교육의 객체 : 수강자(교육대상)
3. 교육의 매개체 : 교재(교육내용)

07 재해의 원인분석법 중 사고의 유형, 기인물 등 분류항목을 큰 순서대로 도표화하여 문제나 목표의 이해가 편리한 것은?

① 파레토도(Pareto Diagram)
② 특성요인도(Cause – Reason Diagram)
③ 클로즈 분석(Close Analysis)
④ 관리도(Control Chart)

해설
통계에 의한 원인분석
1. 파레토도
   사고의 유형, 기인물 등 분류항목을 큰 값에서 작은 값의 순서로 도표화하며, 문제나 목표의 이해에 편리하다.
2. 특성 요인도
   특성과 요인관계를 어골상으로 도표화하여 분석하는 기법(원인과 결과를 연계하여 상호 관계를 파악하기 위한 분석방법)이다.
3. 클로즈(Close) 분석
   두 개 이상의 문제관계를 분석하는 데 사용하는 것으로, 데이터를 집계하고 표로 표시하여 요인별 결과내역을 교차한 클로즈 그림을 작성하여 분석하는 기법이다.

4. 관리도
   재해발생 건수 등의 추이에 대해 한계선을 설정하여 목표관리를 수행하는 데 사용되는 방법으로 관리선은 관리상한선, 중심선, 관리하한선으로 구성된다.

08 재해원인을 직접원인과 간접원인으로 나눌 때, 직접원인에 해당하는 것은?

① 기술적 원인 ② 관리적 원인
③ 교육적 원인 ④ 물적 원인

해설
산업재해의 원인

직접원인	• 인적 요인(불안전한 행동) • 물적 요인(불안전한 상태)	
간접원인 (관리적 원인)	• 기술적 원인 • 교육적 원인 • 신체적 원인	• 정신적 원인 • 작업관리상의 원인

09 안전교육 방법 중 TWI의 교육과정이 아닌 것은?

① 작업지도훈련 ② 인간관계훈련
③ 정책수립훈련 ④ 작업방법훈련

해설
TWI의 교육과정
1. Job Method Training(JMT) : 작업방법훈련, 작업개선훈련
2. Job Instruction Training(JIT) : 작업지도훈련
3. Job Relations Training(JRT) : 인간관계훈련, 부하통솔법
4. Job Safety Training(JST) : 작업안전훈련

10 다음 중 산업심리의 5대 요소가 아닌 것은?

① 동기 ② 지능
③ 감정 ④ 습관

해설
산업안전심리의 5대 요소

기질	인간의 성격, 능력 등 개인적인 특성(생활환경, 주위 환경에 따라 변화한다.)
동기	능동적인 감각에 의한 자극에서 일어나는 사고의 결과로 마음을 움직이는 원동력
습관	개인의 특성이 자신도 모르게 습관화된 현상으로 습관에 직접 영향을 주는 요인으로는 동기, 기질, 감정, 습성이 있다.

정답 05 ③ 06 ② 07 ① 08 ④ 09 ③ 10 ②

감정	대상이나 상태에 따라 발생하는 슬픔, 기쁨 등에 해당하는 마음의 현상
습성	오랜 습관으로 인하여 굳어버린 성질로 동기, 기질, 감정 등이 밀접한 연관 관계이다.

11 맥그리거(Mcgregor)의 X이론과 Y이론 중 Y이론에 해당되는 것은?

① 인간은 서로 믿을 수 없다.
② 인간은 태어나서부터 약하다.
③ 인간은 정신적 욕구를 우선시한다.
④ 인간은 통제에 의한 관리를 받고자 한다.

[해설]
맥그리거(D. McGregor)의 X, Y이론

X이론	Y이론
인간불신감	상호신뢰감
성악설	성선설
인간은 본래 게으르고 태만, 수동적, 남의 지배받기를 즐긴다.	인간은 본래 부지런하고 근면, 적극적, 스스로 일을 자기책임 하에 자주적으로 행한다.
저차적 욕구(물질적 욕구)	고차적 욕구(정신적 욕구)
명령, 통제에 의한 관리	자기통제와 자율확보
저개발국형의 관리형태	선진국형의 관리형태
권위주의적 리더십	민주적 리더십

12 작업을 하고 있을 걱정거리, 고민거리, 욕구불만 등에 의해 다른데 정신을 빼앗기는 부주의 현상은?

① 의식의 중단   ② 의식의 우회
③ 의식수준의 저하 ④ 의식의 과잉

[해설]
부주의 발생현상

의식의 단절(중단)	• 의식의 흐름에 단절이 생기고 공백상태가 나타나는 경우 • 의식수준 제0단계의 상태(특수한 질병의 경우)
의식의 우회	• 의식의 흐름이 옆으로 빗나가 발생한 경우 • 의식수준 제0단계의 상태(걱정, 고민, 욕구불만 등)
의식수준의 저하	• 뚜렷하지 않은 의식의 상태로 심신이 피로하거나 단조로운 작업 등의 경우 • 의식수준 제Ⅰ단계 이하의 상태
의식의 과잉	• 돌발사태 및 긴급이상사태에 직면하면 순간적으로 긴장되고 의식이 한 방향으로 쏠리는 주의의 일점집중현상의 경우 • 의식수준 제Ⅳ단계의 상태
의식의 혼란	• 외적조건에 문제가 있을 때 의식이 혼란되고 분산되어 작업에 잠재되어 있는 위험요인에 대응할 수 없는 경우 • 외부의 자극이 애매모호하거나 너무 강하거나 약할 때

13 다음 중 평균 근로자 수가 1,000명 이상의 대규모 사업장에 가장 적합한 안전조직은?

① 라인(Line)형 안전조직
② 스태프(Staff)형 안전조직
③ 라인 – 스태프(Line – Staff)형 혼합조직
④ 생산부서장의 안전책임자 겸직조직

[해설]
안전관리 조직의 형태

라인형(Line형, 직계형) 조직	100명 미만의 소규모 사업장에 적합한 조직형태
스태프형(Staff형, 참모형) 조직	100명 이상 1,000명 미만의 중규모 사업장에 적합한 조직형태
라인 – 스태프형 (Line – Staff형, 직계 참모형) 조직	1,000명 이상의 대규모 사업장에 적합한 조직형태

14 무재해운동의 3원칙에 해당되지 않은 것은?

① 참가의 원칙   ② 무의 원칙
③ 예방의 원칙   ④ 선취의 원칙

[해설]
무재해 운동의 3원칙

무(無)의 원칙	단순히 사망재해나 휴업재해만 없으면 된다는 소극적인 사고가 아닌, 사업장 내의 모든 잠재 위험요인을 적극적으로 사전에 발견하고 파악·해결함으로써 산업재해의 근원적인 요소를 없앤다는 것을 의미
참여의 원칙 (전원참가의 원칙)	작업에 따르는 잠재위험요인을 발견하고 파악·해결하기 위해 전원이 일치 협력하여 각자의 위치에서 적극적으로 문제를 해결하겠다는 것을 의미
안전제일의 원칙 (선취의 원칙)	안전한 사업장을 조성하기 위한 궁극의 목표로서 사업장 내에서 행동하기 전에 잠재 위험요인을 발견하고 파악·해결하여 재해를 예방하는 것을 의미

정답 11 ③ 12 ② 13 ③ 14 ③

15 기계·기구 또는 설비의 신설, 변경 또는 고장 수리 등 부정기적인 점검을 말하며 기술적 책임자가 시행하는 점검을 무슨 점검이라 하는가?

① 정기점검   ② 수시점검
③ 특별점검   ④ 임시점검

해설

안전점검(점검주기에 의한 구분)

정기점검 (계획점검)	일정기간마다 정기적으로 실시하는 점검으로 주간점검, 월간점검, 연간점검 등이 있다.(마모상태, 부식, 손상, 균열 등 설비의 상태 변화나 이상 유무 등을 점검한다.)
수시점검 (일상점검, 일일점검)	매일 현장에서 작업 시작 전, 작업 중, 작업 후에 일상적으로 실시하는 점검(작업자, 작업담당자가 실시한다.) • 작업 시작 전 점검사항 : 주변의 정리정돈, 주변의 청소 상태, 설비의 방호장치 점검, 설비의 주유상태, 구동부분 등 • 작업 중 점검사항 : 이상소음, 진동, 냄새, 가스 및 기름 누출, 생산품질의 이상 여부 등 • 작업 종료 시 점검사항 : 기계의 청소와 정비, 안전장치의 작동 여부, 스위치 조작, 환기, 통로정리 등
임시점검	정기점검 실시 후 다음 점검기일 이전에 임시로 실시하는 점검(기계, 기구 또는 설비의 이상 발견 시에 임시로 점검)
특별점검	• 기계, 기구 또는 설비를 신설하거나 변경 내지는 고장 수리 등을 할 경우 • 강풍 또는 지진 등의 천재지변 발생 후의 점검 • 산업안전보건 강조기간에도 실시

16 다음 그림에 해당하는 산업안전보건법령상 안전보건표지의 종류로 옳은 것은?

① 부식성 물질 경고   ② 산화성 물질 경고
③ 인화성 물질 경고   ④ 폭발성 물질 경고

해설

안전보건표지

부식성 물질 경고	산화성 물질 경고	인화성 물질 경고	폭발성 물질 경고

17 연간 근로자수가 500명인 A 공장에서 지난 1년간 발생한 5건의 재해로 인하여 신체장해등급이 1급 1명, 14급 5명이 발생하였다. 이 공장의 강도율은 약 얼마인가?(단, 근로자 1인당 1일 8시간씩 연간 300일을 근무하였다.)

① 4.17   ② 6.46
③ 10   ④ 12

해설

강도율

$$강도율 = \frac{근로손실일수}{연간 총근로시간수} \times 1,000$$

$$강도율 = \frac{(7,500 \times 1) + (50 \times 5)}{500 \times 8 \times 300} \times 1,000 ≒ 6.458$$

TIP 근로손실일수의 산정 기준
① 사망 및 영구 전노동불능(신체장해등급 1~3급) : 7,500일
② 영구 일부노동불능(근로손실일수)

신체장해등급	근로손실일수
4	5,500
5	4,000
6	3,000
7	2,200
8	1,500
9	1,000
10	600
11	400
12	200
13	100
14	50

18 의사결정 과정에 따른 리더십의 유형 중에서 민주형에 속하는 것은?

① 집단 구성원에게 자유를 준다.
② 지도자가 모든 정책을 결정한다.
③ 집단토론이나 집단결정을 통해서 정책을 결정한다.
④ 명목적인 리더의 자리를 지키고 부하직원들의 의견에 따른다.

정답 15 ③   16 ③   17 ②   18 ③

해설
리더십의 유형(업무추진의 방식에 따른 방식)

분류	개념	특징
권위형 (독재적)	• 리더 중심 • 부하직원의 정책 결정에 참여 거부 • 집단성원의 행위는 공격적 아니면 무관심 • 일 중심형으로 업적에 대한 관심은 높지만 인간관계에 무관심	지도자가 집단의 모든 권한 행사를 단독적으로 처리한다.
민주형 (민주적)	• 집단 중심 • 추종자(부하직원)에게 참여와 자유 인정 • 추종자(부하직원)의 적극적 자기실현 기회의 확보 • 리더의 통제와 조정, 자유폭 제한	집단의 토론, 회의 등에 의해 정책을 결정한다.
자유방임형 (개방적)	• 종업원 중심 • 집단 구성원에게 완전한 자유를 주고 리더의 권한 행사는 없음	집단에 대하여 전혀 리더십을 발휘하지 않고 명목상의 리더 자리만을 지키는 유형으로 지도자가 집단 구성원에게 완전히 자유를 주는 경우이다.

19 다음 중 안전교육의 4단계를 올바르게 나열한 것은?

① 제시 → 확인 → 적용 → 도입
② 확인 → 도입 → 제시 → 적용
③ 도입 → 제시 → 적용 → 확인
④ 제시 → 도입 → 확인 → 적용

해설
교육방법의 4단계

단계		내용
제1단계	도입 (준비)	• 학습할 준비를 시킨다. • 작업에 대한 흥미를 갖게 한다. • 학습자의 동기부여 및 마음의 안정
제2단계	제시 (설명)	• 작업을 설명한다. • 한 번에 하나하나씩 나누어 확실하게 이해시켜야 한다. • 강의순서대로 진행하고 설명, 교재를 통해 듣고 말하는 단계
제3단계	적용 (응용)	• 작업을 시켜본다. • 상호 학습 및 토의 등으로 이해력을 향상시킨다. • 자율학습을 통해 배운 것을 학습한다.
제4단계	확인 (평가)	• 가르친 뒤 살펴본다. • 잘못된 것을 수정한다. • 요점을 정리하여 복습한다.

20 산업안전보건법령상 특별교육 대상 작업별 교육내용 중 밀폐공간에서의 작업 시 교육내용에 포함되지 않는 것은?(단, 그 밖에 안전·보건관리에 필요한 사항은 제외한다.)

① 산소농도측정 및 작업환경에 관한 사항
② 유해물질이 인체에 미치는 영향
③ 보호구 착용 및 사용방법에 관한 사항
④ 사고 시의 응급처치 및 비상시 구출에 관한 사항

해설
특별교육 대상 작업별 교육내용(밀폐공간에서의 작업)
1. 산소농도 측정 및 작업환경에 관한 사항
2. 사고 시의 응급처치 및 비상시 구출에 관한 사항
3. 보호구 착용 및 보호 장비 사용에 관한 사항
4. 작업내용·안전작업방법 및 절차에 관한 사항
5. 장비·설비 및 시설 등의 안전점검에 관한 사항
6. 그 밖에 안전·보건관리에 필요한 사항

2과목 인간공학 및 시스템 안전공학

21 다음 중 수공구의 일반적인 설계원칙과 거리가 먼 것은?

① 손목은 곧게 유지되도록 설계한다.
② 손가락 동작의 반복을 피하도록 설계한다.
③ 손잡이는 손바닥의 접촉면적이 작게 설계한다.
④ 공구의 무게를 줄이고 사용 시 균형이 유지되도록 한다.

해설
수공구(手工具) 설계원칙
1. 손잡이의 길이는 95%tile(백분위수)의 남성의 손 폭을 기준으로 한다. 최소 11cm가 되어야 하며, 장갑 사용 시 최소 12.5cm이 되어야 한다.
2. 손바닥 부위에 압박을 주는 손잡이의 형태는 피할 것(손잡이의 단면이 원형을 이루어야 한다.)

정답 19 ③ 20 ② 21 ③

3. 사용 용도에 따른 손잡이의 직경
   ① 힘을 요하는 작업도구일 경우 : 2.5~4cm
   ② 정밀을 요하는 작업의 경우 : 0.75~1.5cm
4. 손목을 꺾지 말고 손잡이를 꺾을 것(손목은 곧게 유지되도록 설계한다)
5. 동력공구의 손잡이는 최소 두 손가락 이상으로 작동하도록 설계할 것
6. 최대한 공구의 무게를 줄이고 사용 시 무게의 균형이 유지되도록 설계할 것
7. 반복적인 손가락 동작을 피할 것
8. 가능한 손잡이의 접촉면을 넓게 할 것

22 인터페이스 설계 시 고려해야 하는 인간과 기계와의 조화성에 해당되지 않는 것은?

① 지적 조화성
② 신체적 조화성
③ 감성적 조화성
④ 심미적 조화성

해설

계면 조화성의 3가지 차원
인간과 기계(환경)계면에서의 인간과 기계의 조화성은 다음의 3가지 차원에서 고려된다.

신체적 조화성	인간의 신체적 또는 형태적 특성의 적합성 여부(필요조건)
지적 조화성	인간의 인지능력, 정신적 부담의 정도(편리수준)
감성적 조화성	인간의 감정 및 정서의 적합성 여부(쾌적수준)

23 다음 중 직렬구조를 갖는 시스템의 특성을 설명한 것으로 틀린 것은?

① 요소(要素) 중 어느 하나가 고장이면 시스템은 고장이다.
② 요소의 수가 적을수록 시스템의 신뢰도는 높아진다.
③ 요소의 수가 많을수록 시스템의 수명은 짧아진다.
④ 시스템의 수명은 요소 중에서 수명이 가장 긴 것으로 정해진다.

해설

직렬구조 시스템
1. 요소의 수가 적을수록 고장확률이 적어 시스템의 신뢰도는 높아진다.
2. 요소의 수가 많을수록 시스템의 수명은 짧아진다.
3. 요소 중 어느 하나가 고장이면 시스템은 고장이다.
4. 수명은 요소 중에서 수명이 짧은 것으로 정한다.

24 다음 중 출력되는 값을 정확히 읽어야 하는 경우에 가장 적합한 시각적 표시장치의 형태는?

① 동침형
② 동목형
③ 수직형
④ 계수형

해설

정량적 표시장치의 종류(정량적인 동적 표시장치)

아날로그 (Analog)	정목동침형 (Moving Pointer, 지침이동형)	• 눈금이 고정되고 지침이 움직이는 형 (고정눈금 이동지침 표시장치) • 일정한 범위에서 수치가 자주 또는 계속 변하는 경우 가장 유용한 표시장치 • 지침의 위치는 인식적인 암시 신호를 얻을 수 있다.
	정침동목형 (Moving Scale, 지침고정형)	• 지침이 고정되고 눈금이 움직이는 형 (이동눈금 고정지침 표시장치) • 나타내고자 하는 값의 범위가 클 때, 비교적 작은 눈금판에 모두 나타내고자 할 때(공간을 적게 차지하는 이점이 있음)
디지털 (Digital)	계수형 (Digital)	• 전력계나 택시 요금 계기와 같이 기계, 전자적으로 숫자가 표시되는 형 • 출력되는 값을 정확하게 읽어야 하는 경우에 가장 적합하다. • 판독 오차는 원형 표시 장치보다 적을 뿐 아니라 판독(평균반응) 시간도 짧다.(계수형 : 0.94초, 원형 : 3.54초)

25 다음 중 결함수분석(FTA)에 관한 설명으로 틀린 것은?

① 최초 Watson이 군용으로 고안하였다.
② 미니멀 패스(Minimal Path Sets)를 구하기 위해서는 미니멀 컷(Minimal Cut Set)의 상대성을 이용한다.
③ 정상사상의 발생확률을 구한 다음 FT를 작성한다.
④ AND 게이트의 확률 계산은 입력사상의 곱으로 한다.

해설

FTA의 절차
FT(결함나무)도를 작성하고 FT도를 수식화하여 재해의 발생확률을 계산한다.

26 건강한 남성이 8시간 동안 특정 작업을 실시하고, 분당 산소 공급량이 1.3L/분으로 나타났다면 8시간 후 총작업 시간에 포함될 휴식시간은 약 몇 분인가?(단, Murrell의 방법을 적용하여, 휴식 중 에너지 소비율은 1.5kcal/min이다.)

① 144분 ② 154분
③ 164분 ④ 174분

해설

휴식시간
작업의 성질과 강도에 따라서 휴식시간이나 회수가 결정되어야 한다.

$$R = \frac{60(E-5)}{E-1.5}$$

여기서, R : 휴식시간(분)
E : 작업 시 평균 에너지소비량(kcal/분)
60 : 총작업시간(분)
1.5kcal/분 : 휴식시간 중의 에너지소비량

1. 1(L/분)당 평균 에너지소비량 : 5kcal
2. 작업 시 평균 에너지소비량 : 1.3L/분 × 5kcal = 6.5[kcal/분]
3. 총작업시간 = 8시간 × 60분 = 480분

∴ $R = \frac{480(6.5-5)}{6.5-1.5} = 144[분]$

27 산업안전보건법령에서 정한 물리적 인자의 분류기준에 있어서 소음은 소음성 난청을 유발할 수 있는 몇 dB(A) 이상의 시끄러운 소리로 규정하고 있는가?

① 70 ② 85
③ 100 ④ 115

해설

소음작업(물리적 인자의 분류기준)
소음성 난청을 유발할 수 있는 85데시벨(A) 이상의 시끄러운 소리

28 인간공학의 연구방법에서 인간-기계 시스템을 평가하는 척도의 요건으로 적합하지 않은 것은?

① 적절성(타당성) ② 무오염성
③ 주관성 ④ 신뢰성

해설

연구 기준의 요건
1. 실제적 요건 : 평가 척도는 현실성을 가지고 있어야 하며, 실질적으로 이용하기가 용이해야 한다. 즉, 객관적이고, 정량적이며, 강요적이지 않고, 수집이 쉬우며, 자료수집 기법이나 기기가 특수하지 않고, 돈이나 실험자의 수고가 적게 드는 것이어야 한다.
2. 적절성(타당성) : 기준이 의도된 목적에 적당하다고 판단되는 정도를 말한다.
3. 무오염성 : 측정하고자 하는 변수 이외의 다른 변수들의 영향을 받아서는 안 된다.
4. 기준척도의 신뢰성(Reliability of Criterion Measure) : 사용되는 척도의 신뢰성, 즉 반복성을 말한다.
5. 민감도 : 기대되는 차이에 적합한 정도의 단위로 측정이 가능해야 한다. 즉, 피실험자 사이에서 볼 수 있는 예상 차이점에 비례하는 단위로 측정해야 함을 의미한다.

29 통제기기에서 통제기기의 변위를 15mm 움직였을 때 표시계기의 지침이 25mm 움직였다면 이 기기의 통제 표시비(C/D비)는 얼마인가?

① 0.4 ② 0.5
③ 0.6 ④ 0.7

해설

선형 조종장치가 선형 표시장치를 움직일 때 각각 직선변위의 비(제어표시비)

$$C/D비(C/R비) = \frac{조종장치(제어기기)의\ 이동거리}{표시장치(표시기기)의\ 반응거리}$$

$C/D비 = \frac{조종장치의\ 이동거리}{표시장치의\ 반응거리} = \frac{15}{25} = 0.6$

30 [보기]와 같은 위험관리의 단계를 순서대로 올바르게 나열한 것은?

㉠ 위험의 분석 ㉡ 위험의 파악
㉢ 위험의 처리 ㉣ 위험의 평가

① ㉠ → ㉡ → ㉢ → ㉣
② ㉡ → ㉢ → ㉠ → ㉣
③ ㉡ → ㉠ → ㉣ → ㉢
④ ㉠ → ㉢ → ㉡ → ㉣

정답 26 ① 27 ② 28 ③ 29 ③ 30 ③

해설

위험관리의 순서
위험의 파악 → 위험의 분석 → 위험의 평가 → 위험의 처리

31 3개의 서로 다른 부품이 OR gate에 연결된 FTA 모델이 있다. 각 부품의 고장확률은 0.2이고, "시스템이 작동안됨"을 정상사상(Top event)으로 했을 때 정상사상이 발생할 확률은 얼마인가?

① 0.008
② 0.488
③ 0.512
④ 0.992

해설

발생확률의 계산
발생확률 = $1-(1-0.2)(1-0.2)(1-0.2) = 0.488$

32 인간-기계 체계에서 인간의 과오에 기인된 원인 확률을 분석하여 위험성의 예측과 개선을 위한 평가 기법은?

① PHA
② FMEA
③ THERP
④ MORT

해설

인간과오율 예측기법(THERP ; Technique For Human Error Rate Prediction)
1. 사고원인 가운데 인간의 과오나 기인된 원인분석, 확률을 계산함으로써 제품의 결함을 감소시키고, 인간공학적 대책을 수립하는 데 사용되는 분석기법
2. 인간의 과오(Human Error)를 정량적으로 평가하기 위해 개발된 기법(Swain 등에 의해 개발된 인간과오율 예측기법)

33 다음 중 정보의 측정단위인 Bit를 올바르게 설명한 것은?

① 실현 가능성이 같은 2개의 대안 중 하나가 명시되었을 때 얻는 정보량
② 실현 가능성이 같은 4개의 대안 중 하나가 명시되었을 때 얻는 정보량
③ 실현 가능성이 같은 8개의 대안 중 하나가 명시되었을 때 얻는 정보량
④ 실현 가능성이 같은 16개의 대안 중 하나가 명시되었을 때 얻는 정보량

해설

정보의 측정 단위
1. Bit : 실현 가능성이 같은 2개의 대안 중 하나가 명시되었을 때 우리가 얻는 정보량
2. 실현 가능성이 같은 n개의 대안이 있을 때 총 정보량 H

$$H = \log_2 n$$

34 일반적으로 인체에 가해지는 온·습도 및 기류 등의 외적변수를 종합적으로 평가하는 데에는 "불쾌지수"라는 지표가 이용된다. 불쾌지수의 계산식이 다음과 같은 경우, 건구온도와 습구온도의 단위로 옳은 것은?

불쾌지수 = 0.72×(건구온도 + 습구온도) + 40.6

① 실효온도
② 화씨온도
③ 절대온도
④ 섭씨온도

해설

불쾌지수
인체에 가해지는 온·습도 및 기류 등의 외적변수를 종합적으로 평가하는 데에는 불쾌지수라는 지표가 이용된다.

TIP 섭씨 = 0.72×(건구온도 + 습구온도) + 40.6
화씨 = (건구온도 + 습구온도)×0.4 + 15
- 70 이하 : 모든 사람이 불쾌를 느끼지 않는다.
- 70 이상 : 불쾌를 느끼기 시작한다.
- 80 이상 : 모든 사람이 불쾌감를 느낀다.

35 FT도에 사용되는 다음 기호의 명칭으로 옳은 것은?

① 통상사상
② 수정기호
③ 제어게이트
④ 생략사상

해설

FTA분석 기호

번호	기호	명칭	내용
1		결함사상	사고가 일어난 사상(사건)
2		기본사상	더 이상 전개가 되지 않는 기본적인 사상 또는 발생확률이 단독으로 얻어지는 낮은 레벨의 기본적인 사상

정답 31 ② 32 ③ 33 ① 34 ④ 35 ④

번호	기호	명칭	내용
3		통상사상 (가형사상)	통상발생이 예상되는 사상(예상되는 원인)
4		생략사상 (최후사상)	정보부족 또는 분석기술 불충분으로 더 이상 전개할 수 없는 사상(작업진행에 따라 해석이 가능할 때는 다시 속행한다.)
5		전이기호 (이행기호)	• FT도상에서 다른 부분에 관한 이행 또는 연결을 나타낸다. • 상부에 선이 있는 경우는 다른 부분으로 전입(IN)
6		전이기호 (이행기호)	• FT도상에서 다른 부분에 관한 이행 또는 연결을 나타낸다. • 측면에 선이 있는 경우는 다른 부분으로 전출(OUT)

36 인간-기계 시스템에서 기계와 비교한 인간의 장점으로 볼 수 없는 것은?(단, 인공지능과 관련된 사항은 제외한다.)

① 완전히 새로운 해결책을 찾아낸다.
② 여러 개의 프로그램된 활동을 동시에 수행한다.
③ 다양한 경험을 토대로 하여 의사결정을 한다.
④ 상황에 따라 변화하는 복잡한 자극 형태를 식별한다.

해설

인간이 기계보다 우수한 기능
1. 매우 낮은 수준의 자극(시각, 청각, 촉각, 후각, 미각적인)을 감지한다.
2. 수신 상태가 나쁜 음극선관에 나타나는 영상과 같이 배경 잡음이 심한 경우에도 신호를 인지할 수 있다.
3. 항공 사진의 피사체나 말소리처럼 상황에 따라 변화하는 복잡한 자극의 형태를 식별할 수 있다.
4. 주의의 예기치 못한 상황을 감지할 수 있다.
5. 많은 양의 정보를 오랜 기간 동안 보관하였다가 적절한 정보를 상기한다.
6. 다양한 경험을 토대로 의사결정을 한다.
7. 어떤 운용 방법이 실패할 경우, 다른 방법을 선택한다.
8. 관찰을 통해서 일반화하여 귀납적으로 추리한다.
9. 원칙을 적용하여 다양한 문제를 해결한다.
10. 완전히 새로운 해결책을 찾을 수 있다.
11. 다양한 운용상의 요건에 맞추어서 신체적인 반응을 적응시킨다.
12. 과부하 상황에서 불가피한 경우에는 중요한 일에만 전념한다.
13. 주관적으로 추산하고 평가한다.

TIP 여러 개의 프로그램된 활동을 동시에 수행하는 것은 인간보다 기계가 우수하다.

37 정보를 전송하기 위한 표시장치 중 시각장치보다 청각장치를 사용해야 더 좋은 경우는?

① 메시지가 나중에 재참조되는 경우
② 메시지가 공간적인 위치를 다루는 경우
③ 수신자의 청각계통이 과부하상태인 경우
④ 직무상 수신자가 자주 움직이는 경우

해설

청각장치와 시각장치의 비교

청각적 표시장치	시각적 표시장치
1. 전언이 간단하다.	1. 전언이 복잡하다.
2. 전언이 짧다.	2. 전언이 길다.
3. 전언이 후에 재참조되지 않는다.	3. 전언이 후에 재참조된다.
4. 전언이 시간적 사상을 다룬다.	4. 전언이 공간적인 위치를 다룬다.
5. 전언이 즉각적인 행동을 요구한다.(긴급할 때)	5. 전언이 즉각적인 행동을 요구하지 않는다.
6. 수신장소가 너무 밝거나 암조응 유지가 필요시	6. 수신장소가 너무 시끄러울 때
7. 직무상 수신자가 자주 움직일 때	7. 직무상 수신자가 한곳에 머물 때
8. 수신자의 시각 계통이 과부하 상태일 때	8. 수신자의 청각 계통이 과부하 상태일 때

38 다음 중 예비위험분석(PHA)에 관한 설명으로 가장 적절한 것은?

① 시스템안전 위험분석을 수행하기 위한 예비적인 최초의 작업으로 위험요소가 얼마나 위험한지를 평가한다.
② 손실과 인명의 사상에 연결되는 높은 위험도를 가진 요소나 고장의 형태에 따른 분석법이다.
③ 각 서브시스템 및 전 시스템의 안전성이 악영향을 끼치지 않게 하기 위한 분석기법이다.
④ 원자력 발전과 같이 관리, 설계, 생산, 보존 등에 대해서 광범위하게 안전성을 확보하기 위한 기법이다.

해설

예비위험분석(PHA ; Preliminary Hazards Analysis)
1. 공정 또는 설비 등에 관한 상세한 정보를 얻을 수 없는 상황에서 위험물질과 공정 요소에 초점을 맞추어 초기위험을 확인하는 방법을 말한다.

정답 36 ② 37 ④ 38 ①

2. 시스템안전 위험분석(SSHA)을 수행하기 위한 예비적인 최초의 작업으로 위험요소가 얼마나 위험한지를 정성적으로 평가하는 것이다.
3. PHA는 구상단계나 설계 및 발주의 극히 초기에 실시된다.

39 다음 중 암호체계 사용상의 일반적인 지침에서 "암호의 변별성"을 의미하는 것으로 가장 적절한 것은?

① 암호화한 자극은 감지장치나 사람이 감지할 수 있어야 한다.
② 모든 암호의 표시는 다른 암호 표시와 구분될 수 있어야 한다.
③ 암호를 사용할 때에는 사용자가 그 뜻을 분명히 알 수 있어야 한다.
④ 두 가지 이상의 암호 차원을 조합해서 사용하면 정보 전달이 촉진된다.

해설
암호 체계 사용상의 일반적 지침

암호의 검출성	검출이 가능하여야 한다.
암호의 변별성	다른 암호 표시와 구별될 수 있어야 한다.
부호의 양립성	자극들 간의, 반응들 간의, 자극-반응 조합의 관계가 인간의 기대와 모순되지 않는 것이다.
부호의 의미	사용자가 그 뜻을 분명히 알 수 있어야 한다.
암호의 표준화	암호를 표준화하여야 한다.
다차원 암호의 사용	2가지 이상의 암호 차원을 조합해서 사용하면 정보전달이 촉진된다.

40 다음 중 조도에 관한 설명으로 틀린 것은?

① 조도는 거리에 비례하고, 광도에 반비례한다.
② 어떤 물체나 표면에 도달하는 광의 밀도를 말한다.
③ 1[lux] 란 1촉광의 점광원으로부터 1m 떨어진 곡면에 비추는 광의 밀도를 말한다.
④ 1[fc] 란 1촉광의 점광원으로부터 1foot 떨어진 곡면에 비추는 광의 밀도를 말한다.

해설
조도
1. 어떤 물체나 표면에 도달하는 빛의 단위 면적당 밀도

$$조도 = \frac{광도}{(거리)^2}$$

2. 단위는 lux를 사용하며, 거리가 증가할 때에 조도는 거리 역자승의 법칙에 따라 감소한다.
3. 조도는 광도에 비례하고, 거리의 제곱에 반비례한다.

3과목 기계위험 방지기술

41 선반 등으로부터 돌출하여 회전하고 있는 가공물에 설치할 방호장치는?

① 클러치   ② 울
③ 슬리브   ④ 베드

해설
원동기·회전축 등의 위험방지

원동기·회전축·기어·풀리·플라이휠·벨트 및 체인 등 근로자가 위험에 처할 우려가 있는 부위	덮개, 울, 슬리브, 건널다리 등
회전축·기어·풀리 및 플라이휠 등에 부속되는 키·핀 등의 기계요소	• 묻힘형 • 덮개
벨트의 이음 부분	돌출된 고정구 사용 금지

42 프레스에 금형조정작업 시 슬라이드가 갑자기 작동함으로써 근로자에게 발생할 우려가 있는 위험을 방지하기 위하여 사용하는 것은?

① 안전블록   ② 비상정지장치
③ 감응식 안전장치   ④ 양수조작식 안전장치

해설
금형조정작업의 위험 방지
프레스 등의 금형을 부착·해체 또는 조정하는 작업을 할 때에 해당 작업에 종사하는 근로자의 신체가 위험한계 내에 있는 경우 슬라이드가 갑자기 작동함으로써 근로자에게 발생할 우려가 있는 위험을 방지하기 위하여 안전블록을 사용하는 등 필요한 조치를 하여야 한다.

43 숫돌의 지름이 D[mm], 회전수 N[rpm]이라 할 때 연삭 숫돌의 원주속도 V[m/min]를 구하는 식으로 옳은 것은?

① $D \cdot N$ ② $\pi \cdot D \cdot N$
③ $\dfrac{D \cdot N}{1,000}$ ④ $\dfrac{\pi \cdot D \cdot N}{1,000}$

정답 39 ② 40 ① 41 ② 42 ① 43 ④

> [해설]

원주속도(회전속도)

$$V = \pi DN [\text{mm/min}] = \frac{\pi DN}{1,000} [\text{m/min}]$$

여기서, V : 원주속도(회전속도)(m/min)
D : 숫돌의 지름(mm)
N : 숫돌의 매분 회전수(rpm)

44 기계의 운전상태에서 점검할 사항으로 거리가 먼 것은?

① 기어의 물림상태   ② 급유 확인
③ 베어링의 온도상승 ④ 소음, 진동 유무

> [해설]

기계설비의 점검

운전 상태에서 점검할 사항	• 클러치 상태 • 기어의 교합 상태 • 접동부 상태 • 이상음, 진동 상태 • 베어링의 온도상승 여부
정지 상태에서 점검할 사항	• 나사, 볼트, 너트 등의 풀림 상태 • 전동기 개폐기의 이상 유무 상태 • 방호장치 및 동력전달 장치 부분 상태 • 급유 상태

45 위험한 작업점과 작업자 사이에 서로 접근되어 일어날 수 있는 재해를 방지하는 격리형 방호장치가 아닌 것은?

① 완전차단형 방호장치
② 덮개형 방호장치
③ 안전방책
④ 양수조작식 방호장치

> [해설]

격리형 방호장치
① 작업점과 작업자 사이에 접촉되어 일어날 수 있는 재해를 방지하기 위해 차단벽이나 망을 설치하는 방호장치
② 종류 : 완전차단형, 덮개형, 안전방책

> TIP 양수조작식 방호장치는 위치 제한형 방호장치에 해당 된다.

46 가스집합용접장치에서 가스장치실에 대한 안전조치로 틀린 것은?

① 가스가 누출된 경우에는 그 가스가 정체되지 않도록 한다.
② 지붕 및 천장은 콘크리트 등의 재료로 폭발을 대비하여 견고히 한다.
③ 벽에는 불연성 재료를 사용한다.
④ 가스장치실에는 관계근로자가 아닌 사람의 출입을 금지시킨다.

> [해설]

가스장치실의 구조
1. 가스가 누출된 경우에는 그 가스가 정체되지 않도록 할 것
2. 지붕과 천장에는 가벼운 불연성 재료를 사용할 것
3. 벽에는 불연성 재료를 사용할 것

47 산업안전보건법령상 연삭숫돌의 시운전에 관한 설명으로 옳은 것은?

① 연삭숫돌의 교체 시에는 바로 사용할 수 있다.
② 연삭숫돌의 교체 시 1분 이상 시운전을 하여야 한다.
③ 연삭숫돌의 교체 시 2분 이상 시운전을 하여야 한다.
④ 연삭숫돌의 교체 시 3분 이상 시운전을 하여야 한다.

> [해설]

연삭기 작업면에 있어서의 안전기준
1. 회전 중인 연삭숫돌(지름이 5cm 이상인 것으로 한정)이 근로자에게 위험을 미칠 우려가 있는 경우에 그 부위에 덮개를 설치하여야 한다.
2. 연삭숫돌을 사용하는 작업의 경우 작업을 시작하기 전에는 1분 이상, 연삭숫돌을 교체한 후에는 3분 이상 시험운전을 하고 해당 기계에 이상이 있는지를 확인하여야 한다.
3. 시험운전에 사용하는 연삭숫돌은 작업 시작 전에 결함이 있는지를 확인한 후 사용하여야 한다.
4. 연삭숫돌의 최고 사용회전속도를 초과하여 사용하도록 해서는 아니 된다.
5. 측면을 사용하는 것을 목적으로 하지 않는 연삭숫돌을 사용하는 경우 측면을 사용하도록 해서는 아니 된다.

정답 44 ② 45 ④ 46 ② 47 ④

48 양중기에 사용하지 않아야 하는 달기체인의 조건 기준으로 틀린 것은?

① 변형이 심한 것
② 균열이 있는 것
③ 길이의 증가가 제조 시보다 3%를 초과한 것
④ 링의 단면지름의 감소가 링 지름의 10%를 초과한 것

해설
양중기 달기체인의 사용금지 조건
1. 달기체인의 길이가 달기체인이 제조된 때의 길이의 5%를 초과한 것
2. 링의 단면지름이 달기체인이 제조된 때의 해당 링의 지름의 10%를 초과하여 감소한 것
3. 균열이 있거나 심하게 변형된 것

49 목재가공용 둥근톱의 두께가 3mm일 때, 분할날의 두께는 몇 mm 이상이어야 하는가?

① 3.3mm 이상
② 3.6mm 이상
③ 4.5mm 이상
④ 4.8mm 이상

해설
분할날
분할날의 두께는 둥근톱 두께의 1.1배 이상일 것

$$1.1t_1 \leq t_2 < b$$
(t_1 : 톱두께, t_2 : 분할날두께, b : 치진폭)

분할날의 두께 = 1.1 × 톱두께 = 1.1 × 3 = 3.3[mm]

50 롤러의 위험점 전방에 개구부 간격 16.5mm의 가드를 설치하고자 한다면, 개구부에서 위험점까지의 거리는 몇 mm 이상이어야 하는가?(단, 위험점이 전동체는 아니다.)

① 70
② 80
③ 90
④ 100

해설
롤러기 가드의 개구부 간격(ILO기준, 위험점이 전동체가 아닌 경우)

$$Y = 6 + 0.15X (X < 160mm)$$
(단, $X \geq 160mm$일 때, $Y = 30mm$)

여기서, X : 가드와 위험점 간의 거리(안전거리)(mm)
Y : 가드 개구부 간격(안전간극)(mm)

$Y = 6 + 0.15X \rightarrow 16.5 = 6 + 0.15X$
$\therefore X = \dfrac{16.5 - 6}{0.15} = 70[mm]$

51 산업안전보건법령상 리프트의 종류로 틀린 것은?

① 건설용 리프트
② 자동차정비용 리프트
③ 이삿짐운반용 리프트
④ 간이 리프트

해설
리프트의 종류
동력을 사용하여 사람이나 화물을 운반하는 것을 목적으로 하는 기계설비

건설용 리프트	동력을 사용하여 가이드레일(운반구를 지지하여 상승 및 하강 동작을 안내하는 레일)을 따라 상하로 움직이는 운반구를 매달아 사람이나 화물을 운반할 수 있는 설비 또는 이와 유사한 구조 및 성능을 가진 것으로 건설현장에서 사용하는 것
산업용 리프트	동력을 사용하여 가이드레일을 따라 상하로 움직이는 운반구를 매달아 화물을 운반할 수 있는 설비 또는 이와 유사한 구조 및 성능을 가진 것으로 건설현장 외의 장소에서 사용하는 것
자동차정비용 리프트	동력을 사용하여 가이드레일을 따라 움직이는 지지대로 자동차 등을 일정한 높이로 올리거나 내리는 구조의 리프트로서 자동차 정비에 사용하는 것
이삿짐운반용 리프트	연장 및 축소가 가능하고 끝단을 건축물 등에 지지하는 구조의 사다리형 붐에 따라 동력을 사용하여 움직이는 운반구를 매달아 화물을 운반하는 설비로서 화물자동차 등 차량 위에 탑재하여 이삿짐 운반 등에 사용하는 것

52 롤러기 방호장치의 무부하 동작시험 시 앞면 롤러의 지름이 150mm이고, 회전수가 30rpm인 롤러기의 급정지 거리는 몇 mm 이내이어야 하는가?

① 157
② 188
③ 207
④ 237

해설
롤러기의 급정지 거리

$$V = \dfrac{\pi DN}{1,000}(m/min)$$

여기서, V : 표면속도
D : 롤러 원통의 직경(mm)
N : 1분간 롤러기가 회전되는 수(rpm)

1. $V = \dfrac{\pi DN}{1,000}(\text{m/min}) = \dfrac{\pi \times 150 \times 30}{1,000} = 14.13(\text{m/min})$
2. 무부하 동작에서 급정지 거리

앞면 롤러의 표면속도(m/min)	급정지 거리
30 미만	앞면 롤러 원주의 1/3
30 이상	앞면 롤러 원주의 1/2.5

3. 표면속도(V)가 14.13(m/mm)로 30(m/min) 미만이므로 앞면 롤러 원주의 1/3이다.
∴ 급정지 거리 $= \pi \times D \times \dfrac{1}{3} = \pi \times 150 \times \dfrac{1}{3} = 157[\text{mm}]$

> **TIP** 원둘레 길이 $= \pi D = 2\pi r$
> 여기서, D : 지름, r : 반지름

53 드릴링 작업에 있어서 공작물을 고정하는 방법으로 옳지 않은 것은?

① 작은 공작물은 바이스로 고정한다.
② 작고 길쭉한 공작물은 플라이어로 고정한다.
③ 대량 생산과 정밀도를 요구할 때는 지그로 고정한다.
④ 공작물이 크고 복잡할 때는 볼트의 고정구로 고정한다.

해설
드릴링 작업에서 일감(공작물)의 고정방법
1. 일감이 작을 때 : 바이스로 고정
2. 일감이 크고 복잡할 때 : 볼트와 고정구(클램프)로 고정
3. 대량 생산과 정밀도를 요할 때 : 지그(jig)로 고정
4. 얇은 판의 재료일 때 : 나무판을 받치고 기구로 고정

54 컨베이어에 설치하는 방호장치 중 가장 거리가 먼 것은?

① 이탈 및 역주행 방지장치
② 조속기
③ 비상정지장치
④ 건널다리

해설
컨베이어의 안전장치
1. 이탈 및 역주행 방지장치
2. 비상정지장치
3. 덮개 또는 울
4. 건널다리

55 아세틸렌은 특정 금속과 결합 시 폭발을 쉽게 일으킬 수 있는 물질로 변한다. 이 금속에 해당하지 않는 것은?

① 은
② 구리
③ 수은
④ 철

해설
아세틸렌가스의 위험성(화합물의 영향)
아세틸렌 가스는 구리 또는 구리 합금, 은, 수은 등을 접촉 시 이들과 화합하여 120℃ 부근에서 폭발성 화합물을 생성하므로 가스연결구나 배관에 사용을 금지한다.

56 보일러의 부식 원인 중 거리가 먼 것은?

① 급수에 해로운 불순물이 혼입되었을 때
② 불순물을 사용하여 수관이 부식되었을 때
③ 급수처리를 하지 않는 물을 사용할 때
④ 증기발생이 과다할 때

해설
보일러의 부식 원인
1. 불순물을 사용하여 수관이 부식되었을 때
2. 급수에 불순물이 혼입되었을 때
3. 급수처리를 하지 않은 물을 사용할 때

57 아세틸렌 용접장치를 사용하여 금속의 용접·용단 또는 가열작업을 하는 경우 게이지 압력으로 얼마를 초과하는 압력의 아세틸렌을 발생시켜 사용해서는 아니 되는가?

① 85[kPa]
② 107[kPa]
③ 127[kPa]
④ 150[kPa]

해설
압력의 제한
아세틸렌 용접장치를 사용하여 금속의 용접·용단 또는 가열작업을 하는 경우에는 게이지 압력이 127kPa을 초과하는 압력의 아세틸렌을 발생시켜 사용해서는 아니 된다.

58 프레스금형을 부착, 해체 또는 조정 작업을 하는 때에 사용해야 하는 안전장치는?

① 광전자식 안전장치　② 양수조작식 안전장치
③ 안전방책　　　　　④ 안전블록

해설

금형조정작업의 위험 방지
프레스 등의 금형을 부착·해체 또는 조정하는 작업을 할 때에 해당 작업에 종사하는 근로자의 신체가 위험한계 내에 있는 경우 슬라이드가 갑자기 작동함으로써 근로자에게 발생할 우려가 있는 위험을 방지하기 위하여 안전블록을 사용하는 등 필요한 조치를 하여야 한다.

59 안전계수 6인 로프의 파단 하중이 1,116kgf이라면, 이 로프는 몇 kgf 이하로 물건을 매달아야 하는가?

① 186　　　　　② 279
③ 1,115　　　　④ 6,696

해설

안전율(안전계수)

$$\text{안전율(안전계수)} = \frac{\text{기초강도}}{\text{허용응력}} = \frac{\text{극한강도}}{\text{허용응력}} = \frac{\text{최대응력}}{\text{허용응력}}$$
$$= \frac{\text{절단하중(파괴하중)}}{\text{최대사용하중}} = \frac{\text{극한강도}}{\text{최대설계응력}}$$
$$= \frac{\text{파단하중}}{\text{안전하중}} = \frac{\text{인장강도}}{\text{허용응력}}$$

안전율 = $\frac{\text{파단하중}}{\text{안전하중}}$ → 안전하중 = $\frac{\text{파괴하중}}{\text{안전율}}$

∴ 안전하중 = $\frac{1,116}{6}$ = 186[kgf]

60 산업용 로봇의 재해 발생에 대한 주된 원인이며, 본체의 외부에 조립되어 인간의 팔에 해당하는 기능을 하는 것은?

① 제동장치　　　② 외부전선
③ 매니퓰레이터　④ 배관

해설

매니퓰레이터
인간의 팔과 유사한 기능을 가진 것으로 작업의 대상물을 이동시키는 것을 가리키며 각종 로봇에 공통되는 기본 개념이다.

4과목 전기 및 화학설비위험방지기술

61 다음 중 니트로글리세린에 관한 설명으로 틀린 것은?

① 물에 잘 녹으며, 액체 상태로 운반한다.
② 점화하면 즉시 연소하고, 다량이면 폭발력이 강하다.
③ 상온에서 액체이지만 겨울철에는 동결한다.
④ 질산과 황산의 혼산 중에 글리세린을 반응시켜 만든다.

해설

니트로글리세린
1. 강산화제, 나트륨(Na), 수산화나트륨(NaOH) 등과 혼촉 시 발화 폭발하며, 환기가 잘 되는 냉암소에 보관한다.
2. 물에는 거의 녹지 않으나 메탄올, 벤젠, 아세톤 등에는 녹으며, 겨울철에는 동결할 우려가 있다.

62 저항 값이 0.1Ω인 도체에 10A의 전류가 1분간 흘렀을 경우 발생하는 열량은 몇 cal인가?

① 124　　　② 144
③ 166　　　④ 250

해설

열량

$$Q = 0.24I^2RT \times 10^{-3}[\text{kcal}] = 0.24I^2RT[\text{cal}]$$

여기서, Q : 열량[J], I : 전류[A], R : 저항[Ω]
　　　　T : 전류가 흐른 시간[sec]

$Q = 0.24I^2RT = 0.24 \times 10^2 \times 0.1 \times 60 = 144$[cal]

63 다음 중 통전경로별 위험도가 가장 높은 경로는?

① 왼손 – 등
② 오른손 – 가슴
③ 왼손 – 가슴
④ 오른손 – 양발

해설

통전경로별 위험도
감전 시의 영향은 전류의 경로에 따라 그 위험성이 달라지며, 전류가 심장 또는 그 주위를 통하게 되면 심장에 영향을 주어 가장 위험하다.

정답 58 ④　59 ①　60 ③　61 ①　62 ②　63 ③

통전경로	심장전류계수	통전경로	심장전류계수
왼손 – 가슴	1.5	왼손 – 등	0.7
오른손 – 가슴	1.3	한 손 또는 양손 – 앉아 있는 자리	0.7
왼손 – 한 발 또는 양발	1.0	왼손 – 오른손	0.4
양손 – 양발	1.0	오른손 – 등	0.3
오른손 – 한 발 또는 양발	0.8		

※ 숫자가 클수록 위험도가 높다.

64 위험물 저장소에 빗물이 스며들자 불꽃이 일어나면서 보관 중이던 물질이 폭발하였다면 다음 중 저장소에 보관 중인 물건으로 추정되는 것은?

① 과염소산나트륨
② 나트륨
③ 피크린산
④ 트리니트로톨루엔(TNT)

해설

금수성 물질(물과 접촉을 금지해야 하는 물질)
1. 정의
   물과 접촉하면 격렬한 발열반응하는 것으로 물질이 공기 중의 습기를 흡수해서 화학반응을 일으켜 발열하거나, 수분과 접촉해서 발열하여 그 온도가 가속도적으로 높아져 발화되는 물질
2. 종류
   칼륨, 리튬, 칼슘, 마그네슘, 알킬알루미늄, 나트륨, 철분, 알킬리튬, 금속분, 탄화칼슘 등

65 피뢰기가 반드시 가져야 할 성능 중 틀린 것은?

① 방전개시 전압이 높을 것
② 뇌전류 방전능력이 클 것
③ 속류 차단을 확실하게 할 수 있을 것
④ 반복 동작이 가능할 것

해설

피뢰기의 구비성능
1. 충격 방전 개시 전압과 제한 전압이 낮을 것
2. 반복 동작이 가능할 것
3. 구조가 견고하며 특성이 변화하지 않을 것
4. 점검, 보수가 간단할 것

5. 뇌전류의 방전능력이 클 것
6. 속류의 차단이 확실하게 될 것

66 충전전로의 선간전압이 121kV 초과 145kV 이하의 활선 작업 시 충전전로에 대한 접근한계거리(cm)는?

① 130   ② 150
③ 170   ④ 230

해설

충전전로에서의 전기작업

충전전로의 선간전압 (단위 : kV)	충전전로에 대한 접근한계거리 (단위 : cm)
0.3 이하	접촉금지
0.3 초과 0.75 이하	30
0.75 초과 2 이하	45
2 초과 15 이하	60
15 초과 37 이하	90
37 초과 88 이하	110
88 초과 121 이하	130
121 초과 145 이하	150
145 초과 169 이하	170
169 초과 242 이하	230
242 초과 362 이하	380
362 초과 550 이하	550
550 초과 800 이하	790

67 다음 중 누전차단기의 설치에 관한 설명으로 적절하지 않은 것은?

① 비나 이슬에 젖지 않는 장소에 설치한다.
② 누전차단기의 설치는 고도와 관계가 없다.
③ 전원전압의 변동에 유의하여야 한다.
④ 진동 또는 충격을 받지 않도록 한다.

해설

누전차단기의 설치 환경조건
1. 주위온도에 유의할 것 : 누전차단기는 −10∼+40℃ 범위 내에 설치
   ㉠ 옥외 : 직사광선 주의
   ㉡ 저온 습도가 있을 경우 : 결빙 주의

정답 64 ② 65 ① 66 ② 67 ②

2. 표고 2,000m 이하의 장소에 설치 : 표고가 높아지면 기압이 낮아져 차단능력이 저하됨
3. 비나 이슬에 젖지 않는 장소로 할 것
4. 먼지가 적은 장소로 할 것
5. 이상한 진동 또는 충격을 받지 않는 장소로 할 것
6. 습도가 적은 장소로 할 것 : 상대습도 45~80% 사이의 장소에 설치 할 것(지하실, 터널 등에서 주의)
7. 전원전압의 변동에 유의할 것 : 누전차단기는 전원전압이 정격전압의 85~110% 사이에서 사용할 것
8. 배선상태를 건조하게 유지할 것
9. 불꽃 또는 아크에 의한 폭발의 위험이 없는 장소에 설치할 것

68 폭발을 원인물질의 물리적 상태에 따라 기상 폭발과 응상 폭발로 분류할 때 다음 중 응상 폭발에 해당되는 것은?

① 분무폭발
② 가스폭발
③ 분진폭발
④ 수증기폭발

해설

원인물질의 상태에 따른 분류

기상 폭발	가스폭발, 분무폭발, 분진폭발, 가스분해폭발, 증기운폭발
응상 폭발	수증기폭발(액체일 때), 증기폭발(액화가스일 때), 전선폭발

69 다음 중 위험물에 대한 일반적 개념으로 옳지 않은 것은?

① 반응속도가 급격히 진행된다.
② 화학적 구조 및 결합력이 불안정하다.
③ 대부분 화학적 구조가 복잡한 고분자 물질이다.
④ 그 자체가 위험하다든가 또는 환경조건에 따라 쉽게 위험성을 나타내는 물질을 말한다.

해설

위험물의 정의
1. 위험물이라 함은 인화성 또는 발화성 등의 성질을 가지는 물품을 말한다.
2. 위험물질이란 그 자체가 위험하든가 또는 환경조건에 따라 쉽게 위험성을 나타내는 물질로서 보통 위험성 물질이라 부른다.
3. 위험물의 일반적인 특징
   ⊙ 자연계에 흔히 존재하는 물 또는 산소와의 반응이 용이하다.
   ⓒ 반응속도가 급격히 진행한다.
   ⓒ 반응 시 발생되는 발열량이 크다.
   ⓔ 수소와 같은 가연성 가스를 발생한다.
   ⓜ 화학적 구조 및 결합력이 대단히 불안정하다.

70 혼합가스의 조성이 다음 표와 같을 때 공기 중 폭발하한계는 약 몇 vol%인가?

가스	조성 (vol%)	폭발하한계 (vol%)	폭발상한계 (vol%)
프로판	50%	2.2	9.5
이황화탄소	30%	1.2	44
일산화탄소	20%	12.5	74

① 1.20
② 2.03
③ 3.67
④ 5.30

해설

르샤틀리에의 법칙(순수한 혼합가스일 경우)

$$\frac{100}{L} = \frac{V_1}{L_1} + \frac{V_2}{L_2} + \frac{V_3}{L_3} + \cdots$$

$$L = \frac{100}{\frac{V_1}{L_1} + \frac{V_2}{L_2} + \cdots + \frac{V_n}{L_n}}$$

여기서, V_n : 전체 혼합가스 중 각 성분 가스의 체적(비율)[%]
L_n : 각 성분 단독의 폭발한계(상한 또는 하한)
L : 혼합가스의 폭발한계(상한 또는 하한)[vol%]

$$L = \frac{100}{\frac{V_1}{L_1} + \frac{V_2}{L_2} + \frac{V_3}{L_3}} = \frac{100}{\frac{50}{2.2} + \frac{30}{1.2} + \frac{20}{12.5}} ≒ 2.03[\text{vol}\%]$$

71 산업안전보건기준에 관한 규칙에 따라 꽂음접속기를 설치 또는 사용하는 경우 준수하여야 할 사항으로 틀린 것은?

① 서로 다른 전압의 꽂음접속기는 서로 접속되지 아니한 구조의 것을 사용할 것
② 습윤한 장소에 사용되는 꽂음접속기는 방수형 등 그 장소에 적합한 것을 사용할 것
③ 근로자가 해당 꽂음접속기를 접속시킬 경우에는 땀 등으로 젖은 손으로 취급하지 않도록 할 것
④ 꽂음접속기에 잠금장치가 있을 때에는 접속 후 개방하여 사용할 것

정답 68 ④ 69 ③ 70 ② 71 ④

> **해설**

꽂음접속기의 설치·사용 시 준수사항
1. 서로 다른 전압의 꽂음접속기는 서로 접속되지 아니한 구조의 것을 사용할 것
2. 습윤한 장소에 사용되는 꽂음접속기는 방수형 등 그 장소에 적합한 것을 사용할 것
3. 근로자가 해당 꽂음접속기를 접속시킬 경우에는 땀 등으로 젖은 손으로 취급하지 않도록 할 것
4. 해당 꽂음접속기에 잠금장치가 있는 경우에는 접속 후 잠그고 사용할 것

72 다음 중 정전기로 인한 재해의 방지대책으로 틀린 것은?

① 접지
② 보호구의 착용
③ 배관 내 액체의 유속 증가
④ 습도가 일정 이상이 되도록 유지

> **해설**

정전기재해의 방지대책
1. 접지(도체의 대전방지)
2. 유속의 제한
3. 보호구의 착용
4. 대전방지제 사용
5. 가습(상대습도를 60~70% 정도 유지)
6. 제전기 사용
7. 대전물체의 차폐
8. 정치시간의 확보
9. 도전성 재료 사용

73 가연성인 기체, 액체 또는 고체 등이 공기 속에서 연소를 할 때의 연소 형식이 아닌 것은?

① 증발연소
② 분해연소
③ 한계연소
④ 표면연소

> **해설**

가연물의 종류에 따른 연소의 분류

기체연소	확산연소, 예혼합연소
액체연소	증발연소, 액적연소
고체연소	표면연소, 분해연소, 증발연소, 자기연소

74 화학장치에서 반응기의 위험성을 점검하고 있다. 반응기에서 화학반응이 있을 때 특히 유의할 사항들로 나열한 것은?

① 낙하, 절단
② 감전, 협착
③ 비래, 붕괴
④ 반응폭주, 과압

> **해설**

반응폭주
1. 반응속도가 지수 함수적으로 증가하고 반응용기 내부의 온도 및 압력이 비정상적으로 급격히 상승되어 규정 조건을 벗어나고 반응이 과격하게 진행되는 현상을 말한다.
2. 반응폭주는 서로 다른 물질이 폭발적으로 반응하는 현상으로 화학공장의 반응기에서 일어날 수 있는 현상이다.
3. 주로 화학공장에서 화합, 분해, 중합, 치환, 부가 반응의 제어가 실패한 경우 반응기 내부의 압력증가, 온도증가에 의해 반응속도가 가속화 되어 반응폭주가 일어나며, 이러한 반응은 반응물질이 완전히 소모될 때까지 지속된다.

75 다음 중 물을 소화제로 사용하는 주된 이유로 가장 적합한 것은?

① 기화되기 쉬우므로
② 증발잠열이 크므로
③ 환원성으므로
④ 부촉매 효과가 있으므로

> **해설**

물 소화약제의 장점
1. 쉽게 구할 수 있고 인체에 무해하다.
2. 비열과 증발잠열이 커서 냉각 효과가 우수하다.
3. 쉽게 운반할 수 있다.

76 위험분위기가 존재하는 장소의 전기기기에 방폭성능을 갖추기 위한 일반적 방법으로 적절하지 않은 것은?

① 점화의 격리
② 전기기기 안전도 증강
③ 점화능력의 본질적 억제
④ 점화원으로 되는 확률은 0으로 낮춤

정답 72 ③ 73 ③ 74 ④ 75 ② 76 ④

해설
전기설비의 방폭화

점화원의 실질적(방폭적) 격리	내압 방폭구조	내부 폭발이 주위에 파급되지 않게 함
	압력 방폭구조	점화원을 주위 폭발성 가스로부터 격리
	유입 방폭구조	점화원을 Oil 등에 넣어 격리
전기설비의 안전도 증가	안전증 방폭구조	정상상태에서 불꽃이나 고온부가 존재하는 전기기기의 안전도를 증대시킴
점화능력의 본질적 억제	본질안전 방폭구조	본질적으로 폭발성 물질이 점화되지 않는다는 것이 시험 등에 의해 확인된 구조를 사용

TIP 전기설비로 인한 화재, 폭발방지를 위해서는 위험분위기 생성 확률과 전기설비가 점화원으로 되는 확률과의 곱이 0이 되도록 하여야 한다.

77 페인트를 스프레이로 뿌려 도장작업을 하는 작업 중 발생할 수 있는 정전기 대전으로만 이루어진 것은?

① 유동대전, 충돌대전   ② 유동대전, 마찰대전
③ 분출대전, 충돌대전   ④ 분출대전, 유동대전

해설
정전기의 발생현상

분출대전	분체류, 액체류, 기체류가 단면적이 작은 개구부를 통해 분출할 때 분출물과 개구부의 마찰로 인하여 정전기가 발생
충돌대전	분체류에 의한 입자끼리 또는 입자와 고정된 고체의 충돌, 접촉, 분리 등에 의해 정전기 발생

78 다음 중 할로겐화합물 소화약제의 주된 효과는?

① 냉각효과   ② 억제효과
③ 질식효과   ④ 제거효과

해설
소화설비의 종류별 적응화재

소화기명	소화효과
포소화설비	질식소화
스프링클러설비	냉각소화
이산화탄소소화설비	질식소화
할로겐화합물소화설비	연소억제소화
강화액소화설비	냉각소화
에어-폼	질식소화

79 화학설비의 안전장치로서 파열판을 설치해야 하는 경우와 가장 거리가 먼 것은?

① 급격한 압력 상승의 우려가 있는 경우
② 진공에 의해 파손될 우려가 있는 경우
③ 방출량이 많고 순간적으로 많은 방출이 필요한 경우
④ 물질의 물리적 상태변화에 대응하기 위한 경우

해설
파열판의 설치조건
1. 반응폭주 등 급격한 압력 상승 우려가 있는 경우
2. 급성 독성물질의 누출로 인하여 주위의 작업환경을 오염시킬 우려가 있는 경우
3. 운전 중 안전밸브에 이상 물질이 누적되어 안전밸브가 작동되지 아니할 우려가 있는 경우

TIP 물리적 상태변화 : 물질의 성질은 변하지 않으면서 물질의 형태만 바꾸는 변화를 말한다.

80 다음 정의에 해당하는 방폭구조는?

> 전기기기의 과도한 온도 상승, 아크 또는 스파크 발생의 위험을 방지하기 위해 추가적인 안전조치를 통한 안전도를 증가시킨 방폭구조

① 내압 방폭구조
② 안전증 방폭구조
③ 본질안전 방폭구조
④ 유입 방폭구조

해설
안전증 방폭구조(Increased Safety Type, e)
1. 전기기기의 정상 사용조건 및 특정 비정상 상태에서 과도한 온도 상승, 아크 또는 스파크의 발생 위험을 방지하기 위해 추가적인 안전조치를 통한 안전도를 증가시킨 방폭구조
2. 전기기구의 권선, 접점부, 단자부 등과 같은 부분이 정상적인 운전 중에는 불꽃, 아크 또는 과열이 발생되지 않는 부분에 대하여 방지하기 위한 구조와 온도상승에 대해 특히 안전도를 증가시킨 구조
3. 정상운전 중에 아크나 불꽃을 발생시키는 전기기기는 안전증 방폭구조의 전기기기 범위에서 제외

정답 77 ③ 78 ② 79 ④ 80 ②

5과목 건설안전기술

81 사다리식 통로 등을 설치하는 경우 준수해야 할 기준으로 옳지 않은 것은?

① 접이식 사다리 기둥은 사용 시 접혀지거나 펼쳐지지 않도록 철물 등을 사용하여 견고하게 조치할 것
② 발판과 벽과의 사이는 25cm 이상의 간격을 유지할 것
③ 폭은 30cm 이상으로 할 것
④ 사다리식 통로의 길이가 10m 이상인 경우에는 5m 이내마다 계단참을 설치할 것

해설

사다리식 통로
1. 견고한 구조로 할 것
2. 심한 손상·부식 등이 없는 재료를 사용할 것
3. 발판의 간격은 일정하게 할 것
4. 발판과 벽과의 사이는 15cm 이상의 간격을 유지할 것
5. 폭은 30cm 이상으로 할 것
6. 사다리가 넘어지거나 미끄러지는 것을 방지하기 위한 조치를 할 것
7. 사다리의 상단은 걸쳐놓은 지점으로부터 60cm 이상 올라가도록 할 것
8. 사다리식 통로의 길이가 10m 이상인 경우에는 5m 이내마다 계단참을 설치할 것
9. 사다리식 통로의 기울기는 75도 이하로 할 것. 다만, 고정식 사다리식 통로의 기울기는 90도 이하로 하고, 그 높이가 7미터 이상인 경우에는 다음 각 목의 구분에 따른 조치를 할 것
  ㉠ 등받이울이 있어도 근로자 이동에 지장이 없는 경우 : 바닥으로부터 높이가 2.5미터 되는 지점부터 등받이울을 설치할 것
  ㉡ 등받이울이 있으면 근로자가 이동이 곤란한 경우 : 개인용 추락 방지 시스템을 설치하고 근로자로 하여금 전신안전대를 사용하도록 할 것
10. 접이식 사다리 기둥은 사용 시 접혀지거나 펼쳐지지 않도록 철물 등을 사용하여 견고하게 조치할 것

82 흙의 상태는 함수량에 따라 액체, 소성, 반고체, 고체 등으로 변화하는데 이러한 흙의 성질을 무엇이라 하는가?

① 흙의 팽창 ② 흙의 연경도
③ 흙의 다짐 ④ 흙의 밀도

해설

흙의 연경도(Consistency)
1. 흙은 함수량의 변화에 따라 그 성질이 변화하는데, 함수량이 많아지면서 고체상태, 반고체상태, 소성상태 및 액체상태로 변화한다.
2. 흙의 함수비 변화에 따른 상태변화를 나타내는 성질을 흙의 연경도라 한다.

83 다음 중 모래지반의 내부 마찰각을 구할 수 있는 시험 방법은?

① 웰 포인트 ② 표준관입시험
③ 지내력시험 ④ 베인테스트

해설

표준관입시험(Standard Penetration Test)
1. 무게 63.5kg의 해머로 76cm 높이에서 자유낙하시켜 샘플러를 30cm 관입시키는 데 소요되는 타격횟수 N치를 측정하는 시험이다.
2. 흙의 지내력 판단, 사질토 지반에 적용한다.
3. N값이 클수록 밀실한 토질이다.

84 암질 변화 구간 및 이상 암질 출현 시 판별방법과 가장 거리가 먼 것은?

① R.Q.D(%)
② R.M.R
③ 탄성파 속도(cm/sec=kine)
④ 지표침하량(cm)

해설

암질판별 기준
1. R.Q.D(%)
2. 탄성파 속도(m/sec)
3. R.M.R
4. 일축압축강도(kg/cm^2)
5. 진동치 속도(cm/sec=Kine)

85 거푸집 및 동바리 설계 시 적용하는 연직방향 하중에 해당되지 않는 것은?

① 콘크리트의 측압 ② 철근콘크리트의 자중
③ 작업하중 ④ 충격하중

정답 81 ② 82 ② 83 ② 84 ④ 85 ①

해설

거푸집 및 동바리 시공 시 고려 하중

종류	내용
연직방향 하중	거푸집, 지보공(동바리), 콘크리트, 철근, 작업원, 타설용 기계기구, 가설설비 등의 중량 및 충격하중
횡방향 하중	작업할 때의 진동, 충격, 시공오차 등에 기인되는 횡방향 하중 이외에 필요에 따라 풍압, 유수압, 지진 등
콘크리트의 측압	굳지 않은 콘크리트의 측압
특수하중	시공 중에 예상되는 특수한 하중

86 차량계 하역운반기계에서 화물을 싣거나 내리는 작업에서 작업지휘자가 준수해야 할 사항과 가장 거리가 먼 것은?

① 작업순서 및 그 순서마다의 작업방법을 정하고 작업을 지휘하는 일
② 기구 및 공구를 점검하고 불량품을 제거하는 일
③ 해당 작업을 행하는 장소에 관계근로자 외의 자의 출입을 금지하는 일
④ 총 화물량을 산출하는 일

해설

싣거나 내리는 작업
1. 작업순서 및 그 순서마다의 작업방법을 정하고 작업을 지휘할 것
2. 기구와 공구를 점검하고 불량품을 제거할 것
3. 해당 작업을 하는 장소에 관계근로자가 아닌 사람이 출입하는 것을 금지할 것
4. 로프 풀기 작업 또는 덮개 벗기기 작업은 적재함의 화물이 떨어질 위험이 없음을 확인한 후에 하도록 할 것

87 옹벽의 안정조건에서 활동에 대한 저항력은 옹벽에 작용하는 수평력보다 최소 몇 배 이상 되어야 하는가?

① 1.0배　　② 1.5배
③ 2.0배　　④ 3.0배

해설

옹벽의 안정조건

전도(Over Turning)에 대한 안정	• 안전율(F_s) $= \dfrac{\text{전도에 저항하는 모멘트}}{\text{전도모멘트}} \geq 2.0$ • 대책: 옹벽의 높이를 낮추거나 기초 후면의 길이를 길게 함
활동(Sliding)에 대한 안정	• 안전율(F_s) $= \dfrac{\text{활동에 저항하려는 힘}}{\text{활동하려는 힘}} \geq 1.5$ • 대책: 기초 저반의 폭 증가, 기초 하부에 말뚝보강, 기초 하부에 활동방지벽(Shear Key) 설치
지반지지력 (침하, Settlement)에 대한 안정	• 안전율(F_s) $= \dfrac{\text{지반의 극한지지력도}}{\text{지반의 최대반력}} \geq 3.0$ • 대책: 기초 저반의 폭 증가, 기초 하부의 지반 개량 및 강화

88 콘크리트 타설 작업 시 준수사항으로 옳지 않은 것은?

① 바닥 위에 흘린 콘크리트는 완전히 청소한다.
② 가능한 높은 곳으로부터 자연 낙하시켜 콘크리트를 타설한다.
③ 지나친 진동기 사용은 재료분리를 일으킬 수 있으므로 금해야 한다.
④ 최상부의 슬래브는 이어붓기를 되도록 피하고 일시에 전체를 타설하도록 한다.

해설

높은 곳에서 타설하면 측압의 증가로 거푸집 변형 및 재료분리의 현상이 발생하므로 가능한 타설 높이를 낮게 하여야 한다.

89 리프트의 안전장치에 해당하지 않는 것은?

① 권과방지장치　　② 비상정지장치
③ 과부하방지장치　　④ 조속기

해설

리프트의 방호장치
리프트(자동차정비용 리프트는 제외)의 운반구 이탈 등의 위험을 방지하기 위하여 권과방지장치, 과부하방지장치, 비상정지장치 등을 설치하는 등 필요한 조치를 하여야 한다.

90 지반조사 방법 중 작업현장에서 인력으로 간단하게 실시할 수 있는 것으로 얕은 깊이(사질토의 경우 약 3~4m)의 토사 채취를 활용하는 방법은?

① 오거 보링(Auger Boring)
② 세수식 보링(Wash Boring)
③ 회전식 보링(Rotary Boring)
④ 충격식 보링(Percussion Boring)

해설

보링(Boring)의 종류

종류	방법
오거 보링 (Auger Boring)	지표면 부근의 시료 채취나 얕은 지반 조사에 사용하는 방법으로 깊이 10m 이내의 토사를 채취
수세식 보링 (Wash Boring)	깊이 30m 내외의 연질층에 사용하는 방법으로 이중관을 충격을 주며 물을 뿜어 파진 흙을 배출하여 침전시켜 토질 판별

종류	방법
회전식 보링 (Rotary Boring)	날을 회전시켜 천공하는 방법, 비교적 자연상태 그대로 채취 가능(연속적으로 시료를 채취할 수 있어 지층의 변화를 비교적 정확히 알 수 있다)
충격식 보링 (Percussion Boring)	와이어 로프(Wire rope) 끝에 충격날을 부착하여 상하 충격에 의해 천공, 토사와 암석에도 가능

91 다음 중 셔블계 굴착기계에 속하지 않는 것은?

① 파워 셔블(Power Shovel)
② 클램셸(Clam Shell)
③ 스크레이퍼(Scraper)
④ 드래그라인(Dragline)

해설

셔블계 굴삭기
1. 파워 셔블
2. 드래그 셔블
3. 드래그라인
4. 클램셸

TIP 스크레이퍼(Scraper)는 도저계 굴착기계에 해당된다.

92 토석붕괴의 내적 요인으로 옳은 것은?

① 사면의 경사 증가
② 공사에 의한 진동, 하중의 증가
③ 절토 및 성토 높이의 증가
④ 토석의 강도 저하

해설

토석붕괴의 원인

외적 원인	• 사면, 법면의 경사 및 기울기의 증가 • 절토 및 성토 높이의 증가 • 공사에 의한 진동 및 반복하중의 증가 • 지표수 및 지하수의 침투에 의한 토사 중량의 증가 • 지진, 차량, 구조물의 하중작용 • 토사 및 암석의 혼합층 두께
내적 원인	• 절토 사면의 토질·암질 • 성토 사면의 토질구성 및 분포 • 토석의 강도 저하

93 다음에서 설명하고 있는 롤러의 종류는?

앞뒤 두 개의 차륜이 있으며(2축, 2륜), 각각의 차축이 평행으로 배치된 것으로 찰흙, 점성토 등의 두꺼운 흙을 다지는 데 적당하나 단단한 각재를 다지는 데는 부적당하며 머캐덤 롤러 다짐 후의 아스팔트 포장에 사용된다.

① 탬핑 롤러 ② 탠덤 롤러
③ 타이머 롤러 ④ 진동 롤러

해설

다짐기계(전압식)

로드 롤러 (Road Roller)	머캐덤 롤러 (Macadam Roller)	3륜 형식으로 쇄석, 자갈 등의 다짐에 사용
	탠덤 롤러 (Tandem Roller)	2륜 형식으로 아스팔트 포장의 끝마무리에 사용
탬핑 롤러 (Tamping Roller)		• 깊은 다짐이나 고함수비 지반의 다짐에 많이 이용 • 롤러의 표면에 돌기를 만들어 부착한 것 • 풍화함을 파쇄하고 흙 속의 간극수압을 제거 • 점성토 지반에 효과적
타이어 롤러 (Tire Roller)		사질토나 사질 점성토에 적합하며 주행 속도 개선

94 현장에서 근로자가 안전하게 통행할 수 있도록 통로에 설치해야 하는 조명시설은 최소 몇 럭스 이상인가?

① 75lux 이상 ② 80lux 이상
③ 85lux 이상 ④ 90lux 이상

해설
통로의 조명
근로자가 안전하게 통행할 수 있도록 통로에 75럭스 이상의 채광 또는 조명시설을 하여야 한다.(다만, 갱도 또는 상시 통행을 하지 아니하는 지하실 등을 통행하는 근로자에게 휴대용 조명기구를 사용하도록 한 경우에는 제외)

95 공사현장에서 낙하물방지망 또는 방호선반을 설치할 때 설치높이 및 벽면으로부터 내민길이 기준으로 옳은 것은?

① 설치높이 : 10m 이내마다, 내민길이 : 2m 이상
② 설치높이 : 15m 이내마다, 내민길이 : 2m 이상
③ 설치높이 : 10m 이내마다, 내민길이 : 3m 이상
④ 설치높이 : 15m 이내마다, 내민길이 : 3m 이상

해설
낙하물방지망 또는 방호선반 설치 시 준수사항
1. 높이 10m 이내마다 설치하고, 내민길이는 벽면으로부터 2m 이상으로 할 것
2. 수평면과의 각도는 20° 이상 30° 이하를 유지할 것

96 철근콘크리트 공사 시 활용되는 거푸집의 필요조건이 아닌 것은?

① 콘크리트의 하중에 대해 뒤틀림이 없는 강도를 갖출 것
② 콘크리트 내 수분 등에 대한 물빠짐이 원활한 구조를 갖출 것
③ 최소한의 재료로 여러 번 사용할 수 있는 전용성을 가질 것
④ 거푸집은 조립ㆍ해체ㆍ운반이 용이하도록 할 것

해설
거푸집의 필요조건
1. 조립ㆍ해체ㆍ운반이 용이할 것
2. 반복 사용할 수 있는 형상과 크기 일 것
3. 수분이나 모르타르의 누출을 방지할 수 있게 수밀성을 확보할 것
4. 시공정확도를 유지하고 변형이 생기지 않는 구조일 것
5. 충격 및 작업하중에 견디고, 변형을 일으키지 않는 강도를 가질 것
6. 청소ㆍ보수ㆍ뒷정리가 쉬울 것

97 기계장비에서 와이어로프 등의 안전계수를 가장 잘 설명한 것은?

① 와이어로프의 절단하중 값을 그 와이어로프에 걸리는 하중의 최댓값으로 나눈 값을 말한다.
② 와이어로프에 걸리는 하중의 최댓값을 그 와이어로프의 절단하중 값으로 나눈 값을 말한다.
③ 와이어로프의 절단하중 값을 그 와이어로프에 걸리는 하중의 평균값으로 나눈 값을 말한다.
④ 와이어로프에 걸리는 하중의 평균값을 그 와이어로프의 절단하중 값으로 나눈 값을 말한다.

해설
안전계수
와이어로프 등의 절단하중 값을 그 와이어로프 등에 걸리는 하중의 최댓값으로 나눈 값을 말한다.

98 건설공사 중 작업으로 인하여 물체가 떨어지거나 날아올 위험이 있을 때 조치할 사항으로 거리가 먼 것은?

① 안전난간 설치
② 보호구의 착용
③ 출입금지구역의 설정
④ 낙하물방지망의 설치

해설
물체가 떨어지거나 날아올 위험이 있는 경우의 위험방지
1. 낙하물 방지망 설치
2. 수직보호망 설치
3. 방호선반 설치
4. 출입금지구역 설정
5. 보호구 착용

TIP 안전난간 : 추락의 위험이 있는 장소에 설치한다.

정답 94 ① 95 ① 96 ② 97 ① 98 ①

99 거푸집 동바리 조립도에 명시해야 할 사항과 가장 거리가 먼 것은?

① 부재의 재질
② 단면규격
③ 설치간격
④ 작업환경 조건

해설

거푸집 동바리 조립도
1. 거푸집 및 동바리를 조립하는 경우에는 그 구조를 검토한 후 조립도를 작성하고, 그 조립도에 따라 조립하도록 해야 한다.
2. 조립도에는 거푸집 및 동바리를 구성하는 부재의 재질·단면규격·설치간격 및 이음방법 등을 명시해야 한다.

100 콘크리트를 타설할 때 거푸집에 작용하는 콘크리트 측압에 영향을 미치는 요인과 가장 거리가 먼 것은?

① 콘크리트 타설 속도
② 콘크리트 타설 높이
③ 콘크리트의 강도
④ 기온

해설

거푸집 측압 증가에 영향을 미치는 인자(측압의 영향요소)
1. 거푸집 수평단면이 클수록 크다.
2. 콘크리트 슬럼프치가 클수록 커진다.
3. 거푸집 표면이 평활할수록(평탄) 커진다.
4. 철골, 철근량이 적을수록 커진다.
5. 콘크리트 시공연도가 좋을수록 커진다.
6. 외기의 온도, 습도가 낮을수록 커진다.
7. 타설 속도가 빠를수록 커진다.
8. 다짐이 충분할수록 커진다.
9. 타설 시 상부에서 직접 낙하할 경우 커진다.
10. 거푸집의 강성이 클수록 크다.
11. 콘크리트의 비중(단위중량)이 클수록 크다.
12. 벽 두께가 두꺼울수록 커진다.

정답 99 ④ 100 ③

PART 02
19 2022년 2회 기출복원문제

1과목 산업안전관리론

01 재해원인을 직접원인과 간접원인으로 분류할 때 간접원인에 해당하지 않는 것은?

① 관리적 원인 ② 신체적 원인
③ 물적 원인   ④ 정신적 원인

해설

산업재해의 원인
1. 직접원인
   ㉠ 불안전한 행동(인적 요인)
   ㉡ 불안전한 상태(물적 요인)
2. 간접원인

기술적 원인	• 건물, 기계장치의 설계불량 • 구조, 재료의 부적합 • 생산방법의 부적당 • 점검, 정비보존의 불량
교육적 원인	• 안전의식의 부족 • 안전수칙의 오해 • 경험훈련의 미숙 • 작업방법의 교육 불충분 • 유해위험 작업의 교육 불충분
신체적 원인	• 신체적 결함(두통, 현기증, 간질병, 난청) • 피로(수면부족)
정신적 원인	• 태도불량(태만, 불만, 반항) • 정신적 동요(공포, 긴장, 초조, 불화)
작업관리상의 원인	• 안전관리조직의 결함 • 안전수칙의 미제정 • 작업준비 불충분 • 인원배치 부적당 • 작업지시 부적당

02 매슬로(Maslow. A. H)의 욕구 5단계 중 자신의 잠재력을 발휘하여 자기가 하고 싶은 일을 실현하는 욕구는 어느 단계인가?

① 생리적 욕구   ② 안전의 욕구
③ 존경의 욕구   ④ 자아실현의 욕구

해설

매슬로(Maslow)의 욕구단계이론

제1단계	생리적 욕구	기아, 갈증, 호흡, 배설, 성욕 등 생명유지의 기본적 욕구
제2단계	안전의 욕구	• 자기보존 욕구 – 안전을 구하려는 욕구 • 전쟁, 재해, 질병의 위험으로부터 자유로워지려는 욕구
제3단계	사회적 욕구	• 소속감과 애정에 대한 욕구 • 사회적으로 관계를 향상시키는 욕구
제4단계	인정받으려는 욕구(자기존중의 욕구)	자존심, 명예, 성취, 지위 등 인정받으려는 욕구
제5단계	자아실현의 욕구	잠재능력을 실현하고자 하는 성취욕구

03 인간의 주의의 특성에 해당하지 않는 것은?

① 변동성   ② 선택성
③ 방향성   ④ 가시성

해설

주의의 특징

선택성	• 주의는 동시에 두 개의 방향에 집중하지 못한다. • 여러 종류의 자극을 지각하거나 수용할 때 특정한 것에 한하여 선택하는 기능이다.
변동성	• 고도의 주의는 장시간 지속할 수 없다(주의에는 리듬이 존재). • 주의에는 리듬이 있어 언제나 일정 수준을 유지할 수 없다.
방향성	• 한 지점에 주의를 집중하면 다른 곳의 주의는 약해진다. • 주시점만 인지하는 기능이다.

정답 01 ③ 02 ④ 03 ④

04 산업안전보건법령상 특별교육 대상 작업별 교육내용 중 밀폐공간에서의 작업 시 교육내용에 포함되지 않는 것은?(단, 그 밖에 안전·보건관리에 필요한 사항은 제외)

① 사고 시의 응급처치 및 비상시 구출에 관한 사항
② 유해물질이 인체에 미치는 영향
③ 보호구 착용 및 보호 장비 사용에 관한 사항
④ 산소농도 측정 및 작업환경에 관한 사항

해설
특별안전 보건교육내용(밀폐공간에서의 작업)
1. 산소농도 측정 및 작업환경에 관한 사항
2. 사고 시의 응급처치 및 비상시 구출에 관한 사항
3. 보호구 착용 및 보호 장비 사용에 관한 사항
4. 작업내용·안전작업방법 및 절차에 관한 사항
5. 장비·설비 및 시설 등의 안전점검에 관한 사항
6. 그 밖에 안전·보건관리에 필요한 사항

05 인간관계의 메커니즘 중 다른 사람의 행동양식이나 태도를 투입시키거나, 다른 사람 가운데서 자기와 비슷한 것을 발견하는 것을 무엇이라고 하는가?

① 암시   ② 동일화
③ 공감   ④ 커뮤니케이션

해설
인간관계 메커니즘

투사 (Projection)	자기 마음속의 억압된 것을 다른 사람의 것으로 생각하는 것
암시 (Suggestion)	다른 사람의 판단이나 행동을 무비판적으로 논리적, 사실적 근거 없이 받아들이는 것
동일화 (Identification)	다른 사람의 행동양식이나 태도를 투입하거나 다른 사람 가운데서 자기와 비슷한 것을 발견하게 되는 것
모방 (Imitation)	남의 행동이나 판단을 표본으로 하여 그것과 같거나 그것에 가까운 행동 또는 판단을 취하려는 것
커뮤니케이션 (Communication)	여러 가지 행동양식이 기호를 매개로 하여 한 사람으로부터 다른 사람에게 전달되는 과정으로 언어, 손짓, 몸짓, 표정 등

06 산업안전보건법령상 안전보건표지의 종류 중 금지표지에 해당하는 것은?

① 녹십자 표지   ② 금연
③ 안전모 착용   ④ 인화성물질 경고

해설
금지표지
1. 출입금지   5. 탑승금지
2. 보행금지   6. 금연
3. 차량통행금지   7. 화기금지
4. 사용금지   8. 물체이동금지

07 안전교육 훈련의 기법 중 하버드 학파의 5단계 교수법을 순서대로 나열한 것으로 옳은 것은?

① 총괄 → 연합 → 준비 → 교시 → 응용
② 준비 → 교시 → 연합 → 총괄 → 응용
③ 교시 → 준비 → 연합 → 응용 → 총괄
④ 응용 → 연합 → 교시 → 준비 → 총괄

해설
하버드 학파의 5단계 교수법
• 1단계 : 준비시킨다.   • 4단계 : 총괄시킨다.
• 2단계 : 교시한다.   • 5단계 : 응용시킨다.
• 3단계 : 연합한다.

08 산업안전보건법령상 고용노동부장관이 산업재해 예방을 위하여 종합적인 개선조치를 할 필요가 있다고 인정할 때에 안전보건개선계획의 수립·시행을 명할 수 있는 대상 사업장이 아닌 것은?

① 직업성 질병자가 연간 2명 이상 발생한 사업장
② 작업환경측정 결과 유해인자가 검출된 사업장
③ 사업주가 필요한 안전조치 또는 보건조치를 이행하지 아니하여 중대재해가 발생한 사업장
④ 산업재해율이 같은 업종의 규모별 평균 산업재해율보다 높은 사업장

해설
안전보건개선계획의 수립·시행을 명할 수 있는 사업장
1. 산업재해율이 같은 업종의 규모별 평균 산업재해율보다 높은 사업장
2. 사업주가 필요한 안전조치 또는 보건조치를 이행하지 아니하여 중대재해가 발생한 사업장

정답 04 ② 05 ② 06 ② 07 ② 08 ②

3. 직업성 질병자가 연간 2명 이상 발생한 사업장
4. 유해인자의 노출기준을 초과한 사업장

09 산업안전보건법령상 산업재해 발생 보고 관련 사항 중 ( ) 안에 알맞은 것은?

> 사업주는 산업재해로 사망자가 발생하거나 ( )일 이상의 휴업이 필요한 부상을 입거나 질병에 걸린 사람이 발생한 경우에는 법 제57조제3항에 따라 해당 산업재해가 발생한 날부터 1개월 이내에 별지 제30호서식의 산업재해조사표를 작성하여 관할 지방고용노동관서의 장에게 제출(전자문서로 제출하는 것을 포함한다)해야 한다.

① 3 ② 4
③ 5 ④ 7

해설
산업재해 발생 보고

대상재해	사업주는 산업재해로 사망자가 발생하거나 3일 이상의 휴업이 필요한 부상을 입거나 질병에 걸린 사람이 발생한 경우
보고방법	해당 산업재해가 발생한 날부터 1개월 이내에 산업재해조사표를 작성하여 관할 지방고용노동관서의 장에게 제출(전자문서로 제출하는 것을 포함)

10 하인리히의 재해구성비율에 따라 경상사고가 87건 발생하였다면 무상해사고는 몇 건이 발생하였겠는가?

① 300건 ② 600건
③ 900건 ④ 1200건

해설
하인리히(H. W. Heinrich)의 재해구성비율

하인리히의 재해구성비율(1 : 29 : 300)		
중상 및 사망	경상해	무상해사고
1	29	300
$1:29 = x:87$		$29:300 = 87:x$
$29x = 87$		$29x = 300 \times 87$
$x = \dfrac{87}{29} = 3(건)$	$29 \times 3 = 87(건)$	$x = \dfrac{300 \times 87}{29} = 900(건)$

11 안전지식교육 실시 4단계에서 지식을 실제의 상황에 맞추어 문제를 해결해 보고 그 수법을 이해시키는 단계로 옳은 것은?

① 도입 ② 제시
③ 적용 ④ 확인

해설
교육방법의 4단계

단계		내용
제1단계	도입 (준비)	• 학습할 준비를 시킨다. • 작업에 대한 흥미를 갖게 한다. • 학습자의 동기부여 및 마음의 안정
제2단계	제시 (설명)	• 작업을 설명한다. • 한 번에 하나하나씩 나누어 확실하게 이해시켜야 한다. • 강의순서대로 진행하고 설명, 교재를 통해 듣고 말하는 단계
제3단계	적용 (응용)	• 작업을 시켜본다. • 상호 학습 및 토의 등으로 이해력을 향상시킨다. • 자율학습을 통해 배운 것을 학습한다.
제4단계	확인 (평가)	• 가르친 뒤 살펴본다. • 잘못된 것을 수정한다. • 요점을 정리하여 복습한다.

12 사업장의 도수율이 0.6이고, 강도율이 1.5일 경우 종합재해지수(FSI)는 약 얼마인가?

① 0.949 ② 0.427
③ 4.63 ④ 2.151

해설
종합재해지수(FSI ; Frequency Severity Indicator)

$$종합재해지수(FSI) = \sqrt{도수율(FR) \times 강도율(SR)}$$
$$\left(단, 미국의 경우 FSI = \sqrt{\dfrac{FR \times SR}{1,000}}\right)$$

종합재해지수$(FSI) = \sqrt{도수율(FR) \times 강도율(SR)}$
$= \sqrt{0.6 \times 1.5} ≒ 0.949$

정답 09 ① 10 ③ 11 ③ 12 ①

13 교육훈련 평가의 4단계를 올바르게 나열한 것은?

① 행동 → 반응 → 학습 → 결과
② 학습 → 반응 → 행동 → 결과
③ 반응 → 학습 → 행동 → 결과
④ 학습 → 행동 → 반응 → 결과

해설

교육훈련 평가의 4단계

반응단계	훈련을 어떻게 생각하고 있는가?
학습단계	어떠한 원칙과 사실 및 기술 등을 배웠는가?
행동단계	교육훈련을 통해 직무 수행상 어떤 행동의 변화를 가져 왔는가?
결과단계	교육훈련을 통해 비용의 절감, 품질개선, 안전관리 등에 어떤 결과를 가져 왔는가?

14 리더십(Leadership)의 특성에 대한 설명으로 옳은 것은?

① 지휘형태는 민주적이다.
② 권한부여는 위에서 위임된다.
③ 구성원과의 관계는 지배적 구조이다.
④ 권한근거는 법적 또는 공식적으로 부여된다.

해설

헤드십과 리더십의 구분

구분	헤드십	리더십
권한행사 및 부여	위에서 위임하여 임명된 헤드	밑에서부터의 동의에 의해 선출된 리더
권한근거	법적 또는 공식적	개인능력
상관과 부하와의 관계	지배적	개인적인 경향
책임귀속	상사	상사와 부하
부하와의 사회적 간격	넓다.	좁다.
지위형태	권위주의적	민주주의적
권한귀속	공식화된 규정에 의함	집단목표에 기여한 공로 인정

15 산업안전보건법령상 건설현장에서 사용하는 크레인, 리프트 및 곤돌라의 안전검사의 주기로 옳은 것은?(단, 이동식 크레인, 이삿짐운반용 리프트는 제외한다.)

① 최초로 설치한 날부터 6개월마다
② 최초로 설치한 날부터 1년마다
③ 최초로 설치한 날부터 2년마다
④ 최초로 설치한 날부터 3년마다

해설

안전검사의 주기

크레인(이동식 크레인은 제외), 리프트(이삿짐운반용 리프트는 제외) 및 곤돌라	사업장에 설치가 끝난 날부터 3년 이내에 최초 안전검사를 실시하되, 그 이후부터 2년마다(건설현장에서 사용하는 것은 최초로 설치한 날부터 6개월마다)
이동식 크레인, 이삿짐운반용 리프트 및 고소작업대	「자동차관리법」에 따른 신규등록 이후 3년 이내에 최초 안전검사를 실시하되, 그 이후부터 2년마다
프레스, 전단기, 압력용기, 국소 배기장치, 원심기, 롤러기, 사출성형기, 컨베이어, 산업용 로봇, 혼합기, 파쇄기 또는 분쇄기	사업장에 설치가 끝난 날부터 3년 이내에 최초 안전검사를 실시하되, 그 이후부터 2년마다(공정안전보고서를 제출하여 확인을 받은 압력용기는 4년마다)

16 일반적인 재해사례의 연구순서 단계에 해당되지 않는 것은?

① 대책의 수립
② 사실의 확인
③ 문제점의 발견
④ 피재자의 응급조치

해설

재해사례의 연구순서
• 전제조건 : 재해상황의 파악
• 제1단계 : 사실의 확인
• 제2단계 : 문제점의 발견
• 제3단계 : 근본적 문제점의 결정
• 제4단계 : 대책의 수립

정답 13 ③ 14 ① 15 ① 16 ④

17 알파파에 대응하는 의식수준을 나타내고 정상적인 의식 상태이기는 하나 휴식 시 긴장을 풀고 쉬는 상태의 의식수준 단계는?

① Phase Ⅳ   ② Phase Ⅱ
③ Phase Ⅰ   ④ Phase Ⅲ

해설

의식수준의 단계

단계	의식 상태	의식의 작용	행동 상태	신뢰성	뇌파 형태
Phase 0 (제0단계)	무의식, 실신	0(zero)	수면, 뇌 발작	0(zero)	δ파
Phase Ⅰ (제Ⅰ단계)	정상 이하, 의식흐림 (Subnormal) 의식 몽롱함	활발치 못함 (Inactive) 부주의	피로, 단조로움, 졸음, 술취함	0.9 이하	θ파
Phase Ⅱ (제Ⅱ단계)	정상, 이완상태, 느긋한 기분	수동적, 마음이 안쪽으로 향함	안정기거, 휴식 시, 정례작업 시 (정상작업 시) 일반적으로 일을 시작할 때 안정된 행동	0.99~ 0.99999	α파
Phase Ⅲ (제Ⅲ단계)	정상, 상쾌한 상태, 분명한 의식	능동적, 앞으로 향하는 주의, 주의력 범위 넓음	판단을 동반한 행동, 적극활동 시 가장 좋은 의식수준상태, 긴급이상 사태시 의식할 때	0.999999 이상 (신뢰도가 가장 높은 상태)	β파
Phase Ⅳ (제Ⅳ단계)	과긴장, 흥분상태	판단정지, 주의의 치우침	긴급 방위반응, 당황해서 패닉 (감정흥분 시 당황한 상태)	0.9 이하	β파 또는 전자파

18 보호구 안전인증 고시에 따른 안전화의 정의 중 ( ) 안에 알맞은 것은?

경작업용 안전화란 (㉠)mm의 낙하높이에서 시험했을 때 충격과 (㉡ ± 0.1)kN의 압축하중에서 시험했을 때 압박에 대하여 보호해 줄 수 있는 선심을 부착하여, 착용자를 보호하기 위한 안전화를 말한다.

① ㉠ 500, ㉡ 10.0
② ㉠ 250, ㉡ 10.0
③ ㉠ 500, ㉡ 4.4
④ ㉠ 250, ㉡ 4.4

해설

안전화의 시험방법

구분	내충격시험 충격조건	내압박성시험 하중
중작업용	1,000mm의 낙하높이에서 시험	(15.0±0.1)킬로뉴턴(kN)의 압축하중에서 시험
보통 작업용	500mm의 낙하높이에서 시험	(10.0±0.1)킬로뉴턴(kN)의 압축하중에서 시험
경작업용	250mm의 낙하높이에서 시험	(4.4±0.1)킬로뉴턴(kN)의 압축하중에서 시험

19 위험예지훈련 4라운드에서 위험요인의 발굴, 합의 및 결정을 하는 단계로 가장 적절한 것은?

① 목표설정   ② 현상파악
③ 대책수립   ④ 본질추구

해설

위험예지훈련의 4라운드

라운드	문제해결의 4라운드	진행방법
1라운드 (1R)	현상파악(사실을 파악한다) 〈어떤 위험이 잠재하고 있는가?〉	• 잠재위험 요인과 현상을 발견 • 「~때문에~된다.」라고 5~7가지 항목정리 • BS 실시
2라운드 (2R)	본질추구(요인을 찾아낸다) 〈이것이 위험의 포인트다〉	• 가장 중요한 위험을 파악하여 합의 · 결정 • 위험포인트 1~2항목 ◎표를 한다. • 지적확인 제창 「~해서 ~ㄴ다, 좋아!」
3라운드 (3R)	대책수립(대책을 선정한다) 〈당신이라면 어떻게 하겠는가?〉	• 본질추구에서 선정된 위험포인트 항목의 구체적인 대책수립 • 2~3항목 정도 • BS 실시
4라운드 (4R)	목표설정(행동계획을 정한다) 〈우리들은 이렇게 하자〉	• 대책수립의 항목 중 중점 실시항목으로 합의 결정 • 지적확인 제창 「~을 하여~하자, 좋아!」

정답 17 ② 18 ④ 19 ④

20 적응기제(Adjustment Mechanism) 중 방어적 기제(Defence Mechanism)에 해당하는 것은?

① 고립(Isolation)
② 퇴행(Regression)
③ 억압(Suppression)
④ 합리화(Rationalization)

해설

적응기제의 기본유형

구분	공격적 기제(행동)	도피적 기제(행동)	방어적(절충적) 기제(행동)
개념	욕구 불만에 대한 반항이나 자기를 괴롭히는 대상에 대하여 적극적이고 능동적으로 적대시하는 감정이나 태도를 취하는 행위	욕구불만에 의한 긴장이나 압박으로부터 벗어나 비합리적인 행동으로 공상에 도피하고 현실세계에서 벗어나 안정을 얻으려는 기제	자신의 약점이나 무능력, 열등감을 위장하여 유리하게 보호함으로써 안정감을 찾으려는 기제
유형	• 직접적 공격 기제 : 폭행, 싸움, 기물파손 등 • 간접적 공격 기제 : 비난, 폭언, 욕설 등	• 백일몽 • 퇴행 • 억압 • 반동형성 • 고립 등	• 승화 • 보상 • 합리화 • 투사 • 동일화 등

2과목 인간공학 및 시스템 안전공학

21 위험조정을 위해 필요한 기술에 속하지 않는 것은?

① 위험 지연
② 위험 감축
③ 위험 회피
④ 위험 보류

해설

위험처리기술(위험관리기법)

위험의 회피 (Avoidance)	• 위험 자체를 피하는 행위 • 잠재적 이익도 포기하는 극히 소극적인 수단
위험의 감소 (Reduction)	• 위험을 적극적으로 예방하고 경감하는 행위 • 잠재적 위험의 노출을 최대한 감소하는 방법
위험의 전가 (Transfer)	• 위험을 제3자에게 전가하거나 공유하는 행위 • 보험, 공제조합, 기금 등
위험의 보유(보류) (Retention)	• 무계획적 보유 : 가장 위험한 행위 • 계획적 보유 : 회피, 감소, 전가될 수 없는 위험에 적극적으로 대응

22 하나의 특정한 자극만이 발생할 수 있을 때 반응에 걸리는 시간을 단순반응시간이라 하는데 흔히 실험에서와 같이 자극을 예상하고 있을 때 전형적으로 반응시간은 약 어느 정도인가?

① 0.15~0.2초
② 0.5~1초
③ 1.5~2초
④ 2.5~3초

해설

단순반응시간(Simple Reaction Time)
1. 하나의 특정한 자극만이 발생할 수 있을 때 반응에 걸리는 시간(0.15~0.2초)
2. 단순반응시간에 영향을 미치는 변수 : 강도, 지속시간, 크기, 공간주파수, 신호의 대비 또는 예상, 자극의 특성, 연령, 개인차 등에 따라서 약간의 차이가 발생

23 설비관리에서 설비관리를 목적에 따른 분류를 하는 이유에 포함되지 않는 것은?

① 사업자가 설비 투자를 합리적으로 할 수 있다.
② 예산 통계 및 고정 자산 관리가 편리하다.
③ 연구 개발 설비비를 줄일 수 있다.
④ 설비 원가, 평가, 통계 자료의 파악이 쉽다.

해설

설비관리의 목적에 따른 분류 이유
1. 사업자가 설비 투자를 합리적으로 할 수 있다.
2. 설비 원가, 평가, 통계 자료의 파악이 쉽다.
3. 예산화, 예산 통계 및 고정 자산 관리가 편리하다.

> **TIP** 설비관리의 목적에 따른 분류
> 1. 생산설비 : 직접 생산행위를 하는 운반장치, 전기장치, 배관 등 모든 설비와 건물 및 구조물
> 2. 유틸리티 설비 : 에너지 발생장치 및 이송장치 등
> 3. 연구개발 설비, 수송설비, 판매설비(주유기, 상점 등), 관리설비(공조 등)

24 인간오류(Human Error)를 독립행동과 원인에 의한 오류로 분류할 때 원인에 의한 분류에 해당하는 것은?

① Extraneous Error
② Command Error
③ Omission Error
④ Sequence Error

정답 20 ④ 21 ① 22 ① 23 ③ 24 ②

해설
인간오류 원인의 레벨(Level)적 분류

1차 에러 (Primary Error)	작업자 자신으로부터 발생한 에러
2차 에러 (Secondary Error)	작업형태나 작업조건 중에서 다른 문제가 발생하여 필요한 직무나 절차를 수행할 수 없는 에러
지시 에러 (Command Error)	작업자가 움직이려 해도 필요한 물건, 정보, 에너지 등이 공급되지 않아서 작업자가 움직일 수 없는 상황에서 발생한 에러

TIP 인간실수의 분류(심리적인 분류)

생략에러 (Omission Error) 부작위 실수	필요한 직무 및 절차를 수행하지 않아 (생략) 발생하는 에러 예 가스밸브를 잠그는 것을 잊어 사고가 났다.
작위에러 (Commission Error)	필요한 작업 또는 절차의 불확실한 수행(잘못 수행)으로 인한 에러 예 전선이 바뀌었다. 틀린 부품을 사용하였다. 부품이 거꾸로 조립되었다 등
순서에러 (Sequential Error)	필요한 작업 또는 절차의 순서 착오로 인한 에러 예 자동차 출발 시 핸드브레이크를 해제하지 않고 출발하여 발생한 경우
시간에러 (Time Error)	필요한 직무 또는 절차의 수행지연으로 인한 에러 예 프레스 작업 중에 금형 내에 손이 오랫동안 남아 있어 발생한 재해
과잉행동에러 (Extraneous Error)	불필요한 작업 또는 절차를 수행함으로써 기인한 에러 예 자동차 운전 중 습관적으로 손을 창문으로 내밀어 발생한 재해

25 시스템 수명주기에서 예비위험분석을 적용하는 단계는?

① 운전단계 ② 생산단계
③ 구상단계 ④ 개발단계

해설
예비위험분석(PHA)
1. 시스템안전 위험분석을 수행하기 위한 예비적인 최초의 작업으로 위험요소가 얼마나 위험한지를 정성적으로 평가하는 것이다.
2. PHA는 구상단계나 설계 및 발주의 극히 초기에 실시된다.

26 화학공장(석유화학사업장 등)에서 가동문제를 파악하는 데 널리 사용되며, 위험요소를 예측하고, 새로운 공정에 대한 가동문제를 예측하는 데 사용되는 위험성평가방법은?

① SHA ② EVP
③ CCFA ④ HAZOP

해설
위험 및 운전성 검토(HAZOP)
1. 화학공장에서 가동문제를 파악하는 데 널리 사용된다. 즉, 위험요소를 예측하고 새로운 공정에 대한(지식부족으로 인한) 가동문제를 예측하는 데 사용되어진다.
2. 5~7명의 각 분야별 전문가와 안전기사로 구성된 팀원들이 상상력을 동원하여 가이드단어로서 위험요소를 점검
3. HAZOP의 적용은 대부분 상세설계 기간이나 설계가 완료된 단계, 즉 개발단계에서 수행되는 것이 보통이다.

27 5,000개의 베어링을 품질 검사하여 400개의 불량품을 처리하였으나 실제로는 1,000개의 불량 베어링이 있었다면, 이러한 상황의 인간과오확률(Human Error Probability)은 얼마인가?

① 0.04 ② 0.08
③ 0.12 ④ 0.16

해설
인간 실수 확률(HEP ; Human Error Probability)
특정한 직무에서 하나의 착오가 발생할 확률(할당된 시간은 내재적이거나 명시되지 않는다.)

$$HEP = \frac{인간의\ 실수\ 수}{전체\ 실수발생\ 기회의\ 수}$$

$$HEP = \frac{인간의\ 실수수}{전체\ 실수발생\ 기회의\ 수} = \frac{1,000 - 400}{5,000} = 0.12$$

28 주물공장 A작업자의 작업지속시간과 휴식시간을 열압박지수(HSI)를 활용하여 계산하니 각각 45분, 15분이었다. A작업자의 1일 작업량(TW)은 얼마인가?(단, 휴식시간은 포함하지 않으며, 1일 근무시간은 8시간이다.)

① 4.5시간 ② 5시간
③ 5.5시간 ④ 6시간

해설

작업량(TW)

$$작업량(TW) = 8 \times \frac{WT(작업지속시간)}{WT(작업지속시간) + RT(휴식시간)}$$

$$작업량(TW) = 8 \times \frac{45}{45+15} = 6[시간]$$

29 결함수 분석(FTA)의 특징으로 거리가 먼 것은?

① 정량적 해석이 가능하므로 정량적 예측을 행할 수 있다.
② 재해발생 이전에 예측기법으로보다 재해발생 후의 원인규명으로서의 활용가치가 높은 유효한 방법이다.
③ 개개 요인 발생 확률을 얻을 수 있다.
④ 재해현상과 재해원인의 상호관련을 정확하게 해석하여 안전대책을 검토할 수 있다.

해설

결함수 분석(FTA)의 특징
재해발생 후의 원인규명보다 재해발생 이전의 예측기법으로서의 활용가치가 높은 유효한 방법

30 인간의 과오를 정량적으로 평가하기 위한 기법으로, 인간과오의 분류시스템과 확률을 계산하는 안전성 평가기법은?

① THERP
② FTA
③ ETA
④ HAZOP

해설

인간과오율 예측기법(THERP ; Technique For Human Error Rate Prediction)
1. 사고원인 가운데 인간의 과오나 기인된 원인분석, 확률을 계산함으로써 제품의 결함을 감소시키고, 인간공학적 대책을 수립하는 데 사용되는 분석기법
2. 인간의 과오(Human Error)를 정량적으로 평가하기 위해 개발된 기법(Swain 등에 의해 개발된 인간과오율 예측기법)

TIP
1. 결함수 분석(FTA) : 사고의 원인이 되는 장치의 이상이나 고장의 다양한 조합 및 작업자 실수 원인을 연역적으로 분석하는 방법을 말한다.
2. 사건수 분석(ETA) : 초기사건으로 알려진 특정한 장치의 이상 또는 운전자의 실수에 의해 발생되는 잠재적인 사고결과를 정량적으로 평가분석하는 방법을 말한다.
3. 위험 및 운전성 검토(HAZOP) : 공정에 존재하는 위험 요인과 공정의 효율을 떨어뜨릴 수 있는 운전상의 문제점을 찾아내어 그 원인을 제거하는 방법을 말한다.

31 인간-기계 시스템을 설계하기 위해 고려해야 할 사항과 거리가 먼 것은?

① 시스템 설계 시 동작 경제의 원칙이 만족되도록 고려한다.
② 인간과 기계가 모두 복수인 경우, 종합적인 효과 보다 기계를 우선적으로 고려한다.
③ 대상이 되는 시스템이 위치할 환경조건이 인간에 대한 한계치를 만족하는가의 여부를 조사한다.
④ 인간이 수행해야 할 조작이 연속적인가 불연속적인가를 알아보기 위해 특성조사를 실시한다.

해설

인간-기계 체계의 설계 시 고려사항
인간과 기계가 모두 복수인 경우, 전체에 대한 배치로부터 발생하는 종합적인 효과가 가장 중요하며 우선적으로 고려되어야 한다.

32 조도의 표준단위에 해당하는 것은?

① lux
② diopter
③ lumen
④ fL

해설

조도
1. 어떤 물체나 표면에 도달하는 빛의 단위 면적당 밀도

$$조도 = \frac{광도}{(거리)^2}$$

2. 단위는 lux를 사용하며, 거리가 증가할 때에 조도는 거리 역자승의 법칙에 따라 감소한다.
3. 조도는 광도에 비례하고, 거리의 제곱에 반비례한다.

정답 29 ② 30 ① 31 ② 32 ①

33 정보입력에 사용되는 표시장치 중 시각적 표시장치와 비교하여 청각적 표시장치를 사용하는 것이 유리한 경우는?

① 수신자가 한곳에 머무를 경우
② 메시지가 공간적 위치를 다룰 경우
③ 메시지가 복잡할 경우
④ 메시지가 짧을 경우

해설
청각장치와 시각장치의 비교

청각적 표시장치	시각적 표시장치
1. 전언이 간단하다.	1. 전언이 복잡하다.
2. 전언이 짧다.	2. 전언이 길다.
3. 전언이 후에 재참조되지 않는다.	3. 전언이 후에 재참조된다.
4. 전언이 시간적 사상을 다룬다.	4. 전언이 공간적인 위치를 다룬다.
5. 전언이 즉각적인 행동을 요구한다(긴급할 때).	5. 전언이 즉각적인 행동을 요구하지 않는다.
6. 수신장소가 너무 밝거나 암조응 유지가 필요할 때	6. 수신장소가 너무 시끄러울 때
7. 직무상 수신자가 자주 움직일 때	7. 직무상 수신자가 한곳에 머물 때
8. 수신자의 시각 계통이 과부하 상태일 때	8. 수신자의 청각 계통이 과부하 상태일 때

34 다음 FT도에서 사상 A의 발생확률은?(단, 사상 B_1의 발생확률은 0.3이고, B_2의 발생확률은 0.2이다.)

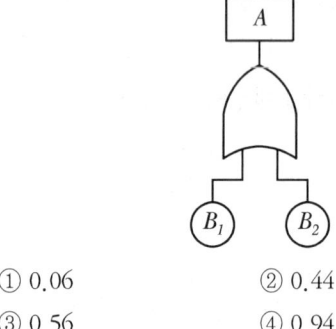

① 0.06   ② 0.44
③ 0.56   ④ 0.94

해설
발생확률의 계산
A = 1 − (1 − B_1)(1 − B_2) = 1 − (1 − 0.3)(1 − 0.02) = 0.44

35 강의용 책상과 의자를 설계할 때 고려해야 할 변수와 적용할 인체측정자료 응용원칙이 적절하게 연결된 것은?

① 의자 높이 – 최대 집단치 설계
② 의자 깊이 – 최대 집단치 설계
③ 의자 너비 – 최대 집단치 설계
④ 책상 높이 – 최대 집단치 설계

해설
책상 및 의자의 높이는 조절 가능한 설계, 의자의 깊이는 최소 집단치 설계를 하는 것이 적절하다.

36 조종반응비율(C/R비)에 관한 설명으로 틀린 것은?

① 조종장치와 표시장치의 물리적 크기와 성질에 따라 달라진다.
② 표시장치의 이동거리를 조종장치의 이동거리로 곱한 값이다.
③ 최적의 조종반응비율은 조종장치의 조종시간과 표시장치의 이동시간의 교차하는 값이다.
④ 조종반응비율이 낮다는 것은 민감도가 높다는 의미이다.

해설
1. 조종장치의 움직인 거리(회전수)와 표시장치상의 지침이 움직인 거리의 비이다.
2. 최적통제비는 이동시간과 조정시간의 교차점이다.
3. C/R비가 작을수록 이동시간은 짧고, 조종은 어려워서 민감한 조종장치이다.

TIP C/R비 = $\dfrac{\text{조종장치(제어기기)의 이동거리}}{\text{표시장치(표시기기)의 반응거리}}$

37 인간공학적인 의자설계를 위한 일반적 원칙으로 적절하지 않은 것은?

① 척추의 허리부분은 요부 전만을 유지한다.
② 허리 강화를 위하여 쿠션은 설치하지 않는다.
③ 좌판은 오금의 높이보다 높지 않아야 하고 좌판의 앞 모서리 부분은 5cm 정도 낮아야 한다.
④ 좌판과 등받이 사이의 각도는 90~105°를 유지하도록 한다.

정답 33 ④ 34 ② 35 ③ 36 ② 37 ②

> [해설]

의자설계의 원칙
1. 등받이의 굴곡은 요추부위의 전만곡선을 유지한다.
2. 의자 좌판의 높이 : 대퇴를 압박하지 않도록 좌판은 오금의 높이보다 높지 않아야 하고 앞 모서리는 5cm 정도 낮게 설계(치수는 5%치 사용)
3. 의자의 좌판과 등받이 사이의 각도는 90~105°를 유지하도록 한다.

38 사람의 감각기관 중 반응속도가 가장 느린 것은?
① 청각 ② 시각
③ 미각 ④ 촉각

> [해설]

감각 기관별 자극반응시간

청각	촉각	시각	미각	통각
0.17초	0.18초	0.20초	0.29초	0.70초

39 위치나 구조가 변하는 경향이 있는 요소를 배경에 중첩시켜서 변화되는 상황을 나타내는 장치는?
① 헤드업 표시장치
② 정성적 표시장치
③ 묘사적 표시장치
④ 정량적 표시장치

> [해설]

묘사적 표시장치
위치나 구조가 변하는 경향이 있는 요소를 배경에 중첩시켜서 변화되는 상황을 나타내는 장치이다.

40 FTA에 사용되는 기호 중 다음 기호에 해당하는 것은?

① 생략사상 ② 부정사상
③ 결함사상 ④ 기본사상

> [해설]

FTA분석 기호

번호	기호	명칭	내용
1	□	결함사상	사고가 일어난 사상(사건)
2	○	기본사상	더 이상 전개가 되지 않는 기본적인 사상 또는 발생확률이 단독으로 얻어지는 낮은 레벨의 기본적인 사상
3	⌂	통상사상 (가형사상)	통상발생이 예상되는 사상(예상되는 원인)
4	◇	생략사상 (최후사상)	정보부족 또는 분석기술 불충분으로 더 이상 전개할 수 없는 사상(작업진행에 따라 해석이 가능할 때는 다시 속행한다.)
5	△	전이기호 (이행기호)	• FT도상에서 다른 부분에 관한 이행 또는 연결을 나타낸다. • 상부에 선이 있는 경우는 다른 부분으로 전입(IN)
6	△	전이기호 (이행기호)	• FT도상에서 다른 부분에 관한 이행 또는 연결을 나타낸다. • 측면에 선이 있는 경우는 다른 부분으로 전출(OUT)

3과목 기계위험 방지기술

41 산업안전보건법령상 합판, 종이, 천, 금속박 등을 통과시키는 롤러기로서 근로자가 위험해질 우려가 있는 부위에 설치해야 할 방호장치는?
① 안내 롤러 ② 방호판
③ 과부하방지장치 ④ 반발예방장치

> [해설]

합판·종이·천 및 금속박 등을 통과시키는 롤러기로서 근로자가 위험해질 우려가 있는 부위에는 울 또는 가이드롤러(Guide Roller) 등을 설치하여야 한다.

42 프레스에서 동력의 전달을 단속하는 역할을 하는 것은?
① 받침대 ② 클러치
③ 펀치 ④ 울

해설
프레스의 클러치는 동력을 연결 또는 단락시키는 것으로 중요한 점검부분이며, 재해방지를 위해 가장 중요한 역할을 한다.

43 산업안전보건법령에 따라 다음 ( ) 안에 들어갈 내용으로 옳은 것은?

> 사업주는 아세틸렌 용접장치를 사용하여 금속의 용접·용단 또는 가열작업을 하는 경우에는 게이지 압력이 (   )킬로파스칼을 초과하는 압력의 아세틸렌을 발생시켜 사용해서는 아니 된다.

① 107   ② 85
③ 50   ④ 127

해설
압력의 제한
아세틸렌 용접장치를 사용하여 금속의 용접·용단 또는 가열작업을 하는 경우에는 게이지 압력이 127킬로파스칼을 초과하는 압력의 아세틸렌을 발생시켜 사용해서는 아니 된다.

44 산업안전보건법령상 회전 중인 연삭숫돌 지름이 최소 얼마 이상인 경우로서 근로자에게 위험을 미칠 우려가 있는 경우 해당 부위에 덮개를 설치하여야 하는가?

① 3cm 이상   ② 5cm 이상
③ 10cm 이상   ④ 20cm 이상

해설
연삭기 작업면에 있어서의 안전기준
1. 회전 중인 연삭숫돌(지름이 5cm 이상인 것으로 한정)이 근로자에게 위험을 미칠 우려가 있는 경우에 그 부위에 덮개를 설치하여야 한다.
2. 연삭숫돌을 사용하는 작업의 경우 작업을 시작하기 전에는 1분 이상, 연삭숫돌을 교체한 후에는 3분 이상 시험운전을 하고 해당 기계에 이상이 있는지를 확인하여야 한다.
3. 시험운전에 사용하는 연삭숫돌은 작업 시작 전에 결함이 있는지를 확인한 후 사용하여야 한다.
4. 연삭숫돌의 최고 사용회전속도를 초과하여 사용하도록 해서는 아니 된다.
5. 측면을 사용하는 것을 목적으로 하지 않는 연삭숫돌을 사용하는 경우 측면을 사용하도록 해서는 아니 된다.

45 연강의 인장강도가 400MPa이고 허용응력이 100MPa이라면 안전율은?

① 2   ② 4
③ 1   ④ 3

해설
안전율(안전계수)

$$\text{안전율} = \frac{\text{인장강도}}{\text{허용응력}} = \frac{400}{100} = 4$$

TIP 안전율(안전계수)

$$= \frac{\text{기초강도}}{\text{허용응력}} = \frac{\text{극한강도}}{\text{허용응력}} = \frac{\text{최대응력}}{\text{허용응력}}$$

$$= \frac{\text{절단하중(파괴하중)}}{\text{최대사용하중}} = \frac{\text{극한강도}}{\text{최대설계응력}}$$

$$= \frac{\text{파단하중}}{\text{안전하중}} = \frac{\text{인장강도}}{\text{허용응력}}$$

46 프레스의 방호장치에 해당되지 않는 것은?

① 가드식 방호장치
② 수인식 방호장치
③ 롤 피드식 방호장치
④ 손쳐내기식 방호장치

해설
프레스의 방호장치
1. 가드식   4. 양수조작식
2. 손쳐내기식   5. 광전자식
3. 수인식

47 산업안전보건법령에 따른 아세틸렌 용접장치에 대한 설명으로 올바른 것은?

① 발생기실을 옥외에 설치한 경우 그 개구부를 다른 건축물로부터 1미터 이상 떨어지도록 하여야 한다.
② 아세틸렌 용접장치의 아세틸렌 전용 발생기실은 반드시 건물의 지하에 위치하여야 한다.
③ 주관 및 취관에 가장 가까운 분기관마다 설치한 경우를 제외하고 아세틸렌 용접장치의 안전기는 취관마다 설치하여야 한다.
④ 아세틸렌 전용의 발생기실은 화기를 사용하는 설비로부터 1.5미터를 초과하는 장소에 설치하여야 한다.

해설

발생기실의 설치장소
1. 아세틸렌 용접장치의 아세틸렌 발생기를 설치하는 경우에는 전용의 발생기실에 설치하여야 한다.
2. 건물의 최상층에 위치하여야 하며, 화기를 사용하는 설비로부터 3미터를 초과하는 장소에 설치하여야 한다.
3. 옥외에 설치한 경우에는 그 개구부를 다른 건축물로부터 1.5미터 이상 떨어지도록 하여야 한다.

48 산업안전보건법령에 따른 보일러의 안전한 가동을 위하여 보일러 규격에 맞는 압력방출장치가 2개 이상 설치된 경우 옳은 것은?

① 최고사용압력 이상에서 1개가 작동되고, 다른 압력방출장치는 최고사용압력 2배 이하에서 작동되도록 부착하여야 한다.
② 최고사용압력 이하에서 1개가 작동되고, 다른 압력방출장치는 최고사용압력 1.05배 이하에서 작동되도록 부착하여야 한다.
③ 최고사용압력 이상에서 1개가 작동되고, 다른 압력방출장치는 최고사용압력 2배 이상에서 작동되도록 부착하여야 한다.
④ 최고사용압력 이상에서 1개가 작동되고, 다른 압력방출장치는 최고사용압력 1.05배 이하에서 작동되도록 부착하여야 한다.

해설

보일러의 압력방출장치
1. 보일러의 안전한 가동을 위하여 보일러 규격에 맞는 압력방출장치를 1개 또는 2개 이상 설치하고 최고사용압력(설계압력 또는 최고허용압력) 이하에서 작동되도록 하여야 한다.
2. 압력방출장치가 2개 이상 설치된 경우에는 최고사용압력 이하에서 1개가 작동되고, 다른 압력방출장치는 최고사용압력 1.05배 이하에서 작동되도록 부착하여야 한다.
3. 압력방출장치는 매년 1회 이상 교정을 받은 압력계를 이용하여 설정압력에서 압력방출장치가 적정하게 작동하는지를 검사한 후 납으로 봉인하여 사용하여야 한다(공정안전보고서 이행상태 평가결과가 우수한 사업장은 압력방출장치에 대하여 4년마다 1회 이상 설정압력에서 압력방출장치가 적정하게 작동하는지를 검사할 수 있다).

49 프레스 광전자식 방호장치의 광선에 신체의 일부가 감지된 후로부터 급정지기구 작동 시까지의 시간이 30ms이고, 급정지기구의 작동 직후로부터 프레스기가 정지될 때까지의 시간이 20ms라면 광축의 최소 설치거리는?

① 75mm   ② 80mm
③ 100mm ④ 150mm

해설

광전자식 방호장치의 설치 안전거리

$$D = 1,600 \times (T_c + T_s)$$

여기서, D : 안전거리(mm)
T_c : 방호장치의 작동시간[즉, 손이 광선을 차단했을 때부터 급정지기구가 작동을 개시할 때까지의 시간(초)]
T_s : 프레스 등의 최대정지시간[즉, 급정지기구가 작동을 개시했을 때부터 슬라이드 등이 정지할 때까지의 시간(초)]

$D = 1,600 \times (T_c + T_s) = 1,600 \times (0.03 + 0.02) = 80[mm]$

TIP $1ms = \dfrac{1}{1,000}$ 초

50 연삭기의 방호장치에 해당하는 것은?

① 주수장치
② 덮개장치
③ 제동장치
④ 소화장치

해설

연삭기
연삭기 행정 끝이 근로자에게 위험을 미칠 우려가 있는 경우에 해당 부위에 덮개 또는 울 등을 설치하여야 한다.

51 다음 중 반대로 회전하는 두 개의 회전체가 맞닿는 사이에 발생하는 위험점은?

① 협착점
② 절단점
③ 물림점
④ 끼임점

정답 48 ② 49 ② 50 ② 51 ③

해설

기계운동 형태에 따른 위험점 분류

협착점 (Squeeze Point)	왕복운동을 하는 운동부와 움직임이 없는 고정부 사이에서 형성되는 위험점 (고정점 + 운동점)	• 프레스 • 전단기 • 성형기 • 조형기 • 밴딩기 • 인쇄기
끼임점 (Shear Point)	회전운동하는 부분과 고정부 사이에 위험이 형성되는 위험점(고정점 + 회전운동)	• 연삭숫돌과 작업대 • 반복동작되는 링크 기구 • 교반기의 날개와 몸체 사이 • 회전풀리와 벨트
절단점 (Cutting Point)	회전하는 운동부 자체의 위험이나 운동하는 기계부분 자체의 위험에서 형성되는 위험점(회전운동 + 기계)	• 밀링커터 • 둥근 톱의 톱날 • 목공용 띠톱 날
물림점 (Nip Point)	회전하는 두 개의 회전체에 형성되는 위험점(서로 반대 방향의 회전체)[중심점 + 반대방향의 회전운동]	• 기어와 기어의 물림 • 롤러와 롤러의 물림 • 롤러 분쇄기
접선 물림점 (Tangential Nip Point)	회전하는 부분의 접선방향으로 물려 들어갈 위험이 있는 위험점	• V벨트와 풀리 • 랙과 피니언 • 체인벨트 • 평벨트
회전 말림점 (Trapping Point)	회전하는 물체의 길이, 굵기, 속도 등의 불규칙 부위와 돌기 회전부위에 의해 장갑 또는 작업복 등이 말려들 위험이 있는 위험점	• 회전하는 축 • 커플링 • 회전하는 드릴

52 산업안전보건법령에 따라 와이어로프를 달비계에 사용해도 되는 것으로 가장 적절한 것은?

① 지름의 감소가 공칭지름의 1퍼센트만 감소한 것
② 심하게 변형되거나 부식된 것
③ 이음매가 있는 것
④ 열과 전기충격에 의해 손상된 것

해설

와이어로프 사용금지 조건
1. 이음매가 있는 것
2. 와이어로프의 한 꼬임에서 끊어진 소선의 수가 10퍼센트 이상인 것
3. 지름의 감소가 공칭지름의 7퍼센트를 초과하는 것
4. 꼬인 것
5. 심하게 변형되거나 부식된 것
6. 열과 전기충격에 의해 손상된 것

53 지게차의 안정도 기준으로 틀린 것은?

① 기준무부하상태에서 주행 시의 좌우안정도는(15+ 1.1V)% 이내이고, V는 구내최고속도(km/h)를 의미한다.
② 하역작업 시의 좌우안정도는 최대하중상태에서 포크를 가장 높이 올리고 마스트를 가장 뒤로 기울인 상태에서 6% 이내이다.
③ 기준부하상태에서 주행 시의 전후안정도는 20% 이상이다.
④ 하역작업 시의 전후안정도는 최대하중상태에서 포크를 가장 높이 올린 경우 4% 이내이며, 5톤 이상은 3.5% 이내이다.

해설

지게차의 안정도 기준
• 하역작업 시의 전후안정도 4% 이내(5톤 이상 : 3.5%이내) [최대하중상태에서 포크를 가장 높이 올린 경우]
• 주행 시의 전후안정도 18% 이내(기준부하상태)
• 하역작업 시의 좌우안정도 6% 이내(최대하중상태에서 포크를 가장 높이 올리고 마스트를 가장 뒤로 기울인 경우)
• 주행 시의 좌우안정도(15+1.1V)% 이내, V : 최고속도 (km/h)[기준무부하상태]

54 프레스기에 사용하는 양수조작식 방호장치의 일반구조에 관한 설명 중 틀린 것은?

① 1행정 1정지 기구에 사용할 수 있어야 한다.
② 누름버튼을 양 손으로 동시에 조작하지 않으면 작동시킬 수 없는 구조이어야 한다.
③ 양쪽버튼의 작동시간 차이는 최대 0.5초 이내일 때 프레스가 동작되도록 해야 한다.
④ 방호장치는 사용전원전압의 ±50%의 변동에 대하여 정상적으로 작동되어야 한다.

해설

양수조작식 방호장치
방호장치는 릴레이, 리미트 스위치 등의 전기부품의 고장, 전원전압의 변동 및 정전에 의해 슬라이드가 불시에 동작하지 않아야 하며, 사용·전원전압의 ±(100분의 20)의 변동에 대하여 정상으로 작동되어야 한다.

55 산업안전보건법령상 위험한 기계·기구의 방호 조치에 대한 사업주 및 근로자의 준수사항으로 가장 적절하지 않은 것은?

① 방호조치의 기능상실을 발견 시 사업주에게 신고할 것
② 방호조치 해체 시 해당 근로자가 판단하여 해체할 것
③ 방호 조치의 기능상실에 대한 신고가 있을 시 사업주는 수리, 보수 및 작업중지 등 적절한 조치를 할 것
④ 방호조치 해체 사유가 소멸된 경우 근로자는 즉시 원상회복시킬 것

해설

방호조치 해체 등에 필요한 조치
1. 방호조치를 해체하려는 경우 : 사업주의 허가를 받아 해체할 것
2. 방호조치 해체 사유가 소멸된 경우 : 방호조치를 지체 없이 원상으로 회복시킬 것
3. 방호조치의 기능이 상실된 것을 발견한 경우 : 지체 없이 사업주에게 신고할 것
4. 사업주는 방호조치의 기능이 상실된 것을 발견한 경우에 따른 신고가 있으면 즉시 수리, 보수 및 작업중지 등 적절한 조치를 해야 한다.

56 다음 중 크레인의 방호장치로 가장 적절하지 않은 것은?

① 파이널 리미트 스위치
② 과부하방지장치
③ 비상정지장치
④ 권과방지장치

해설

양중기 방호장치의 종류

방호장치의 조정 대상	크레인, 이동식 크레인, 리프트, 곤돌라, 승강기
방호장치의 종류	• 과부하방지장치 • 권과방지장치 • 비상정지장치 및 제동장치 • 그 밖의 방호장치(승강기의 파이널 리미트 스위치, 속도조절기, 출입문 인터록 등)

57 선반 작업의 안전사항으로 틀린 것은?

① 배드 위에 공구를 올려놓지 않아야 한다.
② 바이트는 끝을 매우 길게 장치한다.
③ 바이트를 교환할 때는 기계를 정지시키고 한다.
④ 반드시 보안경을 착용한다.

해설

선반 작업 시 주의사항
1. 칩(Chip)이 비산할 때는 보안경을 쓰고 방호판을 설치·사용한다.
2. 베드 위에 공구를 올려 놓지 않아야 한다.
3. 작업 중에 가공품을 만지지 않는다.
4. 장갑 착용을 금한다.
5. 작업 시 공구는 항상 정리해 둔다.
6. 가능한 한 절삭 방향은 주축대 쪽으로 한다.
7. 기계 점검을 한 후 작업을 시작한다.
8. 칩(Chip)이나 부스러기를 제거할 때는 기계를 정지시키고 압축공기를 사용하지 말고 반드시 브러시(솔)을 사용한다.
9. 치수 측정, 주유 및 청소를 할 때는 반드시 기계를 정지시키고 한다.
10. 기계 운전 중에 백 기어(Back Gear)를 사용하지 말고 시동 전에 심압대가 잘 죄어 있는가를 확인한다.
11. 바이트는 가급적 짧게 장치하며 가공물의 길이가 직경의 12배 이상일 때는 반드시 방진구를 사용하여 진동을 막는다.
12. 리드 스크루에는 작업자의 하부가 걸리기 쉬우므로 조심해야 한다.

58 산업안전보건법령상 컨베이어의 안전장치로 가장 적절하지 않은 것은?

① 호이스트
② 덮개
③ 비상정지장치
④ 이탈 및 역주행 방지장치

해설

컨베이어의 안전장치
1. 이탈 및 역주행 방지장치
2. 비상정지장치
3. 덮개 또는 울
4. 건널다리

59 숫돌의 지름을 D(mm), 회전수를 N(rpm)이라 할 경우 숫돌의 원주속도 V(m/min)를 구하는 식으로 옳은 것은?

① $V = D \cdot N^2$
② $V = \dfrac{\pi \cdot D \cdot N}{1,000}$
③ $V = \dfrac{\pi \cdot D}{N}$
④ $V = \dfrac{N}{\pi \cdot D \cdot 1,000}$

해설

원주속도(회전속도)

$$V = \pi DN \text{(mm/min)} = \dfrac{\pi DN}{1,000} \text{(m/min)}$$

여기서, V : 원주속도(회전속도)(m/min)
D : 숫돌의 지름(mm)
N : 숫돌의 매분 회전수(rpm)

60 산업안전보건법령상 롤러기의 급정지장치는 무부하에서 최대속도로 회전시킨 상태에서 규정된 정지거리 이내에 당해 롤러를 정지시킬 수 있어야 한다. 앞면 롤러의 직경이 30cm, 원주속도가 20m/min이라면 급정지 거리는 얼마 이내이어야 하는가?

① 앞면 롤러 원주의 1/4
② 앞면 롤러 원주의 1/3
③ 앞면 롤러 원주의 1/2.5
④ 앞면 롤러 원주의 1/2

해설

무부하 동작에서 급정지 거리

앞면 롤러의 표면속도(m/min)	급정지 거리
30 미만	앞면 롤러 원주의 1/3
30 이상	앞면 롤러 원주의 1/2.5

4과목 전기 및 화학설비위험방지기술

61 다음 중 폭발 위험이 가장 높은 물질은?

① 부탄
② 메탄
③ 이황화탄소
④ 벤젠

해설

위험도
위험도 값이 클수록 위험성이 높은 물질이다.

$$H = \dfrac{UFL - LFL}{LFL}$$

여기서, UFL : 연소상한값
LFL : 연소하한값
H : 위험도

폭발범위

가연성 가스	폭발하한값(%)	폭발상한값(%)
부탄	1.8	8.4
메탄	5.0	15.0
이황화탄소	1.25	41.0
벤젠	1.4	6.70

1. 부탄 위험도
$H = \dfrac{UFL - LFL}{LFL} = \dfrac{8.4 - 1.8}{1.8} = 3.67$

2. 메탄 위험도
$H = \dfrac{UFL - LFL}{LFL} = \dfrac{15.0 - 5.0}{5.0} = 2$

3. 이황화탄소 위험도
$H = \dfrac{UFL - LFL}{LFL} = \dfrac{41.0 - 1.25}{1.25} = 31.8$

4. 벤젠 위험도
$H = \dfrac{UFL - LFL}{LFL} = \dfrac{6.70 - 1.4}{1.4} = 3.79$

62 작업장에서 꽂음접속기를 설치하거나 사용하는 경우 작업자의 감전 위험을 방지하기 위하여 필요한 준수사항으로 틀린 것은?

① 서로 다른 전압의 꽂음접속기는 상호 접속되는 구조의 것을 사용할 것
② 습윤한 장소에 사용되는 꽂음접속기는 방수형 등 해당 장소에 적합한 것을 사용할 것
③ 꽂음접속기를 접속시킬 경우 땀 등으로 젖은 손으로 취급하지 않도록 할 것
④ 꽂음접속기에 잠금장치가 있는 때에는 접속 후 잠그고 사용할 것

정답 59 ② 60 ② 61 ③ 62 ①

해설

꽂음접속기의 설치·사용 시 준수사항
1. 서로 다른 전압의 꽂음접속기는 서로 접속되지 아니한 구조의 것을 사용할 것
2. 습윤한 장소에 사용되는 꽂음접속기는 방수형 등 그 장소에 적합한 것을 사용할 것
3. 근로자가 해당 꽂음접속기를 접속시킬 경우에는 땀 등으로 젖은 손으로 취급하지 않도록 할 것
4. 해당 꽂음접속기에 잠금장치가 있는 경우에는 접속 후 잠그고 사용할 것

63 절연용 기구의 작업 시작 전 점검사항으로 옳지 않은 것은?

① 고무소매의 육안점검
② 고무장화에 의한 절연내력시험
③ 활선접근 경보기의 동작시험
④ 고무장갑에 대한 공기점검 실시

해설

절연용 보호구의 작업 시작 전 점검사항
1. 고무장갑이나 고무장화에 대해서는 공기점검을 실시할 것
2. 고무소매 또는 절연의 등은 육안으로 점검할 것
3. 활선접근 경보기는 시험단추를 눌러 소리가 나는지 점검할 것

64 전기화재의 직접적인 발생요인과 가장 거리가 먼 것은?

① 피뢰기의 손상
② 누전, 열의 축적
③ 과전류 및 절연의 손상
④ 자락 및 접속불량으로 인한 과열

해설

전기화재의 원인
1. 단락
2. 누전
3. 과전류
4. 스파크
5. 접촉부과열
6. 절연열화에 의한 발열
7. 지락
8. 낙뢰
9. 정전기 스파크

65 다음 중 정전작업 시 안전조치와 가장 거리가 먼 것은?

① 접근한계거리 유지
② 단락접지의 실시
③ 개폐기 잠금장치, 통전금지표지
④ 잔류전하 방전 조치

해설

접근한계거리 유지는 충전전로를 취급하거나 그 인근에서의 작업 시 안전조치 사항이다.

TIP 정전전로에서의 전로차단 절차
1. 전기기기 등에 공급되는 모든 전원을 관련 도면, 배선도 등으로 확인할 것
2. 전원을 차단한 후 각 단로기 등을 개방하고 확인할 것
3. 차단장치나 단로기 등에 잠금장치 및 꼬리표를 부착할 것
4. 개로된 전로에서 유도전압 또는 전기에너지가 축적되어 근로자에게 전기위험을 끼칠 수 있는 전기기기 등은 접촉하기 전에 잔류전하를 완전히 방전시킬 것
5. 검전기를 이용하여 작업 대상 기기가 충전되었는지를 확인할 것
6. 전기기기 등이 다른 노출 충전부와의 접촉, 유도 또는 예비동력원의 역송전 등으로 전압이 발생할 우려가 있는 경우에는 충분한 용량을 가진 단락 접지기구를 이용하여 접지할 것

66 다음 중 인화성 액체의 취급 시 주의사항으로 가장 적절하지 않은 것은?

① 소포성의 인화성 액체의 화재 시에는 내알코포를 사용한다.
② 소화작업 시에는 공기호흡기 등 적합한 보호구를 착용하여야 한다.
③ 일반적으로 비중이 물보다 무거워서 물 아래로 가라앉으므로 주수소화를 이용하면 효과적이다.
④ 화기, 충격, 마찰 등의 열원을 피하고, 밀폐용기를 사용하며, 사용상 불가능한 경우 환기장치를 이용한다.

정답 63 ② 64 ① 65 ① 66 ③

> **해설**

제4류 위험물(인화성 액체) 소화방법
1. 이산화탄소, 할로겐화물, 분말, 포에 의한 질식소화가 효과적이다.
2. 수용성 위험물에는 알코올 포를 사용하거나 다량의 물로 희석시켜 가연성 증기의 발생을 억제하여 소화한다.
3. 비중이 물보다 작기 때문에 주수소화를 하면 화재 면을 확대시킬 수 있으므로 절대금지이다.

67 금속도체 상호간 혹은 대지에 대하여 전기적으로 절연되어 있는 2개 이상의 금속도체를 전기적으로 접속하여 서로 같은 전위를 형성하여 정전기 사고를 예방하는 기법을 무엇이라 하는가?

① 특별 접지 ② 계통 접지
③ 등전위본딩 ④ 대전 분리

> **해설**

본딩 및 접지

본딩	• 둘 또는 그 이상의 도전성 물질이 같은 전위를 갖도록 도체로 접속하는 것을 말한다. • 도전성 물체 사이의 전위차를 줄이기 위해 사용된다.
접지	• 도체를 대지와 접속함으로써 그 전위를 '0'으로 만드는 것을 말한다. • 물체와 대지 사이의 전위차를 같게 하는 것이다.

68 산업안전보건법상 대지전압이 150V를 초과하는 이동형의 전기기계·기구로 정격부하전류가 25A인 것에 접속하여야 하는 누전차단기의 작동시간으로 옳은 것은?

① 0.1초 이내 ② 0.05초 이내
③ 0.01초 이내 ④ 0.03초 이내

> **해설**

누전차단기 접속 시 준수사항
전기기계·기구에 설치되어 있는 누전차단기는 정격감도전류가 30mA 이하이고 작동시간은 0.03초 이내일 것(다만, 정격부하전류가 50A 이상인 전기기계·기구에 접속되는 누전차단기는 오작동을 방지하기 위하여 정격감도전류는 200mA 이하로, 작동시간은 0.1초 이내로 할 수 있다.)

69 방폭구조 전기기계·기구의 선정기준에 있어 가스폭발 위험장소의 0종 장소(Zone 0)에 설치 가능한 방폭구조는?

① 압력 방폭구조 ② 본질안전 방폭구조
③ 안전증 방폭구조 ④ 내압 방폭구조

> **해설**

가스폭발 위험장소

폭발위험장소의 분류	방폭구조 전기기계기구의 선정기준
0종 장소	본질안전 방폭구조(ia)
1종 장소	내압 방폭구조(d), 압력 방폭구조(p), 충전 방폭구조(q), 유입 방폭구조(o), 안전증 방폭구조(e), 본질안전 방폭구조(ia, ib), 몰드 방폭구조(m)
2종 장소	0종 장소 및 1종 장소에 사용 가능한 방폭구조 비점화 방폭구조(n)

70 전하량이 같은 두 개의 점전하가 진공 중에서 1m 떨어져 있을 때 작용하는 힘이 9×10^9N이다. 이때 한 개의 점전하의 전기량(C)은?

① 1 ② 0.01
③ 9×10^9 ④ 0.1

> **해설**

쿨롱의 법칙(Coulomb's Law)
1. 2개의 전하 간에 작용하는 정전기력의 크기는 두 전하(전기량)의 곱에 비례하고, 양 전하 간의 거리의 제곱에 반비례한다.
2. 이 힘은 같은 전하끼리는 반발력, 다른 전하끼리는 흡인력이 작용한다.
3. 두 전하 Q_1, Q_2[C]가 r[m] 떨어져 있을 때 진공 중에서의 정전기력의 크기 F[N]는 다음과 같다.

$$F = \frac{Q_1 Q_2}{4\pi\varepsilon_0 r^2} = \frac{1}{4\pi\varepsilon_0} \cdot \frac{Q_1 Q_2}{r^2} = 9 \times 10^9 \cdot \frac{Q_1 Q_2}{r^2} [\text{N}]$$

여기서, F : 정전기력의 크기[N]
Q_1, Q_2 : 전하[C]
r : 두 전하 사이의 거리[m]
ε_o : 진공 중의 유전율(8.855×10^{-12})[F/m]

$F = 9 \times 10^9 \cdot \frac{Q_1 Q_2}{r^2}[\text{N}] \rightarrow F = 9 \times 10^9 \times \frac{Q^2}{r^2}$

(조건에서 두 개의 전하량이 같다.)

정답 67 ③ 68 ④ 69 ② 70 ①

$$F \times r^2 = (9 \times 10^9) \times Q^2 \rightarrow Q^2 = \frac{F \times r^2}{9 \times 10^9}$$
$$\rightarrow Q = \sqrt{\frac{F \times r^2}{9 \times 10^9}}$$
$$\therefore Q = \sqrt{\frac{F \times r^2}{9 \times 10^9}} = \sqrt{\frac{(9 \times 10^9) \times 1^2}{9 \times 10^9}} = 1[C]$$

71 피뢰기가 반드시 가져야 할 성능 중 틀린 것은?

① 방전개시전압이 높을 것
② 뇌전류 방전능력이 클 것
③ 속류 차단을 확실하게 할 수 있을 것
④ 반복 동작이 가능할 것

해설

피뢰기의 구비 성능
1. 충격방전 개시전압과 제한전압이 낮을 것
2. 반복 동작이 가능할 것
3. 구조가 견고하며 특성이 변화하지 않을 것
4. 점검, 보수가 간단할 것
5. 뇌전류의 방전능력이 클 것
6. 속류의 차단이 확실하게 될 것

72 제1종 분말 소화약제의 주성분에 해당하는 것은?

① 탄산수소나트륨　② 탄산수소칼륨
③ 인산삼칼슘　　　④ T.M.B

해설

분말 소화약제

종별	소화약제	화학식	적응성
제1종 분말	탄산수소나트륨	$NaHCO_3$	B, C급
제2종 분말	탄산수소칼륨	$KHCO_3$	B, C급
제3종 분말	제1인산암모늄	$NH_4H_2PO_4$	A, B, C급
제4종 분말	탄산수소칼륨 + 요소	$KHCO_3 + (NH_2)_2CO$	B, C급

73 다음의 주의사항에 해당하는 물질은?

> 산화제와 접촉 및 혼합을 엄금하며, 화재 시 주수소화를 피하고 건조한 모래 등으로 질식소화를 한다.

① 마그네슘　　　　② 과산화수소
③ 과염소산나트륨　④ 황인

해설

마그네슘(제2류 위험물)
1. 고온에서 유황 및 할로겐, 산화제와 접촉하면 매우 격렬하게 발열한다.
2. 일단 연소하면 소화가 곤란하나 초기 소화 또는 대규모 화재 시는 석회분, 마른 모래 등으로 소화한다.
3. 물, CO_2, N_2, 포, 할로겐 화합물 소화약제는 소화 적응성이 없으므로 사용을 엄금한다.

74 물반응성 물질에 해당하는 것은?

① 니트로화합물　② 칼륨
③ 염소산나트륨　④ 부탄

해설

물반응성 물질 및 인화성 고체
1. 리튬
2. 칼륨·나트륨
3. 황
4. 황린
5. 황화인·적린
6. 셀룰로이드류
7. 알킬알루미늄·알킬리튬
8. 마그네슘 분말
9. 금속 분말(마그네슘 분말은 제외)
10. 알칼리금속(리튬·칼륨 및 나트륨은 제외)
11. 유기 금속화합물(알킬알루미늄 및 알킬리튬은 제외)
12. 금속의 수소화물
13. 금속의 인화물
14. 칼슘 탄화물, 알루미늄 탄화물
15. 그 밖에 1부터 14까지의 물질과 같은 정도의 발화성 또는 이 있는 물질
16. 1부터 15까지의 물질을 함유한 물질

75 산업안전보건법령에서 정한 위험물을 기준량 이상으로 제조하거나 취급하는 설비 중 "특수화학설비"에 해당하지 않는 것은?

① 온도가 섭씨 100도인 상태에서 운전되는 설비
② 발열반응이 일어나는 반응장치
③ 증류·정류·증발·추출 등 분리를 하는 장치
④ 가열로 또는 가열기

정답 71 ① 72 ① 73 ① 74 ② 75 ①

해설

특수화학설비
1. 발열반응이 일어나는 반응장치
2. 증류 · 정류 · 증발 · 추출 등 분리를 하는 장치
3. 가열시켜 주는 물질의 온도가 가열되는 위험물질의 분해 온도 또는 발화점보다 높은 상태에서 운전되는 설비
4. 반응폭주 등 이상 화학반응에 의하여 위험물질이 발생할 우려가 있는 설비
5. 온도가 섭씨 350도 이상이거나 게이지 압력이 980킬로파스칼 이상인 상태에서 운전되는 설비
6. 가열로 또는 가열기

76 혼합가스의 조성이 다음 표와 같을 때 공기 중 폭발하한계는 약 몇 vol%인가?

가스	조성(vol%)	폭발하한계(vol%)	폭발상한계(vol%)
프로판	50%	2.2	9.5
이황화탄소	30%	1.2	44
일산화탄소	20%	12.5	74

① 1.20
② 2.03
③ 3.67
④ 5.30

해설

르샤틀리에의 법칙(순수한 혼합가스일 경우)

$$\frac{100}{L} = \frac{V_1}{L_1} + \frac{V_2}{L_2} + \frac{V_3}{L_3} \cdots$$

$$L = \frac{100}{\frac{V_1}{L_1} + \frac{V_2}{L_2} + \cdots + \frac{V_n}{L_n}}$$

여기서, V_n : 전체 혼합가스 중 각 성분 가스의 체적(비율)[%]
L_n : 각 성분 단독의 폭발한계(상한 또는 하한)
L : 혼합가스의 폭발한계(상한 또는 하한)[vol%]

$$L = \frac{100}{\frac{V_1}{L_1} + \frac{V_2}{L_2} + \frac{V_3}{L_3}} = \frac{100}{\frac{50}{2.2} + \frac{30}{1.2} + \frac{20}{12.5}} ≒ 2.03[vol\%]$$

77 다음 중 산업안전보건법령상 인화성 가스가 아닌 것은?

① 이산화탄소
② 메탄
③ 수소
④ 아세틸렌

해설

인화성 가스
1. 수소
2. 아세틸렌
3. 에틸렌
4. 메탄
5. 에탄
6. 프로판
7. 부탄

78 프로판(C_3H_8) 1몰이 완전 연소하기 위한 산소의 화학양론계수는 얼마인가?

① 2
② 3
③ 4
④ 5

해설

프로판(C_3H_8)의 산소의 화학양론적 계수
$C_3H_8 + 5O_2 \rightarrow 3CO_2 + 4H_2O$
따라서 산소의 화학양론계수는 5이다.

> **TIP** 산소의 화학양론적 계수
> 1. 부탄(C_4H_{10}) : 6.5
> 2. 메탄올(CH_3OH) : 1.5

79 다음 중 가스의 폭발범위에 영향을 주는 인자가 아닌 것은?

① 공기조성
② 온도
③ 압력
④ 색상

해설

가연성 가스의 폭발범위 영향요소
1. 가스의 온도가 높을수록 폭발범위도 일반적으로 넓어진다.(폭발하한계는 감소, 폭발상한계는 증가)
2. 가스의 압력이 높아지면 폭발하한계는 영향이 없으나 폭발상한계는 증가한다.
3. 산소 중에서의 폭발범위는 공기 중에서보다 넓어진다.
4. 압력이 상압인 1atm보다 낮아질 때 폭발범위는 큰 변화가 없다.
5. 일산화탄소는 압력이 높을수록 폭발범위가 좁아지고, 수소는 10atm까지는 좁아지지만 그 이상의 압력에서는 넓어진다.
6. 불활성 기체가 첨가될 경우 혼합가스의 농도가 희석되어 폭발범위가 좁아진다.
7. 화학양론 농도 부근에서는 연소나 폭발이 가장 일어나기 쉽고 또한 격렬한 정도도 크다.

정답 76 ② 77 ① 78 ④ 79 ④

80 산업안전보건법령상 공정안전보고서의 내용 중 공정안전자료에 포함되지 않는 것은?

① 유해하거나 위험한 설비의 목록 및 사양
② 안전운전지침서
③ 폭발위험장소 구분도 및 전기단선도
④ 각종 건물·설비의 배치도

해설
공정안전자료
1. 취급·저장하고 있거나 취급·저장하려는 유해·위험물질의 종류 및 수량
2. 유해·위험물질에 대한 물질안전보건자료
3. 유해하거나 위험한 설비의 목록 및 사양
4. 유해하거나 위험한 설비의 운전방법을 알 수 있는 공정도면
5. 각종 건물·설비의 배치도
6. 폭발위험장소 구분도 및 전기단선도
7. 위험설비의 안전설계·제작 및 설치 관련 지침서

5과목 건설안전기술

81 콘크리트 타설 시 안전에 유의해야 할 사항으로 옳지 않은 것은?

① 타설 순서는 계획에 의하여 실시한다.
② 콘크리트 다짐효과를 위하여 최대한 높은 곳에서 타설한다.
③ 콘크리트를 치는 도중에는 거푸집, 동바리 등의 이상 유무를 확인하여야 한다.
④ 타설 시 공동이 발생되지 않도록 밀실하게 부어 넣는다.

해설
높은 곳에서 타설하면 측압의 증가로 거푸집 변형 및 재료분리의 현상이 발생하므로 가능한 타설 높이를 낮게 하여야 한다.

82 차량계 하역운반기계에 화물을 적재할 때의 준수사항과 거리가 먼 것은?

① 하중이 한쪽으로 치우치지 않도록 적재할 것
② 구내운반차 또는 화물자동차의 경우 화물의 붕괴 또는 낙하에 의한 위험을 방지하기 위하여 화물에 로프를 거는 등 필요한 조치를 할 것
③ 운전자의 시야를 가리지 않도록 화물을 적재할 것
④ 제동장치 및 조정장치 기능의 이상 유무를 점검할 것

해설
화물적재 시의 조치
1. 하중이 한쪽으로 치우치지 않도록 적재할 것
2. 구내운반차 또는 화물자동차의 경우 화물의 붕괴 또는 낙하에 의한 위험을 방지하기 위하여 화물에 로프를 거는 등 필요한 조치를 할 것
3. 운전자의 시야를 가리지 않도록 화물을 적재할 것
4. 화물을 적재하는 경우에는 최대 적재량을 초과하지 않을 것

83 깊이 10.5m 이상의 깊은 굴착의 경우 흙막이 구조의 안전을 예측하기 위해 설치해야 할 계측기기와 거리가 먼 것은?

① 하중 및 침하계
② 경사계
③ 내공변위 측정계
④ 수위계

해설
계측관리

터널공사 계측관리	• 내공 변위 측정 • 지중, 지표침하 측정 • 숏크리트 응력 측정	• 천단침하 측정 • 록볼트 축력 측정
굴착공사 계측관리	• 수위계 • 하중 및 침하계	• 경사계 • 응력계

84 강관을 사용하여 비계를 구성하는 경우 비계기둥 간의 적재하중은 얼마를 초과하지 않도록 하여야 하는가?

① 500kg ② 400kg
③ 300kg ④ 200kg

정답 80 ② 81 ② 82 ④ 83 ③ 84 ②

해설

강관비계의 구조
1. 비계기둥의 간격은 띠장 방향에서는 1.85m 이하, 장선 방향에서는 1.5m 이하로 할 것. 다만, 다음 각 목의 어느 하나에 해당하는 작업의 경우에는 안전성에 대한 구조검토를 실시하고 조립도를 작성하면 띠장 방향 및 장선 방향으로 각각 2.7m 이하로 할 수 있다.
   ① 선박 및 보트 건조작업
   ② 그 밖에 장비 반입·반출을 위하여 공간 등을 확보할 필요가 있는 등 작업의 성질상 비계기둥 간격에 관한 기준을 준수하기 곤란한 작업
2. 띠장 간격은 2.0m 이하로 할 것. 다만, 작업의 성질상 이를 준수하기가 곤란하여 쌍기둥틀 등에 의하여 해당 부분을 보강한 경우에는 그러하지 아니하다.
3. 비계기둥의 제일 윗부분으로부터 31m 되는 지점 밑부분의 비계기둥은 2개의 강관으로 묶어 세울 것. 다만, 브라켓(Bracket) 등으로 보강하여 2개의 강관으로 묶을 경우 이상의 강도가 유지되는 경우에는 그러하지 아니하다.
4. 비계기둥 간의 적재하중은 400kg을 초과하지 않도록 할 것

85 말비계를 조립하여 사용하는 경우의 준수사항으로 옳지 않은 것은?

① 말비계의 높이가 2m를 초과하는 경우에는 작업발판의 폭을 20cm 이상, 40cm 이하로 한다.
② 지주부재의 하단에는 미끄럼 방지장치를 설치한다.
③ 지주부재와 수평면의 기울기는 75° 이하로 한다.
④ 지주부재와 지주부재 사이를 고정시키는 보조부재를 설치한다.

해설

말비계 조립 시의 준수사항
1. 지주부재의 하단에는 미끄럼 방지장치를 하고, 근로자가 양측 끝부분에 올라서서 작업하지 않도록 할 것
2. 지주부재와 수평면의 기울기를 75° 이하로 하고, 지주부재와 지주부재 사이를 고정시키는 보조부재를 설치할 것
3. 말비계의 높이가 2m를 초과하는 경우에는 작업발판의 폭을 40cm 이상으로 할 것

86 셔블계 굴착기에 부착하며, 유압을 이용하여 콘크리트의 파괴, 빌딩해체, 도로파괴 등에 쓰이는 것은?

① 파일 드라이버
② 디젤해머
③ 브레이커
④ 오우거

해설

대형 브레이커
대형 브레이커는 통상 셔블에 설치하여 사용하며 일반적으로 하향 작업에 적합하다.

87 추락재해 방지설비의 종류가 아닌 것은?

① 수직보호망
② 추락보호망
③ 안전난간
④ 개구부 덮개

해설

추락재해 방지설비
1. 추락방호망 설치
2. 안전대 설치
3. 안전난간 설치
4. 작업발판 설치
5. 개구부 덮개 설치
6. 울타리 설치

TIP 수직보호망
물체가 떨어지거나 날아올 위험이 있는 경우의 위험방지

88 다음은 공사진척에 따른 안전관리비의 사용기준이다. ( )에 들어갈 내용으로 옳은 것은?

공정률	50% 이상 70% 미만	70% 이상 90% 미만	90% 이상
사용기준	( )	70% 이상	90% 이상

① 30% 이상
② 40% 이상
③ 50% 이상
④ 60% 이상

해설

공사진척에 따른 안전관리비 사용기준

공정율	50% 이상 70% 미만	70% 이상 90% 미만	90% 이상
사용기준	50% 이상	70% 이상	90% 이상

89 산업안전보건기준에 관한 규칙에 따른 작업장 근로자의 안전한 통행을 위하여 통로에 설치하여야 하는 조명시설의 조도기준(lux)은?

① 30lux 이상
② 75lux 이상
③ 150lux 이상
④ 300lux 이상

정답 85 ① 86 ③ 87 ① 88 ③ 89 ②

해설
통로의 조명
근로자가 안전하게 통행할 수 있도록 통로에 75럭스 이상의 채광 또는 조명시설을 하여야 한다.(다만, 갱도 또는 상시 통행을 하지 아니하는 지하실 등을 통행하는 근로자에게 휴대용 조명기구를 사용하도록 한 경우에는 제외)

90 위험물질을 제조·취급하는 작업장과 그 작업장이 있는 건축물에서의 비상구 설치기준으로 옳지 않은 것은?

① 비상구의 문은 피난방향으로 열리도록 하고, 실내에서 항상 열 수 있는 구조로 할 것
② 출입구와 같은 방향에 있지 아니하고, 출입구로부터 2m 이상 떨어져 있을 것
③ 작업장의 각 부분으로부터 하나의 비상구 또는 출입구까지의 수평거리가 50m 이하가 되도록 할 것
④ 비상구의 너비는 0.75m 이상으로 하고, 높이는 1.5m 이상으로 할 것

해설
비상구의 설치
1. 출입구와 같은 방향에 있지 아니하고, 출입구로부터 3미터 이상 떨어져 있을 것
2. 작업장의 각 부분으로부터 하나의 비상구 또는 출입구까지의 수평거리가 50m 이하가 되도록 할 것
3. 비상구의 너비는 0.75m 이상으로 하고, 높이는 1.5m 이상으로 할 것
4. 비상구의 문은 피난방향으로 열리도록 하고, 실내에서 항상 열 수 있는 구조로 할 것

91 작업장 계단 및 계단참 설치기준으로 옳지 않은 것은?

① 계단 및 계단참을 설치하는 경우 안전율을 4 이상으로 할 것
② 높이가 3m를 초과하는 계단에 높이 3m 이내마다 너비 1.5m 이상의 계단참을 설치할 것
③ 계단을 설치하는 경우 그 폭을 1m 이상으로 할 것
④ 높이 1m 이상인 계단의 개방된 측면에는 안전난간을 설치할 것

해설
가설계단의 설치기준

계단 및 계단참의 강도	• 매 m²당 500kg 이상의 하중에 견딜 수 있는 강도를 가진 구조로 설치하여야 한다. • 안전율(재료의 파괴응력도와 허용응력도의 비율)은 4 이상으로 하여야 한다. • 계단 및 승강구 바닥을 구멍이 있는 재료로 만드는 경우 렌치나 그 밖의 공구 등이 낙하할 위험이 없는 구조로 하여야 한다.
계단의 폭	• 계단을 설치하는 경우 그 폭을 1m 이상으로 하여야 한다.(다만, 급유용·보수용·비상용 계단 및 나선형 계단이거나 높이 1m 미만의 이동식 계단인 경우에는 제외) • 계단에 손잡이 외의 다른 물건 등을 설치하거나 쌓아 두어서는 아니 된다.
계단참의 설치	높이가 3m를 초과하는 계단에 높이 3m 이내마다 진행방향으로 길이 1.2m 이상의 계단참을 설치하여야 한다.
천장의 높이	계단을 설치하는 경우 바닥면으로부터 높이 2m 이내의 공간에 장애물이 없도록 하여야 한다(다만, 급유용·보수용·비상용 계단 및 나선형 계단인 경우에는 제외).
계단의 난간	높이 1m 이상인 계단의 개방된 측면에 안전난간을 설치하여야 한다.

92 부두·안벽 등 하역작업을 하는 장소에서 부두 또는 안벽의 선을 따라 통로를 설치하는 경우 그 폭을 최소 얼마 이상으로 하여야 하는가?

① 30cm 이상　　② 50cm 이상
③ 70cm 이상　　④ 90cm 이상

해설
부두·안벽 등 하역작업장 조치사항
1. 작업장 및 통로의 위험한 부분에는 안전하게 작업할 수 있는 조명을 유지할 것
2. 부두 또는 안벽의 선을 따라 통로를 설치하는 경우에는 폭을 90cm 이상으로 할 것
3. 육상에서의 통로 및 작업장소로서 다리 또는 선거 갑문을 넘는 보도 등의 위험한 부분에는 안전난간 또는 울타리 등을 설치할 것

정답 90 ② 91 ② 92 ④

93 앞뒤 두 개의 차륜이 있으며(2축 2륜) 각각의 차축이 평행으로 배치된 것으로 찰흙, 점성토 등의 두꺼운 흙을 다짐하는 데는 적당하나 단단한 각재를 다지는 데는 부적당한 기계는?

① 머캐덤 롤러(Macadam Roller)
② 탠덤 롤러(Tandem Roller)
③ 래머(Rammer)
④ 진동 롤러(Vibrating Roller)

해설
다짐기계(전압식)

로드 롤러 (Road Roller)	머캐덤 롤러 (Macadam Roller)	3륜 형식으로 쇄석, 자갈 등의 다짐에 사용
	탠덤 롤러 (Tandem Roller)	2륜 형식으로 아스팔트 포장의 끝마무리에 사용
탬핑 롤러 (Tamping Roller)		• 깊은 다짐이나 고함수비 지반의 다짐에 많이 이용 • 롤러의 표면에 돌기를 만들어 부착한 것 • 풍화암을 파쇄하고 흙 속의 간극수압을 제거 • 점성토 지반에 효과적
타이어 롤러 (Tire Roller)		사질토나 사질 점성토에 적합하며 주행속도 개선

94 건설업 산업안전보건관리비를 계상할 때 대상액이 5억 원 미만일 경우 대상액에 곱해주는 비율이 가장 작은 공사종류는?

① 특수 및 기타 건설공사
② 중건설공사
③ 일반건설공사(을)
④ 철도·궤도신설공사

해설
공사종류 및 규모별 산업안전보건관리비 계상기준표
(단위 : 원)

공사 종류	대상액 5억 원 미만인 경우 적용비율(%)	대상액 5억 원 이상 50억 원 미만인 경우		대상액 50억 원 이상인 경우 적용비율(%)	보건관리자 선임대상 건설공사의 적용비율(%)
		적용비율(%)	기초액		
건축공사	3.11%	2.28%	4,325,000원	2.37%	2.64%
토목공사	3.15%	2.53%	3,300,000원	2.60%	2.73%
중건설공사	3.64%	3.05%	2,975,000원	3.11%	3.39%
특수건설공사	2.07%	1.59%	2,450,000원	1.64%	1.78%

안전관리비 대상액 = 공사원가계산서 구성항목 중 직접재료비, 간접재료비와 직접노무비를 합한 금액(발주자가 재료를 제공할 경우에는 해당 재료비를 포함)

TIP 본 문제는 법 개정으로 일부 내용이 수정되었습니다. 해설은 법 개정으로 수정된 내용이니 해설을 학습하세요.

95 흙막이 가시설의 버팀대(Strut)의 변형을 측정하는 계측기에 해당하는 것은?

① Water Level Meter
② Strain Gauge
③ Piezo Meter
④ Load Cell

해설
계측기

장치	용도
변형률계 (Strain Gauge)	흙막이벽 버팀대의 응력 변화를 측정
하중계 (Load Cell)	흙막이 버팀대에 작용하는 토압, 어스앵커의 인장력 등을 측정
간극 수압계 (Piezo Meter)	굴착으로 인한 지하의 간극수압을 측정
지하수위계 (Water Level Meter)	지하수의 수위 변화를 측정

96 높이 2m를 초과하는 말비계를 조립하여 사용하는 경우 작업발판의 최소 폭 기준으로 옳은 것은?

① 20cm 이상
② 30cm 이상
③ 40cm 이상
④ 50cm 이상

해설
말비계 조립 시의 준수사항
1. 지주부재의 하단에는 미끄럼 방지장치를 하고, 근로자가 양측 끝부분에 올라서서 작업하지 않도록 할 것
2. 지주부재와 수평면의 기울기를 75° 이하로 하고, 지주부재와 지주부재 사이를 고정시키는 보조부재를 설치할 것
3. 말비계의 높이가 2m를 초과하는 경우에는 작업발판의 폭을 40cm 이상으로 할 것

97 산소결핍에 의한 재해를 예방하기 위한 대책에 관한 설명으로 거리가 먼 것은?

① 승인을 받은 밀폐공간이 아니면 절대 들어가서는 안 된다.
② 공기호흡기 등의 필요한 보호구를 작업 전에 점검한다.
③ 작업 시작 전 산소농도를 측정한다.
④ 산소결핍의 위험이 있는 장소에서는 산소농도가 10% 정도 유지되도록 한다.

해설
산소결핍이란 공기 중의 산소농도가 18% 미만인 상태를 말하며, 적정공기란 산소농도의 범위가 18% 이상 23.5% 미만, 탄산가스의 농도가 1.5% 미만, 일산화탄소의 농도가 30ppm 미만, 황화수소의 농도가 10ppm 미만인 수준의 공기를 말한다.

98 콘크리트 타설작업 시 거푸집에 작용하는 연직하중이 아닌 것은?

① 콘크리트의 측압
② 거푸집의 중량
③ 굳지 않은 콘크리트의 중량
④ 작업원의 작업하중

해설
거푸집 및 동바리 시공 시 고려하중

종류	내용
연직방향 하중	거푸집, 지보공(동바리), 콘크리트, 철근, 작업원, 타설용 기계기구, 가설설비 등의 중량 및 충격하중
횡방향 하중	작업할 때의 진동, 충격, 시공오차 등에 기인되는 횡방향 하중 이외에 필요에 따라 풍압, 유수압, 지진 등
콘크리트의 측압	굳지 않은 콘크리트의 측압
특수하중	시공 중에 예상되는 특수한 하중

99 추락재해 방지용 방망의 신품에 대한 인장강도는 얼마인가?(단, 그물코의 크기가 10cm이며, 매듭 없는 방망)

① 220kg
② 240kg
③ 260kg
④ 280kg

해설
방망사의 신품에 대한 인장강도

그물코의 크기 (단위 : cm)	방망의 종류(단위 : kg)	
	매듭 없는 방망	매듭방망
10	240(150)	200(135)
5		110(60)

※ 단, ( )는 폐기 시 인장강도

100 낙하물방지망 또는 방호선반을 설치 시 요구되는 벽면으로부터 내민 길이의 기준으로 옳은 것은?

① 1m 이상
② 1.5m 이상
③ 2m 이상
④ 2.5m 이상

해설
낙하물방지망 또는 방호선반 설치 시 준수사항
1. 높이 10m 이내마다 설치하고, 내민 길이는 벽면으로부터 2m 이상으로 할 것
2. 수평면과의 각도는 20° 이상 30° 이하를 유지할 것

정답 96 ③ 97 ④ 98 ① 99 ② 100 ③

PART 02

20 2023년 1회 기출복원문제

1과목 산업안전관리론

01 다음 중 산업안전보건법령상 안전보건관리규정에 포함되어 있지 않은 내용은?(단, 그 밖에 안전 및 보건에 관한 사항은 제외한다.)

① 작업자 선발에 관한 사항
② 안전보건교육에 관한 사항
③ 사고 조사 및 대책 수립에 관한 사항
④ 작업장의 안전 및 보건 관리에 관한 사항

해설

안전보건관리규정의 포함사항
1. 안전 및 보건에 관한 관리조직과 그 직무에 관한 사항
2. 안전보건교육에 관한 사항
3. 작업장의 안전 및 보건 관리에 관한 사항
4. 사고 조사 및 대책 수립에 관한 사항
5. 그 밖에 안전 및 보건에 관한 사항

02 산업안전보건법령상 안전모의 시험성능기준 항목이 아닌 것은?

① 난연성　　　　② 인장성
③ 내관통성　　　④ 충격흡수성

해설

안전모의 시험성능 항목 및 기준

항목	시험성능기준
내관통성	• 안전인증 : AE, ABE종 안전모는 관통거리가 9.5mm 이하이고, AB종 안전모는 관통거리가 11.1mm 이하이어야 한다. • 자율안전확인 : 안전모는 관통거리가 11.1mm 이어야 한다.
충격흡수성	최고전달충격력이 4,450N을 초과해서는 안 되며, 모체와 착장체의 기능이 상실되지 않아야 한다.
내전압성	AE, ABE종 안전모는 교류 20kV에서 1분간 절연파괴 없이 견뎌야 하고, 이때 누설되는 충전전류는 10mA 이하이어야 한다(※ 자율안전확인에서는 제외).
내수성	AE, ABE종 안전모는 질량증가율이 1% 미만이어야 한다(※ 자율안전확인에서는 제외).
난연성	모체가 불꽃을 내며 5초 이상 연소되지 않아야 한다.
턱끈풀림	150N 이상 250N 이하에서 턱끈이 풀려야 한다.

03 다음 중 위험예지훈련 4라운드의 순서가 올바르게 나열된 것은?

① 현상파악 → 본질추구 → 대책수립 → 목표설정
② 현상파악 → 대책수립 → 본질추구 → 목표설정
③ 현상파악 → 본질추구 → 목표설정 → 대책수립
④ 현상파악 → 목표설정 → 본질추구 → 대책수립

해설

위험예지훈련의 4라운드
1. 1라운드(1R) : 현상파악(사실을 파악한다)
2. 2라운드(2R) : 본질추구(요인을 찾아낸다)
3. 3라운드(3R) : 대책수립(대책을 선정한다)
4. 4라운드(4R) : 목표설정(행동계획을 정한다)

04 다음의 적응기제 중 자기의 난처한 입장이나 실패의 결점을 이유나 변명으로 일관하는 것 또는 실제의 행위나 상태보다 훌륭하게 평가되기 위하여 구실을 내세우는 행위를 무엇이라 하는가?

① 투사　　　　　② 도피
③ 합리화　　　　④ 동일화

해설

적응기제

투사	• 자기 마음속의 억압된 것을 다른 사람의 것으로 생각하는 것 • 자신이 미워하는 대상에 대해서, 그 사람이 자신을 미워한다고 생각한다.
도피	• 도피하려는 심리작용 • 두통이나 복통 등을 구실 삼아 작업현장에서 도피
합리화	• 자기의 난처한 입장이나 실패의 결점을 이유나 변명으로 일관하는 것 • 실제의 행위나 상태보다 훌륭하게 평가되기 위하여 구실을 내세우는 행위 • 시합에 진 운동선수가 컨디션이 좋지 않았다고 한다.
동일화	• 다른 사람의 행동양식이나 태도를 투입하거나 다른 사람 가운데서 자기와 비슷한 것을 발견하게 되는 것 • 동창생을 자랑하거나 우쭐대는 것 • 아버지의 성공을 자랑하며 자신의 목에 힘이 들어간다.

정답 01 ① 02 ② 03 ① 04 ③

05 안전교육의 단계 중 표준작업방법의 습관화를 위한 교육은?

① 태도교육 ② 지식교육
③ 기능교육 ④ 기술교육

해설

단계별 교육내용
1. 지식교육
   ㉠ 안전의식의 향상
   ㉡ 안전의 책임감을 주입
   ㉢ 기능, 태도, 교육에 필요한 기초지식의 주입
   ㉣ 근로자가 지켜야 할 안전규정의 숙지
   ㉤ 공정 속에 잠재된 위험요소를 이해시킴
2. 기능교육
   ㉠ 전문적 기술기능
   ㉡ 안전기술기능
   ㉢ 방호장치 관리기능
   ㉣ 점검검사 정비기능
3. 태도교육
   ㉠ 표준작업방법의 습관화
   ㉡ 공구, 보호구의 관리 및 취급태도의 확립
   ㉢ 작업 전후의 점검 및 검사 요령의 정확한 습관화
   ㉣ 안전작업의 지시, 전달, 확인 등 언어태도의 습관화 및 정확화

06 조직이 리더에게 부여하는 권한으로 볼 수 없는 것은?

① 보상적 권한 ② 강압적 권한
③ 합법적 권한 ④ 위임된 권한

해설

리더십의 권한
1. 조직이 지도자에게 부여한 권한
   ㉠ 보상적 권한
   ㉡ 강압적 권한
   ㉢ 합법적 권한
2. 지도자 자신이 자신에게 부여한 권한
   ㉠ 전문성의 권한
   ㉡ 위임된 권한

07 산업안전보건법령상 고용노동부장관이 산업재해 예방을 위하여 종합적인 개선조치를 할 필요가 있다고 인정할 때에 안전보건개선계획의 수립·시행을 명할 수 있는 대상 사업장이 아닌 것은?

① 직업성 질병자가 연간 2명 이상 발생한 사업장
② 작업환경측정 결과 유해인자가 검출된 사업장
③ 사업주가 필요한 안전조치 또는 보건조치를 이행하지 아니하여 중대재해가 발생한 사업장
④ 산업재해율이 같은 업종의 규모별 평균 산업재해율보다 높은 사업장

해설

안전보건개선계획의 수립·시행을 명할 수 있는 사업장
1. 산업재해율이 같은 업종의 규모별 평균 산업재해율보다 높은 사업장
2. 사업주가 필요한 안전조치 또는 보건조치를 이행하지 아니하여 중대재해가 발생한 사업장
3. 직업성 질병자가 연간 2명 이상 발생한 사업장
4. 유해인자의 노출기준을 초과한 사업장

08 객관적인 위험을 자기 나름대로 판정해서 의지결정을 하고 행동을 옮기는 인간의 심리특성을 무엇이라고 하는가?

① 세이프 테이킹(Safe Taking)
② 액션 테이킹(Action Taking)
③ 리스크 테이킹(Risk Taking)
④ 휴먼 테이킹(Human Taking)

해설

리스크 테이킹(Risk Taking)
1. 객관적인 위험을 자기 나름대로 판정해서 의지결정을 하고 행동에 옮기는 인간의 심리특성이다.
2. 안전태도가 양호한 자는 리스크 테이킹의 정도가 적다.
3. 안전태도 수준이 같은 경우 작업의 달성 동기, 성격, 능률 등 각종 요인의 영향에 의해 리스크 테이킹의 정도는 변한다.
4. 리스크 테이킹의 발생 요인은 부적절한 태도이다.

09 토의(회의)방식 중 참가자가 다수인 경우에 전원을 토의에 참가시키기 위하여 소집단으로 구분하고, 각각 자유토의를 행하여 의견을 종합하는 방식은?

① 포럼(Forum)
② 심포지엄(Symposium)
③ 버즈 세션(Buzz Session)
④ 패널 디스커션(Panel Discussion)

정답 05 ① 06 ④ 07 ② 08 ③ 09 ③

> **해설**

토의법의 종류
1. 자유토의법
   참가자가 주어진 주제에 대하여 자유로운 발표와 토의를 통하여 서로의 의견을 교환하고 상호이해력을 높이며 의견을 절충해 나가는 방법
2. 패널 디스커션(Panel Discussion)
   전문가 4~5명이 피교육자 앞에서 자유로이 토의를 하고, 그 후에 피교육자 전원이 사회자의 사회에 따라 토의하는 방법
3. 심포지엄(Symposium)
   발제자 없이 몇 사람의 전문가에 의하여 과제에 관한 견해를 발표한 뒤에 참가자로 하여금 의견이나 질문을 하게 하여 토의하는 방법
4. 포럼(Forum)
   ㉠ 사회자의 진행으로 몇 사람이 주제에 대하여 발표한 후 피교육자가 질문을 하고 토론해 나가는 방법
   ㉡ 새로운 자료나 주제를 내보이거나 발표한 후 피교육자로 하여금 문제나 의견을 제시하게 하고 다시 깊이 있게 토론해 나가는 방법
5. 버즈 세션(Buzz Session)
   6-6 회의라고도 하며, 참가자가 다수인 경우에 전원을 토의에 참가시키기 위한 방법으로 소집단을 구성하여 회의를 진행시키는 방법

10 재해 발생의 주요 원인 중 불안전한 상태에 해당하지 않는 것은?

① 기계설비 및 장비의 결함
② 부적절한 조명 및 환기
③ 작업장소의 정리·정돈 불량
④ 보호구 미착용

> **해설**

불안전한 행동과 상태의 분류

불안전한 행동 (인적 요인)	설비·기계 및 물질의 부적절한 사용·관리, 구조물 등 그 밖의 위험 방치 및 미확인, 작업수행 소홀 및 절차 미준수, 불안전한 작업자세, 작업수행 중 과실, 무모한 또는 불필요한 행위 및 동작, 복장, 보호구의 부적절한 사용, 불안전한 속도 조작, 안전장치의 기능 제거, 불안전한 인양 및 운반
불안전한 상태 (물적 요인)	물체 및 설비 자체의 결함, 방호조치의 부적절, 작업통로 등 장소불량 및 위험, 물체, 기계기구 등의 취급상 위험, 작업공정·절차의 부적절, 작업환경 등의 부적절, 보호구의 성능불량, 불안전한 설계로 인한 결함 발생

11 모랄 서베이(Morale Survey)의 주요 방법 중 태도조사법에 해당하는 것은?

① 사례연구법　② 관찰법
③ 실험연구법　④ 문답법

> **해설**

모랄 서베이의 주요 방법
1. 통계에 의한 방법 : 사고 상해율, 결근, 지각, 조퇴, 이직 등을 분석하여 파악하는 방법(보조자료로 주로 사용)
2. 사례연구법 : 경영관리상의 여러 가지 제도에 나타나는 사례에 대해 사례연구로서 현상을 파악하는 방법
3. 관찰법 : 근무실태를 계속 관찰하면서 문제점을 찾아내는 방법
4. 실험연구법 : 실험그룹과 통제그룹으로 나누어 정황, 자극을 주어 태도변화 여부를 조사하는 방법
5. 태도조사법 : 질문지법, 면접법, 집단토의법, 문답법, 투사법 등에 의해 의견을 조사하는 방법(가장 많이 사용하는 방법)

12 재해예방의 4원칙에 해당하는 내용이 아닌 것은?

① 예방가능의 원칙　② 원인계기의 원칙
③ 손실우연의 원칙　④ 사고조사의 원칙

> **해설**

하인리히의 재해예방 4원칙

예방가능의 원칙	천재지변을 제외한 모든 재해는 원칙적으로 예방이 가능하다.
손실우연의 원칙	사고로 생기는 상해의 종류 및 정도는 우연적이다.
원인계기의 원칙	사고와 손실의 관계는 우연적이지만 사고와 원인 관계는 필연적이다(사고에는 반드시 원인이 있다).
대책선정의 원칙	원인을 정확히 규명해서 대책을 선정하고 실시되어야 한다(3E, 즉 기술, 교육, 독려를 중심으로).

13 산업안전보건법령상 다음 그림에 해당하는 안전·보건표지의 종류로 옳은 것은?

① 부식성물질경고　② 산화성물질경고
③ 인화성물질경고　④ 폭발성물질경고

정답 10 ④　11 ④　12 ④　13 ③

해설

안전·보건표지

부식성 물질 경고	산화성 물질 경고	인화성 물질 경고	폭발성 물질 경고

14 사업장의 도수율이 10.83이고, 강도율이 7.92일 경우의 종합재해지수(FSI)는?

① 4.63
② 6.42
③ 9.26
④ 12.84

해설

종합재해지수(FSI ; Frequency Severity Indicator)

$$종합재해지수(FSI) = \sqrt{도수율(FR) \times 강도율(SR)}$$

$$\left(단, 미국의 경우 FSI = \sqrt{\frac{FR \times SR}{1,000}}\right)$$

$$종합재해지수(FSI) = \sqrt{도수율(FR) \times 강도율(SR)}$$
$$= \sqrt{10.83 \times 7.92}$$
$$≒ 9.261$$

15 다음 중 재해사례연구에 관한 설명으로 틀린 것은?

① 재해사례연구는 주관적이며 정확성이 있어야 한다.
② 문제점과 재해요인의 분석은 과학적이고, 신뢰성이 있어야 한다.
③ 재해사례를 관계로 하여 그 사고와 배경을 체계적으로 파악한다.
④ 재해요인을 규명하여 분석하고 그에 대한 대책을 세운다.

해설

재해사례연구는 객관적이며 정확성이 있어야 한다.

16 적응기제(Adjustment Mechanism) 중 방어적 기제(Defence Mechanism)에 해당하는 것은?

① 고립(Isolation)
② 퇴행(Regression)
③ 억압(Suppression)
④ 합리화(Rationalization)

해설

적응기제의 기본유형

구분	공격적 기제 (행동)	도피적 기제 (행동)	방어적(절충적) 기제(행동)
개념	욕구 불만에 대한 반항이나 자기를 괴롭히는 대상에 대하여 적극적이고 능동적으로 적대시하는 감정이나 태도를 취하는 행위	욕구 불만에 의한 긴장이나 압박으로부터 벗어나 비합리적인 행동으로 공상에 도피하고 현실세계에서 벗어나 안정을 얻으려는 기제	자신의 약점이나 무능력, 열등감을 위장하여 유리하게 보호함으로써 안정감을 찾으려는 기제
유형	• 직접적 공격 기제 : 폭행, 싸움, 기물파손 등 • 간접적 공격 기제 : 비난, 폭언, 욕설 등	• 백일몽 • 퇴행 • 억압 • 반동형성 • 고립 등	• 승화 • 보상 • 합리화 • 투사 • 동일화 등

17 산업재해에 있어 인명이나 물적 등 일체의 피해가 없는 사고를 무엇이라고 하는가?

① Near Accident
② Good Accident
③ True Accident
④ Original Accident

해설

아차사고(Near Accident)
재해 또는 사고가 발생하여도 인명상해나 물적 손실 등 일체의 피해가 없는 사고를 말한다.

18 산업안전보건법령상 건설현장에서 사용하는 크레인, 리프트 및 곤돌라의 안전검사의 주기로 옳은 것은?(단, 이동식 크레인, 이삿짐운반용 리프트는 제외한다.)

① 최초로 설치한 날부터 6개월마다
② 최초로 설치한 날부터 1년마다
③ 최초로 설치한 날부터 2년마다
④ 최초로 설치한 날부터 3년마다

정답 14 ③ 15 ① 16 ④ 17 ① 18 ①

해설
안전검사의 주기

크레인(이동식 크레인은 제외), 리프트(이삿짐운반용 리프트는 제외) 및 곤돌라	사업장에 설치가 끝난 날부터 3년 이내에 최초 안전검사를 실시하되, 그 이후부터 2년마다(건설현장에서 사용하는 것은 최초로 설치한 날부터 6개월마다)
이동식 크레인, 이삿짐운반용 리프트 및 고소작업대	「자동차관리법」에 따른 신규등록 이후 3년 이내에 최초 안전검사를 실시하되, 그 이후부터 2년마다
프레스, 전단기, 압력용기, 국소 배기장치, 원심기, 롤러기, 사출성형기, 컨베이어, 산업용 로봇, 혼합기, 파쇄기 또는 분쇄기	사업장에 설치가 끝난 날부터 3년 이내에 최초 안전검사를 실시하되, 그 이후부터 2년마다(공정안전보고서를 제출하여 확인을 받은 압력용기는 4년마다)

19 억측판단의 배경이 아닌 것은?
① 생략 행위 ② 초조한 심정
③ 희망적 관측 ④ 과거의 성공한 경험

해설
억측판단
1. 자기 멋대로 하는 주관적인 판단
2. 억측판단의 발생 배경
  ㉠ 정보가 불확실할 때
  ㉡ 희망적인 관측이 있을 때
  ㉢ 과거의 성공한 경험이 있을 때
  ㉣ 초조한 심정

20 안전을 위한 동기부여로 틀린 것은?
① 기능을 숙달시킨다.
② 경쟁과 협동을 유도한다.
③ 상벌제도를 합리적으로 시행한다.
④ 안전목표를 명확히 설정하여 주지시킨다.

해설
동기부여의 방법
1. 안전의 근본이념을 인식시킨다.
2. 안전목표를 명확히 설정하여 주지시킨다.
3. 결과의 가치를 인식하고 알려준다.
4. 상과 벌을 준다(상벌제도를 합리적으로 시행한다).
5. 경쟁과 협동을 유도한다.
6. 동기 유발의 최적수준을 유지한다.

2과목 인간공학 및 시스템 안전공학

21 위험조정을 위해 필요한 기술에 속하지 않는 것은?
① 위험 지연 ② 위험 감축
③ 위험 회피 ④ 위험 보류

해설
위험처리기술(위험관리기법)

위험의 회피 (Avoidance)	• 위험 자체를 피하는 행위 • 잠재적 이익도 포기하는 극히 소극적인 수단
위험의 감소 (Reduction)	• 위험을 적극적으로 예방하고 경감하는 행위 • 잠재적 위험의 노출을 최대한 감소하는 방법
위험의 전가 (Transfer)	• 위험을 제3자에게 전가하거나 공유하는 행위 • 보험, 공제조합, 기금 등
위험의 보유(보류) (Retention)	• 무계획적 보유 : 가장 위험한 행위 • 계획적 보유 : 회피, 감소, 전가될 수 없는 위험에 적극적으로 대응

22 시스템 수명주기 단계 중 이전 단계들에서 발생되었던 사고 또는 사건으로부터 축적된 자료에 대해 실증을 통한 문제를 규명하고 이를 최소화하기 위한 조치를 마련하는 단계는?
① 구상단계 ② 정의단계
③ 생산단계 ④ 운전단계

해설
시스템의 수명주기
- 1단계(구상단계) : 적용 분석기법 – 예비위험분석(PHA)
- 2단계(정의단계) : 시스템 개발의 가능성과 타당성의 확인, 생산물의 적합성 검토
- 3단계(개발단계) : 적용 분석기법 – FMEA(고장형태와 영향분석)
- 4단계(생산단계) : 설계변경에 따른 수정작업, 안전교육의 실시
- 5단계(운전단계) : 사고조사 참여, 기술변경의 개발, 고객에 의한 최종 성능검사, 훈련, 산업자료 정보, 시스템의 보수 및 폐기, 시스템 안전 프로그램에 따른 평가
- 6단계 : 정상적 시스템 수명 후의 폐기절차와 긴급 폐기철차의 검토

TIP 운전단계에서는 발생되었던 사고, 사건, 생산고장 등의 자료가 모아진다.

정답 19 ① 20 ① 21 ① 22 ④

23 다음 중 교체 주기와 가장 밀접한 관련성이 있는 보전방식은?

① 보전예방 ② 생산보전
③ 품질보전 ④ 예방보전

해설

예방보전(PM ; Preventive Maintenance)
1. 설비를 항상 정상, 양호한 상태로 유지하기 위한 정기적인 검사와 초기의 단계에서 성능의 저하나 고장을 제거하던가 조정 또는 수복하기 위한 설비의 보수활동을 말한다.
2. 예방보전의 분류

시간기준보전 (TBM ; Time Based Maintenance)	돌발고장, 프로세스 트러블을 예방하기 위하여 정기적으로 설비를 검사·정비·청소하고 부품을 교환하는 보전방식(일정기간마다 보수를 하는 것)
상태기준보전 (CBM ; Condition Based Maintenance)	예측 또는 예지보전이라고도 하며, 고장이 일어나기 쉬운 부분에 진동분석장치·광학측정기·저항측정기 등 감도가 높은 계측장비를 사용하여 기계설비의 문제점을 예측하여 사전에 고장위험을 검출하는 보전활동
IR (Inspection and Repair)	TMB과 CBM의 장점을 적절하게 활용하여 설비를 정기적으로 분해·점검하고 양부를 판단하여 불량한 것은 교체한다.

24 표시값의 변화 방향이나 변화 속도를 나타내어 전반적인 추이의 변화를 관측할 필요가 있는 경우에 가장 적합한 표시장치 유형은?

① 계수형(Digital)
② 묘사형(Descriptive)
③ 동목형(Moving Scale)
④ 동침형(Moving Pointer)

해설

정량적 표시장치의 종류(정량적인 동적 표시장치)

아날로그 (Analog)	정목동침형 (Moving Pointer, 지침이동형)	• 눈금이 고정되고 지침이 움직이는 형(고정눈금 이동지침 표시장치) • 일정한 범위에서 수치가 자주 또는 계속 변하는 경우 가장 유용한 표시장치 • 지침의 위치는 인식적인 암시 신호를 얻을 수 있다.
아날로그 (Analog)	정침동목형 (Moving Scale, 지침고정형)	• 지침이 고정되고 눈금이 움직이는 형(이동눈금 고정지침 표시장치) • 나타내고자 하는 값의 범위가 클 때, 비교적 작은 눈금판에 모두 나타내고자 할 때(공간을 적게 차지하는 이점이 있음)
디지털 (Digital)	계수형 (Digital)	• 전력계나 택시 요금 계기와 같이 기계, 전자적으로 숫자가 표시되는 형 • 출력되는 값을 정확하게 읽어야 하는 경우에 가장 적합하다(수치를 정확하게 읽어야 할 경우). • 판독 오차는 원형 표시장치보다 적을 뿐 아니라 판독(평균반응) 시간도 짧다(계수형 : 0.94초, 원형 : 3.54초).

25 다음 중 육체적 활동에 대한 생리학적 측정방법과 가장 거리가 먼 것은?

① EMG ② EEG
③ 심박수 ④ 에너지소비량

해설

동적 근력작업에 따른 생리학적 측정법
에너지 대사량, 산소 소비량 및 CO_2 배출량 등과 호흡량, 맥박수, 근전도(EMG) 등

TIP 뇌전도(EEG ; Electroencephalogram)
뇌의 전기적 활동을 기록한 것

26 다음의 인체측정자료의 응용원리를 설계에 적용하는 순서로 가장 적절한 것은?

㉠ 극단치 설계 ㉡ 평균치 설계 ㉢ 조절식 설계

① ㉠ → ㉡ → ㉢
② ㉢ → ㉡ → ㉠
③ ㉡ → ㉠ → ㉢
④ ㉢ → ㉠ → ㉡

해설

인체측정치를 이용한 설계 흐름도
조절 가능한 설계 → 극단치를 이용한 설계 → 평균치를 이용한 설계

정답 23 ④ 24 ④ 25 ② 26 ④

27 다음 중 체계설계 과정의 주요 단계에서 가장 먼저 실시해야 하는 것은?

① 기본설계
② 체계의 정의
③ 계면설계
④ 목표 및 성능 명세 결정

해설
인간-기계 체계설계의 기본단계 순서
1. 제1단계 : 목표 및 성능 명세 결정
2. 제2단계 : 시스템(체계)의 정의
3. 제3단계 : 기본설계
4. 제4단계 : 인터페이스(계면) 설계
5. 제5단계 : 촉진물 설계
6. 제6단계 : 시험 및 평가

28 다음 중 FT도에서 컷셋(Cut Set)에 관한 설명으로 틀린 것은?

① 시스템의 약점을 표현한 것이다.
② 정상사상(Top Event)을 발생시키는 조합이다.
③ 시스템이 고장 나지 않도록 하는 사상의 조합이다.
④ 일반적으로 Fussell Algorithm을 이용한다.

해설
컷셋과 패스셋
1. 컷셋(Cut Set)
   정상사상을 발생시키는 기본사상의 집합으로 그 안에 포함되는 모든 기본사상(여기서는 통상사상, 생략결함사상 등을 포함한 기본사상)이 발생할 때 정상사상을 발생시킬 수 있는 기본사상의 집합
2. 패스셋(Path Set)
   그 안에 포함되는 모든 기본사상이 일어나지 않을 때 처음으로 정상사상이 일어나지 않는 기본사상의 집합, 즉 시스템이 고장 나지 않도록 하는 사상의 조합이다.

29 1cd의 점광원에서 1m 떨어진 곳에서의 조도가 3lux이었다. 동일한 조건에서 5m 떨어진 곳에서의 조도는 약 몇 lux인가?

① 0.12
② 0.22
③ 0.36
④ 0.56

해설
조도

$$조도 = \frac{광도}{(거리)^2}$$

1. 광도 = 조도 × (거리)^2
2. 1m 거리의 광도 = 3 × 12 = 3[cd]
∴ 5m 거리의 조도 = $\frac{3}{5^2}$ = 0.12[lux]

30 다음 중 제어장치에서 조정장치의 위치를 1cm 움직였을 때, 표시장치의 지침이 4cm 움직였다면 이 기기의 C/R비는 약 얼마인가?

① 0.25
② 0.6
③ 1.5
④ 1.7

해설
선형 조종장치가 선형 표시장치를 움직일 때 각각 직선변위의 비(제어표시비)

$$C/D비(C/R비) = \frac{조종장치(제어기기)의\ 이동거리}{표시장치(표시기기)의\ 반응거리}$$

$$C/D비 = \frac{조종장치의\ 이동거리}{표시장치의\ 반응거리} = \frac{1}{4} = 0.25$$

31 음압 수준이 120dB인 경우 1,000Hz에서의 phon 값과 sone 값으로 옳은 것은?

① 100phon, 64sone
② 100phon, 128sone
③ 120phon, 128sone
④ 120phon, 256sone

해설
phon(음량 수준)과 sone(음량)의 관계

$$sone치 = 2^{(phon치 - 40)/10}$$

※ 음량 수준이 10phon 증가하면 음량(sone)은 2배로 증가된다.

1. 1,000Hz, 120dB은 120phon이다.
2. sone치 = $2^{(phon치 - 40)/10} = 2^{(120-40)/10} = 256$

32 앉은 작업자가 특정한 수작업 기능을 편안히 수행할 수 있는 공간의 외곽 한계를 무엇이라 하는가?

① 작업공간 포락면   ② 파악한계
③ 정상작업역   ④ 최대작업역

해설

앉은 사람의 작업공간
1. 작업공간 포락면(Work-space Envelope) : 한 장소에 앉아서 수행하는 작업 활동에서, 사람이 작업하는 데 사용하는 공간
2. 파악한계(Grasping Reach) : 앉은 작업자가 특정한 수작업 기능을 편히 수행할 수 있는 공간의 외곽 한계

33 3개의 서로 다른 부품이 OR Gate에 연결된 FTA 모델이 있다. 각 부품의 고장확률은 0.2이고, "시스템이 작동 안 됨"을 정상사상(Top Event)으로 했을 때 정상사상이 발생할 확률은 얼마인가?

① 0.008   ② 0.488
③ 0.512   ④ 0.992

해설

발생확률의 계산
발생확률 = 1 − (1−0.2)(1−0.2)(1−0.2) = 0.488

34 다음 중 소음에 의한 청력 손실이 가장 잘 발생하는 진동수는?

① 100Hz   ② 1,000Hz
③ 2,000Hz   ④ 4,000Hz

해설

청력 손실의 성격
1. 청력 손실의 정도는 노출되는 소음 수준에 따라 증가한다(비례관계).
2. 강한 소음에 대해서는 노출기간에 따라 청력 손실도 증가한다.
3. 약한 소음에 대해서는 노출기간과 청력 손실 간에 관계가 없다.
4. 청력 손실은 4,000Hz에서 크게 나타난다.

35 모든 시스템 안전 프로그램 중 최초 단계의 분석으로 시스템 내의 위험요소가 어떤 상태에 있는지를 정성적으로 평가하는 방법은?

① CA   ② FHA
③ PHA   ④ FMEA

해설

예비위험분석(PHA ; Preliminary Hazards Analysis)
1. 공정 또는 설비 등에 관한 상세한 정보를 얻을 수 없는 상황에서 위험물질과 공정 요소에 초점을 맞추어 초기위험을 확인하는 방법을 말한다.
2. 시스템안전 위험분석(SSHA)을 수행하기 위한 예비적인 최초의 작업으로 위험요소가 얼마나 위험한지를 정성적으로 평가하는 것이다.
3. PHA는 구상단계나 설계 및 발주의 극히 초기에 실시된다.

36 스웨인(Swain)의 인적 오류(혹은 휴먼에러) 분류 방법에 의할 때, 자동차 운전 중 습관적으로 손을 창문 밖으로 내어 놓았다가 다쳤다면 다음 중 이때 운전자가 행한 에러의 종류로 옳은 것은?

① 실수(Slip)
② 작위 오류(Commission Error)
③ 불필요한 수행 오류(Extraneous Error)
④ 누락 오류(Omission Error)

해설

인간실수의 분류(심리적인 분류)

구분	내용
생략에러 (Omission Error, 부작위 실수)	필요한 직무 및 절차를 수행하지 않아(생략) 발생하는 에러 예 가스밸브를 잠그는 것을 잊어 사고가 났다.
작위에러 (Commission Error)	필요한 작업 또는 절차의 불확실한 수행(잘못 수행)으로 인한 에러 예 전선이 바뀌었다, 틀린 부품을 사용하였다, 부품이 거꾸로 조립되었다 등
순서에러 (Sequential Error)	필요한 작업 또는 절차의 순서 착오로 인한 에러 예 자동차 출발 시 핸드브레이크를 해제하지 않고 출발하여 발생한 경우
시간에러 (Time Error)	필요한 직무 또는 절차의 수행지연으로 인한 에러 예 프레스 작업 중에 금형 내에 손이 오랫동안 남아 있어 발생한 재해
과잉행동에러 (Extraneous Error)	불필요한 작업 또는 절차를 수행함으로써 기인한 에러 예 자동차 운전 중 습관적으로 손을 창문으로 내밀어 발생한 재해

정답 32 ② 33 ② 34 ④ 35 ③ 36 ③

37 작업장의 실효온도에 영향을 주는 인자 중 가장 관계가 먼 것은?

① 온도 ② 체온
③ 습도 ④ 공기유동

해설
실효온도(Effective Temperature, 체감온도, 감각온도)
1. 온도, 습도 및 공기의 유동이 인체에 미치는 열효과를 하나의 수치로 통합한 경험적 감각지수
2. 상대습도 100%일 때의 건구온도에서 느끼는 것과 동일한 온감이다.
3. 실제로 감각되는 온도로서 실감온도라고 한다.
4. 실효온도의 결정요소(실효온도에 영향을 주는 요인)
   ㉠ 온도
   ㉡ 습도
   ㉢ 공기의 유동(대류)

38 다음 중 누적손상장애(CTDs)의 원인으로 거리가 먼 것은?

① 장시간 진동공구의 사용
② 과도한 힘의 사용
③ 높은 장소에서의 작업
④ 부적절한 자세에서의 작업

해설
근골격계 질환
1. 반복적인 동작, 부적절한 작업자세, 무리한 힘의 사용, 날카로운 면과의 신체접촉, 진동 및 온도 등의 요인에 의하여 발생하는 건강장해로서 목, 어깨, 허리, 팔·다리의 신경·근육 및 그 주변 신체조직 등에 나타나는 질환을 말한다.
2. 유사용어로는 누적 외상성 질환(CTDs), 반복성 긴장 상해 등이 있다.

39 다음 중 인간-기계 체계에 의해 수행하는 기본 기능의 유형이 아닌 것은?

① 감지 ② 정보보관
③ 궤환 ④ 행동

해설
체계(System)의 기본기능 및 업무

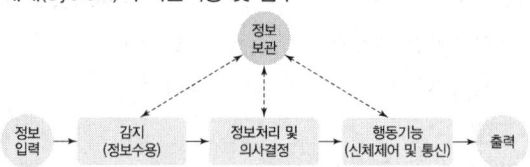

40 다음 중 FT도에서 그림과 같은 기호의 명칭에 해당하는 것은?

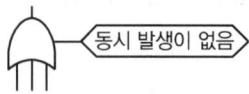

① OR 게이트 ② 배타적 OR 게이트
③ 조합 OR 게이트 ④ 우선적 OR 게이트

해설
배타적 OR 게이트
OR 게이트이지만 2개 또는 그 이상의 입력이 동시에 존재하는 경우에는 출력이 생기지 않는다.

3과목 기계위험 방지기술

41 다음 중 근로자에게 위험을 미칠 우려가 있을 때 덮개 또는 울을 설치해야 하는 위치와 가장 거리가 먼 것은?

① 연삭기 또는 평삭기의 테이블, 형삭기 램 등의 행정 끝
② 선반으로부터 돌출하여 회전화고 있는 가공물 부근
③ 과열에 따른 과열이 예상되는 보일러의 버너 연소실
④ 띠톱기계의 위험한 톱날(절단부분 제외) 부위

해설
덮개 또는 울을 설치해야 하는 경우
1. 목재가공용 띠톱기계의 절단에 필요한 톱날 부위 외의 위험한 톱날 부위
2. 연삭기 또는 평삭기의 테이블, 형삭기 램 등의 행정 끝이 근로자에게 위험을 미칠 우려가 있는 경우
3. 선반 등으로부터 돌출하여 회전하고 있는 가공물이 근로자에게 위험을 미칠 우려가 있는 경우

정답 37 ② 38 ③ 39 ③ 40 ② 41 ③

42 산업안전보건법령에 따른 보일러의 안전한 가동을 위하여 보일러 규격에 맞는 압력방출장치가 2개 이상 설치된 경우 옳은 것은?

① 최고사용압력 이상에서 1개가 작동되고, 다른 압력방출장치는 최고사용압력 2배 이하에서 작동되도록 부착하여야 한다.
② 최고사용압력 이하에서 1개가 작동되고, 다른 압력방출장치는 최고사용압력 1.05배 이하에서 작동되도록 부착하여야 한다.
③ 최고사용압력 이상에서 1개가 작동되고, 다른 압력방출장치는 최고사용압력 2배 이상에서 작동되도록 부착하여야 한다.
④ 최고사용압력 이상에서 1개가 작동되고, 다른 압력방출장치는 최고사용압력 1.05배 이하에서 작동되도록 부착하여야 한다.

해설

보일러의 압력방출장치
1. 보일러의 안전한 가동을 위하여 보일러 규격에 맞는 압력방출장치를 1개 또는 2개 이상 설치하고 최고사용압력(설계압력 또는 최고허용압력) 이하에서 작동되도록 하여야 한다.
2. 압력방출장치가 2개 이상 설치된 경우에는 최고사용압력 이하에서 1개가 작동되고, 다른 압력방출장치는 최고사용압력 1.05배 이하에서 작동되도록 부착하여야 한다.
3. 압력방출장치는 매년 1회 이상 교정을 받은 압력계를 이용하여 설정압력에서 압력방출장치가 적정하게 작동하는지를 검사한 후 납으로 봉인하여 사용하여야 한다(공정안전보고서 이행상태 평가결과가 우수한 사업장은 압력방출장치에 대하여 4년마다 1회 이상 설정압력에서 압력방출장치가 적정하게 작동하는지를 검사할 수 있다).

43 아세틸렌 용접장치를 사용하여 금속의 용접, 용단 또는 가열 작업 시 아세틸렌의 게이지 압력은 얼마를 초과하여 사용해서는 안 되는가?

① 127kPa
② 147kPa
③ 196kPa
④ 206kPa

해설

압력의 제한(산업안전보건기준에 관한 규칙 제285조)
아세틸렌 용접장치를 사용하여 금속의 용접·용단 또는 가열작업을 하는 경우에는 게이지 압력이 127kPa을 초과하는 압력의 아세틸렌을 발생시켜 사용해서는 아니 된다.

44 밀링 작업 시 안전수칙 중 잘못된 것은?

① 작업 시 보안경을 착용한다.
② 칩의 처리는 칩 브레이커로 한다.
③ 가공물의 치수는 기계 정지 후 확인한다.
④ 절삭 속도는 재료에 따라 달리 적용한다.

해설

밀링 작업에 대한 안전수칙
1. 제품을 따 내는 데에는 손끝을 대지 말아야 한다.
2. 운전 중 가공면에 손을 대지 말아야 하며 장갑 착용을 금지한다.
3. 칩을 제거할 때에는 커터의 운전을 중지하고 브러시(솔)를 사용하며 걸레를 사용하지 않는다.
4. 칩의 비산이 많으므로 보안경을 착용한다.
5. 커터 설치 시 및 측정은 반드시 기계를 정지시킨 후에 한다.
6. 일감(공작물)은 테이블 또는 바이스에 안전하게 고정한다.
7. 상하 이송장치의 핸들은 사용 후 반드시 빼 두어야 한다.
8. 가공 중에 밀링머신에 얼굴을 대지 않는다.
9. 절삭 속도는 재료에 따라 정한다.
10. 커터를 끼울 때는 아버를 깨끗이 닦는다.
11. 일감(공작물)을 고정하거나 풀어낼 때는 기계를 정지시킨다.
12. 테이블 위에 공구 등을 올려놓지 않는다.
13. 강력 절삭을 할 때는 일감을 바이스에 깊이 물린다.
14. 급속이송은 백래시 제거장치가 동작하지 않고 있음을 확인한 후 실시하고, 급속이송은 한 방향으로만 한다.

45 드릴 작업의 안전 대책과 거리가 먼 것은?

① 칩은 와이어 브러시로 제거한다.
② 구멍 끝 작업에서는 절삭압력을 주어서는 안 된다.
③ 칩에 의한 자상을 방지하기 위해 면장갑을 착용한다.
④ 바이스 등을 사용하여 작업 중 공작물의 유동을 방지한다.

해설

드릴링 작업에 대한 안전수칙
1. 일감은 견고하게 고정시키며 관통된 것을 확인하기 위해 손으로 만져서는 안 된다.
2. 드릴을 끼운 후 척 렌치(Chuck Wrench)는 반드시 뺀다.
3. 작업모를 착용하고 옷소매가 긴 작업복은 입지 않는다.
4. 드릴작업에서는 보안경 및 안전덮개(Shield)를 설치한다.
5. 칩은 브러시(와이어 브러시)로 제거하고 장갑 착용은 금지한다.
6. 구멍 끝 작업에서는 절삭압력을 주어서는 안 된다.

정답 42 ② 43 ① 44 ② 45 ③

7. 고정구를 사용하여 작업중 공작물의 유동을 방지한다.
8. 가공 중에 구멍이 관통되면 기계를 멈추고 손으로 돌려서 드릴을 뺀다.
9. 일감의 설치, 테이블의 고정이나 조정은 기계를 정지시킨 후에 실시한다.
10. 큰 구멍을 뚫을 때는 반드시 작은 구멍을 먼저 뚫은 후 큰 구멍을 뚫는다.
11. 얇은 판에 구멍을 뚫을 때에는 나무판을 밑에 받치고 뚫는다.
12. 구멍이 거의 다 뚫리는 끝부분에서 일감이 드릴과 함께 맞물려 회전하기 쉬우므로 주의하여야 한다.

46 완전 회전식 클러치 기구가 있는 양수조작식 방호장치에서 확동클러치의 봉합개소가 4개, 분당 행정수가 200spm일 때, 방호장치의 최소안전거리는 몇 mm 이상이어야 하는가?

① 80　　　　　② 120
③ 240　　　　　④ 360

해설

방호장치 설치 안전거리(양수기동식)

$$D_m = 1.6 T_m$$

여기서, D_m : 안전거리(mm)
　　　T_m : 양손으로 누름단추를 누르기 시작할 때부터 슬라이드가 하사점에 도달하기까지 소요시간(ms)

$$T_m = \left(\frac{1}{\text{클러치 맞물림 개소수}} + \frac{1}{2}\right) \times \frac{60,000}{\text{매분 행정수}}(\text{ms})$$

$$T_m = \left(\frac{1}{\text{클러치 맞물림 개소수}} + \frac{1}{2}\right) \times \frac{60,000}{\text{매분 행정수}}[\text{ms}]$$
$$= \left(\frac{1}{4} + \frac{1}{2}\right) \times \frac{60,000}{200} = 225[\text{ms}]$$

∴ $D_m = 1.6 T_m = 1.6 \times 225 = 360[\text{mm}]$

47 기계설비의 본질안전화에 대한 설명 중 맞는 것은?

① 근로자가 동작상 과오나 실수 또는 기계설비에 이상이 생겨도 안전성이 확보되는 것
② 점검과 주유방법이 용이한 것
③ 보전용 작업장이 확보된 것
④ 인간공학적 안전장치가 있는 것

해설

기계설비의 본질적 안전화의 개요
1. 작업자가 동작상 과오나 실수를 하여도 사고나 재해가 일어나지 않도록 하는 것
2. 기계설비에 이상이 생겨도 안전성이 확보되어 사고나 재해가 발생하지 않도록 설계되는 것

48 다음 중 산소 – 아세틸렌 가스용접 시 역화의 원인과 가장 거리가 먼 것은?

① 토치의 과열
② 토치 팁의 이물질
③ 산소 공급의 부족
④ 압력조정기의 고장

해설

역화(Back Fire)

정의	용접 도중에 모재에 팁 끝이 닿아 불꽃이 순간적으로 팁 끝에서 순간적으로 폭음을 내며 불꽃이 들어갔다가 꺼지는 현상
원인	• 압력 조정기의 고장 • 과열되었을 때 • 산소 공급이 과다할 때 • 토치의 성능이 좋지 않을 때 • 토치 팁에 이물질이 묻었을 때
방지법	• 용접 팁을 물에 담궈서 식힘 • 아세틸렌을 차단 • 토치의 기능을 점검

49 산업안전보건법령에 따른 안전난간의 구조 및 설치요건에 대한 설명으로 옳은 것은?

① 상부 난간대, 중간 난간대, 발끝막이판 및 난간기둥으로 구성하여야 한다.
② 발끝막이판은 바닥면 등으로부터 5cm 이하의 높이를 유지하여야 한다.
③ 난간대는 지름 1.5cm 이상의 금속제 파이프를 사용하여야 한다.
④ 안전난간은 가장 취약한 지점에서 가장 취약한 방향으로 작용하는 70kg 이상의 하중에 견딜 수 있어야 한다.

해설

안전난간의 구조 및 설치요건
1. 상부 난간대, 중간 난간대, 발끝막이판 및 난간기둥으로 구성할 것(다만, 중간 난간대, 발끝막이판 및 난간기둥은 이와 비슷한 구조와 성능을 가진 것으로 대체할 수 있음).
2. 상부 난간대는 바닥면 · 발판 또는 경사로의 표면(이하 "바닥면 등"이라 한다)으로부터 90cm 이상 지점에 설치하고, 상부 난간대를 120cm 이하에 설치하는 경우에는 중간 난간대는 상부 난간대와 바닥면 등의 중간에 설치해야 하며, 120cm 이상 지점에 설치하는 경우에는 중간 난간대를 2단 이상으로 균등하게 설치하고 난간의 상하 간격은 60cm 이하가 되도록 할 것(다만, 난간기둥 간의 간격이 25cm 이하인 경우에는 중간 난간대를 설치하지 않을 수 있음)
3. 발끝막이판은 바닥면 등으로부터 10cm 이상의 높이를 유지할 것(다만, 물체가 떨어지거나 날아올 위험이 없거나 그 위험을 방지할 수 있는 망을 설치하는 등 필요한 예방조치를 한 장소는 제외)
4. 상부 난간대와 중간 난간대를 견고하게 떠받칠 수 있도록 적정한 간격을 유지할 것
5. 상부 난간대와 중간 난간대는 난간 길이 전체에 걸쳐 바닥면 등과 평행을 유지할 것
6. 난간대는 지름 2.7cm 이상의 금속제 파이프나 그 이상의 강도가 있는 재료일 것
7. 안전난간은 구조적으로 가장 취약한 지점에서 가장 취약한 방향으로 작용하는 100kg 이상의 하중에 견딜 수 있는 튼튼한 구조일 것

50 연삭숫돌의 바깥지름이 300mm라면, 평형 플랜지의 바깥지름은 몇 mm 이상이어야 하는가?

① 100mm ② 150mm
③ 200mm ④ 250mm

해설

플랜지의 지름

| 플랜지의 지름 = 숫돌지름 × $\frac{1}{3}$ |

플랜지의 지름 = 숫돌지름 × $\frac{1}{3}$ = 300 × $\frac{1}{3}$ = 100mm

51 다음 중 선반(Lathe)의 방호장치에 해당하는 것은?

① 슬라이딩(Sliding)
② 심압대(Tail Stock)
③ 주축대(Head Stock)
④ 칩 브레이커(Chip Breaker)

해설

선반의 방호장치(안전장치)

칩 브레이커 (Chip Breaker)	절삭 중 칩을 자동적으로 끊어 주는 바이트에 설치된 안전장치
급정지 브레이크	가공작업 중 선반을 급정지시킬 수 있는 방호장치
실드 (Shield)	가공물의 칩이 비산되어 발생하는 위험을 방지하기 위해 사용하는 덮개(칩비산방지 투명판)
척 커버 (Chuck Cover)	척과 척으로 잡은 가공물의 돌출부에 작업자가 접촉하지 않도록 설치하는 덮개

52 크레인 작업 시 로프에 1톤의 중량을 걸어 20 m/s²의 가속도로 감아올릴 때, 로프에 걸리는 총하중 (kgf)은 약 얼마인가?(단, 중력가속도는 10m/s²이다.)

① 1,000 ② 2,000
③ 3,000 ④ 3,500

해설

와이어로프에 걸리는 하중 계산

와이어로프에 걸리는 총하중	총하중(W) = 정하중(W_1) + 동하중(W_2) 동하중(W_2) = $\frac{W_1}{g} \times a$ g : 중력가속도(9.8m/s²), a : 가속도(m/s²)
와이어로프에 작용하는 장력	장력[N] = 총하중[kg] × 중력가속도[m/s²]

동하중(W_2) = $\frac{W_1}{g} \times a = \frac{1,000}{10} \times 20 = 2,000$[kgf]

∴ 총하중(W) = 정하중(W_1) + 동하중(W_2)
= 1,000 + 2,000 = 3,000[kgf]

TIP 1ton = 1,000kgf

정답 50 ① 51 ④ 52 ③

53 양중기에 사용 가능한 와이어로프에 해당하는 것은?

① 와이어로프의 한 꼬임에서 끊어진 소선의 수가 10% 초과한 것
② 심하게 변형 또는 부식된 것
③ 지름의 감소가 공칭지름의 7% 이내인 것
④ 이음매가 있는 것

해설

양중기 와이어로프 사용금지 조건
1. 이음매가 있는 것
2. 와이어로프의 한 꼬임에서 끊어진 소선의 수가 10% 이상인 것
3. 지름의 감소가 공칭지름의 7%를 초과하는 것
4. 꼬인 것
5. 심하게 변형되거나 부식된 것
6. 열과 전기충격에 의해 손상된 것

54 가스용접 작업의 안전수칙에 대한 설명 중 잘못된 것은?

① 용접하기 전에 소화기, 소화수의 위치를 확인할 것
② 작업 시에는 보호안경을 착용할 것
③ 산소용기와 화기와의 이격거리는 5m 이상으로 할 것
④ 작업 후에는 아세틸렌 밸브를 먼저 닫고 산소 밸브를 닫을 것

해설

작업 종료 후 또는 고무호스에 역화·역류 발생 시에는 산소 밸브를 가장 먼저 잠근다.

55 다음 중 연삭숫돌의 지름이 100mm이고, 회전수가 1,000rpm이면 숫돌의 원주속도(mm/min)는 약 얼마인가?

① 314
② 628
③ 314,000
④ 628,000

해설

원주속도(회전속도)

$$V = \pi DN (\text{mm/min}) = \frac{\pi DN}{1,000} (\text{m/min})$$

여기서, V : 원주속도(회전속도)(m/min)
D : 숫돌의 지름(mm)
N : 숫돌의 매분 회전수(rpm)

1. $V = \dfrac{\pi DN}{1,000} [\text{m/min}] = \dfrac{\pi \times 100 \times 1,000}{1,000}$
 $\fallingdotseq 314 [\text{m/min}] = 314,000 [\text{mm/min}]$
2. $V = \pi DN = \pi \times 100 \times 1,000 \fallingdotseq 314,000 [\text{mm/min}]$

56 반복하중을 받는 기계 구조물 설계 시 우선 고려해야 할 설계 인자는?

① 극한강도
② 크리프 강도
③ 피로한도
④ 항복점

해설

허용응력을 결정하기 위한 기초강도

재료의 조건	기초 강도
상온에서 연성재료가 정하중을 받을 경우	극한강도 또는 항복점
상온에서 취성재료가 정하중을 받을 경우	극한강도
고온에서 정하중을 받을 경우	크리프 강도

57 보일러수 속에 불순물 농도가 높아지면서 수면에 거품이 형성되어 수위가 불안정하게 되는 현상은?

① 포밍
② 서징
③ 수격현상
④ 공동현상

해설

이상현상의 종류

프라이밍 (Priming)	보일러수가 극심하게 끓어서 수면에서 계속하여 물방울이 비산하고 증기부가 물방울로 충만하여 수위가 불안정하게 되는 현상
포밍 (Foaming)	보일러수에 유지류, 고형물 등의 부유물로 인해 거품이 발생하여 수위를 판단하지 못하는 현상
캐리오버 (Carry Over)	• 보일러에서 증기관 쪽에 보내는 증기에 대량의 물방울이 포함되는 경우로 프라이밍이나 포밍이 생기면 필연적으로 발생 • 보일러에서 증기의 순도를 저하시킴으로써 관 내 응축수가 생겨 워터해머의 원인이 되는 것
워터해머 (Water Hammer, 수격작용)	• 증기관 내에서 증기를 보내기 시작할 때 해머로 치는 듯한 소리를 내며 관이 진동하는 현상 • 워터해머는 캐리오버에 기인한다.

58 안전계수가 5인 로프의 절단하중이 400kg이라면 이 로프는 얼마 이하의 하중을 매달아야 하는가?

① 50kg ② 80kg
③ 100kg ④ 160kg

해설

안전율(안전계수)

$$안전율(안전계수) = \frac{기초강도}{허용응력} = \frac{극한강도}{허용응력}$$
$$= \frac{최대응력}{허용응력} = \frac{절단하중(파괴하중)}{최대사용하중}$$
$$= \frac{극한강도}{최대설계응력} = \frac{파단하중}{안전하중}$$
$$= \frac{인장강도}{허용응력}$$

안전율 = $\frac{절단하중}{최대사용하중}$ 이므로

최대사용하중 = $\frac{절단하중}{안전율} = \frac{400}{5} = 80[kg]$

59 크레인에 사용하는 방호장치가 아닌 것은?

① 과부하방지장치 ② 가스집합장치
③ 권과방지장치   ④ 제동장치

해설

양중기 방호장치의 종류

방호장치의 조정 대상	• 크레인 • 이동식 크레인 • 리프트 • 곤돌라 • 승강기
방호장치의 종류	• 과부하방지장치 • 권과방지장치 • 비상정지장치 및 제동장치 • 그 밖의 방호장치(승강기의 파이널 리미트 스위치, 속도조절기, 출입문 인터록 등)

60 프레스의 양수조작식 방호장치에서 누름버튼의 내측거리는 몇 mm 이상이어야 하는가?

① 100mm ② 200mm
③ 300mm ④ 400mm

해설

양수조작식 방호장치
누름버튼의 상호 간 내측거리는 300mm 이상이어야 한다.

4과목 전기 및 화학설비위험방지기술

61 전기기계·기구에 대하여 누전에 의한 감전위험을 방지하기 위하여 누전차단기를 전기기계·기구에 접속할 때 준수하여야 할 사항으로 옳은 것은?

① 누전차단기는 정격감도전류가 60mA 이하이고 작동시간은 0.1초 이내일 것
② 누전차단기는 정격감도전류가 50mA 이하이고 작동시간은 0.08초 이내일 것
③ 누전차단기는 정격감도전류가 40mA 이하이고 작동시간은 0.05초 이내일 것
④ 누전차단기는 정격감도전류가 30mA 이하이고 작동시간은 0.03초 이내일 것

해설

누전차단기 접속 시 준수사항
전기기계·기구에 설치되어 있는 누전차단기는 정격감도전류가 30mA 이하이고 작동시간은 0.03초 이내일 것 (다만, 정격전부하전류가 50A 이상인 전기기계·기구에 접속되는 누전차단기는 오작동을 방지하기 위하여 정격감도전류는 200mA 이하로, 작동시간은 0.1초 이내로 할 수 있다).

62 다음 중 가연성 가스의 폭발범위에 관한 설명으로 틀린 것은?

① 상한과 하한이 있다.
② 압력과 무관하다.
③ 공기와 혼합된 가연성 가스의 체적 농도로 표시된다.
④ 가연성 가스의 종류에 따라 다른 값을 갖는다.

해설

가연성 가스의 폭발범위 영향 요소
1. 가스의 온도가 높을수록 폭발범위도 일반적으로 넓어진다(폭발하한계는 감소, 폭발상한계는 증가).

정답 58 ② 59 ② 60 ③ 61 ④ 62 ②

2. 가스의 압력이 높아지면 폭발하한계는 영향이 없으나 폭발상한계는 증가한다.
3. 산소 중에서의 폭발범위는 공기 중에서 보다 넓어진다.
4. 압력이 상압인 1atm보다 낮아질 때 폭발범위는 큰 변화가 없다.
5. 일산화탄소는 압력이 높을수록 폭발범위가 좁아지고, 수소는 10atm까지는 좁아지지만 그 이상의 압력에서는 넓어진다.
6. 불활성 기체가 첨가될 경우 혼합가스의 농도가 희석되어 폭발범위가 좁아진다.
7. 화학양론농도 부근에서는 연소나 폭발이 가장 일어나기 쉽고 또한 격렬한 정도도 크다.

TIP 압력이 높을수록 폭발상한계가 높아진다(폭발하한계는 영향 없음, 폭발상한계는 증가).

통전경로	심장전류계수	통전경로	심장전류계수
왼손-가슴	1.5	왼손-등	0.7
오른손-가슴	1.3	한손 또는 양손-앉아 있는 자리	0.7
왼손-한발 또는 양발	1.0	왼손-오른손	0.4
양손-양발	1.0	오른손-등	0.3
오른손-한발 또는 양발	0.8		

※ 숫자가 클수록 위험도가 높다.

63 다음의 주의사항에 해당하는 물질은?

산화제와 접촉 및 혼합은 위험하고 화재 시 주수소화를 하면 위험성이 더 커지므로 건조한 모래 등으로 질식소화를 한다.

① 마그네슘 ② 과산화수소
③ 과염소산나트륨 ④ 황인

해설
마그네슘(제2류 위험물)
1. 고온에서 유황 및 할로겐, 산화제와 접촉하면 매우 격렬하게 발열한다.
2. 일단 연소하면 소화가 곤란하나 초기 소화 또는 대규모 화재 시는 석회분, 마른 모래 등으로 소화한다.
3. 물, CO_2, N_2, 포, 할로겐 화합물 소화약제는 소화 적응성이 없으므로 절대 사용을 엄금한다.

65 감전을 방지하기 위해 관계 근로자에게 반드시 주지시켜야 하는 정전작업 사항으로 가장 거리가 먼 것은?

① 전원설비 효율에 관한 사항
② 단락접지 실시에 관한 사항
③ 전원 재투입 순서에 관한 사항
④ 작업 책임자의 임명, 정전범위 및 절연용 보호구 작업 등 필요한 사항

해설
전원설비 효율에 관한 사항은 감전을 방지하기 위해 관계근로자에게 반드시 주지시켜야 하는 사항이 아니다.

66 다음 중 전압의 분류가 잘못된 것은?

① 1,000V 이하의 교류전압 - 저압
② 1,500V 이하의 직류전압 - 저압
③ 1,000V 초과 7,000V 이하의 교류전압 - 고압
④ 10kV를 초과하는 직류전압 - 초고압

해설
전압의 구분

전원의 종류	저압	고압	특고압
직류(DC)	1,500V 이하	1,500V 초과 7,000V 이하	7,000V 초과
교류(AC)	1,000V 이하	1,000V 초과 7,000V 이하	7,000V 초과

64 다음 중 통전경로별 위험도가 가장 높은 경로는?

① 왼손-등 ② 오른손-가슴
③ 왼손-가슴 ④ 오른손-양발

해설
통전경로별 위험도
감전 시의 영향은 전류의 경로에 따라 그 위험성이 달라지며, 전류가 심장 또는 그 주위를 통하게 되면 심장에 영향을 주어 가장 위험하다.

정답 63 ① 64 ③ 65 ① 66 ④

67 다음 중 폭발 위험이 가장 높은 물질은?

① 수소
② 벤젠
③ 산화에틸렌
④ 이소프로필렌 알코올

해설

위험도
위험도 값이 클수록 위험성이 높은 물질이다.

$$H = \frac{UFL - LFL}{LFL}$$

여기서, UFL : 연소 상한값
LFL : 연소 하한값
H : 위험도

폭발범위

가연성 가스	폭발하한값(%)	폭발상한값(%)
벤젠	1.4	6.70
산화에틸렌	3.0	80.0
수소	4.0	75.0
이소프로필렌 알코올	2.0	12.0

1. 수소 위험도
$$H = \frac{UFL - LFL}{LFL} = \frac{75 - 4.0}{4.0} = 17.75$$

2. 산화에틸렌 위험도
$$H = \frac{UFL - LFL}{LFL} = \frac{80 - 3.0}{3.0} = 25.67$$

3. 벤젠 위험도
$$H = \frac{UFL - LFL}{LFL} = \frac{6.7 - 1.4}{1.4} = 3.79$$

4. 이소프로필렌 위험도
$$H = \frac{UFL - LFL}{LFL} = \frac{12 - 2}{2} = 5$$

68 다음 중 방폭기기의 종류와 기호가 올바르게 연결된 것은?

① 비점화 방폭구조 : n
② 압력 방폭구조 : q
③ 유입 방폭구조 : m
④ 본질안전 방폭구조 : e

해설

방폭구조의 종류 및 기호

내압 방폭구조	d	안전증 방폭구조	e	비점화 방폭구조	n
압력 방폭구조	p	특수 방폭구조	s	몰드 방폭구조	m
유입 방폭구조	o	본질안전 방폭구조	i(ia, ib)	충전 방폭구조	q

69 전선 간에 가해지는 전압이 어떤 값 이상으로 되면 전선 주위의 전장이 강하게 되어 전선 표면의 공기가 국부적으로 절연이 파괴가 되어 빛과 소리를 내는데 이와 같은 것을 무엇이라고 하는가?

① 표피 작용
② 페란티 효과
③ 코로나 현상
④ 근접 현상

해설

코로나 현상
1. 전선 간에 가해지는 전압이 어떤 값 이상으로 되면 전선 주위의 전장이 강하게 되어 전선 표면의 공기가 국부적으로 절연이 파괴가 되어 빛과 소리를 내면서 방전되는 현상을 말한다.
2. 코로나의 영향
   ㉠ 코로나 손실에 의한 송전효율 저하
   ㉡ 전선의 부식을 촉진
   ㉢ 코로나 잡음이 발생
   ㉣ 통신선로 유도장해 발생 등

70 다음 중 위험물에 대한 일반적 개념으로 옳지 않은 것은?

① 반응속도가 급격히 진행된다.
② 화학적 구조 및 결합력이 불안정하다.
③ 대부분 화학적 구조가 복잡한 고분자 물질이다.
④ 그 자체가 위험하다든가 또는 환경조건에 따라 쉽게 위험성을 나타내는 물질을 말한다.

해설

위험물의 정의
1. 위험물이라 함은 인화성 또는 발화성 등의 성질을 가지는 물품을 말한다.
2. 위험물질이란 그 자체가 위험하든가 또는 환경조건에 따라 쉽게 위험성을 나타내는 물질로서 보통 위험성 물질이라 부른다.

정답 67 ③ 68 ① 69 ③ 70 ③

3 위험물의 일반적인 특징
  ㉠ 자연계에 흔히 존재하는 물 또는 산소와의 반응이 용이하다.
  ㉡ 반응속도가 급격히 진행한다.
  ㉢ 반응 시 발생되는 발열량이 크다.
  ㉣ 수소와 같은 가연성 가스를 발생한다.
  ㉤ 화학적 구조 및 결합력이 대단히 불안정하다.

71 다음 설명에 해당하는 소화의 종류는?

> 가연성 가스와 지연성 가스가 섞여 있는 혼합기체의 농도를 조절하여 혼합기체의 농도를 연소범위 밖으로 벗어나게 하여 연소를 중지시키는 방법

① 냉각소화 ② 질식소화
③ 제거소화 ④ 억제소화

해설

소화의 종류

제거소화	가연성 물질을 연소구역에서 제거하여 줌으로써 소화하는 방법
질식소화	공기 중에 존재하고 있는 산소의 농도 21%를 15% 이하로 낮추어 소화하는 방법
냉각소화	연소물로부터 열을 빼앗아 발화점 이하의 온도로 낮추는 방법
억제소화 (부촉매소화)	가연성 물질과 산소와의 화학반응을 느리게 함으로써 소화하는 방법(연쇄반응을 억제시켜 소화하는 방법)

72 배관용 부품에 있어 사용되는 용도가 다른 것은?

① 엘보우(Elbow) ② 티(T)
③ 크로스(Cross) ④ 밸브(Valve)

해설

피팅류(Fittings)

두 개의 관을 연결할 때	플랜지(Flange), 유니온(Union), 커플링(Coupling), 니플(Nipple), 소켓(Socket)
관로의 방향을 바꿀 때	엘보우(Elbow), Y자관(Y-branch), 티(Tee), 십자(Cross)
관로의 크기를 바꿀 때 (관의 지름을 변경할 때)	리듀서(Reducer), 부싱(Bushing)
가지관을 설치할 때	Y자관(Y-Branch), 티(Tee), 십자(Cross)
유로를 차단할 때	플러그(Plug), 캡(Cap), 밸브(Valve)
유량조절	밸브(Valve)

73 다음 중 산업안전보건법상 화학설비 또는 그 배관의 덮개·플랜지·밸브 및 콕의 접합부에 대하여 당해 접합부에서의 위험물질 등의 누출로 인한 폭발·화재 또는 위험물의 누출을 방지하기 위한 가장 적절한 조치는?

① 개스킷의 사용   ② 코르크의 사용
③ 호스 밴드의 사용 ④ 호스 스크립의 사용

해설

덮개 등 접합부의 조치사항
화학설비 또는 그 배관의 덮개·플랜지·밸브 및 콕의 접합부에 대해서는 접합부에서 위험물질 등이 누출되어 폭발·화재 또는 위험물이 누출되는 것을 방지하기 위하여 적절한 개스킷(Gasket)을 사용하고 접합면을 서로 밀착시키는 등 적절한 조치를 하여야 한다.

74 인체가 전격을 당했을 경우 통전시간이 1초라면 심실세동을 일으키는 전류값(mA)은?(단, 심실세동 전류값은 Dalziel의 관계식을 이용한다.)

① 100   ② 165
③ 180   ④ 215

해설

심실세동전류(치사전류)

$$I = \frac{165}{\sqrt{T}} \text{(mA)}$$

여기서, I : 심실세동전류(mA)
    T : 통전 시간(sec)
    전류 I는 1,000명 중 5명 정도가 심실세동을 일으키는 값

$I = \frac{165}{\sqrt{T}} = \frac{165}{\sqrt{1}} = 165\text{[mA]}$

75 다음 중 정전기의 제거 방법으로 적절하지 않은 것은?

① 가습   ② 자외선 조사
③ 금속부분의 접지 ④ 제전기 활용

해설

정전기재해의 방지대책
1. 접지(도체의 대전방지)
2. 유속의 제한
3. 보호구의 착용
4. 대전방지제 사용

정답 71 ② 72 ④ 73 ① 74 ② 75 ②

5. 가습(상대습도를 60~70% 정도 유지)
6. 제전기 사용
7. 대전물체의 차폐
8. 정치시간의 확보
9. 도전성 재료 사용

76 다음 중 물에 보관이 가능한 것은?

① K
② P_4
③ NaH
④ Li

해설

위험물의 저장 및 취급방법
1. 칼륨(K), 나트륨(Na) : 석유(등유, 경유), 유동파라핀 등의 보호액을 넣어 밀봉 저장한다.
2. 황린(백린=P_4) : pH 9(약알칼리성) 정도의 물속에 저장하며 보호액이 증발되지 않도록 한다.

77 다음 중 분진 폭발의 발생 위험성을 낮추는 방법으로 적절하지 않은 것은?

① 주변의 점화원을 제거한다.
② 분진이 날리지 않도록 한다.
③ 분진과 그 주변의 온도를 낮춘다.
④ 분진 입자의 표면적을 크게 한다.

해설

입도와 입도분포
1. 분진의 표면적이 입자체적에 비하여 커지면 열의 발생속도가 방열속도보다 커져서 폭발이 용이해진다.
2. 평균 입자의 직경이 작고 밀도가 작을수록 비표면적은 크게 되고 표면에너지도 크게 되어 폭발이 용이해진다.

78 절연물은 여러 가지 원인으로 전기저항이 저하되어 이른바 절연불량을 일으켜 위험한 상태가 되는데 절연불량의 주요 원인이 아닌 것은?

① 정전에 의한 전기적 원인
② 온도상승에 의한 열적 요인
③ 진동, 충격 등에 의한 기계적 요인
④ 높은 이상전압 등에 의한 전기적 요인

해설

전기절연물의 절연파괴(불량) 주요 원인
1. 진동, 충격 등에 의한 기계적 요인
2. 산화 등에 의한 화학적 요인
3. 온도상승에 의한 열적 요인
4. 높은 이상전압 등에 의한 전기적 요인

79 고압가스 용기에 사용되며 화재 등으로 용기의 온도가 상승하였을 때 금속의 일부분을 녹여 가스의 배출구를 만들어 압력을 분출시켜 용기의 폭발을 방지하는 안전장치는?

① 가용합금 안전밸브
② 파열판
③ 폭압방산공
④ 폭발억제장치

해설

안전밸브의 종류

스프링식	일반적으로 가장 널리 사용하며, 압력이 설정된 값을 초과하면 스프링을 밀어내어 가스를 분출시켜 폭발을 방지
중추식	밸브 장치에 무게가 있는 추를 달아서 설정 압력이 되면 추를 밀어 올려 가스를 분출
파열판식	압력이 급격히 상승할 경우 용기 내의 가스를 배출(한 번 작동 후 교체)
가용전식 (가용합금식)	설정온도에서 온도가 규정온도 이상이면 녹아서 전체 가스를 배출

80 10Ω의 저항에 10A의 전류를 1분간 흘렸을 때의 발열량은 몇 cal인가?

① 1,800
② 3,600
③ 7,200
④ 14,400

해설

열량

$$Q = 0.24 I^2 RT \times 10^{-3} [\text{kcal}] = 0.24 I^2 RT [\text{cal}]$$

여기서, Q : 열량[J]
I : 전류[A]
R : 저항[Ω]
T : 전류가 흐른 시간[sec]

$Q = 0.24 I^2 RT = 0.24 \times 10^2 \times 10 \times 60 = 14,400 [\text{cal}]$

정답 76 ② 77 ④ 78 ① 79 ① 80 ④

5과목 건설안전기술

81 철골공사에서 부재의 건립용 기계로 거리가 먼 것은?

① 타워크레인 ② 가이데릭
③ 삼각데릭 ④ 항타기

해설
철골세우기용 기계
1. 타워크레인
2. 트럭크레인
3. 가이데릭
4. 진폴데릭
5. 스티프 레그 데릭(삼각데릭)

82 블레이드의 길이가 길고 낮으며 블레이드의 좌우를 전후 25~30° 각도로 회전시킬 수 있어 흙을 측면으로 보낼 수 있는 도저는?

① 레이크 도저
② 스트레이트 도저
③ 앵글 도저
④ 틸트 도저

해설
배토판(Blade)의 형태 및 작동방법에 의한 분류

스트레이트 도저 (Straight Dozer)	트랙터의 종방향 중심축에 배토판을 직각으로 설치하여 직선적인 굴착 및 압토작업에 효율적
앵글 도저 (Angle Dozer)	배토판을 진행방향에 따라 20~30°의 좌우로 돌릴 수 있도록 만든 장치로, 측면굴착에 유리
틸트 도저 (Tilt Dozer)	배토판을 좌우로 상하 25~30°까지 아래로 기울어지게 하여 도랑파기, 경사면 굴착에 유리
힌지 도저 (Hinge Dozer)	배토판 중앙에 힌지를 붙여 안팎으로 V자형으로 꺾을 수 있으며, 흙을 깎아 옆으로 밀어내면서 전진하므로 제설, 제토작업 및 다량의 흙을 전방으로 밀고 가는 데 적합한 도저

83 일반적으로 사면이 가장 위험한 경우는 어느 때인가?

① 사변이 완전 건조 상태일 때
② 사면의 수위가 서서히 상승할 때
③ 사면이 완전 포화 상태일 때
④ 사면의 수위가 급격히 하강할 때

해설
사면의 붕괴위험이 가장 클 때는 수위가 급격히 하강할 때이다.

84 비탈면 붕괴를 방지하기 위한 방법으로 옳지 않은 것은?

① 비탈면 상부의 토사 제거
② 지하 배수공 시공
③ 비탈면 하부의 성토
④ 비탈면 내부 수압의 증가 유도

해설
붕괴예방대책
1. 적절한 경사면의 기울기를 계획하여야 한다.
2. 경사면의 기울기가 당초 계획과 차이가 발생되면 즉시 재검토하여 계획을 변경시켜야 한다.
3. 활동할 가능성이 있는 토석은 제거하여야 한다.
4. 경사면의 하단부에 압성토 등 보강공법으로 활동에 대한 저항대책을 강구하여야 한다.
5. 말뚝(강관, H형강, 철근콘크리트)을 타입하여 지반을 강화시킨다.
6. 빗물, 지표수, 지하수의 사전 제거 및 침투를 방지하여야 한다.

85 근로자가 안전하게 승강하기 위한 건설용 리프트 등의 설비를 설치하여야 하는 장소에 대한 높이 또는 깊이의 최소기준은?

① 2m 초과 ② 3m 초과
③ 4m 초과 ④ 5m 초과

해설
승강설비의 설치
높이 또는 깊이가 2m를 초과하는 장소에서 작업하는 경우 해당 작업에 종사하는 근로자가 안전하게 승강하기 위한 건설용 리프트 등의 설비를 설치해야 한다. 다만, 승강설비를 설치하는 것이 작업의 성질상 곤란한 경우에는 그렇지 않다.

정답 81 ④ 82 ③ 83 ④ 84 ④ 85 ①

86 히빙(Heaving) 현상이 가장 쉽게 발생하는 토질 지반은?

① 연약한 점토 지반 ② 연약한 사질토 지반
③ 견고한 점토 지반 ④ 견고한 사질토 지반

해설

지반의 이상현상

구분	정의
히빙(Heaving) 현상	연질점토 지반에서 굴착에 의한 흙막이 내·외면의 흙의 중량 차로 인해 굴착저면이 부풀어 올라오는 현상
보일링(Boiling) 현상	사질토 지반에서 굴착저면과 흙막이 배면과의 수위 차이로 인해 굴착저면의 흙과 물이 함께 위로 솟구쳐 오르는 현상
파이핑(Piping) 현상	보일링 현상으로 인하여 지반 내에서 물의 통로가 생기면서 흙이 세굴되는 현상

87 고소작업대를 사용하는 경우 준수해야 할 사항으로 옳지 않은 것은?

① 안전한 작업을 위하여 적정수준의 조도를 유지할 것
② 전로(電路)에 근접하여 작업을 하는 경우에는 작업감시자를 배치하는 등 감전사고를 방지하기 위하여 필요한 조치를 할 것
③ 작업대의 붐대를 상승시킨 상태에서 탑승자는 작업대를 벗어나지 말 것
④ 전환스위치는 다른 물체를 이용하여 고정할 것

해설

고소작업대 사용 시 준수 사항
1. 작업자가 안전모·안전대 등의 보호구를 착용하도록 할 것
2. 관계자가 아닌 사람이 작업구역에 들어오는 것을 방지하기 위하여 필요한 조치를 할 것
3. 안전한 작업을 위하여 적정수준의 조도를 유지할 것
4. 전로에 근접하여 작업을 하는 경우에는 작업감시자를 배치하는 등 감전사고를 방지하기 위하여 필요한 조치를 할 것
5. 작업대를 정기적으로 점검하고 붐·작업대 등 각 부위의 이상 유무를 확인할 것
6. 전환스위치는 다른 물체를 이용하여 고정하지 말 것
7. 작업대는 정격하중을 초과하여 물건을 싣거나 탑승하지 말 것
8. 작업대의 붐대를 상승시킨 상태에서 탑승자는 작업대를 벗어나지 말 것. 다만, 작업대에 안전대 부착설비를 설치하고 안전대를 연결하였을 때에는 그러하지 아니하다.

88 유해·위험방지계획서의 첨부서류에서 공사 개요 및 안전보건관리계획에 해당되지 않는 항목은?

① 산업안전보건관리비 사용계획서
② 공사현장의 주변 현황 및 주변과의 관계를 나타내는 도면
③ 재해 발생 위험 시 연락 및 대피방법
④ 근로자 건강진단 실시계획

해설

공사 개요 및 안전보건관리계획
1. 공사 개요서
2. 공사현장의 주변 현황 및 주변과의 관계를 나타내는 도면 (매설물 현황을 포함)
3. 전체 공정표
4. 산업안전보건관리비 사용계획서
5. 안전관리 조직표
6. 재해 발생 위험 시 연락 및 대피방법

89 기계가 서 있는 지면보다 높은 곳을 파는 작업에 가장 적합한 굴착기계는?

① 파워 셔블
② 드래그 라인
③ 백호
④ 클램셸

해설

파워 셔블(Power Shovel)
1. 굴삭기가 위치한 지면보다 높은 곳의 굴착에 적당
2. 작업대가 견고하여 단단한 토질의 굴착에도 용이

90 낙하물방지망 또는 방호선반의 설치 시 요구되는 벽면으로부터 내민 길이의 기준은?

① 1m 이상   ② 1.5m 이상
③ 2m 이상   ④ 2.5m 이상

해설

낙하물방지망 또는 방호선반 설치 시 준수사항
1. 높이 10m 이내마다 설치하고, 내민 길이는 벽면으로부터 2m 이상으로 할 것
2. 수평면과의 각도는 20° 이상 30° 이하를 유지할 것

정답 86 ① 87 ④ 88 ④ 89 ① 90 ③

91 철근콘크리트 공사 시 활용되는 거푸집의 필요조건이 아닌 것은?

① 콘크리트의 하중에 대해 뒤틀림이 없는 강도를 갖출 것
② 콘크리트 내 수분 등에 대한 물빠짐이 원활한 구조를 갖출 것
③ 최소한의 재료로 여러 번 사용할 수 있는 전용성을 가질 것
④ 거푸집은 조립·해체·운반이 용이하도록 할 것

해설
거푸집의 필요조건
1. 조립·해체·운반이 용이할 것
2. 반복 사용할 수 있는 형상과 크기일 것
3. 수분이나 모르타르의 누출을 방지할 수 있게 수밀성을 확보할 것
4. 시공정확도를 유지하고 변형이 생기지 않는 구조일 것
5. 충격 및 작업하중에 견디고, 변형을 일으키지 않는 강도를 가질 것
6. 청소·보수·뒷정리가 쉬울 것

92 다음 중 철골작업을 중지하여야 하는 풍속 기준은?

① 풍속이 초당 10미터 이상
② 풍속이 분당 10미터 이상
③ 풍속이 초당 1미터 이상
④ 풍속이 분당 1미터 이상

해설
작업의 제한(철골작업 중지)
1. 풍속이 초당 10미터 이상인 경우
2. 강우량이 시간당 1밀리미터 이상인 경우
3. 강설량이 시간당 1센티미터 이상인 경우

93 철근을 인력으로 운반할 때의 주의사항으로 틀린 것은?

① 긴 철근은 2인 1조가 되어 어깨메기로 하여 운반한다.
② 긴 철근을 부득이 1인이 운반할 때는 철근의 한쪽을 어깨에 메고 다른 한쪽 끝을 땅에 끌면서 운반한다.
③ 1인이 1회에 운반할 수 있는 적당한 무게 한도는 운반자의 몸무게 정도이다.
④ 운반 시에는 항상 양 끝을 묶어 운반한다.

해설
철근의 인력운반
1. 1인당 무게는 25킬로그램 정도가 적절하며, 무리한 운반을 삼가야 한다.
2. 2인 이상이 1조가 되어 어깨메기로 하여 운반하는 등 안전을 도모하여야 한다.
3. 긴 철근을 부득이 한 사람이 운반할 때에는 한쪽을 어깨에 메고 한쪽 끝을 끌면서 운반하여야 한다.
4. 운반할 때에는 양끝을 묶어 운반하여야 한다.
5. 내려 놓을 때는 천천히 내려놓고 던지지 않아야 한다.
6. 공동 작업을 할 때에는 신호에 따라 작업을 하여야 한다.

94 콘크리트 타설 시 안전에 유의해야 할 사항으로 옳지 않은 것은?

① 타설 순서는 계획에 의하여 실시한다.
② 콘크리트 다짐효과를 위하여 최대한 높은 곳에서 타설한다.
③ 콘크리트를 치는 도중에는 거푸집, 동바리 등의 이상 유무를 확인하여야 한다.
④ 타설 시 공동이 발생되지 않도록 밀실하게 부어 넣는다.

해설
높은 곳에서 타설하면 측압의 증가로 거푸집 변형 및 재료 분리의 현상이 발생하므로 가능한 타설 높이를 낮게 하여야 한다.

95 높이 2m 이상의 작업발판의 끝이나 개구부 등에서 추락을 방지하기 위한 설비로 가장 거리가 먼 것은?

① 안전난간   ② 덮개
③ 방호선반   ④ 울타리

해설
개구부 등의 방호조치
1. 작업발판 및 통로의 끝이나 개구부로서 근로자가 추락할 위험이 있는 장소에는 안전난간, 울타리, 수직형 추락방망 또는 덮개 등의 방호 조치를 충분한 강도를 가진 구조로 튼튼하게 설치하여야 하며, 덮개를 설치하는 경우에는 뒤집히거나 떨어지지 않도록 설치하여야 한다. 이 경우 어두운 장소에서도 알아볼 수 있도록 개구부임을 표시하여야 한다.

정답 91 ② 92 ① 93 ③ 94 ② 95 ③

2. 난간 등을 설치하는 것이 매우 곤란하거나 작업의 필요상 임시로 난간 등을 해체하여야 하는 경우 추락방호망을 설치하여야 한다. 다만, 추락방호망을 설치하기 곤란한 경우에는 근로자에게 안전대를 착용하도록 하는 등 추락할 위험을 방지하기 위하여 필요한 조치를 하여야 한다.

96 지반조사의 방법 중 지반을 강관으로 천공하고 토사를 채취 후 여러 가지 시험을 시행하여 지반의 토질 분포, 흙을 층상과 구성 등을 알 수 있는 것은?

① 보링
② 표준관입시험
③ 베인테스트
④ 평판재하시험

해설

보링(Boring)
1. 개요
   굴착 기계 및 기구를 사용하여 지반에 깊은 구멍을 파는 것으로 흙의 성질 및 지층 상태, 지하수의 수위 등을 조사하는 방법
2. 종류

종류	방법
오거 보링 (Augar Boring)	지표면 부근의 시료 채취나 얕은 지반 조사에 사용하는 방법으로 깊이 10m 이내의 토사를 채취한다.
수세식 보링 (Wash Boring)	깊이 30m 내외의 연질층에 사용하는 방법으로 이중관을 충격을 주며 물을 뿜어 파진 흙을 배출하여 침전시켜 토질 판별
회전식 보링 (Rotary Boring)	날을 회전시켜 천공하는 방법, 비교적 자연 상태 그대로 채취 가능(연속적으로 시료를 채취할 수 있어 지층의 변화를 비교적 정확히 알 수 있다)
충격식 보링 (Precussion Boring)	와이어 로프(Wire Rope) 끝에 충격날을 부착하여 상하 충격에 의해 천공, 토사와 암석에도 가능

TIP
- 표준관입시험 : 무게 63.5kg의 해머로 76cm 높이에서 자유낙하시켜 샘플러를 30cm 관입시키는 데 소요되는 타격횟수 N치를 측정하는 시험으로 사질토 지반에 적용
- 베인테스트 : 로드 선단에 +자형 날개(Vane)를 부착하여 지중에 박아 회전시켜 점토의 점착력을 판별하는 시험으로 연약점토 지반에 적용
- 평판재하시험 : 지반에 하중을 가하여 지반의 지지력을 파악하기 위한 시험

97 다음 중 점성토의 성질과 거리가 먼 것은?

① 예민비(Sensitivity Ratio)
② 리칭 현상(Leaching Phenomenon)
③ 틱소트로피 현상(Thixotropy Phenomenon)
④ 액상화(Liquefaction) 현상

해설

액상화(Liquefaction) 현상
1. 모래지반에서 순간충격 등에 의해 간극수압의 상승으로 유효응력이 감소되어 전단저항을 상실하고 지반이 액체와 같이 되는 현상
2. 액상화 발생 시 건물의 부상 및 부동침하가 발생

98 강관틀비계의 높이가 20m를 초과하는 경우 주틀 간의 간격은 최대 얼마 이하로 사용해야 하는가?

① 1.0m
② 1.5m
③ 1.8m
④ 2.0m

해설

강관틀비계 조립 시의 준수사항
1. 비계기둥의 밑둥에는 밑받침 철물을 사용하여야 하며 밑받침에 고저차(高低差)가 있는 경우에는 조절형 밑받침철물을 사용하여 각각의 강관틀비계가 항상 수평 및 수직을 유지하도록 할 것
2. 높이가 20m를 초과하거나 중량물의 적재를 수반하는 작업을 할 경우에는 주틀 간의 간격을 1.8m 이하로 할 것
3. 주틀 간에 교차 가새를 설치하고 최상층 및 5층 이내마다 수평재를 설치할 것
4. 수직방향으로 6m, 수평방향으로 8m 이내마다 벽이음을 할 것
5. 길이가 띠장 방향으로 4m 이하이고 높이가 10m를 초과하는 경우에는 10m 이내마다 띠장 방향으로 버팀기둥을 설치할 것

99 건설공사에서 발코니 단부, 엘리베이터 입구, 재료 반입구 등과 같이 벽면 혹은 바닥에 추락의 위험이 우려되는 장소를 가리키는 용어는?

① 비계
② 개구부
③ 가설구조물
④ 연결통로

해설

개구부
개구부는 벽이나 바닥에 뚫린 구멍을 총칭하며, 특히 수평 개구부는 추락·낙하 등의 위험이 있어 관리해야 한다.

정답 96 ① 97 ④ 98 ③ 99 ②

100 다음 중 흙의 다짐효과에 대한 설명으로 옳은 것은?

① 흙의 투수성이 증가한다.
② 동상 현상이 감소한다.
③ 전단강도가 감소한다.
④ 흙의 밀도가 낮아진다.

해설

다짐(Compaction)
1. 사질지반에서 재하에 의해 공기가 제거되면서 밀도를 증가시켜 전단강도를 증가시키는 현상
2. 다짐의 목적
   ㉠ 전단강도 증대
   ㉡ 지지력 증대
   ㉢ 압축성 감소
   ㉣ 투수성 감소
   ㉤ 동상 방지
   ㉥ 팽창, 수축 감소

정답 100 ②

PART 02
21 | 2023년 2회 기출복원문제

1과목　산업안전관리론

01 다음 중 강의계획 수립 시 학습목적 3요소가 아닌 것은?
① 목표
② 주제
③ 학습정도
④ 교재내용

해설
학습목적의 3요소

목표(Goal)	학습목적의 핵심, 학습을 통하여 달성하려는 지표
주제(Subject)	목표달성을 위한 테마
학습정도(Level of Learning)	주제를 학습시킬 범위와 내용의 정도

02 다음 중 주로 일선 관리감독자를 대상으로 하며, 작업지도기법, 작업개선기법, 인간관계 관리기법 등을 교육하는 방법은?
① ATT(America Telephone & Telegram Co.)
② MTP(Management Training Program)
③ CCS(Civil Communication Section)
④ TWI(Training Within Industry)

해설
TWI(Training Within Industry)
1. 교육대상자 : 제일선 관리감독자
2. 교육과정
  ㉠ Job Method Training(JMT) : 작업방법훈련, 작업개선훈련
  ㉡ Job Instruction Training(JIT) : 작업지도훈련
  ㉢ Job Relations Training(JRT) : 인간관계훈련, 부하통솔법
  ㉣ Job Safety Training(JST) : 작업안전훈련

03 부주의의 발생원인과 그 대책이 옳게 연결된 것은?
① 의식의 우회 – 상담
② 소질적 조건 – 교육
③ 작업환경조건 불량 – 작업순서 정비
④ 작업순서의 부적당 – 작업자 재배치

해설
부주의 발생원인과 대책

구분	발생원인	대책
외적 원인	작업 및 환경조건의 불량	환경정비
	작업순서의 부적합	작업순서 정비(인간공학적 접근)
	작업강도	작업량, 작업시간, 속도 등의 조절
	기상조건	온도, 습도 등의 조절
내적 원인	소질적 요인	적성에 따른 배치(적성배치)
	의식의 우회	카운슬링(상담)
	경험부족 및 미숙련	교육 및 훈련
	피로도	충분한 휴식
	정서 불안정	심리적 안정 및 치료

04 하인리히의 재해발생 원인 도미노이론에서 사고의 직접원인으로 옳은 것은?
① 통제의 부족
② 관리 구조의 부적절
③ 불안전한 행동과 상태
④ 유전과 환경적 영향

해설
하인리히(H. W. Heinrich)의 도미노이론(사고연쇄성)
1. 제1단계 : 사회적 환경 및 유전적 요인
2. 제2단계 : 개인적 결함
3. 제3단계 : 불안전한 행동 및 불안전한 상태
4. 제4단계 : 사고
5. 제5단계 : 재해
※ 불안전한 행동이나 불안전한 상태, 즉 제3단계를 제거하면 사고나 재해를 예방할 수 있다.

정답 01 ④　02 ④　03 ①　04 ③

05 착시현상 중 그림과 같이 우선 평행의 호를 보고 이어 직선을 본 경우에 직선은 호와의 반대방향으로 휘어져 보이는 현상은?

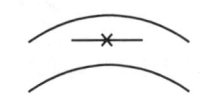

① 동화착오　　② 분할착오
③ 윤곽착오　　④ 방향착오

해설
착시현상

동화착오	분할착오
a b	a b
실제 a=b이나 a가 b보다 길게 보인다.	a는 양단이 벌어져 보이고 b는 중앙이 벌어져 보인다.

윤곽착오	방향착오
우선 평행의 호를 보고, 이어 선을 본 경우에는 직선은 호와의 반대방향으로 휘어져 보인다.	세로의 선이 수직선인데 휘어져 보인다.

06 위험예지훈련 기초 4라운드법의 진행에서 전원이 토의를 통하여 위험요인을 발견하는 단계로 가장 적절한 것은?

① 제1라운드 : 현상파악
② 제2라운드 : 본질추구
③ 제3라운드 : 대책수립
④ 제4라운드 : 목표설정

해설
위험예지훈련의 4라운드
1. 1라운드(1R) : 현상파악(사실을 파악한다)
2. 2라운드(2R) : 본질추구(요인을 찾아낸다)
3. 3라운드(3R) : 대책수립(대책을 선정한다)
4. 4라운드(4R) : 목표설정(행동계획을 정한다)

07 다음 중 인간의 사회적 행동의 기본형태가 아닌 것은?

① 대립　　② 모방
③ 도피　　④ 협력

해설
사회행동의 기본형태

사회행동의 기초	• 욕구 • 개성 • 인지 • 신념 • 태도
사회행동의 기본형태	• 협력(조력, 분업) • 대립(공격, 경쟁) • 도피(고립, 정신병, 자살) • 융합(강제, 타협, 통합)

08 의식의 상태에서 작업 중 걱정, 고민, 욕구불만 등에 의하여 정신을 빼앗기는 것을 무엇이라 하는가?

① 의식의 과잉　　② 의식의 파동
③ 의식의 우회　　④ 의식수준의 저하

해설
부주의 발생현상

의식의 단절 (중단)	• 의식의 흐름에 단절이 생기고 공백상태가 나타나는 경우 • 의식수준 제0단계의 상태(특수한 질병의 경우)
의식의 우회	• 의식의 흐름이 옆으로 빗나가 발생한 경우 • 의식수준 제0단계의 상태(걱정, 고민, 욕구불만 등)
의식수준의 저하	• 뚜렷하지 않은 의식의 상태로 심신이 피로하거나 단조로운 작업 등의 경우 • 의식수준 제Ⅰ단계 이하의 상태
의식의 과잉	• 돌발사태 및 긴급이상사태에 직면하면 순간적으로 긴장되고 의식이 한 방향으로 쏠리는 주의의 일점집중현상의 경우 • 의식수준 제Ⅳ단계의 상태
의식의 혼란	• 외적 조건에 문제가 있을 때 의식이 혼란되고 분산되어 작업에 잠재되어 있는 위험요인에 대응할 수 없는 경우 • 외부의 자극이 애매모호하거나, 너무 강하거나 약할 때

정답　05 ③　06 ①　07 ②　08 ③

09 토의식 교육방법 중 몇 사람의 전문가에 의하여 과제에 관한 견해가 발표된 뒤 참가자로 하여금 의견이나 질문을 하게 하여 토의하는 방식은 다음 중 어느 것인가?

① 패널 디스커션(Panel Discussion)
② 심포지엄(Sympisium)
③ 포럼(Forum)
④ 버즈 세션(Buzz Session)

해설
토의법의 종류
1. 자유토의법
   참가자가 주어진 주제에 대하여 자유로운 발표와 토의를 통하여 서로의 의견을 교환하고 상호이해력을 높이며 의견을 절충해 나가는 방법
2. 패널 디스커션(Panel Discussion)
   전문가 4~5명이 피교육자 앞에서 자유로이 토의를 하고, 그 후에 피교육자 전원이 사회자의 사회에 따라 토의하는 방법
3. 심포지엄(Symposium)
   발제자 없이 몇 사람의 전문가에 의하여 과제에 관한 견해를 발표한 뒤에 참가자로 하여금 의견이나 질문을 하게 하여 토의하는 방법
4. 포럼(Forum)
   ㉠ 사회자의 진행으로 몇 사람이 주제에 대하여 발표한 후 피교육자가 질문을 하고 토론해 나가는 방법
   ㉡ 새로운 자료나 주제를 내보이거나 발표한 후 피교육자로 하여금 문제나 의견을 제시하게 하고 다시 깊이 있게 토론해 나가는 방법
5. 버즈 세션(Buzz Session)
   6-6 회의라고도 하며, 참가자가 다수인 경우에 전원을 토의에 참가시키기 위한 방법으로 소집단을 구성하여 회의를 진행시키는 방법

10 산업재해 예방의 4원칙 중 "재해발생에는 반드시 원인이 있다."라는 원칙은?

① 대책 선정의 원칙
② 원인 계기의 원칙
③ 손실 우연의 원칙
④ 예방 가능의 원칙

해설
하인리히의 재해예방 4원칙

예방 가능의 원칙	천재지변을 제외한 모든 재해는 원칙적으로 예방이 가능하다.
손실 우연의 원칙	사고로 생기는 상해의 종류 및 정도는 우연적이다.
원인 계기의 원칙	사고와 손실의 관계는 우연적이지만 사고와 원인관계는 필연적이다(사고에는 반드시 원인이 있다).
대책 선정의 원칙	원인을 정확히 규명해서 대책을 선정하고 실시되어야 한다(3E, 즉 기술, 교육, 독려를 중심으로).

11 다음 중 사고예방대책의 기본원리 5단계에 있어 3단계에 해당하는 것은?

① 분석
② 안전조직
③ 사실의 발견
④ 시정방법의 선정

해설
하인리히의 재해예방 5단계(사고예방대책의 기본원리)
1. 제1단계 : 조직(안전관리조직)
2. 제2단계 : 사실의 발견(현상파악)
3. 제3단계 : 분석평가
4. 제4단계 : 시정책의 선정(대책의 선정)
5. 제5단계 : 시정책의 적용(목표달성)

12 산업안전보건법령상 안전검사 대상 유해·위험기계의 종류에 포함되지 않는 것은?

① 전단기
② 리프트
③ 곤돌라
④ 교류아크용접기

해설
안전검사 대상 기계 등
1. 프레스
2. 전단기
3. 크레인(정격하중이 2톤 미만인 것은 제외)
4. 리프트
5. 압력용기
6. 곤돌라
7. 국소배기장치(이동식은 제외)
8. 원심기(산업용만 해당)
9. 롤러기(밀폐형 구조는 제외)
10. 사출성형기[형 체결력 294킬로뉴턴(kN) 미만은 제외]

정답 09 ② 10 ② 11 ① 12 ④

11. 고소작업대(화물자동차 또는 특수자동차에 탑재한 고소작업대로 한정)
12. 컨베이어
13. 산업용 로봇
14. 혼합기
15. 파쇄기 또는 분쇄기

13 산업안전보건법령에 따른 안전·보건표지에 사용하는 색채기준 중 비상구 및 피난소, 사람 또는 차량의 통행표지의 안내용도로 사용하는 색채는?

① 빨간색　　② 녹색
③ 노란색　　④ 파란색

해설

안전·보건표지의 색채, 색도기준 및 용도

색채	색도기준	용도	사용 예
빨간색	7.5R 4/14	금지	정지신호, 소화설비 및 그 장소, 유해행위의 금지
		경고	화학물질 취급장소에서의 유해·위험 경고
노란색	5Y 8.5/12	경고	화학물질 취급장소에서의 유해·위험경고 이외의 위험경고, 주의표지 또는 기계방호물
파란색	2.5PB 4/10	지시	특정 행위의 지시 및 사실의 고지
녹색	2.5G 4/10	안내	비상구 및 피난소, 사람 또는 차량의 통행표지
흰색	N9.5		파란색 또는 녹색에 대한 보조색
검은색	N0.5		문자 및 빨간색 또는 노란색에 대한 보조색

14 1,000명의 근로자가 주당 45시간씩 연간 50주를 근무하는 A 기업에서 질병 및 기타 사유로 인하여 5%의 결근율을 나타내고 있다. 이 기업에서 연간 60건의 재해가 발생하였다면 이 기업의 도수율은 약 얼마인가?

① 25.12　　② 26.67
③ 28.07　　④ 51.64

해설

도수율

$$도수율 = \frac{재해발생건수}{연간 총근로시간수} \times 1,000,000$$

출근율 $= 1 - \frac{5}{100} = 0.95$ 이므로

$$도수율 = \frac{재해발생건수}{연간 총근로시간수} \times 1,000,000$$

$$= \frac{60}{(1,000 \times 45 \times 50) \times 0.95} \times 1,000,000 ≒ 28.07$$

15 재해 원인을 통상적으로 직접원인과 간접원인으로 나눌 때 직접원인에 해당되는 것은?

① 기술적 원인　　② 물적 원인
③ 교육적 원인　　④ 관리적 원인

해설

산업재해의 원인

직접원인	• 인적 요인(불안전한 행동) • 물적 요인(불안전한 상태)
간접원인 (관리적 원인)	• 기술적 원인 • 교육적 원인 • 신체적 원인 • 정신적 원인 • 작업관리상의 원인

16 리더십(Leadership)의 특성에 대한 설명으로 옳은 것은?

① 지휘형태는 민주적이다.
② 권한부여는 위에서 위임된다.
③ 구성원과의 관계는 지배적 구조이다.
④ 권한근거는 법적 또는 공식적으로 부여된다.

해설

헤드십과 리더십의 구분

구분	헤드십	리더십
권한행사 및 부여	위에서 위임하여 임명된 헤드	밑에서부터의 동의에 의해 선출된 리더
권한근거	법적 또는 공식적	개인능력
상관과 부하와의 관계	지배적	개인적인 경향
책임귀속	상사	상사와 부하
부하와의 사회적 간격	넓다.	좁다.
지위형태	권위주의적	민주주의적
권한귀속	공식화된 규정에 의함	집단목표에 기여한 공로 인정

17 다음 중 일반적으로 사업장에 안전관리조직을 구성할 때 고려할 사항과 가장 거리가 먼 것은?

① 조직 구성원의 책임과 권한을 명확하게 한다.
② 회사의 특성과 규모에 부합되게 조직되어야 한다.
③ 생산조직과는 동떨어진 독특한 조직이 되도록 하여 효율성을 높인다.
④ 조직의 기능이 충분히 발휘될 수 있는 제도적 체계가 갖추어져야 한다.

해설
안전관리조직의 구비조건
1. 회사의 특성과 규모에 부합되게 조직화될 것
2. 조직의 기능이 충분히 발휘될 수 있는 제도적 체계를 갖출 것
3. 조직을 구성하는 관리자의 책임과 권한을 분명히 할 것
4. 생산라인과 밀착된 조직이 될 것

18 다음 중 매슬로(Maslow)가 제창한 인간의 욕구 5단계 이론을 단계별로 옳게 나열한 것은?

① 생리적 욕구 → 안전 욕구 → 사회적 욕구 → 존경의 욕구 → 자아실현의 욕구
② 안전 욕구 → 생리적 욕구 → 사회적 욕구 → 존경의 욕구 → 자아실현의 욕구
③ 사회적 욕구 → 생리적 욕구 → 안전 욕구 → 존경의 욕구 → 자아실현의 욕구
④ 사회적 욕구 → 안전 욕구 → 생리적 욕구 → 존경의 욕구 → 자아실현의 욕구

해설
매슬로(Maslow)의 욕구단계 이론

제1단계	생리적 욕구	기아, 갈증, 호흡, 배설, 성욕 등 생명유지의 기본적 욕구
제2단계	안전의 욕구	• 자기보존 욕구 – 안전을 구하려는 욕구 • 전쟁, 재해, 질병의 위험으로부터 자유로워지려는 욕구
제3단계	사회적 욕구	• 소속감과 애정에 대한 욕구 • 사회적으로 관계를 향상시키는 욕구
제4단계	인정받으려는 욕구 (자기 존중의 욕구)	자존심, 명예, 성취, 지위 등 인정받으려는 욕구
제5단계	자아실현의 욕구	잠재능력을 실현하고자 하는 성취욕구

19 재해의 기본원인 4M에 해당하지 않는 것은?

① Man
② Machine
③ Media
④ Measurement

해설
재해발생의 기본원인(4M)

인간관계요인 (Man)	동료나 상사, 본인 이외의 사람 등의 인간관계를 의미
작업적 요인 (Media)	• 작업의 내용, 작업정보, 작업방법, 작업환경의 요인 • 인간과 기계를 연결하는 매개체 • 작업방법의 부적절
관리적 요인 (Management)	안전법규의 준수, 안전기준, 지휘감독 등의 단속 및 점검 • 교육훈련 부족 • 감독지도 불충분 • 적성배치 불충분
설비적(물적) 요인 (Machine)	• 기계설비 등의 물적 조건 • 기계설비의 고장, 결함

20 재해의 원인과 결과를 연계하여 상호 관계를 파악하기 위해 도표화하는 분석방법은?

① 관리도
② 파레토도
③ 특성요인도
④ 크로스분류도

해설
통계에 의한 원인분석
1. 파레토도 : 사고의 유형, 기인물 등 분류항목을 큰 값에서 작은 값의 순서로 도표화하며, 문제나 목표의 이해에 편리하다.
2. 특성요인도 : 특성과 요인관계를 어골상으로 도표화하여 분석하는 기법(원인과 결과를 연계하여 상호 관계를 파악하기 위한 분석방법)
3. 클로즈(Close) 분석 : 두 개 이상의 문제관계를 분석하는 데 사용하는 것으로, 데이터를 집계하고 표로 표시하여 요인별 결과내역을 교차한 클로즈 그림을 작성하여 분석하는 기법
4. 관리도 : 재해 발생 건수 등의 추이에 대해 한계선을 설정하여 목표 관리를 수행하는 데 사용되는 방법으로 관리선은 관리상한선, 중심선, 관리하한선으로 구성된다.

정답 17 ③ 18 ① 19 ④ 20 ③

2과목 인간공학 및 시스템 안전공학

21 인간오류의 분류 중 원인에 의한 분류의 하나로, 작업자 자신으로부터 발생하는 에러로 옳은 것은?

① Command Error   ② Secondary Error
③ Primary Error   ④ Third Error

해설
원인의 레벨(Level)적 분류

Primary Error (1차 에러)	작업자 자신으로부터 발생한 에러
Secondary Error (2차 에러)	작업형태나 작업조건 중에서 다른 문제가 발생하여 필요한 직무나 절차를 수행할 수 없는 에러
Command Error (지시 에러)	작업자가 움직이려 해도 필요한 물건, 정보, 에너지 등이 공급되지 않아서 작업자가 움직일 수 없는 상황에서 발생한 에러

22 글자의 설계 요소 중 검은 바탕에 쓰여진 흰 글자가 번져 보이는 현상과 가장 관련 있는 것은?

① 획폭비   ② 글자체
③ 종이 크기   ④ 글자 두께

해설
획폭
1. 문자나 숫자의 높이에 대한 획굵기의 비
2. 흰 바탕에 검은 글씨(양각)는 1 : 6~1 : 8 권장(최대명시거리 1 : 8 정도)
3. 검은 바탕에 흰 글씨(음각)는 1 : 8~1 : 10 권장(최대명시거리 1 : 13.3 정도) - 광삼현상으로 더 가늘어도 된다.
4. 광삼현상 : 흰 모양이 주위의 검은 배경으로 번져 보이는 현상

| 가 나 다 라 | 검은색 바탕의 흰색 글씨(음각) |
| 가 나 다 라 | 흰색 바탕의 검은색 글씨(양각) |

23 다음 중 인간공학의 직접적인 목적과 가장 거리가 먼 것은?

① 기계조작의 능률성
② 인간의 능력개발
③ 사고의 미연 및 방지
④ 작업환경의 쾌적성

해설
인간공학의 목적
1. 안전성 향상 및 사고 방지
2. 기계조작의 능률성과 생산성의 향상
3. 작업환경의 쾌적성 향상

24 한 사무실에서 타자기의 소리 때문에 말소리가 묻히는 현상을 무엇이라 하는가?

① dBA   ② CAS
③ phone   ④ Masking

해설
은폐(Masking) 효과
1. 정의
크고 작은 두 소리가 동시에 들릴 때 큰 소리만 듣고 작은 소리는 듣지 못하는 현상으로 음파의 간섭에 의해 발생한다.
2. 특징
㉠ 음의 한 성분이 다른 성분에 대한 귀의 감수성을 감소시키는 상황을 말한다.
㉡ 피 은폐된 한 음의 가청역치가 다른 은폐된 음 때문에 높아지는 현상을 말한다.
㉢ 어떤 음의 청취가 다른 음에 의해 방해되는 청각현상을 말한다.
㉣ 예를 들어 사무실의 자판 소리 때문에 말소리가 묻히는 경우에 해당한다.

25 건강한 남성이 8시간 동안 특정 작업을 실시하고, 분당 산소 소비량이 1.1L/분으로 나타났다면 8시간 총작업시간에 포함될 휴식시간은 약 몇 분인가? (단, Murrell의 방법을 적용하며, 휴식 중 에너지소비율은 1.5kcal/min이다.)

① 30분   ② 54분
③ 60분   ④ 75분

해설
휴식시간

$$R = \frac{60(E-5)}{E-1.5}$$

여기서, R : 휴식시간(분)
E : 작업 시 평균 에너지소비량(kcal/분)
60 : 총작업시간(분)
1.5kcal/분 : 휴식시간 중의 에너지소비량

정답 21 ③ 22 ① 23 ② 24 ④ 25 ③

1. 1L/분당 평균 에너지소비량 : 5[kcal]
2. 작업 시 평균 에너지소비량 : 1.1L/분 × 5kcal = 5.5[kcal/분]
3. 총작업시간 = 8시간 × 60분 = 480분

$$\therefore R = \frac{480(5.5-5)}{5.5-1.5} = 60[\text{분}]$$

26 다음 중 작업장에서 발생하는 소음에 대한 대책으로 가장 적극적인 방법은?

① 소음원의 격리
② 소음원의 제거
③ 귀마개 등 보호구의 착용
④ 덮개 등 방호장치의 설치

해설

소음방지 대책
1. 소음원의 제거 : 가장 적극적인 대책
2. 소음원을 통제 : 기계의 적절한 설계, 정비 및 주유, 고무 받침대 부착, 소음기 사용(차량) 등
3. 소음의 격리 : 씌우개(Enclosure), 장벽을 사용(창문을 닫으면 약 10dB 감음됨)
4. 적절한 배치(Layout)
5. 음향 처리제 사용
6. 차폐 장치(Baffle) 및 흡음재 사용

27 다음의 설명에서 ( ) 안의 내용을 맞게 나열한 것은?

40phon은 (㉠)sone을 나타내며, 이는 (㉡)dB의 (㉢)Hz 순음의 크기를 나타낸다.

① ㉠ 1, ㉡ 40, ㉢ 1,000
② ㉠ 1, ㉡ 32, ㉢ 1,000
③ ㉠ 2, ㉡ 40, ㉢ 2,000
④ ㉠ 2, ㉡ 32, ㉢ 2,000

해설

sone
1. 감각적인 음의 크기를 나타내는 양으로 음의 대소를 표현하는 단위를 말한다.
2. 1,000Hz 순음의 음의 세기레벨 40dB의 음의 크기를 1sone으로 정의한다.

28 다음 중 인체 측정자료의 응용원칙에서 자동차의 좌석이나 사무실 의자 등의 설계에 가장 적합한 원칙은?

① 조절식 설계원칙
② 평균값을 이용한 설계원칙
③ 최소 집단치를 이용한 설계원칙
④ 최대 집단치를 이용한 설계원칙

해설

조절 가능한 설계
1. 작업에 사용하는 설비, 기구 등은 체격이 다른 여러 근로자들을 위하여 작업 크기를 조절할 수 있도록 조절식으로 설계하는 것이 바람직한 경우도 있다.
2. 조절범위는 통상 여성의 5%치(최소치)에서 남성의 95%치(최대치)로 한다.
3. 자동차 좌석의 전후 조절, 사무실 의자의 상하 조절, 책상 높이 등이 사례이다.

29 다음 중 통제기기의 변위를 20mm 움직였을 때 표시기기의 지침이 25mm 움직였다면 이 기기의 C/R비는 얼마인가?

① 0.3
② 0.4
③ 0.8
④ 0.9

해설

선형 조종장치가 선형 표시장치를 움직일 때 각각 직선변위의 비(제어표시비)

$$C/D\text{비}(C/R\text{비}) = \frac{\text{조종장치(제어기기)의 이동거리}}{\text{표시장치(표시기기)의 반응거리}}$$

$$C/D\text{비} = \frac{\text{조종장치의 이동거리}}{\text{표시장치의 반응거리}} = \frac{20}{25} = 0.8$$

30 다음 중 소음에 의한 청력손실이 가장 크게 나타나는 주파수대는?

① 2,000Hz
② 4,000Hz
③ 10,000Hz
④ 20,000Hz

해설
청력 손실의 성격
1. 청력 손실의 정도는 노출되는 소음 수준에 따라 증가한다 (비례관계).
2. 강한 소음에 대해서는 노출기간에 따라 청력 손실도 증가한다.
3. 약한 소음에 대해서는 노출기간과 청력 손실 간에 관계가 없다.
4. 청력 손실은 4,000Hz에서 크게 나타난다.

31 다음 중 신뢰성과 보전성 개선을 목적으로 한 일반적이고 효과적인 보전기록 자료에 해당하지 않는 것은?

① 설비이력카드 ② 일정계획표
③ MTBF 분석표 ④ 고장원인대책표

해설
보전기록자료
1. 설비이력카드
2. MTBF 분석표
3. 고장원인대책표

32 그림과 같이 신뢰도 R인 n개의 요소가 병렬로 구성된 시스템의 전체 신뢰도로 옳은 것은?

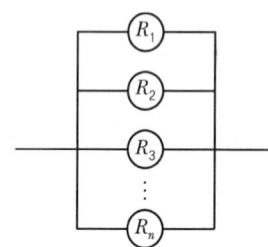

① $\prod_{i=1}^{n} R_i$
② $1 - \prod_{i=1}^{n}(R_i - 1)$
③ $1 - \prod_{i=1}^{n} R_i$
④ $1 - \prod_{i=1}^{n}(1 - R_i)$

해설
병렬구조(Fail Safety)
1. 시스템의 모든 요소가 고장 나면 시스템이 고장 나는 구조이다.
2. 즉, 요소의 어느 하나가 정상적이면 계는 정상이다.

$$R = 1 - (1-R_1)(1-R_2)\cdots(1-R_n) = 1 - \prod_{i=1}^{n}(1-R_i)$$

33 다음 중 높은 고장 등급을 갖고 고장모드가 기기 전체의 고장에 어느 정도 영향을 주는가를 정성적으로 평가하는 해석방법은?

① FTA ② FMEA
③ HAZOP ④ FHA

해설
고장형태와 영향분석(FMEA ; Failure Mode and Effects Analysis)
1. 시스템이나 서브시스템 위험분석을 위하여 일반적으로 사용되는 전형적인 정성적, 귀납적 분석기법으로 시스템에 영향을 미치는 모든 요소의 고장을 형태별로 분석하여 그 영향을 검토하는 분석기법
2. 시스템 내의 위험요소가 얼마나 위험한 상태에 있는가를 정성적으로 평가하는 기법
3. 고장 발생을 최소로 하고자 하는 경우에 유효하다.

34 산업안전보건법령상 정밀작업 시 갖추어져야 할 작업면의 조도 기준은?(단, 갱내 작업장과 감광재료를 취급하는 작업장은 제외한다.)

① 75럭스 이상 ② 150럭스 이상
③ 300럭스 이상 ④ 750럭스 이상

해설
적정 조명 수준

작업의 종류	작업면 조도
초정밀작업	750럭스(lux) 이상
정밀작업	300럭스(lux) 이상
보통작업	150럭스(lux) 이상
그 밖의 작업	75럭스(lux) 이상

35 다음 중 자동차 가속 페달과 브레이크 페달 간의 간격, 브레이크 폭 등을 결정하는 데 사용할 수 있는 가장 적합한 인간공학 이론은?

① Miller의 법칙 ② Fitts의 법칙
③ Weber의 법칙 ④ Wickens의 법칙

해설
핏츠(Fitts)의 법칙
1. 인간의 손이나 발을 이동시켜 조작장치를 조작하는 데 걸리는 시간을 표적까지의 거리와 표적 크기의 함수로 나타내는 모형

2. 인간의 행동에 대해 속도와 정확성 간의 관계를 설명하는 기본적인 법칙을 나타낸다.
3. 목표물의 크기가 작아질수록 속도와 정확도가 나빠지고 목표물과의 거리가 멀어질수록 필요한 시간이 더 길어진다.

36 다음 FT도에서 정상사상의 발생확률은 얼마인가?(단, X_1은 0.1, X_2는 0.2, X_3은 0.1, X_4는 0.2이다.)

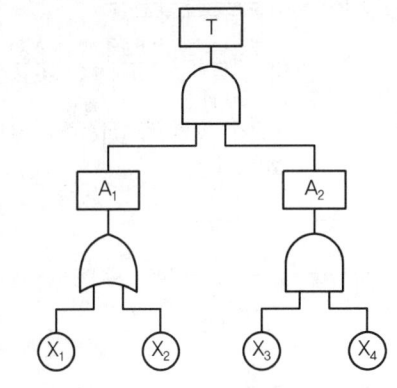

① 0.0004　　② 0.0026
③ 0.0056　　④ 0.0784

해설

발생확률의 계산
1. $T = A_1 \times A_2$
2. $A_1 = 1-(1-X_1)(1-X_2) = 1-(1-0.1)(1-0.2) = 0.28$
3. $A_2 = X_3 \times X_4 = 0.1 \times 0.2 = 0.02$
∴ $T = A_1 \times A_2 = 0.28 \times 0.02 = 0.0056$

37 건구온도 38℃, 습구온도 32℃일 때의 Oxford 지수는 몇 ℃인가?

① 30.2　　② 32.9
③ 35.3　　④ 37.1

해설

Oxford 지수

습건지수(WD)라고도 부르며, 습구온도(W)와 건구온도(D)의 가중 평균치로서 정의된다.

$$WD = 0.85W + 0.15D$$

$WD = 0.85W + 0.15D = 0.85 \times 32 + 0.15 \times 38 = 32.9(℃)$

38 다음 중 인간-기계 시스템에서 기본적인 기능으로 볼 수 없는 것은?

① 정보의 수용　　② 정보의 저장
③ 행동 기능　　④ 정보의 설계

해설

체계(System)의 기본기능 및 업무

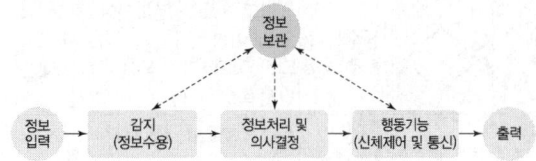

39 FTA(Fault Tree Analysis)에 사용되는 논리 중에서 입력사상 중 어느 하나만이라도 발생하게 되면 출력사상이 발생하는 것은?

① AND Gate　　② OR Gate
③ 기본사상　　④ 통상사상

해설

게이트

AND 게이트	모든 입력사상이 공존할 때만이 출력사상이 발생한다.
OR 게이트	입력사상 중 어느 하나만이라도 발생하게 되면 출력사상이 발생한다.
억제게이트 (제어게이트)	입력사상 중 어느 것이나 이 게이트로 나타내는 조건이 만족하는 경우에만 출력사상이 발생한다(조건부확률).
부정게이트	입력현상의 반대현상이 출력된다.

40 FTA에 사용되는 기호 중 다음 기호에 해당하는 것은?

① 생략사상　　② 부정사상
③ 결함사상　　④ 기본사상

해설

FTA 분석 기호

번호	기호	명칭	내용
1	▭	결함사상	사고가 일어난 사상(사건)

정답　36 ③　37 ②　38 ④　39 ②　40 ④

번호	기호	명칭	내용
2	○	기본사상	더 이상 전개가 되지 않는 기본적인 사상 또는 발생확률이 단독으로 얻어지는 낮은 레벨의 기본적인 사상
3	⌂	통상사상 (가형사상)	통상발생이 예상되는 사상(예상되는 원인)
4	◇	생략사상 (최후사상)	정보부족 또는 분석기술 불충분으로 더 이상 전개할 수 없는 사상(작업진행에 따라 해석이 가능할 때는 다시 속행한다.)
5	△	전이기호 (이행기호)	• FT도상에서 다른 부분에 관한 이행 또는 연결을 나타낸다. • 상부에 선이 있는 경우는 다른 부분으로 전입(IN)
6	△	전이기호 (이행기호)	• FT도상에서 다른 부분에 관한 이행 또는 연결을 나타낸다. • 측면에 선이 있는 경우는 다른 부분으로 전출(OUT)

3과목 기계위험 방지기술

41 산업안전보건법령에 따라 달기체인을 달비계에 사용해서는 안 되는 경우가 아닌 것은?

① 균열이 있거나 심하게 변형된 것
② 달기체인의 한 꼬임에서 끊어진 소선의 수가 10% 이상인 것
③ 달기체인의 길이가 달기체인이 제조된 때의 길이의 5%를 초과한 것
④ 링의 단면지름이 달기체인이 제조된 때의 해당 링의 지름의 10%를 초과하여 감소한 것

해설

양중기 달기체인의 사용금지 조건
1. 달기체인의 길이가 달기체인이 제조된 때의 길이의 5%를 초과한 것
2. 링의 단면지름이 달기체인이 제조된 때의 해당 링의 지름의 10%를 초과하여 감소한 것
3. 균열이 있거나 심하게 변형된 것

42 극한강도가 100MPa이고, 최대설계응력 10MPa이면 안전율은?

① 1 ② 5
③ 10 ④ 100

해설

안전율(안전계수)

$$\text{안전율(안전계수)} = \frac{\text{기초강도}}{\text{허용응력}} = \frac{\text{극한강도}}{\text{허용응력}}$$
$$= \frac{\text{최대응력}}{\text{허용응력}} = \frac{\text{절단하중(파괴하중)}}{\text{최대사용하중}}$$
$$= \frac{\text{극한강도}}{\text{최대설계응력}} = \frac{\text{파단하중}}{\text{안전하중}}$$
$$= \frac{\text{인장강도}}{\text{허용응력}}$$

$$\text{안전율} = \frac{\text{극한강도}}{\text{최대설계응력}} = \frac{100}{10} = 10$$

43 숫돌축의 회전수가 3,000rpm인 연삭기에 외측 지름 200mm의 연삭숫돌을 장착하여 운전하면 연삭숫돌의 원주속도는 약 얼마인가?

① 188.4m/min
② 1,884m/min
③ 314m/min
④ 3,140m/min

해설

원주속도(회전속도)

$$V = \pi DN (\text{mm/min}) = \frac{\pi DN}{1,000} (\text{m/min})$$

여기서, V : 원주속도(회전속도)(m/min)
D : 숫돌의 지름(mm)
N : 숫돌의 매분 회전수(rpm)

$$V = \frac{\pi DN}{1,000} (\text{m/min}) = \frac{\pi \times 200 \times 3,000}{1,000} ≒ 1,884 (\text{m/min})$$

44 선반작업에서 가공물의 길이가 외경에 비하여 과도하게 길 때, 절삭저항에 의한 떨림을 방지하기 위한 장치는?

① 센터 ② 심봉
③ 방진구 ④ 돌리개

> **해설**
>
> **방진구**
> 1. 가공물의 길이가 외경에 비해 가늘고 긴 공작물을 가공할 경우 자중 및 절삭력으로 인하여 휘거나 처짐, 진동을 방지하기 위하여 사용하는 기구로 고정식과 이동식 방진구가 있다.
> 2. 가공물의 길이가 직경의 12배 이상일 때는 반드시 방진구를 사용하여야 한다.

45 프레스기의 방호장치의 종류가 아닌 것은?

① 가드식   ② 초음파식
③ 광전자식   ④ 양수조작식

> **해설**
>
> **프레스의 방호장치**
> 1. 게이트 가드식
> 2. 손쳐내기식
> 3. 수인식
> 4. 양수조작식
> 5. 광전자식

46 수공구 작업 시 재해방지를 위한 일반적인 유의사항이 아닌 것은?

① 사용 전 이상 유무를 점검한다.
② 작업자에게 필요한 보호구를 착용시킨다.
③ 적합한 수공구가 없을 경우 유사한 것을 선택하여 사용한다.
④ 사용 전 충분한 사용법을 숙지하고 익힌다.

> **해설**
>
> **수공구의 재해방지를 위한 일반적인 유의사항**
> 1. 사용 전 이상 유무를 점검한다.
> 2. 작업자에게 필요한 보호구를 착용시킨다.
> 3. 사용 전 충분한 사용법을 숙지하고 익힌다.
> 4. 작업에 맞는 공구를 선택한다.
> 5. 공구는 안전한 장소에 보관한다.

47 기계의 기능적인 면에서 안전을 확보하기 위하여 반자동 및 자동제어장치의 경우에는 적극적으로 안전화 대책을 강구하여야 한다. 이때 2차적 적극적 대책에 속하는 것은?

① 울을 설치한다.
② 급정지장치를 누른다.
③ 회로를 개선하여 오동작을 방지한다.
④ 연동 장치된 방호장치가 작동되게 한다.

> **해설**
>
> **기능적 안전화**
>
> | 소극적 대책 | • 이상 시 기계를 급정지
• 방호장치 작동 |
> | --- | --- |
> | 적극적 대책 | • 회로를 개선하여 오동작 방지
• 별도의 완전한 회로에 의해 정상기능을 찾을 수 있도록 함
• Fail Safe화 |

48 산업안전보건법령상 프레스를 사용하여 작업을 할 때 작업시작 전 점검 항목에 해당하지 않는 것은?

① 전선 및 접속부 상태
② 클러치 및 브레이크의 기능
③ 프레스의 금형 및 고정볼트 상태
④ 1행정 1정지기구 · 급정지장치 및 비상정지장치의 기능

> **해설**
>
> **프레스 등의 작업시작 전 점검사항**
> 1. 클러치 및 브레이크의 기능
> 2. 크랭크축 · 플라이휠 · 슬라이드 · 연결봉 및 연결 나사의 풀림 여부
> 3. 1행정 1정지기구 · 급정지장치 및 비상정지장치의 기능
> 4. 슬라이드 또는 칼날에 의한 위험방지 기구의 기능
> 5. 프레스의 금형 및 고정볼트 상태
> 6. 방호장치의 기능
> 7. 전단기의 칼날 및 테이블의 상태

49 기계의 왕복운동을 하는 동작 부분과 움직임이 없고 고정 부분 사이에 형성되는 위험점으로 프레스 등에서 주로 나타나는 것은?

① 끼임점(Shear Point)
② 물림점(Nip Point)
③ 절단점(Cutting Point)
④ 협착점(Squeeze Point)

정답 45 ② 46 ③ 47 ③ 48 ① 49 ④

해설
협착점(Squeeze Point)
1. 왕복운동을 하는 운동부와 움직임이 없는 고정부 사이에서 형성되는 위험점(고정점+운동점)
2. 위험점의 예 : 프레스, 전단기, 성형기, 조형기, 밴딩기, 인쇄기

50 롤러의 맞물림점 전방 60mm의 거리에 가드를 설치하고자 할 때 가드 개구부의 간격은 얼마인가? (단, 위험점이 전동체가 아닌 경우임)

① 12mm ② 15mm
③ 18mm ④ 20mm

해설
롤러기 가드의 개구부 간격(ILO 기준, 위험점이 전동체가 아닌 경우)

$$Y = 6 + 0.15X (X < 160mm)$$
(단, $X \geq 160mm$일 때, $Y = 30mm$)

여기서, X : 가드와 위험점 간의 거리(안전거리)(mm)
Y : 가드 개구부 간격(안전간극)(mm)

$Y = 6 + 0.15X = 6 + 0.15 \times 60 = 15[mm]$

51 산업안전보건법령상 롤러기를 무부하로 회전시킨 상태에서 앞면 롤러의 직경이 30cm, 표면원주속도가 20m/min이라면 급정지거리의 성능은?

① 앞면 롤러 원주의 1/3
② 앞면 롤러 원주의 1/4
③ 앞면 롤러 원주의 1/2.5
④ 앞면 롤러 원주의 1/2

해설
무부하 동작에서 급정지거리

앞면 롤러의 표면속도(m/min)	급정지거리
30 미만	앞면 롤러 원주의 1/3
30 이상	앞면 롤러 원주의 1/2.5

52 프레스에서 슬라이드 행정길이가 몇 mm 이상일 때 손쳐내기식 방호장치를 사용할 수 있는가?

① 10mm ② 20mm
③ 40mm ④ 80mm

해설
손쳐내기식 방호장치(Sweep Guard)
1. 슬라이드와 연결된 손쳐내기봉이 위험 구역에 있는 작업자의 손을 쳐내는 방식
2. 소형 프레스기에 적합
3. SPM 120 이하, 슬라이드 행정길이가 약 40mm 이상의 프레스에 적용 가능
4. 양수조작식 병행 적용 가능
5. 금형의 크기에 따라 방호판의 크기 선택

53 아세틸렌 용접장치에 대하여 그 취관마다 부착해야 하는 방호장치는?

① 덮개 ② 시건장치
③ 안전기 ④ 울

해설
안전기의 설치기준(산업안전보건기준에 관한 규칙 제289조)

아세틸렌 용접장치	• 아세틸렌 용접장치의 취관마다 안전기를 설치하여야 한다(다만, 주관 및 취관에 가장 가까운 분기관마다 안전기를 부착한 경우에는 그러하지 아니하다). • 가스용기가 발생기와 분리되어 있는 아세틸렌 용접장치에 대하여 발생기와 가스용기 사이에 안전기를 설치하여야 한다.
가스집합 용접장치의 배관 (이동식을 포함)	• 플랜지·밸브·콕 등의 접합부에는 개스킷을 사용하고 접합면을 상호 밀착시키는 등의 조치를 할 것 • 주관 및 분기관에는 안전기를 설치할 것. 이 경우 하나의 취관에 2개 이상의 안전기를 설치하여야 한다.

54 25m/s 초과 120m/s 미만의 속도로 회전하는 고속회전체에 적합한 방호 설비는?

① 덮개 ② 분할날
③ 급정지장치 ④ 광전자식 방호장치

해설
회전시험 중의 위험방지(산업안전보건기준에 관한 규칙 제114조)
고속회전체(터빈로터·원심분리기의 버킷 등의 회전체로서 원주속도가 초당 25m를 초과하는 것으로 한정)의 회전시험을 하는 경우 고속회전체의 파괴로 인한 위험을 방지하기 위하여 전용의 견고한 시설물의 내부 또는 견고한 장벽 등으로 격리된 장소에서 하여야 한다(다만, 고속회전체의 회전시험으로서 시험설비에 견고한 덮개를 설치하는 등 그 고속회전

정답 50 ② 51 ① 52 ③ 53 ③ 54 ①

체의 파괴에 의한 위험을 방지하기 위하여 필요한 조치를 한 경우에는 제외).

55 원통형 연삭기의 방호장치를 그림과 같이 설치할 때 각도 a와 간격 b로 가장 옳은 것은?

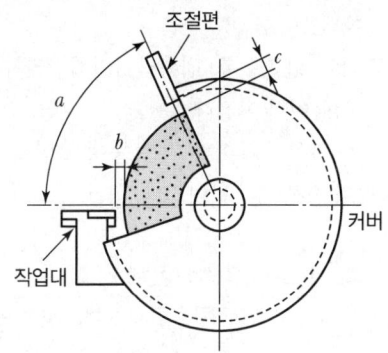

① a : 65° 이내, b : 3mm 이내
② a : 60° 이내, b : 3mm 이내
③ a : 90° 이내, b : 5mm 이내
④ a : 65° 이내, b : 5mm 이내

해설

연삭기의 덮개
a : 65° 이내, b : 3mm 이내

56 산업용 로봇의 교시 등의 작업 수행 시 불의의 작업 또는 잘못된 작업에 따른 위험을 방지하기 위한 조치사항으로 거리가 먼 것은?

① 작업 중 로봇의 작동 상태를 수시로 확인하기 위하여 주변에 방책 등을 설치해서는 안 된다.
② 이상을 발견할 때의 조치에 대한 지침을 정하고, 그에 따라 작업을 하도록 한다.
③ 작업 중에는 담당자 이외의 자가 로봇의 가동 스위치를 조작할 수 없도록 필요한 조치를 한다.
④ 로봇의 조작 방법 및 순서에 관한 지침을 정하고, 그에 따라 작업을 하도록 한다.

해설

운전 중 위험 방지조치
1. 높이 1.8미터 이상의 울타리
2. 컨베이어 시스템의 설치 등으로 울타리를 설치할 수 없는 일부 구간 : 안전매트 또는 광전자식 방호장치 등 감응형 방호장치 설치

57 보일러에서 과열이 발생하는 직접적인 원인과 가장 거리가 먼 것은?

① 수관의 청소 불량
② 관수 부족 시 보일러의 가동
③ 안전밸브의 기능이 부정확할 때
④ 수면계이 고장으로 드럼 내의 물의 감소

해설

보일러의 과열 원인
1. 수관과 본체의 청소 불량
2. 관수 부족 시 보일러의 가동
3. 수면계의 고장으로 드럼 내의 물의 감소

58 공작기계인 밀링작업의 안전사항이 아닌 것은?

① 사용 전에는 기계 기구를 점검하고 시운전을 한다.
② 칩을 제거할 때는 칩 브레이커로 제거한다.
③ 회전하는 커터에 손을 대지 않는다.
④ 커터의 제거·설치 시에는 반드시 스위치를 차단하고 한다.

해설

밀링 작업에 대한 안전수칙
1. 제품을 따 내는 데에는 손끝을 대지 말아야 한다.
2. 운전 중 가공면에 손을 대지 말아야 하며 장갑 착용을 금지한다.
3. 칩을 제거할 때에는 커터의 운전을 중지하고 브러시(솔)를 사용하며 걸레를 사용하지 않는다.
4. 칩의 비산이 많으므로 보안경을 착용한다.
5. 커터 설치 시 및 측정은 반드시 기계를 정지시킨 후에 한다.
6. 일감(공작물)은 테이블 또는 바이스에 안전하게 고정한다.
7. 상하 이송장치의 핸들은 사용 후 반드시 빼 두어야 한다.
8. 가공 중에 밀링머신에 얼굴을 대지 않는다.
9. 절삭 속도는 재료에 따라 정한다.
10. 커터를 끼울 때는 아버를 깨끗이 닦는다.
11. 일감(공작물)을 고정하거나 풀어낼 때는 기계를 정지시킨다.
12. 테이블 위에 공구 등을 올려놓지 않는다.
13. 강력 절삭을 할 때는 일감을 바이스에 깊이 물린다.
14. 급속이송은 백래시 제거장치가 동작하지 않고 있음을 확인한 후 실시하고, 급속이송은 한 방향으로만 한다.

정답 55 ① 56 ① 57 ③ 58 ②

59 목재 가공용 둥근톱의 목재반발 예방장치가 아닌 것은?

① 반발방지 톱날(Finger)
② 분할날(Spreader)
③ 덮개(Cover)
④ 반발방지 롤(Roll)

해설

반발예방장치

분할날 (Spreader)	톱 뒷날(후면톱날) 가까이에 설치되고 절삭된 가공재의 홈 사이로 들어가면서 가공재의 모든 두께에 걸쳐서 쐐기작용을 하여 가공재가 톱날에 밀착되는 것을 방지하는 것
반발방지기구 (Finger, 반발방지 발톱)	목재의 송급 쪽에 설치하는 것으로 가공재가 뒷날 측에 대해서 조금 들뜨고 역행하려고 할 때 기구가 가공재에 파고들어 반발을 방지하는 것
반발방지 롤 (Roll)	항상 가공재가 톱 후면에 있어서 들뜨는 것을 누르고 반발을 방지하는 것으로 가공재 윗면을 항상 일정한 힘으로 누르고 있다.
보조안내판	주 안내판과 톱날 사이의 공간에서 나무가 퍼질 수 있게 하여 죄임으로 인한 반발을 방지하는 것이다.

60 탁상용 연삭기의 평형 플랜지 바깥지름이 150mm일 때, 숫돌의 바깥지름은 몇 mm 이내이어야 하는가?

① 300mm
② 450mm
③ 600mm
④ 750mm

해설

플랜지의 지름

$$플랜지의 지름 = 숫돌지름 \times \frac{1}{3}$$

숫돌지름 = 플랜지의 지름 × 3 = 150 × 3 = 450[mm]

4과목 전기 및 화학설비위험방지기술

61 정전기 발생량과 관련된 내용으로 옳지 않은 것은?

① 분리속도가 빠를수록 정전기 발생량이 많아진다.
② 두 물질 간의 대전서열이 가까울수록 정전기 발생량이 많아진다.
③ 접촉면적이 넓을수록, 접촉압력이 증가할수록 정전기 발생량이 많아진다.
④ 물질의 표면이 수분이나 기름 등에 오염되어 있으면 정전기 발생량이 많아진다.

해설

정전기 발생의 영향요인(정전기 발생요인)

물체의 특성	일반적으로 대전량은 접촉이나 분리하는 두 가지 물체가 대전서열 내에서 가까운 곳에 있으면 적고 먼 위치에 있을수록 대전량이 큰 경향이 있다.
물체의 표면상태	• 표면이 거칠수록 정전기 발생량이 커진다. • 기름, 수분, 불순물 등 오염이 심할수록, 산화 부식이 심할수록 정전기 발생량이 커진다.
물체의 이력	정전기 발생량은 처음 접촉, 분리가 일어날 때 최대가 되며, 발생횟수가 반복될수록 발생량이 감소한다.
접촉면적 및 압력	접촉면적 및 압력이 클수록 정전기 발생량은 커진다.
분리속도	분리속도가 빠를수록 정전기 발생량이 커진다.
완화시간	완화시간이 길면 전하분리에 주는 에너지도 커져서 정전기 발생량이 커진다.

62 다음 중 물을 소화제로 사용하는 주된 이유로 가장 적합한 것은?

① 기화되기 쉬우므로
② 증발잠열이 크므로
③ 환원성이므로
④ 부촉매 효과가 있으므로

해설

물 소화약제의 장점
1. 쉽게 구할 수 있고 인체에 무해하다.
2. 비열과 증발잠열이 커서 냉각 효과가 우수하다.
3. 쉽게 운반할 수 있다.

63 대지전압이 150V를 초과하는 이동형 전기기계·기구의 전원 측에 인체감전보호형 누전차단기를 설치할 경우 동작시간은?(단, 정격전부하전류는 50A 미만이다.)

① 0.1초 이내   ② 0.05초 이내
③ 0.01초 이내 ④ 0.03초 이내

해설
누전차단기 접속 시 준수사항
전기기계·기구에 설치되어 있는 누전차단기는 정격감도전류가 30mA 이하이고 작동시간은 0.03초 이내일 것(다만, 정격전부하전류가 50A 이상인 전기기계·기구에 접속되는 누전차단기는 오작동을 방지하기 위하여 정격감도전류는 200mA 이하로, 작동시간은 0.1초 이내로 할 수 있다).

64 감전사고의 사망경로에 해당되지 않는 것은?

① 전류가 뇌의 호흡중추부로 흘러 발생한 호흡기능 마비
② 전류가 흉부에 흘러 발생한 흉부근육수축으로 인한 질식
③ 전류가 심장부로 흘러 심실세동에 의한 혈액순환기능 장애
④ 전류가 인체에 흐를 때 인체에 저항으로 발생한 줄열에 의한 화상

해설
전격(감전)현상의 메커니즘
1. 심장부에 전류가 흘러 심실세동이 발생하여 혈액순환기능이 상실되어 일어난 것
2. 뇌의 호흡중추신경에 전류가 흘러 호흡기능이 정지되어 일어난 것
3. 흉부에 전류가 흘러 흉부근육수축에 의한 질식으로 일어난 것

65 다음 중 가장 짧은 기간에도 노출되어서는 안 되는 노출기준은?

① TLV－S   ② TLV－C
③ TLV－TWA ④ TVL－STEL

해설
유해물질의 노출기준(화학물질 및 물리적 인자의 노출기준)
1. 시간가중평균 노출기준(TWA)
   1일 8시간, 주 40시간 동안의 평균농도로서 거의 모든 근로자가 평상작업에서 반복하여 노출되더라도 건강장해를 일으키지 않는 공기 중 유해물질의 농도를 말한다.
2. 단시간 노출기준(STEL ; Short Term Exposure Limit)
   근로자가 1회 15분간 유해인자에 노출되는 경우의 기준(허용농도)
3. 최고노출기준(Ceiling, C)
   근로자가 1일 작업시간 동안 잠시라도 노출되어서는 아니되는 기준

66 낮은 압력에서 물질의 끓는점이 내려가는 현상을 이용하여 시행하는 분리법으로 온도를 높여서 가열할 경우 원료가 분해될 우려가 있는 물질을 증류할 때 사용하는 방법을 무엇이라 하는가?

① 진공증류   ② 추출증류
③ 공비증류   ④ 수증기증류

해설
특수한 증류방법

감압증류 (진공증류)	상압하에서 끓는점까지 가열할 경우 분해할 우려가 있는 물질의 증류를 감압 또는 진공하여 끓는점을 내려서 증류하는 방법
추출증류	분리하여야 하는 물질의 끓는점이 비슷한 경우 증류하는 방법
공비증류	일반적인 증류로 순수한 성분을 분리할 수 없는 혼합물의 경우 증류하는 방법
수증기증류	물에 거의 용해하지 않는 휘발성 액체에 수증기를 불어 넣으면서 가열하면 그 액체는 원래의 끓는점보다 상당히 낮은 온도에서 유출하는 방법

67 감전을 방지하기 위해 관계 근로자에게 반드시 주지시켜야 하는 정전작업 사항으로 가장 거리가 먼 것은?

① 전원설비 효율에 관한 사항
② 단락접지 실시에 관한 사항
③ 전원 재투입 순서에 관한 사항
④ 작업 책임자의 임명, 정전범위 및 절연용 보호구 작업 등 필요한 사항

정답 63 ④ 64 ④ 65 ② 66 ① 67 ①

> **[해설]**
> 전원설비 효율에 관한 사항은 감전을 방지하기 위해 관계근로자에게 반드시 주지시켜야 하는 사항이 아니다.

68 다음 중 분해폭발을 일으키기 가장 어려운 물질은?

① 아세틸렌 ② 에틸렌
③ 이산화질소 ④ 암모니아

> **[해설]**
> 분해폭발 가스의 종류
> 아세틸렌, 산화에틸렌, 에틸렌, 히드라진, 이산화질소, 산화질소, 오존 등

69 신선한 공기 또는 불연성 가스 등의 보호 기체를 용기의 내부에 압입함으로써 내부의 압력을 유지하여 폭발성 가스가 침입하지 않도록 하는 방폭구조는?

① 내압 방폭구조
② 압력 방폭구조
③ 안전증 방폭구조
④ 특수 방진 방폭구조

> **[해설]**
> 압력 방폭구조(p)
> 점화원이 될 우려가 있는 부분을 용기 안에 넣고 보호 기체(신선한 공기 또는 불활성 기체)를 용기 안에 압입함으로써 폭발성 가스가 침입하는 것을 방지하도록 되어 있는 방폭구조(전폐형 구조)
>
> **TIP**
> - 내압 방폭구조(d) : 전폐형 구조로 용기 내에 외부의 폭발성 가스가 침입하여 내부에서 폭발하더라도 용기는 그 압력에 견뎌야 하고 폭발한 고열가스나 화염이 용기의 접합부 틈을 통하여 새어나가는 동안 냉각되어 외부의 폭발성 가스에 화염이 파급될 우려가 없도록 한 방폭구조
> - 안전증 방폭구조(e) : 전기 기기의 정상 사용조건 및 특정 비정상 상태에서 과도한 온도 상승, 아크 또는 스파크의 발생 위험을 방지하기 위해 추가적인 안전조치를 통한 안전도를 증가시킨 방폭구조
> - 특수 방진 방폭구조(SDP) : 전폐구조로서 접합면 깊이를 일정치 이상으로 하거나 또는 접합면에 일정치 이상의 깊이가 있는 패킹을 사용하여 분진이 용기 내부로 침입하지 않도록 한 구조

70 잘 절연된 컨베이어 벨트 시스템에서 발생하는 정전기의 전압이 10kV이고, 이때 정전용량이 5pF일 때 이 시스템에서 1회의 정전기 방전으로 생성될 수 있는 에너지는 얼마인가?

① 0.2mJ ② 0.25mJ
③ 0.5mJ ④ 0.25mJ

> **[해설]**
> 정전 에너지
>
> $$W = \frac{1}{2}CV^2 = \frac{1}{2}QV = \frac{1}{2}\frac{Q^2}{C}$$
>
> 대전 전하량$(Q) = C \cdot V$, 대전 전위$(V) = \frac{Q}{C}$
>
> 여기서, W : 정전기 에너지(J)
> C : 도체의 정전용량(F)
> V : 대전 전위(V)
> Q : 대전 전하량(C)
>
> $W = \frac{1}{2}CV^2 = \frac{1}{2} \times (5 \times 10^{-12}) \times (10,000)^2$
> $= 0.00025[J] = 0.25[mJ]$
>
> **TIP** 단위
> $1pF = 10^{-12}F$, $1mJ = 10^{-3}J$, $1V = 10^{-3}kV$

71 산업안전보건법령상 관리대상 유해물질의 운반 및 저장방법으로 적절하지 않은 것은?

① 저장장소에는 관계 근로자가 아닌 사람의 출입을 금지하는 표시를 한다.
② 저장장소에서 관리대상 유해물질의 증기가 실외로 배출되지 않도록 적절한 조치를 한다.
③ 관리대상 유해물질을 저장할 때 일정한 장소를 지정하여 저장하여야 한다.
④ 물질이 새거나 발산될 우려가 없는 뚜껑 또는 마개가 있는 튼튼한 용기를 사용한다.

> **[해설]**
> 관리대상 유해물질의 저장
> 1. 관리대상 유해물질을 운반하거나 저장하는 경우에 그 물질이 새거나 발산될 우려가 없는 뚜껑 또는 마개가 있는 튼튼한 용기를 사용하거나 단단하게 포장을 하여야 하며, 그 저장장소에는 다음 각 호의 조치를 하여야 한다.
>   ㉠ 관계 근로자가 아닌 사람의 출입을 금지하는 표시를 할 것

정답 68 ④ 69 ② 70 ② 71 ②

ⓒ 관리대상 유해물질의 증기를 실외로 배출시키는 설비를 설치할 것
2. 관리대상 유해물질을 저장할 경우에 일정한 장소를 지정하여 저장하여야 한다.

72 다음 중 전폐형 구조의 방폭구조가 아닌 것은?

① 내압 방폭구조
② 유입 방폭구조
③ 압력 방폭구조
④ 안전증 방폭구조

해설

전폐형 구조의 방폭구조
1. 내압 방폭구조
2. 압력 방폭구조
3. 유입 방폭구조

73 산업안전보건법령상 공정안전보고서의 내용 중 공정안전자료에 포함되지 않는 것은?

① 유해하거나 위험한 설비의 목록 및 사양
② 안전운전지침서
③ 폭발위험장소 구분도 및 전기단선도
④ 각종 건물·설비의 배치도

해설

공정안전자료
1. 취급·저장하고 있거나 취급·저장하려는 유해·위험물질의 종류 및 수량
2. 유해·위험물질에 대한 물질안전보건자료
3. 유해하거나 위험한 설비의 목록 및 사양
4. 유해하거나 위험한 설비의 운전방법을 알 수 있는 공정도면
5. 각종 건물·설비의 배치도
6. 폭발위험장소 구분도 및 전기단선도
7. 위험설비의 안전설계·제작 및 설치 관련 지침서

74 60Hz 정현파 교류에 의해 인체가 감전되었을 때 다른 손의 도움 없이 자력으로 감전에서 벗어날 수 있는 최대전류(가수전류 또는 마비한계전류)의 크기로 가장 적절한 것은?

① 10~15mA
② 20~35mA
③ 30~35mA
④ 40~45mA

해설

통전전류에 따른 인체의 영향

분류	인체에 미치는 전류의 영향	통전 전류
최소감지전류	전류의 흐름을 느낄 수 있는 최소전류	상용주파수 60Hz에서 성인남자 1mA
고통한계전류	고통을 참을 수 있는 한계전류	상용주파수 60Hz에서 성인남자 7~8mA
가수전류 (이탈전류, 마비한계전류)	인체가 자력으로 이탈할 수 있는 전류	상용주파수 60Hz에서 성인남자 10~15mA
불수전류	신경이 마비되고 신체를 움직일 수 없으며 말을 할 수 없는 상태 (인체가 충전부에 접촉하여 감전되었을 때 자력으로 이탈할 수 없는 상태의 전류)	상용주파수 60Hz에서 성인남자 15~50mA
심실세동전류 (치사전류)	심장의 맥동에 영향을 주어 심장마비 상태를 유발하여 수분 이내에 사망	$I = \dfrac{165}{\sqrt{T}}(\mathrm{mA})$ 일반적으로 50~100mA

75 다음 중 분진폭발에 대한 안전대책으로 가장 적절하지 않은 것은?

① 분진의 퇴적을 방지한다.
② 수분의 함량을 증가시킨다.
③ 입자의 크기를 최소화한다.
④ 불활성 분위기를 조성한다.

해설

입도와 입도분포
1. 분진의 표면적이 입자체적에 비하여 커지면 열의 발생속도가 방열속도보다 커져서 폭발이 용이해진다.
2. 평균 입자의 직경이 작고 밀도가 작을수록 비표면적은 크게 되고 표면에너지도 크게 되어 폭발이 용이해진다.

76 다음 중 폭발 위험이 가장 높은 물질은?

① 부탄
② 메탄
③ 이황화탄소
④ 벤젠

해설

위험도
위험도 값이 클수록 위험성이 높은 물질이다.

$$H = \frac{UFL - LFL}{LFL}$$

여기서, UFL : 연소 상한값, LFL : 연소 하한값, H : 위험도

폭발범위

가연성 가스	폭발하한값(%)	폭발상한값(%)
부탄	1.8	8.4
메탄	5.0	15.0
이황화탄소	1.25	41.0
벤젠	1.4	6.70

1. 부탄 위험도
$$H = \frac{UFL - LFL}{LFL} = \frac{8.4 - 1.8}{1.8} = 3.67$$

2. 메탄 위험도
$$H = \frac{UFL - LFL}{LFL} = \frac{15.0 - 5.0}{5.0} = 2$$

3. 이황화탄소 위험도
$$H = \frac{UFL - LFL}{LFL} = \frac{41.0 - 1.25}{1.25} = 31.8$$

4. 벤젠 위험도
$$H = \frac{UFL - LFL}{LFL} = \frac{6.70 - 1.4}{1.4} = 3.79$$

77 다음 중 피부에 닿았을 때 탈지현상을 일으키는 물질은?

① 등유
② 아세톤
③ 글리세린
④ 니트로톨루엔

해설

탈지현상
1. 피부의 유분성분이 제거되면서 하얗게 변화되는 현상을 탈지현상이라 할 수 있다.
2. 아세톤으로 매니큐어를 지울 때 과도하게 사용한 경우 하얗게 변하는 현상은 탈지현상의 일종이다.

78 다음 중 프로판(C_3H_8)의 완전연소 조성농도는 약 몇 vol%인가?

① 4.05
② 4.19
③ 5.05
④ 5.19

해설

완전연소 조성농도(화학양론농도)

$$C_{st} = \frac{100}{1 + 4.773\left(n + \frac{m - f - 2\lambda}{4}\right)}$$

여기서, n : 탄소의 원자수
m : 수소의 원자수
f : 할로겐 원소의 원자수
λ : 산소의 원자수

$$C_{st} = \frac{100}{1 + 4.773\left(n + \frac{m - f - 2\lambda}{4}\right)}$$

$$= \frac{100}{1 + 4.773\left(3 + \frac{8}{4}\right)} \fallingdotseq 4.02[\%]$$

(단, $C_3H_8 \rightarrow n = 3, m = 8, f = 0, \lambda = 0$)

79 다음 중 소화에 관한 설명으로 옳은 것은?

① 물은 가장 일반적인 소화제로서 모든 형태의 불을 소화하기에 가장 좋은 소화제이다.
② 탄화수소가스 혹은 유류 화재 등 B급 화재는 물에 의한 진화가 용이하다.
③ B급 화재의 소화에 있어 첫 단계는 가능하다면 불을 일으키는 연료의 공급을 차단하는 것이다.
④ 소화제로서의 물은 제5류 위험물에 대한 소화 적응성이 떨어지므로 사용할 수 없다.

해설

소화
1. 물은 전기화재에 폭발의 우려가 있다.
2. B급 화재에는 이산화탄소 소화기는 가능하나 물은 사용을 금한다.
3. 제5류 위험물(자기반응성 물질)의 소화에는 물을 사용할 수 있다.

80 작업장에서 꽂음접속기를 설치하거나 사용하는 경우 작업자의 감전 위험을 방지하기 위하여 필요한 준수사항으로 틀린 것은?

① 서로 다른 전압의 꽂음접속기는 상호 접속되는 구조의 것을 사용할 것
② 습윤한 장소에 사용되는 꽂음접속기는 방수형 등 해당 장소에 적합한 것을 사용할 것

③ 꽂음접속기를 접속시킬 경우 땀 등으로 젖은 손으로 취급하지 않도록 할 것
④ 꽂음접속기에 잠금장치가 있는 때에는 접속 후 잠그고 사용할 것

해설
꽂음접속기의 설치·사용 시 준수사항
1. 서로 다른 전압의 꽂음접속기는 서로 접속되지 아니한 구조의 것을 사용할 것
2. 습윤한 장소에 사용되는 꽂음접속기는 방수형 등 그 장소에 적합한 것을 사용할 것
3. 근로자가 해당 꽂음접속기를 접속시킬 경우에는 땀 등으로 젖은 손으로 취급하지 않도록 할 것
4. 해당 꽂음접속기에 잠금장치가 있는 경우에는 접속 후 잠그고 사용할 것

5과목 건설안전기술

81 말비계를 조립하여 사용할 때의 준수사항으로 옳지 않은 것은?

① 지주부재의 하단에는 미끄럼 방지장치를 한다.
② 양측 끝부분에 올라서서 작업하여야 한다.
③ 지주부재와 수평면과의 기울기를 75° 이하로 한다.
④ 말비계의 높이가 2m를 초과할 경우에는 작업발판의 폭을 40cm 이상으로 한다.

해설
말비계 조립 시의 준수사항
1. 지주부재의 하단에는 미끄럼 방지장치를 하고, 근로자가 양측 끝부분에 올라서서 작업하지 않도록 할 것
2. 지주부재와 수평면의 기울기를 75° 이하로 하고, 지주부재와 지주부재 사이를 고정시키는 보조부재를 설치할 것
3. 말비계의 높이가 2m를 초과하는 경우에는 작업발판의 폭을 40cm 이상으로 할 것

82 근로자의 추락 등에 의한 위험을 방지하기 위하여 안전난간을 설치할 때 준수하여야 할 기준으로 옳지 않은 것은?

① 안전난간은 임의의 점에서 임의의 방향으로 움직이는 100kg 이상의 하중에 견딜 수 있는 튼튼한 구조일 것
② 난간대는 지름 1.5cm 이상의 금속제 파이프나 그 이상의 강도를 가진 재료일 것
③ 난간기둥은 상부 난간대와 중간 난간대를 견고하게 떠받칠 수 있도록 적정 간격을 유지할 것
④ 상부 난간대는 경사로의 표면으로부터 90cm 이상 120cm 이하에 설치할 것

해설
안전난간의 구조 및 설치요건

구성	상부 난간대, 중간 난간대, 발끝막이판 및 난간기둥으로 구성할 것(다만, 중간 난간대, 발끝막이판 및 난간기둥은 이와 비슷한 구조와 성능을 가진 것으로 대체할 수 있음)
상부 난간대	상부 난간대는 바닥면·발판 또는 경사로의 표면(이하 "바닥면 등"이라 한다)으로부터 90cm 이상 지점에 설치하고, 상부 난간대를 120cm 이하에 설치하는 경우에는 중간 난간대는 상부 난간대와 바닥면 등의 중간에 설치해야 하며, 120cm 이상 지점에 설치하는 경우에는 중간 난간대를 2단 이상으로 균등하게 설치하고 난간의 상하 간격은 60cm 이하가 되도록 할 것(다만, 난간기둥 간의 간격이 25cm 이하인 경우에는 중간 난간대를 설치하지 않을 수 있음)
발끝막이판 (폭목)	발끝막이판은 바닥면 등으로부터 10cm 이상의 높이를 유지할 것(다만, 물체가 떨어지거나 날아올 위험이 없거나 그 위험을 방지할 수 있는 망을 설치하는 등 필요한 예방 조치를 한 장소는 제외)
난간기둥	상부 난간대와 중간 난간대를 견고하게 떠받칠 수 있도록 적정한 간격을 유지할 것
상부 난간대와 중간 난간대	상부 난간대와 중간 난간대는 난간 길이 전체에 걸쳐 바닥면 등과 평행을 유지할 것
난간대	난간대는 지름 2.7cm 이상의 금속제 파이프나 그 이상의 강도가 있는 재료일 것
하중	안전난간은 구조적으로 가장 취약한 지점에서 가장 취약한 방향으로 작용하는 100kg 이상의 하중에 견딜 수 있는 튼튼한 구조일 것

83 다음 중 콘크리트 측압에 영향을 미치는 인자로 가장 거리가 먼 것은?

① 슬럼프
② 타설 속도
③ 대기압의 온도 및 습도
④ 거푸집의 종류

> **해설**
>
> 거푸집 측압 증가에 영향을 미치는 인자(측압의 영향요소)
> 1. 거푸집 수평단면이 클수록 크다.
> 2. 콘크리트 슬럼프치가 클수록 커진다.
> 3. 거푸집 표면이 평활할수록(평탄) 커진다.
> 4. 철골, 철근량이 적을수록 커진다.
> 5. 콘크리트 시공연도가 좋을수록 커진다.
> 6. 외기의 온도, 습도가 낮을수록 커진다.
> 7. 타설 속도가 빠를수록 커진다.
> 8. 다짐이 충분할수록 커진다.
> 9. 타설 시 상부에서 직접 낙하할 경우 커진다.
> 10. 거푸집의 강성이 클수록 크다.
> 11. 콘크리트의 비중(단위중량)이 클수록 크다.
> 12. 벽 두께가 두꺼울수록 커진다.

84 다음은 산업안전보건법령에 따른 승강설비의 설치에 관한 내용이다. (   ) 안에 들어갈 내용으로 옳은 것은?

> 사업주는 높이 또는 깊이가 (   )를 초과하는 장소에서 작업하는 경우 해당 작업에 종사하는 근로자가 안전하게 승강하기 위한 건설용 리프트 등의 설비를 설치하여야 한다. 다만, 승강설비를 설치하는 것이 작업의 성질상 곤란한 경우에는 그렇지 않다.

① 2m
② 3m
③ 4m
④ 5m

> **해설**
>
> 승강설비의 설치
> 높이 또는 깊이가 2m를 초과하는 장소에서 작업하는 경우 해당 작업에 종사하는 근로자가 안전하게 승강하기 위한 건설용 리프트 등의 설비를 설치해야 한다. 다만, 승강설비를 설치하는 것이 작업의 성질상 곤란한 경우에는 그렇지 않다.

85 항타기 및 항발기를 조립하는 경우 점검하여야 할 사항이 아닌 것은?

① 과부하장치 및 제동장치의 이상 유무
② 권상장치의 브레이크 및 쐐기장치 기능의 이상 유무
③ 본체 연결부의 풀림 또는 손상의 유무
④ 권상기의 설치상태의 이상 유무

> **해설**
>
> 항타기 또는 항발기를 조립하거나 해체하는 경우 점검사항
> 1. 본체 연결부의 풀림 또는 손상의 유무
> 2. 권상용 와이어로프·드럼 및 도르래의 부착상태의 이상 유무
> 3. 권상장치의 브레이크 및 쐐기장치 기능의 이상 유무
> 4. 권상기의 설치상태의 이상 유무
> 5. 리더(Leader)의 버팀 방법 및 고정상태의 이상 유무
> 6. 본체·부속장치 및 부속품의 강도가 적합한지 여부
> 7. 본체·부속장치 및 부속품에 심한 손상·마모·변형 또는 부식이 있는지 여부

86 굴착작업 시 굴착시기와 작업장소를 정할 때 사전조사 사항이 아닌 것은?

① 지반의 지하수위 상태
② 지질 및 지층의 상태
③ 굴착기의 이상 유무
④ 매설물 등의 유무 또는 상태

> **해설**
>
> 굴착작업 시 사전조사 내용
> 1. 형상·지질 및 지층의 상태
> 2. 균열·함수·용수 및 동결의 유무 또는 상태
> 3. 매설물 등의 유무 또는 상태
> 4. 지반의 지하수위 상태

87 추락에 의한 위험방지를 위해 해당 장소에서 조치해야 할 사항과 거리가 먼 것은?

① 추락방호망 설치
② 안전난간 설치
③ 덮개 설치
④ 투하설비 설치

> **해설**
>
> 투하설비 등
> 높이가 3m 이상인 장소로부터 물체를 투하하는 경우 적당한 투하설비를 설치하거나 감시인을 배치하는 등 위험을 방지하기 위하여 필요한 조치를 하여야 한다.

정답 83 ④ 84 ① 85 ① 86 ③ 87 ④

88 가설통로 설치 시 경사가 몇 도를 초과하면 미끄러지지 않는 구조로 설치하여야 하는가?

① 15° ② 20°
③ 25° ④ 30°

해설
가설통로
1. 견고한 구조로 할 것
2. 경사는 30° 이하로 할 것(다만, 계단을 설치하거나 높이 2미터 미만의 가설통로로서 튼튼한 손잡이를 설치한 경우에는 그러하지 아니하다)
3. 경사가 15°를 초과하는 경우에는 미끄러지지 아니하는 구조로 할 것
4. 추락할 위험이 있는 장소에는 안전난간을 설치할 것(다만, 작업상 부득이한 경우에는 필요한 부분만 임시로 해체할 수 있다)
5. 수직갱에 가설된 통로의 길이가 15m 이상인 경우에는 10m 이내마다 계단참을 설치할 것
6. 건설공사에 사용하는 높이 8m 이상인 비계다리에는 7m 이내마다 계단참을 설치할 것

89 건설공사 중 작업으로 인하여 물체가 떨어지거나 날아올 위험이 있을 때 조치할 사항으로 거리가 먼 것은?

① 안전난간 설치 ② 보호구의 착용
③ 출입금지구역의 설정 ④ 낙하물 방지망의 설치

해설
물체가 떨어지거나 날아올 위험이 있는 경우의 위험방지
1. 낙하물 방지망 설치
2. 수직보호망 설치
3. 방호선반 설치
4. 출입금지구역 설정
5. 보호구 착용

> **TIP** 안전난간
> 추락의 위험이 있는 장소에 설치한다.

90 추락방지용 10cm 그물코의 매듭 없는 방망사 신품의 인장강도 기준은 얼마 이상인가?

① 120kg ② 135kg
③ 200kg ④ 240kg

해설
방망사의 신품에 대한 인장강도

그물코의 크기 (단위 : cm)	방망의 종류(단위 : kg)	
	매듭 없는 방망	매듭방망
10	240	200
5		110

91 옹벽의 안정조건에서 활동에 대한 저항력은 옹벽에 작용하는 수평력보다 최소 몇 배 이상 되어야 하는가?

① 1.0배 ② 1.5배
③ 2.0배 ④ 3.0배

해설
옹벽의 안정조건

전도(Over Turning)에 대한 안정	• 안전율(F_s) $= \dfrac{\text{전도에 저항하는 모멘트}}{\text{전도모멘트}} \geq 2.0$ • 대책 : 옹벽의 높이를 낮추거나 기초 후면의 길이를 길게 함
활동(Sliding)에 대한 안정	• 안전율(F_s) $= \dfrac{\text{활동에 저항하려는 힘}}{\text{활동하려는 힘}} \geq 1.5$ • 대책 : 기초 저반의 폭 증가, 기초 하부에 말뚝보강, 기초 하부에 활동방지벽(Shear Key) 설치
지반지지력(침하, Settlement)에 대한 안정	• 안전율(F_s) $= \dfrac{\text{지반의 극한지지력}}{\text{지반의 최대반력}} \geq 3.0$ • 대책 : 기초 저반의 폭 증가, 기초 하부의 지반 개량 및 강화

92 수중굴착 및 구조물의 기초바닥 등과 같은 협소하고 상당히 깊은 범위의 굴착과 호퍼작업에 가장 적당한 굴착기계는?

① 파워 셔블 ② 항타기
③ 클램셸 ④ 리버스 서큘레이션 드릴

해설
클램셸(Clam Shell)
1. 좁고 깊은 곳의 수직굴착, 수중굴착에 적당
2. 지하연속벽 공사, 깊은 우물통 파기에 사용
3. 구조물의 기초바닥, 잠함 등과 같은 협소하고 깊은 범위의 굴착에 적합

정답 88 ① 89 ① 90 ④ 91 ② 92 ③

93 아스팔트 포장도로의 노반의 파쇄 또는 토사 중에 있는 암석 제거에 가장 적당한 장비는?

① 스크레이퍼(Scraper)
② 롤러(Roller)
③ 리퍼(Ripper)
④ 드래그 라인(Drag Line)

해설
리퍼 도저(Ripper Dozer)
아스팔트 포장도로 등 단단한 땅이나 연약한 암석을 파내는 갈고리 모양의 도저

94 항타기 및 항발기에서 사용하는 권상용 와이어로프의 안전계수는 최소 얼마 이상이어야 하는가?

① 2
② 5
③ 8
④ 10

해설
권상용 와이어로프의 안전계수
항타기 또는 항발기의 권상용 와이어로프의 안전계수가 5 이상이 아니면 이를 사용해서는 아니 된다.

95 흙의 동상을 방지하기 위한 대책으로 옳지 않은 것은?

① 물의 유통을 원활하게 하여 지하수위를 상승시킨다.
② 모관수의 상승을 차단하기 위하여 지하수위 상층에 조립토층을 설치한다.
③ 지표의 흙을 화학약품으로 처리한다.
④ 흙속에 단열재료를 매입한다.

해설
동상방지 대책
1. 배수구 설치 등으로 지하수위를 저하시킨다.
2. 지하수위 상부에 조립토층을 설치하여 모관상승을 차단한다.
3. 지표면 부근에 단열재료(석탄재, 코르크, 스티로폼, 부직포 등)를 매입한다.
4. 약액 및 약품처리로 흙의 동결온도를 낮춘다.
5. 치환공법으로 실트질 흙을 조립토로 바꾼다(비동결성 흙 치환).

96 대형 브레이커에 대한 설명 중 옳지 않은 것은?

① 수직 및 수평의 테두리 끊기 작업에도 사용할 수 있다.
② 공기식보다 유압식이 많이 사용된다.
③ 셔블(Shovel)에 부착하여 사용하며 일반적으로 상향 작업에 적합하다.
④ 고층건물에서는 건물 위에 기계를 놓아서 작업할 수 있다.

해설
대형 브레이커
대형 브레이커는 통상 쇼벨에 설치하여 사용하며 일반적으로 하향 작업에 적합하다.

97 차량계 건설기계의 운전자가 운전위치를 이탈할 때 행하여야 할 조치사항으로 옳지 않은 것은?

① 브레이크를 걸어둔다.
② 버킷은 지상에서 1m 정도의 위치에 둔다.
③ 디퍼는 지면에서 내려둔다.
④ 원동기를 정지시킨다.

해설
운전위치 이탈 시의 조치
차량계 하역운반기계 등, 차량계 건설기계의 운전자가 운전위치를 이탈하는 경우 해당 운전자 준수사항은 다음과 같다.
1. 포크, 버킷, 디퍼 등의 장치를 가장 낮은 위치 또는 지면에 내려둘 것
2. 원동기를 정지시키고 브레이크를 확실히 거는 등 차량계 하역운반기계 등, 차량계 건설기계의 갑작스러운 이동을 방지하기 위한 조치를 할 것
3. 운전석을 이탈하는 경우에는 시동키를 운전대에서 분리시킬 것. 다만, 운전석에 잠금장치를 하는 등 운전자가 아닌 사람이 운전하지 못하도록 조치한 경우에는 그러하지 아니하다.

98 리프트(Lift)의 방호장치에 해당하지 않는 것은?

① 권과방지장치
② 비상정지장치
③ 과부하방지장치
④ 자동경보장치

해설
리프트의 방호장치
리프트(자동차정비용 리프트는 제외)의 운반구 이탈 등의 위험을 방지하기 위하여 권과방지장치, 과부하방지장치, 비상정지장치 등을 설치하는 등 필요한 조치를 하여야 한다.

정답 93 ③ 94 ② 95 ① 96 ③ 97 ② 98 ④

99 타워크레인의 운전작업을 중지하여야 하는 순간 풍속기준으로 옳은 것은?

① 초당 10m 초과   ② 초당 12m 초과
③ 초당 15m 초과   ④ 초당 20m 초과

해설
타워크레인의 작업제한(악천후 및 강풍 시 작업 중지)

순간풍속이 초당 10m를 초과	타워크레인의 설치·수리·점검 또는 해체작업 중지
순간풍속이 초당 15m를 초과	타워크레인의 운전작업 중지

100 작업발판 및 통로의 끝이나 개구부로서 근로자가 추락할 위험이 있는 장소에서의 방호조치로 옳지 않은 것은?

① 안전난간 설치   ② 와이어로프 설치
③ 울타리 설치   ④ 수직형 추락방망 설치

해설
개구부 등의 방호조치
1. 작업발판 및 통로의 끝이나 개구부로서 근로자가 추락할 위험이 있는 장소에는 안전난간, 울타리, 수직형 추락방망 또는 덮개 등의 방호조치를 충분한 강도를 가진 구조로 튼튼하게 설치하여야 하며, 덮개를 설치하는 경우에는 뒤집히거나 떨어지지 않도록 설치하여야 한다. 이 경우 어두운 장소에서도 알아볼 수 있도록 개구부임을 표시하여야 한다.
2. 난간 등을 설치하는 것이 매우 곤란하거나 작업의 필요상 임시로 난간 등을 해체하여야 하는 경우 추락방호망을 설치하여야 한다. 다만, 추락방호망을 설치하기 곤란한 경우에는 근로자에게 안전대를 착용하도록 하는 등 추락할 위험을 방지하기 위하여 필요한 조치를 하여야 한다.

정답 99 ③ 100 ②

22 | 2023년 3회 기출복원문제

1과목 산업안전관리론

01 다음 중 사회행동의 기본 형태를 올바르게 연결한 것은?

① 불안 – 고립, 조력
② 대립 – 공격, 경쟁
③ 도피 – 자살, 타협
④ 협력 – 고립, 모방

해설

사회행동의 기본형태

사회행동의 기초	• 욕구 • 신념 • 개성 • 태도 • 인지
사회행동의 기본형태	• 협력(조력, 분업) • 대립(공격, 경쟁) • 도피(고립, 정신병, 자살) • 융합(강제, 타협, 통합)

02 인간의 주의의 특성에 해당하지 않는 것은?

① 변동성   ② 선택성
③ 방향성   ④ 가시성

해설

주의의 특징

선택성	• 주의는 동시에 두 개의 방향에 집중하지 못한다. • 여러 종류의 자극을 지각하거나 수용할 때 특정한 것에 한하여 선택하는 기능
변동성	• 고도의 주의는 장시간 지속할 수 없다(주의에는 리듬이 존재). • 주의에는 리듬이 있어 언제나 일정수준을 유지할 수 없다.
방향성	• 한 지점에 주의를 집중하면 다른 곳의 주의는 약해진다. • 주시점만 인지하는 기능

03 안전모에 관한 내용으로 옳은 것은?

① 안전모의 종류는 안전모의 형태로 구분한다.
② 안전모의 종류는 안전모의 색상으로 구분한다.
③ A형 안전모 : 물체의 낙하, 비래에 의한 위험을 방지, 경감시키는 것으로 내전압성이다.
④ AE형 안전모 : 물체의 낙하, 비래에 의한 위험을 방지 또는 경감하고 머리부위의 감전에 의한 위험을 방지하기 위한 것으로 내전압성이다.

해설

추락 및 감전 위험방지용 안전모의 종류

종류(기호)	사용 구분	비고
AB	물체의 낙하 또는 비래 및 추락에 의한 위험을 방지 또는 경감시키기 위한 것	
AE	물체의 낙하 또는 비래에 의한 위험을 방지 또는 경감하고, 머리부위 감전에 의한 위험을 방지하기 위한 것	내전압성
ABE	물체의 낙하 또는 비래 및 추락에 의한 위험을 방지 또는 경감하고, 머리부위 감전에 의한 위험을 방지하기 위한 것	내전압성

내전압성이란 7,000V 이하의 전압에 견디는 것을 말한다.

04 하인리히(Heinrich)가 제시한 사고연쇄반응이론의 각 단계가 다음과 같을 때 올바른 순서대로 나열한 것은?

㉠ 사고
㉡ 사회적 환경 및 유전적 요소
㉢ 재해
㉣ 개인적 결함
㉤ 불안전한 행동 및 상태

① ㉡ → ㉣ → ㉤ → ㉠ → ㉢
② ㉣ → ㉡ → ㉤ → ㉠ → ㉢
③ ㉣ → ㉡ → ㉤ → ㉢ → ㉠
④ ㉡ → ㉤ → ㉣ → ㉢ → ㉠

정답 01 ② 02 ④ 03 ④ 04 ①

> **해설**
>
> 하인리히(H. W. Heinrich)의 도미노이론(사고연쇄성)
> 1. 제1단계 : 사회적 환경 및 유전적 요인
> 2. 제2단계 : 개인적 결함
> 3. 제3단계 : 불안전한 행동 및 불안전한 상태
> 4. 제4단계 : 사고
> 5. 제5단계 : 재해
> ※ 불안전한 행동이나 불안전한 상태, 즉 제3단계를 제거하면 사고나 재해를 예방할 수 있다.

05 리더십에 있어서 권한의 역할 중 조직이 지도자에게 부여한 권한으로 볼 수 없는 것은?

① 전문성의 권한   ② 보상적 권한
③ 강압적 권한   ④ 합법적 권한

> **해설**
>
> 리더십의 권한
> 1. 조직이 지도자에게 부여한 권한
>   ㉠ 보상적 권한
>   ㉡ 강압적 권한
>   ㉢ 합법적 권한
> 2. 지도자 자신이 자신에게 부여한 권한
>   ㉠ 전문성의 권한
>   ㉡ 위임된 권한

06 다음 중 사고예방대책 제5단계의 "시정책의 적용"에서 3E와 관계가 없는 것은?

① 교육(Education)
② 재정(Economics)
③ 기술(Engineering)
④ 관리(Enforcement)

> **해설**
>
> J. H. Harvey의 3E 이론(안전대책)
> 1. 사고를 방지하고 안전을 도모하기 위하여 3E를 안전대책으로 재해를 예방 및 최소화할 수 있다는 이론을 제시
> 2. 3E는 재해발생의 간접원인이 되기도 함
> 3. 재해발생의 3E의 의미
>
> | 기술
(Engineering) | 기계설비의 결함, 작업환경의 불량 등 불안전한 상태 유발 |
> |---|---|
> | 교육
(Education) | 지식의 부족, 기능의 결여, 부적절한 태도 등 불안전한 행동 유발 |
> | 관리
(Enforcement) | 안전관리조직 체계 미비, 제반규정과 수칙 미준수 등 관리적 결함 |

07 다음 중 위험예지훈련 기초 4라운드(4R)에 관한 내용으로 옳은 것은?

① 1R : 목표설정   ② 2R : 현상파악
③ 3R : 대책수립   ④ 4R : 본질추구

> **해설**
>
> 위험예지훈련의 4라운드
> 1. 1라운드(1R) : 현상파악(사실을 파악한다)
> 2. 2라운드(2R) : 본질추구(요인을 찾아낸다)
> 3. 3라운드(3R) : 대책수립(대책을 선정한다)
> 4. 4라운드(4R) : 목표설정(행동계획을 정한다)

08 다음 중 데이비스(K. Davis)의 동기부여이론에서 관련 등식으로 옳은 것은?

① 상황 × 태도 = 동기유발
② 지식 × 기능 = 인간의 성과
③ 능력 × 동기유발 = 물질적 성과
④ 지식 × 동기유발 = 경영의 성과

> **해설**
>
> 데이비스(K. Davis)의 동기부여이론
> 1. 인간의 성과 × 물질적 성과 = 경영의 성과
> 2. 지식(Knowledge) × 기능(Skill) = 능력(Ability)
> 3. 상황(Situation) × 태도(Attitude) = 동기유발(Motivation)
> 4. 능력(Ability) × 동기유발(Motivation)
>   = 인간의 성과(Human Performance)

09 인지과정 착오의 요인이 아닌 것은?

① 정서 불안정
② 감각차단 현상
③ 작업자의 기능 미숙
④ 생리·심리적 능력의 한계

> **해설**
>
> 착오의 요인
>
> | 종류 | 내용 |
> |---|---|
> | 인지과정 착오 | • 심리 또는 생리적 요인
• 정보량 저장의 한계 : 한계정보량보다 더 많은 정보가 들어오는 경우 정보를 처리하지 못하는 현상
• 감각차단 현상 : 단조로운 업무가 장시간 지속될 때 작업자의 감각기능 및 판단능력이 둔화 또는 마비되는 현상(예 : 고도비행, 단독비행, 계기비행, 직선 고속도로 운행 등)
• 정서적 불안정(불안, 공포)
• 정보수용 능력의 한계 : 인간의 감지범위 밖의 정보 |

정답 05 ① 06 ② 07 ③ 08 ① 09 ③

종류	내용
판단과정 착오	• 정보부족(옹고집, 지나친 자기중심적 인간) • 능력부족(지식부족, 경험부족) • 자기합리화(자기에게 유리하게 판단) • 환경조건불비(작업조건불량)
조치과정 착오	• 기술능력 미숙 • 경험 부족 • 피로

10 산업안전보건법령상 안전모의 시험성능기준 항목이 아닌 것은?

① 난연성
② 인장성
③ 내관통성
④ 충격흡수성

해설

안전모의 시험성능 항목 및 기준

항목	시험성능기준
내관통성	• 안전인증 : AE, ABE종 안전모는 관통거리가 9.5mm 이하이고, AB종 안전모는 관통거리가 11.1mm 이하이어야 한다. • 자율안전확인 : 안전모는 관통거리가 11.1mm 이어야 한다.
충격흡수성	최고전달충격력이 4,450N을 초과해서는 안 되며, 모체와 착장체의 기능이 상실되지 않아야 한다.
내전압성	AE, ABE종 안전모는 교류 20kV에서 1분간 절연파괴 없이 견뎌야 하고, 이때 누설되는 충전전류는 10mA 이하이어야 한다.(※ 자율안전확인에서는 제외).
내수성	AE, ABE종 안전모는 질량증가율이 1% 미만이어야 한다(※ 자율안전확인에서는 제외).
난연성	모체가 불꽃을 내며 5초 이상 연소되지 않아야 한다.
턱끈풀림	150N 이상 250N 이하에서 턱끈이 풀려야 한다.

11 상황성 누발자의 재해유발원인과 거리가 먼 것은?

① 작업의 어려움
② 기계설비의 결함
③ 심신의 근심
④ 주의력의 산만

해설

재해 누발자의 유형

상황성 누발자	• 작업이 어렵기 때문에 • 기계설비에 결함이 있기 때문에 • 심신에 근심이 있기 때문에 • 환경상 주의력의 집중이 혼란되기 때문에
습관성 누발자	• 재해의 경험에 의해 겁을 먹거나 신경과민 • 일종의 슬럼프 상태
미숙성 누발자	• 기능이 미숙하기 때문에 • 환경에 익숙하지 못하기 때문에(환경에 적응 미숙)
소질성 누발자	• 개인의 소질 가운데 재해원인의 요소를 가진 자 (주의력 산만, 저지능, 흥분성, 비협조성, 소심한 성격, 도덕성의 결여, 감각운동 부적합 등) • 개인의 특수성격 소유자

12 다음 중 표준작업방법으로의 작업, 안전수칙 및 규칙의 준수 등 가치관을 형성하는 교육의 종류는?

① 태도교육
② 기능교육
③ 지식교육
④ 훈련교육

해설

단계별 교육내용

1. 지식교육
   ㉠ 안전의식의 향상
   ㉡ 안전의 책임감을 주입
   ㉢ 기능, 태도, 교육에 필요한 기초지식의 주입
   ㉣ 근로자가 지켜야 할 안전규정의 숙지
   ㉤ 공정 속에 잠재된 위험요소를 이해시킴

2. 기능교육
   ㉠ 전문적 기술기능
   ㉡ 안전기술기능
   ㉢ 방호장치 관리기능
   ㉣ 점검검사 정비기능

3. 태도교육
   ㉠ 표준작업방법의 습관화
   ㉡ 공구, 보호구의 관리 및 취급태도의 확립
   ㉢ 작업 전후의 점점 및 검사 요령의 정확한 습관화
   ㉣ 안전작업의 지시, 전달, 확인 등 언어태도의 습관화 및 정확화

13 안전을 위한 동기부여로 틀린 것은?

① 기능을 숙달시킨다.
② 경쟁과 협동을 유도한다.
③ 상벌제도를 합리적으로 시행한다.
④ 안전목표를 명확히 설정하여 주지시킨다.

해설

동기부여의 방법
1. 안전의 근본이념을 인식시킨다.
2. 안전목표를 명확히 설정하여 주지시킨다.
3. 결과의 가치를 인식하고 알려준다.
4. 상과 벌을 준다(상벌제도를 합리적으로 시행한다).
5. 경쟁과 협동을 유도한다.
6. 동기 유발의 최적수준을 유지한다.

14 다음 중 산업재해 통계에 관한 설명으로 적절하지 않은 것은?

① 산업재해 통계는 구체적으로 표시되어야 한다.
② 산업재해 통계의 목적은 기업에서 발생한 산업재해에 대하여 효과적인 대책을 강구하기 위함이다.
③ 산업재해 통계는 안전 활동을 추진하기 위한 기초자료이다.
④ 산업재해 통계를 기반으로 안전 조건이나 상태를 추측할 수 있다.

해설

재해통계 작성 시 유의사항
1. 산업재해 통계는 그 활용 목적을 만족시킬 수 있는 충분한 내용이 담겨 있어야 한다.
2. 산업재해 통계는 구체적으로 표시되어야 하며 그 내용은 쉽게 이해되고 활용될 수 있도록 작성한다.
3. 산업재해 통계는 안전활동을 추진하기 위한 기초자료이며, 안전활동 그 자체가 아님을 인식한다.
4. 산업재해 통계를 기반으로 안전조건이나 상태를 추측해서는 안 되며, 이 통계 사실을 정직하게 보고 판단한다.
5. 산업재해 통계 그 자체보다는 재해통계에 나타난 경향과 성질의 활용을 중요시해야 한다.
6. 이용이나 활용하지 않는 통계는 그 작성에 따른 시간과 예산낭비임을 인식한다.

15 안전교육 방법 중 TWI(Training Within Industry)의 교육과정이 아닌 것은?

① 직업지도 훈련
② 인간관계 훈련
③ 정책수립 훈련
④ 작업방법 훈련

해설

TWI의 교육과정
1. Job Method Training(JMT) : 작업방법훈련, 작업개선훈련
2. Job Instruction Training(JIT) : 작업지도훈련
3. Job Relations Training(JRT) : 인간관계훈련, 부하통솔법
4. Job Safety Training(JST) : 작업안전훈련

16 어떤 화학공장에서 450명의 근로자가 1년 동안 작업하는 가운데 21건의 재해가 발생하였으며 250일의 근로손실이 발생하였다. 이 공장의 도수율은 약 얼마인가?(단, 근로자는 1일 9시간 연간 280일을 근무하였다.)

① 0.22　　② 18.52
③ 22.05　　④ 46.67

해설

도수율

$$도수율 = \frac{재해발생건수}{연간 총근로시간수} \times 1,000,000$$

$$도수율 = \frac{재해발생건수}{연간 총근로시간수} \times 1,000,000 = \frac{21}{450 \times 9 \times 280} \times 1,000,000 ≒ 18.52$$

17 레빈(Lewin)은 인간행동과 인간의 조건 및 환경조건의 관계를 다음과 같이 표시하였다. 이때 'ƒ'의 의미는?

$$B = f(P \cdot E)$$

① 행동　　② 조명
③ 지능　　④ 함수

정답 13 ① 14 ④ 15 ③ 16 ② 17 ④

해설

레빈(K. Lewin)의 행동법칙

$$B = f(P \cdot E)$$

여기서, B : Behavior(인간의 행동)
f : Function(함수관계) $P \cdot E$에 영향을 줄 수 있는 조건
P : Person(개체, 개인의 자질, 연령, 경험, 심신상태, 성격, 지능 등)
E : Environment(심리적 환경 – 작업환경, 인간관계, 설비적 결함 등)

레빈의 이론
인간의 행동(B)은 개인의 자질과 심리학적 환경과의 상호 함수관계이다.

18 다음 중 재해예방의 4원칙에 해당되지 않는 것은?

① 예방 가능의 원칙
② 원인 계기(연계)의 원칙
③ 대책 선정의 원칙
④ 현장 보존의 원칙

해설

하인리히의 재해예방 4원칙

예방 가능의 원칙	천재지변을 제외한 모든 재해는 원칙적으로 예방이 가능하다.
손실 우연의 원칙	사고로 생기는 상해의 종류 및 정도는 우연적이다.
원인 계기의 원칙	사고와 손실의 관계는 우연적이지만 사고와 원인관계는 필연적이다(사고에는 반드시 원인이 있다).
대책 선정의 원칙	원인을 정확히 규명해서 대책을 선정하고 실시되어야 한다(3E, 즉 기술, 교육, 독려를 중심으로).

19 다음 중 안전교육방법에 있어 강의법에 관한 설명으로 틀린 것은?

① 시간에 대한 조정이 용이하다.
② 전체적인 교육내용을 제시하는 데 유리하다.
③ 종류에는 포럼, 심포지엄, 버즈 세션 등이 있다.
④ 다수의 원인에게 동시에 많은 지식과 정보의 전달이 가능하다.

해설

포럼, 심포지엄, 버즈 세션 등은 토의법의 유형이다.

강의식 교육의 장단점

장점	• 한 번에 많은 사람이 지식을 부여받는다(최적인원 40~50명). • 시간의 계획과 통제가 용이하다. • 체계적으로 교육할 수 있다. • 준비가 간단하고 어디에서도 가능하다. • 수업의 도입이나 초기단계에 적용하는 것이 효과적이다.
단점	• 가르치는 방법이 일방적, 기계적, 획일적이다. • 참가자는 대개 수동적 입장이며 참여가 제약된다. • 암기에 빠지기 쉽고, 현실에서 필요한 개념형성이 되기 어렵다.

20 산업안전보건법에 따라 고용노동부장관이 산업재해 예방활동에 대한 참여와 지원을 촉진하기 위하여 근로자, 근로자단체, 사업주단체 및 산업재해 예방 관련 전문단체에 소속된 자 중에서 위촉할 수 있는 사람을 무엇이라 하는가?

① 산업재해조사관
② 관리감독자
③ 명예산업안전감독관
④ 근로감독관

해설

명예산업안전감독관
1. 고용노동부장관은 산업재해 예방활동에 대한 참여와 지원을 촉진하기 위하여 근로자, 근로자단체, 사업주단체 및 산업재해 예방 관련 전문단체에 소속된 자 중에서 명예산업안전감독관을 위촉할 수 있다.
2. 사업주는 명예산업안전감독관으로서 정당한 활동을 한 것을 이유로 그 명예산업안전감독관에 대하여 불리한 처우를 하여서는 아니 된다.
3. 명예산업안전감독관의 위촉 방법, 업무 범위, 그 밖에 필요한 사항은 대통령령으로 정한다.

정답 18 ④ 19 ③ 20 ③

2과목 인간공학 및 시스템 안전공학

21 광원으로부터의 직사휘광을 줄이기 위한 방법으로 적절하지 않은 것은?

① 휘광원 주위를 어둡게 한다.
② 가리개, 갓, 차양 등을 사용한다.
③ 광원을 시선에서 멀리 위치시킨다.
④ 광원의 수는 늘리고 휘도는 줄인다.

해설
광원으로부터의 직사휘광 처리
1. 광원의 휘도를 줄이고 수를 늘림
2. 광원을 시선에서 멀리 위치시킴
3. 휘광원 주위를 밝게 하여 광도비를 줄임
4. 가리개(Shield), 갓(Hood) 혹은 차양(Visor)을 사용

22 FT도에 사용되는 다음 기호의 명칭으로 옳은 것은?

① 통상사상   ② 수정기호
③ 제어게이트   ④ 생략사상

해설
FTA 분석 기호

번호	기호	명칭	내용
1	□	결함사상	사고가 일어난 사상(사건)
2	○	기본사상	더 이상 전개가 되지 않는 기본적인 사상 또는 발생확률이 단독으로 얻어지는 낮은 레벨의 기본적인 사상
3	⌂	통상사상 (가형사상)	통상발생이 예상되는 사상(예상되는 원인)
4	◇	생략사상 (최후사상)	정보부족 또는 분석기술 불충분으로 더 이상 전개할 수 없는 사상(작업진행에 따라 해석이 가능할 때는 다시 속한다.)
5	△	전이기호 (이행기호)	• FT도상에서 다른 부분에 관한 이행 또는 연결을 나타낸다. • 상부에 선이 있는 경우는 다른 부분으로 전입(IN)
6	△	전이기호 (이행기호)	• FT도상에서 다른 부분에 관한 이행 또는 연결을 나타낸다. • 측면에 선이 있는 경우는 다른 부분으로 전출(OUT)

23 고열환경에서 심한 육체노동 후에 탈수와 체내 염분 농도 부족으로 근육의 수축이 격렬하게 일어나는 장해는?

① 열경련(Heat Cramp)
② 열사병(Heat Stroke)
③ 열쇠약(Heat Prostration)
④ 열피로(Heat Exhaustion)

해설
고열장애의 분류
1. 열경련(Heat Cramp)
   고온환경에서 지속적으로 심한 육체적인 노동을 함으로써 과다한 땀의 배출로 전해질이 고갈되어 발생하는 근육의 경련현상을 말한다.
2. 열사병(Heat Stroke)
   고온다습한 환경에 노출될 때 뇌 온도의 상승으로 신체 내부의 체온조절 중추에 기능장애를 일으켜 생기는 위급한 상태를 말한다.
3. 열쇠약(Heat Prostration)
   고열에 의한 만성 체력소모를 의미한다.
4. 열소모(Heat Exhaustion, 열피로)
   고온환경에서 장시간 힘든 노동을 할 때 땀을 많이 흘려 (과다 발한) 수분과 염분 손실이 많을 때 생긴다.

24 시스템 수명주기에서 예비위험분석을 적용하는 단계는?

① 운전단계   ② 생산단계
③ 구상단계   ④ 개발단계

해설
예비위험분석(PHA)
1. 시스템안전 위험분석을 수행하기 위한 예비적인 최초의 작업으로 위험요소가 얼마나 위험한지를 정성적으로 평가하는 것이다.
2. PHA는 구상단계나 설계 및 발주의 극히 초기에 실시된다.

정답 21 ① 22 ④ 23 ① 24 ③

25 어떤 기기의 고장률이 시간당 0.002로 일정하다고 한다. 이 기기를 100시간 사용했을 때 고장이 발생할 확률은?

① 0.1813　　② 0.2214
③ 0.6253　　④ 0.8187

해설

고장률이 사용시간에 관계없이 일정한 경우(시간당 고장률이 일정)

$$신뢰도\ 함수 : R(t) = e^{-\lambda t}$$
$$불신뢰도\ 함수 : F(t) = 1 - R(t) = 1 - e^{-\lambda t}$$

1. 신뢰도
   $R(t) = e^{-\lambda t} = e^{-0.002 \times 100} = 0.8187$
2. 불신뢰도
   $F(t) = 1 - R(t) = 1 - 0.8187 = 0.1813$

26 다음 중 연속조절 조종장치가 아닌 것은?

① 토글(Toggle) 스위치
② 노브(Knob)
③ 페달(Pedal)
④ 핸들(Handle)

해설

통제기의 특성

연속적인 조절이 필요한 형태	• 노브(Knob) • 크랭크(Crank) • 핸들(Handle) • 레버(Lever) • 페달(Pedal)
불연속적인 조절이 필요한 형태	• 푸시버튼(Push Button) : 손, 발 • 토글(똑딱) 스위치(Toggle Switch) • 로터리 선택 스위치(Rotary Selector Switch)
안전장치와 통제장치	• 푸시버튼(Push Button)의 오목면 이용 • 토글(똑딱) 스위치(Toggle Switch)의 커버 설치 • 안전장치와 통제장치는 겸하여 설치하는 것이 효율적

27 일반적인 FTA 기법의 순서로 맞는 것은?

㉠ FT의 작성　　㉡ 시스템의 정의
㉢ 정량적 평가　　㉣ 정성적 평가

① ㉠ → ㉡ → ㉢ → ㉣
② ㉠ → ㉡ → ㉣ → ㉢
③ ㉡ → ㉠ → ㉢ → ㉣
④ ㉡ → ㉠ → ㉣ → ㉢

해설

결함수 분석(FTA)
1. 사고의 원인이 되는 장치의 이상이나 고장의 다양한 조합 및 작업자 실수 원인을 연역적으로 분석하는 방법을 말한다.
2. 일반적인 FTA 기법의 순서는 시스템의 정의 → FT의 작성 → 정성적 평가 → 정량적 평가를 순차적으로 분석한다.

28 다음 FT도에서 정상사상 A의 발생확률은 얼마인가?(단, 사상 B_1의 발생확률은 0.3이고, B_2의 발생확률은 0.2이다.)

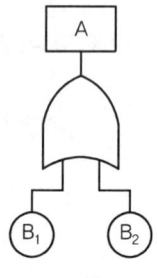

① 0.06　　② 0.44
③ 0.56　　④ 0.94

해설

발생확률의 계산
$A = 1 - (1 - B_1)(1 - B_2) = 1 - (1 - 0.3)(1 - 0.2) = 0.44$

29 다음 중 기계가 인간을 능가하는 경우가 아닌 경우는?

① 물리적인 양을 신속하게 계수하거나 측정한다.
② 완전히 새로운 해결책을 찾아낸다.
③ 암호화된 정보를 신속하게 대량으로 보관한다.
④ 반복적인 작업을 신뢰성 있게 수행한다.

해설

기계가 인간보다 우수한 기능
1. 인간의 정상적인 감지 범위 밖에 있는 자극(X선, 레이더파, 초음파 등)을 감지한다.
2. 사전에 명시된 사상(Event), 특히 드물게 발생하는 사상을 감지한다.

정답 25 ① 26 ① 27 ④ 28 ② 29 ②

3. 입력신호에 대해 신속하게 일관성 있는 반응을 한다.
4. 암호화된 정보를 신속하게 대량으로 보관할 수 있다.
5. 정해진 프로그램에 따라 정량적인 정보 처리를 한다.
6. 반복적인 작업을 신뢰성 있게 수행할 수 있다.
7. 연역적으로 추리한다.
8. 상당히 큰 물리적인 힘을 규율 있게 발휘한다.
9. 여러 개의 프로그램된 행동을 동시에 수행한다.
10. 물리적인 양을 계수하거나 측정한다.
11. 주의가 소란하여도 효율적으로 작동한다.
12. 과부하에서도 효율적으로 작동한다.
13. 구체적인 지시에 의해 암호화된 정보을 신속하고 정확하게 회수한다.

> TIP 완전히 새로운 해결책을 찾아낸다. : 인간이 기계보다 우수한 기능

30 강의용 책상과 의자를 설계할 때 고려해야 할 변수와 적용할 인체측정자료 응용원칙이 적절하게 연결된 것은?

① 의자 높이 – 최대 집단치 설계
② 의자 깊이 – 최대 집단치 설계
③ 의자 너비 – 최대 집단치 설계
④ 책상 높이 – 최대 집단치 설계

해설
책상 및 의자의 높이는 조절 가능한 설계, 의자의 깊이는 최소 집단치 설계를 하는 것이 적절하다.

31 인간공학의 연구 방법에서 인간 – 기계 시스템을 평가하는 척도의 요건으로 적합하지 않은 것은?

① 적절성, 타당성   ② 무오염성
③ 주관성   ④ 신뢰성

해설
연구 기준의 요건
1. 실제적 요건 : 평가 척도는 현실성을 가지고 있어야 하며, 실질적으로 이용하기가 용이해야 한다. 즉, 객관적이고, 정량적이며, 강요적이지 않고, 수집이 쉬우며, 자료수집 기법이나 기기가 특수하지 않고, 돈이나 실험자의 수고가 적게 드는 것이어야 한다.
2. 적절성(타당성) : 기준이 의도된 목적에 적당하다고 판단되는 정도
3. 무오염성 : 측정하고자 하는 변수 이외의 다른 변수들의 영향을 받아서는 안 된다.

4. 기준척도의 신뢰성(Reliability of Criterion Measure) : 사용되는 척도의 신뢰성, 즉 반복성을 말한다.
5. 민감도 : 기대되는 차이에 적합한 정도의 단위로 측정이 가능해야 한다. 즉, 피실험자 사이에서 볼 수 있는 예상 차이점에 비례하는 단위로 측정해야 함을 의미한다.

32 인간의 시각특성을 설명한 것으로 옳은 것은?

① 적응은 수정체의 두께가 얇아져 근거리의 물체를 볼 수 있게 되는 것이다.
② 시야는 수정체의 두께 조절로 이루어진다.
③ 망막은 카메라의 렌즈에 해당된다.
④ 암조응에 걸리는 시간은 명조응보다 길다.

해설
1. 적응은 갑자기 어두운 곳에 들어가면 아무것도 보이지 않게 되며, 밝은 곳에 갑자기 노출되면 눈이 부셔 보기 힘들다. 그러나 시간이 지나면 점차 사물의 현상을 알수 있다. 이러한 새로운 광도 수준에 대한 적응하는 것을 적응(순응)이라 한다.
2. 시야는 눈으로 볼 수 있는 좌우의 범위를 말한다.
3. 망막은 눈으로 들어온 빛이 최종적으로 도달하는 곳으로 카메라의 필름에 해당된다.
4. 완전 암조응은 보통 30~40분이 소요되지만, 명조응은 몇 초밖에 안 걸리며, 넉넉잡아 1~2분이다.

33 반복적 노출에 따라 민감성이 가장 쉽게 떨어지는 표시장치는?

① 시각 표시장치
② 청각 표시장치
③ 촉각 표시장치
④ 후각 표시장치

해설
후각적 표시장치를 많이 쓰지 않는 이유
1. 사람마다 여러 냄새에 대한 민감도의 개인차가 심하고, 코가 막히면 민감도가 떨어진다.
2. 사람은 냄새에 빨리 익숙해져서 노출 후 얼마 이상이 지나면 냄새의 존재를 느끼지 못한다.
3. 냄새의 확산을 통제하기가 힘들다.
4. 어떤 냄새는 메스껍게 하고 사람이 싫어할 수도 있다.

정답 30 ③ 31 ③ 32 ④ 33 ④

34 다음 중 고온 작업자의 고온 스트레스로 인해 발생하는 생리적 영향이 아닌 것은?

① 피부와 직장온도의 상승
② 발한(Sweating)의 증가
③ 심박출량(Cardiac Output)의 증가
④ 근육의 젖산 감소로 인한 근육통과 근육피로 증가

해설
고온 스트레스로 인해 발생하는 생리적 영향
1. 피부와 직장온도의 상승
2. 발한(Sweating)의 증가
3. 심박출량(Cardiac Output)의 증가

35 시각적 부호 중 교통표지판, 안전보건표지 등과 같이 부호가 이미 고안되어 있으므로 이를 배워야 하는 부호를 무엇이라 하는가?

① 추상적 부호   ② 묘사적 부호
③ 임의적 부호   ④ 상태적 부호

해설
부호의 유형

묘사적 부호	사물이나 행동을 단순하고 정확하게 나타낸 부호 예 위험 표시판의 해골과 뼈, 보도 표지판의 걷는 사람, 소방안전표지판의 소화기 등
추상적 부호	전언의 기본요소를 도식적으로 압축한 부호 (원개념과는 약간의 유사성만 존재)
임의적 부호	부호가 이미 고안되어 이를 사용자가 배워야 하는 부호 예 경고표지는 삼각형, 안내표지는 사각형, 지시표지는 원형 등

36 정적 자세 유지 시, 진전(Tremor)을 감소시킬 수 있는 방법으로 틀린 것은?

① 시각적인 참조가 있도록 한다.
② 손이 심장 높이에 있도록 유지한다.
③ 작업 대상물에 기계적 마찰이 있도록 한다.
④ 손을 떨지 않으려고 힘을 주어 노력한다.

해설
진전을 감소시킬 수 있는 방법
1. 시각적 참조(Reference)
2. 몸과 작업에 관계되는 부위를 잘 받친다.
3. 손이 심장 높이에 있을 때 손떨림 현상이 적다.
4. 작업 대상물에 기계적인 마찰(Friction)이 있을 경우

 사람이 떨지 않으려고 노력하면 할수록 더 심해짐

37 다음 중 시스템의 수명곡선(욕조곡선)에서 안전진단 및 적당한 보수에 의해 방지할 수 있는 고장의 형태는?

① 초기고장   ② 우발고장
③ 마모고장   ④ 설계고장

해설
시스템 수명곡선(욕조곡선)

초기고장	• 감소형 – DFR(Decreasing Failure Rate) : 고장률이 시간에 따라 감소 • 불량제조, 생산과정에서 품질관리 미비, 설계미숙 등으로 일어나는 고장 • 점검작업이나 시운전 등으로 감소시킬 수 있다. • 보전예방(MP) 실시
우발고장	• 일정형 – CFR(Constant Failure Rate) : 고장률이 시간에 관계없이 거의 일정 • 예측할 수 없을 때 발생하는 고장으로 시운전이나 점검작업으로는 방지할 수 없다. • 낮은 안전계수, 사용자의 과오, 설계강도 이상의 급격한 스트레스 축적, 최선의 검사방법으로도 탐지되지 않는 결함 때문에 발생하는 고장 • 사후보전(BM) 실시
마모고장	• 증가형 – IFR(Increasing Failure Rate) : 고장률이 시간에 따라 증가 • 장치의 일부가 수명을 다하여 생기는 고장 • 부식 또는 산화, 마모 또는 피로, 불충한 정비 등으로 발생하는 고장 • 안전진단 및 적당한 보수에 의해 감소시킬 수 있다. • 예방보전(PM) 실시

38 다음 중 일반적으로 작업장에서 구성요소를 배치할 때 배치의 원칙과 가장 거리가 먼 것은?

① 공정개선의 원칙
② 사용빈도의 원칙
③ 중요도의 원칙
④ 기능성의 원칙

정답 34 ④ 35 ③ 36 ④ 37 ③ 38 ①

해설

부품배치의 원칙

부품의 위치 결정	중요성의 원칙	체계의 목표달성에 긴요한 정도에 따른 우선순위를 설정
	사용빈도의 원칙	부품이 사용되는 빈도에 따른 우선순위 설정
부품의 배치 결정	기능별 배치의 원칙	기능적으로 관련된 부품들을 모아서 배치
	사용 순서의 원칙	순서적으로 사용되는 장치들을 가까이에 순서적으로 배치

39 청각적 표시장치에서 300m 이상의 장거리용 경보기에 사용하는 진동수로 가장 적절한 것은?

① 800Hz 전후
② 2,200Hz 전후
③ 3,500Hz 전후
④ 4,000Hz 전후

해설

경계 및 경보 신호를 선택, 설계할 때의 지침
1. 귀는 중음역에 가장 민감하므로 500~3,000Hz의 진동수를 사용
2. 고음은 멀리 가지 못하므로 300m 이상의 장거리용으로는 1,000Hz 이하의 진동수를 사용
3. 신호가 장애물을 돌아가거나 칸막이를 통과해야 할 경우에는 500Hz 이하의 진동수를 사용
4. 주의를 끌기 위해서 변조된 신호를 사용(초당 1~8번 나는 소리나 초당 1~3번 오르내리는 변조된 신호)
5. 배경소음의 진동수와 다른 신호를 사용(신호는 최소 0.5~1초 지속)
6. 경보효과를 높이기 위해서 개시시간이 짧은 고강도 신호 사용
7. 주변 소음에 대한 은폐효과를 막기 위해 500~1,000Hz 신호를 사용하여, 적어도 30dB 이상 차이가 나야 함
8. 가능하다면 다른 용도에 쓰이지 않는 확성기, 경적 등과 같은 별도의 통신계통을 사용

40 조도의 표준단위에 해당하는 것은?

① lux
② diopter
③ lumen
④ fL

해설

조도
1. 어떤 물체나 표면에 도달하는 빛의 단위 면적당 밀도

$$조도 = \frac{광도}{(거리)^2}$$

2. 단위는 lux를 사용하며, 거리가 증가할 때에 조도는 거리 역자승의 법칙에 따라 감소한다.
3. 조도는 광도에 비례하고 거리의 제곱에 반비례한다.

3과목 기계위험 방지기술

41 개구부에서 회전하는 롤러의 위험점까지 최단거리가 60mm일 때 개구부 간격은?

① 10mm
② 12mm
③ 13mm
④ 15mm

해설

롤러기 가드의 개구부 간격(ILO 기준, 위험점이 전동체가 아닌 경우)

$$Y = 6 + 0.15X \, (X < 160mm)$$
$$(단, X \geq 160mm 일 때, Y = 30mm)$$

여기서, X : 가드와 위험점 간의 거리(안전거리)(mm)
Y : 가드 개구부 간격(안전간극)(mm)

$Y = 6 + 0.15X = 6 + 0.15 \times 60 = 15[mm]$

42 다음 중 컨베이어의 안전장치가 아닌 것은?

① 이탈 및 역주행방지장치
② 비상정지장치
③ 덮개 또는 울
④ 비상난간

해설

컨베이어의 안전장치
1. 이탈 및 역주행방지장치
2. 비상정지장치
3. 덮개 또는 울
4. 건널다리

43 사고 체인의 5요소에 해당하지 않는 것은?

① 함정(Trap)
② 충격(Impact)
③ 접촉(Contact)
④ 결함(Flaw)

정답 39 ① 40 ① 41 ④ 42 ④ 43 ④

해설
위험의 5요소(위험분류 체크 요인, 사고 체인의 요소)

1요소 : 함정 (Trap)	기계의 운동에 의해서 트랩점이 발생할 가능성이 있는가?	
2요소 : 충격 (Impact)	운동하는 기계요소와 사람이 부딪쳐 사고가 날 가능성이 없는가?	
3요소 : 접촉 (Contact)	날카롭거나, 차갑거나, 전류가 흐름으로써 접촉 시 상해가 일어날 요소들이 있는가?	
4요소 : 얽힘, 말림 (Entanglement)	머리카락, 옷자매나 바지, 장갑, 넥타이, 작업복 등 기계설비에 말려들 염려는 없는가?	
5요소 : 튀어나옴 (Ejection)	기계부품이나 피가공재가 기계로부터 튀어나올 염려가 없는가?	

44 연삭기의 방호장치에 해당하는 것은?
① 주수장치 ② 덮개장치
③ 제동장치 ④ 소화장치

해설
연삭기
연삭기 행정 끝이 근로자에게 위험을 미칠 우려가 있는 경우에 해당 부위에 덮개 또는 울 등을 설치하여야 한다.

45 기계설비의 안전조건 중 구조의 안전화에 대한 설명으로 가장 거리가 먼 것은?
① 기계재료의 선정 시 재료 자체에 결함이 없는지 철저히 확인한다.
② 사용 중 재료의 강도가 열화될 것을 감안하여 설계 시 안전율을 고려한다.
③ 기계작동 시 기계의 오동작을 방지하기 위하여 오동작 방지 회로를 적용한다.
④ 가공 경화와 같은 가공결함이 생길 우려가 있는 경우는 열처리 등으로 결함을 방지한다.

해설
구조상의 안전화

설계상의 결함	• 가장 큰 원인은 강도산정(부하예측, 강도계산)상의 오류 • 사용상 강도의 열화를 고려하여 안전율을 산정
재료의 결함	기계 재료 자체에 균열, 부식, 강도 저하 등 결함이 있으므로 설계 시 재료의 선택에 유의하여야 한다.
가공의 결함	재료 가공 도중 결함이 생길 수 있으므로 기계적 특성을 갖는 적절한 열처리 등이 필요하다.

TIP 오동작을 방지하기 위하여 오동작 방지 회로를 적용하는 것은 기능적 안전화에 해당된다.

46 선반작업 중 안전사항과 거리가 먼 것은?
① 선반작업 시 바이트는 되도록 길게 설치한다.
② 칩을 짧게 끊어지도록 칩 브레이커를 설치한다.
③ 기계 운전 중에는 백기어(Back Gear)의 사용을 금한다.
④ 일감의 길이가 긴 공작물은 방진구를 설치하여야 진동을 방지한다.

해설
선반작업 시 주의사항
1. 칩(Chip)이 비산할 때는 보안경을 쓰고 방호판을 설치 사용한다.
2. 베드 위에 공구를 올려 놓지 않아야 한다.
3. 작업 중에 가공품을 만지지 않는다.
4. 장갑 착용을 금한다.
5. 작업 시 공구는 항상 정리해 둔다.
6. 가능한 한 절삭 방향은 주축대 쪽으로 한다.
7. 기계 점검을 한 후 작업을 시작한다.
8. 칩(Chip)이나 부스러기를 제거할 때는 기계를 정지시키고 압축공기를 사용하지 말고 반드시 브러시(솔)를 사용한다.
9. 치수 측정, 주유 및 청소를 할 때는 반드시 기계를 정지시키고 한다.
10. 기계를 운전 중에 백 기어(Back Gear)를 사용하지 말고 시동 전에 심압대가 잘 죄어 있는가를 확인한다.
11. 바이트는 가급적 짧게 장치하며 가공물의 길이가 직경의 12배 이상일 때는 반드시 방진구를 사용하여 진동을 막는다.
12. 리드 스크루에는 작업자의 하부가 걸리기 쉬우므로 조심해야 한다.

47 양수조작식 방호장치에서 양쪽 누름버튼 간의 내측 거리는 몇 mm 이상이어야 하는가?
① 100 ② 200
③ 300 ④ 400

해설
양수조작식 방호장치
누름버튼의 상호 간 내측거리는 300mm 이상이어야 한다.

48 작업자의 신체 움직임을 감지하여 프레스의 작동을 급정지시키는 광전자식 안전장치를 부착한 프레스가 있다. 안전거리가 32cm라면 급정지에 소요되는 시간은 최대 몇 초 이내이어야 하는가?(단, 급정지에 소용되는 시간은 손이 광선을 차단한 순간부터 급정지기구가 작동하여 하강하는 슬라이드가 정지할 때까지의 시간을 의미한다.)

① 0.1초
② 0.2초
③ 0.5초
④ 1초

해설

광전자식 방호장치의 설치 안전거리

$$D = 1,600 \times (T_c + T_s)$$

여기서, D : 안전거리(mm)
T_c : 방호장치의 작동시간[즉, 손이 광선을 차단했을 때부터 급정지기구가 작동을 개시할 때까지의 시간(초)]
T_s : 프레스 등의 최대정지시간[즉, 급정지기구가 작동을 개시했을 때부터 슬라이드 등이 정지할 때까지의 시간(초)]

1. $(T_c + T_s)$ =급정지시간
2. $320mm = 1,600 \times$ 급정지시간(초)

∴ 급정지시간 = $\frac{320}{1,600} = 0.2$[초]

TIP 단위에 주의할 것

49 양중기에 사용하지 않아야 하는 달기체인의 기준으로 틀린 것은?

① 변형이 심한 것
② 균열이 있는 것
③ 길이의 증가가 제조 시보다 3%를 초과한 것
④ 링의 단면지름의 감소가 제조 시 링 지름의 10%를 초과한 것

해설

양중기 달기체인의 사용금지 조건
1. 달기체인의 길이가 달기체인이 제조된 때의 길이의 5%를 초과한 것
2. 링의 단면지름이 달기체인이 제조된 때의 해당 링의 지름의 10%를 초과하여 감소한 것
3. 균열이 있거나 심하게 변형된 것

50 보일러에서 증기의 속도를 저하시키므로 응축수가 생겨 워터해머의 원인이 되는 것은?

① 캐리오버
② 포밍
③ 프라이밍
④ 역화

해설

이상현상의 종류

프라이밍 (Priming)	보일러수가 극심하게 끓어서 수면에서 계속하여 물방울이 비산하고 증기부가 물방울로 충만하여 수위가 불안정하게 되는 현상
포밍 (Foaming)	보일러수에 유지류, 고형물 등의 부유물로 인해 거품이 발생하여 수위를 판단하지 못하는 현상
캐리오버 (Carry Over)	• 보일러에서 증기관 쪽에 보내는 증기에 대량의 물방울이 포함되는 경우로 프라이밍이나 포밍이 생기면 필연적으로 발생 • 보일러에서 증기의 순도를 저하시킴으로써 관 내 응축수가 생겨 워터해머의 원인이 되는 것
워터해머 (Water Hammer, 수격작용)	• 증기관 내에서 증기를 보내기 시작할 때 해머로 치는 듯한 소리를 내며 관이 진동하는 현상 • 워터해머는 캐리오버에 기인한다.

51 산업용 로봇의 작동범위에서 그 로봇에 관하여 교시 등의 작업을 하는 경우 작업시간 전 점검사항에 해당하지 않는 것은?(단, 로봇의 동력원을 차단하고 행하는 것을 제외한다.)

① 회전부의 덮개 또는 울 부착 여부
② 제동장치 및 비상정지장치의 기능
③ 외부 전선의 피복 또는 외장의 손상 유무
④ 매니퓰레이터(Manipulator) 작동의 이상 유무

해설

교시 등의 작업을 할 때 작업시작 전 점검사항
1. 외부 전선의 피복 또는 외장의 손상 유무
2. 매니퓰레이터(Manipulator) 작동의 이상 유무
3. 제동장치 및 비상정지장치의 기능

52 위험한 작업점과 작업자 사이에 위험을 차단시키는 격리형 방호장치가 아닌 것은?

① 덮개형 방호장치
② 완전차단형 방호장치
③ 안전방책
④ 접촉반응형 방호장치

정답 48 ② 49 ③ 50 ① 51 ① 52 ④

해설
격리형 방호장치
1. 작업점과 작업자 사이에 접촉되어 일어날 수 있는 재해를 방지하기 위해 차단벽이나 망을 설치하는 방호장치
2. 종류 : 완전차단형, 덮개형, 안전방책

53 아세틸렌 용접장치에 대하여 취관마다 설치하여야 하는 것은?(단, 주관 및 취관에 근접한 분기관마다 이것을 부착할 때는 부착하지 않아도 된다.)
① 압력 조정기 ② 안전기
③ 토치 크리너 ④ 자동전격 방지기

해설
안전기의 설치기준

아세틸렌 용접장치	• 아세틸렌 용접장치의 취관마다 안전기를 설치하여야 한다(다만, 주관 및 취관에 가장 가까운 분기관마다 안전기를 부착한 경우에는 그러하지 아니하다). • 가스용기가 발생기와 분리되어 있는 아세틸렌 용접장치에 대하여 발생기와 가스용기 사이에 안전기를 설치하여야 한다.
가스집합 용접장치의 배관 (이동식을 포함)	• 플랜지·밸브·콕 등의 접합부에는 개스킷을 사용하고 접합면을 상호 밀착시키는 등의 조치를 할 것 • 주관 및 분기관에는 안전기를 설치할 것. 이 경우 하나의 취관에 2개 이상의 안전기를 설치하여야 한다.

54 드릴링 머신의 드릴지름이 10mm이고, 드릴 회전수가 1,000rpm일 때 원주속도는 약 몇 m/min인가?
① 3.14m/min ② 6.28m/min
③ 31.4m/min ④ 62.8m/min

해설
드릴링 머신의 원주속도
$$V = \frac{\pi DN}{1,000}$$
여기서, V : 드릴의 원주속도(m/min)
D : 드릴의 직경(mm)
N : 드릴의 회전수(rpm)
$$V = \frac{\pi DN}{1,000} = \frac{\pi \times 10 \times 1,000}{1,000} \fallingdotseq 31.4[\text{m/min}]$$

55 크레인에서 훅걸이용 와이어로프 등이 훅으로부터 벗겨지는 것을 방지하기 위해 사용하는 방호장치는?
① 덮개 ② 권과방지장치
③ 비상정지장치 ④ 해지장치

해설
훅 해지장치
줄걸이 용구인 와이어로프 슬링 또는 체인, 섬유벨트 등을 훅에 걸고 작업 시 이탈을 방지하기 위한 안전장치

56 다음과 같은 작업조건일 경우 와이어로프의 안전율은?

> 작업대에서 사용된 와이어로프 1줄의 파단하중이 100kN, 인양하중이 40kN, 로프의 줄 수가 2줄

① 2 ② 2.5
③ 4 ④ 5

해설
와이어로프의 안전율
$$\text{안전율}(S) = \frac{\text{로프의 가닥수}(N) \times \text{로프의 파단하중}(P)}{\text{안전하중}(Q)}$$

$$\text{안전율}(S) = \frac{2 \times 100}{40} = 5$$

57 체인과 스프로킷, 랙과 피니언, 풀리와 V벨트 등에서 형성되는 위험점은?
① 끼임점 ② 회전 말림점
③ 접선 물림점 ④ 협착점

해설
기계운동 형태에 따른 위험점 분류

협착점 (Squeeze Point)	왕복운동을 하는 운동부와 움직임이 없는 고정부 사이에서 형성되는 위험점 (고정점+운동점)	• 프레스 • 전단기 • 성형기 • 조형기 • 밴딩기 • 인쇄기
끼임점 (Shear Point)	회전운동하는 부분과 고정부 사이에 위험이 형성되는 위험점(고정점+회전운동)	• 연삭숫돌과 작업대 • 반복동작되는 링크 기구 • 교반기의 날개와 몸체 사이 • 회전풀리와 벨트

정답 53 ② 54 ③ 55 ④ 56 ④ 57 ③

구분	설명	예시
절단점 (Cutting Point)	회전하는 운동부 자체의 위험이나 운동하는 기계 부분 자체의 위험에서 형성되는 위험점(회전운동 + 기계)	• 밀링커터 • 둥근 톱의 톱날 • 목공용 띠톱 날
물림점 (Nip Point)	회전하는 두 개의 회전체에 형성되는 위험점(서로 반대방향의 회전체)[중심점+반대방향의 회전운동]	• 기어와 기어의 물림 • 롤러와 롤러의 물림 • 롤러분쇄기
접선 물림점 (Tangential Nip Point)	회전하는 부분의 접선방향으로 물려들어갈 위험이 있는 위험점	• V벨트와 풀리 • 랙과 피니언 • 체인벨트 • 평벨트
회전 말림점 (Trapping Point)	회전하는 물체의 길이, 굵기, 속도 등의 불규칙 부위와 돌기 회전부위에 의해 장갑 또는 작업복 등이 말려들 위험이 있는 위험점	• 회전하는 축 • 커플링 • 회전하는 드릴

58 드릴 작업 시 올바른 작업안전수칙으로 거리가 먼 것은?

① 구멍을 뚫을 때 관통된 것을 확인하기 위해 손으로 만져서는 안 된다.
② 드릴을 끼운 후에 척 렌치(Chuck Wrench)를 끼우고 작업한다.
③ 작업모를 착용하고 옷소매가 긴 작업복은 입지 않는다.
④ 보호 안경을 쓰거나 안전덮개(Shield)를 설치한다.

해설
드릴링 작업에 대한 안전수칙
1. 일감은 견고하게 고정시키며 관통된 것을 확인하기 위해 손으로 만져서는 안 된다.
2. 드릴을 끼운 후 척 렌치(Chuck Wrench)는 반드시 뺀다.
3. 작업모를 착용하고 옷소매가 긴 작업복은 입지 않는다.
4. 드릴 작업에서는 보안경 및 안전덮개(Shield)를 설치한다.
5. 칩은 브러시(와이어 브러시)로 제거하고 장갑 착용은 금지한다.
6. 구멍 끝 작업에서는 절삭압력을 주어서는 안된다.
7. 고정구를 사용하여 작업 중 공작물의 유동을 방지한다.
8. 가공 중에 구멍이 관통되면 기계를 멈추고 손으로 돌려서 드릴을 뺀다.
9. 일감의 설치, 테이블의 고정이나 조정은 기계를 정지시킨 후에 실시한다.

10. 큰 구멍을 뚫을 때는 반드시 작은 구멍을 먼저 뚫은 후 큰 구멍을 뚫는다.
11. 얇은 판에 구멍을 뚫을 때에는 나무판을 밑에 받치고 뚫는다.
12. 구멍이 거의 다 뚫리는 끝부분에서 일감이 드릴과 함께 맞물려 회전하기 쉬우므로 주의하여야 한다.

59 기계설비 방호에서 가드의 설치조건으로 옳지 않은 것은?

① 충분한 강도를 유지할 것
② 구조가 단순하고 위험점 방호가 확실할 것
③ 개구부(틈새)의 간격은 임의로 조정이 가능할 것
④ 작업, 점검, 주유 시 장애가 없을 것

해설
가드의 설치기준
1. 충분한 강도를 유지할 것
2. 구조가 단순하고 조정이 용이할 것
3. 작업, 점검, 주유 시 등 장애가 없을 것
4. 위험점 방호가 확실할 것
5. 개구부 등 간격(틈새)이 적정할 것

60 롤러기의 급정지장치의 조작부의 방식이 아닌 것은?

① 복부로 조작하는 것
② 발로 조작하는 것
③ 손으로 조작하는 것
④ 무릎으로 조작하는 것

해설
급정지장치의 설치방법

급정지장치 조작부의 종류	위치	비고
손으로 조작하는 것	밑면으로부터 1.8m 이내	위치는 급정지장치 조작부의 중심점을 기준으로 함
복부로 조작하는 것	밑면으로부터 0.8m 이상 1.1m 이내	
무릎으로 조작하는 것	밑면으로부터 0.4m 이상 0.6m 이내	

정답 58 ② 59 ③ 60 ②

4과목 전기 및 화학설비위험방지기술

61 저항이 0.2Ω인 도체에 10A의 전류가 1분간 흘렀을 경우 발생하는 열량은 몇 cal인가?

① 64 ② 144
③ 288 ④ 386

해설

열량

$$Q = 0.24I^2RT \times 10^{-3}[\text{kcal}] = 0.24I^2RT[\text{cal}]$$

여기서, Q : 열량[J]
  I : 전류[A]
  R : 저항[Ω]
  T : 전류가 흐른 시간[sec]

$Q = 0.24I^2RT = 0.24 \times 10^2 \times 0.2 \times 60 = 288[\text{cal}]$

62 다음 중 위험도가 가장 높은 통전경로는?

① 오른손-등 ② 왼손-오른손
③ 왼손-발   ④ 오른손-가슴

해설

통전경로별 위험도
감전 시의 영향은 전류의 경로에 따라 그 위험성이 달라지며, 전류가 심장 또는 그 주위를 통하게 되면 심장에 영향을 주어 가장 위험하다.

통전경로	심장전류계수	통전경로	심장전류계수
왼손-가슴	1.5	왼손-등	0.7
오른손-가슴	1.3	한 손 또는 양손-앉아 있는 자리	0.7
왼손-한 발 또는 양발	1.0	왼손-오른손	0.4
양손-양발	1.0	오른손-등	0.3
오른손-한 발 또는 양발	0.8		

※ 숫자가 클수록 위험도가 높다.

63 에틸에테르(폭발하한값 1.9vol%)와 에틸알콜(폭발하한값 4.3vol%)이 4:1로 혼합된 증기의 폭발하한계(vol%)는 약 얼마인가?(단, 혼합증기는 에틸에테르가 80%, 에틸알콜이 20%로 구성되고, 르샤틀리에 법칙을 이용한다.)

① 2.14vol% ② 3.14vol%
③ 4.14vol% ④ 5.14vol%

해설

르샤틀리에의 법칙(순수한 혼합가스일 경우)

$$\frac{100}{L} = \frac{V_1}{L_1} + \frac{V_2}{L_2} + \frac{V_3}{L_3} \cdots\cdots$$

$$L = \frac{100}{\frac{V_1}{L_1} + \frac{V_2}{L_2} + \cdots\cdots + \frac{V_n}{L_n}}$$

여기서, V_n : 전체 혼합가스 중 각 성분 가스의 체적(비율)[%]
  L_n : 각 성분 단독의 폭발한계(상한 또는 하한)
  L : 혼합가스의 폭발한계(상한 또는 하한)[vol%]

$$L = \frac{100}{\frac{80}{1.9} + \frac{20}{4.3}} = 2.138 ≒ 2.14[\text{vol\%}]$$

64 산업안전보건기준에 관한 규칙에 따라 폭발성 물질을 저장·취급하는 화학설비 밑 그 부속설비를 설치할 때, 단위공정시설 및 설비로부터 다른 단위공정시설 및 설비 사이의 안전거리는 설비 바깥 면으로부터 몇 m 이상 두어야 하는가?(단, 원칙적인 경우에 한한다.)

① 3   ② 5
③ 10 ④ 20

해설

위험물을 저장·취급하는 화학설비 및 그 부속설비를 설치하는 경우의 안전거리

구분	안전거리
단위공정시설 및 설비로부터 다른 단위공정시설 및 설비의 사이	설비의 바깥 면으로부터 10m 이상
플레어스택으로부터 단위공정시설 및 설비, 위험물질 저장탱크 또는 위험물질 하역설비의 사이	플레어스택으로부터 반경 20m 이상. 다만, 단위공정시설 등이 불연재로 시공된 지붕 아래에 설치된 경우에는 그러하지 아니하다.
위험물질 저장탱크로부터 단위공정시설 및 설비, 보일러 또는 가열로의 사이	저장탱크의 바깥 면으로부터 20m 이상. 다만, 저장탱크의 방호벽, 원격조종화설비 또는 살수설비를 설치한 경우에는 그러하지 아니하다.

구분	안전거리
사무실 · 연구실 · 실험실 · 정비실 또는 식당으로부터 단위공정시설 및 설비, 위험물질 저장탱크, 위험물질 하역설비, 보일러 또는 가열로의 사이	사무실 등의 바깥 면으로부터 20m 이상. 다만, 난방용 보일러인 경우 또는 사무실 등의 벽을 방호구조로 설치한 경우에는 그러하지 아니하다.

종별	접촉상태	허용접촉전압
제3종	제1종, 제2종 이외의 경우로 통상의 인체상태에 있어서 접촉전압이 가해지면 위험성이 높은 상태	50V 이하
제4종	• 제1종, 제2종 이외의 경우로 통상의 인체상태에 있어서 접촉전압이 가해지더라도 위험성이 낮은 상태 • 접촉전압이 가해질 우려가 없는 상태	제한 없음

65 감전에 의한 전격위험을 결정하는 주된 인자와 거리가 먼 것은?

① 통전저항
② 통전전류의 크기
③ 통전경로
④ 통전시간

해설

감전재해의 요인

1차적 감전요소	• 통전전류의 크기 : 크면 위험. 인체의 저항이 일정할 때 접촉전압에 비례 • 통전경로 : 인체의 주요한 부분을 흐를수록 위험 • 통전시간 : 장시간 흐르면 위험 • 전원의 종류 : 전원의 크기(전압)가 동일한 경우 교류가 직류보다 위험하다.
2차적 감전요소	• 인체의 조건(저항) : 땀에 젖어 있거나 물에 젖어 있는 경우 인체의 저항이 감소하므로 위험성이 높아진다. • 전압 : 전압의 크기가 클수록 위험하다. • 계절 : 계절에 따라 인체의 저항이 변화하므로 전격에 대한 위험도에 영향을 준다.

66 인체가 현저히 젖어 있거나 인체의 일부가 금속성의 전기기구 또는 구조물에 상시 접촉되어 있는 상태의 허용접촉전압(V)은?

① 2.5V 이하
② 25V 이하
③ 50V 이하
④ 제한 없음

해설

허용접촉전압

종별	접촉상태	허용접촉전압
제1종	인체의 대부분이 수중에 있는 상태	2.5V 이하
제2종	• 인체가 현저하게 젖어 있는 상태 • 금속성의 전기기계장치나 구조물에 인체의 일부가 상시 접촉되어 있는 상태	25V 이하

67 다음 중 물질의 저장방법으로 옳은 것은?

① 황린 : 저장용기 중에 물을 넣어 보관
② 과산화수소 : 장기 보존 시에는 유리 용기에 저장
③ 피크린산 : 철 또는 구리로 된 용기에 저장
④ 마그네슘 : 다습하고, 통풍이 잘되는 장소에 보관

해설

황린(백린 = P_4)
pH 9(약알칼리성) 정도의 물속에 저장하며 보호액이 증발되지 않도록 한다.

68 최소착화에너지가 0.25mJ, 극간 정전용량이 10pF인 부탄가스 버너를 점화시키기 위해서 최소 얼마 이상의 전압을 인가하여야 하는가?

① $0.52 \times 10^2 \, V$
② $0.74 \times 10^3 \, V$
③ $7.07 \times 10^3 \, V$
④ $5.03 \times 10^5 \, V$

해설

최소발화에너지

$$E = \frac{1}{2}CV^2$$

여기서, E : 발화에너지[J]
C : 전기용량[F]
V : 방전전압[V]

① $E = \frac{1}{2}CV^2 \rightarrow 2E = CV^2 \rightarrow V^2 = \frac{2E}{C} \rightarrow V = \sqrt{\frac{2E}{C}}$

② $V = \sqrt{\frac{2E}{C}} = \sqrt{\frac{2 \times 0.25 \times 10^{-3}}{10 \times 10^{-12}}}$

$\fallingdotseq 7.07 \times 10^3 \, [V]$

TIP pF = 10^{-12}F, mJ = 10^{-3}J

정답 65 ① 66 ② 67 ① 68 ③

69 페인트를 스프레이로 뿌려 도장작업을 하는 작업 중 발생할 수 있는 정전기 대전으로만 이루어진 것은?

① 유동대전, 충돌대전
② 유동대전, 마찰대전
③ 분출대전, 충돌대전
④ 분출대전, 유동대전

해설
정전기의 발생현상

분출대전	분체류, 액체류, 기체류가 단면적이 작은 개구부를 통해 분출할 때 분출물과 개구부의 마찰로 인하여 정전기가 발생
충돌대전	분체류에 의한 입자끼리 또는 입자와 고정된 고체의 충돌, 접촉, 분리 등에 의해 정전기 발생

70 다음 설명에 해당하는 위험장소의 종류로 옳은 것은?

> 공기 중에서 가연성 분진운의 형태가 연속적, 또는 장기적 또는 단기적 자주 폭발성 분위기가 존재하는 장소

① 0종 장소
② 1종 장소
③ 20종 장소
④ 21종 장소

해설
분진폭발 위험장소

분류	적요	예
20종 장소	분진운 형태의 가연성 분진이 폭발농도를 형성할 정도로 충분한 양이 정상 작동 중에 연속적으로 또는 자주 존재하거나, 제어할 수 없을 정도의 양 및 두께의 분진층이 형성될 수 있는 장소를 말한다.	호퍼·분진저장소·집진장치·필터 등의 내부
21종 장소	20종 장소 밖으로서(장소 외의 장소로서) 분진운 형태의 가연성 분진이 폭발농도를 형성할 정도의 충분한 양이 정상 작동 중에 존재할 수 있는 장소를 말한다.	집진장치·백필터·배기구 등의 주위, 이송벨트 샘플링 지역 등
22종 장소	21종 장소 밖으로서(장소 외의 장소로서) 가연성 분진운 형태가 드물게 발생 또는 단기간 존재할 우려가 있거나, 이상 작동 상태하에서 가연성 분진운이 형성될 수 있는 장소를 말한다.	21종 장소에서 예방조치가 취하여진 지역, 환기설비 등과 같은 안전장치 배출구 주위 등

71 다음 중 산업안전보건법에 따른 방폭구조의 종류에 있어 방진방폭구조를 나타내는 표시로 옳은 것은?

① tD
② DDP
③ XDP
④ DP

해설
방진방폭구조(tD)
분진층이나 분진운의 점화를 방지하기 위하여 용기로 보호하는 전기기기에 적용되는 분진침투 방지, 표면온도 제한 등의 방법을 말한다.

72 다음 중 "공기 중의 발화온도"가 가장 높은 물질은?

① CH_4
② C_2H_2
③ H_2S
④ C_2H_6

해설
발화온도

메탄(CH_4)	아세틸렌(C_2H_2)	황화수소(H_2S)	에탄(C_2H_6)
537℃	305℃	260℃	472℃

73 물체의 마찰로 인하여 정전기가 발생할 때 정전기를 제거할 수 있는 방법은?

① 가열을 한다.
② 가습을 한다.
③ 건조하게 한다.
④ 마찰을 세게 한다.

해설
정전기재해의 방지대책
1. 접지(도체의 대전방지)
2. 유속의 제한
3. 보호구의 착용
4. 대전방지제 사용
5. 가습(상대습도를 60~70% 정도 유지)
6. 제전기 사용
7. 대전물체의 차폐
8. 정치시간의 확보
9. 도전성 재료 사용

74 다음 중 소화의 원리에 해당되지 않는 것은?

① 연소의 연쇄반응을 차단시킨다.
② 한계산소지수를 높이도록 한다.
③ 가연성 물질을 인화점 또는 발화점 이하로 낮춘다.
④ 혼합 기체의 농도를 연소범위 밖으로 벗어나게 한다.

정답 69 ③ 70 ③ 71 ① 72 ① 73 ② 74 ②

해설
1. 연소의 연쇄반응을 차단시킨다. : 억제소화(부촉매소화)
2. 가연성 물질을 인화점 또는 발화점 이하로 낮춘다. : 냉각소화
3. 혼합 기체의 농도를 연소범위 밖으로 벗어나게 한다. : 질식소화

TIP 한계산소지수
산소와 질소를 혼합한 기류 중에서 점화된 시료가 계속 연소하는 데 필요한 산소의 최저농도를 말한다.

75 인체가 전격을 당했을 경우 통전시간이 1초라면 심실세동을 일으키는 전류값(mA)은?(단, 심실세동 전류값은 Dalziel의 관계식을 이용한다.)

① 100
② 165
③ 180
④ 215

해설
심실세동전류(치사전류)

$$I = \frac{165}{\sqrt{T}}(\text{mA})$$

여기서, I : 심실세동전류(mA)
T : 통전 시간(sec)
전류 I는 1,000명 중 5명 정도가 심실세동을 일으키는 값

$$I = \frac{165}{\sqrt{T}} = \frac{165}{\sqrt{1}} = 165[\text{mA}]$$

76 다음 중 건조설비의 사용상 주의사항으로 적절하지 않은 것은?

① 건조설비 가까이 가연성 물질을 두지 말 것
② 고온으로 가열 건조한 물질은 즉시 격리 저장할 것
③ 위험물 건조설비를 사용할 때는 미리 내부를 청소하거나 환기시킨 후 사용할 것
④ 건조 시 발생하는 가스·증기 또는 분진에 의한 화재·폭발의 위험이 있는 물질은 안전한 장소로 배출할 것

해설
건조설비의 사용 시 준수사항
1. 위험물 건조설비를 사용하는 경우에는 미리 내부를 청소하거나 환기할 것
2. 위험물 건조설비를 사용하는 경우에는 건조로 인하여 발생하는 가스·증기 또는 분진에 의하여 폭발·화재의 위험이 있는 물질을 안전한 장소로 배출시킬 것
3. 위험물 건조설비를 사용하여 가열건조하는 건조물은 쉽게 이탈되지 않도록 할 것
4. 고온으로 가열건조한 인화성 액체는 발화의 위험이 없는 온도로 냉각한 후에 격납시킬 것
5. 건조설비(바깥 면이 현저히 고온이 되는 설비만 해당)에 가까운 장소에는 인화성 액체를 두지 않도록 할 것

77 공정안전보고서에 포함되어야 할 세부 내용 중 공정안전자료에 해당하는 것은?

① 각종 건물·설비의 배치도
② 결함수 분석(FTA)
③ 도급업체 안전관리계획
④ 비상조치계획에 따른 교육계획

해설
공정안전자료
1. 취급·저장하고 있거나 취급·저장하려는 유해·위험물질의 종류 및 수량
2. 유해·위험물질에 대한 물질안전보건자료
3. 유해·위험설비의 목록 및 사양
4. 유해·위험설비의 운전방법을 알 수 있는 공정도면
5. 각종 건물·설비의 배치도
6. 폭발위험장소 구분도 및 전기단선도
7. 위험설비의 안전설계·제작 및 설치 관련 지침서

78 가정에서 요리를 할 때 사용하는 가스레인지에서 일어나는 가스의 연소형태에 해당되는 것은?

① 자기연소
② 분해연소
③ 표면연소
④ 확산연소

해설
확산연소
1. 가연성 가스가 공기 중의 지연성 가스(산소)와 접촉하여 접촉면에서 연소가 일어나는 현상(수소, 메탄, 프로판, 부탄 등)
2. 기체의 일반적인 연소형태이다.

정답 75 ② 76 ② 77 ① 78 ④

79 산업안전보건법에 따라 누전에 의한 감전위험을 방지하기 위하여 대지전압이 몇 V를 초과하는 이동형 또는 휴대형 전기기계·기구에는 감전방지용 누전차단기를 설치하여야 하는가?

① 50V   ② 75V
③ 110V   ④ 150V

해설

감전방지용 누전차단기의 적용대상
1. 대지전압이 150V를 초과하는 이동형 또는 휴대형 전기기계·기구
2. 물 등 도전성이 높은 액체가 있는 습윤장소에서 사용하는 저압(1.5천V 이하 직류전압이나 1천V 이하의 교류전압을 말한다)용 전기기계·기구
3. 철판·철골 위 등 도전성이 높은 장소에서 사용하는 이동형 또는 휴대형 전기기계·기구
4. 임시배선의 전로가 설치되는 장소에서 사용하는 이동형 또는 휴대형 전기기계·기구

80 어떤 인화성 액체가 점화원의 존재하에 지속적인 연소를 일으키는 최저온도를 무엇이라고 하는가?

① 인화점   ② 발화점
③ 연소점   ④ 산화점

해설

연소점(Fire Point)
인화성 액체가 공기 중에서 열을 받아 점화원의 존재하에 지속적인 연소를 일으킬 수 있는 최저온도를 말하며 동일한 물질일 경우 연소점은 인화점보다 약 3~10℃ 정도 높으며 연소를 5초 이상 지속할 수 있는 온도이다.

5과목 건설안전기술

81 사업주는 비계의 높이가 2m 이상인 작업장소에는 작업 발판을 설치하여야 하는데 그 설치기준으로 옳지 않은 것은?

① 발판재료는 작업할 때의 하중을 견딜 수 있도록 견고한 것으로 할 것
② 작업발판의 폭은 40cm 이상으로 하고, 발판재료 간의 틈은 3cm 이하로 할 것
③ 작업발판재료는 뒤집히거나 떨어지지 않도록 하나 이상의 지지물에 연결하거나 고정시킬 것
④ 추락의 위험이 있는 장소에는 안전난간을 설치할 것

해설

비계(달비계, 달대비계 및 말비계는 제외)의 높이가 2m 이상인 작업장소의 작업발판 설치기준
1. 발판재료는 작업할 때의 하중을 견딜 수 있도록 견고한 것으로 할 것
2. 작업발판의 폭은 40cm 이상으로 하고, 발판재료 간의 틈은 3cm 이하로 할 것
3. 제2호에도 불구하고 선박 및 보트 건조작업의 경우 선박블록 또는 엔진실 등의 좁은 작업공간에 작업발판을 설치하기 위하여 필요하면 작업발판의 폭을 30cm 이상으로 할 수 있고, 걸침비계의 경우 강관기둥 때문에 발판재료 간의 틈을 3cm 이하로 유지하기 곤란하면 5cm 이하로 할 수 있다. 이 경우 그 틈 사이로 물체 등이 떨어질 우려가 있는 곳에는 출입금지 등의 조치를 하여야 한다.
4. 추락의 위험이 있는 장소에는 안전난간을 설치할 것(다만, 작업의 성질상 안전난간을 설치하는 것이 곤란한 경우, 작업의 필요상 임시로 안전난간을 해체할 때에 추락방호망을 설치하거나 근로자로 하여금 안전대를 사용하도록 하는 등 추락위험 방지 조치를 한 경우에는 그러하지 아니하다.)
5. 작업발판의 지지물은 하중에 의하여 파괴될 우려가 없는 것을 사용할 것
6. 작업발판재료는 뒤집히거나 떨어지지 않도록 둘 이상의 지지물에 연결하거나 고정시킬 것
7. 작업발판을 작업에 따라 이동시킬 경우에는 위험 방지에 필요한 조치를 할 것

82 리프트(Lift)의 방호장치에 해당하지 않는 것은?

① 권과방지장치
② 비상정지장치
③ 과부하방지장치
④ 자동경보장치

해설

리프트의 방호장치
리프트(자동차정비용 리프트는 제외)의 운반구 이탈 등의 위험을 방지하기 위하여 권과방지장치, 과부하방지장치, 비상정지장치 등을 설치하는 등 필요한 조치를 하여야 한다.

정답 79 ④ 80 ③ 81 ③ 82 ④

83 건설용 양중기에 대한 설명으로 옳은 것은?

① 삼각데릭은 인접시설에 장해가 없는 상태에서 360° 회전이 가능하다.
② 이동식 크레인(Crane)에는 트럭 크레인, 크롤러 크레인 등이 있다.
③ 휠 크레인에는 무한궤도식과 타이어식이 있으며 장거리 이동에 적당하다.
④ 크롤러 크레인은 휠 크레인보다 기동성이 뛰어나다.

해설
건설용 양중기
1. 삼각데릭의 회전범위는 270°, 작업범위는 180°이다.
2. 휠 크레인에는 기계식과 유압식이 있으며, 기계식보다 유압식을 많이 사용한다.
3. 휠 크레인은 크롤러 크레인보다 기동성이 뛰어나다.

> **TIP** 이동식 크레인의 종류
> 트럭 크레인, 크롤러 크레인, 휠 크레인, 유압 크레인 등

84 화물을 적재하는 경우 준수하여야 할 사항으로 옳지 않은 것은?

① 침하 우려가 없는 튼튼한 기반 위에 적재할 것
② 화물의 압력 정도와 관계없이 건물의 벽이나 칸막이 등을 이용하여 화물을 기대어 적재할 것
③ 하중이 한쪽으로 치우치지 않도록 쌓을 것
④ 불안정할 정도로 높이 쌓아 올리지 말 것

해설
화물의 적재 시 준수사항
1. 침하 우려가 없는 튼튼한 기반 위에 적재할 것
2. 건물의 칸막이나 벽 등이 화물의 압력에 견딜 만큼의 강도를 지니지 아니한 경우에는 칸막이나 벽에 기대어 적재하지 않도록 할 것
3. 불안정할 정도로 높이 쌓아 올리지 말 것
4. 하중이 한쪽으로 치우치지 않도록 쌓을 것

85 다음 ( ) 안에 들어갈 말로 옳은 것은?

> 콘크리트 측압은 콘크리트 타설속도, ( ), 단위용적중량, 온도, 철근배근상태 등에 따라 달라진다.

① 타설높이 ② 타설순서
③ 콘크리트 강도 ④ 박리제

해설
콘크리트 측압
1. 측압은 콘크리트가 아직 굳지 않는 유동체의 경우 발생하는 압력으로 온도, 타설속도(부어넣기 속도), 타설높이, 단위용적중량, 철근배근상태 등에 관계된다.
2. 콘크리트 높이에 따라 측압은 상승하나 일정높이 이상이 되면 측압은 증가하지 않는다.

> **TIP**
> - 타설속도가 빠를수록 커진다.
> - 타설 시 상부에서 직접 낙하할 경우 커진다.
> - 콘크리트의 비중(단위중량)이 클수록 크다.
> - 외기의 온도, 습도가 낮을수록 커진다.
> - 철골, 철근량이 적을수록 커진다.

86 다음은 산업안전보건법령에 따른 작업장에서의 투하설비 등에 관한 사항이다. 빈칸에 들어갈 내용으로 옳은 것은?

> 사업주는 높이가 ( ) 이상인 장소로부터 물체를 투하하는 경우 적당한 투하설비를 설치하거나 감시인을 배치하는 등 위험을 방지하기 위하여 필요한 조치를 하여야 한다.

① 2m ② 3m
③ 5m ④ 10m

해설
투하설비 등
높이가 3m 이상인 장소로부터 물체를 투하하는 경우 적당한 투하설비를 설치하거나 감시인을 배치하는 등 위험을 방지하기 위하여 필요한 조치를 하여야 한다.

87 건설현장에서의 작업장 계단 및 계단참 설치기준으로 옳지 않은 것은?

① 계단 및 계단참을 설치하는 경우 안전율을 4 이상으로 할 것
② 높이가 3m를 초과하는 계단에 높이 3m 이내마다 너비 1.5m 이상의 계단참을 설치할 것
③ 계단을 설치하는 경우 그 폭을 1m 이상으로 할 것
④ 높이 1m 이상인 계단의 개방된 측면에는 안전난간을 설치할 것

정답 83 ② 84 ② 85 ① 86 ② 87 ②

> 해설

가설계단의 설치기준

계단 및 계단참의 강도	• 매 m²당 500kg 이상의 하중에 견딜 수 있는 강도를 가진 구조로 설치하여야 한다. • 안전율(재료의 파괴응력도와 허용응력도의 비율)은 4 이상으로 하여야 한다. • 계단 및 승강구 바닥을 구멍이 있는 재료로 만드는 경우 렌치나 그 밖의 공구 등이 낙하할 위험이 없는 구조로 하여야 한다.
계단의 폭	• 계단을 설치하는 경우 그 폭을 1m 이상으로 하여야 한다(다만, 급유용·보수용·비상용 계단 및 나선형 계단이거나 높이 1m 미만의 이동식 계단인 경우에는 제외). • 계단에 손잡이 외의 다른 물건 등을 설치하거나 쌓아 두어서는 아니 된다.
계단참의 설치	높이가 3m를 초과하는 계단에 높이 3m 이내마다 진행방향으로 길이 1.2m 이상의 계단참을 설치하여야 한다.
천장의 높이	계단을 설치하는 경우 바닥면으로부터 높이 2m 이내의 공간에 장애물이 없도록 하여야 한다(다만, 급유용·보수용·비상용 계단 및 나선형 계단인 경우에는 제외).
계단의 난간	높이 1m 이상인 계단의 개방된 측면에 안전난간을 설치하여야 한다.

88 다음과 같은 조건에서 추락 시 로프의 지지점에서 최하단까지의 거리 h를 구하면 얼마인가?

- 로프 길이 150cm
- 로프 신율 30%
- 근로자 신장 170cm

① 2.8m　② 3.0m
③ 3.2m　④ 3.4m

> 해설

최하사점

$$H > h = \text{로프의 길이}(l) + \text{로프의 신장(율)길이}(l \times a) + \text{작업자의 키} \times \frac{1}{2}$$

여기서, h : 추락 시 로프 지지 위치에서 신체의 최하사점까지의 거리(최하사점)
H : 로프 시시 위치에서 바닥면까지의 거리

$h = 150 + (150 \times 0.3) + 170 \times \frac{1}{2} = 28[cm] = 2.8m$

89 블레이드의 길이가 길고 낮으며 블레이드의 좌우를 전후로 25~30° 각도로 회전시킬 수 있어 흙을 측면으로 보낼 수 있는 도저를 무슨 도저라 하는가?

① 레이크 도저
② 스트레이트 도저
③ 앵글 도저
④ 틸트 도저

> 해설

배토판(Blade)의 형태 및 작동방법에 의한 분류

스트레이트 도저 (Straight Dozer)	트랙터의 종방향 중심축에 배토판을 직각으로 설치하여 직선적인 굴착 및 압토작업에 효율적
앵글 도저 (Angle Dozer)	배토판을 진행방향에 따라 20~30°의 좌우로 돌릴 수 있도록 만든 장치로, 측면굴착에 유리
틸트 도저 (Tilt Dozer)	배토판을 좌우로 상하 25~30°까지 아래로 기울어지게 하여 도랑파기, 경사면 굴착에 유리
힌지 도저 (Hinge Dozer)	배토판 중앙에 힌지를 붙여 안팎으로 V자형으로 꺾을 수 있으며, 흙을 깎아 옆으로 밀어내면서 전진하므로 제설, 제토작업 및 다량의 흙을 전방으로 밀고 가는 데 적합한 도저

90 안전난간의 설치기준으로 옳지 않은 것은?

① 상부 난간대는 바닥면·발판 또는 경사로의 표면으로부터 90cm 이상 지점에 설치한다.
② 발판끝막이판은 바닥면 등으로부터 20cm 이상의 높이를 유지할 것
③ 상부 난간대와 중간 난간대는 난간 길이 전체에 걸쳐 바닥면 등과 평행을 유지할 것
④ 난간대는 지름 2.7cm 이상의 금속제 파이프나 그 이상의 강도가 있는 재료일 것

> 해설

안전난간의 구조 및 설치요건

구성	상부 난간대, 중간 난간대, 발끝막이판 및 난간기둥으로 구성할 것(다만, 중간 난간대, 발끝막이판 및 난간기둥은 이와 비슷한 구조와 성능을 가진 것으로 대체할 수 있음)

상부 난간대	상부 난간대는 바닥면·발판 또는 경사로의 표면(이하 "바닥면 등"이라 한다)으로부터 90cm 이상 지점에 설치하고, 상부 난간대를 120cm 이하에 설치하는 경우에는 중간 난간대는 상부 난간대와 바닥면 등의 중간에 설치해야 하며, 120cm 이상 지점에 설치하는 경우에는 중간 난간대를 2단 이상으로 균등하게 설치하고 난간의 상하 간격은 60cm 이하가 되도록 할 것(다만, 난간기둥 간의 간격이 25cm 이하인 경우에는 중간 난간대를 설치하지 않을 수 있음)
발끝막이판 (폭목)	발끝막이판은 바닥면 등으로부터 10cm 이상의 높이를 유지할 것(다만, 물체가 떨어지거나 날아올 위험이 없거나 그 위험을 방지할 수 있는 망을 설치하는 등 필요한 예방 조치를 한 장소는 제외)
난간기둥	상부 난간대와 중간 난간대를 견고하게 떠받칠 수 있도록 적정한 간격을 유지할 것
상부 난간대와 중간 난간대	상부 난간대와 중간 난간대는 난간 길이 전체에 걸쳐 바닥면 등과 평행을 유지할 것
난간대	난간대는 지름 2.7cm 이상의 금속제 파이프나 그 이상의 강도가 있는 재료일 것
하중	안전난간은 구조적으로 가장 취약한 지점에서 가장 취약한 방향으로 작용하는 100kg 이상의 하중에 견딜 수 있는 튼튼한 구조일 것

91 토사 붕괴의 내적 요인이 아닌 것은?

① 사면, 법면의 경사 증가
② 절토 사면의 토질구성 이상
③ 성토 사면의 토질구성 이상
④ 토석의 강도 저하

해설

토석붕괴의 원인

외적 원인	• 사면, 법면의 경사 및 기울기의 증가 • 절토 및 성토 높이의 증가 • 공사에 의한 진동 및 반복 하중의 증가 • 지표수 및 지하수의 침투에 의한 토사 중량의 증가 • 지진, 차량, 구조물의 하중작용 • 토사 및 암석의 혼합층 두께
내적 원인	• 절토 사면의 토질·암질 • 성토 사면의 토질구성 및 분포 • 토석의 강도 저하

92 사다리식 통로의 설치기준으로 옳지 않은 것은?

① 발판과 벽과의 사이는 15cm 이상의 간격을 유지할 것
② 사다리의 상단은 걸쳐놓은 지점으로부터 40cm 이상 올라가도록 할 것
③ 폭은 30cm 이상으로 할 것
④ 사다리식 통로의 기울기는 75° 이하로 할 것

해설

사다리식 통로 등의 구조
1. 견고한 구조로 할 것
2. 심한 손상·부식 등이 없는 재료를 사용할 것
3. 발판의 간격은 일정하게 할 것
4. 발판과 벽과의 사이는 15cm 이상의 간격을 유지할 것
5. 폭은 30cm 이상으로 할 것
6. 사다리가 넘어지거나 미끄러지는 것을 방지하기 위한 조치를 할 것
7. 사다리의 상단은 걸쳐놓은 지점으로부터 60cm 이상 올라가도록 할 것
8. 사다리식 통로의 길이가 10m 이상인 경우에는 5m 이내마다 계단참을 설치할 것
9. 사다리식 통로의 기울기는 75도 이하로 할 것. 다만, 고정식 사다리식 통로의 기울기는 90도 이하로 하고, 그 높이가 7미터 이상인 경우에는 다음 각 목의 구분에 따른 조치를 할 것
    ㉠ 등받이울이 있어도 근로자 이동에 지장이 없는 경우 : 바닥으로부터 높이가 2.5미터 되는 지점부터 등받이울을 설치할 것
    ㉡ 등받이울이 있으면 근로자가 이동이 곤란한 경우 : 개인용 추락 방지 시스템을 설치하고 근로자로 하여금 전신안전대를 사용하도록 할 것
10. 접이식 사다리 기둥은 사용 시 접혀지거나 펼쳐지지 않도록 철물 등을 사용하여 견고하게 조치할 것

93 산업안전보건기준에 관한 규칙에 따른 작업장 근로자의 안전한 통행을 위하여 통로에 설치하여야 하는 조명시설의 조도기준(lux)은?

① 30lux 이상
② 75lux 이상
③ 150lux 이상
④ 300lux 이상

해설

통로의 조명
근로자가 안전하게 통행할 수 있도록 통로에 75럭스 이상의 채광 또는 조명시설을 하여야 한다(다만, 갱도 또는 상시 통행을 하지 아니하는 지하실 등을 통행하는 근로자에게 휴대용 조명기구를 사용하도록 한 경우에는 제외).

94 채석작업을 하는 경우 지반의 붕괴 또는 토사 등의 낙하로 인하여 근로자에게 발생할 우려가 있는 위험을 방지하기 위하여 취하여야 할 조치와 가장 거리가 먼 것은?

① 작업시작 전 작업장소 및 그 주변 지반의 부석과 균열의 유무와 상태 점검
② 함수 · 용수 및 동결상태의 변화 점검
③ 진동치 속도 점검
④ 발파 후 발파장소 점검

해설
채석작업 지반붕괴 위험방지
1. 점검자를 지명하고 당일 작업시작 전에 작업장소 및 그 주변 지반의 부석과 균열의 유무와 상태, 함수 · 용수 및 동결상태의 변화를 점검할 것
2. 점검자는 발파 후 그 발파장소와 그 주변의 부석 및 균열의 유무와 상태를 점검할 것

95 느슨하게 쌓여 있는 모래지반이 물로 포화되어 있을 때 지진이나 충격을 받으면 일시적으로 전단강도를 잃어버리는 현상은?

① 모관 현상
② 보일링 현상
③ 틱소트로피
④ 액상화 현상

해설
액상화(Liquefaction) 현상
1. 모래지반에서 순간충격 등에 의해 간극수압의 상승으로 유효응력이 감소되어 전단저항을 상실하고 지반이 액체와 같이 되는 현상
2. 액상화 발생 시 건물의 부상 및 부동침하가 발생

96 다음 중 모래지반의 내부 마찰각을 구할 수 있는 시험 방법은?

① 웰 포인트
② 표준관입시험
③ 지내력시험
④ 베인테스트

해설
표준관입시험(Standard Penetration Test)
1. 무게 63.5kg의 해머로 76cm 높이에서 자유낙하시켜 샘플러를 30cm 관입시키는 데 소요되는 타격횟수 N치를 측정하는 시험
2. 흙의 지내력 판단, 사질토 지반에 적용
3. N값이 클수록 밀실한 토질이다.

97 유해 · 위험 방지계획서 작성 대상 공사의 기준으로 옳지 않은 것은?

① 지상높이 31m 이상인 건축물 공사 또는 인공구조물
② 저수용량 1천만 톤 이상인 용수 전용 댐
③ 최대 지간길이가 50m 이상인 다리의 건설 등 공사
④ 깊이 10m 이상인 굴착공사

해설
유해위험방지계획서를 제출해야 하는 건설공사
1. 다음 각 목의 어느 하나에 해당하는 건축물 또는 시설 등의 건설 · 개조 또는 해체공사
   ㉠ 지상높이가 31m 이상인 건축물 또는 인공구조물
   ㉡ 연면적 3만m² 이상인 건축물
   ㉢ 연면적 5천m² 이상인 시설로서 다음의 어느 하나에 해당하는 시설
   • 문화 및 집회시설(전시장 및 동물원 · 식물원은 제외)
   • 판매시설, 운수시설(고속철도의 역사 및 집배송시설은 제외)
   • 종교시설
   • 의료시설 중 종합병원
   • 숙박시설 중 관광숙박시설
   • 지하도상가
   • 냉동 · 냉장 창고시설
2. 연면적 5천m² 이상의 냉동 · 냉장창고시설의 설비공사 및 단열공사
3. 최대 지간길이(다리의 기둥과 기둥의 중심 사이의 거리)가 50m 이상인 다리의 건설 등 공사
4. 터널의 건설 등 공사
5. 다목적댐, 발전용댐, 저수용량 2천만 톤 이상의 용수 전용 댐 및 지방상수도 전용 댐의 건설 등 공사
6. 깊이 10m 이상인 굴착공사

98 물체가 떨어지거나 날아올 위험 또는 근로자가 추락할 위험이 있는 작업 시 착용하여야 할 보호구는?

① 보안경
② 안전모
③ 방열복
④ 방한복

해설
보호구의 지급

보안경	물체가 흩날릴 위험이 있는 작업
안전모	물체가 떨어지거나 날아올 위험 또는 근로자가 추락할 위험이 있는 작업
방열복	고열에 의한 화상 등의 위험이 있는 작업
방한모 · 방한복 · 방한화 · 방한장갑	섭씨 영하 18도 이하인 급냉동어창에서 하는 하역작업

정답 94 ③ 95 ④ 96 ② 97 ② 98 ②

99 철근의 가스절단 작업 시 안전상 유의해야 할 사항으로 옳지 않은 것은?

① 작업장에는 소화기를 비치하도록 한다.
② 호스, 전선 등은 다른 작업장을 거치는 곡선상의 배선이어야 한다.
③ 전선의 경우 피복이 손상되어 있는지를 확인하여야 한다.
④ 호스는 작업 중에 겹치거나 밟히지 않도록 한다.

해설

가스절단을 할 때 유의사항
1. 가스절단 및 용접자는 해당 자격 소지자라야 하며, 작업 중에는 보호구를 착용하여야 한다.
2. 가스절단 작업 시 호스는 겹치거나 구부러지거나 밟히지 않도록 하고 전선의 경우에는 피복이 손상되어 있는지를 확인하여야 한다.
3. 호스, 전선 등은 다른 작업장을 거치지 않는 직선상의 배선이어야 하며, 길이가 짧아야 한다.
4. 작업장에서 가연성 물질에 인접하여 용접작업할 때에는 소화기를 비치하여야 한다.

100 지반보다 6m 정도 깊은 경질 지반의 기초파괴에 적합한 굴착 기계는?

① Drag Line   ② Tractor Shovel
③ Back Hoe   ④ Power Shovel

해설

백호(Back Hoe, 드래그 셔블)
1. 굴삭기가 위치한 지면보다 낮은 곳을 굴착하는 데 적당
2. 도랑파기에 적당하며 굴삭력이 우수
3. 비교적 굳은 지반의 토질에서도 사용 가능
4. 경사로나 연약지반에서는 무한궤도식이 타이어식보다 안전하다.

정답 99 ② 100 ③

PART 02
23 | 2024년 1회 기출복원문제

1과목 산업재해 예방 및 안전보건교육

01 다음 중 안전교육의 지도원칙으로 옳은 내용을 모두 고른 것은?

㉠ 피교육자 중심으로 교육한다.
㉡ 동기부여를 중요시 한다.
㉢ 쉬운 것에서 어려운 것으로 진행한다.
㉣ 오감을 활용한다.

① ㉡, ㉢, ㉣
② ㉠, ㉡, ㉢
③ ㉠, ㉡, ㉣
④ ㉠, ㉡, ㉢, ㉣

해설
안전보건교육의 기본적인 지도 원리(8원칙)
1. 피교육자 중심교육(상대방의 입장이 되어 가르칠 것)
2. 동기부여를 중요하게
3. 쉬운부분에서 어려운 부분으로 진행(쉬운 것에서 어려운 것으로 가르칠 것)
4. 반복에 의한 습관화 진행(중요한 것은 반복해서 가르칠 것)
5. 인상의 강화
6. 5관(감각기관)의 활용
7. 기능적인 이해
8. 한 번에 한 가지씩 교육(피교육자의 흡수능력을 고려)

02 안전교육 중 당초에는 일부 회사의 탑 메니지먼트(Top Managment)에 대해서만 행하여졌으나 그 후에 널리 보급된 것으로 정책의 수립, 조직, 통제, 운영 등의 교육방법은?

① TWI(Training Within Industry)
② MTP(Management Training Program)
③ CCS(Civil Communication Section)
④ ATT(America Telephone & Telegram Co)

해설
기업 내 정형교육

분류	교육대상자
TWI	제 일선 관리감독자
MTP	TWI보다 약간 높은 관리자(관리 문제에 치중하는 관리자)
CCS	당초에는 일부 회사의 최고 관리자에 대해서만 행하였던 것이 널리 보급된 것
ATT	교육대상이 한정되어 있지 않고, 한 번 훈련을 받은 관리자는 그 부하인 감독자에 대해 지도원이 될 수 있음

03 KOSHA-Guide를 제·개정하고 관리하는 기관으로 옳은 것은?

① 노동위원회
② 한국산업안전보건공단
③ 대한산업안전협회
④ 행정안전부

해설
KOSHA Guide
1. KOSHA Guide는 산업안전보건법령에서 정한 최소한의 수준이 아니라, 사업장의 자기규율 예방체계 확립을 지원하고, 좀 더 높은 수준의 안전보건 향상을 위해 참고할 수 있는 기술적 내용을 기술한 자율적 안전보건가이드이다.
2. KOSHA Guide는 산업안전보건법과 같은 강제적인 법률이 아닌 권고 기술기준으로써 한국산업안전보건공단에 의해서 제·개정되고 있는 지침이다.

04 학습 성취에 직접적인 영향을 미치는 요인과 가장 거리가 먼 것은?

① 적성
② 준비도
③ 개인차
④ 동기유발

해설
학습성취에 직접적인 영향을 미치는 요인
1. 준비도
2. 개인차
3. 동기유발

05 다음 중 인지과정 착오의 요인이 아닌 것은?

① 정서 불안정
② 감각차단 현상
③ 작업자의 기능미숙
④ 생리·심리적 능력의 한계

정답 01 ④ 02 ③ 03 ② 04 ① 05 ③

해설

착오의 요인

종류	내용
인지과정 착오	• 심리 또는 생리적 요인 • 정보량 저장의 한계 : 한계정보량보다 더 많은 정보가 들어오는 경우 정보를 처리하지 못하는 현상 • 감각차단 현상 : 단조로운 업무가 장시간 지속될 때 작업자의 감각기능 및 판단능력이 둔화 또는 마비되는 현상(예 : 고도비행, 단독비행, 계기비행, 직선 고속도로 운행 등) • 정서적 불안정(불안, 공포) • 정보수용 능력의 한계 : 인간의 감지범위 밖의 정보
판단과정 착오	• 정보부족(옹고집, 지나친 자기중심적 인간) • 능력부족(지식부족, 경험부족) • 자기합리화(자기에게 유리하게 판단) • 환경조건불비(작업조건불량)
조치과정 착오	• 기술능력 미숙 • 경험 부족 • 피로

06 연간 평균 근로자수가 1440명인 B 기업체에서 근로자가 주당 40시간씩 50주를 근무하였으며, 그 외 조기출근 및 잔업시간의 합계가 100,000시간이었다. 이 기간 발생한 재해건수는 40건이며, 그중 사망재해는 1건(1명) 사망을 제외한 근로손실일수는 총 1,200일 이다. 이때 B 기업체의 강도율을 구하시오.(단, 평균 출근율은 94%이다.)

① 3.22 ② 0.45
③ 2.10 ④ 3.10

해설

강도율

$$강도율 = \frac{근로손실일수}{연간총근로시간수} \times 1,000$$

$$= \frac{7,500+1,200}{(1,440 \times 40 \times 50) \times 0.94 + 100,000} \times 1,000$$

$$= 3.09 ≒ 3.10$$

07 산업안전보건법령상 자율검사프로그램에 포함되어야 할 사항에 해당하지 않는 것은?

① 안전검사대상기계 등의 보유 현황
② 안전검사대상기계 등의 검사주기 및 검사기준
③ 안전검사대상 유해·위험기계의 사용 실적
④ 향후 2년간 안전검사대상기계 등의 검사수행계획

해설

자율검사프로그램의 포함사항
1. 안전검사대상기계 등의 보유 현황
2. 검사원 보유 현황과 검사를 할 수 있는 장비 및 장비 관리방법(자율안전검사기관에 위탁한 경우에는 위탁을 증명할 수 있는 서류를 제출)
3. 안전검사대상기계 등의 검사 주기 및 검사기준
4. 향후 2년간 안전검사대상기계 등의 검사수행계획
5. 과거 2년간 자율검사프로그램 수행 실적(재신청의 경우만 해당)

08 인간관계의 메커니즘 중 다른 사람의 행동양식이나 태도를 투입시키거나, 다른 사람 가운데서 자기와 비슷한 것을 발견하는 것을 무엇이라고 하는가?

① 암시   ② 동일화
③ 공감   ④ 커뮤니케이션

09 보호구 안전인증 고시에 따른 안전화의 정의 중 ( ) 안에 알맞은 것은?

경작업용 안전화란 (㉠)mm의 낙하높이에서 시험했을 때 충격과 (㉡ ±0.1)kN의 압축하중에서 시험했을 때 압박에 대하여 보호해 줄 수 있는 선심을 부착하여, 착용자를 보호하기 위한 안전화를 말한다.

① ㉠ 500, ㉡ 10.0
② ㉠ 250, ㉡ 10.0
③ ㉠ 500, ㉡ 4.4
④ ㉠ 250, ㉡ 4.4

해설

안전화의 시험방법

구분	내충격시험 충격조건	내압박성시험 하중
중작업용	1,000밀리미터의 낙하높이에서 시험	(15.0±0.1)킬로뉴턴(kN)의 압축하중에서 시험
보통 작업용	500밀리미터의 낙하높이에서 시험	(10.0±0.1)킬로뉴턴(kN)의 압축하중에서 시험
경작업용	250밀리미터의 낙하높이에서 시험	(4.4±0.1)킬로뉴턴(kN)의 압축하중에서 시험

정답 06 ④ 07 ③ 08 ② 09 ④

10 산업안전보건법령상 다음 그림에 해당하는 안전보건표지의 종류로 옳은 것은?

① 통행금지 ② 물체이동 금지
③ 낙하물 경고 ④ 매달린 물체 경고

해설
안전보건표지

물체이동 금지	낙하물 경고	매달린 물체 경고

11 다음 중 인간의 착각현상에서 실제로는 움직이지 않는 것이 어느 기준의 이동에 유도되어 움직이는 것처럼 느껴지는 현상을 무엇이라 하는가?

① 유도운동 ② 가현운동
③ 자동운동 ④ 플리커 현상

해설
인간의 착각현상

가현운동	• 정지하고 있는 대상물을 나타냈다가 지웠다가 자주 반복하면 그 물체가 마치 운동하는 것처럼 인식 되는 현상 • 영화영상기법, β운동

자동운동	• 암실 내에서 정지된 소광점을 응시하면 그 광점이 움직이는 것처럼 보이는 현상
	• 자동운동이 생기기 쉬운 조건
	  - 광점이 작을 것
	  - 시야의 다른 부분이 어두울 것
	  - 광(光)의 강도가 작을 것
	  - 대상이 단순할 것

유도운동	• 실제로는 움직이지 않는 것이 어느 기준의 이동에 유도되어 움직이는 것처럼 느껴지는 현상 • 하행선 기차역에 정지하고 있는 열차 안의 승객이 반대편 상행선 열차의 출발로 인하여 하행선 열차가 움직이는 것처럼 느끼는 경우

12 산업안전보건법령상 협의체 구성 및 운영에 관한 사항으로 (　)에 알맞은 내용은?

도급인은 관계수급인 근로자가 도급인의 사업장에서 작업을 하는 경우 도급인과 수급인을 구성원으로 하는 안전 및 보건에 관한 협의체를 구성 및 운영하여야 한다. 이 협의체는 (　) 정기적으로 회의를 개최하고 그 결과를 기록·보존해야 한다.

① 매월 1회 이상 ② 2개월마다 1회
③ 3개월마다 1회 ④ 6개월마다 1회

해설
안전 및 보건에 관한 협의체 구성 및 운영

구성	도급인 및 그의 수급인 전원으로 구성해야 함
협의사항	• 작업의 시작 시간 • 작업 또는 작업장 간의 연락방법 • 재해발생 위험이 있는 경우 대피방법 • 작업장에서의 위험성 평가의 실시에 관한 사항 • 사업주와 수급인 또는 수급인 상호 간의 연락방법 및 작업공정의 조정
회의	협의체는 매월 1회 이상 정기적으로 회의를 개최하고 그 결과를 기록·보존해야 함

13 위험예지훈련 4라운드 기법의 진행방법에 있어 문제점 발견 및 중요 문제를 결정하는 단계는?

① 대책수립 단계 ② 현상파악 단계
③ 본질추구 단계 ④ 행동목표설정 단계

해설
위험예지훈련의 4라운드
• 1라운드(1R) : 현상파악(사실을 파악한다)
• 2라운드(2R) : 본질추구(요인을 찾아낸다)
• 3라운드(3R) : 대책수립(대책을 선정한다)
• 4라운드(4R) : 목표설정(행동계획을 정한다)

14 버드(Bird)는 사고가 5개의 연쇄반응에 의하여 발생되는 것으로 보았다. 다음 중 재해 발생의 첫 단계에 해당하는 것은?

① 개인적 결함
② 사회적 환경
③ 전문적 관리의 부족
④ 불안전한 행동 및 불안전한 상태

정답 10 ④　11 ①　12 ①　13 ③　14 ③

> **해설**
버드(Bird)의 최신 도미노이론
1. 제1단계 : 제어의 부족(관리)
2. 제2단계 : 기본원인(기원)
3. 제3단계 : 직접원인(징후)
4. 제4단계 : 사고(접촉)
5. 제5단계 : 상해(손실)

15 재해예방의 4원칙에 해당하는 내용이 아닌 것은?

① 예방가능의 원칙 ② 원인계기의 원칙
③ 손실우연의 원칙 ④ 사고조사의 원칙

> **해설**
하인리히의 재해예방 4원칙

예방 가능의 원칙	천재지변을 제외한 모든 재해는 원칙적으로 예방이 가능하다.
손실 우연의 원칙	사고로 생기는 상해의 종류 및 정도는 우연적이다.
원인 계기의 원칙	사고와 손실의 관계는 우연적이지만 사고와 원인관계는 필연적이다.(사고에는 반드시 원인이 있다.)
대책 선정의 원칙	원인을 정확히 규명해서 대책을 선정하고 실시되어야 한다.(3E, 즉 기술, 교육, 독려를 중심으로)

16 재해의 기본원인 4M에 해당하지 않은 것은?

① Man ② Machine
③ Media ④ Measurement

> **해설**
재해발생의 기본원인(4M)

	인간관계 요인 (Man)	동료나 상사, 본인 이외의 사람 등의 인간관계를 의미
외적 (환경적) 요인	작업적 요인 (Media)	• 작업의 내용, 작업정보, 작업방법, 작업환경의 요인 • 인간과 기계를 연결하는 매개체 • 작업방법의 부적절
	관리적 요인 (Management)	안전법규의 준수, 안전기준, 지휘감독 등의 단속 및 점검 • 교육훈련 부족 • 감독지도 불충분 • 적성배치 불충분
	설비적(물적) 요인 (Machine)	• 기계설비 등의 물적 조건 • 기계설비의 고장, 결함

17 알파파에 대응하는 의식수준을 나타내고 정상적인 의식 상태이기는 하나 휴식 시의 긴장을 풀고 쉬는 상태의 의식수준 단계는?

① phase Ⅳ ② phase Ⅱ
③ phase Ⅰ ④ phase Ⅲ

> **해설**
의식수준의 단계

단계	의식의 상태	의식의 작용	행동상태	신뢰성	뇌파형태
Phase 0 (제0단계)	무의식, 실신	0 (zero)	수면, 뇌 발작	0 (zero)	δ파
Phase Ⅰ (제Ⅰ단계)	정상이하, 의식흐림 (Subnormal), 의식 몽롱함	활발치 못함 (Inactive), 부주의	피로, 단조로움, 졸음, 술취함	0.9 이하	θ파
Phase Ⅱ (제Ⅱ단계)	정상, 이완상태, 느긋한 기분	수동적, 마음이 안쪽으로 향함	안정기거, 휴식 시, 정례작업 시 (정상작업 시), 일반적으로 일을 시작할 때 안정된 행동	0.99~0.99999	α파
Phase Ⅲ (제Ⅲ단계)	정상, 상쾌한 상태, 분명한 의식	능동적, 앞으로 향하는 주의, 주의력 범위 넓음	판단을 동반한 행동, 적극활동 시 가장 좋은 의식수준상태, 긴급이상 사태를 의식할 때	0.999999 이상 (신뢰도가 가장 높은 상태)	β파
Phase Ⅳ (제Ⅳ단계)	과긴장, 흥분상태	판단정지, 주의의 치우침	긴급방위반응, 당황해서 패닉 (감정흥분 시 당황한 상태)	0.9 이하	β파 또는 전자파

18 주의(Attention)의 특징 중 여러 종류의 자극을 자각할 때, 소수의 특정한 것에 한하여 주의가 집중되는 것은?

① 선택성 ② 방향성
③ 변동성 ④ 검출성

> 정답 15 ④ 16 ④ 17 ② 18 ①

해설

주의의 특징

선택성	• 주의는 동시에 두 개의 방향에 집중하지 못한다. • 여러 종류의 자극을 지각하거나 수용할 때 특정한 것에 한하여 선택하는 기능
변동성	• 고도의 주의는 장시간 지속할 수 없다.(주의에는 리듬이 존재) • 주의에는 리듬이 있어 언제나 일정 수준을 유지할 수 없다.
방향성	• 한 지점에 주의를 집중하면 다른 곳의 주의는 약해진다. • 주시점만 인지하는 기능

19 적응기제(Adjustment Mechanism) 중 방어적 기제(Defence Mechanism)에 해당하는 것은?

① 고립(Isolation)
② 퇴행(Regression)
③ 억압(Suppression)
④ 합리화(Rationalization)

해설

적응기제의 기본유형

구분	공격적 기제 (행동)	도피적 기제 (행동)	방어적(절충적) 기제(행동)
개념	욕구 불만에 대한 반항이나 자기를 괴롭히는 대상에 대하여 적극적이고 능동적으로 적대시하는 감정이나 태도를 취하는 행위	욕구불만에 의한 긴장이나 압박으로부터 벗어나 비합리적인 행동으로 공상에 도피하고 현실세계에서 벗어나 안정을 얻으려는 기제	자신의 약점이나 무능력, 열등감을 위장하여 유리하게 보호함으로써 안정감을 찾으려는 기제
유형	• 직접적 공격 기제 : 폭행, 싸움, 기물파손 등 • 간접적 공격 기제 : 비난, 폭언, 욕설 등	• 백일몽 • 퇴행 • 억압 • 반동형성 • 고립 등	• 승화 • 보상 • 합리화 • 투사 • 동일화 등

20 다음 중 안전교육의 목적과 가장 거리가 먼 것은?

① 설비의 안전화
② 제도의 정착화
③ 환경의 안전화
④ 행동의 안전화

해설

안전보건교육의 목적
1. 의식의 안전화(정신의 안전화)
2. 행동(동작)의 안전화
3. 환경의 안전화
4. 설비와 물자의 안전화

2과목 인간공학 및 위험성 평가·관리

21 10시간 설비 가동 시 설비고장으로 1시간 정지하였다면 설비고장강도율은 얼마인가?

① 0.1%
② 9%
③ 10%
④ 11%

해설

고장 강도율
고장으로 인해 설비가 정지한 시간의 비율을 표시한 것으로 안전관리에서 사용되고 있는 강도율을 설비관리의 말로 응용한 것을 말한다.

$$고장\ 강도율 = \frac{고장정지시간}{부하시간} \times 100$$
$$= \frac{설비고장정지시간}{설비가동시간} \times 100$$

여기서, 부하시간(설비가동시간) = 전 동작시간 + 정지시간

$$고장\ 강도율 = \frac{설비고장정지시간}{설비가동시간} \times 100 = \frac{1}{10} \times 100 = 10[\%]$$

22 사고 시나리오에서 연속된 사건들의 발생경로를 파악하고 평가하기 위한 귀납적이고 정량적인 시스템 안전 위험분석기법은?

① THERP
② ETA
③ PHA
④ FMEA

해설

사건수 분석(ETA)
1. 초기사건으로 알려진 특정한 장치의 이상 또는 운전자의 실수에 의해 발생되는 잠재적인 사고결과를 정량적으로 평가·분석하는 방법을 말한다.
2. 설비의 설계단계에서부터 사용단계까지 각 단계에서 위험을 분석하는 귀납적·정량적 분석방법

정답 19 ④ 20 ② 21 ③ 22 ②

23 Swain에 의해 분류된 휴먼에러의 독립행동에 관한 분류 중 작위적 오류(Commission Error)에 해당되지 않는 것은?

① 전선(Cable)이 바뀌었다.
② 틀린 부품을 사용하였다.
③ 부품이 거꾸로 조립되었다.
④ 부품을 빠뜨리고 조립하였다.

해설
인간실수의 분류(심리적인 분류)

생략에러 (Omission Error, 부작위 실수)	필요한 직무 및 절차를 수행하지 않아(생략) 발생하는 에러 예 가스밸브를 잠그는 것을 잊어 사고가 났다.
작위에러 (Commission Error)	필요한 작업 또는 절차의 불확실한 수행(잘못 수행)으로 인한 에러 예 전선이 바뀌었다, 틀린 부품을 사용하였다, 부품이 거꾸로 조립되었다 등
순서에러 (Sequential Error)	필요한 작업 또는 절차의 순서 착오로 인한 에러 예 자동차 출발 시 핸드브레이크를 해제하지 않고 출발하여 발생한 경우
시간에러 (Time Error)	필요한 직무 또는 절차의 수행지연으로 인한 에러 예 프레스 작업 중에 금형 내에 손이 오랫동안 남아 있어 발생한 재해
과잉행동에러 (Extraneous Error)	불필요한 작업 또는 절차를 수행함으로써 기인한 에러 예 자동차 운전 중 습관적으로 손을 창문으로 내밀어 발생한 재해

TIP 생략에러(Omission Error) : 부품을 빠뜨리고 조립하였다.

24 사업장 위험성평가에 관한 지침에서 사업주가 유해·위험요인을 파악하는 방법으로 옳지 않은 것은?(단, 그 밖에 사업장의 특성에 적합한 방법은 제외)

① 근로자들의 상시적 제안에 의한 방법
② 안전보건 체크리스트에 의한 방법
③ 작업표준에 의한 방법
④ 설문조사·인터뷰 등 청취조사에 의한 방법

해설
유해·위험요인 파악
사업주는 사업장 내의 위험성 평가 대상에 따른 유해·위험 요인을 파악하여야 한다. 이때 업종, 규모 등 사업장 실정에 따라 다음 각 호의 방법 중 어느 하나 이상의 방법을 사용하되, 특별한 사정이 없으면 사업장 순회점검에 의한 방법을 포함하여야 한다.
1. 사업장 순회점검에 의한 방법
2. 근로자들의 상시적 제안에 의한 방법
3. 설문조사·인터뷰 등 청취조사에 의한 방법
4. 물질안전보건자료, 작업환경측정결과, 특수건강진단결과 등 안전보건 자료에 의한 방법
5. 안전보건 체크리스트에 의한 방법
6. 그 밖에 사업장의 특성에 적합한 방법

25 소리의 물리학적 특성 중 음의 높낮이와 가장 관련성이 높은 것은?

① 진폭   ② 진동수
③ phon   ④ sone

해설
음의 물리학적 특성
1. 진폭 : 음의 강도(세기) : 큰 소리는 진폭이 크고, 작은 소리는 진폭이 작다.
2. 진동수 : 음의 고저(높낮이) : 높은 소리는 진동수가 크고, 낮은 소리는 진동수가 작다.
3. phon : 감각적인 음의 크기를 나타내는 양을 말하며, 1,000Hz 순음의 크기와 평균적으로 같은 크기로 느끼는 1,000Hz 순음의 세기레벨로 나타낸 것이다.
4. sone : 감각적인 음의 크기를 나타내는 양으로 음의 대소를 표현하는 단위를 말하며, 40dB의 1,000Hz 순음의 크기(=40Phon)를 1Sone이라 정의한다.

26 인간-기계 시스템의 신뢰도를 향상시킬 수 있는 방법으로 가장 적절하지 않은 것은?

① 중복설계   ② 고가재료 사용
③ 부품개선   ④ 충분한 여유용량

해설
신뢰성 설계기술(시스템의 신뢰도를 증가시키는 방법)
1. 리던던시 설계(중복설계)
2. 부품의 단순화와 표준화
3. 최적재료의 선정
4. 디레이팅 설계(구성부품에 걸리는 부하의 정격값에 여유를 두고 설계하는 방법)
5. 내환경성 설계
6. 인간공학적 설계와 보전성 설계(Fail safe와 Fool proof)

정답 23 ④ 24 ③ 25 ② 26 ②

27 인체의 동작 유형 중 굽혔던 팔꿈치를 펴는 동작을 나타내는 용어는?

① 내전(Adduction)   ② 회내(Pronation)
③ 굴곡(Flexion)   ④ 신전(Extension)

해설
신체부위의 운동(기본적인 동작)

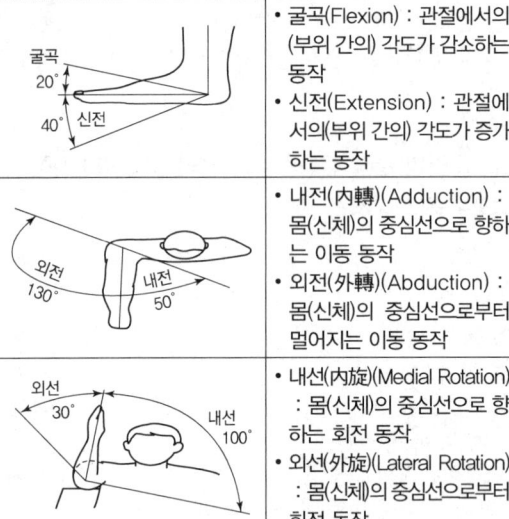

	• 굴곡(Flexion) : 관절에서의 (부위 간의) 각도가 감소하는 동작 • 신전(Extension) : 관절에서의(부위 간의) 각도가 증가하는 동작
	• 내전(內轉)(Adduction) : 몸(신체)의 중심선으로 향하는 이동 동작 • 외전(外轉)(Abduction) : 몸(신체)의 중심선으로부터 멀어지는 이동 동작
	• 내선(內旋)(Medial Rotation) : 몸(신체)의 중심선으로 향하는 회전 동작 • 외선(外旋)(Lateral Rotation) : 몸(신체)의 중심선으로부터 회전 동작
	• 하향(Pronation) : 몸(신체) 또는 손바닥을 아래로 향하는 회전 • 상향(Supination) : 몸(신체) 또는 손바닥을 위로 향하는 회전

28 신뢰성과 보전성을 효과적으로 개선하기 위해 작성하는 보전기록 자료로서 가장 거리가 먼 것은?

① 자재관리표   ② MTBF분석표
③ 설비이력카드   ④ 고장원인대책표

해설
보전기록자료
1. 설비이력카드
2. MTBF분석표
3. 고장원인대책표

29 정보를 전송하기 위해 청각적 표시장치를 이용하는 것이 바람직한 경우로 적합한 것은?

① 전언이 복잡한 경우
② 전언이 이후에 재참조되는 경우
③ 전언이 공간적인 사건을 다루는 경우
④ 전언이 즉각적인 행동을 요구하는 경우

해설
청각장치와 시각장치의 비교

청각적 표시장치	시각적 표시장치
1. 전언이 간단하다. 2. 전언이 짧다. 3. 전언이 이후에 재참조되지 않는다. 4. 전언이 시간적 사상을 다룬다. 5. 전언이 즉각적인 행동을 요구한다.(긴급할 때) 6. 수신장소가 너무 밝거나 암조응 유지가 필요시 7. 직무상 수신자가 자주 움직일 때 8. 수신자의 시각 계통이 과부하 상태일 때	1. 전언이 복잡하다. 2. 전언이 길다. 3. 전언이 이후에 재참조된다. 4. 전언이 공간적인 위치를 다룬다. 5. 전언이 즉각적인 행동을 요구하지 않는다. 6. 수신장소가 너무 시끄러울 때 7. 직무상 수신자가 한곳에 머물 때 8. 수신자의 청각 계통이 과부하 상태일 때

30 프레스기계 작업, 밀링머신기계 작업 등 조종장치를 사용하여 통제하는 시스템의 형태로 옳은 것은?

① 기계화 시스템   ② 수동 시스템
③ 자동화 시스템   ④ 컴퓨터 시스템

해설
인간-기계 통합 체계의 유형

수동 시스템	• 수공구나 기타 보조물로 이루어지며 자신의 신체적인 힘을 원동력으로 사용하여 작업을 통제하는 시스템(인간이 사용자나 동력원으로 가능) • 다양성 있는 체계로 역할을 할 수 있는 능력을 충분히 활용하는 시스템 • 예 장인과 공구, 가수와 앰프
기계 시스템	• 고도로 통합된 부품들로 구성되어 있으며, 일반적으로 변화가 거의 없는 기능들을 수행하는 시스템 • 운전자의 조종에 의해 운용되며 융통성이 없는 시스템 • 동력은 기계가 제공하며, 조종장치를 사용하여 통제하는 것은 사람이다. • 반자동 체계라고도 한다. • 예 엔진, 자동차, 공작기계
자동 시스템	• 체계가 감지, 정보보관, 정보처리 및 의사결정, 행동을 포함한 모든 임무를 수행하는 체계 • 신뢰성이 완전한 자동체계란 불가능하므로 인간은 감시, 정비, 보전, 계획수립 등의 기능을 수행한다. • 예 자동화된 처리공장, 자동교환대, 컴퓨터

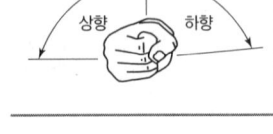 27 ④ 28 ① 29 ④ 30 ①

31 체계분석 및 설계에 있어서 인간공학적 노력의 효능을 산정하는 척도의 기준에 포함되지 않는 것은?

① 성능의 향상
② 훈련비용의 절감
③ 인력 이용률의 저하
④ 생산 및 보전의 경제성 향상

해설
체계 분석 및 설계에 있어서의 인간공학의 가치(기여도)
1. 성능(Performance)의 향상
2. 훈련비용의 절감
3. 인력 이용률(Utilization)의 향상
4. 사고 및 오용으로부터의 손실 감소
5. 생산 및 보전의 경제성 증대
6. 사용자의 수용도 향상

32 1cd의 점광원에서 1m 떨어진 곳에서의 조도가 2lux이었다. 동일한 조건에서 3m 떨어진 곳에서의 조도는 약 몇 lux인가?

① 0.11
② 0.22
③ 0.33
④ 0.67

해설
조도

$$조도 = \frac{광도}{(거리)^2}$$

1. 광도 = 조도 × (거리)^2
2. 1m 거리의 광도 = $2 \times 1^2 = 2[cd]$이므로
3. 3m 거리의 조도 = $\frac{2}{3^2} = 0.22[lux]$

33 공정분석에 있어 활용하는 공정도(Process Chart)의 도시기호 중 가공 또는 작업을 나타내는 기호는?

① ○
② ➡
③ D
④ □

해설
공정도 기호

작업 혹은 가공	검사	운반	정체	저장
○	□	➡	D	▽

34 소음성 난청의 초기단계인 C_5-dip 현상이 가장 현저하게 나타나는 주파수는 얼마인가?

① 10,000Hz
② 7,000Hz
③ 4,000Hz
④ 1,000Hz

해설
C_5-dip 현상
1. 소음성 난청의 초기단계로 4,000Hz에서 청력장애가 현저히 커지는 현상이다.
2. 우리 귀는 고주파음에 대단히 민감하다. 특히 4,000Hz에서 소음성 난청이 가장 많이 발생한다.

35 광원으로부터의 직사 휘광을 줄이기 위한 방법으로 적절하지 않은 것은?

① 휘광원 주위를 어둡게 한다.
② 가리개, 갓, 차양 등을 사용한다.
③ 광원을 시선에서 멀리 위치시킨다.
④ 광원의 수는 늘리고 휘도는 줄인다.

해설
광원으로 부터의 직사휘광처리
1. 광원의 휘도를 줄이고 수를 늘림
2. 광원을 시선에서 멀리 위치시킴
3. 휘광원 주위를 밝게 하여 광도비를 줄임
4. 가리개(Shield), 갓(Hood) 혹은 차양(Visor)을 사용

36 인간오류의 분류 중 원인에 의한 분류의 하나로, 작업자 자신으로부터 발생하는 에러로 옳은 것은?

① Command Error
② Secondary Error
③ Primary Error
④ Third Error

해설
원인의 레벨(Level)적 분류

Primary Error (1차 에러)	작업자 자신으로부터 발생한 에러
Secondary Error (2차 에러)	작업형태나 작업조건 중에서 다른 문제가 발생하여 필요한 직무나 절차를 수행할 수 없는 에러
Command Error (지시 에러)	작업자가 움직이려 해도 필요한 물건, 정보, 에너지 등이 공급되지 않아서 작업자가 움직일 수 없는 상황에서 발생한 에러

정답 31 ③ 32 ② 33 ① 34 ③ 35 ① 36 ③

37 60폰(phon)의 소리에 해당하는 손(sone)의 값은?

① 1
② 2
③ 4
④ 8

해설

phon(음량 수준)과 sone(음량)의 관계

$$sone치 = 2^{(phon치 - 40)/10}$$

※ 음량 수준이 10phon 증가하면 음량(sone)은 2배로 증가 된다.

$sone치 = 2^{(phon치-40)/10} = 2^{(60-40)/10} = 4[sone]$

38 건강한 남성이 8시간 동안 특정 작업을 실시하고, 산소소비량이 1.2L/분으로 나타났다면 8시간 총 작업시간에 포함되어야 할 최소 휴식시간은?(단, 남성의 권장 평균에너지소비량은 5kcal/분, 안정 시 에너지소비량은 1.5kcal/분으로 가정한다.)

① 107분
② 117분
③ 127분
④ 137분

해설

휴식시간
1. 작업의 성질과 강도에 따라서 휴식시간이나 회수가 결정되어야 한다.
2. 공식

$$R = \frac{60(E-5)}{E-1.5}$$

여기서, R : 휴식시간(분)
E : 작업 시 평균 에너지소비량(kcal/분)
60 : 총작업시간(분)
1.5kcal/분 : 휴식시간 중의 에너지소비량

① 1L/분당 평균 에너지 소비량은 5kcal이다.
② 작업 시 평균 에너지 소비량 : 1.2L/분 × 5kcal = 6[kcal/분]이 된다.
③ 총 작업시간 = 8시간 × 60분 = 480분
④ $R = \frac{60(E-5)}{E-1.5} = \frac{480(6-5)}{6-1.5} = 106.67[분]$

39 화학공장(석유화학사업장 등)에서 가동문제를 파악하는 데 널리 사용되며, 위험요소를 예측하고, 새로운 공정에 대한 가동문제를 예측하는 데 사용되는 위험성평가방법은?

① SHA
② EVP
③ CCFA
④ HAZOP

해설

위험 및 운전성 검토(HAZOP)
1. 화학공장에서 가동문제를 파악하는 데 널리 사용된다. 즉 위험요소를 예측하고 새로운 공정에 대한(지식부족으로 인한) 가동문제를 예측하는 데 사용된다.
2. 5~7명의 각 분야별 전문가와 안전기사로 구성된 팀원들이 상상력을 동원하여 가이드단어로서 위험요소를 점검한다.
3. HAZOP의 적용은 대부분 상세설계 기간이나 설계가 완료된 단계, 즉 개발단계에서 수행되는 것이 보통이다.

40 FT도에 사용되는 다음 기호의 명칭으로 옳은 것은?

① 통상사상
② 수정기호
③ 제어게이트
④ 생략사상

해설

FTA분석 기호

번호	기호	명칭	내용
1		결함사상	사고가 일어난 사상(사건)
2		기본사상	더 이상 전개가 되지 않는 기본적인 사상 또는 발생확률이 단독으로 얻어지는 낮은 레벨의 기본적인 사상
3		통상사상 (가형사상)	통상발생이 예상되는 사상(예상되는 원인)
4		생략사상 (최후사상)	정보부족 또는 분석기술 불충분으로 더 이상 전개할 수 없는 사상 (작업진행에 따라 해석이 가능할 때는 다시 속행한다.)
5		전이기호 (이행기호)	• FT도상에서 다른 부분에 관한 이행 또는 연결을 나타낸다. • 상부에 선이 있는 경우는 다른 부분으로 전입(IN)
6		전이기호 (이행기호)	• FT도상에서 다른 부분에 관한 이행 또는 연결을 나타낸다. • 측면에 선이 있는 경우는 다른 부분으로 전출(OUT)

정답 37 ③ 38 ① 39 ④ 40 ④

3과목 기계·기구 및 설비 안전관리

41 드릴링 머신을 이용한 작업 시 안전 수칙에 관한 설명으로 옳지 않은 것은?

① 일감을 손으로 견고하게 쥐고 작업한다.
② 장갑을 끼고 작업을 하지 않는다.
③ 칩은 기계를 정지시킨 다음에 와이어브러시로 제거한다.
④ 드릴을 끼운 후에는 척 렌치를 반드시 탈거한다.

해설
드릴링 작업에 대한 안전수칙
1. 일감은 견고하게 고정시키며 관통된 것을 확인하기 위해 손으로 만져서는 안 된다.
2. 드릴을 끼운 후 척 렌치(Chuck Wrench)는 반드시 뺀다.
3. 작업모를 착용하고 옷소매가 긴 작업복은 입지 않는다.
4. 드릴작업에서는 보안경 및 안전덮개(Shield)를 설치한다.
5. 칩은 브러쉬(와이어 브러시)로 제거하고 장갑 착용은 금지한다.
6. 구멍 끝 작업에서는 절삭압력을 주어서는 안 된다.
7. 고정구를 사용하여 작업 중 공작물의 유동을 방지한다.
8. 가공 중에 구멍이 관통되면 기계를 멈추고 손으로 돌려서 드릴을 뺀다.
9. 일감의 설치, 테이블의 고정이나 조정은 기계를 정지시킨 후에 실시한다.
10. 큰 구멍을 뚫을 때는 반드시 작은 구멍을 먼저 뚫은 후 큰 구멍을 뚫는다.
11. 얇은 판에 구멍을 뚫을 때에는 나무판을 밑에 받치고 뚫는다.
12. 구멍이 거의 다 뚫리는 끝부분에서 일감이 드릴과 함께 맞물려 회전하기 쉬우므로 주의하여야 한다.

42 다음은 목재가공용 둥근톱에서 분할날에 관한 설명이다. ( ) 안의 내용을 올바르게 나타낸 것은?

- 분할날의 두께는 둥근톱 두께의 (①) 이상일 것
- 견고히 고정할 수 있으며 분할날과 톱날 원주면과의 거리는 (②) 이내로 조정, 유지할 수 있어야 한다.

① ① : 1.5배 ② : 15mm
② ① : 1.1배 ② : 12mm
③ ① : 1.1배 ② : 15mm
④ ① : 2배 ② : 20mm

해설
분할날의 설치구조
1. 분할 날의 두께는 둥근톱 두께의 1.1배 이상일 것

$$1.1t_1 \leq t_2 < b$$
(t_1 : 톱두께, t_2 : 분할날두께, b : 치진폭)

2. 견고히 고정할 수 있으며 분할날과 톱날 원주면과의 거리는 12mm 이내로 조정, 유지할 수 있어야 하고 표준 테이블면(승강반에 있어서도 테이블을 최하로 내린 때의 면) 상의 톱 뒷날의 2/3 이상을 덮도록 할 것
3. 재료는 KS D 3751(탄소공구강재)에서 정한 STC 5(탄소공구강) 또는 이와 동등이상의 재료를 사용할 것
4. 분할날 조임볼트는 2개 이상이어야 하며 볼트는 이완방지조치가 되어 있어야 한다.

43 프레스 등의 금형을 부착·해체 또는 조정 작업하는 작업을 할 때에 슬라이드가 갑자기 작동함으로써 근로자에게 발생할 우려가 있는 위험을 방지하기 위하여 설치하는 것은?

① 방호 울   ② 안전블록
③ 권과방지장치 ④ 게이트 가드

해설
금형조정작업의 위험 방지
프레스등의 금형을 부착·해체 또는 조정하는 작업을 할 때에 해당 작업에 종사하는 근로자의 신체가 위험한계 내에 있는 경우 슬라이드가 갑자기 작동함으로써 근로자에게 발생할 우려가 있는 위험을 방지하기 위하여 안전블록을 사용하는 등 필요한 조치를 하여야 한다.

44 산업안전보건법령상 양중기에서 절단하중이 100톤인 와이어로프를 사용하여 화물을 직접적으로 지지하는 경우, 화물의 최대허용하중(톤)은?

① 20   ② 30
③ 40   ④ 50

해설
와이어로프의 안전계수

$$\text{안전율(안전계수)} = \frac{\text{절단하중(파괴하중)}}{\text{최대허용하중}}$$

1. 화물의 하중을 직접 지지하는 달기와이어로프 또는 달기체인의 경우 안전계수 : 5 이상

정답 41 ① 42 ② 43 ② 44 ①

2. 최대허용하중 = $\frac{절단하중(파괴하중)}{안전계수} = \frac{100}{5} = 20$[톤]

> **TIP** 와이어로프 등 달기구의 안전계수
>
> | | |
> |---|---|
> | 근로자가 탑승하는 운반구를 지지하는 달기와이어로프 또는 달기체인의 경우 | 10 이상 |
> | 화물의 하중을 직접 지지하는 달기와이어로프 또는 달기체인의 경우 | 5 이상 |
> | 훅, 샤클, 클램프, 리프팅 빔의 경우 | 3 이상 |
> | 그 밖의 경우 | 4 이상 |

45 작업장에서 사용하는 로프의 최대사용하중이 200kgf이고, 절단하중이 600kgf일 때 이 로프의 안전율은?

① 0.33
② 3
③ 200
④ 300

해설
안전율(안전계수)

안전율(안전계수) = $\frac{기초강도}{허용응력} = \frac{극한강도}{허용응력} = \frac{최대응력}{허용응력}$
= $\frac{절단하중(파괴하중)}{최대사용하중} = \frac{극한강도}{최대설계응력}$
= $\frac{파단하중}{안전계수} = \frac{인장강도}{허용응력}$

안전율 = $\frac{절단하중}{최대사용하중} = \frac{600}{200} = 3$

46 크레인 작업 시 조치사항 중 틀린 것은?

① 인양할 하물을 바닥에서 끌어당기거나 밀어내는 작업을 하지 아니할 것
② 유류드럼이나 가스통 등 운반 도중에 떨어져 폭발하거나 누출될 가능성이 있는 위험물 용기는 보관함에 담아 안전하게 매달아 운반할 것
③ 고정된 물체를 직접 분리·제거하는 작업을 할 것
④ 미리 근로자의 출입을 통제하여 인양 중인 하물이 작업자의 머리 위로 통과하지 않도록 할 것

해설
크레인 작업 시의 조치 및 준수사항
1. 인양할 하물을 바닥에서 끌어당기거나 밀어내는 작업을 하지 아니할 것
2. 유류드럼이나 가스통 등 운반 도중에 떨어져 폭발하거나 누출될 가능성이 있는 위험물 용기는 보관함에 담아 안전하게 매달아 운반할 것
3. 고정된 물체를 직접 분리·제거하는 작업을 하지 아니할 것
4. 미리 근로자의 출입을 통제하여 인양 중인 하물이 작업자의 머리 위로 통과하지 않도록 할 것
5. 인양할 하물이 보이지 아니하는 경우에는 어떠한 동작도 하지 아니할 것(신호하는 사람에 의하여 작업을 하는 경우는 제외)

47 개구부에서 회전하는 롤러의 위험점까지 최단거리가 400mm일 때 개구부 간격은?

① 35mm
② 40mm
③ 56mm
④ 66mm

해설
롤러기 가드의 개구부 간격(ILO기준, 위험점이 전동체가 아닌 경우)

$$Y = 6 + 0.15X \ (X < 160mm)$$
$$(단, X \geq 160mm 일 때 \ Y = 30mm)$$

여기서, X : 가드와 위험점 간의 거리(안전거리)(mm)
Y : 가드 개구부 간격(안전간극)(mm)

$Y = 6 + 0.15X = 6 + 0.15 \times 400 = 66$[mm]

48 프레스 방호장치의 공통일반구조에 대한 설명으로 틀린 것은?

① 방호장치의 표면은 벗겨짐 현상이 없어야 하며, 날카로운 모서리 등이 없어야 한다.
② 위험기계·기구 등에 장착이 용이하고 견고하게 고정될 수 있어야 한다.
③ 외부충격으로부터 방호장치의 성능이 유지될 수 있도록 보호덮개가 설치되어야 한다.
④ 각종 스위치, 표시램프는 돌출형으로 쉽게 근로자가 볼 수 있는 곳에 설치해야 한다.

해설
프레스 및 전단기 방호장치의 일반적인 구조
1. 방호장치의 표면은 벗겨짐 현상이 없어야 하며, 날카로운 모서리 등이 없어야 한다.
2. 위험기계·기구 등에 장착이 용이하고 견고하게 고정될 수 있어야 한다.

정답 45 ② 46 ③ 47 ④ 48 ④

3. 외부충격으로부터 방호장치의 성능이 유지될 수 있도록 보호덮개가 설치되어야 한다.
4. 각종 스위치, 표시램프는 매립형으로 쉽게 근로자가 볼 수 있는 곳에 설치해야 한다.

49 숫돌의 지름이 D(mm), 회전수 N(rpm)이라 할 경우 숫돌의 원주속도 V(m/min)를 구하는 식으로 옳은 것은?

① $V = D \cdot N^2$
② $V = \dfrac{\pi \cdot D \cdot N}{1,000}$
③ $V = \dfrac{\pi \cdot D}{N}$
④ $V = \dfrac{N}{\pi \cdot D \cdot 1,000}$

해설

원주속도(회전속도)

$$V = \pi DN [\text{mm/min}] = \dfrac{\pi DN}{1,000} [\text{m/min}]$$

여기서, V : 원주속도(회전속도)(m/min)
D : 숫돌의 지름(mm)
N : 숫돌의 매분 회전수(rpm)

50 드릴링 머신의 드릴지름이 10mm이고, 드릴 회전수가 1,000rpm일 때 원주속도는 약 얼마인가?

① 3.14m/min
② 6.28m/min
③ 31.4m/min
④ 62.8m/min

해설

드릴링 머신의 원주속도

$$V = \dfrac{\pi DN}{1,000}$$

여기서, V : 드릴의 원주속도(m/min)
D : 드릴의 직경(mm)
N : 드릴의 회전수(rpm)

$V = \dfrac{\pi DN}{1,000} = \dfrac{\pi \times 10 \times 1,000}{1,000} = 31.4 [\text{m/min}]$

51 선반에서 절삭가공 중 발생하는 연속적인 칩을 자동적으로 끊어 주는 역할을 하는 것은?

① 칩 브레이커
② 방진구
③ 보안경
④ 커버

해설

선반의 방호장치(안전장치)

칩 브레이커 (Chip Breaker)	절삭 중 칩을 자동적으로 끊어 주는 바이트에 설치된 안전장치
급정지 브레이크	가공작업 중 선반을 급정지시킬 수 있는 방호장치
실드(Shield)	가공물의 칩이 비산되어 발생하는 위험을 방지하기 위해 사용하는 덮개(칩 비산 방지 투명판)
척커버 (Chuck Cover)	척과 척으로 잡은 가공물의 돌출부에 작업자가 접촉하지 않도록 설치하는 덮개

52 탁상용 연삭기에서 연삭숫돌과 작업대와의 간격은 몇 mm 이하로 조정할 수 있는 작업대를 갖추고 있어야 하나?

① 10mm 이하
② 6mm 이하
③ 5mm 이하
④ 3mm 이하

해설

덮개의 구조
탁상용 연삭기의 덮개에는 워크레스트 및 조정편을 구비하여야 하며, 워크레스트는 연삭숫돌과의 간격을 3밀리미터 이하로 조정할 수 있는 구조이어야 한다.

53 롤러기의 급정지장치를 작동시켰을 경우에 무부하 운전 시 앞면 롤러의 표면속도가 30m/min 이상일 때의 급정지거리로 적합한 것은?

① 앞면 롤러 원주의 1/1.5 이내 거리에서 급정지
② 앞면 롤러 원주의 1/2 이내 거리에서 급정지
③ 앞면 롤러 원주의 1/2.5 이내 거리에서 급정지
④ 앞면 롤러 원주의 1/3 이내 거리에서 급정지

해설

급정지장치의 성능조건

앞면 롤러의 표면속도(m/min)	급정지 거리
30 미만	앞면 롤러 원주의 1/3
30 이상	앞면 롤러 원주의 1/2.5

정답 49 ② 50 ③ 51 ① 52 ④ 53 ③

54 지게차의 작업상태별 안정도에 관한 내용으로 틀린 것은?(단, V는 최고속도(km/h)이다.)

① 주행 시의 전후 안정도는 18%이다.
② 하역작업 시의 좌우 안정도는 6%이다.
③ 하역작업 시의 전후 안정도는 20%이다.
④ 주행 시의 좌우 안정도는 $(15+1.1V)$%이다.

해설
지게차의 안정도 기준
1. 하역작업 시의 전후안정도 4% 이내(5톤 이상 : 3.5% 이내) (최대하중상태에서 포크를 가장 높이 올린 경우)
2. 주행 시의 전후안정도 18% 이내
3. 하역작업 시의 좌우안정도 6% 이내(최대하중상태에서 포크를 가장 높이 올리고 마스트를 가장 뒤로 기울인 경우)
4. 주행 시의 좌우안정도 $(15+1.1V)$% 이내, V : 최고속도(km/h)

55 산업안전보건법령에 따라 양중기용 와이어로프의 사용금지 기준으로 옳은 것은?

① 지름의 감소가 공칭지름의 3%를 초과하는 것
② 지름의 감소가 공칭지름의 5%를 초과하는 것
③ 와이어로프의 한 꼬임에서 끊어진 소선(素線)의 수가 7% 이상인 것
④ 와이어로프의 한 꼬임에서 끊어진 소선(素線)의 수가 10% 이상인 것

해설
양중기 와이어로프 사용금지 조건
1. 이음매가 있는 것
2. 와이어로프의 한 꼬임에서 끊어진 소선의 수가 10% 이상인 것
3. 지름의 감소가 공칭지름의 7%를 초과하는 것
4. 꼬인 것
5. 심하게 변형되거나 부식된 것
6. 열과 전기충격에 의해 손상된 것

56 다음 중 크레인의 방호장치로 가장 적절하지 않은 것은?

① 파이널 리미트 스위치   ② 과부하방지장치
③ 비상정지장치   ④ 권과방지장치

해설
양중기 방호장치의 종류

방호장치의 조정 대상	크레인, 이동식 크레인, 리프트, 곤돌라, 승강기
방호장치의 종류	• 과부하방지장치 • 권과방지장치 • 비상정지장치 및 제동장치 • 그 밖의 방호장치(승강기의 파이널 리미트 스위치, 속도조절기, 출입문 인터록 등)

57 아세틸렌 용접장치를 사용하여 금속의 용접 · 용단 또는 가열작업을 하는 경우 게이지 압력으로 얼마를 초과하는 압력의 아세틸렌을 발생시켜 사용해서는 아니 되는가?

① 85[kPa]   ② 107[kPa]
③ 127[kPa]   ④ 150[kPa]

해설
압력의 제한
아세틸렌 용접장치를 사용하여 금속의 용접 · 용단 또는 가열작업을 하는 경우에는 게이지 압력이 127킬로파스칼을 초과하는 압력의 아세틸렌을 발생시켜 사용해서는 아니 된다.

58 산업안전보건법령에 따라 다음 중 목재가공용으로 사용되는 모떼기기계의 방호장치는?(단, 자동이송장치를 부착한 것은 제외한다.)

① 분할날   ② 날접촉예방장치
③ 급정지장치   ④ 이탈방지장치

해설
모떼기 기계의 방호장치
모떼기기계(자동이송장치를 부착한 것은 제외)에 날접촉예방장치를 설치하여야 한다. 다만, 작업의 성질상 날접촉예방장치를 설치하는 것이 곤란하여 해당 근로자에게 적절한 작업공구 등을 사용하도록 한 경우에는 그러하지 아니하다.

59 기계설비의 안전조건 중 구조의 안전화에 대한 설명으로 가장 거리가 먼 것은?

① 기계재료의 선정 시 재료 자체에 결함이 없는지 철저히 확인한다.
② 사용 중 재료의 강도가 열화될 것을 감안하여 설계 시 안전율을 고려한다.

정답 54 ③ 55 ④ 56 ① 57 ③ 58 ② 59 ③

③ 기계작동 시 기계의 오동작을 방지하기 위하여 오동작 방지 회로를 적용한다.
④ 가공 경화와 같은 가공결함이 생길 우려가 있는 경우는 열처리 등으로 결함을 방지한다.

해설
구조상의 안전화

설계상의 결함	• 가장 큰 원인은 강도산정(부하예측, 강도계산)상의 오류 • 사용상 강도의 열화를 고려하여 안전율을 산정
재료의 결함	기계 재료 자체에 균열, 부식, 강도 저하 등 결함이 있으므로 설계 시 재료의 선택에 유의하여야 한다.
가공의 결함	재료 가공 도중 결함이 생길 수 있으므로 기계적 특성을 갖는 적절한 열처리 등이 필요하다.

TIP 오동작을 방지하기 위하여 오동작 방지 회로를 적용하는 것은 기능적 안전화에 해당된다.

60 다음 중 컨베이어의 안전장치가 아닌 것은?
① 이탈 및 역주행방지장치
② 비상정지장치
③ 덮개 또는 울
④ 비상난간

해설
컨베이어의 안전장치
1. 이탈 및 역주행방지장치   3. 덮개 또는 울
2. 비상정지장치   4. 건널다리

4과목 전기 및 화학설비 안전관리

61 정전기 발생량과 관련된 내용으로 옳지 않은 것은?
① 분리속도가 빠를수록 정전기 발생량이 많아진다.
② 두 물질 간의 대전서열이 가까울수록 정전기 발생량이 많아진다.
③ 접촉면적이 넓을수록, 접촉압력이 증가할수록 정전기 발생량이 많아진다.
④ 물질의 표면이 수분이나 기름 등에 오염되어 있으면 정전기 발생량이 많아진다.

해설
정전기 발생의 영향요인(정전기 발생요인)

물체의 특성	일반적으로 대전량은 접촉이나 분리하는 두 가지 물체가 대전서열 내에서 가까운 곳에 있으면 적고 먼 위치에 있을수록 대전량이 큰 경향이 있다.
물체의 표면상태	• 표면이 거칠수록 정전기 발생량이 커진다. • 기름, 수분, 불순물 등 오염이 심할수록, 산화 부식이 심할수록 정전기 발생량이 커진다.
물체의 이력	정전기 발생량은 처음 접촉, 분리가 일어날 때 최대가 되며, 발생횟수가 반복될수록 발생량이 감소한다.
접촉면적 및 압력	접촉면적 및 압력이 클수록 정전기 발생량은 커진다.
분리속도	분리속도가 빠를수록 정전기 발생량이 커진다.
완화시간	완화시간이 길면 전하분리에 주는 에너지도 커져서 정전기 발생량이 커진다.

62 도체의 정전용량 $C=20\mu F$, 대전전위(방전 시 전압) $V=3kV$일 때 정전에너지(J)는?
① 45   ② 90
③ 180   ④ 360

해설
정전 에너지

$$W = \frac{1}{2}CV^2$$

여기서, W : 정전기 에너지(J)
C : 도체의 정전용량(F)
V : 대전 전위(V)
Q : 대전 전하량(C)

$W = \frac{1}{2}CV^2 = \frac{1}{2} \times (20 \times 10^{-6}) \times (3,000)^2 = 90[J]$

TIP $1[\mu F] = 10^{-6}[F]$, $1[V] = 10^{-3}[kV]$

63 작업장 내 시설하는 저압전선에는 감전 등의 위험으로 나전선을 사용하지 않고 있지만, 특별한 이유에 의하여 사용할 수 있도록 규정된 곳이 있는데 이에 해당되지 않는 것은?
① 버스덕트공사에 의하여 시설하는 경우
② 애자공사에 의하여 전개된 곳에 전기로용 전선을 시설하는 경우
③ 라이팅덕트공사에 의하여 시설하는 경우
④ 옥내전기설비를 금속관 공사에 의하여 시설하는 경우

정답 60 ④ 61 ② 62 ② 63 ④

해설
나전선의 사용 제한
옥내에 시설하는 저압전선에는 나전선을 사용하여서는 아니 된다. 다만, 다음 중 어느 하나에 해당하는 경우에는 그러하지 아니하다.
1. 규정에 준하는 애자공사에 의하여 전개된 곳에 다음의 전선을 시설하는 경우
   ㉠ 전기로용 전선
   ㉡ 전선의 피복 절연물이 부식하는 장소에 시설하는 전선
   ㉢ 취급자 이외의 자가 출입할 수 없도록 설비한 장소에 시설하는 전선
2. 규정에 준하는 버스덕트공사에 의하여 시설하는 경우
3. 규정에 준하는 라이팅덕트공사에 의하여 시설하는 경우
4. 규정에 준하는 접촉 전선을 시설하는 경우

64 다음 중 정전작업 시 조치사항으로 틀린 것은?

① 개폐기에 잠금장치를 하고 통전금지에 꼬리표를 부착한다.
② 개로된 전로의 충전여부를 검전기구로 정전유무를 확인한다.
③ 단락접지를 한다.
④ 개로된 전로에서 전기기기 등은 접촉하기 전에 잔류전하는 완전히 보존한다.

해설
정전전로에서의 전로차단 절차
1. 전기기기 등에 공급되는 모든 전원을 관련 도면, 배선도 등으로 확인할 것
2. 전원을 차단한 후 각 단로기 등을 개방하고 확인할 것
3. 차단장치나 단로기 등에 잠금장치 및 꼬리표를 부착할 것
4. 개로된 전로에서 유도전압 또는 전기에너지가 축적되어 근로자에게 전기위험을 끼칠 수 있는 전기기기 등은 접촉하기 전에 잔류전하를 완전히 방전시킬 것
5. 검전기를 이용하여 작업 대상 기기가 충전되었는지를 확인할 것
6. 전기기기 등이 다른 노출 충전부와의 접촉, 유도 또는 예비동력원의 역송전 등으로 전압이 발생할 우려가 있는 경우에는 충분한 용량을 가진 단락 접지기구를 이용하여 접지할 것

65 누전 경보기의 수신기는 옥내의 점검에 편리한 장소에 설치하여야 한다. 이 수신기의 설치장소로 옳지 않은 것은?

① 습도가 낮은 장소
② 온도의 변화가 거의 없는 장소
③ 화약류를 제조하거나 저장 또는 취급하는 장소
④ 부식성 증기와 가스는 발생되나 방식이 되어있는 곳

해설
수신부의 설치장소
누전경보기의 수신부는 다음 각 호의 장소 외의 장소에 설치하여야 한다.(다만, 해당 누전경보기에 대하여 방폭·방식·방습·방온·방진 및 정전기 차폐 등의 방호조치를 한 것은 제외)
1. 가연성의 증기·먼지·가스 등이나 부식성의 증기·가스 등이 다량으로 체류하는 장소
2. 화약류를 제조하거나 저장 또는 취급하는 장소
3. 습도가 높은 장소
4. 온도의 변화가 급격한 장소
5. 대전류회로·고주파 발생회로 등에 따른 영향을 받을 우려가 있는 장소

66 산업안전보건법령에 따라 꽂음접속기를 설치 또는 사용하는 경우 준수하여야 할 사항으로 틀린 것은?

① 서로 다른 전압의 꽂음 접속기는 서로 접속되지 아니한 구조의 것을 사용할 것
② 습윤한 장소에 사용되는 꽂음접속기는 방수형 등 그 장소에 적합한 것을 사용할 것
③ 근로자가 해당 꽂음접속기를 접속시킬 경우에는 땀 등으로 젖은 손으로 취급하지 않도록 할 것
④ 꽂음접속기에 잠금장치가 있는 때에는 접속 후 개방하여 사용할 것

해설
꽂음접속기의 설치·사용 시 준수사항
1. 서로 다른 전압의 꽂음 접속기는 서로 접속되지 아니한 구조의 것을 사용할 것
2. 습윤한 장소에 사용되는 꽂음 접속기는 방수형 등 그 장소에 적합한 것을 사용할 것
3. 근로자가 해당 꽂음 접속기를 접속시킬 경우에는 땀 등으로 젖은 손으로 취급하지 않도록 할 것
4. 해당 꽂음 접속기에 잠금장치가 있는 경우에는 접속 후 잠그고 사용할 것

67 건설현장에서 사용하는 임시배선의 안전대책으로 거리가 먼 것은?

① 모든 전기기기의 외함은 접지시켜야 한다.
② 임시배선은 다심케이블을 사용하지 않아도 된다.
③ 배선은 반드시 분전반 또는 배전반에서 인출해야 한다.
④ 지상 등에서 금속관으로 방호할 때는 그 금속관을 접지해야 한다.

해설
임시배선은 다심케이블을 사용한다.

68 누설전류로 인해 화재가 발생될 수 있는 누전화재의 3요소에 해당하지 않는 것은?

① 누전점   ② 인입점
③ 접지점   ④ 출화점

해설
전기누전으로 인한 화재조사 시에 착안해야 할 입증 흔적
1. 누전점 : 전류의 유입점
2. 발화점 : 발화된 장소(출화점)
3. 접지점 : 전류의 유출점

69 다음 중 전선이 연소될 때의 단계별 순서로 가장 적절한 것은?

① 착화단계 → 순시용단 단계 → 발화단계 → 인화단계
② 인화단계 → 착화단계 → 발화단계 → 순시용단 단계
③ 순시용단 단계 → 착화단계 → 인화단계 → 발화단계
④ 발화단계 → 순시용단 단계 → 착화단계 → 인화단계

해설
배선의 용단단계에 따른 전선 전류밀도(전선의 연소 과정)

단계	인화단계	착화단계	발화단계		순시용단 단계
	허용전류의 3배정도	큰 전류, 점화원없이 착화연소	심선이 용단		심선용단 및 도선 폭발
			발화후 용단	용단과 동시발화	
전류밀도 (A/mm²)	40~43	43~60	60~70	75~120	120 이상

70 전폐형 방폭구조가 아닌 것은?

① 압력방폭구조   ② 내압방폭구조
③ 유입방폭구조   ④ 안전증방폭구조

해설
전폐형 구조의 방폭구조
전폐형 구조는 내부와 외부 사이를 완전히 차단시키는 구조를 말한다.
1. 내압 방폭구조
2. 압력 방폭구조
3. 유입 방폭구조

71 다음 중 일반적인 국소배기장치의 구성요소로 볼 수 없는 것은?

① 후드   ② 저장소
③ 덕트   ④ 송풍기

해설
국소배기장치의 구성요소
국소배기장치는 후드, 덕트, 공기정화장치, 송풍기, 배기덕트의 각 부분으로 구성되어 있다.

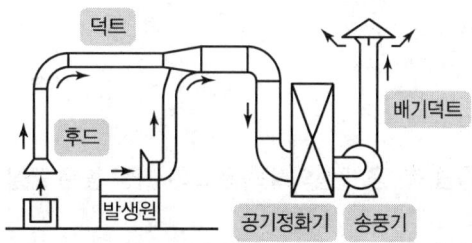

[국소배기장치의 계통도]

72 분진폭발에 대한 안전대책으로 적절하지 않은 것은?

① 분진의 퇴적을 방지한다.
② 점화원을 제거한다.
③ 입자의 크기를 최소화한다.
④ 불활성 분위기를 조성한다.

해설
입도와 입도분포
1. 분진의 표면적이 입자체적에 비하여 커지면 열의 발생속도가 방열속도보다 커져서 폭발이 용이해진다.
2. 평균 입자의 직경이 작고 밀도가 작을수록 비표면적은 크게 되고 표면에너지도 크게 되어 폭발이 용이해진다.

73 산업안전보건법령상 물질안전보건자료(MSDS) 작성 시 포함되어야 하는 항목이 아닌 것은?

① 물리화학적 특성
② 유해물질의 제조법
③ 환경에 미치는 영향
④ 누출사고 시 대처방법

해설

물질안전보건자료 작성 시 포함되어야 할 항목 및 그 순서
1. 화학제품과 회사에 관한 정보
2. 유해성·위험성
3. 구성성분의 명칭 및 함유량
4. 응급조치요령
5. 폭발·화재 시 대처방법
6. 누출사고 시 대처방법
7. 취급 및 저장방법
8. 노출방지 및 개인보호구
9. 물리화학적 특성
10. 안정성 및 반응성
11. 독성에 관한 정보
12. 환경에 미치는 영향
13. 폐기 시 주의사항
14. 운송에 필요한 정보
15. 법적규제 현황
16. 그 밖의 참고사항

74 다음 중 "공기 중의 발화온도"가 가장 높은 물질은?

① CH_4
② C_2H_2
③ C_2H_6
④ H_2S

해설

발화온도

메탄(CH_4)	아세틸렌(C_2H_2)	황화수소(H_2S)	에탄(C_2H_6)
537℃	305℃	260℃	472℃

75 다음 중 B급 화재에 해당되는 것은?

① 유류에 의한 화재
② 전기장치에 의한 화재
③ 일반 가연물에 의한 화재
④ 마그네슘 등에 의한 금속화재

해설

화재의 종류
1. A급 화재 : 일반화재
2. B급 화재 : 유류화재
3. C급 화재 : 전기화재
4. D급 화재 : 금속화재

76 다음 중 분해 폭발하는 가스의 폭발방지를 위하여 첨가하는 불활성 가스로 가장 적합한 것은?

① 산소
② 질소
③ 수소
④ 프로판

해설

불활성화
1. 가연성 혼합가스나 혼합분진에 불활성가스를 주입하여 산소의 농도를 최소산소농도 이하로 낮게 유지하는 것
2. 불활성가스
   - 질소
   - 이산화탄소
   - 수증기 또는 연소배기 가스 등이 있으며 통상적으로 불활성 가스로 질소가 사용된다.

77 황린의 저장 및 취급방법으로 옳은 것은?

① 강산화제을 첨가하여 중화된 상태로 저장한다.
② 물속에 저장한다.
③ 자연발화하므로 건조한 상태로 저장한다.
④ 강알칼리 용액 속에 저장한다.

해설

황린(백린, P_4)
pH9(약알칼리성) 정도의 물속에 저장하며 보호액이 증발되지 않도록 한다.

78 다음 중 고체연소의 종류에 해당하지 않는 것은?

① 표면연소
② 증발연소
③ 분해연소
④ 혼합연소

해설

가연물의 종류에 따른 연소의 분류

기체연소	확산연소, 예혼합연소
액체연소	증발연소, 액적연소
고체연소	표면연소, 분해연소, 증발연소, 자기연소

정답 73 ② 74 ① 75 ① 76 ② 77 ② 78 ④

79 혼합가스(A~C)의 조성이 다음 [표]와 같을 때 공기 중 폭발하한계는 약 몇 vol%인가?

가스	조성(vol%)	폭발하한계(vol%)
A	50	2.2
B	30	1.2
C	20	12.5

① 5.30　　② 1.20
③ 2.03　　④ 3.67

해설

르샤틀리에의 법칙(순수한 혼합가스일 경우)

$$\frac{100}{L} = \frac{V_1}{L_1} + \frac{V_2}{L_2} + \frac{V_3}{L_3} \cdots$$

$$L = \frac{100}{\frac{V_1}{L_1} + \frac{V_2}{L_2} + \cdots + \frac{V_n}{L_n}}$$

여기서, V_n : 전체 혼합가스 중 각 성분 가스의 체적(비율)[%]
L_n : 각 성분 단독의 폭발한계(상한 또는 하한)
L : 혼합가스의 폭발한계(상한 또는 하한)[vol%]

$$L = \frac{100}{\frac{V_1}{L_1} + \frac{V_2}{L_2} + \frac{V_3}{L_2}} = \frac{100}{\frac{50}{2.2} + \frac{30}{1.2} + \frac{20}{12.5}} = 2.03[\text{vol}\%]$$

80 윤활유를 닦은 기름걸레를 햇빛이 잘 드는 작업장의 구석에 모아 두었을 때 가장 발생가능성이 높은 재해는?

① 분진폭발
② 자연발화에 의한 화재
③ 정전기 불꽃에 의한 화재
④ 기계의 마찰열에 의한 화재

해설

자연발화

개념	외부로 방열하는 열보다 내부에서 발생하는 열의 양이 많은 경우에 발생
자연발화의 형태	• 산화열에 의한 발열(석탄, 건성유, 기름걸레 등) • 분해열에 의한 발열(셀룰로이드, 니트로셀룰로오스 등) • 흡착열에 의한 발열(활성탄, 목탄분말, 석탄분 등) • 미생물에 의한 발열(퇴비, 먼지, 볏짚 등) • 중합에 의한 발열(아크릴로니트릴 등)

TIP 기름걸레는 자연발화하므로 안전하게 금속재에 보관한다.
(플라스틱은 열전도율이 낮아 열의 축적에 의한 위험성이 더 크다.)

5과목 건설공사 안전관리

81 근로자가 추락하거나 넘어질 위험이 있는 장소에서 추락방호망의 설치기준으로 옳지 않은 것은?

① 망의 처짐은 짧은 변 길이의 15% 이상이 되도록 할 것
② 추락방호망은 수평으로 설치할 것
③ 건축물 등의 바깥쪽으로 설치하는 경우 추락방호망의 내민 길이는 벽면으로부터 3m 이상 되도록 할 것
④ 추락방호망의 설치위치는 가능하면 작업면으로부터 가까운 지점에 설치하여야 하며, 작업면으로부터 망의 설치지점까지의 수직거리는 10m를 초과하지 아니할 것

해설

추락방호망의 설치기준
① 추락방호망의 설치위치는 가능하면 작업면으로부터 가까운 지점에 설치하여야 하며, 작업면으로부터 망의 설치지점까지의 수직거리는 10미터를 초과하지 아니할 것
② 추락방호망은 수평으로 설치하고, 망의 처짐은 짧은 변 길이의 12퍼센트 이상이 되도록 할 것
③ 건축물 등의 바깥쪽으로 설치하는 경우 추락방호망의 내민 길이는 벽면으로부터 3미터 이상 되도록 할 것. 다만, 그물코가 20밀리미터 이하인 추락방호망을 사용한 경우에는 낙하물에 의한 위험 방지에 따른 낙하물방지망을 설치한 것으로 본다.

82 산업안전보건법령상 양중기를 사용하는 작업에서 운전자 또는 작업자가 보기 쉬운 곳에 부착하여야 하는 사항으로 옳지 않은 것은?

① 정격하중　　② 운전속도
③ 작업위치　　④ 경고표시

해설

정격하중 등의 표시
양중기(승강기 제외) 및 달기구를 사용하여 작업하는 운전자 또는 작업자가 보기 쉬운 곳에 해당 기계의 정격하중, 운전속도, 경고표시 등을 부착하여야 한다. 다만, 달기구는 정격하중만 표시한다.

정답 79 ③　80 ②　81 ①　82 ③

83 추락재해를 방지하기 위하여 10cm 그물코인 방망을 설치할 때 방망과 바닥면 사이의 최소 높이로 옳은 것은?(단, 설치된 방망의 단변 방향 길이 $L=2m$, 장변 방향 방망의 지지간격 $A=3m$이다.)

① 2.0m   ② 2.4m
③ 3.0m   ④ 3.4m

> 해설

방망의 사용방법(허용낙하높이)

높이 종류/ 조건	낙하높이(H_1)		방망과 바닥면 높이(H_2)		방망의 처짐길이(S)
	단일 방망	복합 방망	10cm 그물코	5cm 그물코	
$L<A$	$\frac{1}{4}(L+2A)$	$\frac{1}{5}(L+2A)$	$\frac{0.85}{4}(L+3A)$	$\frac{0.95}{4}(L+3A)$	$\frac{1}{4}(L+2A) \times \frac{1}{3}$
$L \geq A$	$3/4L$	$3/5L$	$0.85L$	$0.95L$	$\frac{3}{4}L \times \frac{1}{3}$

L : 단변방향길이(단위 : m)
A : 장변방향 방망의 지지간격(단위 : m)

1. 10cm 그물코이며, $L(2m) < A(3m)$이므로
2. $H_2 = \frac{0.85}{4}(L+3A) = \frac{0.85}{4} \times (2+3\times3) = 2.34[m]$

84 콘크리트 타설 시 거푸집의 측압에 영향을 미치는 인자들에 관한 설명으로 옳지 않은 것은?

① 벽 두께가 두꺼울수록 커진다.
② 타설 속도가 빠를수록 커진다.
③ 외기의 온도, 습도가 낮을수록 커진다.
④ 철골, 철근량이 많을수록 커진다.

> 해설

거푸집 측압증가에 영향을 미치는 인자(측압의 영향요소)
1. 거푸집 수평단면이 클수록 크다.
2. 콘크리트 슬럼프치가 클수록 커진다.
3. 거푸집 표면이 평활할수록(평탄) 커진다.
4. 콘크리트 시공연도가 좋을수록 커진다.
5. 외기의 온도, 습도가 낮을수록 커진다.
6. 타설 속도가 빠를수록 커진다.
7. 다짐이 충분할수록 커진다.
8. 타설 시 상부에서 직접 낙하할 경우 커진다.
9. 거푸집의 강성이 클수록 크다.
10. 콘크리트의 비중(단위중량)이 클수록 크다.
11. 벽 두께가 두꺼울수록 커진다.

85 다음은 산업안전보건법령에 따른 승강설비의 설치에 관한 내용이다. ( )에 들어갈 내용으로 옳은 것은?

> 사업주는 높이 또는 깊이가 ( )를 초과하는 장소에서 작업하는 경우 해당 작업에 종사하는 근로자가 안전하게 승강하기 위한 건설용 리프트 등의 설비를 설치하여야 한다. 다만, 승강설비를 설치하는 것이 작업의 성질상 곤란한 경우에는 그렇지 않다.

① 2m   ② 3m
③ 4m   ④ 5m

> 해설

승강설비의 설치
높이 또는 깊이가 2미터를 초과하는 장소에서 작업하는 경우 해당 작업에 종사하는 근로자가 안전하게 승강하기 위한 건설용 리프트 등의 설비를 설치해야 한다. 다만, 승강설비를 설치하는 것이 작업의 성질상 곤란한 경우에는 그렇지 않다.

86 위험물질을 제조·취급하는 작업장과 그 작업장이 있는 건축물에서의 비상구 설치기준으로 옳지 않은 것은?

① 비상구의 문은 피난방향으로 열리도록 하고, 실내에서 항상 열 수 있는 구조로 할 것
② 출입구와 같은 방향에 있지 아니하고, 출입구로부터 2m 이상 떨어져 있을 것
③ 작업장의 각 부분으로부터 하나의 비상구 또는 출입구까지의 수평거리가 50m 이하가 되도록 할 것
④ 비상구의 너비는 0.75m 이상으로 하고, 높이는 1.5m 이상으로 할 것

> 해설

비상구의 설치
1. 출입구와 같은 방향에 있지 아니하고, 출입구로부터 3미터 이상 떨어져 있을 것
2. 작업장의 각 부분으로부터 하나의 비상구 또는 출입구까지의 수평거리가 50미터 이하가 되도록 할 것
3. 비상구의 너비는 0.75미터 이상으로 하고, 높이는 1.5미터 이상으로 할 것
4. 비상구의 문은 피난 방향으로 열리도록 하고, 실내에서 항상 열 수 있는 구조로 할 것

정답 83 ② 84 ④ 85 ① 86 ②

87 굴착면의 기울기 기준 중 연암의 기울기는?

① 1 : 1.0
② 1 : 1.8
③ 1 : 0.5
④ 1 : 1.2

해설
굴착면의 기울기

지반의 종류	굴착면의 기울기
모래	1 : 1.8
연암 및 풍화암	1 : 1.0
경암	1 : 0.5
그 밖의 흙	1 : 1.2

88 블레이드의 길이가 길고 낮으며 블레이드의 좌우를 전후 25~30° 각도로 회전시킬 수 있어 흙을 측면으로 보낼 수 있는 도저는?

① 레이크 도저
② 스트레이트 도저
③ 앵글도저
④ 틸트도저

해설
배토판(Blade)의 형태 및 작동방법에 의한 분류

스트레이트 도저 (Straight Dozer)	트랙터의 종방향 중심축에 배토판을 직각으로 설치하여 직선적인 굴착 및 압토작업에 효율적
앵글 도저 (Angle Dozer)	배토판을 진행방향에 따라 20~30°의 좌우로 돌릴 수 있도록 만든 장치로, 측면굴착에 유리
틸트 도저 (Tilt Dozer)	배토판을 좌우로 상하 25~30°까지 아래로 기울어지게 하여 도랑파기, 경사면 굴착에 유리
힌지 도저 (Hinge Dozer)	배토판 중앙에 힌지를 붙여 안팎으로 V자형으로 꺾을 수 있으며, 흙을 깎아 옆으로 밀어내면서 전진하므로 제설, 제토작업 및 다량의 흙을 전방으로 밀고 가는 데 적합한 도저

89 가설통로를 설치하는 경우 준수하여야 할 기준으로 옳지 않은 것은?

① 견고한 구조로 할 것
② 경사는 30° 이하로 할 것
③ 경사가 30°를 초과하는 경우에는 미끄러지지 아니하는 구조로 할 것
④ 수직갱에 가설된 통로의 길이가 15m 이상인 경우에는 10m 이내마다 계단참을 설치할 것

해설
가설통로
1. 견고한 구조로 할 것
2. 경사는 30도 이하로 할 것(다만, 계단을 설치하거나 높이 2미터 미만의 가설통로로서 튼튼한 손잡이를 설치한 경우에는 그러하지 아니하다.)
3. 경사가 15도를 초과하는 경우에는 미끄러지지 아니하는 구조로 할 것
4. 추락할 위험이 있는 장소에는 안전난간을 설치할 것(다만, 작업상 부득이한 경우에는 필요한 부분만 임시로 해체할 수 있다.)
5. 수직갱에 가설된 통로의 길이가 15미터 이상인 경우에는 10미터 이내마다 계단참을 설치할 것
6. 건설공사에 사용하는 높이 8미터 이상인 비계다리에는 7미터 이내마다 계단참을 설치할 것

90 철근의 인력 운반 방법에 관한 설명으로 옳지 않은 것은?

① 긴 철근은 두 사람이 1조가 되어 같은 쪽의 어깨에 메고 운반한다.
② 양끝은 묶어서 운반한다.
③ 1회 운반 시 1인당 무게는 50kg 정도로 한다.
④ 공동작업 시 신호에 따라 작업한다.

해설
철근의 인력운반
1. 1인당 무게는 25킬로그램 정도가 적절하며, 무리한 운반을 삼가야 한다.
2. 2인 이상이 1조가 되어 어깨메기로 하여 운반하는 등 안전을 도모하여야 한다.
3. 긴 철근을 부득이 한 사람이 운반할 때에는 한쪽을 어깨에 메고 한쪽 끝을 끌면서 운반하여야 한다.
4. 운반할 때에는 양끝을 묶어 운반하여야 한다.
5. 내려놓을 때는 천천히 내려놓고 던지지 않아야 한다.
6. 공동 작업을 할 때에는 신호에 따라 작업을 하여야 한다.

91 산업안전보건법령상 건설업체의 산업재해발생률은 업무상 사고사망만인율를 산출한다. 사고 사망자 수 산정에서 제외되는 경우가 아닌 것은?

① 방화, 근로자간 또는 타인간의 폭행에 의한 경우
② 태풍·홍수·지진·눈사태 등 천재지변에 의한 불가항력적인 재해의 경우

③ 건설공사와 관련된 업무를 수행하는 중 사고상 재해를 입은 경우
④ 야유회, 체육행사, 취침, 휴식 중의 사고 등 건설작업과 직접 관련이 없는 경우

해설

사고사망자 수 산정 제외
사고사망자 중 다음에 해당하는 경우로서 사업주의 법 위반으로 인한 것이 아니라고 인정되는 재해에 의한 사고사망자는 사고사망자 수 산정에서 제외한다.
1. 방화, 근로자 간 또는 타인간의 폭행에 의한 경우
2. 「도로교통법」에 따라 도로에서 발생한 교통사고에 의한 경우(해당 공사의 공사용 차량·장비에 의한 사고는 제외)
3. 태풍·홍수·지진·눈사태 등 천재지변에 의한 불가항력적인 재해의 경우
4. 작업과 관련이 없는 제3자의 과실에 의한 경우(해당 목적물 완성을 위한 작업자간의 과실은 제외)
5. 그 밖에 야유회, 체육행사, 취침·휴식 중의 사고 등 건설작업과 직접 관련이 없는 경우

TIP 사고사망만인율
건설업체의 산업재해발생률은 사고사망만인율로 산출하되 소수점 셋째 자리에서 반올림한다.

$$사고사망만인율(‰) = \frac{사고사망자 수}{상시근로자 수} \times 10,000$$

92 신축공사 현장에서 강관으로 외부비계를 설치할 때 비계기둥의 최고 높이가 45m라면 관련 법령에 따라 비계기둥을 2개의 강관으로 보강하여야 하는 높이는 지상으로부터 얼마까지인가?

① 14m ② 20m
③ 25m ④ 31m

해설

강관비계의 구조
1. 비계기둥의 제일 윗부분으로부터 31미터 되는 지점 밑부분의 비계기둥은 2개의 강관으로 묶어 세울 것
2. $45 - 31 = 14[m]$

TIP 강관비계의 구조
1. 비계기둥의 간격은 띠장 방향에서는 1.85미터 이하, 장선 방향에서는 1.5미터 이하로 할 것. 다만, 다음 각 목의 어느 하나에 해당하는 작업의 경우에는 안전성에 대한 구조검토를 실시하고 조립도를 작성하면 띠장 방향 및 장선 방향으로 각각 2.7미터 이하로 할 수 있다.
㉠ 선박 및 보트 건조작업

㉡ 그 밖에 장비 반입·반출을 위하여 공간 등을 확보할 필요가 있는 등 작업의 성질상 비계기둥 간격에 관한 기준을 준수하기 곤란한 작업
2. 띠장 간격은 2.0미터 이하로 할 것. 다만, 작업의 성질상 이를 준수하기가 곤란하여 쌍기둥틀 등에 의하여 해당 부분을 보강한 경우에는 그러하지 아니하다.
3. 비계기둥의 제일 윗부분으로부터 31미터 되는 지점 밑부분의 비계기둥은 2개의 강관으로 묶어 세울 것. 다만, 브라켓(Bracket, 까치발) 등으로 보강하여 2개의 강관으로 묶을 경우 이상의 강도가 유지되는 경우에는 그러하지 아니하다.
4. 비계기둥 간의 적재하중은 400킬로그램을 초과하지 않도록 할 것

93 산업안전보건기준에 관한 규칙에 따라 계단 및 계단참을 설치하는 경우 매 m²당 최소 얼마 이상의 하중에 견딜 수 있는 강도를 가진 구조로 설치하여야 하는가?

① 500kg ② 600kg
③ 700kg ④ 800kg

해설

계단 및 계단참의 강도
① 매 제곱미터당 500킬로그램 이상의 하중에 견딜 수 있는 강도를 가진 구조로 설치하여야 한다.
② 안전율(재료의 파괴응력도와 허용응력도의 비율)은 4 이상으로 하여야 한다.
③ 계단 및 승강구 바닥을 구멍이 있는 재료로 만드는 경우 렌치나 그 밖의 공구 등이 낙하할 위험이 없는 구조로 하여야 한다.

94 철골작업에서의 승강로 설치기준 중 ( ) 안에 알맞은 것은?

사업주는 근로자가 수직방향으로 이동하는 철골부재에는 답단간격이 ( ) 이내인 고정된 승강로를 설치하여야 한다.

① 20cm ② 30cm
③ 40cm ④ 50cm

해설

철골작업 시의 위험방지(승강로의 설치)
근로자가 수직방향으로 이동하는 철골부재에는 답단간격이 30센티미터 이내인 고정된 승강로를 설치하여야 하며, 수평방향 철골과 수직방향 철골이 연결되는 부분에는 연결작업을 위하여 작업발판 등을 설치하여야 한다.

95 말비계를 조립하여 사용하는 경우의 준수사항으로 옳지 않은 것은?

① 말비계의 높이가 2m를 초과하는 경우에는 작업발판의 폭을 20cm 이상, 40cm 이하로 한다.
② 지주부재의 하단에는 미끄럼 방지장치를 설치한다.
③ 지주부재와 수평면의 기울기는 75° 이하로 한다.
④ 지주부재와 지주부재 사이를 고정시키는 보조부재를 설치한다.

해설
말비계 조립 시의 준수사항
1. 지주부재의 하단에는 미끄럼 방지장치를 하고, 근로자가 양측 끝부분에 올라서서 작업하지 않도록 할 것
2. 지주부재와 수평면의 기울기를 75도 이하로 하고, 지주부재와 지주부재 사이를 고정시키는 보조부재를 설치할 것
3. 말비계의 높이가 2미터를 초과하는 경우에는 작업발판의 폭을 40센티미터 이상으로 할 것

96 건설공사 중 작업으로 인하여 물체가 떨어지거나 날아올 위험이 있을 때 조치할 사항으로 옳지 않은 것은?

① 안전난간 설치
② 보호구의 착용
③ 출입금지구역의 설정
④ 낙하물방지망의 설치

해설
물체가 떨어지거나 날아올 위험이 있는 경우의 위험방지
1. 낙하물 방지망 설치
2. 수직보호망 설치
3. 방호선반 설치
4. 출입금지구역 설정
5. 보호구 착용

TIP 안전난간 : 추락의 위험이 있는 장소에 설치한다.

97 낙하물 방지망 설치기준으로 옳지 않은 것은?

① 높이 10m 이내마다 설치한다.
② 내면 길이는 벽면으로부터 3m 이상으로 한다.
③ 수평면과의 각도는 20° 이상, 30° 이하를 유지한다.
④ 방호선반의 설치기준과 동일하다.

해설
낙하물방지망 또는 방호선반 설치 시 준수사항
1. 높이 10미터 이내마다 설치하고, 내민 길이는 벽면으로부터 2미터 이상으로 할 것
2. 수평면과의 각도는 20도 이상 30도 이하를 유지할 것

98 기상상태의 악화로 비계에서의 작업을 중지시킨 후 그 비계에서 작업을 다시 시작하기 전에 점검해야 할 사항에 해당하지 않는 것은?

① 기둥의 침하 · 변형 · 변위 또는 흔들림 상태
② 손잡이의 탈락 여부
③ 격벽의 설치여부
④ 발판재료의 손상 여부 및 부착 또는 걸림상태

해설
비계의 점검 및 보수

점검 보수 시기	• 비, 눈, 그 밖의 기상상태의 악화로 작업을 중지시킨 후 그 비계에서 작업할 경우 • 비계를 조립 · 해체하거나 변경한 후에 그 비계에서 작업을 하는 경우
작업 시작 전 점검사항	• 발판 재료의 손상 여부 및 부착 또는 걸림 상태 • 해당 비계의 연결부 또는 접속부의 풀림 상태 • 연결 재료 및 연결 철물의 손상 또는 부식 상태 • 손잡이의 탈락 여부 • 기둥의 침하, 변형, 변위 또는 흔들림 상태 • 로프의 부착 상태 및 매단 장치의 흔들림 상태

99 흙막이 지보공을 설치하였을 때 붕괴 등의 위험방지를 위하여 정기적으로 점검하고, 이상발견 시 즉시 보수하여야 하는 사항이 아닌 것은?

① 침하의 정도
② 버팀대의 긴압의 정도
③ 지형 · 지질 및 지층상태
④ 부재의 손상 · 변형 · 변위 및 탈락의 유무와 상태

해설
흙막이 지보공의 붕괴 등의 방지를 위한 점검사항
1. 부재의 손상 · 변형 · 부식 · 변위 및 탈락의 유무와 상태
2. 버팀대의 긴압의 정도
3. 부재의 접속부 · 부착부 및 교차부의 상태
4. 침하의 정도

정답 95 ① 96 ① 97 ② 98 ③ 99 ③

100 공사용 가설도로에 대한 설명 중 옳지 않은 것은?

① 도로는 장비 및 차량이 안전하게 운행할 수 있도록 견고하게 설치한다.
② 도로는 배수에 상관없이 평탄하게 설치한다.
③ 도로와 작업장이 접하여 있을 경우에는 방책 등을 설치한다.
④ 차량의 속도제한 표지를 부착한다.

해설

공사용 가설도로 설치기준
1. 도로는 장비와 차량이 안전하게 운행할 수 있도록 견고하게 설치할 것
2. 도로와 작업장이 접하여 있을 경우에는 방책 등을 설치할 것
3. 도로는 배수를 위하여 경사지게 설치하거나 배수시설을 설치할 것
4. 차량의 속도제한 표지를 부착할 것

정답 100 ②

PART 02
24 | 2024년 2회 기출복원문제

1과목 산업재해 예방 및 안전보건교육

01 다음 중 부주의 현상과 거리가 먼 것은?
① 의식의 우회   ② 의식의 회복
③ 의식의 단절   ④ 의식의 과잉

해설
부주의 발생현상

의식의 단절(중단)	• 의식의 흐름에 단절이 생기고 공백상태가 나타나는 경우 • 의식수준 제0단계의 상태(특수한 질병의 경우)
의식의 우회	• 의식의 흐름이 옆으로 빗나가 발생한 경우 • 의식수준 제0단계의 상태(걱정, 고민, 욕구불만 등)
의식수준의 저하	• 뚜렷하지 않은 의식의 상태로 심신이 피로하거나 단조로운 작업 등의 경우 • 의식수준 제Ⅰ단계 이하의 상태
의식의 과잉	• 돌발사태 및 긴급이상사태에 직면하면 순간적으로 긴장되고 의식이 한 방향으로 쏠리는 주의의 일점집중현상의 경우 • 의식수준 제Ⅳ단계의 상태
의식의 혼란	• 외적조건에 문제가 있을 때 의식이 혼란되고 분산되어 작업에 잠재되어 있는 위험요인에 대응할 수 없는 경우 • 외부의 자극이 애매모호 하거나, 너무 강하거나 약할 때

02 버드(Bird)는 사고가 5개의 연쇄반응에 의하여 발생되는 것으로 보았다. 다음 중 재해 발생의 첫 단계에 해당하는 것은?
① 개인적 결함
② 사회적 환경
③ 관리의 부족
④ 불안전한 행동 및 불안전한 상태

해설
버드(Bird)의 최신 도미노이론
1. 제1단계 : 제어의 부족(관리)
2. 제2단계 : 기본원인(기원)
3. 제3단계 : 직접원인(징후)
4. 제4단계 : 사고(접촉)
5. 제5단계 : 상해(손실)

03 산업안전보건법령상 특별교육 대상 작업별 교육 내용 중 밀폐공간에서의 작업 시 교육 내용이 아닌 것은?(단, 그 밖에 안전·보건관리에 필요한 사항은 제외)
① 사고 시의 응급처치 및 비상시 구출에 관한 사항
② 유해물질이 인체에 미치는 영향
③ 보호구 착용 및 보호 장비 사용에 관한 사항
④ 산소농도 측정 및 작업환경에 관한 사항

해설
특별안전 보건교육내용(밀폐공간에서의 작업)
1. 산소농도 측정 및 작업환경에 관한 사항
2. 사고 시의 응급처치 및 비상시 구출에 관한 사항
3. 보호구 착용 및 보호 장비 사용에 관한 사항
4. 작업내용·안전작업방법 및 절차에 관한 사항
5. 장비·설비 및 시설 등의 안전점검에 관한 사항
6. 그 밖에 안전·보건관리에 필요한 사항

04 재해발생의 주요 원인에 있어 다음 중 불안전한 행동에 의한 요인이 아닌 것은?
① 결함이 있는 기계 설비 및 장비
② 보호구 미착용 및 위험한 장소에서 작업
③ 안전장치를 고장 내거나 안전장치의 기능을 제거
④ 권한 없이 행한 조작

해설
불안전한 행동과 상태의 분류

불안전한 행동 (인적 요인)	설비·기계 및 물질의 부적절한 사용·관리, 구조물 등 그 밖의 위험방치 및 미확인, 작업수행소홀 및 절차 미준수, 불안전한 작업자세, 작업수행 중 과실, 무모한 또는 불필요한 행위 및 동작, 복장, 보호구의 부적절한 사용, 불안전한 속도 조작, 안전장치의 기능 제거, 불안전한 인양 및 운반
불안전한 상태 (물적 요인)	물체 및 설비 자체의 결함, 방호조치의 부적절, 작업통로 등 장소불량 및 위험, 물체, 기계기구 등의 취급상 위험, 작업공정·절차의 부적절, 작업환경 등의 부적절, 보호구의 성능불량, 불안전한 설계로 인한 결함 발생

정답 01 ② 02 ③ 03 ② 04 ①

05 작업을 하고 있을 때 개인적 걱정, 고민 및 욕구 불만 등에 의해 다른 데 정신을 빼앗기는 부주의 현상은?

① 의식의 과잉
② 의식수준의 저하
③ 의식의 집중화
④ 의식의 우회

해설

부주의 발생현상

의식의 단절(중단)	의식의 흐름에 단절이 생기고 공백상태가 나타나는 경우(특수한 질병의 경우)
의식의 우회	의식의 흐름이 옆으로 빗나가 발생한 경우(걱정, 고민, 욕구불만 등)
의식수준의 저하	뚜렷하지 않은 의식의 상태로 심신이 피로하거나 단조로운 작업 등의 경우
의식의 과잉	돌발사태 및 긴급이상사태에 직면하면 순간적으로 긴장되고 의식이 한 방향으로 쏠리는 주의의 일점 집중현상의 경우
의식의 혼란	외적 조건에 문제가 있을 때 의식이 혼란되고 분산되어 작업에 잠재되어 있는 위험요인에 대응할 수 없는 경우

06 연간근로자수가 300명인 A 공장에서 지난 1년간 1명의 재해자(신체장해등급1급)가 발생하였다면 이 공장의 강도율은?(단, 근로자 1인당 1일 8시간씩 연간 300일 근무하였다.)

① 4.27
② 6.42
③ 10.05
④ 10.42

해설

강도율
근로시간 1,000시간당 재해에 의해 잃어버린(상실되는) 근로손실 일수

$$강도율 = \frac{근로손실일수}{연간 총근로시간수} \times 1,000$$

$$강도율 = \frac{7500}{300 \times 8 \times 300} \times 1,000 = 10.416 = 10.42$$

TIP 사망 및 영구 전노동불능(신체장해등급 1~3급) 근로손실일수 : 7,500일

07 리더십의 3가지 유형 중 지도자가 모든 정책을 단독으로 결정하기 때문에 부하 직원들은 오로지 따르기만 하면 된다는 유형을 무엇이라 하는가?

① 안주형
② 자유방임형
③ 권위형
④ 경제형

해설

리더십의 유형(업무추진의 방식에 따른 방식)

분류	개념	특징
권위형 (독재적)	• 리더중심 • 부하직원의 정책 결정에 참여 거부 • 집단성원의 행위는 공격적 아니면 무관심 • 일 중심형으로 업적에 대한 관심은 높지만 인간관계에 무관심	지도자가 집단의 모든 권한 행사를 단독적으로 처리한다.
민주형 (민주적)	• 집단중심 • 추종자(부하직원)에게 참여와 자유 인정 • 추종자(부하직원)의 적극적 자기실현 기회의 확보 • 리더의 통제와 조정, 자유폭 제한	집단의 토론, 회의 등에 의해 정책을 결정한다.
자유방임형 (개방적)	• 종업원중심 • 집단 구성원에게 완전한 자유를 주고 리더의 권한 행사는 없음	집단에 대하여 전혀 리더십을 발휘하지 않고 명목상의 리더 자리만을 지키는 유형으로 지도자가 집단 구성원에게 완전히 자유를 주는 경우이다.

08 하행선 기차역에 정지하고 있는 열차 안의 승객이 반대편 상행선 열차의 출발로 인하여 하행선 열차가 움직이는 것 같은 착각을 일으키는 현상을 무엇이라고 하는가?

① 유도운동
② 자동운동
③ 가현운동
④ 브라운 운동

해설

인간의 착각현상

가현운동	• 정지하고 있는 대상물을 나타냈다가 지웠다가 자주 반복하면 그 물체가 마치 운동하는 것처럼 인식되는 현상 • 영화영상기법, β운동
자동운동	암실 내에서 정지된 소광점을 응시하면 그 광점이 움직이는 것처럼 보이는 현상

정답 05 ④ 06 ④ 07 ③ 08 ①

유도운동	• 실제로는 움직이지 않는 것이 어느 기준의 이동에 유도되어 움직이는 것처럼 느껴지는 현상 • 하행선 기차역에 정지하고 있는 열차안의 승객이 반대편 상행선 열차의 출발로 인하여 하행선 열차가 움직이는 것처럼 느끼는 경우

09 다음 중 토의법의 장점으로 볼 수 없는 것은?

① 사고표현력을 길러 준다.
② 결정된 사항에 따르도록 한다.
③ 내용에 대한 사전지식이 필요 없다.
④ 자기 스스로 사고하는 능력을 길러 준다.

해설

토의법

정의	다양한 과제와 문제에 대해 학습자 상호 간에 솔직하게 의견을 내어 공통의 이해를 꾀하면서 그룹의 결론을 도출해가는 것으로 안전지식과 관리에 대한 유경험자에게 적합한 교육방법(쌍방적 의사전달방법)
장점	• 사고표현력을 길러준다. • 결정된 사항에 따르도록 한다. • 자기 스스로 사고하는 능력을 길러준다. • 민주적 태도의 가치관을 육성할 수 있다. • 타인의 의견을 존중하는 태도를 기를 수 있다.
단점	• 토의 내용에 대한 충분한 사전 준비가 필요하다. • 교육에 시간이 너무 많이 소요된다. • 예측하지 못한 상황이 발생할 수 있다. • 소수에 의해 토론이 주도될 경우 나머지 학습자는 소외되거나 무관심한 상태에 빠지기 쉽다.

10 OJT(On the Job Training)의 특징이 아닌 것은?

① 훈련에 필요한 업무의 계속성이 끊어지지 않는다.
② 교육효과가 업무에 신속히 반영된다.
③ 다수의 근로자들을 대상으로 동시에 조직적 훈련이 가능하다.
④ 개개인에게 적절한 지도훈련이 가능하다.

해설

O.J.T(On the Job Training)의 특징
1. 직장의 실정에 맞는 구체적이고 실제적인 지도 교육이 가능하다.
2. 개개인에게 적절한 지도 훈련이 가능하다.(개인의 능력과 적성에 알맞은 맞춤교육이 가능하다)
3. 훈련 효과에 의해 상호 신뢰이해도가 높아진다.(상사와의 의사 소통 및 신뢰도 향상에 도움이 된다)
4. 교육의 효과가 업무에 신속하게 반영된다.

5. 교육의 이해도가 빠르고 동기부여가 쉽다.
6. 교육으로 인해 업무가 중단되는 업무손실이 적다.
7. 교육경비의 절감효과가 있다.

11 다음 중 하인리히 재해 발생 5단계 중 제3단계에 해당하는 것은?

① 불안전한 행동 또는 불안전한 상태
② 사회적 환경 및 유전적 요소
③ 관리의 부재
④ 사고

해설

하인리히(H.W.Heinrich)의 도미노이론(사고연쇄성)
1. 제1단계 : 사회적 환경 및 유전적 요인
2. 제2단계 : 개인적 결함
3. 제3단계 : 불안전한 행동 및 불안전한 상태
4. 제4단계 : 사고
5. 제5단계 : 재해
불안전한 행동이나 불안전한 상태, 즉 제3단계를 제거하면 사고나 재해를 예방할 수 있다.

12 다음 중 라인-스탭(Line-staff) 조직의 단점으로 볼 수 없는 것은?

① 권한의 분쟁이나 조정으로 인해 시간과 노력이 소모될 수 있다.
② 명령계통과 조언·권고적 참여가 혼동되기 쉽다.
③ 스탭의 월권행위가 발생하는 경우가 있다.
④ 라인이 스탭에 의존 또는 활용하지 않는 경우가 있다.

해설

라인-스태프형(Line-Staff형, 직계 참모형 조직)

특징	• 안전보건 업무를 전담하는 스태프를 별도로 두고 또 생산라인에는 그 부서의 장으로 하여금 계획된 생산라인의 안전관리조직을 통하여 실시하도록 한 조직 형태 • 스태프는 안전에 관한 기획, 조사, 검토 및 연구를 수행 • 라인형과 스태프형의 장점을 취한 절충식 조직형태 • 라인의 관리감독자에게도 안전에 관한 책임과 권한이 부여됨 • 안전활동과 생산업무가 분리될 가능성이 낮기 때문에 균형을 유지할 수 있음 • 1,000명 이상의 대규모 사업장에 적합한 조직 형태

정답 09 ③ 10 ③ 11 ① 12 ①

장점	• 조직원 전원을 자율적으로 안전활동에 참여시킬 수 있음 • 스태프에 의해 입안된 것을 경영자의 지침으로 명령 실시하도록 하므로 정확·신속함
단점	• 명령계통과 조언이나 권고적 참여가 혼동되기 쉬움 • 라인과 스태프 간에 협조가 안 될 경우 업무의 원활한 추진 불가(라인과 스태프 간의 월권 또는 상호 의견충돌이 생길 수 있음) • 라인이 스태프에 의존 또는 활용하지 않는 경우가 있음

13 다음 중 "사람은 전체 이미지를 각 부분들 사이의 상호관계와 맥락 속에서 지각한다."라고 강조한 게 슈탈트의 4가지 원칙이 아닌 것은?

① 근접성
② 유연성
③ 유사성
④ 폐쇄성

해설

게슈탈트의 4원칙

근접성	사물을 인지할 때 가까이에 있는 물체들을 하나의 그룹으로 묶어서 인지	○○ ○○ ○○ ○○
유사성	서로 비슷한 것끼리 한데 묶어서 인지	●○●○●○
연속성	연속적으로 나열된 요소를 선이나 곡선의 형태로 인지	(a) 직선과 곡선의 교차 (b) 변형된 2개의 조합
폐쇄성	기존의 지식을 토대로 완성되지 않은 형태도 완성시켜 인지	

14 산업안전보건법령상 근로자 안전보건교육 중 채용 시의 교육 및 작업내용 변경 시의 교육 사항으로 옳은 것은?

① 물질안전보건자료에 관한 사항
② 건강증진 및 질병 예방에 관한 사항
③ 유해·위험 작업환경 관리에 관한 사항
④ 표준안전 작업방법 결정 및 지도·감독 요령에 관한 사항

해설

근로자 채용 시 교육 및 작업내용 변경 시 교육
1. 산업안전 및 산업재해 예방에 관한 사항(화재·폭발 사고 발생 시 대피에 관한 사항을 포함)
2. 산업보건 및 건강장해 예방에 관한 사항
3. 위험성 평가에 관한 사항
4. 산업안전보건법령 및 산업재해보상보험 제도에 관한 사항
5. 직무스트레스 예방 및 관리에 관한 사항
6. 직장 내 괴롭힘, 고객의 폭언 등으로 인한 건강장해 예방 및 관리에 관한 사항
7. 기계·기구의 위험성과 작업의 순서 및 동선에 관한 사항
8. 작업 개시 전 점검에 관한 사항
9. 정리정돈 및 청소에 관한 사항
10. 사고 발생 시 긴급조치에 관한 사항
11. 물질안전보건자료에 관한 사항

15 산업안전보건법상 중대재해에 해당하지 않는 것은?

① 추락으로 인하여 1명이 사망한 재해
② 건물의 붕괴로 인하여 15명의 부상자가 동시에 발생한 재해
③ 화재로 인하여 4개월의 요양이 필요한 부상자가 동시에 3명 발생한 재해
④ 근로환경으로 인하여 작업성 질병자가 동시에 5명 발생한 재해

해설

중대재해
1. 사망자가 1명 이상 발생한 재해
2. 3개월 이상의 요양이 필요한 부상자가 동시에 2명 이상 발생한 재해
3. 부상자 또는 직업성 질병자가 동시에 10명 이상 발생한 재해

16 T.W.I(Training Within Industry)의 교육내용이 아닌 것은?

① Job Support Training
② Job Method Training
③ Job Relation Training
④ Job Instruction Training

정답 13 ② 14 ① 15 ④ 16 ①

해설

TWI의 교육 과정
1. Job Method Training(JMT) : 작업방법훈련, 작업개선 훈련
2. Job Instruction Training(JIT) : 작업지도훈련
3. Job Relations Training(JRT) : 인간관계 훈련, 부하통솔법
4. Job Safety Training(JST) : 작업안전훈련

17 다음 중 매슬로우(Maslow)가 제창한 인간의 욕구 5단계 이론을 단계별로 옳게 나열한 것은?

① 생리적 욕구 → 안전 욕구 → 사회적 욕구 → 존경의 욕구 → 자아실현의 욕구
② 안전 욕구 → 생리적 욕구 → 사회적 욕구 → 존경의 욕구 → 자아실현의 욕구
③ 사회적 욕구 → 생리적 욕구 → 안전 욕구 → 존경의 욕구 → 자아실현의 욕구
④ 사회적 욕구 → 안전 욕구 → 생리적 욕구 → 존경의 욕구 → 자아실현의 욕구

해설

매슬로(Maslow)의 욕구단계 이론

제1단계	생리적 욕구	기아, 갈증, 호흡, 배설, 성욕 등 생명유지의 기본적 욕구
제2단계	안전의 욕구	• 자기보존 욕구-안전을 구하려는 욕구 • 전쟁, 재해, 질병의 위험으로부터 자유로워지려는 욕구
제3단계	사회적 욕구	• 소속감과 애정에 대한 욕구 • 사회적으로 관계를 향상시키는 욕구
제4단계	인정받으려는 욕구 (자기 존중의 욕구)	자존심, 명예, 성취, 지위 등 인정받으려는 욕구
제5단계	자아실현의 욕구	잠재능력을 실현하고자 하는 성취욕구

18 맥그리거(McGregor)의 X이론에 따른 관리처방이 아닌 것은?

① 목표에 의한 관리
② 권위주의적 리더십 확립
③ 경제적 보상체제의 강화
④ 면밀한 감독과 엄격한 통제

해설

X, Y이론의 관리처방

X 이론의 관리처방	Y 이론의 관리처방
• 권위주의적 리더십의 확립 • 경제적 보상 체제의 강화 • 면밀한 감독과 엄격한 통제 • 상부 책임제도의 강화 • 설득, 보상, 벌, 통제에 의한 관리 • 조직구조의 고층성	• 분권화와 권한의 위임 • 목표에 의한 관리 • 비공식적 조직의 활용 • 민주적 리더십의 확립 • 직무확장 • 자체 평가제도의 활성화 • 조직 목표 달성을 위한 자율적인 통제 • 조직구조의 평면화

19 교육의 3요소 중 교육의 주체에 해당하는 것은?

① 강사   ② 교재
③ 수강자   ④ 교육방법

해설

교육의 3요소
① 교육의 주체 : 강사
② 교육의 객체 : 수강자(교육대상)
③ 교육의 매개체 : 교재(교육내용)

20 다음과 같은 스트레스에 대한 반응은 무엇에 해당하는가?

> 여동생이나 남동생을 얻게 되면서 손가락을 빠는 것과 같이 어린 시절의 버릇을 나타낸다.

① 투사   ② 억압
③ 승화   ④ 퇴행

해설

적응기제

투사	• 자기 마음속의 억압된 것을 다른 사람의 것으로 생각하는 것 • 자신이 미워하는 대상에 대해서, 그 사람이 자신을 미워한다고 생각한다.
억압	현실적으로 받아들이기 곤란한 충동이나 욕망(사회적으로 승인되지 않는 성적욕구, 공격적욕구, 감정) 등을 무의식적으로 억누르는 것
승화	• 억압당한 욕구가 사회적·문화적으로 가치있는 목적으로 향하여 노력함으로써 욕구를 충족하는 행위 • 성적욕구 및 공격적 행동 등이 예술, 스포츠 등으로 전환되는 것이 좋은 예이다.
퇴행	• 현실의 어려움을 이겨내지 못하고 어린 시절로 되돌아가고자 하는 행위 • 여동생이나 남동생을 얻게 되면서 손가락을 빠는 것과 같이 어린시절의 버릇을 나타낸다.

정답 17 ① 18 ① 19 ① 20 ④

2과목 인간공학 및 위험성 평가·관리

21 다음 중 서서 하는 작업이 앉은 자세 작업보다 좋은 경우가 아닌 것은?

① 매우 크거나 무거운 중량물을 취급하는 경우
② 작업 시 손으로 큰 힘이 요구되는 작업의 경우
③ 신체적으로 안정감이 필요한 경우
④ 작업의 내용이 많아 작업자들이 자주 이동하는 경우

해설

서서 하는 작업을 해야 하는 경우
1. 작업 시 큰 힘이 요구되는 경우
2. 주요 작업도구 및 부품이 한계범위 밖에 위치할 경우
3. 작업대 구조로 앉아서 하는 작업 시 다리의 여유공간이 충분하지 않은 경우
4. 작업의 내용이 많아 작업 시 이동이 필요한 경우

> **TIP** 정밀한 작업은 앉아서 작업하는 것이 좋으며 앉은 자세의 목적은 작업자로 하여금 작업에 필요한 안정된 자세를 갖게 하여 작업에 직접 필요하지 않는 다리, 발, 몸통 등과 같은 신체부위를 휴식시키고자 하는 것이다.

22 급작스런 큰 소음으로 인하여 생기는 생리적 변화가 아닌 것은?

① 근육이완   ② 혈압상승
③ 동공팽창   ④ 심장박동수 증가

해설

강한 소음으로 인한 생리적인 변화
1. 말초 순환계의 혈관이 수축
2. 동공, 맥박 강도, EEG 등에 변화
3. 부신피질 기능저하
4. 혈압상승, 신진대사 증가, 발한촉진, 위액 및 위장관 운동을 억제

23 설계된 시스템이나 기기의 잠재적인 고장 모드(Mode)를 찾아내고, 시스템이나 기기의 가동 중에 고장이 발생하였을 경우 임무수행에 미치는 영향을 검토하고 평가하여, 영향이 큰 고장모드에 대하여 적절한 대책을 세우는 시스템 위험분석기법은?

① PHA   ② FMEA
③ FTA   ④ MORT

해설

고장형태와 영향분석(FMEA)
1. 시스템이나 서브시스템 위험분석을 위하여 일반적으로 사용되는 전형적인 정성적, 귀납적 분석기법으로 시스템에 영향을 미치는 모든 요소의 고장을 형태별로 분석하여 그 영향을 검토하는 분석기법
2. 시스템 내의 위험요소가 얼마나 위험한 상태에 있는가를 정성적으로 평가하는 기법
3. 고장 발생을 최소로 하고자 하는 경우에 유효하다.

24 신호등 및 경고등의 설계 시 권장되는 사항과 거리가 먼 것은?

① 경고등의 수는 일반적으로 많을수록 좋다.
② 경고등의 위치는 작업자의 정상 시선의 30° 안에 있어야 한다.
③ 일시적인 위급 상황을 경고할 때는 점멸등이 효과적이다.
④ 경고등의 밝기는 뒤의 배경보다 2배 이상 밝아야 한다.

해설

경고등의 설계 지침
1. 점멸속도 : 초당 3~10회, 지속시간 0.05초 이상
2. 바로 뒤의 배경보다 2배 이상의 밝기를 가진다.
3. 경고등의 수는 일반적으로 하나가 좋다.
4. 정상 시선의 30° 안에 있어야 한다.

25 인간 오류(Human Error)를 독립행동과 원인에 의한 오류로 분류할 때 원인에 의한 분류에 해당하는 것은?

① Extraneous Error   ② Command Error
③ Omission Error   ④ Sequence Error

해설

원인의 레벨(Level)적 분류

Primary Error (1차 에러)	작업자 자신으로부터 발생한 에러
Secondary Error (2차 에러)	작업형태나 작업조건 중에서 다른 문제가 발생하여 필요한 직무나 절차를 수행할 수 없는 에러
Command Error (지시 에러)	작업자가 움직이려 해도 필요한 물건, 정보, 에너지 등이 공급되지 않아서 작업자가 움직일 수 없는 상황에서 발생한 에러

정답 21 ③ 22 ① 23 ② 24 ① 25 ②

TIP 인간실수의 분류(심리적인 분류)

생략에러 (Omission Error) 부작위 실수	필요한 직무 및 절차를 수행하지 않아 (생략) 발생하는 에러 예 가스밸브를 잠그는 것을 잊어 사고가 났다.	
작위에러 (Commission Error)	필요한 작업 또는 절차의 불확실한 수행(잘못 수행)으로 인한 에러 예 전선이 바뀌었다, 틀린 부품을 사용하였다, 부품이 거꾸로 조립되었다 등	
순서에러 (Sequential Error)	필요한 작업 또는 절차의 순서 착오로 인한 에러 예 자동차 출발 시 핸드브레이크를 해제하지 않고 출발하여 발생한 경우	
시간에러 (Time Error)	필요한 직무 또는 절차의 수행지연으로 인한 에러 예 프레스 작업 중에 금형 내에 손이 오랫동안 남아 있어 발생한 재해	
과잉행동에러 (Extraneous Error)	불필요한 작업 또는 절차를 수행함으로써 기인한 에러 예 자동차 운전 중 습관적으로 손을 창문으로 내밀어 발생한 재해	

26 인간공학에 관련된 설명으로 틀린 것은?

① 편리성, 쾌적성, 효율성을 높일 수 있다.
② 사고를 방지하고 안전성과 능률성을 높일 수 있다.
③ 인간의 특성과 한계점을 고려하여 제품을 설계한다.
④ 생산성을 높이기 위해 인간을 작업 특성에 맞추는 것이다.

해설
인간공학의 정의
1. 인간의 특성과 한계 능력을 공학적으로 분석, 평가하여 이를 복잡한 체계의 설계에 응용함으로써 효율을 최대로 활용할 수 있도록 하는 학문분야이다.
2. 인간의 생리적, 심리적 요소를 연구하여 기계나 설비를 인간의 특성에 맞추어 설계하고자 하는 것이다.
3. 사람과 작업 간의 적합성에 관한 과학을 말한다.
4. 인간공학의 초점은 인간이 만들어 생활의 여러 가지 면에서 사용하는 물건, 기구 또는 환경을 설계하는 과정에서 인간을 고려하는 데 있다.

27 FTA에 사용되는 기호 중 다음 기호에 해당하는 것은?

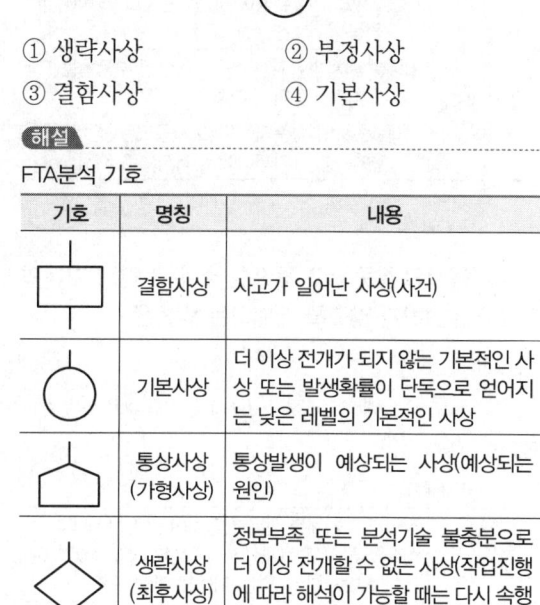

① 생략사상   ② 부정사상
③ 결함사상   ④ 기본사상

해설
FTA분석 기호

기호	명칭	내용
□	결함사상	사고가 일어난 사상(사건)
○	기본사상	더 이상 전개가 되지 않는 기본적인 사상 또는 발생확률이 단독으로 얻어지는 낮은 레벨의 기본적인 사상
⬠	통상사상 (가형사상)	통상발생이 예상되는 사상(예상되는 원인)
◇	생략사상 (최후사상)	정보부족 또는 분석기술 불충분으로 더 이상 전개할 수 없는 사상(작업진행에 따라 해석이 가능할 때는 다시 속행한다.)
△	전이기호 (이행기호)	• FT도상에서 다른 부분에 관한 이행 또는 연결을 나타낸다. • 상부에 선이 있는 경우는 다른 부분으로 전입(IN)
△	전이기호 (이행기호)	• FT도상에서 다른 부분에 관한 이행 또는 연결을 나타낸다. • 측면에 선이 있는 경우는 다른 부분으로 전출(OUT)

28 부품배치의 원칙 중 체계의 목표달성에 긴요한 정도에 따른 우선순위를 결정하기 위한 기준으로 가장 적합한 것은?

① 중요성의 원칙
② 사용 빈도의 원칙
③ 기능별 배치의 원칙
④ 사용 순서의 원칙

정답 26 ④ 27 ④ 28 ①

해설

부품배치의 원칙

부품의 위치 결정	중요성의 원칙	체계의 목표달성에 긴요한 정도에 따른 우선순위를 설정
	사용빈도의 원칙	부품이 사용되는 빈도에 따른 우선순위 설정
부품의 배치 결정	기능별 배치의 원칙	기능적으로 관련된 부품들을 모아서 배치
	사용 순서의 원칙	순서적으로 사용되는 장치들을 가까이에 순서적으로 배치

29 사용자의 잘못된 조작 또는 실수로 인해 기계의 고장이 발생하지 않도록 설계하는 방법은?

① FMEA
② HAZOP
③ Fail Safe
④ Fool Proof

해설

풀 프루프와 페일 세이프

풀 프루프 (Fool Proof)	작업자가 기계를 잘못 취급하여 불안전 행동이나 실수를 하여도 기계설비의 안전기능이 작용되어 재해를 방지할 수 있는 기능을 가진 구조
페일 세이프 (Fail Safe)	기계나 그 부품에 파손·고장·기능 불량이 발생하여도 항상 안전하게 작동할 수 있는 기능을 가진 구조

30 레버를 10° 움직이면 표시장치는 1cm 이동하는 조종장치가 있다. 레버의 길이가 20cm라고 하면 이 조종장치의 통제표시비(C/D)는 약 얼마인가?

① 1.27
② 2.38
③ 3.49
④ 4.51

해설

조종 – 표시장치 이동비율(C/D비 : Control – Display Ratio)
회전운동을 하는 조종장치가 선형 표시장치를 움직일 경우

$$C/D비(C/R비) = \frac{(a/360) \times 2\pi L}{\text{표시장치의 이동거리}}$$

여기서, L : 반경(지레의 길이)
a : 조종장치가 움직인 각도

$$C/D비 = \frac{(a/360) \times 2\pi L}{\text{표시장치의 이동거리}} = \frac{(10/360) \times 2 \times \pi \times 20}{1} = 3.49$$

31 인간의 기대하는 바와 자극 또는 반응들이 일치하는 관계를 무엇이라 하는가?

① 관련성
② 반응성
③ 양립성
④ 자극성

해설

양립성(compatibility)
1. 자극들 간의, 반응들 간의, 자극–반응 조합의 관계가 인간의 기대와 모순되지 않는 것이다.(인간의 기대하는 바와 자극 또는 반응들이 일치하는 관계)
2. 양립성의 종류

공간 양립성	• 표시장치와 이에 대응하는 조종장치 간의 위치 또는 배열이 인간의 기대와 모순되지 않아야 한다. • 가스버너에서 오른쪽 조리대는 오른쪽 조절장치로, 왼쪽 조리대는 왼쪽 조절장치로 조정하도록 배치한다.
운동 양립성	• 조작장치의 방향과 표시장치의 움직이는 방향이 사용자의 기대와 일치하는 것 • 자동차를 운전하는 과정에서 우측으로 회전하기 위하여 핸들을 우측으로 돌린다.
개념 양립성	• 사람들이 가지고 있는(이미 사람들이 학습을 통해 알고 있는) 개념적 연상에 관한 기대와 일치하는 것 • 냉온수기에서 빨간색은 온수, 파란색은 냉수가 나온다.
양식 양립성	음성과업에 대해서는 청각적 자극 제시와 이에 대한 음성 응답 등에 해당

32 기계설비의 수명곡선에서 사용 중 예측할 수 없을 때에 발생하는 고장은?

① 초기고장
② 우발고장
③ 마모고장
④ 반복고장

해설

시스템 수명곡선(욕조곡선)

초기 고장	• 감소형–DFR(Decreasing Failure Rate) : 고장률이 시간에 따라 감소 • 불량제조, 생산과정에서 품질관리 미비, 설계미숙 등으로 일어나는 고장 • 점검작업이나 시운전 등으로 감소시킬 수 있다. • 보전예방(MP) 실시
우발 고장	• 일정형–CFR(Constant Failure Rate) : 고장률이 시간에 관계없이 거의 일정 • 예측할 수 없을 때 발생하는 고장으로 시운전이나 점검작업으로는 방지할 수 없다. • 낮은 안전계수, 사용자의 과오, 설계 강도 이상의 급격한 스트레스 축적, 최선의 검사방법으로도 탐지되지 않는 결함 때문에 발생하는 고장 • 사후보전(BM) 실시

정답 29 ④ 30 ③ 31 ③ 32 ②

마모 고장	• 증가형-IFR(Increasing Failure Rate) : 고장률이 시간에 따라 증가 • 장치의 일부가 수명을 다하여 생기는 고장 • 부식 또는 산화, 마모 또는 피로, 불충한 정비 등으로 발생하는 고장 • 안전진단 및 적당한 보수에 의해 감소 시킬 수 있다. • 예방보전(PM) 실시

33 체계설계 과정 중 기본설계 단계의 주요활동으로 볼 수 없는 것은?

① 작업 설계
② 체계의 정의
③ 기능의 할당
④ 인간 성능 요건 명세

해설

인간-기계 체계설계의 기본단계 순서
1. 제1단계 : 목표 및 성능 명세 결정
   체계가 설계되기 전에 우선 그 목적이나 존재 이유가 있어야 한다.
2. 제2단계 : 시스템(체계)의 정의
   어떤 체계(특히 복잡한 것)의 경우에 있어서는 목적을 달성하기 위해서 특정한 기본적인 기능(임무)들이 수행되어야 한다.
3. 제3단계 : 기본설계
   주요 인간공학 활동은 ㉠ 인간, 하드웨어, 소프트웨어에 기능할당, ㉡ 인간 성능 요건 명세, ㉢ 직무분석, ㉣ 작업설계가 있다.
4. 제4단계 : 인터페이스(계면) 설계
   인간-기계체계에서 인간과 기계가 만나는 면(面)을 계면이라고 한다.
5. 제5단계 : 촉진물 설계
   촉진물 설계 단계의 주 초점은 만족스러운 인간 성능을 증진시킬 보조물에 대해 설계하는 하는 것이다.
6. 제6단계 : 시험 및 평가
   체계 개발의 산물(기기, 절차 및 요원)이 계획된 대로 작동하는지 알아보기 위해 산물(産物)들을 측정하는 것이다.

34 반복되는 사건이 많이 있는 경우, FTA의 최소 컷 셋과 관련이 없는 것은?

① Fussel Algorithm
② Boolean Algorithm
③ Monte Carlo Algorithm
④ Limnios & Ziani Algorithm

해설

Monte Carlo 모의 실험
1. 구하고자 하는 수치의 확률적 분포를 반복 가능한 실험의 통계로부터 구하는 방법을 말하며, 시뮬레이션 테크닉의 일종이다.
2. 이 기법의 목적은 체계가 어디에서 요원에게 과도 혹은 과소한 부하를 주는가를 나타내고 보통의 조작자가 요구되는 모든 직무를 시간내에 완수할 수 있는가를 결정하기 위한 것이다.

35 FT도에 사용되는 논리기호 중 AND 게이트에 해당하는 것은?

① 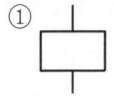   ②

③   ④

해설

FTA분석 기호 및 게이트 기호

AND 게이트	OR 게이트	결함사상	통상사상

36 작업장 내부의 추천반사율이 가장 낮아야 하는 곳은?

① 벽   ② 천장
③ 바닥   ④ 가구

해설

실내 면(面)의 추천 반사율

바닥	가구, 사무용 기기, 책상	창문 발(blind), 벽	천정
20~40%	25~45%	40~60%	80~90%

37 다음 중 소음에 의한 청력손실이 가장 크게 나타나는 주파수는?

① 500Hz   ② 1,000Hz
③ 2,000Hz   ④ 4,000Hz

정답 33 ② 34 ③ 35 ③ 36 ③ 37 ④

해설

청력 손실의 성격
1. 청력 손실의 정도는 노출되는 소음 수준에 따라 증가한다.(비례관계)
2. 강한 소음에 대해서는 노출기간에 따라 청력 손실도 증가한다.
3. 약한 소음에 대해서는 노출기간과 청력손실 간에 관계가 없다.
4. 청력 손실은 4,000Hz에서 크게 나타난다.

38 동전던지기에서 앞면이 나올 확률 P(앞)=0.6이고, 뒷면이 나올 확률 P(뒤)=0.4일 때, 앞면과 뒷면이 나올 사건의 정보량을 각각 맞게 나타낸 것은?

① 앞면 : 0.10bit, 뒷면 : 1.00bit
② 앞면 : 0.74bit, 뒷면 : 1.32bit
③ 앞면 : 1.32bit, 뒷면 : 0.74bit
④ 앞면 : 2.00bit, 뒷면 : 1.00bit

해설

정보의 측정 단위
각 대안의 실현 확률(즉, n의 역수)로 표현할 수도 있다.(즉, P를 각 대안의 실현 확률이라 하면)

$$H = \log_2 \frac{1}{P} \quad P = \frac{1}{n}$$

① 앞면

$$H = \log_2 \frac{1}{P} = \log_2 \frac{1}{0.6} = 0.74[\text{bit}]$$

② 뒷면

$$H = \log_2 \frac{1}{P} = \log_2 \frac{1}{0.4} = 1.32[\text{bit}]$$

39 휴먼 에러(Human Error)의 분류 중 필요한 임무나 절차의 순서 착오로 인하여 발생하는 오류는?

① Ommission Error
② Sequential Error
③ Commission Error
④ Extraneous Error

해설

인간실수의 분류(심리적인 분류)

생략에러 (Omission Error, 부작위 실수)	필요한 직무 및 절차를 수행하지 않아(생략) 발생하는 에러 예 가스밸브를 잠그는 것을 잊어 사고가 났다.
작위에러 (Commission Error)	필요한 작업 또는 절차의 불확실한 수행(잘못 수행)으로 인한 에러 예 전선이 바뀌었다, 틀린 부품을 사용하였다, 부품이 거꾸로 조립되었다 등
순서에러 (Sequential Error)	필요한 작업 또는 절차의 순서 착오로 인한 에러 예 자동차 출발 시 핸드브레이크를 해제하지 않고 출발하여 발생한 경우
시간에러 (Time Error)	필요한 직무 또는 절차의 수행지연으로 인한 에러 예 프레스 작업 중에 금형 내에 손이 오랫동안 남아 있어 발생한 재해
과잉행동에러 (Extraneous Error)	불필요한 작업 또는 절차를 수행함으로써 기인한 에러 예 자동차 운전 중 습관적으로 손을 창문으로 내밀어 발생한 재해

40 인체에서 뼈의 주요 기능으로 볼 수 없는 것은?

① 대사작용
② 신체의 지지
③ 조혈작용
④ 장기의 보호

해설

골격의 주요 기능
1. 지지(Support) : 신체를 지지하고 형상을 유지하는 역할
2. 보호(Protection) : 주요한 부분(생명기관)을 보호하는 역할
3. 근부착(Muscle Attachment) : 골격근이 수축할 때 지렛대 역할을 하여 신체활동(인체운동)을 수행하는 역할
4. 조혈(Blood Cell Production) : 골수에서 혈구를 생산하는 조혈작용
5. 무기질 저장(Mineral Storage) : 칼슘, 인산의 중요한 저장고가 되며 나트륨과 마그네슘 이온의 작은 저장고 역할

3과목 기계·기구 및 설비 안전관리

41 산업안전보건법령상 지게차를 이용한 작업 중 위쪽으로부터 떨어지는 물건에 의한 위험을 방지하기 위해 운전자의 머리 위쪽에 설치하는 방호장치는?

① 포크
② 헤드가드
③ 백호
④ 백레스트

정답 38 ② 39 ② 40 ① 41 ②

해설
헤드가드
지게차를 이용한 작업 중 위쪽으로부터 떨어지는 물건에 의한 위험을 방지하기 위하여 운전자의 머리 위쪽에 설치하는 덮개를 말한다.

> **TIP**
> - 포크 : 용접 또는 이음 장치에 의하여 지게차의 마스트에 부착된 2개 이상의 수평으로 돌출된 적재 장치를 말한다.
> - 백레스트 : 지게차를 이용한 작업 중에 마스트를 뒤로 기울일 때 화물이 마스트 방향으로 떨어지는 것을 방지하기 위해 설치하는 짐받이 틀을 말한다.

42 피복금속 아크용접 작업 시 생기는 결함에 대한 설명 중 틀린 것은?

① 스패터(Spatter) : 용융된 금속의 작은 입자가 튀어나와 모재에 묻어있는 것
② 언더컷(Under Cut) : 전류가 과대하고 용접속도가 너무 빠르며, 아크를 짧게 유지하기 어려운 경우 모재 및 용접부의 일부가 녹아서 홈 또는 오목하게 생긴 부분
③ 크레이터(Crater) : 용착금속 속에 남아있는 가스로 인하여 생긴 구멍
④ 오버랩(Over Lap) : 용접봉의 운행이 불량하거나 용접봉의 용융 온도가 모재보다 낮을 때 과잉 융착 금속이 남아있는 부분

해설
크레이터(Crater)
용접 끝부분이 오목하게 들어가는 것으로 불순물이 들어가기 쉽고 냉각 중에 균열이 생기기 쉽다.

43 500rpm으로 회전하는 연삭기의 숫돌지름이 200mm일 때 원주속도(m/min)는?

① 628   ② 62.8
③ 314   ④ 31.4

해설
원주속도(회전속도)

$$V = \pi DN [\text{mm/min}] = \frac{\pi DN}{1,000} [\text{m/min}]$$

여기서, V : 원주속도(회전속도)(m/min)

D : 숫돌의 지름(mm)
N : 숫돌의 매분 회전수(rpm)

$$V = \frac{\pi DN}{1,000}(\text{m/min}) = \frac{\pi \times 200 \times 500}{1,000} = 314(\text{m/min})$$

44 산업안전보건법령상 회전중인 연삭숫돌지름이 최소 얼마 이상인 경우로서 근로자에게 위험을 미칠 우려가 있는 경우 해당 부위에 덮개를 설치하여야 하는가?

① 3cm 이상   ② 5cm 이상
③ 10cm 이상 ④ 20cm 이상

해설
연삭기 작업면에 있어서의 안전기준
1. 회전 중인 연삭숫돌(지름이 5센티미터 이상인 것으로 한정)이 근로자에게 위험을 미칠 우려가 있는 경우에 그 부위에 덮개를 설치하여야 한다.
2. 연삭숫돌을 사용하는 작업의 경우 작업을 시작하기 전에는 1분 이상, 연삭숫돌을 교체한 후에는 3분 이상 시험운전을 하고 해당 기계에 이상이 있는지를 확인하여야 한다.
3. 시험운전에 사용하는 연삭숫돌은 작업시작 전에 결함이 있는지를 확인한 후 사용하여야 한다.
4. 연삭숫돌의 최고 사용회전속도를 초과하여 사용하도록 해서는 아니 된다.
5. 측면을 사용하는 것을 목적으로 하지 않는 연삭숫돌을 사용하는 경우 측면을 사용하도록 해서는 아니 된다.

45 프레스 가공품의 이송방법으로 2차 가공용 송급배출장치가 아닌 것은?

① 다이얼 피더(Dial Feeder)
② 롤 피더(Roll Feeder)
③ 푸셔 피더(Pusher Feeder)
④ 트랜스퍼 피더(Transfer Feeder)

해설
이송장치
1. 1차 가공용 송급배출장치(롤 피더, 그리퍼 피드 등)
2. 2차 가공용 송급배출장치(슈트, 다이얼 피더, 푸셔 피더, 트랜스퍼 피더, 프레스용 로봇 등)

정답 42 ③ 43 ③ 44 ② 45 ②

46 산업안전보건법령상 아세틸렌 용접장치에 대하여 취관마다 설치하여야 하는 방호장치는?(단, 주관 및 취관에 가장 가까운 분기관마다 이것을 부착한 경우에는 제외)

① 압력조정기 ② 안전기
③ 울 ④ 덮개

해설

안전기의 설치기준
1. 아세틸렌 용접장치의 취관마다 안전기를 설치하여야 한다. 다만, 주관 및 취관에 가장 가까운 분기관마다 안전기를 부착한 경우에는 그러하지 아니하다.
2. 가스용기가 발생기와 분리되어 있는 아세틸렌 용접장치에 대하여 발생기와 가스용기 사이에 안전기를 설치하여야 한다.

47 프레스 작업 중 작업자의 신체일부가 위험한 작업점으로 들어가면 자동적으로 정지되는 기능이 있는데, 이러한 안전 대책을 무엇이라고 하는가?

① 풀 프루프(Fool Proof)
② 페일 세이프(Fail Safe)
③ 인터록(Inter Lock)
④ 리미트 스위치(Limit Switch)

해설

풀 프루프(Fool Proof)
작업자가 기계를 잘못 취급하여 불안전 행동이나 실수를 하여도 기계설비의 안전 기능이 작용되어 재해를 방지할 수 있는 기능을 가진 구조

> **TIP** ① 페일 세이프(Fail Safe) : 기계나 그 부품에 파손·고장이나 기능불량이 발생하여도 항상 안전하게 작동할 수 있는 기능을 가진 구조
> ② 인터록(Inter Lock) : 기계의 각 작동 부분 상호 간을 전기적, 기구적, 유공압 장치 등으로 연결해서 기계의 각 작동 부분이 정상으로 작동하기 위한 조건이 만족되지 않을 경우 자동적으로 그 기계를 작동할 수 없도록 하는 것
> ③ 리미트 스위치(Limit Switch) : 기계장치 등에서 동작이 일정한 한계에 도달하였을 때 스위치가 작동하여 차단하는 장치

48 프레스기에 설치하는 방호장치의 특징에 관한 설명으로 틀린 것은?

① 양수조작식의 경우 기계적 고장에 의한 2차 낙하에는 효과가 없다.
② 광전자식의 경우 핀클러치방식에는 사용할 수 없다.
③ 손쳐내기식은 측면방호가 불가능하다.
④ 가드식은 금형교환 빈도수가 많을 때 사용하기에 적합하다.

해설

게이트 가드식 방호장치(Gate Guard)
1. 금형교환의 빈도수가 적은 프레스에 적합하다.
2. 슬라이드의 작동중에 열 수 없는 구조 이어야 하며 가드를 닫지 않으면 슬라이드를 작동시킬 수 없는 구조의 것이어야 한다.
3. 금형의 크기에 따라 게이트 크기를 선택한다.

49 산업용 로봇 작업 시 안전조치 방법이 아닌 것은?

① 높이 1.8m 이상의 울타리 설치한다.
② 로봇의 조작방법 및 순서의 지침에 따라 작업한다.
③ 로봇 작업 중 이상상황의 대처를 위해 근로자 이외에도 로봇의 기동스위치를 조작할 수 있도록 한다.
④ 2인 이상의 근로자에게 작업을 시킬 때는 신호 방법의 지침을 정하고 그 지침에 따라 작업한다.

해설

산업용 로봇의 안전기준
1. 교시 등의 작업 시 안전조치 사항
   ㉠ 다음 각 목의 사항에 관한 지침을 정하고 그 지침에 따라 작업을 시킬 것
   • 로봇의 조작방법 및 순서
   • 작업 중의 매니퓰레이터의 속도
   • 2명 이상의 근로자에게 작업을 시킬 경우의 신호방법
   • 이상을 발견한 경우의 조치
   • 이상을 발견하여 로봇의 운전을 정지시킨 후 이를 재가동시킬 경우의 조치
   • 그 밖에 로봇의 예기치 못한 작동 또는 오조작에 의한 위험을 방지하기 위하여 필요한 조치
   ㉡ 작업에 종사하고 있는 근로자 또는 그 근로자를 감시하는 사람은 이상을 발견하면 즉시 로봇의 운전을 정지시키기 위한 조치를 할 것

정답 46 ② 47 ① 48 ④ 49 ③

ⓒ 작업을 하고 있는 동안 로봇의 기동스위치 등에 작업 중이라는 표시를 하는 등 작업에 종사하고 있는 근로자가 아닌 사람이 그 스위치 등을 조작할 수 없도록 필요한 조치를 할 것
2. 운전 중 위험방지
   ㉠ 높이 1.8미터 이상의 울타리
   ㉡ 컨베이어 시스템의 설치 등으로 울타리를 설치할 수 없는 일부 구간 : 안전매트 또는 광전자식 방호장치 등 감응형 방호장치 설치

50 산업안전보건법령상 가스집합장치로부터 얼마 이내의 장소에서는 흡연, 화기의 사용 또는 불꽃을 발생할 우려가 있는 행위를 금지하여야 하는가?

① 5m
② 7m
③ 10m
④ 25m

해설
가스집합 용접장치의 관리
가스집합장치로부터 5미터 이내의 장소에서는 흡연, 화기의 사용 또는 불꽃을 발생할 우려가 있는 행위를 금지할 것

51 연삭 숫돌과 작업받침대, 교반기의 날개, 하우스 등의 기계의 회전 운동하는 부분과 고정 부분 사이에 위험이 형성되는 위험점은?

① 물림점
② 끼임점
③ 절단점
④ 접선물림점

해설
기계운동 형태에 따른 위험점 분류

협착점 (Squeeze point)	왕복운동을 하는 운동부와 움직임이 없는 고정부 사이에서 형성되는 위험점 (고정점 + 운동점)	• 프레스 • 전단기 • 성형기 • 조형기 • 밴딩기 • 인쇄기
끼임점 (Shear point)	회전운동하는 부분과 고정부 사이에 위험이 형성되는 위험점 (고정점 + 회전운동)	• 연삭숫돌과 작업대 • 반복동작되는 링크 기구 • 교반기의 날개와 몸체 사이 • 회전풀리와 벨트
절단점 (Cutting point)	회전하는 운동부 자체의 위험이나 운동하는 기계부분 자체의 위험에서 형성되는 위험점 (회전운동 + 기계)	• 밀링커터 • 둥근 톱의 톱날 • 목공용 띠톱 날

물림점 (Nip point)	회전하는 두 개의 회전체에 형성되는 위험점(서로 반대 방향의 회전체) (중심점 + 반대방향의 회전운동)	• 기어와 기어의 물림 • 롤러와 롤러의 물림 • 롤러 분쇄기
접선 물림점 (Tangential nip point)	회전하는 부분의 접선방향으로 물려 들어갈 위험이 있는 위험점	• V벨트와 풀리 • 랙과 피니언 • 체인벨트 • 평벨트
회전 말림점 (Trapping point)	회전하는 물체의 길이, 굵기, 속도 등의 불규칙 부위와 돌기 회전부위에 의해 장갑 또는 작업복 등이 말려들 위험이 있는 위험점	• 회전하는 축 • 커플링 • 회전하는 드릴

52 지게차로 20km/hr의 속력으로 주행할 때 좌우 안정도는 몇 % 이내이어야 하는가?(단, 무부하상태를 기준으로 한다.)

① 37%
② 39%
③ 40%
④ 42%

해설
지게차의 안정도 기준
주행 시의 좌우 안정도
$= (15 + 1.1V)\%$ 이내 [V : 최고속도(km/hr)]
$= (15 + 1.1 \times 20) = 37[\%]$

53 산업안전보건법령에 따라 컨베이어의 작업 시작 전 점검사항 중 틀린 것은?

① 원동기 및 풀리 기능의 이상 유무
② 이탈 등의 방지 장치 기능의 이상 유무
③ 과부하방지장치 기능의 이상 유무
④ 원동기, 회전축, 기어 및 풀리 등의 덮개 또는 울 등의 이상 유무

해설
컨베이어의 작업시작 전 점검사항
1. 원동기 및 풀리(Pulley) 기능의 이상 유무
2. 이탈 등의 방지장치 기능의 이상 유무
3. 비상정지장치 기능의 이상 유무
4. 원동기·회전축·기어 및 풀리 등의 덮개 또는 울 등의 이상 유무

정답 50 ① 51 ② 52 ① 53 ③

54 재해 통계적 원인 분석 시 사고의 유형, 기인물 등 분류 항목을 큰 순서대로 도표화한 것은?

① 파레토도
② 특성요인도
③ 크로스도
④ 관리도

해설

통계에 의한 원인분석
1. 파레토도
   사고의 유형, 기인물 등 분류항목을 큰 값에서 작은 값의 순서로 도표화하며, 문제나 목표의 이해에 편리하다.
2. 특성 요인도
   특성과 요인관계를 어골상으로 도표화하여 분석하는 기법(원인과 결과를 연계하여 상호 관계를 파악하기 위한 분석방법)
3. 클로즈(Close) 분석
   두 개 이상의 문제관계를 분석하는 데 사용하는 것으로, 데이터를 집계하고 표로 표시하여 요인별 결과내역을 교차한 클로즈 그림을 작성하여 분석하는 기법
4. 관리도
   재해발생 건수 등의 추이에 대해 한계선을 설정하여 목표 관리를 수행하는 데 사용되는 방법으로 관리선은 관리상한선, 중심선, 관리하한선으로 구성된다.

55 롤러기의 급정지를 위한 방호장치를 설치하고자 한다. 앞면 롤러의 지름이 30cm이고, 회전수가 30rpm일 때 요구되는 급정지 거리의 기준은?

① 급정지 거리가 앞면 롤러 원주의 1/3 이상일 것
② 급정지 거리가 앞면 롤러 원주의 1/3 이내일 것
③ 급정지 거리가 앞면 롤러 원주의 1/2.5 이상일 것
④ 급정지 거리가 앞면 롤러 원주의 1/2.5 이내일 것

해설

롤러기의 급정지 거리

$$V = \frac{\pi DN}{1,000} (m/min)$$

여기서, V : 표면속도
D : 롤러 원통의 직경(mm)
N : 1분간 롤러기가 회전되는 수(rpm)

1. $V = \frac{\pi DN}{1,000} (m/min) = \frac{\pi \times 300 \times 30}{1,000} = 28.27 (m/min)$
2. 무부하 동작에서 급정지거리

앞면 롤러의 표면속도(m/min)	급정지 거리
30 미만	앞면 롤러 원주의 1/3
30 이상	앞면 롤러 원주의 1/2.5

3. 표면속도(V)가 28.27(m/mm)로 30(m/min) 미만이므로 앞면 롤러 원주의 1/3이다.

56 산업안전보건법에서 정한 양중기의 종류에 해당하지 않는 것은?

① 리프트
② 호이스트
③ 곤돌라
④ 컨베이어

해설

양중기의 종류
1. 크레인(호이스트 포함)
2. 이동식 크레인
3. 리프트(이삿짐운반용 리프트의 경우 적재하중 0.1톤 이상인 것)
4. 곤돌라
5. 승강기

57 밀링작업 시 안전수칙에 해당되지 않는 것은?

① 칩이나 부스러기는 반드시 브러시를 사용하여 제거한다.
② 가공 중에는 가공면을 손으로 점검한다.
③ 기계를 가동 중에는 변속시키지 않는다.
④ 바이트는 가급적 짧게 고정시킨다.

해설

밀링 작업에 대한 안전수칙
1. 제품을 따 내는 데에는 손끝을 대지 말아야 한다.
2. 운전 중 가공면에 손을 대지 말아야 하며 장갑 착용을 금지한다.
3. 칩을 제거할 때에는 커터의 운전을 중지하고 브러시(솔)를 사용하며 걸레를 사용하지 않는다.
4. 칩의 비산이 많으므로 보안경을 착용한다.
5. 커터 설치 시 및 측정은 반드시 기계를 정지시킨 후에 한다.
6. 일감(공작물)은 테이블 또는 바이스에 안전하게 고정한다.
7. 상하 이송장치의 핸들은 사용 후 반드시 빼 두어야 한다.
8. 가공 중에 밀링머신에 얼굴을 대지 않는다.
9. 절삭 속도는 재료에 따라 정한다.
10. 커터를 끼울 때는 아버를 깨끗이 닦는다.
11. 일감(공작물)을 고정하거나 풀어낼 때는 기계를 정지시킨다.
12. 테이블 위에 공구 등을 올려놓지 않는다.
13. 강력 절삭을 할 때는 일감을 바이스에 깊이 물린다.
14. 급속이송은 백래시 제거장치가 동작하지 않고 있음을 확인한 후 실시하고, 급속이송은 한 방향으로만 한다.

정답 54 ① 55 ② 56 ④ 57 ②

58 금형의 안전화에 대한 설명 중 틀린 것은?

① 금형의 틈새는 8mm 이상 충분하게 확보한다.
② 금형 사이에 신체 일부가 들어가지 않도록 한다.
③ 충격이 반복되어 부가되는 부분에는 완충장치를 설치한다.
④ 금형설치용 홈은 설치된 프레스의 홈에 적합한 형상의 것으로 한다.

해설

금형에 의한 위험 방지
다음 부분의 간격이 8mm 이하가 되도록 금형을 설치하여 신체의 일부가 들어가지 않도록 한다.
1. 상사점에 있어서 상형과 하형과의 간격
2. 금형 가이드 포스트(Guide Post)와 가이드 부쉬와의 간격

59 연삭숫돌을 사용하는 작업 시 해당 기계의 이상 유·무를 확인하기 위한 시험운전 시간으로 옳은 것은?

① 작업시작 전 30초 이상, 연삭숫돌 교체 후 5분 이상
② 작업시작 전 30초 이상, 연삭숫돌 교체 후 3분 이상
③ 작업시작 전 1분 이상, 연삭숫돌 교체 후 5분 이상
④ 작업시작 전 1분 이상, 연삭숫돌 교체 후 3분 이상

해설

연삭기 작업면에 있어서의 안전기준
1. 회전 중인 연삭숫돌(지름이 5센티미터 이상인 것으로 한정)이 근로자에게 위험을 미칠 우려가 있는 경우에 그 부위에 덮개를 설치하여야 한다.
2. 연삭숫돌을 사용하는 작업의 경우 작업을 시작하기 전에는 1분 이상, 연삭숫돌을 교체한 후에는 3분 이상 시험운전을 하고 해당 기계에 이상이 있는지를 확인하여야 한다.
3. 시험운전에 사용하는 연삭숫돌은 작업시작 전에 결함이 있는지를 확인한 후 사용하여야 한다.
4. 연삭숫돌의 최고 사용회전속도를 초과하여 사용하도록 해서는 아니 된다.
5. 측면을 사용하는 것을 목적으로 하지 않는 연삭숫돌을 사용하는 경우 측면을 사용하도록 해서는 아니 된다.

60 기계설비의 방호는 위험장소에 대한 방호와 위험원에 대한 방호로 분류할 때, 다음 위험원에 대한 방호장치에 해당하는 것은?

① 격리형 방호장치
② 포집형 방호장치
③ 접근거부형 방호장치
④ 위치제한형 방호장치

해설

방호장치의 분류
1. 위험장소 : 격리형 방호장치, 위치제한형 방호장치, 접근반응형 방호장치, 접근 거부형 방호장치
2. 위험원 : 포집형 방호장치, 감지형 방호장치

4과목 전기 및 화학설비 안전관리

61 인체가 전격을 당했을 경우 통전시간이 0.5초라면 심실세동을 일으키는 전류값은 약 몇 mA인가? (단, 심실세동전류값은 Dalziel의 관계식을 이용한다.)

① 100
② 165
③ 233
④ 332

해설

심실세동전류(치사전류)

$$I = \frac{165}{\sqrt{T}} (\text{mA})$$

여기서, I : 심실세동전류(mA)
T : 통전 시간(sec)
전류 I는 1,000명 중 5명 정도가 심실세동을 일으키는 값

$$I = \frac{165}{\sqrt{T}} = \frac{165}{\sqrt{0.5}} = 233 [\text{mA}]$$

62 정전기 발생에 영향을 주는 요인이 아닌 것은?

① 물체의 특성
② 물체의 표면상태
③ 접촉면적 및 압력
④ 응집속도

해설

정전기 발생의 영향요인(정전기 발생요인)

물체의 특성	일반적으로 대전량은 접촉이나 분리하는 두 가지 물체가 대전서열 내에서 가까운 곳에 있으면 적고 먼 위치에 있을수록 대전량이 큰 경향이 있다.
물체의 표면상태	• 표면이 거칠수록 정전기 발생량이 커진다. • 기름, 수분, 불순물 등 오염이 심할수록, 산화 부식이 심할수록 정전기 발생량이 커진다.
물체의 이력	정전기 발생량은 처음 접촉, 분리가 일어날 때 최대가 되며, 발생횟수가 반복될수록 발생량이 감소한다.

정답 58 ① 59 ④ 60 ② 61 ③ 62 ④

접촉면적 및 압력	접촉면적 및 압력이 클수록 정전기 발생량은 커진다.
분리속도	분리속도가 빠를수록 정전기 발생량이 커진다.
완화시간	완화시간이 길면 전하분리에 주는 에너지도 커져서 정전기 발생량이 커진다.

63 다음 중 전기기기의 누전으로 인한 감전재해의 방지대책이 아닌 것은?

① 절연용 보호구의 사용
② 전선로의 절연을 양호하게 유지
③ 전기관리자 외 사용금지
④ 감전방지용 누전차단기의 사용 및 접지

해설

누전 대책
1. 절연 열화 및 파괴의 원인이 되는 습기, 과열, 부식 등의 사전 예방
2. 금속체인 구조재, 수도관, 가스관 등과 충전부 및 절연물을 이격
3. 확실한 접지 조치 및 누전차단기 설치

64 다음 중 정전작업 시 안전조치와 가장 거리가 먼 것은?

① 접근 한계거리 유지
② 단락접지의 실시
③ 개폐기 잠금장치, 통전금지표지
④ 잔류잔하 방전 조치

해설

접근 한계거리 유지는 충전전로를 취급하거나 그 인근에서의 작업 시 안전조치 사항이다.

> **TIP** 정전전로에서의 전로차단 절차
> ① 전기기기 등에 공급되는 모든 전원을 관련 도면, 배선도 등으로 확인할 것
> ② 전원을 차단한 후 각 단로기 등을 개방하고 확인할 것
> ③ 차단장치나 단로기 등에 잠금장치 및 꼬리표를 부착할 것
> ④ 개로된 전로에서 유도전압 또는 전기에너지가 축적되어 근로자에게 전기위험을 끼칠 수 있는 전기기기 등은 접촉하기 전에 잔류전하를 완전히 방전시킬 것
> ⑤ 검전기를 이용하여 작업 대상 기기가 충전되었는지를 확인할 것

⑥ 전기기기 등이 다른 노출 충전부와의 접촉, 유도 또는 예비동력원의 역송전 등으로 전압이 발생할 우려가 있는 경우에는 충분한 용량을 가진 단락 접지기구를 이용하여 접지할 것

65 10Ω의 저항에 10A의 전류를 1분간 흘렸을 때의 발열량은 몇 cal인가?

① 1,800　② 3,600
③ 7,200　④ 14,400

해설

열량

$$Q = 0.24I^2RT \times 10^{-3}[\text{kcal}] = 0.24I^2RT[\text{cal}]$$

여기서, Q : 열량[J]
I : 전류[A]
R : 저항[Ω]
T : 전류가 흐른 시간[sec]

$Q = 0.24I^2RT = 0.24 \times 10^2 \times 10 \times 60 = 14,400[\text{cal}]$

66 다음 중 전압의 분류가 잘못된 것은?

① 1,000V 이하의 교류 전압 – 저압
② 1,500V 이하의 직류 전압 – 저압
③ 1,000V 초과 7kV 이하의 교류 전압 – 고압
④ 10kV를 초과하는 직류전압 – 초고압

해설

전압의 구분

전원의 종류	저압	고압	특고압
직류(DC)	1,500V 이하	1,500V 초과 7,000V 이하	7,000V 초과
교류(AC)	1,000V 이하	1,000V 초과 7,000V 이하	7,000V 초과

67 다음 중 통전경로별 위험도가 가장 높은 경로는?

① 왼손 – 등　② 오른손 – 가슴
③ 왼손 – 가슴　④ 오른손 – 양발

해설

통전 경로별 위험도
감전 시의 영향은 전류의 경로에 따라 그 위험성이 달라지며, 전류가 심장 또는 그 주위를 통하게 되면 심장에 영향을 주어 가장 위험하다.

정답 63 ③　64 ①　65 ④　66 ④　67 ③

통전경로	심장전류계수	통전경로	심장전류계수
왼손-가슴	1.5	왼손-등	0.7
오른손-가슴	1.3	한 손 또는 양손-앉아 있는 자리	0.7
왼손-한 발 또는 양발	1.0	왼손-오른손	0.4
양손-양발	1.0	오른손-등	0.3
오른손-한 발 또는 양발	0.8		

※ 숫자가 클수록 위험도가 높다.

68 액체가 관내를 이동할 때에 정전기가 발생하는 현상은?

① 마찰대전
② 박리대전
③ 분출대전
④ 유동대전

해설

유동대전
1. 액체류를 파이프 등으로 수송할 때 액체류가 파이프 등과 접촉하여 두 물질의 경계에 전기 2중층이 형성되어 정전기 발생
2. 액체류의 유동속도가 정전기 발생에 큰 영향을 준다.
3. 파이프속에 저항이 높은 액체가 흐를 때 발생

TIP
① 마찰대전: 두 물체가 서로 접촉시 위치의 이동으로 전하의 분리 및 재배열이 일어나는 현상
② 박리대전: 상호 밀착해 있던 물체가 떨어지면서 전하 분리가 생겨 정전기가 발생(필름 벗겨 낼 때)
③ 분출대전: 분체류, 액체류, 기체류가 단면적이 작은 개구부를 통해 분출할 때 분출물과 개구부의 마찰로 인하여 정전기가 발생

69 방폭구조의 명칭과 표기기호가 잘못 연결된 것은?

① 안전증방폭구조 : e
② 유입(油入)방폭구조 : o
③ 내압(耐壓)방폭구조 : p
④ 본질안전방폭구조 : ia 또는 ib

해설

방폭구조의 종류 및 기호

내압 방폭구조	d	안전증 방폭구조	e	비점화 방폭구조	n
압력 방폭구조	p	특수 방폭구조	s	몰드 방폭구조	m
유입 방폭구조	o	본질안전 방폭구조	i(ia, ib)	충전 방폭구조	q

70 감전사고의 사망경로에 해당되지 않는 것은?

① 전류가 뇌의 호흡중추부로 흘러 발생한 호흡기능 마비
② 전류가 흉부에 흘러 발생한 흉부근육수축으로 인한 질식
③ 전류가 심장부로 흘러 심실세동에 의한 혈액순환기능 장애
④ 전류가 인체에 흐를 때 인체에 저항으로 발생한 주울열에 의한 화상

해설

전격(감전)현상의 메커니즘
1. 심장부에 전류가 흘러 심실세동이 발생하여 혈액순환기능이 상실되어 일어난 것
2. 뇌의 호흡중추신경에 전류가 흘러 호흡기능이 정지되어 일어난 것
3. 흉부에 전류가 흘러 흉부근육수축에 의한 질식으로 일어난 것

71 다음 중 산업안전보건법령상 위험물의 종류에서 인화성 가스에 해당하지 않는 것은?

① 수소
② 질산에스테르
③ 아세틸렌
④ 메탄

해설

인화성 가스
1. 수소   5. 에탄
2. 아세틸렌   6. 프로판
3. 에틸렌   7. 부탄
4. 메탄   8. 유해·위험물질 규정량에 따른 가스

정답 68 ④ 69 ③ 70 ④ 71 ②

72 부탄의 연소하한값이 1.6vol%일 경우, 연소에 필요한 최소산소농도는 약 몇 vol%인가?

① 9.4
② 10.4
③ 11.4
④ 12.4

해설

최소산소농도(MOC ; Minimum Oxygen Concentration)

$$\text{최소산소농도(MOC)} = \text{연소하한계} \times \text{산소의 화학양론적 계수}$$

1. $C_4H_{10} + 6.5O_2 \rightarrow 4CO_2 + 5H_2O$
2. 최소산소농도(MOC) = 연소하한계 × 산소의 화학양론적 계수 = $1.6 \times 6.5 = 10.4(\%)$

---

73 공기 중에 3ppm의 디메틸아민(Demethylamine, TLV-TWA : 10ppm)과 20ppm의 시클로헥산올(Cyclohexanol, TLV-TWA : 50ppm)이 있고, 10ppm의 산화프로필렌(Propyleneoxide, TLV-TWA : 20ppm)이 존재한다면 혼합 TLV-TWA는 몇 ppm인가?

① 12.5
② 22.5
③ 27.5
④ 32.5

해설

노출지수(EI ; Exposure Index) : 공기 중 혼합물질

- 노출지수$(EI) = \dfrac{C_1}{TLV_1} + \dfrac{C_2}{TLV_2} + \cdots\cdots + \dfrac{C_n}{TLV_n}$

  여기서, C_n : 각 혼합물질의 공기 중 농도
  TLV_n : 각 혼합물질의 노출기준

- 보정된 허용농도(기준) = $\dfrac{\text{혼합물의 공기 중 농도}(C_1 + C_2 + \cdots + C_n)}{\text{노출지수}(EI)}$

① 노출지수(EI) = $\dfrac{C_1}{TLV_1} + \dfrac{C_2}{TLV_2} + \dfrac{C_3}{TLV_3}$

$= \dfrac{3}{10} + \dfrac{20}{50} + \dfrac{10}{20} = 1.2$

② 보정된 허용농도(기준)

$= \dfrac{\text{혼합물의 공기 중 농도}(C_1 + C_2 + \cdots + C_n)}{\text{노출지수}(EI)}$

$= \dfrac{3 + 20 + 10}{1.2} = 27.5[\text{ppm}]$

---

74 다음 중 독성이 강한 순서로 옳게 나열된 것은?

① 일산화탄소 > 염소 > 아세톤
② 일산화탄소 > 아세톤 > 염소
③ 염소 > 일산화탄소 > 아세톤
④ 염소 > 아세톤 > 일산화탄소

해설

화학물질의 노출기준

유해물질의 명칭	화학식	노출기준 TWA	
		ppm	mg/m³
염소	Cl_2	0.5	–
일산화탄소	CO	30	–
아세톤	CH_3COCH_3	500	–

---

75 다음 중 인화점이 가장 낮은 것은?

① 벤젠
② 메탄올
③ 이황화탄소
④ 디에틸에테르

해설

인화성 액체의 인화점

액체	인화점	액체	인화점
벤젠	-11℃	이황화탄소	-30℃
메탄올	16℃	디에틸에테르	-45℃

---

76 다음 중 니트로글리세린에 관한 설명으로 틀린 것은?

① 물에 잘 녹으며, 액체 상태로 운반한다.
② 점화하면 즉시 연소하고, 다량이면 폭발력이 강하다.
③ 상온에서 액체이지만 겨울철에는 동결한다.
④ 질산과 황산의 혼산 중에 글리세린을 반응시켜 만든다.

해설

니트로글리세린

1. 강산화제, 나트륨(Na), 수산화나트륨(NaOH) 등과 혼촉 시 발화 폭발하며, 환기가 잘 되는 냉암소에 보관한다.
2. 물에는 거의 녹지 않으나 메탄올, 벤젠, 아세톤 등에는 녹으며, 겨울철에는 동결할 우려가 있다.

정답 72 ② 73 ③ 74 ③ 75 ④ 76 ①

77 연소의 3요소에 해당되지 않는 것은?

① 가연물   ② 점화원
③ 연쇄반응   ④ 산소공급원

해설
연소의 3요소
1. 가연성 물질(가연물)
2. 산소공급원
3. 점화원

78 산업안전보건기준에 관한 규칙에서 규정하는 급성 독성 물질의 기준으로 틀린 것은?

① 쥐에 대한 경구투입실험에 의하여 실험동물의 50%를 사망시킬 수 있는 물질의 양이 kg당 300mg – (체중) 이하인 화학물질
② 쥐에 대한 경피흡수실험에 의하여 실험동물의 50%를 사망시킬 수 있는 물질의 양이 kg당 1,000mg – (체중) 이하인 화학물질
③ 토끼에 대한 경피흡수실험에 의하여 실험동물의 50%를 사망시킬 수 있는 물질의 양이 kg당 1,000mg – (체중) 이하인 화학물질
④ 쥐에 대한 4시간 동안의 흡입실험에 의하여 실험동물의 50%를 사망시킬 수 있는 가스의 농도가 3,000ppm 이상인 화학물질

해설
급성 독성 물질
1. 쥐에 대한 경구투입실험에 의하여 실험동물의 50퍼센트를 사망시킬 수 있는 물질의 양, 즉 LD50(경구, 쥐)이 킬로그램당 300밀리그램 – (체중) 이하인 화학물질
2. 쥐 또는 토끼에 대한 경피흡수실험에 의하여 실험동물의 50퍼센트를 사망시킬 수 있는 물질의 양, 즉 LD50(경피, 토끼 또는 쥐)이 킬로그램당 1,000밀리그램 – (체중) 이하인 화학물질
3. 쥐에 대한 4시간 동안의 흡입실험에 의하여 실험동물의 50퍼센트를 사망시킬 수 있는 물질의 농도, 즉 가스 LC50(쥐, 4시간 흡입)이 2,500ppm 이하인 화학물질, 증기 LC50(쥐, 4시간 흡입)이 10mg/L 이하인 화학물질, 분진 또는 미스트 1mg/L 이하인 화학물질

79 다음의 주의사항에 해당하는 물질은?

> 산화제와 접촉 및 혼합은 위험하고 화재 시 주수소화를 하면 위험성이 더 커지므로 건조한 모래 등으로 질식소화를 한다.

① 마그네슘   ② 과산화수소
③ 과염소산나트륨   ④ 황인

해설
마그네슘(제2류 위험물)
1. 고온에서 유황 및 할로겐, 산화제와 접촉하면 매우 격렬하게 발열한다.
2. 일단 연소하면 소화가 곤란하나 초기 소화 또는 대규모 화재 시는 석회분, 마른 모래 등으로 소화한다.
3. 물, CO_2, N_2, 포, 할로겐 화합물 소화약제는 소화 적응성이 없으므로 절대 사용을 엄금한다.

80 산업안전보건기준에 관한 규칙에 따라 폭발성 물질을 저장·취급하는 화학설비 및 그 부속설비를 설치할 때, 단위공정시설 및 설비로부터 다른 단위공정시설 및 설비 사이의 안전거리는 설비 바깥 면으로부터 몇 m 이상 두어야 하는가?(단, 원칙적인 경우에 한한다.)

① 3   ② 5
③ 10   ④ 20

해설
위험물을 저장·취급하는 화학설비 및 그 부속설비를 설치하는 경우의 안전거리

구분	안전거리
단위공정시설 및 설비로부터 다른 단위공정시설 및 설비의 사이	설비의 바깥 면으로부터 10미터 이상
플레어스택으로부터 단위공정 시설 및 설비, 위험물질 저장탱크 또는 위험물질 하역설비의 사이	플레어스택으로부터 반경 20미터 이상(다만, 단위공정시설 등이 불연재로 시공된 지붕 아래에 설치된 경우에는 제외)
위험물질 저장탱크로부터 단위공정시설 및 설비, 보일러 또는 가열로의 사이	저장탱크의 바깥 면으로부터 20미터 이상(다만, 저장탱크의 방호벽, 원격조종 화설비 또는 살수설비를 설치한 경우에는 제외)
사무실·연구실·실험실·정비실 또는 식당으로부터 단위공정시설 및 설비, 위험물질 저장탱크, 위험물질 하역설비, 보일러 또는 가열로의 사이	사무실 등의 바깥 면으로부터 20미터 이상(다만, 난방용 보일러인 경우 또는 사무실 등의 벽을 방호구조로 설치한 경우에는 제외)

정답 77 ③ 78 ④ 79 ① 80 ③

5과목 건설공사 안전관리

81 산업안전보건법령상 근로자가 상시 작업하는 장소의 작업면 조도기준으로 옳지 않은 것은?(단, 갱내 작업장과 감광재료를 취급하는 작업장은 제외한다.)

① 초정밀작업 : 700럭스(lux) 이상
② 정밀작업 : 300럭스(lux) 이상
③ 그 밖의 작업 : 75럭스(lux) 이상
④ 보통작업 : 150럭스(lux) 이상

해설

적정 조명 수준

작업의 종류	작업면 조도
초정밀작업	750럭스(lux) 이상
정밀작업	300럭스(lux) 이상
보통작업	150럭스(lux) 이상
그 밖의 작업	75럭스(lux) 이상

82 기계운반하역 시 걸이 작업의 준수사항으로 옳지 않은 것은?

① 와이어로프 등은 크레인의 후크 중심에 걸어야 한다.
② 인양 물체의 안정을 위하여 2줄 걸이 이상을 사용해야 한다.
③ 와이어로프의 매다는 설치각도는 수평면에서 90도 이내로 한다.
④ 근로자를 매달린 물체 위에 탑승시키지 않아야 한다.

해설

고정식 기계운반하역 시 걸이 작업의 준수사항
1. 와이어로프 등은 크레인의 후크 중심에 걸어야 한다.
2. 인양 물체의 안정을 위하여 2줄 걸이 이상을 사용하여야 한다.
3. 밑에 있는 물체를 걸고자 할 때에는 위의 물체를 제거한 후에 행하여야 한다.
4. 매다는 각도는 60도 이내로 하여야 한다.
5. 근로자를 매달린 물체 위에 탑승시키지 않아야 한다.

83 거푸집 공사 관련 재료의 선정 시 고려사항으로 옳지 않은 것은?

① 목재거푸집 : 흠집 및 옹이가 많은 거푸집과 합판은 사용을 금지한다.
② 강재거푸집 : 형상이 찌그러진 것은 교정한 후에 사용한다.
③ 지보공재 : 변형, 부식이 없는 것을 사용한다.
④ 연결재 : 연결부위의 다양한 형상에 적응 가능한 소철선을 사용한다.

해설

거푸집 재료의 선정방법
1. 목재 거푸집
   • 흠집 및 옹이가 많은 거푸집과 합판의 접착부분이 떨어져 구조적으로 약한 것은 사용하여서는 아니 된다.
   • 거푸집의 띠장은 부러지거나 균열이 있는 것을 사용하여서는 아니 된다.
2. 강재 거푸집
   • 형상이 찌그러지거나, 비틀림 등 변형이 있는 것은 교정한 다음 사용하여야 한다.
   • 강재 거푸집의 표면에 녹이 많이 나 있는 것은 쇠솔(Wire Brush) 또는 샌드 페이퍼(Sand Paper) 등을 닦아내고 박리제(Form Pil)를 엷게 칠해 두어야 한다.
3. 지보공(동바리) 재
   • 현저한 손상, 변형, 부식이 있는 것과 옹이가 깊숙이 박혀있는 것은 사용하지 말아야 한다.
   • 각재 또는 강관 지주는 양끝을 일직선으로 그은 선 안에 있어야 하고, 일직선 밖으로 굽어져 있는 것은 사용을 금하여야 한다.
   • 강관지주(동바리), 보 등을 조합한 구조는 최대 허용하중을 초과하지 않는 범위에서 사용하여야 한다.
4. 연결재
   • 정확하고 충분한 강도가 있는 것이어야 한다.
   • 회수, 해체하기가 쉬운 것이어야 한다.
   • 조합 부품수가 적은 것이어야 한다.

84 다음은 산업안전보건기준에 관한 규칙 중 조립도에 관한 사항이다. ( ) 안에 알맞은 것은?

거푸집 및 동바리를 조립하는 경우에는 그 구조를 검토한 후 조립도를 작성하여야 한다.
조립도에는 거푸집 및 동바리를 구성하는 부재의 재질·단면규격·( ) 및 이음방법 등을 명시해야 한다.

① 부재강도 ② 기울기
③ 안전대책 ④ 설치간격

정답 81 ① 82 ③ 83 ④ 84 ④

> **해설**

거푸집 및 동바리 조립도
1. 거푸집 및 동바리를 조립하는 경우에는 그 구조를 검토한 후 조립도를 작성하고, 그 조립도에 따라 조립하도록 해야 한다.
2. 조립도에는 거푸집 및 동바리를 구성하는 부재의 재질·단면규격·설치간격 및 이음방법 등을 명시해야 한다.

85 다음은 공사진척에 따른 안전관리비의 사용기준이다. ( )에 들어갈 내용으로 옳은 것은?

공정률	50% 이상 70% 미만	70% 이상 90% 미만	90% 이상
사용기준	( )	70% 이상	90% 이상

① 30% 이상   ② 40% 이상
③ 50% 이상   ④ 60% 이상

> **해설**

공사진척에 따른 안전관리비 사용기준

공정율	50퍼센트 이상 70퍼센트 미만	70퍼센트 이상 90퍼센트 미만	90퍼센트 이상
사용기준	50퍼센트 이상	70퍼센트 이상	90퍼센트 이상

86 다음 중 건설공사 특수성에 따른 안전관리의 문제점으로 옳지 않은 것은?

① 작업 도구나 위치가 이동성을 갖고 있어 작업 자체의 높은 위험성이 있다.
② 건설공사의 대부분이 옥외에서 이루어지는 작업으로 공사의 진행에 따라 작업의 환경과 종류가 수시로 변화하게 되어 재해의 위험성을 예측하기가 매우 어렵다.
③ 근로자의 피로 축적, 안전 교육의 무시 등으로 인해 근로자의 안전의식이 부족하다.
④ 고용이 안정적이고 근로자가 유동적이다.

> **해설**

건설공사 특수성에 따른 재해 발생 원인
1. 작업환경의 특수성
2. 작업 자체의 위험성
3. 공사계약의 일방성(편무성)
4. 안전관련 법령의 규제와 처벌 위주 정책의 한계
5. 신기술·신공법 적용에 따른 불안전성
6. 원도급업자와 하도급업자 간의 복잡한 관계
7. 근로자의 안전의식 부족
8. 당해년 예산 회계 제도에 따른 공사 시기의 부적정
9. 근로자의 이동성과 전문 기능 인력 수급의 부족

87 터널 지보공을 조립하는 경우에는 미리 그 구조를 검토한 후 조립도를 작성하고, 그 조립도에 따라 조립하도록 하여야 하는데 조립도에 명시해야 할 사항과 가장 거리가 먼 것은?

① 재료의 강도   ② 단면규격
③ 이음방법   ④ 설치간격

> **해설**

조립도

흙막이 지보공	조립도는 흙막이판·말뚝·버팀대 및 띠장 등 부재의 배치·치수·재질 및 설치방법과 순서가 명시되어야 한다.
터널 지보공	조립도에는 재료의 재질, 단면규격, 설치간격 및 이음방법 등을 명시하여야 한다.
거푸집 동바리	조립도에는 거푸집 및 동바리를 구성하는 부재의 재질·단면규격·설치간격 및 이음방법 등을 명시해야 한다.

88 다음 중 유해위험방지계획서 작성 및 제출대상에 해당되는 공사는?

① 지상높이가 20m인 건축물의 해체공사
② 깊이 9.5m인 굴착공사
③ 최대 지간거리가 50m인 교량건설공사
④ 저수용량 1천만 톤인 용수전용 댐

> **해설**

유해위험방지계획서를 제출해야 될 건설공사
1. 다음 각 목의 어느 하나에 해당하는 건축물 또는 시설 등의 건설·개조 또는 해체공사
   ㉠ 지상높이가 31미터 이상인 건축물 또는 인공구조물
   ㉡ 연면적 3만 제곱미터 이상인 건축물
   ㉢ 연면적 5천 제곱미터 이상인 시설로서 다음의 어느 하나에 해당하는 시설
      • 문화 및 집회시설(전시장 및 동물원·식물원은 제외)
      • 판매시설, 운수시설(고속철도의 역사 및 집배송시설은 제외)
      • 종교시설
      • 의료시설 중 종합병원

정답 85 ③ 86 ④ 87 ① 88 ③

- 숙박시설 중 관광숙박시설
- 지하도상가
- 냉동·냉장 창고시설
2. 연면적 5천 제곱미터 이상인 냉동·냉장 창고시설의 설비공사 및 단열공사
3. 최대 지간길이(다리의 기둥과 기둥의 중심사이의 거리)가 50미터 이상인 다리의 건설등 공사
4. 터널의 건설등 공사
5. 다목적댐, 발전용댐, 저수용량 2천만 톤 이상의 용수 전용 댐 및 지방상수도 전용 댐의 건설등 공사
6. 깊이 10미터 이상인 굴착공사

89 지반의 투수계수에 영향을 주는 인자에 해당하지 않는 것은?

① 토립자의 단위중량
② 유체의 점성계수
③ 토립자의 공극비
④ 유체의 밀도

해설

지반의 투수계수에 영향을 미치는 요소
1. 흙입자의 크기가 클수록 투수계수가 증가한다.
2. 물의 밀도와 농도가 클수록 투수계수가 증가한다.
3. 물의 점성계수가 클수록 투수계수가 감소한다.
4. 간극비(공극비)가 클수록 투수계수가 증가한다.
5. 포화도가 클수록 투수계수가 증가한다.
6. 점토의 면모구조가 이산구조보다 투수계수가 크다.
7. 흙의 비중은 투수계수와 관계가 없다.

90 건설업 산업안전보건관리비의 사용항목으로 가장 거리가 먼 것은?

① 안전시설비
② 사업장의 안전보건진단비
③ 근로자 건강장해 예방비
④ 본사 일반관리비

해설

건설업 산업안전보건관리비의 사용내역
1. 안전관리자·보건관리자의 임금 등
2. 안전시설비 등
3. 보호구 등
4. 안전보건진단비 등
5. 안전보건교육비 등

6. 근로자 건강장해 예방비 등
7. 건설재해예방전문지도기관의 지도에 대한 대가로 자기공사자가 지급하는 비용

91 다음과 같은 조건에서 방망사의 신품에 대한 최소 인장강도로 옳은 것은?(단, 그물코의 크기는 10cm, 매듭방망)

① 240kg
② 200kg
③ 150kg
④ 110kg

해설

방망사의 신품에 대한 인장강도

그물코의 크기 (단위 : 센티미터)	방망의 종류(단위 : 킬로그램)	
	매듭 없는 방망	매듭방망
10	240(150)	200(135)
5		110(60)

※ 단, ( )는 폐기 시 인장강도

92 사다리식 통로 등을 설치하는 경우 준수해야 할 기준으로 옳지 않은 것은?

① 접이식 사다리 기둥은 사용 시 접혀지거나 펼쳐지지 않도록 철물 등을 사용하여 견고하게 조치할 것
② 발판과 벽과의 사이는 15cm 이상의 간격을 유지할 것
③ 폭은 40cm 이상으로 할 것
④ 사다리식 통로의 길이가 10m 이상인 경우에는 5m 이내마다 계단참을 설치할 것

해설

사다리식 통로
1. 견고한 구조로 할 것
2. 심한 손상·부식 등이 없는 재료를 사용할 것
3. 발판의 간격은 일정하게 할 것
4. 발판과 벽과의 사이는 15센티미터 이상의 간격을 유지할 것
5. 폭은 30센티미터 이상으로 할 것
6. 사다리가 넘어지거나 미끄러지는 것을 방지하기 위한 조치를 할 것
7. 사다리의 상단은 걸쳐놓은 지점으로부터 60센티미터 이상 올라가도록 할 것
8. 사다리식 통로의 길이가 10미터 이상인 경우에는 5미터 이내마다 계단참을 설치할 것

정답 89 ① 90 ④ 91 ② 92 ③

9. 사다리식 통로의 기울기는 75도 이하로 할 것. 다만, 고정식 사다리식 통로의 기울기는 90도 이하로 하고, 그 높이가 7미터 이상인 경우에는 다음 각 목의 구분에 따른 조치를 할 것
   ㉠ 등받이울이 있어도 근로자 이동에 지장이 없는 경우 : 바닥으로부터 높이가 2.5미터 되는 지점부터 등받이울을 설치할 것
   ㉡ 등받이울이 있으면 근로자가 이동이 곤란한 경우 : 개인용 추락 방지 시스템을 설치하고 근로자로 하여금 전신안전대를 사용하도록 할 것
10. 접이식 사다리 기둥은 사용 시 접혀지거나 펼쳐지지 않도록 철물 등을 사용하여 견고하게 조치할 것

93 옥외에 설치되어 있는 주행크레인에 대하여 이탈방지장치를 작동시키는 등 이탈방지를 위한 조치를 하여야 하는 순간 풍속 기준은?

① 초당 10m 초과
② 초당 20m 초과
③ 초당 30m 초과
④ 초당 40m 초과

해설

폭풍 등에 의한 안전조치사항

풍속의 기준	내용	시기	안전조치사항
순간 풍속이 초당 30미터 [m/s]를 초과	폭풍에 의한 이탈 방지	바람이 불어올 우려가 있는 경우	옥외에 설치되어 있는 주행 크레인에 대하여 이탈방지장치를 작동시키는 등 이탈 방지를 위한 조치를 하여야 한다.
	폭풍 등으로 인한 이상 유무 점검	바람이 불거나 중진 이상 진도의 지진이 있은 후	옥외에 설치되어 있는 양중기를 사용하여 작업을 하는 경우에는 미리 기계 각 부위에 이상이 있는지를 점검하여야 한다.
순간 풍속이 초당 35미터 [m/s]를 초과	붕괴 등의 방지	바람이 불어올 우려가 있는 경우	건설작업용 리프트(지하에 설치되어 있는 것은 제외)에 대하여 받침의 수를 증가시키는 등 그 붕괴 등을 방지하기 위한 조치를 하여야 한다.
	폭풍에 의한 무너짐 방지		옥외에 설치되어 있는 승강기에 대하여 받침의 수를 증가시키는 등 승강기가 무너지는 것을 방지하기 위한 조치를 하여야 한다.

94 고소작업대를 사용하는 경우 준수해야 할 사항으로 옳지 않은 것은?

① 안전한 작업을 위하여 적정수준의 조도를 유지할 것
② 전로(電路)에 근접하여 작업을 하는 경우에는 작업감시자를 배치하는 등 감전사고를 방지하기 위하여 필요한 조치를 할 것
③ 작업대의 붐대를 상승시킨 상태에서 탑승자는 작업대를 벗어나지 말 것
④ 전환스위치는 다른 물체를 이용하여 고정할 것

해설

고소작업대 사용 시 준수사항
1. 작업자가 안전모·안전대 등의 보호구를 착용하도록 할 것
2. 관계자가 아닌 사람이 작업구역에 들어오는 것을 방지하기 위하여 필요한 조치를 할 것
3. 안전한 작업을 위하여 적정수준의 조도를 유지할 것
4. 전로(電路)에 근접하여 작업을 하는 경우에는 작업감시자를 배치하는 등 감전사고를 방지하기 위하여 필요한 조치를 할 것
5. 작업대를 정기적으로 점검하고 붐·작업대 등 각 부위의 이상 유무를 확인할 것
6. 전환스위치는 다른 물체를 이용하여 고정하지 말 것
7. 작업대는 정격하중을 초과하여 물건을 싣거나 탑승하지 말 것
8. 작업대의 붐대를 상승시킨 상태에서 탑승자는 작업대를 벗어나지 말 것. 다만, 작업대에 안전대 부착설비를 설치하고 안전대를 연결하였을 때에는 그러하지 아니하다.

95 산업안전보건관리비계상기준에 따른 건축공사의 대상액 「5억 원 미만」의 안전관리비 비율로 옳은 것은?

① 1.85%
② 3.09%
③ 3.11%
④ 3.43%

해설

공사종류 및 규모별 산업안전보건관리비 계상기준표

구분 공사 종류	대상액 5억 원 미만인 경우 적용비율(%)	대상액 5억 원 이상 50억 원 미만인 경우 적용비율(%)		대상액 50억 원 이상인 경우 적용비율(%)	보건관리자 선임대상 건설공사의 적용비율(%)
		적용비율(%)	기초액		
건축공사	3.11%	2.28%	4,325,000원	2.37%	2.64%
토목공사	3.15%	2.53%	3,300,000원	2.60%	2.73%
중건설공사	3.64%	3.05%	2,975,000원	3.11%	3.39%
특수건설공사	2.07%	1.59%	2,450,000원	1.64%	1.78%

안전관리비 대상액 = 공사원가계산서 구성항목 중 직접재료비, 간접재료비와 직접노무비를 합한 금액(발주자가 재료를 제공할 경우에는 해당 재료비를 포함)

TIP 본 문제는 법 개정으로 일부 내용이 수정되었습니다. 해설은 법 개정으로 수정된 내용이니 해설을 학습하세요.

96 수중굴착 및 구조물의 기초바닥 등과 같은 협소하고 상당히 깊은 범위의 굴착과 호퍼작업에 가장 적당한 굴착기계는?

① 파워셔블
② 힝타기
③ 클램셸
④ 리버스서큘레이션드릴

해설
클램셸(Clam Shell)
1. 좁고 깊은 곳의 수직굴착, 수중굴착에 적당
2. 지하연속벽 공사, 깊은 우물통 파기에 사용
3. 구조물의 기초바닥, 잠함 등과 같은 협소하고 깊은 범위의 굴착에 적합

97 건립 중 강풍에 의한 풍압 등 외압에 대한 내력이 설계에 고려되었는지 확인하여야 하는 철골구조물의 기준으로 옳지 않은 것은?

① 높이 20m 이상의 구조물
② 구조물의 폭과 높이의 비가 1 : 3 이상인 구조물
③ 이음부가 현장용접인 구조물
④ 연면적당 철골량이 50kg/m² 이하인 구조물

해설
외압(강풍에 의한 풍압 등)에 대한 내력 설계 확인 구조물
1. 높이 20미터 이상의 구조물
2. 구조물의 폭과 높이의 비가 1 : 4 이상인 구조물
3. 단면구조에 현저한 차이가 있는 구조물
4. 연면적당 철골량이 50kg/m² 이하인 구조물
5. 기둥이 타이플레이트(Tie Plate)형인 구조물
6. 이음부가 현장용접인 구조물

98 차량계 하역운반기계에 화물을 적재할 때의 준수사항과 거리가 먼 것은?

① 하중이 한쪽으로 치우치지 않도록 적재할 것
② 구내운반차 또는 화물자동차의 경우 화물의 붕괴 또는 낙하에 의한 위험을 방지하기 위하여 화물에 로프를 거는 등 필요한 조치를 할 것
③ 운전자의 시야를 가리지 않도록 화물을 적재할 것
④ 제동장치 및 조정장치 기능의 이상 유무를 점검할 것

해설
화물적재 시의 조치
1. 하중이 한쪽으로 치우치지 않도록 적재할 것
2. 구내운반차 또는 화물자동차의 경우 화물의 붕괴 또는 낙하에 의한 위험을 방지하기 위하여 화물에 로프를 거는 등 필요한 조치를 할 것
3. 운전자의 시야를 가리지 않도록 화물을 적재할 것
4. 화물을 적재하는 경우에는 최대적재량을 초과하지 않을 것

99 콘크리트 타설작업을 하는 경우에 준수해야 할 사항으로 옳지 않은 것은?

① 콘크리트를 타설하는 경우에는 편심을 유발하여 한쪽 부분부터 밀실하게 타설되도록 유도할 것
② 당일의 작업을 시작하기 전에 해당 작업에 관한 거푸집 및 동바리의 변형ㆍ변위 및 지반의 침하 유무 등을 점검하고 이상이 있으면 보수할 것
③ 작업 중에는 거푸집 및 동바리의 변형ㆍ변위 및 침하 유무 등을 감시할 수 있는 감시자를 배치하여 이상이 있으면 작업을 중지하고 근로자를 대피시킬 것
④ 설계도서상의 콘크리트 양생기간을 준수하여 거푸집 및 동바리를 해체할 것

해설
콘크리트 타설 작업 시 준수사항
1. 당일의 작업을 시작하기 전에 해당 작업에 관한 거푸집 및 동바리의 변형ㆍ변위 및 지반의 침하 유무 등을 점검하고 이상이 있으면 보수할 것
2. 작업 중에는 감시자를 배치하는 등의 방법으로 거푸집 및 동바리의 변형ㆍ변위 및 침하 유무 등을 확인해야 하며, 이상이 있으면 작업을 중지하고 근로자를 대피시킬 것
3. 콘크리트 타설작업 시 거푸집 붕괴의 위험이 발생할 우려가 있으면 충분한 보강조치를 할 것
4. 설계도서상의 콘크리트 양생기간을 준수하여 거푸집 및 동바리를 해체할 것
5. 콘크리트를 타설하는 경우에는 편심이 발생하지 않도록 골고루 분산하여 타설할 것

정답 96 ③ 97 ② 98 ④ 99 ①

100 다음은 지붕 위에서의 위험방지를 위한 내용이다. 빈 칸에 알맞은 수치로 옳은 것은?

> 슬레이트 등 강도가 약한 재료로 덮은 지붕에는 폭 (   ) 이상의 발판을 설치할 것

① 20cm
② 25cm
③ 30cm
④ 40cm

해설

지붕 위에서의 위험방지
1. 지붕의 가장자리에 안전난간을 설치할 것
2. 채광창(Skylight)에는 견고한 구조의 덮개를 설치할 것
3. 슬레이트 등 강도가 약한 재료로 덮은 지붕에는 폭 30센티미터 이상의 발판을 설치할 것
4. 작업환경 등을 고려할 때 안전난간을 설치하기 곤란한 경우에는 추락방호망을 설치해야 한다. 다만, 사업주는 작업환경 등을 고려할 때 추락방호망을 설치하기 곤란한 경우에는 근로자에게 안전대를 착용하도록 하는 등 추락 위험을 방지하기 위하여 필요한 조치를 해야 한다.

정답 100 ③

PART 02

25 | 2024년 3회 기출복원문제

1과목 산업재해 예방 및 안전보건교육

01 안전관리 조직 중 라인-스텝(Line-staff)형에 대한 설명으로 틀린 것은?

① 안전 스텝의 힘이 강해지면 라인이 유명무실해질 수 있다.
② 안전활동이 생산과 관련이 없어질 가능성이 높다.
③ 명령계통과 조언 권고적 참여가 혼동되기 쉽다.
④ 안전 스텝은 안전에 관한 기획, 입안, 조사, 검토 및 연구를 수행한다.

해설
라인-스태프형(Line-staff형, 직계 참모형 조직)

특징	• 안전보건 업무를 전담하는 스태프를 별도로 두고 또 생산라인에는 그 부서의 장으로 하여금 계획된 생산라인의 안전관리조직을 통하여 실시하도록 한 조직 형태 • 스태프는 안전에 관한 기획, 조사, 검토 및 연구를 수행 • 라인형과 스태프형의 장점을 취한 절충식 조직형태 • 라인의 관리감독자에게도 안전에 관한 책임과 권한이 부여됨 • 안전활동과 생산업무가 분리될 가능성이 낮기 때문에 균형을 유지할 수 있음 • 1,000명 이상의 대규모 사업장에 적합한 조직 형태
장점	• 조직원 전원을 자율적으로 안전활동에 참여시킬 수 있음 • 스태프에 의해 입안된 것을 경영자의 지침으로 명령 실시하도록 하므로 정확·신속함
단점	• 명령계통과 조언이나 권고적 참여가 혼동되기 쉬움 • 라인과 스태프 간에 협조가 안 될 경우 업무의 원활한 추진 불가(라인과 스태프간의 월권 또는 상호 의견충돌이 생길 수 있음) • 라인이 스태프에 의존 또는 활용하지 않는 경우가 있음

02 리더십(Leadership)의 특성에 대한 설명으로 옳은 것은?

① 지휘형태는 민주적이다.
② 권한부여는 위에서 위임된다.
③ 구성원과의 관계는 지배적 구조이다.
④ 권한근거는 법적 또는 공식적으로 부여된다.

해설
헤드십과 리더십의 구분

구분	헤드십	리더십
권한행사 및 부여	위에서 위임하여 임명된 헤드	밑에서부터의 동의에 의해 선출된 리더
권한근거	법적 또는 공식적	개인능력
상관과 부하와의 관계	지배적	개인적인 경향
책임귀속	상사	상사와 부하
부하와의 사회적 간격	넓다	좁다
지위형태	권위주의적	민주주의적
권한귀속	공식화된 규정에 의함	집단목표에 기여한 공로 인정

03 OFF JT(Off Job Training)의 설명으로 틀린 것은?

① 효과가 곧 업무에 나타나며 훈련의 좋고 나쁨에 따라 개선이 쉽다.
② 교육훈련목표에 대해 집단적 노력이 흐트러질 수 있다.
③ 전문가를 초빙하여 강사로 활용이 가능하다.
④ 다수의 근로자에게 조직적 훈련이 가능하다.

해설
OFF J.T(Off the Job Training)
1. 외부의 전문가를 활용할 수 있다.(전문가를 초빙하여 강사로 활용이 가능하다.)
2. 다수의 대상자에게 조직적 훈련이 가능하다.
3. 특별교재, 교구, 시설을 유효하게 사용할 수 있다.
4. 타 직종 사람과의 많은 지식, 경험을 교류할 수 있다.
5. 업무와 분리되어 교육에 전념하는 것이 가능하다.
6. 교육목표를 위하여 집단적으로 협조와 협력이 가능하다.
7. 법규, 원리, 원칙, 개념, 이론 등의 교육에 적합하다.

정답 01 ② 02 ① 03 ①

04 보호구 안전인증 고시상 최대사용전압이 교류(실효값) 1,000V 또는 직류 1,500V의 작업에 사용하는 내전압용 절연장갑의 등급은?

① 0등급 ② 1등급
③ 2등급 ④ 3등급

해설

내전압용 절연장갑의 등급

등급	최대사용전압		등급별 색상
	교류(V, 실효값)	직류(V)	
00	500	750	갈색
0	1,000	1,500	빨강색
1	7,500	11,250	흰색
2	17,000	25,500	노랑색
3	26,500	39,750	녹색
4	36,000	54,000	등색

05 하인리히의 재해구성비율에 따라 경상사고가 87건 발생하였다면 무상해사고는 몇 건이 발생하였겠는가?

① 300건 ② 600건
③ 900건 ④ 1,200건

해설

하인리히(H. W. Heinrich)의 재해구성비율

하인리히의 재해구성비율(1 : 29 : 300)		
중상 및 사망	경상해	무상해사고
1	29	300
$1 : 29 = x : 87$ $29x = 87$		$29 : 300 = 87 : x$ $29x = 300 \times 87$
$x = \dfrac{87}{29} = 3$(건)	$29 \times 3 = 87$(건)	$x = \dfrac{300 \times 87}{29} = 900$(건)

06 작업장에서 매일 작업자가 작업 전, 중, 후에 시설과 작업동작 등에 대하여 실시하는 안전점검의 종류를 무엇이라 하는가?

① 정기점검 ② 일상점검
③ 임시점검 ④ 특별점검

해설

안전점검(점검주기에 의한 구분)

정기점검 (계획점검)	일정기간마다 정기적으로 실시하는 점검으로 주간점검, 월간점검, 연간점검 등이 있다.(마모상태, 부식, 손상, 균열 등 설비의 상태 변화나 이상 유무 등을 점검한다.)
수시점검 (일상점검, 일일점검)	• 매일 현장에서 작업 시작 전, 작업 중, 작업 후에 일상적으로 실시하는 점검(작업자, 작업담당자가 실시한다.) • 작업 시작 전 점검사항 : 주변의 정리정돈, 주변의 청소 상태, 설비의 방호장치 점검, 설비의 주유상태, 구동부분 등 • 작업 중 점검사항 : 이상소음, 진동, 냄새, 가스 및 기름 누출, 생산품질의 이상 여부 등 • 작업 종료 시 점검사항 : 기계의 청소와 정비, 안전장치의 작동 여부, 스위치 조작, 환기, 통로정리 등
임시점검	정기점검 실시 후 다음 점검기일 이전에 임시로 실시하는 점검(기계, 기구 또는 설비의 이상 발견 시에 임시로 점검)
특별점검	• 기계, 기구 또는 설비를 신설하거나 변경 내지는 고장 수리 등을 할 경우 • 강풍 또는 지진 등의 천재지변 발생 후의 점검 • 산업안전 보건 강조기간에도 실시

07 다음 중 재해관련통계 산출 공식으로 맞는 것은?

① 재해율 $= \dfrac{재해자수}{임금근로자수} \times 100$

② 연천인율 $= \dfrac{연간 재해자수}{연간 총근로시간수} \times 1,000$

③ 도수율 $= \dfrac{재해발생건수}{연평균 근로자수} \times 1,000,000$

④ 강도율 $= \dfrac{근로손실일수}{연평균 근로자수} \times 1,000$

해설

재해관련통계 산출공식

1. 연천인율 $= \dfrac{연간 재해자수}{연평균 근로자수} \times 1,000$

2. 도수율 $= \dfrac{재해발생건수}{연간 총근로시간수} \times 1,000,000$

3. 강도율 $= \dfrac{근로손실일수}{연간 총근로시간수} \times 1,000$

정답 04 ① 05 ③ 06 ② 07 ①

08 산업안전보건법령상 안전관리자가 수행하여야 할 업무가 아닌 것은?(단, 그 밖에 안전에 관한 사항으로서 고용노동부장관이 정하는 사항은 제외한다.)

① 위험성평가에 관한 보좌 및 조언·지도
② 물질안전보건자료의 게시 또는 비치에 관한 보좌 및 조언·지도
③ 사업장 순회점검, 지도 및 조치의 건의
④ 산업재해에 관한 통계의 유지·관리·분석을 위한 보좌 및 조언·지도

해설
안전관리자의 업무
1. 산업안전보건위원회 또는 안전 및 보건에 관한 노사협의체에서 심의·의결한 업무와 해당 사업 장의 안전보건관리규정 및 취업규칙에서 정한 업무
2. 위험성 평가에 관한 보좌 및 지도·조언
3. 안전인증대상 기계 등과 자율안전확인대상 기계 등 구입 시 적격품의 선정에 관한 보좌 및 지도·조언
4. 해당 사업장 안전교육계획의 수립 및 안전교육 실시에 관한 보좌 및 지도·조언
5. 사업장 순회점검, 지도 및 조치 건의
6. 산업재해 발생의 원인 조사·분석 및 재발 방지를 위한 기술적 보좌 및 지도·조언
7. 산업재해에 관한 통계의 유지·관리·분석을 위한 보좌 및 지도·조언
8. 법 또는 법에 따른 명령으로 정한 안전에 관한 사항의 이행에 관한 보좌 및 지도·조언
9. 업무수행 내용의 기록·유지
10. 그 밖에 안전에 관한 사항으로서 고용노동부장관이 정하는 사항

09 안전동기를 유발시킬 수 있는 방법과 거리가 먼 것은?

① 경쟁과 협동심을 유발시킨다.
② 안전목표를 명확히 설정한다.
③ 포상 조건만을 강조한다.
④ 동기유발의 최적수준을 유지토록 한다.

해설
동기부여의 방법
1. 안전의 근본이념을 인식시킨다.
2. 안전 목표를 명확히 설정 하여 주지시킨다.
3. 결과의 가치를 인식하고 알려준다.
4. 상과 벌을 준다.(상벌 제도를 합리적으로 시행한다.)
5. 경쟁과 협동을 유도한다.
6. 동기 유발의 최적수준을 유지한다.

10 다음 중 보호구 안전인증기준에 있어 방독마스크에 관한 용어의 설명으로 틀린 것은?

① "파과"란 대응하는 가스에 대하여 정화통 내부의 흡착제가 포화상태가 되어 흡착능력을 상실한 상태를 말한다.
② "파과곡선"이란 파과시간과 유해물질의 종류에 대한 관계를 나타낸 곡선을 말한다.
③ "겸용 방독마스크"란 방독마스크(복합용 포함)의 성능에 방진마스크의 성능이 포함된 방독마스크를 말한다.
④ "전면형 방독마스크"란 유해물질 등으로부터 안면부 전체(입, 코, 눈)를 덮을 수 있는 구조의 방독마스크를 말한다.

해설
파과곡선의 정의
파과시간과 유해물질 등에 대한 농도와의 관계를 나타낸 곡선을 말한다.

11 산업안전보건법령상 안전인증대상 기계 또는 설비가 아닌 것은?

① 프레스   ② 전단기
③ 롤러기   ④ 산업용 원심기

해설
안전인증대상 기계 또는 설비
1. 프레스   6. 롤러기
2. 전단기 및 절곡기   7. 사출성형기
3. 크레인   8. 고소 작업대
4. 리프트   9. 곤돌라
5. 압력용기

12 보호구 관련 규정에 따른 안전모의 착장체 구성요소에 해당되지 않는 것은?

① 모체   ② 머리받침끈
③ 머리고정대   ④ 머리받침고리

정답 08 ② 09 ③ 10 ② 11 ④ 12 ①

해설
안전모의 구조

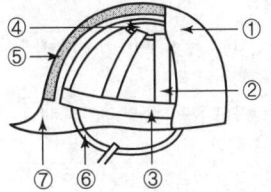

[안전모의 명칭]

번호	명칭	
①	모체	
②	착장체	머리받침끈
③		머리고정대
④		머리받침고리
⑤	충격흡수재(자율안전확인에서는 제외)	
⑥	턱끈	
⑦	챙(차양)	

13 알더퍼의 ERG(Existence Relation Growth) 이론에서 생리적 욕구, 물리적 측면의 안전욕구 등 저차원적 욕구에 해당하는 것은?

① 관계욕구 ② 성장욕구
③ 존재욕구 ④ 사회적 욕구

해설
알더퍼(Alderfer)의 ERG이론

생존(Existence) 욕구 (존재욕구)	유기체의 생존과 유지에 관련된 욕구 • 의식주와 같은 기본적인 욕구 • 임금, 안전한 작업조건 • 직무안전
관계(Relatedness) 욕구	다른 사람과의 상호작용을 통하여 만족을 추구하는 대인욕구 • 의미 있는 타인과의 상호작용 • 대인 욕구
성장(Growth) 욕구	개인적인 발전과 증진에 관한 욕구(잠재력의 발전으로 충족) • 개인의 발전능력 • 잠재력 충족

14 파블로프(Pavlov)의 조건반사설에 의한 학습이론의 원리에 해당하지 않는 것은?

① 일관성의 원리 ② 시간의 원리
③ 강도의 원리   ④ 준비성의 원리

해설
학습의 원리

조건반사설 (Pavlov)	시행 착오설 (Thorndike)	조작적 조건 형성이론 (Skinner)
• 강도의 원리 • 일관성의 원리 • 시간의 원리 • 계속성의 원리	• 효과의 법칙 • 준비성의 법칙 • 연습의 법칙	• 강화의 원리 • 소거의 원리 • 조형의 원리 • 자발적 회복의 원리 • 변별의 원리

15 기억의 과정 중 과거의 학습경험을 통해서 학습된 행동이 현재와 미래에 지속되는 것을 무엇이라 하는가?

① 기명(Memorizing) ② 파지(Retention)
③ 재생(Recall)   ④ 재인(Recognition)

해설
파지와 망각

파지	• 기록이 계속 간직되는 것 • 과거의 학습경험이 현재와 미래의 행동에 영향을 주는 작용 • 학습된 내용이 지속되는 현상
망각	경험한 내용이나 학습된 내용을 다시 생각하여 작업에 적용하지 아니하고 방치함으로써 경험의 내용이나 인상이 약해지거나 소멸되는 현상

16 다음 중 인간이 자기의 실패나 약점을 그럴듯한 이유를 들어 남의 비난을 받지 않도록 하며 또한 자위도 하는 방어기제를 무엇이라 하는가?

① 보상   ② 투사
③ 합리화 ④ 전이

해설
적응기제

투사	• 자기 마음속의 억압된 것을 다른 사람의 것으로 생각하는 것 • 자신이 미워하는 대상에 대해서, 그 사람이 자신을 미워한다고 생각한다.
도피	• 도피하려는 심리작용 • 두통이나 복통 등을 구실 삼아 작업현장에서 도피
합리화	• 자기의 난처한 입장이나 실패의 결점을 이유나 변명으로 일관하는 것 • 실제의 행위나 상태보다 훌륭하게 평가되기 위하여 구실을 내세우는 행위 • 시합에 진 운동선수가 컨디션이 좋지 않았다고 한다.

정답 13 ③ 14 ④ 15 ② 16 ③

동일화	• 다른 사람의 행동양식이나 태도를 투입하거나 다른 사람 가운데서 자기와 비슷한 것을 발견하게 되는 것 • 동창생을 자랑하거나 우쭐대는 것 • 아버지의 성공을 자랑하며 자신의 목에 힘이 들어간다.

17 특성에 따른 안전교육의 3단계에 포함되지 않는 것은?

① 태도교육
② 지식교육
③ 직무교육
④ 기능교육

해설

안전보건교육의 3단계

지식교육(제1단계) — 기능교육(제2단계) — 태도교육(제3단계)

TIP 안전·보건교육의 단계별 교육과정

① 제1단계 : 지식교육
  • 강의, 시청각교육을 통한 지식의 전달과 이해
  • 근로자가 지켜야 할 규정의 숙지를 위한 교육
② 제2단계 : 기능교육
  • 시범, 견학, 실습, 현장실습을 통한 경험체득과 이해
  • 교육 대상자가 스스로 행함으로서 습득하는 교육
  • 같은 내용을 반복해서 개인의 시행착오에 의해서만 얻어지는 교육
③ 제3단계 : 태도교육
  • 작업동작지도, 생활지도 등을 통한 안전의 습관화 및 일체감
  • 동기를 부여하는 데 가장 적절한 교육
  • 안전한 작업방법을 알고 있으나 시행하지 않는 것에 대한 교육

18 산업안전보건법령상 안전·보건표지의 색채별 색도 기준이 올바르게 연결된 것은?(단, 순서는 색상 명도/채도이며, 색도기준은 KS에 따른 색의 3속성에 의한 표시방법에 따른다.)

① 빨간색 – 5R 4/13
② 노란색 – 2.5Y 8/12
③ 파란색 – 7.5PB 2.5/7.5
④ 녹색 – 2.5G 4/10

해설

안전·보건표지의 색채, 색도기준 및 용도

색채	색도기준	용도	사용 예
빨간색	7.5R 4/14	금지	정지신호, 소화설비 및 그 장소, 유해행위의 금지
		경고	화학물질 취급장소에서의 유해·위험 경고
노란색	5Y 8.5/12	경고	화학물질 취급장소에서의 유해·위험경고 이외의 위험경고, 주의표지 또는 기계방호물
파란색	2.5PB 4/10	지시	특정 행위의 지시 및 사실의 고지
녹색	2.5G 4/10	안내	비상구 및 피난소, 사람 또는 차량의 통행표지
흰색	N9.5		파란색 또는 녹색에 대한 보조색
검은색	N0.5		문자 및 빨간색 또는 노란색에 대한 보조색

19 다음 중 교육과제에 정통한 전문가 4~5명이 피교육자 앞에서 자유로이 토의를 실시한 다음에 피교육자 전원이 참가하여 사회자의 사회에 따라 토의하는 방식을 무엇이라 하는가?

① 포럼(Forum)
② 패널 디스커션(Panel Discussion)
③ 심포지엄(Symposium)
④ 버즈 세션(Buzz Session)

해설

토의법의 종류

패널 디스커션 (Panel Discussion)	전문가 4~5명이 피교육자 앞에서 자유로이 토의를 하고, 그 후에 피교육자 전원이 사회자의 사회에 따라 토의하는 방법
심포지엄 (Symposium)	발제자 없이 몇 사람의 전문가에 의하여 과제에 관한 견해를 발표한 뒤에 참가자로 하여금 의견이나 질문을 하게 하여 토의하는 방법
버즈 세션 (Buzz Session)	6-6 회의라고도 하며, 참가자가 다수인 경우에 전원을 토의에 참가시키기 위한 방법으로 소집단을 구성하여 회의를 진행시키는 방법
포럼(Forum)	새로운 자료나 주제를 내보이거나 발표한 후 피교육자로 하여금 문제나 의견을 제시하게 하고 다시 깊이 있게 토론해 나가는 방법

정답 17 ③ 18 ④ 19 ②

20 레빈(Lewin)은 인간행동과 인간의 조건 및 환경 조건의 관계를 다음과 같이 표시하였다. 이때 'f'의 의미는?

$$B = f(P \cdot E)$$

① 행동
② 조명
③ 지능
④ 함수

해설

레빈(K. Lewin)의 행동법칙

$$B = f(P \cdot E)$$

여기서, B : Behavior(인간의 행동)
f : Function(함수관계), $P \cdot E$에 영향을 줄 수 있는 조건
P : Person(개체, 개인의 자질, 연령, 경험, 심신상태, 성격, 지능 등)
E : Environment(심리적 환경 – 작업환경, 인간관계, 설비적 결함 등)

레빈의 이론
인간의 행동(B)은 개인의 자질과 심리학적 환경과의 상호 함수관계이다.

2과목 인간공학 및 위험성 평가·관리

21 인체측정과 작업공간 설계에 관한 설명으로 틀린 것은?

① 최대작업역 : 전완과 상완을 곧게 펴서 파악할 수 있는 영역
② 정상작업역 : 상완을 자연스럽게 수직으로 늘어뜨린 채, 손목을 움직여 파악할 수 있는 영역
③ 동적 측정 : 신체의 움직임에 따른 활동범위 등을 측정
④ 정적 측정 : 표준자세에서 움직이지 않는 자세에서 인체를 측정하는 것으로 골격 등 신체부위를 측정

해설

1. 최대작업역 : 아래팔(전완)과 윗팔(상완)을 곧게 펴서 파악할 수 있는 구역
2. 정상작업역 : 윗팔(상완)을 자연스럽게 수직으로 늘어뜨린 채, 아래팔(전완)만으로 편하게 뻗어 파악할 수 있는 구역
3. 기능적 인체 치수(동적 측정) : 인체 계측 중 운전 또는 워드 작업과 같이 인체의 각 부분이 서로 조화를 이루어 움직이는 자세에서의 인체치수를 측정하는 것으로 일반적으로 상지나 하지의 운동, 체위의 움직임에 따른 상태에서 측정하는 것
4. 구조적 인체 치수(정적 측정) : 표준 자세에서 움직이지 않는 피측정자를 인체 계측기 등으로 측정하는 것

22 다음 중 Oxford지수(Wet – dry Index, WD)를 구하는 공식으로 옳은 것은?

① WD = (0.8 × 글로브온도) + (0.2 × 자연습구온도)
② WD = (0.2 × 글로브온도) + (0.8 × 자연습구온도)
③ WD = (0.85 × 습구온도) + (0.15 × 건구온도)
④ WD = (0.85 × 건구온도) + (0.15 × 습구온도)

해설

Oxford 지수
습건(WD) 지수라고도 부르며, 습구 온도(W)와 건구 온도(D)의 가중 평균치로서 정의된다.

$$WD = 0.85W + 0.15D$$

23 제어장치의 레버를 1cm 움직였을 때, 표시장치의 지침이 4cm 움직였다면 이 기기의 통제표시비는 약 얼마인가?

① 0.25
② 0.6
③ 1.5
④ 1.7

해설

선형 조종장치가 선형 표시장치를 움직일 때 각각 직선변위의 비(제어표시비)

$$C/D비(C/R비) = \frac{조종장치(제어기기)의 이동거리}{표시장치(표시기기)의 반응거리}$$

$$C/D비 = \frac{조종장치의 이동거리}{표시장치의 반응거리} = \frac{1}{4} = 0.25$$

정답 20 ④ 21 ② 22 ③ 23 ①

24 다음 중 인간-기계 시스템 설계과정의 단계에서 가장 먼저 실시되어야 하는 단계는?

- 기본설계
- 시스템 정의
- 목표 및 성능 명세 결정
- 인간-기계 인터페이스 설계
- 매뉴얼 및 성능보조자료 작성
- 시험 및 평가

① 인간-기계 인터페이스 설계
② 기본설계
③ 목표 및 성능 명세 결정
④ 매뉴얼 및 성능보조자료 작성

해설
인간-기계 체계설계의 기본단계 순서
1. 제1단계 : 목표 및 성능 명세 결정
2. 제2단계 : 시스템(체계)의 정의
3. 제3단계 : 기본설계
4. 제4단계 : 인터페이스(계면) 설계
5. 제5단계 : 촉진물 설계
6. 제6단계 : 시험 및 평가

25 결함수분석(FTA)에서 사용되는 논리게이트 중 다음 게이트의 명칭에 해당하는 것은?

① 위험지속기호
② 배타적 OR게이트
③ 조합 AND 게이트
④ 우선적 AND 게이트

해설
게이트
1. 위험지속기호 : 입력사상이 발생하여 어떤 일정한 시간이 지속될 때에 출력이 생긴다. 만약 지속되지 않으면 출력은 생기지 않는다.
2. 배타적 OR 게이트 : OR 게이트이지만 2개 또는 그 이상의 입력이 동시에 존재하는 경우에는 출력이 생기지 않는다.
3. 조합 AND 게이트 : 3개 이상의 입력사상 중 어느 것이나 2개가 일어나면 출력이 생긴다.
4. 우선적 AND 게이트 : 입력사상 중 어떤 사상이 다른 사상보다 먼저 일어난 때에 출력사상이 생긴다. 즉, 출력이 발생하기 위해서는 입력들이 정해진 순서로 발생해야 한다.

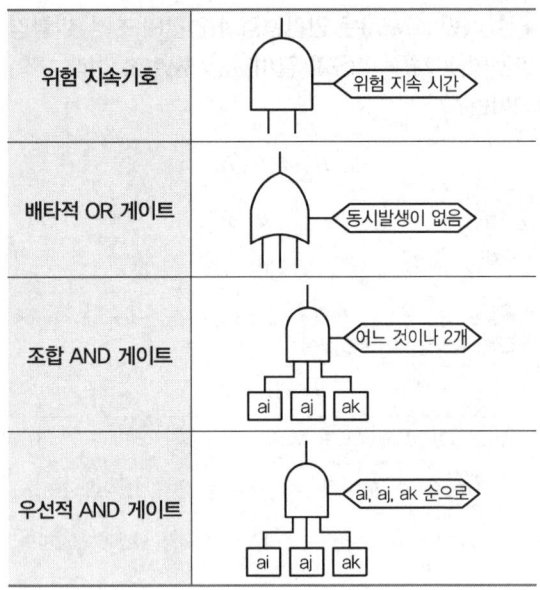

26 다음 중 인체계측에 관한 설명으로 틀린 것은?

① 의자, 피복과 같이 신체모양과 치수와 관련성이 높은 설비의 설계에 중요하게 반영된다.
② 일반적으로 몸의 측정 치수는 구조적 치수(Structural Dimension)와 기능적 치수(Functional Dimension)로 나눌 수 있다.
③ 인체계측치의 활용시에는 문화적 차이를 고려하여야 한다.
④ 인체계측치를 활용한 설계는 인간의 신체적 안락에는 영향을 미치지만 성능수행과는 관련이 없다.

해설
인체측정학의 개요
1. 일상생활에서 사용하는 도구나 설비를 설계할 때 인체 측정치를 이용하여 신체의 다양한 치수를 비롯하여 신체 부위의 부피, 질량, 무게 중심 등의 물리적 특성을 다루는 학문을 인체측정학이라 한다.
2. 의자, 책상, 작업공간, 피복 등과 같이 신체모양이나 치수에 관계있는 설비의 설계에 반영된다.
3. 인체측정치를 활용한 설계는 신체적인 안락뿐만 아니라 인간의 성능에 까지도 영향을 미친다.

27 [그림] 결합수에서 최소 컷셋(A)과 신뢰도(B)를 올바르게 나타낸 것은?(단, 각각 사건의 고장확률은 0.2이다.)

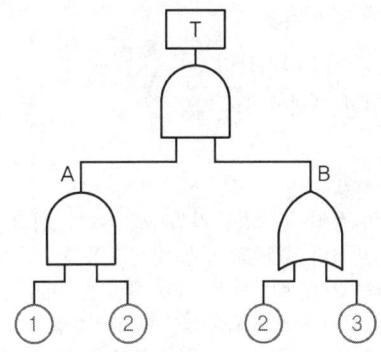

① A : (1,2), (2,3) B : 99.99%
② A : (1,2), B : 98.56%
③ A : (1,2,3), B : 99.45%
④ A : (1,3), B : 96.84%

해설

1. 미니멀 컷 셋 구하기

   ⓐ　　ⓑ　　　ⓒ　　　ⓓ　　ⓔ
   T → A, B → ①, ②, B → ①, ②, ② → ①, ② → ①, ②
   　　　　　　　　　　①, ②, ③　①, ②, ③

2. 신뢰도 계산
   ㉠ A = 0.2 × 0.2 = 0.04
   ㉡ B = 1 − (1 − 0.2)(1 − 0.2) = 0.36
   ㉢ T = 0.04 × 0.36 = 0.0144
   ㉣ 신뢰도 = 1 − 0.0144 = 0.9856 = 98.56%

TIP
1. ⓒ에서 1행의 컷 셋은 (②)가 중복되어 있으므로 ⓓ에서 1행 처럼 (①, ②)가 되고 ⓓ의 2행에서는 (①, ②)이 포함되어 있기 때문에 최소 컷셋은 ⓔ와 같다.
2. 본 문제는 고장확률을 구하는 문제가 아니라 신뢰도를 구하는 문제이다. FTA는 사고의 원인이 되는 장치의 이상이나 고장의 다양한 조합 및 작업자 실수 원인을 연역적으로 분석하는 방법이라는 개념을 알고 있어야 한다.

28 다음 내용에 해당하는 양립성의 종류는?

> 자동차를 운전하는 과정에서 우측으로 회전하기 위하여 핸들을 우측으로 돌린다.

① 개념의 양립성　② 운동의 양립성
③ 공간의 양립성　④ 감성의 양립성

해설

양립성의 종류

공간 양립성	• 표시장치와 이에 대응하는 조종장치 간의 위치 또는 배열이 인간의 기대와 모순되지 않아야 한다. • 가스버너에서 오른쪽 조리대는 오른쪽 조절장치로, 왼쪽 조리대는 왼쪽 조절장치로 조정하도록 배치한다.
운동 양립성	• 조작장치의 방향과 표시장치의 움직이는 방향이 사용자의 기대와 일치하는 것 • 자동차를 운전하는 과정에서 우측으로 회전하기 위하여 핸들을 우측으로 돌린다.
개념 양립성	• 사람들이 가지고 있는(이미 사람들이 학습을 통해 알고 있는) 개념적 연상에 관한 기대와 일치하는 것 • 냉온수기에서 빨간색은 온수, 파란색은 냉수가 나온다.
양식 양립성	음성과업에 대해서는 청각적 자극 제시와 이에 대한 음성 응답 등에 해당

29 다음 중 FT도에서 사용되는 기호의 명칭으로 옳은 것은?

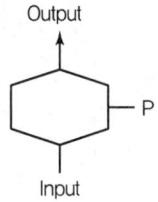

① 억제 게이트　② 부정 게이트
③ 배타적 OR 게이트　④ 우선적 AND 게이트

해설

게이트 기호

억제게이트	출력 ─ 조건 ─ 입력
부정게이트	A
배타적 OR 게이트	동시발생이 없음
우선적 AND 게이트	ai, aj, ak 순으로 ai　aj　ak

정답 27 ② 28 ② 29 ①

30 시식별에 영향을 주는 인자에 해당하지 않는 것은?

① 노출시간　　　② 연령
③ 마스킹 효과　④ 휘도 수준

해설

시식별에 영향을 주는 조건
1. 노출시간 : 조도가 큰 조건에서는 노출시간이 클수록 식별력이 커지지만 그 이상에서는 같다.
2. 연령 : 나이가 들면 시력과 대비감도가 나빠진다. 일반적으로 40세를 넘어서면서부터 이러한 기능의 저하는 계속된다.
3. 휘광(Glare) : 눈이 적응된 휘도 보다 밝은 광원이나 반사광이 시계 내에 있을 때 생기는 눈부심 현상이다.

31 [보기]는 화학설비의 안전성 평가 단계를 간략히 나열한 것이다. 다음 중 평가 단계 순서를 올바르게 나타낸 것은?

[보기]
㉠ 관계자료의 정비검토
㉡ 정량적 평가
㉢ FTA에 의한 재평가
㉣ 안전대책
㉤ 정성적 평가
㉥ 재해정보에 의한 재평가

① ㉠ → ㉤ → ㉡ → ㉣ → ㉥ → ㉢
② ㉠ → ㉢ → ㉤ → ㉡ → ㉣ → ㉥
③ ㉠ → ㉤ → ㉡ → ㉥ → ㉢ → ㉣
④ ㉠ → ㉤ → ㉣ → ㉡ → ㉥ → ㉢

해설

안전성 평가의 단계
안전성 평가는 6단계에 의해 실시되며, 경우에 따라 5단계와 6단계가 동시에 이루어지는 경우도 있다.
1. 제1단계 : 관계자료의 정비검토
2. 제2단계 : 정성적 평가
3. 제3단계 : 정량적 평가
4. 제4단계 : 안전대책
5. 제5단계 : 재해정보에 의한 재평가
6. 제6단계 : FTA에 의한 재평가

32 다음 중 누적손상장애(CTDs)의 원인으로 거리가 먼 것은?

① 장시간 진동공구의 사용
② 과도한 힘의 사용
③ 높은 장소에서의 작업
④ 부적절한 자세에서의 작업

해설

근골격계 질환
1. 반복적인 동작, 부적절한 작업자세, 무리한 힘의 사용, 날카로운 면과의 신체접촉, 진동 및 온도 등의 요인에 의하여 발생하는 건강장해로서 목, 어깨, 허리, 팔·다리의 신경·근육 및 그 주변 신체조직 등에 나타나는 질환을 말한다.
2. 유사용어로는 누적 외상성 질환(CTDs), 반복성 긴장 상해 등이 있다.

33 정보입력에 사용되는 표시장치 중 시각적 표시장치와 비교하여 청각적 표시장치를 사용하는 것이 유리한 경우는?

① 수신자가 한곳에 머무를 경우
② 메시지가 공간적 위치를 다를 경우
③ 메시지가 복잡할 경우
④ 메시지가 짧을 경우

해설

청각장치와 시각장치의 비교

청각적 표시장치	시각적 표시장치
1. 전언이 간단하다.	1. 전언이 복잡하다.
2. 전언이 짧다.	2. 전언이 길다.
3. 전언이 후에 재참조되지 않는다.	3. 전언이 후에 재참조된다.
4. 전언이 시간적 사상을 다룬다.	4. 전언이 공간적인 위치를 다룬다.
5. 전언이 즉각적인 행동을 요구한다.(긴급할 때)	5. 전언이 즉각적인 행동을 요구하지 않는다.
6. 수신장소가 너무 밝거나 암조응 유지가 필요시	6. 수신장소가 너무 시끄러울 때
7. 직무상 수신자가 자주 움직일 때	7. 직무상 수신자가 한곳에 머물 때
8. 수신자의 시각 계통이 과부하 상태일 때	8. 수신자의 청각 계통이 과부하 상태일 때

정답　30 ③　31 ①　32 ③　33 ④

34 다음 중 인체측정 자료를 응용하고자 할 경우 최대 치수 기준으로 적용하기에 적절하지 않은 것은?

① 문의 높이　　② 선반의 높이
③ 통로의 높이　　④ 비상구의 높이

해설
극단치를 이용한 설계

구분	최대 집단치 설계	최소 집단치 설계
개념	• 대상 집단에 대한 인체 측정 변수의 상위 백분위수를 기준으로 90, 95 혹은 99%치가 사용 • 대표치는 남성의 95백분위수를 이용	• 관련 인체 측정 변수 분포의 1, 5, 10% 등과 같은 하위 백분위수를 기준으로 결정 • 대표치는 여성의 5백분위수를 이용
사례	• 출입문, 탈출구의 크기, 통로 등과 같은 공간여유를 정할 때 사용 • 그네, 줄사다리와 같은 지지물 등의 최소지지 중량(강도) • 버스 내 승객용 좌석간의 거리, 위험구역 울타리 • 작업대와 의자 사이의 간격	• 선반의 높이 • 조종 장치까지의 거리(조작자와 제어버튼 사이의 거리) • 비상벨의 위치 설계

35 그림과 같은 시스템의 신뢰도로 옳은 것은?(단, 그림의 숫자는 각 부품의 신뢰도이다.)

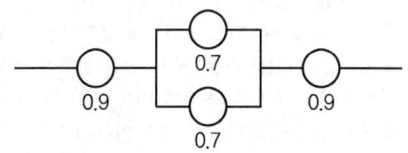

① 0.6261　　② 0.7371
③ 0.8481　　④ 0.9591

해설
시스템의 신뢰도
$R = 0.9 \times [1-(1-0.7)(1-0.7)] \times 0.9 = 0.7371$

36 시스템의 수명곡선에서 고장의 발생형태가 일정하게 나타나는 기간은?

① 초기고장기간　　② 우발고장기간
③ 마모고장기간　　④ 피로고장기간

해설
시스템 수명곡선(욕조곡선)

초기 고장	• 감소형(DFR ; Decreasing Failure Rate) : 고장률이 시간에 따라 감소 • 불량 제조, 생산과정에서 품질관리 미비, 설계 미숙 등으로 일어나는 고장 • 점검작업이나 시운전 등으로 감소시킬 수 있다. • 보전예방(MP) 실시
우발 고장	• 일정형(CFR ; Constant Failure Rate) : 고장률이 시간에 관계없이 거의 일정 • 예측할 수 없을 때 발생하는 고장으로 시운전이나 점검작업으로는 방지할 수 없다. • 낮은 안전계수, 사용자의 과오, 설계강도 이상의 급격한 스트레스 축적, 최선의 검사방법으로도 탐지되지 않는 결함 때문에 발생하는 고장 • 사후보전(BM) 실시
마모 고장	• 증가형(IFR ; Increasing Failure Rate) : 고장률이 시간에 따라 증가 • 장치의 일부가 수명을 다하여 생기는 고장 • 부식 또는 산화, 마모 또는 피로, 불충한 정비 등으로 발생하는 고장 • 안전진단 및 적당한 보수에 의해 감소시킬 수 있다. • 예방보전(PM) 실시

37 실효온도(ET)의 결정요소가 아닌 것은?

① 온도　　② 습도
③ 대류　　④ 복사

해설
실효온도(Effective Temperature)[체감온도, 감각온도]
1. 개요
   ㉠ 온도, 습도 및 공기의 유동이 인체에 미치는 열효과를 하나의 수치로 통합한 경험적 감각지수
   ㉡ 상대습도 100%일 때의 건구온도에서 느끼는 것과 동일한 온감이다.
   ㉢ 실제로 감각되는 온도로서 실감온도라고 한다.
2. 실효온도의 결정요소(실효온도에 영향을 주는 요인)
   ㉠ 온도 ㉡ 습도 ㉢ 공기의 유동(대류)

38 위험조정을 위해 필요한 기술은 조직형태에 따라 다양하며 4가지로 분류하였을 때 이에 속하지 않는 것은?

① 전가(Transfer)　　② 보류(Retention)
③ 계속(Continuation)　　④ 감축(Reduction)

정답 34 ② 35 ② 36 ② 37 ④ 38 ③

해설

위험처리기술(위험관리기법)

위험의 회피 (Avoidance)	• 위험 자체를 피하는 행위 • 잠재적 이익도 포기하는 극히 소극적인 수단
위험의 감소 (Reduction)	• 위험을 적극적으로 예방하고 경감하는 행위 • 잠재적 위험의 노출을 최대한 감소하는 방법
위험의 전가 (Transfer)	• 위험을 제3자에게 전가하거나 공유하는 행위 • 보험, 공제조합, 기금 등
위험의 보유(보류) (Retention)	• 무계획적 보유 : 가장 위험한 행위 • 계획적 보유 : 회피, 감소, 전가될 수 없는 위험에 적극적으로 대응

39 일반적으로 인체에 가해지는 온·습도 및 기류 등의 외적변수를 종합적으로 평가하는 데에는 "불쾌지수"라는 지표가 이용된다. 불쾌지수의 계산식이 다음과 같은 경우, 건구온도와 습구온도의 단위로 옳은 것은?

$$불쾌지수 = 0.72 \times (건구온도 + 습구온도) + 40.6$$

① 실효온도 ② 화씨온도
③ 절대온도 ④ 섭씨온도

해설

불쾌지수

인체에 가해지는 온·습도 및 기류 등의 외적변수를 종합적으로 평가하는 데에는 불쾌지수라는 지표가 이용된다.

> **TIP** 섭씨 = 0.72 × (건구온도 + 습구온도) + 40.6
> 화씨 = (건구온도 + 습구온도) × 0.4 + 15
> ① 70 이하 : 모든 사람이 불쾌를 느끼지 않는다.
> ② 70 이상 : 불쾌를 느끼기 시작한다.
> ③ 80 이상 : 모든 사람이 불쾌감을 느낀다.

40 다음 중 음(音)의 크기를 나타내는 단위로만 나열된 것은?

① dB, nit ② phon, lb
③ dB, psi ④ phon, dB

해설

음의 크기 단위

1. dB : 음의 전파방향에 수직한 단위면적을 단위시간에 통과하는 음의 세기량 또는 음의 압력량이며 소리(소음)의 크기를 나타내는 단위이다.
2. Phon : 정량적 평가를 하기 위한 음량 수준 척도

> **TIP** • nit : 휘도의 단위(1nit = cd/m²)
> • lb(파운드) : 무게의 단위
> • psi : 압력의 단위

3과목 기계·기구 및 설비 안전관리

41 밀링작업 시 안전수칙에 해당되지 않는 것은?

① 칩이나 부스러기는 반드시 브러시를 사용하여 제거한다.
② 가공 중에는 가공면을 손으로 점검하지 않는다.
③ 커터를 교체할 때에는 작업 도중에 한다.
④ 바이트는 가급적 짧게 고정시킨다.

해설

밀링 작업에 대한 안전수칙

1. 제품을 따 내는 데에는 손끝을 대지 말아야 한다.
2. 운전 중 가공면에 손을 대지 말아야 하며 장갑 착용을 금지한다.
3. 칩을 제거할 때에는 커터의 운전을 중지하고 브러시(솔)를 사용하며 걸레를 사용하지 않는다.
4. 칩의 비산이 많으므로 보안경을 착용한다.
5. 커터 설치 시 및 측정은 반드시 기계를 정지시킨 후에 한다.
6. 일감(공작물)은 테이블 또는 바이스에 안전하게 고정한다.
7. 상하 이송장치의 핸들은 사용 후 반드시 빼 두어야 한다.
8. 가공 중에 밀링머신에 얼굴을 대지 않는다.
9. 절삭 속도는 재료에 따라 정한다.
10. 커터를 끼울 때는 아버를 깨끗이 닦는다.
11. 일감(공작물)을 고정하거나 풀어낼 때는 기계를 정지시킨다.
12. 테이블 위에 공구 등을 올려놓지 않는다.
13. 강력 절삭을 할 때는 일감을 바이스에 깊에 물린다.
14. 급속이송은 백래시 제거장치가 동작하지 않고 있음을 확인한 후 실시하고, 급속이송은 한 방향으로만 한다.

42 다음 중 반대로 회전하는 두 개의 회전체가 맞닿는 사이에 발생하는 위험점은?

① 협착점 ② 절단점
③ 물림점 ④ 끼임점

정답 39 ④ 40 ④ 41 ③ 42 ③

해설
기계운동 형태에 따른 위험점 분류

구분	설명	예시
협착점 (Squeeze Point)	왕복운동을 하는 운동부와 움직임이 없는 고정부 사이에서 형성되는 위험점 (고정점 + 운동점)	• 프레스 • 전단기 • 성형기 • 조형기 • 밴딩기 • 인쇄기
끼임점 (Shear Point)	회전운동하는 부분과 고정부 사이에 위험이 형성되는 위험점 (고정점 + 회전운동)	• 연삭숫돌과 작업대 • 반복동작되는 링크기구 • 교반기의 날개와 몸체 사이 • 회전풀리와 벨트
절단점 (Cutting Point)	회전하는 운동부 자체의 위험이나 운동하는 기계부분 자체의 위험에서 형성되는 위험점 (회전운동 + 기계)	• 밀링커터 • 둥근 톱의 톱날 • 목공용 띠톱 날
물림점 (Nip Point)	회전하는 두 개의 회전체에 형성되는 위험점(서로 반대 방향의 회전체) (중심점 + 반대방향의 회전운동)	• 기어와 기어의 물림 • 롤러와 롤러의 물림 • 롤러 분쇄기
접선 물림점 (Tangential Nip Point)	회전하는 부분의 접선방향으로 물려 들어갈 위험이 있는 위험점	• V벨트와 풀리 • 랙과 피니언 • 체인벨트 • 평벨트
회전 말림점 (Trapping Point)	회전하는 물체의 길이, 굵기, 속도 등의 불규칙 부위와 돌기 회전부위에 의해 장갑 또는 작업복 등이 말려들 위험이 있는 위험점	• 회전하는 축 • 커플링 • 회전하는 드릴

43 산업안전보건법령에 따른 보일러의 안전한 가동을 위하여 보일러 규격에 맞는 압력방출장치를 2개 이상 설치된 경우 옳은 것은?

① 최고사용압력 이상에서 1개가 작동되고, 다른 압력방출장치는 최고사용압력 2배 이하에서 작동되도록 부착하여야 한다.
② 최고사용압력 이하에서 1개가 작동되고, 다른 압력방출장치는 최고사용압력 1.05배 이하에서 작동되도록 부착하여야 한다.
③ 최고사용압력 이상에서 1개가 작동되고, 다른 압력방출장치는 최고사용압력 2배 이상에서 작동되도록 부착하여야 한다.
④ 최고사용압력 이상에서 1개가 작동되고, 다른 압력방출장치는 최고사용압력 1.05배 이하에서 작동되도록 부착하여야 한다.

해설
보일러의 압력방출장치
1. 보일러의 안전한 가동을 위하여 보일러 규격에 맞는 압력방출장치를 1개 또는 2개 이상 설치하고 최고사용압력(설계압력 또는 최고허용압력) 이하에서 작동되도록 하여야 한다.
2. 압력방출장치가 2개 이상 설치된 경우에는 최고사용압력 이하에서 1개가 작동되고, 다른 압력방출장치는 최고사용압력 1.05배 이하에서 작동되도록 부착하여야 한다.
3. 압력방출장치는 매년 1회 이상 교정을 받은 압력계를 이용하여 설정압력에서 압력방출장치가 적정하게 작동하는지를 검사한 후 납으로 봉인하여 사용하여야 한다.(공정안전보고서 이행상태 평가결과가 우수한 사업장은 압력방출장치에 대하여 4년마다 1회 이상 설정압력에서 압력방출장치가 적정하게 작동하는지를 검사할 수 있다.)

44 보일러의 연도(굴뚝)에서 버려지는 여열을 이용하여 보일러에 공급되는 급수를 예열하는 부속장치는?

① 과열기 ② 절탄기
③ 공기예열기 ④ 연소장치

해설
보일러의 장치

과열기	본체에서 발생하는 포화온도 이상으로 재가열하여 과열증기로 만드는 장치
절탄기	연도(굴뚝)에서 버려지는 여열을 이용하여 보일러에 공급되는 급수를 예열하는 장치
공기예열기	연도(굴뚝)에서 버려지는 여열을 이용하여 보일러에 공급되는 온도를 올리기 위한 장치
연소장치	기본체에 열을 공급하기 위해 연료를 연소시키기 위한 장치

45 다음 중 연삭숫돌의 파괴원인으로 거리가 가장 먼 것은?

① 숫돌 자체에 균열이 있을 때
② 플랜지의 직경은 숫돌직경의 1/3 이상이며 고정 측과 이동 측의 직경이 같을 때
③ 숫돌의 회전속도가 너무 빠를 때
④ 숫돌에 과대한 충격을 가할 때

정답 43 ② 44 ② 45 ②

[해설]

연삭숫돌의 파괴 원인
1. 숫돌의 회전속도가 너무 빠를 때
2. 숫돌 자체에 균열이 있을 때
3. 숫돌에 과대한 충격을 가할 때
4. 숫돌의 측면을 사용하여 작업할 때
5. 숫돌의 불균형이나 베어링 마모에 의한 진동이 있을 때 (숫돌이 경우에 따라 파손될 수 있다.)
6. 숫돌 반경방향의 온도변화가 심할 때
7. 작업에 부적당한 숫돌을 사용할 때
8. 숫돌의 치수가 부적당할 때
9. 플랜지가 현저히 작을 때

TIP 플랜지의 지름은 숫돌지름의 1/3 이상인 것을 사용하며 양쪽 모두 같은 크기로 한다.

$$\text{플랜지의 지름} = \text{숫돌지름} \times \frac{1}{3}$$

46 다음 중 재해조사 시의 유의사항으로 가장 적절하지 않은 것은?

① 사실을 수집한다.
② 사람, 기계설비, 양면의 재해요인을 모두 도출한다.
③ 객관적인 입장에서 공정하게 조사하며, 조사는 2인 이상이 한다.
④ 목격자의 증언과 추측의 말은 모두 반영하여 분석하고, 결과를 도출한다.

[해설]

조사상의 유의사항
1. 사실을 수집 하고 재해 이유는 뒤로 미룬다.
2. 목격자 등이 발언하는 사실 이외의 추측의 말은 참고로 한다.
3. 조사는 신속하게 행하고 2차 재해의 방지를 도모한다.
4. 사람, 설비, 환경의 측면에서 재해요인을 도출한다.
5. 객관성을 가지고 제3자의 입장에서 공정하게 조사하며, 조사는 2인 이상으로 한다.
6. 책임추궁보다 재발방지를 우선하는 기본태도를 갖는다.
7. 피해자에 대한 구급조치를 우선으로 한다.
8. 2차 재해의 예방과 위험성에 대응하여 보호구를 착용한다.
9. 발생 후 가급적 빨리 재해현장이 변형되지 않은 상태에서 실시한다.

47 산업안전보건법령에 따라 양중기용 와이어로프의 사용금지 기준으로 옳은 것은?

① 지름의 감소가 공칭지름의 3%를 초과하는 것
② 지름의 감소가 공칭지름의 5%를 초과하는 것
③ 와이어로프의 한 꼬임에서 끊어진 소선의 수가 7% 이상인 것
④ 와이어로프의 한 꼬임에서 끊어진 소선의 수가 10% 이상인 것

[해설]

양중기 와이어로프 사용금지 조건
1. 이음매가 있는 것
2. 와이어로프의 한 꼬임에서 끊어진 소선의 수가 10퍼센트 이상인 것
3. 지름의 감소가 공칭지름의 7퍼센트를 초과하는 것
4. 꼬인 것
5. 심하게 변형되거나 부식된 것
6. 열과 전기충격에 의해 손상된 것

48 다음 중 연삭기의 원주속도 V(m/s)를 구하는 식으로 옳은 것은?(단, D는 숫돌의 지름(m), n은 회전수(rpm))

① $V = \dfrac{\pi Dn}{16}$ ② $V = \dfrac{\pi Dn}{32}$

③ $V = \dfrac{\pi Dn}{60}$ ④ $V = \dfrac{\pi Dn}{1,000}$

[해설]

원주속도(회전속도)

$$V = \pi DN [\text{mm/min}] = \frac{\pi DN}{1,000}[\text{m/min}]$$

여기서 V : 원주속도(회전속도)(m/min)
D : 숫돌의 지름(mm)
N : 숫돌의 매분 회전수(rpm)

1. 공식에서는 숫돌의 지름이 (mm)인데 문제에서 숫돌의 지름이 (m)로 주어졌으므로
$$V = \frac{\pi DN}{1,000}(\text{m/min}) = \frac{\pi \times D \times 1,000 \times N}{1,000}(\text{m/min})$$
$$= \pi DN(\text{m/min})$$

2. 공식에서는 원주속도의 단위가 (m/min)인데 문제에서 원주속의 단위가 (m/s)로 주어졌으므로
$$V = \pi DN \times \frac{1}{60(\bar{\mathbb{z}})} = \frac{\pi DN}{60}(\text{m/s})$$

정답 46 ④ 47 ④ 48 ③

49 프레스의 양수조작식 방호장치에서 누름버튼의 상호간 내측거리는 몇 mm 이상이어야 하는가?

① 200 ② 300
③ 400 ④ 500

해설

양수조작식
누름버튼의 상호 간 내측거리는 300mm 이상이어야 한다.

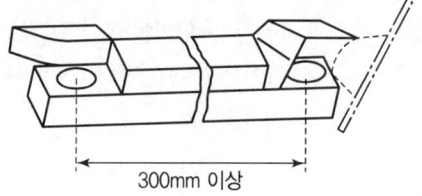

50 산업안전보건법령에 따른 아세틸렌용접장치에 대한 설명으로 올바른 것은?

① 발생기실을 옥외에 설치한 경우 그 개구부를 다른 건축물로부터 1미터 이상 떨어지도록 하여야 한다.
② 아세틸렌 용접장치의 아세틸렌 전용 발생기실은 건물의 반드시 지하에 위치하여야 한다.
③ 주관 및 취관에 가장 가까운 분기관마다 설치한 경우를 제외하고 아세틸렌 용접장치의 안전기는 취관마다 설치하여야 한다.
④ 아세틸렌 전용의 발생기실은 화기를 사용하는 설비로부터 1.5미터를 초과하는 장소에 설치하여야 한다.

해설

발생기실의 설치 장소
1. 아세틸렌 용접장치의 아세틸렌 발생기를 설치하는 경우에는 전용의 발생기실에 설치하여야 한다.
2. 건물의 최상층에 위치하여야 하며, 화기를 사용하는 설비로부터 3미터를 초과하는 장소에 설치하여야 한다.
3. 옥외에 설치한 경우에는 그 개구부를 다른 건축물로부터 1.5미터 이상 떨어지도록 하여야 한다.

51 산업안전보건법령상 목재가공용 기계에 사용되는 방호장치의 연결이 옳지 않은 것은?

① 둥근톱기계 : 톱날접촉예방장치
② 띠톱기계 : 날접촉예방장치
③ 모떼기기계 : 날접촉예방장치
④ 동력식 수동대패기계 : 반발예방장치

해설

동력식 수동대패기의 방호장치
칼날접촉방지장치 : 인체가 대패날에 접촉하지 않도록 덮어 주는 것으로 덮개를 의미한다.

52 롤러기에 사용되는 급정지장치의 종류가 아닌 것은?

① 손 조작식 ② 발 조작식
③ 무릎 조작식 ④ 복부 조작식

해설

급정지장치의 설치방법

급정지장치 조작부의 종류	위치	비고
손으로 조작하는 것	밑면으로부터 1.8m 이내	위치는 급정지장치 조작부의 중심점을 기준으로 함
복부로 조작하는 것	밑면으로부터 0.8m 이상 1.1m 이내	
무릎으로 조작하는 것	밑면으로부터 0.4m 이상 0.6m 이내	

53 보일러수 속에 불순물 농도가 높아지면서 수면에 거품이 형성되어 수위가 불안정하게 되는 현상은?

① 포밍 ② 서징
③ 수격현상 ④ 공동현상

해설

보일러 취급 시 이상현상

프라이밍 (Priming)	보일러수가 극심하게 끓어서 수면에서 계속하여 물방울이 비산하고 증기부가 물방울로 충만하여 수위가 불안정하게 되는 현상
포밍 (Foaming)	보일러 수에 유지류, 고형물 등의 부유물로 인해 거품이 발생하여 수위를 판단하지 못하는 현상
캐리오버 (Carry Over)	• 보일러에서 증기관 쪽에 보내는 증기에 대량의 물방울이 포함되는 경우로 플라이밍이나 포밍이 생기면 필연적으로 발생 • 보일러에서 증기의 순도를 저하시킴으로써 관내 응축수가 생겨 워터해머의 원인이 되는 것
워터해머 (Water Hammer, 수격작용)	증기관 내에서 증기를 보내기 시작할 때 해머로 치는 듯한 소리를 내며 관이 진동하는 현상. 워터해머는 캐리오버에 기인한다.

정답 49 ② 50 ③ 51 ④ 52 ② 53 ①

54 산업안전보건기준에 관한 규칙상 지게차의 헤드가드 설치기준에 관한 설명으로 틀린 것은?

① 강도는 지게차의 최대하중의 2배 값의 등분포정하중에 견딜 수 있을 것
② 상부틀의 각 개구의 폭 또는 길이가 16cm 미만일 것
③ 강도는 지게차의 최대하중의 값이 4톤을 넘는 것에 대하여서는 4톤으로 한다.
④ 상부틀의 각 개구의 폭 또는 길이가 26cm 미만일 것

해설
헤드가드
1. 강도는 지게차의 최대하중의 2배 값(4톤을 넘는 값에 대해서는 4톤으로 한다)의 등분포정하중에 견딜 수 있을 것
2. 상부틀의 각 개구의 폭 또는 길이가 16센티미터 미만일 것
3. 운전자가 앉아서 조작하거나 서서 조작하는 지게차의 헤드가드는 한국산업표준에서 정하는 높이 기준 이상일 것 (좌식 : 0.903m 이상, 입식 : 1.88m 이상)

55 다음 중 작업장에 대한 안전조치 사항으로 틀린 것은?

① 상시통행을 하는 통로에는 75럭스 이상의 채광 또는 조명시설을 하여야 한다.
② 산업안전보건법으로 규정된 위험물질을 취급하는 작업장에 설치하여야 하는 비상구는 너비 0.75m 이상, 높이 1.5m 이상이어야 한다.
③ 높이가 3m를 초과하는 계단에는 높이 3m 이내마다 진행방향으로 길이 90cm 이상의 계단참을 설치하여야 한다.
④ 상시 50명 이상의 근로자가 작업하는 옥내 작업장에는 비상시에 근로자에게 신속하게 알리기 위한 경보용 설비를 설치하여야 한다.

해설
계단참의 높이
높이가 3미터를 초과하는 계단에 높이 3미터 이내마다 진행방향으로 길이 1.2미터 이상의 계단참을 설치할 것

54 산업안전보건법령상 프레스기의 사용하는 양수조작식 방호장치의 일반구조에 관한 설명 중 틀린 것은?

① 방호장치는 사용전원전압의 ±50%의 변동에 대하여 정상적으로 작동되어야 한다.
② 누름버튼을 양손으로 동시에 조작하지 않으면 작동시킬 수 없는 구조이어야 한다.
③ 1행정 1정지 기구에 사용할 수 있어야 한다.
④ 양쪽버튼의 작동시간 차이는 최대 0.5초 이내일 때 프레스가 동작되도록 해야 한다.

해설
양수조작식 방호장치
방호장치는 릴레이, 리미트스위치 등의 전기부품의 고장, 전원전압의 변동 및 정전에 의해 슬라이드가 불시에 동작하지 않아야 하며, 사용전원전압의 ±(100분의 20)의 변동에 대하여 정상으로 작동되어야 한다.

55 산업안전보건법령에 따라 컨베이어의 작업 시작 전 점검사항 중 틀린 것은?

① 원동기 및 풀리 기능의 이상 유무
② 이탈 등의 방지 장치 기능의 이상 유무
③ 과부하방지장치 기능의 이상 유무
④ 원동기, 회전축, 기어 및 풀리 등의 덮개 또는 울 등의 이상 유무

해설
컨베이어의 작업시작 전 점검사항
1. 원동기 및 풀리(Pulley) 기능의 이상 유무
2. 이탈 등의 방지장치 기능의 이상 유무
3. 비상정지장치 기능의 이상 유무
4. 원동기·회전축·기어 및 풀리 등의 덮개 또는 울 등의 이상 유무

56 통로의 설치기준 중 ( ) 안에 공통적으로 들어갈 숫자로 옳은 것은?

> 사업주는 통로 면으로부터 높이 ( )미터 이내에는 장애물이 없도록 하여야 한다.
> 다만, 부득이하게 통로 면으로부터 높이 ( )미터 이내에 장애물을 설치할 수밖에 없거나 통로 면으로부터 높이 ( )미터 이내의 장애물을 제거하는 것이 곤란하다고 고용

정답 54 ④ 55 ③ 54 ① 55 ③ 56 ②

노동부장관이 인정하는 경우에는 근로자에게 발생할 수 있는 부상 등의 위험을 방지하기 위한 안전 조치를 하여야 한다.

① 1
② 2
③ 1.5
④ 2.5

해설

통로의 설치
1. 작업장으로 통하는 장소 또는 작업장 내에 근로자가 사용할 안전한 통로를 설치하고 항상 사용할 수 있는 상태로 유지하여야 한다.
2. 통로의 주요 부분에는 통로표시를 하고, 근로자가 안전하게 통행할 수 있도록 하여야 한다.
3. 통로 면으로부터 높이 2미터 이내에는 장애물이 없도록 하여야 한다.(다만, 부득이하게 통로 면으로부터 높이 2미터 이내에 장애물을 설치할 수밖에 없거나 통로 면으로부터 높이 2미터 이내의 장애물을 제거하는 것이 곤란하다고 고용노동부장관이 인정하는 경우에는 근로자에게 발생할 수 있는 부상 등의 위험을 방지하기 위한 안전 조치를 하여야 한다.)

57 롤러의 위험점 앞에 개구간격 18mm의 가드를 설치하는 경우 위험점에서 가드까지의 최단 거리는? (단, 위험점이 전동체는 아니다.)

① 20mm
② 60mm
③ 80mm
④ 160mm

해설

롤러기 가드의 개구부 간격(ILO기준, 위험점이 전동체가 아닌 경우)

$$Y = 6 + 0.15X \,(X < 160mm)$$
(단, $X \geq 160mm$일 때, $Y = 30mm$)

여기서, X : 가드와 위험점 간의 거리(안전거리)(mm)
Y : 가드 개구부 간격(안전간극)(mm)

1. $Y = 6 + 0.15X \rightarrow 18 = 6 + 0.15X$
2. $X = \dfrac{18-6}{0.15} = 80[mm]$

58 산업안전보건법령상 프레스를 사용하여 작업을 할 때 작업시작 전 점검 항목에 해당하지 않는 것은?

① 전선 및 접속부 상태
② 클러치 및 브레이크의 기능
③ 프레스의 금형 및 고정볼트 상태
④ 1행정 1정지기구 · 급정지장치 및 비상정지 장치의 기능

해설

프레스 등의 작업시작 전 점검사항
1. 클러치 및 브레이크의 기능
2. 크랭크축 · 플라이휠 · 슬라이드 · 연결봉 및 연결 나사의 풀림 여부
3. 1행정 1정지기구 · 급정지장치 및 비상정지장치의 기능
4. 슬라이드 또는 칼날에 의한 위험방지 기구의 기능
5. 프레스의 금형 및 고정볼트 상태
6. 방호장치의 기능
7. 전단기의 칼날 및 테이블의 상태

59 다음 중 크레인의 방호장치로 가장 적절하지 않은 것은?

① 파이널 리미트 스위치
② 과부하방지장치
③ 비상정지장치
④ 권과방지장치

해설

양중기 방호장치의 종류

방호장치의 조정 대상	크레인, 이동식 크레인, 리프트, 곤돌라, 승강기
방호장치의 종류	• 과부하방지장치 • 권과방지장치 • 비상정지장치 및 제동장치 • 그 밖의 방호장치(승강기의 파이널 리미트 스위치, 속도조절기, 출입문 인터록 등)

60 선반작업에서 가공물이 길이가 외경에 비하여 과도하게 길 때, 절삭저항에 의한 떨림을 방지하기 위한 장치는?

① 센터
② 심봉
③ 방진구
④ 돌리개

해설

방진구
1. 가공물의 길이가 외경에 비해 가늘고 긴 공작물을 가공할 경우 자중 및 절삭력으로 인하여 휘거나 처짐, 진동을 방지하기 위하여 사용하는 기구로 고정식과 이동식 방진구가 있다.
2. 가공물의 길이가 직경의 12배 이상일 때는 반드시 방진구를 사용하여야 한다.

4과목 전기 및 화학설비 안전관리

61 저압 옥내 직류전기설비를 전로 보호장치의 확실한 동작의 확보와 이상전압 및 대지전압의 억제를 위하여 접지를 하여야 하나 직류 2선식으로 시설할 때, 접지를 생략할 수 있는 경우로 옳지 않은 것은?

① 접지검출기를 설치하고 특정구역 내의 산업용 기계기구에만 공급하는 경우
② 사용전압이 110V 이상인 경우
③ 최대전류 30mA 이하의 직류화재경보회로
④ 교류전로로부터 공급을 받는 정류기에서 인출되는 직류계통

해설
저압 옥내 직류전기설비의 접지
저압 옥내 직류전기설비는 전로 보호장치의 확실한 동작의 확보, 이상전압 및 대지전압의 억제를 위하여 직류 2선식의 임의의 한 점 또는 변환장치의 직류측 중간점, 태양전지의 중간점 등을 접지하여야 한다. 다만, 직류 2선식을 다음에 따라 시설하는 경우는 그러하지 아니하다.
1. 사용전압이 60V 이하인 경우
2. 접지검출기를 설치하고 특정구역 내의 산업용 기계기구에만 공급하는 경우
3. 교류전로로부터 공급을 받는 정류기에서 인출되는 직류계통
4. 최대전류 30mA 이하의 직류화재경보회로
5. 절연감시장치 또는 절연고장점검출장치를 설치하여 관리자가 확인할 수 있도록 경보장치를 시설하는 경우

62 다음 중 감지전류에 미치는 주파수의 영향에 대한 설명으로 옳은 것은?

① 주파수의 감전은 아무 상관관계가 없다.
② 주파수를 증가시키면 감지전류는 증가한다.
③ 주파수가 높을수록 전력의 영향은 증가한다.
④ 주파수가 낮을수록 고온증으로 사망하는 경우가 많다.

해설
최소감지전류
1. 인체에 전압을 인가하여 통전전류의 값을 서서히 증가시켜서, 어느 일정한 값에 도달하게 되면 고통을 느끼지 않으면서 전기가 흐르는 것을 감지하게 되는데 이때의 전류값을 최소감지전류라고 한다.
2. 교류보다는 직류의 경우 감지전류가 더 크게 나타난다.
3. 직류일 때 평균 최소감지전류는 5.2mA이고 교류에 비해 약 5배의 수치가 된다.
4. 주파수를 증가시키면 감지전류는 증가된다. 즉 주파수가 높을수록 전격의 영향은 감소한다.

63 교류아크용접기의 자동전격방지기는 대상으로 하는 용접기의 주회로를 제어하는 장치를 가지고 있어, 용접봉의 조작에 따라 용접할 때에만 용접기의 주회로를 형성하고, 그 외에는 용접기의 출력 측의 무부하전압을 얼마 이하로 저하시키도록 동작하는 장치를 말하는가?

① 15V   ② 25V
③ 30V   ④ 50V

해설
자동전격방지기
용접기의 주회로(변압기의 경우는 1차 회로 또는 2차 회로)를 제어하는 장치를 가지고 있어, 용접봉의 조작에 따라 용접할 때에만 용접기의 주회로를 형성하고, 그 외에는 용접기의 출력 측의 무부하전압을 25볼트 이하로 저하시켜 감전의 위험 및 전력손실을 방지하는 장치를 말한다.

64 산업안전보건기준에 관한 규칙에 따른 전기기계·기구의 설치 시 고려할 사항으로 거리가 먼 것은?

① 전기기계·기구의 충분한 전기적 용량 및 기계적 강도
② 전기기계·기구의 안전효율을 높이기 위한 시간 가동률
③ 습기·분진 등 사용장소의 주위 환경
④ 전기적·기계적 방호수단의 적정성

해설
전기기계·기구 설치 시 고려사항
1. 전기 기계·기구의 충분한 전기적 용량 및 기계적 강도
2. 습기·분진 등 사용장소의 주위 환경
3. 전기적·기계적 방호수단의 적정성

정답 61 ② 62 ② 63 ② 64 ②

65 전기화재의 직접적인 발생요인과 가장 거리가 먼 것은?

① 피뢰기의 손상
② 누전, 열의 축적
③ 과전류 및 절연의 손상
④ 자락 및 접속불량으로 인한 과열

해설

전기화재의 원인
1. 단락
2. 누전
3. 과전류
4. 스파크
5. 접촉부과열
6. 절연열화에 의한 발열
7. 지락
8. 낙뢰
9. 정전기 스파크

66 절연된 컨베이어 벨트 시스템에서 발생하는 정전기의 전압이 10kV이고 이때 정전용량이 5pF일 때 이 시스템에서 1회의 정전기 방전으로 생성될 수 있는 에너지는 얼마인가?

① 0.2mJ
② 0.25mJ
③ 0.5mJ
④ 0.25J

해설

정전 에너지

$$W = \frac{1}{2}CV^2 = \frac{1}{2}QV = \frac{1}{2}\frac{Q^2}{C}$$

대전 전하량(Q) = $C \cdot V$, 대전 전위(V) = $\frac{Q}{C}$

여기서, W : 정전기 에너지(J)
C : 도체의 정전용량(F)
V : 대전 전위(V)
Q : 대전 전하량(C)

$W = \frac{1}{2}CV^2 = \frac{1}{2} \times (5 \times 10^{-12}) \times (10,000)^2 = 0.00025[J]$
$= 0.25[mJ]$

TIP 단위
$1pF = 10^{-12}F$, $1mJ = 10^{-3}J$, $1V = 10^{-3}kV$

67 정전기 제거방법으로 가장 거리가 먼 것은?

① 설비 주위를 가습한다.
② 설비의 금속 부분을 접지한다.
③ 설비의 주변에 적외선을 조사한다.
④ 정전기 발생 방지 도장을 실시한다.

해설

정전기재해의 방지대책
1. 접지(도체의 대전방지)
2. 유속의 제한
3. 보호구의 착용
4. 대전방지제 사용
5. 가습(상대습도를 60~70%정도 유지)
6. 제전기 사용
7. 대전물체의 차폐
8. 정치시간의 확보
9. 도전성 재료 사용

68 다음 중 전기기기의 절연의 종류와 최고허용온도가 잘못 연결된 것은?

① Y : 90℃
② A : 105℃
③ B : 130℃
④ F : 180℃

해설

절연방식에 따른 분류

절연종별	허용최고온도[℃]	용도
Y종	90	저압의 기기
A종	105	보통의 회전기, 변압기
E종	120	대용량 및 보통의 기기
B종	130	고압의 기기
F종	155	고압의 기기
H종	180	건식 변압기
C종	180 초과	특수한 기기

69 선간전압이 6.6kV인 충전전로 인근에서 유자격자가 작업하는 경우 충전전로에 대한 최소 접근한계거리(cm)는?(단, 충전부에 절연 조치가 되어 있지 않고, 작업자는 절연장갑을 않았다.)

① 20
② 30
③ 50
④ 60

해설

충전전로에서의 전기작업

충전전로의 선간전압 (단위 : 킬로볼트)	충전전로에 대한 접근한계거리 (단위 : 센티미터)
0.3 이하	접촉금지
0.3 초과 0.75 이하	30
0.75 초과 2 이하	45
2 초과 15 이하	60
15 초과 37 이하	90

 65 ① 66 ② 67 ③ 68 ④ 69 ④

충전전로의 선간전압 (단위 : 킬로볼트)	충전전로에 대한 접근한계거리 (단위 : 센티미터)
37 초과 88 이하	110
88 초과 121 이하	130
121 초과 145 이하	150
145 초과 169 이하	170
169 초과 242 이하	230
242 초과 362 이하	380
362 초과 550 이하	550
550 초과 800 이하	790

70 절연물은 여러 가지 원인으로 전기저항이 저하되어 이른바 절연불량을 일으켜 위험한 상태가 되는데 절연불량의 주요 원인이 아닌 것은?

① 정전에 의한 전기적 원인
② 온도상승에 의한 열적 요인
③ 진동, 충격 등에 의한 기계적 요인
④ 높은 이상전압 등에 의한 전기적 요인

해설
전기절연물의 절연파괴(불량) 주요 원인
1. 진동, 충격 등에 의한 기계적 요인
2. 산화 등에 의한 화학적 요인
3. 온도상승에 의한 열적 요인
4. 높은 이상전압 등에 의한 전기적 요인

71 산업안전보건법령상 공정안전보고서의 내용 중 공정안전자료에 포함되지 않는 것은?

① 유해하거나 위험한 설비의 목록 및 사양
② 안전운전지침서
③ 폭발위험장소 구분도 및 전기단선도
④ 각종 건물·설비의 배치도

해설
공정안전자료
1. 취급·저장하고 있거나 취급·저장하려는 유해·위험물질의 종류 및 수량
2. 유해·위험물질에 대한 물질안전보건자료
3. 유해하거나 위험한 설비의 목록 및 사양
4. 유해하거나 위험한 설비의 운전방법을 알 수 있는 공정도면
5. 각종 건물·설비의 배치도

6. 폭발위험장소 구분도 및 전기단선도
7. 위험설비의 안전설계·제작 및 설치 관련 지침서

72 다음 중 옥외에 시설되어 있는 전기설비의 화재에 사용되는 소화기의 소화제로 가장 적합한 것은?

① 산 및 알칼리   ② 메탄올
③ 이산화탄소   ④ 염화칼슘

해설
이산화탄소 소화기
1. 공기 중에 존재하고 있는 산소의 농도 21%를 15% 이하로 낮추어 소화하는 질식 작용과 CO_2 가스 방출 시 기화열의 흡수로 인하여 소화하는 냉각 작용을 하는 소화약제이다.
2. 전기의 부도체로서 C급 화재(전기화재)에 매우 효과적이다.

73 산업안전보건법령에서 정한 위험물을 기준량 이상으로 제조하거나 취급하는 설비 중 "특수화학설비"에 해당하지 않는 것은?

① 온도가 섭씨 100도인 상태에서 운전되는 설비
② 발열반응이 일어나는 반응장치
③ 증류·정류·증발·추출 등 분리를 하는 장치
④ 가열로 또는 가열기

해설
특수화학설비
1. 발열반응이 일어나는 반응장치
2. 증류·정류·증발·추출 등 분리를 하는 장치
3. 가열시켜 주는 물질의 온도가 가열되는 위험물질의 분해온도 또는 발화점보다 높은 상태에서 운전되는 설비
4. 반응폭주 등 이상 화학반응에 의하여 위험물질이 발생할 우려가 있는 설비
5. 온도가 섭씨 350도 이상이거나 게이지 압력이 980킬로파스칼 이상인 상태에서 운전되는 설비
6. 가열로 또는 가열기

74 리튬(Li)에 관한 설명으로 틀린 것은?

① 연소 시 산소와는 반응하지 않는 특성이 있다.
② 염산과 반응하여 수소를 발생한다.
③ 물과 반응하여 수소를 발생한다.
④ 화재발생 시 소화방법으로는 건조된 마른 모래 등을 이용한다.

정답 70 ① 71 ② 72 ③ 73 ① 74 ①

해설

리튬(Li)[제3류 위험물]
1. 공기 중에서 서서히 가열해도 발화하여 연소하며, 연소 시 탄산가스(CO_2) 속에서도 꺼지지 않고 연소한다.
2. 산, 알코올류와는 격렬히 반응하여 수소를 발생한다.
3. 물과는 격렬하게 반응하여 수소를 발생한다.
4. 주수를 엄금하고 잘 건조된 소금분말, 마른모래, 건조 분말 소화약제에 의해 질식소화를 한다.

75 다음 중 가연성 가스가 아닌 것은?

① 이산화탄소　② 수소
③ 메탄　　　　④ 아세틸렌

해설

고압가스(가연성에 의한 분류)

가연성 가스	공기 중에서 연소하면 폭발하는 가스(아세틸렌, 암모니아, 수소, 일산화탄소, 메탄, 프로판, 부탄, 에틸렌 등)
지연성 가스	산소, 공기 등 다른 가연성가스의 연소를 돕는 가스, 즉 연소하거나 폭발되지 않지만 연소를 지지하는 가스(산소, 공기, 염소, 산화질소, 오존, 불소 등)
불연성 가스	자신이 연소하지도 않고 다른 물질을 연소시키지도 않는 가스로 연소하고 있는 화염을 꺼지게 하는 가스(헬륨, 네온, 질소, 아르곤, 이산화탄소 등)

76 다음 가스 중 공기 중에서 폭발범위가 넓은 순서로 옳은 것은?

① 아세틸렌 > 프로판 > 수소 > 일산화탄소
② 수소 > 아세틸렌 > 프로판 > 일산화탄소
③ 아세틸렌 > 수소 > 일산화탄소 > 프로판
④ 수소 > 프로판 > 일산화탄소 > 아세틸렌

해설

주요 가연성 가스의 폭발범위

가연성 가스	폭발하한값(%)	폭발상한값(%)	폭발범위
아세틸렌 (C_2H_2)	2.5	81.0	81.0 − 2.5 = 78.5
수소 (H_2)	4.0	75.0	75.0 − 4.0 = 71.0
일산화탄소 (CO)	12.5	74.0	74.0 − 12.5 = 61.5
프로판 (C_3H_8)	2.1	9.5	9.5 − 2.1 = 7.4

77 메탄 20vol%, 에탄 25vol%, 프로판 55vol%의 조성을 가진 혼합가스의 폭발하한계 값(vol%)은 약 얼마인가?(단, 메탄, 에탄 및 프로판가스의 폭발하한 값은 각각 5vol%, 3vol%, 2vol%이다.)

① 2.51　② 3.12
③ 4.26　④ 5.22

해설

르샤틀리에의 법칙(순수한 혼합가스일 경우)

$$\frac{100}{L} = \frac{V_1}{L_1} + \frac{V_2}{L_2} + \frac{V_3}{L_3} \cdots$$

$$L = \frac{100}{\frac{V_1}{L_1} + \frac{V_2}{L_2} + \cdots + \frac{V_n}{L_n}}$$

여기서, V_n : 전체 혼합가스 중 각 성분 가스의 체적(비율)[%]
　　　 L_n : 각 성분 단독의 폭발한계(상한 또는 하한)
　　　 L : 혼합가스의 폭발한계(상한 또는 하한)[vol%]

$$L = \frac{100}{\frac{20}{5} + \frac{25}{3} + \frac{55}{2}} = 2.51[\text{vol\%}]$$

78 최소점화에너지(MIE)와 온도, 압력 관계를 옳게 설명한 것은?

① 압력, 온도에 모두 비례한다.
② 압력, 온도 모두 반비례한다.
③ 압력에 비례하고, 온도에 반비례한다.
④ 압력에 반비례하고, 온도에 비례한다.

해설

최소발화에너지의 영향요소
1. 특정화합물이나 혼합물의 조성
2. 농도(많아지면 MIE는 작아진다.)
3. 압력(상승하면 MIE는 작아진다.)
4. 온도(상승하면 MIE는 작아진다.)
5. 유속(상승하면 MIE는 커진다.)
6. 연소속도(상승하면 MIE는 적어진다.)

79 A 가스의 폭발하한계가 4.1vol%, 폭발상한계가 62vol%일 때 이 가스의 위험도는 약 얼마인가?

① 8.94　② 12.75
③ 14.12　④ 16.12

정답 75 ① 76 ③ 77 ① 78 ② 79 ③

해설

위험도

$$H = \frac{UFL - LFL}{LFL}$$

여기서, UFL : 연소상한값
LFL : 연소하한값
H : 위험도

$H = \dfrac{UFL - LFL}{LFL} = \dfrac{62 - 4.1}{4.1} = 14.12$

80 가열 · 마찰 · 충격 또는 다른 화학물질과의 접촉 등으로 인하여 산소나 산화제의 공급이 없더라도 폭발 등 격렬한 반응을 일으킬 수 있는 물질은?

① 알코올류
② 무기과산화물
③ 니트로화합물
④ 과망간산칼륨

해설

제5류 위험물(자기반응성 물질)
1. 열적으로 불안정하여 외부로부터 산소의 공급 없이도 가열, 충격 등에 의해 강렬하게 발열 · 분해하기 쉬운 액체 · 고체 또는 혼합물을 말한다.
2. 종류 : 유기과산화물, 질산에스테르류, 니트로화합물, 아조화합물, 디아조화합물, 히드라진 유도체, 히드록실아민, 히드록실아민염류 등

5과목 건설공사 안전관리

81 건설업 산업안전보건관리비의 사용항목이 아닌 것은?

① 건설공사 현장에서 안전기원제 등 산업재해 예방을 기원하는 행사를 개최하기 위해 소요되는 비용
② 안전보건관리책임자, 안전관리자, 보건관리자가 업무수행을 위해 필요한 정보를 취득하기 위한 목적으로 도서, 정기간행물을 구입하는 데 소요되는 비용
③ 안전보건진단비 등
④ 기계 · 기구와 방호장치가 일체로 제작된 경우의 비용

해설

건설업 산업안전보건관리비의 사용내역
산업재해 예방을 위한 안전난간, 추락방호망, 안전대 부착설비, 방호장치(기계 · 기구와 방호장치가 일체로 제작된 경우, 방호장치 부분의 가액에 한함) 등 안전시설의 구입 · 임대 및 설치를 위해 소요되는 비용

82 산업안전보건법령에서 정의하고 있는 승강기 중 일정한 경사로 또는 수평로를 따라 위 · 아래 또는 옆으로 움직이는 디딤판을 통해 사람이나 화물을 승강장으로 운송시키는 설비에 해당하는 것은?

① 승객용 엘리베이터
② 에스컬레이터
③ 소형화물용 엘리베이터
④ 승객화물용 엘리베이터

해설

승강기
건축물이나 고정된 시설물에 설치되어 일정한 경로에 따라 사람이나 화물을 승강장으로 옮기는 데에 사용되는 설비로서 다음의 것을 말한다.
1. 승객용 엘리베이터 : 사람의 운송에 적합하게 제조 · 설치된 엘리베이터
2. 승객화물용 엘리베이터 : 사람의 운송과 화물 운반을 겸용하는 데 적합하게 제조 · 설치된 엘리베이터
3. 화물용 엘리베이터 : 화물 운반에 적합하게 제조 · 설치된 엘리베이터로서 조작자 또는 화물취급자 1명은 탑승할 수 있는 것(적재용량이 300킬로그램 미만인 것은 제외한다)
4. 소형화물용 엘리베이터 : 음식물이나 서적 등 소형 화물의 운반에 적합하게 제조 · 설치된 엘리베이터로서 사람의 탑승이 금지된 것
5. 에스컬레이터 : 일정한 경사로 또는 수평로를 따라 위 · 아래 또는 옆으로 움직이는 디딤판을 통해 사람이나 화물을 승강장으로 운송시키는 설비

83 굴착공사의 경우 산업안전보건법령에 따른 유해위험방지계획서 제출대상의 기준으로 옳은 것은?

① 깊이 5m 이상인 굴착공사
② 깊이 8m 이상인 굴착공사
③ 깊이 10m 이상인 굴착공사
④ 깊이 15m 이상인 굴착공사

정답 80 ③ 81 ④ 82 ② 83 ③

> **해설**

유해위험방지계획서를 제출해야 하는 건설공사
1. 다음 각 목의 어느 하나에 해당하는 건축물 또는 시설 등의 건설·개조 또는 해체공사
   ㉠ 지상높이가 31미터 이상인 건축물 또는 인공구조물
   ㉡ 연면적 3만 제곱미터 이상인 건축물
   ㉢ 연면적 5천 제곱미터 이상인 시설로서 다음의 어느 하나에 해당하는 시설
   - 문화 및 집회시설(전시장 및 동물원·식물원은 제외)
   - 판매시설, 운수시설(고속철도의 역사 및 집배송시설은 제외)
   - 종교시설
   - 의료시설 중 종합병원
   - 숙박시설 중 관광숙박시설
   - 지하도상가
   - 냉동·냉장 창고시설
2. 연면적 5천 제곱미터 이상인 냉동·냉장 창고시설의 설비공사 및 단열공사
3. 최대 지간길이(다리의 기둥과 기둥의 중심사이의 거리)가 50미터 이상인 다리의 건설등 공사
4. 터널의 건설등 공사
5. 다목적댐, 발전용댐, 저수용량 2천만 톤 이상의 용수 전용 댐 및 지방상수도 전용 댐의 건설등 공사
6. 깊이 10미터 이상인 굴착공사

84 다음 중 곤돌라형 달비계를 설치하는 경우 와이어로프의 사용금지 규정으로 옳지 않은 것은?

① 지름의 감소가 공칭지름의 5퍼센트를 초과하는 것
② 이음매가 있는 것
③ 와이어로프의 한 꼬임의 수가 10퍼센트 이상인 것
④ 열과 전기충격에 의해 손상된 것

> **해설**

곤돌라형 달비계 와이어로프 사용금지 조건
1. 이음매가 있는 것
2. 와이어로프의 한 꼬임에서 끊어진 소선의 수가 10퍼센트 이상인 것
3. 지름의 감소가 공칭지름의 7퍼센트를 초과하는 것
4. 꼬인 것
5. 심하게 변형되거나 부식된 것
6. 열과 전기충격에 의해 손상된 것

85 작업에서의 위험요인과 재해형태가 가장 관련이 적은 것은?

① 무리한 자재적재 및 통로 미확보 → 전도
② 개구부 안전난간 미설치 → 추락
③ 벽돌 등 중량물 취급 작업 → 협착
④ 항만 하역 작업 → 질식

> **해설**

항만 하역 작업의 핵심위험요인
1. 작업 중 작업방법 불량에 따른 화물 붕괴의 위험이 있다.
2. 설비 불량에 따른 매달린 화물의 낙하의 위험이 있다.

86 철골작업 시 폭우와 같은 악천후에 작업을 중지하여야 하는 강우량 기준은?

① 1시간당 1mm 이상일 때
② 2시간당 1mm 이상일 때
③ 3시간당 2mm 이상일 때
④ 4시간당 2mm 이상일 때

> **해설**

작업의 제한(철골작업 중지)
1. 풍속이 초당 10미터 이상인 경우
2. 강우량이 시간당 1밀리미터 이상인 경우
3. 강설량이 시간당 1센티미터 이상인 경우

87 산업안전보건법령상 양중기에 해당되지 않는 것은?

① 크레인   ② 항발기
③ 곤돌라   ④ 리프트

> **해설**

양중기의 종류
1. 크레인(호이스트 포함)
2. 이동식 크레인
3. 리프트(이삿짐운반용 리프트의 경우 적재하중 0.1톤 이상인 것)
4. 곤돌라
5. 승강기

정답 84 ① 85 ④ 86 ① 87 ②

88 안전난간의 설치기준으로 옳지 않은 것은?

① 상부 난간대는 바닥면·발판 또는 경사로의 표면으로부터 90cm 이상 지점에 설치한다.
② 발판끝막이판은 바닥 면 등으로부터 20cm 이상의 높이를 유지할 것
③ 상부 난간대와 중간 난간대는 난간 길이 전체에 걸쳐 바닥 면 등과 평행을 유지할 것
④ 난간대는 지름 2.7cm 이상의 금속제 파이프나 그 이상의 강도가 있는 재료일 것

해설

안전난간의 구조 및 설치요건

구성	상부 난간대, 중간 난간대, 발끝막이판 및 난간기둥으로 구성할 것(다만, 중간 난 간대, 발끝막이판 및 난간기둥은 이와 비슷한 구조와 성능을 가진 것으로 대체할 수 있음)
상부 난간대	상부 난간대는 바닥 면·발판 또는 경사로의 표면(바닥 면)으로부터 90센티미터 이상 지점에 설치하고, 상부 난간대를 120센티미터 이하에 설치하는 경우에는 중간 난간대는 상부 난간대와 바닥 면 등의 중간에 설치해야 하며, 120센티미터 이상 지점에 설치하는 경우에는 중간 난간대를 2단 이상으로 균등하게 설치하고 난간의 상하 간격은 60센티미터 이하가 되도록 할 것(다만, 난간 기둥 간의 간격이 25센티미터 이하인 경우에는 중간 난간대를 설치하지 않을 수 있음)
발끝막이판 (폭목)	발끝막이판은 바닥 면 등으로부터 10센티미터 이상의 높이를 유지할 것(다만, 물 체가 떨어지거나 날아올 위험이 없거나 그 위험을 방지할 수 있는 망을 설치하는 등 필요한 예방 조치를 한 장소는 제외)
난간기둥	상부 난간대와 중간 난간대를 견고하게 떠받칠 수 있도록 적정한 간격을 유지할 것
상부 난간대와 중간 난간대	상부 난간대와 중간 난간대는 난간 길이 전체에 걸쳐 바닥 면 등과 평행을 유지할 것
난간대	난간대는 지름 2.7센티미터 이상의 금속제 파이프나 그 이상의 강도가 있는 재료 일 것
하중	안전난간은 구조적으로 가장 취약한 지점에서 가장 취약한 방향으로 작용하는 100킬로그램 이상의 하중에 견딜 수 있는 튼튼한 구조일 것

89 사다리식 통로 등을 설치하는 경우 준수해야 할 기준으로 옳지 않은 것은?

① 접이식 사다리 기둥은 사용 시 접혀지거나 펼쳐지지 않도록 철물 등을 사용하여 견고하게 조치할 것
② 발판과 벽과의 사이는 25cm 이상의 간격을 유지할 것
③ 폭은 30cm 이상으로 할 것
④ 사다리식 통로의 길이가 10m 이상인 경우에는 5m 이내마다 계단참을 설치할 것

해설

사다리식 통로
1. 견고한 구조로 할 것
2. 심한 손상·부식 등이 없는 재료를 사용할 것
3. 발판의 간격은 일정하게 할 것
4. 발판과 벽과의 사이는 15센티미터 이상의 간격을 유지할 것
5. 폭은 30센티미터 이상으로 할 것
6. 사다리가 넘어지거나 미끄러지는 것을 방지하기 위한 조치를 할 것
7. 사다리의 상단은 걸쳐놓은 지점으로부터 60센티미터 이상 올라가도록 할 것
8. 사다리식 통로의 길이가 10미터 이상인 경우에는 5미터 이내마다 계단참을 설치할 것
9. 사다리식 통로의 기울기는 75도 이하로 할 것. 다만, 고정식 사다리식 통로의 기울기는 90도 이하로 하고, 그 높이가 7미터 이상인 경우에는 다음 각 목의 구분에 따른 조치를 할 것
   ㉠ 등받이울이 있어도 근로자 이동에 지장이 없는 경우 : 바닥으로부터 높이가 2.5미터 되는 지점부터 등받이울을 설치할 것
   ㉡ 등받이울이 있으면 근로자가 이동이 곤란한 경우 : 개인용 추락 방지 시스템을 설치하고 근로자로 하여금 전신안전대를 사용하도록 할 것
10. 접이식 사다리 기둥은 사용 시 접혀지거나 펼쳐지지 않도록 철물 등을 사용하여 견고하게 조치할 것

90 크레인을 사용하여 작업을 할 때 작업시작 전에 점검하여야 하는 사항에 해당하지 않는 것은?

① 권과방지장치·브레이크·클러치 및 운전장치의 기능
② 주행로의 상측 및 트롤리가 횡행하는 레일의 상태
③ 와이어로프가 통하고 있는 곳의 상태
④ 압력 방출 장치의 기능

해설

크레인을 사용하여 작업을 하는 때 작업시작 전 점검사항
1. 권과방지장치·브레이크·클러치 및 운전장치의 기능
2. 주행로의 상측 및 트롤리(Trolley)가 횡행하는 레일의 상태
3. 와이어로프가 통하고 있는 곳의 상태

정답 88 ② 89 ② 90 ④

91 히빙현상에 대한 안전대책과 가장 거리가 먼 것은?

① 어스앵커 설치
② 흙막이벽의 근입심도 확보
③ 양질의 재료로 지반개량 실시
④ 굴착주변에 상재하중을 증대

> 해설

히빙(Heaving)현상
1. 정의
   연질점토 지반에서 굴착에 의한 흙막이 내·외면의 흙의 중량차로 인해 굴착저면이 부풀어 올라오는 현상
2. 안전대책
   ㉠ 흙막이 근입깊이를 깊게
   ㉡ 표토제거 하중감소
   ㉢ 굴착저면 지반개량(흙의 전단강도를 높임)
   ㉣ 굴착면 하중증가
   ㉤ 어스앵커 설치
   ㉥ 주변 지하수위 저하
   ㉦ 소단굴착을 하여 소단부 흙의 중량이 바닥을 누르게 함
   ㉧ 토류벽의 배면토압을 경감

92 추락방지망의 달기로프를 지지점에 부착할 때 지지점의 간격이 1.5m인 경우 지지점의 강도는 최소 얼마 이상이어야 하는가?

① 200kg   ② 300kg
③ 400kg   ④ 500kg

> 해설

지지점의 강도
방망 지지점은 600킬로그램의 외력에 견딜 수 있는 강도를 보유하여야 한다.(다만, 연속적인 구조물이 방망 지지점인 경우의 외력이 다음 식에서 계산한 값에 견딜 수 있는 것은 제외)

$$F = 200B$$

여기서, F : 외력(kg)
　　　B : 지지점간격(m)

93 비탈면 붕괴 방지를 위한 붕괴방지공법과 가장 거리가 먼 것은?

① 배토공법   ② 압성토공법
③ 공작물의 설치   ④ 언더피닝 공법

> 해설

붕괴예방대책
1. 적절한 경사면의 기울기를 계획하여야 한다.
2. 경사면의 기울기가 당초 계획과 차이가 발생되면 즉시 재검토하여 계획을 변경시켜야 한다.
3. 활동할 가능성이 있는 토석은 제거하여야 한다.
4. 경사면의 하단부에 압성토 등 보강공법으로 활동에 대한 저항대책을 강구하여야 한다.
5. 말뚝(강관, H형강, 철근 콘크리트)을 타입하여 지반을 강화시킨다.
6. 빗물, 지표수, 지하수의 사전제거 및 침투를 방지하여야 한다.

> TIP 언더피닝 공법
기존건물에 기초를 보강하거나 새로운 기초 설비를 위해 기존건물을 보호하는 보강공사공법을 말한다.

94 차량계 하역운반기계 등을 이송하기 위하여 자주(自走) 또는 견인에 의하여 화물자동차에 싣거나 내리는 작업을 할 때 발판·성토 등을 사용하는 경우 기계의 전도 또는 굴러 떨어짐에 의한 위험을 방지하기 위하여 준수하여야 할 사항으로 옳지 않은 것은?

① 싣거나 내리는 작업은 견고한 경사지에서 실시할 것
② 가설대 등을 사용하는 경우에는 충분한 폭 및 강도와 적당한 경사를 확보할 것
③ 발판을 사용하는 경우에는 충분한 길이·폭 및 강도를 가진 것을 사용할 것
④ 지정운전자의 성명·연락처 등을 보기 쉬운 곳에 표시하고 지정운전자 외에는 운전하지 않도록 할 것

> 해설

차량계 하역운반기계 등의 이송 시 준수사항
1. 싣거나 내리는 작업은 평탄하고 견고한 장소에서 할 것
2. 발판을 사용하는 경우에는 충분한 길이·폭 및 강도를 가진 것을 사용하고 적당한 경사를 유지하기 위하여 견고하게 설치할 것
3. 가설대 등을 사용하는 경우에는 충분한 폭 및 강도와 적당한 경사를 확보할 것
4. 지정운전자의 성명·연락처 등을 보기 쉬운 곳에 표시하고 지정운전자 외에는 운전하지 않도록 할 것

정답 91 ④ 92 ② 93 ④ 94 ①

95 잠함 또는 우물통의 내부에서 근로자가 굴착작업을 하는 경우의 준수사항으로 옳지 않은 것은?

① 산소결핍 우려가 있는 경우에는 산소의 농도를 측정하는 사람을 지명하여 측정하도록 할 것
② 근로자가 안전하게 오르내리기 위한 설비를 설치할 것
③ 굴착깊이가 20m를 초과하는 경우에는 해당 작업장소와 외부와의 연락을 위한 통신설비 등을 설치할 것
④ 잠함 또는 우물통의 급격한 침하에 의한 위험을 방지하기 위하여 바닥으로부터 천장 또는 보까지의 높이는 2m 이내로 할 것

해설

잠함 등 내부에서의 작업(잠함, 우물통, 수직갱 등 이와 유사한 건설물 또는 설비)
1. 산소 결핍 우려가 있는 경우에는 산소의 농도를 측정하는 사람을 지명하여 측정하도록 할 것
2. 근로자가 안전하게 오르내리기 위한 설비를 설치할 것
3. 굴착 깊이가 20미터를 초과하는 경우에는 해당 작업장소와 외부와의 연락을 위한 통신설비 등을 설치할 것
4. 산소 결핍이 인정되거나 굴착 깊이가 20미터를 초과하는 경우에는 송기를 위한 설비를 설치하여 필요한 양의 공기를 공급해야 한다.

> **TIP** 급격한 침하로 인한 위험방지(잠함 또는 우물통의 내부에서 굴착작업을 하는 경우)
> 1. 침하관계도에 따라 굴착방법 및 재하량 등을 정할 것
> 2. 바닥으로부터 천장 또는 보까지의 높이는 1.8미터 이상으로 할 것

96 물체가 떨어지거나 날아올 위험 또는 근로자가 추락할 위험이 있는 작업 시 착용하여야 할 보호구는?

① 보안경   ② 안전모
③ 방열복   ④ 방한복

해설

보호구의 지급

보안경	물체가 흩날릴 위험이 있는 작업
안전모	물체가 떨어지거나 날아올 위험 또는 근로자가 추락할 위험이 있는 작업
방열복	고열에 의한 화상 등의 위험이 있는 작업
방한모·방한복·방한화·방한장갑	섭씨 영하 18도 이하인 급냉동어창에서 하는 하역작업

97 굴착면 붕괴의 원인과 가장 거리가 먼 것은?
① 사면경사의 증가
② 성토 높이의 감소
③ 공사에 의한 진동하중의 증가
④ 굴착높이의 증가

해설

토석붕괴의 원인

외적 원인	• 사면, 법면의 경사 및 기울기의 증가 • 절토 및 성토 높이의 증가 • 공사에 의한 진동 및 반복하중의 증가 • 지표수 및 지하수의 침투에 의한 토사 중량의 증가 • 지진, 차량, 구조물의 하중작용 • 토사 및 암석의 혼합층 두께
내적 원인	• 절토 사면의 토질·암질 • 성토 사면의 토질구성 및 분포 • 토석의 강도 저하

98 낙하물방지망 또는 방호선반을 설치하는 경우에 요구되는 벽면으로부터 내민 길이의 기준으로 옳은 것은?

① 1.5m 이상   ② 1m 이상
③ 2.5m 이상   ④ 2m 이상

해설

낙하물방지망 또는 방호선반 설치 시 준수사항
1. 높이 10미터 이내마다 설치하고, 내민 길이는 벽면으로부터 2미터 이상으로 할 것
2. 수평면과의 각도는 20도 이상 30도 이하를 유지할 것

99 강관을 사용하여 비계를 구성하는 경우 비계기둥 간의 적재하중은 몇 kg을 초과하지 않도록 하여야 하는가?

① 500kg   ② 400kg
③ 300kg   ④ 200kg

해설

강관비계의 구조
1. 비계기둥의 간격은 띠장 방향에서는 1.85미터 이하, 장선 방향에서는 1.5미터 이하로 할 것. 다만, 다음 각 목의 어느 하나에 해당하는 작업의 경우에는 안전성에 대한 구조검토를 실시하고 조립도를 작성하면 띠장 방향 및 장선 방향으로 각각 2.7미터 이하로 할 수 있다.
  ㉠ 선박 및 보트 건조작업

정답 95 ④ 96 ② 97 ② 98 ④ 99 ②

ⓛ 그 밖에 장비 반입·반출을 위하여 공간 등을 확보할 필요가 있는 등 작업의 성질상 비계기둥 간격에 관한 기준을 준수하기 곤란한 작업
2. 띠장 간격은 2.0미터 이하로 할 것. 다만, 작업의 성질상 이를 준수하기가 곤란하여 쌍기둥틀 등에 의하여 해당 부분을 보강한 경우에는 그러하지 아니하다.
3. 비계기둥의 제일 윗부분으로부터 31미터 되는 지점 밑부분의 비계기둥은 2개의 강관으로 묶어 세울 것. 다만, 브라켓(Bracket, 까치발) 등으로 보강하여 2개의 강관으로 묶을 경우 이상의 강도가 유지되는 경우에는 그러하지 아니하다.
4. 비계기둥 간의 적재하중은 400킬로그램을 초과하지 않도록 할 것

100 부두·안벽 등 하역작업을 하는 장소에서 부두 또는 안벽의 선을 따라 통로를 설치하는 경우 그 통로의 최소폭 기준은?

① 30cm 이상　　② 50cm 이상
③ 70cm 이상　　④ 90cm 이상

해설

부두·안벽 등 하역작업장 조치사항
1. 작업장 및 통로의 위험한 부분에는 안전하게 작업할 수 있는 조명을 유지할 것
2. 부두 또는 안벽의 선을 따라 통로를 설치하는 경우에는 폭을 90센티미터 이상으로 할 것
3. 육상에서의 통로 및 작업장소로서 다리 또는 선거 갑문을 넘는 보도 등의 위험한 부분에는 안전난간 또는 울타리 등을 설치할 것

정답　100 ④

PART 02
26 | 2025년 1회 기출복원문제

1과목 산업재해 예방 및 안전보건교육

01 자신의 약점이나 무능력, 열등감을 위장하여 유리하게 보호함으로써 안정감을 찾으려는 방어적 적응기제에 해당하는 것은?

① 보상　　　　② 고립
③ 퇴행　　　　④ 억압

해설
적응기제

보상	자신의 결함과 무능에 의해 생긴 열등감을 다른 것으로 대치하여 욕구를 충족하려는 행위 예 공부 못하는 학생이 운동을 열심히 하는 것, 결혼에 실패한 사람이 고아들에게 정열을 쏟는 것
고립	현실도피의 행위이며 실패를 자기의 내부로 돌리는 유형 예 키가 작은 사람이 키가 큰 친구들과 사진을 같이 찍으려 하지 않는 것
퇴행	현실의 어려움을 이겨내지 못하고 어린 시절로 되돌아가고자 하는 행위 예 여동생이나 남동생을 얻게 되면서 손가락을 빠는 것과 같이 어린 시절의 버릇을 나타내는 것
억압	현실적으로 받아들이기 곤란한 충동이나 욕망(사회적으로 승인되지 않는 성적 욕구, 공격적 욕구, 감정) 등을 무의식적으로 억누르는 것 예 사업에 실패한 후 모든 것을 술로 잊으려는 것

02 하인리히의 사고예방 대책 5단계 중 작업 공정 및 위험물을 파악하는 단계는?

① 시정 방법의 선정
② 사실의 발견
③ 분석평가
④ 안전관리조직

해설
하인리히의 재해예방 5단계(사고예방 대책의 기본원리)

제1단계	조직 (안전관리 조직)	• 경영자의 안전목표 설정 • 안전관리조직의 편성 • 안전관리조직과 책임 부여 • 조직을 통한 안전활동 • 안전관리 규정의 제정
제2단계	사실의 발견 (현상파악)	• 안전사고 및 활동기록의 검토 • 작업분석 및 불안전요소 발견 • 안전점검 및 안전진단 • 사고조사 • 관찰 및 보고서의 연구 • 안전토의 및 회의 • 근로자의 건의 및 여론조사
제3단계	분석평가	• 불안전 요소의 분석 • 현장조사 결과의 분석 • 사고보고서 분석 • 인적·물적 환경조건의 분석 • 작업공정의 분석 • 교육과 훈련의 분석 • 안전수칙 및 안전기준의 분석
제4단계	시정책의 선정 (대책의 선정)	• 인사 및 배치조정 • 기술적 개선 • 기술교육 및 훈련의 개선 • 안전관리 행정업무의 개선 • 규정 및 수칙의 개선 • 확인 및 통제체제 개선
제5단계	시정책의 적용 (목표달성)	• 3E의 적용단계(기술적 대책, 교육적 대책, 독려적 대책) • 목표설정 실시 • 결과의 재평가 및 개선

03 산업안전보건법령상 안전보건표지의 종류 중 안내표지에 해당하지 않는 것은?

① 녹십자표지
② 들것
③ 안전복
④ 비상구

해설
안내표지

401 녹십자표지	402 응급구호표지	403 들 것	404 세안장치
405 비상용기구	406 비상구	407 좌측비상구	408 우측비상구

정답 01 ① 02 ② 03 ③

04 다음 중 재해관련통계 산출공식으로 맞는 것은?

① 재해율 = $\dfrac{\text{재해자수}}{\text{임금근로자수}} \times 100$

② 연천인율 = $\dfrac{\text{연간 재해자수}}{\text{연간 총근로시간수}} \times 1{,}000$

③ 도수율 = $\dfrac{\text{재해발생건수}}{\text{연평균 근로자수}} \times 1{,}000{,}000$

④ 강도율 = $\dfrac{\text{근로손실일수}}{\text{연평균 근로자수}} \times 1{,}000$

해설

재해관련통계 산출공식

1. 연천인율 = $\dfrac{\text{연간 재해자수}}{\text{연평균 근로자수}} \times 1{,}000$
2. 도수율 = $\dfrac{\text{재해발생건수}}{\text{연간 총근로시간수}} \times 1{,}000{,}000$
3. 강도율 = $\dfrac{\text{근로손실일수}}{\text{연간 총근로시간수}} \times 1{,}000$

05 경보기가 울려도 기차가 오기까지 아직 시간이 있다고 판단하여 건널목을 건너다가 사고를 당했다. 다음 중 이 재해자의 행동성향으로 옳은 것은?

① 착오·착각
② 무의식행동
③ 억측판단
④ 지름길반응

해설

정보가 불확실할 때

1. 억측판단 : 자기 멋대로 하는 주관적인 판단
2. 억측판단의 발생 배경
   ㉠ 정보가 불확실할 때
   ㉡ 희망적인 관측이 있을 때
   ㉢ 과거의 성공한 경험이 있을 때
   ㉣ 초조한 심정

06 산업안전보건법령상 산업안전보건위원회의 사용자위원에 해당되지 않는 사람은?

① 보건관리자
② 해당 사업의 대표자
③ 근로자 대표
④ 안전관리자

해설

산업안전보건위원회의 구성

구분	산업안전보건위원회 구성위원
근로자위원	1. 근로자대표 2. 근로자대표가 지명하는 1명 이상의 명예산업안전감독관(위촉되어 있는 사업장의 경우) 3. 근로자대표가 지명하는 9명 이내의 해당 사업장의 근로자(명예산업안전감독관이 근로자위원으로 지명되어 있는 경우에는 그 수를 제외한 수의 근로자를 말한다)
사용자위원	상시 근로자 50명 이상 100명 미만을 사용하는 사업장에서는 5.에 해당하는 사람을 제외하고 구성할 수 있다. 1. 해당 사업의 대표자 2. 안전관리자 1명 3. 보건관리자 1명 4. 산업보건의(해당 사업장에 선임되어 있는 경우) 5. 해당 사업의 대표자가 지명하는 9명 이내의 해당 사업장 부서의 장

07 산업안전보건법령상 다음이 설명하는 안전모의 종류는?

> 물체의 낙하 또는 비래 및 추락에 의한 위험을 방지 또는 경감하고, 머리부위 감전에 우의한 위험을 방지하기 위한 안전모

① AC형
② AEF형
③ ABE형
④ AB형

해설

추락 및 감전 위험방지용 안전모의 종류

종류(기호)	사용 구분	비고
AB	물체의 낙하 또는 비래 및 추락에 의한 위험을 방지 또는 경감시키기 위한 것	
AE	물체의 낙하 또는 비래에 의한 위험을 방지 또는 경감하고, 머리부위 감전에 의한 위험을 방지하기 위한 것	내전압성
ABE	물체의 낙하 또는 비래 및 추락에 의한 위험을 방지 또는 경감하고, 머리부위 감전에 의한 위험을 방지하기 위한 것	내전압성

내전압성이란 7,000V 이하의 전압에 견디는 것을 말한다.

정답 04 ① 05 ③ 06 ③ 07 ③

08 안전보건표지의 색채 및 색도기준 중 다음 ( ) 안에 알맞은 것은?

색채	색도기준	용도
(㉠)	5Y 8.5/12	경고
(㉡)	2.5PB 4/10	지시

① ㉠ 빨간색, ㉡ 흰색
② ㉠ 검은색, ㉡ 노란색
③ ㉠ 흰색, ㉡ 녹색
④ ㉠ 노란색, ㉡ 파란색

해설

안전 · 보건표지의 색채, 색도기준 및 용도

색채	색도기준	용도	사용 예
빨간색	7.5R 4/14	금지	정지신호, 소화설비 및 그 장소, 유해행위의 금지
		경고	화학물질 취급장소에서의 유해 · 위험 경고
노란색	5Y 8.5/12	경고	화학물질 취급장소에서의 유해 · 위험경고 이외의 위험경고, 주의표지 또는 기계방호물
파란색	2.5PB 4/10	지시	특정 행위의 지시 및 사실의 고지
녹색	2.5G 4/10	안내	비상구 및 피난소, 사람 또는 차량의 통행표지
흰색	N9.5		파란색 또는 녹색에 대한 보조색
검은색	N0.5		문자 및 빨간색 또는 노란색에 대한 보조색

09 산업안전보건법령상 중대재해의 범위에 해당하지 않는 것은?

① 사망자가 1명 이상 발생한 재해
② 직업성 질병자가 동시에 5명 발생한 재해
③ 3개월 이상의 요양에 필요한 부상자가 동시에 2명 이상 발생한 재해
④ 부상자가 동시에 10명 이상 발생한 재해

해설

중대재해
1. 사망자가 1명 이상 발생한 재해
2. 3개월 이상의 요양이 필요한 부상자가 동시에 2명 이상 발생한 재해
3. 부상자 또는 직업성 질병자가 동시에 10명 이상 발생한 재해

10 다음 중 피로의 직접적인 원인과 가장 거리가 먼 것은?

① 작업 적성
② 작업 환경
③ 작업 강도
④ 작업 속도

해설

피로의 직접적인 원인
1. 작업시간과 작업강도
2. 작업환경조건
3. 작업속도
4. 작업시각과 작업시간
5. 작업태도

11 다음 중 고 · 저온 환경 또는 물체에 노출 · 접촉된 경우 재해의 발생형태를 무엇이라 하는가?

① 이상온도 접촉
② 화학물질 누출 · 접촉
③ 산소결핍
④ 폭발 · 파열

해설

발생형태
1. 이상온도 접촉 : 고 · 저온 환경 또는 물체에 노출 · 접촉된 경우
2. 화학물질 누출 · 접촉 : 유해 · 위험물질에 노출 · 접촉 또는 흡인한 경우
3. 산소결핍 : 유해물질과 관련 없이 산소가 부족한 상태 · 환경에 노출되었거나 이물질 등에 의하여 기도가 막혀 호흡기능이 불충분한 경우
4. 폭발 · 파열 : 건축물, 용기 내 또는 대기 중에서 물질의 화학적, 물리적 변화가 급격히 진행되어 열, 폭음, 폭발압이 동반하여 발생하는 경우를 말하며, 파열은 배관, 용기 등이 물리적인 압력에 의하여 찢어지거나 터진 경우로서 폭풍압이 동반되지 않은 경우

12 A사업장의 조건이 다음과 같을 때 주어진 조건을 활용하여 이 사업장의 도수율을 구하시오

- 평균근로자수 : 400명
- 1인당 근로시간 : 1일 8시간씩 300일 근무
- 잔업시간 : 1인당 연간 50시간
- 재해발생건수 : 5건(사망 1건, 신체장애등급 : 10급 4건)

정답 08 ④ 09 ② 10 ① 11 ① 12 ②

① 0.05　　② 5.10
③ 5.20　　④ 10.10

해설

도수율

$$도수율 = \frac{재해발생건수}{연간 총근로시간수} \times 1,000,000$$

$$출근율 = \frac{5}{(400 \times 8 \times 300) + (400 \times 50)} \times 1,000,000$$
$$= 5.102$$

13 리더와 추종자(부하)가 서로 구속이 없이 자유롭게 행동이 이루어지는 리더십 유형은?

① 자유방임형
② 권력형
③ 민주형
④ 권위형

해설

리더십의 유형(업무추진의 방식에 따른 방식)

분류	개념	특징
권위형 (독재적)	• 리더중심 • 부하직원의 정책 결정에 참여 거부 • 집단성원의 행위는 공격적 아니면 무관심 • 일 중심형으로 업적에 대한 관심은 높지만 인간관계에 무관심	지도자가 집단의 모든 권한 행사를 단독적으로 처리한다.
민주형 (민주적)	• 집단중심 • 추종자(부하직원)에게 참여와 자유 인정 • 추종자(부하직원)의 적극적 자기실현 기회의 확보 • 리더의 통제와 조정, 자유폭 제한	집단의 토론, 회의 등에 의해 정책을 결정한다.
자유방임형 (개방적)	• 종업원중심 • 집단 구성원에게 완전한 자유를 주고 리더의 권한 행사는 없음	집단에 대하여 전혀 리더십을 발휘하지 않고 명목상의 리더 자리만을 지키는 유형으로 지도자가 집단 구성원에게 완전히 자유를 주는 경우이다.

14 스트레스의 요인 중 직무특성과 관련된 요인으로 볼 수 없는 것은?

① 조직의 구조
② 업무의 반복성
③ 근무시간
④ 작업속도

해설

산업스트레스의 요인
1. 직무특성의 요인 : 작업속도, 근무시간, 업무의 반복성, 작업교대, 복잡성, 위험성 등
2. 스트레스는 동기부여의 저하, 신체적, 정신적 건강뿐만 아니라 직무몰입과 생산성 감소의 직접적인 원인이 된다.

15 보호구 안전인증 고시에 따른 안전화의 정의 중 ( ) 안에 알맞은 것은?

경작업용 안전화란 (㉠)mm의 낙하높이에서 시험했을 때 충격과 (㉡ ± 0.1)kN의 압축하중에서 시험했을 때 압박에 대하여 보호해 줄 수 있는 선심을 부착하여, 착용자를 보호하기 위한 안전화를 말한다.

① ㉠ 500, ㉡ 10.0　　② ㉠ 250, ㉡ 10.0
③ ㉠ 500, ㉡ 4.4　　④ ㉠ 250, ㉡ 4.4

해설

안전화의 시험방법

구분	내충격시험 충격조건	내압박성시험 하중
중작업용	1,000밀리미터의 낙하높이에서 시험	(15.0±0.1)킬로뉴턴(kN)의 압축하중에서 시험
보통작업용	500밀리미터의 낙하높이에서 시험	(10.0±0.1)킬로뉴턴(kN)의 압축하중에서 시험
경작업용	250밀리미터의 낙하높이에서 시험	(4.4±0.1)킬로뉴턴(kN)의 압축하중에서 시험

16 다음과 같은 스트레스에 대한 반응은 무엇에 해당하는가?

여동생이나 남동생을 얻게 되면서 손가락을 빠는 것과 같이 어린 시절의 버릇을 나타낸다.

① 투사　　② 억압
③ 승화　　④ 퇴행

정답 13 ①　14 ①　15 ④　16 ④

> **해설**

적응기제

투사	• 자기 마음속의 억압된 것을 다른 사람의 것으로 생각하는 것 • 자신이 미워하는 대상에 대해서, 그 사람이 자신을 미워한다고 생각한다.
억압	현실적으로 받아들이기 곤란한 충동이나 욕망(사회적으로 승인되지 않는 성적욕구, 공격적욕구, 감정 등)을 무의식적으로 억누르는 것
승화	• 억압당한 욕구가 사회적·문화적으로 가치있는 목적으로 향하여 노력함으로써 욕구를 충족하는 행위 • 성적욕구 및 공격적 행동 등이 예술, 스포츠 등으로 전환되는 것이 좋은 예이다.
퇴행	• 현실의 어려움을 이겨내지 못하고 어린 시절로 되돌아가고자 하는 행위 • 여동생이나 남동생을 얻게 되면서 손가락을 빠는 것과 같이 어린 시절의 버릇을 나타낸다.

17 다음 중 재해예방의 4원칙에 해당하지 않는 것은?

① 사실의 발견 ② 손실우연의 원칙
③ 예방가능의 원칙 ④ 원인계기의 원칙

> **해설**

하인리히의 재해예방 4원칙

예방 가능의 원칙	천재지변을 제외한 모든 재해는 원칙적으로 예방이 가능하다.
손실 우연의 원칙	사고로 생기는 상해의 종류 및 정도는 우연적이다.
원인 계기의 원칙	사고와 손실의 관계는 우연적이지만 사고와 원인 관계는 필연적이다(사고에는 반드시 원인이 있다).
대책 선정의 원칙	원인을 정확히 규명해서 대책을 선정하고 실시되어야 한다(3E, 즉 기술, 교육, 독려를 중심으로).

18 다음 중 인간의 착각현상에서 실제로는 움직이지 않는 것이 어느 기준의 이동에 유도되어 움직이는 것처럼 느껴지는 현상을 무엇이라 하는가?

① 유도운동 ② 가현운동
③ 자동운동 ④ 플리커 현상

> **해설**

인간의 착각현상

가현운동	• 정지하고 있는 대상물을 나타냈다가 지웠다가 자주 반복하면 그 물체가 마치 운동하는 것처럼 인식되는 현상 • 영화영상기법, β운동
자동운동	• 암실 내에서 정지된 소광점을 응시하면 그 광점이 움직이는 것처럼 보이는 현상 • 자동운동이 생기기 쉬운 조건 – 광점이 작을 것 – 시야의 다른 부분이 어두울 것 – 광(光)의 강도가 작을 것 – 대상이 단순할 것
유도운동	• 실제로는 움직이지 않는 것이 어느 기준의 이동에 유도되어 움직이는 것처럼 느껴지는 현상 • 하행선 기차역에 정지하고 있는 열차 안의 승객이 반대편 상행선 열차의 출발로 인하여 하행선 열차가 움직이는 것처럼 느끼는 경우

19 산업안전보건법령상 안전인증대상 기계 또는 설비가 아닌 것은?

① 프레스 ③ 롤러기
② 전단기 ④ 산업용 원심기

> **해설**

안전인증대상 기계 또는 설비
1. 프레스 6. 롤러기
2. 전단기 및 절곡기 7. 사출성형기
3. 크레인 8. 고소 작업대
4. 리프트 9. 곤돌라
5. 압력용기

20 레빈(Lewin)은 인간행동과 인간의 조건 및 환경조건의 관계를 다음과 같이 표시하였다. 이때 'f'의 의미는?

$$B = f(P \cdot E)$$

① 행동 ② 조명
③ 지능 ④ 함수

> **해설**

레빈(K. Lewin)의 행동법칙

$$B = f(P \cdot E)$$

여기서, B : Behavior(인간의 행동)
 f : Function(함수관계), $P \cdot E$에 영향을 줄 수 있는 조건
 P : Person(개체, 개인의 자질, 연령, 경험, 심신상태, 성격, 지능 등)
 E : Environment(심리적 환경 – 작업환경, 인간관계, 설비적 결함 등)

레빈의 이론
인간의 행동(B)은 개인의 자질과 심리학적 환경과의 상호 함수관계이다.

2과목 인간공학 및 위험성 평가·관리

21 신체동작의 유형 중 굴곡과 반대방향의 동작으로서 관절이 만드는 각도가 증가하는 동작을 무엇이라 하는가?

① 내전(Adduction) ② 외전(Abduction)
③ 회외(Supination) ④ 신전(Extension)

해설
신체부위의 운동(기본적인 동작)

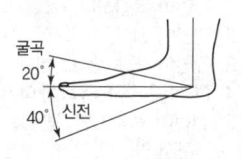	• 굴곡(Flexion) : 관절에서의 (부위 간의) 각도가 감소하는 동작 • 신전(Extension) : 관절에서의 (부위 간의) 각도가 증가하는 동작
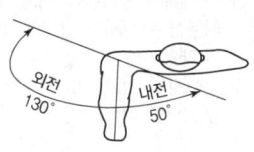	• 내전(內轉)(Adduction) : 몸(신체)의 중심선으로 향하는 이동 동작 • 외전(外轉)(Abduction) : 몸(신체)의 중심선으로부터 멀어지는 이동 동작
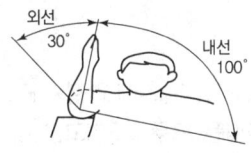	• 내선(內旋)(Medial Rotation) : 몸(신체)의 중심선으로 향하는 회전 동작 • 외선(外旋)(Lateral Rotation) : 몸(신체)의 중심선으로부터 회전 동작
	• 하향(Pronation) : 몸(신체) 또는 손바닥을 아래로 향하는 회전 • 상향(Supination) : 몸(신체) 또는 손바닥을 위로 향하는 회전

22 화학공장(석유화학사업장 등)에서 가동문제를 파악하는 데 널리 사용되며, 위험요소를 예측하고, 새로운 공정에 대한 가동문제를 예측하는 데 사용되는 위험성평가방법은?

① SHA ② EVP
③ CFA ④ HAZOP

해설
위험 및 운전성 검토(HAZOP)
1. 화학공장에서 가동문제를 파악하는 데 널리 사용된다. 즉 위험요소를 예측하고 새로운 공정에 대한(지식부족으로 인한) 가동문제를 예측하는 데 사용된다.
2. 5~7명의 각 분야별 전문가와 안전기사로 구성된 팀원들이 상상력을 동원하여 가이드단어로서 위험요소를 점검한다.
3. HAZOP의 적용은 대부분 상세설계 기간이나 설계가 완료된 단계, 즉 개발단계에서 수행되는 것이 보통이다.

23 조종장치의 저항 중 갑작스런 속도의 변화를 막고 부드러운 제어동작을 유지하게 해주는 저항을 무엇이라 하는가?

① 점성저항 ② 관성저항
③ 마찰저항 ④ 탄성저항

해설
점성 저항(Viscous Damping)
1. 출력과 반대 방향으로 속도에 비례해서 작용하는 힘 때문에 생기는 항력
2. 원활한 제어를 도우며, 규정된 변위 속도를 유지하는 효과가 있다.

24 고장 손실에 따른 피해가 큰 중점 설비대상으로 미리 검사하고 조정하는 설비보전방식은?

① 계량보전 ② 사후보전
③ 예방보전 ④ 일산보전

해설
설비의 보전

계량보전	설비의 고장이 일어나지 않도록 혹은 보전이나 수리가 쉽도록 설비를 개량하는 것을 개량보전이라 한다.
사후보전	고장정지 또는 유해한 성능저하를 초래한 뒤 수리를 하는 보전 방법으로 기계설비가 고장을 일으키거나 파손되었을 때 신속히 교체 또는 보수하는 것을 지칭한다.
예방보전	설비를 항상 정상, 양호한 상태로 유지하기 위한 정기적인 검사와 초기의 단계에서 성능의 저하나 고장을 제거하던가 조정 또는 수복하기 위한 설비보전 방식으로 고장정지의 손실이 큰 중점설비를 대상으로 한다.
일상보전	매일 또는 매주와 같이 일상적으로 행해지는 설비의 점검 · 청소 · 조정 · 급유 · 부품 등의 활동을 말한다.

정답 21 ④ 22 ④ 23 ① 24 ③

25 다음 중 인간공학에 있어서 체계기준(System Criteria)에 해당되지 않는 것은?

① 과오빈도
② 운용비
③ 신뢰도
④ 소요인력

해설
기준의 유형

체계기준 (System Criteria)	근본적으로 체계기준이란 체계의 성능이나 산출물(Out Put)에 관련되는 기준이다. 즉, 체계가 원래 의도한 바를 얼마나 달성하는가를 반영하는 기준이다. • 체계의 예상수명 • 운용이나 사용상의 용이성 • 정비도 • 신뢰도 • 운용비 • 소요 인력
인간기준 (Human Criteria)	작업실행 중의 인간의 행동과 응답을 다루는 것으로서 성능척도, 생리학적 지표, 주관적 반응 등으로 측정한다. • 인간성능 척도 • 생리학적 지표 • 주관적 반응 • 사고빈도

26 소음방지대책 중 음원에 대한 대책으로 틀린 것은?

① 음원의 밀폐
② 발생원 제거
③ 방진·제진
④ 온·습도 조절

해설
소음방지대책
1. 소음원의 제거 : 가장 적극적인 대책
2. 소음원을 통제 : 기계의 적절한 설계, 정비 및 주유, 고무 받침대 부착, 소음기 사용(차량) 등
3. 소음의 격리 : 씌우개(Enclosure), 장벽을 사용(창문을 달으면 약 10dB 감음됨)
4. 적절한 배치(Lay Out)
5. 음향 처리제 사용
6. 차폐 장치(Baffle) 및 흡음재 사용
7. 방음 보호 용구

27 시각적 표시장치보다 청각적 표시장치를 이용하는 것이 유리한 경우는?

① 전언이 공간적인 사건을 다루는 경우
② 전언이 복잡한 경우
③ 전언이 즉각적인 행동을 요구하는 경우
④ 전언이 이후에 재참조되는 경우

해설
청각장치와 시각장치의 비교

청각적 표시장치	시각적 표시장치
1. 전언이 간단하다. 2. 전언이 짧다. 3. 전언이 후에 재참조되지 않는다. 4. 전언이 시간적 사상을 다룬다. 5. 전언이 즉각적인 행동을 요구한다.(긴급할 때) 6. 수신장소가 너무 밝거나 암조응 유지가 필요시 7. 직무상 수신자가 자주 움직일 때 8. 수신자의 시각 계통이 과부하 상태일 때	1. 전언이 복잡하다. 2. 전언이 길다. 3. 전언이 후에 재참조된다. 4. 전언이 공간적인 위치를 다룬다. 5. 전언이 즉각적인 행동을 요구하지 않는다. 6. 수신장소가 너무 시끄러울 때 7. 직무상 수신자가 한곳에 머물 때 8. 수신자의 청각 계통이 과부하 상태일 때

28 3개의 서로 다른 부품이 OR Gate에 연결된 FTA 모델이다. 각 부품의 고장확률은 모두 0.3이고, "시스템이 작동 안됨"을 정상사상(Top Event)으로 했을 때 정상사상이 발생할 확률은?

① 0.512
② 0.657
③ 0.973
④ 0.992

해설
발생확률의 계산
발생확률 = $1 - (1-0.3)(1-0.3)(1-0.3) = 0.657$

29 결함수분석법(FTA)에서 정상사상(Top Event)이 발생하지 않게 하는 기본사상들의 집합을 무엇이라고 하는가?

① 컷셋(Cut Set)
② 페일셋(Fail Set)
③ 트루셋(Truth Set)
④ 패스셋(Path Set)

해설

컷셋과 패스셋
1. 컷셋(Cut Set) : 정상사상을 발생시키는 기본사상의 집합으로 그 안에 포함되는 모든 기본사상(여기서는 통상사상, 생략결함사상 등을 포함한 기본사상)이 발생할 때 정상사상을 발생시킬 수 있는 기본사상의 집합
2. 패스셋(Path Set) : 그 안에 포함되는 모든 기본사상이 일어나지 않을 때 처음으로 정상사상이 일어나지 않는 기본사상의 집합, 즉 시스템이 고장나지 않도록 하는 사상의 조합이다.

30 Oxford 지수(Wet-Dry Index, WD)를 구하는 공식으로 옳은 것은?

① WD = (0.3 × 글로브온도) + (0.7 × 자연습구온도)
② WD = (0.7 × 글로브온도) + (0.3 × 자연습구온도)
③ WD = (0.85 × 건구온도) + (0.15 × 습구온도)
④ WD = (0.85 × 습구온도) + (0.15 × 건구온도)

해설

Oxford 지수
습건(WD) 지수라고도 부르며, 습구 온도(W)와 건구 온도(D)의 가중 평균치로서 정의된다.

$$WD = 0.85W + 0.15D$$

31 결함나무분석(FTA)에서 사용되는 사상 기호 중 "시스템의 정상적인 가동상태에서 일어날 것이 기대되는 사상"을 나타내는 기호는?

①   ②
③   ④

해설

FTA 분석 기호

번호	기호	명칭	내용
1	▭	결함사상	사고가 일어난 사상(사건)
2	○	기본사상	더 이상 전개가 되지 않는 기본적인 사상 또는 발생확률이 단독으로 얻어지는 낮은 레벨의 기본적인 사상
3	⌂	통상사상 (가형사상)	통상발생이 예상되는 사상(예상되는 원인)
4	◇	생략사상 (최후사상)	정보부족 또는 분석기술 불충분으로 더 이상 전개할 수 없는 사상(작업진행에 따라 해석이 가능할 때는 다시 속행한다.)
5	△	전이기호 (이행기호)	• FT도상에서 다른 부분에 관한 이행 또는 연결을 나타낸다. • 상부에 선이 있는 경우는 다른 부분으로 전입(IN)
6	△	전이기호 (이행기호)	• FT도상에서 다른 부분에 관한 이행 또는 연결을 나타낸다. • 측면에 선이 있는 경우는 다른 부분으로 전출(OUT)

32 사업장 위험성평가에 관한 지침상 위험성을 결정한 결과 허용 가능한 위험성이 아니라고 판단되는 경우에 고려해야 할 요소가 아닌 것은?

① 위험한 작업의 폐지·변경
② 영향을 받는 근로자 수
③ 위험성의 수준
④ 근로자의 만족도

해설

위험성 감소대책 수립 및 실행
1. 사업주는 허용 가능한 위험성이 아니라고 판단한 경우에는 위험성의 수준, 영향을 받는 근로자 수 및 다음 각 호의 순서를 고려하여 위험성 감소를 위한 대책을 수립하여 실행하여야 한다. 이 경우 법령에서 정하는 사항과 그 밖에 근로자의 위험 또는 건강장해를 방지하기 위하여 필요한 조치를 반영하여야 한다.
   ㉠ 위험한 작업의 폐지·변경, 유해·위험물질 대체 등의 조치 또는 설계나 계획 단계에서 위험성을 제거 또는 저감하는 조치
   ㉡ 연동장치, 환기장치 설치 등의 공학적 대책
   ㉢ 사업장 작업절차서 정비 등의 관리적 대책
   ㉣ 개인용 보호구의 사용
2. 사업주는 위험성 감소대책을 실행한 후 해당 공정 또는 작업의 위험성의 수준이 사전에 자체 설정한 허용 가능한 위험성의 수준인지를 확인하여야 한다.
3. 2에 따른 확인 결과, 위험성이 자체 설정한 허용 가능한 위험성 수준으로 내려오지 않는 경우에는 허용 가능한 위험성 수준이 될 때까지 추가의 감소대책을 수립·실행하여야 한다.

정답 30 ④ 31 ④ 32 ④

4. 사업주는 중대재해, 중대산업사고 또는 심각한 질병이 발생할 우려가 있는 위험성으로서 1에 따라 수립한 위험성 감소대책의 실행에 많은 시간이 필요한 경우에는 즉시 잠정적인 조치를 강구하여야 한다.

33 근골격계 질환의 인간공학적 주요 위험요인과 가장 거리가 먼 것은?

① 과도한 힘   ② 부적절한 자세
③ 단순 반복 작업   ④ 고온의 환경

해설

근골격계 질환
1. 반복적인 동작, 부적절한 작업자세, 무리한 힘의 사용, 날카로운 면과의 신체접촉, 진동 및 온도 등의 요인에 의하여 발생하는 건강장해로서 목, 어깨, 허리, 팔·다리의 신경·근육 및 그 주변 신체조직 등에 나타나는 질환을 말한다.
2. 유사용어로는 누적 외상성 질환(CTDS), 반복성 긴장 상해 등이 있다.

34 인간-기계통합 체계에서 인간 또는 기계에 의해서 수행되는 4가지 기본 기능 중 다른 3가지 기능 모두와 상호 연관관계를 가지고 있는 것은?

① 정보처리 및 의사결정
② 정보의 수용
③ 정보의 저장
④ 행동 기능

해설

체계(System)의 기본기능 및 업무

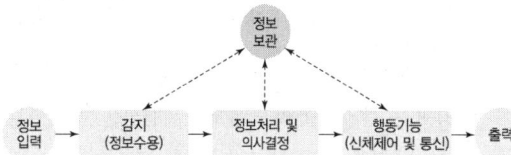

35 작업형태나 작업조건 중에서 다른 문제가 생겨 필요사항을 실행할 수 없는 경우나 어떤 결함으로부터 파생하여 발생하는 오류를 무엇이라 하는가?

① Commission Error   ② Command Error
③ Extraneous Error   ④ Secondary Error

해설

인간오류 원인의 레벨(Level)적 분류

1차 에러 (Primary Error)	작업자 자신으로부터 발생한 에러
2차 에러 (Secondary Error)	작업형태나 작업조건 중에서 다른 문제가 발생하여 필요한 직무나 절차를 수행할 수 없는 에러
지시 에러 (Command Error)	작업자가 움직이려 해도 필요한 물건, 정보, 에너지 등이 공급되지 않아서 작업자가 움직일 수 없는 상황에서 발생한 에러

36 인체에서 뼈의 주요 기능으로 볼 수 없는 것은?

① 대사작용   ② 신체의 지지
③ 조혈작용   ④ 장기의 보호

해설

골격의 주요 기능
1. 지지(Support) : 신체를 지지하고 형상을 유지하는 역할
2. 보호(Protection) : 주요한 부분(생명기관)을 보호하는 역할
3. 근부착(Muscle Attachment) : 골격근이 수축할 때 지렛대 역할을 하여 신체활동(인체운동)을 수행하는 역할
4. 조혈(Blood Cell Production) : 골수에서 혈구를 생산하는 조혈작용
5. 무기질 저장(Mineral Storage) : 칼슘, 인산의 중요한 저장고가 되며 나트륨과 마그네슘 이온의 작은 저장고 역할

37 NIOSH의 연구에 기초하여, 목과 어깨 부위의 근골격계 질환 발생과 인과관계가 가장 적은 위험요인은?

① 진동   ② 반복작업
③ 과도한 힘   ④ 작업자세

해설

근골격계 질환과 유해인자 사이의 연관성

목과 목 (어깨부위)	작업자세가 강한 연관성이 있고, 반복성과 힘은 연관성이 있으며, 진동은 연관성에 대한 증거가 불충분
어깨 부위	작업자세와 반복성이 연관성이 있으며, 힘과 진동은 연관성에 대한 증거가 불충분
팔꿈치 부위	작업자세, 반복성, 힘이 혼합된 위험요인들로 강한 연관성이 있으며, 힘은 연관성이 존재하고, 반복과 작업자세는 연관성에 대한 증거가 불충분

정답 33 ④ 34 ③ 35 ④ 36 ① 37 ①

손 및 손목 부위 (수근관증후군)	작업자세, 반복성, 힘이 혼합된 위험요인들로 강한 연관성이 있으며, 반복성, 힘, 진동은 연관성이 존재하고, 작업자세는 연관성에 대한 증거가 불충분
손 및 손목 부위 (건초염)	작업자세, 반복성, 힘이 혼합된 위험요인들로 강한 연관성이 있으며, 반복성, 힘, 작업자세가 연관성이 존재
손 및 손목 부위 (진동증후군)	진동만이 강한 연관성이 있음
허리 부위	들기 작업과 힘, 전신진동이 강한 연관성이 있으며, 작업자세와 고ել 작업은 연관성이 있으며, 정적인 자세는 연관성에 대한 증거가 불충분

38 다음 중 인간-기계 시스템 설계과정의 단계에서 가장 먼저 실시되어야 하는 단계는?

- 기본설계
- 시스템 정의
- 목표 및 성능 명세 결정
- 인간-기계 인터페이스 설계
- 매뉴얼 및 성능보조자료 작성
- 시험 및 평가

① 인간-기계 인터페이스 설계
② 기본설계
③ 목표 및 성능 명세 결정
④ 매뉴얼 및 성능보조자료 작성

해설

인간-기계 체계설계의 기본단계 순서
1. 제1단계 : 목표 및 성능 명세 결정
2. 제2단계 : 시스템(체계)의 정의
3. 제3단계 : 기본설계
4. 제4단계 : 인터페이스(계면) 설계
5. 제5단계 : 촉진물 설계
6. 제6단계 : 시험 및 평가

39 Swain에 의해 분류된 휴먼에러의 독립행동에 관한 분류 중 작위적 오류(Commission Error)에 해당되지 않는 것은?

① 전선(Cable)이 바뀌었다.
② 틀린 부품을 사용하였다.
③ 부품이 거꾸로 조립되었다.
④ 부품을 빠뜨리고 조립하였다.

해설

인간실수의 분류(심리적인 분류)

생략에러 (Omission Error, 부작위 실수)	필요한 직무 및 절차를 수행하지 않아(생략) 발생하는 에러 예 가스밸브를 잠그는 것을 잊어 사고가 났다.
작위에러 (Commission Error)	필요한 작업 또는 절차의 불확실한 수행(잘못 수행)으로 인한 에러 예 전선이 바뀌었다, 틀린 부품을 사용하였다, 부품이 거꾸로 조립되었다 등
순서에러 (Sequential Error)	필요한 작업 또는 절차의 순서 착오로 인한 에러 예 자동차 출발 시 핸드브레이크를 해제하지 않고 출발하여 발생한 경우
시간에러 (Time Error)	필요한 직무 또는 절차의 수행지연으로 인한 에러 예 프레스 작업 중에 금형 내에 손이 오랫동안 남아 있어 발생한 재해
과잉행동에러 (Extraneous Error)	불필요한 작업 또는 절차를 수행함으로써 기인한 에러 예 자동차 운전 중 습관적으로 손을 창문으로 내밀어 발생한 재해

40 인체측정과 작업공간 설계에 관한 설명으로 틀린 것은?

① 최대작업역 : 전완과 상완을 곧게 펴서 파악할 수 있는 영역
② 정상작업역 : 상완을 자연스럽게 수직으로 늘어뜨린 채, 손목을 움직여 파악할 수 있는 영역
③ 동적 측정 : 신체의 움직임에 따른 활동범위 등을 측정
④ 정적 측정 : 표준자세에서 움직이지 않는 자세에서 인체를 측정하는 것으로 골격 등 신체부위를 측정

해설

1. 최대작업역 : 아래팔(전완)과 위팔(상완)을 곧게 펴서 파악할 수 있는 구역
2. 정상작업역 : 위팔(상완)을 자연스럽게 수직으로 늘어뜨린 채, 아래팔(전완)만으로 편하게 뻗어 파악할 수 있는 구역
3. 기능적 인체 치수(동적 측정) : 인체 계측 중 운전 또는 워드 작업과 같이 인체의 각 부분이 서로 조화를 이루어 움직이는 자세에서의 인체치수를 측정하는 것으로 일반적으로 상지나 하지의 운동, 체위의 움직임에 따른 상태에서 측정하는 것
4. 구조적 인체 치수(정적 측정) : 표준 자세에서 움직이지 않는 피측정자를 인체 계측기 등으로 측정하는 것

정답 38 ③ 39 ④ 40 ②

3과목 기계·기구 및 설비 안전관리

41 산업안전보건법령상 프레스의 방호장치에 해당되지 않는 것은?

① 가드식 방호장치 ② 수인식 방호장치
③ 롤 피드식 방호장치 ④ 손쳐내기식 방호장치

해설

프레스의 방호장치
- 가드식
- 수인식
- 광전자식
- 손쳐내기식
- 양수조작식

42 기계설비의 방호는 위험장소에 대한 방호와 위험원에 대한 방호로 분류할 때, 다음 위험원에 대한 방호장치에 해당하는 것은?

① 격리형 방호장치
② 포집형 방호장치
③ 접근거부형 방호장치
④ 위치제한형 방호장치

해설

방호장치의 분류
1. 위험장소 : 격리형 방호장치, 위치제한형 방호장치, 접근반응형 방호장치, 접근 거부형 방호장치
2. 위험원 : 포집형 방호장치, 감지형 방호장치

43 산업안전보건법령상 컨베이어의 작업시작 전 점검해야 할 사항으로 가장 거리가 먼 것은?

① 원동기 및 풀리(Pulley) 기능의 이상 유무
② 비상정지장치 기능의 이상 유무
③ 이탈 등의 방지장치 기능의 이상 유무
④ 클러치 및 브레이크 기능의 이상 유무

해설

컨베이어의 작업시작 전 점검사항
1. 원동기 및 풀리(Pulley) 기능의 이상 유무
2. 이탈 등의 방지장치 기능의 이상 유무
3. 비상정지장치 기능의 이상 유무
4. 원동기·회전축·기어 및 풀리 등의 덮개 또는 울 등의 이상 유무

44 산업안전보건법령상 지게차를 이용한 작업 중 위쪽으로부터 떨어지는 물건에 의한 위험을 방지하기 위해 운전자의 머리 위쪽에 설치하는 방호장치는?

① 포크 ② 헤드가드
③ 백호 ④ 백레스트

해설

헤드가드
지게차를 이용한 작업 중 위쪽으로부터 떨어지는 물건에 의한 위험을 방지하기 위하여 운전자의 머리 위쪽에 설치하는 덮개를 말한다.

TIP
- 포크 : 용접 또는 이음 장치에 의하여 지게차의 마스트에 부착된 2개 이상의 수평으로 돌출된 적재 장치를 말한다.
- 백레스트 : 지게차를 이용한 작업 중에 마스트를 뒤로 기울일 때 화물이 마스트 방향으로 떨어지는 것을 방지하기 위해 설치하는 짐받이 틀을 말한다.

45 다음은 목재가공용 둥근톱에서 분할날에 관한 설명이다. ( ) 안의 내용을 올바르게 나타낸 것은?

- 분할날의 두께는 둥근톱 두께의 (㉠) 이상일 것
- 견고히 고정할 수 있으며 분할날과 톱날 원주면과의 거리는 (㉡) 이내로 조정, 유지할 수 있어야 한다.

① ㉠ : 1.5배, ㉡ : 15mm
② ㉠ : 1.1배, ㉡ : 12mm
③ ㉠ : 1.1배, ㉡ : 15mm
④ ㉠ : 2배, ㉡ : 20mm

해설

분할날의 설치구조
1. 분할 날의 두께는 둥근톱 두께의 1.1배 이상일 것

$$1.1t_1 \leq t_2 < b$$
(t_1 : 톱두께, t_2 : 분할날두께, b : 치진폭)

2. 견고히 고정할 수 있으며 분할날과 톱날 원주면과의 거리는 12mm 이내로 조정, 유지할 수 있어야 하고 표준 테이블면(승강반에 있어서도 테이블을 최하로 내린 때의 면) 상의 톱 뒷날의 2/3 이상을 덮도록 할 것
3. 재료는 KS D 3751(탄소공구강재)에서 정한 STC 5(탄소공구강) 또는 이와 동등이상의 재료를 사용할 것
4. 분할날 조임볼트는 2개 이상이어야 하며 볼트는 이완방지조치가 되어 있어야 한다.

정답 41 ③ 42 ② 43 ④ 44 ② 45 ②

46 근로자에게 위험을 미칠 우려가 있는 원동기, 축이음, 풀리 등에 설치하여야 하는 것은?

① 덮개
② 압력계
③ 통풍장치
④ 과압방지기

해설

원동기 · 회전축 등의 위험방지

원동기 · 회전축 · 기어 · 풀리 · 플라이휠 · 벨트 및 체인 등 근로자가 위험에 처할 우려가 있는 부위	덮개, 울, 슬리브, 건널다리 등
회전축 · 기어 · 풀리 및 플라이휠 등에 부속되는 키 · 핀 등의 기계요소	• 묻힘형 • 덮개
벨트의 이음 부분	돌출된 고정구 사용 금지

47 산업안전보건법령상 양중기에서 절단하중이 100톤인 와이어로프를 사용하여 화물을 직접적으로 지지하는 경우, 화물의 최대허용하중(톤)은?

① 20
② 30
③ 40
④ 50

해설

와이어로프의 안전계수

$$\text{안전율(안전계수)} = \frac{\text{절단하중(파괴하중)}}{\text{최대허용하중}}$$

1. 화물의 하중을 직접 지지하는 달기와이어로프 또는 달기체인의 경우 안전계수: 5 이상
2. 최대허용하중 $= \frac{\text{절단하중(파괴하중)}}{\text{안전계수}} = \frac{100}{5} = 20$[톤]

TIP 와이어로프 등 달기구의 안전계수

근로자가 탑승하는 운반구를 지지하는 달기와이어로프 또는 달기체인의 경우	10 이상
화물의 하중을 직접 지지하는 달기와이어로프 또는 달기체인의 경우	5 이상
훅, 샤클, 클램프, 리프팅 빔의 경우	3 이상
그 밖의 경우	4 이상

48 500rpm으로 회전하는 연삭기의 숫돌지름이 200mm일 때 원주속도(m/min)는?

① 628
② 62.8
③ 314
④ 31.4

해설

원주속도(회전속도)

$$V = \pi DN [\text{mm/min}] = \frac{\pi DN}{1,000}[\text{m/min}]$$

여기서, V : 원주속도(회전속도)(m/min)
D : 숫돌의 지름(mm)
N : 숫돌의 매분 회전수(rpm)

$V = \frac{\pi DN}{1,000}(\text{m/min}) = \frac{\pi \times 200 \times 500}{1,000} = 314(\text{m/min})$

49 산업안전보건법령상 탁상용 연삭기에 사용하는 것으로서 공작물을 연삭할 때 가공물 지지점이 되도록 받쳐주는 것을 무엇이라 하는가?

① 주판
② 측판
③ 심압대
④ 워크레스트(Workrest)

해설

워크레스트(Workrest)
탁상용 연삭기에 사용하는 것으로 공작물을 연삭할 때 가공물 지지점이 되도록 받쳐주는 것을 말한다.

50 선반 작업의 안전사항으로 가장 적절하지 않은 것은?

① 배드 위에 공구를 올려놓지 않아야 한다.
② 바이트는 끝을 매우 길게 장치한다.
③ 바이트를 교환할 때는 기계를 정지시키고 한다.
④ 반드시 보안경을 착용한다.

해설

선반 작업 시 주의사항
1. 칩(Chip)이 비산할 때는 보안경을 쓰고 방호판을 설치 사용한다.
2. 베드 위에 공구를 올려 놓지 않아야 한다.
3. 작업 중에 가공품을 만지지 않는다.
4. 장갑 착용을 금한다.
5. 작업 시 공구는 항상 정리해 둔다.
6. 가능한 한 절삭 방향은 주축대 쪽으로 한다.
7. 기계 점검을 한 후 작업을 시작한다.
8. 칩(Chip)이나 부스러기를 제거할 때는 기계를 정지시키고 압축공기를 사용하지 말고 반드시 브러시(솔)을 사용한다.
9. 치수 측정, 주유 및 청소를 할 때는 반드시 기계를 정지시키고 한다.

정답 46 ① 47 ① 48 ③ 49 ④ 50 ②

10. 기계를 운전 중에 백 기어(Back Gear)를 사용하지 말고 시동 전에 심압대가 잘죄어 있는가를 확인한다.
11. 바이트는 가급적 짧게 장치하며 가공물의 길이가 직경의 12배 이상일 때는 반드시 방진구를 사용하여 진동을 막는다.
12. 리드 스크루에는 작업자의 하부가 걸리기 쉬우므로 조심해야 한다.

51 방호장치 자율안전기준 고시 기준상 롤러기의 급정지장치 중 무릎조작식의 경우 조작부의 설치위치로 옳은 것은?(단, 위치는 급정지장치 조작부의 중심점을 기준)

① 밑면에서 0.6m 이내
② 밑면에서 0.8~1.1m 이내
③ 밑면에서 0.7~0.8m 이내
④ 밑면에서 1.8m 이상

해설

급정지장치의 설치방법

급정지장치 조작부의 종류	위치	비고
손으로 조작하는 것	밑면으로부터 1.8m 이내	위치는 급정지장치 조작부의 중심점을 기준으로 함
복부로 조작하는 것	밑면으로부터 0.8m 이상 1.1m 이내	
무릎으로 조작하는 것	밑면으로부터 0.4m 이상 0.6m 이내	

52 절삭 중 칩을 짧게 절단하는 선반의 방호장치는?

① 칩 브레이커(Chip Breaker)
② 바이트
③ 심압대
④ 주축대

해설

선반의 방호장치(안전장치)

칩 브레이커 (Chip Breaker)	절삭 중 칩을 자동적으로 끊어 주는 바이트에 설치된 안전장치
급정지 브레이크	가공작업 중 선반을 급정지시킬 수 있는 방호장치
실드 (Shield)	가공물의 칩이 비산되어 발생하는 위험을 방지하기 위해 사용하는 덮개(칩비산방지 투명판)
척 커버 (Chuck Cover)	척과 척으로 잡은 가공물의 돌출부에 작업자가 접촉하지 않도록 설치하는 덮개

53 산업안전보건법령상 가스집합장치로부터 얼마 이내의 장소에서는 흡연, 화기의 사용 또는 불꽃을 발생할 우려가 있는 행위를 금지하여야 하는가?

① 5m
② 7m
③ 10m
④ 25m

해설

가스집합 용접장치의 관리

가스집합장치로부터 5미터 이내의 장소에서는 흡연, 화기의 사용 또는 불꽃을 발생할 우려가 있는 행위를 금지할 것

54 산업안전보건법령상 합판, 종이, 천, 금속박 등을 통과시키는 롤러기로서 근로자가 위험해질 우려가 있는 부위에 설치해야 할 방호장치는?

① 안내 롤러
② 방호판
③ 과부하방지장치
④ 반발예방장치

해설

합판·종이·천 및 금속박 등을 통과시키는 롤러기로서 근로자가 위험해질 우려가 있는 부위에는 울 또는 가이드롤러(Guide Roller) 등을 설치하여야 한다.

55 프레스에서 동력의 전달을 단속하는 역할을 하는 것은?

① 받침대
② 클러치
③ 펀치
④ 울

해설

프레스의 클러치는 동력을 연결 또는 단락시키는 것으로 중요한 점검부분이며, 재해방지를 위해 가장 중요한 역할을 한다.

정답 51 ① 52 ① 53 ① 54 ① 55 ②

56 피복금속 아크용접 작업 시 생기는 결함에 대한 설명 중 틀린 것은?

① 스패터(Spatter) : 용융된 금속의 작은 입자가 튀어나와 모재에 묻어있는 것
② 언더컷(Under Cut) : 전류가 과대하고 용접속도가 너무 빠르며, 아크를 짧게 유지하기 어려운 경우 모재 및 용접부의 일부가 녹아서 홈 또는 오목하게 생긴 부분
③ 크레이터(Crater) : 용착금속 속에 남아있는 가스로 인하여 생긴 구멍
④ 오버랩(Over Lap) : 용접봉의 운행이 불량하거나 용접봉의 용융 온도가 모재보다 낮을 때 과잉 용착금속이 남아있는 부분

해설
크레이터(Crater)
용접 끝부분이 오목하게 들어가는 것으로 불순물이 들어가기 쉽고 냉각 중에 균열이 생기기 쉽다.

57 산업안전보건법령상 회전 중인 연삭숫돌지름이 최소 얼마 이상인 경우로서 근로자에게 위험을 미칠 우려가 있는 경우 해당 부위에 덮개를 설치하여야 하는가?

① 3cm 이상　② 5cm 이상
③ 10cm 이상　④ 20cm 이상

해설
연삭기 작업면에 있어서의 안전기준
1. 회전 중인 연삭숫돌(지름이 5센티미터 이상인 것으로 한정)이 근로자에게 위험을 미칠 우려가 있는 경우에 그 부위에 덮개를 설치하여야 한다.
2. 연삭숫돌을 사용하는 작업의 경우 작업을 시작하기 전에는 1분 이상, 연삭숫돌을 교체한 후에는 3분 이상 시험운전을 하고 해당 기계에 이상이 있는지를 확인하여야 한다.
3. 시험운전에 사용하는 연삭숫돌은 작업시작 전에 결함이 있는지를 확인한 후 사용하여야 한다.
4. 연삭숫돌의 최고 사용회전속도를 초과하여 사용하도록 해서는 아니 된다.
5. 측면을 사용하는 것을 목적으로 하지 않는 연삭숫돌을 사용하는 경우 측면을 사용하도록 해서는 아니 된다.

58 지게차로 20km/hr의 속력으로 주행할 때 좌우 안정도는 몇 % 이내이어야 하는가?(단, 무부하상태를 기준으로 한다.)

① 37%　② 39%
③ 40%　④ 42%

해설
지게차의 안정도 기준
주행 시의 좌우 안정도
$= (15 + 1.1V)\%$ 이내 [V : 최고속도(km/hr)]
$= (15 + 1.1 \times 20) = 37[\%]$

59 프레스 작업 중 작업자의 신체일부가 위험한 작업점으로 들어가면 자동적으로 정지되는 기능이 있는데, 이러한 안전 대책을 무엇이라고 하는가?

① 풀 프루프(Fool Proof)
② 페일 세이프(Fail Safe)
③ 인터록(Inter Lock)
④ 리미트 스위치(Limit Switch)

해설
풀 프루프(Fool Proof)
작업자가 기계를 잘못 취급하여 불안전 행동이나 실수를 하여도 기계설비의 안전 기능이 작용되어 재해를 방지할 수 있는 기능을 가진 구조

TIP
① 페일 세이프(Fail Safe) : 기계나 그 부품에 파손·고장이나 기능불량이 발생하여도 항상 안전하게 작동할 수 있는 기능을 가진 구조
② 인터록(Inter Lock) : 기계의 각 작동 부분 상호 간을 전기적, 기구적, 유공압 장치 등으로 연결해서 기계의 각 작동 부분이 정상으로 작동하기 위한 조건이 만족되지 않을 경우 자동적으로 그 기계를 작동할 수 없도록 하는 것
③ 리미트 스위치(Limit Switch) : 기계장치 등에서 동작이 일정한 한계에 도달하였을 때 스위치가 작동하여 차단하는 장치

60 산업안전보건법령상 위험한 기계·기구의 방호조치에 대한 사업주·근로자 준수사항으로 가장 적절하지 않은 것은?

① 방호조치의 기능상실을 발견 시 사업주에게 신고할 것

② 방호조치 해체 시 해당 근로자가 판단하여 해체할 것
③ 방호조치의 기능상실에 대한 신고가 있을 시 사업주는 수리, 보수 및 작업 중지 등 적절한 조치를 할 것
④ 방호조치 해체 사유가 소멸된 경우 근로자는 즉시 원상회복시킬 것

해설

방호조치 해체 등에 필요한 조치
1. 방호조치를 해체하려는 경우 : 사업주의 허가를 받아 해체할 것
2. 방호조치 해체 사유가 소멸된 경우 : 방호조치를 지체 없이 원상으로 회복시킬 것
3. 방호조치의 기능이 상실된 것을 발견한 경우 : 지체 없이 사업주에게 신고할 것
4. 사업주는 방호조치의 기능이 상실된 것을 발견한 경우에 따른 신고가 있으면 즉시 수리, 보수 및 작업중지 등 적절한 조치를 해야 한다.

4과목 전기 및 화학설비 안전관리

61 인체가 현저히 젖어 있거나 인체의 일부가 금속성의 전기기구 또는 구조물에 상시 접촉되어 있는 상태의 허용접촉전압(V)은?

① 2.5V 이하
② 25V 이하
③ 50V 이하
④ 제한 없음

해설

허용 접촉전압

종별	접촉상태	허용접촉전압
제1종	인체의 대부분이 수중에 있는 상태	2.5V 이하
제2종	• 인체가 현저하게 젖어있는 상태 • 금속성의 전기기계장치나 구조물에 인체의 일부가 상시 접촉되어 있는 상태	25V 이하
제3종	제1종, 제2종 이외의 경우로 통상의 인체상태에 있어서 접촉전압이 가해지면 위험성이 높은 상태	50V 이하
제4종	• 제1종, 제2종 이외의 경우로 통상의 인체상태에 있어서 접촉전압이 가해지더라도 위험성이 낮은 상태 • 접촉전압이 가해질 우려가 없는 상태	제한 없음

62 선간전압이 6.6kV인 충전전로 인근에서 유자격자가 작업하는 경우 충전전로에 대한 최소 접근한계거리(cm)는?(단, 근로자 및 노출 충전부에 대한 안전대책이 없는 경우이다.)

① 20
② 30
③ 50
④ 60

해설

충전전로에서의 전기작업

충전전로의 선간전압 (단위 : 킬로볼트)	충전전로에 대한 접근한계거리 (단위 : 센티미터)
0.3 이하	접촉금지
0.3 초과 0.75 이하	30
0.75 초과 2 이하	45
2 초과 15 이하	60
15 초과 37 이하	90
37 초과 88 이하	110
88 초과 121 이하	130
121 초과 145 이하	150
145 초과 169 이하	170
169 초과 242 이하	230
242 초과 362 이하	380
362 초과 550 이하	550
550 초과 800 이하	790

63 전선의 연결에서 접촉불량이 화재로 이어지는 주된 이유로 가장 적절한 것은?

① 누전의 증가에 따른 접지점 발생
② 저항의 증가에 따른 과열의 발생
③ 전압의 증가에 따른 방전현상
④ 기계적 마찰에 의한 전압의 상승

해설

전선의 연결에서 접촉불량이 화재로 이어지는 주된 이유는 접촉면에서의 저항의 증가로 인한 과열이 발생하기 때문이다. 전선의 접촉불량이 있으면 접촉면에 저항이 커져 전류가 흐를 때 열이 과도하게 발생하고 열이 축적되어 허용범위를 넘으면 절연물이 열에 의해 손상되어 주변 물질이 타거나 녹아 화재로 이어질 수 있다.

64 교류아크 용접기의 재해방지를 위해 쓰이는 것은?

① 자동전격방지 장치
② 리미트 스위치
③ 정전압 장치
④ 정전류 장치

해설

자동전격방지기
용접기의 주회로(변압기의 경우는 1차회로 또는 2차회로)를 제어하는 장치를 가지고 있어, 용접봉의 조작에 따라 용접할 때에만 용접기의 주회로를 형성하고, 그 외에는 용접기의 출력 측의 무부하전압을 25볼트 이하로 저하시켜 감전의 위험 및 전력손실을 방지하는 장치를 말한다.

65 다음 중 전압의 분류가 잘못된 것은?

① 1,000V 이하의 교류전압 – 저압
② 1,500V 이하의 직류전압 – 저압
③ 1,000V 초과 7,000V 이하의 교류전압 – 고압
④ 10kV를 초과하는 직류전압 – 초고압

해설

전압의 구분

전원의 종류	저압	고압	특고압
직류(DC)	1,500V 이하	1,500V 초과 7,000V 이하	7,000V 초과
교류(AC)	1,000V 이하	1,000V 초과 7,000V 이하	7,000V 초과

66 과전류차단기로 시설하는 퓨즈 중 고압전로에 사용하는 비포장 퓨즈에 대한 설명으로 옳은 것은?

① 정격전류의 1.25배의 전류에 견디고 또한 2배의 전류로 2분 안에 용단되는 것이어야 한다.
② 정격전류의 1.25배의 전류에 견디고 또한 2배의 전류로 4분 안에 용단되는 것이어야 한다.
③ 정격전류의 2배의 전류에 견디고 또한 2배의 전류로 4분 안에 용단되는 것이어야 한다.
④ 정격전류의 2배의 전류에 견디고 또한 2배의 전류로 4분 안에 용단되는 것이어야 한다.

해설

고압 전로에 사용하는 퓨즈

포장퓨즈	비포장 퓨즈
• 정격전류의 1.3배의 전류에 견딜 것 • 2배의 전류로 120분 안에 용단되는 것	• 정격전류의 1.25배의 전류에 견딜 것 • 2배의 전류로 2분 안에 용단되는 것

67 전기작업 중 정전작업 순서로 옳은 것은?

① 전로개방 – 검전 – 잔류전하방전 – 단락접지
② 전로개방 – 검전 – 단락접지 – 잔류전하방전
③ 전로개방 – 잔류전하방전 – 검전 – 단락접지
④ 전로개방 – 잔류전하방전 – 단락접지 – 검전

해설

정전전로에서의 전로차단 절차
1. 전기기기 등에 공급되는 모든 전원을 관련 도면, 배선도 등으로 확인할 것
2. 전원을 차단한 후 각 단로기 등을 개방하고 확인할 것
3. 차단장치나 단로기 등에 잠금장치 및 꼬리표를 부착할 것
4. 개로된 전로에서 유도전압 또는 전기에너지가 축적되어 근로자에게 전기위험을 끼칠 수 있는 전기기기 등은 접촉하기 전에 잔류전하를 완전히 방전시킬 것
5. 검전기를 이용하여 작업 대상 기기가 충전되었는지를 확인할 것
6. 전기기기 등이 다른 노출 충전부와의 접촉, 유도 또는 예비동력원의 역송전 등으로 전압이 발생할 우려가 있는 경우에는 충분한 용량을 가진 단락 접지기구를 이용하여 접지할 것

68 방전의 분류로 옳지 않은 것은?

① 불꽃 방전
② 코로나 방전
③ 전도 브러시 방전
④ 스트리머 방전

해설

정전기 방전의 형태
1. 코로나(Corona) 방전
2. 스트리머(Streamer) 방전
3. 불꽃(Spark) 방전
4. 연면(Surface) 방전
5. 브러시(Brush) 방전
6. 뇌상방전

정답 64 ① 65 ④ 66 ① 67 ③ 68 ③

69 Dalziel의 심실세동전류와 통전시간과의 관계식에 의하면 인체 전격시의 통전시간이 4초이었다고 했을 때 심실세동 전류의 크기는 약 몇 mA인가?

① 42　　② 83
③ 165　　④ 185

해설

심실세동전류(치사전류)

$$I = \frac{165}{\sqrt{T}} (mA)$$

여기서, I : 심실세동전류(mA)
　　　　T : 통전 시간(sec)
　　　　전류 I는 1,000명 중 5명 정도가 심실세동을 일으키는 값

$$I = \frac{165}{\sqrt{T}} = \frac{165}{\sqrt{4}} = 82.5 ≒ 83[mA]$$

---

70 전선 간에 가해지는 전압이 어떤 값 이상으로 되면 전선 주위의 전기장이 강하게 되어 전선 표면의 공기가 국부적으로 절연이 파괴가 되어 빛과 소리를 내는데 이와 같은 것을 무엇이라고 하는가?

① 표피 작용　　② 페란티 효과
③ 코로나 현상　　④ 근접 현상

해설

코로나 현상
1. 전선 간에 가해지는 전압이 어떤 값 이상으로 되면 전선 주위의 전기장이 강하게 되어 전선 표면의 공기가 국부적으로 절연이 파괴가 되어 빛과 소리를 내면서 방전되는 현상을 말한다.
2. 코로나의 영향
   ㉠ 코로나 손실에 의한 송전효율 저하
   ㉡ 전선의 부식을 촉진
   ㉢ 코로나 잡음이 발생
   ㉣ 통신선로 유도장해 발생 등

---

71 다음 중 폭발하한농도(vol%)가 가장 높은 것은?

① 일산화탄소
② 아세틸렌
③ 디에틸에테르
④ 아세톤

해설

주요 가연성 가스의 폭발범위

가연성 가스	폭발하한 값(%)	폭발상한 값(%)
일산화탄소(CO)	12.5	74.0
아세틸렌(C_2H_2)	2.5	81.0
디에틸에테르($C_2H_5OC_2H_5$)	1.9	48
아세톤(CH_3COCH_3)	2.5	12.8

---

72 다음 중 건조설비의 사용상 주의사항으로 적절하지 않은 것은?

① 고조설비 가까이 가연성 물질을 두지 말 것
② 고온으로 가열 건조한 물질은 즉시 격리 저장할 것
③ 위험물 건조설비를 사용할 때는 미리 내부를 청소하거나 환기시킨 후 사용할 것
④ 건조 시 발생하는 가스·증기 또는 분진에 의한 화재·폭발의 위험이 있는 물질은 안전한 장소로 배출할 것

해설

건조설비의 사용 시 준수사항
1. 위험물 건조설비를 사용하는 경우에는 미리 내부를 청소하거나 환기할 것
2. 위험물 건조설비를 사용하는 경우에는 건조로 인하여 발생하는 가스·증기 또는 분진에 의하여 폭발·화재의 위험이 있는 물질을 안전한 장소로 배출시킬 것
3. 위험물 건조설비를 사용하여 가열건조하는 건조물은 쉽게 이탈되지 않도록 할 것
4. 고온으로 가열건조한 인화성 액체는 발화의 위험이 없는 온도로 냉각한 후에 격납시킬 것
5. 건조설비(바깥 면이 현저히 고온이 되는 설비만 해당)에 가까운 장소에는 인화성 액체를 두지 않도록 할 것

---

73 리튬(Li)에 관한 설명으로 틀린 것은?

① 연소 시 산소와는 반응하지 않는 특성이 있다.
② 염산과 반응하여 수소를 발생한다.
③ 물과 반응하여 수소를 발생한다.
④ 화재 발생 시 소화방법으로는 건조된 마른 모래 등을 이용한다.

> 해설

리튬(Li)[제3류 위험물]
1. 공기 중에서 서서히 가열해도 발화하여 연소하며, 연소 시 탄산가스(CO_2) 속에서도 꺼지지 않고 연소한다.
2. 산, 알코올류와는 격렬히 반응하여 수소를 발생한다.
3. 물과는 격렬하게 반응하여 수소를 발생한다.
4. 주수를 엄금하고 잘 건조된 소금분말, 마른모래, 건조 분말 소화약제에 의해 질식소화를 한다.

74 산업안전보건법령상 물질안전보건자료(MSDS) 작성 시 포함되어야 하는 항목이 아닌 것은?

① 물리화학적 특성
② 유해물질의 제조법
③ 환경에 미치는 영향
④ 누출사고 시 대처방법

> 해설

물질안전보건자료 작성 시 포함되어야 할 항목 및 그 순서
1. 화학제품과 회사에 관한 정보
2. 유해성 · 위험성
3. 구성성분의 명칭 및 함유량
4. 응급조치요령
5. 폭발 · 화재 시 대처방법
6. 누출사고 시 대처방법
7. 취급 및 저장방법
8. 노출방지 및 개인보호구
9. 물리화학적 특성
10. 안정성 및 반응성
11. 독성에 관한 정보
12. 환경에 미치는 영향
13. 폐기 시 주의사항
14. 운송에 필요한 정보
15. 법적규제 현황
16. 그 밖의 참고사항

75 낮은 압력에서 물질의 끓는점이 내려가는 현상을 이용하여 시행하는 분리법으로 온도를 높여서 가열할 경우 원료가 분해될 우려가 있는 물질을 증류할 때 사용하는 방법을 무엇이라 하는가?

① 진공증류 ② 추출증류
③ 공비증류 ④ 수증기증류

> 해설

특수한 증류방법

감압증류 (진공증류)	상압하에서 끓는점까지 가열할 경우 분해할 우려가 있는 물질의 증류를 감압 또는 진공하여 끓는점을 내려서 증류하는 방법
추출증류	분리하여야 하는 물질의 끓는점이 비슷한 경우 증류하는 방법
공비증류	일반적인 증류로 순수한 성분을 분리할 수 없는 혼합물의 경우 증류하는 방법
수증기증류	물에 거의 용해하지 않는 휘발성 액체에 수증기를 불어 넣으면서 가열하면 그 액체는 원래의 끓는점보다 상당히 낮은 온도에서 유출하는 방법

76 다음 중 니트로글리세린에 관한 설명으로 틀린 것은?

① 물에 잘 녹으며, 액체 상태로 운반한다.
② 점화하면 즉시 연소하고, 다량이면 폭발력이 강하다.
③ 상온에서 액체이지만 겨울철에는 동결한다.
④ 질산과 황산의 혼산 중에 글리세린을 반응시켜 만든다.

> 해설

니트로글리세린
1. 강산화제, 나트륨(Na), 수산화나트륨(NaOH) 등과 혼촉 시 발화 폭발하며, 환기가 잘 되는 냉암소에 보관한다.
2. 물에는 거의 녹지 않으나 메탄올, 벤젠, 아세톤 등에는 녹으며, 겨울철에는 동결할 우려가 있다.

77 다음 중 할로겐화합물 소화약제에 관한 설명으로 틀린 것은?

① 주된 소화효소는 억제소화이다.
② 유류나 전기 화재에 적합하다.
③ 변질 우려가 있어 장기간 저장이 어렵다.
④ 구성원소로는 C, F, Cl, Br_2 등이 있다.

> 해설

할로겐화합물 소화약제
1. 할로겐화합물이란 불소, 염소, 브롬 및 요오드 등 할로겐족 원소를 하나 이상 함유한 화학물질을 말한다.
2. 변질, 분해가 없고, 전기의 불량도체이므로 유류화재, 전기화재에 많이 사용된다.

정답 74 ② 75 ① 76 ① 77 ③

3. 상온에서 압축하면 쉽게 액체 상태로 변하기 때문에 용기에 쉽게 저장할 수 있다.
4. 수명이 반영구적이다.

78 윤활유를 닦은 기름걸레를 햇빛이 잘 드는 작업장의 구석에 모아 두었을 때 가장 발생가능성이 높은 재해는?

① 분진폭발
② 자연발화에 의한 화재
③ 정전기 불꽃에 의한 화재
④ 기계의 마찰열에 의한 화재

해설

자연발화

개념	외부로 방열하는 열보다 내부에서 발생하는 열의 양이 많은 경우에 발생
자연발화의 형태	• 산화열에 의한 발열(석탄, 건성유, 기름걸레 등) • 분해열에 의한 발열(셀룰로이드, 니트로셀룰로오스 등) • 흡착열에 의한 발열(활성탄, 목탄분말, 석탄분 등) • 미생물에 의한 발열(퇴비, 먼지, 볏짚 등) • 중합에 의한 발열(아크릴로니트릴 등)

TIP 기름걸레는 자연발화하므로 안전하게 금속재에 보관한다. (플라스틱은 열전도율이 낮아 열의 축적에 의한 위험성이 더 크다.)

79 유해·위험설비의 설치·이전 시 공정안전보고서의 제출시기로 옳은 것은?

① 공사완료 전까지
② 공사 후 시운전 익일까지
③ 설비 가동 후 30일 이내에
④ 공사의 착공일 30일 전까지

해설

공정안전보고서의 제출
사업주는 제출대상에 따른 유해하거나 위험한 설비의 설치·이전 또는 주요 구조부분의 변경공사의 착공일 30일 전까지 공정안전보고서를 2부 작성하여 공단에 제출해야 한다.

80 다음 중 분해 폭발하는 가스의 폭발방지를 위하여 첨가하는 불활성 가스로 가장 적합한 것은?

① 산소
② 질소
③ 수소
④ 프로판

해설

불활성화
1. 가연성 혼합가스나 혼합분진에 불활성가스를 주입하여 산소의 농도를 최소산소농도 이하로 낮게 유지하는 것
2. 불활성 가스
   ㉠ 질소
   ㉡ 이산화탄소
   ㉢ 수증기 또는 연소배기 가스 등이 있으며 통상적으로 불활성 가스로 질소가 사용된다.

5과목 건설공사 안전관리

81 수중굴착 및 구조물의 기초바닥 등과 같은 협소하고 상당히 깊은 범위의 굴착과 호퍼작업에 가장 적당한 굴착기계는?

① 파워셔블
② 항타기
③ 클램셸
④ 리버스 서큘레이션 드릴

해설

클램셸(Clam Shell)
1. 좁고 깊은 곳의 수직굴착, 수중굴착에 적당
2. 지하연속벽 공사, 깊은 우물통 파기에 사용
3. 구조물의 기초바닥, 잠함 등과 같은 협소하고 깊은 범위의 굴착에 적합

82 동바리 유형에 따른 동바리 조립 시 준수사항으로 옳지 않은 것은?

① 시스템 동바리의 경우 수평재는 수직재와 직각으로 설치해야 하며, 흔들리지 않도록 견고하게 설치할 것
② 동바리로 사용하는 조립강주의 경우 조립강주의 높이가 4미터를 초과하는 경우에는 높이 4미터 이내마다 수평연결재를 2개 방향으로 설치하고 수평연결재의 변위를 방지할 것

③ 동바리로 사용하는 강관틀의 경우 최상단 및 3단 이내마다 동바리의 측면과 틀면의 방향 및 교차가새의 방향에서 3개 이내마다 수평연결재를 설치하고 수평연결재의 변위를 방지할 것

④ 동바리로 사용하는 파이프 서포트의 경우 파이프 서포트를 3개 이상 이어서 사용하지 않도록 할 것

> 해설
동바리로 사용하는 강관틀의 경우
1. 강관틀과 강관틀 사이에 교차가새를 설치할 것
2. 최상단 및 5단 이내마다 동바리의 측면과 틀면의 방향 및 교차가새의 방향에서 5개 이내마다 수평연결재를 설치하고 수평연결재의 변위를 방지할 것
3. 최상단 및 5단 이내마다 동바리의 틀면의 방향에서 양단 및 5개틀 이내마다 교차가새의 방향으로 띠장틀을 설치할 것

83 다음은 공사진척에 따른 안전관리비의 사용기준이다. ( )에 들어갈 내용으로 옳은 것은?

공정률	50% 이상 70% 미만	70% 이상 90% 미만	90% 이상
사용기준	( )	70% 이상	90% 이상

① 30% 이상 ② 40% 이상
③ 50% 이상 ④ 60% 이상

> 해설
공사진척에 따른 안전관리비 사용기준

공정율	50퍼센트 이상 70퍼센트 미만	70퍼센트 이상 90퍼센트 미만	90퍼센트 이상
사용기준	50퍼센트 이상	70퍼센트 이상	90퍼센트 이상

84 양중기의 와이어로프 등 달기구의 절단하중의 값이 1,000kg일 때 최대하중 값은 얼마인가?(단, 안전계수는 10이라고 가정한다.)

① 10kg ② 50kg
③ 100kg ④ 200kg

> 해설
와이어로프의 안전계수

$$안전계수 = \frac{절단하중}{최대하중 값}$$

최대하중 값 $= \frac{절단하중}{안전계수} = \frac{1,000}{10} = 100(kg)$

85 신축공사 현장에서 강관으로 외부비계를 설치할 때 비계기둥의 최고 높이가 45m라면 관련 법령에 따라 비계기둥을 2개의 강관으로 보강하여야 하는 높이는 지상으로부터 얼마까지인가?(단, 브라켓 등으로 보강하여 2개의 강관으로 묶을 경우 이상의 강도가 유지되는 경우에는 그러하지 아니하다.)

① 14m ② 20m
③ 25m ④ 31m

> 해설
강관비계의 구조
1. 비계기둥의 제일 윗부분으로부터 31미터 되는 지점 밑부분의 비계기둥은 2개의 강관으로 묶어 세울 것
2. 45 - 31 = 14[m]

> TIP 강관비계의 구조
> 1. 비계기둥의 간격은 띠장 방향에서는 1.85미터 이하, 장선 방향에서는 1.5미터 이하로 할 것. 다만, 다음 각 목의 어느 하나에 해당하는 작업의 경우에는 안전성에 대한 구조검토를 실시하고 조립도를 작성하면 띠장 방향 및 장선 방향으로 각각 2.7미터 이하로 할 수 있다.
>   ㉠ 선박 및 보트 건조작업
>   ㉡ 그 밖에 장비 반입·반출을 위하여 공간 등을 확보할 필요가 있는 등 작업의 성질상 비계기둥 간격에 관한 기준을 준수하기 곤란한 작업
> 2. 띠장 간격은 2.0미터 이하로 할 것. 다만, 작업의 성질상 이를 준수하기가 곤란하여 쌍기둥틀 등에 의하여 해당 부분을 보강한 경우에는 그러하지 아니하다.
> 3. 비계기둥의 제일 윗부분으로부터 31미터 되는 지점 밑부분의 비계기둥은 2개의 강관으로 묶어 세울 것. 다만, 브라켓(Bracket, 까치발) 등으로 보강하여 2개의 강관으로 묶을 경우 이상의 강도가 유지되는 경우에는 그러하지 아니하다.
> 4. 비계기둥 간의 적재하중은 400킬로그램을 초과하지 않도록 할 것

86 중량물의 취급작업 시 근로자의 위험을 방지하기 위하여 사전에 작성하여야 하는 작업계획서 내용에 해당되지 않는 것은?

① 추락위험을 예방할 수 있는 안전대책
② 낙하위험을 예방할 수 있는 안전대책
③ 전도위험을 예방할 수 있는 안전대책

정답 83 ③ 84 ③ 85 ① 86 ④

④ 침수위험을 예방할 수 있는 안전대책

해설
중량물의 취급작업 작업계획서 내용
1. 추락위험을 예방할 수 있는 안전대책
2. 낙하위험을 예방할 수 있는 안전대책
3. 전도위험을 예방할 수 있는 안전대책
4. 협착위험을 예방할 수 있는 안전대책
5. 붕괴위험을 예방할 수 있는 안전대책

87 흙의 입도 분포와 관련한 삼각좌표에 나타나는 흙의 분류에 해당되지 않는 것은?

① 모래
② 점토
③ 자갈
④ 실트

해설
삼각좌표 분류법
1. 자갈을 제외한 점토분, 실트분, 모래분의 3성분으로 나누고 각 성분의 함유율로부터 흙을 분류하며, 함유율 합계는 반드시 100%가 되어야 한다.
2. 점성토의 연경도에 대한 고려는 없어 공학적 차원에서는 거의 사용하지 않고 농학적인 분류에서 사용한다.

> **TIP** 입경(토립자의 크기)에 의한 분류
> ① 콜로이드
> ② 점토
> ③ 실트
> ④ 모래
> ⑤ 자갈

88 콘크리트 타설 작업 시 준수사항으로 옳지 않은 것은?

① 바닥 위에 흘린 콘크리트는 완전히 청소한다.
② 가능한 높은 곳으로부터 자연 낙하시켜 콘크리트를 타설한다.
③ 지나친 진동기 사용은 재료분리를 일으킬 수 있으므로 금해야 한다.
④ 최상부의 슬래브는 이어붓기를 되도록 피하고 일시에 전체를 타설하도록 한다.

해설
높은 곳에서 타설하면 측압의 증가로 거푸집 변형 및 재료 분리의 현상이 발생하므로 가능한 타설 높이를 낮게 하여야 한다.

89 안전난간의 구조 및 설치 요건으로 옳지 않은 것은?

① 상부난간대는 바닥면으로부터 높이 80cm 이상 110cm 이하에 설치할 것
② 난간대는 지름 2.7센티미터 이상의 금속제 파이프나 그 이상의 강도가 있는 재료일 것
③ 안전난간은 구조적으로 가장 취약한 지점에서 가장 취약한 방향으로 작용하는 100킬로그램 이상의 하중에 견딜 수 있는 튼튼한 구조일 것
④ 상부 난간대, 중간 난간대, 발끝막이판 및 난간기둥으로 구성할 것

해설
안전난간의 구조 및 설치요건

구성	상부 난간대, 중간 난간대, 발끝막이판 및 난간기둥으로 구성할 것(다만, 중간 난간대, 발끝막이판 및 난간기둥은 이와 비슷한 구조와 성능을 가진 것으로 대체할 수 있음)
상부 난간대	상부 난간대는 바닥면 · 발판 또는 경사로의 표면(이하 "바닥면 등"이라 한다)으로부터 90센티미터 이상 지점에 설치하고, 상부 난간대를 120센티미터 이하에 설치하는 경우에는 중간 난간대는 상부 난간대와 바닥면 등의 중간에 설치해야 하며, 120센티미터 이상 지점에 설치하는 경우에는 중간 난간대를 2단 이상으로 균등하게 설치하고 난간의 상하 간격은 60센티미터 이하가 되도록 할 것(다만, 난간기둥 간의 간격이 25센티미터 이하인 경우에는 중간 난간대를 설치하지 않을 수 있음)
발끝막이판 (폭목)	발끝막이판은 바닥면 등으로부터 10센티미터 이상의 높이를 유지할 것(다만, 물체가 떨어지거나 날아올 위험이 없거나 그 위험을 방지할 수 있는 망을 설치하는 등 필요한 예방 조치를 한 장소는 제외)
난간기둥	상부 난간대와 중간 난간대를 견고하게 떠받칠 수 있도록 적정한 간격을 유지할 것
상부 난간대와 중간 난간대	상부 난간대와 중간 난간대는 난간 길이 전체에 걸쳐 바닥면 등과 평행을 유지할 것
난간대	난간대는 지름 2.7센티미터 이상의 금속제 파이프나 그 이상의 강도가 있는 재료일 것
하중	안전난간은 구조적으로 가장 취약한 지점에서 가장 취약한 방향으로 작용하는 100킬로그램 이상의 하중에 견딜 수 있는 튼튼한 구조일 것

정답 87 ③ 88 ② 89 ①

90 누전에 의한 감전의 위험을 방지하기 위하여 접지를 해야 하는 부분을 모두 고른 것은?

> ㉠ 전기기계·기구의 금속제 외함·금속제 외피 및 철대
> ㉡ 물기 또는 습기가 있는 장소에 고정 설치되어 충전될 우려가 있는 비충전 금속체
> ㉢ 냉장고·세탁기·컴퓨터 및 주변기기등과 같은 고정형 전기기계·기구
> ㉣ 전기용품안전관리법에 의한 이중 절연구조로 된 전기기계·기구

① ㉠, ㉡
② ㉠, ㉡, ㉢
③ ㉠, ㉡, ㉢, ㉣
④ ㉠, ㉣

해설

전기 기계·기구의 접지(접지 대상)
1. 전기 기계·기구의 금속제 외함, 금속제 외피 및 철대
2. 고정 설치되거나 고정배선에 접속된 전기 기계·기구의 노출된 비충전 금속체 중 충전될 우려가 있는 다음 각 목의 어느 하나에 해당하는 비충전 금속체
   - 지면이나 접지된 금속체로부터 수직거리 2.4미터, 수평거리 1.5미터 이내인 것
   - 물기 또는 습기가 있는 장소에 설치되어 있는 것
   - 금속으로 되어 있는 기기접지용 전선의 피복·외장 또는 배선관 등
   - 사용전압이 대지전압 150볼트를 넘는 것
3. 코드와 플러그를 접속하여 사용하는 전기 기계·기구 중 다음 각 목의 어느 하나에 해당하는 노출된 비충전 금속체
   - 사용전압이 대지전압 150볼트를 넘는 것
   - 냉장고·세탁기·컴퓨터 및 주변기기 등과 같은 고정형 전기기계·기구
   - 고정형·이동형 또는 휴대형 전동기계·기구
   - 물 또는 도전성이 높은 곳에서 사용하는 전기 기계·기구, 비접지형 콘센트
   - 휴대형 손전등

> **TIP** 접지를 하지 않아도 되는 대상
> 1. 이중절연구조 또는 이와 같은 수준 이상으로 보호되는 구조로 된 전기 기계·기구
> 2. 절연대 위 등과 같이 감전 위험이 없는 장소에서 사용하는 전기 기계·기구
> 3. 비접지방식의 전로(그 전기 기계·기구의 전원 측의 전로에 설치한 절연변압기의 2차 전압이 300볼트 이하, 정격용량이 3킬로볼트암페어 이하이고 그 절연전압기의 부하 측의 전로가 접지되어 있지 아니한 것으로 한정)에 접속하여 사용되는 전기 기계·기구

91 지하수의 유량계산을 위한 Darcy의 법칙에서 투수계수에 대한 설명으로 옳지 않은 것은?

① 모래는 진흙보다 투수계수가 크다.
② 투수계수는 현장시험을 통하여 구할 수 있다.
③ 투수계수는 간극의 크기가 작을수록 증가한다.
④ 투수계수는 모래에서 평균입자지름(유효입경)의 제곱에 비례한다.

해설

투수계수
1. 투수계수는 지반 속으로 물이 흐르는 속도이다.
2. 간극비(공극비)가 클수록 투수계수가 증가한다.

92 가설통로를 설치하는 경우 준수하여야 할 기준으로 옳지 않은 것은?

① 견고한 구조로 할 것
② 경사는 30° 이하로 할 것
③ 경사가 45°를 초과하는 경우에는 미끄러지지 아니하는 구조로 할 것
④ 수직갱에 가설된 통로의 길이가 15m 이상인 경우에는 10m 이내마다 계단참을 설치할 것

해설

가설통로
1. 견고한 구조로 할 것
2. 경사는 30도 이하로 할 것(다만, 계단을 설치하거나 높이 2미터 미만의 가설통로로서 튼튼한 손잡이를 설치한 경우에는 그러하지 아니하다.)
3. 경사가 15도를 초과하는 경우에는 미끄러지지 아니하는 구조로 할 것
4. 추락할 위험이 있는 장소에는 안전난간을 설치할 것(다만, 작업상 부득이한 경우에는 필요한 부분만 임시로 해체할 수 있다.)
5. 수직갱에 가설된 통로의 길이가 15미터 이상인 경우에는 10미터 이내마다 계단참을 설치할 것
6. 건설공사에 사용하는 높이 8미터 이상인 비계다리에는 7미터 이내마다 계단참을 설치할 것

정답 90 ② 91 ③ 92 ③

93 산업안전보건법령상 지반의 종류 중 연암의 굴착면 기울기 기준으로 옳은 것은?

① 1 : 0.5
② 1 : 1.0
③ 1 : 1.2
④ 1 : 1.8

해설

굴착면의 기울기

지반의 종류	굴착면의 기울기
모래	1 : 1.8
연암 및 풍화암	1 : 1.0
경암	1 : 0.5
그 밖의 흙	1 : 1.2

94 화물의 하중을 직접 지지하는 달기와이어로프 또는 달기체인의 안전계수 기준으로 옳은 것은?

① 3 이상
② 4 이상
③ 5 이상
④ 10 이상

해설

와이어로프 등 달기구의 안전계수

근로자가 탑승하는 운반구를 지지하는 달기와이어로프 또는 달기체인의 경우	10 이상
화물의 하중을 직접 지지하는 달기와이어로프 또는 달기체인의 경우	5 이상
훅, 샤클, 클램프, 리프팅 빔의 경우	3 이상
그 밖의 경우	4 이상

95 철골작업을 중지해야할 경우의 강우량 기준으로 옳은 것은?

① 시간당 10cm 이상
② 시간당 1mm 이상
③ 시간당 5mm 이상
④ 시간당 1cm 이상

해설

작업의 제한(철골작업 중지)
1. 풍속이 초당 10미터 이상인 경우
2. 강우량이 시간당 1밀리미터 이상인 경우
3. 강설량이 시간당 1센티미터 이상인 경우

96 건립 중 강풍에 의한 풍압 등 외압에 대한 내력이 설계에 고려되었는지 확인하여야 하는 철골구조물의 기준으로 옳지 않은 것은?

① 높이 20m 이상의 구조물
② 구조물의 폭과 높이의 비가 1 : 3 이상인 구조물
③ 이음부가 현장용접인 구조물
④ 연면적당 철골량이 50kg/m² 이하인 구조물

해설

외압(강풍에 의한 풍압 등)에 대한 내력 설계 확인 구조물
1. 높이 20미터 이상의 구조물
2. 구조물의 폭과 높이의 비가 1 : 4 이상인 구조물
3. 단면구조에 현저한 차이가 있는 구조물
4. 연면적당 철골량이 50kg/m² 이하인 구조물
5. 기둥이 타이플레이트(Tie Plate)형인 구조물
6. 이음부가 현장용접인 구조물

97 콘크리트 타설 작업을 하는 경우에 준수해야 할 사항으로 옳지 않은 것은?

① 콘크리트를 타설하는 경우에는 편심을 유발하여 한 쪽 부분부터 밀실하게 타설되도록 유도할 것
② 당일의 작업을 시작하기 전에 해당 작업에 관한 거푸집 및 동바리의 변형·변위 및 지반의 침하 유무 등을 점검하고 이상이 있으면 보수할 것
③ 작업 중에는 거푸집 및 동바리의 변형·변위 및 침하 유무 등을 감시할 수 있는 감시자를 배치하여 이상이 있으면 작업을 중지하고 근로자를 대피시킬 것
④ 설계도서상의 콘크리트 양생기간을 준수하여 거푸집 및 동바리를 해체할 것

해설

콘크리트 타설 작업 시 준수사항
1. 당일의 작업을 시작하기 전에 해당 작업에 관한 거푸집 및 동바리의 변형·변위 및 지반의 침하 유무 등을 점검하고 이상이 있으면 보수할 것
2. 작업 중에는 감시자를 배치하는 등의 방법으로 거푸집 및 동바리의 변형·변위 및 침하 유무 등을 확인해야 하며, 이상이 있으면 작업을 중지하고 근로자를 대피시킬 것
3. 콘크리트 타설작업 시 거푸집 붕괴의 위험이 발생할 우려가 있으면 충분한 보강조치를 할 것
4. 설계도서상의 콘크리트 양생기간을 준수하여 거푸집 및 동바리를 해체할 것
5. 콘크리트를 타설하는 경우에는 편심이 발생하지 않도록 골고루 분산하여 타설할 것

98 산업안전보건관리비 중 안전시설 등의 항목으로 옳지 않은 것은?

① 안전대 부착설비, 방호장치 등 안전시설의 구입·임대 및 설치를 위해 소용되는 비용
② 안전난간, 추락방호망 등 안전시설의 구입·임대 및 설치를 위해 소요되는 비용
③ 건설기술진흥법에 따른 스마트 안전장비 구입·임대 비용의 5분의 3에 해당하는 비용
④ 용접 작업 등 화재 위험작업 시 사용하는 소화기의 구입·임대비용

해설

안전시설비 등
1. 산업재해 예방을 위한 안전난간, 추락방호망, 안전대 부착설비, 방호장치(기계·기구와 방호장치가 일체로 제작된 경우, 방호장치 부분의 가액에 한함) 등 안전시설의 구입·임대 및 설치 등을 위해 소요되는 비용
2. 스마트 안전장비 구입·임대 비용. 다만, 계상된 산업안전보건관리비 총액의 10분의 2를 초과할 수 없다.
3. 용접 작업 등 화재 위험작업 시 사용하는 소화기의 구입·임대비용

99 사질토 지반의 상대밀도를 판정하기 위해 실시하는 현장시험으로 63.5kg의 추를 75cm 정도의 높이에서 떨어뜨려 30cm 관입시킬 때의 타격횟수(N)를 측정하는 토질시험방법은?

① 베인(Vane)시험
② 오우거(Auger)보링 시험
③ 평판재하 시험
④ 표준관입 시험

해설

표준관입시험(Standard Penetration Test)
1. 무게 63.5kg의 해머로 76cm 높이에서 자유낙하시켜 샘플러를 30cm 관입시키는 데 소요되는 타격횟수 N치를 측정하는 시험
2. 흙의 지내력 판단, 사질토 지반에 적용
3. N값이 클수록 밀실한 토질이다.

N의 값	흙의 상태
0~4	매우 느슨
4~10	느슨
10~30	보통
30~50	조밀
50 이상	매우 조밀

100 산업안전보건기준에 관한 규칙에 따라 계단 및 계단참을 설치하는 경우 매 m²당 최소 얼마 이상의 하중에 견딜 수 있는 강도를 가진 구조로 설치하여야 하는가?

① 500kg
② 600kg
③ 700kg
④ 800kg

해설

계단 및 계단참의 강도
1. 매제곱미터당 500킬로그램 이상의 하중에 견딜 수 있는 강도를 가진 구조로 설치하여야 한다.
2. 안전율(재료의 파괴응력도와 허용응력도의 비율)은 4 이상으로 하여야 한다.
3. 계단 및 승강구 바닥을 구멍이 있는 재료로 만드는 경우 렌치나 그 밖의 공구 등이 낙하할 위험이 없는 구조로 하여야 한다.

정답 98 ③ 99 ④ 100 ①

27 | 2025년 2회 기출복원문제

1과목 산업재해 예방 및 안전보건교육

01 산업 재해유형으로 볼 수 없는 것은?

① 연쇄형
② 지그재그형
③ 복합형
④ 집중형

해설

산업재해의 발생형태

구분	내용	발생형태
단순 자극형 (집중형)	상호 자극에 의하여 순간적으로 재해가 발생하는 유형으로 재해가 일어난 장소와 그 시기에 일시적으로 요인이 한 곳에 집중	재해
연쇄형	어느 하나의 사고 요인이 또 다른 사고 요인을 발생시키면서 재해를 발생시키는 유형	단순형 / 복합 연쇄형
복합형	단순자극형(집중형)과 연쇄형의 복합적인 재해 발생 유형	재해

02 적응기제(Adjustment Mechanism) 중 방어적 기제(Defence Mechanism)가 아닌 것은?

① 동일화
② 보상
③ 합리화
④ 고립

해설

적응기제의 기본유형

구분	공격적 기제(행동)	도피적 기제(행동)	방어적(절충적) 기제(행동)
개념	욕구 불만에 대한 반항이나 자기를 괴롭히는 대상에 대하여 적극적이고 능동적으로 적대시하는 감정이나 태도를 취하는 행위	욕구불만에 의한 긴장이나 압박으로부터 벗어나 비합리적인 행동으로 공상에 도피하고 현실세계에서 벗어나 안정을 얻으려는 기제	자신의 약점이나 무능력, 열등감을 위장하여 유리하게 보호함으로써 안정감을 찾으려는 기제
유형	• 직접적 공격 기제 : 폭행, 싸움, 기물파손 등 • 간접적 공격 기제 : 비난, 폭언, 욕설 등	• 백일몽 • 퇴행 • 억압 • 반동형성 • 고립 등	• 승화 • 보상 • 합리화 • 투사 • 동일화 등

03 한 사람의 평생 근로연수를 40년으로 하고, 1일 8시간씩 1개월에 25일의 정상근로와 연간 100시간의 시간외 근무를 하였다고 가정한다면, 이 근로자가 도수율이 15.13인 사업장에서 근무하는 경우에 평생 근로기간 중 약 몇 건의 재해를 당할 수 있겠는가?

① 1.51
② 2.51
③ 5.02
④ 15.13

해설

1. 평생근로시간 = (25일 × 12개월 × 8시간 × 40년)
   + (100시간 × 40년)
   = 100,000시간

2. 환산도수율 = 도수율 × $\frac{1}{10}$ = 1.51(건)

TIP 환산 재해율

- 환산강도율(S) : 10만시간(평생근로)당의 근로손실일 수
  $S = 강도율 \times \frac{100,000}{1,000} = 강도율 \times 100(일)$
- 환산도수율(F) : 10만시간(평생근로)당의 재해건수
  $F = 도수율 \times \frac{100,000}{1,000,000} = 도수율 \times \frac{1}{10}(건)$
- $\frac{S}{F}$ = 재해 1건당의 근로손실일수

정답 01 ② 02 ④ 03 ①

04 허츠버그(Herzberg)의 2요인(동기·위생) 이론에서 동기요인에 해당하는 것은?

① 보수
② 안전
③ 성취감
④ 감독

해설

허즈버그(F. Herzberg)의 2요인(동기 – 위생)이론

동기요인(직무내용)	위생요인(직무환경)
• 성취감 • 책임감 • 성장과 발전 • 안정감 • 도전감 • 일 그 자체	• 보수 • 작업조건 • 관리감독 • 임금 • 지위 • 회사 정책과 관리

05 산업스트레스의 요인 중 직무특성과 관련된 요인으로 볼 수 없는 것은?

① 조직의 구조
② 업무의 반복성
③ 근무시간
④ 작업속도

해설

산업스트레스의 요인
1. 직무특성의 요인 : 작업속도, 근무시간, 업무의 반복성, 작업교대, 복잡성, 위험성 등
2. 스트레스는 동기부여의 저하, 신체적, 정신적 건강뿐만 아니라 직무몰입과 생산성 감소의 직접적인 원인이 된다.

06 다음 중 직무적성검사에 있어 갖추어야 할 요건으로 볼 수 없는 것은?

① 규준성
② 타당성
③ 표준화
④ 융통성

해설

심리검사의 구비조건

표준화	검사의 관리를 위한 조건, 절차의 일관성과 통일성에 대한 심리검사의 표준화가 마련되어야 한다.
객관성	검사결과의 채점하는 과정에서 채점자의 편견이나 주관성이 배제되어야 하며, 공정한 평가가 이루어져야 한다.
규준성	검사결과의 해석에 있어 상대적 위치를 결정하기 위한 참조 또는 비교의 기준이 있어야 한다.
타당성	측정하고자 하는 것을 실제로 측정하고 있는 가를 나타내는 것이다.

07 다음 중 안전보건교육의 단계별 교육과정에 해당하지 않는 것은?

① 기능교육
② 지식교육
③ 태도교육
④ 정기교육

해설

안전보건교육의 3단계

제1단계 : 지식교육 ➡ 제2단계 : 기능교육 ➡ 제3단계 : 태도교육

> **TIP** 안전·보건교육의 단계별 교육과정
> ① 제1단계 : 지식교육
>   • 강의, 시청각교육을 통한 지식의 전달과 이해
>   • 근로자가 지켜야 할 규정의 숙지를 위한 교육
> ② 제2단계 : 기능교육
>   • 시범, 견학, 실습, 현장실습을 통한 경험체득과 이해
>   • 교육 대상자가 스스로 행함으로서 습득하는 교육
>   • 같은 내용을 반복해서 개인의 시행착오에 의해서만 얻어지는 교육
> ③ 제3단계 : 태도교육
>   • 작업동작지도, 생활지도 등을 통한 안전의 습관화 및 일체감
>   • 동기를 부여하는 데 가장 적절한 교육
>   • 안전한 작업방법을 알고는 있으나 시행하지 않는 것에 대한 교육

08 주의의 수준에서 중간 수준에 포함되지 않는 것은?

① 다른 곳에 주의를 기울이고 있을 때
② 가시시야 내 부분
③ 수면 중
④ 일상과 같은 조건일 경우

해설

주의의 수준

0(zero) 수준	• 수면 중 • 자극에 의한 반응시간 내
중간수준	• 다른 곳에 주의를 기울이고 있을 때 • 가시 시야 내 부분 • 일상과 같은 조건의 경우
고수준	• 주시부분 • 예기수준이 높을 때(예측하고 있을 때)

정답 04 ③ 05 ① 06 ④ 07 ④ 08 ③

09 안전보건 교육 단계에 있어 기능교육의 교육 내용으로 틀린 것은?

① 점검·검사·정비에 관한 기능
② 전문적 기술 및 안전기술
③ 안전장치(방호장치) 관리
④ 안전의식의 향상 및 안전에 대한 책임감 주입

해설

기능교육의 교육내용
1. 전문적 기술기능
2. 안전기술 기능
3. 방호장치 관리기능
4. 점검검사 정비기능

TIP

지식교육의 교육내용	• 안전의식의 향상 • 안전의 책임감을 주입 • 기능, 태도, 교육에 필요한 기초지식의 주입 • 근로자가 지켜야 할 안전규정의 숙지 • 공정 속에 잠재된 위험요소를 이해시킴
태도교육의 교육내용	• 표준작업방법의 습관화 • 공구, 보호구의 관리 및 취급태도의 확립 • 작업 전후의 점검 및 검사 요령의 정확한 습관화 • 안전작업의 지시, 전달, 확인 등 언어태도의 습관화 및 정확화

10 안전교육방법 중 활용할 수 있는 오관(감각기관)에 있어서 효과치가 가장 높은 것은?

① 후각 ② 시각
③ 청각 ④ 촉각

해설

5관(감각기관)의 활용

5관의 효과치	이해도
• 시각효과 : 60% • 청각효과 : 20% • 촉각효과 : 15% • 미각효과 : 3% • 후각효과 : 2%	• 귀 : 20% • 눈 : 40% • 귀+눈 : 60% • 입 : 80% • 머리+손, 발 : 90%

11 알파파에 대응하는 의식수준을 나타내고 정상적인 의식 상태이기는 하나 휴식 시의 긴장을 풀고 쉬는 상태의 의식수준 단계는?

① phase Ⅳ ② phase Ⅱ
③ phase Ⅰ ④ phase Ⅲ

해설

의식수준의 단계

단계	의식 상태	의식의 작용	행동 상태	신뢰성	뇌파 형태
Phase 0 (제0단계)	무의식, 실신	0(zero)	수면, 뇌 발작	0(zero)	δ파
Phase Ⅰ (제Ⅰ단계)	정상 이하, 의식흐림 (Subnormal) 의식 몽롱함	활발치 못함 (Inactive) 부주의	피로, 단조로움, 졸음, 술취함	0.9 이하	θ파
Phase Ⅱ (제Ⅱ단계)	정상, 이완상태, 느긋한 기분	수동적, 마음이 안쪽으로 향함	안정기거, 휴식 시, 정례작업 시(정상작업 시) 일반적으로 일을 시작할 때 안정된 행동	0.99~0.99999	α파
Phase Ⅲ (제Ⅲ단계)	정상, 상쾌한 상태, 분명한 의식	능동적, 앞으로 향하는 주의, 주의력 범위 넓음	판단을 동반한 행동, 적극활동 시 가장 좋은 의식수준상태, 긴급이상 사태를 의식할 때	0.999999 이상 (신뢰도가 가장 높은 상태)	β파
Phase Ⅳ (제Ⅳ단계)	과긴장, 흥분상태	판단정지, 주의의 치우침	긴급 방위반응, 당황해서 패닉 (감정흥분 시 당황한 상태)	0.9 이하	β파 또는 전자파

12 하인리히의 재해구성비율에 따라 경상사고가 87건 발생하였다면 무상해사고는 몇 건이 발생하였 겠는가?

① 300건 ② 600건
③ 900건 ④ 1,200건

해설

하인리히(H. W. Heinrich)의 재해구성비율

하인리히의 재해구성비율(1 : 29 : 300)		
중상 및 사망	경상해	무상해사고
1	29	300
$1:29=x:87$ $29x=87$ $x=\dfrac{87}{29}=3$(건)	$29\times3=87$(건)	$29:300=87:x$ $29x=300\times87$ $x=\dfrac{300\times87}{29}=900$(건)

정답 09 ④ 10 ② 11 ② 12 ③

13 상황성 누발자의 재해유발원인과 거리가 먼 것은?

① 작업의 어려움 ② 기계설비의 결함
③ 심신의 근심 ④ 주의력의 산만

해설

재해 누발자의 유형

상황성 누발자	• 작업이 어렵기 때문 • 기계설비에 결함이 있기 때문 • 심신에 근심이 있기 때문 • 환경상 주의력의 집중이 혼란되기 때문
습관성 누발자	• 재해의 경험에 의해 겁을 먹거나 신경과민 • 일종의 슬럼프 상태
미숙성 누발자	• 기능이 미숙하기 때문 • 환경에 익숙하지 못하기 때문(환경에 적응 미숙)
소질성 누발자	• 개인의 소질 가운데 재해원인의 요소를 가진 자(주의력 산만, 저지능, 흥분성, 비협조성, 소심한 성격, 도덕성의 결여, 감각운동 부적합 등) • 개인의 특수성격 소유자

14 다음 중 산업안전보건법령상 안전보건관리규정에 포함되어 있지 않는 내용은?(단, 그 밖에 안전 및 보건에 관한 사항은 제외한다.)

① 작업자 선발에 관한 사항
② 안전보건교육에 관한 사항
③ 사고 조사 및 대책 수립에 관한 사항
④ 작업장의 안전 및 보건 관리에 관한 사항

해설

안전보건관리규정의 포함사항
1. 안전 및 보건에 관한 관리조직과 그 직무에 관한 사항
2. 안전보건교육에 관한 사항
3. 작업장의 안전 및 보건 관리에 관한 사항
4. 사고 조사 및 대책 수립에 관한 사항
5. 그 밖에 안전 및 보건에 관한 사항

15 위험예지훈련 기초 4라운드(4R)에서 라운드별 내용이 바르게 연결된 것은?

① 1라운드 : 현상파악
② 2라운드 : 대책수립
③ 3라운드 : 목표설정
④ 4라운드 : 본질추구

해설

위험예지훈련의 4라운드
• 1라운드(1R) : 현상파악(사실을 파악한다.)
• 2라운드(2R) : 본질추구(요인을 찾아낸다.)
• 3라운드(3R) : 대책수립(대책을 선정한다.)
• 4라운드(4R) : 목표설정(행동계획을 정한다.)

16 다음 중 매슬로우(Maslow)가 제창한 인간의 욕구 5단계 이론을 단계별로 옳게 나열한 것은?

① 생리적 욕구 → 안전 욕구 → 사회적 욕구 → 존경의 욕구 → 자아실현의 욕구
② 안전 욕구 → 생리적 욕구 → 사회적 욕구 → 존경의 욕구 → 자아실현의 욕구
③ 사회적 욕구 → 생리적 욕구 → 안전 욕구 → 존경의 욕구 → 자아실현의 욕구
④ 사회적 욕구 → 안전 욕구 → 생리적 욕구 → 존경의 욕구 → 자아실현의 욕구

해설

매슬로(Maslow)의 욕구단계 이론

제1단계	생리적 욕구	기아, 갈증, 호흡, 배설, 성욕 등 생명유지의 기본적 욕구
제2단계	안전의 욕구	• 자기보존 욕구 – 안전을 구하려는 욕구 • 전쟁, 재해, 질병의 위험으로부터 자유로워지려는 욕구
제3단계	사회적 욕구	• 소속감과 애정에 대한 욕구 • 사회적으로 관계를 향상시키는 욕구
제4단계	인정받으려는 욕구 (자기 존중의 욕구)	자존심, 명예, 성취, 지위 등 인정받으려는 욕구
제5단계	자아실현의 욕구	잠재능력을 실현하고자 하는 성취욕구

17 인간의 주의의 특성에 해당하지 않는 것은?

① 변동성
② 선택성
③ 방향성
④ 가시성

해설

주의의 특징

선택성	• 주의는 동시에 두 개의 방향에 집중하지 못한다. • 여러 종류의 자극을 지각하거나 수용할 때 특정한 것에 한하여 선택하는 기능이다.
변동성	• 고도의 주의는 장시간 지속할 수 없다.(주의에는 리듬이 존재) • 주의에는 리듬이 있어 언제나 일정 수준을 유지할 수 없다.
방향성	• 한 지점에 주의를 집중하면 다른 곳의 주의는 약해진다. • 주시점만 인지하는 기능이다.

18 학습 성취에 직접적인 영향을 미치는 요인과 가장 거리가 먼 것은?

① 적성
② 준비도
③ 개인차
④ 동기유발

해설

학습성취에 직접적인 영향을 미치는 요인
1. 준비도
2. 개인차
3. 동기유발

19 다음 재해손실 비용 중 직접손실비에 해당하는 것은?

① 진료비
② 입원 중의 잡비
③ 당일 손실 시간손비
④ 구원, 연락으로 인한 부동 임금

해설

직접비와 간접비

직접비	법적으로 정한 산재보상비(산재자에게 지급되는 보상비 일체) • 요양급여(진찰비, 간호비용 등) • 휴업급여 • 장해급여 • 간병급여 • 유족급여 • 장의비 • 상병보상 연금 • 기타(장해특별급여, 유족특별급여, 직업재활급여)
간접비	직접비를 제외한 모든 비용(산재로 인해 기업이 입은 재산상의 손실) • 인적 손실 • 물적 손실 • 생산손실 • 특수손실 • 기타 손실

20 기기의 적정한 배치, 변형, 균열, 손상, 부식 등의 유무를 육안, 촉수 등으로 조사 후 그 설비별로 정해진 점검기준에 따라 양부를 확인하는 점검은?

① 외관점검
② 작동점검
③ 기능점검
④ 종합점검

해설

안전점검의 종류(점검방법에 의한 구분)

외관점검 (육안점검)	기기의 적정한 배치, 설치상태, 변형, 균열, 손상, 부식, 볼트의 풀림 등의 유무를 외관에서 시각 및 촉각 등으로 조사하고 점검기준에 의행 양부를 확인하는 것
작동점검 (작동상태검사)	안전장치나 누전차단기 등을 정해진 순서에 의해 작동시켜 작동상황의 양부를 확인하는 것
기능점검 (조작검사)	간단한 조작을 행하여 대상기기의 기능의 양부를 확인하는 것
종합점검	정해진 점검기준에 의해 측정·검사하고 또 정해진 조건하에서 운전시험을 행하여 그 기계설비의 종합적인 기능을 확인하는 것

2과목 인간공학 및 위험성 평가·관리

21 인간-기계 시스템에서 기계와 비교한 인간의 장점으로 볼 수 없는 것은?(단, 인공지능과 관련된 사항은 제외한다.)

① 완전히 새로운 해결책을 찾아낸다.
② 여러 개의 프로그램된 활동을 동시에 수행한다.
③ 다양한 경험을 토대로 하여 의사결정을 한다.
④ 상황에 따라 변화하는 복잡한 자극 형태를 식별한다.

해설

인간이 기계보다 우수한 기능
1. 매우 낮은 수준의 자극(시각, 청각, 촉각, 후각, 미각적인)을 감지한다.
2. 수신 상태가 나쁜 음극선관에 나타나는 영상과 같이 배경잡음이 심한 경우에도 신호를 인지할 수 있다.
3. 항공 사진의 피사체나 말소리처럼 상황에 따라 변화하는 복잡한 자극의 형태를 식별할 수 있다.
4. 주의의 예기치 못한 상황을 감지할 수 있다.
5. 많은 양의 정보를 오랜 기간 동안 보관하였다가 적절한 정보를 상기한다.
6. 다양한 경험을 토대로 의사결정을 한다.
7. 어떤 운용 방법이 실패할 경우, 다른 방법을 선택한다.

8. 관찰을 통해서 일반화하여 귀납적으로 추리한다.
9. 원칙을 적용하여 다양한 문제를 해결한다.
10. 완전히 새로운 해결책을 찾을 수 있다.
11. 다양한 운용상의 요건에 맞추어서 신체적인 반응을 적응시킨다.
12. 과부하 상황에서 불가피한 경우에는 중요한 일에만 전념한다.
13. 주관적으로 추산하고 평가한다.

> **TIP** 여러 개의 프로그램된 활동을 동시에 수행하는 것은 인간보다 기계가 우수하다.

22 휴먼 에러(Human Error)의 분류 중 필요한 임무나 절차의 순서 착오로 인하여 발생하는 오류는?

① Ommission Error
② Sequential Error
③ Commission Error
④ Extraneous Error

해설

인간실수의 분류(심리적인 분류)

생략에러 (Omission Error, 부작위 실수)	필요한 직무 및 절차를 수행하지 않아(생략) 발생하는 에러 예 가스밸브를 잠그는 것을 잊어 사고가 났다.
작위에러 (Commission Error)	필요한 작업 또는 절차의 불확실한 수행(잘못 수행)으로 인한 에러 예 전선이 바뀌었다. 틀린 부품을 사용하였다. 부품이 거꾸로 조립되었다 등
순서에러 (Sequential Error)	필요한 작업 또는 절차의 순서 착오로 인한 에러 예 자동차 출발 시 핸드브레이크를 해제하지 않고 출발하여 발생한 경우
시간에러 (Time Error)	필요한 직무 또는 절차의 수행지연으로 인한 에러 예 프레스 작업 중에 금형 내에 손이 오랫동안 남아 있어 발생한 재해
과잉행동에러 (Extraneous Error)	불필요한 작업 또는 절차를 수행함으로써 기인한 에러 예 자동차 운전 중 습관적으로 손을 창문으로 내밀어 발생한 재해

23 인체측정치를 이용한 설계에 관한 설명으로 옳은 것은?

① 평균치를 기준으로 한 설계를 제일 먼저 고려한다.
② 의자의 깊이와 너비는 모두 작은 사람을 기준으로 설계한다.
③ 자세와 동작에 따라 고려해야 할 인체측정치수가 달라진다.
④ 큰 사람을 기준으로 한 설계는 인체측정치의 5%tile을 사용한다.

해설

인체계측 자료의 응용원칙
1. 인체측정치를 이용한 설계 흐름도는 조절 가능한 설계 → 극단치를 이용한 설계 → 평균치를 이용한 설계 순서로 설계에 적용한다.
2. 의자의 깊이는 최소 집단치 설계, 의자의 너비는 최대 집단치를 기준으로 설계한다.
3. 최대 집단치를 기준으로 한 설계의 대표치는 남성의 95백분위수를 사용한다.

24 제어장치와 표시장치에 있어 물리적 형태나 배열을 유사하게 설계하는 것은 어떤 양립성(Compatibility)의 원칙에 해당하는가?

① 시각적 양립성(Visual Compatibility)
② 양식 양립성(Modality Compatibility)
③ 공간적 양립성(Spatial Compatibility)
④ 개념적 양립성(Conceptual Compatibility)

해설

양립성의 종류

공간 양립성	• 표시장치와 이에 대응하는 조종장치 간의 위치 또는 배열이 인간의 기대와 모순되지 않아야 한다. • 가스버너에서 오른쪽 조리대는 오른쪽 조절장치로, 왼쪽 조리대는 왼쪽 조절장치로 조정하도록 배치한다.
운동 양립성	• 조작장치의 방향과 표시장치의 움직이는 방향이 사용자의 기대와 일치하는 것 • 자동차를 운전하는 과정에서 우측으로 회전하기 위하여 핸들을 우측으로 돌린다.
개념 양립성	• 사람들이 가지고 있는(이미 사람들이 학습을 통해 알고 있는) 개념적 연상에 관한 기대와 일치하는 것 • 냉온수기에서 빨간색은 온수, 파란색은 냉수가 나온다.
양식 양립성	음성과업에 대해서는 청각적 자극 제시와 이에 대한 음성 응답 등에 해당

25 작업장 내부의 추천반사율이 가장 낮아야 하는 곳은?

① 벽
② 천장
③ 바닥
④ 가구

정답 22 ② 23 ③ 24 ③ 25 ③

해설

실내 면(面)의 추천 반사율

바닥	가구, 사무용 기기, 책상	창문 발(blind), 벽	천정
20~40%	25~45%	40~60%	80~90%

26 인간-기계 체계에서 인간의 과오에 기인된 원인 확률을 분석하여 위험성의 예측과 개선을 위한 평가 기법은?

① PHA
② FMEA
③ THERP
④ MORT

해설

인간과오율 예측기법(THERP ; Technique For Human Error Rate Prediction)
1. 사고원인 가운데 인간의 과오나 기인된 원인분석, 확률을 계산함으로써 제품의 결함을 감소시키고, 인간공학적 대책을 수립하는 데 사용되는 분석기법
2. 인간의 과오(Human Error)를 정량적으로 평가하기 위해 개발된 기법(Swain 등에 의해 개발된 인간과오율 예측기법)

27 FT도에서 입력현상이 발생하여 어떤 일정 시간이 지속된 후 출력이 발생하는 것을 나타내는 게이트나 기호로 옳은 것은?

① 위험 지속 기호
② 조합 AND 게이트
③ 시간 단축 기호
④ 억제 게이트

해설

위험 지속기호

입력사상이 생겨 어떤 일정한 시간이 지속했을 때 출력이 생긴다. 만약 지속되지 않으면 출력은 생기지 않는다.

28 고열환경에서 심한 육체노동 후에 탈수와 체내 염분 농도 부족으로 근육의 수축이 격렬하게 일어나는 장해는?

① 열경련(Heat Cramp)
② 열사병(Heat Stroke)
③ 열쇠약(Heat Prostration)
④ 열피로(Heat Exhaustion)

해설

고열장애의 분류
1. 열경련(Heat Cramp)
  고온환경에서 지속적으로 심한 육체적인 노동을 함으로써 과다한 땀의 배출로 전해질이 고갈되어 발생하는 근육의 경련현상을 말한다.
2. 열사병(Heat Stroke)
  고온다습한 환경에 노출될 때 뇌 온도의 상승으로 신체 내부의 체온조절 중추에 기능장애를 일으켜 생기는 위급한 상태를 말한다.
3. 열쇠약(Heat Prostration)
  고열에 의한 만성 체력소모를 의미한다.
4. 열소모(Heat Exhaustion, 열피로)
  고온환경에서 장시간 힘든 노동을 할 때 땀을 많이 흘려 (과다 발한) 수분과 염분 손실이 많을 때 생긴다.

29 일반적으로 인체에 가해지는 온·습도 및 기류 등의 외적변수를 종합적으로 평가하는 데에는 "불쾌지수"라는 지표가 이용된다. 불쾌지수의 계산식이 다음과 같은 경우, 건구온도와 습구온도의 단위로 옳은 것은?

불쾌지수 = 0.72 × (건구온도 + 습구온도) + 40.6

① 실효온도
② 화씨온도
③ 절대온도
④ 섭씨온도

해설

불쾌지수
인체에 가해지는 온·습도 및 기류 등의 외적변수를 종합적으로 평가하는 데에는 불쾌지수라는 지표가 이용된다.

> **TIP** 섭씨 = 0.72×(건구온도+습구온도)+40.6
> 화씨 = (건구온도+습구온도)×0.4+15
> ① 70 이하 : 모든 사람이 불쾌를 느끼지 않는다.
> ② 70 이상 : 불쾌를 느끼기 시작한다.
> ③ 80 이상 : 모든 사람이 불쾌감를 느낀다.

정답 26 ③ 27 ① 28 ① 29 ④

30 FTA에 의한 재해사례 연구의 순서를 올바르게 나열한 것은?

A. 목표사상 선정 B. FT도 작성
C. 사상마다 재해원인 규명 D. 개선계획 작성

① A → B → C → D
② A → C → B → D
③ B → C → A → D
④ B → A → C → D

해설

FTA에 의한 재해사례의 연구 순서
1. 제1단계 : 톱사상(정상사상)의 선정
2. 제2단계 : 각 사상의 재해원인 규명
3. 제3단계 : FT도의 작성
4. 제4단계 : 개선 계획의 작성

31 1cd의 점광원에서 1m 떨어진 곳에서의 조도가 3lux이었다. 동일한 조건에서 5m 떨어진 곳에서의 조도는 약 몇 lux인가?

① 0.12
② 0.22
③ 0.36
④ 0.56

해설

조도

$$조도 = \frac{광도}{(거리)^2}$$

1. 광도 = 조도 × (거리)^2
2. 1m 거리의 광도 = 3 × 1^2 = 3[cd]이므로
3. 5m 거리의 조도 = $\frac{3}{5^2}$ = 0.12[lux]

32 시식별에 영향을 주는 인자에 해당하지 않는 것은?

① 노출시간
② 연령
③ 마스킹 효과
④ 휘도 수준

해설

시식별에 영향을 주는 조건
1. 노출시간 : 조도가 큰 조건에서는 노출시간이 클수록 식별력이 커지지만 그 이상에서는 같다.
2. 연령 : 나이가 들면 시력과 대비감도가 나빠진다. 일반적으로 40세를 넘어서면서부터 이러한 기능의 저하는 계속된다.
3. 휘광(Glare) : 눈이 적응된 휘도보다 밝은 광원이나 반사광이 시계 내에 있을 때 생기는 눈부심 현상이다.

33 강의용 책상과 의자를 설계할 때 고려해야 할 변수와 적용할 인체측정자료 응용원칙이 적절하게 연결된 것은?

① 의자 높이 – 최대 집단치 설계
② 의자 깊이 – 최대 집단치 설계
③ 의자 너비 – 최대 집단치 설계
④ 책상 높이 – 최대 집단치 설계

해설

책상 및 의자의 높이는 조절 가능한 설계, 의자의 깊이는 최소 집단치 설계를 하는 것이 적절하다.

34 실효온도(ET)의 결정요소가 아닌 것은?

① 온도
② 습도
③ 대류
④ 복사

해설

실효온도(Effective Temperature, 체감온도, 감각온도)
1. 온도, 습도 및 공기의 유동이 인체에 미치는 열효과를 하나의 수치로 통합한 경험적 감각지수
2. 상대습도 100%일 때의 건구온도에서 느끼는 것과 동일한 온감이다.
3. 실제로 감각되는 온도로서 실감온도라고 한다.
4. 실효온도의 결정요소(실효온도에 영향을 주는 요인)
   ㉠ 온도
   ㉡ 습도
   ㉢ 공기의 유동(대류)

35 위험조정을 위해 필요한 기술에 속하지 않는 것은?

① 위험 지연
② 위험 감축
③ 위험 회피
④ 위험 보류

해설

위험처리기술(위험관리기법)

위험의 회피 (Avoidance)	• 위험 자체를 피하는 행위 • 잠재적 이익도 포기하는 극히 소극적인 수단
위험의 감소 (Reduction)	• 위험을 적극적으로 예방하고 경감하는 행위 • 잠재적 위험의 노출을 최대한 감소하는 방법
위험의 전가 (Transfer)	• 위험을 제3자에게 전가하거나 공유하는 행위 • 보험, 공제조합, 기금 등
위험의 보유(보류) (Retention)	• 무계획적 보유 : 가장 위험한 행위 • 계획적 보유 : 회피, 감소, 전가될 수 없는 위험에 적극적으로 대응

정답 30 ② 31 ① 32 ③ 33 ③ 34 ④ 35 ①

36 인간-기계 시스템의 신뢰도를 향상시킬 수 있는 방법으로 가장 적절하지 않은 것은?

① 중복설계
② 고가재료 사용
③ 부품개선
④ 충분한 여유용량

해설

신뢰성 설계기술(시스템의 신뢰도를 증가시키는 방법)
1. 리던던시 설계(중복설계)
2. 부품의 단순화와 표준화
3. 최적재료의 선정
4. 디레이팅 설계(구성부품에 걸리는 부하의 정격값에 여유를 두고 설계하는 방법)
5. 내환경성 설계
6. 인간공학적 설계와 보전성 설계(Fail safe와 Fool proof)

37 산업안전보건법령상 정밀작업 시 갖추어져야 할 작업면의 조도 기준은?(단, 갱내 작업장과 감광재료를 취급하는 작업장은 제외한다.)

① 75럭스 이상
② 150럭스 이상
③ 300럭스 이상
④ 750럭스 이상

해설

적정 조명 수준

작업의 종류	작업면 조도
초정밀작업	750럭스(lux) 이상
정밀작업	300럭스(lux) 이상
보통작업	150럭스(lux) 이상
그 밖의 작업	75럭스(lux) 이상

38 고장의 발생상황 중 부적합품 제조, 생산과정에서의 품질관리 미비, 설계미숙 등으로 일어나는 고장은?

① 초기고장
② 마모고장
③ 우발고장
④ 품질관리고장

해설

시스템 수명곡선(욕조곡선)

초기고장	• 감소형 – DFR(Decreasing Failure Rate) : 고장률이 시간에 따라 감소 • 불량제조, 생산과정에서 품질관리 미비, 설계미숙 등으로 일어나는 고장 • 점검작업이나 시운전 등으로 감소시킬 수 있다. • 보전예방(MP) 실시
우발고장	• 일정형 – CFR(Constant Failure Rate) : 고장률이 시간에 관계없이 거의 일정 • 예측할 수 없을 때 발생하는 고장으로 시운전이나 점검작업으로는 방지할 수 없다. • 낮은 안전계수, 사용자의 과오, 설계강도 이상의 급격한 스트레스 축적, 최선의 검사방법으로도 탐지되지 않는 결함 때문에 발생하는 고장 • 사후보전(BM) 실시
마모고장	• 증가형 – IFR(Increasing Failure Rate) : 고장률이 시간에 따라 증가 • 장치의 일부가 수명을 다하여 생기는 고장 • 부식 또는 산화, 마모 또는 피로, 불충한 정비 등으로 발생하는 고장 • 안전진단 및 적당한 보수에 의해 감소시킬 수 있다. • 예방보전(PM) 실시

39 다음 중 시스템 안전성 평가의 순서를 가장 올바르게 나열한 것은?

① 자료의 정리 → 정량적 평가 → 정성적 평가 → 대책 수립 → 재평가
② 자료의 정리 → 정성적 평가 → 정량적 평가 → 재평가 → 대책 수립
③ 자료의 정리 → 정량적 평가 → 정성적 평가 → 재평가 → 대책 수립
④ 자료의 정리 → 정성적 평가 → 정량적 평가 → 대책 수립 → 재평가

해설

안전성 평가의 단계
안전성 평가는 6단계에 의해 실시되며, 경우에 따라 5단계와 6단계가 동시에 이루어지는 경우도 있다.
1. 제1단계 : 관계자료의 정비검토
2. 제2단계 : 정성적 평가
3. 제3단계 : 정량적 평가
4. 제4단계 : 안전대책
5. 제5단계 : 재해정보에 의한 재평가
6. 제6단계 : FTA에 의한 재평가

정답 36 ② 37 ③ 38 ① 39 ④

40 일반적인 인간-기계 시스템의 형태 중 인간이 사용자나 동력원으로 기능하는 것은?

① 수동체계
② 기계화제계
③ 자동체계
④ 반자동체계

해설

인간-기계 통합 체계의 유형

수동 시스템	• 수공구나 기타 보조물로 이루어지며 자신의 신체적인 힘을 원동력으로 사용하여 작업을 통제하는 시스템(인간이 사용자나 동력원으로 가능) • 다양성 있는 체계로 역할할 수 있는 능력을 충분히 활용하는 시스템 예 장인과 공구, 가수와 앰프
기계 시스템	• 고도로 통합된 부품들로 구성되어 있으며, 일반적으로 변화가 거의 없는 기능들을 수행하는 시스템 • 운전자의 조종에 의해 운용되며 융통성이 없는 시스템 • 동력은 기계가 제공하며, 조종장치를 사용하여 통제하는 것은 사람이다. • 반자동 체계라고도 한다. 예 엔진, 자동차, 공작기계
자동 시스템	• 체계가 감지, 정보보관, 정보처리 및 의사결정, 행동을 포함한 모든 임무를 수행하는 체계 • 신뢰성이 완전한 자동체계란 불가능하므로 인간은 감시, 정비, 보전, 계획수립 등의 기능을 수행한다. 예 자동화된 처리공장, 자동교환대, 컴퓨터

3과목 기계·기구 및 설비 안전관리

41 프레스 광전자식 방호장치의 작동시간(T_c)은 30ms이고, 프레스의 급정지시간(T_s)은 20ms라면 광축의 최소 설치거리는?(단, T_c : 광선에 신체의 일부가 감지된 후로부터 급정지기구 작동 시까지의 시간, T_s : 급정지기구가 작동을 개시한 때로부터 슬라이드가 정지 할 때까지의 시간)

① 75mm
② 80mm
③ 100mm
④ 150mm

해설

광전자식 방호장치의 설치 안전거리

$$D = 1,600 \times (T_c + T_s)$$

여기서, D : 안전거리(mm)
T_c : 방호장치의 작동시간[즉, 손이 광선을 차단했을 때부터 급정지기구가 작동을 개시할 때까지의 시간(초)]
T_s : 프레스 등의 최대정지시간[즉, 급정지기구가 작동을 개시했을 때부터 슬라이드 등이 정지할 때까지의 시간(초)]

$D = 1,600 \times (T_c + T_s) = 1,600 \times (0.03 + 0.02) = 80 \text{[mm]}$

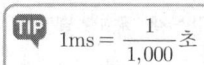

1ms = $\dfrac{1}{1,000}$ 초

42 보일러수 속에 불순물 농도가 높아지면서 수면에 거품이 형성되어 수위가 불안정하게 되는 현상은?

① 포밍
② 서징
③ 수격현상
④ 공동현상

해설

보일러 취급 시 이상현상

프라이밍 (Priming)	보일러수가 극심하게 끓어서 수면에서 계속하여 물방울이 비산하고 증기부가 물방울로 충만하여 수위가 불안정하게 되는 현상
포밍 (Foaming)	보일러 수에 유지류, 고형물 등의 부유물로 인해 거품이 발생하여 수위를 판단하지 못하는 현상
캐리오버 (Carry Over)	• 보일러에서 증기관 쪽에 보내는 증기에 대량의 물방울이 포함되는 경우로 플라이밍이나 포밍이 생기면 필연적으로 발생 • 보일러에서 증기의 순도를 저하시킴으로써 관내 응축수가 생겨 워터해머의 원인이 되는 것
워터해머 (Water Hammer, 수격작용)	증기관 내에서 증기를 보내기 시작할 때 해머로 치는 듯한 소리를 내며 관이 진동하는 현상, 워터해머는 캐리오버에 기인한다.

43 기계의 운동 형태에 따른 위험점의 분류에서 고정부분과 회전하는 동작부분이 함께 만드는 위험점으로 연삭숫돌과 작업대, 교반기의 교반날개와 몸체 사이에서 형성되는 위험점으로 가장 적절한 것은?

① 회전말림점
② 절단점
③ 끼임점
④ 물림점

정답 40 ① 41 ② 42 ① 43 ③

해설
기계운동 형태에 따른 위험점 분류

협착점 (Squeeze point)	왕복운동을 하는 운동부와 움직임이 없는 고정부 사이에서 형성되는 위험점(고정점 + 운동점)	• 프레스 • 전단기 • 성형기 • 조형기 • 밴딩기 • 인쇄기
끼임점 (Shear point)	회전운동하는 부분과 고정부 사이에 위험이 형성되는 위험점(고정점 + 회전운동)	• 연삭숫돌과 작업대 • 반복동작되는 링크기구 • 교반기의 날개와 몸체 사이 • 회전풀리와 벨트
절단점 (Cutting point)	회전하는 운동부 자체의 위험이나 운동하는 기계부분 자체의 위험에서 형성되는 위험점(회전운동 + 기계)	• 밀링커터 • 둥근 톱의 톱날 • 목공용 띠톱 날
물림점 (Nip point)	회전하는 두 개의 회전체에 형성되는 위험점(서로 반대방향의 회전체)(중심점 + 반대방향의 회전운동)	• 기어와 기어의 물림 • 롤러와 롤러의 물림 • 롤러 분쇄기
접선 물림점 (Tangential nip point)	회전하는 부분의 접선방향으로 물려 들어갈 위험이 있는 위험점	• V벨트와 풀리 • 랙과 피니언 • 체인벨트 • 평벨트
회전 말림점 (Trapping point)	회전하는 물체의 길이, 굵기, 속도 등의 불규칙 부위와 돌기 회전부위에 의해 장갑 또는 작업복 등이 말려들 위험이 있는 위험점	• 회전하는 축 • 커플링 • 회전하는 드릴

44 산업안전보건법령상 와이어로프를 달비계에 사용해도 되는 것으로 가장 적절한 것은?

① 열과 전기충격에 의해 손상된 것
② 심하게 변형되거나 부식된 것
③ 지름의 감소가 공칭지름의 1퍼센트만 감소한 것
④ 이음매가 있을 것

해설
와이어로프 사용금지 조건
1. 이음매가 있는 것
2. 와이어로프의 한 꼬임에서 끊어진 소선의 수가 10퍼센트 이상인 것
3. 지름의 감소가 공칭지름의 7퍼센트를 초과하는 것
4. 꼬인 것
5. 심하게 변형되거나 부식된 것
6. 열과 전기충격에 의해 손상된 것

45 산업안전보건법령에 따른 다음 설명에 해당하는 기계 설비는?

동력을 사용하여 가이드레일을 따라 상하로 움직이는 운반구를 매달아 사람이나 화물을 운반할 수 있는 설비 또는 이와 유사한 구조 및 성능을 가진 것으로 건설현장에서 사용하는 것

① 건설용 리프트
② 이삿짐운반용 리프트
③ 곤돌라
④ 크레인

해설
양중기의 정의

건설용 리프트	동력을 사용하여 가이드레일(운반구를 지지하여 상승 및 하강 동작을 안내하는 레일)을 따라 상하로 움직이는 운반구를 매달아 사람이나 화물을 운반할 수 있는 설비 또는 이와 유사한 구조 및 성능을 가진 것으로 건설현장에서 사용하는 것
이삿짐운반용 리프트	연장 및 축소가 가능하고 끝단을 건축물 등에 지지하는 구조의 사다리형 붐에 따라 동력을 사용하여 움직이는 운반구를 매달아 화물을 운반하는 설비로서 화물자동차 등 차량 위에 탑재하여 이삿짐 운반 등에 사용하는 것
곤돌라	달기발판 또는 운반구, 승강장치, 그 밖의 장치 및 이들에 부속된 기계부품에 의하여 구성되고, 와이어로프 또는 달기강선에 의하여 달기발판 또는 운반구가 전용 승강장치에 의하여 오르내리는 설비를 말한다.
크레인	동력을 사용하여 중량물을 매달아 상하 및 좌우(수평 또는 선회)로 운반하는 것을 목적으로 하는 기계 또는 기계장치를 말하며, "호이스트"란 훅이나 그 밖의 달기구 등을 사용하여 화물을 권상 및 횡행 또는 권상동작만을 하여 양중하는 것을 말한다.

46 인간이 기계 등의 취급을 잘못 또는 실수를 하여도 그것이 바로 사고나 재해와 연결되지 않도록 하는 기능은?

① 피로(Fatigue)
② 풀 프루프
③ 페일 엑티브
④ 페일 세이프

해설

풀 프루프와 페일 세이프

풀 프루프 (Fool Proof)	작업자가 기계를 잘못 취급하여 불안전 행동이나 실수를 하여도 기계설비의 안전기능이 작용되어 재해를 방지할 수 있는 기능을 가진 구조
페일 세이프 (Fail Safe)	기계나 그 부품에 파손·고장·기능 불량이 발생하여도 항상 안전하게 작동할 수 있는 기능을 가진 구조

47 기계의 원동기·회전축·기어·풀리·플라이휠·벨트 및 체인 등 근로자에게 위험에 미칠 우려가 있는 부위에 설치해야 하는 위험방지 장치 중 가장 적절하지 않은 것은?

① 덮개   ② 건널다리
③ 클러치   ④ 슬리브

해설

원동기·회전축 등의 위험방지

원동기·회전축·기어·풀리·플라이휠·벨트 및 체인 등 근로자가 위험에 처할 우려가 있는 부위	덮개, 울, 슬리브, 건널다리 등
회전축·기어·풀리 및 플라이휠 등에 부속되는 키·핀 등의 기계요소	• 묻힘형 • 덮개
벨트의 이음 부분	돌출된 고정구 사용 금지

48 연삭숫돌의 지름이 100mm이고, 회전수가 1,000 rpm이면 숫돌의 원주속도(m/s)는?

① 약 5.24   ② 약 6.51
③ 약 8.77   ④ 약 10.33

해설

원주속도(회전속도)

$$V = \pi DN(\text{mm/min}) = \frac{\pi DN}{1,000}(\text{m/min})$$

여기서, V : 원주속도(회전속도)(m/min)
D : 숫돌의 지름(mm)
N : 숫돌의 매분 회전수(rpm)

1. $V = \dfrac{\pi DN}{1,000}(\text{m/min}) = \dfrac{\pi \times 100 \times 1,000}{1,000} = 314.16(\text{m/min})$

2. 원주속도의 단위를 m/min에서 m/s로 주어졌으므로
$V = 314.16 \times \dfrac{1}{60(초)} = 5.24$

49 지게차의 안정도 기준으로 틀린 것은?

① 기준무부하상태에서 주행 시의 좌우안정도는 $(15 + 1.1\,V)\%$ 이내이고, V는 구내 최고속도(km/h)를 의미한다.
② 하역작업 시의 좌우안정도는 최대하중상태에서 포크를 가장 높이 올리고 마스트를 가장 뒤로 기울인 상태에서 6% 이내이다.
③ 기준부하상태에서 주행 시의 전후안정도는 20% 이상이다.
④ 하역작업 시의 전후안정도는 최대하중상태에서 포크를 가장 높이 올린 경우 4% 이내이며, 5톤 이상은 3.5% 이내이다.

해설

지게차의 안정도 기준
1. 하역작업 시의 전후안정도 4% 이내(5톤 이상 : 3.5% 이내)(최대하중상태에서 포크를 가장 높이 올린 경우)
2. 주행 시의 전후안정도 18% 이내(기준부하상태)
3. 하역작업 시의 좌우안정도 6% 이내(최대하중상태에서 포크를 가장 높이 올리고 마스트를 가장 뒤로 기울인 경우)
4. 주행 시의 좌우안정도 $(15+1.1\,V)\%$ 이내, V : 최고속도(km/h)(기준무부하상태)

50 선반에서 절삭가공 중 발생하는 연속적인 칩을 자동적으로 끊어 주는 역할을 하는 것은?

① 칩 브레이커
② 방진구
③ 보안경
④ 커버

해설

선반의 방호장치(안전장치)

칩 브레이커 (Chip Breaker)	절삭 중 칩을 자동적으로 끊어 주는 바이트에 설치된 안전장치
급정지 브레이크	가공작업 중 선반을 급정지시킬 수 있는 방호장치
실드 (Shield)	가공물의 칩이 비산되어 발생하는 위험을 방지하기 위해 사용하는 덮개(칩비산방지 투명판)
척 커버 (Chuck Cover)	척과 척으로 잡은 가공물의 돌출부에 작업자가 접촉하지 않도록 설치하는 덮개

51 산업안전보건법령상 롤러기의 무부하로 회전시킨 상태에서 앞면 롤러의 직경이 30cm, 표면원주속도가 20m/min이라면 급정지거리의 성능은?

① 앞면 롤러 원주의 1/3
② 앞면 롤러 원주의 1/4
③ 앞면 롤러 원주의 1/2.5
④ 앞면 롤러 원주의 1/2

해설
무부하 동작에서 급정지거리

앞면 롤러의 표면속도(m/min)	급정지거리
30 미만	앞면 롤러 원주의 1/3
30 이상	앞면 롤러 원주의 1/2.5

52 산업안전보건법령에 따라 아세틸렌발생기실에 설치해야 할 배기통은 얼마 이상의 단면적을 가져야 하는가?

① 바닥면적의 $\frac{1}{16}$
② 바닥면적의 $\frac{1}{20}$
③ 바닥면적의 $\frac{1}{24}$
④ 바닥면적의 $\frac{1}{30}$

해설
발생기실의 구조
1. 벽은 불연성 재료로 하고 철근 콘크리트 또는 그 밖에 이와 동등하거나 그 이상의 강도를 가진 구조로 할 것
2. 지붕과 천장에는 얇은 철판이나 가벼운 불연성 재료를 사용할 것
3. 바닥면적의 16분의 1 이상의 단면적을 가진 배기통을 옥상으로 돌출시키고 그 개구부를 창이나 출입구로부터 1.5미터 이상 떨어지도록 할 것
4. 출입구의 문은 불연성 재료로 하고 두께 1.5밀리미터 이상의 철판이나 그 밖에 그 이상의 강도를 가진 구조로 할 것
5. 벽과 발생기 사이에는 발생기의 조정 또는 카바이드 공급 등의 작업을 방해하지 않도록 간격을 확보할 것

53 산업용 로봇의 작동범위에서 그 로봇에 관하여 교시 등의 작업을 하는 경우 작업시간 전 점검사항에 해당하지 않는 것은?(단, 로봇의 동력원을 차단하고 행하는 것을 제외한다.)

① 회전부의 덮개 또는 울 부착 여부
② 제동장치 및 비상정지장치의 기능
③ 외부전선의 피복 또는 외장의 손상 유무
④ 매니퓰레이터(Manipulator) 작동의 이상 유무

해설
교시 등의 작업을 할 때 작업시작 전 점검사항
1. 외부 전선의 피복 또는 외장의 손상 유무
2. 매니퓰레이터(Manipulator) 작동의 이상 유무
3. 제동장치 및 비상정지장치의 기능

54 산업안전보건법령상 컨베이어의 안전장치로 가장 거리가 먼 것은?

① 호이스트
② 덮개
③ 비상정지장치
④ 이탈 및 역주행방지장치

해설
컨베이어의 안전장치
1. 이탈 및 역주행방지장치
2. 비상정지장치
3. 덮개 또는 울
4. 건널다리

55 크레인 작업 시 300kg의 질량을 10m/s²의 가속도로 감아올릴 때 로프에 걸리는 총 하중은 약 몇 N인가?(단, 중력가속도는 9.81m/s²로 한다.)

① 2,943
② 3,000
③ 5,943
④ 8,886

해설
와이어로프에 걸리는 하중 계산

와이어로프에 걸리는 총하중	총하중(W) = 정하중(W_1) + 동하중(W_2) 동하중(W_2) = $\frac{W_1}{g} \times a$ g : 중력가속도(9.8m/s²), a : 가속도(m/s²)
와이어로프에 작용하는 장력	장력[N] = 총하중[kg] × 중력가속도[m/s²]

1. 동하중
 동하중(W_2) = $\frac{W_1}{g} \times a = \frac{300}{9.81} \times 10 = 305.81$ (kgf)
2. 총하중
 총하중(W) = 정하중(W_1) + 동하중(W_2)
  = 300 + 305.81 = 605.81 (kgf)
3. 장력
 장력(N) = 총하중(kg) × 중력가속도(m/s²)
  = 605.81(kgf) × 9.81
  = 5,942.996(N)

정답 51 ① 52 ① 53 ① 54 ① 55 ③

56 기계설비의 안전화를 크게 외관의 안전화, 기능의 안전화, 구조적 안전화로 구분할 때, 기능의 안전화에 해당되는 것은?

① 안전율의 확보
② 위험부위 덮개 설치
③ 기계 외관에 안전 색채 사용
④ 전압 강하 시 기계의 자동정지

해설

기능적 안전화
1. 기계나 기구를 사용할 때 기계의 기능이 저하하지 않고 안전하게 작업하는 것으로 능률적이고 재해방지를 위한 설계를 한다.
2. 적절한 조치가 필요한 이상상태(자동화된 기계설비가 재해 측면에서의 불리한 조건)
   ㉠ 전압강하, 정전 시 기계 오동작
   ㉡ 단락, 스위치 릴레이 고장 시 오동작
   ㉢ 사용압력 변동 시 오동작
   ㉣ 밸브계통의 고장에 의한 오동작

TIP
• 안전율의 확보 : 구조적 안전화
• 위험부위 덮개 설치, 기계 외관에 안전 색채 사용 : 외관의 안전화

---

57 다음 중 보일러의 폭발사고 예방을 위한 장치로 가장 거리가 먼 것은?

① 압력제한 스위치
② 압력방출장치
③ 고저수위 고정장치
④ 화염 검출기

해설

보일러 안전장치의 종류
• 압력방출장치
• 압력제한스위치
• 고저수위조절장치
• 화염검출기

---

58 다음 중 크레인의 방호장치로 가장 적절하지 않은 것은?

① 파이널 리밋 스위치
② 과부하방지장치
③ 비상정지장치
④ 권과방지장치

해설

양중기 방호장치의 종류

방호장치의 조정 대상	크레인, 이동식 크레인, 리프트, 곤돌라, 승강기
방호장치의 종류	• 과부하방지장치 • 권과방지장치 • 비상정지장치 및 제동장치 • 그 밖의 방호장치(승강기의 파이널 리밋 스위치, 속도조절기, 출입문 인터록 등)

---

59 기계설비의 방호는 위험장소에 대한 방호와 위험원에 대한 방호로 분류할 때, 다음 위험원에 대한 방호장치에 해당하는 것은?

① 격리형 방호장치
② 포집형 방호장치
③ 접근거부형 방호장치
④ 위치제한형 방호장치

해설

방호장치의 분류
1. 위험장소 : 격리형 방호장치, 위치제한형 방호장치, 접근반응형 방호장치, 접근 거부형 방호장치
2. 위험원 : 포집형 방호장치, 감지형 방호장치

---

60 연삭기 숫돌의 파괴 원인으로 볼 수 없는 것은?

① 숫돌의 회전속도가 너무 빠를 때
② 숫돌 자체에 균열이 있을 때
③ 숫돌의 정면을 사용할 때
④ 숫돌에 과대한 충격을 주게 되는 때

해설

연삭숫돌의 파괴 원인
1. 숫돌의 회전속도가 너무 빠를 때
2. 숫돌 자체에 균열이 있을 때
3. 숫돌에 과대한 충격을 가할 때
4. 숫돌의 측면을 사용하여 작업할 때
5. 숫돌의 불균형이나 베어링 마모에 의한 진동이 있을 때 (숫돌이 경우에 따라 파손될 수 있다.)
6. 숫돌 반경방향의 온도변화가 심할 때
7. 작업에 부적당한 숫돌을 사용할 때
8. 숫돌의 치수가 부적당할 때
9. 플랜지가 현저히 작을 때

정답 56 ④ 57 ③ 58 ① 59 ② 60 ③

4과목 전기 및 화학설비 안전관리

61 다음 중 전류밀도, 통전전류, 접촉면적과 피부저항의 관계를 설명한 것으로 옳은 것은?

① 전류밀도와 통전전류는 반비례한다.
② 같은 크기의 전류가 흘러도 접촉면적이 커지면 전류밀도도 커진다.
③ 통전전류와 접촉면적에 관계없이 피부저항은 항상 일정하다.
④ 전류밀도와 접촉면적은 반비례한다.

해설
피부와 전극 접촉면적에 의한 변화
같은 크기의 전류가 흘러도 접촉면적이 커지면 피부저항은 그만큼 적게 되며, 전류밀도 또한 줄어든다.

62 파이프 등에 유체가 흐를 때 발생하는 유동대전에 가장 큰 영향을 미치는 요인은?

① 유체의 이동거리
② 유체의 점도
③ 유체의 속도
④ 유체의 양

해설
유동대전
1. 액체류를 파이프 등으로 수송할 때 액체류가 파이프 등과 접촉하여 두 물질의 경계에 전기 2중층이 형성되어 정전기 발생
2. 액체류의 유동속도가 정전기 발생에 큰 영향을 준다.
3. 파이프 속에 저항이 높은 액체가 흐를 때 발생

63 감전에 의한 전격위험을 결정하는 주된 인자와 거리가 먼 것은?

① 통전저항
② 통전전류의 크기
③ 통전경로
④ 통전시간

해설
감전재해의 요인

1차적 감전요소	• 통전전류의 크기 : 크면 위험, 인체의 저항이 일정할 때 접촉전압에 비례 • 통전경로 : 인체의 주요한 부분을 흐를수록 위험 • 통전시간 : 장시간 흐르면 위험 • 전원의 종류 : 전원의 크기(전압)가 동일한 경우 교류가 직류보다 위험하다.
2차적 감전요소	• 인체의 조건(저항) : 땀에 젖어 있거나 물에 젖어 있는 경우 인체의 저항이 감소하므로 위험성이 높아진다. • 전압 : 전압의 크기가 클수록 위험하다. • 계절 : 계절에 따라 인체의 저항이 변화하므로 전격에 대한 위험도에 영향을 준다.

64 피뢰기에 요구되는 성능으로 틀린 것은?

① 충격 방전개시전압이 낮을 것
② 속류 차단을 확실하게 할 수 있을 것
③ 상용주파 방전개시전압은 선로의 전압보다 낮을 것
④ 제한전압이 낮을 것

해설
피뢰기의 구비성능
1. 충격 방전 개시 전압과 제한 전압이 낮을 것
2. 반복 동작이 가능할 것
3. 구조가 견고하며 특성이 변화하지 않을 것
4. 점검, 보수가 간단할 것
5. 뇌전류의 방전능력이 클 것
6. 속류의 차단이 확실하게 될 것

65 산업안전보건기준에 관한 규칙에 따른 전기기계·기구의 설치 시 고려할 사항으로 거리가 먼 것은?

① 전기기계·기구의 충분한 전기적 용량 및 기계적 강도
② 전기기계·기구의 안전효율을 높이기 위한 시간 가동률
③ 습기·분진 등 사용장소의 주위 환경
④ 전기적·기계적 방호수단의 적정성

해설
전기기계·기구 설치 시 고려사항
1. 전기 기계·기구의 충분한 전기적 용량 및 기계적 강도
2. 습기·분진 등 사용장소의 주위 환경
3. 전기적·기계적 방호수단의 적정성

정답 61 ④ 62 ③ 63 ① 64 ③ 65 ②

66 감전사고의 사망경로에 해당되지 않는 것은?

① 전류가 뇌의 호흡중추부로 흘러 발생한 호흡기능 마비
② 전류가 흉부에 흘러 발생한 흉부근육수축으로 인한 질식
③ 전류가 심장부로 흘러 심실세동에 의한 혈액순환기능 장애
④ 전류가 인체에 흐를 때 인체에 저항으로 발생한 주울열에 의한 화상

해설

전격(감전)현상의 메커니즘
1. 심장부에 전류가 흘러 심실세동이 발생하여 혈액순환기능이 상실되어 일어난 것
2. 뇌의 호흡중추신경에 전류가 흘러 호흡기능이 정지되어 일어난 것
3. 흉부에 전류가 흘리 흉부근육수축에 의한 질식으로 일어난 것

67 전기화재의 직접적인 발생요인과 가장 거리가 먼 것은?

① 피뢰기의 손상
② 누전, 열의 축적
③ 과전류 및 절연의 손상
④ 자락 및 접속불량으로 인한 과열

해설

전기화재의 원인
1. 단락   6. 절연열화에 의한 발열
2. 누전   7. 지락
3. 과전류   8. 낙뢰
4. 스파크   9. 정전기 스파크
5. 접촉부과열

68 사용전압이 154kV인 변압기 설비를 지상에 설치할 때 감전사고 방지대책으로 울타리의 높이와 울타리로부터 충전부분까지의 거리의 합계의 최솟값은?

① 3m   ② 5m
③ 6m   ④ 8m

해설

발전소 등의 울타리·담 등의 시설
1. 울타리·담 등의 높이는 2m 이상으로 하고 지표면과 울타리·담 등의 하단 사이의 간격은 0.15m 이하로 할 것
2. 울타리·담 등과 고압 및 특고압의 충전 부분이 접근하는 경우에는 울타리·담 등의 높이와 울타리·담 등으로부터 충전부분까지 거리의 합계는 다음 표에서 정한 값 이상으로 할 것

사용전압의 구분	울타리·담 등의 높이와 울타리·담 등으로부터 충전부분까지의 거리의 합계
35kV 이하	5m
35kV 초과 160kV 이하	6m
160kV 초과	6m에 160kV를 초과하는 10kV 또는 그 단수마다 12cm를 더한 값

69 다음 중 전선이 연소될 때의 단계별 순서로 가장 적절한 것은?

① 착화단계 → 순시용단 단계 → 발화단계 → 인화단계
② 인화단계 → 착화단계 → 발화단계 → 순시용단 단계
③ 순시용단 단계 → 착화단계 → 인화단계 → 발화단계
④ 발화단계 → 순시용단 단계 → 착화단계 → 인화단계

해설

배선의 용단단계에 따른 전선 전류밀도(전선의 연소 과정)

단계	인화단계	착화단계	발화단계		순시용단 단계
	허용전류의 3배정도	큰 전류, 점화원없이 착화연소	심선이 용단		심선용단 및 도선 폭발
			발화 후 용단	용단과 동시발화	
전류밀도 (A/mm²)	40~43	43~60	60~70	75~120	120 이상

70 어떤 도체에 20초 동안에 100C의 전하량이 이동하면 이때 흐르는 전류(A)는?

① 200   ② 50
③ 10   ④ 5

해설

전류
어떤 도체의 단면을 t[sec] 동안 Q[C]의 전하가 이동할 때 통과하는 전하의 양으로 나타낸다.

정답 66 ④ 67 ① 68 ③ 69 ② 70 ④

$$I = \frac{Q}{t}[C/sec][A]$$

여기서, 1[A]는 1[sec] 동안에 1[C]의 전기량이 이동할 때의 전류의 크기를 말한다.

$I = \frac{Q}{t} = \frac{100}{20} = 5[A]$

71 다음 중 폭발한계에 영향을 주는 요소에 관한 설명으로 틀린 것은?

① 일반적으로 폭발범위는 온도상승에 의해서 넓게 된다.
② 폭발하한값은 일반적으로 압력상승에 따라 증가한다.
③ 폭발상한값은 산소농도가 증가하면 현저히 증가한다.
④ 폭발범위는 위쪽으로 전파하는 화염에서 측정할 경우 가장 넓은 값이 나온다.

해설

가연성가스의 폭발범위 영향 요소
1. 가스의 온도가 높을수록 폭발범위도 일반적으로 넓어진다.(폭발하한계는 감소, 폭발상한계는 증가)
2. 가스의 압력이 높아지면 폭발하한계는 영향이 없으나 폭발상한계는 증가한다.
3. 산소 중에서의 폭발범위는 공기 중에서 보다 넓어진다.
4. 압력이 상압인 1atm보다 낮아질 때 폭발범위는 큰 변화가 없다.
5. 일산화탄소는 압력이 높을수록 폭발범위가 좁아지고, 수소는 10atm까지는 좁아지지만 그 이상의 압력에서는 넓어진다.
6. 불활성 기체가 첨가될 경우 혼합가스의 농도가 희석되어 폭발범위가 좁아진다.
7. 화학양론농도 부근에서는 연소나 폭발이 가장 일어나기 쉽고 또한 격렬한 정도도 크다.

72 산업안전보건법령에서 정한 위험물질의 종류에서 "물반응성 물질 및 인화성 고체"에 해당하는 것은?

① 니트로화합물
② 과염소산
③ 아조화합물
④ 칼륨

해설

물반응성 물질 및 인화성 고체
1. 리튬
2. 칼륨·나트륨
3. 황
4. 황린
5. 황화인·적린
6. 셀룰로이드류
7. 알킬알루미늄·알킬리튬
8. 마그네슘 분말
9. 금속 분말(마그네슘 분말은 제외)
10. 알칼리금속(리튬·칼륨 및 나트륨은 제외)
11. 유기 금속화합물(알킬알루미늄 및 알킬리튬은 제외)
12. 금속의 수소화물
13. 금속의 인화물
14. 칼슘 탄화물, 알루미늄 탄화물
15. 그 밖에 1부터 14까지의 물질과 같은 정도의 발화성 또는 이 있는 물질
16. 1부터 15까지의 물질을 함유한 물질

TIP ① 니트로소화합물, 아조화합물 : 폭발성 물질 및 유기과산화물
② 과염소산 : 산화성 액체 및 산화성 고체

73 산업안전보건기준에 관한 규칙에서 규정하는 급성 독성 물질의 기준으로 틀린 것은?

① 쥐에 대한 경구투입실험에 의하여 실험동물의 50%를 사망시킬 수 있는 물질의 양이 kg당 300mg-(체중) 이하인 화학물질
② 쥐에 대한 경피흡수실험에 의하여 실험동물의 50%를 사망시킬 수 있는 물질의 양이 kg당 1,000mg-(체중) 이하인 화학물질
③ 토끼에 대한 경피흡수실험에 의하여 실험동물의 50%를 사망시킬 수 있는 물질의 양이 kg당 1,000mg-(체중) 이하인 화학물질
④ 쥐에 대한 4시간 동안의 흡입실험에 의하여 실험동물의 50%를 사망시킬 수 있는 가스의 농도가 3,000ppm 이상인 화학물질

해설

급성 독성 물질
1. 쥐에 대한 경구투입실험에 의하여 실험동물의 50퍼센트를 사망시킬 수 있는 물질의 양, 즉 LD50(경구, 쥐)이 킬로

그램당 300밀리그램 – (체중) 이하인 화학물질
2. 쥐 또는 토끼에 대한 경피흡수실험에 의하여 실험동물의 50퍼센트를 사망시킬 수 있는 물질의 양, 즉 LD50(경피, 토끼 또는 쥐)이 킬로그램당 1,000밀리그램 – (체중) 이하인 화학물질
3. 쥐에 대한 4시간 동안의 흡입실험에 의하여 실험동물의 50퍼센트를 사망시킬 수 있는 물질의 농도, 즉 가스 LC50(쥐, 4시간 흡입)이 2,500ppm 이하인 화학물질, 증기 LC50(쥐, 4시간 흡입)이 10mg/L 이하인 화학물질, 분진 또는 미스트 1mg/L 이하인 화학물질

74 가정에서 요리를 할 때 사용하는 가스레인지에서 일어나는 가스의 연소형태에 해당되는 것은?

① 자기연소
② 분해연소
③ 표면연소
④ 확산연소

해설
확산연소
1. 가연성 가스가 공기 중의 지연성 가스(산소)와 접촉하여 접촉면에서 연소가 일어나는 현상(수소, 메탄, 프로판, 부탄 등)
2. 기체의 일반적인 연소형태이다.

75 메탄 20vol%, 에탄 25vol%, 프로판 55vol%의 조성을 가진 혼합가스의 폭발하한계 값(vol%)은 약 얼마인가?(단, 메탄, 에탄 및 프로판가스의 폭발하한 값은 각각 5vol%, 3vol%, 2vol% 이다.)

① 2.51
② 3.12
③ 4.26
④ 5.22

해설
르샤틀리에의 법칙(순수한 혼합가스일 경우)

$$\frac{100}{L} = \frac{V_1}{L_1} + \frac{V_2}{L_2} + \frac{V_2}{L_3} \cdots$$

$$L = \frac{100}{\frac{V_1}{L_1} + \frac{V_2}{L_2} + \cdots + \frac{V_n}{L_n}}$$

여기서, V_n : 전체 혼합가스 중 각 성분 가스의 체적(비율)[%]
L_n : 각 성분 단독의 폭발한계(상한 또는 하한)
L : 혼합가스의 폭발한계(상한 또는 하한)[vol%]

$$L = \frac{100}{\frac{20}{5} + \frac{25}{3} + \frac{55}{2}} = 2.51 [\text{vol\%}]$$

76 배관설비 중 유체의 역류를 방지하기 위하여 설치하는 밸브는?

① 글로브밸브
② 체크밸브
③ 게이트밸브
④ 시퀀스밸브

해설
밸브

글로브 밸브	유체의 흐름과 평행하게 밸브가 개폐(가정에서 사용하는 수도꼭지 같은 것으로 섬세한 유량을 조절할 수 있다.)
체크밸브	유체의 역류를 방지하는 밸브이며, 펌프의 토출구 등에 많이 사용된다.
게이트밸브	유체의 흐름과 직각으로 움직이는 게이트를 상하 운동에 의함 유량 조절(저수지 수문과 같은 것으로 섬세한 유량의 조절은 힘들다.)
시퀀스밸브	2개 이상의 분기회로를 가지는 회로 중에서 그 작동 순서를 회로의 압력에 의하여 제어하는 밸브

77 다음 중 화재의 종류가 옳게 연결된 것은?

① A급 화재 – 유류화재
② B급 화재 – 유류화재
③ C급 화재 – 일반화재
④ D급 화재 – 일반화재

해설
화재의 종류

분류	A급 화재	B급 화재	C급 화재	D급 화재
명칭	일반화재	유류화재	전기화재	금속화재
분류	보통 잔재의 작열에 의해 발생하는 연소에서 보통 유기 성질의 고체물질을 포함한 화재	액체 또는 액화할 수 있는 고체를 포함한 화재 및 가연성 가스 화재	통전 중인 전기설비를 포함한 화재	금속을 포함한 화재
가연물	목재, 종이, 섬유 등	가솔린, 등유, 프로판 가스 등	전기기기, 변압기, 전기다리미 등	가연성 금속 (Mg분, Al분)
소화방법	냉각소화	질식소화	질식, 냉각소화	질식소화
적응 소화제	• 물 소화기 • 강화액 소화기 • 산·알칼리 소화기	• 이산화탄소 소화기 • 할로겐화합물 소화기 • 분말 소화기 • 포말 소화기	• 이산화탄소 소화기 • 할로겐화합물 소화기 • 분말 소화기 • 무상강화액 소화기	• 건조사 • 팽창 질석 • 팽창 진주암
표시색	백색	황색	청색	무색

정답 74 ④ 75 ① 76 ② 77 ②

78 다음은 산업안전보건법령에 따른 위험물질의 종류 중 부식성 염기류에 관한 내용이다. ( ) 안에 알맞은 수치는?

> 농도가 ( )퍼센트 이상인 수산화나트륨, 수산화칼륨, 그 밖에 이와 같은 정도 이상의 부식성을 가지는 염기류

① 20　　　② 40
③ 60　　　④ 80

해설
부식성 물질

부식성 산류	• 농도가 20퍼센트 이상인 염산, 황산, 질산, 그 밖에 이와 같은 정도 이상의 부식성을 가지는 물질 • 농도가 60퍼센트 이상인 인산, 아세트산, 불산, 그 밖에 이와 같은 정도 이상의 부식성을 가지는 물질
부식성 염기류	농도가 40퍼센트 이상인 수산화나트륨, 수산화칼륨, 그 밖에 이와 같은 정도 이상의 부식성을 가지는 염기류

79 다음의 주의사항에 해당하는 물질은?

> 산화제와 접촉 및 혼합은 위험하고 화재 시 주수소화를 하면 위험성이 더 커지므로 건조한 모래 등으로 질식소화를 한다.

① 마그네슘　　　② 과산화수소
③ 과염소산나트륨　　　④ 황인

해설
마그네슘(제2류 위험물)
1. 고온에서 유황 및 할로겐, 산화제와 접촉하면 매우 격렬하게 발열한다.
2. 일단 연소하면 소화가 곤란하나 초기 소화 또는 대규모 화재 시는 석회분, 마른 모래 등으로 소화한다.
3. 물, CO_2, N_2, 포, 할로겐 화합물 소화약제는 소화 적응성이 없으므로 절대 사용을 엄금한다.

80 다음 중 화학반응에 의해 발생하는 열이 아닌 것은?

① 연소열　　　② 압축열
③ 반응열　　　④ 분해열

해설
반응열
1. 화학반응에 수반하여 방출 또는 흡수되는 에너지의 양을 말한다.
2. 종류로는 생성열, 연소열, 중화열, 융해열, 분해열, 희석열, 전리열이 있다.

5과목 건설공사 안전관리

81 철골조립 공사 중에 볼트작업을 하기 위해 주체인 철골에 매달아서 작업발판으로 이용하는 비계는?

① 달비계　　　② 말비계
③ 달대비계　　　④ 선반비계

해설
달대비계
철골 조립공사 중에 리벳이나 볼트 작업을 하기 위해 주체인 철골에 매달아서 작업하는 작업발판

82 추락재해 방지용 방망사의 신품에 대한 인장강도는 얼마인가?(단, 그물코의 크기가 10cm이며, 매듭 없는 방망일 경우)

① 280kg　　　② 220kg
③ 240kg　　　④ 260kg

해설
방망사의 신품에 대한 인장강도

그물코의 크기 (단위 : 센티미터)	방망의 종류(단위 : 킬로그램)	
	매듭 없는 방망	매듭방망
10	240(150)	200(135)
5		110(60)

※ 단, ( )는 폐기 시 인장강도

83 달비계에 사용하는 와이어로프는 지름의 감소가 공칭지름의 몇 %를 초과하는 경우에 사용할 수 없도록 규정되어 있는가?

① 5%　　　② 7%
③ 9%　　　④ 10%

해설
달비계의 와이어로프 사용금지 사항
1. 이음매가 있는 것
2. 와이어로프의 한 꼬임에서 끊어진 소선의 수가 10퍼센트 이상인 것

정답 78 ② 79 ① 80 ② 81 ③ 82 ③ 83 ②

3. 지름의 감소가 공칭지름의 7퍼센트를 초과하는 것
4. 꼬인 것
5. 심하게 변형되거나 부식된 것
6. 열과 전기충격에 의해 손상된 것

84 건설현장에서 사용하는 수공구 중 토공사 파쇄용으로 옳은 것은?

① 착암기　　② 콘크리트 진동기
③ 연마기　　④ 체인톱

해설

착암기
암석이나 콘크리트 등을 구멍을 뚫거나 파쇄하는 데 사용하는 공구를 말한다.

85 블레이드를 레버로 조정할 수 있으며, 좌우를 상하 20~25°까지 기울일 수 있는 불도저는?

① 틸트 도저　　② 스트레이트 도저
③ 앵글 도저　　④ 터나 도저

해설

배토판(Blade)의 형태 및 작동방법에 의한 분류

스트레이트 도저 (Straight Dozer)	트랙터의 종방향 중심축에 배토판을 직각으로 설치하여 직선적인 굴착 및 압토작업에 효율적
앵글 도저 (Angle Dozer)	배토판을 진행방향에 따라 20~30°의 좌우로 돌릴 수 있도록 만든 장치로, 측면굴착에 유리
틸트 도저 (Tilt Dozer)	배토판을 좌우로 상하 25~30°까지 아래로 기울어지게 하여 도랑파기, 경사면 굴착에 유리
힌지 도저 (Hinge Dozer)	배토판 중앙에 힌지를 붙여 안팎으로 V자형으로 꺾을 수 있으며, 흙을 깎아 옆으로 밀어내면서 전진하므로 제설, 제토작업 및 다량의 흙을 전방으로 밀고 가는 데 적합한 도저

86 사다리식 통로 등을 설치하는 경우 준수사항으로 옳지 않은 것은?

① 사다리의 상단은 걸쳐 놓은 지점으로부터 60센티미터 이상 올라가도록 할 것
② 발판의 간격은 일정하게 할 것
③ 사다리식 통로의 길이가 8미터 이상인 경우에는 7미터 이내마다 계단참을 설치할 것
④ 사다리식 통로의 기울기는 75도 이하로 할 것

해설

사다리식 통로
1. 견고한 구조로 할 것
2. 심한 손상·부식 등이 없는 재료를 사용할 것
3. 발판의 간격은 일정하게 할 것
4. 발판과 벽과의 사이는 15센티미터 이상의 간격을 유지할 것
5. 폭은 30센티미터 이상으로 할 것
6. 사다리가 넘어지거나 미끄러지는 것을 방지하기 위한 조치를 할 것
7. 사다리의 상단은 걸쳐놓은 지점으로부터 60센티미터 이상 올라가도록 할 것
8. 사다리식 통로의 길이가 10미터 이상인 경우에는 5미터 이내마다 계단참을 설치할 것
9. 사다리식 통로의 기울기는 75도 이하로 할 것. 다만, 고정식 사다리식 통로의 기울기는 90도 이하로 하고, 그 높이가 7미터 이상인 경우에는 다음 각 목의 구분에 따른 조치를 할 것
   ㉠ 등받이울이 있어도 근로자 이동에 지장이 없는 경우 : 바닥으로부터 높이가 2.5미터 되는 지점부터 등받이울을 설치할 것
   ㉡ 등받이울이 있으면 근로자가 이동이 곤란한 경우 : 개인용 추락 방지 시스템을 설치하고 근로자로 하여금 전신안전대를 사용하도록 할 것
10. 접이식 사다리 기둥은 사용 시 접혀지거나 펼쳐지지 않도록 철물 등을 사용하여 견고하게 조치할 것

87 차량계 하역운반기계에 화물을 적재할 때의 준수사항과 거리가 먼 것은?

① 하중이 한쪽으로 치우치지 않도록 적재할 것
② 구내운반차 또는 화물자동차의 경우 화물의 붕괴 또는 낙하에 의한 위험을 방지하기 위하여 화물에 로프를 거는 등 필요한 조치를 할 것
③ 운전자의 시야를 가리지 않도록 화물을 적재할 것
④ 제동장치 및 조정장치 기능의 이상 유무를 점검할 것

해설

화물적재 시의 조치
1. 하중이 한쪽으로 치우치지 않도록 적재할 것
2. 구내운반차 또는 화물자동차의 경우 화물의 붕괴 또는 낙하에 의한 위험을 방지하기 위하여 화물에 로프를 거는 등 필요한 조치를 할 것

3. 운전자의 시야를 가리지 않도록 화물을 적재할 것
4. 화물을 적재하는 경우에는 최대적재량을 초과하지 않을 것

88 기상상태의 악화로 비계에서의 작업을 중지시킨 후 그 비계에서 작업을 다시 시작하기 전에 점검해야 할 사항에 해당하지 않는 것은?

① 기둥의 침하·변형·변위 또는 흔들림 상태
② 손잡이의 탈락 여부
③ 격벽의 설치여부
④ 발판 재료의 손상 여부 및 부착 또는 걸림 상태

해설

비계의 점검 및 보수

점검 보수 시기	• 비, 눈, 그 밖의 기상상태의 악화로 작업을 중지시킨 후 그 비계에서 작업할 경우 • 비계를 조립·해체하거나 변경한 후에 그 비계에서 작업을 하는 경우
작업 시작 전 점검사항	• 발판 재료의 손상 여부 및 부착 또는 걸림 상태 • 해당 비계의 연결부 또는 접속부의 풀림 상태 • 연결 재료 및 연결 철물의 손상 또는 부식 상태 • 손잡이의 탈락 여부 • 기둥의 침하, 변형, 변위 또는 흔들림 상태 • 로프의 부착 상태 및 매단 장치의 흔들림 상태

89 이동식 비계를 조립하여 작업을 하는 경우의 준수사항으로 옳지 않은 것은?

① 이동식 비계의 바퀴에는 뜻밖의 갑작스러운 이동 또는 전도를 방지하기 위하여 브레이크·쐐기 등으로 바퀴를 고정시킨 다음 비계의 일부를 견고한 시설물에 고정하거나 아웃트리거를 설치하는 등 필요한 조치를 할 것
② 작업발판은 항상 수평을 유지하고 작업발판 위에서 안전난간을 딛고 작업을 하지 않도록 하며, 대신 받침대 또는 사다리를 사용하여 작업할 것
③ 비계의 최상부에서 작업을 하는 경우에는 안전난간을 설치할 것
④ 작업발판의 최대적재하중은 250kg을 초과하지 않도록 할 것

해설

이동식 비계 조립 시의 준수사항
1. 이동식 비계의 바퀴에는 뜻밖의 갑작스러운 이동 또는 전도를 방지하기 위하여 브레이크·쐐기 등으로 바퀴를 고정시킨 다음 비계의 일부를 견고한 시설물에 고정하거나 아웃트리거를 설치하는 등 필요한 조치를 할 것
2. 승강용 사다리는 견고하게 설치할 것
3. 비계의 최상부에서 작업을 하는 경우에는 안전난간을 설치할 것
4. 작업발판은 항상 수평을 유지하고 작업발판 위에서 안전난간을 딛고 작업을 하거나 받침대 또는 사다리를 사용하여 작업하지 않도록 할 것
5. 작업발판의 최대적재하중은 250킬로그램을 초과하지 않도록 할 것

90 연약지반을 굴착할 때, 흙막이벽 뒤쪽 흙의 중량이 바닥의 지지력보다 커지면, 굴착저면에서 흙이 부풀어 오르는 현상은?

① 슬라이딩(Sliding)
② 보일링(Boiling)
③ 파이핑(Piping)
④ 히빙(Heaving)

해설

지반의 이상현상

구분	정의
히빙(Heaving) 현상	연질점토 지반에서 굴착에 의한 흙막이 내·외면의 흙의 중량 차이로 인해 굴착저면이 부풀어 올라오는 현상
보일링(Boiling) 현상	사질토 지반에서 굴착저면과 흙막이 배면과의 수위 차이로 인해 굴착저면의 흙과 물이 함께 위로 솟구쳐 오르는 현상
파이핑(Piping) 현상	보일링 현상으로 인하여 지반 내에서 물의 통로가 생기면서 흙이 세굴되는 현상

91 콘크리트 구조물에 적용하는 해체작업 공법의 종류가 아닌 것은?

① 연삭 공법
② 발파 공법
③ 오픈컷 공법
④ 유압 공법

해설

Open Cut 공법

경사면(비탈면) Open Cut 공법	흙막이 지보공(버팀대)이 필요 없이 굴착면을 경사지게 파내는 공법
흙막이 Open Cut 공법	흙막이벽과 널말뚝에 의해 지지하면서 터파기를 하는 공법

정답 88 ③ 89 ② 90 ④ 91 ③

92 콘크리트 타설 작업을 하는 경우에 준수해야 할 사항으로 옳지 않은 것은?

① 콘크리트를 타설하는 경우에는 편심을 유발하여 한 쪽 부분부터 밀실하게 타설되도록 유도할 것
② 당일의 작업을 시작하기 전에 해당 작업에 관한 거푸집동바리 등의 변형·변위 및 지반의 침하 유무 등을 점검하고 이상이 있으면 보수할 것
③ 작업 중에는 거푸집동바리 등의 변형·변위 및 침하 유무 등을 감시할 수 있는 감시자를 배치하여 이상이 있으면 작업을 중지하고 근로자를 대피시킬 것
④ 설계도서상의 콘크리트 양생기간을 준수하여 거푸집동바리 등을 해체할 것

해설
콘크리트 타설 작업 시 준수사항
1. 당일의 작업을 시작하기 전에 해당 작업에 관한 거푸집동바리 등의 변형·변위 및 지반의 침하 유무 등을 점검하고 이상이 있으면 보수할 것
2. 작업 중에는 거푸집동바리 등의 변형·변위 및 침하 유무 등을 감시할 수 있는 감시자를 배치하여 이상이 있으면 작업을 중지하고 근로자를 대피시킬 것
3. 콘크리트 타설작업 시 거푸집 붕괴의 위험이 발생할 우려가 있으면 충분한 보강조치를 할 것
4. 설계도서상의 콘크리트 양생기간을 준수하여 거푸집동바리 등을 해체할 것
5. 콘크리트를 타설하는 경우에는 편심이 발생하지 않도록 골고루 분산하여 타설할 것

93 공사용 가설도로에 대한 설명 중 옳지 않은 것은?

① 도로는 장비 및 차량이 안전하게 운행할 수 있도록 견고하게 설치한다.
② 도로는 배수에 상관없이 평탄하게 설치한다.
③ 도로와 작업장이 접하여 있을 경우에는 방책 등을 설치한다.
④ 차량의 속도제한 표지를 부착한다.

해설
공사용 가설도로 설치기준
1. 도로는 장비와 차량이 안전하게 운행할 수 있도록 견고하게 설치할 것
2. 도로와 작업장이 접하여 있을 경우에는 방책 등을 설치할 것
3. 도로는 배수를 위하여 경사지게 설치하거나 배수시설을 설치할 것
4. 차량의 속도제한 표지를 부착할 것

94 건설공사 중 작업으로 인하여 물체가 떨어지거나 날아올 위험이 있을 때 조치할 사항으로 옳지 않은 것은?

① 안전난간 설치
② 보호구의 착용
③ 출입금지구역의 설정
④ 낙하물방지망의 설치

해설
물체가 떨어지거나 날아올 위험이 있는 경우의 위험방지
1. 낙하물 방지망 설치
2. 수직보호망 설치
3. 방호선반 설치
4. 출입금지구역 설정
5. 보호구 착용

TIP 안전난간
추락의 위험이 있는 장소에 설치한다.

95 산업안전보건기준에 관한 규칙상 근로자가 상시 작업하는 장소의 작업면 조도기준으로 옳지 않은 것은?(단, 갱내 작업장과 감광재료를 취급하는 작업장의 경우는 제외)

① 초정밀작업 : 600럭스 이상
② 정밀작업 : 300럭스 이상
③ 보통작업 : 150럭스 이상
④ 초정밀, 정밀, 보통작업을 제외한 기타 작업 : 75럭스 이상

해설
근로자가 상시 작업하는 장소의 작업면 조도기준

작업의 종류	작업면 조도
초정밀작업	750럭스(lux) 이상
정밀작업	300럭스(lux) 이상
보통작업	150럭스(lux) 이상
그 밖의 작업	75럭스(lux) 이상

정답 92 ① 93 ② 94 ① 95 ①

96 산업안전보건법령상 양중기를 사용하여 작업하는 운전자 또는 작업자가 보기 쉬운 곳에 해당 양중기에 대해 표시하여야 할 내용으로 가장 거리가 먼 것은?(단, 승강기는 제외한다.)

① 정격 하중
② 운전 속도
③ 경고 표시
④ 작업자 위치

해설

정격하중 등의 표시
양중기(승강기는 제외) 및 달기구를 사용하여 작업하는 운전자 또는 작업자가 보기 쉬운 곳에 해당 기계의 정격하중, 운전속도, 경고표시 등을 부착하여야 한다. 다만, 달기구는 정격하중만 표시한다.

97 산업안전보건법령상 양중기에 해당되지 않는 것은?

① 크레인
② 항발기
③ 곤돌라
④ 리프트

해설

양중기의 종류
1. 크레인(호이스트 포함)
2. 이동식 크레인
3. 리프트(이삿짐운반용 리프트의 경우 적재하중 0.1톤 이상인 것)
4. 곤돌라
5. 승강기(최대하중이 0.25톤 이상인 것)

98 다음은 산업안전보건법령에 따른 승강설비의 설치에 관한 내용이다. ( )에 들어갈 내용으로 옳은 것은?

> 사업주는 높이 또는 깊이가 ( )를 초과하는 장소에서 작업하는 경우 해당 작업에 종사하는 근로자가 안전하게 승강하기 위한 건설용 리프트 등의 설비를 설치하여야 한다. 다만, 승강설비를 설치하는 것이 작업의 성질상 곤란한 경우에는 그렇지 않다.

① 2m
② 3m
③ 4m
④ 5m

해설

승강설비의 설치
높이 또는 깊이가 2미터를 초과하는 장소에서 작업하는 경우 해당 작업에 종사하는 근로자가 안전하게 승강하기 위한 건설용 리프트 등의 설비를 설치해야 한다. 다만, 승강설비를 설치하는 것이 작업의 성질상 곤란한 경우에는 그렇지 않다.

99 다음 셔블계 굴착장비 중 좁고 깊은 굴착에 가장 적합한 장비는?

① 드래그라인(Dragline)
② 파워셔블(Power Shovel)
③ 백호(Back Hoe)
④ 클램셸(Clam Shell)

해설

클램셸(Clam Shell)
1. 좁고 깊은 곳의 수직굴착, 수중굴착에 적당
2. 지하연속벽 공사, 깊은 우물통 파기에 사용
3. 구조물의 기초바닥, 잠함 등과 같은 협소하고 깊은 범위의 굴착에 적합

100 비탈면붕괴를 방지하기 위한 방법으로 옳지 않은 것은?

① 비탈면 상부의 토사제거
② 지하 배수공 시공
③ 비탈면 하부의 성토
④ 비탈면 내부 수압의 증가 유도

해설

붕괴예방대책
1. 적절한 경사면의 기울기를 계획하여야 한다.
2. 경사면의 기울기가 당초 계획과 차이가 발생되면 즉시 재검토하여 계획을 변경시켜야 한다.
3. 활동할 가능성이 있는 토석은 제거하여야 한다.
4. 경사면의 하단부에 압성토 등 보강공법으로 활동에 대한 저항대책을 강구하여야 한다.
5. 말뚝(강관, H형강, 철근 콘크리트)을 타입하여 지반을 강화시킨다.
6. 빗물, 지표수, 지하수의 사전제거 및 침투를 방지하여야 한다.

정답 96 ④ 97 ② 98 ① 99 ④ 100 ④

PART 02
28 2025년 3회 기출복원문제

1과목 산업재해 예방 및 안전보건교육

01 인지과정 착오의 요인이 아닌 것은?

① 정서 불안정
② 감각차단 현상
③ 작업자의 기능 미숙
④ 생리 · 심리적 능력의 한계

해설

착오의 요인

종류	내용
인지 과정 착오	• 심리 또는 생리적 요인 • 정보량 저장의 한계 : 한계정보량보다 더 많은 정보가 들어오는 경우 정보를 처리하지 못하는 현상 • 감각차단 현상 : 단조로운 업무가 장시간 지속될 때 작업자의 감각기능 및 판단능력이 둔화 또는 마비되는 현상(예 고도비행, 단독비행, 계기비행, 직선 고속도로 운행 등) • 정서적 불안정(불안, 공포) • 정보수용 능력의 한계 : 인간의 감지범위 밖의 정보
판단 과정 착오	• 정보부족(옹고집, 지나친 자기중심적 인간) • 능력부족(지식부족, 경험부족) • 자기합리화(자기에게 유리하게 판단) • 환경조건불비(작업조건불량)
조치 과정 착오	• 기술능력 미숙 • 경험 부족 • 피로

02 산업안전보건법령상 다음 설명에 해당하는 명칭으로 옳은 것은?

• 사업주는 사업장의 안전 및 보건을 유지하기 위하여 다음 각 호의 사항이 포함된 것을 작성하여야 한다.
  1. 안전 및 보건에 관한 관리조직과 그 직무에 관한 사항
  2. 안전보건교육에 관한 사항
  3. 작업장의 안전 및 보건 관리에 관한 사항
  4. 사고 조사 및 대책 수립에 관한 사항
  5. 그 밖에 안전 및 보건에 관한 사항
• 사업주는 작성하거나 변경할 때에는 산업안전보건위원회의 심의 · 의결을 거쳐야 한다. 다만, 산업안전보건위원회가 설치되어 있지 아니한 사업장의 경우에는 근로자대표의 동의를 받아야 한다.

① 안전보건관리규정
② 유해위험방지계획서
③ 산업재해조사표
④ 공정안전보고서

해설

안전보건관리규정의 포함사항
1. 안전 및 보건에 관한 관리조직과 그 직무에 관한 사항
2. 안전보건교육에 관한 사항
3. 작업장의 안전 및 보건 관리에 관한 사항
4. 사고 조사 및 대책 수립에 관한 사항
5. 그 밖에 안전 및 보건에 관한 사항

03 산업안전보건법령상 안전 · 보건표지에 관한 설명으로 틀린 것은?

① 안전 · 보건표지 속의 그림 또는 부호의 크기는 안전 · 보건표지의 크기와 비례하여야 하며, 안전 · 보건표지 전체 규격의 30% 이상이 되어야 한다.
② 안전 · 보건표지 색채의 물감은 변질되지 아니하는 것에 색채 고정원료를 배합하여 사용하여야 한다.
③ 안전 · 보건표지는 그 표시내용을 근로자가 빠르고 쉽게 알아볼 수 있는 크기로 제작하여야 한다.
④ 안전 · 보건표지에는 야광물질을 사용하여서는 아니 된다.

해설

안전보건 표지의 제작
1. 종류별로 기본모형에 의하여 종류별 용도, 설치 · 부착장소, 형태 및 색채의 구분에 따라 제작하여야 한다.
2. 표시내용을 근로자가 빠르고 쉽게 알아볼 수 있는 크기로 제작하여야 한다.
3. 그림 또는 부호의 크기는 안전보건표지의 크기와 비례하여야 하며, 안전보건표지 전체 규격의 30퍼센트 이상이 되어야 한다.
4. 쉽게 파손되거나 변형되지 않는 재료로 제작해야 한다.
5. 야간에 필요한 안전보건표지는 야광물질을 사용하는 등 쉽게 알아볼 수 있도록 제작해야 한다.

정답 01 ③ 02 ① 03 ④

04 안전교육방법 중 사례연구법의 장점이 아닌 것은?

① 흥미가 있고, 학습동기를 유발할 수 있다.
② 현실적인 문제의 학습이 가능하다.
③ 관찰력과 분석력을 높일 수 있다.
④ 원칙과 규정의 체계적 습득이 용이하다.

해설

사례연구법(Case Method)
1. 정의
   먼저 사례를 제시하고 문제가 되는 사실들과 그의 상호관계에 대해서 검토하고 대책을 토의하는 방법
2. 장단점

장점	단점
• 흥미가 있고, 학습동기를 유발할 수 있다. • 현실적인 문제의 학습이 가능하다. • 관찰력과 분석력을 높일 수 있다. • 판단력과 응용력의 향상이 가능하다.	• 원칙과 규정의 체계적인 습득이 곤란하다. • 적절한 사례의 확보곤란 및 진행방법에 대한 연구가 필요하다. • 학습의 진보를 측정하기 어렵다.

05 연간 평균 근로자수가 1,440명인 B 기업체에서 근로자가 주당 40시간씩 50주를 근무하였으며, 그 외 조기출근 및 잔업시간의 합계가 100,000시간이었다. 이 기간 발생한 재해건수는 40건이며, 그중 사망재해는 1건(1명) 사망을 제외한 근로손실일수는 총 1,200일이다. 이때 B 기업체의 강도율을 구하시오.(단, 평균 출근율은 94%이다.)

① 3.22   ② 0.45
③ 2.10   ④ 3.10

해설

강도율

$$강도율 = \frac{근로손실일수}{연간총근로시간수} \times 1,000$$

$$강도율 = \frac{7,500 + 1,200}{(1,440 \times 40 \times 50) \times 0.94 + 100,000} \times 1,000$$
$$= 3.09 ≒ 3.10$$

06 하버드 학파의 5단계 교수법에 해당하지 않는 것은?

① 교시(Presentation)
② 연합(Association)
③ 추론(Reasoning)
④ 총괄(Generalization)

해설

하버드 학파의 5단계 교수법

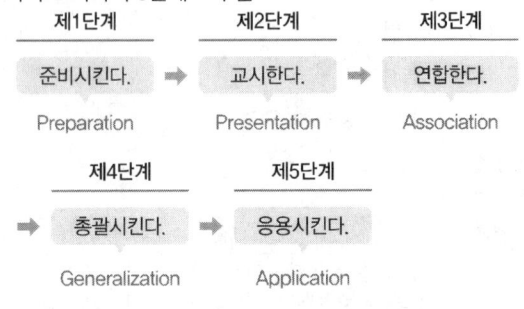

07 산업안전보건법령상 다음 그림에 해당하는 안전보건표지의 종류로 옳은 것은?

① 통행금지   ② 물체이동 금지
③ 낙하물 경고   ④ 매달린 물체 경고

해설

안전보건표지

물체이동 금지	낙하물 경고	매달린 물체 경고

08 주요 구조 부분을 변경하는 경우 안전인증을 받아야 하는 기계 · 기구가 아닌 것은?

① 원심기
② 사출성형기
③ 압력용기
④ 고소작업대

정답 04 ④ 05 ④ 06 ③ 07 ④ 08 ①

해설

안전인증대상기계 등을 설치·이전하거나 주요 구조 부분을 변경하는 경우

설치·이전하는 경우 안전인증을 받아야 하는 기계	• 크레인 • 리프트 • 곤돌라	
주요 구조 부분을 변경하는 경우 안전인증을 받아야 하는 기계 및 설비	• 프레스 • 크레인 • 압력용기 • 사출성형기 • 곤돌라	• 전단기 및 절곡기 • 리프트 • 롤러기 • 고소작업대

09 산업안전보건법령상 건설현장에서 사용하는 곤돌라의 안전검사의 주기로 옳은 것은?

① 최초로 설치한 날부터 6개월마다
② 최초로 설치한 날부터 1년마다
③ 최초로 설치한 날부터 2년마다
④ 최초로 설치한 날부터 3년마다

해설

안전검사의 주기

크레인(이동식 크레인은 제외), 리프트(이삿짐운반용 리프트는 제외) 및 곤돌라	사업장에 설치가 끝난 날부터 3년 이내에 최초 안전검사를 실시하되, 그 이후부터 2년마다(건설현장에서 사용하는 것은 최초로 설치한 날부터 6개월마다)
이동식 크레인, 이삿짐운반용 리프트 및 고소작업대	「자동차관리법」에 따른 신규등록 이후 3년 이내에 최초 안전검사를 실시하되, 그 이후부터 2년마다
프레스, 전단기, 압력용기, 국소 배기장치, 원심기, 롤러기, 사출성형기, 컨베이어, 산업용 로봇, 혼합기, 파쇄기 또는 분쇄기	사업장에 설치가 끝난 날부터 3년 이내에 최초 안전검사를 실시하되, 그 이후부터 2년마다(공정안전보고서를 제출하여 확인을 받은 압력용기는 4년마다)

10 산업안전보건법령상 안전모의 시험성능기준 항목이 아닌 것은?

① 난연성
② 인장성
③ 내관통성
④ 충격흡수성

해설

안전모의 시험성능 항목 및 기준

항목	시험성능기준
내관통성	• 안전인증 : AE, ABE종 안전모는 관통거리가 9.5mm 이하이고, AB종 안전모는 관통거리가 11.1mm 이하이어야 한다. • 자율안전확인 : 안전모는 관통거리가 11.1mm 이어야 한다.
충격흡수성	최고전달충격력이 4,450N을 초과해서는 안 되며, 모체와 착장체의 기능이 상실되지 않아야 한다.
내전압성	AE, ABE종 안전모는 교류 20kV에서 1분간 절연파괴 없이 견뎌야 하고, 이때 누설되는 충전전류는 10mA 이하이어야 한다. (※ 자율안전확인에서는 제외)
내수성	AE, ABE종 안전모는 질량증가율이 1% 미만이어야 한다. (※ 자율안전확인에서는 제외)
난연성	모체가 불꽃을 내며 5초 이상 연소되지 않아야 한다.
턱끈풀림	150N 이상 250N 이하에서 턱끈이 풀려야 한다.

11 보호구 관련 규정에 따른 안전모의 착장체 구성요소에 해당되지 않는 것은?

① 머리턱끈
② 머리받침끈
③ 머리고정대
④ 머리받침고리

해설

안전모의 구조

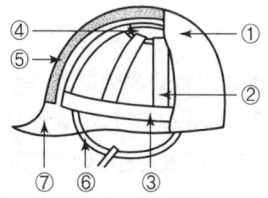

[안전모의 명칭]

번호	명칭	
①	모체	
②	착장체	머리받침끈
③		머리고정대
④		머리받침고리
⑤	충격흡수재(자율안전확인에서는 제외)	
⑥	턱끈	
⑦	챙(차양)	

정답 09 ① 10 ② 11 ①

12 산업안전보건법령상 안전보건표지의 색채, 색도기준 및 용도 중 다음 (   ) 안에 알맞은 것은?

색채	색도기준	용도	사용례
(㉠)	(㉡)	(㉢)	정지신호, 소화설비 및 그 장소, 유해행위의 금지

① ㉠ 빨간색, ㉡ 7.5R 4/14, ㉢ 금지
② ㉠ 노란색, ㉡ 5Y 8.5/12, ㉢ 경고
③ ㉠ 파란색, ㉡ 2.5PB 4/10, ㉢ 지시
④ ㉠ 녹색, ㉡ 2.5G 4/10, ㉢ 안내

해설

안전·보건표지의 색채, 색도기준 및 용도

색채	색도기준	용도	사용 예
빨간색	7.5R 4/14	금지	정지신호, 소화설비 및 그 장소, 유해행위의 금지
		경고	화학물질 취급장소에서의 유해·위험 경고
노란색	5Y 8.5/12	경고	화학물질 취급장소에서의 유해·위험경고 이외의 위험경고, 주의표지 또는 기계방호물
파란색	2.5PB 4/10	지시	특정 행위의 지시 및 사실의 고지
녹색	2.5G 4/10	안내	비상구 및 피난소, 사람 또는 차량의 통행표지
흰색	N9.5		파란색 또는 녹색에 대한 보조색
검은색	N0.5		문자 및 빨간색 또는 노란색에 대한 보조색

13 산업안전보건법령상 특별교육 대상 작업별 교육 내용 중 밀폐공간에서의 작업 시 교육 내용이 아닌 것은?(단, 그 밖에 안전·보건관리에 필요한 사항은 제외)

① 사고 시의 응급처치 및 비상시 구출에 관한 사항
② 유해물질이 인체에 미치는 영향
③ 보호구 착용 및 보호 장비 사용에 관한 사항
④ 산소농도 측정 및 작업환경에 관한 사항

해설

특별안전 보건교육내용(밀폐공간에서의 작업)
1. 산소농도 측정 및 작업환경에 관한 사항
2. 사고 시의 응급처치 및 비상시 구출에 관한 사항
3. 보호구 착용 및 보호 장비 사용에 관한 사항
4. 작업내용·안전작업방법 및 절차에 관한 사항
5. 장비·설비 및 시설 등의 안전점검에 관한 사항
6. 그 밖에 안전·보건관리에 필요한 사항

14 OJT(On the Job Training)의 특징이 아닌 것은?

① 훈련에 필요한 업무의 계속성이 끊어지지 않는다.
② 교육효과가 업무에 신속히 반영된다.
③ 다수의 근로자들을 대상으로 동시에 조직적 훈련이 가능하다.
④ 개개인에게 적절한 지도훈련이 가능하다.

해설

O.J.T(On the Job Training)의 특징
1. 직장의 실정에 맞는 구체적이고 실제적인 지도 교육이 가능하다.
2. 개개인에게 적절한 지도 훈련이 가능하다(개인의 능력과 적성에 알맞은 맞춤교육이 가능하다).
3. 훈련 효과에 의해 상호 신뢰이해도가 높아진다(상사와의 의사소통 및 신뢰도 향상에 도움이 된다).
4. 교육의 효과가 업무에 신속하게 반영된다.
5. 교육의 이해도가 빠르고 동기부여가 쉽다.
6. 교육으로 인해 업무가 중단되는 업무손실이 적다.
7. 교육경비의 절감효과가 있다.

15 다음 중 하인리히 재해 발생 5단계 중 제3단계에 해당하는 것은?

① 불안전한 행동 또는 불안전한 상태
② 사회적 환경 및 유전적 요소
③ 관리의 부재
④ 사고

해설

하인리히(H. W. Heinrich)의 도미노이론(사고연쇄성)
1. 제1단계 : 사회적 환경 및 유전적 요인
2. 제2단계 : 개인적 결함
3. 제3단계 : 불안전한 행동 및 불안전한 상태
4. 제4단계 : 사고
5. 제5단계 : 재해
불안전한 행동이나 불안전한 상태, 즉 제3단계를 제거하면 사고나 재해를 예방할 수 있다.

16 다음 중 라인-스태프(Line-Staff) 조직의 단점으로 볼 수 없는 것은?

① 권한의 분쟁이나 조정으로 인해 시간과 노력이 소모될 수 있다.

정답 12 ① 13 ② 14 ③ 15 ① 16 ①

② 명령계통과 조언·권고적 참여가 혼동되기 쉽다.
③ 스탭의 월권행위가 발생하는 경우가 있다.
④ 라인이 스태프에 의존 또는 활용하지 않는 경우가 있다.

해설

라인-스태프형(Line-Staff형, 직계 참모형 조직)

특징	• 안전보건 업무를 전담하는 스태프를 별도로 두고 또 생산라인에는 그 부서의 장으로 하여금 계획된 생산라인의 안전관리조직을 통하여 실시하도록 한 조직 형태 • 스태프는 안전에 관한 기획, 조사, 검토 및 연구를 수행 • 라인형과 스태프형의 장점을 취한 절충식 조직형태 • 라인의 관리감독자에게도 안전에 관한 책임과 권한이 부여됨 • 안전활동과 생산업무가 분리될 가능성이 낮기 때문에 균형을 유지할 수 있음 • 1,000명 이상의 대규모 사업장에 적합한 조직 형태
장점	• 조직원 전원을 자율적으로 안전활동에 참여시킬 수 있음 • 스태프에 의해 입안된 것을 경영자의 지침으로 명령 실시하도록 하므로 정확·신속함
단점	• 명령계통과 조언이나 권고적 참여가 혼동되기 쉬움 • 라인과 스태프 간에 협조가 안 될 경우 업무의 원활한 추진 불가(라인과 스태프 간의 월권 또는 상호 의견충돌이 생길 수 있음) • 라인이 스태프에 의존 또는 활용하지 않는 경우가 있음

17 산업안전보건법령상 관리감독자의 채용 시 안전보건교육의 교육시간으로 옳은 것은?

① 8시간 이상
② 2시간 이상
③ 16시간 이상
④ 4기간 이상

해설

관리감독자 안전보건교육

교육과정	교육시간
가. 정기교육	연간 16시간 이상
나. 채용 시 교육	8시간 이상
다. 작업내용 변경 시 교육	2시간 이상
라. 특별교육	16시간 이상(최초 작업에 종사하기 전 4시간 이상 실시하고, 12시간은 3개월 이내에서 분할하여 실시 가능)
	단기간 작업 또는 간헐적 작업인 경우에는 2시간 이상

18 다음 중 산업심리의 5대 요소에 해당하지 않는 것은?

① 적성 ② 감정
③ 기질 ④ 동기

해설

산업안전심리의 5대 요소

기질	인간의 성격, 능력 등 개인적인 특성(생활환경, 주위 환경에 따라 변화한다.)
동기	능동적인 감각에 의한 자극에서 일어나는 사고의 결과로 마음을 움직이는 원동력
습관	개인의 특성이 자신도 모르게 습관화된 현상으로 습관에 직접 영향을 주는 요인으로는 동기, 기질, 감정, 습성이 있다.
감정	대상이나 상태에 따라 발생하는 슬픔, 기쁨 등에 해당하는 마음의 현상
습성	오랜 습관으로 인하여 굳어버린 성질로 동기, 기질, 감정 등이 밀접한 연관 관계이다.

19 토의(회의)방식 중 참가자가 다수인 경우에 전원을 토의에 참가시키기 위하여 소집단으로 구분하고, 각각 자유토의를 행하여 의견을 종합하는 방식은?

① 포럼(Forum)
② 심포지엄(Symposium)
③ 버즈 세션(Buzz Session)
④ 패널 디스커션(Panel Discussion)

해설

토의법의 종류

1. 자유토의법
   참가자가 주어진 주제에 대하여 자유로운 발표와 토의를 통하여 서로의 의견을 교환하고 상호이해력을 높이며 의견을 절충해 나가는 방법

2. 패널 디스커션(Panel Discussion)
   전문가 4~5명이 피교육자 앞에서 자유로이 토의를 하고, 그 후에 피교육자 전원이 사회자의 사회에 따라 토의하는 방법

3. 심포지엄(Symposium)
   발제자 없이 몇 사람의 전문가에 의하여 과제에 관한 견해를 발표한 뒤에 참가자로 하여금 의견이나 질문을 하게 하여 토의하는 방법

4. 포럼(Forum)
   ㉠ 사회자의 진행으로 몇 사람이 주제에 대하여 발표한 후 피교육자가 질문을 하고 토론해 나가는 방법

정답 17 ① 18 ① 19 ③

ⓒ 새로운 자료나 주제를 내보이거나 발표한 후 피교육자로 하여금 문제나 의견을 제시하게 하고 다시 깊이 있게 토론해 나가는 방법

5. 버즈 세션(Buzz Session)
6-6 회의라고도 하며, 참가자가 다수인 경우에 전원을 토의에 참가시키기 위한 방법으로 소집단을 구성하여 회의를 진행시키는 방법

20 다음 중 교육의 3요소에 해당되지 않는 것은?

① 교육의 주체
② 교육의 기간
③ 교육의 매개체
④ 교육의 객체

해설
교육의 3요소
1. 교육의 주체 : 강사
2. 교육의 객체 : 수강자(교육대상)
3. 교육의 매개체 : 교재(교육내용)

2과목 인간공학 및 위험성 평가·관리

21 동전던지기에서 앞면이 나올 확률이 0.2이고, 뒷면이 나올 확률이 0.8일 때, 앞면과 뒷면이 나올 사건의 정보량으로 옳은 것은?

① 앞면 : 약 3.32bit, 뒷면 : 약 2.52bit
② 앞면 : 약 2.32bit, 뒷면 : 약 1.32bit
③ 앞면 : 약 3.32bit, 뒷면 : 약 1.32bit
④ 앞면 : 약 2.32bit, 뒷면 : 약 0.32bit

해설
정보의 측정 단위
각 대안의 실현 확률(즉, n의 역수)로 표현할 수도 있다.(즉, P를 각 대안의 실현 확률이라 하면)

$$H = \log_2 \frac{1}{P} \quad P = \frac{1}{n}$$

① 앞면
$$H = \log_2 \frac{1}{P} = \log_2 \frac{1}{0.2} = 2.32[bit]$$

② 뒷면
$$H = \log_2 \frac{1}{P} = \log_2 \frac{1}{0.8} = 0.32[bit]$$

22 사업장 위험성평가에 관한 지침에서 사업주가 유해·위험요인을 파악하는 방법으로 옳지 않은 것은?(단, 그 밖에 사업장의 특성에 적합한 방법은 제외)

① 근로자들의 상시적 제안에 의한 방법
② 안전보건 체크리스트에 의한 방법
③ 작업표준에 의한 방법
④ 설문조사·인터뷰 등 청취조사에 의한 방법

해설
유해·위험요인 파악
사업주는 사업장 내의 위험성 평가 대상에 따른 유해·위험요인을 파악하여야 한다. 이때 업종, 규모 등 사업장 실정에 따라 다음 각 호의 방법 중 어느 하나 이상의 방법을 사용하되, 특별한 사정이 없으면 사업장 순회점검에 의한 방법을 포함하여야 한다.
1. 사업장 순회점검에 의한 방법
2. 근로자들의 상시적 제안에 의한 방법
3. 설문조사·인터뷰 등 청취조사에 의한 방법
4. 물질안전보건자료, 작업환경측정결과, 특수건강진단결과 등 안전보건 자료에 의한 방법
5. 안전보건 체크리스트에 의한 방법
6. 그 밖에 사업장의 특성에 적합한 방법

23 소리의 물리학적 특성 중 음의 높낮이와 가장 관련성이 높은 것은?

① 진폭
② 진동수
③ phon
④ sone

해설
음의 물리학적 특성
1. 진폭 : 음의 강도(세기) : 큰소리는 진폭이 크고, 작은 소리는 진폭이 작다.
2. 진동수 : 음의 고저(높낮이) : 높은 소리는 진동수가 크고, 낮은 소리는 진동수가 작다.
3. phon : 감각적인 음의 크기를 나타내는 양을 말하며, 1,000Hz 순음의 크기와 평균적으로 같은 크기로 느끼는 1,000Hz 순음의 세기레벨로 나타낸 것이다.
4. sone : 감각적인 음의 크기를 나타내는 양으로 음의 대소를 표현하는 단위를 말하며, 40dB의 1,000Hz 순음의 크기(=40Phon)를 1Sone이라 정의한다.

24 모든 시스템 안전 프로그램 중 최초 단계의 분석으로 시스템 내의 위험요소가 어떤 상태에 있는지를 정성적으로 평가하는 방법은?

① CA ② FHA
③ PHA ④ FMEA

해설

예비 위험 분석(PHA : Preliminary Hazards Analysis)
1. 공정 또는 설비 등에 관한 상세한 정보를 얻을 수 없는 상황에서 위험물질과 공정 요소에 초점을 맞추어 초기 위험을 확인하는 방법을 말한다.
2. 시스템안전 위험분석(SSHA)을 수행하기 위한 예비적인 최초의 작업으로 위험요소가 얼마나 위험한지를 정성적으로 평가하는 것이다.
3. PHA는 구상단계나 설계 및 발주의 극히 초기에 실시된다.

25 10시간 설비 가동 시 설비고장으로 1시간 정지하였다면 설비고장강도율은 얼마인가?

① 0.1% ② 9%
③ 10% ④ 11%

해설

고장 강도율
고장으로 인해 설비가 정지한 시간의 비율을 표시한 것으로 안전관리에서 사용되고 있는 강도율을 설비관리의 말로 응용한 것을 말한다.

$$\text{고장 강도율} = \frac{\text{고장정지시간}}{\text{부하시간}} \times 100$$
$$= \frac{\text{설비고장 정지시간}}{\text{설비가동시간}} \times 100$$

여기서, 부하시간(설비가동시간) = 전 동작시간 + 정지시간

$$\text{고장 강도율} = \frac{\text{설비고장 정지시간}}{\text{설비가동시간}} \times 100 = \frac{1}{10} \times 100 = 10[\%]$$

26 인체에서 뼈의 주요 기능으로 볼 수 없는 것은?

① 대사작용 ② 신체의 지지
③ 장기의 보호 ④ 조혈작용

해설

골격의 주요 기능
1. 지지(Support) : 신체를 지지하고 형상을 유지하는 역할
2. 보호(Protection) : 주요한 부분(생명기관)을 보호하는 역할
3. 근부착(Muscle Attachment) : 골격근이 수축할 때 지렛대 역할을 하여 신체활동(인체운동)을 수행하는 역할

4. 조혈(Blood Cell Production) : 골수에서 혈구를 생산하는 조혈작용
5. 무기질 저장(Mineral Storage) : 칼슘, 인산의 중요한 저장고가 되며 나트륨과 마그네슘 이온의 작은 저장고 역할

27 인간공학에 관련된 설명으로 틀린 것은?

① 편리성, 쾌적성, 효율성을 높일 수 있다.
② 사고를 방지하고 안전성과 능률성을 높일 수 있다.
③ 인간의 특성과 한계점을 고려하여 제품을 설계한다.
④ 생산성을 높이기 위해 인간을 작업 특성에 맞추는 것이다.

해설

인간공학의 정의
1. 인간의 특성과 한계 능력을 공학적으로 분석, 평가하여 이를 복잡한 체계의 설계에 응용함으로 효율을 최대로 활용할 수 있도록 하는 학문분야이다.
2. 인간의 생리적, 심리적 요소를 연구하여 기계나 설비를 인간의 특성에 맞추어 설계하고자 하는 것이다.
3. 사람과 작업 간의 적합성에 관한 과학을 말한다.
4. 인간공학의 초점은 인간이 만들어 생활의 여러 가지 면에서 사용하는 물건, 기구 또는 환경을 설계하는 과정에서 인간을 고려하는 데 있다.

28 다음 중 선 자세 작업이 앉은 자세 작업보다 좋은 경우가 아닌 것은?

① 매우 크거나 무거운 중량물을 취급하는 경우
② 작업자들이 자주 이동하는 경우
③ 신체적 안정감이 필요한 경우
④ 작업 시 손으로 큰 힘을 써서 작업하는 경우

해설

서서 하는 작업을 해야 하는 경우
1. 작업 시 큰 힘이 요구되는 경우
2. 주요 작업도구 및 부품이 한계범위 밖에 위치할 경우
3. 작업대 구조로 앉아서 하는 작업 시 다리의 여유공간이 충분하지 않은 경우
4. 작업의 내용이 많아 작업 시 이동이 필요한 경우

TIP 정밀한 작업은 앉아서 작업하는 것이 좋으며 앉은 자세의 목적은 작업자로 하여금 작업에 필요한 안정된 자세를 갖게 하여 작업에 직업 필요하지 않는 다리, 발, 몸통 등과 같은 신체부위를 휴식시키고자 하는 것이다.

정답 24 ③ 25 ③ 26 ① 27 ④ 28 ③

29 급작스런 큰 소음으로 인하여 생기는 생리적 변화가 아닌 것은?

① 근육이완
② 혈압상승
③ 동공팽창
④ 심장박동수 증가

해설

강한 소음으로 인한 생리적인 변화
1. 말초 순환계의 혈관이 수축
2. 동공, 맥박 강도, EEG 등에 변화
3. 부신피질 기능저하
4. 혈압상승, 신진대사 증가, 발한촉진, 위액 및 위장관 운동을 억제

30 설계된 시스템이나 기기의 잠재적인 고장 모드(Mode)를 찾아내고, 시스템이나 기기의 가동 중에 고장이 발생하였을 경우 임무수행에 미치는 영향을 검토하고 평가하여, 영향이 큰 고장모드에 대하여 적절한 대책을 세우는 시스템 위험분석기법은?

① PHA
② FMEA
③ FTA
④ MORT

해설

고장형태와 영향분석(FMEA)
1. 시스템이나 서브시스템 위험분석을 위하여 일반적으로 사용되는 전형적인 정성적, 귀납적 분석기법으로 시스템에 영향을 미치는 모든 요소의 고장을 형태별로 분석하여 그 영향을 검토하는 분석기법
2. 시스템 내의 위험요소가 얼마나 위험한 상태에 있는가를 정성적으로 평가하는 기법
3. 고장 발생을 최소로 하고자 하는 경우에 유효하다.

31 신호등 및 경고등의 설계 시 권장되는 사항과 거리가 먼 것은?

① 경고등의 수는 일반적으로 많을수록 좋다.
② 경고등의 위치는 작업자의 정상 시선의 30° 안에 있어야 한다.
③ 일시적인 위급 상황을 경고할 때는 점멸등이 효과적이다.
④ 경고등의 밝기는 뒤의 배경보다 2배 이상 밝아야 한다.

해설

경고등의 설계 지침
1. 점멸속도 : 초당 3~10회, 지속시간 0.05초 이상
2. 바로 뒤의 배경보다 2배 이상의 밝기를 가진다.
3. 경고등의 수는 일반적으로 하나가 좋다.
4. 정상 시선의 30° 안에 있어야 한다.

32 인간 오류(Human Error)를 독립행동과 원인에 의한 오류로 분류할 때 원인에 의한 분류에 해당하는 것은?

① Extraneous Error
② Command Error
③ Omission Error
④ Sequence Error

해설

원인의 레벨(Level)적 분류

Primary Error (1차 에러)	작업자 자신으로부터 발생한 에러
Secondary Error (2차 에러)	작업형태나 작업조건 중에서 다른 문제가 발생하여 필요한 직무나 절차를 수행할 수 없는 에러
Command Error (지시 에러)	작업자가 움직이려 해도 필요한 물건, 정보, 에너지 등이 공급되지 않아서 작업자가 움직일 수 없는 상황에서 발생한 에러

TIP 인간실수의 분류(심리적인 분류)

생략에러 (Omission Error) 부작위 실수	필요한 직무 및 절차를 수행하지 않아 (생략) 발생하는 에러 예 가스밸브를 잠그는 것을 잊어 사고가 났다.
작위에러 (Commission Error)	필요한 작업 또는 절차의 불확실한 수행(잘못 수행)으로 인한 에러 예 전선이 바뀌었다, 틀린 부품을 사용하였다, 부품이 거꾸로 조립되었다 등
순서에러 (Sequential Error)	필요한 작업 또는 절차의 순서 착오로 인한 에러 예 자동차 출발 시 핸드브레이크를 해제하지 않고 출발하여 발생한 경우
시간에러 (Time Error)	필요한 직무 또는 절차의 수행지연으로 인한 에러 예 프레스 작업 중에 금형 내에 손이 오랫동안 남아 있어 발생한 재해
과잉행동에러 (Extraneous Error)	불필요한 작업 또는 절차를 수행함으로써 기인한 에러 예 자동차 운전 중 습관적으로 손을 창문으로 내밀어 발생한 재해

정답 29 ① 30 ② 31 ① 32 ②

33 인체측정과 작업공간 설계에 관한 설명으로 틀린 것은?

① 최대작업역 : 전완과 상완을 곧게 펴서 파악할 수 있는 영역
② 정상작업역 : 상완을 자연스럽게 수직으로 늘어뜨린 채, 손목을 움직여 파악할 수 있는 영역
③ 동적 측정 : 신체의 움직임에 따른 활동범위 등을 측정
④ 정적 측정 : 표준자세에서 움직이지 않는 자세에서 인체를 측정하는 것으로 골격 등 신체부위를 측정

해설
1. 최대작업역 : 아래팔(전완)과 위팔(상완)을 곧게 펴서 파악할 수 있는 구역
2. 정상작업역 : 위팔(상완)을 자연스럽게 수직으로 늘어뜨린 채, 아래팔(전완)만으로 편하게 뻗어 파악할 수 있는 구역
3. 기능적 인체 치수(동적 측정) : 인체 계측 중 운전 또는 워드 작업과 같이 인체의 각 부분이 서로 조화를 이루어 움직이는 자세에서의 인체치수를 측정하는 것으로 일반적으로 상지나 하지의 운동, 체위의 움직임에 따른 상태에서 측정하는 것
4. 구조적 인체 치수(정적 측정) : 표준 자세에서 움직이지 않는 피측정자를 인체 계측기 등으로 측정하는 것

34 Oxford 지수(Wet-dry Index, WD)를 구하는 공식으로 옳은 것은?

① WD = (0.3 × 글로브온도) + (0.7 × 자연습구온도)
② WD = (0.7 × 글로브온도) + (0.3 × 자연습구온도)
③ WD = (0.85 × 건구온도) + (0.15 × 습구온도)
④ WD = (0.85 × 습구온도) + (0.15 × 건구온도)

해설
Oxford 지수
습건(WD) 지수라고도 부르며, 습구 온도(W)와 건구 온도(D)의 가중 평균치로서 정의된다.

$$WD = 0.85W + 0.15D$$

35 제어장치의 레버를 4cm 움직였을 때, 표시장치의 지침이 4cm 움직였다면 이 기기의 통제표시비는 약 얼마인가?

① 2　　② 0.6
③ 1.5　　④ 1.7

해설
선형 조종장치가 선형 표시장치를 움직일 때 각각 직선변위의 비(제어표시비)

$$C/D비(C/R비) = \frac{조종장치(제어기기)의\ 이동거리}{표시장치(표시기기)의\ 반응거리}$$

$$C/D비 = \frac{조종장치의\ 이동거리}{표시장치의\ 반응거리} = \frac{8}{4} = 2$$

36 결함수분석(FTA)에서 사용되는 논리게이트 중 다음 게이트의 명칭에 해당하는 것은?

① 위험지속기호
② 배타적 OR게이트
③ 조합 AND 게이트
④ 우선적 AND 게이트

해설
게이트
1. 위험지속기호 : 입력사상이 발생하여 어떤 일정한 시간이 지속될 때에 출력이 생긴다. 만약 지속되지 않으면 출력은 생기지 않는다.
2. 배타적 OR 게이트 : OR 게이트이지만 2개 또는 그 이상의 입력이 동시에 존재하는 경우에는 출력이 생기지 않는다.
3. 조합 AND 게이트 : 3개 이상의 입력사상 중 어느 것이나 2개가 일어나면 출력이 생긴다.
4. 우선적 AND 게이트 : 입력사상 중 어떤 사상이 다른 사상보다 먼저 일어난 때에 출력사상이 생긴다. 즉, 출력이 발생하기 위해서는 입력들이 정해진 순서로 발생해야 한다.

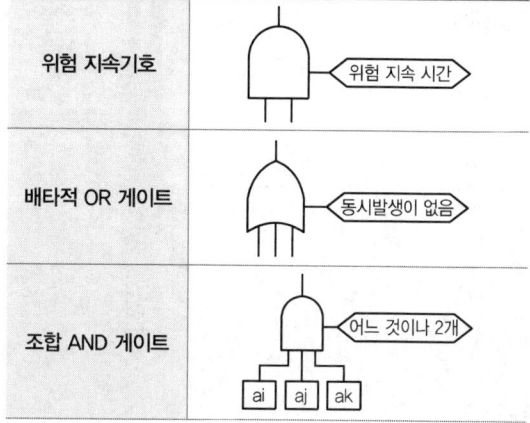

우선적 AND 게이트	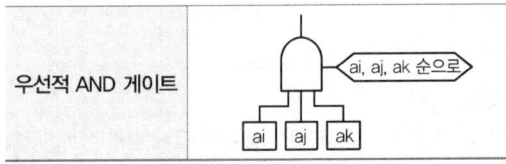

37 다음 중 인체계측에 관한 설명으로 틀린 것은?

① 의자, 피복과 같이 신체모양과 치수와 관련성이 높은 설비의 설계에 중요하게 반영된다.
② 일반적으로 몸의 측정 치수는 구조적 치수(Structural Dimension)와 기능적 치수(Functional Dimension)로 나눌 수 있다.
③ 인체계측치의 활용 시에는 문화적 차이를 고려하여야 한다.
④ 인체계측치를 활용한 설계는 인간의 신체적 안락에는 영향을 미치지만 성능수행과는 관련이 없다.

해설
인체측정학의 개요
1. 일상생활에서 사용하는 도구나 설비를 설계할 때 인체 측정치를 이용하여 신체의 다양한 치수를 비롯하여 신체 부위의 부피, 질량, 무게 중심 등의 물리적 특성을 다루는 학문을 인체측정학이라 한다.
2. 의자, 책상, 작업공간, 피복 등과 같이 신체모양이나 치수에 관계있는 설비의 설계에 반영된다.
3. 인체측정치를 활용한 설계는 신체적인 안락뿐만 아니라 인간의 성능에까지 영향을 미친다.

38 [그림] 결합수에서 최소 컷셋(A)과 신뢰도(B)를 올바르게 나타낸 것은?(단, 각각 사건의 고장확률은 0.2이다.)

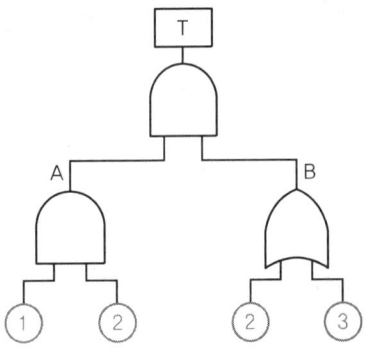

① A : (1,2), (2,3) B : 99.99%
② A : (1,2), B : 98.56%
③ A : (1,2,3), B : 99.45%
④ A : (1,3), B : 96.84%

해설
1. 미니멀 컷셋 구하기

$T \rightarrow A, B \rightarrow ①, ②, B \rightarrow \begin{matrix}①,②,②\\①,②,③\end{matrix} \rightarrow \begin{matrix}①,②\\①,②,③\end{matrix} \rightarrow ①,②$

2. 신뢰도 계산
㉠ $A = 0.2 \times 0.2 = 0.04$
㉡ $B = 1 - (1-0.2)(1-0.2) = 0.36$
㉢ $T = 0.04 \times 0.36 = 0.0144$
㉣ 신뢰도 $= 1 - 0.0144 = 0.9856 = 98.56\%$

TIP
1. ⓒ에서 1행의 컷셋은 (②)가 중복되어 있으므로 ⓓ에서 1행처럼 (①, ②)가 되고 ⓓ의 2행에서는 (①, ②)이 포함되어 있기 때문에 최소 컷셋은 ⓔ와 같다.
2. 본 문제는 고장확률을 구하는 문제가 아니라 신뢰도를 구하는 문제이다. FTA는 사고의 원인이 되는 장치의 이상이나 고장의 다양한 조합 및 작업자 실수 원인을 연역적으로 분석하는 방법이라는 개념을 알고 있어야 한다.

39 다음 내용에 해당하는 양립성의 종류는?

자동차를 운전하는 과정에서 우측으로 회전하기 위하여 핸들을 우측으로 돌린다.

① 개념의 양립성
② 운동의 양립성
③ 공간의 양립성
④ 감성의 양립성

해설
양립성의 종류

공간 양립성	• 표시장치와 이에 대응하는 조종장치 간의 위치 또는 배열이 인간의 기대와 모순되지 않아야 한다. • 가스버너에서 오른쪽 조리대는 오른쪽 조절장치로, 왼쪽 조리대는 왼쪽 조절장치로 조정하도록 배치한다.
운동 양립성	• 조작장치의 방향과 표시장치의 움직이는 방향이 사용자의 기대와 일치하는 것 • 자동차를 운전하는 과정에서 우측으로 회전하기 위하여 핸들을 우측으로 돌린다.
개념 양립성	• 사람들이 가지고 있는(이미 사람들이 학습을 통해 알고 있는) 개념적 연상에 관한 기대와 일치하는 것 • 냉온수기에서 빨간색은 온수, 파란색은 냉수가 나온다.
양식 양립성	음성과업에 대해서는 청각적 자극 제시와 이에 대한 음성 응답 등에 해당

정답 37 ④ 38 ② 39 ②

40 다음 중 누적손상장애(CTDs)의 원인으로 거리가 먼 것은?

① 장시간 진동공구의 사용
② 과도한 힘의 사용
③ 높은 장소에서의 작업
④ 부적절한 자세에서의 작업

해설
근골격계 질환
1. 반복적인 동작, 부적절한 작업자세, 무리한 힘의 사용, 날카로운 면과의 신체접촉, 진동 및 온도 등의 요인에 의하여 발생하는 건강장해로서 목, 어깨, 허리, 팔·다리의 신경·근육 및 그 주변 신체조직 등에 나타나는 질환을 말한다.
2. 유사용어로는 누적 외상성 질환(CTDs), 반복성 긴장 상해 등이 있다.

3과목 기계·기구 및 설비 안전관리

41 프레스 등의 금형을 부착·해체 또는 조정 작업을 할 때에 슬라이드가 갑자기 작동함으로써 근로자에게 발생할 우려가 있는 위험을 방지하기 위하여 설치하는 것은?

① 방호 울
② 안전블록
③ 권과방지장치
④ 게이트 가드

해설
금형조정작업의 위험 방지
프레스 등의 금형을 부착·해체 또는 조정하는 작업을 할 때에 해당 작업에 종사하는 근로자의 신체가 위험한계 내에 있는 경우 슬라이드가 갑자기 작동함으로써 근로자에게 발생할 우려가 있는 위험을 방지하기 위하여 안전블록을 사용하는 등 필요한 조치를 하여야 한다.

42 드릴링 머신을 이용한 작업 시 안전수칙에 관한 설명으로 옳지 않은 것은?

① 일감을 손으로 견고하게 쥐고 작업한다.
② 장갑을 끼고 작업을 하지 않는다.
③ 칩은 기계를 정지시킨 다음에 와이어브러시로 제거한다.
④ 드릴을 끼운 후에는 척 렌치를 반드시 탈거한다.

해설
드릴링 작업에 대한 안전수칙
1. 일감은 견고하게 고정시키며 관통된 것을 확인하기 위해 손으로 만져서는 안 된다.
2. 드릴을 끼운 후 척 렌치(Chuck Wrench)는 반드시 뺀다.
3. 작업모를 착용하고 옷소매가 긴 작업복은 입지 않는다.
4. 드릴작업에서는 보안경 및 안전덮개(Shield)를 설치한다.
5. 칩은 브러쉬(와이어 브러시)로 제거하고 장갑 착용은 금지한다.
6. 구멍 끝 작업에서는 절삭압력을 주어서는 안 된다.
7. 고정구를 사용하여 작업 중 공작물의 유동을 방지한다.
8. 가공 중에 구멍이 관통되면 기계를 멈추고 손으로 돌려서 드릴을 뺀다.
9. 일감의 설치, 테이블의 고정이나 조정은 기계를 정지시킨 후에 실시한다.
10. 큰 구멍을 뚫을 때는 반드시 작은 구멍을 먼저 뚫은 후 큰 구멍을 뚫는다.
11. 얇은 판에 구멍을 뚫을 때에는 나무판을 밑에 받치고 뚫는다.
12. 구멍이 거의 다 뚫리는 끝부분에서 일감이 드릴과 함께 맞물려 회전하기 쉬우므로 주의하여야 한다.

43 작업장에서 사용하는 로프의 최대사용하중이 100kgf이고, 절단하중이 300kgf일 때 이 로프의 안전율은?

① 0.33
② 3
③ 200
④ 300

해설
안전율(안전계수)

$$안전율 = \frac{절단하중}{최대사용하중} = \frac{300}{100} = 3$$

44 크레인 작업 시 조치사항 중 틀린 것은?

① 인양할 하물을 바닥에서 끌어당기거나 밀어내는 작업을 하지 아니할 것
② 유류드럼이나 가스통 등 운반 도중에 떨어져 폭발하거나 누출될 가능성이 있는 위험물 용기는 보관함에 담아 안전하게 매달아 운반할 것
③ 고정된 물체를 직접 분리·제거하는 작업을 할 것
④ 미리 근로자의 출입을 통제하여 인양 중인 하물이 작업자의 머리 위로 통과하지 않도록 할 것

정답 40 ③ 41 ② 42 ① 43 ② 44 ③

해설

크레인 작업 시의 조치 및 준수사항
1. 인양할 하물을 바닥에서 끌어당기거나 밀어내는 작업을 하지 아니할 것
2. 유류드럼이나 가스통 등 운반 도중에 떨어져 폭발하거나 누출될 가능성이 있는 위험물 용기는 보관함에 담아 안전하게 매달아 운반할 것
3. 고정된 물체를 직접 분리·제거하는 작업을 하지 아니할 것
4. 미리 근로자의 출입을 통제하여 인양 중인 하물이 작업자의 머리 위로 통과하지 않도록 할 것
5. 인양할 하물이 보이지 아니하는 경우에는 어떠한 동작도 하지 아니할 것(신호하는 사람에 의하여 작업을 하는 경우는 제외)

45 숫돌의 지름이 D(mm), 회전수 N(rpm)이라 할 경우 숫돌의 원주속도 V(m/min)를 구하는 식으로 옳은 것은?

① $V = D \cdot N^2$
② $V = \dfrac{\pi \cdot D \cdot N}{1,000}$
③ $V = \dfrac{\pi \cdot D}{N}$
④ $V = \dfrac{N}{\pi \cdot D \cdot 1,000}$

해설

원주속도(회전속도)

$$V = \pi DN [\text{mm/min}] = \dfrac{\pi DN}{1,000} [\text{m/min}]$$

여기서, V : 원주속도(회전속도)(m/min)
　　　　D : 숫돌의 지름(mm)
　　　　N : 숫돌의 매분 회전수(rpm)

46 프레스 가공품의 이송방법으로 2차 가공용 송급 배출장치가 아닌 것은?

① 다이얼 피더(Dial Feeder)
② 롤 피더(Roll Feeder)
③ 푸셔 피더(Pusher Feeder)
④ 트랜스퍼 피더(Transfer Feeder)

해설

이송장치
1. 1차 가공용 송급배출장치(롤 피더, 그리퍼 피드 등)
2. 2차 가공용 송급배출장치(슈트, 다이얼 피더, 푸셔 피더, 트랜스퍼 피더, 프레스용 로봇 등)

47 산업안전보건법령상 아세틸렌 용접장치에 대하여 취관마다 설치하여야 하는 방호장치는?(단, 주관 및 취관에 가장 가까운 분기관마다 이것을 부착한 경우에는 제외)

① 압력조정기
② 안전기
③ 울
④ 덮개

해설

안전기의 설치기준
1. 아세틸렌 용접장치의 취관마다 안전기를 설치하여야 한다. 다만, 주관 및 취관에 가장 가까운 분기관마다 안전기를 부착한 경우에는 그러하지 아니하다.
2. 가스용기가 발생기와 분리되어 있는 아세틸렌 용접장치에 대하여 발생기와 가스용기 사이에 안전기를 설치하여야 한다.

48 밀링작업 시 안전수칙에 해당되지 않는 것은?

① 칩이나 부스러기는 반드시 브러시를 사용하여 제거한다.
② 가공 중에는 가공면을 손으로 점검하지 않는다.
③ 커터를 교체할 때에는 작업 도중에 한다.
④ 바이트는 가급적 짧게 고정시킨다.

해설

밀링 작업에 대한 안전수칙
1. 제품을 따 내는 데에는 손끝을 대지 말아야 한다.
2. 운전 중 가공면에 손을 대지 말아야 하며 장갑 착용을 금지한다.
3. 칩을 제거할 때에는 커터의 운전을 중지하고 브러시(솔)를 사용하며 걸레를 사용하지 않는다.
4. 칩의 비산이 많으므로 보안경을 착용한다.
5. 커터 설치 시 및 측정은 반드시 기계를 정지시킨 후에 한다.
6. 일감(공작물)은 테이블 또는 바이스에 안전하게 고정한다.
7. 상하 이송장치의 핸들은 사용 후 반드시 빼 두어야 한다.
8. 가공 중에 밀링머신에 얼굴을 대지 않는다.
9. 절삭 속도는 재료에 따라 정한다.
10. 커터를 끼울 때는 아버를 깨끗이 닦는다.
11. 일감(공작물)을 고정하거나 풀어낼 때는 기계를 정지시킨다.
12. 테이블 위에 공구 등을 올려놓지 않는다.
13. 강력 절삭을 할 때는 일감을 바이스에 깊게 물린다.
14. 급속이송은 백래시 제거장치가 동작하지 않고 있음을 확인한 후 실시하고, 급속이송은 한 방향으로만 한다.

정답 45 ② 46 ② 47 ② 48 ③

49 재해원인 분석방법의 통계적 원인분석 중 다음에서 설명하는 것은?

> 사고의 유형, 기인물 등 분류항목을 큰 순서대로 도표화한다.

① 파레토도
② 특성 요인도
③ 크로스도
④ 관리도

해설

통계에 의한 원인분석
1. 파레토도
   사고의 유형, 기인물 등 분류항목을 큰 값에서 작은 값의 순서로 도표화하며, 문제나 목표의 이해에 편리하다.
2. 특성 요인도
   특성과 요인관계를 어골상으로 도표화하여 분석하는 기법(원인과 결과를 연계하여 상호 관계를 파악하기 위한 분석방법)
3. 클로즈(Close) 분석
   두 개 이상의 문제관계를 분석하는 데 사용하는 것으로, 데이터를 집계하고 표로 표시하여 요인별 결과내역을 교차한 클로즈 그림을 작성하여 분석하는 기법
4. 관리도
   재해발생 건수 등의 추이에 대해 한계선을 설정하여 목표관리를 수행하는 데 사용되는 방법으로 관리선은 관리상한선, 중심선, 관리하한선으로 구성된다.

50 다음 중 반대로 회전하는 두 개의 회전체가 맞닿는 사이에 발생하는 위험점은?

① 협착점
② 절단점
③ 물림점
④ 끼임점

해설

기계운동 형태에 따른 위험점 분류

협착점 (Squeeze Point)	왕복운동을 하는 운동부와 움직임이 없는 고정부 사이에서 형성되는 위험점 (고정점 + 운동점)	• 프레스 • 전단기 • 성형기 • 조형기 • 밴딩기 • 인쇄기
끼임점 (Shear Point)	회전운동하는 부분과 고정부 사이에 위험이 형성되는 위험점 (고정점 + 회전운동)	• 연삭숫돌과 작업대 • 반복동작되는 링크 기구 • 교반기의 날개와 몸체 사이 • 회전풀리와 벨트
절단점 (Cutting Point)	회전하는 운동부 자체의 위험이나 운동하는 기계부분 자체의 위험에서 형성되는 위험점 (회전운동 + 기계)	• 밀링커터 • 둥근 톱의 톱날 • 목공용 띠톱 날
물림점 (Nip Point)	회전하는 두 개의 회전체에 형성되는 위험점(서로 반대 방향의 회전체) (중심점 + 반대방향의 회전운동)	• 기어와 기어의 물림 • 롤러와 롤러의 물림 • 롤러 분쇄기
접선 물림점 (Tangential Nip Point)	회전하는 부분의 접선방향으로 물려 들어갈 위험이 있는 위험점	• V벨트와 풀리 • 랙과 피니언 • 체인벨트 • 평벨트
회전 말림점 (Trapping Point)	회전하는 물체의 길이, 굵기, 속도 등의 불규칙 부위와 돌기 회전부위에 의해 장갑 또는 작업복 등이 말려들 위험이 있는 위험점	• 회전하는 축 • 커플링 • 회전하는 드릴

51 산업안전보건법령에 따른 보일러의 안전한 가동을 위하여 보일러 규격에 맞는 압력방출장치를 2개 이상 설치된 경우 옳은 것은?

① 최고사용압력 이상에서 1개가 작동되고, 다른 압력방출장치는 최고사용압력 2배 이하에서 작동되도록 부착하여야 한다.
② 최고사용압력 이하에서 1개가 작동되고, 다른 압력방출장치는 최고사용압력 1.05배 이하에서 작동되도록 부착하여야 한다.
③ 최고사용압력 이상에서 1개가 작동되고, 다른 압력방출장치는 최고사용압력 2배 이상에서 작동되도록 부착하여야 한다.
④ 최고사용압력 이상에서 1개가 작동되고, 다른 압력방출장치는 최고사용압력 1.05배 이하에서 작동되도록 부착하여야 한다.

해설

보일러의 압력방출장치
1. 보일러의 안전한 가동을 위하여 보일러 규격에 맞는 압력방출장치를 1개 또는 2개 이상 설치하고 최고사용압력(설계압력 또는 최고허용압력) 이하에서 작동되도록 하여야 한다.

정답 49 ① 50 ③ 51 ②

2. 압력방출장치가 2개 이상 설치된 경우에는 최고사용압력 이하에서 1개가 작동되고, 다른 압력방출장치는 최고사용압력 1.05배 이하에서 작동되도록 부착하여야 한다.
3. 압력방출장치는 매년 1회 이상 교정을 받은 압력계를 이용하여 설정압력에서 압력방출장치가 적정하게 작동하는지를 검사한 후 납으로 봉인하여 사용하여야 한다.(공정안전보고서 이행상태 평가결과가 우수한 사업장은 압력방출장치에 대하여 4년마다 1회 이상 설정압력에서 압력방출장치가 적정하게 작동하는지를 검사할 수 있다.)

52 보일러의 연도(굴뚝)에서 버려지는 여열을 이용하여 보일러에 공급되는 급수를 예열하는 부속장치는?

① 과열기 ② 절탄기
③ 공기예열기 ④ 연소장치

해설

보일러의 장치

과열기	본체에서 발생하는 포화온도 이상으로 재가열하여 과열증기로 만드는 장치
절탄기	연도(굴뚝)에서 버려지는 여열을 이용하여 보일러에 공급되는 급수를 예열하는 장치
공기예열기	연도(굴뚝)에서 버려지는 여열을 이용하여 보일러에 공급되는 온도를 올리기 위한 장치
연소장치	기본본체에 열을 공급하기 위해 연료를 연소시키기 위한 장치

53 다음 중 연삭숫돌의 파괴원인으로 거리가 가장 먼 것은?

① 숫돌 자체에 균열이 있을 때
② 플랜지의 직경은 숫돌직경의 1/3 이상이며 고정 측과 이동 측의 직경이 같을 때
③ 숫돌의 회전속도가 너무 빠를 때
④ 숫돌에 과대한 충격을 가할 때

해설

연삭숫돌의 파괴 원인
1. 숫돌의 회전속도가 너무 빠를 때
2. 숫돌 자체에 균열이 있을 때
3. 숫돌에 과대한 충격을 가할 때
4. 숫돌의 측면을 사용하여 작업할 때
5. 숫돌의 불균형이나 베어링 마모에 의한 진동이 있을 때 (숫돌이 경우에 따라 파손될 수 있다.)
6. 숫돌 반경방향의 온도변화가 심할 때
7. 작업에 부적당한 숫돌을 사용할 때

8. 숫돌의 치수가 부적당할 때
9. 플랜지가 현저히 작을 때

TIP 플랜지의 지름은 숫돌지름의 1/3 이상인 것을 사용하며 양쪽 모두 같은 크기로 한다.

$$플랜지의 지름 = 숫돌지름 \times \frac{1}{3}$$

54 산업안전보건법령에 따라 양중기용 와이어로프의 사용금지 기준으로 옳은 것은?

① 지름의 감소가 공칭지름의 3%를 초과하는 것
② 지름의 감소가 공칭지름의 5%를 초과하는 것
③ 와이어로프의 한 꼬임에서 끊어진 소선의 수가 7% 이상인 것
④ 와이어로프의 한 꼬임에서 끊어진 소선의 수가 10% 이상인 것

해설

양중기 와이어로프 사용금지 조건
1. 이음매가 있는 것
2. 와이어로프의 한 꼬임에서 끊어진 소선의 수가 10퍼센트 이상 인 것
3. 지름의 감소가 공칭지름의 7퍼센트를 초과하는 것
4. 꼬인 것
5. 심하게 변형되거나 부식된 것
6. 열과 전기충격에 의해 손상된 것

55 다음 중 연삭기의 원주속도 V(m/s)를 구하는 식으로 옳은 것은?[단, D는 숫돌의 지름(m), n은 회전수(rpm)]

① $V = \dfrac{\pi Dn}{16}$ ② $V = \dfrac{\pi Dn}{32}$
③ $V = \dfrac{\pi Dn}{60}$ ④ $V = \dfrac{\pi Dn}{1,000}$

해설

원주속도(회전속도)

$$V = \pi DN [\text{mm/min}] = \frac{\pi DN}{1,000}[\text{m/min}]$$

여기서 V : 원주속도(회전속도)(m/min)
D : 숫돌의 지름(mm)
N : 숫돌의 매분 회전수(rpm)

정답 52 ② 53 ② 54 ④ 55 ③

1. 공식에서는 숫돌의 지름이 (mm)인데 문제에서 숫돌의 지름이 (m)로 주어졌으므로
$$V = \frac{\pi DN}{1,000}(\text{m/min}) = \frac{\pi \times D \times 1,000 \times N}{1,000}(\text{m/min})$$
$$= \pi DN(\text{m/min})$$
2. 공식에서는 원주속도의 단위가 (m/min)인데 문제에서 원주속의 단위가 (m/s)로 주어졌으므로
$$V = \pi DN \times \frac{1}{60(\text{초})} = \frac{\pi DN}{60}(\text{m/s})$$

56 프레스의 양수조작식 방호장치에서 누름버튼의 상호 간 내측거리는 몇 mm 이상이어야 하는가?

① 200
② 300
③ 400
④ 500

해설

양수조작식
누름버튼의 상호 간 내측거리는 300mm 이상이어야 한다.

57 다음 중 연삭기의 종류가 아닌 것은?

① 다두 연삭기
② 원통 연삭기
③ 센터리스 연삭기
④ 만능 연삭기

해설

연삭기의 종류
1. 탁상용 연삭기   6. 휴대용 연삭기
2. 원통연삭기   7. 스윙연삭기
3. 센터리스연삭기   8. 슬래브연삭기
4. 공구연삭기   9. 평면연삭기
5. 만능연삭기   10. 절단연삭기

58 산업안전보건법령상 연삭숫돌의 상부를 사용하는 것을 목적으로 하는 탁상용 연삭기 덮개의 노출각도는?

① 60° 이내
② 65° 이내
③ 80° 이내
④ 125° 이내

해설

연삭기 덮개의 각도
1. 일반연삭작업 등에 사용하는 것을 목적으로 하는 탁상용 연삭기 덮개의 노출각도는 125° 이내로 한다.

2. 연삭숫돌의 상부를 사용하는 것을 목적으로 하는 탁상용 연삭기 덮개의 노출각도는 60° 이내로 한다.
3. 1. 및 2. 이외의 탁상용 연삭기, 그 밖에 이와 유사한 연삭기 덮개의 노출각도는 80° 이내로 하되, 숫돌의 주축에서 수평면 위로 이루는 원주 각도는 65° 이상이 되지 않도록 한다.
4. 원통연삭기, 센터리스연삭기, 공구연삭기, 만능연삭기, 그 밖에 이와 비슷한 연삭기 덮개의 노출각도는 180° 이내로 한다.
5. 휴대용 연삭기, 스윙연삭기, 스라브연삭기, 그 밖에 이와 비슷한 연삭기 덮개의 노출각도는 180° 이내로 한다.
6. 평면연삭기, 절단연삭기, 그 밖에 이와 비슷한 연삭기 덮개의 노출각도는 150° 이내로 하되, 숫돌의 주축에서 수평면 밑으로 이루는 덮개의 각도는 15° 이상이 되도록 한다.

TIP 연삭숫돌의 상부를 사용하는 것을 목적으로 하는 탁상용 연삭기의 덮개 각도

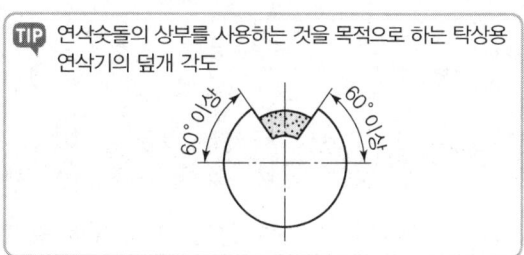

59 선반작업에서 가공물이 길이가 외경에 비하여 과도하게 길 때, 절삭저항에 의한 떨림을 방지하기 위한 장치는?

① 센터
② 심봉
③ 방진구
④ 돌리개

해설

방진구
1. 가공물의 길이가 외경에 비해 가늘고 긴 공작물을 가공할 경우 자중 및 절삭력으로 인하여 휘거나 처짐, 진동을 방지하기 위하여 사용하는 기구로 고정식과 이동식 방진구가 있다.
2. 가공물의 길이가 직경의 12배 이상일 때는 반드시 방진구를 사용하여야 한다.

60 사고 체인의 5요소에 해당하지 않는 것은?

① 함정(Trap)
② 충격(Impact)
③ 접촉(Contact)
④ 결함(Flaw)

해설

위험의 5요소(위험분류 체크 요인, 사고 체인의 요소)

1요소 : 함정 (Trap)	기계의 운동에 의해서 트랩점이 발생할 가능성이 있는가?
2요소 : 충격 (Impact)	운동하는 기계요소와 사람이 부딪쳐 사고가 날 가능성이 없는가?
3요소 : 접촉 (Contact)	날카롭거나, 차갑거나, 전류가 흐름으로써 접촉 시 상해가 일어날 요소들이 있는가?
4요소 : 얽힘, 말림 (Entanglement)	머리카락, 옷소매나 바지, 장갑, 넥타이, 작업복 등 기계설비에 말려들 염려는 없는가?
5요소 : 튀어나옴 (Ejection)	기계부품이나 피가공재가 기계로부터 튀어나올 염려가 없는가?

4과목 전기 및 화학설비 안전관리

61 다음 중 물질에 발생한 정전기의 제거방법으로 적절하지 않은 것은?

① 습기 여부   ② 자외선의 공급
③ 금속부분의 접지   ④ 정전기방지용 도장

해설
정전기재해의 방지대책
1. 접지(도체의 대전방지)
2. 유속의 제한
3. 보호구의 착용
4. 대전방지제 사용
5. 가습(상대습도를 60~70% 정도 유지)
6. 제전기 사용
7. 대전물체의 차폐
8. 정치시간의 확보
9. 도전성 재료 사용

62 페인트를 스프레이로 뿌려 도장작업을 하는 작업 중 발생할 수 있는 정전기 대전으로만 이루어진 것은?

① 유동대전, 충돌대전
② 유동대전, 마찰대전
③ 분출대전, 충돌대전
④ 분출대전, 유동대전

해설
정전기의 발생현상

분출대전	분체류, 액체류, 기체류가 단면적이 작은 개구부를 통해 분출할 때 분출물과 개구부의 마찰로 인하여 정전기가 발생
충돌대전	분체류에 의한 입자끼리 또는 입자와 고정된 고체의 충돌, 접촉, 분리 등에 의해 정전기 발생

63 다음 중 통전경로별 위험도가 가장 높은 경로는?

① 왼손-등   ② 오른손-가슴
③ 왼손-가슴   ④ 오른손-양발

해설
통전경로별 위험도
감전 시의 영향은 전류의 경로에 따라 그 위험성이 달라지며, 전류가 심장 또는 그 주위를 통하게 되면 심장에 영향을 주어 가장 위험하다.

통전경로	심장전류계수	통전경로	심장전류계수
왼손-가슴	1.5	왼손-등	0.7
오른손-가슴	1.3	한 손 또는 양손-앉아 있는 자리	0.7
왼손-한 발 또는 양발	1.0	왼손-오른손	0.4
양손-양발	1.0	오른손-등	0.3
오른손-한 발 또는 양발	0.8		

※ 숫자가 클수록 위험도가 높다.

64 인체가 전격을 당했을 경우 통전시간이 1초라면 심실세동을 일으키는 전류값(mA)은?(단, 심실세동 전류값은 Dalziel의 관계식을 이용한다.)

① 100   ② 165
③ 180   ④ 215

해설
심실세동전류(치사전류)

$$I = \frac{165}{\sqrt{T}} \text{(mA)}$$

여기서, I : 심실세동전류(mA)
T : 통전 시간(sec)
전류 I는 1,000명 중 5명 정도가 심실세동을 일으키는 값

$I = \dfrac{165}{\sqrt{T}} = \dfrac{165}{\sqrt{1}} = 165[\text{mA}]$

65 저압전선로 중 절연 부분의 전선과 대지 간 및 전선의 심선 상호간의 절연저항은 사용전압에 대한 누설전류가 최대 공급전류의 얼마를 넘지 않도록 규정하고 있는가?

① $\dfrac{1}{1,000}$ ② $\dfrac{1}{1,500}$
③ $\dfrac{1}{2,000}$ ④ $\dfrac{1}{2,500}$

해설
허용누설전류

$$누설전류 = 최대공급전류 \times \dfrac{1}{2,000}$$

66 작업장 내 시설하는 저압전선에는 감전 등의 위험으로 나전선을 사용하지 않고 있지만, 특별한 이유에 의하여 사용할 수 있도록 규정된 곳이 있는데 이에 해당되지 않은 것은?

① 버스덕트공사에 의하여 시설하는 경우
② 애자공사에 의하여 전개된 곳에 전기로용 전선을 시설하는 경우
③ 라이팅덕트공사에 의하여 시설하는 경우
④ 옥내전기설비를 금속관 공사에 의하여 시설하는 경우

해설
나전선의 사용 제한
옥내에 시설하는 저압전선에는 나전선을 사용하여서는 아니된다. 다만, 다음 중 어느 하나에 해당하는 경우에는 그러하지 아니하다.
1. 규정에 준하는 애자공사에 의하여 전개된 곳에 다음의 전선을 시설하는 경우
   ㉠ 전기로용 전선
   ㉡ 전선의 피복 절연물이 부식하는 장소에 시설하는 전선
   ㉢ 취급자 이외의 자가 출입할 수 없도록 설비한 장소에 시설하는 전선
2. 규정에 준하는 버스덕트공사에 의하여 시설하는 경우
3. 규정에 준하는 라이팅덕트공사에 의하여 시설하는 경우
4. 규정에 준하는 접촉 전선을 시설하는 경우

67 근로자가 활선작업용 기구를 사용하여 작업할 경우 근로자의 신체 등과 충전전로 사이의 사용전압별 접근한계거리가 틀린 것은?

① 15kV 초과 37kV 이하 : 80cm
② 37kV 초과 88kV 이하 : 110cm
③ 121kV 초과 145kV 이하 : 150cm
④ 242kV 초과 362kV 이하 : 380cm

해설
충전전로에서의 전기작업

충전전로의 선간전압 (단위 : 킬로볼트)	충전전로에 대한 접근한계거리 (단위 : 센티미터)
0.3 이하	접촉금지
0.3 초과 0.75 이하	30
0.75 초과 2 이하	45
2 초과 15 이하	60
15 초과 37 이하	90
37 초과 88 이하	110
88 초과 121 이하	130
121 초과 145 이하	150
145 초과 169 이하	170
169 초과 242 이하	230
242 초과 362 이하	380
362 초과 550 이하	550
550 초과 800 이하	790

68 다음 설명에 해당하는 위험장소의 종류로 옳은 것은?

> 공기 중에서 가연성 분진운의 형태가 연속적, 또는 장기적 자주 폭발성 분위기가 존재하는 장소

① 0종 장소
② 1종 장소
③ 20종 장소
④ 21종 장소

정답 65 ③ 66 ④ 67 ① 68 ③

해설

분진폭발 위험장소

분류	적요	예
20종 장소	분진운 형태의 가연성 분진이 폭발농도를 형성할 정도로 충분한 양이 정상 작동 중에 연속적으로 또는 자주 존재하거나, 제어할 수 없을 정도의 양 및 두께의 분진층이 형성될 수 있는 장소를 말한다.	호퍼 · 분진저장소 · 집진장치 · 필터 등의 내부
21종 장소	20종 장소 밖으로서(장소 외의 장소로서) 분진운 형태의 가연성 분진이 폭발농도를 형성할 정도의 충분한 양이 정상 작동 중에 존재할 수 있는 장소를 말한다.	집진장치 · 백필터 · 배기구 등의 주위, 이송벨트 샘플링 지역 등
22종 장소	21종 장소 밖으로서(장소 외의 장소로서) 가연성 분진운 형태가 드물게 발생 또는 단기간 존재할 우려가 있거나, 이상 작동 상태하에서 가연성 분진운이 형성될 수 있는 장소를 말한다.	21종 장소에서 예방조치가 취하여진 지역, 환기설비 등과 같은 안전장치 배출구 주위 등

69 정전기 발생에 영향을 주는 요인이 아닌 것은?

① 물체의 특성
② 물체의 표면상태
③ 접촉면적 및 압력
④ 응집속도

해설

정전기 발생의 영향 요인(정전기 발생요인)
1. 물체의 특성
2. 물체의 표면상태
3. 물체의 이력
4. 접촉면적 및 압력
5. 분리속도
6. 완화시간

70 산업안전보건법령에 따라 꽂음접속기를 설치 또는 사용하는 경우 준수하여야 할 사항으로 틀린 것은?

① 서로 다른 전압의 꽂음 접속기는 서로 접속되지 아니한 구조의 것을 사용할 것
② 습윤한 장소에 사용되는 꽂음접속기는 방수형 등 그 장소에 적합한 것을 사용할 것
③ 근로자가 해당 꽂음접속기를 접속시킬 경우에는 땀 등으로 젖은 손으로 취급하지 않도록 할 것
④ 꽂음접속기에 잠금장치가 있는 때에는 접속 후 개방하여 사용할 것

해설

꽂음접속기의 설치 · 사용 시 준수사항
1. 서로 다른 전압의 꽂음 접속기는 서로 접속되지 아니한 구조의 것을 사용할 것
2. 습윤한 장소에 사용되는 꽂음 접속기는 방수형 등 그 장소에 적합한 것을 사용할 것
3. 근로자가 해당 꽂음 접속기를 접속시킬 경우에는 땀 등으로 젖은 손으로 취급하지 않도록 할 것
4. 해당 꽂음 접속기에 잠금장치가 있는 경우에는 접속 후 잠그고 사용할 것

71 연소의 3요소에 해당되지 않는 것은?

① 가연물
② 점화원
③ 연쇄반응
④ 산소공급원

해설

연소의 3요소
1. 가연성 물질(가연물)
2. 산소공급원
3. 점화원

72 유해물질의 농도를 c, 노출시간을 t라 할 때 유해물질지수(k)와의 관계인 Haber의 법칙을 바르게 나타낸 것은?

① $k = c + t$
② $k = \dfrac{c}{k}$
③ $k = c \times t$
④ $k = c - t$

해설

Haber의 법칙
1. 농도가 증가할수록 유해도는 증가한다.
2. 공식

$$k = c \times t$$

여기서, k : 유해물질 지수
c : 유해물질의 농도
t : 노출시간

73 다음 중 물을 소화제로 사용하는 주된 이유로 가장 적합한 것은?

① 기화되기 쉬우므로
② 증발잠열이 크므로
③ 환원성이므로
④ 부촉매 효과가 있으므로

해설

물 소화약제의 장점
1. 쉽게 구할 수 있고 인체에 무해하다.
2. 비열과 증발잠열이 커서 냉각 효과가 우수하다.
3. 쉽게 운반할 수 있다.

74 다음 중 분해 폭발하는 가스의 폭발방지를 위하여 첨가하는 불활성 가스로 가장 적합한 것은?

① 산소   ② 질소
③ 수소   ④ 프로판

해설

불활성화
1. 가연성 혼합가스나 혼합분진에 불활성 가스를 주입하여 산소의 농도를 최소산소농도 이하로 낮게 유지하는 것
2. 불활성가스
   ㉠ 질소
   ㉡ 이산화탄소
   ㉢ 수증기 또는 연소배기 가스 등이 있으며 통상적으로 불활성 가스로 질소가 사용된다.

75 리튬(Li)에 관한 설명으로 틀린 것은?

① 물과 반응하여 수소를 발생한다.
② 연소 시 산소와는 반응하지 않는 특성이 있다.
③ 화재발생 시 소화방법으로는 마른 모래 등을 이용한다.
④ 염산과 반응하여 수소를 발생한다.

해설

리튬(Li)[제3류 위험물]
1. 공기 중에서 서서히 가열해도 발화하여 연소하며, 연소 시 탄산가스(CO_2) 속에서도 꺼지지 않고 연소한다.
2. 산, 알코올류와는 격렬히 반응하여 수소를 발생한다.
3. 물과는 격렬하게 반응하여 수소를 발생한다.
4. 주수를 엄금하고 잘 건조된 소금분말, 마른모래, 건조 분말 소화약제에 의해 질식소화를 한다.

76 부탄의 연소하한값이 1.6vol%일 경우, 연소에 필요한 최소산소농도는 약 몇 vol%인가?

① 9.4   ② 10.4
③ 11.4   ④ 12.4

해설

최소산소농도(MOC ; Minimum Oxygen Concentration)

$$최소산소농도(MOC) = 연소하한계 \times 산소의\ 화학양론적\ 계수$$

1. $C_4H_{10} + 6.5O_2 \rightarrow 4CO_2 + 5H_2O$
2. 최소산소농도(MOC)
   = 연소하한계 × 산소의 화학양론적 계수
   = $1.6 \times 6.5 = 10.4(\%)$

77 공기 중에 3ppm의 디메틸아민(Demethylamine, TLV-TWA : 10ppm)과 20ppm의 시클로헥산올(Cyclohexanol, TLV-TWA : 50ppm)이 있고, 10ppm의 산화프로필렌(Propyleneoxide, TLV-TWA : 20ppm)이 존재한다면 혼합 TLV-TWA는 몇 ppm인가?

① 12.5   ② 22.5
③ 27.5   ④ 32.5

해설

노출지수(EI ; Exposure Index) : 공기 중 혼합물질

- 노출지수$(EI) = \dfrac{C_1}{TLV_1} + \dfrac{C_2}{TLV_2} + \cdots + \dfrac{C_n}{TLV_n}$

  여기서, C_n : 각 혼합물질의 공기 중 농도
  TLV_n : 각 혼합물질의 노출기준

- 보정된 허용농도(기준) = $\dfrac{혼합물의\ 공기\ 중\ 농도(C_1 + C_2 + \cdots + C_n)}{노출지수(EI)}$

① 노출지수(EI) = $\dfrac{C_1}{TLV_1} + \dfrac{C_2}{TLV_2} + \dfrac{C_3}{TLV_3}$

   = $\dfrac{3}{10} + \dfrac{20}{50} + \dfrac{10}{20} = 1.2$

② 보정된 허용농도(기준)

   = $\dfrac{혼합물의\ 공기\ 중\ 농도(C_1 + C_2 + \cdots + C_n)}{노출지수(EI)}$

   = $\dfrac{3 + 20 + 10}{1.2} = 27.5[ppm]$

정답 73 ② 74 ② 75 ② 76 ② 77 ③

78 위험물을 건조하는 경우 내용적이 몇 m³ 이상인 건조설비일 때 위험물 건조설비 중 건조실을 설치하는 건축물의 구조를 독립된 단층으로 해야 하는가? (단, 건축물은 내화구조가 아니며, 건조실을 건축물의 최상층에 설치한 경우가 아니다.)

① 0.1
② 1
③ 10
④ 100

▶ 해설
위험물 건조설비를 설치하는 건축물의 구조
다음 각 호의 어느 하나에 해당하는 위험물 건조설비 중 건조실을 설치하는 건축물의 구조는 독립된 단층 건물로 하여야 한다. 다만, 해당 건조실을 건축물의 최상층에 설치하거나 건축물이 내화구조인 경우에는 그러하지 아니하다.
1. 위험물 또는 위험물이 발생하는 물질을 가열·건조하는 경우 내용적이 1세제곱미터 이상인 건조설비
2. 위험물이 아닌 물질을 가열·건조하는 경우로서 다음 각 목의 어느 하나의 용량에 해당하는 건조설비
   ㉠ 고체 또는 액체연료의 최대사용량이 시간당 10킬로그램 이상
   ㉡ 기체연료의 최대사용량이 시간당 1세제곱미터 이상
   ㉢ 전기사용 정격용량이 10킬로와트 이상

79 물과 접촉할 경우 화재나 폭발의 위험성이 더욱 증가하는 것은?

① 칼륨
② 트리니트로톨루엔
③ 황린
④ 니트로셀룰로오스

▶ 해설
금수성 물질(물과 접촉을 금지해야 하는 물질)
1. 정의
   물과 접촉하면 격렬한 발열반응하는 것으로 물질이 공기 중의 습기를 흡수해서 화학반응을 일으켜 발열하거나, 수분과 접촉해서 발열하여 그 온도가 가속도적으로 높아져 발화되는 물질
2. 종류
   ㉠ 칼륨   ㉥ 나트륨
   ㉡ 리튬   ㉦ 철분
   ㉢ 칼슘   ㉧ 알칼리튬
   ㉣ 마그네슘   ㉨ 금속분
   ㉤ 알킬알루미늄 ㉩ 탄화칼슘 등

80 최소착화에너지가 0.25mJ, 극간 정전용량이 10pF인 부탄가스 버너를 점화시키기 위해서 최소 얼마 이상의 전압을 인가하여야 하는가?

① 0.52×10^2V
② 0.74×10^3V
③ 7.07×10^3V
④ 5.03×10^5V

▶ 해설
최소발화에너지

$$E = \frac{1}{2}CV^2$$

여기서, E : 발화에너지[J]
　　　　C : 전기용량[F]
　　　　V : 방전전압[V]

1. $E = \frac{1}{2}CV^2 \rightarrow 2E = CV^2 \rightarrow V^2 = \frac{2E}{C} \rightarrow V = \sqrt{\frac{2E}{C}}$

2. $V = \sqrt{\frac{2E}{C}} = \sqrt{\frac{2 \times 0.25 \times 10^{-3}}{10 \times 10^{-12}}}$
   $= 7,071.06[V] = 7.07 \times 10^3[V]$

TIP $pF = 10^{-12}F$, $mJ = 10^{-3}J$

5과목 건설공사 안전관리

81 산업안전보건기준에 관한 규칙에 따라 계단 및 계단참을 설치하는 경우 매 m²당 최소 얼마 이상의 하중에 견딜 수 있는 강도를 가진 구조로 설치하여야 하는가?

① 500kg
② 600kg
③ 700kg
④ 800kg

▶ 해설
계단 및 계단참의 강도
1. 매제곱미터당 500킬로그램 이상의 하중에 견딜 수 있는 강도를 가진 구조로 설치하여야 한다.
2. 안전율(재료의 파괴응력도와 허용응력도의 비율)은 4 이상으로 하여야 한다.
3. 계단 및 승강구 바닥을 구멍이 있는 재료로 만드는 경우 렌치나 그 밖의 공구 등이 낙하할 위험이 없는 구조로 하여야 한다.

정답 78 ② 79 ① 80 ③ 81 ①

82 안전관리비의 사용항목에 해당하지 않는 것은?

① 안전시설비
② 개인보호구 구입비
③ 접대비
④ 사업장의 안전 · 보건진단비

해설
안전보건관리비 사용항목
1. 안전 · 보건관리자 임금 등
2. 안전시설비 등
3. 보호구 등
4. 안전보건진단비 등
5. 안전보건교육비 등
6. 근로자 건강장해예방비 등
7. 건설재해예방전문지도기관 기술지도비
8. 본사 전담조직 근로자 임금 등
9. 위험성평가 등에 따른 소요비용

83 산업안전보건관리비계상기준에 따른 대상액 5억원 미만인 경우 특수건설공사의 적용비율로 옳은 것은?

① 2.07%   ② 3.11%
③ 3.15%   ④ 3.64%

해설
공사 종류 및 규모별 산업안전보건관리비 계상기준표
(단위 : 원)

구분 공사 종류	대상액 5억 원 미만인 경우 적용비율(%)	대상액 5억 원 이상 50억 원 미만인 경우		대상액 50억 원 이상인 경우 적용비율(%)	보건관리자 선임대상 건설공사의 적용비율(%)
		적용비율 (%)	기초액		
건축공사	3.11%	2.28%	4,325,000원	2.37%	2.64%
토목공사	3.15%	2.53%	3,300,000원	2.60%	2.73%
중건설공사	3.64%	3.05%	2,975,000원	3.11%	3.39%
특수건설공사	2.07%	1.59%	2,450,000원	1.64%	1.78%

안전관리비 대상액 = 공사원가계산서 구성항목 중 직접재료비, 간접재료비와 직접노무비를 합한 금액(발주자가 재료를 제공할 경우에는 해당 재료비를 포함)

84 추락방지망의 방망 지지점은 최소 얼마 이상의 외력에 견딜 수 있는 강도를 보유하여야 하는가?

① 500kg   ② 600kg
③ 700kg   ④ 800kg

해설
지지점의 강도
방망 지지점은 600킬로그램의 외력에 견딜 수 있는 강도를 보유하여야 한다.(다만, 연속적인 구조물이 방망 지지점인 경우의 외력이 다음 식에서 계산한 값에 견딜 수 있는 것은 제외)

$$F = 200B$$

여기서, F : 외력(kg), B : 지지점간격(m)

85 다음 중 철골작업을 중지하여야 하는 풍속 기준은?

① 풍속이 초당 10미터 이상
② 풍속이 분당 10미터 이상
③ 풍속이 초당 1미터 이상
④ 풍속이 분당 1미터 이상

해설
작업의 제한(철골작업 중지)
1. 풍속이 초당 10미터 이상인 경우
2. 강우량이 시간당 1밀리미터 이상인 경우
3. 강설량이 시간당 1센티미터 이상인 경우

86 암질 변화구간 및 이상 암질 출현 시 판별 방법과 가장 거리가 먼 것은?

① R.Q.D   ② R.M.R
③ 지표침하량   ④ 탄성파 속도

해설
암질판별 기준
1. R.Q.D(%)
2. 탄성파속도(m/sec)
3. R.M.R
4. 일축압축강도(kg/cm²)
5. 진동치 속도(cm/sec=Kine)

87 사질토지반에서 보일링(Boiling)현상에 의한 위험성이 예상될 경우의 대책으로 옳지 않은 것은?

① 흙막이 말뚝의 밑둥넣기를 깊게 한다.
② 굴착 저면보다 깊은 지반을 불투수로 개량한다.
③ 굴착 밑 투수층에 만든 피트(pit)를 제거한다.
④ 흙막이벽 주위에서 배수시설을 통해 수두차를 적게 한다.

정답 82 ③ 83 ① 84 ② 85 ① 86 ③ 87 ③

해설

보일링(Boiling)현상
1. 정의 : 사질토 지반에서 굴착저면과 흙막이 배면과의 수위차로 인해 굴착저면의 흙과 물이 함께 위로 솟구쳐 오르는 현상
2. 안전대책
   ㉠ 차수성이 높은 흙막이벽 설치
   ㉡ 흙막이 근입깊이를 깊게
   ㉢ 약액주입 등의 굴착면 고결
   ㉣ 주변의 지하수위저하(웰포인트 공법 등)
   ㉤ 압성토 공법

88 암반 굴착공사에서 굴착높이가 5m, 굴착기초면의 폭이 5m인 경우 양단면 굴착을 할 때 상부단면의 폭은?(단, 굴착기울기는 1 : 0.5로 한다.)

① 5m   ② 10m
③ 15m   ④ 20m

해설

상부 단면의 폭

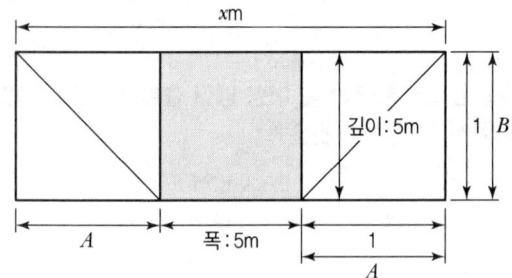

$1 : 0.5 = 5(B) : A \rightarrow A = 2.5m$
상부 단면의 폭$(x) = A + $폭$ 5m + A = 10m$

89 산업안전보건법령상 건설업 유해위험방지계획서를 작성하여 제출하여야 하는 곳은?

① 국무총리
② 국토교통부장관
③ 고용노동부장관
④ 시도지사

해설

유해위험방지계획서의 작성 · 제출
사업주는 유해위험방지계획서를 작성하여 고용노동부장관에게 제출하고 심사를 받아야 한다.

90 달비계에 사용하는 작업용 섬유로프의 사용금지 기준이 아닌 것은?

① 꼬임이 끊어진 것
② 심하게 손상되거나 부식된 것
③ 2개 이상의 작업용 섬유로프 또는 섬유벨트를 연결한 것
④ 작업높이보다 길이가 긴 것

해설

달비계 작업용 섬유로프 또는 안전대의 섬유로프 사용금지 조건
1. 꼬임이 끊어진 것
2. 심하게 손상되거나 부식된 것
3. 2개 이상의 작업용 섬유로프 또는 섬유벨트를 연결한 것
4. 작업높이보다 길이가 짧은 것

91 터널 등의 건설작업을 하는 경우에 낙반 등에 의하여 근로자가 위험해 질 우려가 있는 경우, 그 위험을 방지하기 위하여 취해야 할 조치와 거리가 먼 것은?

① 터널지보공 설치   ② 록볼트 설치
③ 부석의 제거   ④ 산소의 측정

해설

낙반 등에 의한 위험방지 조치
1. 터널 지보공 및 록볼트의 설치
2. 부석의 제거

92 토사 붕괴의 내적 요인이 아닌 것은?

① 사면, 법면의 경사 증가
② 절토 사면의 토질구성 이상
③ 성토 사면의 토질구성 이상
④ 토석의 강도 저하

해설

토석붕괴의 원인

외적 원인	• 사면, 법면의 경사 및 기울기의 증가 • 절토 및 성토 높이의 증가 • 공사에 의한 진동 및 반복 하중의 증가 • 지표수 및 지하수의 침투에 의한 토사 중량의 증가 • 지진, 차량, 구조물의 하중작용 • 토사 및 암석의 혼합층 두께
내적 원인	• 절토 사면의 토질 · 암질 • 성토 사면의 토질구성 및 분포 • 토석의 강도 저하

정답 88 ② 89 ③ 90 ④ 91 ④ 92 ①

93 추락방지용 방망 그물코의 모양 및 크기의 기준으로 옳은 것은?

① 원형 또는 사각으로서 그 크기는 5cm 이하이어야 한다.
② 원형 또는 사각으로서 그 크기는 10cm 이하이어야 한다.
③ 사각 또는 마름모로서 그 크기는 5cm 이하이어야 한다.
④ 사각 또는 마름모로서 그 크기는 10cm 이하이어야 한다.

해설
그물코 구조 및 치수
사각 또는 마름모로서 그 크기는 10cm 이하이어야 한다.

94 말비계를 조립하여 사용하는 경우의 준수사항으로 옳지 않은 것은?

① 말비계의 높이가 2m를 초과하는 경우에는 작업발판의 폭을 20cm 이상, 40cm 이하로 한다.
② 지주부재의 하단에는 미끄럼 방지장치를 설치한다.
③ 지주부재와 수평면의 기울기는 75° 이하로 한다.
④ 지주부재와 지주부재 사이를 고정시키는 보조부재를 설치한다.

해설
말비계 조립 시의 준수사항
1. 지주부재의 하단에는 미끄럼 방지장치를 하고, 근로자가 양측 끝부분에 올라서 작업하지 않도록 할 것
2. 지주부재와 수평면의 기울기를 75도 이하로 하고, 지주부재와 지주부재 사이를 고정시키는 보조부재를 설치할 것
3. 말비계의 높이가 2미터를 초과하는 경우에는 작업발판의 폭을 40센티미터 이상으로 할 것

95 건설현장에서의 작업장 계단 및 계단참 설치기준으로 옳지 않은 것은?

① 계단 및 계단참을 설치하는 경우 안전율을 4 이상으로 할 것
② 높이가 3m를 초과하는 계단에 높이 3m이내마다 너비 1.5m 이상의 계단참을 설치할 것
③ 계단을 설치하는 경우 그 폭을 1m 이상으로 할 것
④ 높이 1m 이상인 계단의 개방된 측면에는 안전난간을 설치할 것

해설
가설계단의 설치기준

계단 및 계단참의 강도	• 매 제곱미터당 500킬로그램 이상의 하중에 견딜 수 있는 강도를 가진 구조로 설치하여야 한다. • 안전율(재료의 파괴응력도와 허용응력도의 비율)은 4 이상으로 하여야 한다. • 계단 및 승강구 바닥을 구멍이 있는 재료로 만드는 경우 렌치나 그 밖의 공구 등이 낙하할 위험이 없는 구조로 하여야 한다.
계단의 폭	• 계단을 설치하는 경우 그 폭을 1미터 이상으로 하여야 한다.(다만, 급유용·보수용·비상용 계단 및 나선형 계단이거나 높이 1미터 미만의 이동식 계단인 경우에는 제외) • 계단에 손잡이 외의 다른 물건 등을 설치하거나 쌓아 두어서는 아니 된다.
계단참의 설치	높이가 3미터를 초과하는 계단에 높이 3미터 이내마다 진행방향으로 길이 1.2미터 이상의 계단참을 설치해야 한다.
천장의 높이	계단을 설치하는 경우 바닥면으로부터 높이 2미터 이내의 공간에 장애물이 없도록 하여야 한다.(다만, 급유용·보수용·비상용 계단 및 나선형 계단인 경우에는 제외)
계단의 난간	높이 1미터 이상인 계단의 개방된 측면에 안전난간을 설치하여야 한다.

96 강풍 시 타워크레인의 설치·수리·점검 또는 해체 작업을 중지하여야 하는 순간풍속 기준으로 옳은 것은?

① 순간풍속이 초당 10m를 초과하는 경우
② 순간풍속이 초당 15m를 초과하는 경우
③ 순간풍속이 초당 20m를 초과하는 경우
④ 순간풍속이 초당 30m를 초과하는 경우

해설
타워크레인의 작업 제한(악천 후 및 강풍 시 작업 중지)

순간풍속이 초당 10미터를 초과	타워크레인의 설치·수리·점검 또는 해체작업 중지
순간풍속이 초당 15미터를 초과	타워크레인의 운전작업 중지

정답 93 ④ 94 ① 95 ② 96 ①

97 산업안전보건법령에 따른 크레인을 사용하여 작업을 하는 때 작업시작 전 점검사항에 해당되지 않는 것은?

① 권과방지장치 · 브레이크 · 클러치 및 운전장치의 기능
② 주행로의 상측 및 트롤리(Trolley)가 횡행하는 레일의 상태
③ 원동기 및 풀리(Pulley)기능의 이상 유무
④ 와이어로프가 통하고 있는 곳의 상태

해설
크레인을 사용하여 작업을 하는 때 작업시작 전 점검사항
1. 권과방지장치 · 브레이크 · 클러치 및 운전장치의 기능
2. 주행로의 상측 및 트롤리(Trolley)가 횡행하는 레일의 상태
3. 와이어로프가 통하고 있는 곳의 상태

98 핸드브레이커 취급 시 안전에 관한 유의사항으로 옳지 않은 것은?

① 기본적으로 현장 정리가 잘되어 있어야 한다.
② 작업 자세는 항상 하향 45° 방향으로 유지하여야 한다.
③ 작업 전 기계에 대한 점검을 철저히 한다.
④ 호스의 교차 및 꼬임 여부를 점검하여야 한다.

해설
핸드브레이커
1. 압축공기, 유압의 급속한 충격력에 의거 콘크리트 등을 해체할 때 사용하는 것
2. 작은 부재의 파쇄에 유리하고 소음, 진동 및 분진이 발생
3. 준수사항
   ㉠ 끌의 부러짐을 방지하기 위하여 작업자세는 하향 수직 방향으로 유지하도록 하여야 한다.
   ㉡ 기계는 항상 점검하고, 호스의 꼬임 · 교차 및 손상여부를 점검하여야 한다.

99 다음은 산업안전보건법령에 따른 작업장에서의 투하설비 등에 관한 사항이다. 빈칸에 들어갈 내용으로 옳은 것은?

사업주는 높이가 (　) 이상인 장소로부터 물체를 투하하는 경우 적당한 투하설비를 설치하거나 감시인을 배치하는 등 위험을 방지하기 위하여 필요한 조치를 하여야 한다.

① 2m　　② 3m
③ 5m　　④ 10m

해설
높이 3m 이상인 장소에서 물체를 투하하는 경우 조치사항
1. 투하설비설치
2. 감시인 배치

100 가설 구조물이 갖추어야 할 구비요건과 가장 거리가 먼 것은?

① 영구성　　② 경제성
③ 작업성　　④ 안전성

해설
가설 구조물의 구비조건
1. 안전성 : 안전에 대한 충분한 강도 및 구조를 가질 것
2. 경제성 : 가설 및 철거가 신속하고 용이할 것
3. 작업성 : 시공성, 넓은 작업발판과 공간을 확보

정답　97 ③　98 ②　99 ②　100 ①

2026 산업안전산업기사 필기
10개년 과년도 문제풀이

초 판 발 행	2019년 02월 20일
개정7판1쇄	2026년 01월 20일
편 저	최현준
발 행 인	정용수
발 행 처	(주)예문아카이브
주 소	경기도 파주시 광인사길 79 4층(문발동)
T E L	031) 955-0550
F A X	031) 955-0660
등 록 번 호	제2016-000240호
정 가	34,000원

- 이 책의 어느 부분도 저작권자나 발행인의 승인 없이 무단 복제하여 이용 할 수 없습니다.
- 파본 및 낙장은 구입하신 서점에서 교환하여 드립니다.

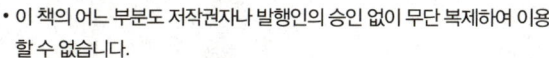
홈페이지 http://www.yeamoonedu.com

ISBN 979-11-6386-531-5 [13530]